SCHLUCHT

Die Wutach

Wilde Wasser – steile Schluchten

Regierungspräsidium Freiburg und Schwarzwaldverein (Hg.)

Die Wutach

Wilde Wasser – steile Schluchten

Unter Mitarbeit von

Jan Baer, Max Baumann, Harald Brünner, Regina Franke, Matthias Franz, Klemens Fritz, Björn Frey, Hermann Goßmann, Jörg Haferkorn, Stefan Hafner, Petra Kaiser, Emil Ketterer †, Jürgen Kleß, Hubertus Knoblauch, Marcus Koch, Klaus Kreß, Friedrich Kretzschmar, Joachim Loritz, Michael Lüth, Peter Lutz, Christa Maier, Hannah Müller, Edgar Nitsch, Florian Michling, Wolfgang Pankow, Adrian Probst, Wolfgang Rähle, Ira Richling, Bettina Sättele, Gregor Schmitz, Martin Schwenninger, Bernd-Jürgen Seitz, Theo Simon, Klaus Steegmüller, Peter Stocks, Friederike Tribukait, Jürgen Vögtlin, Otti Wilmanns, Volkmar Wirth, Friedbert Zapf, Hubert Zedler, Felix Zinke

Jan Thorbecke Verlag

Die Auflage wurde gefördert durch:

Stiftung Naturschutzfonds Baden-Württemberg

GlücksSpirale von LOTTO

MIX
Papier aus verantwortungsvollen Quellen
FSC® C004229

Für die Schwabenverlag AG ist Nachhaltigkeit ein wichtiger Maßstab ihres Handelns. Wir achten daher auf den Einsatz umweltschonender Resourcen und Materialien.

Bibliografische Information der Deutschen Nationalbibliothek:
Die Deutsche Nationalbibliothek verzeichnet diese Publikation in der Deutschen Nationalbibliografie; detaillierte bibliografische Daten sind im Internet über http:/dnb.d-nb.de abrufbar.

www.thorbecke.de

Projektbetreuung und Redaktion: Friederike Tribukait und Regina Franke

Umschlag- und Buchgestaltung: Matthias Kneusslin, hoyerdesign, Freiburg

Umschlagabbildung vorn: Wutachschlucht (Klaus Steegmüller)
Umschlagabbildungen hinten (von links nach rechts):
- Felswand des Oberen Muschelkalks in der Wutachschlucht (Klaus Steegmüller)
- Die Rote oder Gewöhnliche Pestwurz in der Wutachaue (Andreas Geh)
- Uhu auf Beutefang (Thomas Kaiser)
- Wandernde Familie in der Wutachschlucht (Wolf Wichmann)

Kartenillustration im Vorsatz: Johannes-Christian Rost, Stuttgart
Karte im Nachsatz: Peter Klüber, pk-Verlag: Kartengrundlage: Topografische Karte 1:50.000 Baden-Württemberg, © Landesvermessungsamt Baden-Württemberg (www.lv-bw.de) vom 30.07.2009 Az.: 2851.2-D/7052 Wutachschlucht.
Karten der Abbildungen auf den Seiten 102, 103, 202, 209, 222, 225, 416, 422, 423: Kartengrundlage: Schummerungskarte, Digitale Topogr. Karte 1:100.000 und 1:200.000 (RIPS-TK100 und TK200), Räumliches Informations- u. Planungssystem (RIPS) der LUBW – Stand: 06/2010 © Landesamt für Geoinformation und Landentwicklung Baden-Württemberg (www.lgl-bw.de) Az.: 2851.9-1/19

Druck: Druckerei Uhl GmbH & Co. KG, Radolfzell
Hergestellt in Deutschland
ISBN 978-3-7995-0449-2

INHALT

DAS WUTACHLAND

1 | DIE GEOLOGIE DES WUTACHGEBIETS ZWISCHEN GUTACH-HASLACH-ZUSAMMENFLUSS UND BLUMBERG

2 | Die Wutach und ihre Nebengewässer

3 | Pflanzenleben in der Wutachschlucht

4 | Die Tierwelt der Wutachregion

5 | Der Mensch und die Wutach

GELEITWORT

Liebe Leserinnen und Leser,

die rund 30 Kilometer lange Wutachschlucht ist ein faszinierendes Wildflusstal mit ursprünglicher Natur. In kaum einem anderen Gebiet Baden-Württembergs können Sie Natur so hautnah und vielfältig erleben wie in dem Naturschutzgebiet Wutachschlucht mit seinen landesweit einmaligen Schluchtwäldern. Unterschiedliche geologische und klimatische Gegebenheiten haben einen Lebensraum geschaffen, der Heimat für viele Tier- und Pflanzenarten ist.

Die Wutachschlucht gehört mit 969 Hektar flächenmäßig nicht nur zu den zehn größten Naturschutzgebieten im Land. Sie ist auch in das Schutzgebietsnetz Natura 2000 eingebunden, da sie Teil des gleichnamigen FFH-Gebiets (Fauna-Flora-Habitat) und des Vogelschutz-Gebiets „Wutach und Baaralb“ ist. Dank der Natura 2000-Gebiete gelingt es, europaweit gefährdete Lebensräume sowie Tier- und Pflanzenarten zu schützen.

Die Stiftung Naturschutzfonds Baden-Württemberg hat das Buch „Die Wutach: Wilde Wasser – steile Schluchten“ – wie bereits den Nachdruck der Monografie „Die Wutach“ aus dem Jahr 1988 – gefördert. Die Autoren und Fotografen des Buches haben mit ihren Texten und Fotografien die überwältigende Landschaft und Artenvielfalt des Wutachtals dokumentiert. Das Buch zeigt die Bedeutung des Naturschutzgebiets und ermöglicht Ihnen umfassende Einblicke in die Wutachschlucht: Von einer Reise durch die Erdgeschichte über die Wutach und ihre Nebenflüsse, die Tiere und Pflanzen in der Schlucht bis hin zur touristischen Bedeutung und dem Naturschutz erfahren Sie alles Wissenswerte rund um die Wutachschlucht.

Ich wünsche Ihnen eine informative Lektüre und hoffe, das Buch macht Sie neugierig auf das spannende Ökosystem der Wutachschlucht. Ich bin überzeugt: Nachdem Sie es gelesen haben, möchten Sie die Wutachschlucht selbst entdecken.

Alexander Bonde
Minister für Ländlichen Raum und Verbraucherschutz
Vorsitzender der Stiftung Naturschutzfonds Baden-Württemberg

Gemeinsames Vorwort der Herausgeber

75 Jahre alt wird das Naturschutzgebiet Wutachschlucht im Jahre 2014. Für einen Menschen ein stolzes Alter, für die Wutachschlucht ein Wimpernschlag. Geologen erzählen uns, dass sie noch ganz jung ist, gerade einmal 12 000 Jahre alt. Sie ist wild geblieben und fließt noch ungestüm zu Tale. Die Wutach will noch nicht zur Ruhe kommen, Veränderung ist ihr Programm.

Genau diese Veränderungen machen die Wutachschlucht für uns so wertvoll. Wer die Schlucht häufiger besucht und wachen Auges in ihr wandert, wird bemerken, hier steht nichts still. Hochwässer räumen Kiesinseln ab, und einzelne Felsen stürzen in die Wutach. Doch in der Spur der Verwüstung sprießt bald wieder neues Leben. Und so spielt sich „Natur“ als großartiges Schauspiel vor unseren Augen ab – unmittelbar und eindrücklich für denjenigen, der es auf sich einwirken lässt. Das ist ein Schatz, den jeder für sich heben kann.

Der Mensch hat in dieses Naturgetriebe oft eingegriffen, hat in der Vergangenheit versucht, die Schlucht für sich zu nutzen. Ruinenreste und vieles andere künden von den Versuchen, sich die Wutach zu Diensten zu machen. Heute hat sich der Mensch aus der Schlucht weitgehend zurückgezogen und sie der Natur fast ganz überlassen – wir besuchen sie als neugierige Wanderer und nehmen einzig Erlebnisse mit.

Das Naturschutzgebiet hat in seiner langjährigen Geschichte viele Veränderungen erlebt. Seine Ausweisung vor 75 Jahren und zwischenzeitliche Anpassungen der Schutzverordnung haben der Wutachschlucht und den Wutachflühen gut getan. Auch wenn die Zeitläufe manch missliche Entwicklung mit sich brachten, so ist die Bilanz doch positiv. Man mag sich nicht vorstellen, wie die Schlucht heute ohne den Schutz aussehen würde – auch davon erzählt dieses Buch, das vom Regierungspräsidium Freiburg und dem Schwarzwaldverein gemeinsam herausgegeben wird. Denn ohne die Erschließung und stete Pflege der Wege in der Schlucht durch den Schwarzwaldverein, der 2014 sein 150-jähriges Jubiläum feiert, wäre ein Besuch der Schlucht kaum denkbar.

Nicht nur die Natur ist dauernd im Umbruch, auch die Schutzvorstellungen für die Schlucht und ihre umgebenden Höhen werden vom jeweiligen Zeitgeist geprägt. Doch immer ist man sich bewusst gewesen, mit der Wutachschlucht – und den Wutachflühen – ein ganz besonderes Stück Natur vor sich zu haben. Das war auch der Leitgedanke der „Zukunftswerkstatt Wutachschlucht“, die auf Bestreben der Naturschutzreferate im Regierungspräsidium und des Naturparks Südschwarzwald im Herbst/Winter 2013/2014 unter der Leitung von Regierungsvizepräsident Klemens Ficht und dem Freiburger Moderationsbüro Suedlicht stattfand. Hier trafen sich erstmals alle, die sich für die Wutachschlucht verantwortlich fühlen. Der dabei entstandene Gemeinschaftsgeist möge Brücke und Garant für gemeinsames Handeln und eine gute Zukunft der Naturschutzgebiete an der Wutach sein. Was könnte es Besseres geben in einem solchen Jubeljahr?

Auch mit dem vorliegenden Buch soll das Naturschutzjubiläum gewürdigt werden. Es ist nach dem Buch „Der Kaiserstuhl" (2009) und dem Buch „Der Feldberg" (2012) ein weiteres umfassendes Werk über eines der großen Naturschutzgebiete im Südwesten Baden-Württembergs. Gleichzeitig tritt das Buch die Nachfolge der 1971 vom Badischen Landesverein herausgegebenen und 1988 von der Landesanstalt für Umweltschutz unverändert nachgedruckten, umfassenden Monografie „Die Wutach" an. Dennoch unterscheidet es sich maßgeblich von dieser. Unter der fachkundigen Koordination von Friederike Tribukait, Mitautorin und Gebietsreferentin im Referat Naturschutz und Landschaftspflege des Regierungspräsidiums, entstand ein Buch, an dem sich über 40 renommierte Autoren beteiligt haben. Bewusst hat man im vorliegenden Werk auf eine umfassende Darstellung aller in der Schlucht vorkommenden Tiergruppen verzichtet und dafür dem Akteur „Mensch an der Wutach" mehr Raum gegeben. Zahlreiche brillante Fotografien und aussagekräftige Grafiken tragen dazu bei, dass das Buch jedem Naturinteressierten eine ästhetisch ansprechende und allgemeinverständliche Lektüre bietet. In verschiedenen „Specials" oder farbig hinterlegten „Kästen" werden die Themen der einzelnen Kapitel zum Teil aus anderer Perspektive oder auch weiterführend behandelt.

Erneut hat die Stiftung Naturschutzfonds Baden-Württemberg das Buch großzügig gefördert und damit die zeitgemäße grafische Gestaltung durch das Freiburger Grafikbüro hoyerdesign ermöglicht.

Dem Thorbecke-Verlag, der auch die vorhergehenden Bücher dieser Reihe „Der Kaiserstuhl" und „Der Feldberg" sowie die Kompendien über die Naturschutzgebiete unseres Landes verlegt, danken wir wieder für die kompetente und angenehme Zusammenarbeit.

Unser besonderer Dank gebührt allen Autoren, namentlich Prof. Dr. Hermann Goßmann, Prof. Dr. Theo Simon, Prof. Dr. Otti Wilmanns, Prof. Dr. Volkmar Wirth, Dr. Jürgen Kless, Dr. Wolfgang Rähle und den Autoren des Referats Landesgeologie im Regierungspräsidium, namentlich Dr. Matthias Franz sowie dem Redaktionsteam mit Regina Franke, Peter Lutz, Martin Schwenninger, Friedbert Zapf und Friederike Tribukait. Insbesondere danken wir auch den Bildautoren Klaus Steegmüller, Andreas Geh, Joachim Wimmer und weiteren der Gesellschaft Deutscher Tierfotografen (GDT), Regionalgruppe Baden, für ihre ausgezeichneten Fotografien. Sie alle haben ihr Können und Wissen unentgeltlich zur Verfügung gestellt und mit den anschaulichen, durchweg lesenswerten populärwissenschaftlichen Beiträgen ein Buch von dauerhaftem Wert entstehen lassen.

Bärbel Schäfer
Regierungspräsidentin

Georg Keller
Präsident des Schwarzwaldvereins e.V.

Das Wutachland

Junger Fluss in alter Landschaft

Hermann Gossmann

0.01 | Vorhergehende Doppelseite: Zwischen Schwarzwald, Baar und den Ausläufern der Alb mäandriert der *„eigenartigste Fluß unserer Heimat“* (Hockenjos 1950) durch ausgedehnte Wälder. (MG.2006)

„Der interessanteste Tag meines bisherigen Studiums“

Viele Studenten eines geowissenschaftlichen Studiengangs finden nach einem Exkursionstag in der Wutachschlucht und ihrer Umgebung, dass dies der vielseitigste, anregendste Tag ihres bisherigen Studiums gewesen sei. Sie hätten nicht geglaubt, dass man so viel theoretisch Erlerntes in so kurzer Zeit und auf so engem Raum sehen, fühlen und verstehen könne. Auch Lernende der Fächer Geobotanik oder Zoologie und selbst Schüler (s. auch S. 401) sind überrascht von der faszinierenden Vielfalt dieses Raums. Was sind die Gründe dafür, dass der aufmerksame Beobachter hier von so vielen Denkanstößen und Einsichten überrascht wird?

Im Hinblick auf die Wutachschlucht werden viele Superlative gebraucht. Wenn Hans Cloos in seinem „Gespräch mit der Erde“ (1947) ihr ein eigenes Kapitel „Schwarzwaldsommer“ widmet, sie dabei als *„geologisches Weltwunder“* bezeichnet und in ihr eines der interessantesten geologischen Phänomene weltweit sieht, hat das hohes Gewicht. Er ist aber nur einer von zahllosen Wissenschaftlern verschiedener Fachgebiete, die aus ihrer Perspektive heraus in der Wutachschlucht einen Naturraum großer Einmaligkeit sehen, in dem man für seine eigene Disziplin durch bloßes Hinsehen sehr viel gewinnen kann. Mit Hockenjos 1950 (*„der eigenartigste Fluß unserer Heimat“*, *„der letzte Wildfluß unserer Mittelgebirge“*) würden wohl alle Naturliebhaber übereinstimmen.

Das Besondere ist aber, dass sich im Wutachgebiet so viele oft leicht zugängliche Einzelbeobachtungen zu einem Gesamtbild zusammenfügen. Am Ende eines Tages an der Wutach steht das Bewusstsein, viele Zusammenhänge zwischen Geologie, Klimageschichte, Landschaftsgeschichte, Geobotanik, Zoologie und auch Heimatgeschichte erkannt zu haben. Viele Besucher wird überraschen, dass dabei keineswegs nur die Schluchten der Wutach und ihrer Nebenbäche, sondern der gesamte Raum, also die „ruhige alte Landschaft“ und der junge Taleinschnitt mit ihrem zeitlichen Nacheinander, ihren Kontrasten und ihrer funktionalen Verflechtung dieses vielseitige geowissenschaftliche „Lehrbuch“ ergeben.

Wilder Fluss in ruhiger Landschaft

Steht man heute wie vor 50 Jahren erstmals auf einer Anhöhe bei Göschweiler und blickt über das flache alte Tal nach Süden hinüber nach Gündel-

0.02 | „Unsichtbare Wutachschlucht“: Von dieser Anhöhe bei Ewattingen aus gesehen, könnte man glauben, mit einer kurzen Wanderung auf den nur wenige Kilometer entfernten Buchberg zu gelangen. Tatsächlich liegt zwischen der Wiese im Vordergrund und dem Bergrücken jedoch das tiefe Tal der Wutach. (KS.2013)

wangen | 0.04 |, so fragt man sich unwillkürlich, wo denn die Wutachschlucht sei, die man besuchen wollte. Man nimmt von hier aus nur die weite Landschaft wahr, wie sie ihr ehemals zentraler Fluss, die vom Feldberg kommende Ur-Donau („Feldbergdonau") geschaffen hat, ehe sie an einer niedrigen Wasserscheide zum Rhein hin überlief. Aus größerer Nähe erkennt man dann die scharfe Kante, die die ältere „danubische" Landschaft und die junge, hier etwa 100 m tiefe „rhenanische" Schlucht trennt. Längs der Oberkante der Schlucht der Wutach und ihrer Nebenbäche kann man in vielen Abschnitten auf wenige Meter genau die Grenze der jungen Erosion in der älteren Landoberfläche festlegen.

Treten wir – wie die meisten Wanderer – zunächst in diesen jungen, 33 km langen Talraum ein, den die Wutach geschaffen hat, seit sie durch dieses Überlaufen vor 18 000 Jahren von einem Quellfluss der Donau zu einem Nebenfluss des Rheins wurde. In diesem Talraum finden wir die meisten der in den folgenden Kapiteln behandelten Naturphänomene. Einige wollen wir hier herausgreifen und hervorheben.

Lehrbuchbeispiele fluvialer Erosion und starker Hangdynamik

Wutachschlucht, Gauchachschlucht und die Einschnitte weiterer Nebenbäche sind voll von Lehrbuchbeispielen für verschiedene geomorphologische Prozesse und ihre Verzahnung. So findet man hier an den Talhängen auf kleinem Raum nebeneinander alle Abtragungs- und Umlagerungsformen, die man auch im Hochgebirge einerseits an widerständigen, wandbildenden und andererseits bei fließfähigen, tonreichen Gesteinen sieht. Verläuft der schmale Pfad streckenweise höher als 80 m über dem Fluss in einer senkrecht abfallenden Wand, so geht es wenig später durch rutschendes, grundloses Gelände, in dem der Wanderweg in einer feuchten Periode durch das Ausfließen einer im Hang anstehenden Tonschicht nachhaltig unpassierbar wird. Der Begriff Quellhorizont wird anschaulich, wenn man auf einem der Talhänge längere Zeit knapp unter einer Schichtgrenze entlang wandert, die Quellen oder Wasseraustritte sieht und die Einschnitte der zahlreichen kleinen Bächlein überqueren muss.

Sehr spannend ist im steilen Relief der Talhänge überall das Gegeneinander von Hangdynamik und stabilisierender Wirkung der Vegetation, vor allem des Waldes. Die Wutachschlucht ist bei aller Hangdynamik heute sicher zu 90 % bewaldet – mit allen Formen und allen Graden des Kampfes gegen die Schwerkraft (s. auch S. 138).

Im Talgrund kann man alle fluvialen Erosions- und Umlagerungsprozesse ungebändigter Wildwasserflüsse studieren. Man setze sich beispielsweise an einem heißen Tag bei mäßig hohem Wasserstand im Bereich des „Amselfelsens" auf

0.03 | Nach dem Queren einer der in einem Steilhang ausquellenden Tonschichten. (HGO)

0.04 | Blick über die Südwest-Baar von Göschweiler nach Gündelwangen im Jahr 1964. Nur ein dunkler Saum von Bäumen zeigt die Linie, längs derer die Landschaft von rechts nach links von einer 100 m tiefen Schlucht durchschnitten ist. (FH)

0.05 | **Bis Mitte der 1960er-Jahre** brütete der Wanderfalke regelmäßig in der Wutachschlucht. (BM)

halbem Weg zwischen Schurhammerhütte und Rümmelesteg auf eine der Schotterbänke und zähle innerhalb eines Quadratmeters die hühnereigroßen Gerölle aus. Dies gibt einen Eindruck davon, welche Anteile des Schottertriebs bei Hochwasser dem Grundgebirge, dem Buntsandstein und dem Muschelkalk entstammen. Man kann für sich rekonstruieren, welchen Weg einzelne der Gerölle bis zu dieser Stelle genommen haben.

Eine interessante Frage ist, ob die Dynamik der Wutachschlucht auch da, wo eine deutliche Erosionsoberkante existiert, über diese hinaus auf die Hochflächen ausgreift. Im Bodenwasserhaushalt sicher. Jeder Quellhorizont und jede Quelle in den Hängen der Schlucht sind Beleg für die Wege, die sich das Grundwasser seit dem Einschneiden der Wutach geschaffen hat. Extrem ist dies, wo die Lösung in den salinaren Serien des Mittleren Muschelkalks Höhlensysteme schaffen konnte, die stellenweise zum Einbruch der darüber liegenden gebankten Kalke des Oberen Muschelkalks und zu extrem jungen Dolinen führt.

Eine besondere Variante von Karstformenschatz in der Schlucht (s. auch S. 80) findet man, wenn wie zwischen Amselfelsen und Rümmelesteg die Obergrenze dieser leicht löslichen Serien des Mittleren Muschelkalks unter den Wasserspiegel abtaucht | 0.06 |: ein Fluss, der – zumindest bei Niedrigwasser – ganz im Untergrund verschwindet, das Bett in einem Höhlensystem begleitet und einige Kilometer weiter wieder ins Flussbett zurückkehrt | 0.15 |. Je nach Wasserstand kann man einzelne der zahlreichen Versinkungsstellen erkennen.

0.06 | **Amselfelsen** mit wutachabwärts unter das Wutachniveau absinkender Grenzfläche zwischen dem Mittleren und dem Oberen Muschelkalk. (LT.2013)

Junge und ganz junge Böden

Wer danach sucht, findet die unterschiedlichsten Entwicklungsstufen der Böden von reinen Rohhumusböden bis zu braunen Waldböden verschiedener Reife. Dies ist der Vielfalt der Gesteine, aber auch dem kleinräumigen Nebeneinander von aktuell bewegten Verwitterungssubstraten und schon seit Jahrhunderten unter Vegetation fixiertem Hangschutt geschuldet. Selbst zu Themen wie Paläoböden aus früheren Klimaten gibt es hier Zugänge. Man findet sie in Gesteinsspalten nahe dem Grund der Schlucht (beispielsweise unmittelbar neben dem Tannegger Wasserfall mit seiner Sinternase): von oben eingespülte Reste ockerfarbener Verwitterungslehme aus der Zeit einer Bodenbildung unter warmem Klima lange vor dem Entstehen der Wutachschlucht.

Natürlich sind auch die Böden im mäßigen Relief der Hochflächen außerhalb der Schlucht jung. Ältere Böden sind dort durch die Wirkung des Frostes während der Eiszeiten verschwunden. Die starke Deflation auf den damals vegetationsfreien Landoberflächen und die Eigenbewegung in der sommerlichen Auftauschicht über dem dauernd gefrorenen Untergrund haben auch auf flach geneigten Hängen die alten Böden abgetragen. Die meist rötlichen Bodenreste aus einem vorquartären warmen Klima sind nur im Muschelkalkgebiet gelegentlich in mehrere Meter tiefen Lösungsspalten erhalten. Nach dem Ende der letzten Kaltzeit haben sich in mehreren Tausend Jahren unter Wald großflächig vor allem Braunerden gebildet. Sie variieren mit dem jeweiligen Gesteinsuntergrund und mit der seit der Rodung durch den Menschen stattfindenden, unterschiedlich starken „Köpfung ihrer Profile“ infolge von Bodenbearbeitung und Abspülung.

Ein Spitzengebiet für Botaniker und Zoologen

Man darf davon ausgehen, dass die Wutachschlucht bereits am Beginn des Holozäns (der klimatologischen Jetztzeit) vor etwa 12 000 Jahren in ihrer heutigen Form vorhanden war und dass sich seither mit dem Wiedereinzug des Waldes die Vielfalt von Flora und Fauna entwickelt hat, die für alle ökologisch Interessierten ihre Einmaligkeit bestimmt. Ihre Differenzierung ist einerseits durch den klimatischen Kontrast zwischen Hochfläche und Schlucht geprägt, andererseits aber – und das noch stärker – durch die kleinräumigen thermischen und hygrischen Gegensätze innerhalb der Schlucht. Diese wiederum variieren extrem mit der jeweiligen Hangneigung und Exposition sowie in der Vielfalt der hier vertretenen Gesteine.

So ist die Schlucht eines der artenreichsten und von der wissenschaftlichen Forschung mit am längsten untersuchten Gebiete Mitteleuropas. Hier sind Zuwanderer aus fast allen biogeografischen Regionen Europas vertreten. Neben der postglazialen Einwanderung von Steppenarten aus dem Osten über die Donau sowie mediterranen „Neubürgern" aus Südwesten über die Burgundische Pforte und den Hochrhein findet man auf Extremstandorten wie den Felsen auch reliktische Vertreter aus dem Alpenraum (s. auch S. 174).

Nicht umsonst sind Exkursionen gerade auch der Fächer Zoologie und Geobotanik in diesen Raum von äußerst hohem Reiz und Bildungswert. Vielfach ist dabei geduldige, genaue Beobachtung gefordert, z. B. wenn man den „Spinnerfall der Eintagsfliegen" (s. auch S. 263) oder die Moosdecken an alten Bäumen erforschen möchte (s. auch S. 180). Doch drängt sich auch dem weniger geschulten Wanderer die Wahrnehmung von Gegensätzen und Charakteristiken in der Flora und Fauna sowie von typischen Verhaltensweisen einzelner Tierarten auf.

Da ist einerseits das Schluchtenklima mit seiner in der Regel hohen Luftfeuchte (eine erhebliche Herausforderung für den Wanderer an schwülen Tagen), andererseits aber auch die Trockenheit an steilen südexponierten Hangvorsprüngen und Wänden. Dies spiegelt sich im kleinräumigen Wechsel des Bewuchses wider, von den dicken Moospolstern auf den Ästen der Bäume im Talgrund | 0.07 | entlang der „Kurpromenade" des ehemaligen Bad Boll (s. auch S. 390) bis zu den trockenwarmen Kreuzenzian-Säumen unterhalb der Dietfurt. Zum Begriff „Pionierpflanzen" gibt es wenig einprägsamere Bilder als die Pestwurzbestände an den Ufern und auf den Schotterfächern der Talsohle.

0.07 | Dicke Moospolster wachsen auf den rund 100-jährigen Bäumen entlang der ehemaligen „Kurpromenade" von Bad Boll. (MS.2013)

Auch in der Tierwelt spiegelt sich die Vielfalt der kleinräumlichen Unterschiede. Jede ökologische Nische hat ihre Spezialisten, von Greifvögeln | 0.05 | bis zu den Amphibien, von den Kleinsäugern wie den Fledermäusen bis zu Fischen und Schnecken, von den Schmetterlingen bis zu den Laufkäfern und anderen Insekten. Einige sind geradezu zu Wappentieren der Wutachschlucht geworden. Hat man das Glück, einmal hier zu wandern, wenn nach trockener Witterung mit einer Warmfront ein gleichmäßiger sanfter Regen einsetzt, wird man die starke Präsenz der sonst sehr versteckt lebenden Feuersalamander auf den Wanderwegen nicht mehr vergessen.

Wutachschlucht im Wutachland

Der Talraum der Wutachschlucht einschließlich der Wutachflühen ist eingebettet in die Südwest-Baar. Dieses „Wutachland" zeigt die Landschaftsformen, wie sie vor der Umlenkung aussahen – noch mit der Feldbergdonau als zentralem Fluss – und wie sie durch die vorausgehende Landschaftsgeschichte geprägt wurden. Auch wenn die Erosionskanten und

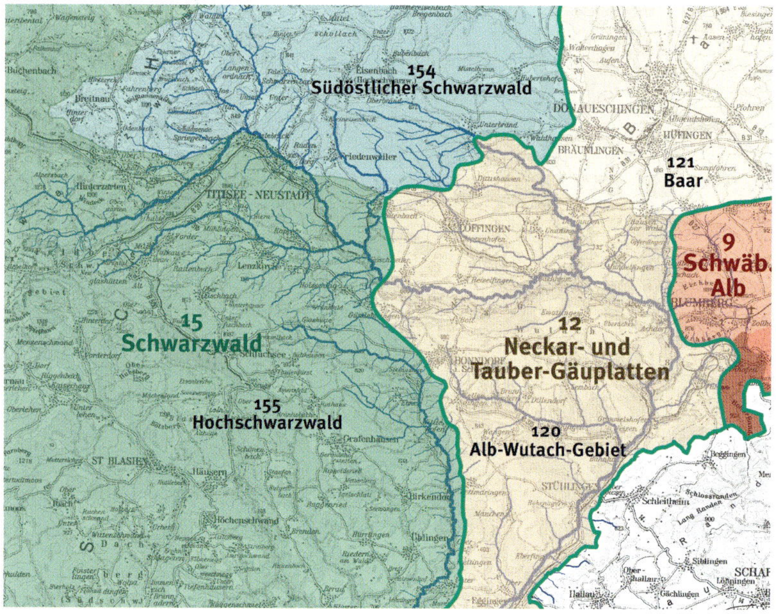

0.08 | Naturräumliche Gliederung. Das „Mittlere Wutachland" zwischen Schwarzwald und Schwäbischer Alb. Die Wutachschlucht greift hier über die Grenze der naturräumlichen Haupteinheiten in den Schwarzwald hinein.

Einschnitte der Wutachschlucht samt ihrer Nebenbäche meist sehr markant sind, ist eine Beschreibung der Wutachschlucht ohne ihre Bezüge zu den Hochflächen auf beiden Seiten unvollständig.

Werfen wir zunächst einen Blick auf diesen Raum in der „Naturräumlichen Gliederung". Wenn im Bereich der alten Bundesrepublik eine räumliche Gliederung benötigt wird, ist die „Geographische Landesaufnahme 1:200 000" der 1950er- und 1960er-Jahre noch immer ein erster Zugriff. Für unseren Raum ist es das Blatt 186, Konstanz, bearbeitet von Benzing 1964. Darin wird unser Raum durch die Grenze zweier naturräumlicher Haupteinheiten, dem Schwarzwald und den Neckar- und Tauber-Gäuplatten, von Süden nach Norden durchschnitten. Die von Liehl 1971 geführte Auseinandersetzung mit dieser Gliederung zeigt aber, dass es sinnvoll ist zu akzeptieren, dass hier durch die junge Erosion ein eigener Landschaftsraum (Wutach- und Gauchachschlucht) gebildet wird, der über die Grenze der naturräumlichen Haupteinheiten mit allen Konsequenzen hinweggreift. Damit wird die gesamte Schlucht zusammen mit dem Albtal und den nicht zum Schwarzwald zählenden Hochflächen ihrer Einzugsbereiche zu einer Haupteinheit zusammengefasst, dem Alb-Wutach-Gebiet (120) | 0.08 |. Diese Darstellung liegt als Ausgangspunkt auch neueren Gliederungen von Baden-Württemberg zugrunde wie der „Forstlichen standortskundlichen regionalen Gliederung", der „Agrarökologischen Gliederung" sowie den Karten der „Potentiellen natürlichen Vegetation" (LUBW 2013). Der Teil, der uns hier interessiert, ist das sogenannte Mittlere Wutachland. Es besteht aus dem Löffinger Muschelkalkhochland, dem Mundelfinger Liashochland und dem Bonndorfer Muschelkalkhochland. Das sind die Landschaften, die den etwa vom Räuberschlösschen aus wutachabwärts Wandernden links und rechts außerhalb der Schlucht begleiten (vgl. auch | 0.10 | und | 1.5.01 |).

Wie ein Modellbaukasten

Dieses Mittlere Wutachland bildet zusammen mit der Wutachschlucht in mehrfacher Hinsicht einen landschaftlichen Modellbaukasten mit hohem didaktischen Wert und weitgreifenden Verständnislinien. Der Schichtenstapel der Trias liegt hier

0.09 | Süd-Nord-Profil durch das Mittlere Wutachland, etwa auf dem Meridian von Unadingen; auf beiden Seiten der Hangoberkante befinden sich Reste der eiszeitlichen Schmelzwasserablagerungen (Wutachschotter), die vor dem Überlaufen das Bett der Feldbergdonau erhöhten. (HD nach PAUL 1969)

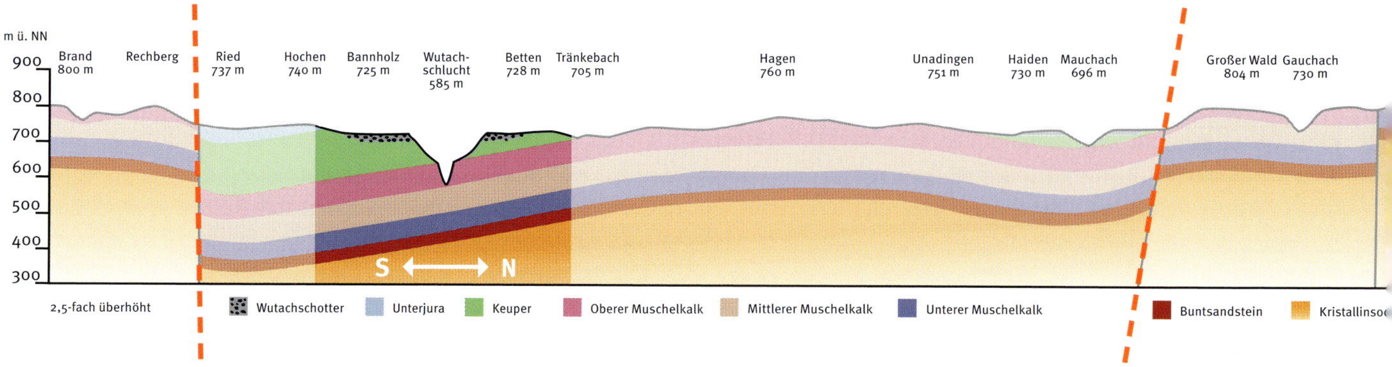

eingeschlossen durch die Verwerfungen der Lenzkirch-Bonndorf-Störungszonen zwischen den Grundgebirgskörpern im Süden und Norden | 0.09 | und er ist durch die Schlucht wie mit dem Skalpell aufgeschnitten (s. auch S. 62). So entsteht ein beinahe einmaliges dreidimensionales Bild einer Landschaft und ihres geologischen Untergrunds. Und: Durch den „Anzapfungszeitpunkt" vor etwa 18 000 Jahren sind alle landschaftsformenden Prozesse getrennt in ein „Vorher" und ein „Nachher".

Ein für das Verständnis dieses „Anzapfungsvorgangs" wichtiger Ort ist der Reiselfinger Flugplatz mit der unmittelbar nach Osten anschließenden großen Kiesgrube. Steht man vor der mehr als 20 m hohen Abbaufront der bunten Schotter aus dem Feldberggebiet mit dem Wissen, dass diese in den letzten zwei Eiszeiten durch die allsommerlichen Schmelzwässer als glazifluviale Aufschüttungen in das breite Tal der Feldbergdonau eingetragen wurden, so fällt die Vorstellung des „Überlaufens" an der niedrigen Wasserscheide bei Achdorf nicht mehr schwer (vgl. | 1.6.08 |). Viele Überlegungen älterer Autoren, wie so eine „Anzapfung" alleine habe funktionieren können, erübrigen sich so.

Das Mittlere Wutachland ist so auch ein Modellgebiet für das Verständnis der Schichtstufenlandschaften | 0.10 |. Wie einer unserer geomorphologischen Lehrer sagte: Man solle weniger auf die Theorien als auf die Entwicklung des Flussnetzes schauen. Von Standorten in der Nähe des Wasserbehälters oberhalb von Unadingen zeigt sich beim Blick nach Osten – über die von hier aus nicht wahrnehmbare Gauchachschlucht hinweg – die von Döggingen aus nach Süden ziehende Keuper-Unterjura-Schichtstufe. Man sieht von hier aus die Stufe so, wie sie sich vor 18 000 Jahren mit der Feldbergdonau als Abtragungsbasis entwickelt hatte. Geht man von hier nach Osten bis zu einer Geländekante, von der man die Gauchachschlucht einsehen kann, so wächst dieser Hang auf mehr als die doppelte Höhe. Noch ausgeprägter ist der Gegensatz bei Eichberg und Buchberg, je nachdem, ob man deren Höhe auf die alte Erosionsbasis in ca. 700 m oder auf die heutige Wutach in 500 m Höhe bezieht.

Von diesem Standort bei Unadingen – wie auch von anderen hochgelegenen Punkten des Mittleren Wutachlands aus – vergegenwärtigt man sich auch, dass durch die Gasse zwischen Eichberg und Buchberg (Blumberger Pforte) vor ihrer Umlenkung die Feldbergdonau Richtung Geisingen floss (vgl. | 1.6.11 |). Das gesamte hydrologische System dieses Bereichs zwischen hohem Schwarzwald und Albtrauf war auf diesen Punkt hin ausgerichtet. Alles zwischen dem aufsteigenden Schwarzwald und der sich bildenden Juraschichtstufe in den letzten 5 Millionen Jahren (Ma) abgetragene Material (mehrere Hundert Meter Trias- und Jurasedimente) wurde durch diese Gasse nach Osten transportiert.

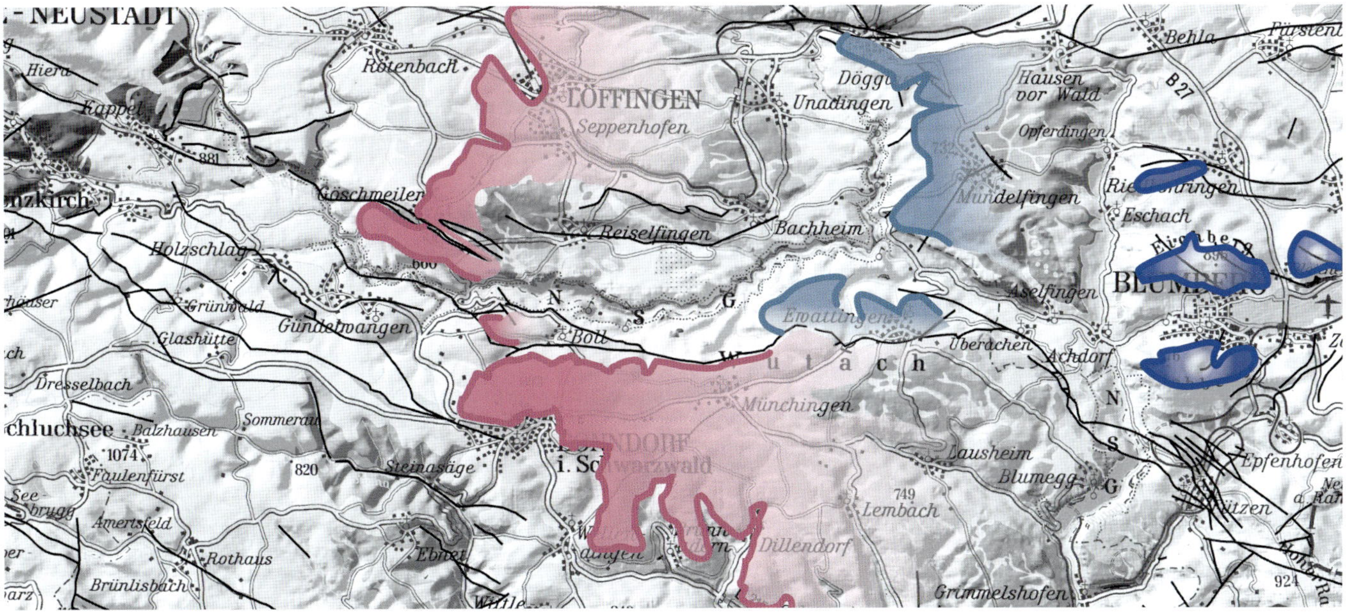

0.10 | Verlauf der drei Schichtstufen von West nach Ost: Oberer Muschelkalk, Keuper-Unterjura (vormals Keuper-Lias) und Oberjura im „Altrelief" des Wutachlands. (HD nach LIEHL 1971 und 1988)

Mit Lupe und Fernrohr gleichermaßen

Von der Beschäftigung mit der Wutach und dem „Wutachland" lassen sich Verständnislinien ziehen, die räumlich und zeitlich weit über das hier Gesehene hinausreichen. Von der kleinräumigen Betrachtung dieser Modelllandschaft und aktueller Erfahrung kommt man zu großräumigem Überblick und Langzeitverständnis. Die Situation an der Wutach erlaubt – wie mit einem Brennglas und einem Fernrohr gleichermaßen –, den Blick auf die Landschaftsentwicklung in ganz Süddeutschland im Verlauf der Erdgeschichte und auf ihre zeitlichen Dimensionen zu richten.

Mit einer Formulierung von LIEHL (1971) sind wir hier am „Knauf" des süddeutschen Triasfächers. Jeder Wanderer längs der Wutachschlucht ist verblüfft, dass er zwischen Schattenmühle und Wutachmühle wutachabwärts in wenigen Stunden das gesamte Schichtpaket von Buntsandstein, Muschelkalk und Keuper (von unten nach oben! – vgl. | 1.5.01 |) durchwandern kann, für das er z. B. in Franken von Aschaffenburg über Würzburg nach Nürnberg eine Strecke von 180 km abfahren müsste. Der sich von diesem „Knauf" aus nach Norden und Nordosten öffnende süddeutsche Triasfächer ist das beherrschende Element geologischer Karten von Südwestdeutschland. Die geringere Mächtigkeit der Schichten am Rande ihres Sedimentationsraums im Mesozoikum und der steilere Einfall des Schichtenstapels nach Südosten heute machen dies hier möglich. Für viele großen Themen der Landschaftsgeschichte Süddeutschlands lässt sich hier Anschauung gewinnen.

So ist auch der Schritt von der Feldbergdonau zu einem Nebenfluss des Rheins ein Schlüssel zur gesamten Flussgeschichte Süddeutschlands seit der Entstehung von Donau und Rhein im Pliozän. Kartenskizzen des Gewässernetzes von Süddeutschland vor etwa 5 Ma | 0.11 | zeigen die Donau als die große Sammelader für den Raum zwischen den Alpen (von Bern bis Wien), Schwarzwald, Odenwald, Rhön, Thüringer Wald und Fichtelgebirge. Viele ihrer Nebenflüsse wurden seitdem schrittweise durch tektonische und klimatische Impulse dem Rheinsystem angegliedert. Dies erzeugt die vielfältig und merkwürdig geknickten Verläufe der süddeutschen Flüsse. Und so stellt sich auch die Frage: „Was könnte noch kommen?" Lassen Sie uns spekulieren: Die heutige Donau bei Geisingen liegt nur etwa 30 m tiefer als die Wasserscheide in Blumberg. Käme es z. B. durch eine zukünftige Eiszeit zu einer Aufschotterung der heutigen Donau um diesen Betrag, so ergäbe sich ein Abfluss in Richtung Blumberg (s. auch S. 67) und ein Überfließen dort zur Wutach – eine Situation, die sehr rasch zu einem nicht mehr umkehrbaren Anschluss der Brigach- und Bregdonau an den Rhein führen müsste.

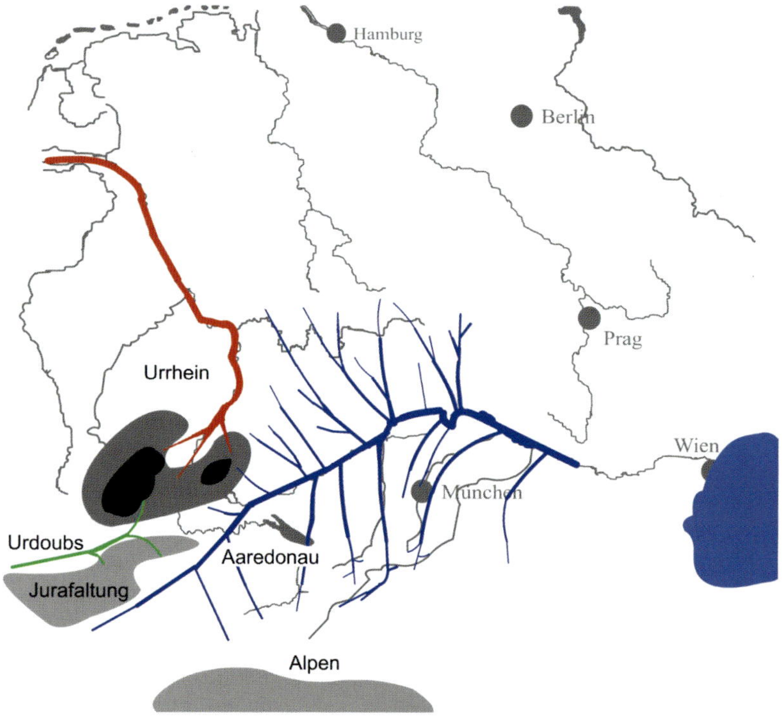

0.11 | Im ausgehenden Tertiär (Alt-Pliozän) ist die Aaredonau die große Sammelader der meisten Flüsse in der Nordschweiz und Süddeutschland. (WWW.WEBGEO.DE)

LANGE ZEITEN, KURZE ZEITEN

Wutachschlucht und Wutachland mit ihrer hohen Dichte räumlicher Phänomene ganz verschiedener Zeitdimensionen wecken auch den Wunsch nach einer anschaulichen Erfassung der so unterschiedlichen Zeithorizonte – von unserer historischen Erfahrung, der Entwicklung unserer Pflanzen- und Tiergesellschaften über landschaftsgeschichtliche Zeitmarken bis zu den ältesten Gesteinen des

Raums: ein nicht ganz leichtes Unterfangen, weil es um Jahre, Jahrtausende bis zu vielen Jahrmillionen geht (s. auch S. 17).

Ein Vorschlag: Man bilde einmal gedanklich eine Zeitschiene von heute in die Vergangenheit hinein mit folgender Skalierung: 1 Jahr = 1 mm, 1000 Jahre = 1 m, 1 000 000 Jahre = 1 km (wer es lieber online mag: www.webgeo.de/m_300).

Dann nimmt die Zeit unserer eigenen Lebenserfahrung einige Zentimeter ein. Alle Aktivitäten des Menschen an der Wutach seit dem ausgehenden Mittelalter liegen in den jüngsten 50 cm. Das für diesen Raum prägende Ereignis, nämlich der Tag (oder das Jahr) des Überlaufens des – sein Schotterbett aufbauenden – glazifluvialen Schmelzwasserstroms (Feldbergdonau) während des Höchststands der Würmeiszeit in ein kleines, zum Rhein hinunterführendes Flüsschen (Ur-Wutach), liegt etwa 18 m entfernt. Bis zu der Zeit, in der ein großer Fluss aus Südwesten (Aaredonau) Schotter ablagerte, die wir heute in rund 900 m Höhe auf dem Eichberg finden, wären es schon circa 5 km. Seitdem wäre der ganze Raum kräftig angehoben worden. Eine Zeitlang hätten Aaredonau und ihr Nebenfluss vom Feldberg her noch gemeinsam an dem Tal zwischen Eichberg und Buchberg gearbeitet. Dann wäre die Umlenkung der Aare bei Waldshut nach Westen erfolgt und dadurch die Feldbergdonau zum Quellfluss der Donau geworden – mit einer relativ niedrigen Wasserscheide Richtung Waldshut zum neuen Einzugsbereich der Aare.

Damit sind wir immer noch nahe an der Gegenwart. Die gesamte Zeit des Tertiärs mit Rheingrabentektonik, Kippung des Schwarzwalds, der schrittweisen Abtragung des mesozoischen Schichtenstapels über Feldberg, Belchen und Kandel begänne etwa 65 km vom „Jetztpunkt" entfernt. Die vorausgehende Zeit der Sedimentation von Buntsandstein, Muschelkalk und Keuper im „Germanischen Triasbecken" hätten wir zwischen Kilometer 200 und Kilometer 250. Die Entstehungszeit der permzeitlichen Vulkanite des Räuberschlösschens fänden wir irgendwo zwischen km 250 und km 300. Die Variskischen Gebirge, in deren Sockel die Granite und Gneise des Grundgebirges gebildet wurden, etwa zwischen km 300 und km 360. Sie spüren dabei, wie jung (wie heutig) die Wutachschlucht in erdgeschichtlicher Betrachtung ist.

Die Ausräumung des neuen Talraums bis auf wenige Meter über der heutigen Talsohle erfolgte noch in der ausklingenden Kaltzeit. Der Einzug der nacheiszeitlichen Pflanzen- und Tierwelt in eine Schlucht etwa der heutigen Form fand in der klimatologischen Jetztzeit, dem Holozän, seit etwa 12 000 Jahren statt (vgl. „Gedankenspiel zur Tiefenerosion" auf S. 102).

0.12 | **Mit den ersten Nebeln** im Herbst wird der Lauf der sonst nicht sichtbaren Wutach in der Landschaft nachgezeichnet. (MS.2013)

Der Mensch als Akteur im Wutachland

Der Mensch als Akteur und Veränderer des Landschaftsbilds und der Ökosysteme wird in der Umgebung der Schlucht mit der Jungsteinzeit etwa in der zweiten Hälfte des Holozäns greifbar. Auf den letzten 2 m unseres Zeitstrahls befinden wir uns in der recht gut bekannten Geschichte seit der Römerzeit mit der Alamannischen Landnahme und mit einer ähnlichen Siedlungsentwicklung wie im übrigen altbesiedelten Südwest-Deutschland und der Nordschweiz. Sie führt auf der Baar zu einer alten Kulturlandschaft mit großräumiger Rodung, Ackerbaunutzung und Sippensiedlungen, die zu Haufendörfern (häufig „-ingen-Orte") werden. In einer entsprechenden historischen Betrachtung bleibt die Wutachschlucht stets ein abweisender, eigenständiger Sonderraum und eine historische, mundartliche und kulturelle Grenzlinie hohen Rangs.

Wenn auch von Übersichtsstandorten bei Gündelwangen, Göschweiler oder Buchberg aus gesehen die Ackerbaulandschaft auf beiden Seiten der Wutach ein einheitliches Bild bietet | 0.13 |, so war doch die „geographische Distanz" zwischen Löffingen und Bonndorf bis zum Bau der beiden Brücken an der Schattenmühle und der Wutachmühle um 1870 riesig. Historisch lag hier die Grenze zwischen der fürstenbergischen Landgrafschaft Baar und der zum Kloster St. Blasien und damit zum Albgau gehörenden Grafschaft Bonndorf. Erst 1806 mit der Bildung des Großherzogtums Baden wurde der Raum in einer größeren politischen Einheit zusammengefasst.

Wäag oder Wääg

Noch ausgeprägter als die historische ist die mundartliche Grenzlinie an der mittleren Wutach (Hall 1991: „*eine Dialektgrenze erster Ordnung*"). Es konvergieren hier von Westen und Osten mehrere Sprachscheiden und verlaufen gemeinsam längs der Schlucht. Die bekannteste ist die sogenannte Chind-Kind-Linie, die die hochalemannischen Mundarten im Süden von den mittelalemannischen im Norden trennt. Es schwenkt aber auch die von Norden kommende sogenannte östliche Schwarzwaldschranke (Wäag-Wääg-Linie) – sie gilt als Ostgrenze des oberrheinisch-alemannischen Einflusses – bei Gündelwangen nach Osten um und folgt dann (mit Ewattingen als Ausnahme) der Wutach in Richtung Waldshut.

Dennoch ist die Wutachschlucht auch Ergänzungsraum zu den wasserarmen Ackerbaulandschaften auf beiden Seiten. Es gab immer wieder Versuche, Stichwege zur Wutach einzurichten und

0.13 | Blickt man vom Buchberg nach Westen, wutachaufwärts, erstreckt sich zur Rechten die Hochfläche der Baar mit dem Löffinger Muschelkalkhochland und zur Linken das Bonndorfer Muschelkalkhochland. Im Hintergrund (etwa in der Bildmitte) der Hochfirst und links dahinter der schneebedeckte Feldberg, Quellgebiet der Wutach. (MS.2013)

dort Wasserkraft in Mühlen oder Sägen zu nutzen, meist nur bis zur Zerstörung durch das nächste Hochwasser (s. auch S. 343). Schon im Mittelalter gab es die Verpflichtung („Bannung“) von Bauern, an Gauchach und Wutach Korn zu mahlen. Für den wachen Wanderer eindrucksvoll ist der Punkt „Dietfurter Mühle“ oder „Oberdietfurt“. Auf schmalen Pfaden von der Schattenmühle herkommend, steht er plötzlich in der Kehre eines den Hang herabführenden alten Fahrwegs | 0.14 | und sieht die meterhohen behauenen Steinsäulen, die ihn auf den nächsten 200 m auf der Talseite begleiten. Verblüffend ist der Umfang der unter Moos und Wurzeln liegenden Mauerreste und Kanäle. Hier war eine alte Furt (Dietfurt = Volksfurt) und, immerhin seit 1614 belegt, bis zum Bau der Brücke an der Schattenmühle 1873 der einzige Wutachübergang mit einer exemplarischen Bündelung von Funktionen: Gasthaus, Stallungen für Pferde (Vorspann!), Getreidemühle, Säge, Gipsmühle (letztere zur Verarbeitung des nahebei im Hang im Mittleren Muschelkalk anstehenden Anhydrits als Baumaterial und Düngemittel).

„...und die Bodenschätze des Wutachtals bleiben nicht ungenutzt vergraben ...“

Nicht nur an diesem Punkt hat der wirtschaftende Mensch in die Schlucht hineingewirkt und dort Ressourcen erschlossen. Verstärkt hat sich dies seit dem Ende des 19. Jahrhunderts. Einerseits wurde die Schlucht ab 1890 durch den Schwarzwaldverein begehbar gemacht. Mit Bau eines Badehotels des englischen Fishing Club bei Boll („Rheumakuren am besten Forellenwasser Europas“) wurden Besucher von nah und fern angezogen. Andererseits wird das Industriezeitalter in der Schlucht Gegenwart mit dem Griff nach dem Wald, nach den Bodenschätzen (s. Kasten S. 35 „*Pleiten, Pech und Pannen...*“) und – schon 1886 – mit dem Griff nach dem Wasser, der Einleitung von Abwässern einer Papierfabrik in die Schlucht.

Es ist heute nicht mehr vorstellbar, dass Bilder der 1930er-Jahre eine intensive forstliche Nutzung bis hin zu Kahlschlägen zeigen oder dass in den 1950er- und 1960er-Jahren jeder Wanderer längs der Wutach an Sommertagen erhebliche Geruchsbelästigungen ertrug.

Der exemplarische Kampf um ein Naturschutzgebiet

Umso faszinierender ist in diesen 100 Jahren das unermüdliche Wirken einzelner Menschen wie Hermann Schurhammer oder Fritz Hockenjos und das Engagement Tausender zur Erhaltung des Naturraums Wutachschlucht mit seinem Reichtum, seiner Vielfalt, seinem Erholungswert und seinen didaktischen Möglichkeiten für die Ausbildung naturwissenschaftlich interessierter junger Menschen. Das Wort „Wutach“ steht nicht nur für eines der ältesten deutschen Schutzgebiete, sondern gleichzeitig für die Vielfalt dieser Anstrengungen (s. auch S. 404), für die Beharrlichkeit und Findigkeit seiner Akteure.

Anregungen für einen Tag im Wutachgebiet...

Standorte mit vielen Perspektiven

Es klang schon mehrfach an, dass viele Punkte des Wutachgebiets gleichzeitig einen Schlüssel zu mehreren Themenbereichen darstellen. In den folgenden Kapiteln wird das auch immer wieder deutlich. Zwei Beispiele seien hier angeführt.

Den Platz am Amselfelsen (s. | 0.06 |) ca. 1 km oberhalb des Rümmelestegs hatten wir als Ort für eine Betrachtung der Flussschotter ausgewählt, außerdem, weil hier die Versickerungsstellen beginnen. In älteren Führern wird er vorgestellt wegen eines Versatzes der Kalkbänke in der Felswand gegenüber mit rund 3 m Sprunghöhe, einer der

0.14 | Vom alten Weg zwischen Bonndorf und Löffingen über die Dietfurt zeugen noch Begrenzungssteine. Geht man von der Kiesgrube Boll hinunter zum Fluss, ist auf manchem Stein noch der Weghinweis lesbar. Der Schwarzwaldverein Bonndorf kümmert sich um die Erhaltung der historischen Wegsteine. (MS.2013)

zahllosen Verwerfungen, wie sie vor vielleicht 5 Ma an vielen Stellen entstanden, als die süddeutsche Platte noch einmal kräftig durchgeschüttelt wurde (s. auch S. 62). Die Frage, was man davon in der Landoberfläche oberhalb der Schlucht sehen könne (NICHTS!), führt auf das Thema der vielfältigen Abtragungsvorgänge der „alten" Landoberfläche im Jungtertiär und Quartär. In neueren Führern wird der Platz dagegen als „Amselfelsen" eingeführt, weil sich in der Felswand bekannte Brutplätze von Wasseramseln befinden, die am Fluss auf der Jagd nach kleinen Wassertieren unterwegs und damit besonders gut zu beobachten sind.

0.15 | Rechte Seite: Eine von mehreren Wiederaustrittsstellen des Wassers, das im Bereich des Rümmelestegs vom Höhlensystem im Mittleren Muschelkalk aufgenommen wird und den Fluss unterirdisch begleitet. (WW.2014)

Die Kiesgrube Reiselfingen bleibt ein großer Eingriff in das unmittelbare Umland der Wutachschlucht und damit auch Gegenstand naturschutzrechtlicher Diskussionen. Andererseits liefern gerade die offenen Abbauwände der jungquartären Schotter in der Grube eine unverzichtbare anschauliche Basis, um die abstrakten Begriffe der „Anzapfung" und „Umlenkung" mit dem realen Vorgang einer Aufschotterung und eines Überlaufens zu hinterlegen. Inzwischen wurde ein Teil der Flächen rekultiviert, d. h. aufgeforstet, oder wächst von allein zu, so dass ein erdgeschichtliches Zeugnis und ein wichtiger Habitat für mehrere Amphibienarten verloren zu gehen droht.

Salamander-Wanderwetter

Auch wenn die Wutachschlucht aus fachwissenschaftlicher Sicht für viele Disziplinen ein „Spitzengebiet" ist, sollten auch Kinder von einem Tag in diesem Raum mit guten Erinnerungen und froh gestimmt nach Hause zurückkehren. Die Freude und die Anregung, die mitwandernde Kinder hier erfahren können, ist vielleicht der erste Schritt zu an Natur und Umwelt interessierten Erwachsenen. Die Impulse hierfür in der Wutachschlucht sind vielseitig | 0.16 | und das kleine Gedicht von Josef Guggenmos über das „Salamander-Wanderwetter" kann eine enge emotionale Bindung zu einem „Wappentier" der Wutachschlucht herstellen:

0.16 | Die Zweckentfremdung eines Pestwurzblatts als Regen- oder Sonnenschutz für Kinder ist eine kleine Sünde im Vergleich zum Wegwerfen von Speiseresten, Papier, Getränkedosen oder Flaschen. (HGO)

Salamander-Wanderwetter

Trapp und trapp, der Salamander
Schiebt sich über nasse Blätter.
Heute regnet's. Heute ist
Salamander-Wanderwetter.

Gestern, als die Sonne schien,
hielt er sich im Loch versteckt.
Heut kannst Du ihn schreiten sehn,
schwarz von Farbe, gelb gefleckt.

„Schrecklich, dieses schlechte Wetter!"
So hat gestern er gesagt.
Heut freut ihn das Leben wieder.
Heute geht's auf Schneckenjagd.

JOSEF GUGGENMOS

... UND FÜR DEN TAG DANACH

Viele Besucher haben nach einem Tag an der Wutach den Wunsch nach Vertiefung, vielleicht jeder in einem anderen Fragenkreis. So gibt es manchen, der nach dem Blick auf so ganz verschiedene Arten von Sedimentgesteinen der Trias gerne etwas mehr erfahren möchte über den Vorgang ihrer Sedimentation, über die Sedimentationsbedingungen, kurz: über die Paläogeografie von Mitteleuropa zur Triaszeit. Andere möchten sich in Ruhe einmal der Hydrografie, einer einzelnen Pflanzengesellschaft oder den Lebensbedingungen einer Tiergruppe zuwenden. Wieder andere interessieren sich für die historischen Nutzungen und Nutzungskonflikte im Naturschutzgebiet bzw. die Anstrengungen, Widerstände und Erfolge von Naturschutzengagierten in den letzten 100 Jahren – und vieles andere mehr. Für sie alle sind die folgenden Kapitel dieses Buchs geschrieben.

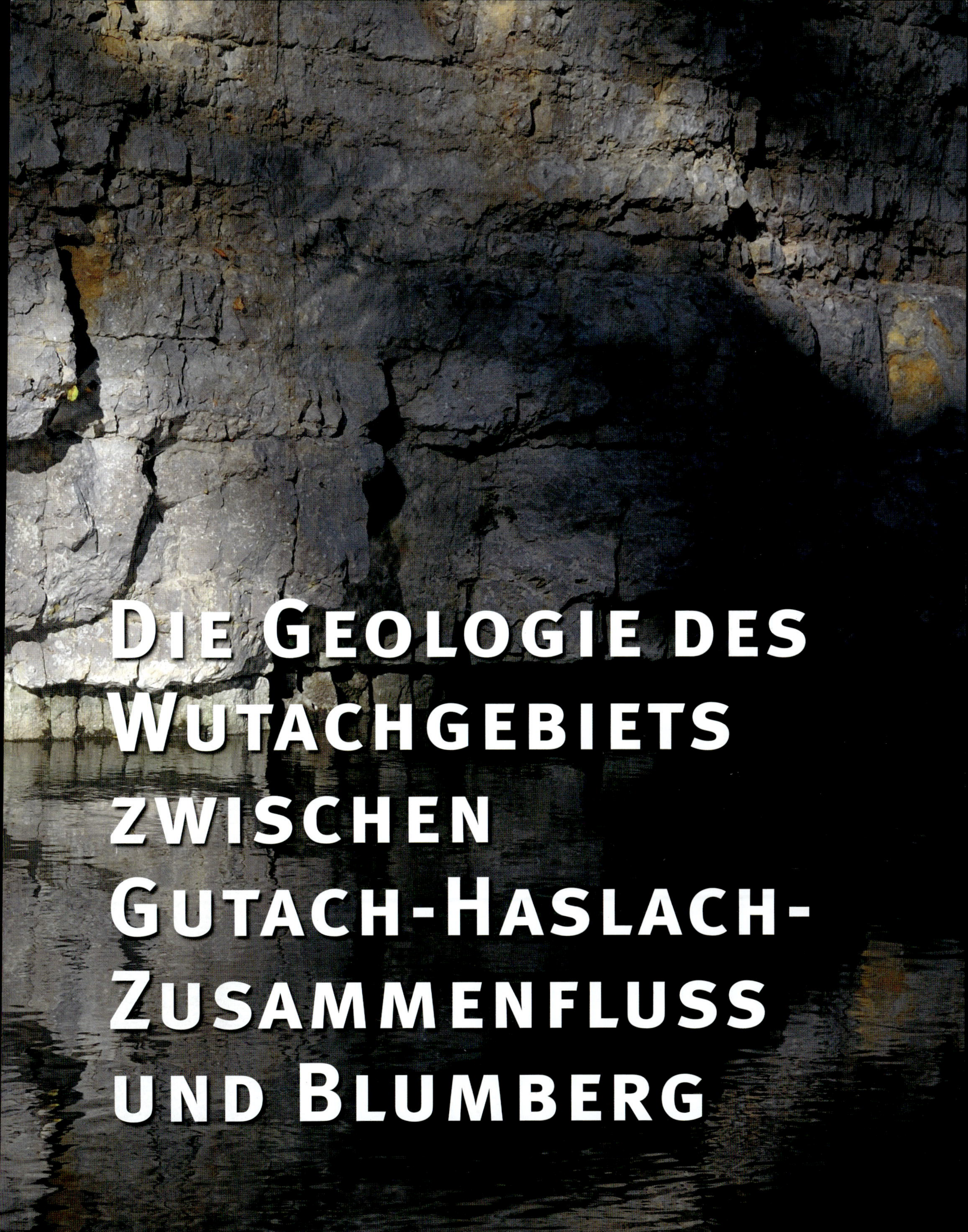

Die Geologie des Wutachgebiets zwischen Gutach-Haslach-Zusammenfluss und Blumberg

Die Wutachschlucht – eine Reise durch die Erdgeschichte

Edgar Nitsch

1.1.01 | Vorhergehende Doppelseite: Felswand des Oberen Muschelkalks in der Wutachschlucht (KS.2012)

1.1.02 | In den Wutachflühen öffnen die lehrbuchhaft aufgeschlossenen Sedimente des Muschelkalks ein eindrucksvolles Fenster in die erdgeschichtliche Vergangenheit – und in die Eintiefungsgeschichte der Wutach. (PK.2012)

Es gibt wenige Landschaften in Baden-Württemberg, die eine solche Dichte von geologischen Informationen bieten wie die Wutachschlucht. Diese Informationen sind zudem leicht zugänglich, denn die noch heute anhaltenden Veränderungen der Landschaft, z. B. durch Rutschungen oder Flusserosion, schaffen viele und immer wieder neue Aufschlüsse, die Einblicke in die Erdgeschichte geben. Die Schichten sind im Wutachgebiet leicht nach Osten geneigt, wobei das Einfallen der Schichten das Flussgefälle geringfügig übertrifft. Dies ermöglicht bei einer Wanderung flussabwärts durch die Schlucht eine Reise durch Jahrmillionen der Erdgeschichte. Diese beginnt mit den über 300 Millionen Jahren (Ma) alten Gesteinen des Grundgebirges: mit Gneisen und Graniten. Nach mehr als 50 Ma Abtragung waren sie aus ihrem Bildungsort tief im Erdinneren an die Erdoberfläche gelangt und wurden im Erdmittelalter von Ablagerungen der Trias – Buntsandstein, Muschelkalk und Keuper – und des Juras überdeckt. Insbesondere die Sedimente des Buntsandsteins und des Muschelkalks sind hervorragend aufgeschlossen und ermöglichen Einblicke, die sonst nur in Großsteinbrüchen gegeben sind.

Geologische Vorgänge wie Verwitterung, Erosion und Sedimentation können in der Wutachregion aus unmittelbarer Anschauung verstanden werden: Der Transport von Tontrübe, Schluff, Sand und Kies in den Gewässern, Rutschungen an den Hängen, Sedimentablagerung im Talgrund lassen sich in Zeiträumen von einigen Jahren, manchmal innerhalb von Tagen oder Stunden nach Unwettern, beobachten und nachvollziehen. Auch die Auswirkungen von Bodenbildung und Verkarstung sind zuweilen über die Jahrzehnte innerhalb eines

Menschenlebens wahrnehmbar. Über die viel längeren historischen und prähistorischen – geologischen – Zeiträume werden aus diesen kleinen Schritten große Veränderungen der Landschaft. Eindrucksvoll ist vor allem die Eintiefung der Schlucht in der Quartärzeit, besonders nachdem die vergleichsweise junge, zum Hochrhein entwässernde Wutach das einst höher gelegene und bis zum Feldberg hinaufziehende Tal der älteren Donau („Feldbergdonau") angezapft und deren Oberlauf gewissermaßen „gestohlen" hat. Mitgespielt haben dabei auch die eiszeitlichen Gletscher im Feldberggebiet und die Dynamik ihrer Schmelzwässer während ihres Schwindens am Ende der Würm-Kaltzeit.

Die Schlucht war seit Beginn der intensiven geologischen Forschungen vor über 150 Jahren immer Ziel von geologischen Exkursionen. Es gibt wohl nur wenige südwestdeutsche Geologinnen oder Geologen, die nicht wenigstens einmal die Schlucht durchwandert und ein besseres Verständnis der Geologie mit nach Hause gebracht hätten. Dieses Verständnis auch bei den naturkundlich interessierten Besuchern der Wutachschlucht zu erwecken, ist eines der vornehmlichen Ziele der geologischen Beschreibung.

Unsere mit dem Kapitel „Kristallines Grundgebirge" beginnende ausführliche Darstellung beschreibt den Gang der Erdgeschichte von den ältesten Ereignissen (sichtbar im Oberlauf der Wutach) aufsteigend (flussabwärts) bis in die Gegenwart. Versetzen wir uns also zunächst mit einer raschen Reise zurück, gleichsam im Zeitraffer: von unserer Gegenwart der steilen Schlucht mit ihrer heutigen Flora und Fauna erst bis an das Ende der letzten Eiszeit **vor etwa 12 000 Jahren**, als die ersten wärmeliebenden Pflanzen und Tiere gerade begannen, die Kältesteppen der Eiszeit wieder zu erobern. Dann geht es weiter bis **vor etwa 18 000 Jahren**, als die Gletscher des Schwarzwaldes und der Alpen anfingen abzuschmelzen. Damals begann ein Nebenfluss zum tiefer gelegenen Rhein die Schmelzwässer aus dem Feldberggebiet nach Süden abzuleiten und die Talsohle tief unter das zuvor eher flache Tal – dessen Verbindung zur Donau die Aitrach noch heute benutzt – zu einer tiefen Schlucht auszuwaschen. Noch weiter zurück, bis **vor 400 000 Jahren**, sehen wir Gletscherzungen vom Feldberg bis in das Wutachgebiet vorstoßen und wieder abschmelzen, deren Ablagerungen und vorgelagerte Schmelzwasserschotter noch heute an einigen Stellen erhalten sind. Beschleunigen wir die Reise in die Erdgeschichte weiter, erreichen wir **vor 2,6 Ma** das Tertiär. Aus dessen langer Zeitspanne sind im Wutachgebiet selbst keine direkten Zeugnisse erhalten, und so lässt sich dieser Teil der Erdgeschichte nur aus dem landschaftlichen Zusammenhang mit den Nachbarregionen – besonders dem Hegau und dem Oberrheingebiet – in groben Zügen rekonstruieren.

Gleiches gilt für die Kreidezeit, die wir auf unserem Ausflug in die Vergangenheit **vor 65 Ma** erreichen und **vor 145 Ma** wieder verlassen, ohne dass uns ein Relikt aus dieser Zeit bis in die Gegenwart erhalten blieb. Manches der heutigen Flusstäler hat möglicherweise schon in jener Zeit einen Vorläufer gehabt, doch lagen diese vergangenen Flusstäler noch in höheren, heute nicht mehr erhaltenen Gesteinsschichten. Erst die Jurazeit, die **vor 145 Ma** endete und **vor 200 Ma** begann, können wir wieder durch unmittelbare Zeugnisse rekonstruieren. Es sind Meeresablagerungen, die einst ganz Südwestdeutschland bedeckt haben und besonders um Achdorf und Blumberg gut zu studieren sind. Über den ganzen Jura hinweg lag das Gebiet, durch das heute die Wutach fließt, unter dem Meeresspiegel. Auch in der vorangegangenen Triaszeit finden wir das Wutachgebiet auf dieser Zeitreise nicht weit vom Meeresspiegel entfernt – mal wenig darüber als Sumpf- oder Schwemmland im Keuper, mal darunter als Flachmeer im Muschelkalk, und nur am Beginn der Trias, als unter Schwemmlandebenen der Buntsandstein abgelagert wurde, in einer subtropischen Wüste am Fuß niedriger Hügel. In den **250 Ma**, die seit dem Beginn der Trias vergangen sind, hat sich das Wutachgebiet nicht nur um mehrere Hundert Meter langsam gesenkt und gehoben – was in Wechselwirkung mit der langfristig schwankenden Höhe des Meeresspiegels zu den Überflutungen der Trias und des Juras geführt hat. Es ist auch zusammen mit der euro-

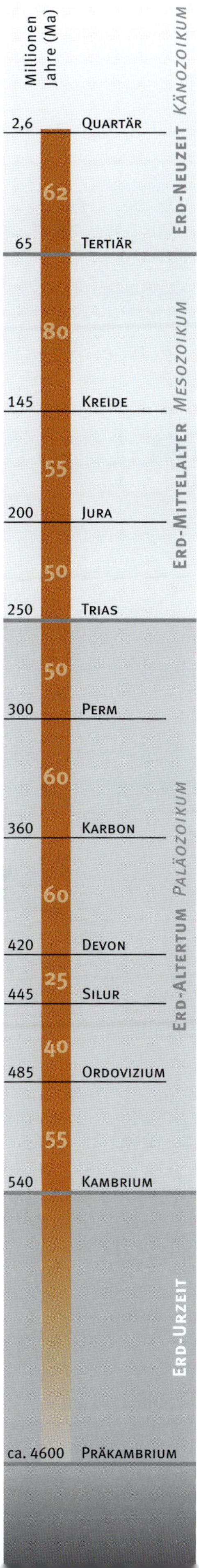

1.1.03 | Erdgeschichtliche Zeittafel

päischen Kontinentalplatte um mehr als 2000 km nach Norden gedriftet.

Reisen wir nun weitere 100 Ma zurück, erreichen wir schließlich den Beginn der nachfolgenden erdgeschichtlichen Darstellung. In jener Zeit, **vor etwa 350 Ma**, lagen die ältesten Gesteine des Wutachgebiets kilometertief im Inneren eines Hochgebirges, das an der Kollisionsnaht zweier alter Kontinente aufgetürmt und aufgefaltet wurde. Die Gesteine erhielten in der weiteren Entwicklung dieses sogenannten Variskischen Gebirges im Karbon ihr heutiges Gepräge. Eine lange Zeit der Abtragung – vom späten Karbon bis über das Permzeitalter hinweg – trennt die Entstehung dieser Gesteine von den ersten Ablagerungen des Buntsandsteins, die, nachdem der Großteil des Gebirges wieder verwittert und fortgespült war, unmittelbar auf diesen Tiefengesteinen zu liegen kamen. Die Darstellung des geologischen Baus beginnt daher mit dem Kristallinen Grundgebirge, dessen heutige Gesteine vor etwa 350 bis 300 Ma aus der Umwandlung (Metamorphose) und teilweise aus der Aufschmelzung (Diatexis) noch viel älterer Gesteine hervorgingen.

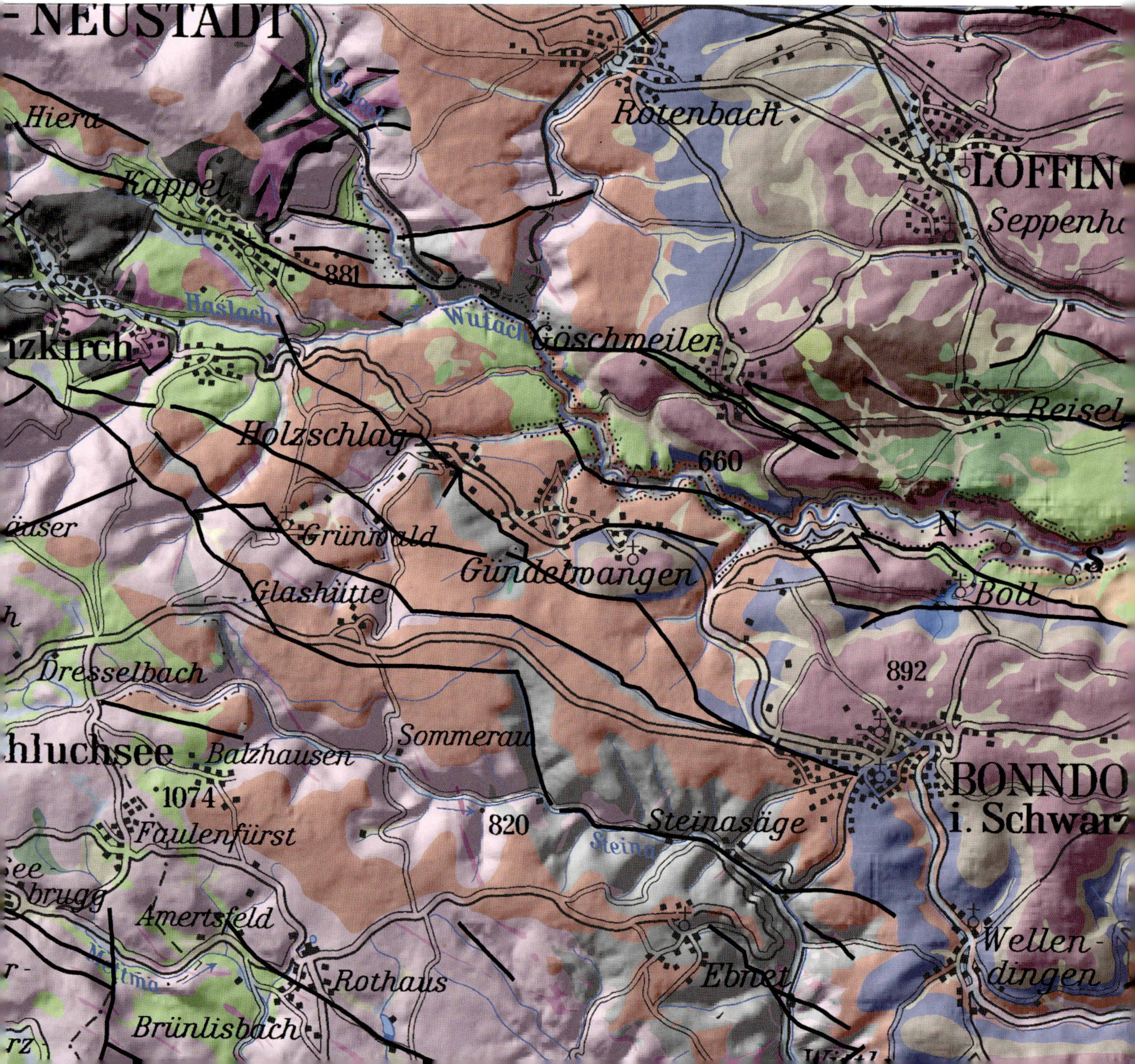

- Anthropogene Ablagerung
- Anthropogene Umlagerung
- Fließerde
- Hangschutt
- Moor
- Junge Talfüllung
- Ältere Flussschotter
- Verschwemmungssediment
- Ältere Terrassenschotter
- Junge Rutschmasse
- Alte Rutschmasse
- Würmzeitliche Schotter
- Würmzeitliche Moräne
- Eiszeitliche Ablagerungen
- Höhenschotter
- Tertiär
- Oberjura
- Höherer Mitteljura
- Opalinuston
- Unterjura
- Mittelkeuper
- Unterkeuper
- Trigonodusdolomit
- Oberer Muschelkalk
- Mittlerer Muschelkalk
- Unterer Muschelkalk
- Oberer Buntsandstein
- Mittlerer Buntsandstein
- Buntsandstein, ungegliedert
- Karbon
- Granit
- Granitporphyr
- Lamprophyr
- Amphibolit
- Paläozoische Schiefer
- Gneis
- Störung
- Gewässer
- Rohstoffabbau

1.1.04 | Geologische Übersichtskarte des Wutachgebiets (nach: Geologische Karte von Baden-Württemberg 1:25 000, digital umgesetzt in GeoLa/LGRB; Reliefdarstellung des Geländemodells nach SRTM-Daten/NASA).

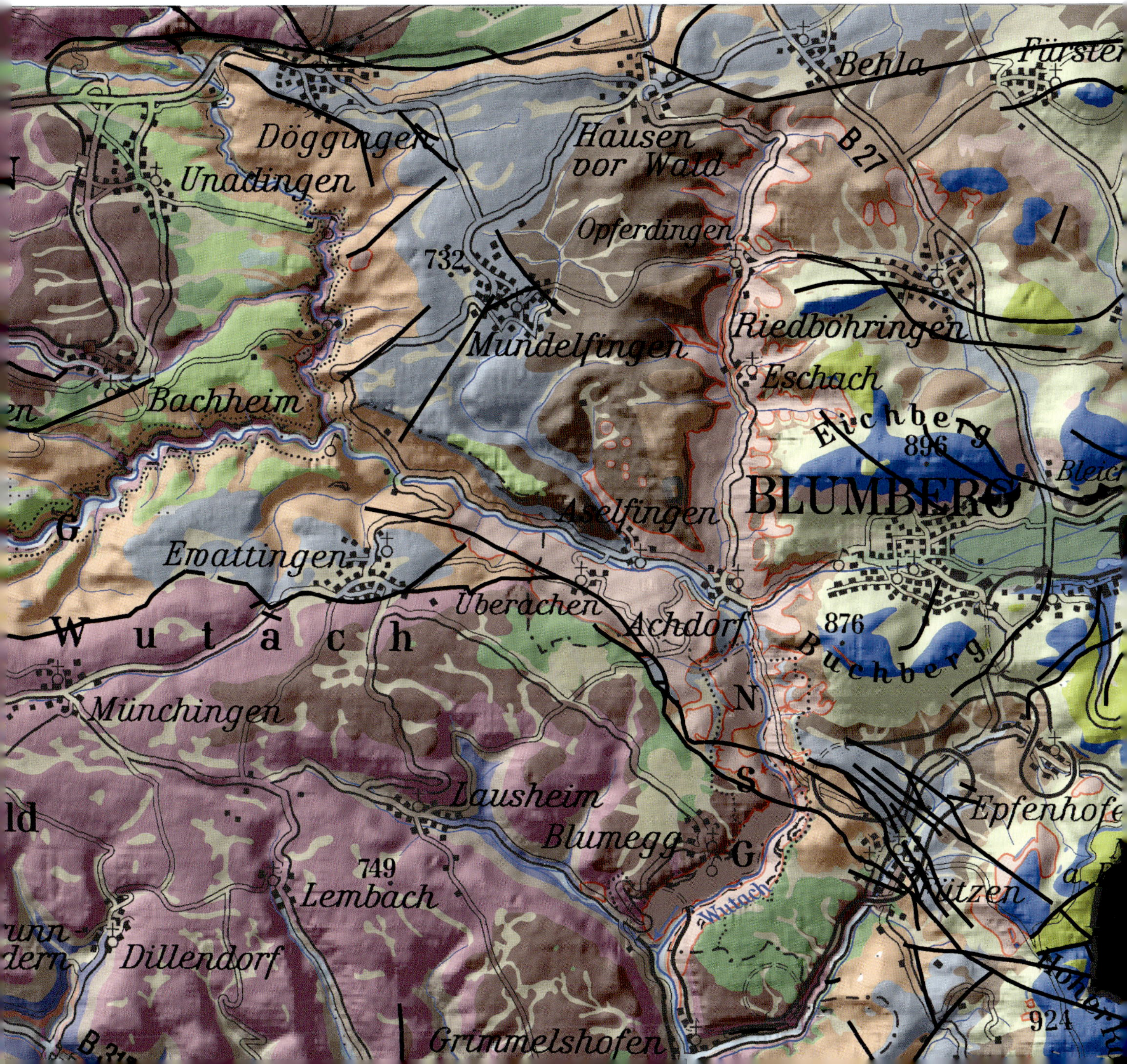

Kristallines Grundgebirge

Hubert Zedler

Gneise und durch Aufschmelzung (anatektisch) überprägte Gesteine

Die ältesten Anteile des kristallinen Grundgebirges im Wutachgebiet sind Gesteine, die im Karbon vor etwa 350 bis 330 Ma in einigen Kilometern Tiefe eine Metamorphose (= Umwandlung) durchlaufen haben. Ablagerungen, die im älteren Paläozoikum überwiegend als Schlamm und Sand entstanden, waren bei der Kollision der wandernden Kontinente überschoben worden und in die Tiefe geraten. Unter den dort herrschenden Temperaturen und hohem Gesteinsdruck reagierten die Gesteinsbestandteile miteinander, wodurch Gesteine mit anderer Mineralzusammensetzung entstanden. Das Wutachgebiet war zu jener Zeit Teil eines Hochgebirges, des Variskischen Gebirges, an der Nahtstelle zwischen den vormaligen Nord- und Südkontinenten des Paläozoikums.

Östlich des Zusammenflusses von Gutach und Haslach bis etwa zur Mündung des Reichenbächles in die Wutach und im Reichenbächletal treten die metamorphen Gesteine der Todtmoos-Gneisanatexit-Formation | 1.2.01 | auf. Vom Mineralbestand her handelt es sich um Biotit-Plagioklas-Quarz-Kalifeldspat-Gneise, die auch Granat – als rötliche bis bräunliche Pünktchen auf Gesteinshandstücken erkennbar – führen können. Sie sind lokal unterschiedlich anatektisch überprägt, d. h. die (meist hellen) Mineralbestandteile mit dem niedrigsten Schmelzpunkt haben bereits eine Aufschmelzung erfahren. Man findet dann gröberkörnige oder feinflaserige bis grobsträhnige Strukturen in den Gesteinen. Untergeordnet können in den hellen Gneisen bänderartige Lagen dunklerer, meist etwas grobkörnigerer Biotit-Quarz-Plagioklas-Gneise auftreten. Auch finden sich vereinzelt Einschaltungen von feinkörnigen bis sehr feinkörnigen, weißlich hellgrauen bis hellrötlichen, biotitarmen, teils massigen, teils schiefrig bis plattig wirkenden Gneisen, die als Leptinite bezeichnet werden. Weiter östlich in der Wutachschlucht zwischen Reichenbächle-Mündung und Lotenbach-Mündung sowie auch innerhalb der Lotenbachklamm überwiegen innerhalb der Todtmoos-Gneisanatexit-Formation dunklere, fein- bis kleinkörnige Paragneise (Biotit-Quarz-Plagioklas-Gneise). Sie sind von grauschwarzer und dunkelgrauer Farbe, oft schiefrig bzw. flaserig bis straff geregelt sowie biotit- und plagioklasreich. Immer wieder – häufig auch in der Lotenbachklamm – treten in diesen Paragneisen Bereiche mit Diatexiten auf. Diese erscheinen dann granitartig homogenisiert, dabei sind schlierig erscheinende Relikte einer ursprünglich vorhandenen Regelung in diesen Gesteinen teils noch schwach erkennbar. An diesem Kriterium können Diatexite im Gelände erkannt und von Plutoniten unterschieden werden. Die metamorphen Gesteine der Todtmoos-Gneisanatexit-Formation gehen ursprünglich sowohl aus Sediment- als auch aus vulkanischen Gesteinen hervor.

1.2.01 | Todtmoos-Gneisanatexit-Formation: Feinkörniger, dünnlagiger und straff geregelt erscheinender kalifeldspatreicher Gneis. (HZ.2013)

Oberhalb des Zusammenflusses von Gutach und Haslach finden sich sowohl im Gutachtal als auch im Haslachtal Vorkommen von ebenfalls metamorphen Gesteinen der Wiese-Wehra-Formation | 1.2.02 |. Es sind nach dem Mineralbestand Biotit-Quarz-Plagioklas-Gneise, die typischerweise (bis 4 cm) große weißliche oder rosafarbene Kalifeldspäte führen; ebenfalls kann Granat beobachtet werden. Sie sind entweder deutlich geregelt und dann meist feinkörniger und dunkler, manchmal auch schlierig streifig, bis hin zu massigen Ausbildungen. Teils erscheinen auch die Gesteine dieser Formation anatektisch überprägt und bilden Diatexite, deren Aussehen von migmatisch (gemischt metamorph und magmatisch) bis granitisch wechselt. Es treten auch Zonen mit Gängen und Adern aus hellroten, mittelkörnigen, teils geregelt erscheinenden Graniten auf. Diese granitischen Bereiche können auch größere Körper bilden. Immer wieder sind Einlagerungen von dunkelgrünen, meist schiefrigen, zähen bis sehr harten Gesteinen zu finden, die wegen ihres Reichtums an Hornblenden (Amphibolen) als Amphibolite bezeichnet werden, z. B. im Südhang des Haslachtals oberhalb der Mündung in die Wutach. Während die Gneise des Wutachgebiets überwiegend metamorph aus Sedimenten entstanden sind, gehen die Amphibolite auf umgewandelte basaltische Vulkanite zurück. Typisch für die Wiese-Wehra-Formation ist dabei das gemeinsame Auftreten von Merkmalen metasedimentärer (Ablagerungsgesteine, die eine Umwandlung erlebt haben) und metavulkanischer, metamorpher und anatektischer Gesteine, deren Gefügemerkmale von der straffen Einregelung der Metamorphite bis zum richtungslos-körnigen Gefüge von Erstarrungsgesteinen reichen.

1.2.02 | Wiese-Wehra-Formation: Dunkelgrauer bis schwarzgrauer, auch grünlich erscheinender, mittel- bis grobkörniger, biotitreicher Gneis mit bis zentimetergroßen weißlichen und rosafarbenen Kalifeldspatkristallen; hier mit nur undeutlich erkennbarer Regelung. (HZ.2013)

Granite

Im Verlauf der Variskischen Gebirgsbildung drangen während des Frühen Karbons (vor etwas mehr als 330 Mio. Jahren) granitische Gesteinsschmelzen in der Erdkruste des südlichen Schwarzwaldes auf und erstarrten dort als ausgedehnte Tiefengesteinskörper (Granitplutone). Auch Granite bestehen, wie Gneise, vorwiegend aus den Mineralen Feldspat, Quarz und Glimmer, deren Mineralkörner jedoch, anders als bei Gneisen, weder in der Form noch in der Anordnung eine Vorzugsrichtung erkennen lassen.

Im Wutachgebiet lassen sich zwei der im Südschwarzwald verbreiteten Granit-Typen beobachten, die jeweils auf unterschiedliche Intrusionen (Eindringen von Schmelze in den Gesteinsverband) zurückzuführen sind. Im Bereich zwischen Gutachbrücke und Zusammenfluss von Gutach und Haslach steht St.-Blasien-Granit an, ein Biotit-Granit, der im Raum Lenzkirch früher die Lokalbezeichnung Lenzkirch-Steina-Granit trug | 1.2.03 |. In seinen Randbereichen und im Kontakt zu metamorphen Gesteinen ist der St.-Blasien-Granit meist feinkörnig.

Vorwiegend grobkörnig ist dagegen der Wellendingen-Granit, der zum Albtal-Granit-Massiv gehört und früher als grobkörnige Variante des Lenzkirch-Steina-Granits bezeichnet wurde | 1.2.04 |.

1.2.03 | St.-Blasien-Granit: klein- bis mittelkörniger, mittelgrauer Biotit-Granit, bestehend aus einem Gemenge von weißem Plagioklas, weißlichem bis rötlichem Kalifeldspat, grauweißlichem Quarz und dunklem Glimmer (Biotit) mit wenigen, bis 1 cm großen weißlichen Kalifeldspat-Einsprenglingen, hier mit einzelnen feinkörnigen, dunkelgrau bis schwärzlichen Gesteinseinschlüssen. (HZ.2013)

1.2.04 | Wellendingen-Granit mit sehr großem Kalifeldspateinsprengling (RK.1988)

1.2.05 | **Wellendingen-Granit:** grobkörniger, teils mittel- bis grobkörniger Biotit-Granit mit hier im Aufschluss rötlichgrauer Gesamtfarbe, typisch sind seine meist 3–5 cm (max. 11 cm) großen rosafarbenen und weißlichen Kalifeldspat-Einsprenglinge. (KS.2012)

Größere Verbreitung hat der Wellendingen-Granit | 1.2.05 | im Haslachtal östlich von Lenzkirch sowie entlang der Lotenbachklamm. Dort ist der Granit im Bereich Steigle besonders reich an Kalifeldspat-Einsprenglingen. In der Lotenbachklamm wechseln Granitkörper mit anatektisch überprägten Gesteinen (Diatexiten) und Gneisen. Zwischen diesen Gesteinsarten existieren oftmals keine scharfgezogenen Grenzen, sondern Übergangszonen, die Merkmale beider Gesteine aufweisen. Größere Wellendingen-Granit-Vorkommen treten im Umfeld des Räuberschlössles auf und bilden auch den östlichen Abschluss des Grundgebirgsausstrichs in der Wutachschlucht, der ab der Schattenmühle unter der Überdeckung sedimentärer Gesteine verschwindet.

1.2.06 | **Der grobporphyrische,** grau-rote bis rotviolette Granitporphyr zeigt dichte Grundmasse mit kleineren Einsprenglingen aus Feldspat und Quarz. (MF.2013)

Ganggesteine

In geringerer Tiefe als die viele Kilometer großen Schmelzmassen der Granitplutone drangen Gesteinsschmelzen meist nur entlang von Bruchspalten nach oben und erstarrten darin als Ganggesteine. Als magmatische Gesteine repräsentieren sie damit den Tiefenbereich zwischen den in größerer Tiefe erstarrten grobkörnigen Plutoniten und den feinstkörnig-dichten bis glasigen Vulkaniten. Sie sind gekennzeichnet durch eine auskristallisierte Grundmasse, in der größere Einsprenglinge liegen. Die Ganggesteine im Wutachgebiet durchschlagen sowohl die metamorphen Einheiten der Todtmoos-Gneisanatexit-Formation und der Wiese-Wehra-Formation als auch die Granite. Sie sind folglich jünger als diese und erst entstanden, nachdem bereits ein Teil des Gebirges abgetragen war.

Die Rhyodacite bilden Gänge überwiegend im St.-Blasien-Granit östlich von Kappel. Diese Gesteine haben eine feinkörnige bis dichte Grundmasse und führen kleine Einsprenglinge aus Feldspat (meist Plagioklas, bis 5 mm groß), dunklem Glimmer (Biotit, bis 3 mm groß) und untergeordnet auch aus Quarz. Sie sind meist hellgrau bis graugrün, bisweilen grauviolett und rötlich gefärbt, verwittert auch braunviolett und gelbbraun.

Die Granitporphyre im Wutachgebiet haben eine meist dichte, rotviolette Grundmasse mit Einsprenglingen aus Feldspat und Quarz, zum Teil auch aus Biotit. Die Häufigkeit der Einsprenglinge wechselt, mitunter auch innerhalb einer Gangstruktur. Dabei kann diese Gesteinsgruppe nach der Größe der Einsprenglinge weiter differenziert werden: Grobporphyrische Granitporphyre haben größere Einsprenglinge, in der Wutachschlucht führen z. B. hellrötlich graue Granitporphyrgänge in der Todtmoos-Gneisanatexit-Formation auf der Höhe von Eichwies zentimetergroße Feldspateinsprenglinge. Feinporphyrische Granitporphyre haben kleinere und meistens auch weniger Einsprenglinge als der grobporphyrische Typus.

1.2.07 | Räuberschlösslefelsen: Der Granitporphyr ist etwas verwitterungsbeständiger als der umgebende Granit und bildet daher markante Felsen. (KS.2012)

Trias – Wüsten, Meere, Sümpfe und Seen

Theo Simon, Edgar Nitsch

Die Trias, eine Zeit, die vor 252,5 Ma begann und vor 200 Ma endete, besteht in Mitteleuropa aus drei Gruppen: dem **Buntsandstein** (252,5–246,5 Ma), dem **Muschelkalk** (246,5–240 Ma) und dem **Keuper** (240–200 Ma; Menning et al. 2005). Gesteine aller drei Gruppen sind in der Wutachschlucht aufgeschlossen und hier auch ähnlich ausgebildet wie weiter im Zentrum des Mitteleuropäischen oder Germanischen Beckens, z. B. im Norden Baden-Württembergs: Der Buntsandstein besteht überwiegend aus roten Sandsteinen, der Muschelkalk aus grauen Kalksteinen mit – in seinem mittleren Abschnitt – salinaren Gesteinen, also Steinsalz und Sulfatgestein. Der Keuper weist überwiegend rote und graue Ton-, Sand- und Sulfatgesteine auf. Dass diese in der Wutachschlucht etwa 300 m mächtige Gesteinsfolge eine Symmetrie aufzeigt – mit Sandsteinen unten und oben, salinaren Gesteinen in der Mitte, letztere umrahmt von Kalksteinen – ist schon Friedrich von Alberti im 19. Jahrhundert aufgefallen. Er fasste Buntsandstein, Muschelkalk und Keuper zu einem System, der Trias, zusammen. Die Trias ist das einzige System in der Gliederung der weltweiten Erdgeschichte, das in Deutschland seinen Ursprung hat (Alberti 1834).

Mitteleuropa lag zur Triaszeit infolge der Wanderung der Kontinente nicht im heute hier herrschenden Klimabereich, sondern etwa zwischen dem 20. und 30. Breitengrad, d. h. die damalige Lage Mitteleuropas ist mit derjenigen der heutigen nördlichen Sahara vergleichbar. Daraus ergibt sich auch, dass das Klima in der Trias ganz ähnlich dem dortigen war: heiß und trocken. In der Trias Mitteleuropas (auch Germanische Trias genannt) dürfen wir demnach als Sedimente Ton, Schluff, Sand, Kies, oft von periodischen Flüssen transportiert, in den Meeren Kalk- und Dolomitgesteine, auch Eindampfungsgesteine wie Gips und Steinsalz, erwarten. Das Ablagerungsgebiet solcher Sedimente war in der Triaszeit ein sich senkendes Becken, das fast ganz Deutschland, Polen, Dänemark, die südliche Ost- und Nordsee, Mittelengland, die Beneluxländer, Westfrankreich und die Nordschweiz einnahm. Aus den abgelagerten Mächtigkeiten der Triassedimente kann man die Absenkung der Erdkruste während der Triaszeit abschätzen. Im Zentrum des Beckens, also in der Norddeutschen Tiefebene, der angrenzenden Nordsee und Polen, wurden stellenweise über 5000 m festgestellt (Bachmann et al. 2010), im Gebiet der Wutachschlucht nur etwa 300 m. Daraus ergibt sich, dass das Gebiet der Wutachschlucht am Rand des Mitteleuropäischen Beckens lag, was wiederum auch Auswirkungen auf die Beschaffenheit der Sedimente hatte | 1.3.01 |.

Buntsandstein

Der Buntsandstein besteht in der Wutachschlucht aus meist roten klastischen Sedimenten terrigener Herkunft (Gesteinsbruchstücke aus Festlandsmaterial: Ton, Schluff, Sand, Kies). Das ist auch verständlich, wenn man die Lage der Wutachschlucht zur Buntsandsteinzeit ganz am Rand des Mitteleuropäischen Beckens betrachtet. Auf der südlich gelegenen Vindelizisch-Böhmischen Schwelle verwitterten paläozoische Plutonite, Metamorphite, Vulkanite und Sedimente, deren Verwitterungsprodukte dann durch Schichtfluten und periodische Wasserläufe ins Ablagerungsbecken transportiert wurden. Während der Zeit des Buntsandsteins dehnte sich das Ablagerungsbecken nach Süden aus, so dass zu Beginn dieser Zeit zwar in den zentraleren Bereichen des Beckens Gesteine abgelagert wurden, noch nicht jedoch im Gebiet der Wutachschlucht. Hier fand noch Erosion des Grundgebirges statt. Es entstand eine relativ ebene Landoberfläche, die sich etwa im Scheitelbereich einer damals flach nach Nordwesten und flach nach Südosten abfallenden, von Südwest nach Nordost gerichteten Südschwarzwaldschwelle befand. Auf dieser Schwelle herrschte wohl noch bis in den Mittleren Buntsandstein hinein Erosion. Wahrscheinlich erst dann begann sich die Schwelle stärker abzusenken und die Ablagerung von Sedimenten war auch im Gebiet der Wutachschlucht möglich (s. u.). Wahrscheinlich nur wenige Kilometer weiter südöstlich lag der Rand der Vindelizisch-Böhmischen Schwelle, der im Verlauf der Trias weiter nach Südosten rückte. Die Vindelizisch-Böhmische Schwelle blieb bis in den Jura hinein Sediment-Liefergebiet.

Das Gestein, auf dem die Buntsandsteinschichten auflagern, besteht aus Paragneis oder seltener Granit. Teilweise ist es auf den oberen Metern stark zersetzt, teilweise aber zeigt nur ein bräunlicher Farbton Verwitterungsvorgänge an (Paul 1971a, Simon et al. 2009), die vor der Sedimentation des Buntsandsteins stattgefunden haben. Diese Gesteine sind mehr als 300 Ma alt und während der Variskischen Gebirgsbildungsepoche in Tiefen von mehr als 10 km entstanden. Das bedeutet, dass bis zum Einsetzen des Buntsandsteins mehr als 10 km Gestein abgetragen worden ist und so eine mehr als 50 Ma umfassende Schichtlücke entstanden ist.

Die untersten Sedimentschichten geben keinen genauen Hinweis auf ihr Alter, sie können sowohl triassisches als auch permisches Alter haben. Die gute Rundung der Sandkörner lässt jedoch ein Buntsandsteinalter wahrscheinlicher erscheinen. Die Körner nachgewiesenermaßen permischer Sandsteine weisen meist eine schlechte Rundung auf. Die ältesten Sedimente in der Wutachschlucht können dem Mittleren Buntsandstein zugerechnet werden, weil schon wenige Meter über der Basis intensive fossile Bodenbildung beobachtet werden kann, die im Unteren Buntsandstein weiter nördlich gelegener Gebiete kaum vorkommt. Außerdem ist in einer Bohrung bei Villingen-Schwenningen der Untere Buntsandstein nur mehr 0,25 m mächtig, was ebenfalls auf ein Auskeilen des Unteren Buntsandsteins zur südlich gelegenen Wutach hindeutet (Franz & Bock 2005). Nach der heute geltenden Gliederung der Buntsandsteinschichten (Geyer et al. 2011) gehört der Mittlere Buntsandstein der Wutachschlucht ganz der Vogesensandstein-Formation an.

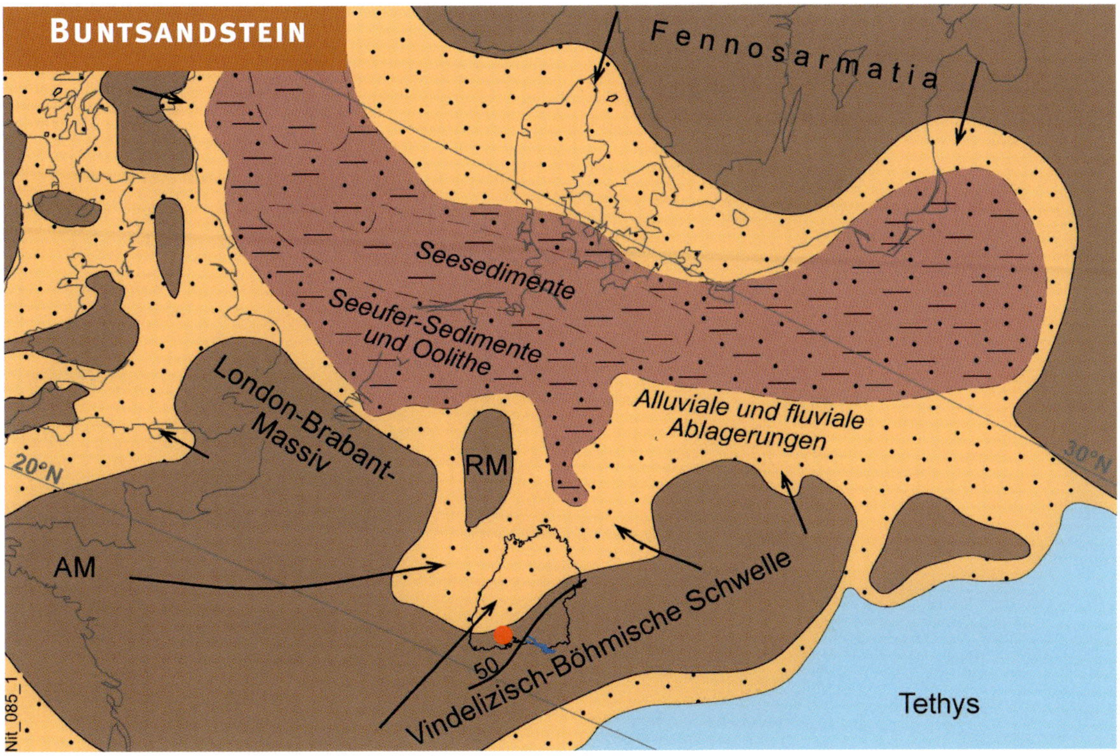

1.3.01 | Paläogeografie Mitteleuropas zur Buntsandsteinzeit (vor etwa 250 Ma): Hochländer (Abtragungsgebiete) dunkelbraun, Niederungen (festländische Ablagerungsgebiete) hellbraun, Meeresgebiete blau. Zur Orientierung sind die heutige Küstenlinie und der Umriss Baden-Württembergs einkopiert, der Punkt markiert die Lage des Wutachgebiets. Nach Geyer et al. (2011). RM: Rheinisches Massiv, AH: Alemannisches Massiv.

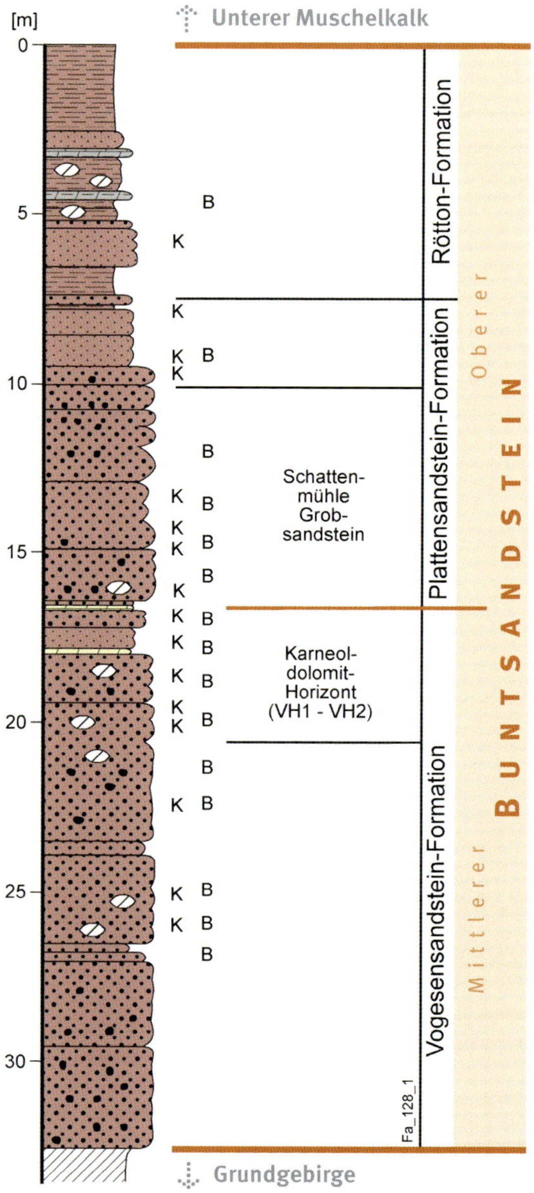

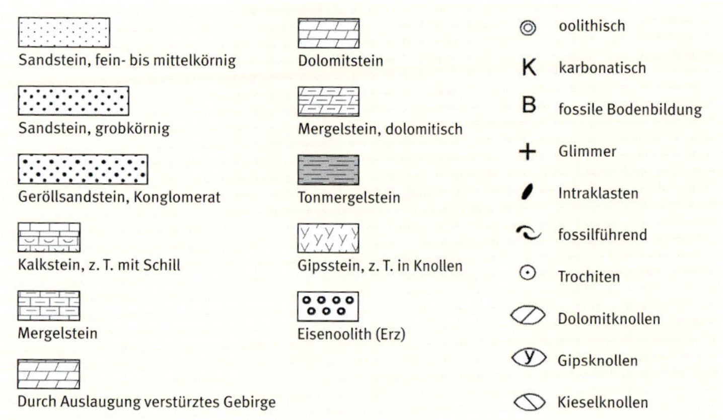

1.3.02 | **Geologisches Profil des Buntsandsteins** in der Forschungsbohrung „Wutachschlucht", 500 m nordöstlich der Schattenmühle an der alten Straße nach Reiselfingen, 50 m über der Wutach. Nach SIMON et al. (2009), ergänzt durch Angaben bei PAUL (1971a).

Die Vogesensandstein-Formation | 1.3.02 | beginnt mit fein- bis grobkörnigen Sandsteinen, die Gerölle aus Quarz und Rhyolith (Quarzporphyr) bis zu einem Durchmesser von 2 cm führen. Die teilweise schräggeschichteten, in fließendem Wasser transportierten und abgelagerten Sandsteine sind quarzitisch gebunden. Erst etwa 5 m über der Basis setzt ein sporadischer Karbonatgehalt ein. Der Karbonatgehalt deutet zusammen mit Dolomitknollen und fleckigen Verfärbungen (grau, grauviolett) auf Bodenbildungen zur Buntsandsteinzeit hin. Diese sind in den folgenden, etwa 8 m mächtigen, teilweise schräg- und kreuzgeschichteten Fein- bis Grobsandsteinen | 1.3.04 | immer wieder zu beobachten. Fossile Bodenhorizonte belegen das Aussetzen der Sedimentation und bezeugen somit Schichtlücken, deren Dauer jedoch nicht angegeben werden kann. Den Abschluss der Vogesensandstein-Formation bildet der bis zu 4 m mächtige Karneol-Dolomit-Horizont. Dieser Horizont ist östlich der Schattenmühle exemplarisch aufgeschlossen | 1.3.05 |. Alle wichtigen Merkmale eines fossilen Bodens sind ausgebildet: Dolomitsteinknollen und -einlagerungen, Karneollinsen und -lagen, polyedrisches, auch brekziöses Gefüge, teilweise starke Entschichtung, bunte und fleckig angeordnete Farben, Wurzelröhren. Die Mächtigkeit des Karneol-Dolomit-Horizonts und sein hoher Reifegrad als Boden deuten auf eine lange Entstehungszeit hin.

Der Obere Buntsandstein beginnt mit der Plattensandstein-Formation, deren typische Ausbildung jedoch erst oberhalb des 6,5 m mächtigen Schattenmühle-Grobsandsteins beginnt. Der Grobsandstein zeigt von unten nach oben eine generelle Abnahme in der Korngröße. Im unteren Bereich

1.3.03 | **Wellenrippeln im Buntsandstein.** (RK.1989)

sind die Sandsteine teilweise karbonatisch, sonst tonig oder quarzitisch gebunden. Bis zu mehrere Dezimeter mächtige Sohlbankzyklen mit von unten nach oben abnehmender Korngröße kennzeichnen den oberen Bereich. Fossile Bodenhorizonte sind mehrfach, auch in unterschiedlichem Reifegrad, festzustellen. Der Schattenmühle-Grobsandstein wird nach Norden geringer mächtig und ist bei Villingen-Schwenningen nur mehr als etwa 1 m mächtiger Mittel- bis Grobsandstein vorhanden (Franz & Bock 2005, Ortlam 1971a). Die folgenden 3 m sind in Plattensandstein-Fazies ausgebildet, wie sie für die weiter nördlich gelegenen Gebiete typisch ist. Die Sandsteine sind gut gebankt und gut geschichtet, mit Schräg- und Flaserschichtung (unregelmäßig geformte, verzweigte Lagen im Sediment), meist feinkörnig, gelegentlich bis mittelkörnig, stark glimmerhaltig und meist von roter Farbe. Auch hier findet man karbonatische Bereiche und Anzeichen fossiler Bodenbildung. Paul (1971a) erwähnt Fährten von Landwirbeltieren und ein unvollständiges Skelett eines kleinen Reptils, das am Stallegger Wehr gefunden worden ist.

Die etwa 7,5 m mächtige Rötton-Formation schließt den Buntsandstein ab. Die Gesteine der Formation bestehen generell aus Tonstein, der jedoch einen unterschiedlich hohen Feinsandgehalt aufweist. Die Sedimente sind überwiegend rötlich gefärbt, allerdings setzen sich in den oberen Metern graue und grünliche Farben durch. Auf den Schichtflächen sind Glimmer häufig. Der Dolomitgehalt nimmt nach oben zu. Im unteren Bereich schaltet sich in die Tonsteinfolge noch ein etwa 1 m mächtiger, toniger, dolomitischer Feinsandstein ein. Also ist auch in der Rötton-Formation der generelle Trend nach oben zu feineren Bestandteilen sichtbar. Ein fossiler Bodenhorizont in der Mitte der Formation zeigt, dass längere Sedimentationslücken bestanden. Wurmspuren im unteren Teil weisen auf die Tätigkeit von Würmern hin, die im noch weichen Sediment wühlten.

Trotz der geringen Mächtigkeit des Buntsandsteins in der Wutachschlucht ist das Ablagerungsgeschehen während der 6 Ma andauernden Buntsandsteinzeit relativ gut nachvollziehbar. Wahrscheinlich mehr als die erste Hälfte dieser Zeit lag die Wutachschlucht noch im Erosionsgebiet der

1.3.04 | **Sandsteine** im oberen Bereich der Vogesensandstein-Formation am Wutachwanderweg östlich der Schattenmühle. (TS.2012)

1.3.05 | **Karneol-Dolomit-Horizont** am Wutachwanderweg östlich der Schattenmühle. (TS.2012)

Vindelizisch-Böhmischen Schwelle. Mit zunehmender Absenkung des Mitteleuropäischen Beckens dehnte sich dieses aus und bezog die randlichen Teile der Vindelizisch-Böhmischen Schwelle in das Sedimentationsgebiet ein. Vornehmlich grobe Sandsteine wurden von periodischen Flüssen und Schichtfluten abgelagert. Allerdings erfolgte über eine wesentlich längere Zeit keine Sedimentation. In dieser Zeit bildeten sich fossile Böden. Diese dürfen nicht mit Böden in unserem Klimabereich gleichgesetzt werden, denn sie bildeten sich in einem warm-ariden Klimabereich, in dem andere Verwitterungsbedingungen herrschten als heute bei uns in den gemäßigten Breiten. Sonneneinstrahlung, Salzsprengung, kapillarer Wasseraufstieg und dadurch entstandene Mineralneubildungen waren wichtige Faktoren bei der Entstehung der Buntsandsteinböden.

Die feinen Sandsteine und Tonsteine im höheren Teil des Buntsandsteins zeigen, dass sich die Entfernung vom Ablagerungs- zum Erosionsgebiet gegenüber dem unteren Teil der Buntsandsteinschichten geändert hat: Die Erosionsgebiete liegen im oberen Teil weiter entfernt als im unteren. Die Sedimente werden nun von Südwesten angeliefert | 1.3.01 |. In der oberen Rötton-Formation macht sich schließlich sogar ein Meereseinfluss geltend. Ansteigender Dolomitgehalt, der Anstieg der Schwermetalle, die Änderung der Sedimentfarben von rot nach grün und die Zunahme an fossilem Leben leiten über zu den Verhältnissen im Muschelkalk.

Muschelkalk

Schon zu der Zeit, als im Gebiet der Wutachschlucht noch Gesteine des Oberen Buntsandsteins abgelagert wurden, drang im Osten des Böhmischen Massivs (Südostpolen) durch sogenannte Pforten Meerwasser aus dem Ur-Ozean Tethys ins Mitteleuropäische Becken ein. Dieses breitete sich immer weiter nach Westen und in Deutschland auch nach Süden aus, bis es schließlich das Gebiet der Wutachschlucht und der Nordschweiz erreichte. Das gesamte Mitteleuropäische Becken war nun zu einem flachen Seitenmeer der Tethys geworden. Bereits zur Zeit des Unteren Muschelkalks öffnete sich neben den beiden Pforten im Osten eine weitere Pforte im Süden des Wutachgebiets, die Alemannische Pforte | 1.3.06 |. Sie wird wichtig für die Ausbil-

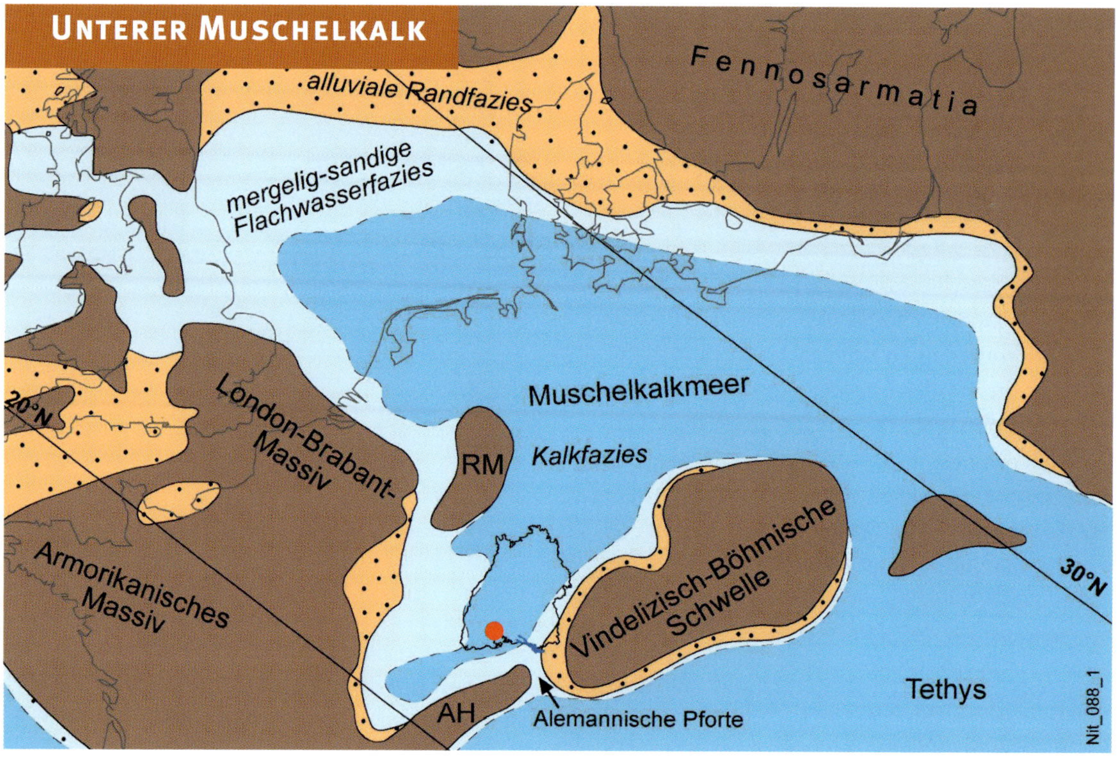

1.3.06 | Paläogeografie Mitteleuropas zur Zeit des Unteren Muschelkalks (vor etwa 245 Ma): Hochländer (Abtragungsgebiete) dunkelbraun, Niederungen (festländische Ablagerungsgebiete) hellbraun, Meeresgebiete blau, Zur Orientierung sind die heutige Küstenlinie und der Umriss Baden-Württembergs einkopiert, der Punkt markiert die Lage des Wutachgebiets. Nach Geyer et al. (2011). RM: Rheinisches Massiv, AH: Alemannisches Hoch.

dung und Fauna der unteren Muschelkalksedimente in der Wutachschlucht. Die Bedingungen, die zu dieser Zeit herrschten, waren vollmarin, d. h. ausschließlich durch das Meer geprägt. Zu Beginn des Mittleren Muschelkalks verengten sich die östlichen Pforten und auch die Alemannische Pforte zunehmend, bis sie schließlich zur Zeit des Oberen Muschelkalks nicht mehr existierten. Dafür aber öffnete sich zu Beginn des Mittleren Muschelkalks im Westen des Alemannischen Landes die Burgundische Pforte zur Tethys, zwar zuerst nur sehr wenig, aber ausreichend, um das Flachmeer mit Wasser aus der Tethys zu versorgen. Infolge des heißen Klimas und des geringen Zuflusses verdunstete zur Zeit des Mittleren Muschelkalks ein großer Teil des Wassers: Dolomit, Gips und Steinsalz bildeten sich aus den aus dem Wasser ausfallenden Stoffen. Nach stärkerer Öffnung der Burgundischen Pforte drang mehr Wasser aus der Tethys in das Flachmeer und es stellten sich wieder vollmarine Bedingungen ein. Dies war verbunden mit einer Fauna, die zwar nicht so artenreich wie in der Tethys war, dafür aber sehr individuenreich. Einige Tierarten kommen in mehreren Teilen des Oberen Muschelkalks massenhaft vor, wie z. B. der Brachiopode („Armfüßer") *Coenothyris vulgaris* oder die Seelilie *Encrinus liliiformis*. Für die Sedimentation und das Leben im Muschelkalkmeer war die Dynamik der Pforten als Verbindungen zur Tethys sehr wichtig. Weiterhin wichtig waren die umgebenden Festländer und Inseln, die zur Muschelkalkzeit schon sehr stark abgetragen waren, so dass sie das Becken nicht mit grobklastischem Verwitterungsmaterial überschwemmen konnten. Nur am äußersten Rand, zu dem aber das Wutachgebiet nicht gehörte, konnten sich Sande ablagern. Gegen Ende der Muschelkalkzeit hob sich das Skandinavische Festland und von dort drangen zunehmend klastische Sedimente in das Mitteleuropäische Becken vor. Die ersten Sandschüttungen erreichten das Wutachgebiet erst nach der Muschelkalkzeit. Das vollmarine Muschelkalkmeer musste den Flusslandschaften des Unteren Keupers, unterbrochen von zeitweiligen Meeresvorstößen, weichen. Der Muschelkalk hielt 6,6 Ma an, davon entfallen auf den Unteren 2, auf den Mittleren 1,2 und auf den Oberen 3,4 Ma (Menning et al.2005).

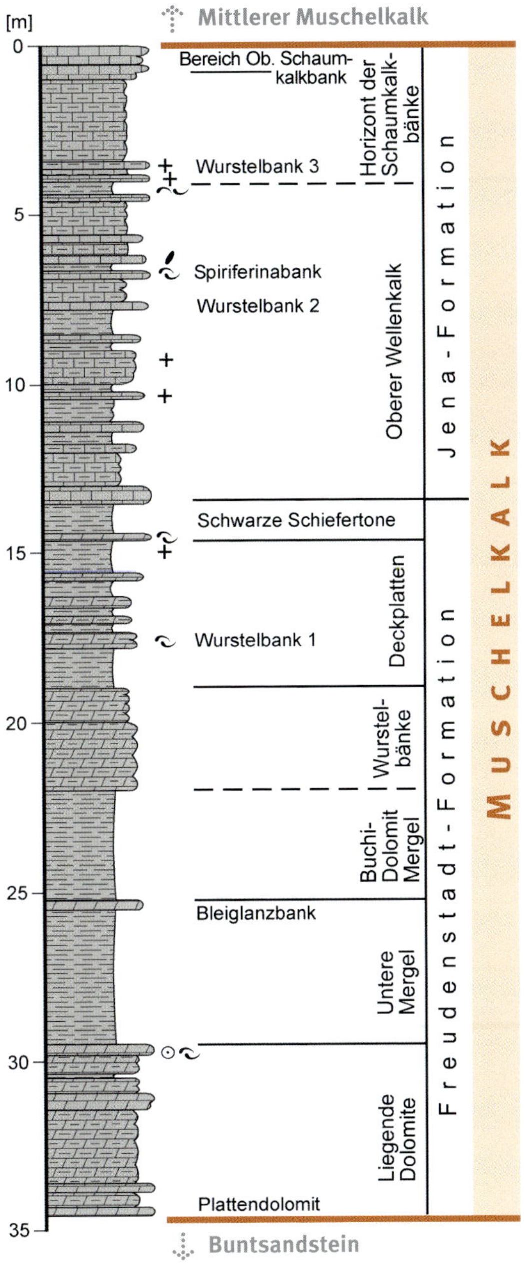

1.3.07 | Geologisches Profil des Unteren Muschelkalks im Bereich Schattenmühle. Nach Simon et al. (2009). Legende siehe |1.3.02| S. 26.

Unterer Muschelkalk

Der etwa 35 m mächtige Untere Muschelkalk besteht aus Tonsteinen, Kalk- und Dolomitsteinen. Die Fauna ist marin. Muscheln, Brachiopoden, Seelilien, aber auch Reste von Reptilien, Amphibien und Fischen kommen vor. Von letzteren künden meist nur einzelne Knochen- oder Schuppenreste. Nicht unbedeutend sind die Mikrofossilien wie Foraminiferen (schalentragende Einzeller), Radiolarien (einzellige „Strahlentierchen", ihr Vorkommen wird in letzter Zeit allerdings wieder in Frage gestellt), Conodonten (zahnähnliche Mikrofossilien) sowie Sporen und Pollen. In der Wutachschlucht besteht mehr als das obere Drittel der Schichtenfolge aus kalkigen Sedimenten, in der Bohrung im schweizerischen Silblingen schon zwei Drittel (HOFMANN et al. 2002). Zusammen mit mikropaläontologischen Untersuchungen in der Zentralschweiz (GISLER et al. 2007) und in der Wutachschlucht (BRAUN 1983) zeigt sich, dass schon im Unteren Muschelkalk eine nahe Verbindung zur Tethys über das Vindelizisch-Böhmische Massiv hinweg (Alemannische Pforte) bestanden haben muss (SIMON et al. 2009). Im Süden Baden-Württembergs verhinderte der nahe Einfluss aus der Tethys eine Dolomitisierung des gesamten Unteren Muschelkalks.

Der Untere Muschelkalk wird in zwei Formationen gegliedert (GEYER et al. 2011): Die liegende Freudenstadt-Formation mit dolomitischen und stark tonigen Gesteinen und die hangende Jena-Formation | 1.3.07 | mit kalkigen Gesteinen und dem Typusgestein, dem Wellenkalk, der aber in der Wutachschlucht nur in den obersten 5 m in Erscheinung tritt. Die darüber folgenden Orbicularisschichten der Karlstadt-Formation werden heute in den Mittleren Muschelkalk gestellt.

Die ca. 22 m mächtige Freudenstadt-Formation beginnt mit den ca. 5 m mächtigen Liegenden Dolomiten, deren unterste Bank als Plattendolomit bezeichnet wird. Sie besteht aus Dolomitstein oder, bei höherem Tongehalt, aus Mergelstein. Muschelschalen kommen gelegentlich vor. Es können 1–2 dm mächtige Bänke auftreten, die vor allem Kupfermineralien (Kupferkies, Azurit, Malachit), aber auch Bleiglanz enthalten (HOFMANN 1985) und eine vollmarine Fauna mit Muscheln und vor allem Trochiten (Stielglieder von Seelilien) führen.

Die folgenden Unteren Mergel bestehen überwiegend aus dunklen, gelbbraun verwitternden Tonmergelsteinen, denen nur wenige dünne Dolomitbänkchen eingelagert sind. Die oberste Bank führt Muschelschalen und Bleiglanz, weshalb SCHALCH (1873) sie als Bleiglanzbank bezeichnete. Die Schwermineralführung ist mit 0,2 % Blei, 0,1 % Zink und 0,02 % Kupfer relativ hoch (HOFMANN 1985). Die Schwermetalle kamen wie im Grenzbereich Buntsandstein/Muschelkalk in gelöster Form durch von den Festländern zufließendes Wasser ins Becken und wurden dort unter Beteiligung von Organismen ausgefällt (HOFMANN 1985).

Die anschließende, 6–8 m mächtige Gesteinsfolge wird bisher meist den Buchi-Dolomitmergeln oder Buchimergeln (auch Albertii-Schichten) zugeordnet (PAUL 1971a, HOFMANN 1985, BANGERT 1991, BECKER 1995, HOFMANN et al. 2002, SIMON et al. 2009). Diese Schichtenfolge ist lithologisch zweigeteilt. In der unteren Hälfte herrschen dolomitische dunkle Tonmergelsteine vor, oben dominieren dolomitische, teilweise etwas flaserige Mergelsteine. Diese Schichtenfolge kann man in Anlehnung an die Gliederung im Gebiet um Freudenstadt in die unteren Buchi-Dolomitmergel und die oberen Wurstelbänke teilen. Die Buchi-Dolomitmergel führen Muscheln wie Homomyen (*Homomya albertii*), Hoernesien oder Myophorien und den Brachiopoden *Lingula*. Die Wurstelbänke, im Gebiet um Freudenstadt benannt nach den „wurstähnlichen" Grabgängen und Wohnbauten von Sedimentwühlern, weisen teilweise ein flaseriges Gefüge auf, das an typischen Wellenkalk erinnert.

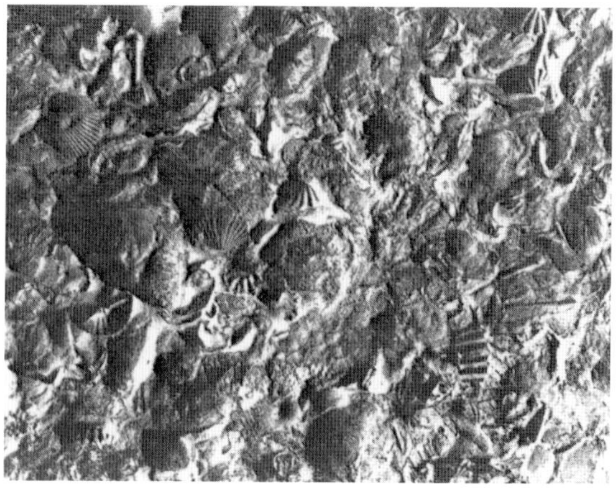

1.3.08 | Oberseite der Spiriferinabank mit den beiden „Spiriferina"-Arten, Weilertal bei Stühlingen. Bildbreite entspricht ca. 10 cm. Reproduktion eines verschollenen Fundstücks aus dem Beitrag von PAUL (1971a) aus dem Buch 'Die Wutach', Freiburg 1971.

Die 4–6 m mächtigen Deckplatten bestehen aus einer Wechselfolge von dunklen Tonmergelsteinen mit Mergelstein- und Dolomitsteinbänken. Eine der Dolomitsteinbänke (Wurstelbank 1 nach Paul 1971a) zeigt an der Unterseite bis zu zentimetergroße Lebensspuren von Sedimentwühlern.

Die bis zu 2,5 m mächtigen Schwarzen Schiefertone sind einer der weitreichendsten Leithorizonte im Muschelkalk. Da diese Schicht mit den Terebratelschichten (Terebrateln sind muschelähnlich aussehende Armfüßer) von Nord-Baden-Württemberg parallelisiert werden kann (Schwarz 1971), ist dieser Horizont bis nach Oberschlesien nachzuweisen und bietet eine ausgezeichnete Möglichkeit, das Profil des Unteren Muschelkalks im Wutachgebiet mit den Profilen des zentralen Beckens zu korrelieren. Aber auch ohne Terebrateln ist die Schicht leicht an ihrer stets dunkleren Farbe gegenüber dem hangenden und dem liegenden Gestein gut zu erkennen.

Die bis zu 15 m mächtige Jena-Formation besteht aus kalkigen Sedimenten. Generell wird der Kalksteinanteil in der Formation nach oben größer und der Tonsteinanteil geringer. Diese Ton-Kalk-Verteilung der Sedimente lässt eine Verflachung des Meeres ab etwa dem Horizont der Schwarzen Schiefertone erkennen. In die gleiche Richtung deutet das Auftreten von Glimmer auf Schichtflächen | 1.3.06 |. Die besten Aufschlüsse finden sich in der Wutachschlucht am Fuß der Schelmenhalde (s. Karte S. 416) und bei der ehemaligen Gipsmühle Dietfurt. Die Formation wird zweigeteilt in den Oberen Wellenkalk und den Horizont der Schaumkalkbänke. Der ca. 10–11 m mächtige Obere Wellenkalk beginnt mit Kalkstein- und Mergelsteinbänken, die von Tonsteinen abgelöst werden. Diese Abfolge wiederholt sich in unterschiedlicher Mächtigkeit bis zur Obergrenze des Oberen Wellenkalks noch dreimal. Ab und zu kommen Muscheln vor (*Hoernesia socialis, Plagiostoma lineatum*), auch Reste von Schnecken und Mikrofossilien sind nicht selten (Braun 1983). Wurm- und Grabgänge treten auf. Etwa 2 m über der Basis liegt ein Hartgrund, der belegt, dass die Sedimentation zeitweilig unterbrochen war. 1 m unter der Spiriferinabank ist ein dünnes Bonebed mit Fischresten entwickelt. Die wichtigste Bank in der Jena-Formation ist die Spiriferinabank: ein Schill-Tempestit von 10–15 cm Mächtigkeit. Diese Kalksteinbank ist durch ihre besondere Fossilführung gekennzeichnet. Die *Spiriferina*-Arten *Hirsutella hirsuta* und *Punctospirella fragilis* kommen vor, | 1.3.08 | daneben Austern, *Plagiostoma* und Seeigelreste (Paul 1971a, Braun 1983, Wurm et al. 1989). Die Spiriferinabank ist eine sogenannte ökostratigraphische Leitbank (Hagdorn & Simon 1993), die im gesamten südlichen Bereich des Mitteleuropäischen Beckens als wichtiger Zeitmarker bis nach Thüringen hinein zu verfolgen ist.

Der Horizont der Schaumkalkbänke ist in der Wutachschlucht nur schwer abzugrenzen, weil die typischen Schaumkalkbänke fehlen. Hier werden die Wurstelbänke 3 | 1.3.09 | und 4 als Äquivalente der Unteren Schaumkalkbank und die *Spirorbis valvata* führende Bank als Äquivalent der Oberen Schaumkalkbank gedeutet. *Spirorbis valvata* (ein Ringelwurm) kommt in der obersten Bank des Unteren Muschelkalks massenhaft vor (Paul 1971a). Diese Tiere, die an Schalen oder Tangen angewachsen lebten, bildeten millimetergroße Kalkröhrchen. Die Gesteine zwischen den Bankbereichen bestehen aus Mergel- und Kalkstein mit teilweise typischer Wellenkalkstruktur, d. h. sie sind dünn und unregelmäßig flaserig-knollig geschichtet. Diese typische Schichtung ist ein Produkt aus mehreren Vorgängen, die ein schon abgelagertes Sediment beeinflussen können: Bioturbation, Strömung, Erschütterung sowie Verlagerung der Sedimente durch Erdbeben und untermeerische Gleitvorgänge.

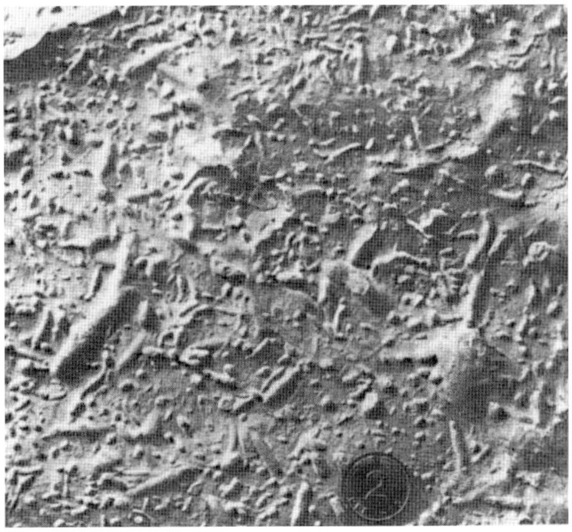

1.3.09 | Unterseite der Wurstelbank 3 mit Wühlgefügen und Grabgängen, Weilertal bei Stühlingen. Durchmesser der Münze 1,95 cm. Reproduktion eines verschollenen Fundstücks aus dem Beitrag von Paul (1971a) aus dem Buch 'Die Wutach', Freiburg 1971.

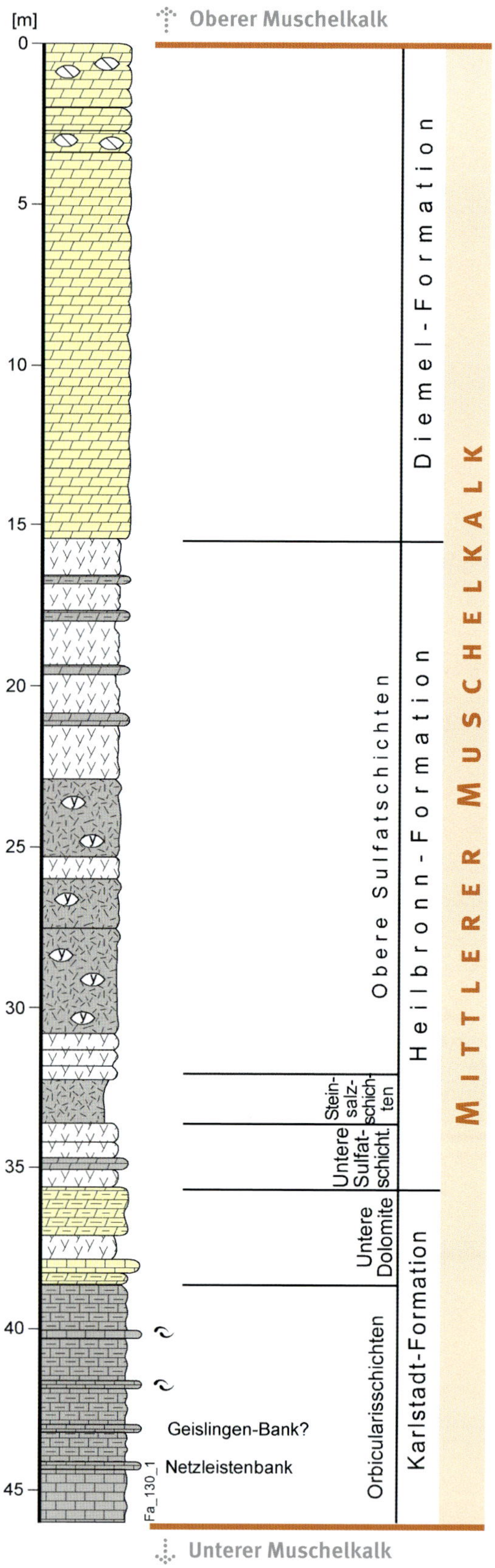

1.3.10 | Geologisches Profil des Mittleren Muschelkalks. Nach PAUL (1971a), HOFMANN (1985), WURM et al. (1989), NAGRA (1992), BECKER (1995), HOFMANN et al. (2002). Legende siehe |1.3.02| S. 26.

Mittlerer Muschelkalk

Der im Wutachgebiet bis zu 50 m mächtige Mittlere Muschelkalk |1.3.11| weist im unteren und oberen Teil Sedimente auf, die bei etwas höherem Salzgehalt (Salinität) als im Unteren und Oberen Muschelkalk abgelagert worden sind. Entsprechend artenarm ist die Fauna. Im mittleren Teil war die Salinität sehr hoch, weshalb sich eine salinare Abfolge entwickelte, die mit Dolomit (schwer löslich, daher leicht ausfällbar) beginnt, und mit Steinsalz, dem leicht löslichen, schwer ausfällbaren Gestein endet. Dazwischen liegt Sulfatgestein, das bezüglich des Lösungs- und Ausfällungsverhaltens eine Mittelstellung einnimmt. Nach dem Höhepunkt der salinaren Sedimentation (Steinsalzbildung) steigt der Zufluss von Wasser aus der Tethys und die Gesteinsfolgen ordnen sich umgekehrt an: unten Steinsalz, dann Sulfatgestein, oben Dolomit. Die Schichtenfolge des Mittleren Muschelkalks weist gegenüber dem nördlichen Teil des Mitteleuropäischen Beckens wenige Unterschiede auf, da sich ja die Zuflussbedingungen in das Becken auf das gesamte Ablagerungsgebiet auswirkten. Der Mittlere Muschelkalk wird in drei Formationen gegliedert: Karlstadt-, Heilbronn-, Diemel-Formation |1.3.10|.

Die ca. 10 m mächtige Karlstadt-Formation wurde noch vor 20 Jahren dem Unteren Muschelkalk zugerechnet. Tatsächlich bestehen Ähnlichkeiten zum Unteren Muschelkalk, besonders im Wutachgebiet, wo die oberen Gesteine des Unteren Muschelkalks denen der Karlstadt-Formation mehr gleichen als im Norden, wo der Unterschied zwischen Wellenkalk (unten) und Mergelstein (oben) deutlicher ausgebildet ist. Die Karlstadt-Formation wird in zwei Abschnitte geteilt:

Die Orbicularisschichten bestehen aus einer Wechselfolge von Mergelsteinen, in die sich Kalkstein- oder weiter oben auch Dolomitsteinbänke, einschalten. Die Gesteine führen teilweise sehr häufig *Neoschizodus orbicularis*. Diese Muschel vertrug eine höhere Salinität, weshalb sie gegenüber anderen Arten im Vorteil war und sich stark ausbreiten konnte. Etwa 2 m über der Basis tritt eine ca. 10 cm mächtige Bank mit auffallenden Wülsten und Leisten an der Unterseite auf |1.3.12|. Diese als „Netzleisten“ benannten Formen werden

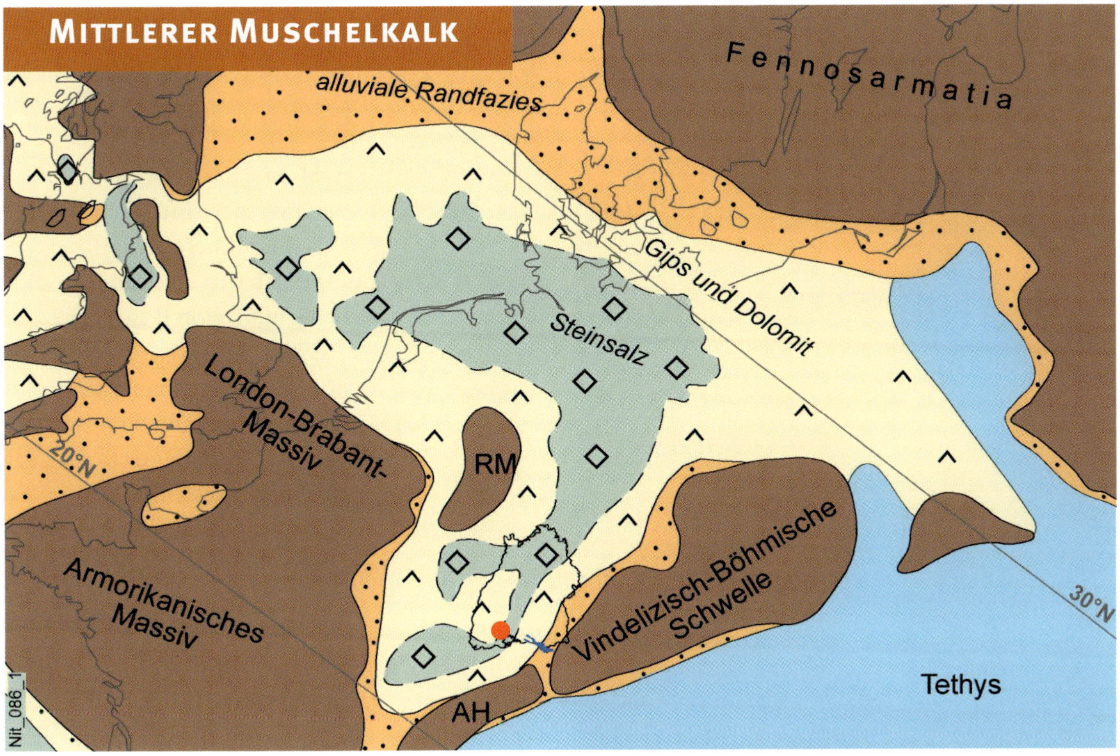

1.3.11 | Paläogeografie Mitteleuropas zur Zeit des Mittleren Muschelkalks (vor etwa 245 Ma): Hochländer (Abtragungsgebiete) dunkelbraun, Niederungen (festländische Ablagerungsgebiete) hellbraun, Meeresgebiete blau, Salzpfannen hellgrün. Zur Orientierung sind die heutige Küstenlinie und der Umriss Baden-Württembergs einkopiert, der Punkt markiert die Lage des Wutachgebiets. Nach Geyer et al. (2011). RM: Rheinisches Massiv, AH: Alemannisches Hoch.

als diagenetisch (durch Prozesse während der Verfestigung des zunächst lockeren Sediments nach der Ablagerung) überprägte Wohnbauten gedeutet (Wurm et al. 1989).

Die bis zu 3 m mächtigen Unteren Dolomite sind im Mitteleuropäischen Becken bis nach Norddeutschland nachweisbar. Es handelt sich um primäre Dolomite, d. h. das Sediment (magnesiumreicher Kalkschlamm) hat schon sehr bald weiteres Magnesium aus dem Porenwasser aufgenommen und erhärtete als Dolomitstein. Die Dolomite des Muschelkalks, die nicht der Heilbronn-Formation angehören, sind erst später aus Kalkstein durch Aufnahme von Magnesium aus dem Porenwasser entstanden. Die auch Sulfatgesteinslagen führenden Unteren Dolomite sind somit das erste Glied der salinaren Abfolge im Mittleren Muschelkalk.

Die Heilbronn-Formation ist im Bereich der Wutachschlucht ca. 20 m mächtig. Sie kann aber unter den östlich angrenzenden Hochflächen um mehr als 10 m mächtiger sein, wenn das Steinsalz noch erhalten ist. Ist außer dem Steinsalz auch das Sulfatgestein ausgelaugt, kann die Mächtigkeit auf ca. 10 m abnehmen. Die Heilbronn-Formation ist im Wutachgebiet nur wenig aufgeschlossen, was

1.3.12 | Unterste Schichten der Karlstadt-Formation. Die obere Bank mit der wulstigen Unterseite ist die Netzleistenbank, Oberdietfurt. (TS.2012)

an der Löslichkeit und der Rutschanfälligkeit der ausgelaugten Gesteine liegt. Meist ist der Ausstrich des Mittleren Muschelkalks von Hangschutt aus dem Oberen Muschelkalk überlagert. Der beste, heute aber auch stark verwachsene Aufschluss befindet sich im Bereich des ehemaligen Gipsbruchs Dietfurt | 1.3.13 |. Hier wurde im vorletzten Jahrhundert Gips abgebaut und in der 1889 abgebrochenen Gipsmühle zu Mineraldünger gemahlen, was auch andernorts geschah (PAUL 1971a: Wutachschlucht/-tal zwischen Reiselfingen und Boll, zwischen Stühlingen und Ofterdingen).

Die Heilbronn-Formation wird in drei Abschnitte geteilt. Die Unteren Sulfatschichten, meist 2–3 m mächtig, bestehen aus Gipslagen und -knauern mit schluffig-tonigen Auslaugungsrückständen. Es können auch noch dünne Dolomitsteinlagen auftreten. Die Steinsalzschichten sind ausgelaugt, waren aber ehemals in einer Mächtigkeit von schätzungsweise 5–10 m vorhanden. Die noch erhaltene Auslaugungsbrekzie besteht aus chaotisch gelagertem Tonstein, Schluff und wenig Gips (PAUL 1971a, WURM et al. 1989). Die über 15 m mächtigen Oberen Sulfatschichten bestehen überwiegend aus Gips. Im unteren Bereich sind die Schichten toniger und teilweise stark angelöst. Es können Auslaugungsbrekzien auftreten. Im oberen Bereich können in die Gipsschichten Dolomitsteinlagen eingeschaltet sein.

1.3.13 | **Auf der historischen Aufnahme** von 1933 ist der Gipsbruch im Mittleren Muschelkalk an der Oberdietfurt noch gut zu erkennen. (HS.1933)

1.3.14 | **Gips aus dem Mittleren Muschelkalk** bei der ehemaligen Gipsmühle. (MS.2013)

Pleiten, Pech und Pannen: das Gipswerk des Oscar V.

Friedbert Zapf

1.3.15 | Ruine des Nebengebäudes, der Produktionsturm ist verschwunden. (FZ)

Was für den aufmerksamen Wanderer in der Nähe der Dietfurtbrücke wie ein mittelalterliches Gemäuer anmutet, entpuppt sich aus der Nähe als ein ziemlich neuzeitlicher Gebäuderest aus Beton. Es handelt sich um eine ehemalige Gipsmühle mit Elektrizitätswerk. Der schillernde Geschäftsmann Oscar V., ein Ingenieur aus Breisach, hatte Ende 1919 die „Wutachindustrie GmbH" gegründet und mit dem Bauwerk im Boller Wald begonnen.

Da zunächst noch keine Baugenehmigung vorlag, stellte das Bezirksamt Bonndorf im April 1921 die Arbeiten ein. Oscar V. kümmerte sich nicht um den behördlichen Baustopp, und die Obrigkeit sah sich genötigt, Gendarmen auf die Baustelle zu schicken. Im Mai 1921 reichte der Unternehmer schließlich einen Bauantrag ein. 4000 Tonnen Baugips und 5600 Tonnen Düngegips waren sein Produktionsziel, das Anlagekapital sollte sich mit 15 Prozent verzinsen. Im Juli 1921 erteilte das Bezirksamt mit einigem Bauchweh eine Teilbaugenehmigung, die Pläne seien „gerade zur Not" genügend und zeugten von „geringem technischen Können".

Im August 1922 begeisterte sich indes die Schwarzwälder Zeitung: *„Aus der Talsohle wächst plötzlich eine Industrieanlage turmartig, 24 m hoch, heraus. ... Die Anlage, kühn in die Gegend hineingeklebt, macht einen vertrauenerweckenden Eindruck. Vom hochgelegenen Gipsbruch gelangen die Steinmassen in das Dach des Werkes, fallen durch den Brecher in 4 Brennöfen, von da in die Mühlen, und unten fallen die verschiedenen Gipsarten in die Säcke. Das Brennen des Gesteins wird durch elektrischen Strom erfolgen. Stimmen all die Voraussetzungen, die der Idee zu Grunde liegen, so hat die Anlage fraglos eine gute Zukunft und die Bodenschätze des Wutachtales bleiben nicht ungenutzt vergraben."*

Als lukrative Nebennutzung beabsichtigte Oscar V., das Dorf Boll mit Strom zu versorgen. Im September 1922 war die Leitung hinauf nach Boll verlegt, aber als der erste Strom floss, sprühten im Dorf die Funken. Fehlerhaft und dilettantisch hatte man das Ortsnetz und die Hausanschlüsse installiert. Im Januar 1923 sah sich das Bezirksamt genötigt, durch die Polizei den Strom abstellen zu lassen. Es bestand Gefahr für Leib und Leben durch zahlreiche Kurzschlüsse.

Dann lief endlich auch die Gipsproduktion an. Oscar V. hatte ein „Elektrisches Gipsbrennverfahren" entwickelt, das er sich angeblich sogar patentieren ließ. Der Gips wurde wenige Schritte östlich des Werkes abgebaut. *„Landwirte!"*, so ein Inserat vom 29. September 1922, *„Hochprozentigen schwefelsauren Kalk zum Düngen liefert ab Werk Boll (Schwarzwald) oder Station Bonndorf Friedrich Schiller, Generalvertrieb der Wutach-Industrie AG. Boll i. Schw."*

Im Herbst 1924 war das Unternehmen zahlungsunfähig, nachdem es gerade einmal zwei Jahre produziert hatte. Da tauchten zwei windige Freiburger Geschäftsleute auf und erwarben für 12 000 Mark die Konkursmasse. Der Kaufvertrag platzte aber, da einer der beiden feinen Freiburger Herren überraschend verhaftet wurde. Jetzt übernahm die Gemeinde Boll das Elektrizitätswerk mit der kleinen Peltonturbine, doch 1928 kam mit dem Anschluss an das Kraftwerk Laufenburg das endgültige Aus für die kuriose Industrieanlage in der Wutachschlucht.

1.3.16 | Das letzte, großformatige Inserat mit Bild der Werksanlage in der Schwarzwälder Zeitung vom 5. Mai 1924 pries auch „Modell- und Stuckgips" an. (AFZ)

1.3.17 | **Zellendolomit** aus der Diemel-Formation; Breite des Stücks: 20 cm. (MF.2013)

Die Diemel-Formation ist bis zu 15 m mächtig. Sie besteht aus gebankten, teilweise kalkigen Dolomitsteinen, die gelbbraun verwittern. Sie können bereichsweise etwas toniger sein. Die Dolomite sind überwiegend diagenetisch aus Kalksteinen entstanden. Besonders im unteren Bereich der Diemel-Formation kommt eine Gesteinsart vor, die Zellendolomit | 1.3.17 | genannt wird. Es handelt sich dabei um Lagen und Schichtabschnitte, die ein zelliges Gefüge haben. Die „Zellen" können dabei eine kubische quaderförmige oder rhomboedrische Form bis zu einer Ausdehnung von 1 dm haben. In fortgeschrittenem Verwitterungsgrad sind die Zellen nicht mehr mit Gestein ausgefüllt, sondern leer. Die Wände der Zellen bestehen aus Calcit und sind in der Regel nicht dicker als 1 cm. Zellenkarbonate treten oft im unmittelbar Liegenden oder Hangenden salinarer Gesteine (Sulfatgestein, Salz) auf. Ihre Entstehung hängt mit der unterschiedlichen Reaktion der Salinargesteine einerseits und der Karbonatgesteine andererseits auf Bewegungen der Erdkruste (Tektonik) zusammen. Bei diesen Bewegungen verformen sich salinare Gesteine, während Karbonatgesteine zerbrechen. Die Ausfüllung der tektonischen Bewegungsbahnen (Klüfte, Schichtflächen) mit Calcit ergibt dann die zellige Struktur. Etwa 3 und 0,5 m unter der Obergrenze treten markante Lagen von grauen bis schwarzen Hornsteinknollen (Kieselknollen) auf | 1.3.18–19 |. Die Kieselknollen sind im Sediment entstanden und zeichnen Sedimentstrukturen nach, die ansonsten durch die Dolomitisierung verloren gegangen oder sehr undeutlich geworden sind. So können gelegentlich Ooide (vgl. | 1.3.26 |), die ein Indiz für sehr flaches, bewegtes Wasser sind, in den Kieselknollen beobachtet werden.

1.3.18 | **Grenze Mittlerer/Oberer Muschelkalk** westlich der Einmündung des Tannegger Bachs, mit einer kleinen Verwerfung, die an der Grenze Mittlerer/Oberer Muschelkalk besonders deutlich zu sehen ist. (TS.2012)

1.3.19 | **Ausschnitt** aus Abb. 1.3.18: Oberer Teil der Diemel-Formation: Laminar geschichtete Dolomite mit mehreren Lagen aus Hornsteinknollen unmittelbar über dem oberen Stielende des Hammers (Länge des Hammerstiels: 36 cm), ca. 60 cm unter der Grenze Mittlerer/Oberer Muschelkalk. Die überhängende Kalkbank im oberen Bildbereich gehört schon dem Oberen Muschelkalk an. (TS.2012)

1.3.20 | **Die Hangkante des Oberen Muschelkalks,** aufgenommen vom Münzlochweg aus mit Blick nach Norden in Richtung Reiselfingen. Der Fels wurde vor wenigen Jahren bei einer Pflegemaßnahme des Naturschutzes freigestellt. (MS.2013)

Oberer Muschelkalk

Der in der Wutachschlucht etwa 65–68 m mächtige Obere Muschelkalk besteht aus marinen Sedimenten, überwiegend aus Kalk- und Dolomitsteinen. Auch die Fauna ist durchgehend marin. Muscheln, Brachiopoden, Seelilien, Ceratiten (eine Ordnung der Ammoniten), selten Korallen, aber auch Reste von Reptilien, Amphibien und Fischen sind gefunden worden. Das Flachmeer in Mitteleuropa hatte über die Burgundische Pforte Verbindung zur Tethys | 1.3.21 |. Die Pfortennähe des südlichen Baden-Württemberg wird auch durch besondere Fossilfunde belegt. Korallen und Schwämme deuten auf den Zufluss von frischem Meerwasser aus der Tethys hin. Diese Fossilien fehlen weiter im Norden.

Besonders hervorgehoben seien zwei Besonderheiten des südlichen Oberen Muschelkalks, zu dem auch die Schichtfolge der Wutachschlucht zählt: die Oolithbereiche und die weit im Profil herunterreichende Dolomitausbildung, die zwar schon in Mittel-Baden-Württemberg einsetzt, aber im Süden die ganze obere Hälfte des Oberen Muschelkalks einnimmt.

Der Beschreibung des Oberen Muschelkalks wurde die im Wutachgebiet erarbeitete Gliederung von PAUL (1971a) zugrunde gelegt. Auf die etwas abweichenden lithostratigrafischen Gliederungen am Hochrhein, im Dinkelberg, in der Vorbergzone (BRÜDERLIN 1969, 1970) und der Nordschweiz (MERKI 1961), die aber auch das Wutachgebiet betreffen, wird im Folgenden immer wieder verwiesen, ebenso auf die Gliederung weiter im Norden Baden-Württembergs. Der Obere Muschelkalk wird in drei Formationen geteilt (GEYER et al. 2011): die liegende Trochitenkalk-Formation, die Meißner-Formation und die hangende Rottweil-Formation | 1.3.22 |.

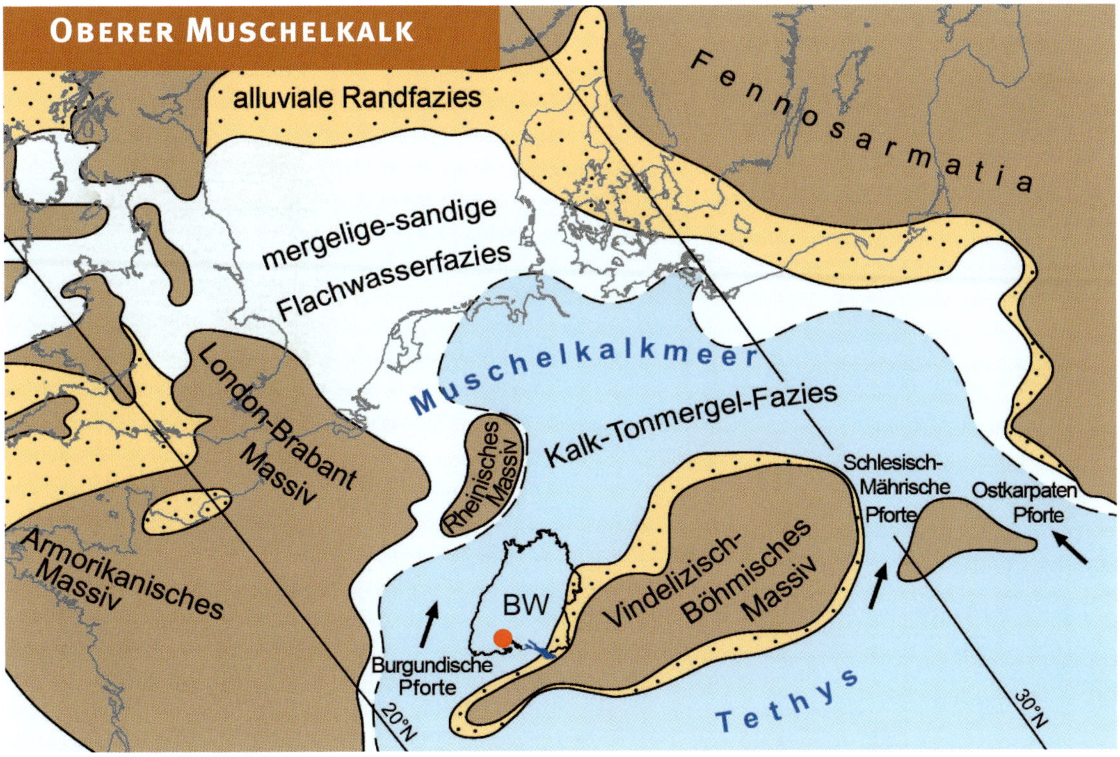

1.3.21 | **Paläogeografie Mitteleuropas zur Zeit des Oberen Muschelkalks** (vor etwa 240 Ma): Hochländer (Abtragungsgebiete) dunkelbraun, Niederungen (festländische Ablagerungsgebiete) hellbraun, Meeresgebiete blau. Zur Orientierung sind die heutige Küstenlinie und der Umriss Baden-Württembergs einkopiert, der Punkt markiert die Lage des Wutachgebiets. Nach GEYER et al. (2011).

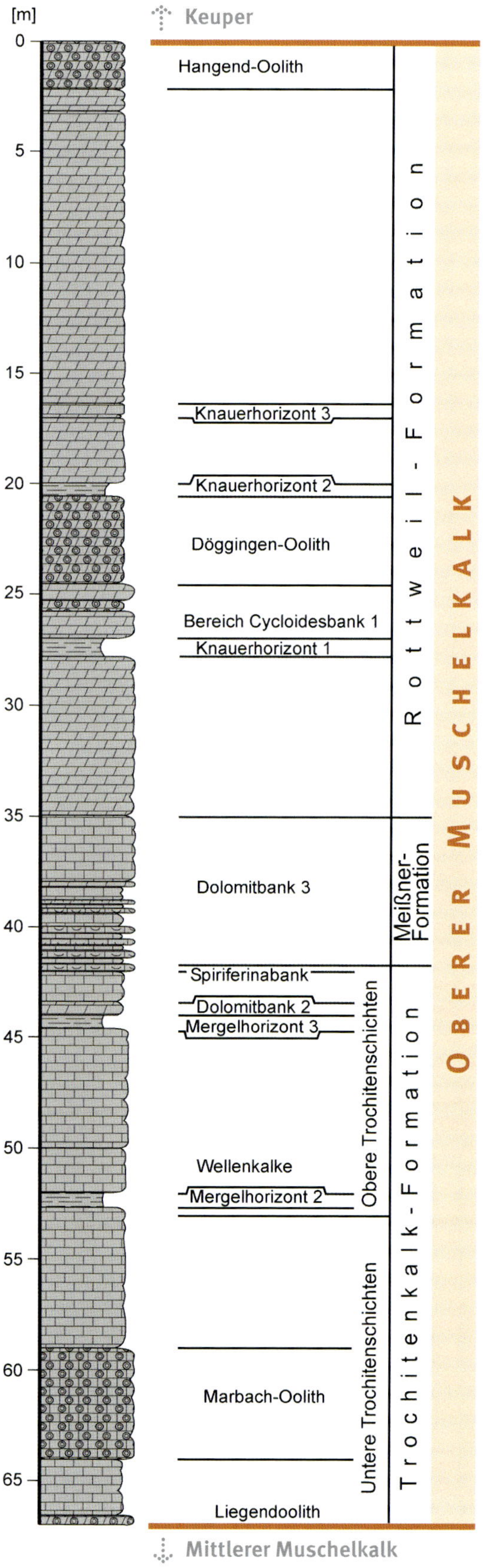

1.3.22 | Geologisches Profil des Oberen Muschelkalks im Bereich Wutachflühen-Blumegg. Nach PAUL (1971a). Legende siehe |1.3.02| S. 26.

Die Trochitenkalk-Formation ist ca. 25 m mächtig, ihre Obergrenze wird hier mit der Oberfläche der Spiriferinabank gezogen.

Die ca. 14 m mächtigen Unteren Trochitenschichten |1.3.22| setzen mit dem bis ca. 2 m mächtigen Liegendoolith ein. Dieser führt stellenweise reichlich Ooide und Onkoide („Algenknollen"), was ihn als eine Bildung des flachen Wassers ausweist. Im Liegendoolith kommen schon Trochiten, Stielglieder der Seelilie *Encrinus liliiformis* |1.3.23|, vor. Dies könnte darauf zurückzuführen sein, dass der Obere Muschelkalk im Süden später einsetzt als weiter im Norden, also die Faziesgrenze Dolomitstein (Mittlerer Muschelkalk) zu Kalkstein (Oberer Muschelkalk) nach Süden ansteigt (PAUL 1971a). Andererseits könnte aber das Vorkommen der Seelilie auf ihr früheres Auftreten im tethysnäheren Gebiet zurückzuführen sein, schließlich ist *Encrinus liliiformis* ein Einwanderer aus der Tethys (HAGDORN 1985). Ganz ähnlich verhalten sich die Ceratiten, die im Süden auch früher erscheinen als im Norden (ULRICHS & MUNDLOS 1985). Bis zum nächsten Oolith-Komplex, dem Marbach-Oolith, schalten sich bis über 5 m gebankte Kalksteinschichten ein, in denen noch bei Donaueschingen die Leithorizonte Mergelhorizont 1 und Dolomitbank 1 nachzuweisen sind. Diese würden in der Wutachschlucht im Bereich des teilweise über 5 m mächtigen Marbach-Ooliths zu suchen sein. Der Marbach-Oolith ist ein Gestein mit dicken Oolithbänken, die Schrägschichtung aufweisen. Im Oolith findet sich eine reichhaltige Muschelfauna, Trochiten, aber auch teilweise Korallen und Schwämme, die weiter nördlich im mittleren Baden-Württemberg nicht mehr vorkommen. Der Marbach-Oolith und der Liegendoolith können zwischen Donaueschingen und der Wutachschlucht zu einem insgesamt 17 m mächtigen Oolithkomplex zusammenwachsen.

Bis zur Obergrenze der Unteren Trochitenschichten herrschen bankige Kalksteine vor, die gelegentlich Schill führen. Im oberen Bereich werden Trochiten seltener.

Die ca. 11 m mächtigen Oberen Trochitenschichten beginnen mit einer trochitenreichen Schillbank und dem darüber folgenden Mergelhorizont 2. Die hangenden, ca. 2 m mächtigen Kalksteine haben sogar Kronen und Stiele von *Encrinus liliiformis* und Ceratiten (*z. B. Ceratites (Doloceratites) pulcher*) geliefert (Paul 1971a), die eine sichere Zuordnung zu den Profilen im mittleren und nördlichen Baden-Württemberg erlauben. Die Sedimentstrukturen – flaserige, wellig geschichtete Kalksteine – haben zum Namen Wellenkalke geführt.

Die darüber folgenden Gesteine bestehen aus unten noch Trochiten und Schill führenden Kalksteinbänken. Nach oben werden sie durch Blaukalkbänke (sehr feinkörnige, fast fossilfreie Kalksteine) abgelöst, die schließlich in dickbankige Kalksteine mit Schilllagen übergehen. Die Bankoberseiten zeigen teilweise sehr deutlich ausgebildete Wellenrippeln | 1.3.24 |. Der ca. 1 m mächtige Mergelhorizont 3 | 1.3.25 | besteht aus Blaukalksteinbänken und Mergelsteinen. Die Schicht führt Ceratiten (z. B. *Ceratites (Opheoceratites) compressus compressus*), die eindeutig auf eine Parallelisierung mit den Schichten unmittelbar unter der mittel- und nord-baden-württembergischen Spiriferinabank hinweisen. Infolgedessen besteht auch kein Zweifel, dass die von Paul (1971a) kaum 2 m darüber in einer Schillbank gefundenen kleinen Brachiopoden der Art *Spiriferina fragilis* die Spiriferinabank belegen. Zwischen Mergelhorizont 3 und Spiriferinabank liegen bis zu dezimetermächtige Blaukalkbänke mit der Dolomitbank 2 | 1.3.22 |.

1.3.23 | Trochitenkalk, angewittert; die Stielglieder weisen einen Querschnitt von wenigen Millimetern bis 1 cm auf. (MF.2013)

Die 7–18 m mächtige Meißner-Formation (bei Paul 1971a, Tonplattenregion) weist wegen der unterschiedlich tief nach unten reichenden Dolomitisierung der hangenden Schichten (Rottweil-Formation) eine stark unterschiedliche Mächtigkeit auf. Bei Reiselfingen liegt die Obergrenze ca. 4 m über dem Knauerhorizont 1 (Mächtigkeit der Meißner-Formation: 14 m), bei Blumegg 3 m über Dolomithorizont 3 (Mächtigkeit der Meißner-Formation: 7 m). Bei Wutöschingen fehlt die Meißner-Formation, weil die Rottweil-Formation unmittelbar auf der Trochitenkalk-Formation liegt. Im Stadtgebiet von Waldshut greift die Rottweil-Formation sogar in die Trochitenkalk-Formation ein.

1.3.24 | Wellenrippeln unter dem Mergelhorizont 3 an der Wiederaustrittsstelle des Wassers der Wutachversickerung, ca. 200 m südwestlich der Einmündung des Elzbeergrabens. Abstand der Wellenkämme ca. 70–80 cm. (TS.2012)

1.3.25 | Felswand im Oberen Muschelkalk, Wutachflühen gegenüber von Blumegg. Stratigrafische Bezeichnungen: moTK/moM: Grenze Trochitenkalk-/Meißner-Formation; moM/moR: Grenze zwischen der Tonplattenfazies und der Trigonodusfazies innerhalb der Rottweil-Formation; ku: Unterkeuper; MO: Marbach-Oolith; Mh2,3: Mergelhorizonte 2 und 3; Dt2,3: Dolomitbänke 2 und 3; SB: Spiriferinabank; Kn1: Knauerhorizont 1; DOO: Döggingen-Oolith; HO: Hangendoolith. (PK.2012)

Bei Blumegg | 1.3.25 | lässt sich die Meißner-Formation durch eine etwa in der Mitte liegende, ca. 10 cm mächtige Dolomitbank, die Dolomitbank 3, teilen. Die Schichten zwischen Spiriferinabank und Dolomitbank 3 bestehen aus manchmal Schill führenden Bänken, die auch dolomitisch sein können. Teilweise sind sie knauerig-knollig ausgebildet. Sie führen Ceratiten (z. B. *Ceratites (Opheoceratites) evolutus subspinosus*), die nach der Gliederung im Norden Baden-Württembergs eindeutig in die unmittelbar über der Spiriferinabank liegenden Schichten gehören. Die über der Dolomitbank 3 liegenden Schichten bestehen aus „Tonplatten", das sind teilweise Schill führende, in der Regel bis maximal 2 dm mächtige Bänke, die durch dünne Tonmergelsteinfugen getrennt sind. Eine Aufschlusswand erscheint wegen dieser gleichmäßigen Bankung wie eine gemauerte Wand. Diese Tonplattenfazies ist bei Reiselfingen von Knauerhorizont 1 unterbrochen. Dieser besteht, wie die darüber liegenden, aber der Rottweil-Formation zugehörigen Knauerhorizonte aus ca. 1 m mächtigen knauerigen Bänken mit erhöhtem Tonsteingehalt. In der Regel wittern die Knauerhorizonte in einer Aufschlusswand deutlich als Hohlkehle zurück.

Die Rottweil-Formation ist durch die Dolomitisierung der oberen Schichten des Oberen Muschelkalks gekennzeichnet. Diese reicht im Bereich des Wutachgebiets in Richtung Süden immer tiefer. Dabei änderte die Dolomitisierung die sonstigen Gesteinsmerkmale nicht grundlegend. So bleiben z. B. tonigere Bereiche (Knauerhorizonte) und Oolithe erhalten (Alesi 1984). Die Rottweil-Formation ist bei Reiselfingen ca. 30 und bei Blumegg ca. 35 m mächtig. Die Tonplattenfazies hält noch bis an die Untergrenze des Döggingen-Ooliths an | 1.3.26–27 |. Dieser ist ein Oolithkörper, der, bis zu 9 m mächtig (Gauchachmündung), im Bereich zwischen den Knauerhorizonten 1 und 2 liegt. Er setzt in der Wutachschlucht ca. 1 km westlich der Schurhammerhütte als rund 2 dm mächtige oolithische Bank mit Kieselknollen ein (Wurm et al. 1989). Die Oolithbänke weisen teilweise Schrägschichtung auf. Angewittert zeigt der Döggingen-Oolith braun-rötliche bis graubraune Farben. Der Oolith ist ein Anzeichen von sehr flachem Wasser (bis zu 10 m Tiefe), das durch Stürme heftig bewegt war. Die Knauerhorizonte 2 und 3 sind nicht im gesamten Wutachgebiet entwickelt. Knauerhorizont 3 ist von Norden bis Aselfingen, Knauerhorizont 2 bis Blumegg vorhanden. Den oberen Teil der Rottweil-Formation bilden dickbankige Dolomitsteine von gelbgrauer Farbe. Sie sind Sedimente eines lagunären Ablagerungsraums. Es kommen Algenlaminite (durch Algen gebildete feinschichtige Sedimentgesteine), Schill und Onkoide vor (Alesi 1984). Die obersten 2 m des Oberen Muschelkalks werden vom Hangendoolith eingenommen. Dieser ist dolomitisch ausgebildet und im gesamten Wutachgebiet etwa gleich mächtig vorhanden.

1.3.26 | Döggingen-Oolith, darüber der Knauerhorizont 2 und gebankte Dolomitsteine der Rottweil-Formation, ca. 400 m südwestlich der Gauchachmündung. (KS.2013)

1.3.27 | Döggingen-Oolith; im Anschliff sind die bis maximal 1 mm großen konzentrisch-schaligen Kügelchen (Ooide) gut sichtbar. (MF.2013)

KEUPER

Seit gut 200 Jahren wird der bunte obere Abschnitt der Germanischen Trias als Keuper bezeichnet. Der Name leitet sich von einer fränkischen Dialektbezeichnung für „Grus, bröckeliges Gestein" ab und bezog sich zuerst nur auf die krümelig zerfallenden bunten Tonsteine. Seit dem frühen 19. Jahrhundert wird der Ausdruck „Keuper" jedoch in ganz Deutschland für das gesamte bunte Schichtpaket aus Ton- und Sandsteinen, Gips und Dolomitstein verwendet, das sich zwischen den grauen Schichten des Muschelkalks und jenen des Juras befindet. Zunächst noch als eine einzige „Keuperformation" zusammengefasst, wird der Keuper heute als eine Gruppe von unterschiedlichen Formationen angesehen, in denen die verschiedenen Gesteinsarten in unterschiedlichem Maße vorherrschen.

Abgelagert wurden die Sedimente des Keupers ähnlich wie jene des Buntsandsteins unter überwiegend festländischen Bedingungen, d. h. von Flüssen und in subtropischen Seen, die immer wieder teilweise oder ganz austrockneten. In den untersten und obersten Schichten des Keupers sind jedoch auch geringmächtige Meeresablagerungen eingeschaltet, die belegen, dass der süddeutsche Raum von mehreren, jedoch nicht lange andauernden Meeresvorstößen erreicht wurde | 1.3.28 |.

Die Schichtenfolge des Keupers | 1.3.29 | erreicht im Wutachgebiet eine Mächtigkeit von etwa 100 bis 120 m. Dies ist, abgesehen von einigen Tiefbohrungen im Allgäu, die geringste Mächtigkeit, die man aus ganz Baden-Württemberg kennt, und nur etwa ein Viertel des Wertes im Raum Heilbronn. Dabei sind die Schichten des Keupers nicht nur dünner ausgebildet als in den mächtigeren Profilen weiter nördlich. Die langsamere Akkumulation („Ansammlung", Aufschichtung) der Sedimente hat auch dazu geführt, dass im Wutachgebiet wie auch im benachbarten Hochrheingebiet oder in der Baar nicht alle Schichtglieder abgelagert wurden oder einzelne Abschnitte noch zur Keuperzeit wieder abgetragen wurden und so in der Schichtenfolge fehlen. Die darüber folgenden Schichten liegen dementsprechend hier auf anderen älteren Ablagerungen als z. B. bei Heilbronn oder gar in der norddeutschen Senke, weshalb diese Schichtlücken auch als Diskordanzen (gewissermaßen „Unstimmigkeiten" der Schichten-Abfolge) bezeichnet werden.

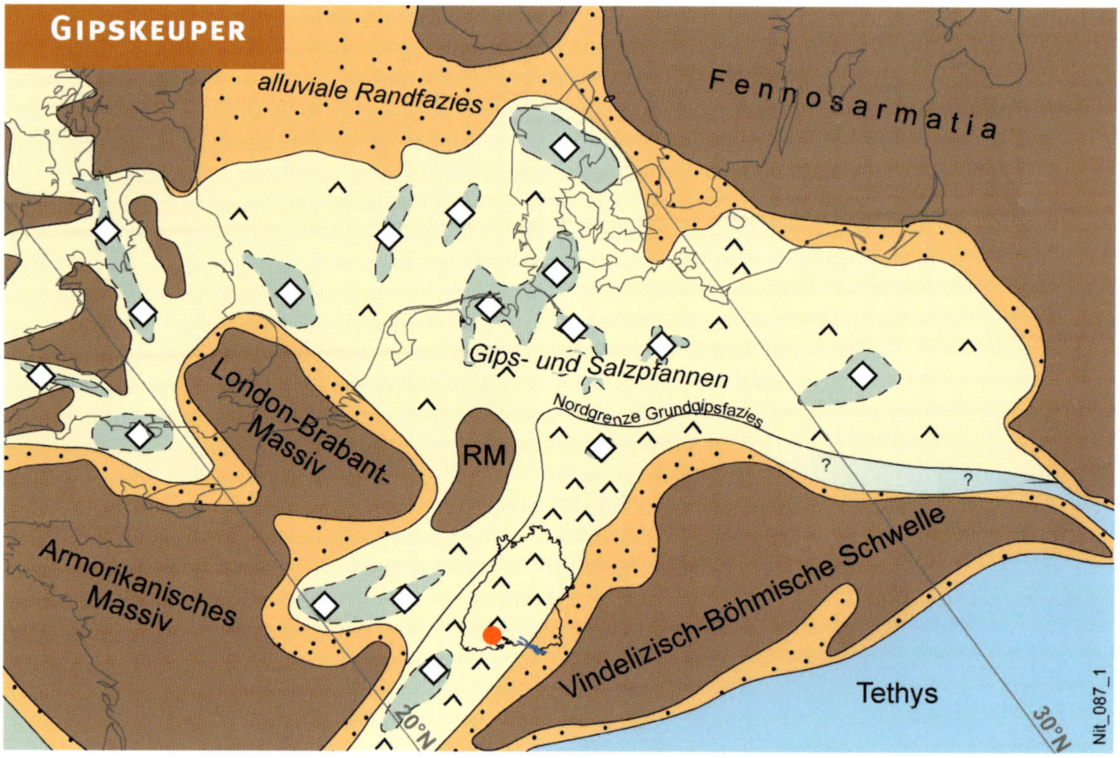

1.3.28 | Paläogeografie Mitteleuropas zur Zeit des Gipskeupers (vor etwa 235 Ma): Hochländer (Abtragungsgebiete) dunkelbraun, Niederungen (festländische Ablagerungsgebiete) hellbraun, Salzpfannen hellgrün (mit Rauten), Meeresgebiete blau. Zur Orientierung sind die heutige Küstenlinie und der Umriss Baden-Württembergs einkopiert, der Punkt markiert die Lage des Wutachgebiets. Nach GEYER et al. (2011).

Die Schichtenfolge des Keupers wird allgemein in drei Untergruppen gegliedert, wobei die überwiegend grauen Gesteine des Unteren und des Oberen Keupers von den vorherrschend bunten, aber viel mächtigeren Abfolgen des Mittleren Keupers unterschieden werden. Sowohl der Untere wie auch der Obere Keuper sind, abgesehen von den Mächtigkeitsunterschieden und gebietsweise von Schichtausfällen, im größten Teil Mitteleuropas sehr einheitlich ausgebildet. Sie werden daher über große Gebiete hinweg, und entsprechend auch in Baden-Württemberg, nur jeweils einer Formation zugeordnet. Im Wutachgebiet fehlt allerdings der Obere Keuper, da das zu Beginn des Juras vordringende Meer zunächst einige Meter Sediment aufgearbeitet und abgetragen hat, bevor sich in etwas tieferem Wasser dann die ersten Juraschichten ablagern konnten.

Dagegen ist der Mittlere Keuper von unten nach oben in mehrere Formationen gegliedert, die jeweils nach dem Ort oder Gebiet benannt sind, in denen besonders typische Profilabfolgen dokumentiert sind und die häufig auch in der Forschungsgeschichte eine besondere Rolle gespielt haben. Mit dieser inzwischen für ganz Deutschland einheitlichen Benennung lassen sich die historisch gewachsenen traditionellen Bezeichnungen, die sich in den unterschiedlichen Regionen Deutschlands oft genug unterschieden oder verschiedene Bedeutung hatten, heute klar auf bestimmte Schichten beziehen. Ein charakteristisches Beispiel sind die „Unteren" und „Oberen Bunten Mergel", die am Hochrhein (wie auch in der Schweiz) die Schichten unter und über dem Hauptsteinmergel bezeichnen, am Neckar aber jene unter und über dem Kieselsandstein, weshalb die „Oberen Bunten Mergel" des Hochrheins den „Unteren Bunten Mergeln" in Württemberg entsprechen – immer jedoch der Steigerwald-Formation.

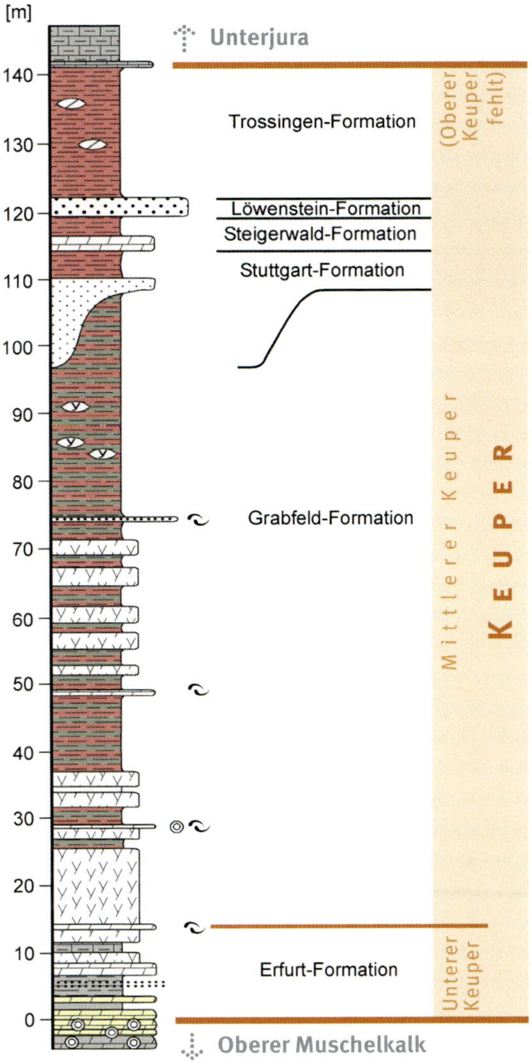

1.3.29 | Geologisches Übersichtsprofil des Keupers im Wutachgebiet (schematisch). Der höhere Mittelkeuper ist durch Schichtlücken und geringe Mächtigkeiten im Vergleich zu anderen Gebieten stark reduziert, Oberkeuper fehlt. Legende siehe |1.3.02| S. 26.

Unterer Keuper

Der Untere Keuper besteht im Wutachgebiet aus einer Wechselfolge von grauen Tonsteinen und Dolomitstein-Bänken, die nach den mächtigeren thüringischen Profilen als Erfurt-Formation zusammengefasst werden. Die Mächtigkeit erreicht im Wutachgebiet etwa 6–10 m. Die älteren Begriffe

1.3.30 | **Friedrich August von Alberti** (1795–1878), deutscher Geologe aus Stuttgart. Er gab der Trias ihren Namen und machte sich um die Salzgewinnung im Württemberg des 19. Jahrhunderts verdient.

„Kohlenkeuper" oder „Lettenkohle" übertreiben die Bedeutung der hier gar nicht so häufigen kohligen Lagen, die stets so viel Ton und Schluff enthalten und so dünn und kleinräumig ausgebildet sind, dass sie nie eine wirtschaftliche Bedeutung erlangt haben. Besser passt der etwas jüngere Ausdruck „Lettenkeuper", der eben darum die „Kohle" aus dem Namen gelassen hat, aber in einigen Gebieten Deutschlands auch auf ähnliche Schichtabschnitte des Muschelkalks bezogen wurde.

Die Erfurt-Formation beginnt im Wutachgebiet mit den Basisschichten („Untere Dolomite" bei Paul 1971a), einer höchstens 1,5 m mächtigen Abfolge von grauen Dolomitsteinbänken mit dünnen Tonstein-Zwischenlagen. Sie umfassen neben den eigentlichen Unteren Dolomiten auch die Blaubank als Dolomitsteinlage, die hier aber nicht wie in Nordwürttemberg durch auffällige Tonstein- oder Mergellagen von den Schichten darunter und darüber getrennt ist. Die Dolomite verwittern an der Erdoberfläche allmählich zu gelblichen bis bräunlichen Kalksteinen, da das Süßwasser unseres heutigen Klimas das Magnesium aus dem Dolomit (Calcium-Magnesium-Karbonat) entfernt. Anders als die körnigen Dolomitsteine des Oberen Muschelkalks sind die Dolomitbänke des Keupers überwiegend sehr feinkörnig und lassen sich daher vom geübten Auge gut unterscheiden. In den Unteren Dolomiten finden sich örtlich Muschelschalen oder Schalentrümmer, lagenweise auch Knochenreste und Fisch- oder Saurierzähnchen, die, mehr oder minder abgerollt, zu millimeterdünnen Bonebeds („Knochenlagern") angereichert sein können | 1.3.31 |. Die Fossilien belegen einen kurzen Meeresvorstoß in das Germanische Becken, der schon kurz nach

1.3.31 | **Bonebed aus der Erfurt-Formation,** Länge des größten Zahns (*Nothosaurus sp.*) 10 mm. (MF.2013)

dem Rückzug des Muschelkalkmeeres erfolgte. Die weiter nördlich bis zu mehrere Meter mächtigen Ton- und Sandsteine zwischen Muschelkalk und Unteren Dolomiten (z. B. in Unterfranken) fehlen im Wutachgebiet.

Etwa 1 m über den Unteren Dolomiten folgt eine 0,4–1 m mächtige massive Dolomitbank, die meist fossilleer erscheint und als Albertibank bezeichnet wird. Die feingeschichteten dunkelgrauen Tonsteine unter der Albertibank können lagenweise stark schluffig sein und Pflanzenhäcksel enthalten. Sie sind nach einer Gruppe von schalentragenden Süßwasserkrebsen, den Conchostraken, als „Estherienton" bekannt – auch wenn die Gattung *Estheria* selbst nicht mehr für die Krebse verwendet werden darf, da der Name bereits zuvor für eine Fliegengattung galt.

Über der Albertibank folgen nochmals etwa 3 m mächtige Tonsteine, die lagenweise sandig sein können oder dünne Sandsteinlagen aufweisen. Der Sand in diesen „Sandigen Pflanzenschiefern" stammt, wie man aus überregionalen Untersuchungen weiß, aus Skandinavien. Er wurde von einem Flusssystem über ganz Mitteleuropa hinweg in ein flaches Delta geschüttet, dessen südlichste Ausläufer gerade noch das Gebiet von Wutach und Hochrhein erreicht haben. So erscheinen hier statt der oft etliche Meter mächtigen Sandsteinpakete, wie sie in Nordwürttemberg oder Franken in vielen Steinbrüchen abgebaut wurden, nur einige dünne Lagen, die seitlich rasch auskeilen und verschwinden können. Den festländischen Einfluss verraten aber auch hier die Pflanzenreste, die auf manchen Schichtflächen ausgebreitet sind, darunter vor allem Stängel und Fetzen von Schachtelhalmen | 1.3.32 |.

Den oberen Abschluss der Erfurt-Formation bilden im Wutachgebiet wiederum Dolomitbänke, die hier traditionell einfach als „Obere Dolomite" zusammengefasst werden (Paul 1971a). Sie umfassen die eng zusammengerückten Schichten von der Anthrakonitbank bis in die Linguladolomite, die nur in den mächtigeren Profilen weiter nördlich eindeutig unterschieden und gegliedert werden können. Auch hier gibt es auf manchen Schichtflächen wieder dünne Bonebeds und lagenweise marine Muschelfossilien, darunter die schon aus dem Muschelkalk bekannte *Costatoria goldfussi*. Wie häufig die Sedimentation unterbrochen wurde, zeigen jedoch die zahlreichen Gipsknollen in den Dolomitbänken. Sie wurden eigentlich als Anhydritknollen überliefert, verwittern jedoch im Süßwasser rasch zu Gips und werden dann ausgelaugt, was den Dolomitbänken ein löchriges oder zelliges Aussehen verleiht. Die Gipsknollen entstanden, als der noch unverfestigte Dolomitschlamm oder Schalensand, aus dem später die Dolomitbänke wurden, trocken fiel und das salzige Porenwasser unter dem damaligen subtropischen Klima verdunstete.

Nach der Überdeckung durch die nachfolgenden Sedimente hat der ursprüngliche Gips zunächst eine Umwandlung in Anhydrit erfahren und verwittert erst heute wieder zu sogenanntem Sekundärgips, der als feinkörniger weißer, grauer oder roter Alabaster, als seidig glänzender Fasergips oder als glasklar durchsichtiges Marienglas (oder „Fraueneis") die ganze untere Hälfte des Keupers durchzieht. Dass die Grünen Mergel Nordwürttembergs, die dort zusammen mit dem eigentlichen Grenzdolomit die Obergrenze des Unteren Keupers bilden, im Wutachgebiet zu fehlen scheinen, geht allerdings nicht auf einen Schichtausfall zurück, sondern auf einen Fazieswechsel: Anstelle der Mergel mit Dolomitbänken wurden hier bereits geschichtete Gipsablagerungen ausgeschieden, die ganz der Ausbildung der darüber folgenden Grundgipsschichten entsprechen und daher hier bereits zum Mittleren Keuper gezählt werden. Auch diese Gipsablagerungen waren – nach ihrer Überdeckung und bis zu ihrer erneuten Freilegung durch die Talerosion der Wutach – in Anhydrit umgewandelt und liegen heute an der Erdoberfläche als Sekundärgips vor. Bei diesen diagenetischen – nach der eigentlichen Ablagerung erfolgten – Veränderungen drang örtlich auch Sulfatlösung in den Oberen Dolomit ein, löste diesen teilweise auf und ersetzte ihn durch Anhydrit. Die Obergrenze der Dolomite gegen das Sulfat erscheint daher in manchen Aufschlüssen wie zerfressen; ist das Sulfat ausgelaugt, bleibt von dieser Partie dann nur feiner Dolomitgrus oder Lehm übrig.

1.3.32 | Schachtelhalm *Equisetites arenaceus*, Stuttgart-Formation; Länge: 15 cm. (MF.2013)

1.3.33 | Pflanzenhäcksel, Erfurt-Formation; Breite der Platte: 28 cm. (MF.2013)

1.3.34 | **Gipsbruch:** Der einstige Abbau dieses Gipses in kleinen Steinbrüchen, so wie hier am Posthaus in der Gauchachschlucht, wurde schon vor Jahren eingestellt. (HS.1949)

Mittlerer Keuper

Der Mittlere Keuper besteht überwiegend aus bunten – rotbraunen, grünen, grauen, gelegentlich gelbbraunen – Tonsteinen mit einzelnen tonigen Dolomitsteinbänken (früher als „Steinmergel" bezeichnet) und, im unteren Teil, viel Gips. Sandsteine spielen im Wutachgebiet nur eine geringe Rolle. Von den sieben Formationen, die den Mittleren Keuper am mittleren und unteren Neckar aufbauen, sind im Wutachgebiet wegen einer bedeutenden Schichtlücke nur fünf ausgebildet.

Über den Dolomitbänken des Unteren Keupers liegen die im Wutachgebiet etwa 60–80 m mächtigen Schichten der Grabfeld-Formation, die in Südwestdeutschland traditionell als Gipskeuper bezeichnet wird. Der Name Gipskeuper wurde jedoch nicht einheitlich allein auf diese Schichten bezogen, sondern regional auch auf die darüber folgenden, soweit sie noch Gips enthalten, oder sogar auf den gesamten Mittelkeuper. Der Gips ist nahe der Erdoberfläche vielfach ausgelaugt und hat dann nur ziegelrote, gelbe oder bunte krümelige Schluffe hinterlassen, sogenannte Gipsauslaugungsresiduen. Wo er erhalten ist, bildet er durch die ganze Grabfeld-Formation hindurch bis zu metermächtige Bänke aus geschichteten Gipslagen, oft mit dünnen Zwischenlagen aus Tonstein, zwischen denen ebenfalls metermächtige Tonsteine liegen, in denen auch Dolomitbänke auftreten können. Die größte Bedeutung haben unter diesen Gipsablagerungen die Grundgipsschichten gleich an der Basis der Formation erhalten, da sie an vielen Stellen – früher auch im Wutachtal und in dessen Seitentälern – in Steinbrüchen abgebaut wurden | 1.3.34 |. Da die Grundgipsschichten leichter für einen Abbau erreichbar sind als die Gipse des Mittleren Muschelkalks, bilden sie die wichtigste süddeutsche Gipslagerstätte.

Wie oben bereits dargestellt, umfassen sie im Wutachgebiet auch Altersäquivalente der obersten Schichten des Unterkeupers anderer Regionen. Vom Grenzdolomit, der sonst weithin als Grenze zwischen Unterem und Mittlerem Keuper verwendet wird, ist hier nur eine nicht überall vorhandene Dolomitlage einige Meter über der Basis der Gipsabfolge geblieben, die an einigen Stellen, z. B. im ehemaligen Steinbruch am Posthaus, sogar durch einen sogenannten „Gekrösegips" ersetzt ist. So werden Gipsbänke bezeichnet, in denen die Gipslagen von Knollen durchsetzt sind und dabei verfaltet und gestaucht erscheinen. Gekrösegipse entstanden wie Gipsknollen durch Verdunstung von gipsgesättigtem Porenwasser in trocken gefallenen Sedimenten, wobei zusätzlicher Gips ausgefallen ist und die zuvor flach liegenden Schichten zusammengeschoben hat.

Der überwiegende Teil der Grundgipsschichten wird jedoch ebenso wie die darüber in der Schichtenfolge auftretenden Gipsbänke durch dünnschichtige Gipslagen mit dolomitischen oder tonigen Zwischenlagen gebildet. Diese geschichteten Gipse entstanden als Ausscheidungen flacher Gipspfannen, wie sie an den Küsten subtropischer Meere oder in nur gelegentlich Wasser führenden Wüstenseen ausgebildet sind. Das verdunstende salzhaltige Wasser scheidet hier Karbonat und Gips aus, der entweder dichte Kristallrasen bildet oder vom Wellenschlag als kleine Körner umgelagert wird. Wenn die Gipspfanne längere Zeit – wohl wenigstens für einige Jahrtausende – trocken fiel, bildete sich in den obersten Schichten ein Gekrösegips. Obgleich der Gips heute als Sekundärgips vorliegt, sind diese Strukturen in den Wänden der Gipssteinbrüche noch gut erhalten | 1.3.35 |.

Zwischen den Gipsbänken liegen Tonsteine, die teilweise noch als graue feingeschichtete Sedimente erkennbar sind, teilweise aber auch schichtungslos erscheinen und dann meist bunt gefärbt sind. Sie sind dann oft von glänzenden Harnischen (gestriemten Schmierflächen) durchsetzt und führen auch häufig Gipsknollen. Die deutet darauf hin, dass diese Tonsteinschichten zwar wohl ebenfalls zunächst als Tonschlamm abgelagert wurden, dann aber, vor ihrer weiteren Überdeckung, für längere Zeit trocken fielen und der Bodenbildung unterlagen.

Echte Meeresablagerungen beschränken sich in der Grabfeld-Formation auf wenige dünne Dolomitbänke, die vor allem in die Grundgipsschichten eingeschaltet sind. Sie führen Fossilien einer artenarmen Gesellschaft von Muscheln und kleinen Schnecken, selten auch Reste von Fischen oder anderen Wirbeltieren. Ähnlich wie die obers-

1.3.35 | **Gipsablagerungen der Grundgipsschichten** (Grabfeld-Formation) markieren die Basis des „Gipskeupers". Die aus flachem Salzwasser abgeschiedenen Gipsschichten wurden zu manchen Zeiten durch Trockenfallen und Gipskrustenbildung einige Dezimeter tief verwürgt, bevor neue, ebene Gipsschichten darüber abgelagert wurden. Nach weiterer Überdeckung durch jüngere Sedimente wurde der Gips zunächst unter Wasserabgabe in Anhydrit umgewandelt. Im Einflussbereich des heutigen Grundwassers wurde dieser Anhydrit wieder zurückverwandelt in Gips (Sekundärgips), in dem neben den fossilen Sedimentstrukturen auch neue Bildungen entstehen (z. B. Fasergips, „Gipsmucken", Marienglas). (KS.2013)

1.3.36 | Schalenabdrücke von Muscheln der Art *Pseudocorbula keuperina* auf der Schichtfläche einer Dolomitsteinbank der Grabfeld-Formation von Döggingen.

ten Dolomitbänke des Unteren Keupers sind manche dieser Bänke teilweise diagenetisch, also nachträglich, durch Gips ersetzt worden, weshalb sich z. B. am Posthaus auch Muschelfossilien aus Naturgips finden lassen | 1.3.36 |.

Es handelt sich um kleine Brackwassermuscheln (Schalen 5–10 mm breit), die sowohl im Meer als auch in Salzseen der Keuperzeit vorkamen. Ihr Massenvorkommen in einigen Bänken des Keupers, in denen fast keine anderen Fossilien auftreten, belegt, dass es selbst in Zeiten eines Meeresvorstoßes nach Mitteleuropa gewöhnlich nicht zur Ausbildung vollmariner Verhältnisse kam und nur wenige Arten mit den instabilen Bedingungen zurechtkamen. (EN.2013)

Die höheren Schichten des Mittleren Keupers sind im Wutachgebiet meist unter dem Wald der Talhänge verborgen und kaum einmal aufgeschlossen zu finden. Unmittelbar über der Grabfeld-Formation folgen sandige und tonige Flussablagerungen, die sich aus Nordosten kommend in flachen Tälern in die gipsführenden Schichten darunter um einige Meter eingetieft haben. Die Sandsteine dieser Schicht sind aufgrund einer botanischen Verwechslung vor rund 200 Jahren „Schilfsandstein“ genannt worden und tragen diesen Namen noch heute, und das in ihrem ganzen Verbreitungsgebiet von Polen bis Frankreich. Die gesamte Formation, zu der wie bei allen Flussablagerungen auch Feinsedimente gehören, wird nach den einstigen Steinbrüchen um Stuttgart heute als Stuttgart-Formation bezeichnet. Im oberen Teil nehmen die Sandschüttungen, die wie jene des Unteren Keupers aus Skandinavien stammen, rasch ab. Die oberste Tonsteinschicht, nach der sonst vorherrschenden grauvioletten Farbe „Dunkle Mergel“ genannt, ist im Wutach- und Hochrheingebiet oft kräftig rotbraun und grün gefärbt und wurde daher hier auch „Untere Bunte Mergel“ genannt.

Die darüber folgende Steigerwald-Formation beginnt mit einer 1–2 m mächtigen Dolomitschicht, dem Hauptsteinmergel. Dieser Dolomit steht mit einem erneuten Meeresvorstoß aus Süden in Verbindung, an dessen Nordküste er in einer flachen und übersalzenen Lagune gebildet wurde. Die fossilleere Ausbildung im Wutachtal zeigt zwischen den dünnen Einzelschichten vielfach flache Hohlräume oder Drusen aus Calcit und gelegentlich Cölestin. Das Gestein wurde hier früher auch Durröhrlestein genannt. Die flachen Hohlräume gehen möglicherweise auf Gipsknollen zurück, die schon kurz nach ihrer Bildung wieder aufgelöst wurden, wodurch im noch weichen Sediment die Hohlräume teilweise zusammenfielen.

Über dem Hauptsteinmergel sind von der in Franken über 20 m mächtigen Roten Wand, einer Abfolge ungeschichteter rotbrauner und bunter Tonsteine, nur mehr 2–3 m übrig geblieben. Sie werden am Hochrhein als „Obere Bunte Mergel“ bezeichnet, entsprechen aber den „Unteren Bunten Mergeln“ Württembergs. Die höheren Schichten sind, ebenso wie die vielleicht einst vorhandenen Äquivalente der Kieselsandsteine (Hassberge-Formation) und schwäbischen Oberen Bunten Mergel (Mainhardt-Formation), noch in der späten Triaszeit der Abtragung zum Opfer gefallen und fehlen im Wutachgebiet.

Daher folgt hier auf die Rote Wand der Steigerwald-Formation sogleich die Löwenstein-Formation, benannt nach den Löwensteiner Bergen, in denen die Stubensandsteine dieser Schichtenfolge am mächtigsten entwickelt und schon früh als Werkstein und zur Sandgewinnung abgebaut wurden. Im Wutachgebiet ist allerdings auch diese Formation nur in sehr geringer Mächtigkeit entwickelt und erreicht kaum einmal mehr als 4 m. Der Grund dafür liegt zum einen darin, dass die Sedimentation nach der langen Abtragungszeit erst später wieder eingesetzt hat als in den damaligen Niederungen Nordwürttembergs, wo die Schichtlücke viel geringer ist. Die blassgrauen groben Sandsteine, die diese Formation im Wutachgebiet aufbauen, entsprechen offenbar erst dem Mittleren

Teil der Formation, während der weiter nördlich vorhandene untere Teil an der Wutach fehlt. Zum anderen liegt der Grund in der seitlich uneinheitlichen Ausbildung dieser Flussablagerungen. Anstelle der Sandsteine treten örtlich sandige oder kieselige Dolomitsteine als Teichablagerungen oder fossile Bodenkrusten auf, die sich zwischen den Flussrinnen gebildet haben. Fossilien sind aus dem Wutachgebiet bisher nicht bekannt, doch könnte ein umgelagertes Kieselholz (Selmeier 2001) aus dieser Formation stammen.

1.3.37 | **Rutschung im Mittelkeuper,** Wutachtal, ca. 1 km östlich der Wutachmühle. (TH.2003)

An anderen Stellen wurden jedoch nur rotbraune, teilweise fleckige Tonsteine abgelagert, die aber nicht mehr zur Löwenstein-Formation gerechnet werden, sondern wegen ihrer besonderen Eigenschaften eine eigene Formation bilden. Diese Trossingen-Formation, benannt nach dem weltbekannten Dinosaurierfundort in der Baar, besteht im Wutachgebiet ganz aus diesen Knollenmergeln. Die 15–25 m mächtigen Tonsteine – der Ausdruck „Mergel" wird heute nur noch für kalkhaltige Feinsedimente gebraucht – dieser Schicht quellen mit Wasser auf und werden weich, was immer wieder zu Rutschungen an den Talhängen führt | 1.3.37 |. Wo sie einmal aufgeschlossen sind, zeigen sie sich ähnlich ungeschichtet wie jene der Roten Wand, führen aber gelegentlich Dolomit- oder Kalksteinknollen, die als Krustenbildungen auf fossile Bodenbildungen innerhalb der Abfolge hinweisen. Die Knollenmergel stellen als oberste Schicht den Abschluss des Mittleren Keupers dar, vertreten dabei aber auch als tonige Fazies die höheren Stubensandsteine der Löwenstein-Formation. Im Wutachgebiet und am Hochrhein können sie lokal auch die wenigen Sandsteine ersetzen, die hier überhaupt in Stubensandstein-Fazies vorkommen, und liegen dann unmittelbar auf den Tonsteinen der Roten Wand.

Oberer Keuper

Der Obere Keuper fehlt im Wutachgebiet fast vollständig. Örtlich treten offenbar dünne Bonebed-Lagen aus umgelagerten Knochenresten und Zähnen auf, wie sie Paul (1971a) nach den Befunden einer alten Grabung erwähnt, doch meist ist alles, was gegen Ende der Trias hier abgelagert worden sein mag, an der vorrückenden Küste des Jurameeres wieder abgetragen worden. Erst in der Baar oder am Hochrhein sind örtlich geringmächtige Reste von Sandstein oder „Rhättonen" erhalten geblieben.

1.3.38 | **Keuperrutschung an der Wutach,** zwischen Wutachmühle und Aselfingen. (TH.2003)

Jura – Europa erneut unter Meeresbedeckung

Matthias Franz

a: *Gryphaea sublobata*, Sowerbyi-Oolith der Wedelsandstein-Formation (Mitteljura).

b: *Gryphaea obliqua*, Obliquabänke der Obtususton-Formation (Unterjura) Länge 7,3 cm.

c: *Gryphaea arcuata*, Arietenkalk-Formation (Unterjura) Länge 7,5 cm.

1.4.01 | **Versteinerte austernähnliche Muscheln** aus dem Jurameer; aus rund einem Dutzend von Arten wurden drei im Wutachgebiet häufiger anzutreffende Arten ausgewählt (die älteste ist unten, die jüngste oben abgebildet). (MF.2013)

Der Name „Jura“ (von keltisch: „juron“ = „Bergwald“ oder „Bergkette“) wurde 1795 von Alexander von Humboldt vom Schweizer Jura auf die weißen Kalksteine der Schwäbischen Alb übertragen. Wenige Jahrzehnte später wurden der gesamte Zeitabschnitt und dessen Ablagerungen weltweit als Jura bezeichnet.

Nach einem Meeresspiegelanstieg wurde fast ganz Mitteleuropa erneut für rund 60 Ma von einem Meer überflutet, aus dem nur einige wenige Inseln herausragten. Im Jurameer beherrschten in Mitteleuropa abwechselnd Wassermassen aus tropischen und aus gemäßigten Breiten die Umweltbedingungen und führten zu häufigen Wechseln in der fossil überlieferten Lebewelt.

Die Gehäuse zahlreicher Ammonitenarten, die das Jurameer bevölkerten, ermöglichen heute eine detaillierte Gliederung des Jura in drei Epochen und weiter in Stufen, Unterstufen, Zonen, Subzonen und Faunenhorizonte (Schichten mit typischen fossilen Leit-Tierarten). Die drei Epochen der Jurazeit – Früher, Mittlerer und Später Jura – hinterließen dabei Schichtengruppen, die als Unterer (Schwarzer), Mittlerer (Brauner) und Oberer (Weißer) Jura bezeichnet werden. Schwarzjura, Braunjura und Weißjura werden mitunter auch Lias, Dogger und Malm genannt; streng genommen sind die jeweiligen Grenzen aber nicht deckungsgleich.

Auch wenn der Jura nur am Wutachknie bei Achdorf von der Wutach angeschnitten ist, darf er in dieser Beschreibung nicht fehlen. Große Teile des Unter- und Mitteljuras sind in der näheren Umgebung von Achdorf an den steilen Talhängen der Wutach sowie ihrer Nebenbäche Aubach, Schleifebächle und Krottenbach aufgeschlossen. Des Weiteren werden der Eichberg (im Norden) und der Buchberg (im Süden), die zusammen die Blumberger Pforte bilden, aus Schichten des Mittel- und Oberjuras aufgebaut.

Unterjura

Der Untere oder Schwarze Jura ist eine Wechselfolge grauer Kalksteine, Kalkmergelsteine und Tonsteine, von denen besonders die Arietenkalke und Posidonienschiefer morphologisch hervortreten.

Die Basis des Juras ist am Nordrand des hier betrachteten Gebiets aufgeschlossen, ca. 150 m unterhalb des Mundelfinger Wasserfalls. Auf den roten Tonsteinen des obersten Knollenmergels liegt dort eine 0,5 m mächtige, Mergelsteingerölle führende, graue Kalkbank, die Psilonotenbank. Der Hauptteil der Psilonotenton-Formation, ca. 8 m mächtige, dunkelgraue Tonsteine, ist in der Regel verdeckt | 1.4.04 |.

Die weitere Schichtenfolge ist besser in einem kleinen ehemaligen Steinbruch 800 m nordwestlich von Aselfingen zu beobachten. Die nur 1,7 m mächtige Angulatenton-Formation beginnt mit einer 0,7 m dicken, graugrün bis rostrot gefärbten, eisenoolithischen Kalkbank, der Oolithenbank („Angulatusbank"). Über etwa 1 m mächtigen schwarzgrauen Tonsteinen folgt eine bis zu 4,1 m mächtige Wechselfolge aus fossilreichen Kalk- und Mergelsteinen, die Arietenkalk-Formation | 1.4.03 |. Die unterste der Kalkbänke ist ebenfalls eisenoolithisch, allerdings weniger stark als die vorige Bank. Charakteristisch sind die zum Teil in großer Zahl anzutreffenden Innenwindungen der namengebenden Arieten | 1.4.02 | sowie die austernähnliche Muschel *Gryphaea arcuata* | 1.4.01 c |.

Am steilen Talhang des Aubachs nordwestlich von Aselfingen ist die obere Hälfte des Unterjuras aufgeschlossen | 1.4.05 |. Über den Obliquabänken (benannt nach *Gryphaea obliqua* | 1.4.01 b |), der Obtususton-Formation – die den Hauptteil der Schichtenfolge einnehmenden schwarzen Tonsteine treten nirgends zutage – folgt die nur 4 m mächtige Numismalismergel-Formation, eine

1.4.02 | Ein Exemplar der Ammonitengattung *Arietites sp.*, Arietenkalk-Formation; Durchmesser 18 cm. (MF.2013)

1.4.03 | Arietenkalk-Formation, alter Steinbruch westlich von Aselfingen. (KS.2013)

1.4.04 | **Rechts: Geologisches Profil des unteren Unterjura zwischen Aselfingen und Mundelfingen;** Aufnahme E. Buck (unveröffentlicht), umgezeichnet nach Hahn (1971). juAT = Angulatenton-Formation, juAK = Arietenkalk-Formation.

1.4.05 | **Ganz rechts: Geologisches Profil des mittleren und oberen Unterjuras am Aubach in Aselfingen;** Aufnahme E. Buck (unveröffentlicht), umgezeichnet nach Hahn (1971); juOT = Obtususton-Formation, juNM = Numismalismergel-Formation, jmOPT = Opalinuston-Formation.

Legende siehe |1.3.02| S. 26.

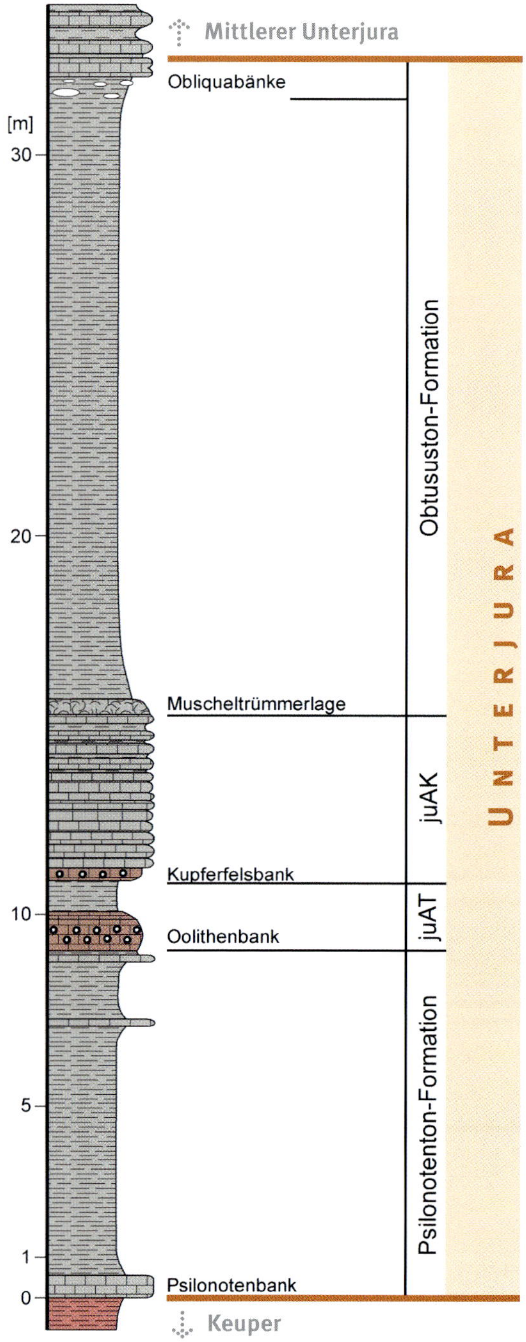

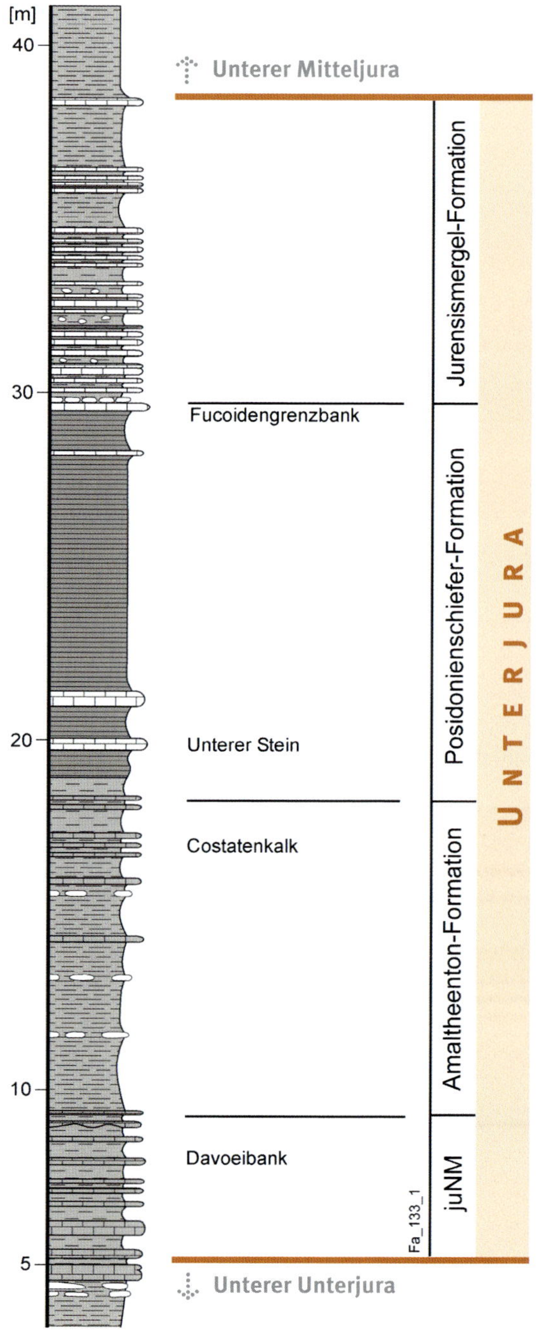

Unterjura

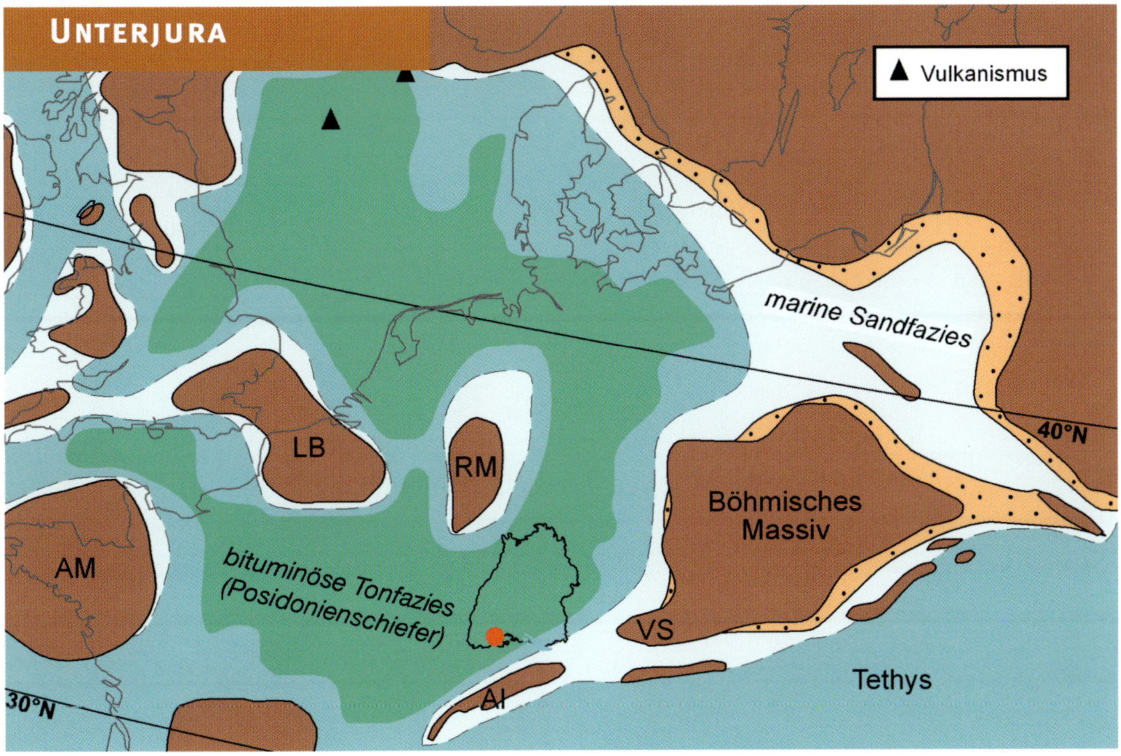

1.4.06 | **Paläogeografie Mitteleuropas zur Ablagerungszeit des Posidonienschiefers im Unterjura** (vor etwa 182 Ma): Abtragungsgebiete dunkelbraun, festländische Ablagerungsgebiete hellbraun, marine Tonfazies hellblau. Zur Orientierung sind die heutige Küstenlinie und der Umriss Baden-Württembergs einkopiert, der Punkt markiert die Lage des Wutachgebiets. Nach Geyer et al. (2011). Al: Alemannische Insel, AM: Armorikanisches Massiv, GH: Grampian-Hochgebiet, LB: London-Brabant-Massiv, RM: Rheinisches Massiv, VS: Vindelizischer Sporn.

Wechselfolge fossilführender toniger Kalksteine, Kalk- und Tonmergelsteine. Diese sind zumeist hell- bis mittelgrau und durch Grabspuren ehemaliger Bewohner des Meeresbodens dunkel gefleckt. Die 9 m mächtige Amaltheenton-Formation besteht in den unteren 7 m vorwiegend aus dunkelgrauen Tonsteinen, erst in den oberen 2 m schalten sich vermehrt hellgraue Kalksteinbänke ein. Häufigste Fossilien in den beiden letztgenannten Formationen sind Belemniten (bekannt als „Donnerkeile") unterschiedlicher Größe. Die sich anschließende, 12 m mächtige Posidonienschiefer-Formation | 1.4.06–07 | besteht aus feingeschichteten, bituminösen Tonmergelsteinen („Ölschiefer"), die durch drei ebenfalls feingeschichtete, bituminöse Kalkbänke („Stinkkalke") gegliedert werden. Die pappdeckelartig aufspaltenden Ölschiefer liefern zahlreich die bekannten Muscheln der Gattungen *Steinmannia*, *Bositra* und *Inoceramus* sowie die völlig platt gedrückten, oft messingglänzenden Ammoniten *Dactylioceras*, *Hildoceras* und *Harpoceras*. Die abschließende, 7 m umfassende Jurensismergel-Formation besteht aus sich abwechselnden Lagen knolliger hellgrauer Kalksteine und dunkelgrauer Tonmergelsteine. Die Kalksteine enthalten nicht selten Ammoniten(fragmente), darunter auch den namengebenden *Lytoceras jurense*. Die oberste Kalkmergelstein-Lage markiert die Grenze zum Mitteljura; die dunkelgrauen Tonsteine im Hangenden gehören bereits zur Opalinuston-Formation.

1.4.07 | **Posidonienschiefer-Formation** am Aubach in Aselfingen, die Grenze zur Amaltheenton-Formation ist hier deutlich zu erkennen. (KS. 2013)

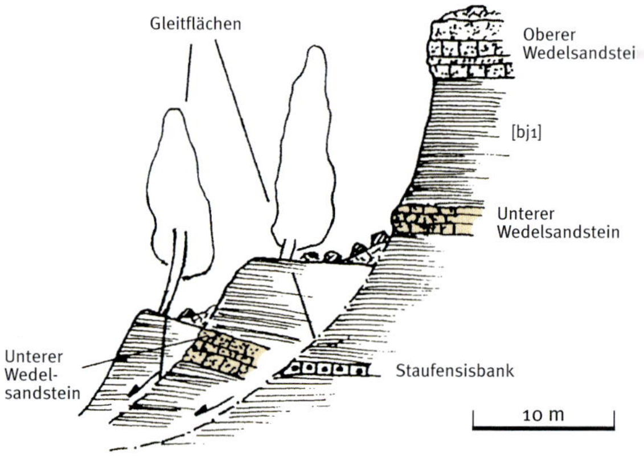

1.4.08 | **Schematische Darstellung der Hangrutschungen** im Opalinuston. Zeichnung von W. Albrecht, Diplomarbeit 1998, Karlsruhe.

Mitteljura

Der Mittlere oder Braune Jura | 1.4.09 | besteht überwiegend aus dunkelgrauen bis schwarzen Tonsteinen, in die in den unteren zwei Dritteln feinsandige Kalk- und Kalkmergelsteine sowie einzelne konglomeratische (= Gerölle führende) oder oolithische Bänke eingeschaltet sind. Der obere Teil der Schichtenfolge ist aufgebaut aus ebenfalls dunklen Tonsteinen, mit vier rostbraunen, seltener graugrünen Eisenoolith-Horizonten, die schon zu Beginn der Erforschung des Juras in Baden (Schalch 1888, 1898) und Württemberg (Quenstedt 1843, 1858) zur Gliederung herangezogen wurden.

Die mächtigste Einheit des Mitteljuras ist die Opalinuston-Formation, mit rund 100 m um etwa die Hälfte mächtiger als der gesamte Unterjura. Sie tritt nur selten zutage, macht sich jedoch in den steilen Taleinschnitten durch ihre Rutschungsneigung unliebsam bemerkbar | 1.4.08 | 1.4.10 |. Der oberste Teil des Opalinustons, die Achdorf-Formation – benannt nach dem vollständigsten und dauerhaftesten Aufschluss dieses Schichtabschnitts im Achdorfer Bergrutsch – sowie die hangende

1.4.10 | **Eschacher Rutsch.** (HS.1946)

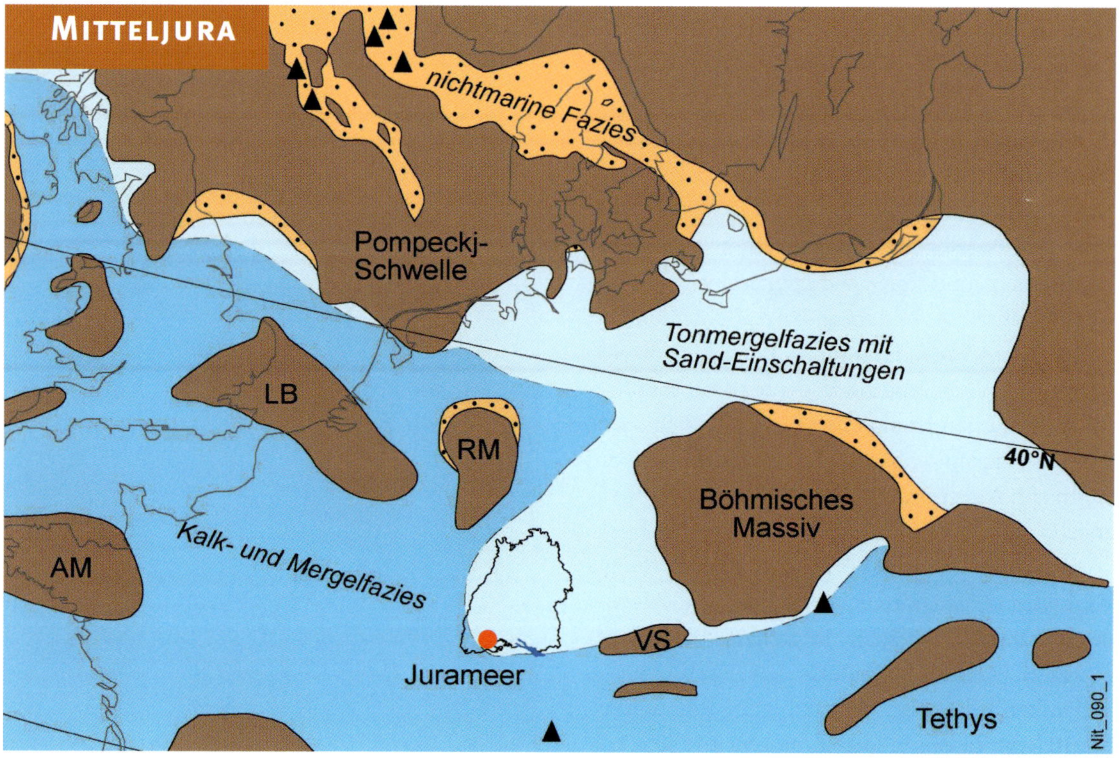

1.4.09 | **Paläogeografie Mitteleuropas zur Ablagerungszeit des Mitteljuras** (vor etwa 175 Ma): Abtragungsgebiete dunkelbraun, festländische Ablagerungsgebiete hellbraun. Zur Orientierung sind die heutige Küstenlinie und der Umriss Baden-Württembergs einkopiert, der Punkt markiert die Lage des Wutachgebiets. Nach Geyer et al. (2011). AM: Armorikanisches Massiv, GH: Grampian-Hochgebiet, LB: London-Brabant-Massiv, RM: Rheinisches Massiv, VS: Vindelizischer Sporn.

1.4.11 | **„Wasserfallbank“:** oberster Abschnitt der Opalinuston-Formation am Schleifebächle östlich von Achdorf. (MF.2013)

Wedelsandstein-Formation sind auch am Schleifebächle, wenige 100 m östlich von Achdorf, freigelegt | 1.4.11 |. Die untersten beiden Formationen des Mitteljuras bestehen überwiegend aus schwarzgrauen Tonsteinen, in die einzelne, oft nur wenige Zentimeter oder Dezimeter mächtige Kalkbänke oder -knollenlagen eingeschaltet sind. Die Feinsand führenden Schichten werden der Opalinuston-Formation zugerechnet. Mit der haselnussgroße Gerölle führenden Comptumbank beginnt die praktisch sandfreie, 17–18 m mächtige Achdorf-Formation | 1.4.12 |, die durch die teilweise kalkoolithischen Staufensisbänke zweigeteilt ist. Die Dachbank ist eine auffällige konglomeratische Kalkbank, deren von Algen umkrustete und von Muscheln angebohrte Gerölle bis zu hühnereigroß werden.

Im Krottenbachtal nördlich von Achdorf legte im Januar 1996 ein großer Bergrutsch am Westhang des Eichbergs großflächig die Schichten des Mitteljuras frei. Die tieferen Teile der Schichtenfolge „ertrinken“ allmählich im stetig nachrieselnden Schutt bzw. kleineren Rutschmassen, die sich

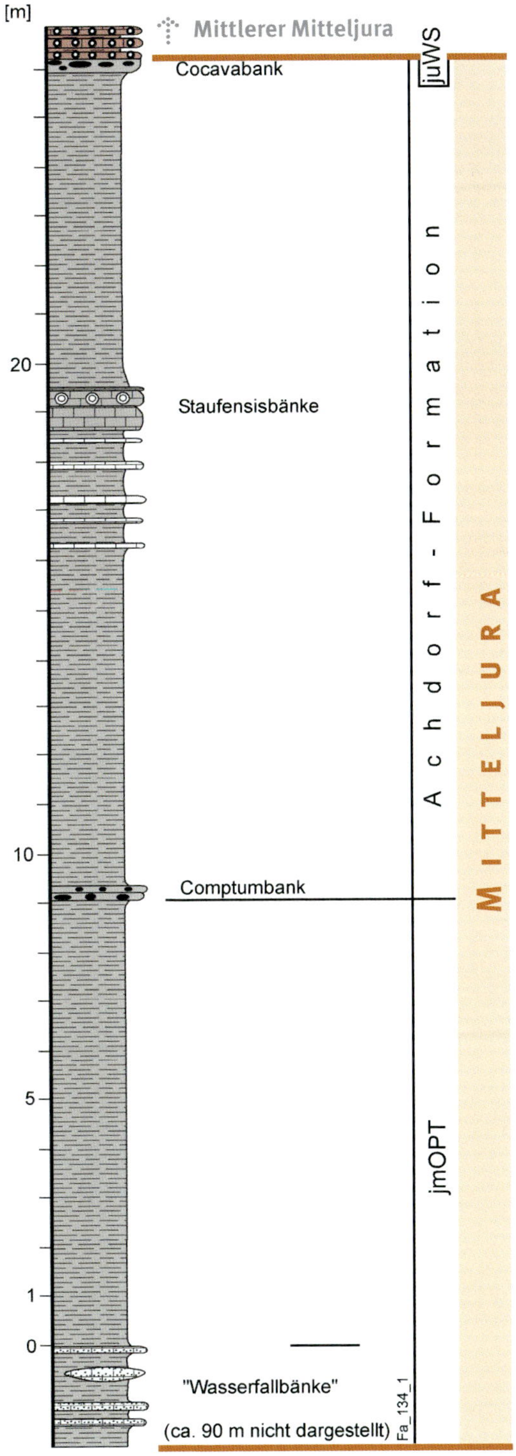

1.4.12 | **Geologisches-Profil der Achdorf-Formation am Eichberg** bei Achdorf; Aufnahme M. FRANZ & M. SANNS (unveröffentlicht); jmOPT = Opalinuston-Formation, jmWS = Wedelsandstein-Formation. Legende siehe |1.3.02| S. 26.

1.4.13 | **Rechts: Geologisches Profil der Wedelsandstein-Formation** am Eichberg bei Achdorf; Aufnahme E. KIEFER & M. FRANZ, jmAC = Achdorf-Formation, jmHU = Humphriesioolith-Formation.

1.4.14 | **Ganz rechts: Geologisches Profil der Humphriesioolith- und der unteren Hamitenton-Formation** am Eichberg bei Achdorf; Aufnahme FRANZ (1986); jmWS = Wedelsandstein-Formation.

Legende siehe |1.3.02| S. 26.

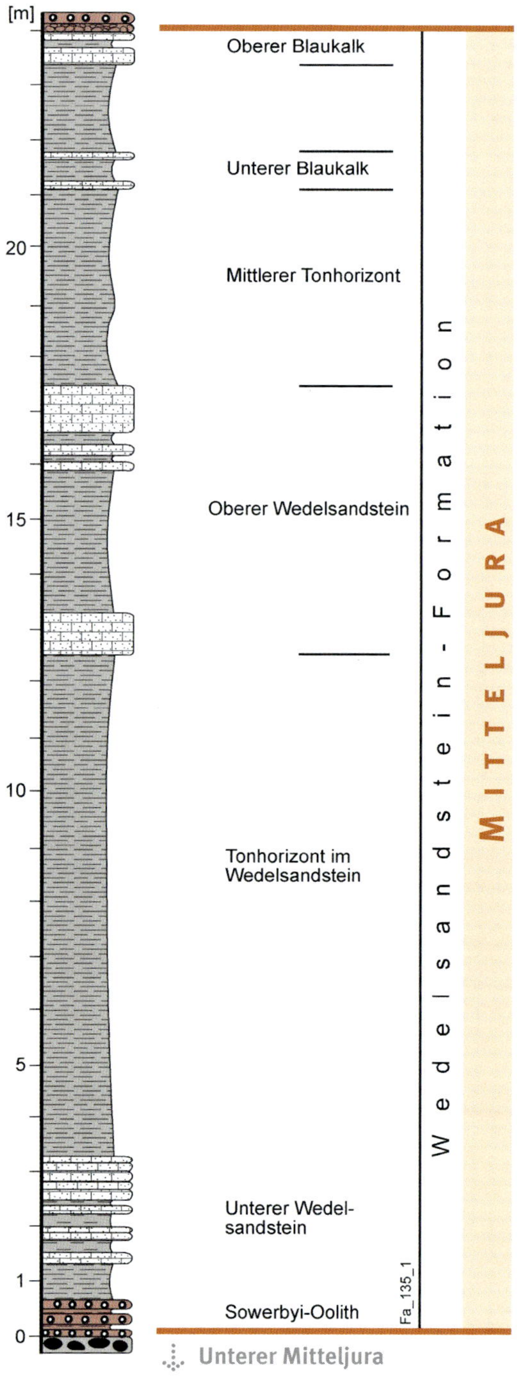

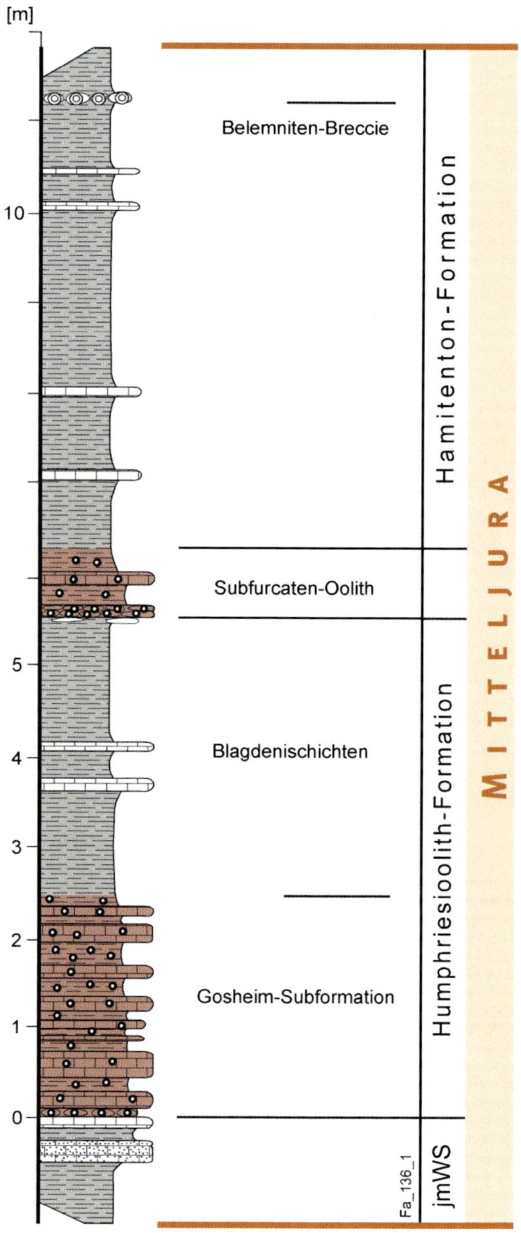

1.4.15 | **Wedelsandstein-Formation** im Rutsch am Eichberg bei Achdorf. (KS.2013)

1.4.16 | **Wedelspur** *Zoophycus* sp. (MF.2013)

immer wieder aus der Wand lösen. Über den „Wasserfallbänken" der Opalinuston-Formation, deren Korrelation mit den namengebenden Bankfolgen der Zollernalb bis heute nicht gesichert ist, kann die Achdorf-Formation und besonders die um die 25 m mächtige Wedelsandstein-Formation gut studiert werden | 1.4.13 |. Diese besteht aus dem eisenoolithischen Sowerbyi-Oolith an der Basis, in dessen oberer Bank nicht selten *Gryphaea sublobata* auftritt (s. Abbildung | 1.4.01 a |), dem Unteren und dem Oberen Wedelsandstein und dem Blaukalk. Diese Horizonte sind jeweils voneinander getrennt durch mehrere Meter mächtige, feinsandig-glimmerige Tonsteine | 1.4.15 |. Besonders charakteristisch sind auf den Schichtflächen der feinsandigen Kalksteinbänke dicht gescharte, bogenförmige Grabspuren, die an Palmwedel erinnern | 1.4.16 | und die zur Benennung der ganzen Formation führten. Die bis zur Abrisskante folgenden Einheiten Humphriesioolith-, Hamitenton-, Dentalienton-, Variansmergel- und Wutach-Formation sind hingegen aufgrund der Steilheit der Aufschlusswand nur sehr schwer zugänglich. Der Vollständigkeit wegen seien sie hier trotzdem kurz beschrieben | 1.4.14 |.

Die Humphriesioolith-Formation beginnt mit einer ca. 2,5 m mächtigen Folge eisenoolithischer Ton- und Kalkmergelsteine (heute als Gosheim-Subformation bezeichnet), deren Lesesteine sich nicht selten im Schutt der Rutschung finden. Darüber folgen ca. 3,5 m Tonsteine mit zwei bis drei knolligen Kalksteinbänken (Blagdeni-Schichten) sowie der etwa 0,6 m mächtige Subfurcaten-Oolith. Die Hamitenton-Formation im Hangenden besteht aus 5 m dunkelgrauem Tonstein, einer gering mächtigen Belemnitenbrekzie mit einzelnen, bis zu faustgroßen Kalkoolith-Knollen (Unterer Parkinsoni-Oolith), 39 m Tonstein mit einzelnen dünnen Kalksteinbänkchen und dem abschließenden, 1 m mächtigen Oberen Parkinsoni-Oolith. Beide Oolithhorizonte führen seltene Ammoniten der Gattung *Parkinsonia*. Über weiteren 24 m Tonstein, der Dentalienton-Formation, folgt eine 6,5 m umfassende Wechselfolge aus Kalksteinen und Tonmergelsteinen, die Variansmergel-Formation. Charakteristisch für diesen fossilreichen Abschnitt sind Brachiopoden, die früher als „*Rhynchonella varians*" bezeichnet wurden. Genauere Untersuchungen haben aber gezeigt, dass sie nicht alle einer Art angehören; die meisten Exemplare werden zu *Rhynchonelloidella alemannica* gestellt. Darüber folgt die 4–5 m mächtige Wutach-Formation, die im Wesentlichen aus Eisenoolithen | 1.4.17 | aufgebaut wird, die im Raum Blumberg–Gutmadingen seit Jahrhunderten, zuletzt verstärkt in den 30er- und frühen 40er-Jahren des 20. Jahrhunderts, über und unter Tage abgebaut wurden. Die Schichtenfolge des Mitteljuras wird abgeschlossen durch die etwa 1 m mächtigen Glaukonitsandmergel, die durch den namengebenden Glaukonit, ein dunkelgrünes marines Schichtsilikat, auffallend dunkel gefärbt sind.

1.4.17 | Eisenoolith (Violettes Erzlager), Buchberg bei Blumberg. (MF.2013)

Die gleichen Schichten sind auch in den Rutschgebieten am Westhang des Buchbergs aufgeschlossen, dort allerdings meist sehr viel schlechter zugänglich als am Eichberg. Eine Ausnahme bildet hier ein kleiner Taleinschnitt, wo – einmalig in der gesamten Westalb – die Grenze Braun-/Weißjura bzw. Mittel-/Oberjura zu sehen ist. Der Weg verläuft im Niveau der Lagenalisbank, der Dachbank der zuvor beschriebenen Variansmergel-Formation. Oberhalb des Wegs steht die Wutach-Formation an, die von hellen Kalk- und Mergelsteinen des Oberjuras überlagert wird.

Oberjura

Der Obere oder Weiße Jura ist aus hellen, beige bis grau gefärbten Kalk- und Kalkmergelsteinen aufgebaut, die in gebankter Ausbildung und als ungeschichteter, Schwämme und Algenkrusten führender Massenkalk vorliegen können. Besonders die Massenkalke sind teilweise in Dolomit umgewandelt, der unter dem Einfluss magnesiumarmer Grundwässer wieder in Kalkstein zurückgewandelt sein kann. Dieser sogenannte Dedolomit (oder Recalcit) wird wegen seiner oft grobkristallinen, porösen Struktur auch Zuckerkornkalk beziehungsweise Zuckerkorn-Lochfels genannt. Die Wohlgebankte-Kalke-Formation bildet weithin sichtbar den Trauf der Schwäbischen Alb; im hier betrachteten Gebiet ist sie zugleich die jüngste erhaltene Formation des Oberjuras.

Über dem Glaukonitsandmergel liegt die Mumienschicht, bestehend aus einer Mergellage und einer Kalkbank, die beide mit Kalk umkrustete Kieselschwämme enthalten. Die Mumienschicht bildet die Basis der Impressamergel-Formation, einer etwa 60 m mächtigen Abfolge von Kalkmergelsteinen mit einzelnen, nach oben zunehmenden, tonigen Kalksteinbänken. Bis zu den Gipfeln des Buchbergs und des Eichbergs folgt noch ein etwa 90 m mächtiger Stapel von hellen Kalksteinen, die durch dünne Mergellagen getrennt sind. Wegen ihrer sehr regelmäßigen Bankung wird diese Einheit als Wohlgeschichtete-Kalke-Formation bezeichnet.

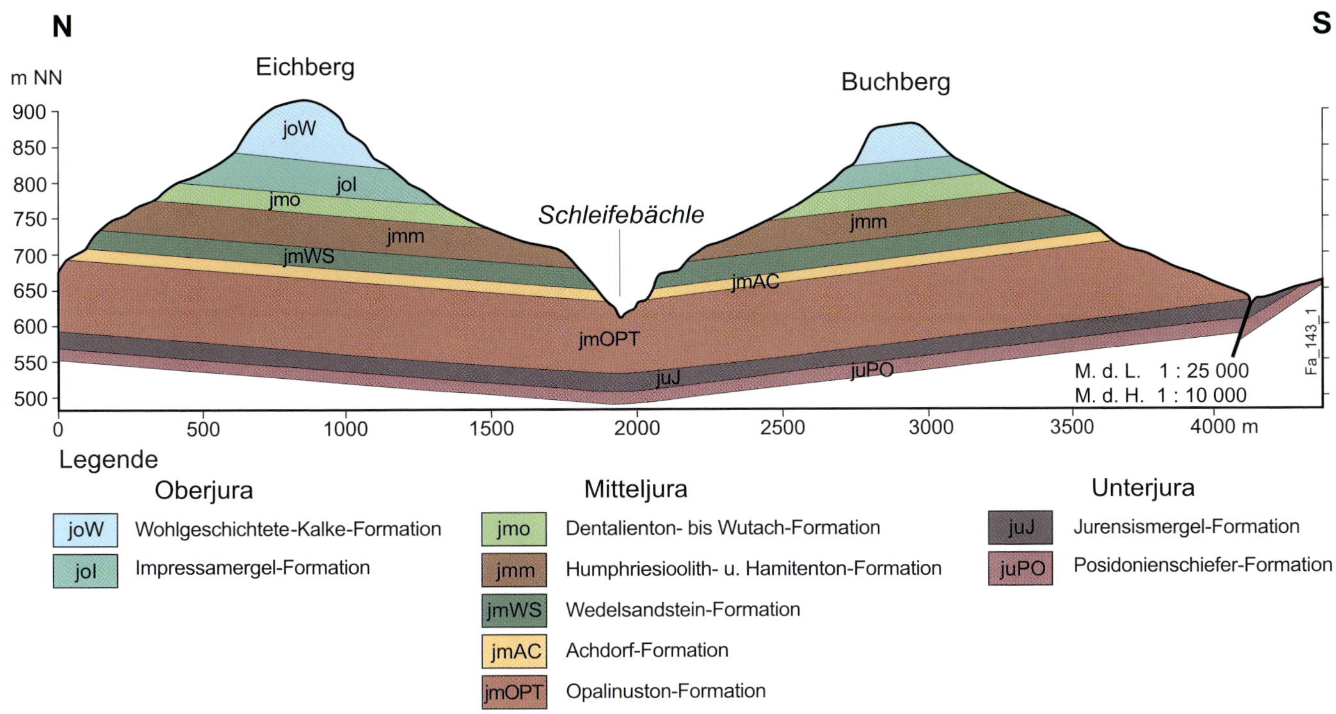

1.4.18 | **Geologischer Schnitt (schematisch) durch den Eichberg und Buchberg.** Dargestellt sind nur die Schichten, die an der Erdoberfläche zu sehen sind, d. h. Oberer Unterjura bis Unterer Oberjura. (BEARB. MF | ZEICHNUNG JC)

1.4.19 | **Blick auf Eichberg** (links) und Buchberg (rechts) bei Blumberg. (MS.2013)

Tektonik und Schichtlagerung

Edgar Nitsch

Die Sedimentschichten von Trias und Jura sind ursprünglich annähernd horizontal übereinander abgelagert worden. Betrachtet man sie heute, sind sie jedoch deutlich nach Osten verkippt und an zahlreichen Brüchen in ihrem Schichtverband gestört. Die Schichtenfolge ist dabei sogar so stark verstellt, dass ihr Einfallen größer ist das Gefälle der Wutach | 1.5.01 |. Auf ihrem Weg von der Schattenmühle bis zur Schleifebächlemündung fließt die Wutach daher zwar wie jeder Fluss bergab, durchquert jedoch die Schichtenfolge der Trias vom Liegenden (den älteren, unteren Schichten) zum Hangenden (den jüngeren, darüber liegenden Schichten). Die Oberfläche des Grundgebirges, die auch unter der Überdeckung durch Trias und Jura noch durch Bohrungen erreicht wurde, fällt vom Feldberggipfel (1493 m Höhe) bis unter die Wutachflühen um mehr als 1000 m ein (ca. 400 m Höhe) und senkt sich ostwärts weiter ab, bis sie unter dem Bodensee mehr als 1000, im Allgäu mehr als 3000 m unter dem Meeresspiegel liegt. Die Gründe für diese großräumige Schichtverstellung liegen einerseits in der Entstehungszeit der Alpen, als gewaltige Gesteinsmassen als tektonische Decken nach Norden auf den süddeutschen Raum geschoben wurden und zusammen mit den mächtigen Ablagerungen von Abtragungsschutt, der Voralpen-Molasse, den Untergrund in die Tiefe drückten. Andererseits riss am Oberrheingraben die Erdkruste soweit auseinander, dass die Trias- und Juraschichten, die einst den gesamten Schwarzwald bedeckten, ebenfalls in eine Tiefe von mehreren Kilometern einsanken und im Grabeninneren von mächtigen Sedimentmassen des Tertiärs überdeckt wurden. In der Folge kippte spätestens seit dem Eozän, vor etwa 50 Ma, der Krustenabschnitt zwischen Alpen und Oberrhein in mehreren Schüben nach Osten und Südosten. Die am stärksten angehobene Region, der heutige Schwarzwald, unterlag dabei auch der stärksten Abtragung. In den abgesenkten Gebieten sammelten sich die zu Kies, Sand und Ton zerkleinerten Reste der abgetragenen Gesteine (s. auch S. 72).

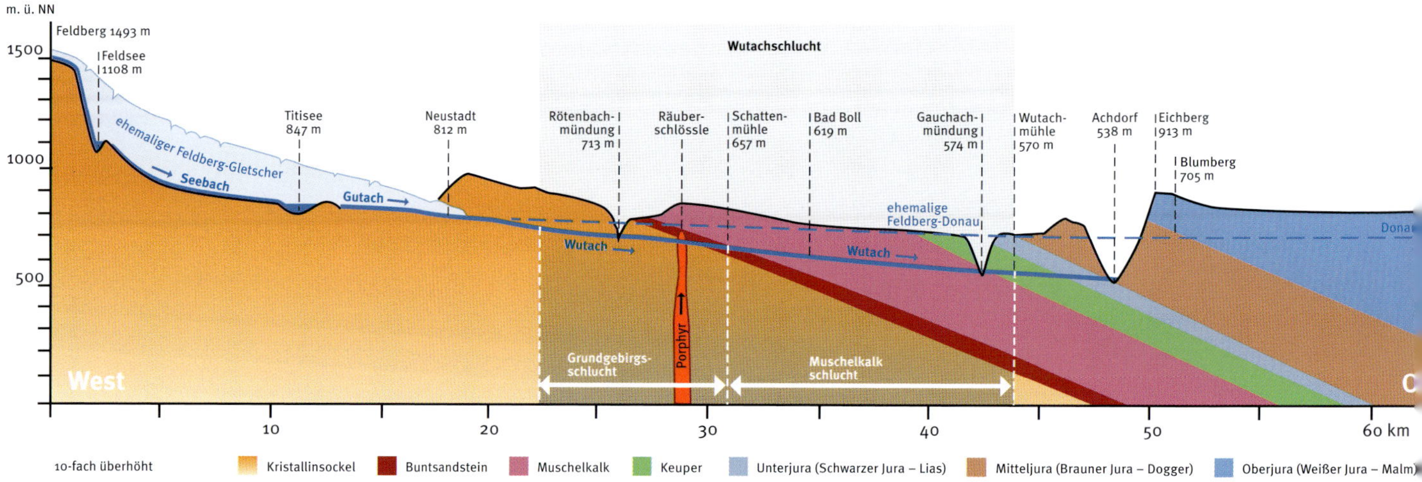

1.5.01 | Schematischer Geologischer Schnitt entlang der Wutach vom Feldberggebiet bis zum Wutachknie bei Achdorf. Im Bereich der Wutachschlucht ist die starke Eintiefung gegenüber der ehemaligen Feldbergdonau (gestrichelte blaue Linie) deutlich erkennbar. (HD nach RPF)

Die zeitliche Abfolge dieser Verstellungen und Abtragung lässt sich in groben Zügen aus eben diesen tertiären und quartären Ablagerungen im Oberrheingraben und Molassebecken rekonstruieren. Eine erste deutliche Hebung erfuhr der Schwarzwald demnach im Eozän und Oligozän (ca. 50 bis 25 Ma vor heute), als am Rand des Oberrheingrabens grobes Geröll aus Mitteljura- und Triasgesteinen abgelagert wurde, das aus einem heute abgetragenen „Albvorland" auf dem Schwarzwald stammt. Aus dem Miozän (25 bis 8 Ma) blieben erstmals auch im Hegau Gerölle aus dem noch jurabedeckten Schwarzwald erhalten und erlauben, das damalige Flussnetz angenähert zu rekonstruieren. Die Hebung, oder zumindest die Abtragung des Schwarzwaldes, erscheint aber nunmehr etwas abgeschwächt. Im Oberrheingraben – im Kaiserstuhl – und im Hegau kam es zu dieser Zeit zwar zum Ausbruch von Vulkanen, die Menge und Verbreitung von geröllführenden Ablagerungen am oberrheinischen Schwarzwaldrand hat jedoch stark abgenommen. Erst im Pliozän (8 bis 2,6 Ma) und Quartär beleben sich Hebung und Abtragung im Schwarzwald erneut, und mächtige Schotterstränge folgen den Tälern der sich nun entwickelnden Flusssysteme von Donau und Rhein (s. auch S. 67). Die Verbreitung der Juraschichten ist dabei inzwischen aus dem Schwarzwald bis in die Baar und den Klettgau zurückgewichen, und auch von der Trias ist weithin meist nur ein Rest Buntsandstein übrig geblieben. Bei einer so großräumigen und durchaus langwierigen Verstellung der gesamten Erdkruste ist das Gestein natürlich nicht in der gesamten Region unzerbrochen wie eine starre Platte nur gekippt worden. Brüche und Verwerfungen gab es im Grundgebirge schon seit der Zeit seiner Entstehung, und auch in den jüngeren Ablagerungen aus Trias und Jura finden sich Spuren von tektonischen Bewegungen aus der Zeit vor der Entstehung der Alpen. Viele dieser Verwerfungen zeigen heute ein zuweilen schwer deutbares Muster in ihrer Orientierung und in der Schichtlagerung der einzelnen Schollen dazwischen.

Die ältesten Brüche im Gebirge stammen noch aus der Zeit der Variskischen Gebirgsbildung im Karbon, vor etwa 340 bis 320 Ma. Die Gneise lagen zwar zur Zeit ihrer Metamorphose noch in einer so großen Tiefe im damaligen Gebirge, dass Temperatur und Gesteinsdruck sie auf (geologisch langsame) Bewegungen duktil (also plastisch, im festen Zustand verformbar) machten. Schon einige Millionen Jahre später wurde das Variskische Gebirge – das man sich größer als die heutigen Alpen vorstellen darf – jedoch rasch gehoben und abgetragen. Die ursprünglich bis über 50 km tief versenkten Gneise stiegen auf, kühlten dabei ab und wurden zunehmend entlastet, wodurch sie ihre Formbarkeit verloren und auf weitere Bewegungen mit aufbrechenden Verwerfungen reagierten. Auf halbem Weg in dieser Wandlung des Gesteinsverhaltens von „Knetmasse" zu „Porzellan" entstanden in 15–20 km Tiefe die Granite und drangen als kilometerbreite Schmelzblasen in das zunehmend spröder werdende Gebirge auf. Mit weiterer Druckentlastung und Abkühlung blieben den Schmelzen nur noch schmale Brüche und Spalten, in die sie als Ganggesteine eindringen konnten. Dabei erzeugten nicht nur seitliche Bewegungen im Gestein neue Brüche, sondern auch die bloße Abkühlung durch die allseitige Schrumpfung des Gesteinsvolumens mit sinkender Temperatur. Diese Abkühlungsklüfte sind besonders in den Graniten oftmals gut zu erkennen, finden sich aber auch in den anderen Gesteinen des kristallinen Grundgebirges.

Im späten Karbon und Perm kam es weiterhin zu Krustenbewegungen, die im kristallinen Grundgebirge des Südschwarzwaldes nur noch bruchhafte Verwerfungen und Scherzonen hervorriefen. Auch während sich in der Trias und im Jura erstmals Sedimente auf dem Grundgebirge des Wutachgebiets anhäuften, kam es offenbar noch zu kleineren Krustenbewegungen. Sie fanden nun aber überwiegend an den schon vorhandenen Brüchen statt und lassen sich durch physikalische Altersbestimmungen an Mineralabscheidungen nachweisen, die jeweils nach den Bewegungen entstanden und von jüngeren Bewegungen zerbrochen wurden. Einige dieser Kluft- und Spaltenminerale lassen sich auf die Kreidezeit datieren. Während der Kreide kam es daneben auch zu einzelnen Vulkanausbrüchen im Südschwarzwald. Allerdings kennt man bisher nur etwa ein halbes Dutzend dieser wahrscheinlich als Maarvulkane ausgebrochenen Schlotfüllungen.

Von den Verwerfungen, die das Wutachgebiet durchziehen, fällt besonders eine Schar von Bruchflächen auf, die das Gebiet von West-Nordwest nach Ost-Südost durchziehen. Sie zeigen einen oft mehrfach gebogenen Verlauf, verzweigen und vereinigen sich mehrfach und sind besonders dort in der Karte | 1.5.02 | verzeichnet, wo die Gesteinsfolge auf beiden Seiten eine unterschiedliche Höhenlage aufweist. Abschnittsweise verlaufen sie jedoch ohne Höhenversatz durch das Gestein und sind dann zumindest im Gebiet von Trias und Jura nur schwer im Gelände zu erkennen. Im Grundgebirge erkennt man jedoch an versetzten Ganggesteinen oftmals einen Seitenversatz entlang der Störungen | 1.5.03 |. Gefügeuntersuchungen haben für mehrere dieser Störungen nachweisen können, dass sie im Verlauf einer oft über 300 Ma dauernden Entwicklung mehrfach und in unterschiedliche Richtungen bewegt wurden.

Die Störungszone, zu denen diese Bruchschar gehört, erstreckt sich von Freiburg über den Raum Bonndorf bis zum Bodensee und verbindet so den Kaiserstuhl mit dem Vulkangebiet im Hegau. Angelegt wurden die meisten der Störungen in dieser Zone wohl bereits im Karbon oder Perm, wobei neben vertikalen Bewegungen schon damals Seitenbewegungen von Bedeutung waren. Während Trias und Jura, und wohl auch noch in der Kreide, standen dann seitliche Scherbewegungen im Vordergrund. Die Höhenunterschiede der Grundgebirgsoberfläche, die das heutige Kartenbild bestimmen, stammen dagegen erst aus der Zeit nach dem Jura – dessen Gesteine ja mit versetzt wurden – und erfolgten wahrscheinlich erst mit der Heraushebung des Schwarzwaldes im Tertiär und Quartär. Auch dabei wurde aber die Störungszone nicht einfach in nordsüdlicher Richtung auseinandergezogen, wie man dies bei einem „echten" Grabenbruch erwarten dürfte, sondern überwiegend seitlich geschert. Dabei hat sich der südliche Teil relativ zum nördlichen nach Westen bewegt, die jeweils gegenüberliegende Seite der Störungen daher nach rechts (Rechtsseitenverschiebung). Zwischen Brüchen, die nicht genau entlang dieser Bewegung orientiert waren, konnte es so zu Dehnung oder Einengung kommen, je nachdem, wie ihre Lage im

1.5.02 | Tektonische Karte des Wutachgebiets (überarbeitet nach GeoLa, Kartografie Schmücking) Lenzkirch- und Albtal-Störungszone (im Schwarzwald), Bonndorf-Störungszone (im Wutachgebiet) und Randen-Verwerfung sind Teile der Freiburg-Bonndorf-Bodensee-Störungszone. In deren Innerem sind die Gesteinsschollen meist tiefer abgesenkt als außerhalb der Zone, weshalb sie früher als Gräben bezeichnet wurden. Bau und Entwicklung dieser Bereiche sind jedoch, wie man heute weiß, deutlich komplizierter als bei einem einfachen (tektonischen) Graben.

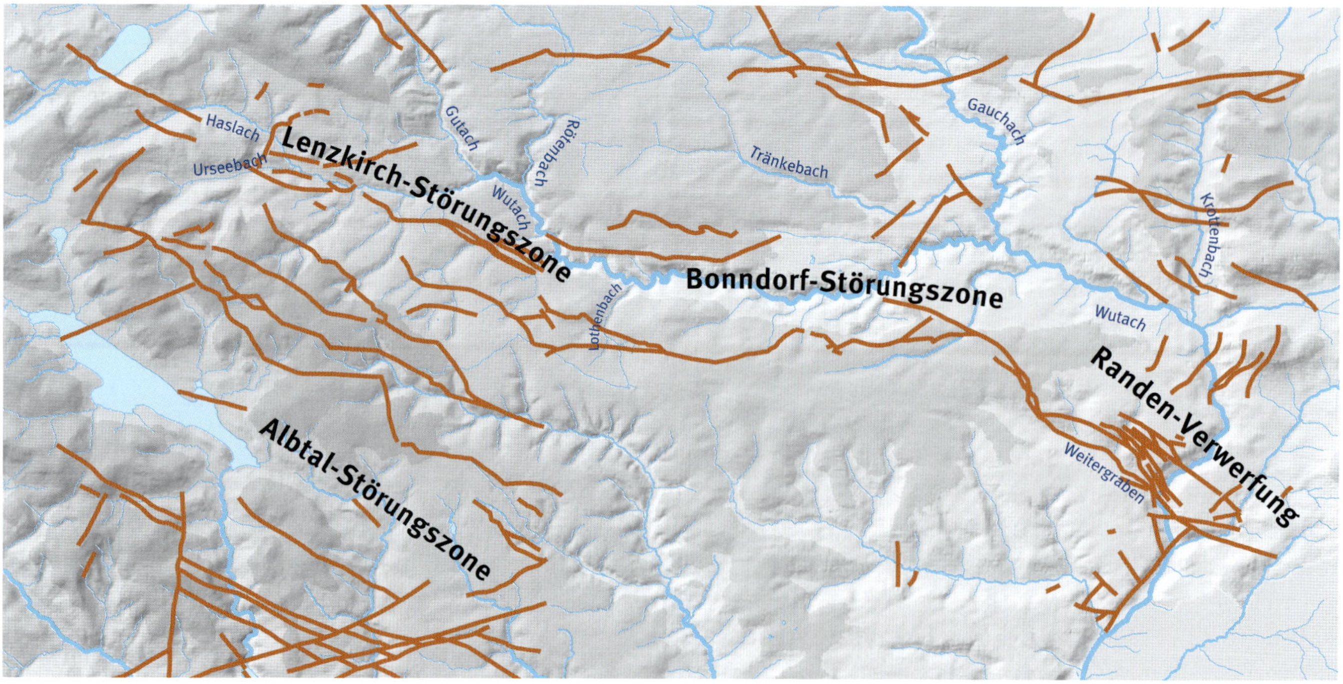

1.5.03 | **Verwerfung** an der Grenze Oberer/ Mittlerer Muschelkalk. (RPF)

Verhältnis zur allgemeinen Scherbewegung war. So finden sich zuweilen ganz schmale Schollen mit abgesenkten Gesteinen zwischen zwei benachbarten Störungen, erkennbar an einem schmalen Streifen aus jüngeren Gesteinen in der gleichen Geländehöhe wie die benachbarten älteren Gesteine.

Einige dieser Störungen sind im Wutachtal direkt in den Felswänden sichtbar | 1.5.04 |. Manche davon sind unmittelbar aufgeschlossen, andere von der Vegetation dicht überwuchert, da das zerbrochene Gestein Wegsamkeiten für das Grundwasser bietet. Auch dort ist jedoch oft der Höhenunterschied einzelner Schichtbänke links und rechts der Störung gut erkennbar und nicht allein aus dem Einfallen der Schichten zu erklären. Die Störungen, die heute an der Erdoberfläche am Versatz der Gesteine sichtbar werden, stellen allerdings durchweg „fossile" Störungen dar. Zwar gibt es in der Region auch heute noch Bewegungen der Erdkruste, wie die gelegentlichen und meist schwachen Erdbeben zeigen. Die Mehrzahl der meist nicht zu spürenden und nur technisch messbaren Beben stammt jedoch aus Vorgängen in mehreren Kilometern Tiefe, ohne dass sich die aus den seismischen Messungen berechnete Position des Bebenherds mit einer Störung an der Oberfläche in Verbindung bringen ließe. Bewegungen an solchen „fossilen" Störungsflächen oder an den Klüften der Gesteine finden daher heute allenfalls noch dort statt, wo diese Trennflächen ungünstig zum Hang orientiert sind und die darauf liegenden Gesteinsmassen den Halt verlieren und abrutschen oder von einer Steilwand herabfallen.

1.5.04 | **Kleine Verwerfung** (Detailansicht) an der Grenze Oberer/ Mittlerer Muschelkalk. (KS.2012)

Die Landschaftsgeschichte des Wutachgebiets

Theo Simon

Die Landschaftsgeschichte beschreibt die Entwicklung einer Landschaft von ihren Anfängen an. In Süddeutschland beginnt sie mit dem Rückzug des Meeres im Oberjura. Die Entwicklungen in der Kreide und in der meisten Zeit des Tertiärs sind im Bereich der Wutach nicht fassbar, weil hier entsprechend alte Sedimente fehlen. Durch Sedimente und Geländeformen gut dokumentiert sind die letzte Kaltzeit und das Holozän |1.6.01|. Die geologischen Geschehnisse dieser Zeit gehören allerdings zu den rasantesten und spannendsten Vorgängen, welche die Geologie in Süddeutschland zu bieten hat.

Kreide und Tertiär

Die Hebung Süddeutschlands im späten Oberjura steht im Zusammenhang mit der Alpenentstehung. Es entstand ein Festland, dessen Oberfläche generell nach Süden bis Südosten geneigt war. Besonders stark war die Hebung im Bereich des Rheinischen Schiefergebirges und später auch im Schwarzwald- und Vogesenbereich. Von diesem südlichen Hochgebiet entwässerten Wasserläufe radial nach außen, d. h. im Bereich des östlichen Schwarzwaldes nach Nordwesten bis Südosten. Diese Abflussrichtungen gibt es heute noch, oder treffender, heute wieder: der Neckar von Horb bis Plochingen, Brigach – Breg – Donau und die obere Wutach. Die Oberfläche der damaligen Landschaft bestand am Ende der Jura- und zu Beginn der Kreidezeit im Wutachgebiet aus Gesteinen des Oberjuras. Diese nach Westen ansteigende Gesteinstafel verwitterte, bestand aber noch zu Beginn eines für die Landschaftsgeschichte folgenschweren Ereignisses, dem Absinken des Oberrheingrabens. Folgenschwer deshalb, weil der Graben neben einem Meer im Alpenraum eine zweite Vorflut bildete, zu der sich das Gewässernetz zunehmend orientierte und schließlich auch den Bereich der Wutach einnehmen konnte.

Die ältesten heute noch vorhandenen Sedimente, die einen Abfluss des südöstlichen Schwarzwald-Gebiets nach Osten belegen, sind die der 20 bis 24 Ma alten Älteren Juranagelfluh der Unteren Süßwassermolasse bei Tengen und Engen. Die

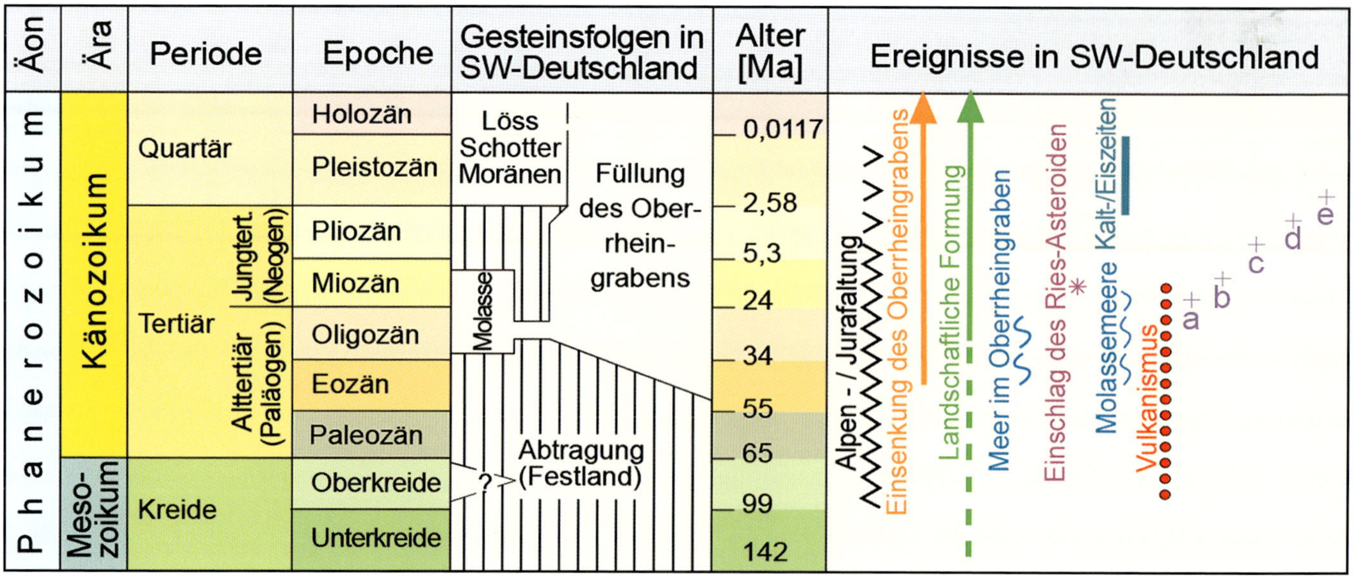

1.6.01 | **Zeittafel für den Zeitraum Kreide-Quartär.** (aus: Villinger 2011, leicht verändert)

1.6.02 | **Die Kraft des Wassers** als landschaftsgestaltendes Element. (KS.2012)

Ältere Nagelfluh weist neben wenigen Geröllen aus dem Mitteljura nur solche aus dem Oberjura auf, d. h. ganz im Westen des Einzugsgebiets hatte die Erosion bereits Mitteljura-Gesteine bloß gelegt. Die 10 bis 17 Ma alte Jüngere Juranagelfluh der Oberen Süßwassermolasse dagegen führt weitere Gerölle aus den im Einzugsgebiet anstehenden Gesteinen, und zwar in den tiefsten Lagen zunächst Ober- und Mitteljuragerölle, oben aber sogar Buntsandstein- und Grundgebirgsgerölle. Daher wurden mit fortschreitender Erosion im Einzugsgebiet der Nagelfluh-Rinnen immer ältere Gesteine bloßgelegt und das Grundgebirge bildete schon vor ca. 10 Ma in kleinen Bereichen die Erdoberfläche (Paul 1971b, Schreiner 1965, 1992, Franz & Rohn 2004).
Im Sedimentationsbecken der Oberen Süßwassermolasse ist ein Abfluss nach Südwesten festzustellen | 1.6.03 a |. Im Obermiozän erfolgte im Bereich

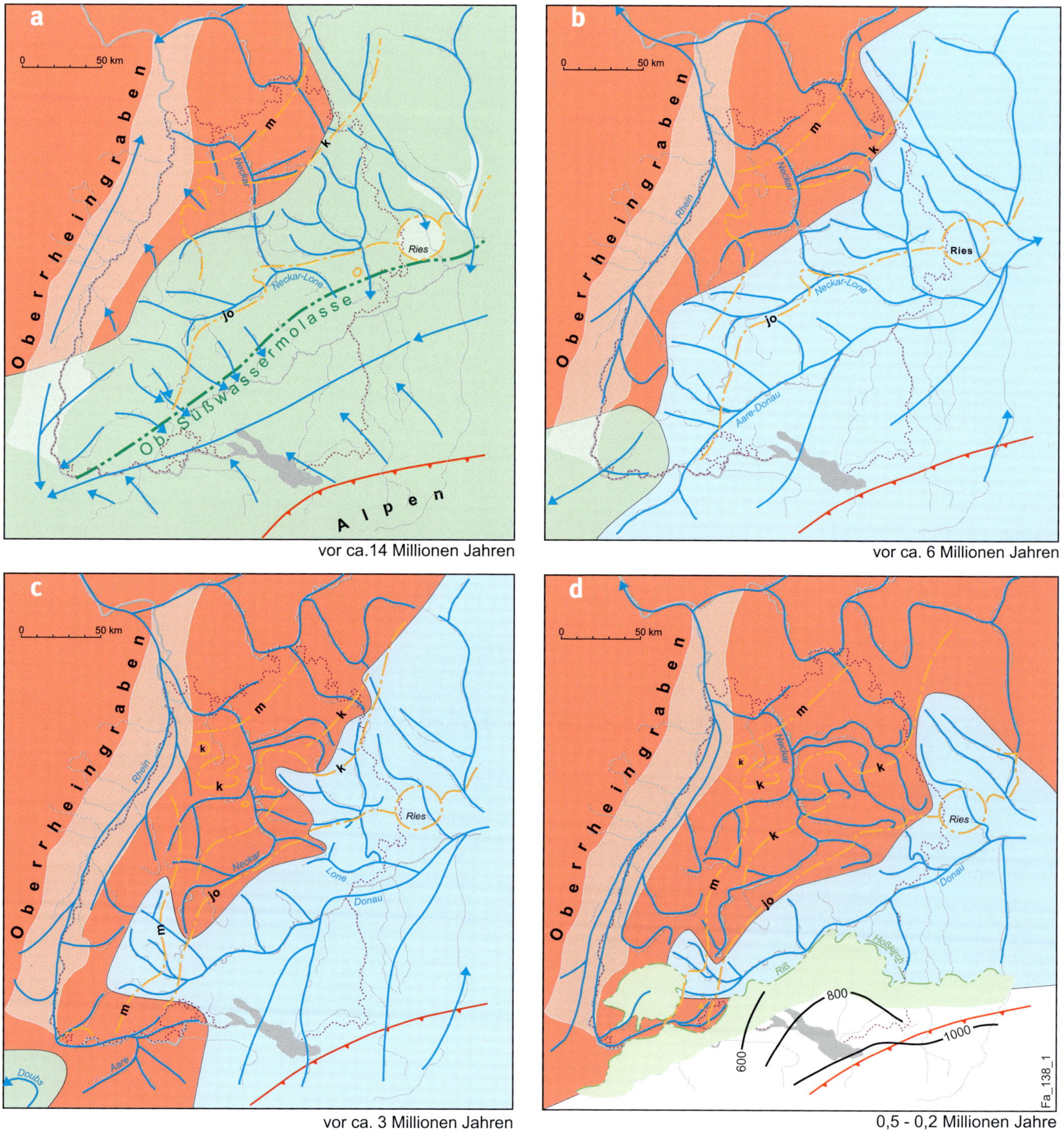

1.6.03 a-d | Flusssystem und Schichtstufen (M. Muschelkalk; K: Keuper; jo: Weißer Jura) in Baden-Württemberg im Mittelmiozän (a), im Miozän/Pliozän (b), im Oberpliozän (c), im Mittelpleistozän (d). Rote Zackenlinie: alpine Deformationsfront. Rechts unten: Grün: Eisbedeckung mit rekonstruierter Eismächtigkeit in Metern. Aus SIMON (2010; nach SIMON 1987, 1988, VILLINGER 1998, GROSCHOPF & VILLINGER 1988).

des südlichen Schwarzwaldes und im südlichen Oberrheingraben eine stärkere Hebung, die möglicherweise mit der Faltung und Überschiebung des Faltenjuras zusammenhing. Diese bewirkte eine wichtige Änderung der Abflussrichtung: Die Entwässerung in Oberschwaben erfolgte nun nach Osten, die Donau entstand. Zunächst hatte diese ein sehr großes Einzugsgebiet, das sogar die Aare einschloss | 1.6.03 b |. Davon künden im Wutachgebiet z. B. Schotter alpiner Herkunft auf dem Eichbergplateau (Paul 1971b). Das Einzugsgebiet der Donau verlor anschließend in seinem oberen Bereich die Aare wieder, die zunächst über den Doubs dem Mittelmeer, dann dem Oberrheingraben zufloss | 1.6.03 c |. In dieser Abbildung ist beim Knick der Aare von Südwesten nach Westen in den Bereich des heutigen Hochrheintals hinein ein kleiner, von Nordosten kommender Fluss eingezeichnet: die junge, relativ kurze Wutach. Die Erosionspotenziale der beiden Flusssysteme, Rhein mit der noch kleinen Wutach und Donau mit einem ihrer Quellflüsse, der Feldbergdonau, waren sehr unterschiedlich. Die Absenkung des Oberrheingrabens verstärkte das Gefälle der zum Rhein fließenden Gewässer, während das Gefälle der Donau relativ gering war, denn ihre Mündung ins Pannonische Becken lag weit entfernt im Grenzbereich Österreich/Ungarn. Die zwangsläufige Folge dieser Gefällsunterschiede musste das Eingreifen des rheinischen Gebiets mit der jungen Wutach in das danubische Gebiet sein. Schließlich musste die junge Wutach die Feldbergdonau erreichen und zum Rhein umlenken.

| 1.6.03 | zeigt auch die Entwicklung der Schichtstufen in dieser Zeit. Sowohl die frühe Donau | 1.6.03 b | als auch die junge Wutach | 1.6.03 d | haben sich als Schichtstufenrandflüsse der Oberjura-Schichtstufe entwickelt (Simon 2010).

Die quartäre Landschaft und deren Zeugen

Das Quartär-Zeitalter, das vor 2,6 Ma begann und noch andauert, brachte dem Wutachgebiet wohl die stärksten geologischen Veränderungen in der Erdgeschichte. In diese Zeit fällt die Vereisung des Schwarzwaldes, die das obere Einzugsgebiet der Wutach noch umfasst, und die Umlenkung der oberen Wutach zum Rhein mit der anschließenden starken Erosion im Wutachtal.

Zu Beginn des Quartärs floss der obere Teil der heutigen Wutach, die sogenannte Feldbergdonau, über Blumberg und das Tal der heutigen Aitrach bis in die Donau unterhalb von Geisingen | 1.6.04 |. Der Abschnitt des Tals zwischen Blumberg und Geisingen hatte schon seit der Entstehung der Donau zu dieser gehört, was hoch liegende Schotter, z. B. bei Blumberg, beweisen (Villinger 1986, 1998, 2003, 2011). In Richtung Hochrhein verlief das alte Aare-Donautal zwischen Blumberg und Waldshut etwas westlich der heutigen Wutach.

1.6.04 | Wo heute die autobahngleiche Bundesstraße donauabwärts führt, bot sich 1925 ein unverbauter Blick ins Aitrachtal. (HS.1925)

Die Feldbergdonau reichte ehemals bis in das Kandelgebiet, wie Schotter (ca. 900 m Höhe) nordöstlich und nordwestlich von Göschweiler (Roßwag, Erdfall und Auf der Wacht) beweisen. Diese Schotter werden ins Ältestpleistozän (Schreiner 1991a) oder sogar ins Mittelpliozän, also noch ins Tertiär gestellt (Paul 1971b). Sie liegen 2 km von der heutigen Wutachschlucht entfernt. Dies gibt einen Hinweis darauf, wie die Geländemorphologie vor dem Quartär ausgesehen hat. Das Tal der Feldbergdonau war sehr breit und flach ausgebildet. Schluchten, die die angrenzende Hochfläche heute zerschneiden und das heutige Talbild der Wutach prägen, fehlten. Die Hochfläche wurde damals aber schon von den gleichen Gesteinen gebildet wie heute. Dabei fällt auf, dass die Buntsandstein- und die Muschelkalkgesteine um die Feldbergdonau westlich von Blumberg einige Kilometer weiter nach Westen reichen als weiter nördlich (z. B. bei Donaueschingen) und weiter südlich (z. B. bei Birkendorf und Ühlingen). Dies liegt daran, dass entlang der Wutach westlich von Blumberg ein Grabenbruch in Richtung der Wutach nach Westen bis über Titisee-Neustadt streicht, die Bonndorf-Störungszone. In diesem Graben blieben die nach Westen ausgreifenden Triasschichten länger in erosionsgeschützter Lage erhalten als außerhalb des Grabens. Der Vorgang wird Reliefumkehr genannt, weil eine tektonische Tieflage durch Erosion zu einer morphologischen Hochlage wird. So liegt im Grabenbereich auch die Muschelkalk-Schichtstufe weiter im Westen als südlich und nördlich des Bonndorfer Grabens (Paul 1958).

Für die südlich von Reiselfingen liegenden Schotter (783 m Höhe) nimmt Schreiner (1991a) altpleistozänes Alter an. Die Geschichte des Abschnitts der Wutach westlich von Blumberg ist durch weitere Schotterfunde recht gut belegt (Paul 1969, 1971b, Schreiner 1991a, Schiedek & Pfaffenberger 1993) | 1.6.05 |. Diese Schotter werden dem Risszeitalter (Beginn vor ca. 200 000 Jahren) und dem Würmzeitalter (mit Eem-Warmzeit) von ca. 126 000 bis ca. 11 600 Jahren v. heute (Litt et al. 2005) zugerechnet und mit Vereisungen des Hochschwarzwaldes in Verbindung gebracht.

Schwarzwaldvereisung

Nicht nur die Alpen, sondern auch der Hochschwarzwald war im Quartär vereist (Schrepfer 1925, Pfannenstiel & Rahm 1963, Hockenjos 1964, Paul 1965, 1971b, Hantke 1978, Westphal 1989, Schreiner 1991a, Ellwanger et al. 1995, Geyer et al. 2003). Der Hochschwarzwald trug in den letzten 500 000 Jahren mindestens zweimal Eiskappen. Auch der Feldberg war dabei eisbedeckt | 1.6.06 |. Die älteste Vereisung erfolgte in der Risszeit. Diese Vereisung griff auch weiter aus als die der Würmzeit | 1.6.06–07 |. Zeugen älterer Vereisungen sind im Schwarzwald nicht bekannt. Das kann an den nicht überlieferten Gesteinszeugnissen liegen, aber auch daran, dass der Schwarzwald nicht vereist war. Das

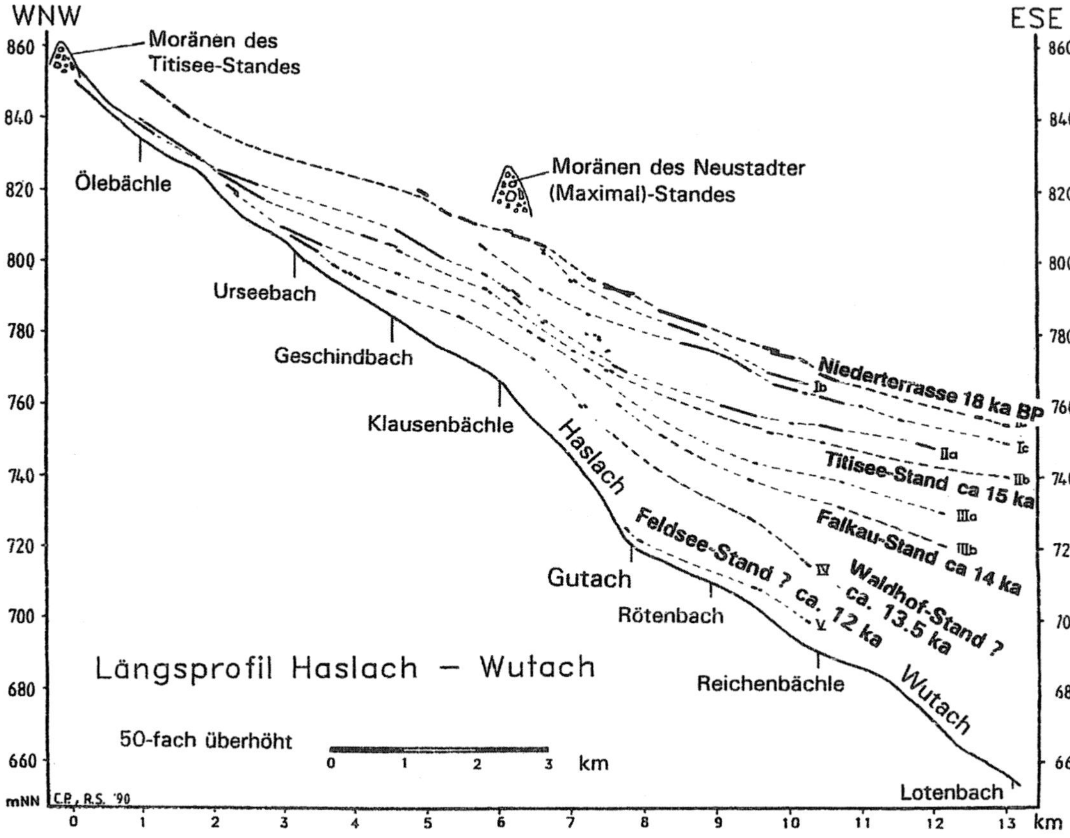

1.6.05 | Korrelation von Fels- und Schotterterrassen (dicke Striche) von Haslach und Wutach mit den Endmoränen-Rückzugsständen bis zum Feldsee. In den Zeiten der Terrassenentstehung war die Tiefenerosion vermindert oder wurde gar durch Sedimentation kompensiert. Aus Ricken & Einsele (1993) nach Pfaffenberger (1990), Schiedek (1990), Schnitzlein (1990), s. a. Schiedek & Pfaffenberger (1993).

= Grundgebirge (Granite u. Gneise)
= Buntsandstein
= Muschelkalk
= Keuper
= Lias (Schwarzer Jura)
= Brauner Jura
= Weißer Jura
= Klifflinie (Strand des miozänen Meeres)
= Tertiär (Molasse)
= Vulkanische Tuffe u. Gesteine
= Pliozäne Schotter der Urdonau
= Moränen der Eiszeit
= Alte eiszeitliche Schotter (Deckenschotter)
= Altendmoräne (Rißeiszeit)
= Eiszeitliche Schotter (Hochterrasse)
= Junge Talfüllungen

1.6.06 | Vereisung des Schwarzwaldes und des Alpenvorlands in der letzten Kaltzeit vor etwa 25 000 Jahren. Man erkennt, dass die heutige Wutach noch als Feldbergdonau (danubische Wutach) nach Osten fließt, die rheinische Wutach aber der danubischen schon sehr nahe gekommen ist. Der Schwarzwald-Eisschild schickte in alle Täler Gletscherzungen aus, so auch in die Täler von Gutach und Wutach. Aus Wagner & Koch (1961).

wäre ein deutlicher Hinweis, dass sich die für eine Vereisung ausreichende Höhe erst später, durch Hebung kurz vor der Risszeit, eingestellt hat.

Der Gletscher dehnte sich in der Risszeit im Wutachgebiet bis mindestens zum Zusammenfluss von Haslach und Gutach aus. Dies belegen Moränensedimente in der Nähe des Zusammenflusses etwa 80 m über der heutigen Talsohle (Schreiner 1991a: Tab.: 12, 13). Die Vorstellung, dass sich der risszeitliche Gletscher bis in das Aitrachtal erstreckt hätte (Pfannenstiel & Rahm 1963, Hantke 1978), ist heute widerlegt (Paul 1971b, Schreiner 1991a).

Die Gletscherstände der Würmzeit sind besser dokumentiert, was daran liegt, dass die Zeugnisse des Rissgletschers durch den Würmgletscher inner-

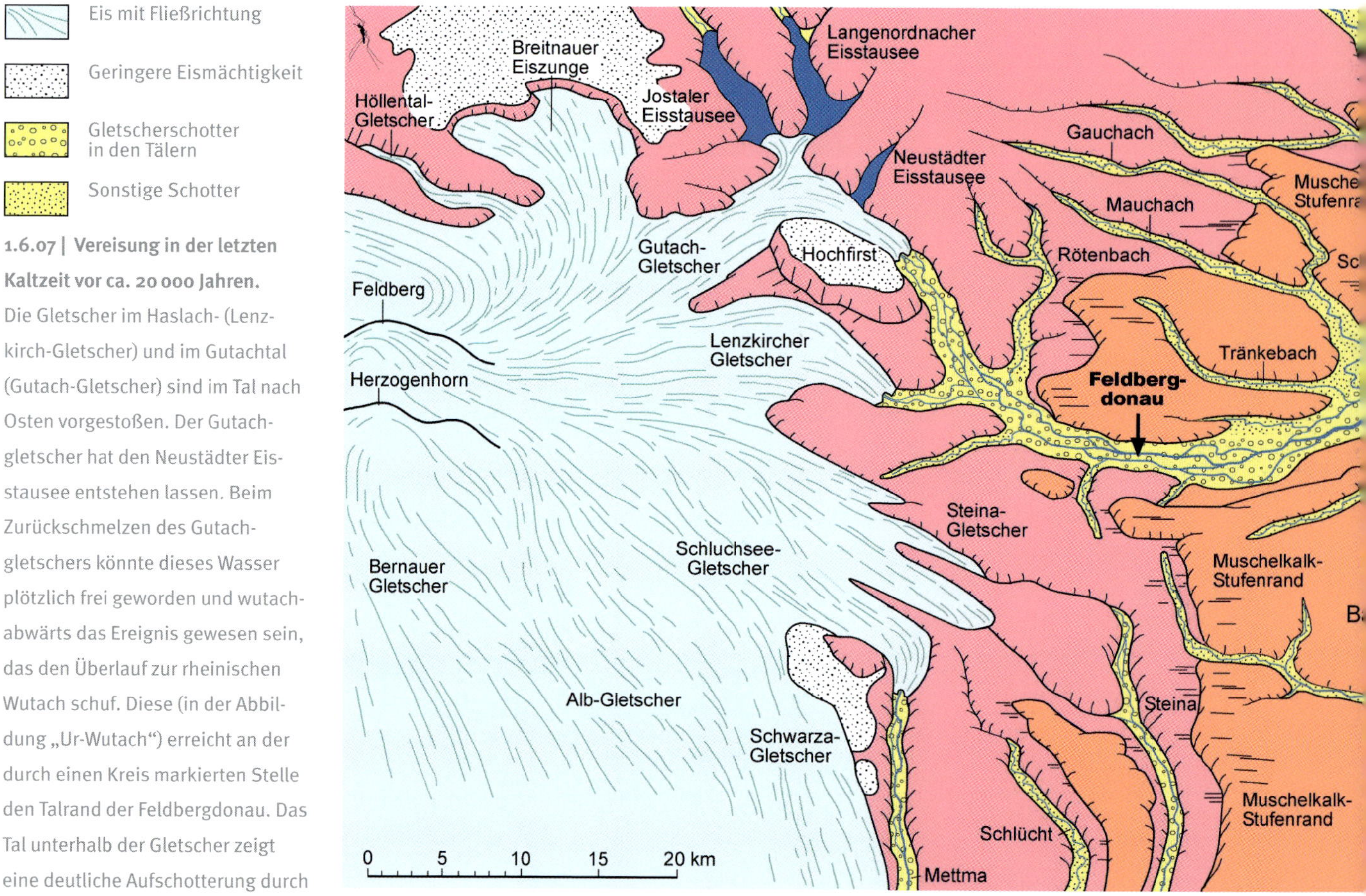

1.6.07 | Vereisung in der letzten Kaltzeit vor ca. 20 000 Jahren. Die Gletscher im Haslach- (Lenzkirch-Gletscher) und im Gutachtal (Gutach-Gletscher) sind im Tal nach Osten vorgestoßen. Der Gutachgletscher hat den Neustädter Eisstausee entstehen lassen. Beim Zurückschmelzen des Gutachgletschers könnte dieses Wasser plötzlich frei geworden und wutachabwärts das Ereignis gewesen sein, das den Überlauf zur rheinischen Wutach schuf. Diese (in der Abbildung „Ur-Wutach") erreicht an der durch einen Kreis markierten Stelle den Talrand der Feldbergdonau. Das Tal unterhalb der Gletscher zeigt eine deutliche Aufschotterung durch die Gletscherschotter.
1 = Eichberg,
2 = Buchberg
(Zeichnung J. Crocoll, nach Westphal 1989; dort verändert aus Hockenjos 1964)

halb seiner Reichweite zerstört wurden. Der Würmgletscher reichte im Haslachtal bis zur Einmündung des Klausenbächles (ehem. Bahnhof Kappel-Grünwald) und im Gutachtal bis etwa in den Bereich der Gutachbrücke, ca. 2,5 km oberhalb des Zusammenflusses mit der Haslach | 1.6.07 |. Diese Endmoränenbereiche markieren den Maximalstand des würmzeitlichen Gletschers vor etwa 20 000 Jahren. Weiterhin sind mehrere jüngere Gletscher-Zwischenstände weiter talaufwärts bekannt, die ebenfalls Endmoränen hinterlassen haben. Sowohl mit dem Würmmaximalstand als auch mit den nachfolgenden Endmoränen können Terrassen im Wutachtal verknüpft werden.

Anzapfung oder Überlauf?

Die Gletscher in den Tälern von Haslach und Gutach führten viel Schutt mit sich, den sie vor dem Gletscher in Moränen ablagerten, deren Material wiederum von Schmelzwasser weiter talab transportiert wurde. Somit lagerten sich im Tal unterhalb der Gletscher viel Sand, Kies und Steine ab. Diese Schotter führen teilweise sehr grobes Material, das aus dem Hochschwarzwald, dem Buntsandstein und dem Muschelkalk stammt. Einzelne Blöcke weisen Durchmesser von bis zu 50 cm auf. Damit solche Blöcke im Wasser bewegt werden, bedarf es einer großen Wassermenge und einer sehr hohen Fließgeschwindigkeit. Dies ist heute nur vorstellbar bei extremen Ereignissen, wie z. B. Schneeschmelze mit Starkregen, oder damals, entsprechend dem Klima in der Kaltzeit (Hebestreit 1993), z. B. infolge Durchbrechens von durch Moränen aufgestauten Stauseen. Wichtig ist, dass solche extremen Fließgeschwindigkeiten stattgefunden haben.

Die starke Sand- und Geröllführung der Feldbergdonau führte zu einer weiteren starken Aufschotterung des Tals, so dass würmzeitliche Sand- und Kiesmächtigkeiten von bis zu 30 m im Gewann Kohlplatz, 2,5 km westlich von Göschweiler, oder von bis zu 25 m ca. 2 km östlich von Reiselfingen (Schreiner 1991a, b) zusammenkommen. Diese

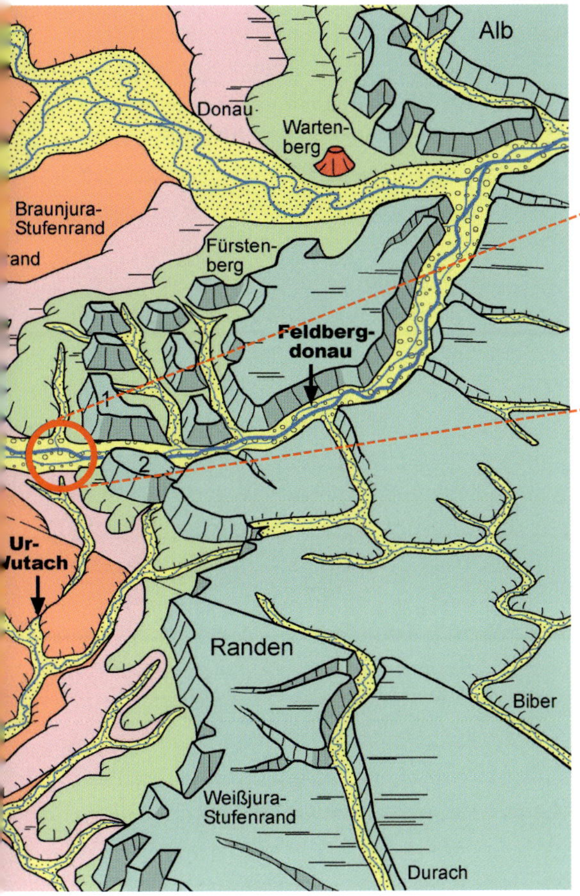

und weitere Schottervorkommen zeigen auch, in welchem Niveau das damals noch danubische Tal lag: oberhalb von Neustadt (Gutach) und am Titisee (Haslach) etwa im heutigen Niveau; am Zusammenfluss von Gutach und Haslach 70 m, bei der Schattenmühle 110 m und in Achdorf 170 m über der heutigen Talsohle.

Der Mechanismus der Umlenkung der Feldbergdonau in die junge Wutach war von zwei Faktoren abhängig. Zum einen war es notwendig, dass sich bis dahin von Süden die junge Wutach bis dicht an den Talrand der Feldbergdonau genähert hatte, wie es | 1.6.06-07 | zeigt. Eine Anzapfung wäre erfolgt, wenn der Talanfang der jungen Wutach in die Talaue der Feldbergdonau durch rückschreitende Erosion zurückverlegt worden wäre. In Anbetracht der im Tal der Feldbergdonau herrschenden hydrologischen und sedimentologischen Verhältnisse muss allerdings noch ein anderer Vorgang an der Umlenkung teilgehabt haben. Extreme Wasserführung (s. o.) dürfte dabei den letzten

vor 25 000 Jahren

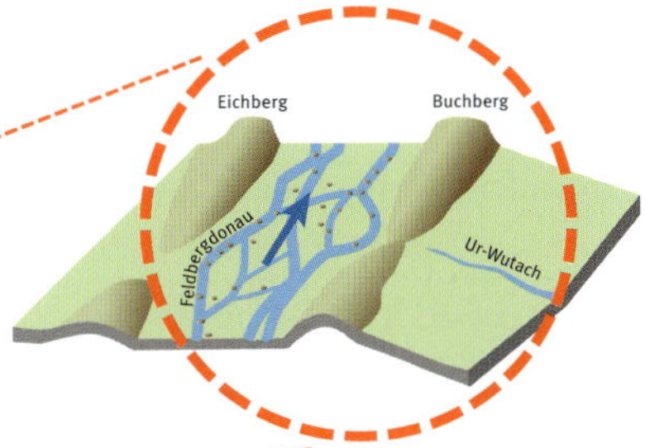

1.6.08 | Die Umlenkung der Feldbergdonau:

Die Ur-Wutach hat sich bis dicht an den Talrand der Feldbergdonau genähert.

vor 18 000 Jahren

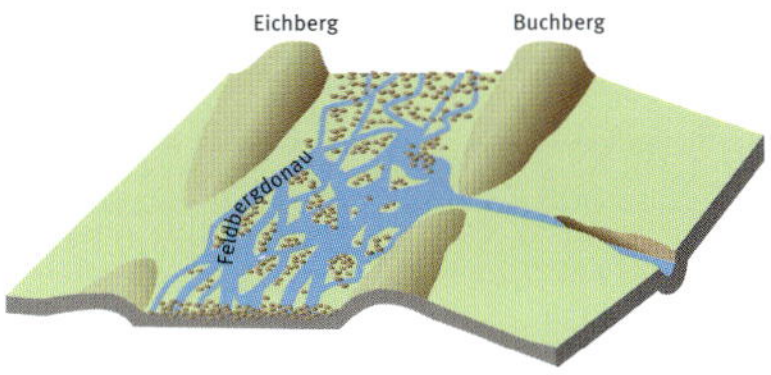

Starke Sand- und Geröllführung der Feldbergdonau führt zu einer mächtigen Aufschotterung des Tales.

vor 15 000 Jahren

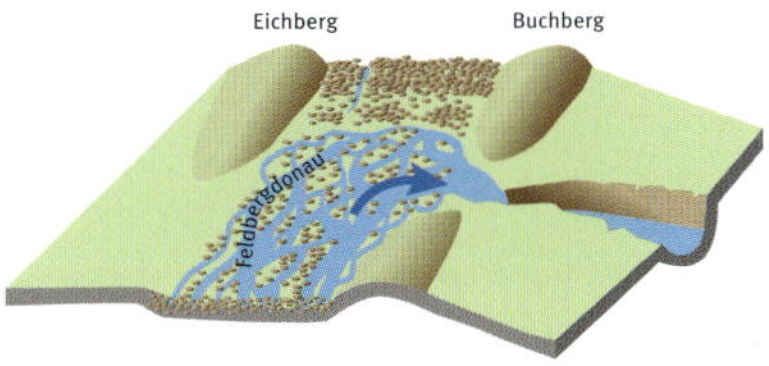

Extreme Wasserführung hat den letzten Riegel zur jungen Wutach dammbruchartig überwunden.

vor 10 000 Jahren

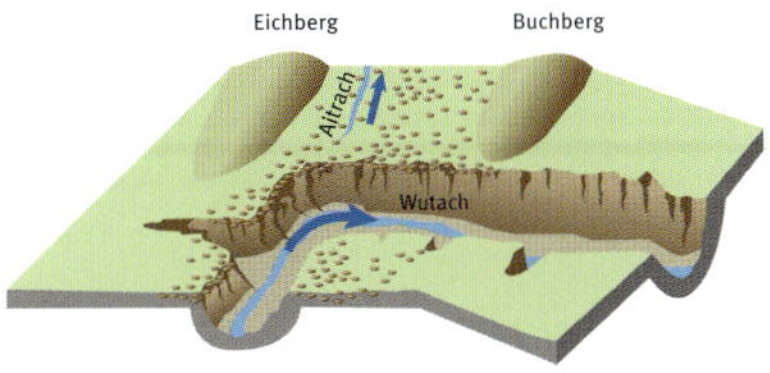

Weitere Hochwässer machen die Umlenkung infolge verstärkter Eintiefung unumkehrbar. Zur Donau fließt nur noch ein sehr kleines Bächlein, die Aitrach.

heute

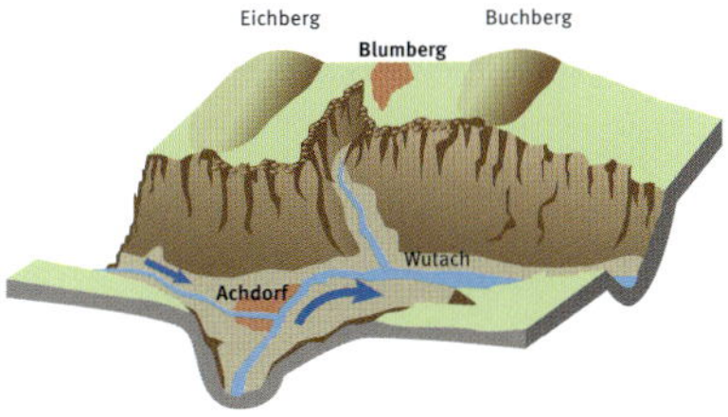

Bis heute beträgt die Tiefenerosion seit der Umlenkungszeit z.B. bei Achdorf ungefähr 170 m. (HD)

Riegel zur jungen Wutach dammbruchartig überwunden haben. Nach diesem Ereignis ist die Feldbergdonau bei Niedrigwasser wahrscheinlich noch einige Zeit (wenige Jahre bis etwa ein Jahrzehnt) zur Donau geflossen, bis weitere Hochwässer die Umlenkung infolge verstärkter Eintiefung an der Umlenkungsstelle unumkehrbar gemacht haben. Bei der Umlenkung spielten also sowohl Anzapfung als auch Überlauf eine Rolle | 1.6.08 |.

Für den Ablauf der weiteren geologischen Prozesse, insbesondere der Eintiefung, ist es wichtig, den Umlenkungszeitraum genauer einzuschränken. Hierzu dient zunächst einmal das Alter der letzten Schotter der Feldbergdonau. In einer Dolinenfüllung (Dolinen oder Erdfälle sind Senken in Karstgebieten, die durch Gesteinslösung entstanden sind), die von den letzten Schottern der Feldbergdonau überdeckt war, wurden Großsäuger-Reste geborgen, die das Vorkommen von *Elephas primigenius* (Mammut) und *Tichorhinus antiquitatis* (Fellnashorn) belegen (ADAM 1991). Diese Funde gehören sicher in die letzte Kaltzeit. ^{14}C-Untersuchungen an einem Stoßzahn und einem Backenzahn vom Mammut bestätigen dies mit einem Alter von ca. 30 000 Jahren (ADAM 1991). Pollenuntersuchungen lassen auf das gleiche Alter schließen (PESCHKE 1991).

Die Geröllzusammensetzung, der Rundungsgrad und die Kornverteilung der letzten Feldbergdonau-Schotter deuten auf den Zusammenhang mit der Würmendmoräne hin (SCHREINER 1991a,b, RICKEN & EINSELE 1993), die im Würmhochglazial (etwa 25 000 bis 17 000 Jahre vor heute) entstand und nach PFAFFENBERGER & SCHIEDEK (1993) vor ca. 20 000 Jahren ihren Maximalstand erreicht hatte. Minimalalter der Umlenkung lassen sich aus dem Alter tieferer Terrassen, von Solifluktionsdecken (Frostschuttböden, die während der Eiszeit entstanden) und Kalksintervorkommen ermitteln. Diese Bildungen sind nachweislich jünger als die Umlenkung und die der folgenden Eintiefung. RICKEN & EINSELE (1993) kommen so auf ein Alter der Umlenkung von 18 000 Jahren vor heute.

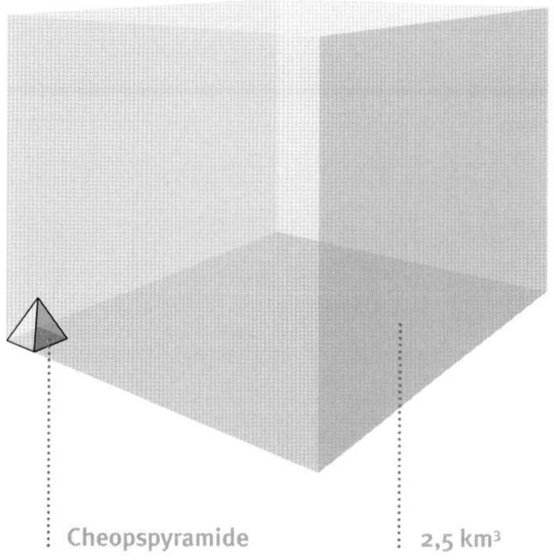

1.6.09 | Vergleich des Volumens der Cheopspyramide mit dem Gesteinsaustrag aus der Wutachschlucht. (HD)

Eintiefung der Wutach und ihrer Zuflüsse

Die Umlenkung der Feldbergdonau in die junge Wutach hatte zwei sehr gravierende Folgen: Das Einzugsgebiet der Wutach erhöhte sich sehr rasch um ca. 370 km^2, was eine entsprechende Steigerung des Abflusses im Bachbett bewirkte und damit eine höhere Erosionskraft zur Folge hatte. Andererseits verlor das ab der Umlenkungsstelle nach Osten ziehende Tal an Einzugsgebiet und Abfluss. Dort, im Aitrachtal, fand im Talgrund im Wesentlichen nur mehr Sedimentation (Solifluktionsschutt, Hangschutt) statt.

Die Wutachschlucht ist ein Lehrbeispiel für die Tiefenerosion von Wasserläufen. Auch hier spielt wieder die Zeit eine Rolle. Verlief in den ca. 18 000 Jahren seit der Umlenkung die Tiefenerosion kontinuierlich oder gab es Zeiten stärkerer und schwächerer Erosion? Die Wutachschlucht ist in dieser Hinsicht auch deshalb besonders interessant, weil die Tiefenerosion so stark war, dass sie z. B. bei Achdorf seit der Umlenkungszeit bis heute 170 m beträgt. In anderen Flusssystemen Süddeutschlands ist die Vertiefung des Tals wesentlich geringer: Beim Neckar beträgt sie in dieser Zeit weniger als 5 m, bei seinen größeren Nebenflüssen kaum mehr als 10 m. Insgesamt wurden seit der Umlenkung aus dem Bereich der Wutachschlucht 1,4 km^3 Gestein ausgetragen, davon mehr als 90 % noch während des Pleistozäns (RICKEN & EINSELE 1993). Für das gesamte Talsystem kommt HEBESTREIT (1995) zu einem Austragsvolumen von 2,5 km^3 | 1.6.09 |.

Generell darf man davon ausgehen, dass alle Gesteinsbildungen, die nach der Umlenkung entstanden, gleich alt oder jünger sind als das auf der Höhe der betreffenden Gesteinsbildungen jeweils

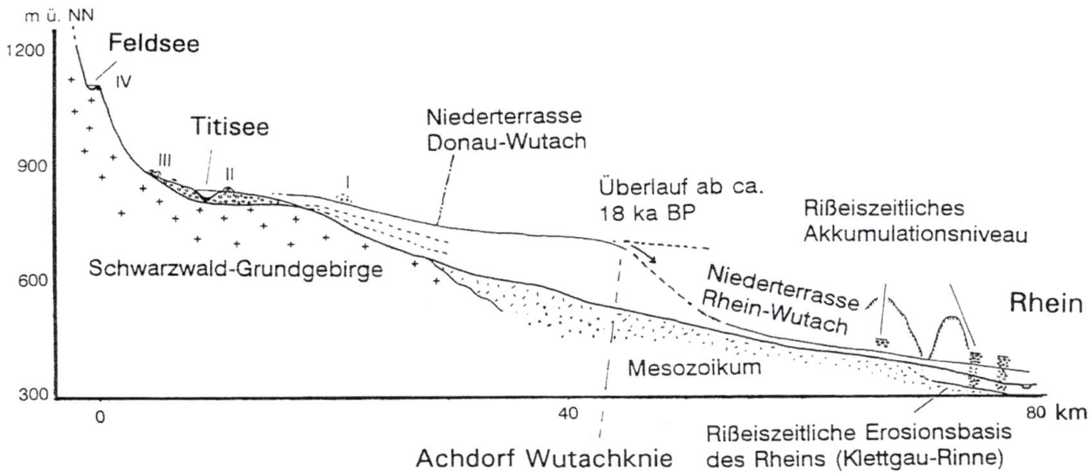

1.6.10 | Längsprofil durch die Wutach vom Feldberg bis zur Mündung in den Rhein. Eisrandlagen des Feldberggletschers: I Maximalstand, II Titisee-Stand, III Waldhof-Stand i. w. S., IV Feldsee-Stand. Aus RICKEN & EINSELE 1993, leicht verändert.

eingetiefte Tal. Dies gilt für Terrassenschotter (gleich alt), Kalksinter (jünger), Solifluktionsdecken (jünger). Die Datierung dieser Gesteinsbildungen wird möglich durch die Zuordnung von Terrassenschottern zu Gletscherständen, durch ^{14}C-Altersanalysen von Kalksinter und stratigrafische Einordnung von Solifluktionsdecken aufgrund kaltzeitlicher Merkmale. Somit ist es möglich, eine zeitliche Abfolge der Eintiefung zu erarbeiten (RICKEN & EINSELE 1993, PFAFFENBERGER & SCHIEDEK 1993, BAUER 1993a). Abbildung | 1.6.10 | zeigt, dass die Eintiefung des Wutachtals an der Wende Pleistozän/Holozän (vor ca. 11 600 Jahren; LITT et al. 2005) schon bis auf etwa 10 m an das heutige Talsohlenniveau herangekommen war. Die größte Erosionsarbeit erfolgte also noch in der auslaufenden Kaltzeit. Die Erosionsrate während dieser Zeit (ca. 6000 Jahre) bei einer Eintiefung von 160 m beträgt 27 mm/a. Zum Vergleich: Für den Neckar gibt WAGNER (1960) 0,5 mm/a an.

Das Einschneiden der Wutach im Pleistozän war begleitet von einer Talerweiterung (JORDAN 1993a). Das rasche Einschneiden bewirkte eine Destabilisierung der am Talhang anstehenden Sedimente, so dass diese ins Gleiten, Fließen oder Fallen gerieten. Solche Massenbewegungen halten auch heute noch an, wie z. B. 1–2 km nördlich von Achdorf im Gewann Scheffheu (MAYLE 1993). Die Hänge des Wutachtals sind geprägt von solchen Massenverlagerungen: Sie werden sichtbar an der Seehalde | 1.6.12 | oder treten als spektakuläre Erscheinungen wie z. B. der „Durchlöcherte Stein“ | 1.6.13 |, ca. 400 m östlich der neuen Dietfurter Brücke

1.6.11 | Oben: Das ehemalige Talniveau der Feldbergdonau am heutigen Wutachknie wird hier durch die rote Linie gekennzeichnet. Im Vordergrund der Buchberg, im Hintergrund der Eichberg und das Krottenbachtal. (RK)

1.6.12 | Links: Abgerutschte Muschelkalkscholle unter der Seehalde, 1,5 km südöstlich von Bachheim. (TS.2012)

auf. Die Felstürme aus Gesteinen der Rottweil-Formation (Trigonodus-Dolomit) sind Teil einer um mindestens 50 m abgerutschten Scholle (Wurm et al. 1989). Auch am Fuß des Rappenfelsens befindet sich eine abgerutschte Muschelkalkscholle, die ca. 700 m das Tal begleitet. Am Westhang des Eichbergs nördlich von Achdorf sind wiederholt große Rutschungen aufgetreten | 1.6.14 |. Viele der Rutschungen gingen noch im ausgehenden Pleistozän ab. Allerdings sind bis heute die Talhänge der Wutach nicht im statischen Gleichgewicht, so dass auch in Zukunft mit Rutschungen zu rechnen ist. Im Wutachtal sind besonders die tonigen Gesteine bei starker Wasseraufnahme rutschungsanfällig. Dies sind Ton- und Mergelsteine des Keupers und des Unterjuras und besonders die Tonsteine der Opalinuston-Formation des Mittleren Juras (Rohn 2004, Tangermann 1971). Im Abschnitt, in dem der Obere Muschelkalk angeschnitten wird – und besonders dort, wo er tief unterschnitten ist –, können Rutschungen und Felsstürze abgehen. Dies nicht nur wegen der mechanischen Unterschneidung an Prallhängen oder der Instabilität der tonigen Gesteine des Mittleren und Unteren Muschelkalks, sondern auch, weil leicht lösliche Sulfatgesteine im Mittleren Muschelkalk das hangende Gestein nachsacken lassen und somit Massenbewegungen auslösen können.

1.6.13 | Durchlöcherter Fels: Historische Aufnahme von Hermann Schurhammer. Im Hintergrund ist noch ein Gebäude an der Dietfurt zu erkennen. (HS.1931)

1.6.14 | Rutschung in der Opalinuston-Formation am Eichberg. Sie zerstörte am 7. Januar 1966 die alte Landstraße von Achdorf nach Eschach. (KS.1966, aus Rohn 2004)

Solifluktions-, Hangschutt- und Fließerdedecken sind weit über die Talhänge verteilt (Bauer 1993a). Diese Decken sind ganz (Solifluktionsdecken) oder zum größten Teil noch im Pleistozän entstanden. Die Bewegung der tonigen bis steinigen Massen in einer Mächtigkeit von mehreren Metern erfolgt bei hohem Wassergehalt meist kriechend. Reichten die Massen bis zur Talsohle, konnte es auch zu einer Talaufhöhung kommen (Jordan 1993b), die von der Wutach oder ihren Nebenbächen wieder durchschnitten werden musste.

Dort, wo am Hang wasserführendes Gestein angeschnitten ist, können Quellen austreten. Bei kalkhaltigem Quellwasser, wie im Muschelkalk, aber auch im Keuper oder im Unter- und Mitteljura, kann Kalk kurz nach dem Quellaustritt als Kalksinter ausfallen | 1.6.15 |. Dieser besteht überwiegend aus Moossinter, d. h. Kalk hat Moosteilchen umkrustet | 1.6.16 |. Weniger oft findet man umkrustete Blätter oder Äste. Der Kalksinter bildet kleine Polster, Kalksinterterrassen an der Einmündung von Nebentälern oder aber auch bis zu 10 m mächtige Ablagerungen, wie z. B. im Bereich des Immenlochs (Bauer & Knipping 1993).

Der in feuchtem Zustand gut zu bearbeitende Kalksinter (Kalk-Tuffstein) mancher Wutachwasserfälle wurde früher auch als Baumaterial in den Dörfern um die Schlucht verwendet. Bedeutendstes Beispiel ist die Göschweiler Kirche, an der sich der Kalksinter gut erkennen lässt | 1.6.17 |.

1.6.15 | Kalksinterbildung in der Nähe der Einmündung des Tannegger Bachs. Der Sinter hat sich schon mehrere Meter über die Felswand des Oberen Muschelkalks hinausgebaut und zeigt auch kleine Kalksinter-Höhlen. (KS.2012)

1.6.16 | Moossinter: Moose können einen Teil ihres Kohlendioxid-Bedarfs für ihre Photosynthese aus dem sehr kalkhaltigen Karstwasser beziehen. Dadurch fällt verstärkt Kalk aus, der im Laufe der Zeit hart wird (Kalksinter). (KS.2012)

1.6.17 | Kalksinter, Abbildung in Originalgröße. (MF.2013)

Kalksinter kann auch in Bereichen auftreten, wo man ihn gar nicht erwartet, wie z. B. dort, wo in der Schlucht Grundgebirge ansteht. Der Grund hierfür ist kalkhaltiges Wasser, das aus höherliegenden, kalkhaltigen Gesteinen (Muschelkalk, Hangschutt, Terrassenkies) stammt. Interessant ist das Alter der Kalksinter. Die ältesten sind nach ^{14}C-Altersbestimmungen bereits vor Ende des Pleistozäns, also vor über 11 600 Jahren, gebildet worden (Bauer & Knipping 1993). Da auch alte Kalksinter nur wenige Meter über dem Talgrund liegen, heißt das, dass die Wutach schon an der Wende Pleistozän/Holozän fast die heutige Taltiefe erreicht hatte (s. o.), im Holozän die Tiefenerosion gegenüber dem Pleistozän also relativ gering war.

Talfüllung der Wutach

Als Talfüllung bezeichnet man die jungen Ablagerungen im Talgrund, die gegenüber den Talhängen eine relativ ebene Oberfläche aufweisen. Die Wutach-Talfüllungen und natürlich auch die ihrer Nebenbäche sind holozänen Alters. Sie bestehen aus sandigem Kies mit Steinen. Im oberen Bereich der Wutach überwiegen Grundgebirgs-, im unteren

Muschelkalkgerölle. In der Wutachschlucht selbst bilden immer wieder Rutschmassen von den benachbarten Hängen einen Teil der Talfüllung. Dies ist ein Zeichen dafür, dass Rutschungen bis heute ein formendes Element der Wutachtalhänge sind. Am Eingang von Seitentälern haben sich Schwemmfächer gebildet, die kegelförmig ins Haupttal hineinreichen und wie die Großrutschungen den Hauptfluss an die andere Talseite drücken | 1.6.18 |. So tragen sie zur Ausbildung von Prall- und Gleithängen bei. Überraschend ist die teilweise große Mächtigkeit der Talfüllung: Schattenmühle 11 m, Schelmenhalde 15 m, Schurhammerhütte 12 m, zwischen Aselfingen und Achdorf 14 m, Untereggingen 14 m. Allerdings treten auch Abschnitte auf, in denen die Wutach im Anstehenden, also im Fels fließt, wie z. B. zwischen Grimmelshofen und der Einmündung des Seldengrabens (Angaben aus Kaspar et al. 1993). Möglicherweise sind diese unterschiedlich mächtigen Talfüllungen Ausdruck jüngerer Tektonik im Bereich der Bonndorfer Störungszone.

Aus den relativ mächtigen Talfüllungen folgt, dass die Wutacheintiefung um mehr als 10 m größer war, als die heutige Talsohle vermuten lässt. Außerdem lässt sich schließen, dass in weiten Bereichen der Schlucht unterhalb der Schattenmühle keine Tiefenerosion mehr stattfindet, sondern Akkumulation. Erosion findet hier im Wesentlichen an den Talhängen statt. Die Tiefenerosion ist nur mehr oberhalb der Schattenmühle ein wichtiger Erosionsfaktor. Die rheinische Erosion ist geprägt durch schroffe, steile Geländeformen. Diese hat bis heute etwa den Bereich von Lenzkirch erreicht. Oberhalb sind die Talformen noch vollständig glazial und danubisch, also sanfter und weniger steil. Die rheinische Erosion wird allerdings aufgrund der Gefällsverhältnisse weiter talaufwärts vordringen und die danubischen und glazialen Formen weiter auslöschen.

1.6.18 | Rutschungen der Steilhänge (rechts im Bild) tragen zur Ausbildung von Prall- und Gleithängen bei. (AQP.2012)

Sedimentaustrag

Neben den aus den Ablagerungen und Geländeformen zu schließenden Daten für das Werden der Wutachschlucht ist es auch wichtig, etwas über die heute stattfindenden geologischen Prozesse zu wissen: einmal, um vergangene Prozesse verifizieren und zum anderen, um aus dem Verstehen der Vorgänge auf die Zukunft schließen zu können. Die heutige Erosion kann man quantifizieren, indem ermittelt wird, wie groß die Massen sind, die heute das Wutachgebiet verlassen.

Der Massenaustrag aus der Wutachschlucht erfolgt auf zwei Arten: Die eine Art ist die im Wasser gelöste Fracht (Lösungsaustrag), die andere die Schweb- und Geröllfracht (Feststoffaustrag), die das Wasser der Wutach transportiert. Natürlich kann durch heutige, relativ kurzzeitige Messungen lediglich eine Größenordnung des Austrags über einen längeren Zeitraum ermittelt werden.

Nach heutigen Verhältnissen würde die flächenhafte Abtragungsrate im Wutacheinzugsgebiet oberhalb von Eberfingen ca. 0,12 mm/a betragen (Kaspar 1993). Dieser Wert ist nur etwa doppelt so hoch wie in anderen Flusseinzugsgebieten, wie z. B. dem Neckar (Wagner 1960: 0,05 mm/a). Allerdings ist die linienhafte Erosion bei der Wutach etwa um das Fünffache höher. Rechnet man diesen Wert auf das Zeitalter des Holozäns um, so bedeutete das eine Eintiefung von ca. 5 m in diesem Zeitraum. Tatsächlich liegt diese höher, aber man darf sicher annehmen, dass die Eintiefungsrate seit dem Beginn des Holozäns abgenommen hat. Dies zeigt wiederum sehr deutlich, wann die meiste Erosionsarbeit in der Wutachschlucht geleistet wurde, nämlich im ausgehenden Pleistozän (s. hierzu auch „Eintiefung der Wutach").

Verteilt man die Gesamt-Abtragungsrate von 0,12 mm/a auf die verschiedenen Abtragungsarten, so zeigt sich folgende prozentuale Aufteilung: Lösung 60 %, Schwebstoff 30 %, Geröll 10 %. Diese Durchschnittsangaben weichen natürlich in Teileinzugsgebieten voneinander ab. So kommt aus Gebieten, in denen nur Grundgebirge ansteht, natürlich nur eine sehr geringe und umgekehrt von dort, wo leicht lösliches Gestein im Untergrund ansteht, eine relativ große Lösungsfracht (Bauer 1993b). Ähnlich verhält es sich mit der Schwebfracht, die besonders hoch in den Einzugsgebieten ist, in denen großflächig Tonsteine den Untergrund bilden.

Böden

Böden gehören zu den jüngsten geologischen Bildungen. Ihre Ausbildung, bei gleichen Klimabedingungen, ist stark abhängig von Ausgangsgestein und Exposition, also der Ausrichtung etwa eines Hangs zur Sonne.

Im Grundgebirgsausstrich der oberen Wutach herrschen lehmig-sandige bis lehmige, steinig-grusige, teilweise podsolige Braunerden vor. Weiterhin sind Podsole („Bleicherdeböden"), Pseudogleye (durch Staunässe geprägte Böden) und besonders an den Hängen Ranker (sehr flachgründige Böden) und Hanggleye ausgebildet | 1.6.19 |.

Auf Buntsandsteinflächen dominieren lehmig-sandige bis lehmig-tonige Braunerden, an den Hängen können sehr steinige Rohböden (Ranker) auftreten. Im Bereich des Muschelkalkausstrichs sind auf den Höhen meist Braunerden aus Karbonatgesteinen entwickelt, an den Hängen steinige Rendzinen. In den Tonsteingebieten von Keuper, Unter- und Mitteljura treten lehmig-tonige Braunerden, Pseudogleye und Pelosole auf. Der Oberjura-Ausstrich weist Rendzinen und Pararendzinen

1.6.19 | **Bodenkarte des Wutachgebiets.** (LGRB)

1	Syrosem	10	Pseudogley
2	Regosol	11	Kolluvium
3	Rendzina	12	Brauner Auenboden
4	Pararendzina	13	Gley und Auengley
5	Pelosol	14	Niedermoor
6	Braunerde	15	Hochmoor
7	Braunerde-Pelosol	16	Auftrag, Abtrag u. Rohstoffabbau
8	Parabraunerde	17	Siedlung
9	Terra fusca	18	Gewässer

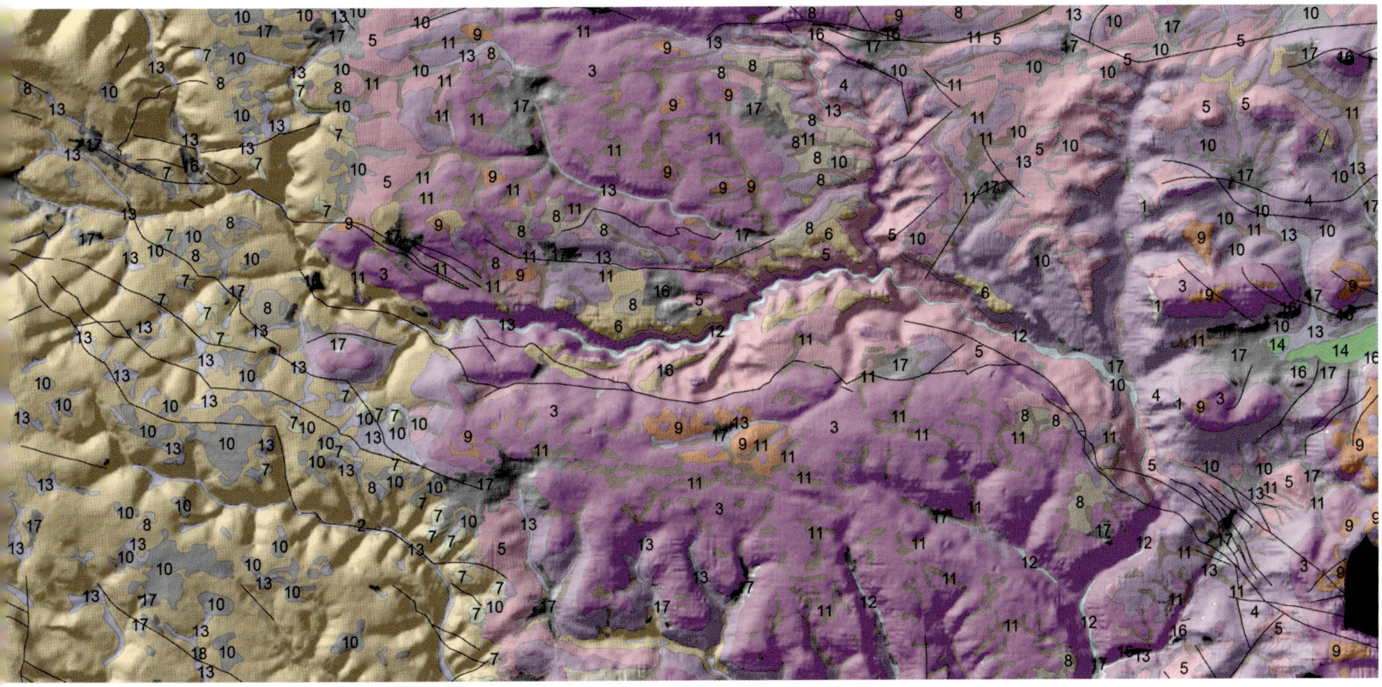

mit einer Tendenz zu Kalksteinbraunlehm (Terra fusca) auf (Bauer & Einsele 1993). In den Tälern herrschen Auenböden, aber auch Rohböden auf sandigem Kies | 1.6.20–21 |.

Die Böden in den Tälern sind holozänen Alters, während die Böden auf den Hochflächen meist älter und weiter entwickelt sind. Die Böden werden an den steilen Talhängen entweder waldbaulich genutzt oder der Natur überlassen. Wiesenbewirtschaftung und Ackerbau waren auch früher nur vereinzelt unterhalb von Achdorf möglich. Auf den Höhen wird lediglich in den Muschelkalkausstrichgebieten Landwirtschaft betrieben.

1.6.20 und 21 | Pelosol, Mittelkeuper-Rutschhang bei Ewattingen (links). **Podsolige Parabraunerde-Braunerde,** Wutachschotter bei Reiselfingen (rechts). (LGRB)

Hydrogeologie und Verkarstung

Die Hydrogeologie befasst sich mit dem unterirdischen Wasser, also dem Grundwasser, und seinen Wechselwirkungen mit den Gesteinen. Die chemischen und physikalischen Eigenschaften der Gesteine – einschließlich ihrer Auflage, den Böden – bestimmen ganz wesentlich die Eigenschaften des Grundwassers. Das Gebiet der Wutach weist hohe Jahresniederschläge auf: im oberen Bereich um Titisee-Neustadt im langjährigen Mittel nahezu 1500 mm, im mittleren Bereich um Löffingen knapp über 1000 mm und im Bereich um Blumberg/Bonndorf knapp unter 1000 mm.

Von diesem Niederschlag verdunstet im oberen Bereich etwa ein Drittel, im mittleren und unteren Bereich etwa die Hälfte. Der Rest fließt ab, und zwar unter- und oberirdisch. Hier interessiert der unterirdische Abfluss. Aus Abflussdaten am Wehr in Ewattingen konnte dieser im Mittel zu 27 % des oberirdischen Abflusses der Wutach bestimmt werden (Bauer 1993). Bezüglich des unterirdischen Abflusses unterscheiden sich natürlich die einzelnen Grundwasserleiter. So haben gering wasserdurchlässige Grundwasserleiter einen relativ geringen und gut durchlässige oder gar verkarstete einen hohen Grundwasserabfluss. Der langjährige Grundwasserabfluss entspricht etwa der Grundwasserneubildungrate, also der Wassermenge, die dem Grundwasser zufließt. Die Werte schwanken zwischen ca. 2 l/s.km² für mächtige Rutschmassen, über 3–5 l/s.km² für Tonsteine und Grundgebirge, 7–10 l/s.km² für verkarstete Gesteine (Oberer Muschelkalk, Oberjura) und bis zu 15 l/s.km² für quartäre Schotter (teilweise nach Grimm 2004).

Grundwasserleiter im Bereich der Wutach

Im Einzugsgebiet der Wutach gibt es sowohl Kluft- als auch Porengrundwasserleiter. Zur ersten Gruppe gehören die Festgesteine, in denen das Grundwasser auf Klüften fließt. Besteht das Festgestein aus wasserlöslichen Gesteinen wie Kalkstein oder Gips, dann können Festgesteinsgrundwasserleiter verkarsten. Die zweite Gruppe, im Wutachgebiet weniger verbreitet, sind die Porengrundwasserleiter der Lockergesteine (Sand, Kies, Steine). In ihnen fließt das Grundwasser in Poren zwischen den einzelnen Komponenten.

Die Grundgebirgsgesteine Granit und Gneis sowie der ca. 30 m mächtige **Buntsandstein** sind nur gering wasserdurchlässig. Die grusige, obere, wenige Meter mächtige Verwitterungszone kann jeweils als Porengrundwasserleiter betrachtet werden und ist deshalb etwas stärker durchlässig. Die darunter lagernden unverwitterten Gesteine sind Kluftgrundwasserleiter und können als Grundwasserstauer wirken. Die Quellen sind meist Kluftquellen und weisen nur kleine Einzugsgebiete auf, weshalb auch nur geringe Schüttungen auftreten. Im Mittel treten selten mehr als 2 l/s auf. Die meisten der Quellen schütten weniger als 0,5 l/s (Bangert 1991). Die stärkste Quelle im Grundgebirge ist die Kohlbachquelle bei Lenzkirch mit einer mittleren Schüttung von 3 l/s. Ihre Schwankung zwischen geringster und höchster Schüttung ist infolge Oberflächenwassereinflusses mit 0,8–15 l/s sehr hoch (Bangert 1991), sonst schwanken die Quellschüttungen etwa im Verhältnis 1:5. Im Buntsandstein liegen die Schwankungen etwa bei 1:3. Die natürlichen Grundwässer weisen nur einen geringen Gesamtlösungsgehalt von weniger als 200 mg/l auf. Die Wässer sind mit meist weniger als 5 °dH Gesamthärte sehr weich.

Der **Muschelkalk** kann hydrogeologisch in einen unteren und einen oberen Abschnitt unterteilt werden. Die tonigen Gesteine im unteren Teil werden von klüftigen, in Oberflächennähe manchmal schwach verkarsteten Gesteinen unterbrochen. Diese wenig mächtigen Gesteine führen Schichtwasser, das in kleinen Quellen zutage tritt. Die Schüttungen sind gering. Im Mittel werden 1 l/s kaum überschritten, oft liegen sie unter 0,3 l/s. Die Lösungsinhalte sind allerdings infolge Gipsauslaugung und der Karbonatsgesteinslösung hoch und können deutlich über 1000 mg/l liegen. Gesamthärten von über 50 °dH treten auf (Grimm 2004). Vom hohen Lösungsgehalt an Karbonat künden auch die vielen kleinen Kalksinterpolster unterhalb von Quellen.

Eine dieser Quellen hat in der Vergangenheit Berühmtheit erlangt. Seit dem 18. Jahrhundert wurde das Wasser der Heilquelle vom Badhof Boll (s. auch S. 390) zum Baden benutzt. Seine größte Zeit hatte das Bad um 1900. Sein Niedergang begann wenige Jahre vor dem Ersten Weltkrieg, als die britischen Gäste, die auch zum Fischen kamen, zunehmend ausblieben. Das Wasser war 1897 ein Natrium-Calcium-Sulfat-Chlorid-Wasser mit einem Gesamtlösungsinhalt von fast 4000 mg/l, worin ein CO_2-Gehalt von 462 mg/l enthalten war (Carlé 1995, Schalch 1995). 1928 wurde ein Calcium-Sulfat-Hydrogenkarbonat-Wasser mit einem Feststoffgehalt von 1900 mg/l analysiert (Carlé 1975, Käss & Käss 2008). Sollten die beiden Proben richtig untersucht worden sein, so kann dies ein Hinweis auf unterschiedliche Lösungsvorgänge bei unterschiedlichen Schüttungen sein oder aber das Fortschreiten der Steinsalzauslaugung anzeigen, die vor der letzten Probennahme als abgeschlossen erscheint. Der hohe CO_2-Gehalt deutet auf Zufuhr von Gasen aus tieferen Schichten hin, da er höchstwahrscheinlich vulkanischen Ursprungs ist. Schalch schreibt in den 1906 erschienenen Erläuterungen zu Blatt Löffingen (Schalch 1995: 45) vom Wasser der Heilquelle: „*Das Wasser ist klar, farblos und geruchlos und besitzt infolge seines reichlichen Kohlensäuregehaltes einen angenehm erfrischenden Geschmack …*“ Die Quelle existiert heute noch und schüttet etwa 2,5 l/s. Sie hat damit im Vergleich zu den meisten anderen Quellen dieses unteren hydrogeologischen Stockwerks eine relativ hohe Schüttung | 1.6.22 |.

Der obere Abschnitt besteht aus verkarstungsfähigen Karbonatgesteinen, deren mittlerer, ca. 35 m mächtiger Teil aus Kalkstein, die unteren 15 m und die oberen 30–35 m jedoch aus Dolomitstein bestehen. Diese Gesteine sind unterschiedlich verkarstet, der obere Teil sehr stark, der mittlere und untere

1.6.22 | Wassererfüllte Höhlen gehören auch zum Karstwasserspeicher. (RK)

weniger stark. Durchgehend jedoch können die Klüfte durch Kalkgesteinslösung erweitert sein, so dass die Gesteinsdurchlässigkeit hoch ist. Der ganze obere Abschnitt ist auch vertikal gut durchlässig; an der Basis der Diemel-Formation befindet sich ein ausgeprägter Quellhorizont, wo diese an der Oberfläche ausstreicht. Ansonsten befinden sich die Quellen im Talgrund, da die Wutach – bzw. teilweise auch ihre Nebenbäche – die Vorflut des Grundwassers bilden. Die Quellschüttungen können über 20 l/s betragen. Im Mittel überschreiten sie jedoch 10 l/s nicht. Höher im Oberen Muschelkalk und höher an den Hängen liegende Quellen schütten weniger und können auch nach lang anhaltender Trockenheit versiegen. Diese Quellen sind meist an die tonig-mergeligen Zwischenlagen als stauende Schicht gebunden und können dann als Schichtquellen bezeichnet werden.

1.6.23 | An mehreren Stellen versinkt die Wutach in den verkarsteten Oberen Muschelkalk. (FH)

1.6.24 | Wiederaustritt des versickerten Wutachwassers in der Nähe des Tannegger Wasserfalls. (TH.2003)

Eine hydrogeologische Besonderheit sind die Wutachversickerungen | 1.6.23 |. Eine Versickerungsstelle liegt im Bereich der Einmündung des Hasengrabens, eine weitere – die Hauptversickerungsstelle – liegt ca. 500 m unterhalb davon. Die Hauptaustrittstelle des versickerten Wutachwassers liegt etwas mehr als 1 km entfernt, ca. 200 m oberhalb der Einmündung des Elsbeergrabens | 1.6.24 |. Eine weitere Austrittsstelle liegt ca. 600 m weiter flussabwärts. Nach langanhaltender Trockenheit ist die Wutach zwischen der Hauptversickerungsstelle und der Hauptaustrittsstelle trocken. Die geschätzten Austrittsmengen an beiden Stellen liegen in der Größenordnung von mehreren 100 l/s bis maximal 2–3 m^3/s (BAUER 1993b). Die maximale Fließgeschwindigkeit, ermittelt bei einem Markierungsversuch, liegt bei Trockenwetterabfluss bei ca. 400 m/h, die mittlere bei ca. 270 m/h (BAUER 1993b). Zu einem ähnlichen Wert kommen auch WURM et al. (1989). Diese Fließgeschwindigkeiten liegen in der Größenordnung der Wutach selbst. Es handelt sich demnach um höhlenartige Abflussbahnen.

Der Chemismus des Wassers aus dem oberen Abschnitt des Muschelkalks ist durch die Auflösung der Kalk- und Dolomitsteine bestimmt. Die Feststoffgehalte schwanken zwischen 400 und 600 mg/l, wobei der Calciumhydrogenkarbonatgehalt über 80 % ausmachen kann (BAUER 1993b). Demzufolge sind Kalksinterausfällungen unterhalb der Quellen eine übliche Erscheinung. Höhere Gehalte an Nitrat (>10–15 mg/l oder an Natriumchlorid (>10 mg/l) weisen auf anthropogene Verunreinigung des Karstwassers hin. Höhere Sulfatgehalte (>20–30 mg/l) deuten auf Anteile von Wasser aus der Heilbronn-Formation oder von Zuflüssen aus dem höheren Gipskeuper. Die Gesamthärte kann über 30 °dH ansteigen.

Der **Keuper** ist hydrogeologisch von untergeordneter Bedeutung. Dies liegt daran, dass die Einzugsgebiete im Vergleich zum Oberen Muschelkalk klein und die durchlässigeren Schichten nur gering ausgebildet sind. Somit sind bis auf Sulfatgesteine der Grabfeld-Formation nur Schichtgrundwasser-Vorkommen ausgebildet. Diese laufen in gering schüttenden Quellen aus, deren mittlere Schüttung kaum 1 l/s übersteigt. In den Sulfatgesteinen der unteren Grabfeld-Formation kann Gipskarst auftreten, d. h. durch die Lösung von Gips sind Schicht- und Kluftflächen erweitert worden und teilweise Hohlräume entstanden. Hier kann die mittlere Schüttung etwas höher sein. Diese Quellen weisen allerdings einen erhöhten Calciumsulfatgehalt auf, der bei einem Gesamt-Feststoffgehalt von 2000–2500 mg/l auf über 1500 mg/l ansteigen kann (Bauer 1993b). Die Gesamthärte kann dann Werte über 50 °dH annehmen | 1.6.25 |.

Im überwiegend tonigen **Unterjura** ist in etwas mächtigeren Kalksteinbänken Schichtgrundwasser vorhanden, das in Quellen austritt. Diese Bänke sind im unteren Teil des Unterjuras etwas häufiger als im mittleren und oberen Teil. Die mittlere Schüttung übersteigt selten 1 l/s, meist liegen die Schüttungen deutlich darunter. Die Feststoffgehalte liegen im Bereich 500–800 mg/l, bei Calciumhydrogenkarbonat-Gehalten von mehr als 400 mg/l und Gesamthärten von ca. 20 °dH (Grimm 2004). Auch der **Mitteljura** weist nur in einzelnen Bänken oder Bankbereichen Schichtgrundwasserführung auf. Schüttung und Feststoffgehalte liegen in den gleichen Größenordnungen wie im Unterjura. Oberhalb von Grimmelshofen besitzt die Wutach nur im Osten um Blumberg Einzugsgebiete im **Oberjura**. Dazu gehören der Eichberg und der Buchberg. Hier sind die Kalk- und Mergelsteine des Oberjuras zwar verkarstet, führen aber wegen der geringen Einzugsgebiete nur oberhalb der stauenden tonigen Gesteine in der Impressamergel-Formation Grundwasser, das in Quellen ausfließt. Die Quellen am südlichen Eichberg und nördlichen Buchberg schütten im Mittel bis zu 1,3 l/s, worin auch Zuflüsse aus den teilweise mächtigen Hangschuttsedimenten enthalten sind. Die Feststoffgehalte schwanken um 500 mg/l, wobei der Calciumhydrogenkarbonat-Gehalt zwei Drittel davon ausmachen kann und die Gesamthärte um 15 °dH beträgt. Das Einzugsgebiet des Mühlegrabens und des Ziegelgrabens gehören erst seit ihrer künstlichen Verbindung im Bereich des Stadtgebiets von Blumberg zur Wutach, früher entwässerten diese zur Aitrach.

Die Porengrundwasserleiter der Talkiese sind gut wasserdurchlässig. Im oberen Bereich der Wutach (Ursee-Tal) stehen sehr ergiebige Brunnen in den bis zu 38 m mächtigen eiszeitlichen Kiesen. Ein Brunnen hat eine technische Ergiebigkeit von ca. 40 l/s (Bangert 1991). Das Wasser aus den Talkiesen ist in seinem chemischen Bestand abhängig von der Zusammensetzung der Kiese und vom benachbarten Festgestein. So treten um Lenzkirch weiche, dem Grundwasser des Grundgebirges ähnliche Wässer auf, während Wasser aus Talkiesen der unteren Wutachschlucht chemisch vom Muschelkalk geprägt ist.

Ein Teil der beschriebenen Grundwasserleiter wird auch heute noch zu Trink- und Brauchwasserzwecken genutzt. Im oberen Abschnitt der Wutach sind dies vor allem die Talkiese und Grundgebirgsquellen. Die früher genutzten Quellfassungen im Ausstrichgebiet der Trias- und Juragesteine sind in den letzten Jahrzehnten meist aufgegeben worden.

1.6.25 | Hydrochemische Parameter der wichtigsten Grundwasserleiter: Quellschüttungen (blau), gelöster Feststoffgehalt (rot) und Gesamthärte (grün), jeweils Mittelwerte. (TS.2013)

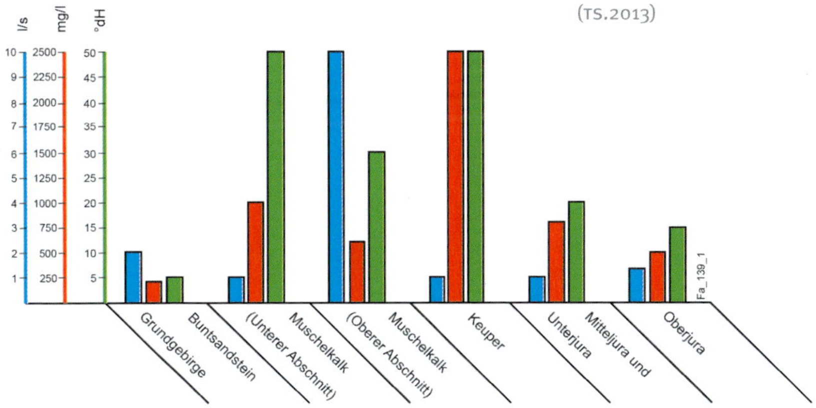

Verkarstungserscheinungen

Im Bereich der Wutachschlucht gibt es neben dem wenig bekannten Sulfatkarst im Mittleren Muschelkalk und in der Grabfeld-Formation zwei Schichtabschnitte, die Verkarstungserscheinungen zeigen. Dies sind der Oberjura um Blumberg und der obere Teil des Muschelkalks in der Wutachschlucht und auf den Muschelkalk-Ausstrichflächen nördlich und südlich davon sowie in den Wutachflühen.

Über Verkarstungserscheinungen im Bereich des Eichbergs und des Buchbergs liegen bisher keine Untersuchungen vor. Sicher sind hier die Kalksteine des Oberjuras verkarstet, sicher gibt es zumindest kleine Höhlen und es sind auch schon Erdfälle aufgetreten, die jedoch wieder auf natürliche Weise oder durch den Menschen verfüllt wurden.

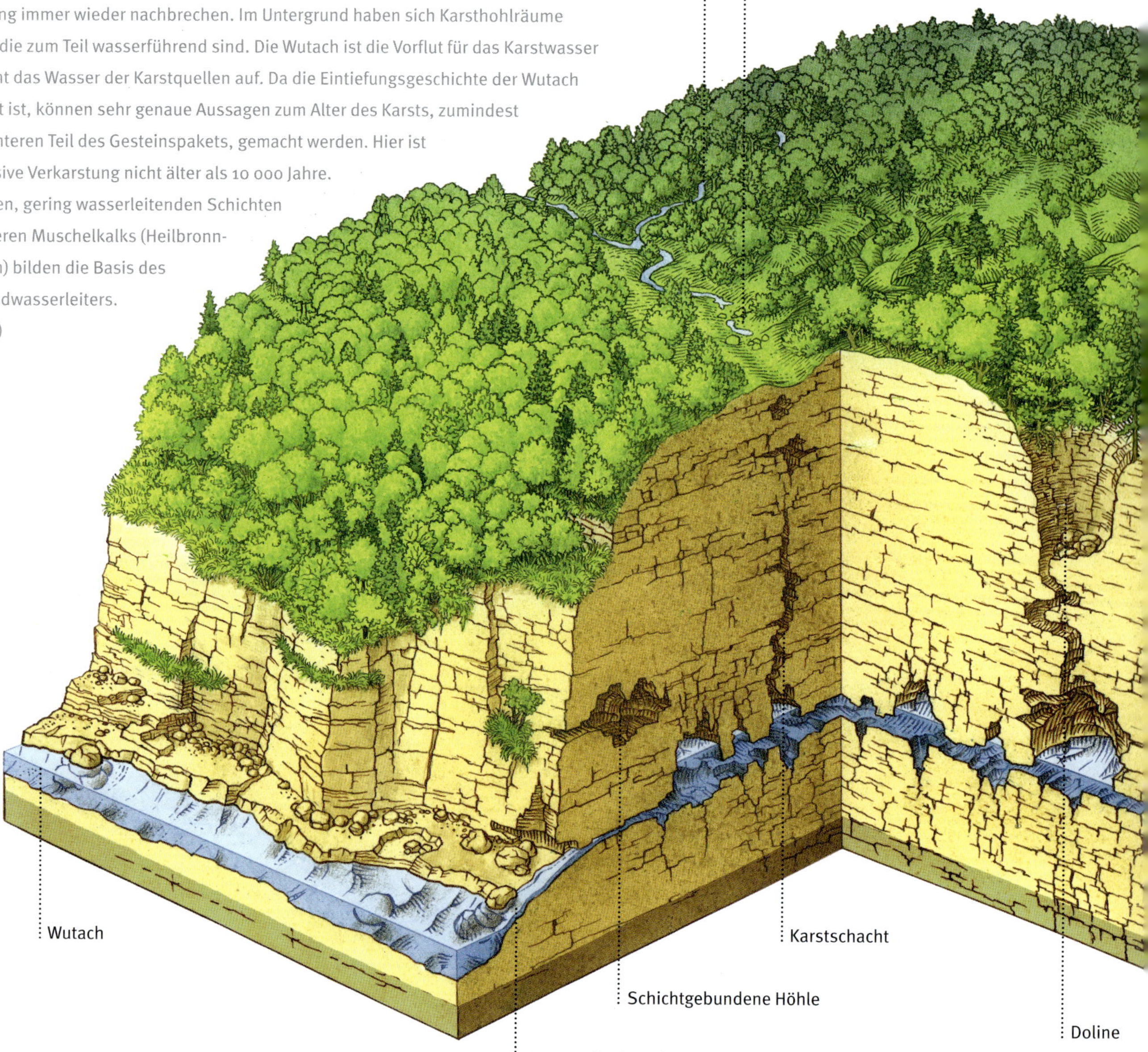

1.6.26 | Schematische Darstellung der Karsterscheinungen: Die Kalk und Dolomitgesteine des Oberen Muschelkalks sind intensiv verkarstet. An der Erdoberfläche sind Bachschwinden und Dolinen entstanden. Letztere können verfüllt sein und durch Kalksteinlösung immer wieder nachbrechen. Im Untergrund haben sich Karsthohlräume gebildet, die zum Teil wasserführend sind. Die Wutach ist die Vorflut für das Karstwasser und nimmt das Wasser der Karstquellen auf. Da die Eintiefungsgeschichte der Wutach gut belegt ist, können sehr genaue Aussagen zum Alter des Karsts, zumindest für den unteren Teil des Gesteinspakets, gemacht werden. Hier ist die intensive Verkarstung nicht älter als 10 000 Jahre. Die tonigen, gering wasserleitenden Schichten des Mittleren Muschelkalks (Heilbronn-Formation) bilden die Basis des Karstgrundwasserleiters. (JCR.2013)

Besser bekannt ist der Karst im oberen Bereich des Muschelkalks. Allerdings ist die Verkarstung dort etwas komplizierter abgelaufen als im Oberjura. Komplizierter vor allem deshalb, weil im Muschelkalk die relativ schnelle Auslaugung der salinaren Gesteine im Mittleren Muschelkalk die Verkarstung der darüber liegenden Kalksteine beeinflusste. Die Auslaugung führte dazu, dass die darüber liegenden Schichten nachsackten und so Klüfte aufrissen, die die Verkarstung im Oberen Muschelkalk begünstigten (Simon 1999, 2005). Aufgrund dieser Auslaugungsvorgänge konnten sich sehr große Hohlräume bilden, wodurch, wie im Rosshagschacht bei Göschweiler oder im Moratsloch bei Fützen, die hangenden Gesteine des Oberen Muschelkalks – zum Teil bis an die Geländeoberfläche – nachbrechen.

Eine Besonderheit der Muschelkalk-Verkarstung im Wutachgebiet ist die klare zeitliche Einordnung der Erosionsvorgänge und damit auch der damit zusammenhängenden Verkarstungsvorgänge. So lag vor der Wutachumlenkung der Muschelkalk bis auf einen kleinen Abschnitt zwischen etwa der Schattenmühle und der Unteren Dietfurt unterhalb des Talniveaus (Ricken & Einsele 1993: Abb. 13a), war also nur sehr gering verkarstet. Erst mit der Umlenkung setzte in der Wutachschlucht unterhalb der Unteren Dietfurt die starke Verkarstung im Oberen Muschelkalk ein. Somit besteht eine alte Verkarstung etwa oberhalb der Unteren Dietfurt, die aufgrund von Karstschlottenfüllungen bei Gündelwangen (Bangert 1955) nach Paul (1971b) schon im Altpliozän und nach Hoydem (1983a) im Mittelpliozän bestanden hat, und eine sehr junge Verkarstungsphase seit der Umlenkung vor ca. 18 000 Jahren. Weitere Zeugen der älteren Verkarstung sind Schotter bei Göschweiler, die teilweise in einem Erdfall (Rosshagschacht) aufgefunden worden sind. Höhlen- und Erdfallbildung fand also schon vor der Umlenkung statt.

1.6.27 | Verkarstung im Trochitenkalk (Oberer Muschelkalk) bei Bonndorf. (HS.1934)

Mit der Umlenkung legte die starke Tiefenerosion Höhlenniveaus trocken. Diese Höhlen bildeten sich nur wenig weiter, häufig verfielen sie oder wurden durch Sedimente verfüllt, weshalb diese Höhlen oft nur schwer zu erforschen und für

Besucher nicht zugänglich sind. Beispiele dieser Höhlen sind das Reiselfinger Höhlensystem mit einer bisher erforschten Länge von 950 m, die 135 m lange Rappenfelshöhle und der 150 m lange Höhlenkomplex Felsbandhöhle/Zwiebelloch oberhalb des alten Bades Boll auf der Reiselfinger Wutachseite (Mitt. Dr. ANDREAS HOYDEM).

Durch das Einschneiden der Wutach taten sich am oberen Talrand Spalten auf, die der Verkarstung den Weg in größere Tiefen geöffnet haben. Beispiele hierfür sind die 26 m tiefe Todeskluft südlich von Reiselfingen oder die 40 m tiefe Superkluft bei Fützen (HOYDEM 1983b). Es können teilweise sehr große Höhlenräume entstanden sein | 1.6.29 |. Das Münzloch südöstlich Reiselfingens hat Räume mit einer Breite von bis zu 14 m. Meist jedoch sind die Höhlenräume sehr eng und ihre Erforschung gestaltet sich schwierig. Insgesamt verzeichnet das

1.6.28 | Dolineneinbruch bei Göschweiler in den 1950er-Jahren. Auch heute brechen immer wieder Erdfälle oder Dolinen ein. (ARG)

1.6.29 | Halle im Reiselfinger Höhlensystem. Im Hintergrund eine noch sehr schmale Abrisskluft. (AH.2011)

Höhlenkataster von Baden-Württemberg auf den Kartenblättern 8115/Lenzkirch, 8116/Löffingen und 8117/Blumberg derzeit 49 Höhlen (s. auch S. 217).

Erdfälle oder Dolinen sind nicht so häufig wie in anderen Muschelkalk-Karstgebieten. Dies liegt sicher auch daran, dass die Erdfälle, die in der Verkarstungsphase vor der Umlenkung entstanden sind, durch Sedimente verfüllt und somit morphologisch nicht mehr eindeutig nachweisbar sind. Teilweise wurden sie auch von Menschen zugeschüttet, weil sie bei der landwirtschaftlichen Nutzung störten. Auch heute noch brechen Erdfälle ein, wie z. B. bei Göschweiler | 1.6.28 | und Reiselfingen.

Trockentäler sind weitere, recht häufige Anzeichen für eine Verkarstung des Untergrunds. Die Muschelkalk-Hochflächen beiderseits der Wutach um Göschweiler, Reiselfingen, Löffingen, Bachheim, Bonndorf und Münchingen weisen nur wenige, ganzjährig oberirdisch wasserführende Täler auf. Besonders seit der Umlenkung der Wutach versickert hier das Wasser im Untergrund und fließt unterirdisch der Wutach oder ihren Nebenbächen zu. Die Trockentäler sind spätestens kurz nach der Wutachumlenkung trocken gefallen, denn verlängert man gedanklich ihre Ober- und Mittelläufe, so laufen diese auf das Niveau der Feldbergdonau aus (Hoydem 1983a).

Auch die Wutachversickerung gehört zu den Verkarstungserscheinungen. Wie die tieferen, nur weniger als 20–30 m über der Wutach gelegentlich an den Muschelkalkwänden der Schlucht angeschnittenen, teilweise verlehmten, bis zu 1 m breiten und hohen Karstgerinne sind die Wutachversickerung und die Karstgerinne bis zum Wiederaustritt im Holozän entstanden.

1.6.30 | Kalksinterbarrieren in der Gauchach als Zeichen des Ausfalls von Kalk aus dem Flusswasser infolge von Wasserturbulenzen. (KS.2009)

Die Wutach und ihre Nebengewässer

Von der Quelle zur Mündung

Eine Flussbeschreibung mit wasserwirtschaftlichen Themen

Klaus Steegmüller

2.1.00 | Vorhergehende Doppelseite: Herbst in der unzugänglichen Stalleggschlucht (KS.2012)

Quellgebiet am Feldberg

Der höchste Quellbach der Wutach | 2.1.01 | entspringt auf 1440 m Höhe an der Ostseite des Feldberggipfels und mündet mit drei weiteren Quellbächen aus der bewaldeten Rückwand des Feldseekars in den Feldsee. Hinter dem Wall der Endmörane beim Raimartihof wird der Feldsee in einer 32 m tiefen Gletschermulde aufgestaut. Der Wasserspiegel dieses Karsees liegt auf 1109 m Höhe.

2.1.01 | Der höchstgelegene und südlichste Quellbach der Wutach am Feldberg entspringt auf 1 440 m Höhe als Sickerquelle. Nach weniger als 1 km Luftlinie trifft die wasserführende Rinne auf die scharf abknickende, steile Karrückwand, durch die der Quellbach mit hohem Gefälle Richtung Feldsee sprudelt. (KS.2012)

Der Feldsee ist ausgesprochen kühl und nährstoffarm und bietet mit seinem kiesig-sandigen Seeboden gute Lebensbedingungen für das See-Brachsenkraut und das Stachelsporige Brachsenkraut. Diese seltenen Unterwasserpflanzen sind Eiszeitrelikte und haben in Feldsee und Titisee ihre beiden letzten Vorkommen in Deutschland. Beide Seen sind über den Seebach verbunden, der im Feldsee | 2.1.02 | seinen Anfang nimmt. Die Brachsenkräuter werden durch ein Badeverbot im Feldsee geschützt.

Seebach bis Titisee

Der Seebach verläuft nach seinem Austritt aus dem Feldsee bis zur Talebene beim Kunzenmoos und der Einmündung von Goldersbach und Sägenbach als steiler Grundgebirgsbach innerhalb des Naturschutzgebiets Feldberg.

Ab dem Wanderparkplatz Kunzenmoos strömt der Seebach bis zur Talenge beim Behabühl in einem flachen, eiszeitlich aufgeschotterten Trogtal, dem Rotwasser. Unterhalb von Behabühl und Michelhof rücken die Ränder des Seebachtals eng zusammen, der Seebach fließt von dort bis zur

2.1.02 | Feldsee mit Feldseekar: Der winterliche Natureindruck lässt etwas vom eiszeitlichen Ursprung des Sees erahnen. (KS.2012)

Löffelschmiede in einer nacheiszeitlichen Einkerbung des Grundgebirges. In dieser kleinen Kerbschlucht liegt der Seebachwasserfall.

Bei der Löffelschmiede tritt der Seebach in das Talbecken des Titisees ein, welches während der Eiszeit durch eine Zunge des Feldberggletschers ausgetieft wurde. Nach METZ & SAURER (2012) ist *„dieser Teil des Seebachtals der verlandete und aufgefüllte Bereich eines ehemals fast 5 km langen Zungenbeckensees"*. Bis zu seiner Mündung in den Titisee hat der Seebach einen sehr naturnahen, im flachen Talboden teilweise sogar mäandrierenden Verlauf. Die dortigen Feuchtwiesen stehen seit Ausweisung des Naturschutzgebiets Unteres Seebachtal 2008 und durch das Wasserschutzgebiet für die Tiefbrunnen von Hinterzarten unter Schutz | 2.1.03 |.

2.1.03 | Blick vom Titisee Richtung Feldberg in das Naturschutzgebiet Unteres Seebachtal mit der Mündung des Seebachs. (KS.2013)

WASSERKRAFTNUTZUNG IM SÜDSCHWARZWALD

DER HANGKANAL

Über den so genannten Hangkanal wird Wasser aus dem Einzugsgebiet der Wutach in das Einzugsgebiet des Schluchsees übergeleitet. Die mittleren jährlichen Niederschlagsmengen aus beiden Einzugsgebieten reichen mit bis zu 88 Mio. m³ für eine einmalige jährliche Füllung des Schluchseevolumens annähernd aus. Das Wasser wird dem Seebach, der Haslach und deren Seitenzuflüssen an zahlreichen Fassungen entlang dem Hangkanal entnommen, mit minimalem Gefälle entlang den Höhenlinien zum Windgfällweiher geführt und im weiteren Verlauf in den Schluchsee geleitet. An den Bachfassungen wird den Gewässern meist nahezu der gesamte natürliche Wasserabfluss entzogen. Dies führt zu unnatürlich geringen Wasserabflüssen in den unterhalb liegenden Gewässerstrecken. Die künftige Regelung dieser Wasserableitungen aus dem Feldberggebiet mit den Einzugsgebieten von Seebach, Haslach und Schwarzenbach wird derzeit nach über 80-jähriger Laufzeit im Rahmen der Neuregelung des Wasserrechts der Schluchseewerk AG geprüft.

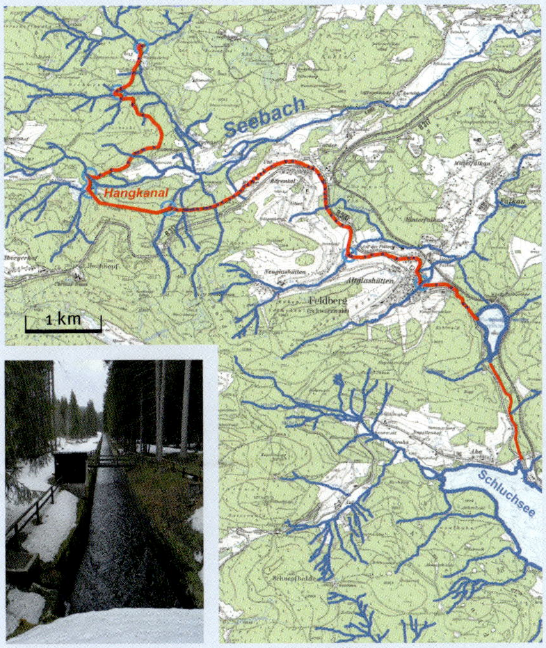

2.1.04 | Der Hangkanal zwischen Feldberg und Schluchsee ist ein wichtiger Bestandteil des „Wasserbeileitungsnetzes" der Schluchseewerk AG zur Gewinnung von Strom aus Wasserkraft. Der ca. 10 km lange Hangkanal wurde in teils offener, teils geschlossener Bauweise nach der wasserrechtlichen Entscheidung des Badischen Bezirksamts Neustadt aus dem Jahr 1930 errichtet. (KS.2012 und SCHLUCHSEEWERK AG.2013)

Titisee

Der rund 39 m tiefe Titisee ist der größte Natursee des Schwarzwalds | 2.1.05 |. Der See reichte ursprünglich vermutlich bis zur Löffelschmiede, die Talmulde wurde jedoch durch die eiszeitlichen Gerölle bis zum heutigen Zustand wieder verfüllt. Der Mündungsbereich des Seebachs in den Titisee ist wegen der moorigen Untergrundverhältnisse nicht landwirtschaftlich nutzbar und hat sich deshalb zu einem hochwertigen Feuchtbiotop entwickelt. Dies schätzt auch der Biber, der in diesem Gebiet wieder heimisch wurde (s. auch S. 208). Als weitere Besonderheit kommen im Titisee Restbestände der wertvollen Brachsenkräuter vor, welche von der wiederhergestellten Nährstoffarmut und Klarheit des Wassers zeugen. Die Wasserqualität des Titisees war durch frühere Abwassereinträge aus den angrenzenden Siedlungen zeitweise stark beeinträchtigt. So drohte der See im Herbst 1970 nach einer starken Algenblüte umzukippen. Seit 1973 wird das Abwasser durch eine Ringkanalisation der zentralen Großkläranlage der Stadt Titisee-Neustadt zugeführt. Die gute Wasserqualität des Sees konnte so wiederhergestellt und dauerhaft gesichert werden.

Am nordöstlichen Ende des Sees wird das Wasser durch Reste von Endmoränen aufgestaut (Metz & Saurer 2012). Der Seewasserspiegel wurde vermutlich schon vor 200 Jahren von den Müllern und Sägewerksbetreibern unterhalb des Sees durch Aufstauung reguliert. So konnte der See als großer Speicher genutzt und das Wasser bedarfsgerecht abgegeben werden. Eine erste urkundliche Erwähnung der Stauregulierung geht auf das Jahr 1824 zurück. Die vielfältigen Wassernutzungen an Gutach und Wutach erforderten schließlich eine verlässliche Regelung der Wasserabflüsse aus dem Titisee. Zu diesem Zwecke wurde die Titisee-Schleusengenossenschaft gegründet und erhielt am 20. November 1911 die staatliche Genehmigung zur Steuerung und Bewirtschaftung des Sees. Nach der wasserrechtlichen Konzession von 1928 zum Betrieb der Wasserkraftanlagen am Schluchsee wurde die Verpflichtung zur Regulierung des Seewasserspiegels im Zusammenhang mit den Wasserableitungen des Hangkanals an die Schluchseewerk AG übertragen. Der Wasserstand des Titisees wird

2.1.05 | Tourismus und Gewässerschutz am Titisee haben eine lange Tradition. Selbst die Boote der Fahrgastschifferei werden abgasfrei mit elektrischem Strom angetrieben. (KS.2013)

2.1.06 | Vor dem Umbau des Ausleitungswehrs war das Fischaufstiegsgerinne in der Mitte der Gutach zu steil und konnte mangels Lockströmung von Fischen und wirbellosen Kleinlebewesen nicht gefunden und durchwandert werden. Im Bild das Ausleitungswehr mit naturnahem flachen Beckenfischpass nach der Umgestaltung. (KS.2013)

heute automatisch bis zum maximalen Stauziel von 845,90 m Höhe von der Schaltzentrale der Schluchseewerk AG in Kühmoos aus gesteuert. Für den Seewasserspiegel wurden aus touristischen Gründen ferner Absenkziele für das Sommer- und Winterhalbjahr festgelegt. Als Nebeneffekt der Steuerung des Wasserspiegels konnte außerdem die natürliche Wasserrückhaltung des Sees gesteigert und dadurch seine Hochwasserschutzfunktion für den Stadtteil Neustadt verbessert werden.

Gutach zwischen Titisee und Haslachmündung

Am Wasserauslauf der Titiseeschleuse beginnt die Gutach. Sie fließt zunächst in einem schmalen Tälchen als Wiesenbach zwischen eiszeitlichen Schotterterrassen. Bei der Scheuerebene weitet sich die Talaue und die weitgehend naturnahe Gutach mäandriert durch extensives Grünland und Nasswiesen. Von der L 126, der Neustädter Straße, aus kann die wellige Geländeform der eiszeitlichen „Neustädter Terrassen“ beim Gewann Aigen besonders gut überblickt werden. In der Moränen-Talfüllung hat das Wasserwerk von Titisee-Neustadt seine wichtigsten Grundwasservorkommen erschlossen. Beim Gewerbegebiet Hölzlebruck ändert sich die natürliche Gewässersituation durch den künstlichen Aufstau am „Okalsee“ und die angrenzenden Gewerbeflächen. Am Sportplatz von Neustadt mündet die Langenordnach, welche die beiden Täler von Josbach und Langenordnach entwässert.

Zum Antrieb einer Kleinwasserkraftanlage der Energiedienst AG wird beim Sportplatz von Neustadt ein Teil des Gutachwassers ausgeleitet und beim Krafthaus am Bahnhof wieder in das Mutterbett zurückgegeben. Zur Verbesserung der gewässerökologischen Situation am Kraftwerksstandort wurde das Ausleitungswehr umgebaut | 2.1.06 | und die Wasserführung in der von der Ausleitung betroffenen, 1,7 km langen Gewässerstrecke bis zur Rückleitung von 200 l/s Restwasser auf 300 l/s erhöht. Beim Umbau des Ausleitungswehrs wurde ein Teil des Wehrabsturzes nach dem Vorbild einer natürlichen Wildbachkaskade so umgestaltet,

2.1.07 | Innerhalb von Neustadt wurde die Gutach zur raschen Abführung von Hochwasser technisch ausgebaut und verläuft abschnittsweise zwischen senkrechten Ufermauern. (KS.2013)

dass eine Durchwanderung der Gutach für Fische und wirbellose Kleinlebewesen am Wehr wieder möglich ist. Als Ausgleich für den Minderertrag bei der Stromerzeugung sowie als Beitrag zur Finanzierung der Maßnahmen erhält der Wasserkraftbetreiber seit dem erfolgreichen Abschluss der Maßnahmen im Oktober 2011 eine um 50 % erhöhte Vergütung für den regenerativ erzeugten Strom aus Wasserkraft. Innerhalb des Stadtgebiets von Neustadt ist das Flussbett durch die städtische Bebauung eingeengt und technisch ausgebaut | 2.1.07 |.

2.1.08 | Die Gutach beim Eisenbahnviadukt Kappel-Gutachbrücke (s. auch S. 382). (KS.2013)

Unterhalb von Neustadt hat die Gutach wieder einen naturnahen Verlauf im flachen Tal der ehemaligen Feldbergdonau. Wenige Kilometer flussabwärts zeigen sich jedoch erste Anzeichen der bis heute andauernden, nacheiszeitlichen Tiefenerosion, wie sie durch die Wutachumlenkung (s. auch S. 67) eingeleitet wurde. Beim Eisenbahnviadukt Kappel-Gutachbrücke | 2.1.08 | wird der veränderte Gewässercharakter der Gutach durch eine markante Kaskade | 2.1.10 | im tief eingekerbten Tal deutlich. Hier schneidet sich der Fluss erstmals in das Grundgebirge ein und hat sein Längsgefälle gegenüber der ursprünglichen Talsohle der Feldbergdonau mehr als verdoppelt. Der Beginn dieses durch den Menschen nahezu unberührten Flussabschnitts ab der Gutachbrücke markiert ferner die nordwestliche Begrenzung des Natura 2000- und Naturschutzgebiets Wutachschlucht.

Industrielle Nutzungen und Wasserqualität

Die Wasserqualität der Gutach wurde in der Vergangenheit durch industrielle Nutzungen der ehemals fürstenbergischen Papierfabrik (Bild aus den 1930er-Jahren) und der früheren Schraubenfabrik Goetz erheblich belastet. Unfälle mit Giftstoffen führten wiederholt zu Fischsterben. Erst die Produktionsumstellung bzw. Schließung dieser Fabriken sowie der moderne Aus- und Umbau der Sammelkläranlage Neustadt ab 1992 führten zu einer Verbesserung der Wassergüte und zur ökologischen Genesung des Flusses (s. auch S. 123) | **2.1.09** | (KRABRH)

Haslach und Wutach bis zur Schattenmühle

Die Haslach entspringt an der Bärhalde bei Neuglashütten und verbindet sich bei Altglashütten mit dem Schwarzenbach. Unterhalb von Altglashütten fließt sie durch mehrere aufgeweitete Talbecken, die bei Vorderfalkau durch ein Kerbtal und den dortigen Haslachwasserfall unterbrochen werden. In Lenzkirch trifft die Haslach auf den vom Naturschutzgebiet Urseemoor kommenden Urseebach. Unterhalb von Lenzkirch bei der ehemaligen Schleifenmühle (s. auch S. 348) ändert sich der Charakter des Tals. Hier verlässt die Haslach die sanfte danubische (also zur Donau gehörende) Altlandschaft und strömt in das rhenanische (dem Einzugsbereich des Rheins zuzurechnende) Erosionstal der Haslachschlucht. Beim Rechenfelsen zwängt sich der Fluss durch einen kurzen engen Klammabschnitt | 2.1.11 |. Wenig später trifft die Haslach auf die Gutach und vereint sich mit ihr zur Wutach. Im weiteren Verlauf weitet sich das junge Wutachtal bis zur Mündung des Rötenbachs | 2.1.12 | immer wieder. Das flache Bachbett wird in diesen Abschnitten von ausgeprägten Bachauen begleitet.

2.1.10 | **Die Kaskade der Gutach** markiert den Beginn der nacheiszeitlichen Erosionsschlucht der Wutach. (KS.2013)

2.1.11 | **Beim Rechenfelsen** verengt sich das Bachbett der Haslach bis auf wenige Meter. (KS.2013)

2.1.12 | **Unten: Der Rötenbach** überwindet von der Quelle bis zur Mündung in die Wutach auf einer Strecke von etwa 3 km einen Höhenunterschied von 120 m. (KS.2013)

Etwa 250 m unterhalb der Rötenbachmündung trifft die Wutach auf einen 350 m langen Rückstau, verursacht durch die Staumauer des Wasserkraftwerks Stallegg. Er verleiht dem Wildbach vorübergehend einen seeartigen Charakter | 2.1.14 |.

Nach dem Stausee der Wasserkraftanlage verläuft die Wutach bis zum Räuberschlössle in einer engen Grundgebirgsschlucht. Die Felswände rücken in der Stalleggschlucht unterhalb der historischen Holzbrücke besonders eng zusammen. Diese unzugängliche Schlucht mit zahlreichen Gefällestufen ist der finsterste und wildeste Abschnitt der gesamten Wutach | 2.1.15 |. Erst bei der Fußgängerbrücke am steil aufragenden Porphyrfelsen des Räuberschlössles weitet sich die Schlucht und zeigt in ihrem weiteren Verlauf bis zur Schattenmühle wieder eine breitere Gewässersohle mit Kiesbänken und ausgeprägter Auenvegetation.

Der Wanderweg (auch Teil des Schluchtensteigs, s. S. 398) verläuft in diesem Abschnitt zwischen Rötenbachmündung und Schattenmühle weit oberhalb des Flussbetts auf der Nordseite der Schlucht. Hier wird die obere Schluchtkante zwischen der sanften Altlandschaft der ehemaligen Feldbergdonau und dem steilen Einschnitt der Erosionsschlucht im Talprofil am besten sichtbar.

Auf der Südseite der Schlucht mündet der Lotenbach oberhalb der Schattenmühle rechtsufrig in die Wutach. Auf der kurzen Fließstrecke von nur 1 km Länge hat er zuvor in einer markanten Klamm über hohe Abstürze und Wasserfälle einen beachtlichen Höhenunterschied von etwa 100 m überwunden | 2.1.13 |.

Die Wutach in der Muschelkalkschlucht

Mit dem Eintritt des Flusses in die Schichten des Muschelkalks weitet sich die Wutachschlucht erneut. Der Eindruck der engen Grundgebirgsschlucht weicht dem Bild des breiteren und strukturreicheren Kerb- und Kerbsohlentals. Der Fluss beansprucht bis zur Dietfurt zunächst die gesamte Talsohle und pendelt anschließend innerhalb eines mit Kies und Hangschutt aufgefüllten breiten Talbodens. In den Umlagerungsstrecken

2.1.13 | Linke Seite: Wild und nur über steile Treppen und schmale Brücken erschlossen präsentiert sich die Lotenbachklamm. (KS.2013)

2.1.14 | Die Staumauer des Wasserkraftwerks Stallegg überragt den Talboden der Wutach um bis zu 9 m und verwandelt den Fluss auf einer Länge von 350 m in einen Stausee. (KS.2012)

2.1.15 | Der wilde und unzugängliche Abschnitt der Stalleggschlucht. (KS.2013)

2.1.16 | Zur Verbesserung der Durchgängigkeit von Fließgewässern sieht die EU-Wasserrahmenrichtlinie vor, dass beim Umbau von Wehren eine Fischtreppe eingebaut wird; davon wäre auch das schadhafte Wehr bei der Schattenmühle betroffen. (KS.2013)

ENERGIEGEWINNUNG AN DER WUTACH

Wasserkraftwerk Stallegg

Unweit des Hofguts Stallegg befindet sich das drittälteste Flusskraftwerk Deutschlands. Durch eine Staumauer mit einer Kronenhöhe von etwa 9 m über dem Talgrund wird die Wutach aufgestaut und ihr Wasser über einen 200 m langen Druckstollen dem Turbinenhaus des historischen Kraftwerks zugeführt. Die Staumauer unterbricht die Durchwanderbarkeit des Flusses für wassergebundene Lebewesen und den natürlichen Weitertransport von Bachgeschiebe. Die Wasserausleitung des Kraftwerks schränkt ferner die natürliche Abflussdynamik der Wutach stark ein. Auf der sogenannten Ausleitungsstrecke zwischen der Staumauer und der Wiedereinleitung am Kraftwerk fließt an neun Monaten im Jahr nur noch ein Restwasser von 650 l/s. Derartige Niedrigwasserverhältnisse wären – statistisch gesehen – ohne das Kraftwerk sonst nur bei großer Trockenheit einmal im Jahr zu erwarten. Die Beruhigung des aufgestauten Wassers führt zur Ablagerung und Anhäufung von Bachsedimenten im Stausee. Die notwendige Weitergabe der Bachsedimente in das Unterwasser des Stausees ist gewässerökologisch problematisch und aufgrund deren Menge nur bei Hochwasser zu vertreten. Das Öffnen und Wiederbefüllen des Stausees, auch im Rahmen der Wartung und Unterhaltung, hat in der Vergangenheit immer wieder zu auffälligen Schwall- und Sunkerscheinungen des Wasserabflusses und zu starken Eintrübungen durch Schlamm in der Gewässerstrecke unterhalb des Kraftwerks geführt.

Die Erzeugung von regenerativem Strom aus Wasserkraft durch die historische, denkmalgeschützte Anlage ist daher nur bedingt mit den Interessen von Naturschutz und Fischerei im Schutzgebiet Wutachschlucht zu vereinbaren. Durch ein neues, an gewässerökologischen Belangen orientiertes Betriebsreglement soll die Wasserkraftnutzung künftig den widerstreitenden Interessen von Klima- und Naturschutz besser gerecht werden.

Schattenmühle

Beim Wanderparkplatz Schattenmühle wird über ein Wehr Triebwasser für die Schattenmühle und das anschließende Sägewerk ausgeleitet. Obwohl die Schattenmühle aktuell keine Turbine betreibt, soll die Option für die Erzeugung von Strom aus Wasserkraft für beide Anlagen erhalten bleiben. Im Rahmen der dringend notwendigen Wehrsanierung ist es daher unumgänglich, dass die Wasserrechtsinhaber den Vorgaben der EU-Wasserrahmenrichtlinie zur Wiederherstellung eines ökologisch guten Gewässerzustands Folge leisten. Dies bedeutet, dass eine sogenannte raue Sohlrampe als Aufstiegshilfe für Fische in den schadhaften Wehrkörper eingebaut und am Kraftwerksstandort ferner die Restwasserführung zwischen dem Entnahmewehr und der Wiedereinleitung des Triebwassers deutlich erhöht werden muss. Entsprechende Wasserabflussmessungen (sogenannte Dotationsversuche) wurden zusammen mit der staatlichen Fischereiaufsicht bereits durchgeführt.

Bau einer neuen Kleinwasserkraftanlage unterhalb der Wutachmühle

Der Höhenunterschied der alten Wehranlage an der Kreisstraße K 6512 unterhalb der Wutachmühle soll künftig zum Antrieb einer neuen Kleinwasserkraftanlage energetisch genutzt werden. Im Zuge des Kraftwerkneubaus wird ein Wasserumleitungsgraben (Bypassgerinne) nach den Vorgaben der EU-Wasserrahmenrichtlinie für die ökologische Aufwertung des Standorts sorgen. Die Wiederherstellung der Durchwanderbarkeit für Fließwasserorganismen soll dabei auch ein gefahrloses Passieren des Wehrs für den Biber ermöglichen. Hierzu wird dem Säugetier ein Aufstiegsweg entlang des Bypassgerinnes angeboten. Auf diese Weise sollen Biber künftig vom Überqueren der nahen Kreisstraße abgehalten und so Verlusten durch den Straßenverkehr bei dieser streng geschützten Tierart vorgebeugt werden (s. auch S. 210).

2.1.17 | Ganz links: In den Umlagerungsstrecken bilden sich bei jeden Hochwasser neue Gewässerarme zwischen den von ausgedehnten Pestwurzbeständen besiedelten Kiesinseln. (KS.2013)

2.1.18 | Links oben: Tuffsteinbildung am Tannegger Wasserfall. (KS.2013)

2.1.19 | Links: Blick auf die Muschelkalkwände unterhalb der Felsengalerie. (KS.2012)

2.1.20 | Unten: Beim Wiederaustritt der Wutach verläuft der Wanderweg auf einer Felsbank direkt am Fluss. (KS.2012)

verändert die Wutach bei jedem Hochwasser ihren Lauf. Zusätzlich sind Hangrutschungen, Felsstürze und Schwemmholz an den vielfältigen und dynamischen Veränderungen des Flussbetts beteiligt. Die Wutach nagt an den Felswänden des Muschelkalks, bildet flache Gleithänge, Flussinseln sowie Altarme und sorgt mit Stromschnellen und tiefen Auskolkungen für eine hohe Strömungs- und Substratvielfalt sowie eine ausgeprägte Breiten- und Tiefenvarianz des Gewässerbetts. Diese vielfältige Gewässerstruktur sorgte dafür, dass der Fluss früher zu den besten Forellengewässern Europas gehörte (s. auch S. 250 und 392).

Auf den Schotterflächen im Talgrund wachsen Grauerlenwälder und ausgedehnte Pestwurzbestände | 2.1.17 |, an den Talflanken artenreiche Schluchtwälder. Angenagte und gefällte Bäume zeugen immer wieder von der Rückkehr des Bibers. Vereinzelte Karstwasseraustritte in den Hängen haben zur Bildung von Kalksinterterrassen und Tuffstein geführt. Am Tannegger Wasserfall lässt sich der Formenreichtum der Versinterungen gut studieren | 2.1.18 |. Auf der Gewässerstrecke unterhalb dieses Wasserfalls rücken die lotrechten Felswände immer wieder bis an die Wasserlinie der Wutach heran. Der Schluchtcharakter wird hier besonders augenfällig | 2.1.19 |.

Die Wutach versinkt auf dieser Strecke teilweise im verkarsteten Untergrund. Erst nach etwa 2 km Flusstrecke tritt das Wutachwasser als rechtsufrige Quelle wieder zutage | 2.1.20 |. Der Wanderweg verläuft über weite Strecken direkt am Wasser oder innerhalb des Auwalds. Ein besonders interessanter Wegabschnitt liegt in einer Felsengalerie hoch über dem Fluss und bietet dem Wanderer großartige Ausblicke über die faszinierende Schlucht.

2.1.21 | Oben: Der wilde Schluchtabschnitt weist mit Kalksinterstufen, Felsbänken und hohen Sohlabstürzen reizvolle Strukturen auf. (KS.2013)

2.1.22 | Rechts: Bis zum Naturfreundehaus in der ehemaligen Burgmühle verläuft der Fußweg direkt am Bachlauf. (KS.2013)

2.1.23 | Ganz rechts: Der Tränke- oder Engebach trocknet im Sommer meist aus, vermittelt aber anschaulich eine Vorstellung von den beharrlich nagenden Erosionskräften des Wassers, die in geologisch kurzer Zeit tiefe „Narben" in der Landschaft hinterlassen können. (KS.2012)

Die Gauchach

Das Einzugsgebiet der Gauchach beginnt mit den Oberläufen Floßbach, Schwarzlachenbächle und Krähenbach in den Fürstlich Fürstenbergischen Wäldern zwischen Eisenbach und Bräunlingen. Unter der Talbrücke der B 31 vereinigt sie sich mit der Mauchach. Die Gauchach verläuft zunächst in einem kleinen Kerbtal, welches sich unterhalb von Posthaus und Guggenmühle (s. auch S. 340) in ein Sohlenkerbtal verbreitert.

Bei der ehemaligen Grünburg ändert sich dieser Gewässercharakter mit dem Eintritt des Flusses in eine markante Muschelkalkschlucht. Der hohe Schwemmholzanteil mit zahlreichen großen Baumleichen vermittelt einen guten Eindruck von den unberechenbaren Hochwasserabflüssen in dieser Schlucht | 2.1.21 |. Flussabwärts, etwa in der Schluchtmitte, mündet von rechts kommend der Enge- oder Tränkebach in die Gauchach. Die steilen Böschungen der Engeschlucht belegen eindrucksvoll die noch immer andauernde Tiefenerosion der Fließgewässer im Naturschutzgebiet Wutachschlucht, welches auch die Gauchach bis etwa 1 km unterhalb der Guggenmühle und die Engeschlucht bis kurz vor Bachheim umfasst | 2.1.23 |.

2.1.24 | **Wutachaue** bei der Gauchachmündung. (KS.2013)

Die Hochwassergefahren der Gauchach haben die Erschließung und Nutzung der Schlucht durch den Menschen erheblich erschwert oder verhindert und letztlich dafür gesorgt, dass der Fluss auch heute noch einen sehr hohen Grad an Natürlichkeit aufweist (s. auch S. 108).

2.1.25 | **Die rückschreitende Erosion** am Schleifenbächle ist für den markanten Geländeeinschnitt mit Wasserfällen unterhalb von Blumberg verantwortlich. (KS.2012)

Die Talaufweitung von der Gauchachmündung bis Achdorf

Nach der Gauchachmündung | 2.1.24 | kommt es in den weniger widerstandsfähigen Schichten von Keuper und Jura durch eine deutliche Abflachung der Talflanken zur weiteren Aufweitung des Wutachtals. Bei der Wutachmühle in Ewattingen beginnt die Erschließung des Tals für den Straßenverkehr. Die Sohle des Kerbtals zwischen Wutachmühle und Aselfingen ist dennoch auffallend eng und lässt nur Raum für das Gewässerbett und die begleitende schmale Kreisstraße. Grund für die beengten Platzverhältnisse sind die ausgeprägten Hangrutschungen im tonigen Untergrund, welche die Talsohle von beiden Seiten her einzwängen.

Bei Aselfingen münden der Aubach, bei Achdorf der Krottenbach und das Schleifenbächle in die Wutach. Das Schleifenbächle überwindet unterhalb von Blumberg auf einer Strecke von weniger als 2 km einen Höhenunterschied von 160 m. Die rückschreitenden Erosionsvorgänge am Bachlauf sind keineswegs abgeschlossen und zeigen sehr anschaulich die Aktualität der geologischen Vorgänge als Folge der Wutachumlenkung | 2.1.25 | (s. auch S. 72).

Die Wutach in den Flühen zwischen Achdorf und Grimmelshofen

Etwa 2 km unterhalb von Achdorf beginnt mit den Wutachflühen der letzte Schluchtabschnitt des Flusses auf seinem Weg zum Hochrhein | 2.1.26 |. Die Wutach hat hier nach Queren einer geologischen Bruchzone, der Bonndorf-Störungszone, eine weitere tiefe Kerbe in die Muschelkalk-Landschaft geschnitten (s. auch S. 62). Die Flühen, Fluh ist ein alemannischer Ausdruck für Fels oder Felswand, präsentieren sich weithin sichtbar als senkrechte Wand am oberen Talrand und werden von einem Wanderweg in teilweise ausgesetzter Lage erschlossen. Die Wutach hat auf der engen Talsohle einen gestreckten Verlauf und zeigt durch ein hohes Fließgefälle wieder ihren Wildflusscharakter. Die Wutachflühen stehen – beginnend bei der Kläranlage von Achdorf bis zur Einmündung des Weilergrabens – wegen ihrer landschaftlichen Schönheit und des Vorkommens seltener Arten ebenfalls unter Naturschutz. Unterhalb von Blumegg werden die Wutachflühen durch das Bahnviadukt der historischen „Sauschwänzlebahn" gequert (s. auch S. 383).

Die Wutach zwischen Grimmelshofen und der Mündung in den Hochrhein

Unterhalb von Grimmelshofen verringert sich das Sohlgefälle der Wutach. Der Fluss hat sich in seinem Schotterbett beruhigt und verläuft nun innerhalb einer breiten Talsohle. Die Topografie bietet jetzt Raum für die Anlage von Verkehrswegen und Siedlungen.

Zwischen Weizen-Bahnhof und Stühlingen bildet der Fluss die Staatsgrenze zur Schweiz. Der Talgrund wird ab Wutöschingen intensiv genutzt und muss deshalb abschnittsweise vor den Hochwässern der Wutach durch Deiche geschützt werden. Unterhalb von Grimmelshofen wird die Wutach bis zu ihrer Mündung in den Rhein als Gewässer I. Ordnung vom Land Baden-Württemberg und auf Schweizer Seite vom Kanton Schaffhausen unterhalten.

Zwischen Waldshut und Tiengen mündet die Wutach unterhalb des Koblenzer Laufens in den Hochrhein. Sie hat dabei auf ihrer 91 km langen Fließstrecke einen Höhenunterschied von 1126 m überwunden.

2.1.26 | **Die Wutachflühen** bieten von der Naturaue über die Schluchtwälder bis hin zu den Felsstandorten am oberen Schluchtrand eine außerordentliche standörtliche Vielfalt mit zum Teil sehr seltenen Pflanzenarten. (KS.2013)

Wutachrenaturierungen

Lange Zeit hatte die Wutach südlich von Grimmelshofen bis zur Mündung einen weitgehend verbauten Verlauf; einzig im Bereich der Schleitheimer Seldenhalde befand sich bis zu Beginn des 21. Jahrhunderts auf einer Strecke von 1,5 km *„einer der allerletzten Reste einer natürlich entstandenen Flusslandschaft“* (Huber 2000). Nach einer gemeinsamen Projektstudie des Kantons Schaffhausen und des Regierungspräsidiums Freiburg aus dem Jahr 2010 soll die technisch ausgebaute Wutach nun in einem weiteren 1,8 km langen Abschnitt entlang der Staatsgrenze flussabwärts der Seldenhalde renaturiert werden. Durch die Wiederherstellung von Überflutungsflächen, Gewässerverzweigungen und die Anbindung von Altarmen sollen Elemente der natürlichen Furkationsaue wieder aufgegriffen und so der ökologische Wert der Wutach wesentlich verbessert werden. Auf Schweizer Seite wurden bis zum Frühjahr 2013 bereits umfangreiche Geländeabgrabungen zur Ufer- und Vorlandgestaltung und zur Reaktivierung von Überflutungsauen realisiert | 2.1.27 |. Die Baumaßnahmen auf deutscher Seite werden nach Abschluss des erforderlichen Grunderwerbs folgen.

Die Wutachmündung in den Hochrhein wurde linksufrig dagegen bereits von 2005 bis 2009 durch das Regierungspräsidium Freiburg erfolgreich renaturiert. Schon durch einfache Maßnahmen wie den Einbau von Totholzbuhnen oder Wurzelstumpen ließ sich die Strukturvielfalt des Flussbetts wesentlich erhöhen | 2.1.28 |. Durch die Aufgabe und Tieferlegung bisheriger Ackerstandorte und Öffnen der Flussdeiche konnte der Mündungsbereich für auebewohnende Arten aufgewertet und die weitere eigendynamische Auenentwicklung eingeleitet werden | 2.1.29 |.

Die in einer zweiten Stufe vorgesehene Renaturierung des rechten Ufers kann durch die Planung einer neuen Zollbrücke zwischen dem bestehenden Kreisel beim Gewerbegebiet und dem Schweizerischen Koblenz unter Umständen nicht realisiert werden.

2.1.27 | Wutachrenaturierung in der Schweiz bei Schleitheim im Frühsommer 2013 unmittelbar nach Abschluss der Tiefbauarbeiten zur Modellierung des Flussbetts. (KS.2013)

2.1.28 | Eingebaute Wurzelstumpen (in der Flussmitte im Vordergrund und weiter flussabwärts) sowie Pfahlbuhnen (am rechten Bildrand) bieten vor allem Fischen verbesserte Laich- und Aufzuchtplätze. (EL.2007)

2.1.29 | Bei der Renaturierung der Wutachmündung im Jahr 2010 wurde die Überflutungsaue des Hochrheins durch Geländetieferlegung erheblich vergrößert und durch Öffnen der Flussdeiche an die Wutach angebunden. (KS.2013)

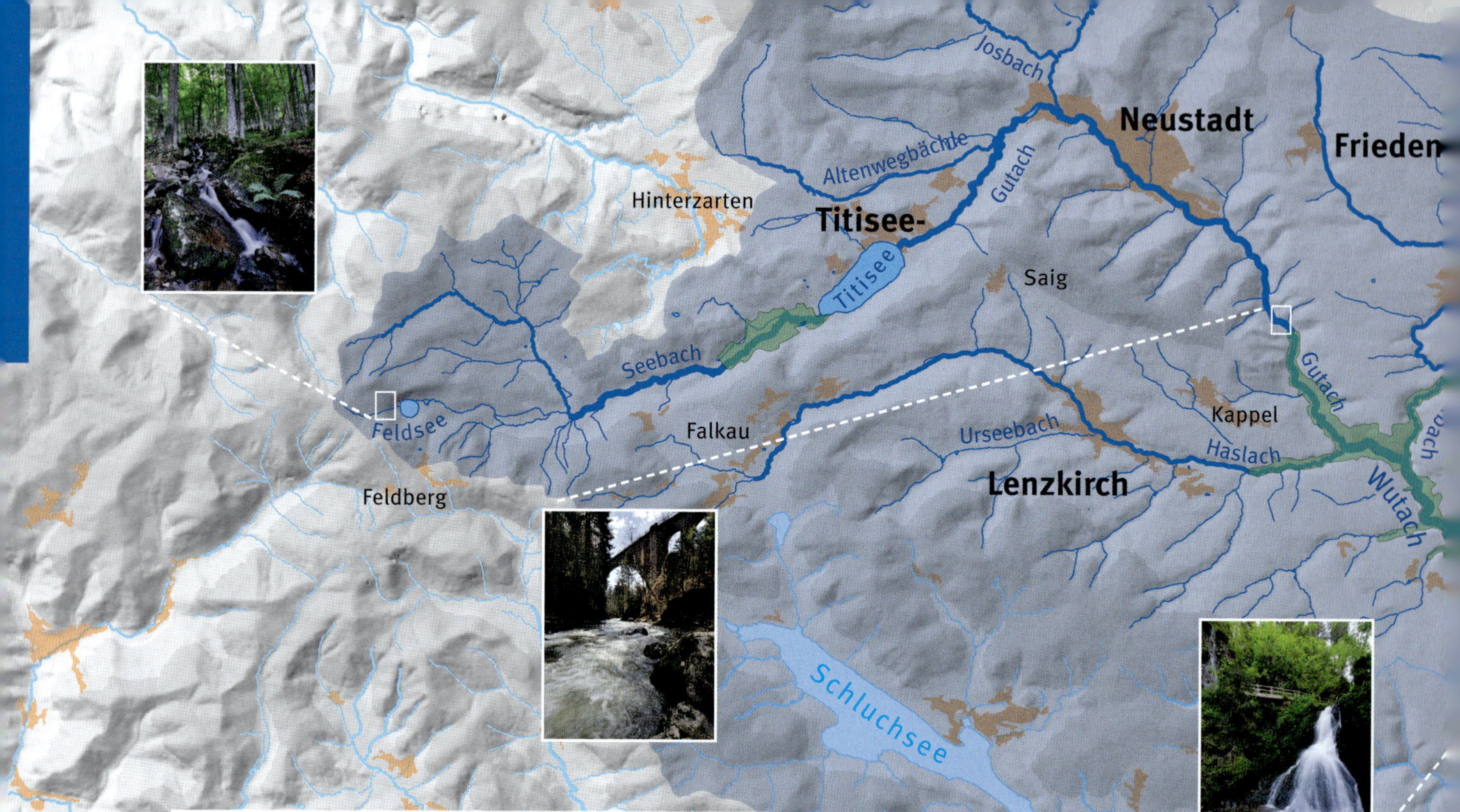

GEDANKENSPIEL ZUR TIEFENEROSION

HERMANN GOSSMANN

Blicken wir auf die Dramatik des Umschlags vom Quellfluss der Donau zum Nebenfluss des Rheins und gehen wir dabei vom Volumen des erodierten und aus den entstandenen Kerbtal- und Schluchtabschnitten ausgetragenen Materials aus. Nach verschiedenen Schätzungen sind dies 1,4 km³, 2 km³ oder 2,5 km³. Nehmen wir den mittleren Wert und legen ihn auf eine Zeit von 18 000 Jahren um. Das ergibt im Mittel einen Austrag von 12,7 m³/Stunde. Man setze sich in Gedanken in Grimmelshofen oder Stühlingen an die Wutach und stelle sich das vor: 12 m³ Fracht je Stunde. Auch wenn man sich bewusst macht, dass ein großer Teil des Austrags gelöst oder als Trübung bei Hochwasser erfolgt, ist das eine Größenordnung, die fern der heute vorstellbaren aktuellen Transportleistungen der Wutach liegt. Es gibt uns aber eine Idee von der Dynamik an der Wutach in den ersten Jahren, Jahrzehnten oder auch Jahrhunderten nach der „Anzapfung", dem Überlaufen eines Flusses in ein mehr als 200 m tiefer liegendes Tal mit den unterschiedlichsten, teils sehr harten, zum Teil aber auch leicht erodierbaren Gesteinen. (FK.1998)

Das Wutacheinzugsgebiet von der Quelle bis zur Mündung

Der Fluss ändert mehrfach seinen Namen und wird erst nach dem Zusammenfluss von Haslach und Gutach als Wutach bezeichnet.

Drei Namen – ein Fluss	Seebach › Gutach › Wutach
Länge	91 Kilometer
Einzugsgebiet	ca. 1140 Quadratkilometer
Höhendifferenz	1126 Meter / Quelle – Mündung
Ausleitungen	25 Wasserkraftanlagen
(grünes Feld)	Naturschutzgebiete an der Wutach (ohne Feldberg)

Abflussverhalten von Wutach und Gauchach

Joachim Loritz, Jörg Haferkorn

Hydrografie und Hydrologie des Wutach-Einzugsgebiets bis zum Pegel Ewattingen

2.2.01 | **Das Einzugsgebiet der Wutach** zwischen Feldberg und dem Pegel Ewattingen. (AQP.2013)

Oberhalb der Haslach-Einmündung wird die Wutach, wohl ihrer gutmütigen Charaktereigenschaften wegen, auch „Gutach“ genannt. Schon nach Neustadt setzt aber stärkeres Gefälle ein, es entwickelt sich ab hier ein „wilder“ Charakter, was in der Bezeichnung Wutach zum Ausdruck kommt.

Das Einzugsgebiet der Wutach liegt bis zum Pegel Ewattingen-Wutachmühle überwiegend im Schwarzwald – mit dem Feldberg als höchstem Punkt – und umfasst insgesamt 342 km², also etwa zwei Drittel der Größe des Bodensees. Ihre Länge bis zur Wutachmühle beträgt knapp 50 km, die wichtigsten Zuflüsse sind der Josbach, der Rötenbach, die Haslach und die Gauchach | 2.2.01 |.

Das Klima des Wutacheinzugsgebiets ist von sehr hohen Niederschlägen, vergleichbar mit denen eines feuchttropischen Landes, sowie einer relativ niedrigen mittleren Jahrestemperatur von 3,9 °C geprägt | 2.2.03 |.

Aufgrund des Reliefs und des Klimas bezeichnet man die Abflusscharakteristik der Wutach als „nivales Abflussregime“, d. h. die größten Hochwasser werden in der Regel durch die Schneeschmelze im Frühjahr hervorgerufen.

2.2.02 | **Wutach** oberhalb des Amselfelsens. (AF.2010)

In Zahlen ausgedrückt, betragen die sogenannten „mittleren Abflüsse“ der Wutach am Pegel Ewattingen im Sommerhalbjahr 4,3 m^3/s und 8,3 m^3/s im Winterhalbjahr, das entspricht etwa 30 bzw. 60 Badewannenfüllungen pro Sekunde. Die „mittleren Hochwasserabflüsse“ erreichen 32 m^3/s bzw. 76 m^3/s, das ist pro Sekunde ungefähr die Füllung eines bzw. von zweieinhalb Tanklastwagen! Hochwasser-Spitzenwerte von über 300 m^3/s werden am ehesten im Februar erreicht, und das „niedrigste“ Hochwasser tritt am ehesten im August mit Mittelwerten von nur rund 100 m^3/s ein | 2.2.04 | (aus Rohdaten der LUBW, 2013).

Die Wassermenge, die zunächst weiter oben aus dem Titisee in die Gutach fließt, ist stark von der Titiseebewirtschaftung durch die Schluchseewerk AG beeinflusst. Im oberen Teil des Einzugsgebiets des Seebachs wird über den sogenannten „Hangkanal“ (s. auch S. 89) Wasser in den Schluchsee abgeleitet. Aus dem Einzugsgebiet der Haslach findet durch weitere Fassungen des Hangkanals ebenfalls eine Überleitung in den Schluchsee statt. Die Ableitungen richten sich nach dem Wasserangebot und dem Wasserstand im Titisee. Sie unterliegen außerdem Richtlinien, bei denen jahres- und tageszeitliche Aspekte berücksichtigt werden. Dadurch soll verhindert werden, dass vor allem bei sehr niedrigen Wasserständen im Sommer keine zusätzlichen Probleme für die Fische und die anderen Wasserlebewesen des Seebachs, der Gutach und der Wutach entstehen.

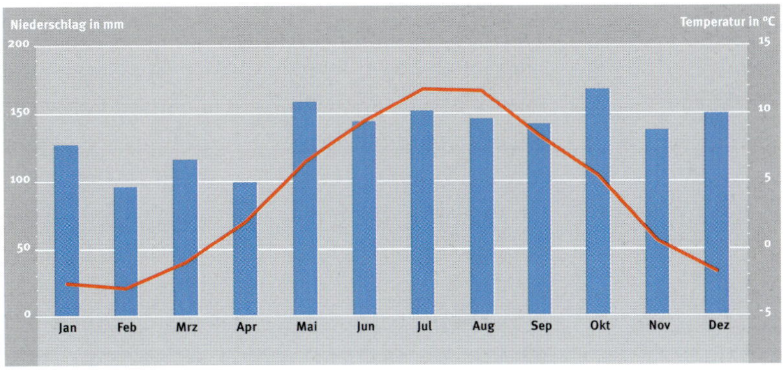

2.2.03 | Klimadiagramm der Station Feldberg (Werte gemittelt über die Jahre 1981 bis 2010). Die rote Linie zeigt den durchschnittlichen Temperaturverlauf, die blauen Balken die durchschnittliche monatliche Niederschlagshöhe. (AQP.2013 nach Daten des Deutschen Wetterdienstes)

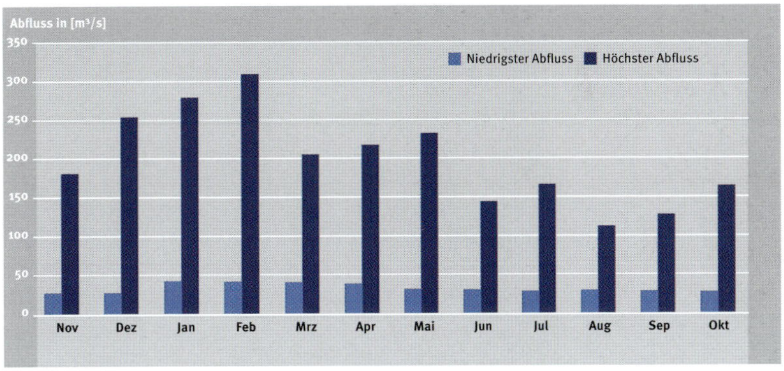

2.2.04 | Höchste und niedrigste Monatsabflüsse der Wutach am Pegel Ewattingen im Zeitraum 1985 bis 2012. Es zeigt sich, dass im 28-jährigen Mittel im Februar mit den stärksten Hochwassern zu rechnen ist und der Abfluss im August am geringsten ausfällt. (Rohdaten der Landesanstalt für Umwelt, Messungen und Naturschutz Baden-Württemberg, 2013)

Hochwasser der Wutach

Mit dem Thema Hochwasser verbinden wir vorrangig mögliche Gefahren und Schäden, sie sind aber natürliche Ereignisse und nehmen durch die Schaffung vielfältiger Lebensräume auch eine wichtige Funktion für Pflanzen und Tiere in der Flussaue wahr. Die menschlichen Eingriffe in die Struktur der Fließgewässer bereits seit dem 19. Jahrhundert haben deutliche Auswirkungen auf das Abflussverhalten der Flüsse und besonders auf die Ausprägung ihrer Hochwasser | 2.2.05–06 |. Im Oberlauf der Wutach sind solche Eingriffe glücklicherweise bisher überwiegend gering bis mäßig (AQUA.PLAN 2003), und es gibt noch relativ viele natürliche Überschwemmungsflächen. Diese „Retentionsräume" halten das abfließende Wasser teilweise vorübergehend zurück und verringern damit die Hochwasserspitzen flussabwärts.

Am Pegel Ewattingen | 2.2.07 | wird der Wasserstand und indirekt auch der Abfluss der Wutach seit 1985 kontinuierlich aufgezeichnet. Abbildung | 2.2.08 | zeigt die am Pegel Ewattingen-Wutachmühle aufgezeichneten Abflüsse und Hochwasserereignisse im Zeitraum 1988 bis 2005. Dabei fallen vor allem zwei Hochwasserereignisse aus den Jahren 1990 und 1995 (rot hervorgehoben) besonders ins Auge. Der Abfluss im Februar 1990 stellt mit 230 m^3/s ein 100-jährliches Hochwasser (HQ_{100}) und damit eine historische Wassermarke dar. Ein 100-jährliches Hochwasser tritt statistisch gesehen einmal in 100 Jahren auf. Im Januar 1995 ereignete sich mit 180 m^3/s Abfluss ein 20-jähr-

2.2.05 und 06 | Extremes Niedrigwasser im Jahr 2001 oberhalb des Rümmelestegs (AF.2003) und Hochwasser 1995 zwischen Aselfingen und Achdorf. (KP.1995)

2.2.07 | Der Wutachpegel Ewattingen bei mittlerem Abfluss. (MH.2013)

liches Hochwasser (HQ_{20}). Seit 1995 kam es zu weiteren starken Hochwassern, aber keines reichte an die Abflusswerte der 1990er-Jahre heran. Das letzte größere Hochwasser war im Februar 2013. Wie sich die gemessenen Pegelwerte in „freier Natur“ darstellen, zeigen das folgende Diagramm und das zur selben Zeit aufgenommene Foto | 2.2.09 |.

Hochwasserrückhaltefunktion des Titisees

Das Wasser aus dem Einzugsgebiet des Titisees wird seit 1931 von der Schluchseewerk AG zur Energiegewinnung genutzt. Dabei wird Wasser aus dem Seebachgebiet zum Schluchsee abgeleitet (s. S. 89: „Der Hangkanal“). Schwellen der Seebach und seine Seitenbäche infolge der Schneeschmelze am Feldberg stark an, stellt der Titisee den ersten und größten Rückhalteraum für Hochwasser im Einzugsgebiet der Wutach dar (Amann 1997). Sein Abfluss kann durch Auf- und Abfahren eines Schützes (Stauwehrs) gesteuert werden. Dies kann zusätzliches Rückhaltevolumen für Wasser vom Feldberggebiet aus dem Seebach schaffen und trägt damit zu einer Verringerung eines Hochwassers unterhalb des Titisees bei.

Der See stellt also einen wichtigen natürlichen Hochwasserschutz für den Stadtteil Neustadt dar. Eine Optimierung der Steuerungsmöglichkeiten im Rahmen der Neukonzessionierung 2017 wird gegenwärtig untersucht.

Das „Jahrhunderthochwasser“ im Februar 1990

Mit 230 m^3/s wurde am 15. Februar 1990 der höchste Abflusswert am Pegel Ewattingen aufgezeichnet | 2.2.10 |. Wie bei einem nivalen Abflussregime zu erwarten, stieg der Abfluss beim „Jahrhunderthochwasser“ innerhalb von zwei Tagen sehr stark an und sank nach dem Erreichen des Scheitelwerts in nahezu gleicher Zeit wieder ab. Der konstante Abfluss vor dem Ereignis vom 1. bis 13. Februar 1990 mit 4,3 m^3/s im Mittel ließ nichts von den Wassermassen ahnen, die innerhalb der vier

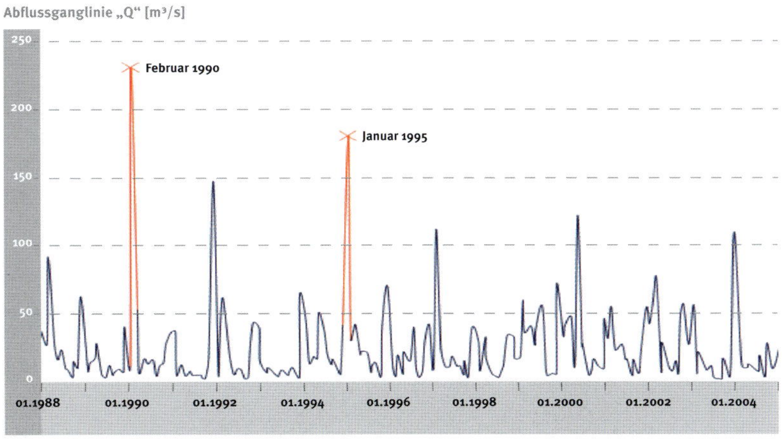

2.2.08 | Die Abflussganglinie „Q“ [m³/s] der Wutach am Pegel Ewattingen vom 01.01.1988 bis 01.01.2005. Die Hochwasser (HW)-Abflüsse von 1990 und 1995 sind rot dargestellt. Das Abflussregime beschreibt im Allgemeinen den jahreszeitlichen Verlauf des Abflusses eines Gewässers. Wie alle nivalen Abflussregimes ist auch das der Wutach durch den Einfluss von Schneeschmelzen geprägt. Typisch sind die auffallend hohen Abflussschwankungen zwischen Niedrig- und Hochwasser. (AQP.2013)

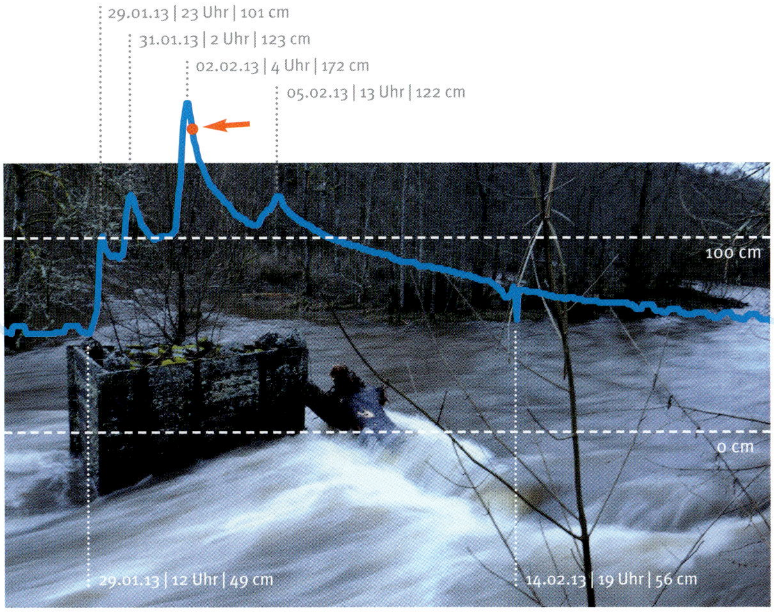

2.2.09 | Witterungsumschwung im Winter verbunden mit Regen und Schneeschmelze in den Hochlagen führt regelmäßig zu mittleren Hochwasserständen in der Wutach. Ab einer Pegelhöhe von 1 m gemessen am Pegel Ewattingen sind dann Auen wie hier an der Dietfurt überschwemmt. Knapp 50 m³/s, das Sechsfache vom Normalwasserstand, rauschen gerade am Betrachter vorbei. Das Bild entstand am 2. Februar 2013 morgens um 11 Uhr (siehe Pfeil) beim bereits zurückgehenden Hochwasser. (MS | HD)

darauffolgenden Tage abflossen. Denn vom 13. bis 17. Februar 1990 betrug der Abfluss im Mittel 129,5 m³/s. Im Vergleich beträgt der mittlere Abfluss der Jahre 1984 bis 2005 nicht mehr als 6,42 m³/s.

2.2.10 | Tageshöchstwerte des gemessenen Abflusses am Pegel Ewattingen im Februar 1990 (AQP | HD 2013). Das Bild zeigt Schäden an der Brücke und angrenzende Flurschäden bei Achdorf aufgrund dieses Hochwassers. (RV)

Das beschriebene Hochwasser wurde aufgrund von drei aufeinanderfolgenden Faktoren zu einem Extremereignis: ein schon mit Wasser gesättigter Boden, eine nasse Schneedecke und zuletzt starke Regenfälle. In kürzester Zeit können auf diese Weise große Wassermengen, bestehend aus Niederschlag und Schneeschmelze, direkt abfließen und zu einem rasanten Anstieg am Pegel führen. Das Hochwasser hatte gewaltige Schäden zur Folge, da der Fluss mit den Wassermassen große Mengen an Totholz, aber auch frisch entwurzelte Bäume und Geröll mitführte.

Die Gauchach

Die Gauchach hat mit einer Fläche von 77 km² das größte Teileinzugsgebiet der Wutach. Charakteristisch ist einerseits die besonders ausgeprägte Enge ihrer Schlucht, die im Bereich der Ruinen der Grünburg und der Lochmühle beginnt und sich flussabwärts über 4,5 km erstreckt. Andererseits besteht ihr Einzugsgebiet aus großflächigen Hochebenen mit zahlreichen Senken, wie sie für den Oberen Muschelkalk typisch sind. Sie hat über die gesamte Fließstrecke ein sehr gleichmäßiges Gefälle von 0,16 %, wobei ihr Bachbett durch die Bänke des Oberen Muschelkalks kaskadenartig gegliedert ist (s. auch | 2.1.21 |).

Obwohl einzelne Hochwasserereignisse in der Gauchachschlucht immer wieder sehr zerstörerische Wirkung zeigten (s. „Hochwasser an der Gauchach“), hat die Gauchach doch nur einen relativ geringen Einfluss auf die Hochwasserspitzen in der Wutach.

In den verkarsteten Hochflächen des Muschelkalks versickert ein großer Anteil des gefallenen Niederschlags in den Karstgrundwasserleiter, durch den er nur sehr verzögert dem Fließgewässer zuströmt. Dadurch hat die Gauchach eine ausgleichende Wirkung auf die jährlichen Schwankungen des Abflusses der Wutach, denn bei Trockenwetter speist das Wasser aus dem Karst über vielzählige Quellaustritte das Fließgewässer | 2.2.11 |. Dieser sogenannte Basisabfluss beträgt ein Mehrfaches der Abflüsse aus anderen Teileinzugsgebieten der Wutach (Amann 1997).

2.2.11 | Wo Grundwasser aus Schichtquellen in der Gauchachschlucht austritt, bilden sich im Winter mächtige Eiszapfen. (KS.2013)

Hochwasser an der Gauchach – Die Geschichte der Lochmühle

Emil Ketterer †

2.2.12 und 13 | In der vom Lochmüller erbauten Nothelferkapelle (links), die viele Schluchtenwanderer zur kurzen Besinnung einlädt, erinnert noch heute die zweite Votivtafel (unten) an das Unglücksjahr 1804. (CM.2002)

Wolkenbruchartige Regenfälle, die von schweren Gewittern begleitet wurden, verwandelten am 20. Juli 1804 die ansonsten eher beschaulich fließende Gauchach in einen reißenden Strom.

Eineinhalb Stock hoch schoss das Wasser daher und richtete an den Gebäuden und Mühlen entlang der Gauchach und Wutach beträchtlichen Schaden an. Für den damaligen Besitzer der Lochmühle hatte das Unwetter verheerende Folgen: Die Fluten zerstörten den größten Teil des Hauses, Wuhre und Stellfallen wurden weggerissen. Das untere Stockwerk der Hausmühle war mit angeschwemmtem Holz völlig gefüllt. Doch damit nicht genug. Der achtjährige Sohn des Lochmüllers, ein jüngerer Knecht und ein Greis ertranken in den Wasserfluten. Auch drei Pferde, elf Kühe und Rinder, drei Geißen und vier Schweine kamen, wie alten Aufzeichnungen zu entnehmen ist, in den Wassermassen um. Das Müller-Ehepaar soll nur deshalb vom sicheren Tod verschont geblieben sein, weil es sich am Unglückstag auf einer Wallfahrt zum Witterschneekreuz in Löffingen befand, so die Überlieferung. Zum Andenken an den Unglückstag errichteten die Müllersleute die noch heute bestehende „Nothelferkapelle" oberhalb des Berghangs. Eine alte Votivtafel mit den 14 Nothelfern (Schutzpatronen) berichtet von diesem schrecklichen Ereignis wie folgt:

„Im Jahre 1804, im Monat Julius allhier, bei wilden Wassernöthen, wie sie sind und waren, ein Greis, ein Jüngling und ein Kind verschwanden in der Fluthen Kühle. Sie nahm der HERR zu sich im Gewühle. Drum bittet hier den HERRN mit frommen Kehlen um Allbarmherzigkeit für ihre armen Seelen – Amen.–"

Der Lochmüller, der die Mühle um 1800 von der Gemeinde Mundelfingen erstanden hatte, übergab diese später seinem Sohn und baute sich auf der Anhöhe im Gewann „Grünburg" ein flutensicheres Leibgeding, das am 20. August 1991 durch ein Feuer vernichtet wurde.

Den endgültigen Untergang der Lochmühle besiegelte eine Unwetterkatastrophe am Dienstag, den 4. und Mittwoch, den 5. Juni 1895:

„Schwere Gewitterwolken ballten sich zusammen und bleischwer zogen sie über einem Teil der Westbaar her. Furchtbar rollte der Donner, Blitze zuckten und ebenso furchtbar ging ein Wolkenbruch hernieder, der einen schweren Schaden verursachte", ist aus dem Bericht im Donauboten vom 2. Juni 1935 unter der Rubrik „Vor 40 Jahren" zu entnehmen.

Der damalige Besitzer der Mühle und dessen Familie konnten sich nur noch mit aller Mühe in die bereits erwähnte Kapelle retten. Selbst die 1856 am Eingang des Immentalgrabens in die Gauchach unterhalb der Lochmühle neugebaute Beimühle wurde durch die Wassermassen ruiniert. Damit ging ein bewegtes Kapitel heimatlicher Wirtschaftsgeschichte in der Gauchachschlucht, die mit dem Bau der Mühle 1664 in „Teufels Loch" begonnen hatte, zu Ende.

Die Wutach als Lebensraum

Wolfgang Pankow

Gewässerökologie des Wildflusses Wutach

Die Wutach bildet mit den in ihr lebenden Organismen (Pflanzen, Tiere, Pilze, Bakterien) ein sehr komplexes Ökosystem. Hierzu zählt auch die bei Hochwasser überflutete Aue | 2.3.01 |. Viele Faktoren spielen für das Vorkommen der Organismen in der Wutach eine Rolle, wie der Sauerstoffgehalt im Wasser oder die Wassertemperatur. Auch bedingt die Anwesenheit mancher Organismen wiederum das Vorhandensein anderer, etwa wenn sie in einem Räuber-Beute-Verhältnis stehen. Die Organismen stehen also sowohl zur leblosen wie auch zur lebenden Umwelt in einer Beziehung, deren Erforschung Aufgabe der Ökologie ist. Alle diese Abhängigkeiten führen letztlich zu der im Gewässer anzutreffenden Lebensgemeinschaft, wobei die leblose Umwelt sozusagen den Behälter, den Biotop, und die Lebewesen darin den Inhalt, die Biozönose oder Organismengemeinschaft, darstellen. Die Gewässerökologie ist ein sehr komplexes Thema, das hier bei weitem nicht erschöpfend behandelt werden kann. Es sollen aber zumindest einige der für den Wildfluss Wutach wichtigen Aspekte vorgestellt werden.

Wassertemperatur und Sauerstoffgehalt

Charakteristisch für Fließgewässer, insbesondere im Bergland, ist neben der Strömung die Wassertemperatur, die im Jahresverlauf umso stärker schwankt, je weiter man sich von der Quelle entfernt. Beim Quellaustritt entspricht die Wassertemperatur im Sommer wie im Winter der mittleren Lufttemperatur des Quellgebiets. Im Schwarzwald

2.3.01 | Eine naturnahe Aue mit Krautschicht und Auenwald, die regelmäßig bei Hochwasser überflutet wird, ist ein wichtiger Bestandteil des Ökosystems Fließgewässer. Im Bild die gut ausgeprägte Aue an der Gauchach unterhalb der Burgmühle. (JW.JUL2013)

sind das etwa 7 °C. Mit zunehmendem Abstand von der Quelle erwärmt sich das Wasser durch Sonneneinstrahlung und Aufwärmung durch die umgebende Lufttemperatur immer mehr und kühlt im Winter stärker aus. So können bei größeren Flüssen und Strömen im Sommer Wassertemperaturen bis um 30 °C erreicht werden, während diese Gewässer im Winter leicht zufrieren. Im Mittellauf der Wutach, also im Bereich der Naturschutzgebiete Wutachschlucht und Wutachflühen, steigt die Wassertemperatur im Sommer auf etwa 10 °C (Mai) bis 15 °C (August) an. Oberhalb der Mündung in den Hochrhein steigen die Werte im Sommer auf 17–19 °C.

Von der Wassertemperatur direkt abhängig ist der Sauerstoffgehalt des Wassers. Je wärmer ein Gewässer ist, desto geringer ist die in ihm gelöste Sauerstoffmenge. Umgekehrt löst sich umso mehr Sauerstoff im Wasser, je kälter dieses wird. Diese Änderungen des Temperaturverlaufs und des Sauerstoffgehalts mit zunehmendem Quellabstand führen dazu, dass die Tierarten in den Fließgewässern entsprechend ihren Ansprüchen an Wassertemperatur und Sauerstoffgehalt – sie nehmen ja den im Wasser gelösten Sauerstoff über ihre Kiemen, bei kleineren Formen auch nur über die Körperoberfläche auf – nur in bestimmten Gewässerabschnitten vorkommen. Je geringer die Toleranz gegenüber Schwankungen der Wassertemperatur oder des Sauerstoffgehalts ist, desto quellnäher halten sie sich auf. In der Wutach werden im Sommer zwischen 10 und 12 mg Sauerstoff/Liter gemessen, sie ist damit ein sauerstoffreiches Gewässer. Die Zonierung nach Sauerstoffgehalt und Wassertemperatur z. B. bei den Fischen wurde schon sehr früh erkannt und führte zur Längseinteilung der Fließgewässer in „Fischregionen", angefangen bei der Forellenregion der Bergbäche (s. auch S. 254) bis zur Kaulbarsch-Flunderregion der großen Ströme im meeresnahen Mündungsbereich.

Da sich auch die meisten Kleinlebewesen entsprechend ihren ökologischen Ansprüchen nur in bestimmten Gewässerabschnitten aufhalten, können sie den Fischregionen zugeordnet werden | 2.3.02 |. Dabei weist die Wutach ein scheinbares Paradoxon auf: Die Gutach oberhalb der Haslachmündung | 2.3.03 | ist überwiegend von Arten der

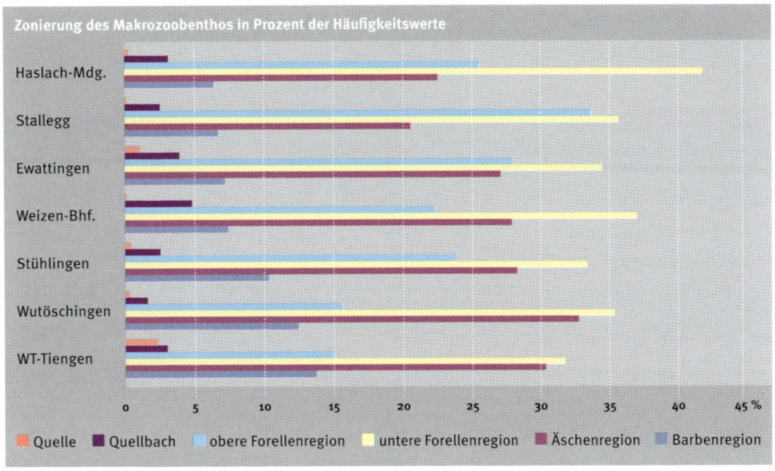

2.3.02 | Im Diagramm ist die Zusammensetzung der Lebensgemeinschaften der Kleinlebewesen (Makrozoobenthos) an sieben Abschnitten der Wutach dargestellt: Gutach oberhalb der Haslachmündung, Wutach bei Stallegg, bei Ewattingen, bei Weizen-Bahnhof, unterhalb von Stühlingen, unterhalb von Wutöschingen sowie oberhalb der Mündung in den Hochrhein bei Tiengen. (WP nach Daten der LUBW 2006)

2.3.03 | Gutach oberhalb der Haslachmündung. (WP)

Biologische Gewässergüte – Ökologischer Zustand: Was verbirgt sich hinter diesen Begriffen?

Die „biologische Gewässergüte“ teilt Fließgewässerstrecken nach ihrer organischen Belastung („Saprobie“, „Saprobität“), d. h. nach dem Gehalt an biologisch (mikrobiell) abbaubaren Stoffen ein. Ein Abschnitt mit vielen mikrobiell abbaubaren Stoffen wird danach einer höheren (schlechteren) Güteklasse zugeordnet als eine Gewässerstrecke mit nur einem geringen Anteil solcher Substanzen. In Baden-Württemberg wurden für die wichtigsten Fließgewässer von 1958 bis 2004 etwa im Fünfjahresabstand Gewässergütekarten mit unterschiedlicher Klassifizierung herausgegeben | 2.3.04 |.

Die organische Belastung der Fließgewässer wird anhand der Besiedlung durch aquatische Kleinlebewesen in den jeweiligen Untersuchungsabschnitten ermittelt | 2.3.05–08 |. Die meisten dieser Arten siedeln sich bevorzugt in Gewässerabschnitten an, die ihren Ansprüchen z. B. an den Sauerstoffgehalt oder an die Wassertemperatur am ehesten entsprechen. Diese Eigenschaften des Gewässers stehen aber auch in einer Wechselwirkung mit dem mikrobiellen Abbau der vorhandenen abbaubaren Stoffe, so dass über die Zusammensetzung der Artengemeinschaft an der Untersuchungsstelle indirekt die organische Belastung des Gewässerabschnitts ermittelt werden kann. Die Methode der biologischen Gewässergüteklassifizierung nach der Besiedlung durch Kleinlebewesen basiert in erster Linie auf Arbeiten von Kolkwitz & Marsson (1902), die erstmals diese Zusammenhänge formuliert haben. Die Arten, die für die Berechnung der Gewässergüte des Gewässers verwendet werden, heißen „Indikator-“ oder „Zeiger-Arten“, und je enger deren ökologische Ansprüche sind, desto genauer ist das Ergebnis. Die Güteklassifizierung anhand der Kleinlebewesen hat den großen Vorteil, dass nicht wie bei einer chemischen Analyse eine Momentaufnahme der organischen Belastung erfolgt. Vielmehr wird ein Zustand ermittelt, der über einen längeren Zeitraum bestand und je nach Entwicklungsdauer der vorhandenen Kleinlebewesen zumindest Rückschlüsse über die schlechteste Situation des letzten halben Jahres zulässt.

Neuerdings werden die Gewässer nach dem „ökologischen Zustand“ bewertet. Dies richtet sich nach der aus dem Jahr 2000 stammenden „Wasserrahmenrichtlinie“ (WRRL). Ihr Ziel ist es, einen „guten ökologischen Zustand“ der Gewässer der Gemeinschaft zu erreichen oder zu erhalten. Die Berechnung der ökologischen Zustandsklasse erfolgt nach drei Kriterien: dem Grad der Versauerung infolge des sauren Regens, der allgemeinen Degradation (Abweichung vom natürlichen Zustand) sowie der biologischen Gewässergüte. Ursache für einen hohen (schlechten) Wert der Degradation können z. B. Verbauungen der Gewässersohle oder künstliche Veränderungen der Gewässerdynamik (u. a. „Restwasserstrecken“) sein, die zum Verschwinden verschiedener Arten in diesem Bereich führen können. Neu an der Bewertung der Gewässergüte ist die gewässertypbezogene Einstufung. Für unterschiedliche Fließgewässer werden die Gütestufen den natürlichen Gegebenheiten entsprechend modifiziert. So wird der sauerstoffreiche Bergbach bei gleicher organischer Belastung und gleichem Saprobiewert wie der sauerstoffarme Tieflandbach schlechter eingestuft, weil er damit weiter von seinem natürlichen Zustand entfernt ist als jener. Neu ist auch die Darstellung der Gütekriterien als Flächen, die den Wasserkörpern zugeordnet sind, wobei vorzugsweise einheitlich beschaffene Gewässerabschnitte und deren Zuflüsse mit durchschnittlicher Flächengröße von 230 km² als Wasserkörper abgegrenzt werden (Karte 2006).

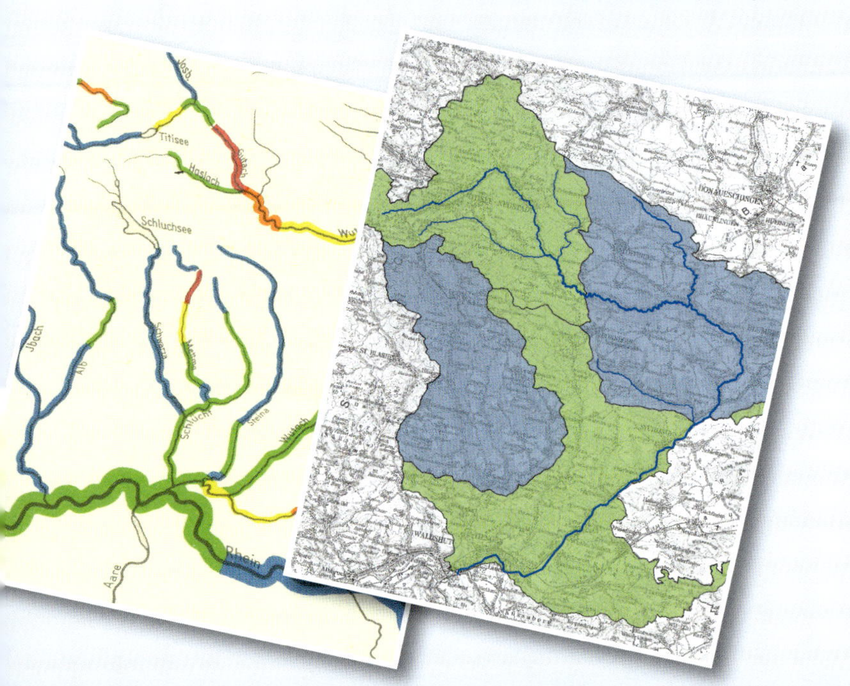

2.3.04 | Ausschnitte aus den Gewässergütekarten Baden-Württembergs von 1974 (blau = gering, grün = mäßig belastet, s. auch | 2.3.37 |) und 2006 (blau = sehr guter, grün = guter Zustand). (LUBW)

2.3.05 | Die Larve der Steinfliege *Protonemura*, kenntlich an den wurstförmigen Kiemen am Hals (siehe kleines Bild), ist eine Zeigerart für geringe Belastung des Gewässers. (WP)

2.3.06 | Die Kapuzenschnecke *Ancylus fluviatilis* zeigt eine mäßige Gewässerbelastung an. Sie ist in der Wutach überall vorhanden. (WP)

2.3.07 | In stark belasteten Gewässerabschnitten findet sich oft zahlreich die Wasserassel *Asellus aquaticus* als Zeigerart. (WP)

2.3.08 | Sehr stark belastete Gewässerabschnitte, die einen geringen Sauerstoffgehalt aufweisen, sind der bevorzugte Lebensraum des durch Hämoglobin rot gefärbten Schlammröhrenwurms *Tubifex*. (WP)

unteren Forellenregion wie der im Sand grabenden Larve der Eintagsfliege *Ephemera danica* | 2.3.09 | besiedelt. An der Stallegg finden sich fast gleich viele Anteile von Arten der oberen und der unteren Forellenregion, obwohl dieser Abschnitt stromabwärts der Gutach liegt. Hier haben aber der Rötenbach und vor allem die Haslach mit ihrem kühleren Wasser dazu beigetragen, dass sich viele Besiedler der oberen Forellenregion wie die Larve der Eintagsfliege *Epeorus assimilis* | 2.3.10 | wohlfühlen. Und die Gutach hat das relativ weite und streckenweise stark besonnte Tal oberhalb der Haslachmündung verlassen und ist nun als junge Wutach bereits längere Zeit im Schatten spendenden Schluchtwald unterwegs.

2.3.09 | Die Larve der Eintagsfliege *Ephemera danica* lebt vorwiegend in der unteren Forellenregion. Die über den Hinterleib geschlagenen Kiemen sind eine Schutzanpassung an das Leben in selbst gegrabenen Sandröhren. (WP)

2.3.10 | Nur in kühlen Gewässerabschnitten mit hohem Sauerstoffgehalt lebt die Larve der Eintagsfliege *Epeorus assimilis*. (WP)

Natürlich hat auch die Sauerstoffproduktion der Algen und höheren Wasserpflanzen einen Einfluss auf den Sauerstoffgehalt, ebenso wie Sauerstoff verbrauchende mikrobielle Abbauprozesse im Wasser. Die biologische Gewässergütebestimmung macht sich dies zunutze und ermittelt sozusagen über die gefundenen Tierarten die über das Jahr gemittelten Temperatur- und Sauerstoffwerte (s. „Biologische Gewässergüte").

Vernetzung und Durchgängigkeit

Fließgewässer sind linien- oder besser gesagt bandförmige Landschaftselemente, die in der Regel von der Quelle bis zur Mündung und umgekehrt durchgängig sind. Das bedeutet, dass sie für wasserlebende Tiere durchwanderbar sind. Natürlich können vor allem in Gebirgsregionen auch einzelne Gewässerabschnitte durch Wasserfälle vom weiteren Gewässerverlauf getrennt werden. Ein solcher natürlicher „Absturz“ findet sich in der Wutach in Lauchringen bei der Lauffenmühle, etwa 4,5 km oberhalb der Mündung in den Hochrhein | 2.3.11 |. Obwohl an dieser Stelle im Wutachbett nur eine Restwassermenge fließt (ein Teil des Wutachwassers wird zur Energiegewinnung ausgeleitet), bietet sich hier ein großartiges Schauspiel. Aber nur selten gelingt es einer kräftigen Bachforelle | 2.3.12 | (s. auch S. 250), über die hohen Stufen ins „Oberwasser“ zu gelangen. Für die Kleintiere und viele Fische wie die Groppe (Mühlkoppe) | 2.3.13 |, die aus dem Unterlauf der Wutach aufwärts wandern wollen, ist hier Schluss.

Künstliche Wanderungshindernisse wie Stauwehre oder andere Querriegel müssen in absehbarer Zeit nicht nur für Fische, sondern auch für Kleinlebewesen durchgängig gestaltet werden, um den von der WRRL geforderten „guten ökologischen Zustand“ wiederherzustellen. Die einfachste Art, Durchgängigkeit an Wehren zu erreichen, ist der Einbau von Fischtreppen, die aber oft für Kleintiere und selbst für die Groppe nicht passierbar sind. Optimal ist ein naturnah gestaltetes „Umgehungsgerinne“, das um das Stauwehr herumführt und gleichzeitig Wanderweg und Lebensraum für alle Wassertiere darstellt. Seit einiger Zeit sind die Staustufen im Rhein größtenteils aufwendig wieder für Wassertiere, vor allem für den Lachs, passierbar und damit durchgängig gemacht worden. Für den Pegel Ewattingen ist der Umbau zur besseren Passierbarkeit für die Wasserbewohner in

2.3.11 | Bei der Lauffenmühle in Lauchringen quert die Wutach eine Bank des Oberen Muschelkalks und bildet einen etwa 6 m hohen Absturz. (WP)

Planung. Noch gibt es Wehre und Staumauern in der Wutach, die für die Wassertiere nicht passierbar sind, z. B. oberhalb von Achdorf und die Staumauer bei der Stallegg (s. auch S. 96). Ein schönes Beispiel zur gelungenen Wiederherstellung der Durchgängigkeit ist die Teilrampe in Neustadt (s. | 2.1.06 |).

Neben dem benetzten Gewässerbett verläuft parallel zu beiden Uferlinien die durchfeuchtete Wasserwechselzone mit je nach Witterung im Tages-, in jedem Fall aber im Jahresverlauf durch Verdunstung, Regenfälle oder Schneeschmelze wechselnden Wasserständen. Dieser Bereich ist reich strukturiert. Die Strömung formt flache Gleitufer und steile Prallhänge unterschiedlich starker Ausprägung. Im Wasser fluten Wurzelbärte von Grau- und Schwarz-Erle | 2.3.14 |, gelegentlich auch von Weiden. Vom Wind umgestürzte Bäume können Uferanbrüche verursachen, die zur dynamischen Veränderung des Gewässerbetts beitragen. Tote Äste oder Bäume, die ins Wasser fallen, verändern die Strömungsrichtung und führen zur Bildung von kleinen Inseln, indem sich im Strömungsschatten Sand und Kies ablagert. In neuer Zeit beteiligt sich auch der Biber durch seine Tätigkeit an der Gestaltung des Gewässerbetts der Wutach | 2.3.15 | (s. auch S. 208).

2.3.12 | Kräftige Bachforellen können gelegentlich den Wasserfall bei der Lauffenmühle überwinden. Dieses junge Exemplar ist dazu allerdings noch nicht in der Lage. (RB)

2.3.13 | Für die Groppe ist durch den Wasserfall der Weg nach oben versperrt. Diese Fischart besitzt keine Schwimmblase, sie kann daher nicht frei schwimmen, sondern „robbt" auf ihren Bauchflossen. Dabei können Groppen Hindernisse von höchstens 5 cm überwinden. Die Wasserwirtschaftsverwaltung hat mit der Beseitigung von höheren künstlichen Quereinbauten in der Wutach begonnen und stellt damit die Durchgängigkeit auch für die Groppe wieder her. (RB)

2.3.14 | Strukturvielfalt am Gewässerrand: Ins Wasser ragende Erlenwurzeln sind ein beliebter Unterstand für Forellen. Aber auch viele Kleintiere können sich in dem Wurzelgewirr verstecken und sind vor der Strömung und Fressfeinden weitgehend geschützt. (WP)

Landeinwärts folgt auf beiden Seiten im Idealfall die gewässerbegleitende, bei Hochwasser überflutete Aue, die in unserer Kulturlandschaft, z. B. entlang der Wutach bei Aselfingen | 2.3.16 | und Achdorf, oft nur noch auf einen einreihigen Ufergehölzsaum reduziert ist oder ganz fehlt. Nur in bergigen Regionen kann die Aue wegen der oft tief eingeschnittenen Täler auch natürlicherweise schmaler ausgebildet sein oder fehlen. Das vermag jeder Wanderer, der im Naturschutzgebiet Wutachschlucht unterwegs ist, leicht nachzuvollziehen: Mal führt der Wanderweg durch eine breite, mit Pestwurz bestandene Aue und mal zieht sich der Weg auf halber Höhe an den Uferfelsen entlang, weil hier die Aue fehlt.

2.3.15 | Hier ist der Biber als Gestalter der Flusslandschaft am Werk: ein gefällter Baum, der quer über der Wutach in Achdorf liegt. Wenn durch solche Strukturen die Strömungsrichtung verändert wird, kann es zu Anlandungen, Uferanrissen und zu Verlagerungen des Gewässerbetts kommen. (WP)

2.3.16 | Ein ein- bis zweireihiger Gehölzstreifen bei Aselfingen als Rest des früheren Auwalds. (WP)

Die Gewässersohle besteht aus meist sehr unterschiedlich großen oder kleinen mineralischen Bestandteilen. Je nach Stärke der Strömung können dies Felsblöcke, große Steine, Grobschotter, Feinkiese, Sande und/oder Schlämme sein. Auch im Abbau begriffene pflanzliche Teile wie tote Äste, Falllaub oder sogenannter Detritus (kleinpartikuläre Pflanzenteile) können am Aufbau der Gewässersohle beteiligt sein. Außer bei anstehendem Fels bei Hochgebirgsbächen oder wasserundurchlässigen Lehmböden der Ebene ist die Gewässersohle mit mehr oder weniger großen Lücken und Poren versehen, durch die Wasser in den Untergrund versickert, andererseits aber auch Grundwasser in den Gewässerboden einzudringen vermag: Dadurch sind beide Lebensräume miteinander vernetzt. Hierdurch kann, wenn auch nur in begrenztem Rahmen, ein kurzzeitiges Ein- bzw. Auswandern von Kleinsttieren des Fließgewässers und Arten des Grundwassers aus dem jeweiligen Lebensraum stattfinden. Neben der Bedeutung als „Kinderstube“ (s. auch S. 251) ist die Gewässersohle ein wichtiger Rückzugsraum, wenn durch länger anhaltende Trockenheit der Wasserspiegel sinkt und Teile des Gewässerbetts trocken fallen. Unter der Oberfläche bleibt ein Rest Feuchtigkeit erhalten, der den Kleinlebewesen meist zum Überleben ausreicht. In regelmäßig austrocknenden Gewässern, wie das in Karstgebieten der Fall ist, hat sich eine daran angepasste Lebensgemeinschaft entwickelt. Aber nicht nur das Austrocknen des Gewässers ist eine gefährliche Situation für die Wasserbewohner, auch das Gegenteil, nämlich Hochwasser, müssen Wutachbesiedler überstehen. Während die Wucht des Hochwassers Kies und Steine an der Oberfläche der Sohle mitreißt und von oberhalb neue Steine mitschleppt, werden die tieferen Schichten der Gewässersohle davon nicht betroffen und bieten so ein Refugium für die Tiere, die rechtzeitig dorthin geflüchtet sind. Auch Giftwellen, welche die Wutach in früheren Zeiten, z. B. zuletzt 1993, heimgesucht haben, können manche Wassertiere hier für kurze Zeit überstehen. Nach Normalisierung der Lage erfolgt von hier (und von den Seitengewässern) aus die Wiederbesiedlung.

Über dem Wasserspiegel beginnt, auf den ersten Blick streng getrennt, der Luftraum. Der Wasserspiegel ist aber keine undurchdringliche Grenze. Physikalisch z. B. kann hier überschüssiger Sauerstoff aus dem Wasser austreten, andererseits wird an der Wasseroberfläche atmosphärischer Sauerstoff aufgenommen, wenn die Sauerstoffsättigung im Wasser weniger als 100 % beträgt. Aufnahme und Abgabe sind umso intensiver, je bewegter die Wasseroberfläche ist. Aber auch die im Wasser lebenden Insektenlarven durchstoßen den Wasser-

2.3.17 | **Nach ihrer Entwicklung** als Larve im Wasser leben fast alle „erwachsenen" Insekten im Luftraum und sind oft auf den Kräutern und Büschen am Ufer zu finden. Hier ist es die Köcherfliege *Halesus digitatus*, deren Larve sich einen Köcher aus Sand und Pflanzenteilen baut. (WP)

2.3.18 | **Im Mai und Juni** findet man häufig auf Steinen oder Pflanzen am Wutachufer insektenähnliche Gebilde, die sich nicht bewegen. Das sind die leeren Hüllen (Exuvien) der an Land gewanderten, schlüpfreifen Larven der Steinfliegen, wie hier von *Perla marginata*. (WP)

2.3.19 | **Imago der Steinfliege** *Perlodes*. (WP)

spiegel, wenn sie ihr Wohngewässer verlassen, um sich zum fertigen, land- bzw. luftlebenden Insekt – der Imago – zu entwickeln | 2.3.17 |. Manche wandern hierzu ans Ufer, andere klettern an aus dem Wasser ragenden Pflanzenteilen aus dem Wasser, und wieder andere schwimmen an die Wasseroberfläche und entlassen das fertige Insekt von hier aus direkt in den Luftraum | 2.3.18–19 |. Einige Insektenarten, wie manche Köcherfliegen und Eintagsfliegen (s. auch S. 260), legen ihre Eipakete aus der Luft auf der Wasseroberfläche ab, von wo sie dann auf die Gewässersohle absinken. Vor allem bei schwüler, windstiller Witterung kann man die Eiablage z. B. der größeren Eintagsfliegenarten über der Wutach gut beobachten. Die Forellen freuen sich dann über das große Nährstoffangebot und fressen die von der Eiablage ermüdeten Insekten in großer Zahl von der Wasseroberfläche.

Wir sehen also, dass ein Fließgewässer nicht nur in der Längsrichtung durchgängig ist, sondern sich auch quer in die Aue hinein und vertikal sowohl in den Boden unter der Gewässersohle als auch in den Luftraum „vernetzt" zeigt | 2.3.20 |. Praktisch alle wasserlebenden Tiere brauchen in irgendeinem

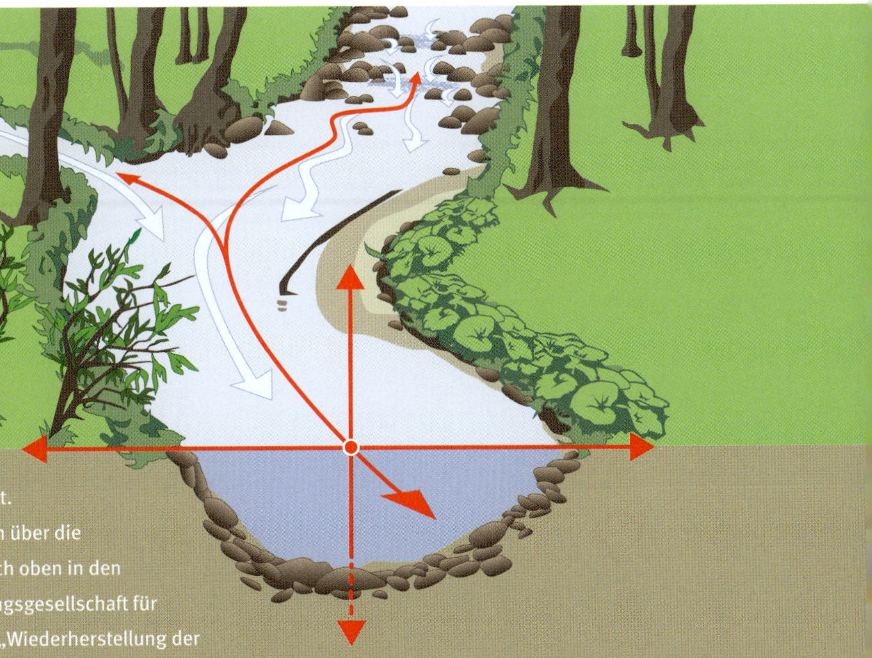

2.3.20 | **Das Schaubild zeigt die räumliche Vernetzung** eines Fließgewässers in der Landschaft. Die Längsvernetzung reicht von der Quelle bis zur Mündung. Sie bezieht nicht nur die Seitengewässer mit ein, sondern auch die parallel verlaufende Wasserwechselzone und die Aue, die von der Quelle zur Mündung an Breite zunimmt. Quer zum Gewässerbett sind die Ufer mit der anschließenden Aue vernetzt. Die senkrechte Vernetzung führt einerseits nach unten über die Gewässersohle bis ins Grundwasser, andererseits nach oben in den Luftraum. (WP und HD verändert nach WBW Fortbildungsgesellschaft für Gewässerentwicklung mbH, Fortbildungsthema 1999 „Wiederherstellung der Durchgängigkeit")

Lebensstadium diese Vernetzung, sie sind ja seit Jahrtausenden an diese Durchgängigkeit in alle Richtungen angepasst. Wenn der Mensch solche Vernetzungen unterbricht, etwa im Längsverlauf durch Stauwehre, im Querverlauf durch glatt betonierte Ufermauern und in der Vertikalen durch Sohlpflasterungen oder Verrohrungen, dann können viele Arten unter Umständen ihren Lebenszyklus nicht vollenden und sterben im schlimmsten Fall an diesem Gewässer aus.

Als Beispiele für Arten, die in der einen oder anderen Richtung die Durchgängigkeit des Gewässers brauchen, sei hier ergänzend zu Bachforelle und Groppe der im Wutachgebiet häufige Feuersalamander genannt (s. auch S. 244). Er lebt als erwachsenes Tier an Land, tagsüber unter Steinen oder Totholz verborgen, und ist nachts unterwegs auf Nahrungssuche. Seine Larven | 2.3.21 | bringt er aber im Fließgewässer zur Welt, wo sie eine Zeitlang leben, bevor sie ebenfalls an Land gehen. Daher braucht er für seine Fortpflanzung die Durchgängigkeit von der Aue ins Gewässer und umgekehrt.

2.3.21 | Die Larve des Feuersalamanders ist nicht schwarz-gelb gefleckt, sondern unscheinbar grau gescheckt. Charakteristisch für sie sind die hellen Flecken am Beinansatz. Gut zu sehen sind die büschelförmigen Kiemen am Hinterrand des Kopfs, die nur die Larven besitzen. (HK)

Bedeutung der Strömung

Auffallend und namengebend für Fließgewässer ist die Strömung | 2.3.22 |. Diese bietet den Fließwasserbewohnern eine Reihe von Vorteilen: Der zum Atmen benötigte Sauerstoff wird ständig herantransportiert, ebenso auch für die filtrierenden Arten die Nahrung in Form von organischen Schwebstoffen. Abfallprodukte wie verbrauchtes Atemwasser und Stoffwechselendprodukte (Kot) werden gleichermaßen fortgespült. Wichtig ist auch die reinigende Wirkung der Hochwässer, indem die in Bewegung geratenen Steine vom Algenaufwuchs des Vorjahrs befreit werden. Der Nachteil der Strömung ist allerdings, dass für die Kleinlebewesen jederzeit die Gefahr besteht, von der Strömung fortgerissen zu werden. Immerhin entspricht z. B. eine Fließgeschwindigkeit von 1 m/s, wie sie in der Wutach häufig anzutreffen ist, für eine 2 cm lange Eintagsfliegenlarve einem Orkan mit Windgeschwindigkeiten von über 300 km/h für den Menschen.

2.3.22 | Ein stark strömender Wutach-Abschnitt zwischen Grimmelshofen und Weizen-Bahnhof. (WP)

Anpassungen an die Strömung

„Das Leben im reißenden Gebirgsbach ist nur dadurch möglich, daß die torrentikolen [in der Strömung lebenden, Anm. d. Verf.] *Arten sich durch mannigfache Mittel davor schützen, von der heftigen Strömung mitgerissen zu werden. Diesem Zwecke dienen mancherlei biologische Eigentümlichkeiten und eine Fülle der merkwürdigsten Anpassungen, und man kann wohl sagen, dass es keine zweite Biocoenose* [Lebensgemeinschaft, Anm. des Verf.] *gibt, welche ihren Angehörigen einen so eisernen Zwang auferlegt. Alle Äußerungen des Lebens und alle*

morphologischen Merkmale sind dem wesentlichsten Ziele untergeordnet, den Tieren in der Strömung Halt zu gewähren" (Holdhaus 1954). Tatsächlich haben die Kleinlebewesen eine Reihe von Anpassungen und Strategien entwickelt, die ihnen das Leben im Fließgewässer ermöglichen. Einige davon wollen wir hier betrachten:

2.3.23 | Bachflohkrebse (*Gammarus fossarum*) sammeln sich im Strömungsschatten hinter einem Stein. (WP)

Leben im Strömungsschatten

Dies ist wohl die einfachste Strategie, da sie keinerlei Anpassung des Körpers erfordert. Bachflohkrebse halten sich gerne zwischen Falllaub oder im Strömungsschatten hinter größeren Steinen auf | 2.3.23 |; Eintagsfliegenlarven der Gattung *Baetis* | 2.3.24 | suchen strömungsberuhigte Bereiche zwischen den flottierenden Büscheln des Quellmooses auf. Die Jugendstadien vieler Wassertiere, auch der Bachforelle, beginnen ihren ersten Lebensabschnitt in den größeren und kleineren Lücken zwischen den Steinen der Gewässersohle, wo sie vor starker Strömung geschützt sind. Dieses Lückensystem wird deshalb auch als die „Kinderstube" bezeichnet und ist sicher einer der wichtigsten Teillebensräume im Fließgewässer. Manche Arten graben sogar Röhren in den Untergrund, in denen das Wasser nur sehr langsam strömt, z. B. Eintagsfliegenlarven der Gattung *Ephemera* (s. | 2.3.09 |).

2.3.24 | Die im Querschnitt runden Larven der Eintagsfliege *Baetis rhodani* halten sich in weniger stark strömenden Bereichen der Fließgewässer auf, z. B. zwischen Steinen oder Wasserpflanzen. (WP)

Abflachung des Körpers

Fast alle auf den größeren Steinen im Fließgewässer lebenden Kleintiere haben eine sehr flache Körperform, wie z. B. die Strudelwürmer | 2.3.25 | oder die Steinfliegenlarven der Gattung *Perla* (s. auch S. 264). Damit bieten sie der Strömung eine sehr geringe Angriffsfläche, die Strömung geht sozusagen über sie hinweg. So sind etwa die asselförmigen Larven der Hakenkäfergattung *Elmis* im Querschnitt flach dreieckig | 2.3.26 |. Optimiert wird die Abflachung des Körpers durch die Ausbildung von „Spoilern" | 2.3.27 |, indem der Vorderrand des Kopfes flach verlängert wird und auch die seitlich ausgestreckten, abgeflachten Beine und Kiemenblättchen durch entsprechende „Anstellwinkel" die Bodenhaftung unterstützen und verstärken, wie wir das z. B. bei den Eintagsfliegenlarven der Gattung *Ecdyonurus* (s. auch S. 262) beobachten können.

2.3.25 | Mit ihrem abgeplatteten und formveränderlichen Körper können die Strudelwürmer auch stärker strömende Gewässerstrecken besiedeln. Sie halten sich aber gern gesellig unter Steinen in Ufernähe auf. *Dugesia gonocephala* hat zwei „Augengruben", in denen die Pigmente so angeordnet sind, dass man unwillkürlich sagt, „die schielen". Alle Strudelwürmer haben eine hohe Regenerationsfähigkeit. Bei Tieren mit drei oder mehr Augengruben hat das letzte Hochwasser Spuren hinterlassen: In Bewegung geratene Steine haben die Augenregion verletzt und aus den abgetrennten Partien ist eine neue, zusätzliche Augengrube nachgewachsen. Andere Arten besitzen eine ganze Reihe von „Augenpunkten" am vorderen Körperrand. (WP)

2.3.26 | Mit ihrem flachen Körper kann die Larve des Hakenkäfers *Elmis* ohne Gefahr, von der Strömung erfasst zu werden, Kieselalgen von den Steinen in der Wutach abweiden. (WP)

2.3.27 | Der abgeflachte und nach vorne wie ein Frontspoiler ausgezogene Kopf der Eintagsfliegenlarve *Ecdyonurus*. (WP)

2.3.28 | Mit zwei Saugnäpfen, einem größeren am Hinterende und einem kleineren um die Mundöffnung, können sich Egel, hier der Pferdeegel *Haemopis sanguisuga*, auch in fließendem Wasser fortbewegen, ohne verdriftet zu werden. (WP)

2.3.29 | Unterseite der Lidmückenlarve *Liponeura* mit den sechs Saugnäpfen, mit denen sie sich sogar in Kaskaden mit Fließgeschwindigkeiten um 3 m/s behaupten kann. (WP)

2.3.30 | Ein Hakenkäfer, *Elmis aenea*, der nur knapp 2 mm groß wird und dessen Larve wir schon kennen gelernt haben | 2.3.26 |. Mit den Klauen an den Füßen kann er sich an Steinen festklammern. Das ist notwendig, um nicht verdriftet zu werden, da er Kieselalgen von überströmten Steinen abweidet. (WP)

2.3.31 | Larve der Köcherfliege *Rhyacophila fasciata*. Diese Art war Insekt des Jahres 2013. (WP)

Saugscheiben und Saugnäpfe

Die Kapuzenschnecke (oder auch Flussnapfschnecke) *Ancylus* besitzt ein stromlinienförmiges Gehäuse, das nicht spiralig aufgedreht ist wie bei den meisten Schnecken. Zusätzlich wirkt ihr breiter Fuß, mit dem sie auf der Steinoberfläche kriecht, wie eine körpergroße Saugscheibe (s. | 2.3.06 |). Auch einige Egel, die gleich mit zwei Saugscheiben ausgerüstet sind, nämlich am Vorder- und am Hinterende, nutzen diese „Sonderausstattung", um sich in stärker strömenden Abschnitten der Wutach festhalten zu können | 2.3.28 |.

Optimiert werden Saugscheiben, wenn sie mittels eines starken Muskels einen hohen Unterdruck erzeugen können. Derart perfektioniert sind die Larven der Lidmücken (Familie Blephariceridae), die gleich mit sechs solcher Saugnäpfe auf der Bauchseite ausgestattet sind. Dies ermöglicht ihnen, sich auch in Bereichen mit hoher Fließgeschwindigkeit zu behaupten. Man findet diese Larven auf stark überströmten Steinen in Stromschnellenbereichen der Wutach | 2.3.29 |.

Klammerapparat

Insekten und deren Larven haben am Ende des letzten Fußglieds jeweils eine oder zwei Klauen. Bei wasserlebenden Arten sind diese Klauen oft stark vergrößert, und die Tiere können sich damit an kleinsten Unebenheiten der Steine in der Strömung verankern. Die auffallende Vergrößerung dieser Klauen hat sogar einer ganzen Wasserkäferfamilie den Namen „Hakenkäfer" (Familie Elmidae) eingebracht | 2.3.30 |.

Sicherungsseil, Klettverschluss, festspinnen oder festkleben

Klauen und Haken sind hilfreich, trotzdem kann es leicht zu Unfällen kommen, wenn so ein kleines Tier in der Strömung den Halt verliert. Die köcherlose, räuberisch lebende Köcherfliegenlarve der Gattung *Rhyacophila* bedient sich deshalb eines Sicherungsfadens, den sie mit ihren Spinndrüsen erzeugt und immer wieder am Untergrund befestigt | 2.3.31 |. Ausgewachsene Köcherfliegenlarven (s. auch S. 268) kleben die Gehäuse, in denen sie sich verpuppen, mit Spinnfäden am Untergrund fest. Dabei befestigen die köchertragenden Larven nur den Eingang ihres Köchers auf dem Substrat, während die köcherlosen Larven dazu extra einen Kokon auf die Unterlage spinnen müssen. Wenn man also an Steinen in der Wutach Steinhäufchen oder Sandröhrchen findet, die fest am Stein haften, so handelt es sich immer um Puppengehäuse von Köcherfliegen | 2.3.32 |.

2.3.32 | Ein merkwürdiges Steinhäufchen auf einem größeren Stein. Hier hat die (köcherlose) Köcherfliegenlarve *Philopotamus* vor der Verpuppung einige kleine Steine zusammengesponnen, um während der Puppenruhe (kleines Bild) vor Fressfeinden geschützt zu sein. Ähnlich sehen die Puppengehäuse von *Rhyacophila* und dem Wassergeistchen *Hydropsyche* aus. (WP)

2.3.33 | Die mit einem Hakenkranz (kleines Bild) am Untergrund festgekletteten Larven der Kriebelmücke *Simulium* ernähren sich filtrierend von Feinstpartikeln, die die Strömung heran transportiert. Der halbkreisförmige Fangfächer, zu dem die Mundwerkzeuge umgestaltet sind, kann nicht aktiv aufgespannt werden. Erst bei einer Fließgeschwindigkeit von mehr als 10 cm/s öffnet sich der Fächer. (WP)

Kriebelmückenlarven der Gattung *Simulium* (Familie Simuliidae) wiederum kleben mit ihren Spinndrüsen ein kleines Gespinst auf den Untergrund, in das sie sich mit zahllosen kleinen Häkchen an ihrem Hinterende wie mit einem Klettverschluss einhaken können | 2.3.33 |. Zur Fortbewegung kleben sie ein zweites Gespinst auf den Boden, kletten sich mit den kleinen Häkchen an ihrem Bauchfüßchen – das sich dicht hinter dem Kopf befindet – fest und ziehen dann wie Spannerraupen den Hinterleib ebenfalls auf dieses Gespinst. Hier verankern sie sich wieder und kleben das nächste Gespinst auf den Untergrund, in das sie das Bauchfüßchen einhaken, und so fort. Dabei entsteht ein fast unsichtbarer Sicherungsfaden, an dem man sie mit dem Pinsel wie ein Magier im Wasser umherziehen kann. Ihre speziellen, meist pantoffelförmigen Puppenköcher werden auf den Steinen angesponnen | 2.3.34 |. Die Puppen der Lidmücken kleben ohne speziellen Kokon auf der Unterlage.

2.3.34 | Auf einem Stein festgesponnene „Pantoffeln“, in denen sich die Puppen der Kriebelmücken *Simulium* festhaken. Charakteristisch für diese Puppen sind die Atemorgane, die einem Hirschgeweih ähneln. (WP)

2.3.35 | Nur ein röhrenförmiger Köcher aus Sandkörnchen ist den Larven der Köcherfliege *Goera pilosa* nicht genug. Sie befestigen seitlich noch ein paar Kieselsteinchen. (WP)

2.3.36 | Bachflohkrebse, hier *Gammarus fossarum*, sind auch in der Wutach die wichtigsten Falllaubzerkleinerer. Meist kommen sie in großer Anzahl vor. (WP)

Gewichtszunahme

Eine Methode mit doppeltem Effekt haben die köchertragenden Köcherfliegenlarven entwickelt. In Stillgewässern bauen sie leichte Köcher aus Pflanzenmaterial oder aus kleinen Schnecken- und Muschelschalen, in die sie sich bei Gefahr zurückziehen können. Im Fließgewässer werden als Baumaterial vor allem Sand und kleine Steinchen verwendet. Damit werden die Köcher gleich schwerer, und die Strömung kann sie nicht so leicht fortschwemmen. Längliche, röhrenförmige Köcher bauen die Larven z. B. der Gattungen *Sericostoma* (aus feinem Sand) und *Potamophylax* (aus gröberen Steinchen). Die Arten der Köcherfliegenfamilie Goeridae fixieren zusätzlich seitlich an dem röhrenförmigen Köcher jeweils zwei bis drei flache Steinchen | 2.3.35 |, mit denen das Gehäuse noch schwerer, gleichzeitig aber auch relativ flacher und damit stromlinienförmiger wird.

Alle diese kleinen Strategen kann man in der Wutach finden, einige sogar bereits bei nur genauem Hinsehen, ohne dass dazu Steine aus dem Wasser genommen werden müssten. Meist ist aber der geübte Blick des Spezialisten nötig, um zu erkennen, ob es sich z. B. um eine zufällige Anhäufung von kleinen Steinchen oder Pflanzenteilen handelt oder um den Köcher einer Köcherfliegenlarve.

Nährstoffeinträge – Abwässer und Düngemittel

Von was ernähren sich die Wassertiere eigentlich? Quellwasser gelangt ja mit nur sehr geringem Nährstoffgehalt an die Erdoberfläche. Es sind ein paar Mineralstoffe, darunter Kohlenstoff und Stickstoff in ihren verschiedenen Verbindungen und minimale Mengen Phosphat, die das Grundwasser aus dem umgebenden Gestein gelöst hat, wenn es als Quelle austritt. Hier an der Erdoberfläche gelangt in das Quellrinnsal zusätzlich Licht, und in Verbindung mit den im Wasser gelösten Mineralstoffen können bereits die ersten Algen, vor allem Kieselalgen, wachsen und die Steine besiedeln. Im weiteren Verlauf des Bächleins, das durch einmündende Seitengewässer rasch an Größe zunimmt, gelangen aus der Ufervegetation Falllaub und tote Pflanzenteile in das Wasser. Diese werden von als „Zerkleinerern" bezeichneten Wasserorganismen wie dem Bachflohkrebs zernagt und zum Teil gefressen | 2.3.36 |. Der Großteil wird aber von Pilzen und Bakterien soweit abgebaut, bis sich die Inhaltsstoffe der toten Pflanzenteile wieder in Form von „Pflanzennährstoffen" im Wasser befinden. Nur in dieser Form sind sie von Algen und höheren Wasserpflanzen wie dem Quellmoos zum eigenen Wachstum verwertbar.

In unserer Kulturlandschaft gelangen Pflanzennährstoffe aber auch auf anderem Wege in die Gewässer. Zwei große Bereiche müssen hier genannt werden: häusliche (und zum Teil industrielle) Abwässer, die über Kläranlagen in die Fließgewässer eingeleitet werden, und Düngemittel, die in der Landwirtschaft eingesetzt werden.

Kohlenstoff- und Stickstoffverbindungen sind in der Natur in großer Menge verfügbar. Phosphat kommt dagegen natürlicherweise nur in sehr geringen Spuren in unseren Fließgewässern vor. Das Algen- und Pflanzenwachstum wird daher durch die vorhandene, verfügbare Phosphatmenge begrenzt, weshalb man hier von einem „Minimumfaktor" oder „limitierenden Faktor" spricht. Je mehr Phosphat im Gewässer vorhanden ist, desto höher ist also das Pflanzenwachstum, da die anderen Pflanzennährstoffe immer reichlicher vorhanden sind. Höhere Phosphatmengen sind gleichbedeutend mit höherem Nährstoffgehalt, sie führen zur „Eutrophierung" (Nährstoffanreicherung) der Gewässer.

Auch Düngemittel aus der Landwirtschaft, die ja nichts anderes als Pflanzennährstoffe sind, werden durch Regen von den Feldern und Äckern ausgewaschen und oberflächlich oder über das Grundwasser in die Gewässer gespült. Zu diesen Düngemitteln gehören neben trocken ausgebrachten Stoffen auch Gülle und in jüngster Zeit vermehrt Gärreste aus Biogasanlagen. Auch in Folge der Luftverschmutzung, z. B. durch Flugverkehr, gelangen Pflanzennährstoffe durch Regenfälle in die Gewässer.

Von der Quelle bis zur Mündung eines Fließgewässers nimmt unter natürlichen Bedingungen der Nährstoffgehalt zu, daher leben im nährstoffarmen Quellbach weniger Tiere als im Unterlauf eines Gewässers. Durch die oben genannten menschlichen Einflüsse kann der Nährstoffgehalt, allen voran Stickstoff und Phosphat, allerdings so stark ansteigen, dass das ökologische Gleichgewicht aus den Fugen gerät. In der Regel wirken sich daher alle nicht natürlichen Nährstoffeinträge nachteilig auf ein Gewässer aus.

Entwicklung der biologischen Gewässergüte der Wutach zwischen Titisee und Grimmelshofen von 1958 bis 2014

Das Ergebnis der ersten landesweiten biologischen Gewässergüteuntersuchung der baden-württembergischen Fließgewässer durch die damalige Landesanstalt für Umweltschutz (LfU, heute Landesanstalt für Umwelt, Messungen und Naturschutz Baden-Württemberg, LUBW) wurde 1958 in der ersten Gewässergütekarte (mit vier Güteklassen) veröffentlicht (s. S. 112 „Biologische Gewässergüte"). Das Messnetz war noch relativ weitläufig, da der Fokus auf den größeren Fließgewässern lag und hier insbesondere auf den Auswirkungen der Kläranlagen. Inzwischen gibt es entlang der Wutach insgesamt 22 Untersuchungsstellen, deren oberste im Seebach oberhalb des Titisees und die unterste etwa 500 m vor der Einmündung der Wutach in den Hochrhein liegt.

Seit der ersten Gewässergütekarte hat die Klassifizierung (von vier- bis siebenstufig) mehrfach gewechselt: Zur besseren Vergleichbarkeit sind im Folgenden die unterschiedlichen Skalen der Gütekarten auf die siebenstufige Güteklassen-Einteilung „übersetzt", wobei die Güteklassen der untersuchten Gewässerabschnitte jeweils in verschiedenen Farben dargestellt sind: Dunkelblau ist die beste Güteklasse (unbelastet) und damit sehr nährstoffarm, rot (sehr hohe Belastung mit abbaubaren Stoffen) die schlechteste Güteklasse. Betrachtet werden ausschließlich Veränderungen der Gewässergüte der Gutach und Wutach vom Ablauf des Titisees bis etwa Grimmelshofen | 2.3.37 |. Einer eingehenden Betrachtung der Gütesituation bis Anfang der

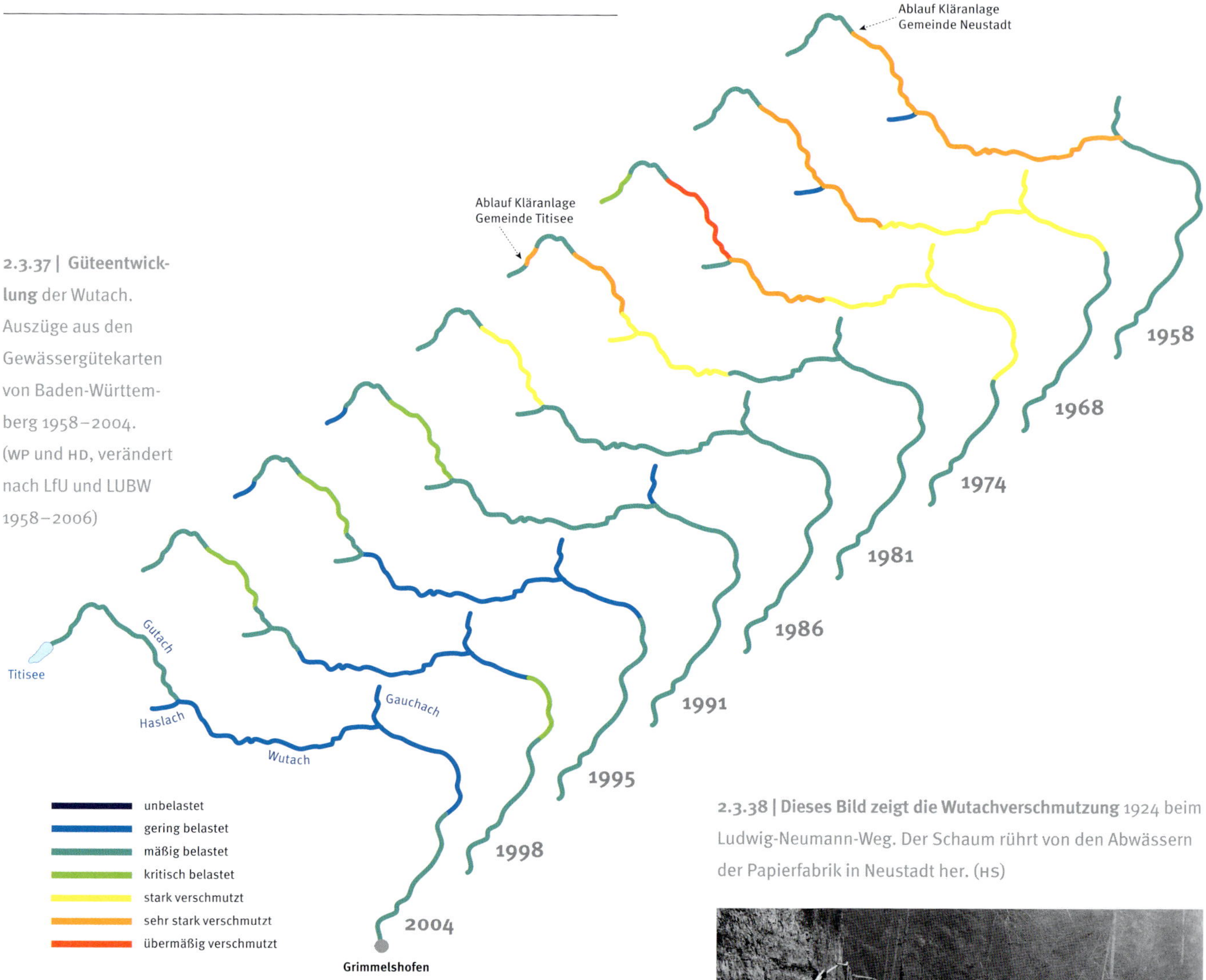

2.3.37 | Güteentwicklung der Wutach. Auszüge aus den Gewässergütekarten von Baden-Württemberg 1958–2004. (WP und HD, verändert nach LfU und LUBW 1958–2006)

2.3.38 | Dieses Bild zeigt die Wutachverschmutzung 1924 beim Ludwig-Neumann-Weg. Der Schaum rührt von den Abwässern der Papierfabrik in Neustadt her. (HS)

1970er-Jahre widmete sich R. Geisler im Buch „Die Wutach – Gewässergüte der Wutach“ (1971).

Die erste Messreihe von 1958 stufte die Gutach vom Ablauf des Titisees bis zum Ablauf der Kläranlage Neustadt als mäßig belastet ein. Die Gemeinde Titisee betrieb zwar bereits eine Kläranlage und seit etwa 1957 im damaligen Neubaugebiet eine zweite. Allerdings waren die am Ufer des Titisees gelegenen Zeltplätze und Häuser nicht an die Zentralkläranlagen angeschlossen. So floss ihr Abwasser bestenfalls über Hauskläranlagen notdürftig gereinigt in den Titisee, der dadurch stark mit Nährstoffen angereichert wurde. Unterhalb von Neustadt verschlechterte sich die Güteklasse sogar schlagartig zu „sehr stark verschmutzt“. Ursache hierfür waren weniger die kommunalen Abwässer der Stadt, sondern in erster Linie die der Papierfabrik Neustadt, die lediglich mechanisch, also über ein Absetzbecken geklärt wurden, wobei die Schwebstoffe aus der Zellulosebehandlung ungehindert in die Wutach gelangten | 2.3.38 |. Erst die Einmündung der Gauchach brachte durch ihr weniger verschmutztes Wasser wieder eine Verbesserung der Wassergüte.

1960 ging die erste nur mit mechanischer Reinigungsstufe ausgestattete Kläranlage in Neustadt in Betrieb (s. „Abwasserreinigung") | 2.3.39 |. Da aber der kommunale Abwasseranteil gegenüber der Abwasserfracht der Papierfabrik sehr gering war, ergab sich zunächst keine spürbare Verbesserung der Gewässergüte. Erst unterhalb der Einmündung des Lotenbachs erholte sich die Wutach geringfügig und wurde in der Gütekarte von 1968 ab hier nur noch als „stark verschmutzt" eingestuft. Da inzwischen auch die Gauchach stark mit Abwässern belastet war, erfolgte eine weitere Verbesserung der Gewässergüte erst ab Achdorf.

1973 wurde mit der Ringleitung, die das Abwasser der Zeltplätze und der Anwesen am Titiseeufer aufnimmt, der Grundstein zur langfristigen Sanierung des Titisees gelegt. In der Gütekarte von 1974 zeigt sich, dass der Zustand des Titisees sich gegenüber 1968 noch einmal deutlich verschlechtert hatte und die Gutach vom Seeablauf bis unterhalb der Gemeinde Titisee als kritisch belastet eingestuft werden musste. Ab Neustadt bis zur Einmündung der Haslach hatte sich die Gütesituation

2.3.39 | Die erste Kläranlage von Neustadt während des Baus im Jahr 1958. (STN)

Abwasserreinigung in Kläranlagen

Kläranlagen arbeiten eigentlich nach dem gleichen Prinzip wie Fließgewässer, nur sehr viel konzentrierter: Nach einer mechanischen Reinigung (Zurückhalten von Sand, Hygieneartikeln u. ä.) werden die im Abwasser enthaltenen organischen Inhaltsstoffe auf kleinstem Raum von Pilzen und Bakterien abgebaut, bis sie wieder zu Pflanzennährstoffen werden. Zu diesem Abbau benötigen die Pilze und Bakterien sehr viel Sauerstoff, der deshalb in die „Belebtschlammbecken" der Kläranlagen hineingepumpt werden muss. Diesen Sauerstoffverbrauch bezeichnet man als „Sauerstoffzehrung". Das gereinigte Abwasser, das in das Fließgewässer („Vorfluter") eingeleitet wird, enthält nur relativ wenig Sauerstoff, aber je nach Reinigungsleistung mehr oder weniger viele Pflanzennährstoffe. Daher findet man bei vielen kleineren Kläranlagen einige

2.3.40 | Die biologische Reinigungsstufe: Belebtschlammbecken der neuen Kläranlage Titisee-Neustadt. (STN)

hundert Meter unterhalb des Auslaufs vermehrt Algenwachstum. Vor allem sind es erhöhte Mengen an Phosphat, die als Folge unseres Speiseplans (und bis in die 1980er-Jahre als Inhaltsstoff der Waschmittel) auf diese Art im Wasser landen.

nochmals verschlimmert, in diesem Abschnitt galt die Gutach jetzt als „übermäßig verschmutzt". Trotz Baus einer speziell auf Papierabwässer ausgelegten Kläranlage in der Papierfabrik trat vorerst – auch als Folge einer innerbetrieblichen Produktionsumstellung – keine Verbesserung der Gewässergüte ein | 2.3.41 |. Zusätzlich waren die Kläranlagen auf die damals stark wachsenden Einwohnerzahlen von Titisee und Neustadt nicht vorbereitet.

Ab 1975 legte Titisee eine der beiden Kläranlagen still und führte einen Teil der Abwässer nun der Kläranlage in Neustadt zu. Die sechs Jahre später erschienene Gütekarte (1981) zeigt noch die Überlastung der Kläranlagen von Titisee-Neustadt durch die Einstufung der Gutach als „sehr stark verschmutzt". Gleichzeitig begann sich der Bau der

2.3.41 | Der Abwasserpilz *Leptomitus lacteus* bildet in stark organisch belasteten Gewässern weiche, weiße Überzüge. Er bedeckte zusammen mit dem Pilz *Fusarium aquaeductum* und dem Fadenbakterium *Sphaerotilus natans* – das lange, im Wasser flottierende Fadenbüschel ausbildet – über Jahrzehnte den Gewässergrund der Wutach von Neustadt bis zur Stallegg, bevor die massive Belastung durch den Bau der Kläranlagen mit verbesserter Reinigungsleistung seit den 1980er-Jahren deutlich abnahm. (WP)

Ringleitung positiv auf den Titisee und damit auch auf die Gewässergüte der Gutach auszuwirken. Zudem zeigte sich die bessere Reinigungsleistung der Kläranlage der Papierfabrik Neustadt, wenngleich mit Verzögerung: Die Gewässergüte unterhalb von Neustadt verbesserte sich um eine Stufe und im weiteren Verlauf bis zur Haslach-Einmündung um eine weitere Stufe. Nun hatte aber Lenzkirch ein Abwasserproblem. Infolge zunehmender Einwohnerzahlen war die Kläranlage überlastet, so dass die Haslach „stark verschmutzt" in die Wutach mündete.

1983 nahm Titisee die noch verbliebene, überlastete Kläranlage aus dem Betrieb und führte nun das gesamte Abwasser zur Kläranlage in Neustadt. Hier wurde bereits seit 1975 an der schrittweisen Erweiterung der Kläranlage mit biologischer Reinigungsstufe gearbeitet, die 1985 in Betrieb ging | 2.3.42 |. Auch das mechanisch vorgereinigte Abwasser der Papierfabrik wurde ab 1983 der biologischen Reinigungsstufe der kommunalen Kläranlage Neustadt zugeführt. Die Gütekarte von 1986 zeigt, dass sich die Gewässergüte von Neustadt bis oberhalb der Haslach-Mündung um eine weitere Stufe gebessert hatte, die Gutach war in diesem Abschnitt allerdings noch „stark verschmutzt". Die Gewässerabschnitte zwischen Titisee und Neustadt sowie von der Haslach-Einmündung bis Grimmelshofen waren jetzt durchgehend „mäßig belastet".

Die Karte von 1991 zeigt weitere Verbesserungen der Gewässergüte als verzögerte Folge der abwassertechnischen Maßnahmen. Wieder war die Gewässergüte unterhalb Neustadts um eine Stufe besser geworden. Der Abschnitt wurde als „kritisch belastet" eingestuft und nicht mehr als „stark verschmutzt". Die Gauchach hatte sich sogar so weit regeneriert, dass sie nur noch „gering belastet" war.

1993 begann man in der Kläranlage Neustadt mit der Phosphatelimination, also der weitgehenden Entfernung des Pflanzennährstoffs Phosphat aus dem gereinigten Abwasser | 2.3.43 |. Die Verbesserungen sind in der Gütekarte von 1995 festzustellen. Zwar war der Abschnitt Neustadt bis zur Haslach-Einmündung noch unverändert in der Gütestufe „kritisch belastet", aber ab dem Gutach-Haslach-Zusammenfluss bis unterhalb von Achdorf war die zweitbeste Gütestufe der Wutach erreicht, „gering belastet".

Drei Jahre später (1998) zeigte sich ein fast unverändertes Bild. Unterhalb der 1979 in Betrieb gegangenen, seit 1993 mit Phosphatelimination arbeitenden, inzwischen stark überlasteten Kläranlage Blumberg-Achdorf bis zur Einmündung des Weilergrabens oberhalb von Grimmelshofen war allerdings eine Verschlechterung zu „kritisch belastet" eingetreten. Erst die Kapazitätserweiterung und die Einrichtung einer weiteren Reinigungsstufe (Stickstoffelimination) 1999 brachte eine optimierte Reinigungsleistung und in der Folge wieder eine deutliche Verbesserung der Wutachgüte.

Von 2000 bis 2004 erfolgte der weitere Ausbau der Kläranlage Neustadt | 2.3.44 |. Zusätzlich zur Erweiterung der biologischen Reinigungsstufe konnte nun mit der Stickstoffelimination auch der zweite wichtige Pflanzennährstoff aus dem gereinigten Abwasser entfernt werden. Als weiterer wichtiger Schritt hin zu einer dauerhaften Verbesserung der Gewässergüte muss die Schließung der Fabrik „Altpapier Neustadt“ in den 1990er-Jahren gesehen werden. Nach den Güteberichten von 2004 und 2010 war die Gutach zwischen Titisee und Haslach-Einmündung nun „mäßig belastet“ und im folgenden langen Abschnitt bis oberhalb von Grimmelshofen „gering belastet“; ebenso die Haslach und die Gauchach. Aktuell ist nach bislang unveröffentlichten Daten der LUBW unterhalb von Titisee eine weitere Verbesserung nach „gering belastet“ eingetreten, wenn man die alte Gütebestimmungsmethode zum besseren Vergleich heranzieht. Unterhalb von Neustadt bis Bonndorf bleibt die Wutach „mäßig belastet“. Eine bessere Gütestufe als „gering belastet“ können einmal durch Verschmutzung vorbelastete Gewässer nicht mehr erreichen. So ist fast 120 Jahre nach Ansiedlung der ersten Papier verarbeitenden Fabrik in Neustadt zumindest im Bereich der Naturschutzgebiete „Wutachschlucht“ und „Wutachflühen“ wieder der ursprüngliche Gütezustand erreicht.

2.3.42 | Die erweiterte Kläranlage Titisee-Neustadt von 1985. (STN)

2.3.43 | In der Kläranlage Titisee-Neustadt wird seit 1993 in einem chemischen Prozess (durch Fällmittel) Phosphat aus dem Abwasser entfernt. Im Bild die Fällmittel-Dosierstation. (STN)

2.3.44 | 2004 wurde nach langer Umbau- und Erweiterungsphase die neue Kläranlage Titisee-Neustadt in Betrieb genommen. (STN)

2.3.45 | Heute fühlt sich die Blauflügel-Prachtlibelle (s. auch S. 272) im Wutachgebiet wieder wohl. (MS)

Pflanzenleben in der Wutachschlucht

Höhere Pflanzen und ihre Lebensräume

Otti Wilmanns

3.1.01 | **Vorhergende Doppelseite:** Zu den die Wutachaue prägenden Pflanzen gehört die Rote oder Gewöhnliche Pestwurz. Gar nicht gewöhnlich ist freilich deren Lebensrhythmus: Schon im ersten Frühling blüht sie und fruchtet bald darauf, so dass der Wind die weißen Flugschirme ergreifen und die sehr kleinen Früchte ausbreiten kann. (AG.MAI2012)

Warum ist die Wutachschlucht ein Spitzengebiet?

Wen man auch fragt: Jeder Wandernde, der für das Pflanzen- und Tierleben im Gelände, für Gesteine und Erdgeschichte oder schlicht für das Bild der ihn umgebenden Landschaften empfänglich ist, wird von der Wutachschlucht und den Wutachflühen begeistert sein. Woran liegt das eigentlich? Befinden wir uns doch im vergleichsweise unspektakulären und uns vertrauten Mitteleuropa, in mittlerer Meereshöhe, mit mittleren durchschnittlichen Klimadaten (800–1000 mm Jahresniederschlag und 6,5 °C Jahresmitteltemperatur) und mit weit verbreiteten Gesteinen, seien es alte Kristallingesteine, seien es Schichtgesteine des Erdmittelalters wie Kalke, Sandsteine und Mergel (s. auch S. 60). Und unberührte Natur im strengen Sinne ist es auch nicht. Aber die Tatsache, dass es sich um eines der ältesten südwestdeutschen Naturschutzgebiete (s. auch S. 407) handelt (seit 1939, später vergrößert, dazu die Flühen als NSG ausgewiesen) bezeugt doch seine Bedeutung für Forschung, Lehre, allgemeine Bildung und – wahrlich nicht zuletzt – Freude an einer nicht alltäglichen Natur. Was also fesselt an Wutachschlucht und Wutachflühen (die wir im Text zusammenfassen werden) so sehr, dass sie zu den meistbesuchten Gebieten in Baden-Württemberg gehören? Der Kern lässt sich mit einem einzigen Satz fassen: Es ist die erlebbare Dynamik eines jungen, erst seit rund 18 000 Jahren existierenden

3.1.02 | **Vom Hauptwanderweg aus** – etwa 1 km unterhalb der Schurhammerhütte – blickt man nach Norden auf ein geradezu modellartiges Mosaik von Pflanzengesellschaften, gestaffelt vom heutigen Südufer der Wutach hinüber zu einer Ausbuchtung des Tals nach Norden, die einen früheren Verlauf bezeugt. Zur Zeit der Aufnahme herrschte gerade etwa mittlerer Wasserstand. Vorn zieht sich der typische Pestwurz-Gürtel entlang; in dessen hinterem Streifen, der etwas weniger häufig überflutet wird, konnte das Drüsige Springkraut eindringen, wogegen die Spitze der Schotterbank rechts so anhaltend überflutet wird, dass nur kurzlebige Pioniere sommers in den sandigen Spalten zwischen den Steinen aufkommen können. Ein wenig höher schaffen es dann schon die ersten Gehölze: Der Streifen mit den kugeligen, silbrigen Kronen gehört der Lavendel-Weide, dahinter stockt ein Grauweiden-Bestand. Am östlichen Steilhang zieht sich, vom Grundwasser unabhängig und gegenwärtig nur schwer zugänglich, Schluchtwald hoch. Im oberen Hintergrund bei den Überhältern (Altbäumen) von Fichte (links, mit spitzer Krone) und Tanne (rechts, mit breit-stumpfer Krone) beginnend, ist Fichte aufgeforstet worden, wie man dies oft an Stelle von Tannen-Buchenwäldern findet. (OW.SEP2004)

und sich entwickelnden Wildflusses mit all ihren Folgen. Durch die Flussdynamik der Wutach ist eine Vielfalt von verschiedenartigen Standorten geschaffen worden | 3.1.02–03 |; und sie schafft noch heute für Pflanzen- und in deren Gefolge für Tierarten die große Mannigfaltigkeit an Lebensräumen (Biotopen).

Eine Reihe von Ursachen lässt sich auch vom aufmerksamen Wanderer erkennen. In erster Linie ist es die Steilheit des Reliefs dort, wo der Fluss sich in hartes Gestein hat „hineinfräsen" müssen und dies auch gegenwärtig noch der Fall ist. Wo es sich um weiches Gestein handelt, etwa Tone oder mächtige Mergellagen, rutscht das Substrat nach und bildet buckelig-wellige Oberflächen mit Wechsel von Wasserstau und scharfer Austrocknung. Felsabbrüche bilden Steilwände (Klippen) und Nasen. Ist das Gestein gleichmäßig hart, ohne weiche Zwischenlagen und ohne Klüfte und Spalten, so bildet es Wände, die nicht von den uns vertrauten Gefäßpflanzen – den sogenannten Höheren Pflanzen – durchwurzelt werden, wohl aber von haften-

3.1.03 | **Oft zeigen die südexponierten Muschelkalkwände** ein im doppelten Sinne buntes Bild; man kann es deuten, wenn man die Ansprüche der Pflanzen kennt. Hier ist Wassermangel der auslesende Faktor. Der Wechsel von undurchwurzelbaren Kalkbänken mit unterschiedlich mächtigen Ton- und Lehmbändern, die immerhin ein wenig Wasser speichern können, erlaubt es manchen „genügsamen" Pflanzenarten – z. B. Feld-Ahorn und Kiefer, Hartriegel und Dost –, dort langfristig und ohne die sonst so stark auslesend wirkende Konkurrenz im Sonnenlicht zu leben. (KS.SEP2012)

3.1.04 | Herabgestürzte Felsbrocken bieten vielen Spaltenbewohnern wie Streifenfarnen und Moosen, an lichten Stellen auch Flechten, kleinräumige Standorte, an denen sie nicht so leicht auskonkurriert werden, wie etwa hier von den dichten Herden des Bär-Lauchs, der auf feuchten, mergeligen Böden kaum andere Kräuter neben sich duldet. (MS.JUN2013)

3.1.05 | Immer wieder brechen Felsbrocken aus der Muschelkalkwand (hier in der Nähe des „Amselfelsens") herab, wie die ungleichen Verwitterungsfarben an der Gesteinswand zeigen. So entstehen neue Standorte für Pioniere aus verschiedenen Organismengruppen: luftbewohnende Algen, Pilze und Flechten, Fels- und Bodenmoose sowie für Höhere Pflanzen, vor allem Gehölze, hier und da Grau-Erle und in deren Gefolge viele Tierarten. (JW.JAN2013)

3.1.06 | Auch Bäume des ziemlich überflutungsfesten Grauerlen-Auenwaldes sind nicht immer der Gewalt der Hochwässer gewachsen, zumal dann nicht, wenn Anrisse an zuvor unbeeinträchtigten Ufern entstehen. Manch alter Baum kann, wenn er erst einmal unterspült ist, herunterbrechen und die Fließgeschwindigkeit ebenso wie das Nährstoffangebot, auch die Nist- und sonstige sogenannte Requisiten beeinflussen. (MS.APR2013)

3.1.07 | Die Sumpfdotterblume gehört zu jenen Pflanzen, bei denen man sich fragen mag, wo sie gelebt haben, ehe der Mensch Grünlandwirtschaft betrieben hat. Innerhalb unserer heutigen, wirtschaftlich geprägten Landschaft zeigt das Bild geradezu modellhaft einen ursprünglichen Uferstandort. (KS.MAI2013)

den Pflanzen wie Flechten und Moosen – den sogenannten Niederen oder Lagerpflanzen – oberflächlich besiedelt werden können. Infolge der Verkarstung (also der Lösung von Kalk längs der Klüfte) und damit der Wasserdurchlässigkeit der Kalkschichten (s. auch S. 82) und beim Nachbrechen der Wände entstehen auch gegenwärtig sehr bezeichnende, geradezu den Schluchtaspekt bestimmende Lebensräume: Es sind die herabgestürzten Felsblöcke und die Schluchthalden.

In all diesen Fällen spielt die Beschaffenheit der aus den verwitterten Gesteinen entstehenden Böden eine differenzierende Rolle. Schon aus diesem Grund sind die Unterschiede zwischen der Silikat-Schlucht (dem westlichen Teil bis zur Schattenmühle) und der östlich anschließenden Muschelkalk-Schlucht groß. Am Fluss selbst wirken dessen eigene Kraft des Abtrags (der Erosion) und das Gegenteil, die Ablagerung (die Sedimentation). Es wechseln Blöcke, Kies und die Feinsedimente Sand, Schluff und Ton, dazu mitgeschleppte Pflanzenteile wie Holz von ganzen Stämmen und abgerissenen Ästen sowie rasch zersetzbares Laub. Aber auch gelöste Substanzen kommen dazu, die bei Überschwemmungen locker vom Boden gebunden werden und auf die dortigen Pflanzen günstig oder schädlich wirken.

Die Häufigkeit und Höhe der Überschwemmungen ist im Einzelnen unvorhersehbar, denn sie ist abhängig von Sturzregen, von Landregen, von Schneeschmelze, aber auch von der Ab- und Zuleitung aus dem östlichen Feldberggebiet. Ein kleiner Teil der dortigen Niederschläge wird nämlich seit 1932 über den Windgfällweiher und den Schluchsee unter Energiegewinnung zum Hochrhein abgeleitet, wo sich das Wasser dann letztlich mit dem eigentlichen Wutachwasser, das vom Achdorfer Knick südwärts fließt, trifft (s. auch S. 89).

Zu diesen geologischen und bodenkundlichen Faktoren kommen noch die gleichfalls stark prägenden klimatischen Einflüsse. Die Enge der Schlucht und die Steilheit der Hänge haben eine außerordentliche Verschiedenheit der Strahlungsverhältnisse zur Folge. Die Ein- und Ausstrahlungsintensität wechselt stark zwischen den nach Süden und den nach Norden gerichteten Talflanken. Und weil sich die Expositionen auf kleinem Raum ändern, wechseln auch Licht und Schatten, Wärme und Kälte in geringem Abstand voneinander. Langjährige Messreihen an Klimastationen liegen zwar für Lenzkirch, Bonndorf und andere Orte zwischen Feldberg und Wutöschingen vor, in der Schlucht selbst wurde aber offiziell nur von 1958 (eingeschränkt) bis 1961 und zwar zwischen Dietfurt und Immenloch mit Schwerpunkt Bad Boll gemessen. Ein interessantes Beispiel aus dem Spätwinter, wo der hier unerfahrene Wanderer keinesfalls die Schlucht aufsuchen sollte, veranschaulicht das Bildpaar in der Abbildung | 3.1.08 |; das dargestellte Erlebnis verdanken wir dem Wutachranger, Martin Schwenninger.

Einige der von Neuwirth (1971/1988) erläuterten Zahlenwerte sind auch für den Wanderer interessant, weil sie dessen eigene Eindrücke bestätigen können.

Die Lage in Lee des Schwarzwaldes sowie im Einzugsbereich von Kaltluft aus der Baar-Hochmulde um Donaueschingen, aber auch das Einströmen von Warmluft aus dem Hochrheintal in das untere Wutachtal lassen klimatische Eigenarten erwarten.

So war der Talboden bei Bad Boll in den Monaten von September bis März erheblich kälter als die Station in Lenzkirch, das doch selbst schon in einer Talsenke der Haslach liegt. Die Jahresschwankung der Temperatur war in Bad Boll dagegen größer, denn der Sommer war deutlich wärmer. Die Hänge zeichneten sich bei allen Wetterlagen durch höhere Temperaturen als die Aue aus. Die durchweg hohe Luftfeuchtigkeit in der Schlucht führt auf dem kurvenreichen Wanderweg mit seiner wechselnden Ein- und Ausstrahlung beim Menschen leicht zur Empfindung von Schwüle oder aber zu Frösteln, so der Meteorologe Neuwirth: *„Die Wutachschlucht hat Stellen, die das ganze Jahr über keine Sonne trifft, und wieder solche Hänge, die fast eine ungehinderte Einstrahlung aufweisen können.“* Bedenkt man weiter, dass an Boden- und Blattoberflächen weit stärkere Temperaturunterschiede zustande kommen können als bei der üblichen Messhöhe von 2 m, so wird auch verständlich, dass im Wutachgebiet im Gegensatz zum sonstigen Schwarzwald so manche Pflanzenart mit kontinentaler Verbreitung lebt.

Nach solchen Beobachtungen und Messdaten ist es einsichtig, weshalb die Wutachschlucht (immer unter Einschluss der Flühen gemeint) ein derart feingegliedertes Mosaik von Lebensgemeinschaften besitzt: Pflanzen, die unmittelbar auf die chemischen und physikalischen Bodenfaktoren und auf das Mikroklima (= Klima der bodennahen Luftschicht, soweit es noch vom Bewuchs gesteuert wird) reagieren. Dazu kommt eine mit Sicherheit weit größere Zahl von Tieren, auf die das ebenfalls zutrifft, die aber zusätzlich von den Pflanzen abhängig sind. Dies gilt ja nicht nur, weil die grünen Pflanzen über den Prozess der Fotosynthese energiereiche Stoffe für alle Organismen bilden und verfügbar machen (autotroph sind), sondern auch, weil sie den Tieren – die ebenso wie die Pilze heterotroph sind – auch viele andere lebensnotwendige Gegebenheiten bieten: Requisiten, die diese „Schauspieler auf der Lebensbühne" brauchen. Dies wird in den zoologischen Beiträgen erst recht anschaulich und weiter unten in den Beiträgen von Gregor Schmitz (s. S. 148 „Stelldichein auf dem Waldgeißbart", S. 156 „Tierspuren auf einem Pestwurzblatt" und S. 160 „Insektengemeinschaft am Drüsigen Springkraut") noch einmal zur Sprache kommen.

In der folgenden Darstellung der landschaftlichen Entwicklung der Vegetation soll uns das unmittelbar sichtbare Mosaik der Pflanzengesellschaften als Leitfaden dienen. Wo der geübte Beobachter einen Wechsel in der Vegetation wahrnimmt, muss er auch mit einem Wechsel der Umweltbedingungen, einer Änderung des geologischen Untergrunds, der Böden, des Wasserregimes, der Temperatur und weiterer Faktoren rechnen. In unserem Falle haben wir sogar gewisse langfristige Vergleichsmöglichkeiten dank der Wutachmonografie von 1971 (Nachdruck 1988 unverändert). Lassen sich Veränderungen – nicht nur der Pflanzendecke – selbst in einer sehr naturnahen Landschaft feststellen? Es bleibt immer spannend!

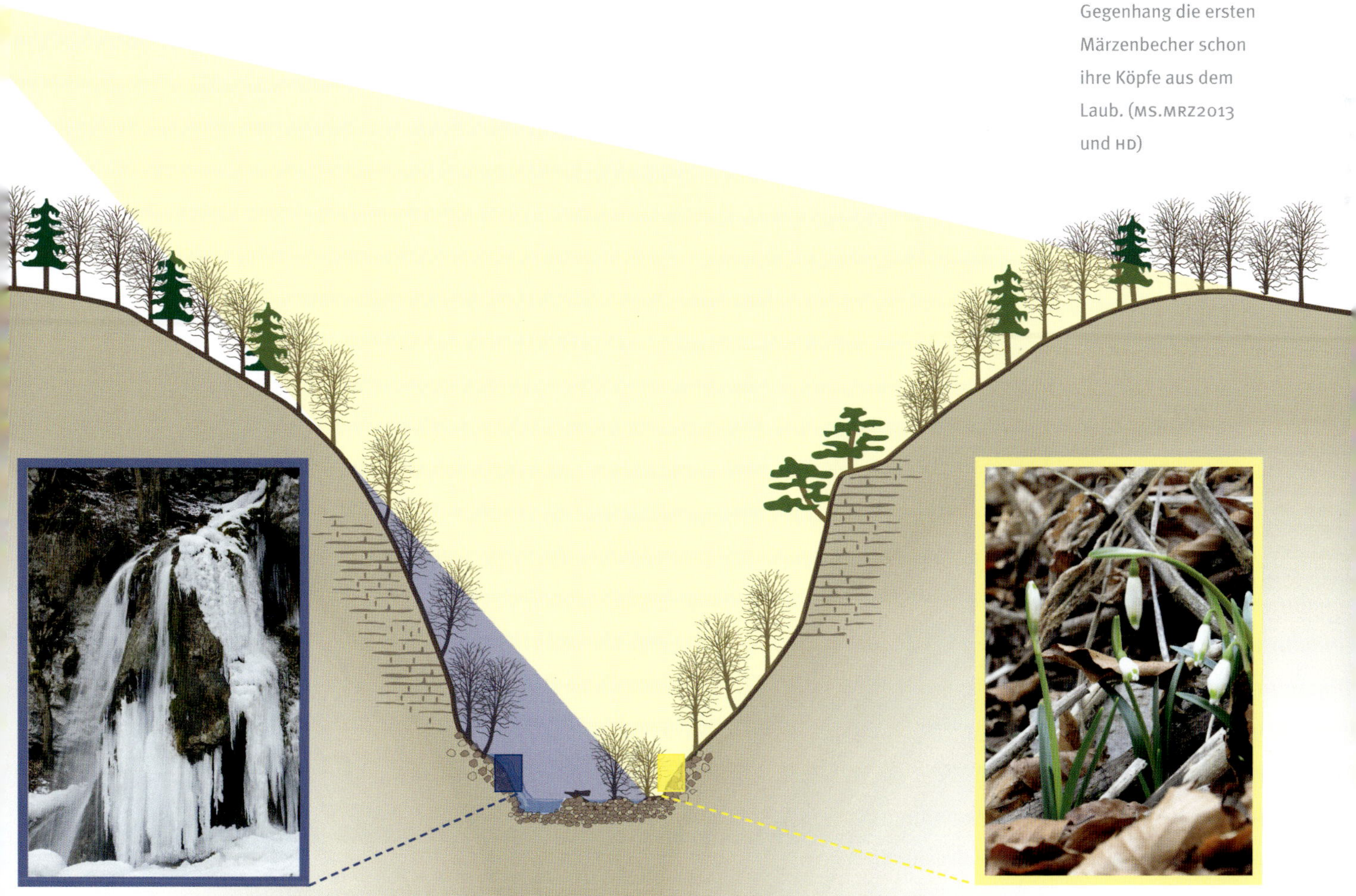

3.1.08 | Kleinstandörtlich können die Klimaverhältnisse in der Wutachschlucht stark differieren. Während der nach Norden ausgerichtete und im Schatten liegende Tannegger Wasserfall noch im Eis des Winters erstarrt ist, strecken am 19. März 2013 in 250 m Entfernung am südexponierten Gegenhang die ersten Märzenbecher schon ihre Köpfe aus dem Laub. (MS.MRZ2013 und HD)

Die Wald-gesellschaften

Otti Wilmanns

Vielfalt der Waldbilder

Man wird in Baden-Württemberg kaum einen größeren Gegensatz im Landschaftsbild finden als den zwischen den überwiegend landwirtschaftlich genutzten Höhen rechts und links der Wutach und der eigentlichen Schlucht. Oft durchquert man dazwischen einen Streifen eher eintöniger Nadelholzforste mit vorherrschender Fichte als „Brotbaum“ ihres Besitzers; dann steht man an der Kante des Steilabfalls, vernimmt schon das Rauschen des Flusses, falls die Wasserführung stark ist, und kann vielerorts über das Waldkleid der Hänge und der Aue blicken: Zu allen Jahreszeiten ist es ein „Puzzle“ von verschiedenfarbigen Waldstücken, Streifen, Baumgruppen und gelegentlich herausragenden „Recken“ | 3.2.01 |.

Man erkennt die schon vor ihrer Blattentfaltung blühenden Ahorn- und Weidenarten, während andere Bäume noch die Farbe ihres Geästs zeigen, z. B. die Eschen das stumpfe Grau ihrer lockeren Kronen. Im Sommer schwächen sich die Kontraste ab, aber mächtige Einzelbäume lassen doch ihre Dominanz erkennen. Kommt man näher heran, so lassen sich gerade im „langweiligen“ Winter die Neigung zu dichter oder lockerer Verzweigung, die Stammgestalt und die Borkenbeschaffenheit gut erkennen. Der dichten Verzweigung entsprechen kleine Blätter (z. B. bei Buche und Hainbuche); wo das Astwerk sehr locker-weitmaschig gebaut ist, werden die Lücke sommers in der Regel von großen, in sich geteilten Blättern gefüllt (z. B. bei der Esche und der um Bad Boll gepflanzten Rosskastanie). Es sind verschiedene Weisen, den Kronenraum zur

3.2.01 | Eindrücke gewinnt man allüberall von der standörtlichen Vielfalt, die sich am Wechsel der spontanen Baumarten und deren Unterwuchs erkennen lässt. Im Herbst zur Zeit der Laubverfärbung und im Frühling zur Zeit des unterschiedlichen Austriebs fordert dies besonders zur Deutung heraus. (KS.MAI2013)

Gewinnung von Sonnenenergie zu nutzen. Selbstverständlich ist der Wald weit mehr als die Summe seiner Gehölze, auch weit mehr als die Summe seiner Kräuter einschließlich der Gräser bei nicht allzu dichtem Kronendach; bei lückiger Streuschicht spielen auch Moose und Flechten eine Rolle (s. auch S. 178), von einer weit höheren Zahl von Tieren, Pilzen und Mikroorganismen ganz zu schweigen.

Die auffallende Mannigfaltigkeit in den Waldbildern ist Ausdruck der mannigfaltigen Standorte, d. h. der Kombination der jeweiligen Boden- und Klimafaktoren, zusammen mit dem allenfalls mäßigen menschlichen Einfluss. Mit raschem Wechsel des Standorts wechselt auch das Arteninventar der Wälder in beschreibbarer Weise. Diese Waldgesellschaften sind nicht ohne jeden menschlichen Einfluss, aber doch umso naturnäher | 3.2.02 |,

3.2.02 | Die steilen Täler der Wutachseitenbäche sind von menschlichen Eingriffen bislang weitgehend verschont geblieben. (AG.MAI2013)

3.2.03 | Totholz dient den Larven verschiedener holzzersetzender Käferarten als Kinderstube. Dieses Nahrungsangebot wird auch von Spechten genutzt, wie man an den zahlreichen Löchern im Stamm beobachten kann. (MS.FEB2013)

3.2.04 | Wie mit Krakenarmen krallt sich eine Fichte an einem Felsbrocken fest. (KS.MAI2013)

3.2.05 | Stelzfichte: Ursprünglich auf einem umgestürzten Stamm gewachsen, ist dieser längst vermodert und der Baum steht nun quasi „in der Luft". (MS.MAI2013)

je schwieriger die Bewirtschaftung und damit die Prägung durch Nutzung ist (s. auch S. 364). Kilometerweit geht es durch baumartenreiche, vom Weg aus oft „urig" anmutende Bestände, wenn es auch nicht vom Menschen unberührte, also echte Urwälder sind. Am eindrucksvollsten sind die Verhältnisse in der Muschelkalk-Hauptschlucht, in den Klammen von Rötenbach und Lotenbach, in der engen Gauchachschlucht und in den Wutachflühen (Fluh ist ein alemannischer Ausdruck für Fels, Felswand).

Man sieht, dass hier nicht die ordnende Hand des auslesenden Wirtschafters eingegriffen hat. Viele Bäume haben offenbar ihr natürliches Ende erreicht und liegen als mächtige, moosbewachsene, sich allmählich zersetzende Stämme mit letztem dürren Geäst quer oder längs am Hang | 3.2.03 |. Andere bilden stehendes Totholz. Manche Bäume krallen sich geradezu mit ausgreifendem Wurzelsystem in Felsspalten | 3.2.04 |, wobei ein Teil schon frei in der Luft hängt. Wieder andere Individuen sind säbelwüchsig, weil in ihrer Jugend der Boden gerutscht ist, sie selbst gekippt wurden, jedoch ohne abzusterben, und ihr Spitzentrieb nun erneut in der Senkrechten oder auch in Richtung des stärksten Lichteinfalls weitergewachsen ist.

Oft schaut schlangenartiges Wurzelwerk so weit aus dem Boden heraus, dass man auf mehrere Dezimeter Bodenabtrag seit seiner Entstehung schließen muss. Am deutlichsten wird diese Erosion auf den Pfaden, wo sie unser Tritt bewirkt hat. Bei den gleichsam auf Stelzen stehenden Fichten | 3.2.05 | ist es anders: Sie sind auf gefallenen Stämmen gekeimt und aufgewachsen, diese sind seither verwest, ein Prozess, der gerade im luftfeuchten Schluchtklima gut vonstatten geht und in dessen Verlauf unzählige Arten von Bakterien, Pilzen und Kleintieren in gesetzmäßiger Abfolge beteiligt waren.

Als zuverlässige Zeugen schleichender und natürlicher Erosion sind auch gelegentlich gekippte Grenzsteine zu beobachten. Für uns sind diese standortsgemäßen Wälder als Erosionshemmer, eben als Bodenschutzwälder unersetzlich, denn ohne eine solche Vegetation würden auf Dauer Bergschlipfe und Felsstürze, Gesteinsschutt und Flussgeröll, Wildbäche und Muren ein geradezu chaotisches Gelände erzeugen und das Flussbett stellenweise plombieren. Reißende Hochwässer würden sich weit stärker als heute mit wechselndem Verlauf einen Weg bahnen; die Schlucht wäre unbegehbar, allenfalls durchsteigbar; von irgendeiner Nutzung könnte keine Rede sein. Die Schwierigkeiten beim Wegebau lassen das erahnen (s. auch S. 375).

In Tannen-Buchenwäldern

Es hieße die Situation der Gesamtschlucht falsch darzustellen, wenn man ihre Vegetation nur als spektakulären Sonderfall betrachten wollte; gibt es doch großflächig auch harmonische naturnahe Wälder mit den Hauptbaumarten Rotbuche und Weißtanne; teilweise tritt die Fichte hinzu | 3.2.09 |. Man durchmisst diese Wälder vor allem auf dem Hauptwanderweg vom Zusammenfluss von Haslach und Gutach hinunter zur Schattenmühle, auch beim Abstieg zur Gauchach von Döggingen her und auf dem Waldlehrpfad unterhalb von Mundelfingen.

3.2.06 | Schleimpilze (Myxomyceten) sind pilzähnliche Organismen und sitzen häufig auf morschem Holz auf. Allerdings zersetzen sie das Holz nicht, sondern leben von Bakterien, anderen Mikroorganismen, Pilzhyphen und Sporen. Der Blutmilchpilz (*Lycogala epidendrum*) ist einer der häufigsten, auffälligsten Schleimpilze; das Bild zeigt die noch unreifen Fruchtkörper, die mit einer schleimigen Masse gefüllt sind. Bei der Reife löst sich die Außenhaut vom Scheitel her auf und die Sporen gelangen ins Freie. (Text DL, Foto KS.OKT2012)

3.2.07 | In der Erstauflage der Monografie „Die Wutach" (1971) veröffentlichte Helmut Schwöbel den Erstnachweis des Frühlings-Stockschwämmchens (*Kuehneromyces lignicola*) für Deutschland. Diese Art kann im Mai/Juni an totem, stark zersetztem Fichtenholz beobachtet werden. Sie steht dem Stockschwämmchen (*Kuehneromyces mutabilis*) nahe und ist eine Besonderheit der Pilzflora in der Wutachschlucht. (DL.MAI2012)

3.2.08 | Ein Vertreter der Scheibenpilze (Discomyceten) ist der Zitronengelbe Becherling (*Bisporella citrina*). Er besiedelt auf dem Boden liegende, entrindete Äste von Laubbäumen, besonders der Buche. (Text DL, Foto KS.OKT2012)

Rotbuche und Weißtanne kommen sowohl auf Kalk- als auch auf Silikatböden vor; für ihren Unterwuchs gilt das jedoch nicht in gleichem Maße. Heidelbeeren und die weich-feinblättrigen Horste der Geschlängelten Schmiele, deren Blütenstände zur Blüte und Fruchtzeit rötlich überlaufen sind, sowie die wimperhaarigen Horste der Weißen Hainsimse bewirken einen „Schwarzwald-Aspekt"; es handelt sich um den Artenreichen Silikat-Tannenwald.

In dieser Waldgesellschaft stocken auch Tannen aller Altersklassen, so die eigens benannte Stallegger Tanne | 3.2.10 |. Wo diese Waldgesellschaft lichter wird, erst recht nach Schlag oder – bei Fichtenreichtum – nach Sturmwurf, entstehen oft ganze „Wiesen" von hohem Wald-Reitgras, zuweilen mit Großblütigem Fingerhut. Für den Silikatteil der Schlucht sind auch die oft wegnahen Gebüsche der Schwarzen Heckenkirsche mit ihren blauschwarzen Doppelbeeren bezeichnend | 3.2.12 |.

Dagegen erinnern an den einigermaßen fixierten Hängen der Kalkschlucht sowie am Eich- und Buchberg Pflanzen wie Seidelbast | 3.2.11 |, Haselwurz | 3.2.13 | und Frühlings-Platterbse | 3.2.14 | an Verhältnisse auf der Schwäbischen Alb. Mit deren höchstem, dem südwestlichen Teil hat unser Gebiet die aparte Alpen-Heckenkirsche | 3.2.15 | gemeinsam. Nach dieser Art ist der Waldtyp auch benannt (Alpenheckenkirschen-Buchen-Tannenwald). Es ist ein Hinweis auf das Einstrahlen von Alpen-Elementen in das Wutachgebiet (s. auch S. 173).

3.2.09 | Diese schönen Wälder sind an den „mittleren Standorten" in der Bergstufe entwickelt. Sie sind regelrecht bewirtschaftbar, wie immer wieder eingesprengte Fichtenflächen zeigen. Sie besiedeln Gelände ohne starke Rutschungen, ohne Vermoorungen, Überschwemmungen oder anderen Wasserüberschuss, auch ohne Dürreperioden und ohne ausgesprochenen Nährstoffmangel, kurz gesagt: ohne ökologische Extreme im mitteleuropäischen Rahmen. (MS.OKT2013)

3.2.10 | Stallegger Tanne: Dieses mächtige Baumindividuum (im Bild mit Wutachranger) hat bisher 52 m Höhe erreicht und rund 4,5 m Stammumfang (in 1,3 m Höhe gemessen). Man schätzt ihr Alter auf etwa 280 Jahre. (Wollte man es genauer wissen, müsste man den Baum am Stammgrund anbohren und die Jahresringe zählen.) Dieser Baum zeigt so recht die Lebenskraft der schönen Art *Abies alba*, die zwar langsam wächst, aber tief verankert sturmfest und auch recht schädlingsresistent ist (s. auch HOCKENJOS 2008). (MS.OKT2013)

3.2.11 | Oben: Schon im Spätwinter beginnt der Seidelbast – noch unbeblättert – duftend zu blühen und bietet erste Nahrung für Insekten. Für den Menschen sind alle Teile der Pflanze giftig! Schon wenige der roten Beeren, die später so auffällig zwischen den spärlichen Blättern herausleuchten, sind für Kinder tödlich! (AG.MÄR2013)

3.2.12 | Links: Die Sträucher der Gattung Heckenkirsche sind fruchtend an ihren verwachsenen Beeren zu erkennen; von Vögeln verzehrt, gelten sie doch für Menschen als giftverdächtig. Im Bild die Schwarze Heckenkirsche. (OW.AUG2013)

3.2.15a und 15b | Die Alpen-Heckenkirsche fällt nicht nur durch ihre großen, rot-gelben Blütenpaare (oben links) und später durch die knallroten Früchte (oben, für scharfe Beobachter als Doppelbeeren erkennbar) auf, sondern auch durch ihre großen, glänzend grünen Blattpaare. Die natürliche Länge der Blüte beträgt 1–2 cm, die von gut entwickelten Früchten ca. 1 cm. (KG und HPD)

3.2.13 | Die Haselwurz ist dank ihrer ledrigen, teilweise wintergrünen Blätter und des pfefferartigen Geruchs (dennoch giftig!) unverkennbar. Die Blüten sitzen bodennah verborgen. Der Geruch lockt Pilzmücken an, die dort ihre Eier ablegen und dabei die Blüten bestäuben. (JW.MAI2013)

3.2.14 | Die Frühlings-Platterbse ist einer der häufigsten Frühblüher, allerdings so gut wie nur auf kalkreichen Böden. Ihr besonderer Reiz liegt in der Veränderung ihrer Blütenfarben, wenn die Blüte altert: Der Farbstoff Anthocyan schlägt nämlich aufgrund einer Veränderung des Säuregrads in den Zellen von Rot nach Blau um. (MS.MAI2013)

Hangwälder der Schlucht – die wichtigsten Charaktergesellschaften

Während die Tannen-Buchenwälder bei uns regional in großer Ausdehnung entwickelt sind, gilt das nicht für die Waldgesellschaften der felsigen Steilhänge, für die der feuchten Hangfüße mit ihrem lockeren, humusreichen Boden und für die flussnahen Auenwälder, deren Böden und Krautschicht bei starkem Hochwasser noch überspült werden. Wohl nirgends in Südwestdeutschland findet man diese Gruppe so vielseitig und vergleichsweise großflächig entwickelt wie im Kalkteil der Wutachschlucht. Hier sind die Aspekte und Vorgänge, die von der Dynamik des Flusses zeugen, am deutlichsten ausgeprägt. Es sind folgende Waldgesellschaften: der Eschen-Bergahorn-Wald, den man kurz Schluchtwald (im engeren Sinne) nennen kann, der Spitzahorn-Sommerlinden-Wald, den wir knapp (mit Oberdorfer und Hockenjos 1971/1988) als Berg-Lindenwald bezeichnen. Dem Grauerlen-Auenwald, der zwar einige Gemeinsamkeiten mit diesen hat, aber doch etliche interessante eigene Züge in seiner Flora und Fauna in Standort und Entwicklung zeigt, wird ein eigenes Kapitel gewidmet. (Es gibt durchaus weitere Waldgesellschaften im Gebiet, aber da dies kein Lehrbuch für Geobotaniker ist, sollen sie allenfalls gleichsam „im Vorbeigehen" erwähnt werden.)

Der Wanderweg im Tal wird weithin von Schluchtwäldern | 3.2.17 | begleitet. In der Baumschicht pflegen Berg-Ahorn und Esche die Hauptbaumarten zu sein, auch die Berg-Ulme ist hier bezeichnend. Seit einigen Jahrzehnten ist sie von einer Pilzkrankheit – der Ulmen-Welke – betroffen. (Erreger ist der Schlauchpilz *Ophiostoma novo-ulmi.*) Die Ulmen stehen daher manchmal nur noch als Totholz da. In den letzten Jahren schlägt nun auch an den Eschen überall im Lande ein aus dem Nordosten eingewanderter Pilz zu, der ihre Blätter und Äste zum Absterben bringt (s. auch S. 365). Der Pilz konnte als *Chalara fraxinea*, eine Nebenfruchtform des Weißen Stängelbecherchens – eines Schlauchpilzes –, identifiziert werden.

In der Krautschicht bestimmen oft die Herden des Silberblatts das Bild | 3.2.16 |. Gerne wird die auch als Mondviole (Gattung *Lunaria*) bezeichnete Art mit der Nachtviole (Gattung *Hesperis*) verwechselt. Nicht selten heben sich die Fächer der derben, überwinternden Wedel des Gelappten Schildfarns von den Trichtern unserer üblichen Waldfarne ab. Sie und viele andere Kräuter bezeugen dem Kenner den günstigen Wasserhaushalt im Schluchtwald.

Ganz anders am steilen Gegenhang, an dem der Berg-Lindenwald nicht diesen Eindruck von Üppigkeit macht – verständlicherweise, da der Wasserhaushalt an solchem Standort zeitweise recht angespannt sein kann. Hier beobachtet man am ehesten Welke-Erscheinungen. Dennoch handelt es sich um eine unserer artenreichsten Waldgesellschaften in Mitteleuropa. Gute Kenner werden bei sorgfältig erhobenen Artenlisten durchaus für 100 m^2 50–70 Pflanzenarten namhaft machen! Außer dem Spitz- kommt oft der Feld-Ahorn auf, und die Stiel-Eiche kann sich in Felsspalten verankern. Man trifft auf Sträucher, die man von freien Hecken kennt, etwa Hartriegel, Hasel und Wolligen Schneeball. In der Krautschicht finden sich reichlich Maiglöckchen und viele andere, weniger bekannte, durchaus auch stattliche Arten wie

3.2.16 | Ihren Namen erhielt das Silberblatt nach den im Herbst blitzenden, münzenartigen Fruchtresten (nämlich der Scheidewand im Inneren des Schötchens). (KS.MAI2013)

3.2.17 | Die im Einzelnen sehr mannigfaltigen Bestände des Schluchtwaldes leben an den Schatthängen, mehr oder weniger ausgeprägt in Nordexposition, aber auch unten im engen Tal können lokal solche luftfeuchten Standorte ausgebildet sein, wie er sie benötigt. (MS.MAI2013)

Immenblatt, Türkenbund und Berg-Flockenblume, Steinbeere, Steinsame | 3.2.18 | und Wunder-Veilchen | 3.2.20 |. Sie halten sich hier dauerhaft unter der am Südhang weniger schattenden Baumschicht. Es gibt allerdings nicht sehr viele Stellen, wo man das am Wanderweg genau betrachten kann, denn meist sind solche Bestände schwer zugänglich, oder man gewinnt aus der Entfernung von oben oder von unten her keinen rechten Überblick.

Den Berg-Lindenwald quert man am Weg vom Bachheimer Parkplatz hinunter zum Rümmelesteg; auch am Ostweg bei den Flühen und unterhalb des Parkplatzes Flühen bei Fützen bieten sich gute Einblicke.

3.2.18 | Nur an lichten Standorten entwickelt der Blaurote Steinsame seine zunächst roten, dann leuchtend blauen Blüten. Er vermag weit ausgreifende Decken zu bilden, weil die Triebspitzen einwurzeln können; so kann die Pflanze an günstige Stellen gelangen, wo auch Blüten- und Samenbildung gelingen. (KG.MAI2011)

Wir wissen aus zahlreichen pollenanalytischen Untersuchungen, dass sowohl die Buche als auch die ebenfalls stark schattende Tanne nach der letzten Eiszeit erst sehr viel später nach Mitteleuropa zurückgekehrt sind als die meisten anderen heute heimischen Bäume. Birke und Kiefer, Erle, Eiche, Linde, Ulme, Ahorn waren alle bereits vorher, in der Postglazialen Wärmezeit, nach Mitteleuropa zurückgekehrt. Damals hat die Höhengrenze des Waldes sogar deutlich höher gelegen als heute. Die Wälder jener Zeit darf man sich daher ähnlich vorstellen wie die heutigen buchenarmen Laubmischwälder. Sicher waren sie nicht einheitlich, eben auch nach Lokalklima, Wasserangebot und Nährstoffversorgung differenziert, aber als Modell eines Waldtyps aus der Zeit vor 6000 Jahren darf man sich den Waldtyp unseres Berg-Lindenwalds wohl vorstellen.

3.2.19 | An Stümpfen oder Stämmen von Laubbäumen, die nach einem Sturm oder durch Hangrutschungen in die Schlucht gestürzt und als Totholz liegen geblieben sind, wächst der Gallertfleischige Fältling (*Merulius tremellosus*). Hier auf dem Bild sind die Fruchtkörper durchgehend flach auf dem Holz angewachsen, aber meist bilden sie behaarte Hutkanten aus. (Text DL, Foto KS.SEP2012)

3.2.20 | Wunder-Veilchen: Was führte zu diesem Namen? Wohl kaum die großen herzförmigen Blätter. Vielmehr entwickelt die Pflanze nach kurzstieligen, duftenden Frühlingsblüten noch lange, beblätterte Stängel mit kümmerlich erscheinenden, geschlossen bleibenden Blüten (wie im Bild zu sehen), die dennoch dank Selbstbestäubung Samen bilden (mit Elaiosom, s. auch S. 147). (LT.JUN2013)

Ansprüche und Strategie der Rotbuche

Beim Blick in die beiden Waldgesellschaften bleibt die Frage, warum Gehölze in diesen wie auch im Grauerlen-Auenwald so artenreich vertreten sind, jedenfalls für unsere mitteleuropäischen Verhältnisse, warum auch die Krautschichten sehr gut entwickelt sind, warum aber die Buche sehr zurücktritt, sogar nahezu fehlt. Wurde sie früher sogar als „Mutter des deutschen Waldes" betrachtet, gedeiht sie doch tadellos sowohl auf Silikat- als auch auf Kalkböden, dazu unter den Klimabedingungen von der Ebene bis in die hochmontane Stufe. Sogar von ihr so gut wie allein aufgebaute Bestände sind häufig. Offensichtlich ist die Buche also unter vielen Rahmenbedingungen so konkurrenzstark wie bei uns keine andere Baumart. Dies hat drei Ursachen: Sie ist sehr schattenfest; sie wird ziemlich alt (wenn man sie nur lässt); sie kann sehr hoch werden. Das Wichtigste ist ihr Charakter als sogenannte Schattbaumart: D. h. sie kann selbst bei ziemlich geringer Lichtintensität noch fotosynthetisch Stoffgewinn erzielen; das bedeutet zum einen, dass ihr eigenes Laubdach ungewöhnlich dicht sein kann, zum andern können die unteren Blätter dennoch assimilieren, obwohl die oberen bereits einen Teil des Lichtes „abgefangen" haben. Für die Bodenvegetation bleibt dann so gut wie nichts, es sei denn, es handelt sich um wintergrüne Arten, z. B. eine Efeu-Decke am Boden, oder (wenige) Frühblüher mit sehr kurzer Entwicklungsdauer, z. B. Buschwindröschen-Herden. Und diese müssen auch noch mit dem schwer zersetzbaren Buchenlaub fertig werden. Ein zweiter Aspekt: Pflanzen, die sehr alt werden, können auch über viele Jahrzehnte hin Samen bilden; wenn auch das Sämlingsstadium ein kritisches ist und die allermeisten Jungpflanzen sich nicht bis zur eigenen Blühreife zu entwickeln pflegen, so steigt doch die Chance auf Nachkommenschaft und auf Ausbreitung, ja Besiedlung neuer Gebiete. Und drittens: Wer große Wuchshöhen erreicht, kann Konkurrenten übergipfeln und gegebenenfalls beeinträchtigen. Glücklicherweise – so darf man behaupten – gibt es aber auch „Schwächen" bei der Buche, die ihre Allgegenwart verhindern: Sie erträgt keine Bodenvernässung, keine Überflutung von mehr als wenigen Tagen, ist also auf gute Sauerstoffversorgung ihrer Wurzeln angewiesen; schon Bodenverdichtung im Wurzelraum beeinträchtigt sie. Dazu ist sie äußerst empfindlich gegen bewegte Böden; Rutschungen übersteht sie kaum. Wenn man sie an entsprechenden Hängen festzustellen glaubt, liegt der Verdacht nahe, dass sie unter sich doch festes Gestein oder verkeilte Felsblöcke hat, die von oben nicht leicht sichtbar sind. Dass es Baumarten gibt, die mit geringeren Wasservorräten auskommen als die Buche, lässt sich in Trockenwäldern klar erkennen.

3.2.21 | Spontaner, dichter Buchen-Jungwuchs unter einer ehemaligen Fichtenaufforstung zeigt die Konkurrenzkraft der Buche. (MS.MAI2013)

3.2.22 | Die Rotbuche, einst „Mutter des deutschen Waldes" genannt, ist in den Waldgesellschaften der Wutachschlucht auffallend selten vertreten. (AG.MAI2013)

3.2.23 | **Der Wald-Gelbstern oder -Goldstern** fällt nicht auf, da er nur wenige Blüten zu bilden pflegt; seine grasartig schmalen Blätter sind jedoch oft zu entdecken. Vorn im Bild sind die breit-herzförmigen Blätter des Scharbockskrauts anzusprechen, das ähnliche Standortansprüche stellt, aber auch als Pionier an vernässten Stellen auftritt; es kann dank seiner Knöllchen in manchen Blattachseln leicht verschwemmt werden. (MS.APR2012)

3.2.24 | **Gelbes Windröschen.** Diese hübsche Art (im Bild links oben) ist nahe mit dem weißblühenden Busch-Windröschen verwandt, jedoch seltener als dieses. (MS.APR2012)

Schluchtwälder als Wanderziel

Wenn eine Waldgesellschaft wie der Wutach-Schluchtwald sich über viele Hektar in wechselndem Gelände erstreckt, muss sie in sich noch differenziert sein. Eines der schönsten Ziele, welches man sich für eine Waldwanderung im zeitigen Frühjahr wählen kann, sind die Märzenbecher-Schluchtwälder mit dem Schwerpunkt zwischen Bad Boll und der Wutachmühle! Locker krümeliger, humoser, oft etwas rieselnder Boden, reifem Kompost ähnlich, nährstoffreich, frisch, aber nicht vernässt, trägt hier wahre „Sternenmeere" weißer Blüten über locker stehenden Pulks von glänzenden, kräftig grünen Blattbüscheln.

Wenig später entwickeln sich eine Reihe anderer, nicht eben „gewöhnlicher" Arten, die auch die Phase vor dem Laubausbruch der Bäume nutzen, ist sie doch dank winterlicher Bodenfeuchte und bei vollem Lichteinfall recht günstig. Das gilt besonders für jene Arten, die einen unterirdischen Vorrat an Nährstoffen, vor allem Kohlenhydrate und

3.2.25 | **Die Blütezeit des Märzenbechers** kann jahrweise sehr verschieden sein; z. B. notierte die Autorin Mitte April 1971: *„Leucojum gerade voll in Blüte"*, Mitte April 2004 jedoch *„abgeblüht"* und selbst Ende März 1994 *„schon abgeblüht"*. So ist es verständlich, dass die Pflanze im Schwäbischen mancherorts „Märzekappe", anderswo „Aprilstern" genannt wird (MÜLLER 2011). (MS.MRZ2013)

Eiweiß besitzen, den sie im Vorjahr allmählich angelegt haben und nun rasch mobilisieren können. Pralle Knollen, Zwiebeln oder Wurzelstöcke sind bezeichnend für solche sogenannten Geophyten. Man findet sie in vielen Pflanzengesellschaften rings um den Erdball, aber in Mitteleuropa nirgendwo in solcher Fülle an Arten und Individuen wie in diesem Typus von Schluchtwald, der vor mehr als 100 Jahren von der Schwäbischen Alb unter dem Volksnamen „Kleebwald“ begeistert beschrieben worden ist (Kleeb = Fuß einer Steilhalde mit Wasserlauf). Einige bezeichnende Arten sind: Hohler Lerchensporn mit roten oder weißen Blütentrauben und der zierliche Wald-Gelbstern | 3.2.23 |. Bezeichnend sind auch die Trupps des Gelben Windröschens | 3.2.24 |, wogegen das ein wenig vor ihm zur Blüte kommende Weiße ja zu den häufigen Waldbodenpflanzen gehört, denn es stellt keine sehr speziellen ökologischen Ansprüche. Hier aber ist es dem Wettbewerb mit mehreren anderen Arten bei ähnlichem Lebensrhythmus ausgesetzt.

Wenn nach kräftiger Frühlings-Fotosynthese die Früchte und Samen dieser Geophyten reif sind, ziehen sie die Triebe rasch ein; schon nach wenigen Wochen findet man nur noch Reste. Mit Dutzenden anderer Kräuter verschiedener Standorte haben mehrere dieser Pflanzen eine Eigenschaft gemeinsam: Sie besitzen kleine Anhängsel an Samen oder Früchtchen, durch welche sie von Ameisen ausgebreitet werden. Diese sogenannten Elaiosomen | 3.2.26 | enthalten nämlich Zucker, Fettsäuren und Öl und locken z. B. durch Ricinolsäure Ameisen einiger häufiger Gattungen an, welche die Ölkörperchen mitsamt den Samen oder Früchtchen eifrig sammeln und vertragen. Ziel ist ihr Bau, wo sie einen Vorrat anlegen; die Elaiosomen werden im Laufe der Zeit verzehrt, die Samen selbst beim „Hausputz“ wieder an die Oberfläche befördert. Daher findet man auf und um Ameisenhaufen oft Scharen von Sämlingen. Die Transportstrecke kann erheblich sein, es wird von 70 m berichtet. Dabei bleibt auch mancher Same „auf der Strecke“ – eine offensichtlich probate Methode der Ausbreitung. Man kann diese Ölkörperchen mit bloßem Auge auch z. B. an Samen von Veilchen, vom Schöllkraut, auch an Früchtchen von Hainsimsen und vielen anderen Pflanzen erkennen. Die Beweglichkeit der Tiere auf diese Weise zur eigenen Ausbreitung zu nutzen, nicht nur etwa als „Klette“ im Pelz irgendwohin, sondern im gleichen Lebensraum, ist also vielfach in der Evolution der Blütenpflanzen entstanden; sie muss wirkungsvoll sein und die „Investition“ an energiereichen Substanzen in Elaiosomen lohnen.

Da der Muschelkalk in Zwischenschichten wechselnde Mengen an Tonsubstanz enthält, gibt es auch in den aus diesen hervorgegangenen Böden

3.2.26 | Elaiosom des Lerchensporns. (KG.MAI2013)

3.2.27 | Ameisen schätzen diese nährstoffreichen Anhängsel, schleppen sie mitsamt den Samen in ihren Bau und tragen so zu deren Ausbreitung bei. (HD)

Stelldichein auf dem Wald-Geissbart

Gregor Schmitz

Die Blütenstände des Wald-Geißbarts sind Treffpunkt zahlreicher Käferarten (s. auch S. 288). Käferkundler klopfen von den Pflanzen Glanzkäfer, kleine Bockkäfer, Museumskäfer, Wollhaarkäfer, Stachelkäfer, Blatthornkäfer und manchmal Kurzflügler. Diese ernähren sich von Nektar und Pollen. Letzterer ist reichlich vorhanden. Einige Arten finden hier – nebenbei – auch Paarungspartner. Doch so attraktiv die Staude auch für blütenbesuchende Käfer und andere Insekten (kleine Bienen, Wespen und Fliegen) ist, als Wirtspflanze für die Aufzucht der Larven eignet sich der Wald-Geißbart nur für wenige Arten. Käfer und ihre Larven fressen nicht an Blättern oder Wurzeln. Auf den Blättern findet man aber regelmäßig weißlich grüne, linienartige Fraßgänge. Diese werden von einer hoch wirtsspezifischen Minierfliege, *Agromyza spiraeoidearum*, erzeugt. Haben die Larven genug gefressen, verlassen sie das Blatt und verpuppen sich am Boden.

3.2.28 | Die in der Tat einem leicht struppigen Ziegenbart ähnelnden Blütenbestände des Wald-Geißbarts sehen bei genauer Betrachtung verschiedener Pflanzen nicht alle gleich aus, gibt es doch Pollen liefernde Individuen (mit auffallend langen Staubblättern je Blüte) und Individuen, die nach einer Bestäubung in jeweils drei Fruchtblättern je Blüte Samen bilden und daher in einem bestimmten Stadium hellgrün wirken. Diese Trennung der Geschlechter – Botaniker sprechen von Zweihäusigkeit – sichert Blütenpflanzen Fremdbestäubung und damit genetische Vielfalt. (LT.AUG2013)

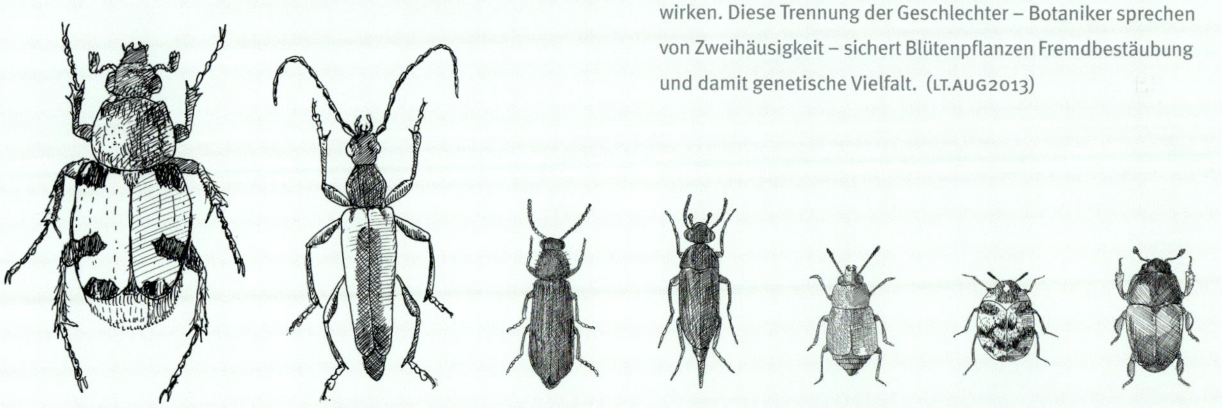

Blatthornkäfer (*Scarabaeidae*) | Blütenböcke (*Cerambycidae*) | Wollhaarkäfer (*Dasytidae*) | Stachelkäfer (*Mordellidae*) | Kurzflügelkäfer (*Staphylinidae*) | Museumskäfer (*Dermestidae*) | Glanzkäfer (*Nitidulidae*)

3.2.29a und 29b | Die Hirschzunge kommt – wenn überhaupt – meist in großen Beständen an dauerhaft luftfeuchten Standorten vor. Formvollendet elegant wirken die sich entrollenden Wedel der jungen Farnpflanze (links). Im Spätsommer und im Bild gut erkennbar sind die Sporen enthaltenden Sporangienstreifen der ausgewachsenen Farnpflanze (rechts). (OW.MAI2013 und OW.AUG2013)

solche mit leichtem Wasserzug oder Wasserstau im Wurzelbereich. Das zeigen in den Schluchtwäldern die hohen Stauden des Wald-Geißbarts an, der auch im Silikatteil der Schlucht und damit im Schwarzwald an luftfeuchten, lichten Böschungen nicht selten ist (s. „Stelldichein auf dem Wald-Geißbart").

Schließlich gibt es an den Wutachflühen unterhalb der obersten geschlossenen Wände junge Felsabbrüche, die zu Halden von Grobschutt und Blöcken in luftfeuchter Lage geführt haben. Decken lockerwüchsiger Moose überziehen die Kalkbrocken. Zwischen Moosen und Steinen sammelt sich Humus, das Kalkgestein selbst liefert ein wenig Mineralsubstanz. Hier ist das Reich der ziemlich seltenen Hirschzunge, eines unserer apartesten Farne | 3.2.29 |. Man kann aus den vielen alten und jungen Stöcken schließen, dass die Population sich gut verjüngt; offenbar sind die moosgeschützten, humosen Spalten günstig für die Sporenkeimung und für die sich entwickelnden Prothallien: also diejenige Generation im Entwicklungskreislauf der Farnpflanzen, welche wenige Millimeter groß ist, auf der sich dennoch die Befruchtung vollzieht, in deren Folge sich die ansehnliche, sporenbildende Generation entwickelt, eben das, was wir als „Farnpflanze" kennen. Ein verwandter Standort ist die „Felsspalte", die Pflanzen mit dünnem Wurzelwerk und entsprechend kleinerem Wuchs vorbehalten ist; wenige dieser Arten, u. a. der Grüne Streifenfarn | 3.2.30 |, waren früher auch an schattigen, unverstrichenen Mauern in Dorf und Stadt häufig zu sehen.

3.2.30 | Ziemlich selten ist der Grüne Streifenfarn, dessen Wedel im Herbst absterben, wogegen der ähnliche, aber ökologisch „robuste" Schwarzstielige Streifenfarn (wintergrün und mit braunschwarzer Blattspindel) in der Schlucht „überall" und in Dörfern immerhin noch gelegentlich vorkommt. (KG.MAI2011)

3.2.31 | Ein solches „Farnfeld“ aus ebenmäßigen, gleichaltrigen Trichtern großer Wedel, die mehr als meterhoch werden können und bis unten gefiedert sind, findet man selten. Der Name Straußfarn ist treffend. Dieser wächst an der Haslach, weitab von anderen Vorkommen, alle sehr zerstreut, auf feuchten, sogar gelegentlich überschwemmten Böden. Die Populationen vergrößern sich, indem unterirdische Triebe, zugleich Nährstoffspeicher, einige Dezimeter im Boden wachsen, sich dann zur Oberfläche wenden und ein senkrechtes Stämmchen bilden, mit assimilierenden Fiederblättern und später auch mit rein Sporen erzeugenden Wedeln. Vom Wuchs her ist unser Straußfarn also gleichsam ein Mini-Exemplar tropischer Baumfarne. (OW.MAI2013)

3.2.32 | Die bezeichnende Waldgesellschaft der Aue ist der Grauerlen-Auenwald. Er ist jedoch nicht der Pionier, wie das einführende Bild von der Zonation bereits zeigte. Diese Abbildung bietet nun einen Blick in einen offenbar schon alten Bestand: recht licht, die glatten Stämme von einem hellen Mosaik aus Krustenflechten überzogen, oft mehrere Stämme aus einem einzigen Stock emporwachsend (Stockauschlag) mit gut entwickelter Krautschicht. (MS.MAI2013)

Der Grauerlen-Wald in der Aue

Die „*wüthende Ache*" trägt ihren Namen zu Recht. Sie ist in ihrem Oberlauf von Kappel-Gutachbrücke bis Grimmelshofen der letzte Wildfluss Südwestdeutschlands und lässt beobachten und erschließen, wie sich eigentlich eine solche Flussdynamik äußert. Die Aue ist der zeitweise überschwemmte Teil des Tals zwischen Hochwassergrenze und Flussbett. Diese ist in einer solchen schmalen Schlucht natürlich nicht sehr breit und hangwärts nicht scharf abgegrenzt, aber die prägende Kraft des Flusses erkennt man am veränderten Pflanzenbewuchs | 3.2.31–32 |.

Einige Worte zur speziellen Hydrologie der Wutach (s. auch S. 104) mögen daher am Platz sein. Die Abflussmengen der Wutach schwanken außerordentlich stark, im Verhältnis 1 zu über 300! Die Hochwässer fallen meist, aber nicht ausschließlich ins Winterhalbjahr, wenn zur Schneeschmelze im Hochschwarzwald anhaltende Niederschläge fallen können. Um diese Zeit sind Pflanzen weniger empfindlich gegen Überflutung. Das Geröll hat noch keinen langen Transportweg hinter sich und ist daher erst wenig zerkleinert und zumeist grob blockig oder steinig, so dass es selbst dann, wenn sich allmählich Rohboden bildet, wenig Wasser speichert. Folglich ist das Substrat für die Pflanzenwurzeln gut durchlüftet. Kein stagnierendes, sauerstoffarmes Grundwasser trifft hier eine Auslese unter den Auenbewohnern. Den Transport von Steinen schafft der Fluss erst ab einer gewissen Wassermenge, wenn nämlich am Pegel Stallegg 12,5 m^3/s gemessen werden. Das ist in mittleren Jahren nur an 20–30 Tagen der Fall. Lässt die Transportkraft nach, so bleiben zuerst Steine, dann Sand, schließlich (wenig) Schluff und Ton liegen, vor allem an der Innenseite der Flussschlingen, d. h. am Gleithang. Diese Stellen sind der Besiedlung durch Pflanzen bald freigegeben, aber nur für kurze Zeit. Verlagert der Fluss sein Bett, so reißt er den Prallhang an; dort blickt man dann auf ein Bodenprofil mit einem Wurzelnetz der dort zuvor lebenden Pflanzen, dessen Festigungskraft schließlich der Schürfkraft des Wassers unterlag, oder es wird sogar das anstehende Gestein freigelegt, so

3.2.33 | Die doppelt gesägten Blätter der Grau-Erle sind derb und unterseits graugrün im Gegensatz zur sattgrünen Schwarz-Erle. (OW.JUL2004)

3.2.34 | Eine vom Biber im Winter 2012/13 gefällte Lavendel-Weide hat bereits im darauf folgenden Frühjahr kräftig buschförmigen Stockausschlag gebildet. (OW.AUG2013)

3.2.35 | Der Gezonte Ohrlappenpilz (*Auricularia mesenterica*) mit seinen gallertig-zähen, halbkreisförmigen, zottig behaarten Fruchtkörpern ist ein Schwächeparasit. Er ernährt sich ausschließlich von absterbenden oder abgestorbenen Teilen verschiedener Laubhölzer und bevorzugt eine hohe Luftfeuchtigkeit, wie sie in naturnahen Auwäldern – etwa hier in der Wutachschlucht – anzutreffen ist. (Text DL, Foto KS.OKT2012)

3.2.36 | Ist der Wipfel der Grau-Erle in irgendeiner Weise geschädigt, selbst nach Hieb des Stammes, so treiben „schlafende Knospen" an flach streichenden Wurzeln zu neuen Stämmchen aus. Man kann dann im Umkreis einiger Meter Scharen junger strauchiger Grau-Erlen finden, die freilich nur an lichten Stellen hochkommen. Die Schrägstellung der Stämme am Flussrand zeigt, dass die Bäume in Richtung des stärksten Lichteinfalls, dem freien Himmel zu, gewachsen sind. (OW.APR2010)

Zweckgemeinschaft mit Bakterien

Wer etwa herausgespültes Wurzelwerk der Grau-Erle entdeckt, sollte dieses genauer betrachten und wertschätzen! Man kann bis zu faustgroße (hier 2 cm messende), aus vielen Knöllchen bestehende, kugelige Gebilde daran finden. Sie enthalten Bakterien (Actinomyceten), die von dem Wirtsbaum mit energiereichen Kohlenhydraten ernährt werden; sie selbst bringen Luftstickstoff in eine von der Erle nutzbare Form. Mit dem Laubfall gelangt er auf und in den Boden und steht so für viele andere Mitglieder der Wald-Lebensgemeinschaft zur Verfügung. Die bei dieser Baum-Bakterien-Symbiose gewonnene Stickstoffmenge kann erheblich sein und die Düngermenge einer guten Zweischnittwiese übertreffen. Der Vorgang ist im Prinzip derselbe, wie wir ihn uns bei Klee, Bohnen und anderen Leguminosen landwirtschaftlich zunutze machen.

3.2.37 | Grauerlenwurzel mit Knöllchenbakterien. (OW.MAI2013)

dass der Kenner unmittelbar die geologische Schicht ansprechen kann. Wo die Transportkraft des Wassers verringert wird, etwa durch abgestürzte Felsblöcke oder durch Stämme mit Geäst, können sich auf Zeit Kiesinseln und Uferbänke bilden.

Erstbesiedler ist meist die wohl auffallendste Pflanze der Aue, die Rote Pestwurz. Auf diese interessante Pflanze und ihre „Gesellschafter" wird erst bei den Offenlandgesellschaften im folgenden Kapitel eingegangen. Wirksamste „Ufer-Festiger" sind natürlich Gehölze. Auch unter ihnen sind es nur wenige, die den Auenstandort bewältigen. Von den Brücken aus lassen sich einige gut kennenlernen. Schaut man z. B. von der Brücke bei der Schattenmühle flussaufwärts (nach Westen), so erkennt man am südlichen Ufer Grau-Erlen | 3.2.33 | und gegenüber am nördlichen eine große Schwarz-Erle, wie sie bei uns an nassen Standorten häufig ist. Von der Dietfurtbrücke flussaufwärts sieht man links (nach zwei Ahornen) eine Gruppe Grau-Erlen; am rechten Ufer folgt auf zwei Eschen eine Reihe auffallend schöner, hoher Lavendel-Weiden | 3.2.34 | mit ihren schmalen, unterseits spinnwebartigen Blättern.

Es ist wohl kein Zufall, dass diese beiden Auengehölze gerade um die Dietfurtbrücke noch reichlich vorkommen, denn dies war der Hauptübergang über die Wutach und das Gelände sicher über Jahrhunderte hin nur teilweise bestockt, wovon auch die Mühlenreste zeugen – für Lichtbaumarten eine günstige Situation. Die beiden Baumarten trifft man auch an ökologisch ähnlichen Alpenflüssen bestandsbildend an; ihre Verbreitungsgebiete, ihre Areale also, und damit ihre Geschichte sind jedoch ganz verschieden: Die Grau-Erle hat ihren Verbreitungsschwerpunkt im kontinentalen Norden, wo sie wohl ihre Widerstandsfähigkeit gegen Schneedruck und Spätfröste erworben hat, die ihr in der Wutachschlucht und in einigen kaltluftreichen Tälern des Schwarzwaldes zugutekommen (dazu Schwabe 1985a). Hier und in den nördlichen Alpentälern überschneidet sich ihr Areal mit der südlich verbreiteten Lavendel-Weide.

Die Grau-Erle hat etliche Eigenschaften, die ihren Pioniercharakter verständlich werden lassen, auch ihre standortsprägende Kraft, der sie unter unseren gemäßigten Standortsbedingungen schließlich selbst zum Opfer fällt. Dass sie in der Wutachschlucht wohl nicht als Baum einer Dauergesellschaft auftritt, sondern ein Glied in der Entwicklungsreihe, der Sukzession, ist, stellte Hockenjos als zuständiger Forstmann schon 1971 fest. Als Pionier an Flussufern wird sie allmählich von anspruchsvolleren, aber auf Dauer stärkeren Konkurrenten verdrängt. Ein Vergleich mit Aufnahmematerial aus der Vorkriegszeit und auch Beobachtungen im Laufe der letzten Jahrzehnte zeigen den allmählichen Wandel hin zum Schluchtwald, also nicht nur durch veränderten Waldbau. Die Zusammenhänge seien kurz dargestellt. Man kann in der Schlucht häufig beobachten, dass die Kronen sich weg vom eigentlichen Waldbestand, der von anderen Baumarten bestimmt wird, über den Fluss neigen, zu höherer Lichtintensität hin. Die Grau-Erle wächst denn auch rasch, vor allem in der Jugend, und kann daher bald selbst Hochstauden überragen. Verletzungen, wie sie bei reißendem Hochwasser mit Geröll und Holz leicht zustande kommen, kann sie gut bewältigen, indem sie wieder austreibt, auch bei beschädigtem Wurzelsystem | 3.2.36 |.

Eine typische „Pioniereigenschaft" ist die frühe Blühfähigkeit und Samenbildung der Grau-Erle: Diese kann schon mit 15 Jahren einsetzen, bei Wurzelbrut sollen es sogar nur sechs Jahre sein. Über das erreichbare Höchstalter gibt es sehr unterschiedliche Angaben aus verschiedenen Gegenden. Es heißt, bei uns seien es nur 50 Jahre; wir stellten jedoch bei der Stammbohrung eines ins Wasser gekippten Baums mindestens 85 Jahre fest. Aus dem hohen Norden werden sogar 250 Jahre angegeben. In der Wutachschlucht finden sich recht häufig Bäume, die einen morschen Kern haben, so dass man nicht rasch zu einer Statistik kommt. Immerhin ist auch bemerkenswert, dass an scheinbar trockenen Stellen, bei denen aber im Untergrund ein leichter Wasserzug infolge von tonigen Einlagerungen anzunehmen ist, junge Grau-Erlen spontan vorkommen können. So ist es einleuchtend, dass an Stellen, an denen nicht regelmäßig längere Überflutungen stattfinden, sich allmählich ein Schluchtwald entwickelt. Wenn auch die Esche ähnlich lichtbedürftig ist, so sind doch Berg-Ahorn, Ulme und auch etwa gepflanzte Linden auf Dauer Konkurrenten, die zu einem allmählichen Umbau des Bestands führen. Davon ist auch die Krautschicht betroffen. Denn typische Stauden des lichten Grauerlen-Waldes wie Blauer Eisenhut verschwinden auch allmählich | 3.2.38 |. Wir müssen folgern: Solche Wälder waren früher, als man noch viele Furten benutzte, als Scheitholzflößerei betrieben wurde, als überhaupt der Wald stärker, manchmal übermäßig genutzt wurde, deutlich günstiger für ausgesprochene Lichtpflanzen als gegenwärtig (s. auch S. 352).

3.2.38 | Selten trifft man in der Schlucht auf den Blauen Eisenhut, der in den höheren Berglagen häufiger vorkommt. (KG.AUG2010)

Offenland-Gesellschaften

Otti Wilmanns

Obwohl die weitaus größte Fläche des hier vorzustellenden Wutachgebiets von Wäldern eingenommen wird und das ausgedehnte Grünland zwischen Aselfingen und Achdorf mit seinen Streuobstwiesen nur gestreift werden soll, gibt es auch eine Vielzahl von Nicht-Waldgesellschaften – ökologisch gesprochen: eine breite Spanne von Lebensräumen mit Arten, deren Lichtansprüche im geschlossenen Wald nicht befriedigt werden. Nicht alle sind „etwas Besonderes“, aber sie alle lassen weitere Pflanze-Tier-Beziehungen zu und erhöhen die Artenvielfalt des Gebiets wesentlich. Zum Teil würden sie hier ohne menschlichen Einfluss gar nicht existieren, zum Teil aber sind sie so „natürlich“, wie man es in unserer heutigen Welt nur erwarten kann.

In der Aue

Die Pestwurzflur

Die Rote oder Gewöhnliche Pestwurz ist vom März bis in den Oktober hinein eine der auffallendsten Pflanzen der Schlucht | 3.3.01 |. Auf Kiesinseln oder randlichen Uferbänken im Einflussbereich des schwankenden Grundwasserspiegels, auch gelegentlich überflutet, entwickeln sich im Frühling, noch ehe die erst angelegten Blätter funktionstüchtig sind, die Blüten an zunächst niedrigen Schäften | 3.3.04 |. Nach der Bestäubung strecken sich diese dann rasch (s. | 3.1.01 |), so dass die Früchte mit den weißen Flugschirmchen frei dem Wind ausgesetzt sind und vertragen werden können. Nun haben sich auch –

3.3.01 | **Herden der Roten Pestwurz** als Pioniere am steinigen Ufer, als breite Zunge am Gleithang, als schmales Band am Prallhang sind wie hier nahe des „Felsenweihers“ und des Tannegger Wasserfalls auf der Gegenseite häufig anzutreffen. (ES.JUN2010)

in der Regel nach dem Frühjahrshochwasser – die mächtigen, leicht einen halben Meter Durchmesser erreichenden Blätter entwickelt. Dank ihrer biegungsfesten Blattstiele können sie selbst nach Sommerhochwassern wieder erstehen | 3.3.03 |. Ermöglicht wird diese Strategie durch ein dickes, weil Nährstoffe speicherndes Rhizomnetz, also ein unterirdisches Sprosssystem, an dem auch die kräftigen Wurzeln ansetzen, die ihrerseits das lockersteinig-sandige Substrat festigen. Wenn die Blattspreiten dann fotosynthetisch aktiv sind, füllen sie den Speicher wieder auf. Auch die Weiße Pestwurz und der mit dieser Gattung verwandte Kulturfolger Huflattich haben diese Lebensform und Strategie entwickelt, wenn auch die beiden Letzteren die geradezu tropisch anmutende Üppigkeit an ihren trockeneren Standorten nicht erreichen; eine solche ist in ihrem Bauplan nicht „vorgesehen".

Die Rote Pestwurz hieß früher auch Pestilenzkraut, Giftwurz oder ähnlich und wurde im Garten gezogen. Leonhart Fuchs, einer der „Väter der Botanik" im 16. Jahrhundert, berichtet: *„Ist aber darumb also genent worden, das sie ein köstlich artzney wider*

3.3.02 | **Pestwurzblütenstand.** (RK.MAI1988)

3.3.03 | **Die Blattstiele der Roten Pestwurz** sind sowohl hohl als auch längs gerippt, was sie außerordentlich biegungs- und zugleich strömungsfest macht. (MS.JUN2010)

3.3.04 | **Obwohl die einzelnen Pestwurzblüten** klein sind, bestimmen sie dank ihrer Vielzahl und Häufung weithin die Frühlingsfarben an der Wutach. (JW.APR2013)

3.3.05 | **Blätterschirm der Pestwurz.** (KS.MAI2011)

Tierspuren auf einem Pestwurzblatt

Gregor Schmitz

Kaum eine Staude ist so typisch für die Uferzone der Wutach wie die Rote oder Gewöhnliche Pestwurz. Wurzeln und unterirdische Sprosse (= Rhizome) der mehrjährigen Staude durchwurzeln den Kies und festigen ihn. Die Pestwurzflur hat als Pflanzengesellschaft kaum weitere Charakterarten. An ähnlichen Standorten siedelt auch das Rohrglanzgras, häufig stellt sich das Drüsige Springkraut als Neophyt (= neu eingebürgerte Pflanze) ein.

Die Körbchenblüten der Roten Pestwurz bilden im zeitigen Frühjahr purpurne, kerzenartige Blütenstände und stellen eine der ersten Nektarquellen für frühe Bienenarten dar. In der Spätblüte fallen hin und wieder heruntergebogene Blütenstände auf. Schaut man in deren hohle Stängel, kann man Larven eines wirtsspezifischen Nachtfalters finden, der Pestwurzeule (s. auch S. 295).

Nach dem Frühjahrshochwasser entfalten sich die riesigen rhabarberartigen Blätter und bilden im Sommer einen schützenden Schirm, unter dem sich viele Insekten vor Regen verstecken | 3.3.05 |. Doch dieser Schirm bleibt nicht dicht, denn die Blätter werden von Schnecken, Blattwespen- und Fliegenlarven sowie Faulrüsslern benagt, wovon ihr löchriger Herbstaspekt zeugt. Faulrüssler (Gattung *Liparus*) (s. auch S. 274) sind unsere größten Rüsselkäfer. Die Larven der hier vorkommenden zwei Arten entwickeln sich in den Rhizomen der Pestwurz. Die erwachsenen Käfer befressen nach dem Schlupf die Blätter, um Nährstoffe für die Eierproduktion zu speichern (= Reifungsfraß). Regelmäßig findet man auch Blattminen. Das sind Fraßgänge von Insektenlarven, die sich durch die Blätter fressen, wobei obere und untere Blattschichten erhalten bleiben. An Pestwurz finden sich blassgrüne „Gangminen" durch eine Minierfliege. Ihr Name *Phytomyza tussilaginis* verrät, dass sie auch den verwandten Huflattich (*Tussilago*) besiedelt. Breitere, schmutzig-grüne „Platzminen" erzeugen die Larven einer auf Pestwurz spezifischen Bohrfliege | 3.3.06 |.

Minierfliege (*Phytomyza tussilaginis*).

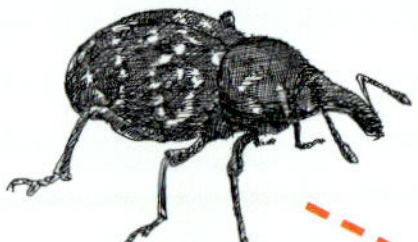

Ausfaulen oder Lochfraß vom Faulrüssler (*Liparus*) und/oder von Schnecken.

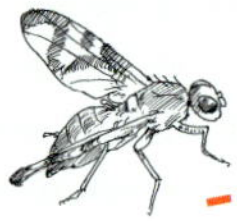

Bohrfliegenmine (*Acidia cognata*).

3.3.06 | **Der zufällige Schnappschuss** Ende September 2012 an der Wutach zeigt ein Pestwurzblatt mit aufgewehtem, gelben Blatt eines Berg-Ahorns. Beim genauen Hinsehen erkennt man die verschiedenen Spuren der recht spezifischen Nutznießer. (GS.SEP2012)

die gifftige pestilentz". So zitiert MARZELL (1977). Dank ihrer schweißtreibenden Wirkung sollte sie das „Pestgift" aus dem Körper des Kranken entfernen.

Eine Kriechstraußgras-Gesellschaft

Randlich auf Inseln und Uferbänken lassen sich später im Jahr bei niedrigem Wasserstand über wenige Quadratmeter hin etliche eher gewöhnliche Arten beobachten, die sich nach Überschwemmung leicht regenerieren. Charakteristisch sind Wildkresse | 3.3.07 | und Kriechendes Straußgras, dazu kann ein „Sammelsurium" von Arten wie Großer Wegerich, Kriech-Fingerkraut, Weiß-Klee und Stumpfblättriger Ampfer kommen. Auch kurzlebige Arten wie Barbarakraut können zufällig dabei sein. Solche Befunde lassen uns Flusstäler als frühere und heutige Wanderwege von neuen Arten bewerten.

3.3.07 | In dem feineren Material zwischen den Steinen hatten sich Samen der Wildkresse erhalten; einer oder wenige sind ausgetrieben, so dass eine neue Generation unter recht günstigen Bedingungen an frischem, lichtem, konkurrenzarmem Kleinstandort entstehen konnte. (OW.SEP2004)

Das Rohrglanzgras-Röhricht

Diese Gesellschaft bildet den dritten Farbtupfer im Bett der Wutach | 3.3.08 |. Das schilfähnliche Rohr-Glanzgras | 3.3.09 | ist im ganzen Land verbreitet, aber als Windblütler nicht so augenfällig, wie man bei seiner Größe doch annehmen sollte. Es benötigt nährstoffreiche und – anders als die Pestwurz – feinkörnige Böden, kann also auch an Wald- und Wegrändern mit Wasserzug vorkommen. Es lässt sich sogar verfüttern.

Eigentliche Wasserpflanzen mit Unterwasserblättern oder auf Weihern schwimmend gibt es im Wutachtal nur wenige. Ein kleines Beispiel ist der Tümpel westlich des Tannegger Wasserfalls, der aus einem abgetrennten Wutacharm entstanden ist. Dagegen ist überrieselter, wachsender Kalktuff ein interessanter Spezialstandort für Moose, wie von WIRTH (s. auch S. 192) dargestellt wird.

3.3.08 | Die Wutach hebt sich u. a. durch ihr Mosaik von Lebensräumen von einem bloßen Kanal ab; das erhöht ihre Biodiversität erheblich. Im Bild zu sehen ist die kleinräumige Verzahnung von Wildkresse, Rohr-Glanzgras und Pestwurz. (LT.JUL2013)

3.3.09 | Das Rohr-Glanzgras ist dichtwüchsig und daher recht „unduldsam". Es kommt vor allem an Bächen und Flüssen mit starken Wasserstandsschwankungen vor. Bei Hochwasser fluten sie mit diesem, ohne abzubrechen; wird es durch Hochwasser niedergedrückt, so können die Spitzen anschließend, sich aufwärts krümmend, weiterwachsen. Die Wurzeln sollen mehrere Meter tief vordringen können. So bietet es einen vorzüglichen Uferschutz. (OW.SEP2004)

3.3.10 | **Oben: Diese über Mannshöhe** erreichende Hochstaude, die Berg-Distel mit ihren leuchtend dunkelroten Blütenständen, ist bezeichnend für die montane und subalpine Stufe und allgemein recht selten. Ihre Ansprüche an sickernasse, nährstoffreiche Böden lassen sich in der Wutachaue gut erschließen. (KG.JUL2007)

3.3.12 | **Unten: Der Glanz-Kerbel** (mit geradezu spiegelnder Blattunterseite) begleitet uns in den Auen im Kalkteil der Schlucht auf Schritt und Tritt; im Silikatteil tritt an seine Stelle der auch im weiteren Schwarzwald häufige, ähnliche Berg-Kälberkropf. (OW.MAI2005)

3.3.11 | **Bunter Hochstaudensaum** mit Kohldistel, Wald-Engelwurz und darunter rotviolett blühendem Sumpf-Storchschnabel. Die hellgelb blühende Kohldistel ist wohl von solchen Standorten der Urlandschaft allmählich zu einer charakteristischen Art unserer Feuchtwiesen geworden, begünstigt durch Bauern, die mit Sichel und Sense Grünland in unserem Sinne schufen, und durch weidendes Vieh. (OW.JUL2005)

Der Brennnessel-Giersch-Saum

Diese Gesellschaft ist äußerst häufig und in verschiedenen Höhenstufen weit verbreitet; entsprechend vielfältig stellt sie sich dar (zur Namensgebung s. Liste der Pflanzengesellschaften S. 177). Ihr Standort ist nährstoffreich und frisch, ohne Extreme im Wasserhaushalt, weder über längere Zeit mit Wassermangel noch mit Wasserüberschuss und dem damit leicht verbundenen Sauerstoffmangel. In der Wutachschlucht begleitet sie oft die Wegränder als schmaler und an lichten Stellen ein wenig in den Wald hineingreifender Saum. Trotz der vorherrschenden trivialen Arten | 3.3.11 | bietet sie Abwechslung, zum Beispiel dank der dunkelroten Berg- oder Masken-Distel | 3.3.10 | und etlichen Doldenblütlern, so Berg-Kälberkropf, Glanz-Kerbel | 3.3.12 | und Wald-Engelwurz, die von kurzrüsseligen Nektarsuchern wie Schwebfliegen als Nahrungsquelle und „Rendezvous-Platz" bevorzugt werden. Darunter gibt es oft noch ein Stockwerk mit Kriechpflanzen, so dass die ganze Vegetationsperiode über für Blütenbesucher der Tisch gedeckt ist.

Exkurs über das Indische oder Drüsige Springkraut

Zu den „Attraktionen" an solchen und ähnlichen nährstoffreichen, feuchten bis nassen Standorten gehört seit einigen Jahren das Drüsige (oder Indische) Springkraut – teils geschätzt, teils gehasst; jedenfalls der Rede wert. Es ist wohl der bei uns bekannteste unter den Neophyten, den Neubürgern, d. h. jenen Arten, die nach dem Stichjahr 1492, der Entdeckung Amerikas, in unsere Vegetation eingewandert sind. Die Einwanderung war und ist in der Regel eine Folge menschlicher Tätigkeiten: gewollt als Gartenpflanzen, die später verwilderten, ungewollt durch Art der Landnutzung, Verkehr usw., kurz: gefördert durch modernen Landschaftswandel. Dazu sei auf die umfassende Darstellung der Forschungsergebnisse der Invasionsökologie von KOWARIK (2010) aufmerksam gemacht. Das kriegerisch wirkende Wort Invasion trifft freilich allenfalls nur auf wenige der etwa 380 Neophytenarten in Mitteleuropa bei einer Flora von rund 4000 Arten zu. Ihre Lebensweise innerhalb der Lebensgemeinschaften, in welche sie eingedrungen sind und sich einfügen, ist höchst verschieden. Jeder Fall ist also einzeln zu betrachten und gegebenenfalls auf Nutzen oder Schaden aus menschlicher Sicht zu bewerten. Man denke etwa an den kaukasischen Riesen-Bärenklau, dessen Saft üble Entzündungen hervorrufen kann (die so genannte Fotodermatitis). Derlei ist beim Drüsigen Springkraut nicht zu befürchten.

Das Indische oder Drüsige Springkraut (im folgenden kurz Springkraut genannt) benötigt als sommereinjährige Pflanze alljährlich im Frühling mindestens kurzfristig kleine unbesetzte Keimplätze – in der heutigen Kulturlandschaft kein Problem. Doch sollte das Höhenwachstum etwaiger Konkurrenten nicht auf Dauer stärker sein als das der sich entwickelnden Jungpflanze. Beim Springkraut beruht die Festigkeit des Sprosses nicht in erster Linie auf verholzten Zellen, sondern – energetisch sparsam – auf dem Binnendruck wasserreicher, daher praller Zellen. Der Stängel knickt zwar leicht ab, erreicht aber dennoch häufig 2 m Höhe. (Das längste von der Autorin entdeckte Exemplar maß 3,4 m.) Wichtig ist die Tatsache, dass die lockeren Triebe nicht stark schatten; daher findet man im Herbst unter den frostempfindlichen Pflanzen meistens eine dichte Krautschicht von Brennnesseln, Gundermann, auch Brombeere u. a. Wesentlich für unsere Betrachtung ist auch die von der Natur vorgesehene Ausbreitung: Die Samen werden in physiologisch trickreicher Weise aus der Kapsel herausgeschleudert | 3.3.13 |; es sollen bis zu 4300 Samen pro Pflanze sein, die auf einen Sprung bis zu 7 m schaffen können. Diese Menge ist für eine einjährige Pflanze nicht besonders groß, beim Klatschmohn sollen es bis zu 20 000, beim Rauhaarigen Amaranth sogar über 300 000 Stück sein. Andererseits sorgt die fehlende eigene Flugfähigkeit für konzentrierte Aussaat im Umfeld der Mutterpflanze, was sich ja offenbar bewährt hat. Die Ausbreitung an entfernte Stellen geschieht bei uns vor allem anthropogen durch Transporte, so mit der Ablagerung von Erdaushub, Kompost, Holz und Reisig, wohl auch mit Maschinen und Tritt, jedenfalls auch, aber keineswegs nur, talabwärts durch Wasser. Junge Ansiedlungen von einiger Dichte lassen fast immer eine Störung im vorherigen Aufwuchs erkennen. So gab es Massenauftreten beim Rheinausbau mit Schlingenlösung, die dann bei der Wiederbewaldung verschwanden. Große Populationen werden besonders von Honigbienen und Hummeln bevorzugt, weil diese ihre auf die jeweilige Pflanzenart abgestimmte Sammeltechnik dann besonders „rationell" einsetzen können. Sonstige Wildbienen bleiben an Zahl allgemein deutlich zurück. Die Befürchtung, der von Bienen am Springkraut gesammelte Nektar und spätere Honig sei giftig, ist durch chemische Analysen eindeutig widerlegt.

Sehr schwierig wird die Sache, wenn man tiefer in die vielfältigen Wechselbeziehungen, z. B. die Nahrungsketten der Kleintierwelt, vordringen will, wie SCHMITZ (2001) sie aufgrund intensiver Forschung für einige Tiergruppen veranschaulicht (s. S. 160 „Insektengemeinschaft am Drüsigen Springkraut"). Nicht nur Nutzen (wie Bestäubung) und Schaden (wie Fraß) für das Springkraut spielen für unsere Bewertung eine Rolle, sondern auch die große Zahl von Blattlausfeinden, auf die der Mensch als Nutzer seiner Umwelt bei der modernen biologischen Schädlingsbekämpfung Wert legen muss.

Insektengemeinschaft am Drüsigen Springkraut

Gregor Schmitz

An den Ufern der Wutach, aber auch an den zufließenden Waldbächen und Rinnsalen sowie auf grundfeuchten Lichtungen tritt das Drüsige Springkraut auf. Es wächst mal vereinzelt, mal in großen Herden. Mal kommen 30 cm hohe Pflanzen bereits zur Blüte, mal erreicht die einjährige Staude drei und mehr Meter. Die Pflanze ist also recht flexibel, was die Standortwahl und das Wuchsverhalten anbelangen.

Die ökologischen Auswirkungen des Neophyten werden in Ökologie- und Naturschutzkreisen kontrovers diskutiert. Im Sommer wirken die hohen Bestände recht monoton, denn das Laubwerk überdeckt die ansässige Vegetation. Bei genauer Prüfung erkennt man jedoch, dass niedrigere Arten vom Standort nicht komplett verdrängt werden und sich das Springkraut eher als Lückenbüßer verhält. Die Ausbreitung der Art hat aber sicher zu Verschiebungen in den Häufigkeiten / Wüchsigkeiten der anderen Pflanzenarten geführt und so wohl auch zu Verschiebungen in der Fauna (Tierwelt). So fällt der starke Blütenbesuch durch Hummeln, Honigbienen und Faltenwespen auf. Die Art ist als Nektar- (und Pollenquelle) attraktiver als das heimische Rühr-mich-nicht-an. Diese hohe Attraktivität der Blüten kann allerdings auch dazu führen, dass Bestäuber von anderen ansässigen Pflanzen „abgezogen" werden.

3.3.13 | Noch bis zum ersten Frost erscheinen neben prall gefüllten Samenkapseln die aparten Blüten mit den fein abgestuften Rottönen. Nach diesen Blüten trägt die Pflanze auch den Namen Bauern-Orchidee. (MS.OKT2013)

Auf den Blättern sieht man häufig Blattminen. Die Fraßspuren werden von den Larven der Springkraut-Minierfliege verursacht. Zuweilen sieht man auch die Blätter leicht verkrümmt und zerlöchert. Es sind dann Saugschäden durch Weichwanzen, deren nekrotischer, also keimtötend wirkender, Speichel ein Auswachsen der Blätter im Frühjahr verhindert und dann zum Aufreißen führt. Seltener findet man die großen Larven des Mittleren Weinschwärmers an den Blättern fressen. Sie sind durch einen Endstachel eindeutig als Schwärmerraupen charakterisiert, kommen in braunen und (seltener) grünen Farbmorphen vor und zeigen im vorderen Teil große Augenflecken zur Abschreckung potenzieller Räuber (Vögel?). Die Art, die neben dem heimischen Springkraut auch an ebenfalls herdenbildenden Weidenröschen frisst, hat also den Wirtswechsel auf den Neophyten vollzogen.

In den Blüten und Fruchtständen, zum Teil auf Blattunterseiten, findet man regelmäßig recht große Kolonien von dunklen Blattläusen. Es sind dies Schwarze Bohnenblattlaus, eine häufige, auf sehr vielen Wirtspflanzen anzutreffende Art, und *Impatientinum asiaticum*, eine springkrautspezifische Art, die aus Zentralasien stammt und in den 1970er-Jahren nach Mitteleuropa gelangt ist. Die Kolonien werden von zahlreichen Blattlausfressern wie Marienkäfern, Florfliegen, Schwebfliegenlarven, Blattlaus-Schlupfwespen genutzt. Von gewisser Bedeutung sind schließlich auch die gestielten Nektardrüsen an der Basis der Blätter. Ameisen, kleine Schlupfwespen und Käfer nuckeln hier zur Zeit des Emporwachsens der Pflanze den „extrafloralen" Nektar.

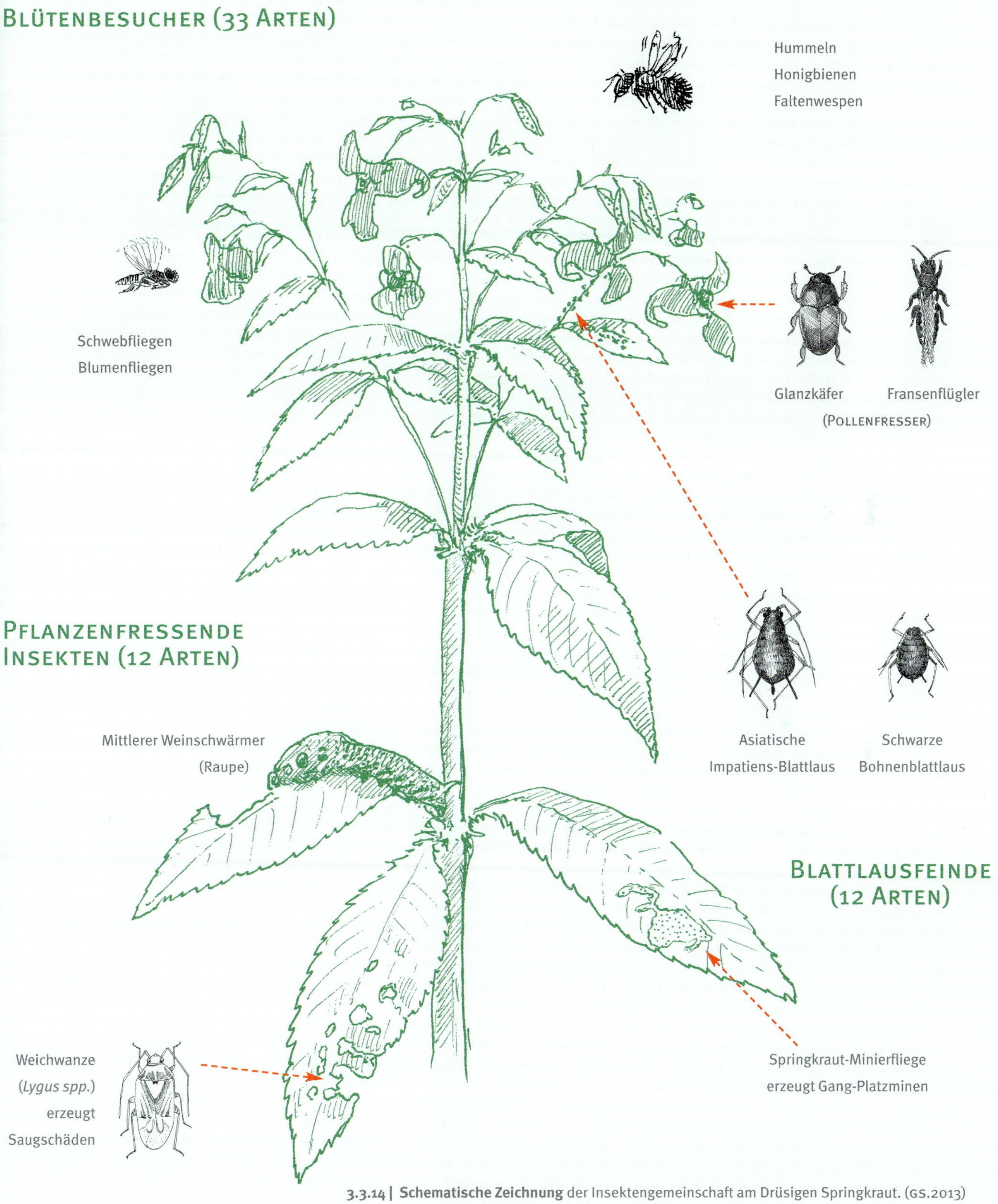

3.3.14 | **Schematische Zeichnung** der Insektengemeinschaft am Drüsigen Springkraut. (GS.2013)

Wiesen und Halbtrockenrasen, Säume und Hecken

Während uns zunächst und in erster Linie die Züge der Ursprünglichkeit der Wutachschlucht beeindrucken, könnte man leicht die Bedeutung der Zeugen früherer menschlicher Tätigkeit gering achten. Auch solche Lebensräume spielen aber für die Mannigfaltigkeit und damit die naturschützerische Bedeutung eine Rolle. Die Wiesen bei der Schurhammerhütte mit Traubenhyazinthen | 3.3.15 | (schwäbisch: Krügle, Baurebüble u. a.; s. Müller 2011) und Trollblumen | 3.3.16 | sind ein gutes Beispiel. Man gewinnt ferner ganz neue Eindrücke, wenn man anstelle des ausgeschilderten Weges zwischen Dietfurtbrücke und Bad Boll das am nordseitigen Hang zum Hockenjossteg ziehende Sträßchen benutzt; auch die Oberjurahänge an den Südseiten von Eichberg und Buchberg, schon außerhalb des Naturschutzgebiets, sind bemerkenswert. Hier gibt es noch schwach gedüngte Bergwiesen; deren entfernte Lage und Steilheit waren und sind für eine Intensivnutzung nicht attraktiv (s. auch S. 304).

3.3.15 und 3.3.16 | Bevor die schon seit vielen Jahren ungedüngte Wiese an der Schurhammerhütte das erste Mal in der zweiten Junihälfte gemäht wird, blühen – teilweise dort, wo im Sommer die Wandernden lagern – erst Traubenhyazinthen (rechts) und etwas später die Trollblumen (unten). (MS.MAI2013)

Ein besonders eindrucksvolles Beispiel erstreckt sich unterhalb des Parkplatzes an der L 170, wo diese eine Haarnadelkurve von der Schattenmühle her hinauf zur B 315 macht (Gewann Oberhalden), auf dem Gelände eines früheren Bauernhofs, das zum Teil seit den späten 1980er-Jahren, zum anderen erst seit rund sechs Jahren in „Pflegemahd" im Auftrag der Naturschutzverwaltung bewirtschaftet wird | 3.3.18 |. Die Fläche liegt an einem unruhigwelligen, nordwärts geneigten, aber doch im Ganzen sonnigen Hang. Schon der Blick vom Sträßchen in Richtung Bad Boll lässt einen raschen Wechsel verschiedener Grüntöne der Pflanzendecke erkennen, also offenbar kleinräumige Verschiedenheit der Lebensräume. Schlüssel ist die Geologie: Der Untere Muschelkalk besteht hier zum großen Teil aus Mergelschichten (einer Mischung von Ton und Kalk) sowie aus wenig mächtigen Kalk- und Dolomitbänken. Bei der Verwitterung kommt es bei dieser Kombination leicht zu Wasserstau und zu Bodenrutschungen, wie man diese am Gegenhang bei der Schattenmühle ja auch wahrnehmen kann, im Gegensatz zu den imposanten Felswänden mit den Galerien weiter östlich am Hauptwanderweg (s. auch S. 36). Dieser Wechsel veranlasste den wirtschaftenden Bergbauern zu differenzierter Nutzung, als Weide oder Wiese, als Feld oder Wald, auch zur Wahl für Wohnhaus, Stall und Brunnen. Leider wissen wir nicht, wie lange die bäuerliche Nutzung hier währte. Unter der Pflege der Brachen mittels einmaliger Mahd und ohne Düngung hat sich jedenfalls eine große Zahl von „pflanzlichen Mosaiksteinen" erhalten, aber auch neu gebildet. Das wird auch dem interessierten Laien sichtbar: Wenn man im Spätfrühling nach Norden über die Flächen schaut und in einer Mulde die gelben

3.3.17 | **Weshalb hier Feld-Thymian** wächst, obwohl dieser als kriechender Zwergstrauch doch leicht von hochwüchsigen Arten wie Wiesen-Salbei überschattet und verdrängt werden kann, machen einige Stiche mit dem Taschenmesser ins Substrat sofort klar: Er wächst auf einer oberflächlichen Muschelkalkbank mit wenig Feinerde; daher können sich auch Decken trockenresistenter Moose halten. (OW.JUN2013)

3.3.18 | **Blick in das westliche Gelände von Oberhalden:** Die montane Kugel-Rapunzel oder Kugelige Teufelskralle veranschaulicht die seit jeher mageren, aber doch frischen und wüchsigen Wiesen. Ein solches leuchtendes Blau als Blumenfarbe gibt es in unsern Fettwiesen kaum oder gar nicht mehr. (MS.JUN2013)

3.3.19 | **Wald-Storchschnabel** kann bei starker Düngung in den höheren Lagen Südwestdeutschlands flächenfärbend auftreten. (MS.JUN2013)

3.3.20 | **Ein Beispiel für eine im letzten Jahrhundert** von starkem Rückgang betroffene Art ist das Spatelblättrige Greiskraut. Die Pflanze ist ein Zeiger für Wechselfeuchtigkeit des Bodens und passt damit gut in das hier kleinflächige Standortsmosaik. (OW.MAI2013)

Tupfer der Trollblumen sieht, die frisch-feuchte Mineralböden anzeigen; wenn man vorne im Westen das Rohr-Glanzgras erblickt, das man zuvor an und in der Wutach als schulterhohe Herden sah; wenn man ein paar Schritte auf der Straße nach Osten ein Band von Salbei und daneben Thymian als typische Trockenheitszeiger entdeckt | 3.3.17 |; wenn auf fast ebener Fläche weiter östlich abrupt dichte Herden von konkurrenzstarkem Wald-Storchschnabel | 3.3.19 | auf ehemalige kräftige Düngung hinweisen und wenn man an einem Steilabfall gegen Norden einen strukturreichen Gehölzstreifen erblickt. Am Rande sei nur erwähnt, dass in die gesamte Wiesenfläche auch etliche Rote-Liste-Arten eingesprengt sind, außer einzelnen Orchideen auch weniger bekannte Pflanzen | 3.3.20 | (s. auch S. 438).

Dies gilt erst recht für die nie gedüngten, felsigen, an mittelhohen Stauden reichen Hangpartien mit Kreuz-Enzian | 3.3.21 |, Ästiger Graslilie, Rindsauge, Blut-Storchschnabel, Hirsch-Haarstrang | 3.3.22 |, Wildem Majoran u. a., die man ähnlich auf der Schwäbischen Alb findet. Oft sind sie nur als Bänder am Waldrand entwickelt und werden dann als Saumgesellschaften trockener Standorte bezeichnet. Unter solchen Bedingungen allenfalls gelegentlich von Schafen beweidet, können hier neben Frühlingsblühern auch Sommerblüher gedeihen und so die Voraussetzungen für ein reiches und andersartiges Tierleben bieten. Die große Vielfalt nicht hyperintensiv genutzter, alter Kulturlandschaften beruht großenteils auf solchen Lebensräumen.

Ein weiteres Element sind die Hecken, die zwischen Wiese, Saum und Wald vermitteln und als Lebensraum für Vögel, Insekten und andere Tiergruppen bekannt und unersetzlich sind (s. auch S. 248). Da sie sich vor allem an Grenzen des Waldes gegen die landwirtschaftlichen Offenflächen entwickelt haben, sind sie überwiegend außerhalb der eigentlichen Schlucht zu beobachten. Die Strauchgürtel zwischen Wald und Freiland kann man mit den Vegetationskundlern treffend als Mantel bezeichnen, dem der Saum vorgelagert sein kann, ja sein sollte | 3.3.23 |. So haben sich spontan viele Kleinstandorte gebildet, gestaffelt nach Struktur, Mikroklima und Nahrungsangebot für sichtbare und unsichtbare Arten, die ihrerseits wieder Teile von Nahrungsnetzen bilden. Ein Beispiel bieten Schlupfwespen, die u. a den Apfel-Wickler in Schach halten – eine offenbar uralte Beziehung zwischen diesen Tieren, denn Wildäpfel sind ebenfalls in Hecken beheimatet. (Für biozönologisch Interessierte sei auf Weidemann (1995) aufmerksam gemacht.)

3.3.21 | **Dass der stattliche**, großblütige Kreuz-Enzian, ein Spätsommerblüher und eine Hummelblume, bei uns stark zurückgegangen und gefährdet ist, haben sicher viele Naturliebhaber schon bemerkt. Dass er uns trotz Wegnähe noch begeistern kann, spricht für die Disziplin der Wanderer. (MS.JUL2013)

3.3.22| **Der Hirsch-Haarstrang** ist eine von mehreren eindrucksvollen Saumarten, die zwar auf der Alb viel reicher entfaltet sind als im Wutachgebiet, aber für alte Kalkgesteinslandschaften eben doch auch nennenswert zu sein pflegen. (ow)

Als unmittelbar zu beobachten seien in Kürze Blühfolge und Fruchtangebot der Mantelarten in Schlehen-Liguster-Gebüschen skizziert, die ja nicht regelmäßig gestutzt werden, also über Jahrzehnte hin ungestört wachsen können (sofern sie nicht der Zusammenlegung zu großen, landwirtschaftlich nutzbaren Schlägen zum Opfer fallen, wie dies im Wutachgebiet in den vergangenen Jahren immer wieder zu beobachten war). Es beginnt mit dem Haselstrauch im Spätwinter, im März folgt die Schlehe, dann „explodiert" das Angebot mit Wolligem Schneeball, Berberitze, Weißdorn, später Hartriegel, Pfaffenkäppchen | 3.3.24 | und Hecken-Rosen, bis dann im frühen Sommer Liguster und zuletzt die Waldrebe Pollen und (bis auf letztere) Nektar bereitstellen. Sie alle (bis auf die Waldrebe, die ja auch eher eine Waldliane ist) sind auch auf Ausbreitung durch Vögel oder Nagetiere gleichsam zugeschnitten und stehen diesen lange Zeit, zusammengenommen übers ganze Jahr, zur Verfügung.

Das mannigfaltigste Mosaik von Rasen, Saum- und Strauchgesellschaften mit einzelnen Baumpionieren findet man auf den großen Felspartien der Schwäbischen Alb, wo es unter dem alten Namen „Steppenheide" berühmt ist. Solche Stellen sind im Wutachgebiet nur sehr kleinflächig entwickelt, z. B. am Rappenfelsen (das bedeutet Rabenfelsen | 3.3.25 |. Doch lässt sich die floristische Ähnlichkeit hier mit der Steppenheide der Alb, die in der Vorgeschichtsforschung eine bedeutende Rolle gespielt hat, durchaus erkennen.

3.3.23 | Dieses Foto stammt vom Weg zum Unteren Eichstutz bei Blumberg. Am alten Waldrand hat sich vor Jahrzehnten, vielleicht sogar Jahrhunderten ein Mantel lichtbedürftiger Sträucher entwickelt, die durch Waldschatten einerseits, durch Mahd und/oder Weidetiere andererseits auf ein schmales Band beschränkt waren. Bleibt die Mahd – wie im Jahr des Fotos – langfristig aus, so werden zum einen die Sträucher ins Grünland vordringen, zum anderen wird sich allmählich wieder ein vorgelagerter Saum entwickeln – sofern die charakteristischen Stauden im Umfeld noch vorhanden sind. Ob die Zeit, einige Jahrzehnte, dazu noch reicht? (OW.OKT2013)

3.3.25 | Wo Felsvorsprünge – wie hier am Rappenfelsen – arm an Feinerde oder gar entblößt sind, kann kaum Baumwuchs aufkommen, am ehesten krallen sich noch Kampfformen der Kiefer fest; kleine Fetzen oder gar nur einzelne Horste von trockenresistenten Gräsern und charakteristischen krautigen Pflanzen, ein paar Moose und Flechten bilden den schütteren Bewuchs. Dieses Mosaik aufgrund feiner Standortunterschiede pflegt man als Steppenheide zu bezeichnen. (OW.AUG2013)

3.3.24 | Der Name dieses Strauchs „Pfaffenkäppchen (oder -hütchen)" nach den zur Reifezeit aufgeplatzten roten Fruchtblättern ist treffend. Sie locken nun zusammen mit einer glänzenden, orangefarbenen Hülle Singvögel, besonders Rotkehlchen und Amseln, an, die diesen Samenmantel verzehren und den dann wieder ausgeschiedenen Samen so ausbreiten. Die Pflanze ist für Menschen giftig. (OW.OKT2013)

Ungenutzt, aber nicht nutzlos

Als letztes seien noch einige Pflanzengesellschaften und damit Lebensräume erwähnt, die in der Kulturlandschaft häufig und gleichsam nebenbei zu entstehen pflegen, als ungewollte Folge menschlicher Aktivitäten, wenig beachtet und doch Bausteine einer kleinstandörtlichen Vielfalt. So soll auf sie ganz kurz aufmerksam gemacht werden, obwohl sie in einem heutzutage schwach besiedelten und wenig gestörten Gebiet meist nicht ins Auge fallen. Es sind zum einen Pflanzen der Waldschläge und Windwürfe, zum anderen Ruderalpflanzen. Letztere kommen z. B. in Gewerbegebieten, an Straßenrändern und ähnlichen, von unserer aktuellen Lebensweise bestimmten Wuchsorten vor; es sind Arten, die – wie der vom Lateinischen rudus = Schutt abgeleitete Name sagt – Schutt, Trümmerplätze, steinige Böschungen, Gleiskörper, gestörte Wegränder und ähnliche Wuchsplätze besiedeln, die

3.3.26 | Der Einjährige Feinstrahl (auch Berufkraut) wurde zunächst als Zierpflanze in unsere Gärten geholt, von wo aus er an frischen, nährstoffreichen, oft gestörten Standorten zum „Mitbürger" wurde, der als Spätblüher eine biologische Rolle spielt. (OW.SEP.2013)

3.3.27 und 3.3.28 | Im Spätsommer kann man zur selben Zeit blühende (oben) und beerentragende (unten) Tollkirschen beobachten. Die glänzenden schwarzen Beeren sind hochgiftig. (OW.AUG2013)

nicht land- oder forstwirtschaftlich genutzt werden. Viele von ihnen sind Neophyten, die meisten unter diesem Gesichtspunkt aber „unauffällig".

An schönen Beständen von Ruderalpflanzen kommt man z. B. an den Erdaushubflächen unterhalb von Kappel-Gutachbrücke am nordwestlichen Weg ins Naturschutzgebiet vorbei, dort, wo Gutach und Haslach sich zur Wutach vereinigen. Reges Insektenleben kann man da beobachten, z. B. an mehreren Kratzdisteln, Wilder Möhre, Kardendistel und Einjährigem Feinstrahl | 3.3.26 |, auch noch im Spätsommer, wo das Kulturgrünland nicht mehr viel für Blütenbesucher zu bieten hat.

Wald-Weidenröschen und Tollkirsche, Himbeere und Trauben-Holunder sind Pflanzen der Waldschläge, die spontan und rasch aufkommen. Ersteres fliegt dank seiner behaarten Samen an; einzelne Populationen pflegen ja bei uns in Wald und Forst so häufig startbereit zu sein, dass sie neu entstandene Lichtungen leicht erreichen können. An solchen Stellen werden mit der beginnenden Zersetzung von Laub und Nadeln rasch Nährstoffe mobilisiert. Auf solche Standortsqualität reagieren auch die anderen genannten Schlagpflanzen, die aber meist eine andere Strategie haben: Ihre Samen können im Boden viele Jahre lang überdauern (falls sie nicht von Bodentieren verzehrt worden sind!) und sofort keimen, wenn sie an die Oberfläche gelangen, z. B. mit Wurzeltellern hochgerissen werden oder auch bei der Anlage von Waldwegen ans Licht geraten, wie man an jungen Tollkirschen | 3.3.27–28 | gelegentlich beobachten kann.

Sie bilden also eine Samenbank, für deren Dauer bei der Himbeere mehr als 50 Jahre gesichert sind, für den Schwarzen Holunder (mit ähnlicher Lebensweise) sogar über 150 Jahre. Es ist überhaupt bemerkenswert, welche Vielfalt sich an aufgelichteten, ein wenig gestörten Stellen ansiedeln kann, je nach Feuchtegrad und Bodenverdichtung, z. B. auch an Waldwegrändern | 3.3.29 |.

3.3.29 | Rechte Seite: Wasserdost ist eine beliebte Nahrungspflanze für Schmetterlinge, hier mit dem Distelfalter, einem Wanderschmetterling. (LT.JUL2013)

Auch Pflanzen haben ihre Geschichte

Otti Wilmanns

Ein Beispiel vorweg

Alles Leben unterliegt dem Wandel; die genetisch eng miteinander verwandten Individuen, die wir jeweils als Art zusammenzufassen pflegen, entstehen und vergehen in sehr unterschiedlicher Geschwindigkeit. Nicht nur größtmögliche Mannigfaltigkeit zu erhalten, sondern auch die weitere Evolution zu ermöglichen, haben viele Menschen als Verpflichtung erkannt. Das Interesse für die heutigen Arten und ihre Wertschätzung hängt gewiss nicht nur, aber doch auch von der Kenntnis ihrer Geschichte ab. Dafür ein Beispiel anhand einer bekannten Gattung, von der mehrere Arten auch in der Wutachschlucht vorkommen: den Schachtelhalmen.

Zu den unauffälligen, seltenen und wenig bekannten Pflanzen der Schlucht gehört der Wiesen-Schachtelhalm | 3.4.01 |. Er sieht im sommerlichen Zustand dem häufigen Acker-Schachtelhalm sehr ähnlich. Die ganze Gattung als solche ist ja leicht ansprechbar dank ihres schachtelartig gegliederten Stängels mit den Zahnkränzen, mit den feinen, oft ebenfalls wirtelig stehenden Seitenästen und den zapfenähnlichen „Blüten". Es ist der letzte Zweig einer Klasse, die im Erdaltertum reich entfaltet war. Die Entstehung der Steinkohle im Karbon (vor rund 300 bis 350 Ma) verdanken wir wesentlich den damaligen Sumpfwäldern, die aus Schachtelhalm und Bärlapp-Bäumen aufgebaut waren. Heute sind Schachtelhalme immer noch weltweit, aber nur in 16 Arten entwickelt. So ist diese Gattung ein Überbleibsel einer Hunderte von Millionen Jahre alten Abstammungsgemeinschaft, zahlenmäßig gering, aber ökologisch vielseitig, von den heutigen Tropenwäldern bis in die Arktis reichend.

Innerhalb der heutigen Gattung Schachtelhalm ist der Wiesen-Schachtelhalm im Südwesten Deutschlands extrem selten; in Baden-Württemberg ist das Vorkommen in der Wutachschlucht bekannt (wohl nur noch eine einzige Stelle und Population), sowie eine Gruppe von Populationen auf einem einzigen Messtischblatt-Quadranten bei Wangen im Allgäu. An der Wutach befindet er sich an der heutigen Westgrenze seines Areals, das insgesamt circumpolar, in Europa nordisch-kontinental ist. Sein Name weist darauf hin, dass er, obwohl bei uns in lichten Wäldern auf frischen Böden gedeihend, lichtbedürftig ist; wer ihn gut kennt, fürchtet, dass er hier nicht mehr lange durchhält, wenn man ihm nicht in noch unerprobter Weise zu Hilfe kommt. Die Art ist bei uns also sicher ein Relikt, dessen Einwanderungszeit uns unbekannt ist; möglicherweise geschah es schon in der Kiefern-Birkenzeit vor etwa 9000 Jahren.

3.4.01 | **Der zierliche Wiesen-Schachtelhalm** wird in diesem jungen Wald auf nährstoffreichem, frischem Aueboden von Bingelkraut, Giersch und Hochstauden bedrängt. Gerade noch schauen seine Spitzen aus der dichten Decke der Konkurrenten heraus; Sporenbildung haben wir nicht (mehr) beobachtet. In Kultur genommen, treibt das locker verzweigte Rhizom rasch und reich aus und man versteht, dass er in Nordeuropa eine Pionierart an feucht-sandigen Störstellen ist. (LT.JUN2013)

Zeugen der letzten Eiszeit in der Wutachschlucht

Wann ist eine Pflanzen- oder auch Tierart in einem bestimmten Gebiet als „Überbleibsel" mit einem ehemals größerem Verbreitungsgebiet (Areal) zu betrachten? Zunächst wird man verlangen, dass ihr heutiges Teilareal klein und deutlich so weit vom Hauptareal entfernt ist, dass es, wo nicht unmöglich, so doch sehr unwahrscheinlich ist, dass sie das heute „leere" Zwischenstück in jüngster Zeit auf natürlichem Wege, also ohne menschliches Eingreifen, hätte überspringen können. Ferner müssen im heutigen Siedlungsgebiet Standorte mit sehr ähnlichen Klima- und Bodenbedingungen geboten sein. Mit großer Wahrscheinlichkeit müssen junge Verschleppungen ausgeschlossen sein. Lebensweise, geografische und historische Daten müssen erforscht sein. Wie solche Verbreitungskarten aussehen können, zeigen die Abbildungen | 3.4.11 | und | 3.4.12 |.

Reliktkiefernwälder

Die Wald-Kiefer (auch Föhre, Forle oder ähnlich genannt) ist diejenige unserer Baumarten, welche alle anderen in standortsökologischer Hinsicht übertrifft: Sie bewältigt die verschiedenartigsten Boden- und Klimabedingungen, von nassen Mooren bis zu sommertrockenen Felsköpfen, von nährstoffarmen Sandböden der Ebene bis zu mineralkräftigen Hängen des Gebirges; überdies besiedelt sie ein riesiges eurasiatisches Verbreitungsgebiet mit einem Schwerpunkt im Norden. Allerdings ist die Wald-Kiefer – wie alle Arten dieser Gattung – außerordentlich lichtbedürftig, so wird sie an jenen Standorten, an denen stärker schattende Baumarten leben, „ausgebremst"; ihre heutigen großflächigen Vorkommen in Mitteleuropa sind wirtschaftsbedingt. Wo freie Konkurrenz zwischen den Baumarten herrscht, kann man oft alte Kiefern als Überhälter, die einer älteren Generation entstammen, bewundern, sucht aber vergeblich nach Jungwuchs: Er fehlt nicht etwa mangels Samenbildung, sondern weil die Beschattung zu groß ist, vor allem in

Sichere oder sehr wahrscheinliche Nachweise

Wie lässt sich der Reliktcharakter durch quantitative Spezialmethoden nachweisen? Als schlagendes Indiz darf man es werten, wenn die Individuen der vermuteten Reliktart im Arealsplitter sich genetisch von jenen im Hauptareal deutlich unterscheiden und zwar nicht unbedingt in morphologischen Kleinigkeiten, sondern in physiologischen Vorgängen, die sich zugleich als Anpassung an die wohl doch leicht abweichenden Bedingungen im Arealsplitter verstehen lassen. Solche experimentellen Untersuchungen sind nicht leicht zu bewerkstelligen; für mehrere Feldberg-Relikte konnte Bogenrieder schon vor Jahrzehnten entsprechende Nachweise erbringen (s. die allgemeinverständliche Darstellung in Der Feldberg 2012). (Wenn man von selten gewordenen Pflanzen der Wirtschaftswiesen und der Äcker als Relikten spricht, so ist damit ein anderer Zusammenhang gemeint, vor allem die bekannte aktuelle Gefährdung durch starke Intensivierung.)

Nicht nur das heutige Verbreitungsgebiet spielt bei der Ansprache als Relikt bzw. Restareal eine Rolle; sehr oft geben uns auch Analysen von Pollenkörnern und sogenannten Großresten (d. h. wenige Millimeter großen Holzstückchen, Blattresten, Zapfenschuppen und ähnlichem) aus Mooren Aufschluss. Letztere sind oft aussagekräftiger als Form, Größe und Wandstrukturen von Pollenkörnern, denn bei diesen lassen sich oft nicht die Arten, sondern nur Gattungen oder gar Familien bestimmen. Außerdem sind Insektenblütler nur in Ausnahmefällen repräsentiert; und schließlich kann der Eintrag von Pollenkörnern leicht durch Ferntransport zustande kommen und dann zu falschen Vorstellungen der Vegetation führen.

Buchen- und Tannenwäldern und in Fichtenforsten. So ist die Wald-Kiefer für Grenzstandorte des Waldes bezeichnend, dafür gibt es gerade im Wutachgebiet aufschlussreiche Beispiele | 3.4.02–03 |.

Tritt man aus den Buchenwäldern der Hochflächen an die Kante des anstehenden Oberjura (Weißjura), so hat man einen großartigen Blick über das Alb-Wutach-Gebiet mit der von Norden her auslaufenden Baar-Hochmulde und hinüber zum Schwarzwald | 3.4.04 |. Nur einen schmalen Waldstreifen hat man dafür abschlagen müssen, denn die Westhänge fallen hier am Wutach-Knie infolge der geologisch jungen Erosion steil ab. Die Reliefenergie ist enorm: von rund 880 m auf 550 m Meereshöhe am Buchberg, von 913 m auf 600 m am Eichberg bei jeweils knapp 1 km Luftlinienentfernung. Man erkennt überall an unbewachsenen Stellen, dass diese Hänge auch heute noch immer wieder an verschiedenen Stellen in Bewegung geraten müssen. Die auffallend bucklige Bodenoberfläche der Wiesen im Krottenbachtal ist durch die besonders große Rutschung am Eichberg 1966 in der Opalinuston-Formation des Unteren Mitteljura (Braunjura) entstanden (s. auch S. 54).

3.4.02 | Das Bodenmosaik an den Westhängen von Eichberg und Buchberg hat sehr verschiedenartige Waldbilder und auch Lücken zur Folge. Hier ein ziemlich junger Kiefernbestand am Buchberg mit der derzeit offenen Fläche, auf der sogar krautige Eiszeitrelikte wachsen. (FK.SEP1998)

3.4.03 | Auch wenige Laubbaumarten kämpfen sich an den wechseltrockenen Hängen durch und wirken in ihrem Wurzelraum als Festiger. (OW.AUG2013)

Im verkarsteten Oberjura (Wohlgeschichtete-Kalke-Formation, früher: Weißjura beta) der Höhen sickert Niederschlagswasser in die Tiefe, zunächst in die darunter liegenden Mergelsteine der Impressamergel-Formation (Weißjura alpha), dann weiter in den weithin tonigen Mitteljura. Dadurch wird das Gestein plastisch und gerät bei entsprechend erhöhtem Porenwasserdruck in Bewegung. Der Flurname Bleiche am Westhang des Eichbergs trifft die Sache gut; er bezeichnet hier nicht etwa einen Platz zum Bleichen von Wäsche, sondern vegetationsfreie Stellen, an denen das Gestein zutage tritt, etwa infolge eines Erdrutsches | 3.4.05 |. Wie berechtigt dieser Flurname ist, kann man von Achdorf aus an den hellen, nur karg bewachsenen Flecken am oberen Eichberg erkennen. Auf den wenigen Pfaden an diesen Steilhängen ist Vorsicht geboten: Gute Trittsicherheit ist absolut notwendig!

Die Vegetation der Hänge ist so eigenartig, dass man sich fragen mag, ob man eine solche überhaupt Wald nennen soll und ob wir ein Dauerstadium oder das Ergebnis irgendwelcher „Störungen" durch Natur oder Mensch vor uns haben. Eine sehr gute klärende Darstellung der Situation verdanken wir Witschel (1980). Die schütteren Baumkronen von Kiefer, Mehlbeere und etwas Esche bilden ein nur lückiges Stockwerk über einer von Hochgräsern ziemlich, aber nicht total beherrschten Krautschicht. Für diese Gesellschaft ist das Bunt-Reitgras mit seinen bläulichen Blättern charakteristisch. Es bildet ein unterirdisches Netz von reißfesten Ausläufern und ist entsprechend austriebsstark nach Verletzungen, aber auch „unduldsam", wie man konkurrenzstarke, andere verdrängende Arten zu nennen pflegt. In diesem Buntreitgras-Kiefernwald oder -Föhrenwald | 3.4.06 | beeindrucken auch die

3.4.04 | Blick von Boll in Richtung Wutachtal. Links Gündelwangen, rechts Stallegg und im Hintergrund in Wolken der Hochfirst. (MS.JAN2014)

im Sommer Mannshöhe erreichenden, dicken Horste des Pfeifengrases, das ebenso kaum Sämlinge anderer Arten hochkommen lässt, es sei denn, toniges Erdrutschmaterial oder Geröllzungen bieten Startmöglichkeiten für Jungpflanzen verschiedener Arten.

Zu den Arten des Buntreitgras-Kiefernwaldes gehören neben Baumkeimlingen krautige Hochstauden wie Gelber Enzian, Berg-Kronwicke | 3.4.08 |, Hirsch-Haarstrang, Breitblättriges Laserkraut | 3.4.09 |; auch Blaugras und Alpen-Maßliebchen als klare Bewohner lichtreicher Standorte sind nicht selten.

Dieses Gebiet steht zwar (noch) nicht unter Naturschutz, ist es doch nicht unmittelbar gefährdet, wäre es aber unbedingt wert als geschichtliches und ökologisches Dokument: Solche Kiefern-Gesellschaften sind Relikte und damit Zeugen der frühen Geschichte unserer mitteleuropäischen Wälder. Die Wald-Kiefer gehört zu den frühesten Einwanderern nach der Eiszeit; sie dominierte bei uns nach Ausweis vieler Pollenanalysen im ersten Jahrtausend nach dem Eisrückzug und wurde dann allmählich von den späteren, stärker schattenden Ankömmlingen von allgemein waldgünstigeren Standorten verdrängt. Kiefern erhielten sich an Grenzstandorten des Waldes, wie wir sie hier vor uns sehen, dazu auf trockenen, weil flachgründigen Standorten wie den exponierten Felsköpfen der Schwäbischen Alb. Hier sind sie mit Sicherheit nicht aufgeforstet und Zeugen der Vorgeschichte.

3.4.05 | An baumfreien Stellen sind Schneedecken viel länger aus der Ferne zu erkennen als im geschlossenen Wald, so auch hier am Eichberg. Die Ausdehnung der lückigen Rutschflächen ist offenbar erheblich. (OW.JAN2003)

3.4.06 | Hier befindet sich der Reliktkiefernwald nahe seiner natürlichen Grenze, im Hintergrund sind schon Buchen entwickelt, die Hangneigung ist nur noch mäßig; die Kiefernstämme sind nicht verkrümmt. Das Rohr-Pfeifengras kann seine volle Konkurrenzkraft entfalten. (OW.OKT2013)

3.4.07 | **Die Pfingst-Nelke ist in Südwestdeutschland** auch unter dem Namen Felsennägele geläufig. Eine Bezeichnung, die das obige Foto sehr schön illustriert. (HPD)

Die Pfingst-Nelke – ein botanisches Kleinod der Offenfelslandschaften

Florian Michling, Marcus Koch

Die Pfingst-Nelke, deren wissenschaftlicher Name – *Dianthus gratianopolitanus* – übersetzt Grenobler Nelke bedeutet, ist eine bei uns seltene Art der Felsköpfe, Felsspalten und Felsbänder. Der französische Bezug deutet nicht nur an, dass diese Nelkenart vor allem vom Französischen und über den Schweizer Jura bis weit über die Kalkgebiete der Schwäbischen Alb in Baden-Württemberg hinaus verbreitet ist, sondern beschrieben wurde die Art tatsächlich zuerst aus dem französischen Gebiet im Jahr 1789 (Hist. Pl. Dauphiné (Villars) 3(2): 598. 1789).

Das gesamte Verbreitungsareal mit vielen isolierten Vorkommen (Relikten) ist noch viel größer und reicht von Südwestengland über das mitteldeutsche Areal bis nach Südpolen, Böhmen und Mähren mit wenigen isolierten Populationen in Belgien, Luxemburg, im Weserbergland und den wärmebegünstigten Tälern von z. B. Nahe, Ahr oder Altmühl. In diesem Verbreitungsgebiet ist die natürliche Variabilität der Pfingst-Nelke sehr hoch.

Daher verwundert es nicht, dass die Pfingst-Nelke eine Reihe von lokalen Namen trägt. Die Engländer bezeichnen diese Pflanze als „Cheddar Pink" – nach der kleinen Stadt Cheddar in Somerset am Eingang der imposanten Schlucht Cheddar Gorge. In Südwestdeutschland ist die Pfingst-Nelke unter dem Namen Felsennägele geläufig. Der interessierte Staudengärtner kennt auch die vielen, vor allem im Mai und Juni blühenden Sorten mit klangvollen Namen wie 'Rubin', 'Rotkäppchen', 'La Bourboule' oder 'Blauigel'. Diese Gartensorten, in die wohl andere Arten eingekreuzt wurden, können uns auch ausgewildert in der Landschaft begegnen.

Die Untersuchung der natürlichen Vielfalt der Pfingst-Nelke wird seitens der „Stiftung Naturschutzfonds Baden-Württemberg" in einem Forschungsprojekt zum Schutz und Erhalt dieser Art in Baden-Württemberg unterstützt (Kontakt: Prof. Dr. Marcus Koch). Wichtige Ergebnisse der genetischen Analysen zeigen zum Beispiel, dass die südwestdeutschen Vorkommen auf Kalkgestein evolutionär deutlich von den mittel- und ostdeutschen Vorkommen getrennt sind, was den besonderen Status der Populationen in Baden-Württemberg verdeutlicht. Kulturversuche zeigen aber auch, dass einzelne Populationen schon sehr stark in ihrer Konkurrenzfähigkeit eingeschränkt sind. Dies kann als direktes Ergebnis des schon über Jahrzehnte andauernden Verlusts der typischen Offenfelsstandorte und damit des Zusammenbruchs vieler Populationen gedeutet werden.

Die licht- und wärmeliebende Polsterpflanze ist sehr langlebig, aber eben wenig konkurrenzstark. Darum verschwindet diese attraktive Art langsam und schleichend, vielfach unbemerkt, unter dem Druck der verschiedensten Gefährdungen (z. B. Beschattung, Konkurrenz durch dichte Krautvegetation, Nährstoffeintrag, Wander- und Klettertourismus). Die Pfingst-Nelke ist überall in ihrem Areal gefährdet, steht daher vielerorts unter ganz besonderem gesetzlichen Schutz und genießt als eine prioritäre Naturschutzzielart eine sehr hohe Aufmerksamkeit.

In der Wutachschlucht begegnet uns das Felsennägele nur an unzugänglichen Standorten wie den Quarzporphyrfelsen und in den Wutachflühen auf den Kalkfelsköpfen und -bändern mit äußerst kleinen und gefährdeten Populationen. Besonders auffällig ist die Pfingst-Nelke deshalb vor allem in der Blütezeit „um Pfingsten" von Mitte Mai bis Mitte Juni.

Man muss natürlich gerade am Beispiel Blumberg berücksichtigen, dass sie nicht überall im Laufe der Jahrtausende unberührt waren. Hier hat der seit dem 16. Jahrhundert bezeugte Erzabbau mit seinem großen Holzbedarf mit ziemlicher Sicherheit auch zu einer Nutzung der Kiefern und damit freien Flächen geführt, an denen sie dann erneut begünstigt war. Dabei können auch Samen von Kiefern, die man aus anderen Gegenden bezogen hatte, eingeweht sein. Dennoch handelt es sich nicht um gezielte Pflanzungen; der Reliktwaldcharakter ist erhalten geblieben, wenn auch die genetische Ausstattung nicht unverändert geblieben sein dürfte. An manchen Stellen der Schwäbischen Alb lassen sich die mit Sicherheit reliktischen Bäume von den jungen Pflanzungen morphologisch unterscheiden; molekulargenetische Studien wären da für Wissenschaft und Praxis interessant.

Eiszeitrelikte in der Wutachschlucht und den Flühen

Hier handelt es sich um jene Arten, die während der letzten Eiszeit, dem Würm-Glazial, zwischen nordischem Eis und vergletscherten Alpen gelebt haben, die vor der Umlenkung der Feldbergdonau und der damit ausgelösten raschen Tiefenerosion auch bereits Felsen und Blockhalden im offenen Tundrengelände zur Besiedlung nutzten und sich bis heute in diesem Gürtel haben halten können. Voraussetzung für das Überdauern der Generationenfolge im jeweiligen Verbreitungsgebiet war es, dass für die betreffende Art ununterbrochen geeignete und noch unbesetzte Standorte zugänglich waren. Solche gab es für sehr lichtbedürftige Arten in den sich zeitlich wandelnden Landschaften zwar reichlich, solange noch keine Bäume aus wärmeren Gegenden eingewandert waren und die nun für sie geeigneten Plätze besetzten. Dann aber blieben für die ansässigen kältefesten Offenlandarten nur konkurrenzarme Standorte übrig. Das waren Gewässer und Sümpfe, Felsköpfe, Felsspalten und ähnliche, die wir heute als Spezialstandorte kennen. Daher sind die Eiszeitrelikte der Wutachschlucht selbst wie der Flühen heute Glieder solcher Gesellschaften. Das zeigt die nachfolgende Aufstellung deutlich.

Mit Sicherheit gab es späteiszeitlich viele weitere Arten. Manche sind im Gebiet ausgestorben; andere haben sich an die nacheiszeitlichen Klimaverhältnisse so gut angepasst, dass sie sich ausbreiten konnten und keinen Reliktcharakter mehr haben, z. B. Heidekraut und Mädesüß.

3.4.08 und 3.4.09 | Charakteristische krautige Hochstauden des Reliktkiefernwaldes sind die Berg-Kronwicke (links) und das Breitblättrige Laserkraut (oben). (HPD und SD)

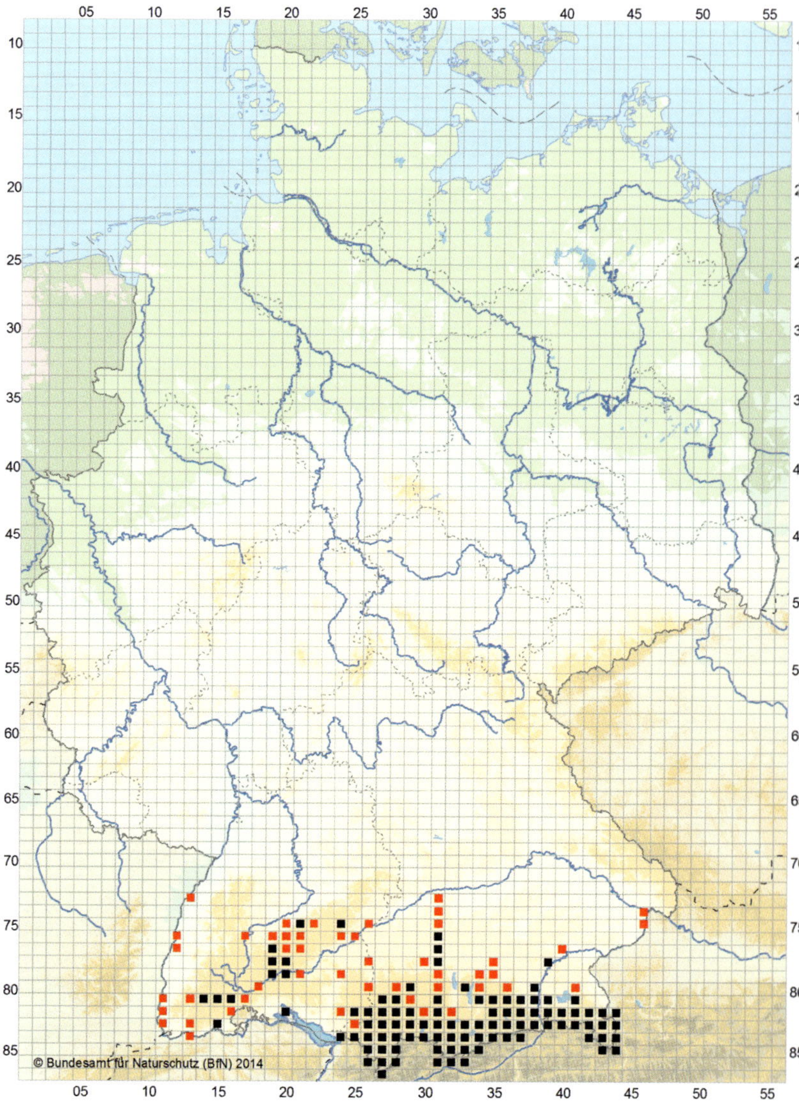

3.4.10 und 3.4.11 | Zwerg-Glockenblume und ihre Verbreitung in Deutschland: Die lange Karoreihe auf der Karte beim Horizontalwert 31 weist auf Transport durch die Iller und die Zwerg-Glockenblume als „Alpenschwemmling" hin. (LT.JUL2013 und nach BFN.2013)

■ Nachweis bis 1980, seither nicht mehr

■ Nachweise noch nach 1980

Die **Zwerg-Glockenblume** | 3.4.10–11 | gedeiht am besten dort, wo in Spalten Mergel zutage treten und angewittert sind; dies ist oft bei den Felsen des Oberen Muschelkalks der Fall. Außerdem muss die Luftfeuchte für das Pflänzchen vergleichsweise hoch sein. In der unteren Gauchachschlucht sind diese Voraussetzungen offenbar besonders häufig verwirklicht. Mit ihren oft reich verzweigten Stängeln, die übrigens auch als Speicher fungieren, kann sie kleine Strecken zwischen den durchwurzelbaren Spalten überbrücken. Es lassen sich auch deutliche Unterschiede in der Vitalität beobachten: Wenn man es an einer konkurrenzfreien Stelle wachsend findet, kann dieses so zart erscheinende Pflänzchen geradezu üppig werden, mit kräftig grünen Blättchen geschlossene Decken bildend. Ein solches Verhalten zeigen manche Pflanzen von Extremstandorten. Aus der Karte kann man ersehen, dass die Pflanze sich auch an der Iller entlang wandernd hat ausbreiten können. Ob es gegenwärtig noch der Fall ist, wäre zu klären.

Der **Stein- oder Dreizipfelige oder Dreischnittige Baldrian** | 3.4.12–13 | hat seinen Namen zum einen nach seinem Standort, zum anderen nach der Form seiner oberen Stängelblätter. Er wurzelt in Spalten und Gesteinsschutt, kann aber sowohl Kalk- als auch Silikatfelsen besiedeln, wenn nur ein wenig Feinerde dabei ist. Er ist nicht so sehr auf hohe Luftfeuchte angewiesen. Man darf ihm eine größere sogenannte ökologische Amplitude zusprechen.

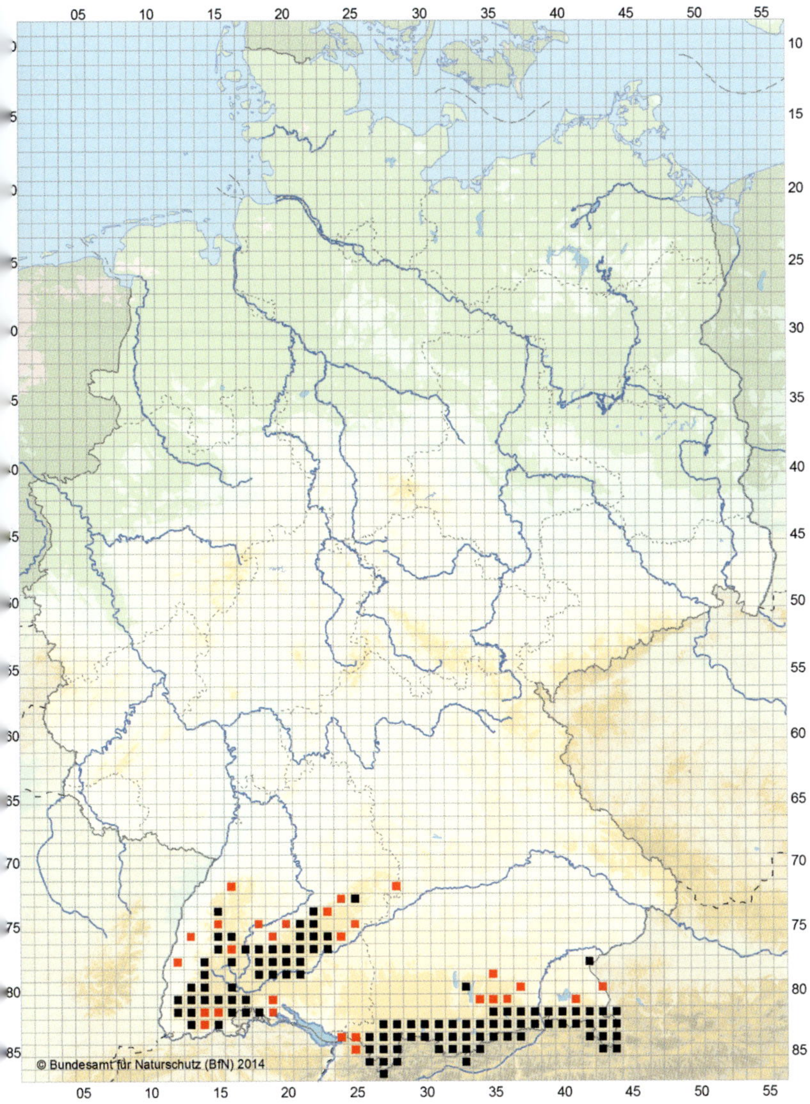

3.4.12 und 3.4.13 | Stein-Baldrian und seine Verbreitung in Deutschland: Die Karte lässt schon die Vielfalt der besiedelbaren Gesteine vermuten. Es handelt sich um eine Art der mittel- und südeuropäischen Gebirge, die ihre Nordgrenze in den Sudeten findet. Dagegen erreichen z. B. Alpen-Gänsekresse und Trauben-Steinbrech heute sogar die Arktis. Die Geschichte der einzelnen Eiszeitrelikte ist also weltweit betrachtet durchaus verschieden. (nach BFN und PB)

■ Nachweis bis 1980, seither nicht mehr

■ Nachweise noch nach 1980

Mit seinen starren Rosetten, die im Laufe der Jahre bei älteren Pflanzen ganze Kissen bilden, ist der **Trauben-Steinbrech** | 3.4.14 | eine Pflanze, die weniger in der Wutachschlucht als auf der Schwäbischen Alb und aus den Kalkfelswänden der Wutachflühen grüßt. Die typischen Kalkschüppchen an den Blatträndern möchte man als Abgabe von überschüssigen Mineralien auffassen; benötigt wird der Kalk jedoch offensichtlich, denn man findet die Pflanze zwar auch an Silikatgesteinsfelsen, z. B. am Räuberschlössle und sonst im Schwarzwald, aber mit Sicherheit immer nur dort, wo die Spalten kalkhaltiges Wasser führen. Eben das gibt es dort, wo im Gneis, Granit oder anderen häufigen Gesteinen das Mineral Kalknatronfeldspat zersetzt worden ist.

3.4.14 | Trauben-Steinbrech. (RG)

3.4.15 | **Die Alpen-Gänsekresse** kommt in den Alpen häufig vor, im Wutachgebiet dagegen eher selten. In Norddeutschland ist sie eine absolute Rarität, doch schließt ihr Areal die Arktis mit ein. (PB)

3.4.16 | **Alpen-Maßliebchen:** Es sieht unserem vertrauten Gänseblümchen dann recht ähnlich, wenn es an der Grenze seiner Lebensmöglichkeiten wächst. Während die Alpenpflanze dank ihres Haarschopfs (Pappus) an den kräftigen Früchtchen vom Wind ausgebreitet wird, hat das Gänseblümchen winzige, ohnehin leicht vom Wind zu vertragende Früchtchen ohne Pappus. Deren Oberfläche wird zudem etwas klebrig, so dass sie von Tieren, eben auch von weidenden Gänsen, vertragen werden können. (LT.JUN2013)

Die **Alpen-Gänsekresse** | 3.4.15 |: So häufig die Pflanze in den Alpen vorkommt, so selten ist sie an Kalkfelsen in Süd- und erst recht in Norddeutschland. Als lockere Polster bildender, weißblütiger Kreuzblütler ist sie eher unauffällig; das dürfte zu ihrem Überleben in Felsspalten des montanen Wutachtals beigetragen haben. Dass die Art eine lange Geschichte gehabt haben muss, wird deutlich, wenn man von ihren Arealteilen in der Arktis, dazu in Gebirgen Zentralasiens, Ostafrikas, selbst Makaronesiens erfährt. Die Jahrmillionen alte Trennung dieser Populationen muss auch genetische Veränderungen mit sich gebracht haben. Konstanz und Wandel wären an der Alpen-Gänsekresse sicherlich gut studierbar.

Das **Alpen-Maßliebchen** | 3.4.16 | besiedelt durchsickerte oder auch ein wenig stauende Lehmböden an lichten und lückigen Standorten wie der Felsgalerie oberhalb der Schurhammerhütte. Dass seine heutigen, als reliktisch anzusehenden Standorte und Wuchsorte nicht immer die für sein Gedeihen optimalen sind, zeigt sich z. B. auch in der Wutachschlucht: Hier hat sich das Alpen-Maßliebchen an der neugeschaffenen Böschung der Landesstraße 170 oberhalb der Schattenmühle in einer Üppigkeit angesiedelt, die es in den Muschelkalkspalten in der Schlucht selbst längst nicht erreicht.

Für die von unten sichtbaren Mergelrutschungen des Eich- und des Buchbergs sollen noch einige Relikte genannt werden. Man sollte jedoch das Gelände zur Schonung und aus Vorsicht nicht betreten, sondern sich nur einen landschaftlichen Eindruck von den Kantenpfaden aus verschaffen. Die dortigen Glazialrelikte der mergeligen „Bleichen" (s. auch S. 304) sind zum einen zwei Pionierpflanzen, die zu bekannten Arten gehören, sich aber schon vor Jahrhunderttausenden (oder mehr) zu neuen, an solche und ähnliche Spezialstandorte angepassten Typen entwickelt haben: **Alpen-Wundklee und Rauer Löwenzahn**, beide in einer besonderen alpinen Unterart. Auch das **Berghähnlein** hat hier einen Vorposten seines kleinen Arealsplitters auf der Schwäbischen Alb. An diesen immer wieder bewegten Stellen an der „Blumberger Pforte" lebt also eine seltene Spezialistengesellschaft, die erst 1951 aus dem Schweizer Jura beschrieben wurde. Hier können nur ausgesprochene Pioniere überleben, die den starken Wechsel ihres Wurzelbodens ertragen: nach längerem Regen durchnässt und damit sauerstoffarm, dann aber in Südexposition des dortigen Geländes mit seinen Buckeln und Runsen (tiefen Kerben) scharf austrocknend. Sowie randlich die Bedingungen günstiger werden, entwickeln sich denn auch artenreichere, immer noch als Spezialistengesellschaften zu bezeichnende Trockenrasen, hier mit dem **Blaugras** | 3.4.17 |. Interessenten seien auf die anschauliche Darstellung von Witschel (1980) aufmerksam gemacht.

Für sehr viele, wohl die meisten Arten können wir ihre Geschichte nicht ganz genau rekonstruieren. Das ist für praktisches Handeln aber auch nicht entscheidend. Entscheidend ist vielmehr, ihr Vorkommen aus ihrer Ökologie, ihr Zusammenspiel in Lebensgemeinschaften und damit ihre Mannigfaltigkeit und Bedeutung zu verstehen – an zahlreichen anschaulichen Beispielen, wie sie die Wutachschlucht und so manches andere Schutzgebiet noch immer und hoffentlich auch in Zukunft bereithalten.

3.4.17 | **Das Blaugras** ist einer unserer ausgeprägten Frühblüher und in den südwestdeutschen Kalkgebirgen häufig und anpassungsfähig; an kalkreichen, meist steinig-lückigen Hängen macht es nicht den Eindruck eines Relikts, wohl aber, wenn man alpenfernere Gebiete prüft. Gegen Norden klingt es mit lückenhaften Fundstellen aus: Auch Pflanzen haben ihre Geschichte. (FK.MRZ1998)

Pflanzengesellschaften und ihre fachwissenschaftlichen Namen

Liste der Pflanzengesellschaften, die in den vorangegangenen Kapiteln zum Pflanzenleben in der Wutachschlucht erwähnt werden.

Deutsche Namen	Fachwissenschaftliche Namen
Alpen-Heckenkirschen-Buchen-Tannenwald	Lonicero alpigenae-Fagetum
Artenreicher Silikat-Tannenwald	Galio rotundifolii-Abietetum (im Mosaik mit verwandten Waldtypen)
Brennnessel-Giersch-Saum	Urtico-Aegopodietum (in einer speziellen „Wutach-Ausbildung“)
Buntreitgras-Kiefernwald	Calamagrostio-Pinetum
Eschen-Bergahornwald, Schluchtwald im engeren Sinn	Fraxino-Aceretum pseudoplatani (in vielfältiger Ausbildung)
Grauerlen-Auenwald	Alnetum incanae
Kriechstraußgras-Gesellschaft	Rorippo-Agrostietum prorepentis
Pestwurzflur	Phalarido-Petasitetum hybridi
Rohrglanzgras-Röhricht	Phalaridetum arundinaceae
Schlehen-Liguster-Gebüsch	Pruno-Ligustretum
Spitzahorn-Sommerlindenwald, auch Berg-Lindenwald	Aceri platanoidis-Tilietum platyphylli

Flechten und Moose der Wutachschlucht

Volkmar Wirth

Zur Ökologie von Flechten und Moosen

Wir sind in unseren Breiten gewohnt, dass sich die Vegetation im Laufe der Jahreszeiten verändert. Die Laubwälder verfärben sich im Herbst und werfen ihr Laub ab, die Kräuter ziehen ein, Pilze erscheinen und vergehen. Selbst in den immergrünen Nadelwäldern erkennt der Wanderer den jahreszeitlichen Wechsel. Flechten und Moose jedoch machen diesen Wandel nicht mit. Ob sie den Boden überziehen, Felsen besiedeln oder Baumstämme manschettengleich umhüllen, ihr Erscheinungsbild ist winters wie sommers gleich, äußerlich unbeeinflusst vom Klimawechsel. Flechten und Moose sind die Konstanten im Vegetationsbild, wohl auch einer der Gründe dafür, dass sie den meisten Menschen kaum auffallen.

Flechten und Moose leben anders als die unsere Vegetation beherrschenden Blütenpflanzen. Die winterliche Kälte ist für sie nicht relevant, und ihr Wasserhaushalt ist von den Jahreszeiten unabhängig. Sie brauchen zwar selbstverständlich auch Wasser zum Leben, aber sie müssen nicht ständig mit Wasser versorgt sein. Ist die Wasserversorgung unterbrochen, trocknen sie aus, ohne Schaden zu nehmen, werden „stoffwechselinaktiv"; regnet es, nehmen sie Wasser auf und kurbeln ihren Stoffwechsel wieder an. Diese Eigenart, eine „wechselfeuchte" Lebensweise, ist auch der Schlüssel für das Verständnis ihrer Ansprüche und ihrer Standorte, die beide erheblich von denen der Höheren Pflanzen abweichen. Sie ermöglicht es diesen Niederen Pflanzen (Kryptogamen), an Standorten zu leben, die von Blütenpflanzen nicht besetzt werden können, weil der nötige Wurzelraum fehlt: auf nacktem

3.5.01 | Lichtreiche Felsstandorte, wie hier der Porphyr-Stutzen des Räuberschlössles, werden von zahlreichen Flechtenarten besiedelt; sie sind Ursache der hellen Färbung der Gesteinsoberfläche. (VWI.2013)

Fels, auf der Rinde von Bäumen, auf Holz von Stümpfen und Baumleichen. Hier sind Flechten und Moose vor der Konkurrenz der viel rascher und höher wachsenden, raumgreifenden Blütenpflanzen sicher. Anders verhält es sich allerdings auf dem Erdboden. Hier haben es insbesondere die nur sehr langsam wachsenden Flechten viel schwerer, sich zu behaupten, so dass sie nur dort aufkommen, wo die Vegetationsdecke aus verschiedenen Gründen schütter ist und Blütenpflanzen ihrerseits Schwierigkeiten haben, so auf steinigen, flachgründigen oder auf sehr sauren Böden. Auch Lichtarmut ist von Nachteil für die meisten Blütenpflanzen, aber für viele Moose tolerabel und sehr vorteilhaft im Wettbewerb mit Kräutern. Im Tiefschatten von Nadelwäldern, wo gerade noch der Sauerklee vegetiert, können zahlreiche Laub- und Lebermoose leben und sich in flächendeckenden Rasen ausdehnen. Flechten können auf dem Boden dagegen im Allgemeinen nur aufkommen, wenn die Standorte lichtoffen sind. Auch feuchte und nasse Böden werden von Flechten gemieden, während sie für Moose sehr günstige Bedingungen liefern können, wie sich in Mooren eindrucksvoll zeigt. Diese Beispiele demonstrieren, dass sich

3.5.02 | **Großflächige Moosvegetation** auf dem Erdboden. (VWI.2013)

Aufbau von Flechten

Flechten sind Lebensgemeinschaften aus jeweils einem Pilz und einer Alge oder eines Cyanobakteriums (Blaualge). Sie bringen eigenständige, andersartige Vegetationskörper hervor und sind zu einer Reihe von Leistungen fähig, welche die Partner allein nicht vollbringen könnten. Der Pilz nimmt den größten Teil der Flechte ein und umhüllt den Algenpartner, der gewöhnlich in einer Vielzahl von ein- oder wenigzelligen Individuen vorhanden ist. Der Algenpartner übernimmt die Produktion von Kohlenhydraten, mit denen auch der Pilzpartner versorgt wird.

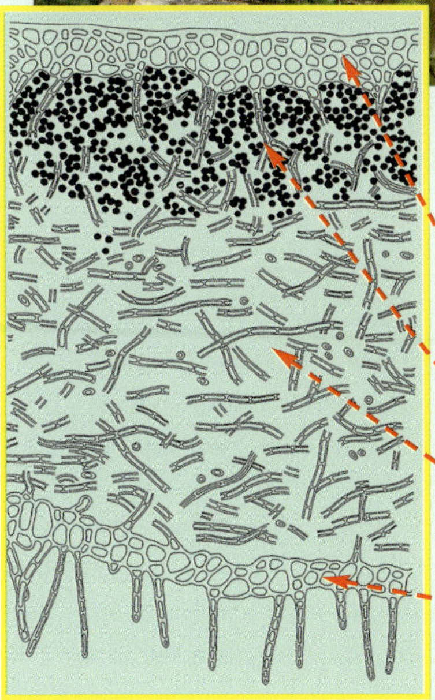

3.5.03 | **Halbschematischer Schnitt durch eine Blattflechte:**

Rinde aus dichtem Pilzhyphen-Geflecht

Algenschicht

Markschicht aus locker verlaufenden Hyphen

Unterrinde

(VWI)

3.5.04 | **Nur wenige Flechtenarten,** so die Hundsflechte (*Peltigera praetextata*), können sich im feuchten Klima der Schlucht gegen die dichte Moosvegetation am Stamm älterer Bäume behaupten. (VWI.2013)

3.5.05 | **Moose bedecken das Kalkgestein** an schattigen Stellen oft lückenlos. (KS.2012)

Moose und Flechten zwar grundsätzlich im Wasserhaushalt und ihrer Unabhängigkeit vom jahreszeitlichen Lauf ähneln, sich aber tendenziell unterschiedlich einnischen.

Maßgebend bei der „Standortwahl" sind, wie bei anderen Organismen auch, klimatische Faktoren und Substrateigenschaften. Die einzelnen Arten unterscheiden sich im Licht- und Feuchtebedarf und vor allem durch unterschiedliche Ansprüche an das Substrat, d. h. die besiedelbare Oberfläche. Manche Arten kommen nur auf saurem, andere nur auf basischem Untergrund vor, ein Teil ist auf Baumrinde spezialisiert und vermag nicht auf Gestein zu wachsen und umgekehrt. Für Rindenbewohner ist nicht jede beliebige Baumart gleichermaßen besiedelbar. Manche Flechten und Moose wachsen nur auf glatter Rinde, andere bevorzugen tiefrissige Borke, manche sind auf oberflächlich saure Rinde, wie von Fichte und Kiefer, andere auf basenreiche, wie von Spitz-Ahorn, Ulme und Esche, angewiesen. Unter Gesteinsbewohnern vermögen die einen nur auf Silikatgestein, wie Gneis oder Granit, zu leben, die anderen nur auf Kalkgestein. Die Konsequenz ist, dass auch bei Flechten und Moosen die Artenvielfalt von der ökologischen Vielfalt abhängt, beispielsweise bei den obligaten Gesteinsbewohnern nicht nur vom Vorkommen von anstehenden Felsen, sondern auch von deren mineralogisch-gesteinskundlichen Eigenschaften. Mitten durch die Gutach-Wutachschlucht verläuft die geologisch-petrografische Zäsur zwischen dem Grundgebirge mit seinen sauren Silikatgesteinen und dem Deckgebirge mit dominierenden kalkhaltigen Gesteinen und Mergeln. Diese Grenze hat angesichts der weitgehenden Spezialisierung von Gesteinsflechten und -moosen entweder auf kalkhaltige oder auf kalkfreie Gesteine fundamentale Auswirkungen auf die floristische Zusammensetzung der Moos- und Flechtenvegetation im Verlauf der Schlucht. Bei den epiphytisch – auf Bäumen und Sträuchern – lebenden Arten sind solche räumlich stark differenzierenden Elemente nicht vorhanden, aber auch bei ihnen sind Verbreitungsschwerpunkte im Bereich der Schlucht zu finden.

Die Flechten und Moose der Bäume

Besonders üppig sind Moosdecken an alten Bäumen entwickelt, die durch ihr Mooskleid oft einen etwas urwaldartigen Eindruck vermitteln | 3.5.06 |. Fast überall in feuchten Lagen, so in Flussnähe am Grunde der Kalkschlucht, sind die Äste manschettengleich von Moosen umhüllt und die Bäume zumindest am Stammgrund fast völlig von Moosen umschlossen, so dass kaum noch ein Stück der

Baumrinde sichtbar bleibt. Besonders Berg-Ahorne und alte Eschen, Linden und Ulmen, deren Borke die Feuchtigkeit gut speichern kann, sind häufig von Moosen überwuchert. Auf den dicken Ästen wuchert das Gegenhaarmoos (*Antitrichia curtipendula*) mit seinen struppigen „Rasen“ | 3.3.07 |, gelegentlich begleitet von der Lungenflechte.

Bestandbildend treten, vor allem im unteren Stammbereich, insbesondere das Rankende Trugzahnmoos (*Anomodon viticulosus*) sowie das Wellige Neckermoos (*Neckera crispa*), das Glatte Neckermoos (*Neckera complanata*) und das Streifenfarn-Glattmoos (*Homalia trichomanoides*) auf, deren abgeflachte Sprosse oft seidig glänzen, ferner das Mäuseschwanz-Moos (*Isothecium alopecuroides*), unter dem sich gewöhnlich schon eine dickere Humusschicht angesammelt hat. An lichtreichen Standorten kann auch das Gegenhaarmoos am Stamm dominieren. Meist schon weiter oben am Stamm wächst das in trockenem Zustand anliegend beblätterte, bogig aufsteigende Eichhornschwanz-Moos (*Leucodon sciuroides*). Wo sich der geschlossene Moosmantel auflöst, erscheinen andere Moose, und zwar Arten, die sich im feucht-schattigen Klima der Schlucht auch an jungen, glattrindigen Stämmen und dünnen Ästen finden, dann meist in Begleitung von Krustenflechten; unter den häufigen sind das Vielfruchtmoos (*Pylaisia polyantha*), Goldhaar-Moose (*Orthotrichum*-Arten), das Gemeine Krausblattmoos (*Ulota crispa*) und Bruchs Krausblattmoos (*Ulota bruchii*), die alle keine durchgehenden, geschlossenen Rasen bilden, sondern kissen- bis polsterförmig vom Rindensubstrat abstehen, sowie die eng anliegenden, beblätterten Lebermoose *Radula complanata* (Flachblättriges Kratzmoos) und *Frullania dilatata* (Breites Wassersackmoos). Die meisten dieser Arten sind allgemein weit verbreitet, aber in der Wutachschlucht oft besonders üppig und zahlreich entwickelt. Die sie an den jüngeren Laubbaumstämmen mit glatter Rinde oder glatten Rindenstegen begleitenden Flechten sind z. B. *Lecanora*-Arten (*L. argentata, L. chlarotera, L. carpinea*) mit ihren hell berandeten, scheibenartigen Fruchtkörpern, die Schriftflechte *Graphis scripta* mit langgestreckten, schwarzen, runenartigen Apothecien – den Fruchtkörpern – | 3.5.08 |, die wie weiße Farbe aussehende *Phlyctis*

3.5.06 und 07 | Die Äste von Bergahornen und Eschen sind manschettengleich von Rasen des Gegenhaarmooses umhüllt. (VWI.2013)

3.5.08 | Die Schriftflechte lebt auf glatter Rinde und ist durch die millimeterlangen linien- bis runenartigen Fruchtkörper charakterisiert. (VWI.2013)

3.5.09 | **Die Sparrige Evernie** (*Evernia divaricata*) ist eine seltene, vor allem in kalten, luftfeuchten Lagen wachsende Bartflechte der oberen Schlucht. (VWI)

3.5.10 | **Die Rötliche Stäbchenflechte** ist an ihren rotbraunen Fruchtkörpern und dem körnigen grünlichen Lager zu erkennen; sie wächst vor allem auf Ahorn, Esche und Ulme. (VWI.2013)

argena (Weiße Blatternflechte) oder gelegentlich auch, auf Laubbäumen in der Flussaue, die selteneren *Pyrenula nitidella* (Kleinfrüchtige Kernflechte), *Arthonia* (*Coniocarpon*) *cinnabarina* (Zinnoberflechte) mit ihren zinnoberrot berandeten Fruchtkörpern und *Phlyctis agelaea*, die mit *Arthonia atra* (Schwarze Zeichenflechte) und *Opegrapha*-Arten vergesellschaftet auftritt. An älteren Laubbäumen mit rissiger, nicht von Moosen besetzter Borke kommt, besonders in den Flühen, die Rötliche Stäbchenflechte (*Bacidia rubella*) vor, die an ihren braunroten, berandeten Fruchtkörpern erkannt werden kann | 3.5.10 |, und an entsprechenden, aber regengeschützten Stellen gegen die Stammbasis zu die Würmchen-Zeichenflechte (*Opegrapha vermicellifera*), die weiße Lager mit zahlreichen halbkugeligen Warzen bildet. Diese Krustenflechtengemeinschaften treten in der Wutachschlucht eher spärlich auf, was am dichten Kronenschluss der

Bäume liegt, der für die meisten Flechten zu viel Licht abschirmt und Moose begünstigt. Häufiger sind sie an den lichtreicheren Standorten an den Talhängen zu finden. Besonders an der glatten Rinde von Buchen sind Mosaike von *Lecanora* und *Pertusaria*-Arten, der Schriftflechte und den olivbraunen Lagern von *Pyrenula nitida* entwickelt.

Sind die meisten Flechten recht unscheinbar, fallen die Bartflechten und die Lungenflechte oft auch dem unkundigen Wanderer auf. Bartflechten mit ihren hängenden bis struppig abstehenden Lagern aus fädigen Ästen entwickeln sich besonders an kühlen bis kalten luftfeuchten Standorten mit häufigem Nebelzug. Insofern ist das Schluchtklima für Bartflechten prinzipiell günstig, und es ist daher

keine Überraschung, dass von der Gutach- und Wutachschlucht etliche Bartflechtenarten nachgewiesen sind. An solchen besonders luftfeuchten Orten, wie Taleinmündungen, engen Schluchtabschnitten oder kaltluftstauenden Mulden, können die Arten der Gattungen *Bryoria* (Moosbart) und *Usnea* (Bartflechte) an den Ästen von Laub- und Nadelbäumen ganze Vorhänge von Bärten bilden | 3.5.09 |. Die Lagerfäden und Ästchen von *Bryoria* sind grau oder braun gefärbt und glatt, die von *Usnea* graugrünlich bis gelbgrünlich, mit kurzen, abstehenden Seitenzweigen besetzt und von einem weißen Zentralstrang durchzogen, der sichtbar wird, wenn man auf die Ästchen Zug ausübt. Die häufigsten Arten sind die graue *Bryoria capillaris* (Haar-Moosbart) und die braune *Bryoria fuscescens* (Brauner Moosbart) sowie *Usnea dasypoga* (Fischgrät-Bartflechte). Am üppigsten sind sie auf abgestorbenen Bäumen oder Ästen von Nadelbäumen entwickelt, weil sie an diesen lichtreichen Standorten günstigere ökologische Bedingungen vorfinden. Zu den in der oberen Schlucht und ihren Seitentälern nachgewiesenen Bartflechten-Raritäten zählen *Ramalina thrausta, Alectoria sarmentosa, Usnea florida* | 3.5.11 |, *Usnea glabrata, Usnea glabrescens, Usnea fulvoreagens, Evernia divaricata*. Die ersten beiden ähneln vom äußeren Erscheinungsbild den *Bryoria*-Arten, sind jedoch wie *Usnea*-Arten gelblich gefärbt. Von diesen unterscheiden sie sich aber durch das Fehlen des weißen Zentralstrangs; sie sind besonders selten und in Deutschland vom Aussterben bedroht. Der allgemeine Rückgang praktisch aller Bartflechten hat auch vor der Wutachschlucht nicht Halt gemacht. Die Bartflechten sind in den letzten 50 Jahren außerordentlich spärlich geworden, einige der oben genannten, besonders seltenen Arten sind im Gebiet vom Aussterben bedroht. Die Gründe für den Rückgang dieser Arten in der Wutachschlucht sind schwierig einzuengen. Allgemein sind forstliche Eingriffe für Bartflechten von Nachteil. Sie fallen aber in der Schlucht vermutlich weniger ins Gewicht als die Änderungen in der Luftgüte.

Auch die auffallende, bis zu 30 cm große Lungenflechte | 3.5.12 | mit ihren tief eingeschnittenen, großen, braunen bis olivfarbenen, in feuchtem Zustand grünen, an der Oberseite durch Dellen gegliederten Lagern sieht man immer seltener. Diese schon von Leonhart Fuchs in seinem Kräuterbuch von 1543 beschriebene Art wurde als Heilmittel gegen Lungenleiden eingesetzt und ist Charakter- und Indikatorart einer ganzen Gesellschaft seltener, bemerkenswerter Arten, die nur oder bevorzugt auf basenreicher Rinde leben, wie sie Esche, Ulme, Ahorn-Arten zu bieten haben. In der Wutachschlucht wurden in der Lungenflechtengesellschaft die Nierenflechten *Nephroma bellum*, *Nephroma resupinatum*, die Leimflechte *Collema fasciculare*, die Sorediöse Schildflechte (*Peltigera collina*), *Parmeliella triptophylla* und das Muschelschüppchen (*Normandina pulchella*) gefunden. Die Gallertflechte *Collema fasciculare*, eine feucht stark anschwellende Art vom Gallertflechtentypus, kennt man nur noch von sehr wenigen Stellen im Südschwarzwald und in den Alpen; *Nephroma bellum* ist seit etwa 20 Jahren in Deutschland verschollen. Ausgesprochene floristische „Glanzpunkte“ der Lungenflechtengesellschaft der Wutachschlucht sind die Bleigraue Degelie (*Degelia plumbea*) | 3.5.13 | und *Megalaria grossa*, eine schwarzfrüchtige Krusten-

3.5.11 | *Usnea florida* ist durch die regelmäßige Ausbildung von scheibenförmigen, wie bewimpert aussehenden Fruchtkörpern eine besonders attraktive Bartflechte. (VWI.2013)

3.5.12 | Die Lungenflechte (*Lobaria pulmonaria*) wird über 30 cm groß. Sie ist an den abstehenden, grubig gegliederten Lappen leicht zu erkennen und die Leitart einer gegen Störungen empfindlichen und sehr selten gewordenen Gemeinschaft ozeanischer Flechten. (VWI.2013)

3.5.13 | Eine der größten Seltenheiten der Schlucht ist die Bleigraue Degelie. Sie ist in Deutschland nur noch aus der Wutachschlucht bekannt. Das Bild stammt von den Kanaren. (UKI)

3.5.14 | Die Lusitanische Nierenflechte ist eine etwa 5 cm groß werdende braune Laubflechte mit rotbraunen, scheibenförmigen Fruchtkörpern, die im westlichen und südlichen Europa in feuchten Lagen vorkommt und in Deutschland nur noch von wenigen Vorkommen in Baden-Württemberg bekannt ist. (VWI.2013)

3.5.15 | **Die Gabel- und Blasenflechten** (links), beides häufige Arten, bilden auf den Ästen in den Wipfeln von Tanne und Fichte ein struppiges, graues Flechtenkleid. (VWI)

flechte, die man aus Deutschland nur noch von hier kennt (s. u.). Eine weitere Besonderheit der Lungenflechtengesellschaft der Wutachschlucht ist die Lusitanische Nierenflechte (*Nephroma laevigatum*), eine braune Blattflechte, die atlantisch verbreitet ist, im Gebiet die Ostgrenze der Verbreitung erreicht und in Mitteleuropa nur noch wenige Vorkommen besitzt. Bereits in den Nordalpen fehlt diese charakteristische Art | 3.5.14 |.

Während die Lungenflechten-Gesellschaft nur auf basenreicher Borke wächst, kommen andere Flechtengemeinschaften nur auf saurer Rinde vor,

3.5.16 | **Die kleinen, nur Millimeter hoch werdenden Fruchtkörper** von *Calicium viride* ähneln kurzen, dicht an dicht stehenden Stecknadeln mit schwarzen, unterseits braunen Köpfchen. Sie leben vor allem an alten Tannenstämmen. (VWI.2013)

wie sie insbesondere Fichte und Kiefer, weniger ausgeprägt die Tanne zu eigen haben. Solche säureliebenden Flechtengesellschaften finden sich insbesondere in der oberen Schlucht, wo Nadelbäume einen ungleich höheren Anteil stellen und auch die Einwirkung von basenreichen Stäuben, wie sie im unteren Schluchtteil Einfluss haben können, minimal ist. Auf den Nadelbäumen finden sich einerseits relativ auffällige Blattflechtengemeinschaften, die aus den häufigen grauen Arten *Hypogymnia physodes* (Gewöhnliche Blasenflechte), *Platismatia glauca* und *Pseudevernia furfuracea* (Gabelflechte) gebildet werden | 3.5.15 |, welche vor allem an Ästen und in den Wipfeln ihre struppigen Bestände entfalten, untermischt mit Bartflechten, wenn die Luftfeuchte ausreicht; andererseits treten hier dem Laien verborgen bleibende Krustenflechten-Gesellschaften mit Kelchflechten der Gattungen *Chaenotheca* und *Calicium* mit winzigen, an kurze Stecknadeln erinnernden Fruchtkörpern auf, die unter der Lupe recht attraktive Formen enthüllen. Die „Stecknadeln“ stehen, oft zu Hunderten, mehr oder weniger waagrecht vom Substrat ab. Ihre Köpfchen sind von einer braunen oder schwarzen Sporenmasse bedeckt und können am Rand und an ihrer Unterseite schwarz oder braun oder gelb bereift sein, so *Chaenotheca chrysocephala*, *Chaenotheca ferruginea*, *Calicium viride* | 3.5.16 |, *Calicium glaucellum*. Die von diesen Arten aufgebauten Kelchflechtengesellschaften, die sich mitunter auch durch leuchtend gelbe, mehlige Flecken oder Überzüge der Borken-Schwefelflechte (*Chrysothrix candelaris*) verraten, haben eine ganz spezielle Ökologie, so dass man auch nach ihnen suchen und sie relativ leicht finden kann: Sie wachsen nur an regengeschützten Baumflanken oder tief in regengeschützten Borkenrissen. Auch diese Gesellschaften bergen eine große Besonderheit, es ist *Chaenotheca subroscida*, die in Mitteleuropa sonst nur von zwei Stellen im Hochschwarzwald und im Riesengebirge nachgewiesen ist und langzeitig ungestörte Wälder beansprucht. In der Lotenbachklamm ist ein weiterer Zeiger historisch alter Wälder, *Thelotrema lepadinum*, gefunden worden, eine Art, die anhand ihrer tief in pustelartige Aufwölbungen eingesenkten Fruchtkörper leicht identifiziert werden kann.

Urwaldmoose

Michael Lüth

Es gibt bestimmte Moosarten, welche in europäischen Tannen-Buchen-Urwäldern verbreitet sind und in unseren Wäldern nur vorkommen, wenn es sich um „historisch alte Wälder“ handelt: Flächen also, die schon lang und kontinuierlich einen Baumbestand tragen. Die Wälder der schwer zugänglichen Steilhänge in der Wutachschlucht und in den Seitenschluchten gehören dazu, und so lassen sich hier solche „Urwaldmoose“ finden. Es sind allerdings nicht die üppigen Moosbärte, die auffällig von den Bäumen hängen – nein, diese Arten wachsen eher unscheinbar. Das Grüne Besenmoos | 3.5.17 | wächst im Wutachgebiet zerstreut an Stämmen alter Buchen. Es sind zarte Pflanzen, die oft versteckt zwischen anderen Moosen wachsen. Auf stark zersetztes Holz längst abgestorbener Bäume in luftfeuchter Lage ist das Grüne Koboldmoos | 3.5.18 | angewiesen. Da diese „Altersphase“ und damit der Lebensraum des Mooses verrottungsbedingt nur kurzzeitig vorhanden ist, muss in einem geeigneten Gebiet immer reichlich Totholz vorhanden sein. Gute Wuchsbedingungen herrschen für den „Kobold“ in der Rötenbachschlucht und in der Lotenbachklamm, wo man ihn bereits entdeckt hat. Beide Arten, das Grüne Besenmoos und das Grüne Koboldmoos, sind europaweit gefährdet, da Wälder mit ungebrochener Waldtradition in Mitteleuropa immer seltener werden. Diese Arten genießen daher über die europäische Fauna-Flora-Habitat-Richtlinie besonderen Schutz.

Eine weitere Rarität kommt in der Lotenbachklamm vor: Das Kleine Spatenmoos | 3.5.19 |wächst auf den reichlich vorhandenen morschen Baumstämmen, die sich von den Steilhängen rutschend am Schluchtgrund sammeln und dort verrotten. Die Art, die in den Buchenurwäldern Polens und der Slowakei regelmäßig angetroffen wird, findet man in Deutschland außerhalb des Alpenraums nur hier in der Lotenbachklamm. Sie kann als Relikt der ursprünglich zusammenhängenden Naturwälder angesehen werden.

3.5.17 | Das Grüne Besenmoos. (ML)

3.5.18 | Das Grüne Koboldmoos. (ML)

3.5.19 | Das Kleine Spatenmoos. (ML)

Die Flechten und Moose auf Gestein und Erde in der Silikatschlucht (Grundgebirge)

Steine und Blöcke sind zwar verbreitet, aber die Siedlungsmöglichkeiten für Flechten sind auf ihnen ziemlich eingeschränkt, weil sie oft beschattet sind und unter diesen Bedingungen meistens Moose die Oberhand gewinnen. Zu den wenigen auffallenden Flechten dieser Habitate gehört die Braune Köpfchenflechte (*Baeomyces rufus*) | 3.5.20 | mit ihren gestielten braunen Köpfchen von rund 2 mm Höhe. Man sieht sie nicht selten an Wegböschungen. Sie ist oft mit der Kiesel-Porpidie (*Porpidia crustulata*) vergesellschaftet, einer Krustenflechte, die bei ungestörtem Wachstum ihre schwarzen runden Fruchtkörper in konzentrischen Kreisen bildet. Artenreichere Standorte sind kleine Blockansammlungen, wie sie allerdings nur selten in der Schlucht vorkommen, und vom Menschen geschaffene Ersatzhabitate, wie Trockenstützmauern der Eisenbahntrasse. Sie sind von Krustenflechten überzogen, die sich allerdings in einem farblich unauffälligen grauen Kleid präsentieren, z. B. *Lecidea lithophila* (Stein-Schwarznapfflechte), *Porpidia*-Arten, *Rhizocarpon reductum* und *Protothelenella corrosa*. Nur sehr selten erscheinen die grünlich gelben Krusten der bekannten Landkartenflechte (*Rhizocarpon geographicum*). Die bedeutendsten Flechtenstandorte sind die großen anstehenden Felsen, wie sie etwa im Haslachtal, aber vor allem im Bereich des Räuberschlössles vorkommen. Je größer und lichtreicher das Felsmassiv, desto umfangreicher sind die Entfaltungsmöglichkeiten der Gesteinsflechten. Und so sind am Räuberschlösslefelsen die ausgedehntesten und reichsten Flechtenvorkommen der Schlucht zu finden, was sich auch dem interessierten Wanderer eröffnet. Quadratmetergroße schwefelgelbe, wie mit Malerfarbe angestrichene Überzüge der Lepra-Schwefelflechte (*Chrysothrix chlorina*) sind unübersehbar und eindrucksvoll | 3.5.21 |. Diese Art ist auf luftfeuchte, absonnige Standorte und überhängende, weitgehend regengeschützte Felsen spezialisiert. Sie gehört zu den Flechten, die ihren Wasserhaushalt allein über die Aufnahme von Wasserdampf aus der Luft decken, nicht durch Benetzung mit Regenwasser, das von ihren Lagern ungenutzt abperlt – so sehr angepasst sind diese Flechtenlager an diese Lebensweise. Mit ihr kommen weitere Arten dieser Lebensform/Konstitution vor, an senkrechten Felswänden übergehend in Flechtengesellschaften, die zeitweise beregnet werden, mit *Lecanora orosthea, Lecanora subcarnea, Haematomma porphyrium* und, auf letzterer parasitierend, als große Seltenheit die kurzstielige Kelchflechte *Calicium corynellum*, die derzeit in Deutschland nur noch vom Schwarzwald bekannt ist, ferner, an noch etwas lichtärmeren Stellen, *Microcalicium arenarium* und die dünnen schwefelgelben Überzüge von der Gelbfrüchtigen Schwefelflechte (*Psilolechia lucida*). An noch schattigeren, nie von der Sonne direkt beschienenen, senkrechten bis überhängenden Felsflächen kann man schwarze, filzige Überzüge finden, die sich unter der Lupe als Teppiche aus feinsten Fäden erweisen. Sie werden von den äußerlich nicht unterscheidbaren Haarflechten *Cystocoleus ebeneus* und *Racodium rupestre* gebildet. In der Nähe wächst oft *Enterographa zonata*, die Mosaik-Zeichenflechte, deren braune Lager mosaik- oder puzzleartige Muster bilden, indem sie sich durch unregelmäßig verlaufende schwarze Vorlagerlinien abgrenzen.

3.5.20 | **Die auf Steinen und bodennahen Felsflächen** aus Silikatgestein sowie auf Erde an Böschungen vorkommende Braune Köpfchenflechte ähnelt winzigen Pilzchen. (VWI.2013)

Auf flachgründigen Stellen über dem Felsuntergrund, an Felsabsätzen und Simsen, z. B. zusammen mit der Pfingst-Nelke, können sich auch Erdflechten halten, vor allem Arten der großen Gattung *Cladonia*, unter denen besonders die Rentierflechten her-

3.5.21 | Quadratmetergroße, wie mit gelber Farbe angestrichene Überzüge der Lepra-Schwefelflechte (Ausschnitt unten) fallen am Felsen gegenüber dem Räuberschlössle leuchtend ins Auge. (VWI.2013)

vorstechen. Oben am Räuberschlösslefelsen und an der Basis des gegenüberliegenden „Schwefelflechten"-Felsens kommen die weiße Echte Rentierflechte (*Cladonia rangiferina*) und die gelbliche Wald-Rentierflechte (*Cladonia arbuscula*) | 3.5.22 | vor, bis zu etwa 8 cm große, reich verzweigte Sträuchlein, die in ganzen Herden auftreten können. Sie sind in trockenem Zustand sehr spröde und zerbrechen, wenn man auf sie tritt, in Hunderte von Bruchstücken. Auch sie sind selten geworden, stehen in der Roten Liste, sind sogenannte FFH-Arten und brauchen Schutz. Zur Gattung *Cladonia* gehören auch die relativ auffallenden Becherflechten mit ihren an gestielte Becher oder Trompeten erinnernden Lagern sowie stift- und geweihartig verzweigten Formen.

3.5.22 | Die Wald-Rentierflechte wächst nur an wenigen Stellen der Grundgebirgsschlucht. Sie ist eine der wenigen geschützten Arten (FFH) bei Flechten. (VWI.2013)

Zu den attraktivsten Arten der Schlucht gehört die Apfelflechte (*Peltigera leucophlebia*), eine außerordentlich seltene Schildflechtenart, die an etwa drei Stellen auf bemoostem Gestein und Erdmoosen gefunden wurde. Die Apfelflechte | 3.5.23 | bildet große, breite Lappen mit einer weißlichen, schwarz geäderten Unterseite und einer glatten, hellgrauen Oberseite. In feuchtem Zustand ist sie grasgrün, weil die nahe unter der Oberfläche befindliche Schicht grüner Algen dann durchscheint. Früher, vor weit mehr als 100 Jahren, war die Apfelflechte zwar überall selten, aber weit verbreitet. Heute gibt es nur noch wenige punktuelle Stellen in Deutschland, an denen sie zu finden ist. Deshalb sollte die Flechte tabu sein; jede Störung der kleinen Population bringt sie dem Verschwinden näher.

3.5.23 | Die Apfelflechte ist eine seltene, graue Blattflechte, die im feuchten Zustand grün wird, weil dann die nahe unter der Oberfläche liegende Schicht grüner Algen durchscheint. In den dunklen Wärzchen sitzen Cyanobakterien. Diese Flechte ist also eine Symbiose zwischen drei Organismen. (VWI.2013)

Moose sind auf herumliegenden Blöcken und Steinen überall zu finden, am häufigsten wächst hier das auf saurem Substrat weitverbreitet vorkommende Zypressen-Schlafmoos (*Hypnum cupressiforme*). An lichtoffenen Stellen, dort, wo Flechten eine Rolle spielen, kommen ebenfalls überwiegend verbreitete Arten vor, wie das Felsen-Klaffmoos (*Andreaea rupestris*), *Racomitrium heterostichum* und das Gewimperte Hedwigsmoos (*Hedwigia ciliata*). Floristisch interessant sind die wenigen Stellen, an denen so genannte Subneutrophyten aufkommen, also Arten, die „basenreiche", nur sehr schwach saure bis neutrale Substrate benötigen. Sie treten auf, wenn das besiedelte Gestein geringe Kalkspuren (z. B. durch angrenzenden Muschelkalk) enthält. Hier kommen die seltenen *Amphidium mougeotii, Plagiopus oederi, Metzgeria conjugata, Tritomaria quinquedentata, Cololejeunea calcarea* und auch das in der Kalkschlucht häufige Wellige Neckermoos (*Neckera crispa*) vor.

An dauernd untergetauchten oder nur zeitweise überschwemmten Stellen des Flusses und seiner Nebenarme können sich auf den Felsblöcken Wassermoose und Wasserflechten etablieren; letztere sind relativ spärlich vertreten, mit *Verrucaria praetermissa, Bacidina inundata* und der braunen, in feuchtem Zustand grünen Bach-Lederflechte (*Dermatocarpon luridum*). In der Haslachschlucht wurde auch die Rotmark-Schwielenflechte (*Phaeophyscia endococcina*) gefunden. Moose sind an solchen Standorten etwas häufiger. An immer wieder überschwemmten Stellen leben das Wellige Spatenmoos (*Scapania undulata*) und *Chiloscyphus polyanthus*, an seltener überschwemmten Standorten insbesondere *Schistidium riparium* und *Racomitrium aciculare*, zusammen mit der grauen Krustenflechte *Circinaria* (=*Aspicilia*) *caesiocinerea*.

Anders als bei den Flechten sind bei den Moosen im Silikatteil der Schlucht bodenbewohnende Arten zahlreich, stellenweise deckend und optisch auffallend vorhanden. Im Schatten der Fichten- und Tannenwälder können sich das Etagenmoos (*Hylocomium splendens*) | 3.5.25 |, das Schöne Frauenhaarmoos (*Polytrichum formosum*) | 3.5.26 |, der Schöne Runzelpeter (*Rhytidiadelphus loreus*) und, an etwas helleren Stellen, z. B. zwischen Heidelbeersträuchern, das charakteristische Rotstängelmoos (*Pleurozium schreberi*) großflächig breit machen und ganzjährig den Boden grün einfärben | 3.5.02 |. In kühl-feuchten Mulden tritt stellenweise das leicht kenntliche Wellige Schiefbüchsenmoos (*Plagiothecium undulatum*) mit seinen auffallenden Flachsprossen auf, und sehr selten findet sich das attraktive Federchenmoos (*Ptilium crista-castrensis*).

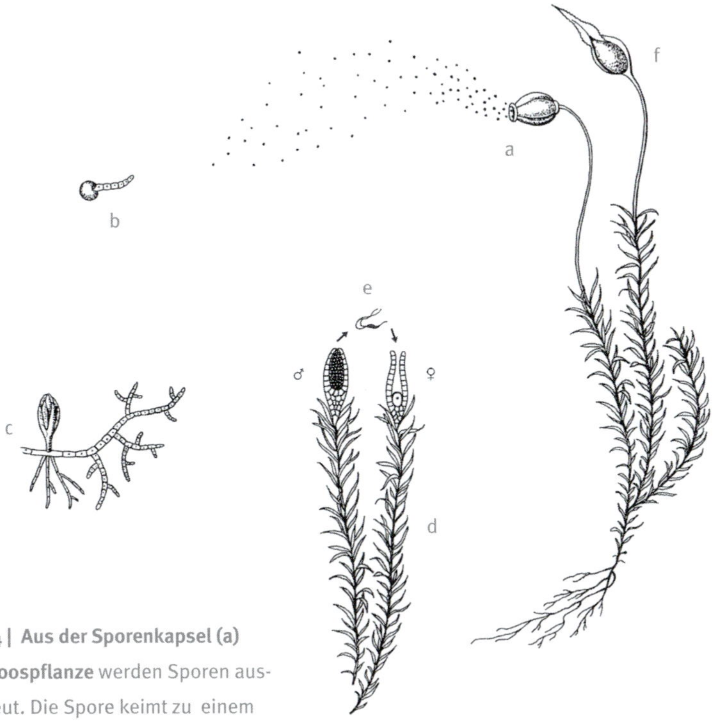

3.5.24 | Aus der Sporenkapsel (a) der Moospflanze werden Sporen ausgestreut. Die Spore keimt zu einem „Vorkeim" (b), an dem sich eine Moosknospe (c) bildet, die zu einer Moospflanze (d) auswächst. Auf dieser bilden sich Geschlechtsorgane. Die männlichen Geschlechtsorgane produzieren Spermazellen (e), die die Eizellen in den weiblichen Geschlechtsorganen befruchten. Aus der Eizelle wächst die oft gestielte Sporenkapsel (f). (HD geändert nach WIRTH & DÜLL 2000)

3.5.25 | Das Etagenmoos bildet auf saurem Boden ausgedehnte Bestände, die an Böschungen besonders deutlich die etagenartige Anordnung der flachen Sprosse zeigen. (VWI)

3.5.26 | Ein weiteres charakteristisches Moos saurer Böden ist das Schöne Frauenhaar, hier mit endständigen „Kelchen", die die männlichen Geschlechtsorgane enthalten. (VWI.2013)

Die Flechten und Moose auf Gestein und Erde in der Kalkschlucht

Der mittlere Teil der Wutachschlucht zwischen Schatten- und Wutachmühle sowie die Wutachflühen sind weitgehend in Sedimente des Muschelkalks eingegraben. Hier sowie in der Gauchachschlucht stehen an etlichen Stellen an den Prallhängen Felsen mit mehr oder weniger senkrechten Wänden an, zum Teil, wie am Rümmelesteg, in beträchtlicher Ausdehnung. Im Prinzip wären dies also hervorragende Bedingungen für Kalkbewohner, die in der oberen Silikatschlucht naturgemäß weitgehend fehlen. Aber nirgends zeigt sich ein ähnliches Bild von flechtenüberzogenen Felsen wie am Räuberschlössle. Auch bei näherer Suche entdeckt man an den am Weg aufgeschlossenen Felsen meist nur kümmerlich entwickelte Krusten und dies nur in geringer Zahl. Die Steigerung der Diversität, der Artenvielfalt, durch die andersartige Substratqualität ist nicht annähernd in dem Umfang gegeben, wie man sie erwarten sollte. Die Ursache für die Flechtenarmut liegt in der starken Verwitterungsanfälligkeit der Felswände aus Muschelkalk. Aus den stark gebankten, durch waagrechte und senkrechte Klüfte fast mauerartig gegliederten Felsen brechen ständig Stücke heraus, so dass die sehr langsam wachsenden Flechten, im Gegensatz zu Moosen, oft nicht dauerhaft Fuß fassen können. An günstigen, nicht so schnell abwitternden Stellen finden sich die für Karbonatgesteine so charakteristischen Vertreter der Gattungen *Verrucaria*, *Bagliettoa* und *Thelidium*, die allerdings sehr unscheinbar und nur durch feine dunkle Punkte und oft nur eine leichte Verfärbung des Gesteins identifizierbar sind. Auffallender sind gelbe Flecke, die der Gattung *Caloplaca* (Schönfleck) angehören, sowie an durch austretendes Sickerwasser feuchten Stellen die rosa bis orange gefärbten, hell berandeten Fruchtkörper von *Gyalecta jenensis* (Jenenser Krugflechte) | 3.5.27 |, die an der vertieft sitzenden Scheibe kenntlich sind. An schattig-feuchten Stellen finden sich auch intensiv orange gefärbte Polster und

3.5.27 | Die Jenenser Krugflechte ist an ihren orangefarbenen, berandeten Fruchtkörpern leicht zu erkennen. Sie ist typisch für schattige, etwas feuchte Kalkfelsen. (VWI.2013)

3.5.28 | Die Schuppen-Hundsflechte ist trocken hellgrau, feucht schwärzlich gefärbt, weil dann die dunklen Cyanobakterien durchscheinen. Die Art ist früher gegen Tollwut verwendet worden. (VWI.2013)

3.5.29 | An schattig-feuchten Stellen finden sich auch intensiv orange gefärbte Polster und Rasen einer aus feinsten kurzen Fäden aufgebauten Algenart (*Trentepohlia aurea*). (VWI.2013)

Rasen einer Art, die unter der Lupe einen Aufbau aus feinsten kurzen Fäden enthüllt. Es handelt sich um *Trentepohlia aurea*, keine Flechte, wie man zunächst meinen möchte, sondern eine außerhalb des Wassers lebende Grünalge, deren Chlorophyll-Grün durch einen hohen Gehalt an Carotinoiden farblich abweicht | 3.5.29 |.

Anders als auf Silikatgestein wachsen auf Karbonatgestein kaum Blattflechten, also Arten, die durch lappig gegliederte Lager mit einer ausgebildeten Unterseite ausgezeichnet sind. Auf Moosdecken kommen an den Kalkfelsen allenfalls die verhältnismäßig rasch wachsenden Schildflechten auf, so die Schuppen-Hundsflechte (*Peltigera praetextata*) | 3.5.28 |, die auch an der Basis von alten Bäumen und auf bemoostem Silikatfels zu finden ist. Sie bildet großblättrige, graue, in feuchtem Zustand schwärzliche, auf der Unterseite weißliche, geäderte Lager. Eine große Seltenheit in der Schlucht ist die in feuchtem Zustand grüne Laubflechte *Solorina saccata*, die Sackflechte, die an ihren in Gruben sitzenden Fruchtkörpern erkannt werden kann.

So ungünstig die Kalkfelsen für Flechten sind, so vielfältig sind die ökologischen Möglichkeiten insbesondere an den mehr oder weniger dauerhaft beschatteten, substratfrischen, oft substratfeuchten Flächen für Moose, die schneller Fuß fassen und wachsen als Flechten. An nassen Stellen und an nordseitigen Flächen entwickelt sich die Moosvegetation großflächig und üppig, oft direkt neben dem

3.5.30 | Wutachaustritt: Die ständig feuchten Kalkfelsen am Wutachaustritt sind dicht mit dem Fuchsschwanz-Bäumchenmoos bewachsen. (ML.2013)

3.5.31 | **Das Wellige Neckermoos besitzt verflachte**, auffallend gewellte Sprosse. Man findet das Moos an alten Bäumen und an schattigen Kalkfelsen. (VWI.2013)

3.5.32 | **Da das Kegelkopf-Lebermoos an leicht feuchten Felsen** ausgedehnte, glänzende Bestände bildet, kann es auch dem mit Moosen nicht vertrauten Laien auffallen. (VWI.2013)

3.5.33 | **Das Veränderliche Starknervmoos ist ein Baumeister:** An Rinnsalen trägt es zur Kalkausscheidung und Kalktuffbildung bei. (VWI.2013)

Wanderpfad | 3.5.30 |. Das reiche Relief der gebankten Muschelkalkfelsen scheint den Moosen zusätzlich günstige Substratbedingungen zu bieten. Das Wellige Neckermoos (*Neckera crispa*), vor allem an nordexponierten Felsen | 3.5.31 |, das Glatte Neckermoos (*Neckera complanata*) und das Rankende Trugzahnmoos (*Anomodon viticulosus*) bilden hier ausgedehnte Decken. Das Kammmoos (*Ctenidium molluscum*) und das Gelbliche Seidenmoos (*Homalothecium lutescens*), dessen Sprosse seidig glänzen, finden sich auch an helleren Stellen. An schattigen Felsen wachsen auch einige charakteristische Lebermoose mit verflachten Thalli (als „Thallus" wird der Vegetationskörper der Niederen Pflanzen bezeichnet), die keine Gliederung in Blättchen und Stängel aufweisen. Das Kegelkopfmoos (*Conocephalum conicum*) | 3.5.32 | ist recht auffällig, da es nicht nur relativ groß ist, sondern auch ausgedehnte, dem Untergrund flach anliegende Bestände bildet; seine glänzenden Lappen haben eine netzig gegliederte Oberfläche (das bekannte Brunnenlebermoos ist ähnlich, besitzt aber Brutbecher auf der Oberseite).

An mehreren Stellen in der Wutachschlucht sind, unter Mitwirkung von Moosen, Tuffe – luftige weiche Kalkablagerungen von bis zu mehreren Metern Mächtigkeit – entstanden, die sich an überrieselten Hängen aufbauen und bis herab zur Talsohle reichen (s. auch S. 74). Hier sind das Kalktuffmoos (*Eucladium verticillatum*), das Veränderliche Starknervmoos (*Palustriella commutata* = *Cratoneuron commutatum*) | 3.5.33 |, das Lebermoos *Aneura* (= *Riccardia*) *pinguis* und das auffallend rötlich schimmernde, seltene *Orthotrichum rufescens* versammelt.

In den Wutachflühen herrschen ähnliche Bedingungen wie in der Wutachschlucht, entsprechend tragen Moos- und Flechtenvegetation ähnliche Züge. Doch finden sich hier offenbar auch an einigen lichtoffeneren Stellen stabilere Felsstandorte, so dass sich eine relativ reiche Flechtenvegetation entwickeln und halten konnte, so eine Gesellschaft mit den gelben, rosettig wachsenden Schönfleck-Arten *Caloplaca cirrochroa* und der (sehr seltenen) *Caloplaca granulosa*. Ferner kommt hier die Kalk-Nabelflechte (*Dermatocarpon miniatum*) vor.

Die floristisch-pflanzengeografische Bedeutung der Wutachschlucht aus regionaler und überregionaler Sicht

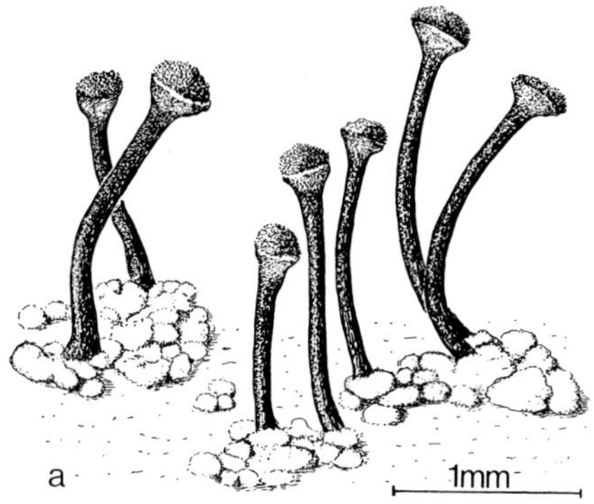

3.5.34 | **Die Kelch- oder Stecknadelflechte** *Calicium viride* ist in borealen Nadelwäldern verbreitet. (VWI)

So artenreich die Wutachschlucht ist, so beeindruckend die Fülle an Standorten und Vegetationstypen, kann doch von einem solch kleinen Gebiet nicht ohne Weiteres erwartet werden, dass irgendwelche Pflanzen oder Pilze nur hier in Deutschland vorkommen bzw. nur hier gefunden wurden. In der Tat sind bei Flechten und Moosen keine solchen Fälle bekannt – aber es gibt, wie oben bereits erwähnt, zwei sehr seltene Flechten der Lungenflechten-Gesellschaft, die heutzutage nur noch von hier bekannt sind und außergewöhnliche floristische Glanzpunkte der Wutachschlucht darstellen: *Degelia plumbea* und *Megalaria grossa*. Erstere war in Deutschland nur vom Donnersberggebiet, Vogelsberg, Harz und möglicherweise aus der Umgebung von Dresden bekannt, letztere von einer ganzen Reihe von Naturräumen. Die Nachweise aller dieser Vorkommen liegen über 100 Jahre zurück. Auch weitere Mitglieder der Lungenflechten-Gesellschaft, und zwar *Collema fasciculare, Nephroma bellum, Nephroma resupinatum* und *Nephroma laevigatum*, sind große oder größte Seltenheiten. Alle genannten Arten gehören einer Gruppe von Flechtenarten an, die man dem sogenannten ozeanischen Element (in klimaökologischem Sinn) zuordnet: Arten, die hohe Ansprüche zugleich an Feuchte (Nebel, Luftfeuchte oder hohe Niederschläge) und das Temperaturklima stellen (milde Winter, kühle Sommer, geringe Jahresamplitude der Temperatur). Entsprechend sind diese Arten in atlantischen Gebieten verbreitet. Im Binnenland kommen sie nach Osten zu mehr und mehr verinselt in Gebirgen vor, die sich durch relativ ozeanische Klimabedingungen auszeichnen. Das feuchte Schluchtklima und die mittlere Höhenlage der Schlucht bieten offenbar, trotz insgesamt relativ niedriger Niederschlagssummen, entsprechend günstige, milde Klimabedingungen inmitten einer Hochfläche mit deutlich rauerem, winterkälterem und trockenerem Klima. Das ozeanische Element ist in der Schlucht mit etlichen weiteren Flechtenarten vertreten, bei den Moosen mit *Microlejeunea ulicina* (Zwerg-Lappenlebermoos) und *Zygodon viridissimus* (Grünes Jochzahnmoos), während kontinentale Sippen fehlen oder nur randlich im oberen Schluchtteil vorkommen. Boreal-montan ist *Scapania apiculata* (Kleines Spatenmoos) verbreitet; die Art ist in Deutschland außerhalb der Alpen nur von der Wutachschlucht bekannt. Der Wutachschlucht kommt durch diese Arten eine erhebliche pflanzengeografische Bedeutung zu.

Wie bei anderen Organismen finden sich auch bei den Flechten und Moosen zahlreiche Arten, denen aufgrund einer recht spezifischen Ökologie bestimmte Indikatoreigenschaften zugeordnet werden können, die Rückschlüsse auf das Klima und den Untergrund, das Substrat also, zulassen. Es überrascht nicht, dass sich die Geologie im Artenspektrum widerspiegelt: Saure Substrate beanspruchende Erd- und Gesteinsarten treten im Grundgebirgsteil der Schlucht auf, entsprechend kalkholde Arten im Kalkteil. Noch aufschlussreicher erscheinen jedoch die klimaökologischen Aspekte. Freilich überwiegen Arten luftfeuchter Standorte. Es ist aber auffällig, dass in der Kalkschlucht Indikatoren kühl-feuchter oder kalt-feuchter Lagen kaum eine Rolle spielen, wenngleich man sie dort angesichts der hohen Luftfeuchte erwarten könnte. Ein gutes Beispiel dafür liefern etliche Vertreter der Stecknadelflechten-Gattungen: Obwohl an ihren typischen Kleinstandorten – alten Bäume mit tiefrissiger Borke und regengeschützten Flanken – kein Mangel herrscht, finden sich kaum Vorkommen. Auch Bartflechten sind relativ selten in der Kalkschlucht zu finden, desgleichen auch typische montan-hochmontane Arten.

Eine Erklärung kann sein, dass sich in der Hauptschlucht kaum Kaltluftseen entwickeln und ein zeitweise eher feucht-warmes Klima dominiert. Dafür spricht auch, dass hier Arten der planarkollinen Stufe (also des Flachlands und des Hügellands) ungewöhnlich hoch gelegene Vorkommen besitzen, während sie außerhalb der Schlucht in der Umgebung fehlen. Besonders die Art *Opegrapha vermicellifera*, die man überwiegend in „dämpfigen" Auen- und Kleebwäldern findet, ist in der Wutachschlucht auffallend häufig. Man könnte sie gar, bei all ihrer Unauffälligkeit, als eine der Charakterflechten der Schlucht bezeichnen. Hand in Hand mit dem erwähnten Phänomen der hoch gelegenen Vorkommen von Flechten milder Lagen geht die ungewöhnliche Seltenheit montan-hochmontaner Arten in der Hauptschlucht.

Flechten als Umweltindikatoren

Flechten sind bekannt dafür, dass viele auf Bäumen lebende Arten empfindlich auf Umweltveränderungen reagieren und besonders durch Schadstoffe in der Luft in Mitleidenschaft gezogen werden. Die ozeanischen Flechten der Lungenflechten-Gesellschaft können als besonders sensibel gegenüber Luftverunreinigungen gelten. Sie wurden bei der Bioindikation der in den 1960er- bis 1980er-Jahren vorherrschenden sauren Luftverunreinigungen als Zeiger der höchsten Güteklasse („luftreine" Gebiete) herangezogen. In der Wutachschlucht haben sie, im Gegensatz zu fast allen anderen Regionen in Deutschland, die Periode der sauren Luftverunreinigungen (des „sauren Regens") überlebt. Die Gründe mögen einerseits darin liegen, dass die Luftgüte im Lee des Schwarzwaldes relativ hoch blieb, andererseits darin, dass in der Tiefe der Schlucht eine klassische „Shelter-Situation" gegenüber Luftschadstoffeinwirkungen gegeben war. Die aus mittlerer und weiterer Entfernung mit Windströmungen herangetragenen Schadstoffe wurden über die Schlucht hinweggetragen und vom austauscharmen Luftraum der Schlucht ferngehalten, zumal die Schlucht nicht parallel zur Hauptwindrichtung liegt. Die ozeanischen Flechten scheinen jedoch weiterhin gefährdet zu sein. Die Bestände sind in den letzten Jahren weiter zurückgegangen. Möglicherweise liegt die Ursache wiederum in der Gefährdung durch Luftschadstoffe, diesmal in der anhaltenden Belastung mit Stickoxiden bzw. eutrophierenden (überdüngenden) Substanzen, die ihren Ursprung in der intensivierten Landwirtschaft und in Verkehrsemissionen haben. Diese Schadstoffe werden auch in unmittelbarer Nähe der Schlucht erzeugt, sind zum Teil teilchenförmig, sinken auch in den Luftraum der Schlucht ab und wirken auf die Ökosysteme ein. Vor den allermeisten anderen Organismen leiden epiphytische (also auf Bäumen wachsende) Flechten, denn unter ihnen finden sich besonders empfindliche Arten. Diese düngenden Substanzen sind auch für die samt und sonders auf nährstoffarme Wuchsorte spezialisierten Bartflechten-Gesellschaften mit *Usnea* und *Bryoria*-Arten sowie *Alectoria sarmentosa* und *Ramalina thrausta* sehr abträglich; dies dürfte auch für die Kelchflechten-Gesellschaften auf Nadelbäumen mit *Chaenotheca subroscida* gelten.

So deprimierend der Rückgang der erwähnten Flechtengruppen sein mag, auch die Restbestände, die wir heute noch da und dort entdecken, sind botanische Glanzstücke der Schlucht und für den Naturschutz in hohem Maße relevant, insbesondere die erwähnten, nur noch hier oder an nur wenigen anderen Orten in Deutschland vorkommenden Arten, die keineswegs anderenorts nur übersehen worden sind – sie sind, bis auf *Megalaria grossa*, bestens bekannt und tatsächlich großflächig verschwunden. Ob sich die Kleinpopulationen noch halten können, ist fraglich. In den letzten Jahren sind *Degelia plumbea* und *Megalaria grossa* nicht mehr beobachtet und *Nephroma laevigatum* fast nur noch mit sichtlichen Beschädigungen gefunden worden. An den Bäumen, an denen *Degelia plumbea* noch um das Jahr 2000 gefunden wurde, konnte sie jüngst nicht mehr bestätigt werden. Da sich die Art auch mehrere Meter hoch an jüngeren Stammabschnitten findet und leicht übersehen werden kann, können jedoch Populationen durchaus noch existieren.

Weniger gefährdet als viele rindenbewohnende Flechten erscheinen die Gesteinsflechtenflora und die Moosflora insgesamt. Grundsätzlich sollte aber jegliches Sammeln, wie es bei Fachleuten aus Dokumentationsgründen Routine ist, in der Schlucht unterbleiben. Auch eine möglicherweise im Prinzip ungefährdete, jedoch nur in wenigen Exemplaren vorhandene Art, wie *Calicium corynellum* oder die Apfelflechte, kann durch Sammeln rasch ausgerottet sein.

3.5.35 | Rechte Seite: Die aus der Mitte von becherähnlichen Gebilden sprossenden Etagen-Becherflechten haben schon Ernst Haeckel in seinen berühmten „Kunstformen der Natur" zu einer Abbildung inspiriert. Diese Art (*Cladonia verticillata*) ist auf sauren Böden zu finden und gefährdet. Die braunen Knöpfe sind Fruchtkörper. (VWI.2013)

Die Tierwelt der Wutachregion

Das Tierleben – ein buntes Kaleidoskop

Bernd-Jürgen Seitz

4.1.01 | Vorhergehende Doppelseite: Uhu auf Beutefang. (TK)

Nicht nur für die Flora, sondern auch für die Fauna ist die Wutachschlucht mit ihrer Umgebung ein „Spitzengebiet“, wie O. Wilmanns konstatiert (s. auch S. 130). Da es zwischen Tier- und Pflanzenwelt vielfältige Zusammenhänge gibt, sind die Gründe hierfür zunächst einmal dieselben: Die Dynamik der jungen Flusslandschaft, die unterschiedlichen Gesteine, Böden und kleinklimatischen Verhältnisse bringen eine enorme Standortvielfalt hervor, die wiederum eine große biologische Vielfalt zur Folge hat.

Bei der Fauna kommt noch hinzu, dass auch in solchen Lebensräumen zahlreiche Tierarten vorkommen, an denen sich nur wenige höhere Pflanzen ansiedeln können, wie zum Beispiel in der schnell fließenden Wutach, auf Kiesinseln oder an Steilabbrüchen.

Ein neuer Ansatz: Präsentation der interessantesten und typischen Tiere

Im Wutachbuch von 1971, das im Gegensatz zu diesem Buch als naturkundliche Monografie (so auch der Untertitel) angelegt war, kommt die Vielzahl an Tierarten in der Wutachschlucht noch deutlicher zur Geltung, da dort über die im vorliegenden Buch behandelten Tiergruppen hinaus noch zahlreiche weitere Gruppen, insbesondere aus der Insektenwelt, wie z. B. Heuschrecken, Holzwespen sowie Mücken | 4.1.02 | und Fliegen, behandelt wurden.

Wurde die Tierwelt des Wutachgebiets auch im alten Wutachbuch bei weitem nicht vollständig dargestellt, so war dies im vorliegenden Buch erst gar nicht beabsichtigt. In der Monografie von 1971 stehen etwa die Schnecken als „niedere Tiere“ am Anfang (Schnetter/Schmid), hier bilden sie den Abschluss der Kapitel über die Tierwelt.

Am Boden und in der Luft: die Säuger

Am Anfang findet sich nun das Kapitel über typische Säugetiere im Naturschutzgebiet Wutachschlucht, in dem die Autoren Harald Brünner, Hubertus Knoblauch und Bettina Sättele spannenden Fragen nachgehen. Gibt es den Luchs im Schwarzwald? Sind Gämsen dort heimisch? Wie weit ist der Biber in die Wutachschlucht vorgedrungen? Lebt die Alpenspitzmaus | 4.1.03 | nur im Feldberggebiet (Brünner 2012) oder auch in der Wutachschlucht?

4.1.02 | In der Wutach-Monografie von 1971 wurden für das Wutachgebiet über 30 Arten von Schnaken oder Langbeinmücken (Familie Tipulidae) aufgeführt. Seither wurde diese Gruppe nie wieder so eingehend untersucht. (JW.2013)

4.1.03 | Im Sommer 2013 konnte die Alpenspitzmaus erstmals in der Wutachschlucht nachgewiesen werden. (HB)

4.1.04 | Die Sumpfmeise wird von M. SCHNETTER (1971) als „*Charaktervogel der Schlucht in den unteren Hanglagen und der Talsohle*" beschrieben. Im vorliegenden Buch liegt der Schwerpunkt mehr auf selteneren Arten. (JW.2010)

Nach den Kleinsäugern behandelt FRIEDRICH KRETZSCHMAR die für den Naturschutz so bedeutenden fliegenden Säugetiere, die Fledermäuse. Unter anderem durch die zahlreichen Höhlen und das Alt- und Totholz in den naturnahen Wäldern hat das Wutachgebiet für diese Tiergruppe eine ganz herausragende Bedeutung – es ist sozusagen eine „idealtypische Fledermauslandschaft" (s. auch S. 220).

Uhu, Wasseramsel & Co.: die gefiederten Bewohner der Wutachregion

Die Vögel des Wutachgebiets werden von FELIX ZINKE beschrieben. Zunächst geht er auf die Felsbrüter Wanderfalke und Uhu ein, die in Baden-Württemberg in den letzten Jahrzehnten erfreulicherweise wieder zugenommen haben und sich um geeignete Brutplätze streiten müssen. Meist setzt sich der größere und kräftigere Uhu durch, so dass es im Wutachgebiet inzwischen mehr Uhus als Wanderfalken gibt.

Charaktervögel der Wutachschlucht sind neben der häufigen Sumpfmeise | 4.1.04 | natürlich Wasseramsel und Gebirgsstelze, die an fast allen rasch fließenden Gewässern im Schwarzwald vorkommen. Dass der zwischenzeitlich aus dem Wutachtal verschwundene Gänsesäger wieder zurückgekehrt ist, hat sich noch nicht überall herumgesprochen.

Wechselwarme Wirbeltiere: Lurche, Kriechtiere, Fische

Kein anderer als der Amphibien- und Reptilienexperte KLEMENS FRITZ (siehe LAUFER/FRITZ/SOWIG 2007) kam als Autor für das Kapitel über diese Tiergruppen in Frage. Er konnte auf eigene Bestandsaufnahmen und Fundmeldungen aus einem Zeitraum von über 25 Jahren zurückgreifen. Die charakteristische Amphibienart der Wutachschlucht ist der Feuersalamander | 4.1.05 |, es kommen dort jedoch noch etliche weitere Amphibien- und Reptilienarten vor.

JAN BAER beschreibt die Fische der Wutach, die im alten Wutachbuch im Kapitel „Wutach-Fischerei" (KRIEGSMANN) behandelt wurden. Heute betrachtet man auch die Fische (und Neunaugen, die in der biologischen Systematik nicht zu den Fischen gehören) zunehmend unter Naturschutz-

4.1.05 | Der Feuersalamander liebt feuchte Wälder und ist die charakteristische Amphibienart der Wutachschlucht. (MS.2011)

Aspekten. So wurden zum Beispiel die Groppe und das Bachneunauge, die beide in der Wutach gute Bestände aufweisen, als europaweit zu schützende Arten in die Fauna-Flora-Habitat-(FFH-)Richtlinie aufgenommen.

4.1.06 | Das Lilienhähnchen ist einer der wenigen Käfer, die Töne erzeugen können (hier auf der Türkenbundlilie). (JW.2010)

Die Insekten: Anpassungskünstler an unterschiedlichste Lebensräume

Nach den wasserlebenden Wirbeltieren kommen folgerichtig die aquatischen Insekten an die Reihe, die Björn Frey beschreibt. Nach seinen Worten ist die Wutach hinsichtlich der Artenvielfalt ein wahres „El Dorado". Eintagsfliegen, Steinfliegen, Köcherfliegen und Libellen sind die Insektenordnungen, auf die er eingeht.

Die weltweit artenreichste Insektengruppe sind die Käfer, die in fast jedem Lebensraum vertreten sind. Um etwas Ordnung in die enorme Vielfalt zu bekommen, gliedert Jürgen Kless die Käferfauna nach den verschiedenen Lebensräumen der Talsohle und der Talflanken. Neben den durch ihre

Vegetation bestimmten Lebensräumen wie Wiesen, Hochstaudenfluren oder Wäldern besiedeln Käfer auch vegetationsfreie oder -arme Standorte wie Ufer, Schotterbänke, Rohböden und sogar die Sprühzone an Wasserfällen. Besonders viele Käferarten kommen an Alt- oder Totholz vor. Wolfgang Pankow trägt zum Käferkapitel eine interessante Note über musizierende Käfergattungen | 4.1.06 | bei.

Die Schmetterlinge weisen zwar bei weitem nicht so viele Arten auf wie die Käfer, dennoch kann Stefan Hafner in seinem Kapitel nur einige schützenswerte Arten vorstellen, die besonders charakteristisch für die Lebensräume der Wutachschlucht sind. Auch dieses Kapitel ist nach Lebensräumen gegliedert wie die bachbegleitende Vegetation, die Schluchtwälder und die Felsformationen. Um die Schmetterlinge der Magerrasen und lichten Wälder anzutreffen, muss man die Wutachschlucht allerdings verlassen und die Blumberger Pforte mit Eichberg und Buchberg aufsuchen; mit etwas Glück (und zur passenden Jahreszeit) trifft man dort auf das seltene Glücks-Widderchen oder den in Mitteleuropa akut vom Aussterben bedrohten Gelbringfalter. Für die Erhaltung dieser Schmetterlingsarten sind steuernde Eingriffe erforderlich.

Schnecken: Leben in Extremen

Auch bei den Schnecken, die Ira Richling und Wolfgang Rähle beschreiben, wird als „Kontrapunkt" zur Wutachschlucht der Eichberg mit in die Betrachtung einbezogen. Dort wurde im Extremlebensraum der tonigen Rutschhänge sogar eine neue Schneckenart entdeckt, die Halden-Haarschnecke. Aber auch die Wutachschlucht hat einige Besonderheiten zu bieten wie zum Beispiel die Kleine Walddeckelschnecke, eine wärmeliebende Art, die Deutschland vom Südwesten her gerade noch erreicht und in der Wutachschlucht optimale Bedingungen vorfindet.

Absolut schutzwürdig!

Wie die Kapitel zur Tierwelt zeigen, sind nicht nur die Naturschutzgebiete Wutachschlucht und Wutachflühen von herausragender Bedeutung, sondern auch die zwischen diesen Gebieten liegende Blumberger Pforte mit Eichberg und Buchberg (s. auch S. 73) mit ihren lichten Wäldern, Magerrasen und Rutschhängen. Auch hier wäre die Ausweisung eines Naturschutzgebiets in höchstem Maße gerechtfertigt.

4.1.07 | **Die meisten wildlebenden Tiere** sind scheu und man bekommt eher ihre Spuren als sie selbst zu Gesicht: hier Nagespuren eines Bibers. (KS.2013)

Typische Gross- und Kleinsäuger im Naturschutzgebiet Wutachschlucht

Harald Brünner,
Hubertus Knoblauch,
Bettina Sättele

Säugetiere werden in der Fachliteratur über Schutzgebiete gerne stiefmütterlich behandelt. Sie sind vielleicht zu offensichtlich und zu wenig spezifisch für bestimmte Gebiete; die großen Säuger sind von Jägern und Förstern fachlich besetzt, die kleinen Säuger sind oft schwierig zu beobachten und werden daher nur von wenigen Spezialisten erforscht. Es gibt viele Argumente, diese Tiere links liegen zu lassen. Dabei sind es gerade die Säugetiere, die viele Menschen interessieren und genau das macht die heimischen Säugetiere der Wissenschaft scheinbar noch suspekter.

In einem Buch über die Wutachschlucht dürfen die Säugetiere natürlich nicht fehlen, dazu gibt es zu interessante Arten. Die Schlucht bietet beste Bedingungen für Fledermäuse, und der Biber nutzt die Schlucht als Tor in die höheren Lagen des Südschwarzwaldes.

Wildtierkorridore – Fernwanderwege für grosse Säugetiere

Überhaupt gilt die Wutachschlucht im Generalwildwegeplan als Wanderkorridor von internationaler Bedeutung für viele Arten | 4.2.01 |. Wanderkorridore als Lebensräume verbindende „Fernwanderwege" stehen heute zunehmend im Brennpunkt des Interesses, denn wir leben in einem spannenden Zeitalter, was Säugetierarten angeht. Sie werden nicht mehr nur aus dem Blickwinkel der Jäger, der Forstleute und der Landwirte betrachtet, der Naturschutz nimmt sich dieser Tiere an, politische Umwälzungen haben Grenzen durchlässig gemacht, der Tourismus wirbt mit Hirsch, Biber und Luchs. Und die Tiere danken es. Elche wandern in Ostdeutschland ein, der Wolf ist

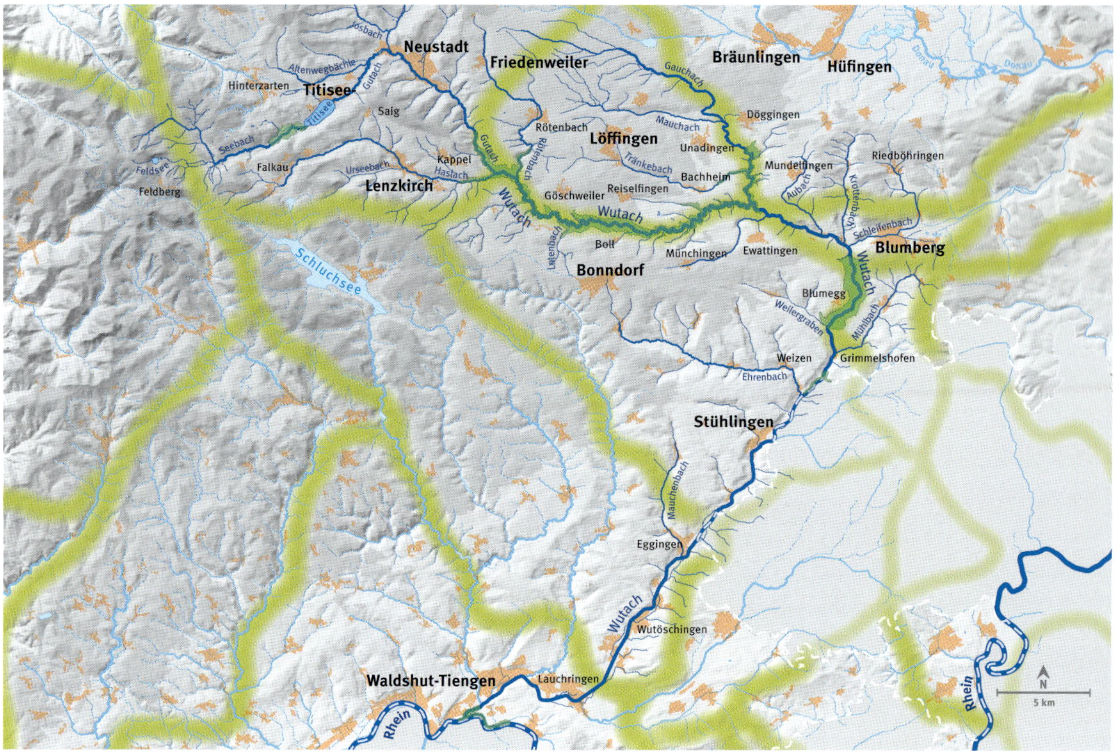

4.2.01 | **Die Wutachschlucht** wirkt wie ein Trichter für wandernde Tiere. Die Tiere steigen im Klettgau oder am Randen in den „Fernwanderweg" Wutach (-schlucht) ein und werden in den Hochschwarzwald geleitet. (FVA.2010)

schon da, der Biber erobert nach rund 200 Jahren den Schwarzwald zurück, wo bleibt der Fischotter? Tiere, die hier niemals heimisch waren, breiten sich aus – zählt die Gämse dazu? Sicher der Waschbär, der Nutria, der Sikahirsch. Was bedeutet das für das Gesamtgefüge? Fragen, die gar nicht so leicht zu beantworten sind. Die Autoren versuchen, an einzelnen ausgewählten Arten, auf die Fragen einzugehen.

Der Luchs

Ein Luchs im Schwarzwald?

Der Luchs galt bis zum März 2013 im Schwarzwald als ausgestorben. Zwar gab es hin und wieder Beobachtungen, die letzte wirklich bestätigte Luchsmeldung aus dem Schwarzwald stammte aber aus dem Jahr 2000. Und der gesamte Schwarzwald muss hier immer als Bezugsraum im Hinterkopf behalten werden, denn die Wutachschlucht allein ist für eine Luchspopulation viel zu klein. Doch dann macht Mitte März 2013 ein Autofahrer im östlichen Schwarzwald ganz nah an der Schlucht dieses Bild | 4.2.02 |, siehe rechts.

Ein einzelner Luchs, wo auch immer er hergekommen sein mag, zog im Schwarzwald wieder seine Fährte. Vielleicht ist dies ein willkommener Anlass, die Sache „Luchs" im Schwarzwald neu ins Rollen zu bringen?

Der Luchs ist in Baden-Württemberg und somit auch im Schwarzwald nicht ausgestorben, sondern er wurde ausgerottet; er wurde vom Menschen solange gezielt verfolgt, bis er „endlich" verschwunden war. Der letzte Luchs des Schwarzwaldes vor der sensationellen Beobachtung im Jahr 2013 wurde 1770 am Kaltenbronn geschossen, der letzte Luchs Baden-Württembergs 1846 bei Wiesensteig, also weit weg vom Schwarzwald. Seitdem fehlt diese Katzenart. Erst seit 1988 gab es wieder einzelne Nachweise. Diese Nachweise werden derzeit von der „Arbeitsgruppe Luchs" zentral an der Forstlichen Versuchs- und Forschungsanstalt Baden-Württemberg akribisch gesammelt und untersucht. Denn der Schwarzwald ist als Lebensraum für den Luchs sicher geeignet, wie verschiedene wissenschaftliche Arbeiten auch aktuell nachweisen.

4.2.02 | **Jens Töberling gelangen einmalige Schnappschüsse.** Der zu der Zeit einzige bekannte Luchs saß im März 2013 am Straßenrand. Wie gut, dass heutzutage fast jeder eine Digitalkamera im Auto hat. (JT)

Micha Herdtfelder (2012) von der Forstlichen Versuchsanstalt in Freiburg spricht von etwa 80 Luchsen, die im Schwarzwald leben könnten.

Gewollt oder nicht gewollt?

In der AG Luchs treffen sich seit 2004, initiiert vom damaligen Ministerium für Ernährung und Ländlichen Raum, alle Betroffenen und Angesprochenen vom Badischen Landwirtschaftlichen Hauptverband, der Forstlichen Versuchsanstalt, der Universität Freiburg, den verschiedenen Naturschutzverbänden, den Naturparken im Land bis hin zur Luchs-Initiative, um gemeinsam die Konflikte um den Luchs zu entschärfen. Eine tragende Rolle kommt dabei der Universität Freiburg und der Forstlichen Versuchsanstalt zu. An beiden Institutionen laufen seit 2008 parallel Forschungsprojekte zum „Luchs in Baden-Württemberg". In diesen Projekten sollen sowohl natur- als auch sozialwissenschaftliche Grundlagen erhoben werden, um dann ergebnisoffen als Grundlage für das weitere Vorgehen zu dienen. Der Luchs im Schwarzwald steht und fällt wohl mit der „Analyse der sozialen Tragfähigkeit". Denn wenn der Mensch den Luchs nicht will, wird weder eine – eher unwahrscheinliche – Wiedereinwanderung noch eine Einbürgerung funktionieren.

Aussehen und Lebensweise

Auf was für ein Tier lässt man sich denn da eventuell ein? Der Luchs ist eine bis zu 20 kg schwere Katze, die Größe reicht knapp an einen Schäferhund heran. Typisch sind die langen Beine, der quadratische Körperbau, der Stummelschwanz und die Pinselohren. An den Lebensraum stellt er geringe Ansprüche, solange ihm Wald als Deckung und ausreichend Nahrung geboten wird. Die Nahrung des typischen „Überraschungsjägers" würde im Schwarzwald aus Rehen und aus Gämsen bestehen; Füchse, Hasen, Vögel und Mäuse können dazukommen | 4.2.03 |. Ein Luchs benötigt täglich etwa 1 kg Fleisch, hochgerechnet sind das etwa 50 bis

4.2.03 | **Luchse ernähren sich,** wie es sich für Raubtiere gehört, von anderen Tieren. Das sind zum überwiegenden Teil Rehe. Wenn sie aber mal ein krankes oder kleineres Wildschwein erwischen können, schlagen sie selbstverständlich zu. Raubtiere sind immer Opportunisten; was sie mit dem geringsten Aufwand erbeuten können, wird geschnappt. (KE)

60 Rehe im Jahr. Diese Rehe werden in einem Revier von etwa 100 km² Wald erbeutet. Auf dieser Fläche werden von Jägern im Durchschnitt über 1200 Rehe erlegt, der Anteil des Luchses an der Jagdstrecke wäre wohl verschmerzbar. Der Luchs wird also nicht, dies sei klar gesagt, ein Wildproblem lösen, er wird aber, und dies sei auch klar gesagt, einen Einfluss auf die Rehpopulation haben. Dem Auto fielen in Baden-Württemberg im Jahr 2010 übrigens knapp 18 000 Rehe zum Opfer, um auch diese Zahl ins Verhältnis zu setzen. Der Luchs tötet die Beute durch einen gezielten Drosselbiss, niemals aber trennt er Körperteile vom Beutetier ab. Der ihm angedichtete Rehschädel in der Baumgabel gehört also zum Jägerlatein.

Naturschutzgedanken

Warum nur möchten einige Naturschützer den Luchs im Schwarzwald wieder zurückhaben? Vielleicht liegt es an der Nationalen Strategie zur Biologischen Vielfalt der Bundesregierung (2007), die das Ziel formuliert, dass der Luchs bis zum Jahr 2020 wieder in den deutschen Mittelgebirgen heimisch sein soll. Vielleicht liegt es auch daran, dass der Mensch an dieser Tierart tatsächlich etwas wiedergutmachen kann. Der Luchs wurde ausgerottet, er ist nicht ausgestorben, der Lebensraum wäre da, dazu ist er für den Menschen völlig ungefährlich. Es liegt also in unserer Entscheidung, ob wir den Schwarzwald und damit auch die Wutachschlucht mit dem Luchs teilen wollen.

Am 2. Juni 2013 war dann allerdings der Traum von der eigenständigen Besiedelung des Schwarzwaldes zunächst wieder ausgeträumt. Der so stattliche Luchs vom März wurde, stark abgemagert und an inneren Krankheiten verendet, tot aufgefunden.

Das Wildschwein

Schwarzwild gestern und heute

Eine sehr wechselvolle Geschichte in der Wutachschlucht hat das Wildschwein hinter sich. Mit dem mageren Satz: „*Wildschwein* Sus scrofa *L.: Wechselwild im ganzen Gebiet, vor allem auf der Hochfläche*" wurde das Wildschwein in der Wutach-Monografie von 1971 abgehandelt.

Um 1800 galt das Wildschwein | 4.2.04 | im badischen Landesteil als ausgerottet, gerade in den Fürst zu Fürstenbergischen Wäldern der Baar und des Südschwarzwaldes wurde das Schwarzwild wegen der angerichteten Wildschäden vernichtend bejagt. Es ist davon auszugehen, dass die Jagdmethoden dabei weniger „zimperlich" (weniger waidgerecht sagt der Jäger heute) waren als gegenwärtig. Doch das Bild hat sich grundlegend geändert. Gut 40 Jahre nach der letzten Wutach-Monografie kann das Schwarzwild im gesamten Gebiet als Standwild gelten. Gerade die unweg-

4.2.04 | **Das Wildschwein ist**, neben dem Reh, das erfolgreichste Großsäugetier in Baden-Württemberg. Trotz massiver Bejagung steigen die Bestände kontinuierlich an. (KE)

4.2.05 | **Beim Ortswechsel** laufen Wildschweine gerne im Gänsemarsch. Es entstehen ganz typische Wildwechsel. Je häufiger sie benutzt werden, um so auffälliger sind sie im Gelände. (KS.2013)

samen Einhänge mit ihren Schluchtwäldern | 4.2.05 | und dem überall vorhandenen Wasser bieten den Wildschweinen einen optimalen Lebensraum und geben ihnen gute Deckung. Hier können sich die Tiere nahezu ungestört aufhalten und vermehren. Die Jagd, vor allem aber die Bergung eines erlegten Stücks in den Hängen, ist schwierig bis unmöglich. Aus dieser Deckung können sich die Wildschweine dann nachts auf den Weg zu den Hochflächen in die Mais-, Getreide-, Kartoffel- oder Rapsfelder machen. Auch auf den Wiesen und Weiden vermag das Wildschwein durch das einfache Aufwühlen des Bodens erheblichen Schaden anrichten. Die Zunahme in der Wutachregion wird vom zuständigen Forstbezirksleiter des Landkreises Waldshut als „erschreckend" bezeichnet, die Wildforschungsstelle Baden-Württemberg spricht landesweit von einer Verhundertfachung der Wildschweinbestände in den letzten 60 Jahren. Nachdem das Wildschwein bis Mitte des 19. Jahrhunderts in Baden-Württemberg durch starke Bejagung wegen der angerichteten Wildschäden fast ausgerottet war, begann die Neubesiedelung zunächst allmählich, nach dem Krieg mit steigender Geschwindigkeit und mit dem Einsetzen des Maisanbaus noch einmal verschärft.

Wildschwein und Mensch

Das Wildschwein ist im Wald eigentlich ein gern gesehener Mitbewohner | 4.2.06 |. Wildschweine lockern den Waldboden auf, fressen zwar einiges der Buchen- und Eichenmast weg, aber pflügen dabei die eine oder andere Buchecker oder Eichel unter und sorgen somit für eine natürliche Verjüngung im Wald. Die wirtschaftlichen Schäden richtet das Wildschwein außerhalb des Waldes an, vor allem in den Maisfeldern. Da die Jäger diese Schäden, je nach Pachtvertrag, bezahlen müssen, konzentrieren sie sich bei der Jagd mehr auf die Wildschweine als auf die Rehe, und so nimmt der Wildverbiss durch Rehe im Wald wieder zu. Auch

Meldungen über Wildunfälle mit Wildschweinen werden häufiger. Hier kann dann tatsächlich auch dem Menschen Schaden geschehen. Als Wildtiere sind Wildschweine für den Menschen aber ungefährlich, denn sie haben längst das Weite gesucht, bevor der Wanderer in Körperkontakt gerät. Auch die Befürchtung, womöglich von einer Bache angefallen zu werden, weil man den Frischlingen zu nahe kommt, kann als äußerst unwahrscheinlich bewertet werden.

4.2.06 | **Wildschweine haben einen ausgezeichneten** Geruchssinn. Mit der rüsselartigen Schnauze erschnüffeln sie ihre Nahrung im Boden. Auch die Ohren sind äußerst empfindlich. Lediglich die kleinen „Schweinsäuglein" fallen leistungsmäßig etwas ab. (KE)

Das Wildbret

Auch fast 30 Jahre nach dem Atomunfall von Tschernobyl können Wildschweine im Schwarzwald noch erhöhte Strahlenwerte aufweisen. Die Strahlenbelastung – eine Messung ist in den Überwachungsgebieten (Landkreis Waldshut und Landkreis Breisgau-Hochschwarzwald) vorgeschrieben – kann die zugelassenen 600 Bq (Becquerel) je kg bisweilen überschreiten. Diese Tiere werden nicht an den Verbraucher abgegeben. Die Wildschweine des Schwarzwaldes leben – anders als die Artgenossen der Tallagen – in Ermangelung von Mais und Kartoffeln oder auch von Eicheln und Bucheckern in höherem Maße von Bodenpilzen. Es sind besonders die von den Sauen begehrten Hirschtrüffel, welche die im Boden abwärts wandernden radioaktiven Stoffe anreichern. Nachdem die Wildschweine diese Pilze im Spätsommer und Herbst aufgenommen haben, ist ihre radioaktive Belastung am höchsten, sie sinkt dann im Laufe des Jahres wieder ab. Das Bundesamt für Strahlenschutz rechnet erst mittelfristig mit einer Abnahme der Belastung, wenn das radioaktive Element Cäsium-137 auch durch die von den tiefer wachsenden Pilzen bewohnten Schichten abgesunken ist. Alle erlegten Wildschweine aus Baden-Württemberg müssen übrigens, bevor sie an den Verbraucher weitergegeben werden, auch auf Trichinen untersucht werden.

Die Gämse

Gämsen – im Schwarzwald heimisch?

Ein dritter Großsäuger hat wieder eine andere Geschichte hinter sich. Während sich der Luchs schwer tut, von alleine zu kommen, und eine Wiederansiedelung umstritten ist, während sich die Wildsau fröhlich vermehrt, wurde die Gämse im Schwarzwald eingeführt und die Bestände haben sich gut – „prächtig" sagen die Jäger, „zu prächtig" sagen die Waldbauern – entwickelt.

Der Gämse werden in der Wutach-Monografie von 1971 schon ein paar Sätze mehr gewidmet als dem Schwarzwild. Diese Tierart ist spektakulärer als Reh oder Wildschwein, weil sie vom durchschnittlichen Waldbesucher eher den Alpen als dem Schwarzwald zugeordnet wird. Und da beginnt schon der Streit unter den Gelehrten. Ist die Gämse im Schwarzwald eine heimische Art oder wurden nur hin und wieder einzelne wandernde Gämsen beobachtet? Immerhin gilt die Schlucht nach Untersuchungen der Forstlichen Versuchsanstalt Freiburg als Wildtierkorridor (s. auch S. 202). Im Grundlagenwerk über die Säugetiere Baden-Württembergs schreibt LINDEROTH (2005), dass die Gämse früher im Schwarzwald zwar heimisch, aber niemals flächig vorhanden war. Im Mittelalter wurde die Gämse hier – eine frühe Parallele zum Wildschwein – ausgerottet. Als sicher kann gelten, dass die Gams in jüngerer Geschichte erst mit einer gezielten Auswilderungsaktion am Feldberg im Schwarzwald Fuß fasste. Ausgehend von den Auswilderungen am Feldberg zwischen 1935–39 hat sich die Gämse im Schwarzwald ausgebreitet, auch bis in die Wutachschlucht. Es handelt sich bei der Schwarzwaldgämse um die Alpen- oder Nordgämse, also die Gämse, die auch den gesamten

Alpenbogen bewohnt. Im südlichen Schwarzwald werden folgende regelmäßige Vorkommen der Gämse beschrieben: am Feldberg, am Kandel, im Wehra-, Wiesen-, Albtalgebiet und im Schwarza-, Mettma-, Steinatal. Am Belchen hat sich die Forstliche Versuchsanstalt sehr ausführlich in der „Konzeption Belchen" mit dieser Wildart beschäftigt. Anders formuliert: Die Gämse kommt südlich des Feldbergs in allen ihr zusagenden Lebensräumen vor, denn sie gilt als interessantes Jagdwild – mit allen Vor-und Nachteilen für die Vegetation. In die Wutachschlucht sollen die Tiere ab 1951 eingewandert sein.

Lebensweise

Die Gämsen sind tagaktiv und können an manchen Orten problemlos bei hellstem Tageslicht beobachtet werden. In der Wutachschlucht ist ein Zusammentreffen aber eher zufällig. Da die Gämse ein Rudeltier ist, können in der Regel mehrere Tiere gleichzeitig beobachtet werden. Diese Rudel bestehen meist aus Geißen – also den weiblichen Tieren –, Kitzen und Jährlingen; die jüngeren Böcke bilden separate Gruppen, lediglich ältere Böcke können auch alleine stehen. Da bei der Gämse beide Geschlechter Hörner, die Gamskrucken, tragen, sind sie für den Laien auf den ersten Blick schlecht zu unterscheiden.

Naturschutzaspekte

In einem Naturschutzgebiet müssen sich folgende Fragen stellen: Wie beeinflusst ein nicht heimisches Tier die Vegetation, vor allem die Vegetation der Felsen, ihrer Spalten, Simse und Felsköpfe | 4.2.07 |? Dazu schließt sich eine fast naturphilosophische Frage an: Muss es eine Vegetationsform, und sei sie mit noch so seltenen Arten durchsetzt, aushalten, von vielleicht nicht heimischen Tieren verbissen zu werden? Oder haben die seltenen Pflanzen Vorrang vor der Gämse? Wolfgang Herter (2011) führt im Auftrag des Regierungspräsidiums Tübingen seit Jahren eine Untersuchung über Gamsverbiss in der Felsvegetation des Oberen Donautals (einem der Schlucht ähnlichen Lebensraum) durch. Die Gämsen halten sich dort gerne auf den sonnigen Felsköpfen auf und beeinflussen die empfindliche, oft reliktische Vegetation (s. auch S. 173 ff.) stark. Untersucht wird die Verbisssituation bei verschiedenen Pflanzen. Als Ergebnis der Studie sollen nicht einfach nur Abschusszahlen für die jagdliche Praxis stehen, sondern ein jagdliches Management mit Empfehlungen für Abschusszahlen, den Jagddruck und die Jagdmethoden, die Schaffung von Lebensräumen und den Umgang mit Wintereinständen.

4.2.07 | Besonnte Felsen und Felssimse – da fühlen sich Gämsen wohl und sicher. Leider beherbergen diese Standorte auch ganz besondere Pflanzengesellschaften. Eine denkbar schlechte Kombination: seltene Pflanzen und hungrige Mäuler. (MS.2013)

4.2.08 | Ob die Gämse jemals im Schwarzwald heimisch war, darüber streiten die Gelehrten. Sicher ist, sie wurde in den 1930er-Jahren wieder ausgewildert. Ein Recht, das dem Luchs immer noch verwehrt wird. (JW)

Die Bestandsgröße in der Wutachschlucht

Es ist immer schwierig, Tiere in freier Wildbahn zu zählen. Dies gilt auch für eine tagaktive Wildart wie die Gämse, besonders wenn wie in der Schlucht der Wald zum Lebensraum gehört. Die 2002 von Jägern gegründete „Interessengemeinschaft Gamswild im Landkreis Waldshut" spricht von etwa 200 Tieren im Landkreis, vor allem in den felsigen Tälern zum Hochrhein hin. In der Schlucht selber kann die Gämse nicht so häufig beobachtet werden. Doch laut Wutachranger Martin Schwenninger hat sie dort, wo sie sich aufhält, erhebliche Auswirkungen auf die Pflanzenwelt.

Der Biber

Wiedereinwanderung in die Wutachschlucht

Seit 2004 sind die Spuren des Bibers – Europas größtem Nagetier, das einst flächendeckend auf der gesamten Nordhalbkugel verbreitet war – wieder in der Wutachschlucht zu finden | 4.2.09 |.

Die Besiedlung begann bei Achdorf und erreichte in den Jahren 2008/2009 Neustadt, wo Spuren am „Okalsee" gesichtet wurden. Bereits zuvor erfolgte eine Durchwanderung von Jungbibern. So konnten von 2002 bis 2008 die ersten Biber am Schwellenweiher in Altglashütten-Falkau beobachtet werden; den ersten „Biberpionier" tauften die Feldberger „Freddie". Die Ansiedlung endete, als beim „Bierhäusle" in Falkau ein Biber überfahren wurde. Der Weiher ist jedoch inzwischen erneut besiedelt. Die Wiedereinwanderung in die Wutachschlucht folgte dem Flusslauf aufwärts und geht auf Schweizer Wiederansiedlungen im Bereich der Aare zurück. Im Jahre 1996 fanden sich erste Spuren in der Wutach nahe der Einmündung der Schlücht, bei Waldshut-Tiengen | 4.2.12 |. Nach Schwenninger (mündl. Mittlg. 2013) liegt die derzeitige Hauptverbreitung des Bibers an der Wutach von der Schattenmühle abwärts, zwischen dem ehemaligen Bad Boll und dem Rümmelesteg. Er datiert erste Spuren bis ins Jahr 2005 zurück und benennt feste Ansiedlungen seit 2008. Die Schlucht ist seiner Aussage nach in Höhe der Schattenmühle seit 2010 besiedelt. Die jüngste Ansiedlung erfolgte im November 2012 an der Wutachmühle bei Ewattingen.

4.2.09 | Dass der Biber wieder in der Wutachschlucht weilt, erkennt man an den typischen Fraßspuren („Biberverbiss") in der Aue. (MS.2013)

Aussehen und Lebensweise

Warum kann der Wildfluss Wutach den großen Nagern einen geeigneten und offenbar auch begehrten Lebensraum bieten? Die torpedoförmige Körpergestalt, der Antrieb durch die schwimmhautbesetzten Hinterfüße, das gleichzeitige Anlegen der verkürzten Vorderfüße beim Schwimmen, der schmale Schultergürtel und seine Fähigkeit zum Dammbau kennzeichnen den Biber als typischen Fließgewässerbewohner, der auch mit stärkeren Strömungsgeschwindigkeiten gut zurecht kommt.

Seine Lebensweise an der Wutach ist vor allem durch sommerliche Niedrigwasserstände und starke Hochwasserabflüsse geprägt. Der Biber besiedelt in diesem Flusssystem daher bevorzugt natürliche oder vom Menschen geschaffene Staulagen mit geregeltem Wasserabfluss und ausgeglichener Wassertiefe. Seine Fähigkeit, den Wasserstand von Gewässern durch Dammbau zu regulieren, ist in der Wutach kaum zu beobachten – die Tiere lernen schnell, dass Hochwasser dort ihre Dämme wegreißt.

Als Anpassung an das stark strömende Gewässer legen Biber an der Wutach nur selten Biberburgen, sondern stattdessen ins Ufer gegrabene Erdbaue an. In den steileren Uferlagen rutscht das gegrabene Böschungsmaterial leicht ab, so dass umfangreiche Gehölzauflagen von den Bibern zusammengetragen werden und der Bau damit nach oben wächst. In eher steinigen oder sandigen Uferpartien wählen Biber für ihre Baue die Wurzelräume der Ufergehölze aus, die für Halt sorgen. Nur in den strömungsberuhigten und vom Hochwasser geschützten Altarmen der Wutachschlucht, so bei Bad Boll (Schwenninger 2013, mündl. Mittlg.), können Biber vereinzelt die für sie typischen Wohnburgen errichten | 4.2.15 |.

Die regelmäßigen Hochwasser können eine ständige Verlagerung und Neuanlage von Uferbauen provozieren. So werden die Biber zu einem vorübergehenden Verweilen z. B. auf Baumstämmen oder auf höhergelegenen Uferpartien gezwungen, in die sie mit den starken Krallen an den Vorderfüßen gut hinaufsteigen und durch den kompakten Körperbau danach wieder hinunterrutschen können. Um – vor allem im Winter – ihre Nahrung in Form von Gehölzrinde zu erreichen, können Biber auf die gleiche Weise an das begehrte Weichholz, wie Lavendelweide oder Grau-Erle, gelangen (Wilmanns 2012, mündl. Mittlg.). Dabei entfernen

4.2.10 | **Dieses Bild eines äsenden Weibchens** hat Seltenheitswert. Außer an den stärker ausgeprägten Zitzen lassen sich die Geschlechter äußerlich nicht unterscheiden. (RH)

4.2.11 | **Ausgewachsener Biber** am Rheinufer. (RH)

4.2.12 | **Ausbreitung des Bibers** im Einzugsgebiet der Wutach. (MP | RPF)

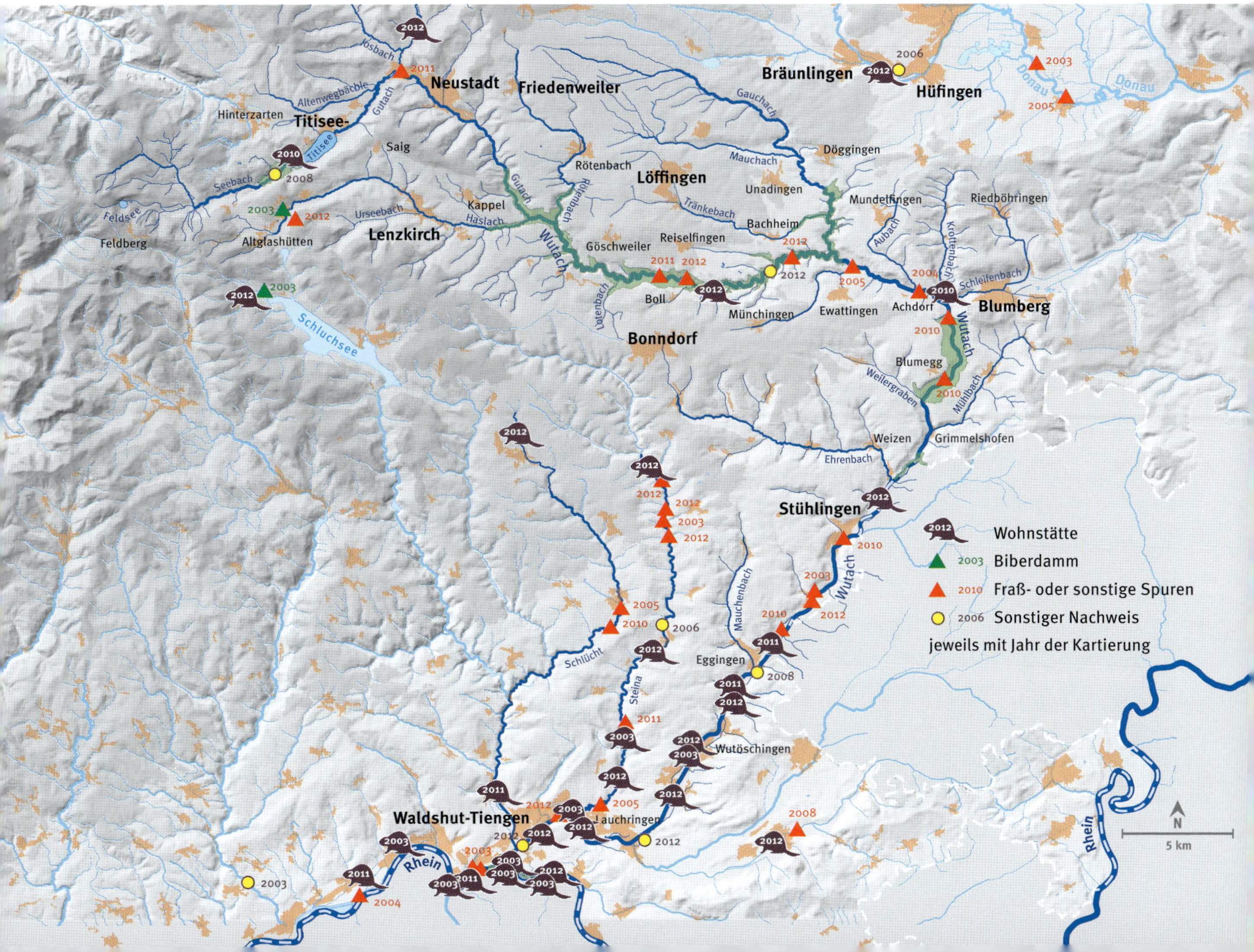

4.2.13 | **Bei Achdorf wechselten Biber** regelmäßig über die Fahrbahn in den Mühlkanal und gefährdeten damit ihr Leben. Zu ihrem Schutz wurde dieses Schild errichtet. (MS.2013)

4.2.14 | **Auch stärkere Bäume** fallen besonders über den Winter dem Biber zum Opfer, wenn die Rinde von Laubbäumen seine bevorzugte Nahrung bildet. (JW.2013)

sie sich durchaus weiter vom Ufer. Nach SCHWENNINGER (mündl. Mittlg. 2013) sind Biber bei Bad Boll sogar 50 m in die steile Uferböschung aufgestiegen, um dort stehende Weiden anzunagen.

Biber und Mensch

Die Nutzung der Wutachschlucht durch den Menschen kann mit dem Lebensraum des Bibers kollidieren: Durch das Fällen von Bäumen während der Wintermonate können Wanderwege oder Feldwege der Forst- und Landwirtschaft versperrt und unbegehbar werden und im Bereich der Uferuntergrabungen (Erdbaue, Erdröhren) Uferabbrüche entstehen.

Andererseits besteht Gefahr für Jungbiber, wenn bei sommerlichen Niedrigwasserständen freilaufende Hunde an den Eingang der Biberbaue gelangen, was neben dem direkten Auflauern durch „Bibertouristen“ an vielfrequentierten Wanderwegen zum besonderen Problem werden kann. Biber können hierdurch gezwungen sein, Ansiedlungen aufzugeben und abzuwandern. Für Jungbiber stellen sommerliche Hochwasserabflüsse im Juli und August eine weitere Gefahr dar: Starke Strömung vermag die Tiere mitzureißen.

Auch Verkehrswege können für Biber gefährlich werden, da die Abwanderung der Jungbiber in die Zeit der beginnenden Frühjahrshochwasser fällt. Wandernde Biber versuchen in dieser Zeit, dem Hochwasser auszuweichen, sie laufen dann uferparallel an Hängen oder Straßen entlang und queren Brückenbauwerke. Beim Ausbau der Wasserkraftanlage Ewattingen wurde daher ein „Biberpfad“ angelegt. Er soll Biber und andere Säugetiere von der Straße fernhalten und sie gefahrlos um das Bauwerk herum führen.

4.2.15 | **Diese Burg haben Biber** an einem hochwassergeschützten Seitenarm der Wutach errichtet. (KS.2013)

Die Alpenspitzmaus in der Wutachschlucht – ein Expeditionsbericht

Kleinsäuger stellen weltweit und auch in Baden-Württemberg die größte Vielfalt unter den Säugetieren. Mehr als ein Drittel der hier lebenden Arten gehört zu den Insektenfressern und Nagetieren. Ein weiteres Drittel sind Fledermäuse, also fliegende Kleinsäuger (s. auch S. 216). Das letzte, knappe Drittel machen bei uns die Großsäuger aus: Raubtiere, Huftiere und Hasentiere.

Auch wenn sie überall in großer Vielfalt vertreten sind, kann man bodenlebende Kleinsäuger nur selten beobachten. Am ehesten begegnet man dem Igel und dem Maulwurf oder vielmehr dessen Hügeln. Das ganze „Mäuseheer" aus insektenfressenden Spitzmäusen (Soricidae), die mit Igel und Maulwurf verwandt sind, Wühlmäusen (Cricetidae, Arvicolinae) und den Echten oder Langschwanzmäusen (Muridae), die beide zu den Nagetieren gehören, bleibt weitgehend unbemerkt. Und so ist es nicht verwunderlich, dass es immer wieder Überraschungen gibt, auch hier in der Wutachschlucht.

Die Alpenspitzmaus in Baden-Würtemberg

Die Entdeckung der Alpenspitzmaus in Baden-Württemberg ist eine spannende Geschichte. Ihr erster Nachweis in unserem Bundesland stammt aus dem Jahr 1882, von der Schwäbischen Alb bei Pfronstetten (Lampert 1892). Es dauerte mehr als 50 Jahre, bis der berühmte Ornithologe, Kleinsäugerkundler und Verhaltensforscher Hans Löhrl (1936) die Alpenspitzmaus auch im Nordschwarzwald fand. Erst nach weiteren 50 Jahren wurde die Alpenspitzmaus im Südschwarzwald entdeckt, am Ufer der Mettma bei Grafenhausen (Felten 1984). Zu dieser Zeit war ich Student an der Universität Freiburg und durfte miterleben, was ich als werdender Zoologe kaum für möglich gehalten hatte: die Wandlung der Alpenspitzmaus von einer exklusiven Kostbarkeit zu einer weit verbreiteten Charakterart der Kleinsäugerfauna im Schwarzwald. Beflügelt durch den neuen Fund beschloss ich, zusammen mit Dr. Odwin Hoffrichter vom Zoologischen Institut die Alpenspitzmaus im Feldberggebiet zu suchen; der Erfolg blieb allerdings aus. Doch ein Studienkollege wusste von meinem Vorhaben und brachte mir im Sommer 1986 ein plattgefahrenes Kleinsäugerfragment mit, das von der Straße durch

4.2.16 | Die Alpenspitzmaus ist eine sehr versteckt lebende Spitzmausart, die auch von der Fachwelt oft übersehen wird. Ihr Nachweis war das Ziel einer Exkursion in die Wutachschlucht, über die hier berichtet wird. Die großen Hinterfüße und der lange Schwanz dienen zum Stemmklettern im unterirdischen Spaltensystem. (HB)

das St. Wilhelmer Tal am Feldberg stammte. Wenn auch entstellt, wies dieses Exemplar alles auf, worauf es ankam: fünf Finger an den Vorderpfoten (Nagermäuse haben dort nur vier), ein anthrazitfarbenes Fell und – einen langen Schwanz. Es war eine Alpenspitzmaus. Schnell stellten wir Lebendfallen in einer benachbarten Pestwurzflur auf und fingen zwei Alpenspitzmäuse (BRÜNNER & HOFFRICHTER 1987). Der Bann war gebrochen. Ich wusste nun, wo und wie ich suchen musste und fand die Art im übrigen Feldberggebiet und weit darüber hinaus

4.2.17 | **Gewässerbegleitende Hochstaudenfluren** sind besonders produktive Lebensräume. Bei optimaler Wasserversorgung profitieren sie wegen des oft lückigen Ufergehölzes von einer erhöhten Sonneneinstrahlung. Die üppig wachsenden krautigen Pflanzen werden von Insekten gefressen, die wiederum Nahrungsgrundlage von Spitzmäusen und anderen Kleinsäugern sind. Es sind Lebensräume mit höchster Kleinsäugerdiversität. Hier können bis zu zwölf Arten nebeneinander vorkommen. (HAS.JUN2013)

(BRÜNNER & BRAUN 1991). Inzwischen ist sie nahezu aus dem gesamten Schwarzwald bekannt geworden (TURNI 2005). Ein weiteres Vorkommen auf der Baar bei Donaueschingen (BRÜNNER unveröffentlicht) vermittelt räumlich zur Alpenspitzmauspopulation der Schwäbischen Alb. Aus der Wutachschlucht ist die Alpenspitzmaus aber bislang nicht bekannt gewesen, und erst die Recherchen zu diesem Buch sollten daran etwas ändern.

Lebensraum der Alpenspitzmaus

Im Juni 2013 ist es dann soweit. Zusammen mit meinen beiden Kollegen Harald Schütz und Dr. Rainer Dolch, die mich beim Fallenschleppen und Fotografieren unterstützen, treffen wir uns mit dem Wutachranger Martin Schwenninger an der Wutachmühle. Die Wutachschlucht ist groß und teilweise schwer zugänglich. Die 100 Lebendfallen sind schwer und so ist seine Geländekenntnis für uns sehr wertvoll.

Die Alpenspitzmaus lebt überwiegend unterirdisch. Ihr typischer Lebensraum ist das Spaltensystem aus Wurzeln, Totholz und Gesteinsbrocken entlang von strukturreichen Bergbächen. Von hier aus geht sie auch in den gewässerbegleitenden Staudenfluren und Moospolstern auf Nahrungssuche. Auf die Größe des Gewässers kommt es dabei nicht an: Sie bewohnt auch kleinste Rinnsale in Quell- und Sickerfluren. Wichtig ist das stets feucht-kühle Mikroklima ihrer Lebensräume.

An der Gauchach, dem größten Nebenfluss im Schutzgebiet, werden wir fündig. Aufgrund der geringeren Wasserführung sind ihre Ufer weniger mobil als die der Wutach. An vielen sickernassen und sumpfigen Stellen wachsen hier direkt am Bachufer flächige Staudenfluren. Wir überqueren die Gauchach an einer flachen Stelle. Am anderen Ufer findet ein kleines Rinnsal seinen Weg zur Mündung. Wir folgen ihm und dringen in eine tropisch anmutende Welt ein. Fast mannshohe Blätter der Gewöhnlichen Pestwurz versperren uns Eindringlingen den Weg | 4.2.17 |, und unter unseren Schritten reichert sich die Luft mit den ätherischen Ölen des Berg-Kälberkropfs an. In Abständen von etwa 5 m stehen bald die Lebendfallen | 4.2.18 | an Plätzen, wo wir uns sicher sind: Wenn hier eine Alpenspitzmaus lebt, dann haben wir sie. Möglichst schnell verlassen wir die Staudenflur. Nun kehrt wieder Ruhe ein und es beginnt die in der Schlucht immer früh einsetzende Dämmerung. Das ist die Zeit der Spitzmäuse.

Die Entdeckung

Am nächsten Morgen sind wir schon bald nach Tagesanbruch zurück. Wasser schwappt in den Gummistiefeln, aber wir spüren es bei der Fallenkontrolle schon nicht mehr. Die erste Falle ist geschlossen. Das nach vorne gezogene Heu verrät den lebendigen Inhalt. Vorsichtig rieselt mit dem Rest der Mehlwurmration eine Waldspitzmaus in die große Plastiktüte. „Wahrscheinlich", muss ich sagen, denn im jetzigen Sommerfell ist sie kaum von ihrer Schwesterart, der Schabrackenspitzmaus, zu unterscheiden (s. S. 215 „Wald- und Schabrackenspitzmaus"). Zwei Fallen weiter wartet eine Zwergspitzmaus auf ihre Freilassung | 4.2.19 |. Die folgende Falle steht direkt an dem kleinen Rinnsal, das die Staudenflur durchzieht. Der besonders stechende Geruch der Falle verrät eindeutig: eine Wasserspitzmaus | 4.2.20 |. Sie ist unsere größte heimische Spitzmausart und gleichzeitig unser kleinstes semiaquatisch, also zeitweilig an Land wie auch in Gewässern lebendes Säugetier. Und sie ist wehrhaft, so dass unsere Handschuhe gute Dienste leisten. Beim Freilassen verschwindet sie zuerst unter Wasser und steckt dann 2 m weiter am Wasserrand den Kopf aus dem Rinnsal, bevor sie endgültig verschwindet. Solche Beobachtungen in freier Natur dauern nur Sekunden und sind der Lohn des Kleinsäugerkundlers. Wir erreichen eine Falle, die ebenfalls direkt am Rinnsal, aber weit unter die ausgehöhlte Uferböschung geschoben steht. Und da ist sie: die erste Alpenspitzmaus an der Gauchach und im gesamten Naturschutzgebiet Wutachschlucht.

Aussehen, Lebensweise und Gefährdung

Die ober- und unterseits einheitlich dunkelgraue bis schwarze Fellfarbe der Alpenspitzmaus lässt schon auf eine unterirdische Lebensweise schließen | 4.2.21 |. Auch die hellen Füße und der helle Augenring erinnern an einen Maulwurf.
Doch die langen Hinterfüße und der körperlange Schwanz machen den Unterschied aus. Es sind Anpassungen an das „Stemmklettern" im vorgegebenen, komplexen Spaltensystem der Uferböschung im Gegensatz zu selbstgegrabenen Tunneln im Boden. In diesen Ritzen und Spalten erbeutet die Alpenspitzmaus Würmer, Schnecken und weichhäutige Gliedertiere. Die Zahnspitzen des flinken Insektenfressers sind wie die der anderen Rotzahnspitzmäuse (Unterfamilie Soricinae) rötlich braun gefärbt, was durch Einlagerung von Eisenverbindungen im Zahnschmelz hervorgerufen wird. Im weiteren Wutachgebiet gibt es auch Weißzahnspitzmäuse (Crocidurinae). Auf der vom Menschen geprägten Hochfläche leben Feldspitzmaus und Hausspitzmaus.

4.2.18 | Die Longworth-Lebendfalle ist zum Fang von Spitzmäusen und anderen Kleinsäugern hervorragend geeignet. Im Eingangsbereich, dem Tunnel, befindet sich ein Mechanismus, der beim Auslösen die Tür sanft, ohne Lärm und ohne Schwanzverletzungen zufallen lässt. In der hinteren Box befindet sich Heu als Nest- und Isolationsmaterial sowie Futter für die gefangenen Mäuse. Mehlwürmer eignen sich zur Verpflegung der insektenfressenden Spitzmäuse, Sonnenblumenkerne und Apfelstücke für die Nagermäuse. Ein mit Wasser getränkter Wattebausch liefert die nötige Flüssigkeit. (HB)

Unsere gefangene Alpenspitzmaus ist ein ausgewachsenes Jungtier, was man an den weiß behaarten Füßen und dem behaarten Schwanz erkennt. Bei geschlechtsreifen Tieren sind diese Körperteile nackt. Wahrscheinlich stammt es aus dem ersten Wurf seiner Mutter, die vielleicht noch zweimal vier bis sechs Junge zur Welt bringen wird. Dann ist deren Leben zu Ende, denn nur die Jungtiere überleben den Winter und pflanzen sich im nächsten Jahr fort. In freier Natur werden Alpenspitzmäuse höchstens ein Jahr alt. Wie alle unsere Spitzmäuse hält die Alpenspitzmaus keinen Winterschlaf, sondern sucht im Verborgenen unter Eis und Schnee nach Futter, täglich 4–6 g – das entspricht 50–75 % ihres Körpergewichts.

4.2.19 | Die Zwergspitzmaus ist nur 4 g schwer und unsere kleinste einheimische Säugetierart. Als geschickter Kletterer sucht sie auch auf Kräutern und Zwergsträuchern nach Nahrung. (HAS.2013)

4.2.20 | **Die Wasserspitzmaus** sucht ihre Nahrung überwiegend tauchend im Wasser, meist in Tiefen bis 30 cm. Ein Tauchgang dauert bis zu 20 Sekunden. Beutetiere sind wasserlebende Insektenlarven, Bachflohkrebse, kleine Fische oder Amphibien. Als Anpassung an ihre semiaquatische Lebensweise hat die Wasserspitzmaus steife Borstensäume an den Zehen und Flächen der Vorder- und Hinterfüße, die sich beim Rückstoß abspreizen und einen stärkeren Vorschub bewirken. Ein weiterer Borstensaum auf der Unterseite des Schwanzes unterstützt dessen Wirkung als Lenkruder. (HAS.2013)

4.2.21 | **Die Alpenspitzmaus** wurde nun auch in der Wutachschlucht nachgewiesen. Auffällig sind hier die einheitlich anthrazitfarbene Fellfärbung und die sehr langen Tasthaare, beides Anpassungen an ihre überwiegend unterirdische Lebensweise. (RVE)

4.2.22 | **Die Rötelmaus** ist unsere häufigste Waldwühlmaus und eine der wenigen Kleinsäugerarten, die man auch tagsüber beobachten kann. In manchen Jahren kann sie Populationsdichten von über 50 Tieren pro Hektar erreichen. (HAS.2013)

Auf der Roten Liste der gefährdeten Säugetiere in Baden-Württemberg (Braun et al. 2003) wird die Alpenspitzmaus als stark gefährdet eingestuft (Gefährdungskategorie 2), nicht zuletzt wegen der Gefährdung ihres naturnahen Lebensraums. Deutschlandweit gilt sie sogar als vom Aussterben bedroht (Gefährdungskategorie 1; Meinig et al. 2009). Da in den deutschen Mittelgebirgen ihre weltweit nördlichsten Vorkommen als Inselpopulationen liegen und diese teilweise hochgradig gefährdet (z. B. in der Rhön) oder bereits erloschen sind (im Harz), hat Deutschland eine weltweite Verantwortung für den Erhalt der Alpenspitzmaus (Meinig 2004). Über ihr gesamtes Verbreitungsgebiet betrachtet – unsere Alpenspitzmaus ist eine echte Europäerin – steht sie auf der Vorwarnliste (IUCN 2013: near threatened).

Im Laufe unserer Wutach-Expedition haben wir die Alpenspitzmaus auch noch an drei weiteren Stellen gefunden. Der Fangerfolg an vier von fünf Untersuchungsflächen zeigt, dass die Art im Wutachgebiet keinesfalls selten ist. Durchschnittlich waren knapp 20 % der gefangenen Kleinsäuger Alpenspitzmäuse | 4.2.23 |, aber keiner hatte diese im Verborgenen lebende Art bisher in der Wutachschlucht gefunden.

Andere beobachtete und nicht gefundene Mäuse

Natürlich leben noch andere Kleinsäugerarten in den Staudenfluren. Neben den bereits genannten Spitzmausarten fingen wir noch die Rötelmaus, unsere häufigste Waldwühlmausart, und die Gelbhalsmaus, die häufigste heimische Langschwanzmaus in Waldgebieten. Langschwanzmäuse unterscheiden sich durch ihre großen Augen, Ohren und überkörperlangen Schwänze von den Wühlmäusen, die all diese Merkmale in nur kleinerer Ausführung vorweisen können. Und während Wühlmäuse sich überwiegend vegetarisch ernähren, sind Langschwanzmäuse ausgesprochene Gemischtköstler, die auch Insekten nicht verschmähen. Sicherlich kommen in der Wutachschlucht auch Erdmaus und Waldmaus vor, etwa in den nassen Wiesenbrachen, wie sie bei Bad Boll zu finden sind. Auch die Grabende Schermaus ist an der Wutach und ihren Zuflüssen zu erwarten.

Weit weniger sicher ist das Vorkommen der Sumpfspitzmaus, einer kleinen Verwandten der Wasserspitzmaus, und der Kurzohrmaus, einer überwiegend unterirdisch lebenden Wühlmausart. Die beiden in Baden-Württemberg sehr seltenen und gefährdeten Kleinsäuger leben ebenfalls bevorzugt in feuchten Hochstaudenfluren. Die Sumpfspitzmaus ist hier eher an den nassesten Stellen zu finden, etwa an nur wenige Millimeter tiefen Rinnsalen. Die Kleinwühlmaus bevorzugt dagegen die etwas höher gelegenen, aber noch feuchten Bereiche im Staudendschungel. Uns gelang es leider nicht, diese beiden Glanzlichter der einheimischen Kleinsäugerfauna hier zu entdecken. Und so birgt die Schlucht vielleicht noch weitere Geheimnisse, die ihrer Entdeckung harren.

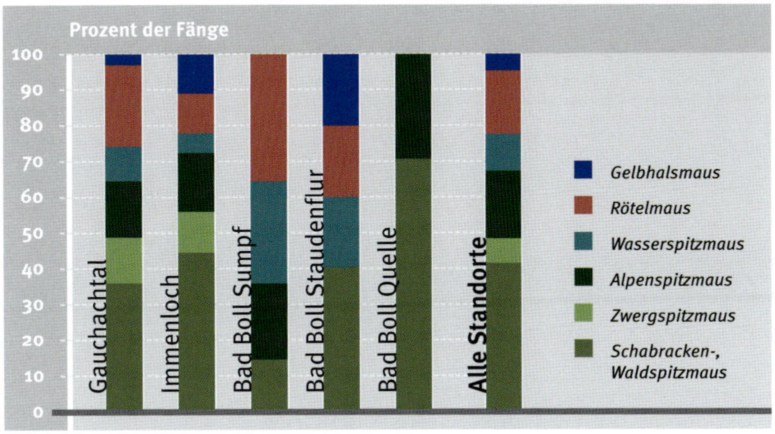

4.2.23 | **Die Kleinsäugergemeinschaften** an den fünf Fallenstandorten waren stark von Spitzmäusen dominiert, die 60–100 % der Fänge ausmachten. Auffällig ist auch die Häufigkeit der Alpenspitzmaus, auf die durchschnittlich 20 % der Kleinsäugeraktivitäten fielen.

WALD- UND SCHABRACKENSPITZMAUS

Wald-und Schabrackenspitzmaus sind unsere beiden häufigsten Spitzmausarten. Äußerlich sind sie sich sehr ähnlich und können nur anhand von Schädelmaßen, Zahl und Form der Chromosomen oder genetischen Merkmalen sicher bestimmt werden. Im Winterfell kann in manchen Fällen die Unterscheidung gelingen. Dann sind die Schabrackenspitzmäuse auffällig zweifarbig gefärbt mit hellen bis cremefarbenen Flanken und dunklem Rücken (Schabracke), woher der deutsche Name stammt. In Baden-Württemberg sind Oberrheintal und offene Schwarzwaldhochlagen überwiegend von der Waldspitzmaus besiedelt, während die Schabrackenspitzmaus bevorzugt die Wälder der mittleren Gebirgslagen bewohnt (BRÜNNER & NEET 1991, TURNI 2005). Beide Arten sind sich in Nahrungswahl (sie bevorzugen Regenwürmer), Lebensweise und Lebensraumansprüchen sehr ähnlich, was zu intensiver Konkurrenz und oft gegenseitigem Ausschluss führt. In der Wutachschlucht scheinen beide Arten vorzukommen, wobei je nach Standort die eine oder andere überwiegt. Die Schabrackenspitzmaus wurde erst in den 1950er-Jahren von der Waldspitzmaus unterschieden und erst 30 Jahre später in Baden-Württemberg entdeckt (BRÜNNER & HOFFRICHTER 1987; BRAUN & KISCHNICK 1987).

4.2.24 | **Die Waldspitzmaus** ist eine überwiegend im und am Boden lebende Spitzmausart, die bei uns sowohl im Offenland als auch in Waldgebieten zu finden ist. Die sehr ähnliche Schabrackenspitzmaus bewohnt dagegen überwiegend Wälder der mittleren Gebirgslagen. (HB)

Die Fledermäuse des Wutachgebiets

Friedrich Kretzschmar

Obwohl viele naturkundlich interessierte Menschen von Fledermäusen äußerst fasziniert sind, wissen doch nur die wenigsten etwas über die facettenreiche Biologie dieser kleinen Säugetiere. Schon das Fliegen allein hebt die Fledertiere (Chiroptera = Handflügler) aus der Gruppe der Säugetiere heraus. Die papierdünn zwischen den „Fingern" der Hände aufgespannten Flughäute ermöglichen einen aktiven Flug wie bei den Vögeln. Und noch eine Besonderheit weisen die Fledermäuse auf – durch ihre Fähigkeit zur Echoortung besitzen sie ein hervorragendes Navigationssystem, das es ihnen ermöglicht hat, die Nacht zu erobern und dort mehr oder weniger konkurrenzlos nach Insekten (in den Tropen auch nach anderer Nahrung) zu jagen.
Da viele heimische Fledermausarten strukturreiche Karst- und Schluchtlandschaften lieben, soll die Tiergruppe für das Wutachgebiet etwas ausführlicher dargestellt werden.

Es ist kaum bekannt, dass in Baden-Württemberg die Gruppe der Fledermäuse fast ein Drittel der etwas über 70 hier vorkommenden Säugetierarten ausmacht. Weltweit handelt es sich mit weit über 1000 Arten um die zweitgrößte Säugetierordnung nach den Nagetieren. Das geringe Wissen über Fledermäuse hängt vor allem mit ihrer nächtlichen und versteckten Lebensweise zusammen. Am ehesten kann der Laie eine Fledermaus noch an einer Straßenlaterne im Siedlungsbereich beobachten, in der freien Natur ist ihr Anblick eher die Ausnahme. Auch die wenigsten Besucher der Wutachregion werden dort einen dieser Nachtjäger zu Gesicht bekommen. Trotzdem ist dieses Gebiet von besonderer Bedeutung für Fledermäuse und stellt gewissermaßen eine Ideallandschaft dar.

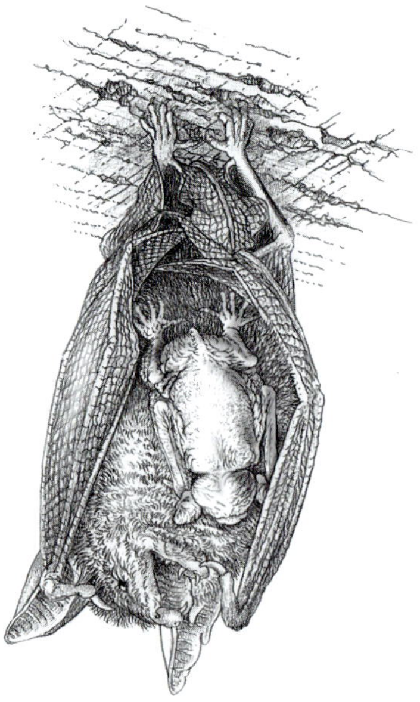

4.3.01 | Weibchen des Großen Mausohrs bringen nach gut zwei Monaten Tragzeit ein Junges zur Welt, das sofort zu saugen beginnt. Nachts bleiben die Jungtiere allein im Quartier zurück. Nach 3–4 Wochen lernen sie fliegen und werden nach ca. 8 Wochen selbstständig. (JCR)

Zur Biologie der mitteleuropäischen Fledermäuse

Fledermäuse weisen in Mitteleuropa einen ausgeprägten Jahreszyklus auf. Die Wintermonate verbringen sie in frostsicheren Untertagequartieren wie Höhlen und Bergwerksstollen (einige Arten auch in Tunneln, Felsspalten oder Baumhöhlen), wo sie Winterschlaf halten. Nach dem Verlassen der Winterquartiere finden sich die Weibchen zu sogenannten Wochenstuben zusammen, in denen sie ihre Jungen (meist nur ein Jungtier pro Weibchen) aufziehen. Je nach Art können die Wochenstubenquartiere in Gebäuden (z. B. Kirchtürmen) oder in Baumhöhlen liegen. Die Nahrung unserer einheimischen Fledermäuse besteht fast ausschließlich aus Insekten. Diese erbeuten sie bei ihren nächtlichen Jagdflügen, die bei manchen Arten bis über 10 km vom Quartier wegführen können. Nach Verlassen der Wochenstuben beginnt eine ausgeprägte Phase der Quartiererkundung. Besonders gut geeignete Winterquartiere werden in dieser „Schwärmphase" von sehr vielen Tieren aufgesucht. In den Herbst fällt auch die Zeit der Paarung. Die im Sommer in der Regel einzeln lebenden Männchen versuchen jetzt möglichst viele Weibchen anzulocken und sie zu begatten. Die eigentliche

4.3.02 | **Große Mausohren** hängen im Winterquartier meist frei an der Decke, gelegentlich bilden sie jedoch kleine Cluster, wie diese vier Tiere im Münzloch. (MS.2012)

4.3.03 | **Bartfledermäuse** finden sich im Winterquartier oft versteckt in Felsspalten oder -ritzen, wie dieses Tier aus einer Kleinhöhle in der Wutachschlucht. Die beiden Schwesterarten Kleine Bartfledermaus und Brandtfledermaus sind einander so ähnlich, dass sie im Winterquartier meist nicht unterschieden werden können. (FK.2012)

Befruchtung erfolgt jedoch erst nach dem Winterschlaf im Frühjahr, die Spermien werden daher über den Winter in einem speziellen Organ der Weibchen konserviert. Der Einflug in die Winterquartiere erfolgt im Oktober/November.

Winterquartiere im Wutachgebiet

Die Karsthöhlen der Wutachschlucht – sie werden ausschließlich zu Forschungszwecken betreten und sind für Besucher nicht zugänglich – sind schon seit langem als Winterquartiere für Fledermäuse bekannt. Zwar gab es bis Anfang der 1980er-Jahre keine systematischen Untersuchungen, doch wurden das Münzloch und die Eisbärenhöhle von Otto v. Helversen (HELVERSEN et al. 1987) mehrfach besucht. Er konnte erstmals die vorgefundenen Fledermäuse zuordnen. Demnach kamen hier bis Mitte der 1960er-Jahre noch Kleine Hufeisennase, Große Hufeisennase und Mopsfledermaus vor, wovon auch ein französischer Höhlenforscher berichtet (CURTILLAT 1973). Diese drei Arten waren vermutlich bis in diese Zeit in Südwestdeutschland noch weit verbreitet, sind dann jedoch – hauptsächlich wegen des Einsatzes von Insektiziden wie DDT in der Land- und Forstwirtschaft – stark zurückgegangen und in Baden-Württemberg sogar ausgestorben. Viele andere Arten konnten sich trotz starken Rückgangs halten und wurden seit den 1980er-Jahren (nach Gründung der Arbeitsgemeinschaft Fledermausschutz) regelmäßig gezählt.

Als weitere bedeutende Fledermaushöhle muss das Moratsloch im Naturschutzgebiet Wutachflühen erwähnt werden. Es handelt sich dabei um eine sogenannte Schachthöhle, die wohl den Rest eines ehemaligen größeren Höhlensystems darstellt und deren Öffnung sich am Fuß einer Felswand befindet. Im Februar 2003 wurden hier neben vielen Fledermäusen anderer Arten allein 44 Große Mausohren festgestellt.

Der teilweise canyonartige Taleinschnitt des Wutachgebiets weist außer den vier genannten Höhlen noch zahlreiche weitere Winterquartiere

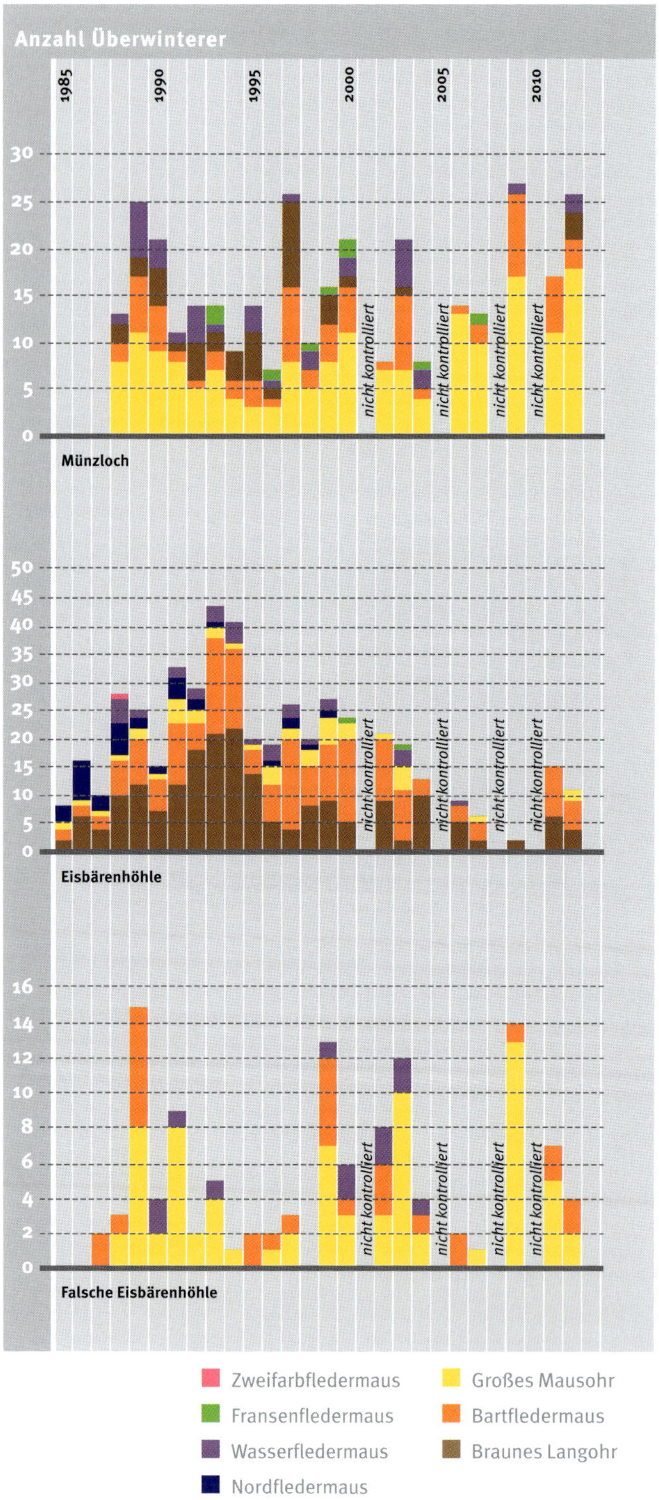

Ergebnisse der Bestandserhebungen aus drei Winterquartieren in der Wutachschlucht

4.3.04 | **Münzloch.** Diese typische Karsthöhle mit verzweigtem Gangsystem weist recht günstige und stabile Bedingungen zur Überwinterung auf. Die Temperatur beträgt um 8 °C und die Luftfeuchtigkeit erreicht fast 100 %. Die regelmäßig hier überwinternden Großen Mausohren hängen meist im Deckenbereich der großen Eingangshalle, oft auch in Clustern, also im Pulk. Die Anzahl der Mausohren schwankt zwischen 3 und 18 Tieren und hat in den letzten Jahren tendenziell zugenommen. Auch Wasserfledermäuse hängen meist frei und werden regelmäßig in der Höhle nachgewiesen. Dagegen hängen Bartfledermäuse oft versteckt in Spalten und Ritzen. Braunes Langohr und Fransenfledermaus sind ebenfalls oft versteckt und daher schwer zu finden. Die letztgenannten Arten gelten als sehr kälteunempfindlich und überwintern vermutlich auch häufig in Felsspalten oder wenig frostsicheren Kleinhöhlen. Großhöhlen werden nur in längeren Kälteperioden aufgesucht, was sich in der Grafik dadurch zeigt, dass sie bei einzelnen Kontrollterminen fehlen.

4.3.05 | **Eisbärenhöhle.** Die mikroklimatischen Bedingungen sind hier ganz anders als im Münzloch. Es handelt sich um eine Klufthöhle im felsigen Oberhang der Wutachschlucht, welche sich durch einen stetigen kalten Luftstrom auszeichnet. Die Temperatur in der Höhle beträgt im Winter oft um oder sogar unter 0 °C und die Luftfeuchtigkeit liegt nur bei ca. 80 %. Das Artenspektrum ist durch das Vorkommen kältetoleranter Arten gekennzeichnet: Neben den bereits beim Münzloch genannten Braunen Langohren und der Fransenfledermaus sind dies die beiden Bartfledermäuse sowie die Nordfledermaus und die sehr seltene Zweifarbfledermaus. Die Eisbärenhöhle ist sehr schwer zugänglich und weist unzählige schmale Klüfte und Risse auf, was vermuten lässt, dass nur ein geringer Teil der überwinternden Tiere zu sehen ist. Durch Lichtschrankenkontrollen verbunden mit Fotofallen, die vor einem schwer zugänglichen Stollensystem im Schwarzwald eingerichtet wurden (Kugelschafter 2012), konnte ermittelt werden, dass der Überwinterungsbestand statt der visuell zu entdeckenden 30 Tiere tatsächlich bei über 150 Tieren lag. Bei der Eisbärenhöhle ist dies sicher ähnlich (s. auch „Schwärmen").

4.3.06 | **Falsche Eisbärenhöhle.** Diese Höhle ist recht warm und gleichmäßig temperiert und daher besonders für Große Mausohren und Wasserfledermäuse geeignet. Sie ist jedoch auch eng und für Füchse und Marder gut zugänglich. Vermutlich deshalb schwanken die Bestandszahlen extrem zwischen 0 und 15 Tieren. Im Jahr 1998, als keine Fledermäuse festgestellt wurden, war starker Fuchsgeruch wahrnehmbar und die Höhle wohl kurz vor der Kontrolle „ausgeräubert" worden.

4.3.07 | **Cluster** von über 100 Mopsfledermäusen an der Decke des Kehrtunnels im Naturschutzgebiet Wutachflühen. (ROB.2010)

auf. So gibt es unzählige mehr oder weniger gut zugängliche Kleinhöhlen, die meist nur Einzeltiere der Arten Wasserfledermaus, Fransenfledermaus, Bartfledermaus oder Braunes Langohr beherbergen. In den Felsspalten der größeren Felsmassive überwintern vermutlich Zweifarbfledermäuse, Breitflügelfledermäuse und Zwergfledermäuse. Diese Arten sind unempfindlich gegenüber Temperaturschwankungen und geringer Luftfeuchtigkeit. Ein aufgegebenes Gipsbergwerk mit für Fledermäuse noch zugänglichen Öffnungen dient zahlreichen Großen Mausohren als Winterquartier.

Von landesweiter Bedeutung als Fledermaus-Winterquartier ist der über 1 km lange Kehrtunnel der Sauschwänzlebahn, einer nur im Sommer betriebenen Museumsbahn, welche das Naturschutzgebiet Wutachflühen kreuzt (s. auch S. 383). Hier entdeckte Boris Gerdes im Dezember 1990 ein Tier der seit Anfang der 1980er-Jahre in Baden-Württemberg als ausgestorben (Kulzer et al. 1987) geltenden Mopsfledermaus, wenige Jahre später fand der Autor ein weiteres Tier im Moratsloch. Daraufhin durchgeführte Netzfänge ab Spätsommer 1995 vor der Höhle und dem Tunnel ergaben, dass offenbar doch Tiere dieser Art im Wutachgebiet überlebt haben oder wieder neu eingewandert sind. Es wurden zunächst bis zu fünf Tiere pro Nacht gefangen. Die Winterquartierkontrollen im Kehrtunnel wurden daraufhin intensiviert. Die Ergebnisse zeigen, dass die Winterpopulation in den letzten zehn Jahren stark angestiegen ist | 4.3.08 |.

Heute stellt der Tunnel das wichtigste Winterquartier der Mopsfledermaus in Baden-Württemberg dar. Im Gegensatz zu den Bestandszahlen in Winterquartieren anderer Arten schwanken die Zahlen der Mopsfledermaus stark im Laufe des Winters. Die höchsten Zahlen werden in starken Kälteperioden meist in der ersten Februar-Hälfte erreicht. Bei großer Kälte im recht zugigen Tunnel (regelmäßig nur wenig über 0 °C) hängen die Tiere dann in ein bis zwei Clustern eng beisammen an der Tunneldecke.

4.3.08 | **Winternachweise** der Mopsfledermaus im Naturschutzgebiet Wutachflühen im Kehrtunnel der Sauschwänzlebahn sowie einer Naturhöhle (1994). Die Kontrolle 2011 erfolgte erst Anfang März und damit wohl zu spät, um den Maximalbestand zu erfassen. (FK.2010)

Das Wutachgebiet – eine idealtypische Fledermaus-Landschaft

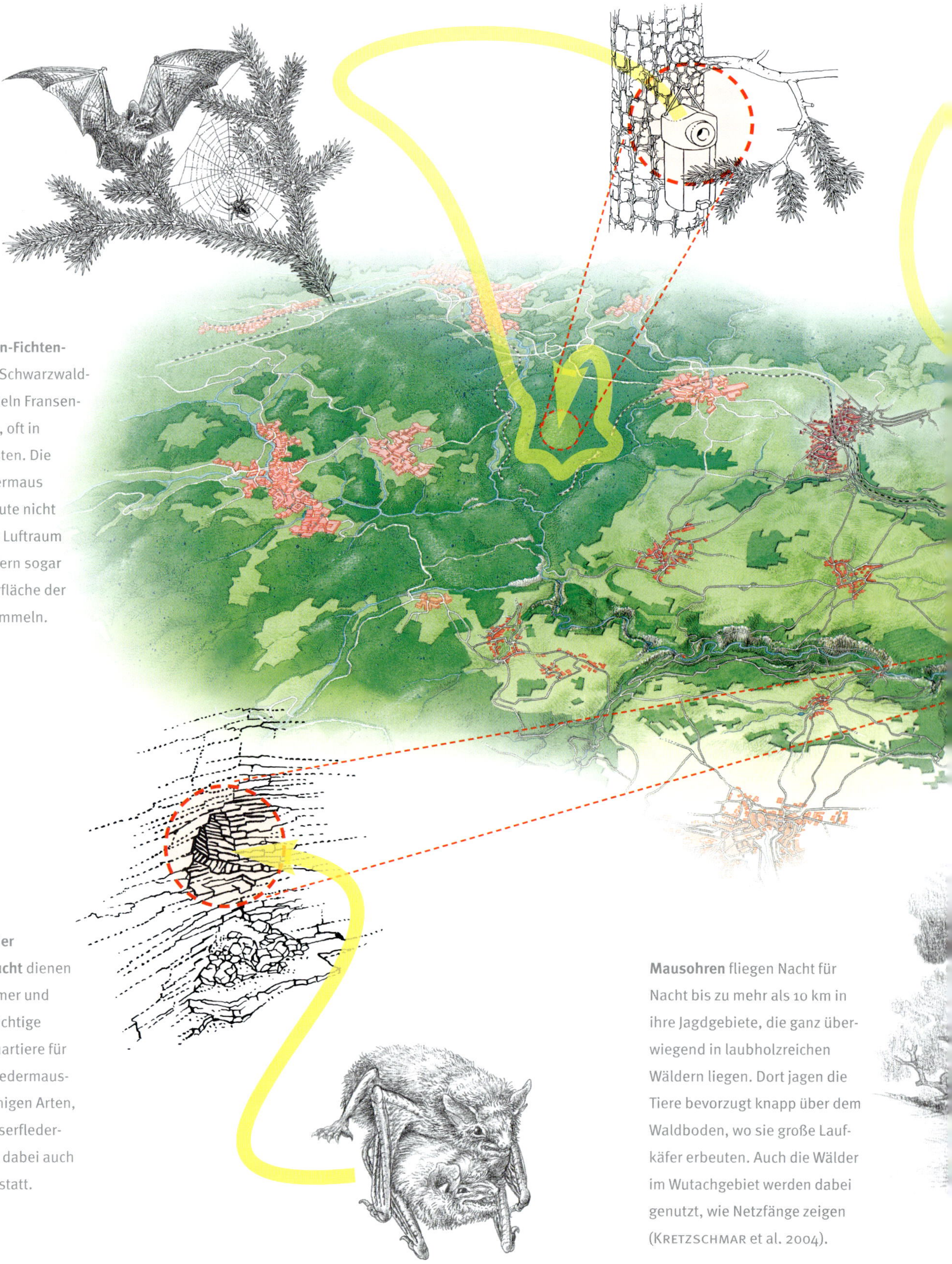

In den Tannen-Fichten-Wäldern am Schwarzwald-Ostrand siedeln Fransenfledermäuse, oft in Vogelnistkästen. Die Fransenfledermaus kann ihre Beute nicht nur im freien Luftraum finden, sondern sogar von der Oberfläche der Zweige absammeln.

Die Höhlen der Wutachschlucht dienen im Spätsommer und Herbst als wichtige Schwärm-Quartiere für zahlreiche Fledermausarten. Bei einigen Arten, hier der Wasserfledermaus, findet dabei auch die Paarung statt.

Mausohren fliegen Nacht für Nacht bis zu mehr als 10 km in ihre Jagdgebiete, die ganz überwiegend in laubholzreichen Wäldern liegen. Dort jagen die Tiere bevorzugt knapp über dem Waldboden, wo sie große Laufkäfer erbeuten. Auch die Wälder im Wutachgebiet werden dabei genutzt, wie Netzfänge zeigen (Kretzschmar et al. 2004).

In der Turmspitze der Dögginger Kirche befindet sich eine etwa 400-köpfige Wochenstube des Großen Mausohrs. Die Jagdgebiete dieser Tiere befinden sich in einem Umkreis bis über 10 km, die Winterquartiere liegen z. B. in den Höhlen der Wutachschlucht.

Der im Winter stillgelegte Eisenbahntunnel dient Hunderten von Mopsfledermäusen sowie weiteren Fledermausarten als Winterquartier.

4.3.09 | Schematische Darstellung typischer Fledermausquartiere und Flugrouten im Wutachgebiet. (Collage HD, Illustrationen JCR)

4.3.10 | Die Mausohr-Wochenstube im Turm der Kirche von Döggingen ist auf 760 m Höhe die höchstgelegene in Baden-Württemberg. (AW)

4.3.11 | Fransenfledermäuse in einem Nistkasten. (UKL)

4.3.12 | Unten: Bekannte Sommerquartiere der typischen Gebäude-Fledermäuse Großes Mausohr und Braunes Langohr/Graues Langohr im Wutachgebiet. Die beiden Langohr-Arten konnten in vielen Fällen nicht sicher zugeordnet werden. (MP nach KRETZSCHMAR et al. 2004)

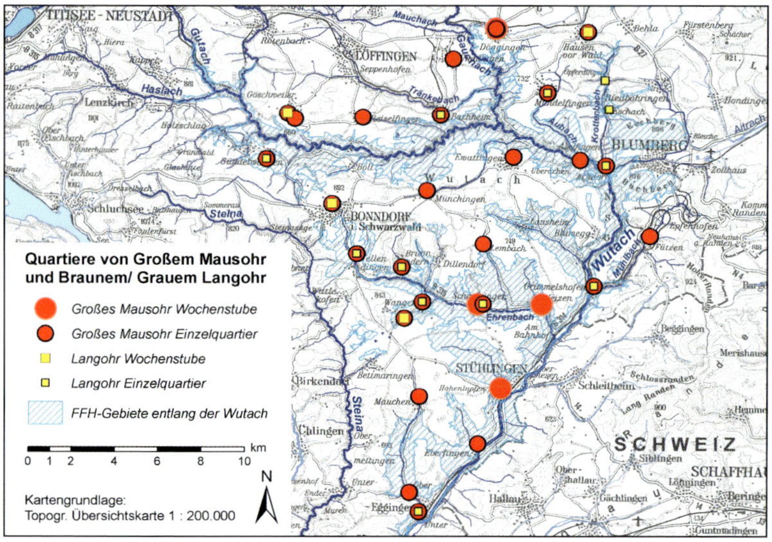

Sommerquartiere und Jagdlebensräume

Die Lebensraumnutzung der Fledermäuse im Sommer kann bei den meisten Arten nur mit großem methodischen Aufwand ermittelt werden, so dass vielfach nur wenig bekannt ist. Am besten bekannt sind Wochenstubenquartiere des Großen Mausohrs, da diese große und auffällige Fledermausart meist Quartiere in den Dachstühlen größerer Gebäude (oft Kirchen) bezieht. Im 10-km-Umfeld von Wutachschlucht und Wutachflühen befinden sich vier Wochenstuben und ca. 20 bekannte Einzelquartiere der Art | 4.3.10 | und | 4.3.12 |.

Ganz anders sehen die Quartiere der sehr heimlich lebenden Fransenfledermaus aus. In einem großen Tannen-Fichten-Kiefern-Wald nördlich der Wutach bei Rötenbach besiedelte z. B. vor einigen Jahren eine große Kolonie von Fransenfledermäusen die dort vorhandenen Vogelnistkästen | 4.3.11 |. Während die Jagdgebiete im Bereich des feuchten Waldes liegen, suchen die Fransenfledermäuse im Herbst und Winter die Wutachschlucht auf, um dort Paarungs-, Schwärm- und Winterquartiere zu besetzen.

Schwärmen

Seit den 1970er-Jahren ist bekannt, dass Fledermäuse nicht nur in Höhlen überwintern, sondern zu bestimmten Zeiten auch ein ausgeprägtes Schwärmverhalten zeigen (z. B. HORACEK & ZIMA 1978). Dabei scheinen bestimmte Höhlen besonders geeignet zu sein und werden daher auffallend häufig besucht. Meist sind dies Höhlen, die mehrere Ausgänge aufweisen und/oder sich in oder nahe bei großen Felswänden befinden. Im Wutachgebiet sind die Eisbärenhöhle (Wutachschlucht), das Moratsloch (Wutachflühen) und die Tunnel der Sauschwänzlebahn die besten Schwärmquartiere. Verschiedene Untersuchungen aus dem Wutachgebiet von Mitgliedern der Arbeitsgemeinschaft Fledermausschutz (AGF) Freiburg (KRETZSCHMAR 1997, BRINKMANN & KRETZSCHMAR 1998, KRETZSCHMAR et al. 2004) zeigen, dass die verschiedenen Fledermausarten sich dabei unterschiedlich verhalten. In den Tunneln der Sauschwänzlebahn treten vor allem Mopsfledermäuse in größerer Zahl schwärmend auf, während diese Art in der Wutachschlucht bisher fehlt. Dagegen schwärmen vor der spaltenreichen Eisbärenhöhle Fransenfledermaus, Bartfledermaus, Brandtfledermaus und Nordfledermaus vergleichsweise häufig. Das reichste Artenspektrum ließ sich vor dem Moratsloch in den Wutachflühen feststellen, wo insgesamt elf Arten beim Schwärmen gefangen wurden. Darunter befinden sich mit Breitflügelfledermaus, Zwergfledermaus und Zweifarbfledermaus auch Arten, die im Gebiet noch nie im Winter in Höhlen nachweisbar waren. Vermutlich haben diese Arten als typische Spalten-Überwinterer ihre Winterquartiere in den nahe der Höhle befindlichen Felswänden. Das Phänomen des Schwärmens von Fledermäusen ist nämlich fast immer in räumlichem Zusammenhang mit bedeutenden Winterquartieren festzustellen.

Wie kann dieses Schwärmen nun gedeutet werden? Es gibt dafür verschiedene Erklärungsversuche, die bei den verschiedenen Arten sicherlich unterschiedlich große Bedeutung haben und sich gegenseitig ergänzen (siehe auch Dietz et al. 2007):

1. Treffpunkte für Balz und Paarung

Bei fast allen Arten außer dem Großen Mausohr überwiegen paarungsbereite Männchen beim Schwärmen, wie an der Entwicklung der spermiengefüllten Nebenhoden erkennbar ist. Häufig lassen sich auch Verfolgungsjagden beobachten.

2. Erkundung und Kennenlernen von Winterquartieren

Für Fledermäuse ist das Kennenlernen und Auskundschaften von Winterquartieren von größter Bedeutung. Man nimmt an, dass sie beim Schwärmen ihr Raumgedächtnis schulen, die Eignung der Quartiere prüfen und die Jungtiere neue Quartiere kennen lernen. In der Regel treten diejenigen Fledermausarten am stärksten schwärmend vor einer Höhle auf, die auch hier überwintern bzw. in deren Überwinterungsschema der Höhlentyp passt.

3. Soziale Treffpunkte zur Informationsübertragung

Bedeutende Schwärmquartiere haben zweifellos eine große Bedeutung beim Zusammenhalt von Populationen (Gemeinschaften). Wie und welche Informationen hier von Tier zu Tier übertragen werden, ist noch weitgehend unerforscht. Es ist jedoch bekannt, dass große Schwärmquartiere von Tieren aus einem Umkreis von 50 km und mehr angeflogen werden. Für die Mopsfledermaus-Population (oder Meta-Population) im Gebiet der mittleren Wutach und des Klettgaus sind der Kehrtunnel (und das benachbarte Moratsloch) sicher der wichtigste Treffpunkt in der Landschaft. Aus menschlicher Sicht kann man ein solches Schwärmquartier vielleicht mit einer „angesagten" Disco vergleichen.

Die Forschungsarbeiten der Arbeitsgemeinschaft Fledermausschutz zur Biologie der Mopsfledermaus sowie zum Schwärmverhalten von Fledermäusen an Höhlen haben gezeigt: In unserer heimischen Natur ist selbst bei Säugetieren noch vieles unbekannt. Zwischen den verschiedenen Teillebensräumen der Fledermäuse gibt es zahlreiche Beziehungen. Für den Schutz der Arten ist es wichtig, diese Beziehungen zu kennen und im Zweifel bei Eingriffen in die Landschaft eher vorsichtig zu sein. Am Beispiel der Mopsfledermaus wird deutlich, welch große Bedeutung nur ein Quartier (hier der Tunnel in den Wutachflühen) für den Zusammenhalt einer Population haben kann.

Das Wutachgebiet insgesamt weist eine außergewöhnliche Vielzahl an Fledermausarten auf. Neben der Ausstattung mit insektenreichen Jagdgebieten in Wäldern ist dafür insbesondere die Vielfalt der Schluchtlandschaft mit Vorkommen von für Fledermäuse attraktiven Quartieren und Landmarken wie Felsen und Höhlen verantwortlich.

4.3.13 | **Bei hoher Luftfeuchtigkeit** von annähernd 100 % ist diese überwinternde Bartfledermaus im Münzloch über und über mit Tau bedeckt. Sie ist so bestens gegen Austrocknung geschützt und kann bei 8 °C über fünf Monate ohne Nahrung auskommen. (FK.2003)

Die Mopsfledermaus – eine Besonderheit im Wutachgebiet

Nachdem die Mopsfledermaus seit den 1990er-Jahren in Winterquartieren wieder aufgetaucht war, lag die Vermutung nahe, dass auch eine Sommerpopulation in der Nähe existieren müsse. Aber wo sollte man sie suchen? Am aussichtsreichsten schien es, Tiere beim sommerlichen Schwärmen vor Höhlen oder Tunneln zu fangen und dann mit einem Minisender zu versehen | 4.3.14–15 |. Auf diese Weise können sie in die Jagdgebiete und zu eventuellen Kolonien verfolgt werden (die Methode wird als Telemetrie bezeichnet). Vor dem Kehrtunnel in den Wutachflühen (und in benachbarten Quartieren) konnten im Spätsommer und Herbst der Jahre 2002 und 2003 von über 70 gefangenen Mopsfledermäusen neun mit einem Sender versehen und so nach dem Freilassen verfolgt werden.

Dabei zeigte sich, dass die Aufenthaltsgebiete überwiegend beidseits des Wutachtals südlich von Stühlingen liegen. Einzelne Tiere flogen jedoch vom Fangort am Tunnel bis über 10 km weit in den Klettgau und nach Schaffhausen. Ganz überwiegend jagen die Mopsfledermäuse in den buchenreichen Hangwäldern des Wutachtals und des Klettgaus, in denen vereinzelt auch alte Kiefern anzutreffen sind. Die oft mit Nadelholzforsten bestockten Plateaulagen werden dagegen kaum genutzt. Ihre Quartiere suchen die Tiere meist hinter abplatzender Borke absterbender oder abgestorbener Bäume. Besonders typisch sind Quartiere hinter den groben Rindenschuppen abgestorbener Kiefern. Ein hoher Alt- und Totholzanteil im Wald ist für die Mopsfledermaus zweifellos von großer Bedeutung | 4.3.16 |.

In den Folgejahren konnten mehrere Wochenstubenquartiere gefunden werden, die sich alle in Gebäuden befanden (Brinkmann et al. 2005). Als Hangplätze zur Jungenaufzucht nutzten die Tiere Hohlräume hinter hölzernen Wandverschalungen oder Holzfensterläden, wie dies auch aus Bayern bekannt ist (Rudolph 2004). Insgesamt wurden zwischen 2004 und 2006 acht derartige Quartiere von mindestens drei Wochenstubenverbänden nachgewiesen, die mehrheitlich über mehrere Jahre genutzt wurden. Mindestens eine weitere Kolonie besiedelte zur Wochenstubenzeit anscheinend aus-

4.3.14 | Während ein Mitglied der Arbeitsgemeinschaft Fledermausschutz (AGF) eine Mopsfledermaus mit einem Minisender versieht, schwärmt bereits das nächste Tier vor dem Netz, das vor dem Tunnelportal aufgespannt ist. (KE.2003)

4.3.15 | Mopsfledermaus mit ca. 0,5 g leichtem Telemetriesender am Rückenfell (rechts ist die Antenne sichtbar) sowie Armklammer, die der dauerhaften Markierung dient. (HSW.2003)

4.3.16 | Abplatzende Borke einer abgestorbenen Kiefer, unter der sich ein Tagesquartier einer Mopsfledermaus befindet. (FK)

schließlich Baumquartiere im Klettgau. Obwohl also Mopsfledermäuse viele Baumquartiere kennen und diese auf Jagdflügen oder als Tagesquartiere außerhalb der Wochenstubenzeit regelmäßig aufsuchen, werden in der Zeit der Geburt und Aufzucht der Jungen offenbar Quartiere an Gebäuden bevorzugt | 4.3.17–18 |.

Auch wenn zwischen den verschiedenen Wochenstubenverbänden kein regelmäßiger Austausch festgestellt wurde, so scheint doch ein verbindendes Element gegeben zu sein: das Winter- und Schwärmquartier im Kehrtunnel und den benachbarten Höhlen. Eine erste Abschätzung zur Größe der mit diesem Quartier in Verbindung stehenden Population (dies ist über Wiederfunde beringter Tiere möglich) ergab ca. 600 Tiere. Noch heute – zehn Jahre nach der Beringung – werden regelmäßig bei der Winterquartierkontrolle einzelne markierte Mopsfledermäuse beobachtet. Aus anderen Studien ist bekannt, dass die nur knapp 10 g schweren Tiere über 20 Jahre alt werden können.

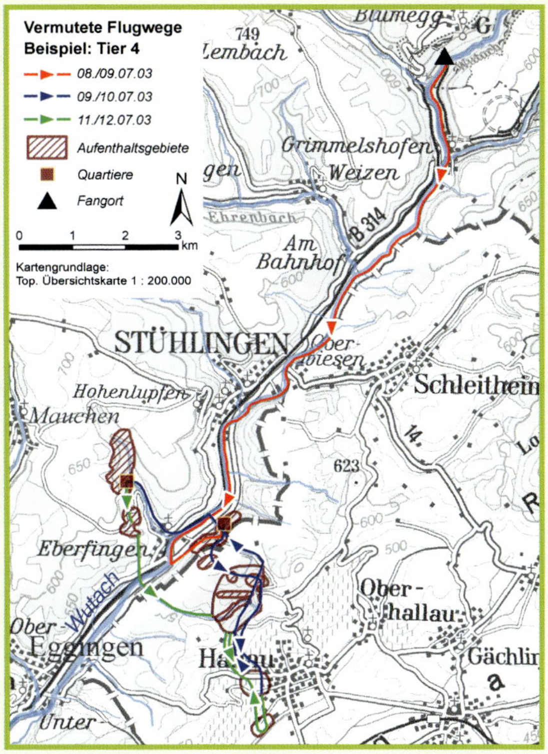

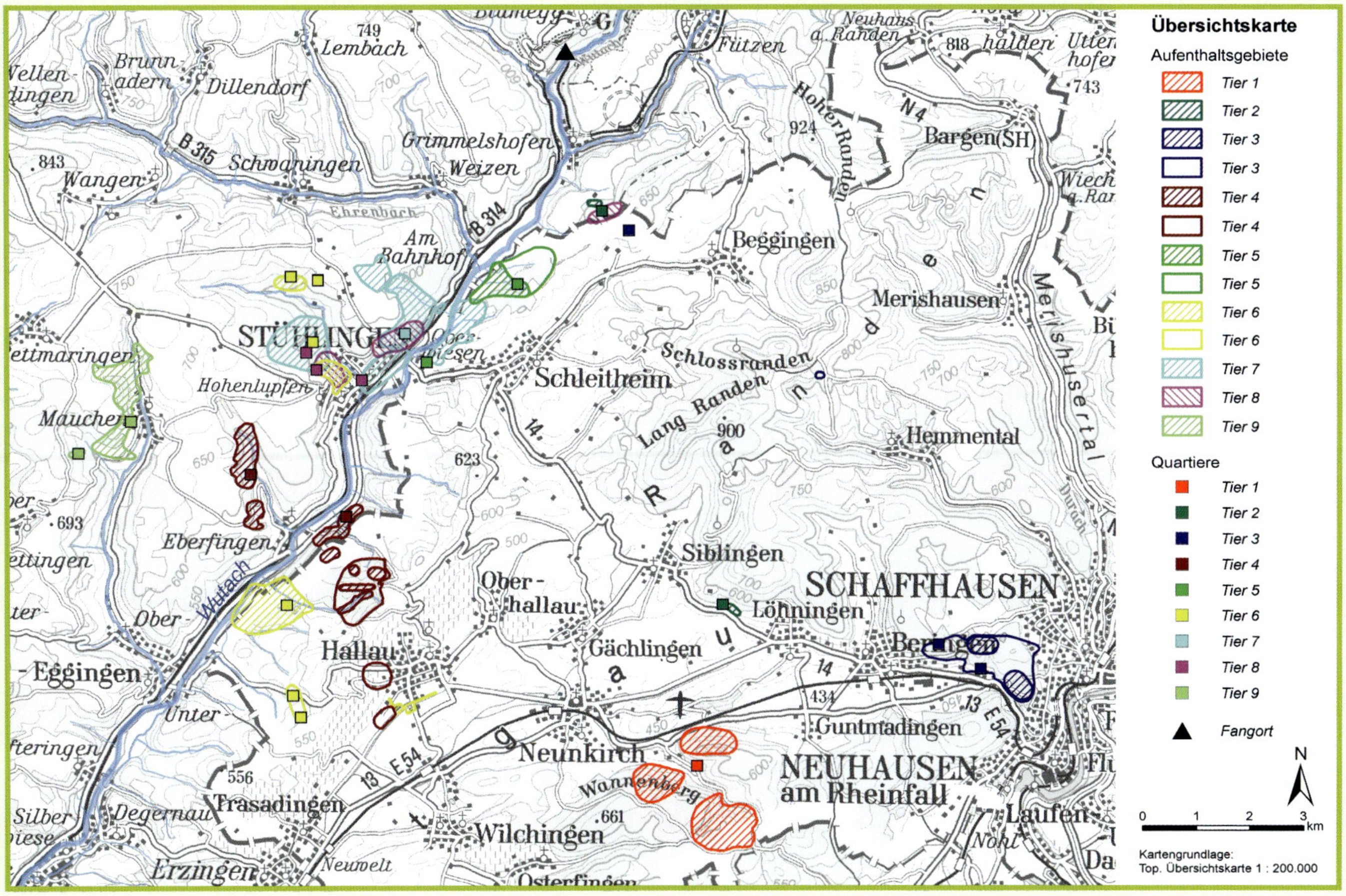

4.3.17 und 18 | **Flugrouten und Jagdgebiete** von neun Mopsfledermäusen, die im Juli und August 2003 im Naturschutzgebiet Wutachflühen vor einem Tunnel schwärmend gefangen wurden. Die Kernjagdgebiete befanden sich überwiegend in den Laubwäldern in Hanglage des Wutachtals um Stühlingen (links) sowie im Klettgau (unten) und bei Schaffhausen. (MP | RPF)

Besondere Vögel des Wutachgebiets

Felix Zinke

Die landschaftlich reich strukturierte Wutachregion bietet vielfältige Lebensräume für ganz unterschiedliche Vogelarten: Seltene Felsbrüter finden hier die ihnen zusagenden Bedingungen ebenso wie Charakterarten rasch fließender, klarer, sauerstoffreicher Gewässer. Eine alpine Gast-Art nutzt die Schlucht als Überwinterungsgebiet, Höhlenbrüter profitieren von den lichten Altholzbeständen am Schluchtrand. Nicht zuletzt bieten stufige Waldsäume, Feldgehölze, extensiv genutzte Grünlandflächen oder Streuobstwiesen auf der Hochfläche ein buntes Mosaik weiterer wertvoller Lebensstätten.

4.4.01 | **Zur Sicherung des Brutplatzes** werden von den Altvögeln des Wanderfalken häufig Dürrständer mit günstigem Rundumblick gewählt. (MR)

Hoher Konkurrenzdruck auf engem Raum – Uhu und Wanderfalke seit Anfang der 1970er-Jahre

Es ist bemerkenswert, dass Uhu (s. Bilddoppelseite 196/197) und Wanderfalke | 4.4.01 | als typische Felsbrüter gelten und somit zugleich als charakteristische Vogelarten der Wutachschlucht bezeichnet werden. So dehnt sich doch das Verbreitungsspektrum des Wanderfalken als kosmopolitische Art auf die gesamte Nord- und Südhalbkugel aus. Er ist eine der wenigen Arten, welche nahezu weltweit verbreitet sind. Innerhalb des paläarktischen Raums brütet der Greifvogel von den Britischen Inseln bis nach Sachalin an der Pazifikküste. Sein Siedlungsareal überlagert somit die Vegetationszonen von der Waldtundra bis zur Waldsteppe in

4.4.03 | **Rupfplatz eines der letzten** in Baden-Württemberg brütenden Wanderfalken auf einem exponiertem Baumstumpf vor der Felskante. „*Der Wanderfalke, der edelste und kühnste unserer Greifvögel, ist in Deutschland selten geworden, horstet aber noch in der Wutachschlucht*“, kommentiert Fritz Hockenjos sein Bild 1964. (FH)

4.4.02 | Flügger Uhu-Jungvogel am Brutplatz. (MR)

Europa und Asien bzw. bis zur mediterranen Hartlaubzone in Südeuropa und Nordafrika. Das Areal des Uhus erstreckt sich darüber hinaus bis nach Kleinasien (Arabische Halbinsel) und den südasiatischen Raum (Südindien, Süd-China) fast bis zum Äquator und überdeckt hierbei die subtropischen Wüstengebiete.

Bestandsentwicklung von Wanderfalke und Uhu in Europa

Beide Arten passen sich leicht an ihre Umgebung an und können sowohl am Boden, an Felsen und in Bäumen brüten; im städtischen Raum besiedeln sie auch Gebäude und Brücken. Zu einer Einschätzung dieser Anpassungsfähigkeit gelangt man leicht angesichts der katastrophalen Bestandsabnahme des Wanderfalken ab Mitte der 1950er-Jahre im nahezu gesamten europäischen Raum auf fast 10 % des ursprünglichen Bestands. Die letzten Brutvorkommen des Wanderfalken beschränkten sich nun ausschließlich auf unzugängliche Landschaftsteile wie zumeist bewaldete Schluchten oder felsige Bergflanken. Die Bestandseinbrüche des Uhus in Mitteleuropa begannen bereits etwa Mitte des 19. Jahrhunderts, insbesondere durch direkte und intensive Verfolgung.

Wanderfalke und Uhu in Baden-Württemberg

Der Tiefpunkt des Wanderfalken in Baden-Württemberg äußerte sich Mitte der 1960er-Jahre in einem Restbestand von insgesamt 35 Brutpaaren (Schwäbische Alb 30, Schwarzwald vier, Unterer Neckar eines). In der Wutachschlucht brütete zu diesem Zeitpunkt bis 1965 regelmäßig ein Paar in der Nähe von Bad Boll | 4.4.03 |. 1965, 1966, 1967 und danach wurden Wanderfalken wiederholt ohne Brutnachweise in den Wutachflühen registriert (Schnetter 1971). Als Folge intensiver Schutzmaßnahmen in den Rückzugsgebieten (Kunstnestbau, Abwehr von Feinden, Zeckenbekämpfung sowie insbesondere konzentrierte Brutplatzüberwachung) erholten sich die Bestände des Wanderfalken ab Mitte der 1970er-Jahre in Baden-Württemberg auf derzeit 265 Revierpaare (Stand 2012), davon befinden sich allein 62 Revierpaare im Regierungsbezirk Freiburg.

Der Zusammenbruch der Uhu-Population in Baden-Württemberg verlief noch einschneidender und mündete nach einer Abnahme von ca. 200 Brutpaaren (1800) in einen Restbestand von drei Paaren (1935); die letzte Brut wurde 1937 bei Balingen registriert. Die Art galt somit in Baden-Württem-

4.4.04 | Der Uhu ist auch in der Wutachschlucht der größte Revierkonkurrent des Wanderfalken. (BM)

Konkurrenzbedingte Revierverluste beim Wanderfalken

Vom Vorrücken des Uhus verursachte Revierverluste des Wanderfalken zeichnen sich insbesondere in folgenden Bereichen ab:

- kleinräumig streuende Felsstandorte,
- ausgeprägt in zuvor vom Wanderfalken besiedelten Steinbrüchen,
- in Bereichen der Oberjura-Abbruchkanten des Albtraufs.

So wurde im Rahmen einer vom Verfasser durchgeführten Greifvogelkartierung im Landkreis Tuttlingen 2012 deutlich, dass der Wanderfalke mit wenigen Ausnahmen Reviere in Steinbrüchen sowie die Oberjura-Abbruchkanten am Albtrauf bei Spaichingen-Aldingen (Klippeneck, Dreifaltigkeitsberg) aufgegeben hat. Diese werden nun nahezu geschlossen vom Uhu besiedelt. Feststellungen aus anderen Landesteilen belegen zeitgleich, dass außerhalb felsenreicher Naturräume in Steinbrüchen oder Entnahmestellen von Oberjura-Trümmermaterial für die Straßenbeschotterung gehäuft spontane Neubesiedlungen durch den Uhu registriert werden.

berg als ausgerottet. Nach dem Abschuss des letzten Uhus am 12. Oktober 1911 in der Wutachschlucht wurden danach nur sporadische Beobachtungen ohne Brutnachweise registriert, bis am 2. Oktober 1967 im Rahmen eines Wiederansiedlungsprojekts der Vogelschutzwarte Ludwigsburg (Dr. C. König) ein älteres Uhupaar (Wildfänge aus der damaligen ČSSR) im Bereich der Wutachflühen ausgesetzt wurde.

Frühe Wiedereinbürgerungsversuche des Uhus 1925–27 sowie ab 1956 im Bereich der oberen Donau blieben zunächst erfolglos. Die erste Brut erfolgte dort 1963 am Schaufelsen. Von diesem Ausgangspunkt aus breitete sich die Art im weiteren Verlauf kontinuierlich im gesamten Einzugsgebiet des Donaudurchbruchs einschließlich der felsigen Seitentäler aus und erreichte in der Folge die Wutachschlucht. Bei dieser vergleichsweise langsam erfolgenden Bestandserholung erreichte der Uhu in Baden-Württemberg um 1995 eine Populationsstärke von ca. 25 Brutpaaren und vermehrte sich dann sprunghaft innerhalb von neun Jahren um das Zwei- bis Dreifache auf 59 sichere bzw. etwa 80 vermutete Paare 2004.

Konkurrenz beider Arten um begehrte Nistplätze

Großräumige, dünn besiedelte Naturlandschaften sind im südlichen Mitteleuropa rar. So sind sowohl die Populationen des Wanderfalken als auch die des Uhus als Brutvögel ausschließlich auf unzugängliche Felsstandorte geprägt. Da das naturraumtypische Felsangebot stets rasch ausgelastet ist, belegen die beiden Arten bei der Wiederbesiedlung verstärkt auch Steinbrüche.

Bei unmittelbarer Konkurrenz um die Brutfelsen setzt sich zumeist der größere und wesentlich kräftigere Uhu durch | 4.4.04 |. Doch gelegentlich kommen Nachbarbruten beider Arten sogar in geringer Distanz voneinander vor (Schilling und Rockenbauch 1985). Eine direkte Verfolgung des Wanderfalken durch den Uhu (zumeist werden sitzende Altvögel oder Jungvögel gejagt) wurde in Baden-Württemberg seit 1979 wiederholt beobachtet. Zumeist werden jedoch vom Uhu bereits besiedelte Felsen von Wanderfalken gemieden. Bei entsprechendem Nistplatzangebot in felsenreichen

4.4.05 | **Ein Wanderfalken-Jungvogel** aus der weiteren Umgebung der Wutachschlucht. (UK)

Naturräumen kann es auch vorkommen, dass die Falken innerhalb des weiteren Revierumfelds ausweichen, ohne jedoch vollständig abzuwandern.

So ist auch nachvollziehbar, dass bei einem Bestand von mindestens fünf bis sechs Revieren des Uhus im gesamten Wutachgebiet der Wanderfalkenbestand von ca. drei Paaren seit Jahren bis 2010/2011 weitgehend stabil geblieben ist. Allerdings scheint der Brutplatz des Wanderfalken in den Wutachflühen seit 2012 verwaist. Möglicherweise hat das dort anwesende Uhupaar in jüngster Zeit den Wanderfalken getötet bzw. im günstigsten Fall vertrieben.

Ausblick

Künftig ist damit zu rechnen, dass weitere, traditionell vom Wanderfalken belegte Steinbrüche geräumt werden, wobei Verluste zumindest eines Brutpartners durch die Verfolgung des Uhus nicht auszuschließen sind. Insbesondere brütende Altvögel (beide Partner brüten) können vom lautlos heranstreichenden Uhu vor allem in der Dämmerung, aber auch am Tage überrascht werden. Im Flug dagegen ist der Wanderfalke dem Uhu an Wendigkeit deutlich überlegen.

Die beschriebene Situation könnte mittelfristig zu einem Knick in der Bestandsentwicklung des Wanderfalken führen. Doch aktuell lässt sich bereits ein selektiver Trend zum Ausweichen der Art in urbane Brutplätze verzeichnen: So werden in Städten immer häufiger Bruten an Hochhäusern oder historischen Türmen registriert. Häufiger noch werden Autobahnbrücken besiedelt. Ebenso ist ein Brutversuch in Gittermasten nicht auszuschließen.

Diese Entwicklung kann vielleicht ein Ansteigen einer Population einleiten, die sich dann – entsprechend des Angebots an Niststandorten – auf einem bestimmtem Niveau stabilisiert. Dies lässt sich durch örtliche Maßnahmen unterstützen: In Uhu-

4.4.06 | **Ganz oben: Uhu-Altvogel schirmt Dunenjunge** im fortgeschrittenen Alter am Brutplatz ab. (BM)

4.4.07 | **Oben: Beringte Dunenjunge** des Wanderfalken am Brutplatz. (BM)

Konfliktgebieten kann man ganz gezielt Nisthilfen für Wanderfalken planen. Wichtig ist dabei ein möglichst exponierter Standort, der den Falken gute Übersichts- und Abwehrmöglichkeiten bietet. Sind Uhu-Reviere in der Nähe bekannt, sollte zu diesen eine angemessene Distanz eingehalten werden | 4.4.06–07 |.

Ob sich möglicherweise auch baumbrütende Wanderfalken etablieren und wo dies der Fall sein könnte, lässt sich derzeit noch nicht abschätzen.

Bizarrer Wintergast aus dem Alpenraum – der Mauerläufer

Die Verbreitung des Mauerläufers umfasst ein sehr schmales, unterbrochenes Brutgebiet am Südrand der Paläarktis – dem altweltlichen Teil der Nordhalbkugel – von der Iberischen Halbinsel bis nach China. Das Vorkommen der Art beschränkt sich auf die Gebirge des südlichen Europa, Vorderasiens, Zentralasiens ostwärts bis in die Gebirge von Westchina, bei einer vertikalen Streuung von 350 m Höhe (Bodio–Tessin/CH) bis auf 5000 m Höhe (Tibet).

In Europa brütet der Mauerläufer vom Kantabrischen Gebirge über die Pyrenäen, das franz. Zentralmassiv, Jura, Alpen, Korsika, Apennin bis Abruzzen, Karpaten, Gebirgsregionen der Balkan-Halbinsel, Peloponnes bis zur Krim. Das klimatische Spektrum innerhalb dieses Verbreitungsgebiets umspannt sowohl extremes Hochgebirgsklima, ständig feuchtes Schluchtklima (z. B. Aareschlucht zwischen Innertkirchen und Meiringen im Kanton Bern/CH) wie auch submediterranes bis mediterranes Klima (Massif du Cheiron/Alpes maritimes).

4.4.08 | **Aus nur 8 m Entfernung** gelang dem Fotografen diese Aufnahme des Mauerläufers im Donautal am 6. Januar 2014. (AB)

Brutplätze

Die bevorzugten Lebensräume des Mauerläufers umfassen während der Brutzeit zerklüftete, simsreiche Felsregionen sowohl der Kalkgebiete (insbesondere Massenkalke des Oberjuras, Kreide) wie auch Silikatgebiete (vor allem Gneise, kristalline Schiefer). Von Bedeutung ist ein rascher Wechsel besonnter Felspartien und Schattenlagen zu unterschiedlichen Tageszeiten sowie feuchter, rieselnasser Standorte (auch Schichtquellen oder Sprüh- und Spritzzonen von Wasserfällen) einerseits und ausreichender Vegetation (Felssteppenbänder, Polster- und Rosettenpflanzen) anderseits.

Der Neststandort der Art befindet sich häufig in einer Spalte oder höhlenartigen Eintiefung. Mauerläufer wählen für den Nistplatz extrem unzugängliche Orte, um sich vor Feinden zu schützen: etwa unter Überhängen, nicht selten auch in unmittelbarer Nähe von reißenden Gebirgsbächen, Wasserfällen oder Kaskaden (ohne dass die Vögel direkt an Wasser gebunden sind).

Winterquartiere in Baden-Württemberg

Die alpinen Populationen des Mauerläufers weichen im Winter als Kurzstreckenzieher bis weit über den Voralpenraum aus. Somit gehören das südliche und mittlere Baden-Württemberg zu den traditionell beflogenen Überwinterungsgebieten der Art. Die Schwerpunkte der in der Regel von Oktober bis März bezogenen Winterquartiere befinden sich in den Felsgebieten der Schwäbischen Alb (insbesondere Donautal, nördlicher Albtrauf) | 4.4.08 | mit Ausstrahlung auf das obere Neckartal. Weitere Überwinterungsgebiete existieren im Feldberggebiet und an den Molassehängen bei Überlingen / Bodenseegebiet. Neben der Wutachschlucht sind vor allem einige in den Hochrhein mündende Felstäler des Südschwarzwaldes, so das Albtal und die Schluchten von Schwarza und Schlücht bei Witznau, von Bedeutung.

Nahrungssuche

Der Nahrungserwerb des Mauerläufers erfolgt während des Winterhalbjahrs vorwiegend kletternd oder – wenn Felsvorsprünge dicht beieinanderliegen – auch hüpfend. Spalten und Eintiefungen west-südwestlich und südlich exponierter Felswände werden bevorzugt: Dort erbeuten die Mauerläufer Fliegen, Asseln, Weberknechte und Spinnen. Doch auch Ritzen und Fugen von Mauern (z. B. an Kirchen, alten Brückenbauwerken, Dämmen u. a.) werden abgesucht. Die Decken höhlenartiger Ein-

4.4.09 | **Überwinternder Mauerläufer-Altvogel** bei der Nahrungssuche an ritzen- und spaltenreichen Kalkfelsen in südlicher Exposition. (AB)

Wann gesehen?	Wo?	Von wem?
1924/25	Löffinger Kirche	Bächle
1948/49	Löffinger Kirche	Pfarrer Kary
12.02.1958	Rümmelefelsen, Wutachschlucht	Fritz Hockenjos
31.12.1967	Immenloch, westlich exponierte Felswand, Wutachschlucht	Willi Paul
26.03.1986	Westerholz, nordwestlich exponierte Felswand, Wutachschlucht	Felix Zinke
23.10.2005	Seehalde, südwestlich exponierte Felskanzel, Wutachschlucht	Felix Zinke

4.4.10 | **Herbst- und Wintervorkommen des Mauerläufers:** Obgleich nur wenige Daten aus dem Wutachgebiet bekannt sind, liegen einzelne Beobachtungen dieser Art innerhalb eines Zeitraums von 1924–2005 aus der gesamten Region vor.

tiefungen oder Überhänge im Fels versprechen ebenfalls Beute. Glatte, senkrechte Wände beklettern Mauerläufer selten. Meist bewegen sie sich dann mit raschen, kaum merklichen Flügelschlägen von Vorsprung zu Vorsprung | 4.4.09 |. An warmen, sonnigen Oktobertagen kann man auch beobachten, wie die Mauerläufer kleine Fluginsekten im Anflug erbeuten bzw. im Rüttelflug von senkrechten oder überhängenden Felswänden ablesen.

Die Standorte der Nahrungsaufnahme sind oftmals auch vom Wetter abhängig: In niederschlagsreichen Phasen werden vorgelagerte Schuttfächer, abgestürzte Felsbrocken sowie steinig-kiesige Bachufer angeflogen und durchsucht. Geschickt drehen die Mauerläufer dabei mit dem geschlossenen Schnabel Laub und Steinchen um.

Die Wasseramsel – eine originelle Form der Nahrungsaufnahme unter Wasser

Wer zum Jahresende durch die winterliche Wutachschlucht von der Schattenmühle bis zur Wutachmühle wandert, vernimmt oft eine leise, gepresst zwitschernde Vogelstimme. Es ist der im Frühwinter meist noch unterdrückte Gesang des Wasseramselmännchens | 4.4.11 |. Seit Herbst ist es bereits verpaart, bezieht jedoch im November oder Dezember getrennt von seiner Partnerin das Winterquartier. Die ebenfalls separaten Nahrungsreviere beider Geschlechter liegen zumeist ca. 500–700 m auseinander, was den Anschein einer hohen Siedlungsdichte vermitteln kann.

Balz und Nistplatzwahl

Die aktive Balz des Männchens beginnt mit dem Bezug des Brutreviers: in milden Wintern bereits Ende Dezember, vielfach jedoch erst Anfang Januar. Zeitgleich mit der Nistplatzwahl durch das Männchen erfolgt der Balzgesang; das Weibchen wird durch einen bizarren Schwirrflug zur Besichtigung des Neststandorts gelockt. Die Wasseramsel ist auf eine Saisonehe geprägt, d. h. sie verpaart sich alljährlich neu, wobei durchaus über mehrere Jahre derselbe Partner gewählt werden kann. Der Neststandort befindet sich zumeist unmittelbar am Wasser in felsigen Steiluferbereichen, ersatzweise Wurzelstrünken oder Kunstbauten (Brücken, Dämmen, Wehrmauern) mindestens 2 m oberhalb der Mittelwasserlinie | 4.4.12 |. Diesem Nistplatz sind Wasseramseln oft über Jahrzehnte treu. In ihrer Eigenschaft als Nischenbrüter bevorzugt diese Art halbdunkle Eintiefungen wie Fels- oder Mauernischen, Höhlungen und freigelegtes Wurzelgeflecht. Ähnlich wie beim Zaunkönig wird das Nest dort als verwobene Moos- oder Blätterkugel eingearbeitet. Das Weibchen brütet allein und wird vom Männchen zugefüttert. Die Aufzucht der Jungen erfolgt durch beide Partner. Da der Lege- bzw. Brutbeginn in Mitteleuropa bereits ab Februar erfolgt, findet regelmäßig etwa ab Ende Mai eine Zweitbrut statt.

Siedlungsdichte im Einzugsbereich der Wutach

Die Siedlungsdichte der Wasseramsel an der Wutach und ihren Zuflüssen ergibt sich aus dem kombinierten Angebot von Neststandorten und optimal geeigneten Nahrungshabitaten; dementsprechend kann die Reviergröße eines Paars zwischen 600 und 2000 m Fließgewässerstrecke variieren. Optimale Lebensraumbedingungen

4.4.11 | Wasseramselmännchen in der Wutachschlucht. (JW.2013)

(etwa ein hohes Angebot von Prallfelsen und rasch wechselnde Strömungsverhältnisse auf engem Raum) bieten beispielsweise die Gauchachschlucht und die Rötenbachklamm. Hier findet man hohe Siedlungsdichten der Art: an der Gauchach z. B. auf 2,5 km drei Brutpaare (SCHNETTER 1971). Am Rötenbach (als schlängelndem Waldbach) bis zum Lochgraben fehlt die Wasseramsel auf ca. 2 km vollständig. Im Mittel kann für das gesamte Wutachgebiet eine Brutdichte von einem Brutpaar auf 1000 m angenommen werden.

4.4.12 | Der Muschelkalkfelsen unmittelbar am Wutachufer zwischen Rümmelesteg und Schurhammerhütte wird bei Einheimischen wegen der dort brütenden Wasseramsel auch gelegentlich Amselfelsen genannt. (JW.2013)

4.4.13 | Altvogel beim „Wasserlugen" im flachen Wasser, um auf der Oberseite von Felsen oder Steinen nach Nahrung zu suchen. (BM)

4.4.14 | Altvogel nach einem Tauchgang mit Futter – vielleicht einer Köcherfliegenlarve? (BM)

Nahrungsspektrum und typische Nahrungsaufnahme

Die Nahrung der Wasseramsel umfasst während des gesamten Jahres, insbesondere jedoch von Herbst bis Frühjahr, aquatische Kleinlebewesen (das typische „Makrozoobenthos", s. auch S. 111). Beliebte kleine Beutetiere sind vor allem Bachflohkrebse, die Jugendstadien von Köcher-, Stein- und Eintagsfliegen, Kriebelmücken, Lidmücken, Wasserkäfer, Wasserasseln, Wasserschnecken (vor allem Arten der Gattung *Ancylus*), Strudelwürmer sowie Jungfische (etwa kleine Groppen). Während der Fortpflanzungsperiode, bei schwankendem Wasserstand und geringerer Strömung, werden Kleinorganismen auch an Land (auf freiliegenden Schlammflächen) oder fliegende Insekten über dem Wasser (gerne im Rüttelflug) angenommen (s. auch S. 260). Die Nahrungsaufnahme erfolgt an Land oder im flachen Gleituferbereich ohne Tauchen dann typischerweise durch Aufpicken der Beute von der Unterseite kleiner Steine, aus Sand, Schlamm und Algenfilz oder auch schwimmend von der Wasseroberfläche, wobei sich die Wasseramsel häufig im schwachen Strömungsbereich treiben lässt. Manchmal kann man in strömungsarmen Flachwasserbereichen auch das „Wasserlugen" beobachten: Dabei schwimmen oder trippeln die Vögel mit dem Kopf unter Wasser, um die Oberseite größerer Steine (Fels oder Kies) nach Nahrung abzusuchen | 4.4.13–14 |. Typischerweise wird jedoch nach der Beute getaucht.

Da die Wasseramsel das gesamte Gewässerbett beansprucht, gilt sie als herausragende Charakterart rasch fließender, klarer, sauerstoffreicher Fließgewässer der Mittel- und Hochgebirgslagen mit weitgehend natürlichem Abflussregime bzw. ausgeprägt variierendem Querschnitt (Schwerpunkte: Forellen-Äschen-Region). Von Bedeutung für eine hohe Siedlungsdichte der Art ist vor allem das ausreichende Vorhandensein unterschiedlicher Strömungsverhältnisse auch noch während der Sommertrockenheit.

Eine Wasseramsel auf Tauchgang

Wenn die Wasseramsel zur Nahrungsaufnahme außerhalb der Flachwasserzone auf „Tauchgang" geht, lassen sich drei Formen des Eintauchens – je nach Beschaffenheit der Gewässersohle, der Wassertiefe und der Strömung – deutlich unterscheiden:

- das Eintauchen vom Uferrand oder einem Stein zur Nahrungssuche auf der Unterseite von Kies im tieferen Wasser von strömungsärmeren Bereichen, z. B. im Bereich einer Kleinbucht oder im Strömungsschatten hinter einem größeren Stein,
- das Abtauchen während des Schwimmens ebenfalls in lokal strömungsberuhigten Bereichen und
- das Flugtauchen in tiefem Wasser, wobei der Vogel sich aus dem Flug oder der Rüttelposition ins Wasser stürzt, oftmals bei starker Strömung – etwa bei Hochwasser –, um die Nahrung von der Oberseite von Stein- oder Felsblöcken aufzunehmen.

Unter Wasser führt die Wasseramsel kräftige, flache Flügelbewegungen gegen ihren Körper aus, um an die Nahrung am Gewässergrund zu gelangen. Unterstützt wird diese Bewegung durch eine deutliche Oberströmung des Wassers, die den Vogel ebenfalls nach unten drückt.

4.4.15–17 | **Abschätzung der Strömung** vor Tauchgang – „Auf die Plätze … fertig … los!" – Positionssuche nach dem Tauchgang. (BM)

Gebirgsstelze, Gänsesäger und Eisvogel – markante Brutnachbarn der Wasseramsel

Gebirgsstelze

4.4.18 | **Die Gebirgsstelze lauert** nicht selten exponiert (gern mit dem Schwanz wippend) auf einem aus dem Wasser ragendem Steinblock, um aus dieser Position im Insektenfangflug kleine Fluginsekten zu erbeuten. (BM)

Als markantester Brutnachbar der Wasseramsel im Wutachgebiet kann die Gebirgsstelze | 4.4.18 | angesehen werden. Diese eng mit der Bachstelze verwandte, sehr schlanke, langschwänzige Stelzenart mit ausgeprägt gelben Brust- und Flankenpartien siedelt in enger Nachbarschaft der Wasseramsel und bevorzugt nahezu dieselben Bruthabitate. An der Wutach erreicht sie nicht selten mit ca. einem Brutpaar auf 500–700 m (vor allem nach einer Reihe milder Winter wie in den 1990er-Jahren) eine höhere Siedlungsdichte als die Wasseramsel.

Gänsesäger

Eine weitere Vogelart des Wutachgebiets mit enger Bindung an Wildflusslandschaften ist der Gänsesäger. Als einstmals regelmäßiger Brutvogel von 1955–1973 war die Art mit 6–8 Brutpaaren auf der gesamten Fließgewässerstrecke der Wutach von der Haslachmündung bis in die Wutachflühen verbreitet | 4.4.19–20 |. Das Verschwinden des Gänsesägers ist eindeutig auf den in den 1960er-und 1970er-Jahren rasch wachsenden Kanusportbetrieb, der auch das Naturschutzgebiet Wutachschlucht nicht verschonte, zurückzuführen. Nachdem die Winterbestände der Art auf der Baarhochmulde seit Beginn der 1980er-Jahre bis heute deutlich zugenommen haben und im milden Winter 2011, am 27. Februar, in einem Bestand von maximal 200 Vögeln gipfelten, konnte auch von U. Ehrath am 26. Mai 2010 erstmals wieder eine Brut des Gänsesägers nachgewiesen werden (ein Weibchen mit fünf Jungen an der Wutach zwischen Wutachmühle und Gauchachmündung). Der Gänsesäger ist ein Nischen- bzw. Höhlenbrüter. Während der

4.4.19 | **Die Wutachschlucht lieg im Überfliegungsgebiet** zwischen den Überwinterungsquartieren am Bodensee/Hochrhein und der Donau (bei Donaueschingen). Durchzügler werden regelmäßig an der Wutach beobachtet. Im Bild ein Männchen nach dem Tauchgang in Stromschnellen. (BM)

4.4.20 | **Das erste Gänsesägerweibchen** wurde am 28. Mai 1955 in der Gauchachschlucht gesichtet. Zwei Jahre später brütete ein Paar bei Bad Boll. Im Bild drei im Verband schwimmende weibliche Vögel im Schutz von Granitblöcken zwischen den Stromschnellen. (BM)

Brutzeit bevorzugt er die Nähe von Altholzbeständen (Baumhöhlen), Wurzelstrünke im Uferbereich oder Ufernähe (günstigerweise außerhalb der Hochwasserlinie) sowie Felsnischen in Ufernähe.

Das breitere Wutachtal mit zumeist lichterer Bewaldung oder Galeriegehölzen entlang des Fließgewässers wird zusätzlich von überwinternden Gänsesägern oder von Familienverbänden mit flugfähigen Jungvögeln aufgesucht. Es kann nur vage beantwortet werden, weshalb die Brutbestandsentwicklung des Gänsesägers im Wutachgebiet sehr zögernd abläuft, obgleich der Kanubetrieb nunmehr seit rund 25 Jahren innerhalb der Naturschutzgebiete (Schlucht, Flühen) verboten ist.

So ist die Brutbestandsentwicklung innerhalb Deutschlands sowie in den Nachbarländern weiterhin positiv (Bauer, Bezzel, Fiedler 2005):

- Deutschland: starke Zunahme (> 40 %)
- Schweiz: Zunahme (20–40 %)
- Österreich: starke Zunahme (> 40 %)
- Tschechien: Neuansiedlung
- Italien: Neuansiedlung
- Niederlande: Neuansiedlung

Als Ursache nicht auszuschließen ist der trotz Verbot des Kanubetriebs sehr rege Ausflugsverkehr (zahlreiche Wandergruppen) in der Schlucht; dies trifft insbesondere bei entsprechender Wetterlage im Frühjahr während der empfindlichen Phase der Nistplatzsuche durch das Weibchen zu. An stark frequentierten Tagen könnte der Besucherstrom selbst durch mehrere Ranger kaum kontrolliert werden! Der Verfasser hat wiederholt festgestellt, dass Besucher auch mit Hunden nicht selten vom Wanderweg abweichen und Gleituferpartien (bevorzugte Tagesruheplätze des Gänsesägers) für eine Zwischenrast aufsuchen.

Eisvogel

Der Eisvogel ist in der Wutachschlucht, entsprechend dem spärlichen Angebot von Nistgelegenheiten (Abbruchkanten aus lehmigem Substrat), nur lokal vertreten. So wurde von Witt (in Schnetter 1971) eine besetzte Brutröhre in der Mergelschicht eines Kalkfelsens gefunden. Schnetter (1971) schätzte insgesamt 3–4 Brutpaare auf ca. 20 km Fließgewässerstrecke. Der Verfasser beobachtete während der Fortpflanzungsperiode 2002 zwei Brutpaare des Eisvogels in der Wutachschlucht sowie einzelne Brutpaare während der 1970er- und 1980er-Jahre; auch konnten anwesende Altvögel während der Brutzeit 2010 in der Wutachflühe nachgewiesen werden.

Wesentliches Habitatmerkmal des Eisvogels ist ein ausreichendes Angebot langsam fließender Gewässerabschnitte mit guten Sichtverhältnissen (seltene Wassertrübung). Dazu benötigt die Art eine sehr große Auswahl von Sitzwarten (Lauer-Positionen) | 4.4.21 |, meist unter 2 m Höhe, für einen häufigen Standortwechsel in direktem Kontakt zu Abbruchkanten (Auenlehm, Löss, Mergel), da sie dort in mindestens 60 cm Höhe über der Mittelwasserlinie ihre Niströhren anlegt. Da die Prallwände in der Wutachschlucht, von wenigen Ausnahmen abgesehen, typischerweise felsigen Charakter haben, beschränkt sich der Brutbestand des Eisvogels nur auf sporadische Vorkommen.

4.4.21 | Eisvogel mit Beute (Jungfisch) auf angeschwemmtem Dürrständer. (HG)

Die Hohltaube als zeitweiliger Untermieter in der Kolonie felsbrütender Dohlen

Lebensräume und Verbreitung in Baden-Württemberg

Als Höhlenbrüter, der vorrangig Waldgebiete besiedelt, folgt die Hohltaube | 4.4.22 | im Wesentlichen der Verbreitung des Schwarzspechts als „Höhlenlieferant". Analog den Ansprüchen des Vorsiedlers werden somit von der Art eher lichte Altholzbestände (mindestens 80–100 Jahre) mit ausrei-

4.4.22 | Hohltauben sind gewöhnlich Höhlenbrüter. Da ihre Lebensstätten in alten Wäldern mit dicken Bäumen immer seltener werden, zählt die Hohltaube zu den europaweit geschützten Zugvogelarten. (RK)

chend freien Einflugschneisen bevorzugt. Da die Nahrungsaufnahme zumeist im Offenland erfolgt (dort finden die Vögel verschiedene Pflanzenteile, Früchte, Samen), meidet die Hohltaube die Zentren großer zusammenhängender Waldgebiete. Dies erklärt auch das weitgehende Fehlen der Art in den zusammenhängenden, oftmals altholzreichen Nadelbaumforsten des Baarschwarzwaldes, obgleich diese vom Höhlenlieferanten – dem Schwarzspecht – zum Teil in hoher Dichte besiedelt werden.

Verbreitungsschwerpunkte der Hohltaube sind alte, lichte Rotbuchen-Bestände, Buchen-Tannen-Mischwälder, Schluchtwälder der Schwäbischen Alb, Eichen-Mischwälder und Hartholzauen des mittleren und unteren Neckarraums, der Oberrheinebene, der Schwarzwald-Vorbergzone bzw. des Schwarzwald-Westrands sowie des Bodenseegebiets.

Vorrangig besiedelt wird von der Art weiträumig strukturiertes Wald-Offenland-Mosaik. Hier finden Hohltauben eine günstige Verzahnung von Brutbiotop und Nahrungshabitat:

- bewaldete Bergflanken an vorgelagerten waldfreien Niederungen oder Terrassen
- Schichtstufenkanten mit rückwärtig waldfreien oder waldarmen Hochflächen
- Waldinseln des Hügellands und der Vorbergzonen
- von Offenland umgebene bewaldete Schluchten
- Hartholzauen

Brutstandorte im Wutachgebiet

Nach Schnetter (1971) konzentrierten sich die bevorzugten Brutgebiete der Hohltaube auf die Altholzbestände der Oberkante des Schluchtgebiets.

Waldtyp	Anzahl der Brutreviere und Exposition der Bruthöhle
Lichter Rotbuchen-Altholzbestand / Baumhöhlen in Rotbuchen	nord, nordost, west, west, west, süd, süd
Schluchtwald / Baumhöhlen in Berg-Ahorn	südwest, südwest, südwest
Lückiger Weißtannen-Altholzbestand / Baumhöhlen in Weißtannen	nord, nord
Fels / Felsnische – Dohlenkolonie	west

4.4.23 | Insgesamt 13 sichere Brutreviere der Hohltaube aus dem Umfeld „Wutachschlucht, Achdorfer Tal, Wutachflühen" sind dem Verfasser während des letzten Jahrzehnts bekannt.

4.4.24 | **Ausschnitt einer beflogenen Dohlenkolonie** aus dem Oberen Donautal; so ähnlich kann man sich die für Fotografen nicht zugängliche Kolonie in den Wutachflühen vorstellen. (AB)

Hohltauben in einer Felskolonie der Dohle
1970 wurden erstmals wiederholt gemeinsam mit Dohlen aus der Felsflanke abstreichende Hohltauben registriert (etwa in Höhe des heutigen Wanderparkplatzes beim Einstieg des oberen Flühenwegs). Von 1971 bis 1973 konnte im weiteren Verlauf regelmäßig ein siedelndes Brutpaar der Hohltaube in der zu diesem Zeitpunkt ungefähr 15–20 Paare starken Felskolonie der Dohle beobachtet werden. Dabei hatten die Hohltauben, ähnlich den Dohlen, die horizontal verlaufenden rinnenartigen Eintiefungen zumeist mit vorspringender Oberkante im Fels bezogen.

Die geringste Distanz zu den benachbart brütenden Dohlen-Paaren betrug etwa 1,5–2 m. Eine Verfolgung durch erwachsene Individuen der Brutnachbarn konnte während des Monitorings zur Brutperiode nicht nachgewiesen werden (unveröffentlichte Notizen von H. KAISER und F. ZINKE 1970–1973).

Im Rahmen einer gezielten Bestandsaufnahme wertbestimmender Vogelarten für das Naturschutzgroßprojekt „Baar" im Wutachgebiet (im Bereich des Schwarzwald-Baar-Kreises) 2012 konnte diese Brutgemeinschaft (Hohltaube: ein Paar, Dohle: 18 Paare) erneut bestätigt werden | 4.4.24 |. Die letzten echten Felsbruten der Hohltaube in Baden-Württemberg hatte man vor dem Zweiten Weltkrieg im oberen Donautal bei Beuron beobachtet (H. LÖHRL, in HÖLZINGER 2001).

Taubenschwärme auf der Hochfläche
Seit 2001 werden regelmäßig im Bereich des Muschelkalk-Hochlands zwischen Blumegg – Ewattingen – Münchingen und Bonndorf größere Nahrungsgemeinschaften von Ringel- und Hohltauben, reine Hohltaubenschwärme von ca. 30–50 Individuen sowie über das gesamte Jahr aufgelockerte Dohlentrupps (bis zu 80 Vögel) vorzugsweise auf Stoppelfeldern, Ackerbrachen und Ansaaten von Hülsenfrüchten beobachtet. Bereits SCHNETTER (1971) erwähnte Hohltaubenschwärme von bis zu 30 Tieren auf den Feldern der an die Wutachschlucht angrenzenden Hochflächen.

Das Achdorfer Wutachtal – strukturreicher Lebensraum bemerkenswerter Vogelarten

4.4.25 | **Von der Baar bis ins Wutachgebiet** befindet sich eines der landesweiten Hauptverbreitungsgebiete des Rotmilans. Im Bild ein Altvogel im Kreisflug über dem Brutrevier. (BM)

Das aufgeweitete Achdorfer Wutachtal zwischen Wutachmühle und Achdorf sowie die strahlenförmig von Nordwesten und Osten einmündenden Täler von Aubach, Krottenbach und Schleifebächle bilden einen landschaftlich markanten Kontrast zu den felsigen, bewaldeten Formationen von Wutachschlucht und Wutachflühen. Mergelrutschungen und Bergstürze formten ein wechselvolles Relief zahlreicher vorgelagerter Schollen, Buckel und Wülste. Entsprechend den Nutzungsmöglichkeiten der waldfreien Flanken entstand ein strukturreiches Mosaik von extensiv bewirtschaftetem Dauergrünland (frische bis mäßig trockene, teils magere Mähwiesen) und Feldgehölzen im Kontakt zu aufgelockerten, altholzreichen Obstbaumbeständen am Rand der Ortschaften Opferdingen, Eschach, Achdorf, Aselfingen und Überachen. Die teils kegel- oder rippenförmigen Wülste der Abstürze bei Opferdingen (Krottenbachtal) sowie am Spitzenbühl (Aubachtal) bzw. die den steilen, bewaldeten Bergflanken vorgelagerten Absturzterrassen werden teils von Streuobstweiden mit locker streuendem, verbissenem Weißdorn-Schlehen-Hundsrosen-Gebüsch (Jungviehweide Mundelfingen) eingenommen. An den Steillagen bilden sich nahtlose Übergänge der halboffenen Landschaft über gegliederte, stufige Gebüsch-Vormäntel in alt- und laubholzreiche Waldmäntel der bewaldeten Flanken, teilweise mit reichlich Stiel-Eiche. Dieses Mosaik an Lebensräumen bietet einer Reihe bemerkenswerter und zum Teil stark gefährdeter Vogelarten Nahrungs- und Fortpflanzungsstätten | 4.4.25–26 |.

4.4.26 | **Das abwechslungsreiche Landschaftsmosaik** im Achdorfer Tal muss immer mehr der intensiveren Landwirtschaft weichen. (MS.2013)

Biotop/Lebensstätte	Alt- und laubholzreicher Waldmantel	Gebüschvormantel mit versaumten Magerrasen	Streuobstweide / Weißdorn-Schlehen-Verbiss	Altholzreiche Obstbaumbestände der Ortsperipherien	Feldgehölze	Strauchsukzession der offenen Landschaft im Kontakt zu Magerrasen	Extensiv bewirtschaftete Mähwiesen	
Vogelart	**Brut- (B) oder Nahrungshabitat (N)**							**Status / Bestandsentwicklung**
Buntspecht	B / N		N	N	N			stabil
Grünspecht	B	N	B /N	B / N	B / N	N	N	stabil
Neuntöter		B / N	B / N	N		B / N		stabil
Baumfalke	B	N	N	N	B	N	N	noch stabil
Kleinspecht	B / N		B / N	B / N	B / N			noch stabil
Rotmilan	B		N	N			N	noch stabil
Schwarzmilan	B		N	N			N	noch stabil
Waldohreule	B	N	N	N	B / N	N	N	noch stabil
Wespenbussard	B	N	N			N		noch stabil
Grauspecht	B	N	N	N		N		Abnahme
Kuckuck	B		B	B	B			starke Abnahme
Wendehals		N	B / N	B / N				starke Abnahme
Baumpieper		B / N	B / N	B / N	B / N			nahezu ausgestorben
Gartenrotschwanz			B / N	B / N				nahezu ausgestorben
Mittelspecht	B ?		N	N	N			Sehr selten/Brut nicht belegt

4.4.27 | **Überblick** über die markantesten Vogelarten des Biotop-Mosaiks im Achdorfer Tal. (HD nach FELIX ZINKE)

Einige charakteristische Vogelarten sind direkt oder indirekt an extensiv bewirtschaftete Dauergrünlandflächen, Obstbaumbestände in Ortsrandlage und Streuobstflächen gebunden. An ihrem Beispiel wird deutlich, inwieweit sich die intensivere Grünlandbewirtschaftung auf die Entwicklung der Vogelwelt im Achdorfer Tal auswirkt. Dabei spielen die Produktion nachwachsender Rohstoffe (Stichwort Biogasanlagen) und teilweise auch der Klimawandel (Stichwort zunehmende Sommerniederschläge) eine Rolle.

4.4.28 | **Wendehals: sichernder Altvogel,** der am Boden (Magerrasen) nach Nahrung sucht. (HAD)

Auswirkungen von Lebensraumveränderungen am Beispiel von drei typischen Vogelarten

Noch in den 1970er-Jahren hatte der Wendehals | 4.4.28 | im Achdorfer Tal bzw. im Randenvorland bei Fützen und Epfenhofen mit rund 12–20 Revieren einen Verbreitungsschwerpunkt. Doch während der Brutperiode 2012 wurden im Rahmen einer gezielten Bestandsaufnahme der Spechte für das Naturschutzgroßprojekt „Baar" im Wutachgebiet (im Bereich des Schwarzwald-Baar-Kreises) maximal neun Reviere registriert. Davon entfallen acht Reviere auf das Randenvorland bei Fützen und Epfenhofen. Ein weiteres Brutpaar siedelt traditionell seit Jahrzehnten im Bereich der Jungviehweide Mundelfingen. Das gesamte Umfeld des Achdorfer Wutachtals (Achdorf, Überachen, Aselfingen, Eschach) wurde von der Art dagegen vollständig geräumt.

Die bevorzugten Lebensraumstrukturen des Wendehalses umfassen innerhalb des Naturraums zumeist lichte, altholzreiche Obstbaumbestände mit Faul- und Totholzanteil in häufig westlich-südwestlicher oder südlicher Exposition. Unmittelbar angrenzend finden sich magere, mäßig trockene Salbei-Glatthaferwiesen, Trespen-Halbtrockenrasen, Böschungen mit lückiger Vegetation bzw. freiliegende Rohböden oder kurzrasige Weideflächen. Das bevorzugte Nahrungsspektrum setzt sich in Mitteleuropa neben zahlreichen anderen Insekten und Gliedertieren (Blattläuse, Käfer, Schmetterlinge, Spinnen) insbesondere aus Larven und Puppen von Ameisen zusammen: z. B. der Rasenameise, der Schwarzgrauen Wegameise und der Gelben Wegameise.

4.4.29 | **In einer unbelaubten Esche** macht dieser Baumpieper Rast. Er befindet sich möglicherweise auf dem Durchzug. (BM)

Als Hauptursache des Bestandseinbruchs der Art sind Rückgänge der Ameisen (auch verringerte Zugänglichkeit der zunehmend unterirdisch angelegten Nester) anzuführen. Diese wiederum sind Folge von Überdüngung und Vielfachmahd der Wiesen, oftmals auch in Kombination mit der Beseitigung alter und toter Bäume sowie dem Ausdünnen der Obstbaumbestände zugunsten einer besseren maschinellen Bewirtschaftbarkeit. Hinzu kommen erhöhte Niederschläge während der Brutzeit und frühen Fütterungsphase (vor allem im Mai und Juni).

Gartenrotschwanz und Baumpieper galten in den 1970er-Jahren als verbreitete und häufige Brutvogelarten des Achdorfer Wutachtals und seiner Seitentäler (Aubach, Krottenbach, Schleifebächle). Sie besiedelten dort vielfach die Streuobstkulturen und Obstbaumbestände der Ortsränder. In der Gegenwart können Gartenrotschwanz und Baumpieper innerhalb des Naturraums als weitgehend ausgestorben betrachtet werden. Der Gartenrotschwanz tritt allenfalls noch vereinzelt in Bereichen der Ortsperipherien auf.

Sporadische Brutvorkommen des Baumpiepers | 4.4.29 | konnten noch im Randenvorland registriert werden. Etwas zahlreicher brütet die Art noch im Aitrachtal und seinen Nebentälern. Da Gartenrotschwanz wie Baumpieper ihre Nahrung überwiegend oder ausschließlich vom Boden aufnehmen (Insekten und Gliedertiere des Bodens und der lückigen Krautschicht – beim Baumpieper auch Heuschreckenlarven und kleine Grashüpfer), sind lückige, kurzrasige Strukturen oder offene Böden unverzichtbare Bestandteile ihres Lebensraumspektrums.

Örtliche Bestandserhebungen des Gartenrotschwanzes im Schwarzwald-Baar-Kreis haben ergeben, dass vermehrte Brutvorkommen dieser Art noch insbesondere in Kleingärten, Gärtnereien und Baumschulen bei entsprechendem Angebot von Höhlenbäumen, Nistkästen oder Brutnischen in Gartenhäuschen mit Kontakt zu freiliegenden Beeten zu finden sind. Somit ist (weitgehend identisch mit der Situation des Wendehalses) insbesondere die Entwertung der im Raum Achdorf, Aselfingen und Eschach einst verbreiteten mageren Wiesen durch Überdüngung und drei- bis viermalige Mahd – selbst in den nach EU-Richtlinie geschützten Natura 2000-Gebieten des Oberen Krottenbachtals – als wesentliche Ursache des Verlusts beider Arten zu verzeichnen. Hinzu kommt eine verstärkte Aufforstung brachliegender Säume an Stufenrainen und im Bereich der Übergänge zu den Gebüsch-Vormänteln der bewaldeten Flanken mit Nadelhölzern oder breitblättrigen Laubhölzern wie Spitz- und Berg-Ahorn.

Maßnahmen zur Sicherung und Entwicklung der Lebensstätten

Wie lassen sich der Naturraum des Achdorfer Wutachtals sowie das Gebiet der Wutach-Zuflüsse mit seiner Vielfalt an Lebensstätten für Vögel wieder aufwerten? Hier sollten im Rahmen der durch die Naturschutzverwaltung vorgesehenen Natura 2000-Managementpläne für das Wutachgebiet folgende Entwicklungsziele vorrangig festgelegt werden:

- großräumige Grünlandextensivierung über Vertragsnaturschutz, wobei eine Kombination von Mähwiesen und Magerweiden in Kontakt zu Streuobstflächen des Offenlands wie auch der Ortsränder angestrebt werden sollte,
- gezielte Erhaltung, Pflege und Entwicklung der hochstämmigen Obstbaumbestände unter besonderer Berücksichtigung von Altholzbeständen sowie eingestreuten toten Bäumen,
- grundsätzlich kontinuierliche Nachpflanzung oder Neuanlage von hochstämmigen Obstbäumen bei spezieller Verwendung regional- bzw. naturraumtypischer Mostobstsorten,
- Wiederherstellung und Neustrukturierung der Waldsäume durch Rücknahme von Aufforstungen und die gezielte selektive Entbuschung sich flächenhaft ausbreitender Gebüsch-Vormäntel,
- Umwandlung von jungen oder mittelalten Nadelholzkulturen der bewaldeten Flanken in (je nachstandörtlichem Charakter) naturnahe Laub- oder Laub-Nadel-Mischbestände.

Nur wenn diese Ziele schon möglichst bald in die Tat umgesetzt werden, lässt sich der Rückgang dieser einst weit verbreiteten Vogelarten des Wutachgebiets noch aufhalten.

4.4.30 | **Dieses Neuntötermännchen** sucht in einer Hecken-Rose Deckung. (HG)

Neuntöter – eine europaweit geschützte Vogelart

Der Neuntöter besiedelt im Achdorfer Tal die den bewaldeten Talflanken vorgelagerten Gebüsch-Vormäntel unterschiedlicher Breite mit Weißdorn-Schlehen-Hundsrosen-Gebüsch bzw. Schlehen-Liguster-Gebüsch sowie seltener auch eingestreute Feldhecken der offenen Talweite.

Weiterhin werden die für das Aubachtal und Krottenbachtal typischen Weideflächen mit locker streuendem Weißdorn-Schlehen-Hundsrosen-Verbiss von der Art bevorzugt als Lebensstätten angenommen. Die Art kann dort mit 16 Brutpaaren auf ca. 38 ha eine ungewöhnlich hohe Siedlungsdichte erreichen, so im Bereich der Mundelfinger Jungviehweide (Zinke 2007); ebenso wie in der gesamten Region ist die Population des Neuntöters auch im Achdorfer Tal noch weitgehend stabil. Eine zunehmende Verminderung der Lebensraumqualität bzw. ein Einengen der Lebensstätten ist allerdings durch die bereits verbreitete und weiter zunehmende Grünlandintensivierung bis an die Waldsäume heran (Verlust der nahrungsökologischen Kontaktfunktion) zu erwarten. Negativ wirkt sich zudem das Aufforsten von Brachen und Vormantelbereichen insbesondere im Krottenbachtal aus.

Amphibien und Reptilien des Wutachgebiets

Klemens Fritz

In den beiden Naturschutzgebieten sind nur wenige Amphibienarten (Lurche) anzutreffen, da als Fortpflanzungshabitate geeignete Stillgewässer in der Wutachschlucht selten sind. Ein weitaus größeres Artenspektrum boten die auf den angrenzenden Hochflächen gelegenen Kiesgruben | 4.5.02 |, von denen die meisten mittlerweile verschwunden sind. Auch bei den Reptilien, also Kriechtieren, sind es der Schlucht benachbarte Lebensräume, in denen die meisten Arten anzutreffen sind, während man in der Schlucht und den Flühen nur vereinzelt Schlangen und Echsen zu Gesicht bekommt.

Durch Schnetter (1971) liegt eine sehr gute Beschreibung der Herpetofauna (also aller Amphibien- und Reptilienarten) des Wutachgebiets vor, deren Inhalt im Wesentlichen heute noch gilt. In einigen Artkapiteln des „Grundlagenwerks" der Amphibien und Reptilien Baden-Württembergs (Laufer, Fritz & Sowig 2007) werden Vorkommen in der Wutachschlucht und deren Umgebung genannt. Durch zahlreiche eigene Bestandsaufnahmen, aufgrund vieler Fundmeldungen über einen Zeitraum von mehr als 25 Jahren und durch die Auswertung von Daten der ABS (Amphibien/Reptilien-Biotop-Schutz Baden-Württemberg e.V.) kann ein recht gutes Bild der Verbreitung dieser Tiergruppe im Wutachgebiet wiedergegeben werden.

Die Amphibienarten

Der Feuersalamander | 4.5.01 | ist die charakteristische Amphibienart der Wutachschlucht. Sein bevorzugter Lebensraum sind laubholzreiche Bergmischwälder mit starkem Relief, in denen er haupt-

4.5.01 | **Wer nach längerer Trockenperiode** bei starkem Regen durch die Schlucht wandert, wird mit ziemlicher Sicherheit einem der gelbschwarz gefärbten Feuersalamander begegnen. In den Nadelwäldern der Westbaar nördlich der Wutachschlucht fehlt er dagegen weitgehend. (AG.2013)

sächlich nachts und bei hoher Feuchtigkeit aktiv ist. Die Larven des Feuersalamanders findet man in den zahlreichen Quell- und Seitenbächen der Wutach- und Gauchachschlucht und der Wutachflühen, in Pfützen auf Waldwegen, in Rinnsalen sowie in einigen Altarmen und Tümpeln der Tallagen (s. auch S. 116).

Verbreitet, aber nicht häufig, ist der Bergmolch. Im Frühjahr während der Laichzeit trifft man diesen schwärzlichblauen Molch mit orangefarbenem Bauch in den wenigen Laichmöglichkeiten der Wutachschlucht in Tümpeln, Altwassern, Gräben und beständigen Pfützen. Typische Fundorte sind der Felsenweiher | 4.5.03 | und der Badweiher beim ehemaligen Bad Boll sowie der Sumpftümpel am Aubachpfad nördlich von Hardteck. Individuenreiche

4.5.02 | **Einige der Kiesgruben** nördlich und südlich der Wutachschlucht waren durch ihre Vielzahl an kleinen und großen Gewässern und den stark besonnten Pionierlebensräumen sehr artenreich, beispielsweise die Kiesgrube bei Reiselfingen. (KF.MAI1995)

Wissenschaftliche Namen von Lurchen und Echsen

Deutscher Name	Wissenschaftlicher Name: bisherige Bezeichnung	Wissenschaftlicher Name: neue Bezeichnung
Bergmolch	*Triturus alpestris*	*Ichthyosaura alpestris*
Erdkröte	*Bufo bufo*	*Bufo bufo*
Fadenmolch	*Triturus helveticus*	*Lissotriton helveticus*
Feuersalamander	*Salamandra salamandra*	*Salamandra salamandra terrestris*
Geburtshelferkröte	*Alytes obstetricans*	*Alytes obstetricans*
Gelbbauchunke	*Bombina variegata*	*Bombina variegata*
Grasfrosch	*Rana temporaria*	*Rana temporaria*
Kammmolch	*Triturus cristatus*	*Triturus cristatus*
Kleiner Wasserfrosch	*Rana lessonae*	*Pelophylax lessonae*
Kreuzkröte	*Bufo calamita*	*Bufo calamita*
Laubfrosch	*Hyla arborea*	*Hyla arborea*
Teichfrosch	*Rana esculenta*	*Pelophylax esculentus*
Teichmolch	*Triturus vulgaris*	*Lissotriton vulgaris*

Deutscher Name	unveränderte Bezeichnung
Blindschleiche	*Anguis fragilis*
Kreuzotter	*Vipera berus*
Ringelnatter	*Natrix natrix*
Schlingnatter	*Coronella austriaca*
Waldeidechse	*Zootoca vivipara*
Zauneidechse	*Lacerta agilis*

Bestände gibt es im ehemaligen Schwimmbecken bei Göschweiler-Stallegg und in Tümpeln der Kiesgrube Reiselfingen (über 1000 Tiere).

Deutlich seltener im Wutachgebiet ist der hellbraune Fadenmolch, der im Schwarzwald weit verbreitet ist und als atlantische Art im Wutachgebiet seine östliche Grenze erreicht. Neuere Funde liegen von den Tümpeln am Dornbuck südlich von Mundelfingen, dem Sumpftümpel am Aubachpfad und den Weihern bei Bad Boll in der Wutachschlucht vor, wo er zusammen mit dem Bergmolch vorkommt. Sicherlich ist die Art auch an anderen Stellen im Wutachgebiet zu finden.

Vom Teichmolch liegen nur wenige Nachweise aus den 1980er-Jahren vor, überwiegend aus heute nicht mehr existierenden Kiesgruben oberhalb der Wutachschlucht (östlich von Kappel, Hardteck südlich von Mundelfingen, nordwestlich von Ewattingen). In der Kiesgrube östlich von Reiselfingen fand ihn Felix Zinke letztmals im Jahr 2000. In der eigentlichen Wutachschlucht fehlt er ebenso wie der große Kammmolch, dessen nächstgelegener Fundort im Zollhausried bei Blumberg liegt.

4.5.03 | Am Fuß einer hoher Felswand beim ehemaligen Bad Boll befindet sich der idyllische Felsenweiher, ein Laichplatz von Berg- und Fadenmolchen. (MS.2013)

Am weitesten verbreitet, aber nicht häufig in der Schlucht ist der braune Grasfrosch. Feuchte Wälder, Flussauen mit Pestwurz- und feuchten Hochstaudenfluren, Seggenriede und Feuchtgrünland sind seine typischen Landlebensräume. Zum Ablaichen nutzt er nahezu alle stehenden und schwach durchströmten Gewässer, wobei ein großer Teil der Kaulquappen von Fischen erbeutet wird. Die geringe Anzahl fischfreier Teiche und Tümpel in der Wutachschlucht wirkt sich begrenzend auf die Individuenzahl der Amphibien aus.

Dies gilt umso mehr für die Erdkröte, die größere und stabile Gewässer wie Weiher und Teiche als Laichplatz bevorzugt. Laichballen des Grasfrosches und Laichschnüre der Erdkröte findet man im Frühjahr im Felsenweiher und im Badweiher bei Bad Boll und bei Stallegg, in einigen Altarmen entlang der Wutach, in den Tümpeln im Aubachtal und im Teich beim alten Bahnhof Kappel-Grünwald.

Eine von ihrer Brutfürsorge her höchst interessante Amphibienart ist die Geburtshelferkröte | 4.5.04 |. Diese nur ca. 5,5 cm große, westeuropäisch verbreitete Kröte erreicht ostwärts gerade noch das Wutachgebiet. Die von Schnetter (1971) und anderen Wutachkennern aufgeführten Fundorte lassen vermuten, dass die Art früher auf der nördlichen Talseite der Wutachschlucht zwischen der Schattenmühle und Achdorf weit verbreitet war und dass es sich bei einigen Standorten sogar um Primärhabitate gehandelt hat. Seit den 1980er-Jahren sind kaum noch Funde der Geburtshelferkröte aus dem Naturschutzgebiet gemeldet. Die letzten bekannten Standorte der Region (Kiesgrube Reiselfingen, ehemalige Kiesgrube Hardteck und Tümpel am Dornbuck südlich von Mundelfingen) sind ohne neuere Nachweise. In den steilen Hängen der Wutachschlucht gibt es durchaus passende Landlebensräume und einige geeignete Laichgewässer, doch liegen diese meistens nicht (mehr) in räumlicher Nähe, was ein Grund für den starken Rückgang sein könnte | 4.5.05 |.

Der leise Ruf dieser auch Glockenfrosch genannten Kröte kann in der Nähe der lauten, rauschenden Wutach und deren Nebenbäche kaum wahrgenommen werden; ein nächtliches „Verhören“ ist daher erschwert. Dennoch: Im Juni 2013 konnte der Autor im Bereich eines Liasaufschlusses im

4.5.04 | **Bei der Paarung,** die nicht wie bei anderen Amphibien im Wasser, sondern an Land erfolgt, übernimmt das Männchen der Geburtshelferkröte die kurze Laichschnur und trägt sie mehrere Wochen mit sich herum, bis die Larven bereit zum Schlüpfen sind. Erst dann wird das Eipaket im Gewässer abgestreift. Die Kaulquappen kommen mit der Wasserströmung gut zurecht, so dass die Art unter bestimmten Voraussetzungen auch Bäche als Fortpflanzungshabitat nutzt. (KF)

Aubachtal (s. auch S. 50) nördlich von Aselfingen drei rufende Männchen hören. In einem Waldtümpel in unmittelbarer Nähe fand er im Jahr 2001 zwei Larven. Zur Stützung der Population wurde daraufhin durch die Naturschutzbehörde ein neues Laichgewässer angelegt. Ob wohl Ortsbezeichnungen wie Glöcklerhalde, Glockenwiese und Guggemühle vom charakteristischen Ruf der im Schwarzwald Guggemöhli genannten Art abgeleitet sind?

Funde der Gelbbauchunke in der Schlucht sind sehr selten, was verwundert, da vor allem auf Holzabfuhrwegen immer wieder temporäre Pfützen und Gräben auf ihr besonders zusagenden tonigen Böden entstehen. Es gibt ältere Meldungen aus dem Rutschhang nördlich von Achdorf und aus einem Tümpel bei Bad Boll. Auch in einigen der bereits genannten Kiesgruben entlang der Wutach kam die Art früher vereinzelt vor.

Beachtlich ist der Rückgang der Kreuzkröte, von der früher schon nur vereinzelt Tiere in der Wutachschlucht gefunden wurden (z. B. 1999 an der Rötenbachmündung). Vermutlich gehörten sie zu den Populationen der damaligen Kiesgruben östlich von Kappel, am Hardteck südlich von Mundelfingen, südlich von Göschweiler und nordwestlich von Ewattingen (Funde aus den 1980er-Jahren). Die letzte Population im Umfeld der Wutachschlucht, in der Kiesgrube Reiselfingen, stirbt derzeit trotz Pflegekonzeptionen infolge von Sukzession und Aufforstungen aus. Die Kreuzkröte ist eine Art des stark besonnten Offenlands und kommt bei uns überwiegend in Erdaufschlüssen mit großflächigen Rohböden vor.

Ähnliches gilt für den Laubfrosch und den sogenannten Teichfrosch-Komplex (*Rana esculenta* bzw. *lessonae*), die in den Kiesgruben Reiselfingen und Hardteck südlich von Mundelfingen vor wenigen Jahren in geringer Anzahl vorkamen, in der Wutachschlucht aber nicht gefunden wurden.

4.5.05 | **Stark besonnter Steilhang** mit Felsblöcken und geringer Vegetationsentwicklung: Dieser Standort direkt neben der Wutach ist ein geeigneter Landlebensraum für die Geburtshelferkröte und für Reptilien. (KF.2007)

Die Reptilienarten

Ebenso wie für die wärmeliebenden Arten unter den Amphibien spielt für die Reptilien die sonnenexponierte Nordseite der Wutachschlucht eine wichtige Rolle.

Am wenigsten auf Südlagen angewiesen ist die Waldeidechse. Sie ist in der eigentlichen Schlucht nicht häufig, denn ihre bevorzugten Lebensräume sind hier selten. In eher kühlen Lagen der angrenzenden Hochflächen ist sie jedoch weit verbreitet, beispielsweise an den früheren Bahntrassen östlich von Lenzkirch und in Heckenstreifen von Boll bis Münchingen. Typische Fundorte sind Wegböschungen, Feldgehölze, Steinriegel, Randbereiche von Feuchtwiesen und vor allem lichte Waldflächen.

Die Zauneidechse | 4.5.06 | kann man in gut besonnten Lagen der Wutachschlucht auf mageren Wiesen (z. B. bei der Dietfurt), auf Kiesbänken und Felsen beobachten. In den angrenzenden Hochlagen gibt es, von Lenzkirch bis Blumberg zunehmend, mehrere Fundorte. Feldhecken, Steinriegel, Lesesteinwälle, Kalkmagerrasen, Wegböschungen sowie offene Bereiche in den oben genannten ehemaligen Kiesgruben sind ihre typischen Lebensräume, insbesondere wenn sie stark besonnt, trocken und reichlich strukturiert sind | 4.5.08 |.

Die Blindschleiche ist im gesamten Wutachgebiet weit verbreitet, wird aber aufgrund ihrer versteckten Lebensweise nur selten entdeckt. Sie bewohnt ein sehr breites Spektrum verschiedener Lebensräume ähnlich wie die beiden vorhergehenden Eidechsenarten. Die Blindschleiche bevorzugt jedoch ein feuchtes Mikroklima, meidet dabei aber kühle Plätze. In der Talsohle der Schlucht und an sehr schattigen Hängen ist sie eher selten.

Die Lebensräume der wärmeliebenden Schlingnatter entsprechen in etwa denjenigen der Zauneidechse, doch ist sie deutlich anspruchsvoller, was die Habitatstruktur betrifft. Die Schlange bewohnt trocken-warme Lebensräume in Hanglage, gern mit Steinhaufen und Trockenmauern. In der feuchten Schlucht ist sie selten und auf den angrenzenden Hochflächen wurde sie vereinzelt gefunden, beispielsweise am ehemaligen Bahndamm südlich von Kappel, beim Sportplatz Rötenbach, bei Gösch-

4.5.06 | Die Zauneidechse mag offene, sonnige Lebensräume mit abwechslungsreichen Strukturen. Auf Wiesen, an Feldhecken und in den ehemaligen Kiesgruben ist sie manchmal zu finden. (KF)

weiler und bei Aselfingen. Auf den nach Süden ausgerichteten Hängen zur Wutach kann man mit weiteren Vorkommen rechnen. Die Schlingnatter wird immer wieder mit der Kreuzotter verwechselt und aufgrund ihres ruhigen Verhaltens häufig auch übersehen.

Die an der Wutach eher seltene Ringelnatter | 4.5.07 | ist auch in der weiteren Umgebung der Schlucht nicht häufig. Dies erstaunt, da die Art eigentlich gewässerbegleitende Lebensräume bevorzugt. Das Wutachgebiet liegt im Übergangsbereich ihrer beiden Unterarten. Hier findet man sowohl die Barrenringelnatter (*N. n. helvetica*) als auch die Nominatform (*N. n. natrix*). Vom Raum Lenzkirch und vom unteren Wutachtal gibt es mehrere Funde. Auf den Hochflächen der Westbaar ist es ihr oft schon zu trocken bzw. zu rau.

Ältere, teilweise auch unbestätigte Fundorte der Kreuzotter befinden sich nördlich und südlich der Wutachschlucht an Feldgehölzen und Waldrändern bei Lenzkirch, Göschweiler, Boll und Münchingen sowie an der ehemaligen Bahnlinie bei Kappel und am Bahndamm bei Bachheim. Von den drei erstgenannten Standorten gibt es auch neuere Nachweise einzelner Exemplare. Die meisten der gefundenen Ottern sind schwarz (Höllenottern). Aus der Wutachschlucht selbst liegen keine Kreuzotter-Meldungen aus jüngerer Zeit vor. Durch intensiveren Ackerbau, Beseitigung von Feldgehölzen, mangelnde Heckenpflege an Lesesteinhaufen und infolge von Sukzession an strukturreichen Waldrändern sind alle verbliebenen Schlangenlebensräume stark gefährdet.

4.5.07 | **Selten begegnet man der Ringelnatter,** am ehesten am Flussufer und auf den besonnten Südhängen. Sie kann über 1 m lang werden und lebt gern am Wasser. (RK)

4.5.08 | **Wenige Feldgehölze auf den Hochflächen** oberhalb der Wutachschlucht sind Lebensraum für Schlingnattern und Kreuzottern. Gut besonnte Schlehenhecken mit Steinriegeln und Brachstreifen sind selten geworden. (KF.2008)

Die Fische und Neunaugen der Wutach

Jan Baer

Das Lied zum wohlbekannten Forellenquintett von Franz Schubert können viele Menschen mit anstimmen: „In einem Bächlein helle, da schoss in froher Eil, die launische Forelle, vorüber wie ein Pfeil …“ Doch wer kennt eigentlich die Besungene dieses Stücks, die Bachforelle? Und weiß ein Wanderer im Wutachtal, dass Franz Schubert hier in der Wutach sehr viele „Hauptdarsteller“ seines Klavierquintetts gefunden hätte? Wohl eher nicht, denn die Bachforelle kann nur mit geübtem Auge bei klarem Wasser am Grund stehend oder kurzzeitig an der Wasseroberfläche bei der Nahrungsaufnahme beobachtet werden. Doch ein längerer Blick „ins Wasser helle“ der Wutach hinein lohnt sich, da dieser naturbelassene Fluss einen der intaktesten Forellenbestände aufweist, den Baden-Württemberg noch zu bieten hat.

Beim Lesen dieser einleitenden Worte könnte man sich fragen: Gibt es denn keine anderen Fischarten in der Wutach? Nun, in hoch gelegenen, quellnahen Fließgewässern kommen natürlicherweise nahezu ausschließlich zwei Fischarten vor: Bachforelle und Groppe. Denn nur den beiden Arten ist es im Lauf ihrer Entwicklung gelungen, sich an die hier vorherrschenden rauen Bedingungen – lange Winter, hohe Fließgeschwindigkeiten und sommerkaltes Wasser – anzupassen. So auch in der Wutach: Die Bachforelle ist hier bestandsprägend und die dominierende Fischart, die Groppe ist die einzige Begleitart in nennenswerten Dichten | 4.6.01 |. Stromabwärts von Blumberg (Wutachflühen) werden noch Äschen gesichtet. Punktuell kommen als einzige Neunaugenart Bachneunaugen vor. Als nicht heimische Art wird vereinzelt die Regenbogenforelle angetroffen. Aufgrund der Dominanz der Bachforelle in der Wutach wird im folgenden Kapitel ein Hauptaugenmerk auf diese Art gelegt.

4.6.01 | Fischbestandsaufnahmen über mehrere Jahre (BAER & BRINKER 2010) im oberen Wutachtal zwischen Lenzkirch und Blumberg belegen die Dominanz der Bachforelle in der Fischartengemeinschaft:

Bachforelle ....72 %
Groppe ....22 %
Äsche ....4 %
Bachneunauge ......1 %
Regenbogenforelle .1 %

4.6.02 | Eine erwachsene Bachforelle in der Strömung – ihre auffallend schöne Zeichnung wird zur Laichzeit noch intensiver ausgeprägt sein. (PR)

Die Bachforelle

Hochzeit

Bachforellen vermehren sich im späten Herbst bzw. frühen Winter (Ende Oktober bis Anfang Dezember). Zu dieser sogenannten „Laichzeit“ sind die Tiere intensiv gezeichnet. Besonders die als Milchner bezeichneten Männchen legen ein ausgeprägt schönes Laichkleid an: Ihr Bauch wird dunkler, ihre roten Flecken auf der Seite beginnen unterschiedlich stark zu leuchten und manche schwarzen Flecken nehmen in ihrer Größe zu. Bei großen Milchnern bildet sich auch der Unterkiefer um: Das äußere Ende biegt sich zu einem Laichhaken nach oben. Die Weibchen, die sogenannten Rogner, verfärben sich deutlich schwächer als die Männchen.

Ebenso wie wir Menschen sind auch die Forellen bei der Partnerwahl wählerisch. Entscheidend ist dabei offenbar hauptsächlich das Äußere: Weibchen mit roten Punkten suchen sich stark rot gefärbte Männchen, Weibchen mit eher dunklerer Färbung tendieren zu entsprechend dunklen männlichen Artgenossen | 4.6.02 |.

Zum Laichen verlassen die Tiere ihre Fraßplätze im Hauptstrom und wandern in ruhigere Bereiche in angebundenen Nebenbächen wie Gutach, Haslach oder Gauchach sowie in flachere Strecken in der Wutach selbst. Denn in diesen Bereichen finden sie die Bedingungen, die sie zur Eiablage benötigen: gut durchströmte Kiesbänke. Die bevorzugte Korngröße des Kieses liegt bei 10–70 mm.

Für eine erfolgreiche Vermehrung der Bachforellen in der Wutach sind die Voraussetzungen bestens: Die Fische können aufgrund des geringen Ausbaugrads noch ausreichend wandern und es gibt ausreichend viele Laichplätze mit entsprechender Kiesablagerung. Außerdem hat das Wasser heute die Qualität, die für die Entwicklung der Eier erforderlich ist. Daher kann man mit etwas Glück im Spätherbst Forellen im Flachwasser auf ihren Laichplätzen beobachten. Vielleicht fallen manchem Wanderer auch die hellen Flecken im Kies auf – dies sind die Laichplätze der Bachforellen. Denn durch das Schlagen der Laichgruben gelangt Kies, der noch nicht von Algen bedeckt ist, aus tieferen Schichten nach oben und glänzt dann wie ein heller Fleck auf dem Gewässerboden | 4.6.03 |.

Kinderstube

Die abgelegten Eier entwickeln sich im Kies in Abhängigkeit von der Wassertemperatur. Da die Wutach auch im Winter relativ kaltes Wasser aufweist, benötigen die jungen Bachforellen ungefähr drei Monate, bis sie aus den Eiern schlüpfen. Die Sterblichkeit ist sehr gering: Aus nahezu 90 % der Eier schlüpfen junge Fischlein mit einem klar erkennbaren Dottersack am Bauch. Aber die geschlüpften Forellen verlassen das Kieslückensystem nicht sofort, sondern verweilen in dem gut durchströmten Substrat zum weiteren Schutz noch sechs bis acht Wochen, bis ihr Dottersack vollends aufgebraucht ist. Erst dann beginnt die Brut ins Freiwasser aufzusteigen und seichte Bereiche mit

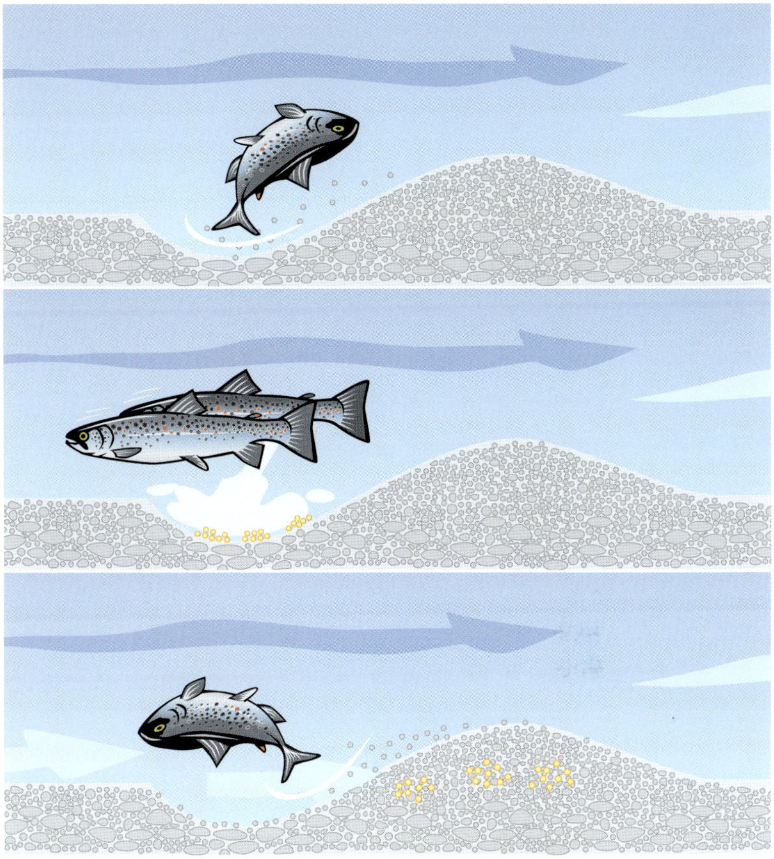

4.6.03 und 04 | Auf den Laichplätzen schlagen die Weibchen mit ihrer Schwanzflosse in Wassertiefen zwischen 10–50 cm die Laichgruben. Diese sind zwischen 4 und 18 cm tief. Hier gilt die Regel: Je größer das Weibchen, desto tiefer die Grube. Während des Laichspiels stehen Männchen und Weibchen eng beieinander und geben unter zitternden Bewegungen die Geschlechtsprodukte ab. Ein Weibchen von 1 kg Gewicht legt ungefähr 2000 Eier ab. Nach der Befruchtung werden die Eier durch Schwanzschläge des Weibchens mit Kies überdeckt und gelangen so in die Anhäufung stromab der Laichgrube. (HD | JB)

4.6.05 | **Bachforelle** auf ihrem Standplatz. (PR)

10–30 cm Wassertiefe aufzusuchen. Dies geschieht oftmals Ende April/Anfang Mai. In den aufgesuchten Flussabschnitten darf die Fließgeschwindigkeit nicht über 0,5 m/s liegen, da die Fische sonst verdriftet werden.

Die Bachforellen legen nun ihr Jugendkleid an. Mit zunehmendem Längenwachstum wird die Schwimmleistung der Fischlein besser und die juvenilen Bachforellen wandern immer mehr in schnell überströmte, tiefere Bereiche ein. Generell gilt: Je größer die Forelle, desto tieferes Wasser wird benötigt. Die einzelnen Bachforellenjahrgänge gehen sich so aus dem Weg bzw. der Lebensraum wird nach den Altersklassen aufgeteilt. Dadurch verhindern die Fische eine innerartliche Konkurrenz um Nahrung: kleine wirbellose Tiere des Gewässerbodens, das sogenannte Makrozoobenthos. Nur größere Exemplare fressen zeitweise auch kleinere Fische.

Rangkämpfe und Überleben

Nur zur Laichzeit suchen Bachforellen kurz den Kontakt zu Artgenossen, ansonsten sind sie zeitlebens Einzelgänger. Denn Bachforellen besitzen ein sehr ausgeprägtes territoriales Verhalten, das der Verteidigung und Eroberung optimaler Standplätze dient. Für eine Bachforelle ist ein Standort dann optimal, wenn sie von diesem aus mit möglichst geringem Energieaufwand eine möglichst hohe Energieaufnahme bewerkstelligen kann. Ein guter Standort kann z. B. hinter einem großen Stein mitten im Fluss sein. Denn hinter diesem findet die Bachforelle sowohl einen guten Sicht- als auch ausreichend Strömungsschutz. Feinde wie größere Forellen oder Reiher können sie hier schwer ausmachen. Außerdem muss sie nicht permanent gegen die Strömung ankämpfen. Des Weiteren wird der Stein aber auch ständig umspült, was mit einem hohem Nahrungsangebot an Driftorganismen gleichzusetzen ist. Schon direkt nach dem Schlupf beginnen die Brütlinge, geeignete Standorte zu suchen und diese wenn möglich als ihr eigenes Territorium einzunehmen. Denn nur diejenigen Fische, die ein Territorium erobern, überleben. Bachforellen mit 5 cm Länge beanspruchen bereits eine Fläche von 700 cm^2, mit 7 cm schon 1500 cm^2. Bachforellen im zweiten Lebensjahr, in der Wutach Fische mit Längen zwischen 12 und 22 cm, benötigen Territorien von ca. 15–50 m². Die Größe des benötigten Territoriums nimmt also ungefähr exponentiell mit der Fischgröße zu. Daher kommt es immer wieder zu Überlappungen zweier Territorien und damit auch zu Interaktionen:

Diese überlebenswichtigen Bereiche werden intensiv verteidigt. Untersuchungen konnten zeigen, dass die Bachforellen, die zuerst ein Territorium einnahmen, 70–85 % der Revierkämpfe gegen eindringende Bachforellen gewannen. Diese Ergebnisse wurden fast unabhängig von der Körpergröße erzielt, d. h. ein Fisch, der zuerst anwesend war, konnte auch dann den Revierkampf gewinnen, wenn er nur halb so schwer war wie der eindringende Fisch. Neuankömmlinge konnten sich erst dann in größerer Zahl behaupten, wenn ihre Körperlänge die der angestammten Fische um mehr als 30 % übertraf. Die Faustregel besagt, dass die energetisch günstigsten Plätze von den größten Forellen beansprucht werden. Daher findet man kleinere Bachforellen oftmals mitten in der Strömung in flacheren Teilstücken, größere hingegen in tieferen, strömungsberuhigten Bereichen.

Das territoriale Verhalten der Bachforellen ist auch die Hauptursache für die hohe Sterblichkeit im ersten Lebensjahr. Denn obwohl die Schlupfrate sehr hoch ist, überleben nur zwischen 1–12 % der Brütlinge das erste Jahr. Davon wiederum überleben ca. 50 % das zweite bzw. 25 % das dritte Jahr. Insbesondere durch die hohen Sterblichkeiten im ersten Lebensjahr werden ein zu hohes Anwachsen der Population und eine zu große innerartliche Konkurrenz vermieden. Gleichzeitig legen die Bachforellen aber so viele Eier ab, dass der Lebensraum immer mit ausreichend vielen Nachkommen versorgt wird. Sterben Fische, die einen Standort besetzt haben, oder verlassen diese einen solchen aktiv, stehen sofort die nächsten Artgenossen parat, um das freigewordene Territorium zu nutzen.

Populationsaufbau

Unter den guten natürlichen Voraussetzungen, die in der Wutach vorliegen, gelingt es den Bachforellen, den Lebensraum optimal zu nutzen und damit die Populationsdichte auf einem relativ hohen Niveau zu halten: Nach Baer & Brinker (2010) liegt in der Wutachschlucht die Bestandsdichte im Sommer bei 1500–2500 Bachforellen pro Hektar bzw. pro Kilometer Flusslauf (bei einer angenommenen Breite von 10 m). Umgerechnet auf das angetroffene durchschnittliche Stückgewicht in dieser Region von 100–120 g liegt damit die Biomasse pro Hektar bzw. pro Kilometer Flusslauf bei 160–260 kg. Dies sind alles Werte, die nach Literaturangaben weltweit nur in sehr naturnahen Flüssen vorkommen und mit Zahlen aus berühmten Forellenflüssen Norwegens, Schwedens und Schottlands vergleichbar sind.

Der Altersklassenaufbau in der Wutach folgt ebenfalls einem klassischen, für intakte Bachforellenpopulationen beschriebenen Muster.

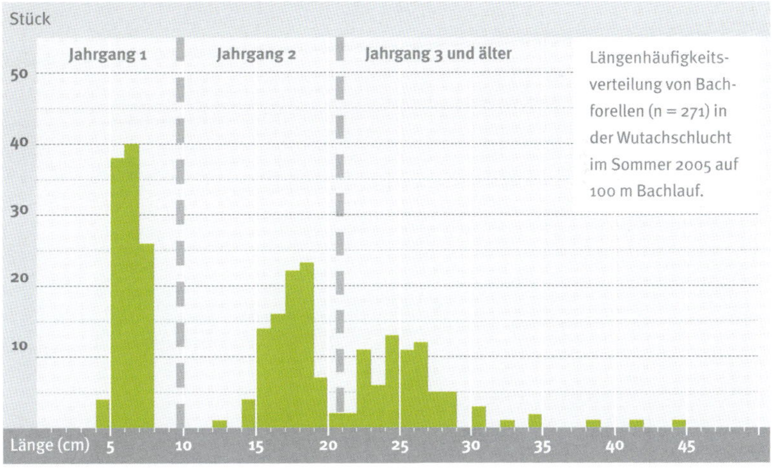

4.6.06 | Der Altersklassenaufbau in der Wutach: Im Sommer wird der Bestand von juvenilen Fischen, die erst vor wenigen Monaten geschlüpft sind, dominiert (Jahrgang 1, Forellen bis ca. 10 cm Totallänge). Darauf folgt der etwas schwächere Jahrgang 2 mit Fischen von ca. 15–20 cm Totallänge. Ab dem dritten Lebensjahr nimmt das Längenwachstum der Forellen ab, die Jahrgänge 3 und älter sind daher über die Längenhäufigkeit nicht mehr klar voneinander zu trennen. Diese Fische sind aufgrund der natürlichen Mortalität außerdem naturgemäß deutlich weniger zahlreich. Der Bestand an Laichtieren, also an Fischen von mehr als 25 cm Totallänge, entspricht dem in der Wutach vorhandenen Lebensraumangebot für größere Fische. Insgesamt sind im Populationsaufbau keine Defizite, wie z. B. fehlende Jahrgänge oder ein Ausbleiben der natürlichen Reproduktion, erkennbar.

4.6.07 | Die Wutach ist ein beliebtes Revier zum Fischen mit der künstlichen Fliege. Hier ein Imitat, eine Exuvie (Häutungsrest), und eine frisch geschlüpfte Steinfliege. Beim Fliegenfischen besteht die Kunst darin, ein Insektenimitat so auf dem Wasser abzulegen, dass der Fisch es für ein Beutetier hält. Die Fliege ist sehr leicht und die Schnur dient beim Auswerfen als Gewicht. Daher „wedeln" Fliegenfischer mit ihrer Schnur, um den Köder auszulegen. (JB)

Gefährdung

Bis in die frühen 1900er-Jahre war die Wutach berühmt für ihren exzellenten Bachforellenbestand. Fliegenfischer aus aller Welt kamen, um ihrem Hobby nachzugehen. Doch mit fortschreitender Industrialisierung, insbesondere im Bereich Titisee-Neustadt, wendete sich das Blatt: In den 1960er- und 1970er-Jahren wurden ungeklärte Industrieabwasser eingeleitet, und alten Berichten zufolge schimmerte der Fluss an manchen Tagen in allen Farben des Regenbogens. Unfälle, wie das Platzen eines Leimbehälters in einer Papierfabrik, taten ihr Übriges: Immer mehr tote Fische wurden gemeldet, teilweise kam es in mehreren aufeinanderfolgenden Jahren auf vielen Flusskilometern zu Totalausfällen.

Bis in die 1980er-Jahre hinein waren derartige Zwischenfälle „normal". Doch nach und nach änderten sich die Zustände und immer mehr Industrien wurden an funktionierende Kläranlagen angeschlossen: Die Wasserqualität besserte sich zusehends. Aufgrund der vielen kleinen einmün-

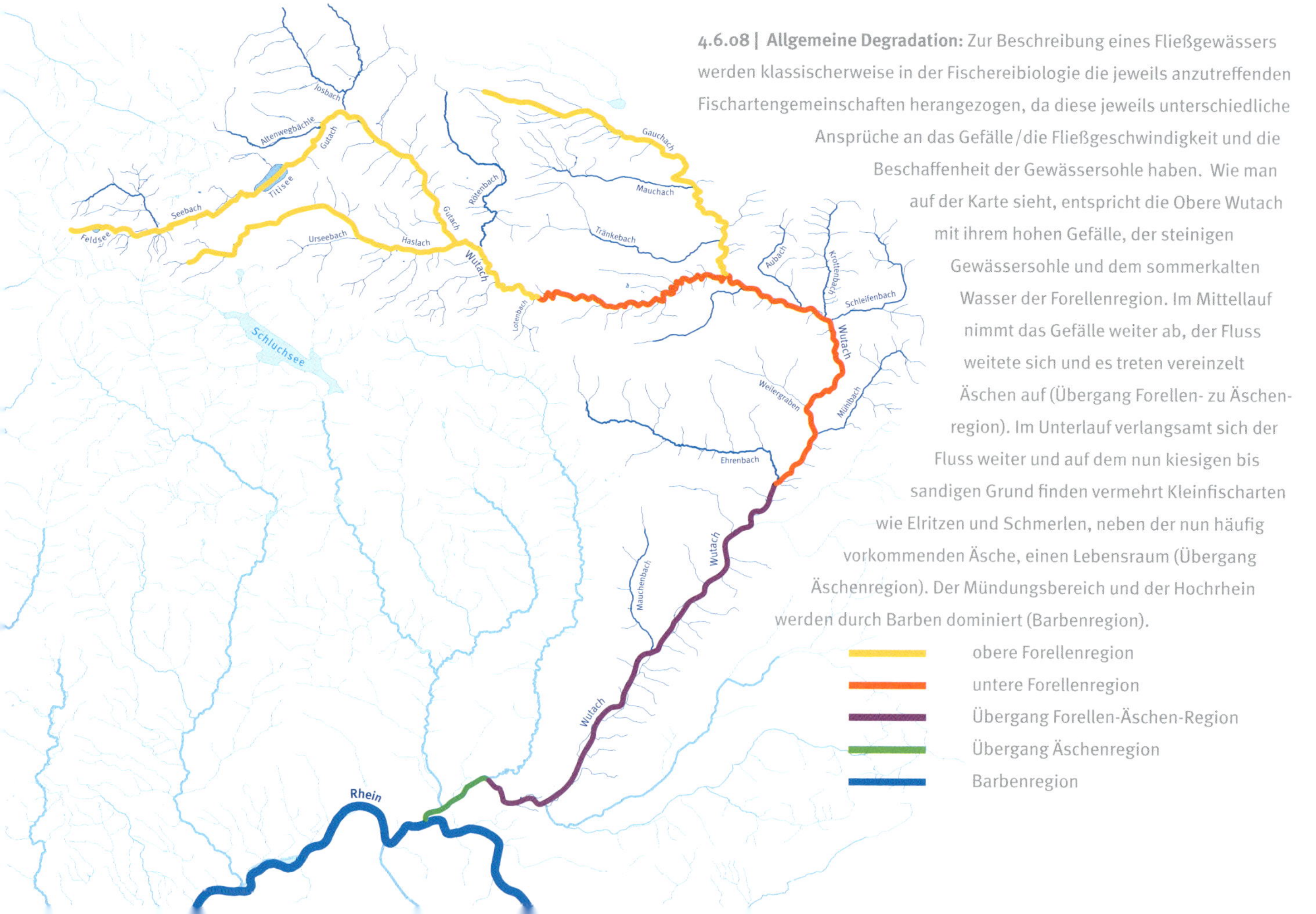

4.6.08 | Allgemeine Degradation: Zur Beschreibung eines Fließgewässers werden klassischerweise in der Fischereibiologie die jeweils anzutreffenden Fischartengemeinschaften herangezogen, da diese jeweils unterschiedliche Ansprüche an das Gefälle/die Fließgeschwindigkeit und die Beschaffenheit der Gewässersohle haben. Wie man auf der Karte sieht, entspricht die Obere Wutach mit ihrem hohen Gefälle, der steinigen Gewässersohle und dem sommerkalten Wasser der Forellenregion. Im Mittellauf nimmt das Gefälle weiter ab, der Fluss weitete sich und es treten vereinzelt Äschen auf (Übergang Forellen- zu Äschenregion). Im Unterlauf verlangsamt sich der Fluss weiter und auf dem nun kiesigen bis sandigen Grund finden vermehrt Kleinfischarten wie Elritzen und Schmerlen, neben der nun häufig vorkommenden Äsche, einen Lebensraum (Übergang Äschenregion). Der Mündungsbereich und der Hochrhein werden durch Barben dominiert (Barbenregion).

denden Bäche und unverbauten Zuläufe konnte in der Folgezeit mit hoher Wahrscheinlichkeit eine Wiederbesiedlung aus Bereichen erfolgen, die noch über intakte, durch Industrieabwässer unbeeinflusste Bachforellenbestände verfügten. Zeitgleich wurde mit juvenilen Fischen besetzt, deren Elterntiere aus dem Einzugsgebiet stammten. Daraufhin erholte sich der Bachforellenbestand in der Wutach stetig. Heute wird durch die Bachforelle allem Anschein nach die verfügbare Lebensraumkapazität wieder komplett ausgeschöpft.

Durch die erfolgreichen Reinhaltebemühungen befindet sich die Bachforellenpopulation der Wutach daher heute wieder auf einem angemessenen Niveau und kann negative Störungen, wie z. B. das Trockenfallen kleiner Bachabschnitte im Sommer, relativ leicht wieder ausgleichen. In vielen Bächen Baden-Württembergs existieren weitere Gründe für beobachtete Bestandseinbrüche (Baer et al. 2014). Ein Großteil dieser Gefährdungsfaktoren ist in der Wutach jedoch nicht oder nur in abgeschwächter Form zu finden: Es gibt zwischen Lenzkirch und Blumberg nur drei Bauwerke, die die Wanderung behindern. Andere gewässerbauliche Maßnahmen wurden in der oberen Wutach – im Gegensatz zur unteren Wutach – nur an sehr wenigen Stellen durchgeführt. Kormorane kommen zwar im Winter vor, noch ist ihre Zahl jedoch gering. Insgesamt unterliegt daher die Bachforellenpopulation der Wutach momentan nur wenigen, schwach ausgeprägten Gefährdungsfaktoren.

Bewirtschaftung

Die Wutach war um 1900 ein bei Fliegenfischern sehr beliebter Forellenfluss: Angler aus der Schweiz und aus England besuchten häufig diese Gegend. So betitelte der London Fishing Club, der in Bad Boll (s. auch S. 392) residierte, die Wutach als das beste Forellengewässer Mitteleuropas (Lehmann 2002). Ab dieser Zeit begannen auch die ersten regionalen Forellenzüchter, Besatzmaterial zur Verfügung zu stellen. Mit der Zunahme der Industrialisierung im Oberlauf bei Titisee-Neustadt und der damit einhergehenden Verschlechterung der Wasserqualität kam es ab 1950 jedoch immer wieder zu eklatantem Fischsterben und zeitweise zum Erliegen der Fischerei. Zwischen 1970 und 1985 konnte die Angelfischerei in der Wutach nur noch durch den Besatz mit fangfähigen Fischen (auch der nicht heimischen Regenbogenforelle) aufrechterhalten werden. Ab Mitte der 1980er-Jahre wurden jedoch die Abwassereinleitungen der lokalen Industrie gestoppt und die Wasserqualität verbesserte sich immer weiter. Dementsprechend änderte sich auch die Besatzstrategie: Wurden bis 1980 noch fangreife Fische besetzt, besetzte man ab 1992 auch Setzlinge und ab 1996 nur noch Brütlinge.

Im Jahre 2000 entschieden sich die Bewirtschafter der Gutach und der oberen Wutach, auf der Strecke zwischen Lenzkirch-Kappel und Grimmelshofen (Blumberg) zukünftig ganz auf Besatzmaßnahmen zu verzichten. Man glaubte, dass die natürliche Reproduktion allein ausreichen würde, um den Fischbestand auf einem dem Gewässer entsprechendem Niveau zu halten. Seit 2001 gelangte daher kein einziger Besatzfisch mehr in diese Strecke. Dieses Vorhaben wurde von 2001 bis 2007 durch die Fischereiforschungsstelle des Landes Baden-Württemberg wissenschaftlich begleitet und dokumentiert (Baer & Brinker 2010). Die wissenschaftlichen Daten belegen klar, dass sich der Fischbestand heute in einem der Lebensraumkapazität entsprechendem Zustand befindet, dass die Bachforellenpopulation keine erkennbaren Defizite zeigt und daher keine Anzeichen vorliegen, die auf ein Erfordernis von Besatzmaßnahmen hindeuten. Auch die Fangerträge an Bachforellen geben den Anglern recht: Die Fänge sind seit dem Besatzstopp nicht eingebrochen, sondern stiegen in den ersten

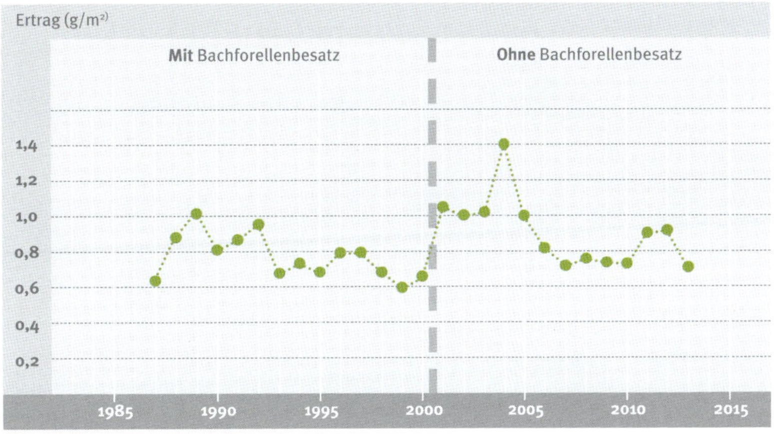

4.6.09 | Der Ertrag an Bachforellen ging, nachdem 2001 der Besatz mit Bachforellen eingestellt wurde, nicht zurück. Alle heute gefangenen Fische sind reine Wildfische.

Die Regenbogenforelle

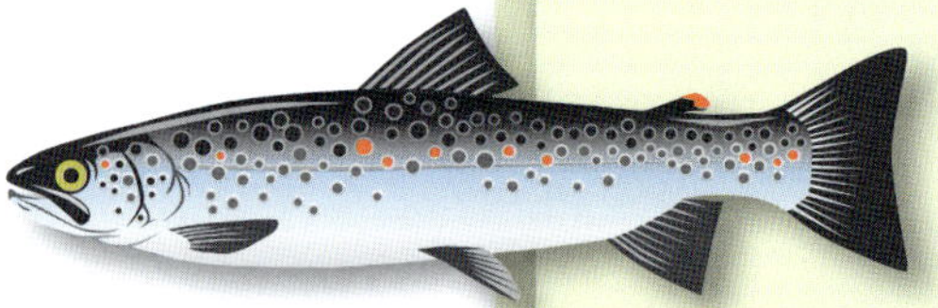

4.6.10 | **Die Regenbogenforelle** (oben) unterscheidet sich von der Bachforelle (unten) vor allem durch ihre Farbgebung und Zeichnung. Regenbogenforellen haben auffällige schwarze Punkte, auch auf den Flossen, und schimmern leicht rötlich. Bachforellen sind oliv-schwarzbraun gefärbt und besitzen oftmals entlang der Seitenlinie rote Punkte mit hellen Umrandungen. (HD)

Die Regenbogenforelle ist ein Vertreter der pazifischen Lachsartigen und damit nur sehr entfernt mit unserer heimischen Bachforelle, die vom atlantischen Lachs abstammt, verwandt. Beide Arten wurden zwar weltweit zusammen besetzt, Hybriden kommen in der Natur jedoch nicht vor.

Um 1880 wurde die Regenbogenforelle aus Nordamerika nach Europa eingeführt. Da sie etwas schneller als die heimische Bachforelle wächst und aufgrund ihres leicht höheren Fettgehalts auch für die Weiterverarbeitung (Räuchern) besser geeignet ist, hielt sie Einzug in die europäische Aquakultur. In der Wutach halten sich heute, obwohl seit 1993 nicht mehr besetzt wird, weiterhin Regenbogenforellen auf. Denn einige von ihnen laichen in der Wutach ab, wodurch sich ein kleiner, selbsterhaltender Bestand etablieren konnte. Negative Auswirkungen dieser Fische auf die einheimische Bachforelle (Konkurrenz um Nahrung und Laichplätze) wurden zwar vermutet, konnten aber bisher noch nicht einmal ansatzweise bestätigt werden. Es scheint, als ob in der Wutach Bach- und Regenbogenforelle ohne messbare Einflüsse nebeneinander existieren könnten.

Jahren eher noch an und scheinen sich nun auf einem Ertragsniveau einzupendeln, wie es auch mit Besatzmaßnahmen vorherrschte | 4.6.09 |. Zudem sollte man wissen, dass der Befischungsdruck in der Wutach relativ gering ist und von den Anglern lediglich ein vorsichtiges Abschöpfen des natürlichen Ertrags erfolgt. Eine sechsmonatige Schonzeit (von 1. Oktober bis 31. März darf nicht geangelt werden), besondere Angelauflagen und hohe Schonmaße sorgen für eine nachhaltige, extensive Entnahme.

Die Bewirtschafter haben demnach die Hege und Pflege der Fischbestände den Gegebenheiten angepasst. Gleichzeitig sorgten sie dafür, dass in schlechten Zeiten die Bachforelle aus dem Wutachtal nicht ganz verschwand, und sind heute intensiv um den dauerhaften Schutz aller Fischarten bemüht. Darüber hinaus ist die Besatzpolitik der Bewirtschafter über die Grenzen des Landes hinaus bekannt geworden und immer mehr Angelvereine versuchen, ein sogenanntes „Nullbesatz-Projekt“ auch an ihren Gewässern zu etablieren.

Die Bewirtschaftung der Wutach zeigt drei Dinge:

- Das heutige Fischbestandsmanagement entspricht der guten fachlichen Praxis.
- Die praktizierte Vorgehensweise besitzt einen Vorbildcharakter für andere Vereine.
- In unserer heutigen Kulturlandschaft ist weiterhin eines möglich: Schutz durch Nutzen.

4.6.11 | **Angler in der Wutach,** aufgenommen am 14. Juni 2005 in den Wutachflühen. (JB)

4.6.12 | **Die Groppe ist eine bodenorientierte Kleinfischart**, die in der Wutach noch in hohen Bestandsdichten vorkommt. Dank ihrer breiten Brustflossen kann sie sich problemlos auf größeren Steinen halten und wird nicht abgedriftet. (PR)

Die Groppe

Die Groppe ist ein Fisch aus der Familie der „Drachenkopfartigen" und wird in unseren Breiten meistens nicht größer als 15 cm. In der Wutach sind die meisten Exemplare zwischen 5 und 11 cm lang. Groppen leben am Grund zumeist kühler, strömungs- und sauerstoffreicher Bäche und Flüsse. Sie kommen aber auch sowohl in stehenden Gewässern wie dem Bodensee, als auch in tiefer gelegenen, periodisch wärmeren Flüssen, wie Neckar, Kocher und Jagst, vor. Groppen verstecken sich zumeist unter oder zwischen Steinen. Zur Nahrungsaufnahme verlassen sie ihre Verstecke und stellen sich teilweise mitten in die Strömung. Sie fressen in erster Linie am Grund vorkommende Wirbellose wie Bachflohkrebse oder Insektenlarven. Als Besonderheit ist anzumerken, dass Groppen keine Schwimmblase besitzen und sie diese „Auftriebshilfe" auch nicht brauchen, da sie den Gewässergrund so gut wie nie verlassen.

Groppen sind Höhlenlaicher, d. h. das Weibchen heftet an die Wände einer durch das Männchen vorbereiteten Höhle (zumeist unter einem Stein oder einer Baumwurzel) ihre Eier an. Das Männchen befruchtet diese dann und bleibt zur Bewachung in der Höhle. Mit den breiten Brustflossen fächert es zugleich immer wieder sauerstoffreiches Wasser zu den Eiern. All dies geschieht in der Wutach zwischen März und Anfang Mai.

Die Groppe ist ein Fisch, der zwar in der Wutach noch in hohen Dichten vorkommt, aber in vielen Bereichen noch nicht wieder seine alten Bestandsstärken erreicht hat. Der Ausbau unserer Gewässer machte dem Fisch zu schaffen, ebenso Wasserentnahmen, lokale Wassertemperaturerhöhungen und weitere Faktoren. Die Fischart ist daher nicht nur durch die Landesfischereiverordnung Baden-Württembergs ganzjährig geschont, sondern auch aufgrund ihrer Gefährdung und Bedeutung in die Fauna-Flora-Habitat-Richtlinie (FFH-Richtlinie) aufgenommen worden. In Folge dieser Listung wurden für den großflächigen Erhalt der heimischen Groppenbestände besondere Schutzgebiete ausgewiesen, so u. a. das über 3500 ha große Natura 2000-Gebiet Wutachschlucht (s. auch S. 423).

4.6.13 | **Die Äsche** – in der Wutach nicht im Schluchtbereich, sondern erst ab den Wutachflühen und weiter stromab zu finden. Ab einer Länge von ca. 25 cm kann man die Geschlechter der Tiere aufgrund ihrer „Fahne“, der segelartig vergrößerten Rückenflosse, unterscheiden. Denn bei Männchen ist diese deutlich größer und reicht angelegt bis an die Fettflosse heran. Auch schimmert die Rückenflosse während der Laichzeit intensiv in rötlichen, bläulichen und grauschwarzen Farbtönen. (PR)

Die Äsche

Die Äsche bewohnt sauerstoffreiche, saubere Flüsse mit hohem Strukturangebot. Sie benötigt zur Fortpflanzung eine kiesige Sohle und kommt gehäuft in Gewässern mit ausgeprägten Wasserpflanzenbeständen vor. Im Gegensatz zur Bachforelle bevorzugt sie jedoch etwas wärmeres und weniger turbulentes Wasser. In der Wutach beginnt ihr Vorkommen daher erst stromabwärts von Blumberg, also in den Wutachflühen. Denn erst ab hier sind etwas tiefere Züge mit leicht reduzierter Strömung zu finden. Höhere Dichten an Äschen existieren in der Wutach weiter stromab, insbesondere im Unterlauf und im Mündungsbereich, der noch im Austausch zum Hochrhein steht. Aufgrund des geringen Vorkommens im oberen Wutachgebiet haben die dortigen Fischereivereine die Art freiwillig unter eine ganzjährige Schonzeit gestellt. Äschen laichen im Frühjahr, zwischen März und Mai. Zuerst ziehen die Milchner auf geeignete Laichplätze und nehmen dort ein Revier ein. Diese Laichwanderungen sind teilweise sehr ausgeprägt und erfolgen über viele Flusskilometer. Die Weibchen ziehen wenige Tage bis Wochen nach den Männchen in die Bereiche nach und schlagen eine flache Laichgrube. Zumeist gelangen die Eier dabei nur wenige Zentimeter in das Sediment. Nach 25–35 Tagen schlüpfen die Fischlein und bereits nach ein bis eineinhalb Monaten steigen die Äschen aus dem Kies auf und stellen sich in ruhige, seichtere Bereiche ein. Nach einer Wachstumsphase von circa drei Jahren sind sie mit 25–30 cm laichreif. Äschen ernähren sich hauptsächlich von Bachflohkrebsen, Insektenlarven oder auch von auf der Wasseroberfläche landenden, eierablegenden, adulten Insekten. Größere Äschen fressen teilweise auch kleine Fische.

Insgesamt geht es der Äsche in Baden-Württemberg schlecht. Vor allem die Fraßaktivität des Kormorans macht der Art zu schaffen. Denn die Äsche ist aufgrund ihrer Lebensweise für den Kormoran relativ leicht zu erbeuten: Sie steht vornehmlich im offenen Wasser und nutzt kaum Verstecke, außerdem befindet sie sich während der Laichzeit gehäuft auf flachen, für den Kormoran gut zugänglichen Fließstrecken. Darüber hinaus behindern Wasserkraftanlagen die Laichwanderungen der Äschen, außerdem verstopfen Sedimentablagerungen das Kieslückensystem und reduzieren den Laicherfolg. Andere Faktoren, wie Gewässererwärmung und Wasserentnahmen, tragen mit zur Gefährdung bei. Nach der neuen Roten Liste der Fische, Neunaugen und Krebse Baden-Württembergs (Baer et al. 2014) gilt sie daher landesweit als „stark gefährdet“.

Insbesondere im Rheinsystem sind die Bestände stark rückläufig, der Bestand in der Wutach stellt daher auch landesweit betrachtet ein wertvolles Genreservoir dar. Vor diesem Hintergrund gilt es, den Äschenbestand der Wutach langfristig zu bewahren und nachhaltig zu entwickeln.

Das Bachneunauge

Bachneunaugen sind sehr alte Vertreter der Wirbeltiere. Sie haben sich seit ca. 500 Ma kaum verändert. Dieses lebende Fossil ist im biologischen Sinne kein Fisch, denn es hat weder paarige Flossen noch Kiefer, sondern lediglich einen Flossensaum sowie ein Saugmaul mit Hornzähnen und stempelartiger Zunge. Neunaugen stellen daher im Reich der Wirbeltiere eine eigene Gruppe dar. Juristisch betrachtet zählt das Bachneunauge jedoch zu den Fischen, da es Gegenstand des Fischereirechts ist (Fischereigesetz Baden-Württemberg). Daher findet man die heimischen Neunaugenarten oftmals unter dem Oberbegriff „Fische".

Heute geht man davon aus, dass das Bachneunauge eine stationäre Form des Flussneunauges ist und beide Formen möglicherweise ein und derselben Art angehören.

Die meiste Zeit ihres Lebens verbringen die Bachneunaugen in einer Larvenphase und werden dann „Querder" genannt. In dieser Phase ist das Auge noch nicht ausgebildet und höchstens als dunkler Fleck andeutungsweise zu erkennen. Die ca. 5–12 cm langen Querder benötigen auch keine Augen, da sie im lockeren sandigen bis leicht schlammigen Sediment eingegraben leben und dort feinste organische Partikel und Kleinstlebewesen aus dem Wasser filtrieren. Die Larvenphase dauert drei bis fünf Jahre, teilweise noch länger. Anschließend wandeln sie sich langsam zum erwachsenen Tier um und verlassen, nun mit klar erkennbarem Auge, als maximal 20 cm lange Individuen das Sediment. Zwischen März und Mai sammeln sie sich dann über kiesigem, sauberem und gut durchströmtem Substrat. Mit etwas Glück kann man zu der Zeit mehrere Dutzend Tiere auf einem etwa quadratmetergroßen Bereich beobachten und sehen, wie sie mit Hilfe ihres Saugmauls einzelne Kiesel fortbewegen und eine kleine Grube ausheben. Anschließend laichen sie über dieser Grube ab und sterben.

In der Wutach und in Teilen ihrer Zuläufe, z. B. in der Gutach, findet man nur an bestimmten Stellen Bachneunaugen. Denn strömungsberuhigte Bereiche, in denen sich Feinsediment ansammeln kann, sind hier natürlicherweise nicht weit verbreitet. Aber im Strömungsschatten alter Bäume oder unter ihren Wurzeln sowie in den Innenkurven mancher Biegungen sind Bachneunaugenhabitate zu finden. Ihre exakte Bestandsdichte im Wutachsystem ist aufgrund der versteckten Lebensweise schwer zu schätzen, aber es ist anzunehmen, dass eine intakte Bachneunaugenpopulation in angemessener Bestandsdichte existiert.

In Baden-Württemberg ist das Bachneunauge in weiten Bereichen aufgrund von Gewässerbau, Wasserentnahmen, Temperaturerhöhungen und anderen Faktoren gefährdet. Es unterliegt daher ebenso wie die Groppe einem besonderen Schutzstatus. Auch für diese Art wurden aufgrund der FFH-Richtlinie Schutzgebiete ausgewiesen, unter anderem das Natura 2000-Gebiet „Wutachschlucht".

4.6.14 | **Hier sieht man ausgewachsene Bachneunaugen** auf ihrer Laichgrube. Die Bezeichnung „Neunauge" ist etwas irreführend: Denn wenn man die Tiere anschaut, fällt auf, dass sie nur zwei Augen besitzen. Aber betrachtet man sie von der Seite etwas genauer, erkennt man sofort die sieben Atemöffnungen sowie die auf der Stirnplatte befindliche Riechgrube. Zählt man diese seitlich erkennbaren Öffnungen zusammen, kommt man auf neun „Augen". (PR)

Leben zwischen Wasser und Luft – Aquatische Insekten

Björn Frey

Die bedeutendsten und artenreichsten aquatischen Insekten des Wutachgebiets stellen zweifelsohne Eintagsfliegen, Steinfliegen und Köcherfliegen dar. Eine eher untergeordnete Rolle spielen Libellen. Jede Art aus diesen genannten Gruppen ist in ihrer Entwicklung obligatorisch an Wasser gebunden. Als ausgewachsene Insekten (sogenannte Imagines) genießen die Tiere meist höheren Bekanntheitsgrad als ihre im Wasser heranwachsenden und sich dort zum Teil verpuppenden Larven. Jedem aufmerksamen Wanderer, der in den frühsommerlichen Monaten Mai und Juni durch die Wutachschlucht wandert, werden die großen Schwärme von Eintagsfliegen und Steinfliegen oder auch die aufglänzenden Flügel von Prachtlibellen schon einmal aufgefallen sein.

Tatsächlich ist die Wutach hinsichtlich der Artenvielfalt und der Menge von ansonsten eher seltenen Arten ein wahres „El Dorado". Ausschlaggebend für den Artenreichtum „wassergeborener" Insekten sind in der Wutach mehrere entscheidende Faktoren:

1. Die besondere Geologie des Wutachgebiets

Da fünf bis sieben geologisch unterschiedliche Gesteinsschichten hier so dicht wie nirgendwo sonst in Deutschland liegen (s. auch S. 60), ändern sich die ökologischen Gegebenheiten relativ rasch. Aus kristallinen, kieselig-sauren Urgesteinen kommend, verändert sich der Chemismus des Flusses beim Queren der triassischen Schichten zu kalkig-basischen Verhältnissen, was sich wiederum in der Artenverteilung bemerkbar macht.

2. Die Naturbelassenheit des Flusses mit seiner Strukturvielfalt

In der Wutach und ihren Zuflüssen gibt es neben den vorherrschenden, für einen Gebirgsfluss charakteristischen, schnell fließenden Bereichen auch strömungsberuhigte Stellen. Diese Vielzahl an Mikrohabitaten – also sehr unterschiedlichen Klein- und Kleinstlebensräumen – ist eine wichtige Voraussetzung für die Artenvielfalt.

3. Die gute Wasserqualität der Wutach

Denn saubere Wasserverhältnisse sind eine der Grundbedingungen für die meisten aquatischen Insekten.

Einhergehend mit all diesen wichtigen Aspekten, bietet das Gewässernetz der Wutach mit seinen unterschiedlichen Zonierungen (s. auch S. 112) eine Vielzahl von verschiedenen Habitaten an. Daher ist dieses Gebiet Lebensraum und Rückzugsgebiet für verschiedene, sowohl weit verbreitete als auch und vor allem selten gewordene Arten.

Eintagsfliegen – Ausnahmsweise Imaginalhäutung

Eintagsfliegen (Ephemeroptera) | 4.7.01 | sind die urtümlichsten und erdgeschichtlich ältesten heute noch lebenden Fluginsekten. Erste fossile Belege stammen aus dem späten Karbon vor über 310 Ma. Den meisten Menschen sind Eintagsfliegen nur als Sinnbild der Kurzlebigkeit bekannt. Diese Eigenschaft bezieht sich jedoch allein auf die erwachsenen geflügelten Stadien, deren Hauptaufgabe die Fortpflanzung und somit den Arterhalt darstellt. Diesen – lediglich einige Stunden bis mehrere Tage lebenden – geflügelten Stadien geht eine mehrmonatige bis dreijährige (z. B. bei der Maifliege, *Ephemera danica*) larvale Phase, also vom Ei bis zur Larve, in den Brutgewässern voraus.

Die Larven der Eintagsfliegen stellen hohe Ansprüche an ihren Lebensraum. Es sollten saubere Fließgewässer sein, denn die meisten Arten tolerieren keine Gewässerverunreinigungen. Daher sind Eintagsfliegen wichtige Indikatororganismen bei

Gewässergüte-Untersuchungen und lassen durch ihre An- oder Abwesenheit Rückschlüsse auf den Zustand des betreffenden Gewässers zu. Das große Artenspektrum und die hohe Individuenzahl der Eintagsfliegen in der Wutach und ihren Zuflüssen zeugt von der inzwischen wieder geringen Belastung dieses Ökosystems.

Die meisten Eintagsfliegenlarven leben im Kieslückensystem und unter Steinen des Gewässergrunds. Doch gibt es auch Arten, deren Larven sich zwischen untergetauchten Pflanzen oder an ruhigeren Bach- und Flussabschnitten im Sediment eingegraben aufhalten. Man kann daher fünf wesentliche Lebensformtypen bei den Eintagsfliegenlarven unterscheiden: einen Schwimm-, einen Kriech-, einen Kletter-, einen Grabe- und einen Klammer-Typus. Sie alle sind Anpassungen an die verschiedenen ökologisch-physikalischen Gegebenheiten der unterschiedlichen Kleinstlebensräume innerhalb des Gewässers (s. S. 262 „Lebensformtypen bei Eintagsfliegenlarven").

Allgemein kann man Eintagsfliegenlarven daran erkennen, dass sie die Tracheenkiemen – also die Organe der Sauerstoffaufnahme – am Hinterleib tragen. Die Entwicklung der Larven, die sich bis zu fünfzigmal häuten, ist stark temperaturabhängig. Je nach Lebensraum und Lebensweise dienen ihnen Pflanzenreste und pflanzlicher Aufwuchs als Nahrung.

Das letzte Larvenstadium häutet sich zur voll geflügelten, jedoch noch nicht geschlechtsreifen sogenannten Subimago | 4.7.10 |. Hierbei erobert die Eintagsfliege die Luft als neuen Lebensraum. Dieses Subimaginalstadium ist unter den in der heutigen Zeit lebenden Fluginsekten einzigartig und wird allgemein als Relikt angesehen. Sogenannte „Imaginalhäutungen", also Häutungen des heranwachsenden Fluginsekts bis zur geschlechtsreifen Form, kommen ansonsten nur noch bei primär flügellosen Insekten (Urinsekten), wie beispielsweise dem Silberfischchen, vor.

Nach dem Schlupf sucht die Subimago Schutz in der nahegelegenen Ufervegetation. Je nach Art häutet sich dieses Stadium dann binnen weniger Minuten bis weniger Tage zur Imago, welche glänzende, durchscheinende Flügel aufweist. Die Imago stellt das geschlechtsreife Vollinsekt dar.

Die Imaginalhäutung stellt für die Subimago eine enorme Anstrengung dar, die mit großem Aufwand verbunden ist. Denn immerhin müssen neben dem ganzen Körper ja auch die filigranen Flügel mitgehäutet werden. Verständlich, dass in

4.7.01 | **Männliche Eintagsfliege** der Gattung *Baetis*, welche die häufigste Eintagsfliegengattung der Wutach ist. (PM)

Lebensformtypen bei Eintagsfliegenlarven

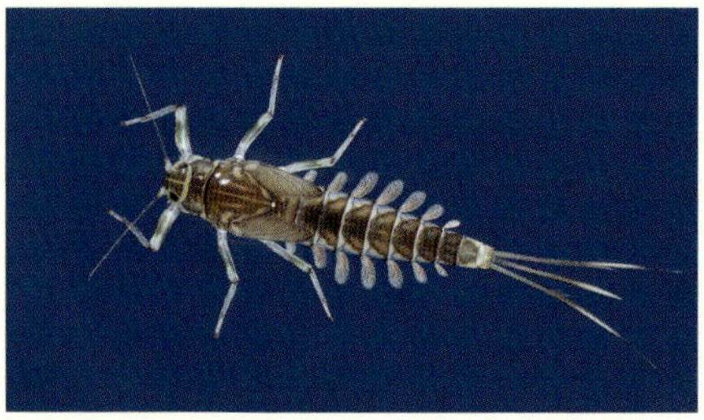

4.7.02 | Der Schwimm-Typus hat einen spindelförmigen Körper mit kräftigen Hinterleibsmuskeln. Die drei Schwanzanhänge am Körperende tragen Schwimmsäume, wodurch ein funktionstüchtiger Schwimmfächer entsteht. Zu diesem Typus zählt auch die häufigste Eintagsfliege der Wutach, der Glashaft (*Baetis rhodani*). (PM)

4.7.03 und 04 | Die Larven der Feuerfarbenen Eintagsfliege (*Serratella ignita*, links) und der Panzer-Eintagsfliege (*Torleya major*, rechts) sind Kletterer. Sie leben an untergetauchten Pflanzen. Ihre Körper tragen für zusätzlichen Halt dornförmige Fortsätze. Diese Dornen verhaken sich in Pflanzenteilen und verhindern dadurch ein Abdriften der Tiere bei starker Strömung. (PM)

4.7.05 | Der Kriech-Typus. Die Larven der Zarten Gabel-Eintagsfliege (*Habroleptoides confusa*) gehören zu den Kriechern bzw. Schlänglern. Sie leben in eher strömungsberuhigten Flussbereichen mit sich zersetzenden Pflanzenteilen und Falllaubansammlungen. (PM)

4.7.06 | Die wildromantische Wutachschlucht, hier mit der Gauchachmündung, ist Heimat einer Vielzahl unterschiedlicher Wasserinsekten, die auf saubere Wasserverhältnisse angewiesen sind. (MS.2013)

4.7.07 | Die Larven der Maifliege oder Dänischen Eintagsfliege (*Ephemera danica*) gehören zum Grabe-Typus. Sie leben eingegraben in Bereichen mit feinkörnigem Sand. Als Grabschaufeln dienen ihre verlängerten Kiefer und Vorderbeine. (PM)

4.7.08 und 09 | Die zum Klammer-Typus gehörenden Larven des Aderhafts (*Ecdyonurus venosus*, links) und des Gabelhafts (*Epeorus assimilis*, rechts) sind stark abgeplattet und leben in Flussbereichen mit starker Strömung. Dort ducken sie sich ganz dicht an die Oberfläche größerer Steine, um den Strömungswiderstand zu verringern. Zusätzlich bildet die Körperunterseite mit Hilfe der seitlichen Kiemen eine Art Saugnapf und verleiht der Larve noch mehr Halt. (PM)

dieser prekären Lage das zur Flucht unfähige Insekt vielen Räubern zum Opfer fallen kann. Vielleicht einer der Hauptgründe, warum alle übrigen – erdgeschichtlich jüngeren – Fluginsekten gänzlich auf eine Imaginalhäutung verzichten.

So verschieden die Larven der Eintagsfliegen durch die unterschiedlichen Lebensformtypen erscheinen, so ähnlich wirken ihre ausgewachsenen, geflügelten Stadien. Dies bezieht sich in allererster Linie auf ihre Lebensweise als Fluginsekt, denn in der Luft sind die ökologisch-physikalischen Bedingungen nicht so divers wie in einem Fließgewässer, sondern es zählen rein aerodynamische Aspekte. Diese werden durch eine weitere Besonderheit unterstützt: Die Mundwerkzeuge der erwachsenen Eintagsfliegen sind verkümmert, so dass sie keine Nahrung mehr aufnehmen können. Allein schon diese anatomische Tatsache beschränkt die Lebensspanne der Imagines auf die sprichwörtliche Kurzlebigkeit dieser Lebensphase. Die Unfähigkeit der Nahrungsaufnahme bedingt, dass der gesamte Magen-Darm-Trakt mit Luft gefüllt ist, was wiederum ein äußerst wichtiges Kriterium für die Aerostatik der geflügelten Stadien darstellt und ihr Flugverhalten im wahrsten Sinne des Wortes erleichtert.

In dem kurzen Dasein der erwachsenen Eintagsfliegen finden Schwarmflug, Paarung und bei den Weibchen noch Kompensationsflug mit Eiablage statt. Bei den kräftezehrenden Hochzeitsflügen steigen sie mit flatternden Flügelschlägen senkrecht empor und segeln anschließend mit ausgebreiteten Flügeln wieder hinab. Erscheint ein Weibchen in den aus etlichen Männchen bestehenden Schwärmen, so wird es sofort wahrgenommen und von einem der von unten heranfliegenden Männchen ergriffen | 4.7.11 |. Bald nach der Paarung sterben die erschöpften Männchen und fallen massenweise auf die Wasseroberfläche, womit sie neben den stets im Gewässer vorhandenen Larven einen wichtigen Teil der Fischbeute darstellen. Fliegenfischer machen sich diesen sogenannten „Spinnerfall" zunutze und angeln oft mit Eintagsfliegen-Attrappen | 4.7.15 |.

Die Weibchen hingegen führen zur Eiablage einen „Kompensationsflug" aus. Dazu fliegen sie stromaufwärts, um von vornherein ein künftiges, unvermeidliches Abdriften der Larven während ihres Lebens im Wasser auszugleichen. Am Ende dieses Kompensationsflugs werden die Eier direkt ins Wasser gelegt. Dabei gibt es je nach Artzugehörigkeit zahlreiche unterschiedliche Formen des Eiablageverhaltens, bei dem das Weibchen die runden bis ovalen, meist 150–200 µm (Mikrometer) großen Eier entweder im Flug unter der Wasseroberfläche absetzt (hierzu wird der Hinterleib kurz ins Wasser getaucht), abwirft oder sogar untertaucht und sie an das Substrat legt. (Dazu kriechen die Weibchen unter Wasser an Steinen oder untergetauchten Pflanzen entlang, um dort ihre Eier anzuheften.) Die Mehrzahl der Eihüllen verfügt über spezielle Haftstrukturen, die bei Wasserkontakt aktiviert werden. Dabei handelt es sich oft, wie z. B. beim Gabelhaft (*Epeorus assimilis*), um aufgewickelte Spiralfäden mit endständiger Haftstruktur, die sich im Wasser entspiralisieren und das Ei am Untergrund verankern. Mit der Eiablage schließt sich der Zyklus und die erschöpften Weibchen sterben bald oder sind für Räuber leichte Beute.

4.7.10 | **Die Subimago** (hier von *Habrophlebia lauta*) ist leicht an ihren milchig-trüben, fein behaarten Flügeln zu erkennen. Diese feine Behaarung bewirkt – ähnlich der Lotuspflanze – eine Unbenetzbarkeit der Flügel, wodurch die Eintagsfliege beim Schlüpfen dem Wasser trocken entsteigen kann. (PM)

4.7.11 | **Um die weibliche Silhouette** gegen den hellen Himmel besser wahrnehmen zu können, besitzen die Männchen vieler Arten sogenannte „Turbanaugen", welche die visuelle Wahrnehmung stark verbessern. (PM)

Steinfliegen – Trommelnd auf Partnersuche

Steinfliegen (Plecoptera) sind eher unauffällige Insekten, die aufgrund ihrer verborgenen Lebensweise meist wenig Beachtung finden. Die aquatischen Larven stellen ebenfalls hohe Ansprüche an die Gewässergüte, was sie gleichzeitig zu wichtigen Indikatororganismen bei Gewässeruntersuchungen macht. Die Wutach bietet mit ihrer guten Wasserqualität einer Vielzahl von Steinfliegenarten Lebensraum. Allein die hohe Dichte und die Vielzahl an Arten beeindrucken.

Steinfliegen tragen ihren deutschen Namen aufgrund der erwachsenen Tiere, die man oft auf Steinen und auch in der Ufervegetation laufend oder sitzend antrifft | 4.7.12 |. Dort verbringen sie die meiste Zeit, da sie eher schlechte Flieger sind und nur kurze Distanzen fliegen.

4.7.12 | Die Große Steinfliege (*Perla marginata*), die andernorts selten oder gar gefährdet ist, kommt in der Wutach geradezu massenhaft vor. Sie ist ein wahres Kleinod, das schon manch naturinteressierter Wanderer gesehen hat. (BF.2013)

Steinfliegenlarven begeben sich, wie die meisten anderen Wasserinsektenlarven auch, vor allem nachts auf Nahrungssuche | 4.7.13 |. Dann besteht keine Gefahr, Fischen und anderen Tieren zum Opfer zu fallen. Für kleinere pflanzenfressende Arten besteht allerdings weiterhin durch die größeren fleischfressenden aquatischen Insekten Gefahr. Tagsüber kann man sie, wie den Großteil anderer wassergebundener Insektenlarven, unter Steinen antreffen.

Die meisten kleinen Steinfliegen haben eine einjährige Generationszeit, während vor allem größere Arten einen Lebenszyklus von bis zu drei Jahren besitzen. Die meiste Zeit hiervon fällt dabei auf die Larvalphase. Die Larven dieser hemimetabolen Insekten – die sich ohne Puppenstadium in das geschlechtsreife Tier verwandeln – werden mit jeder der 20–30 Häutungen bis zur Schlupfreife dem geflügelten Insekt immer ähnlicher. Je nach Gattungszugehörigkeit nehmen die Larven ihren Sauerstoff lediglich über Hautatmung auf, oder sie tragen an spezifischen Körperstellen – niemals jedoch am Hinterleib wie bei den Eintagsfliegen! – Tracheenkiemen. Reste dieser Tracheenkiemen können auch noch im Imaginalstadium vorhanden sein, wie beispielsweise die „Halskiemen" bei Arten der Gattungen *Amphinemura* und *Protonemura* | 4.7.14 |.

Da Steinfliegen kälteresistenter als andere Wasserinsekten sind, kann das Wachstum der Larven auch während des Winters stattfinden. Dies ist aber nur in den oberen Abschnitten von Gewässern (wie Quellen oder Bergbächen) der Fall, in denen die Wassertemperatur nie auf den Gefrierpunkt sinkt. Daher treten die Imagines mancher Arten sehr früh im Jahr und allgemein sehr konstant auf. So kann man vor allem an den Zuflüssen der Wutach – wie Gauchach und Lotenbach – im Januar und Februar, wenn noch alles tief verschneit und vereist ist, eines der am frühesten auftretende Insekt des Gebiets beobachten: die Steinfliege *Leuctra prima*. Der Anblick dieser dunklen, auf Schnee und Eis umherlaufenden Tiere erstaunt jeden Beobachter angesichts der in Kälte erstarrten und scheinbar leblosen Umgebung.

Schlupfreife Larven verlassen besonders nachts das Gewässer und klettern auf Bäume, Felsen oder

Steine, wo sie sich zur Imago häuten. Die Imagines haben stark reduzierte Mundwerkzeuge, doch können vor allem kleinere Arten noch feste Nahrung wie Algen, Flechten, Pilze, Pollen oder Cyanobakterien (eine bestimmte Bakteriengruppe, die man früher als Blaualgen bezeichnete) aufnehmen. Größere Steinfliegen fressen nicht mehr. Die Imagines nehmen jedoch Flüssigkeit in Form von Wasser auf. Das unterschiedliche Fressverhalten der geschlechtsreifen Fluginsekten hängt mit der Körpergröße zusammen. Größere Arten haben bereits im Larvenstadium genug Reserven für den Eigenverbrauch als erwachsenes Insekt und zur Entwicklung der Eier angehäuft, sodass sie davon zehren können. Die kleineren Arten sind auch als Imago noch auf die Aufnahme fester Nahrung angewiesen.

Nach der larvalen Phase im Gewässer schlüpfen zuerst die Männchen | 4.7.16 |. Diese weisen oft kürzere Flügel auf als die Weibchen, bei manchen Arten sind sie sogar bis zur Flugunfähigkeit verkümmert. Männliche Steinfliegen sind daher immer nur in unmittelbarer Gewässernähe anzutreffen. Dort warten sie auf die etwas später schlüpfenden Weibchen. Steinfliegen zeigen ein interessantes Paarungsverhalten: Viele Arten „trommeln" zur Partnerfindung. Bei diesem Trommeln klopfen die Männchen in artspezifischer Frequenz mit dem Hinterleib auf den Untergrund und erzeugen somit einen Substratschall, dessen Lautstärke und Reichweite abhängig von der Beschaffenheit des jeweiligen Untergrunds ist.

Die Weibchen nehmen das vibrierende Klopfen wahr und antworten darauf mit Schlagen des Hinterleibs, bis sich beide Geschlechter gefunden haben und sich verpaaren. Nach der Begattung sterben die Männchen bald, während die Weibchen noch einige Tage bis zur Eiablage weiterleben. Wenn es soweit ist, treten 100–2000 je nach Art sehr verschieden geformte (von kugelig bis pyramidenförmig), wenige 100 µm große Eier aus dem Hinterleib des Weibchens, bleiben dort aber aneinander haften und bilden auf diese Weise einen Eiballen. Diesen Eiballen trägt das Weibchen solange mit sich, bis es eine geeignete Stelle zur Ablage im Gewässer gefunden hat. Bei der Eiablage wird das Eipaket entweder im Flug aus einigen Dezimetern Höhe abgeworfen, oder das Weibchen taucht den Hinterleib ins Wasser und die Eier sinken einzeln auf den Grund oder werden mit der Strömung weiter flussabwärts verfrachtet. Ähnlich den Eintagsfliegen tragen viele Eier an ihrer Oberfläche spezielle Ankerstrukturen, welche im Wasser aufquellen und das Ei an den Untergrund anheften.

4.7.13 | Die nach dreijähriger Entwicklungszeit bis zu knapp 3 cm großen, ausgewachsenen Larven der Großen Steinfliege gehören zu den größten Räubern unter den Wasserinsekten der Wutach. Ihr kräftiger, gelb-schwarz gemusterter Körper ist stark abgeplattet und somit ideal an stark überströmte Flussbereiche angepasst. (BF.2013)

4.7.14 | Imago der Steinfliege ***Protonemura praecox***, welche auch als erwachsenes Tier noch Reste der larvalen Halskiemen trägt. (BF.2014)

4.7.15 | Entwicklungszyklus der Eintagsfliege

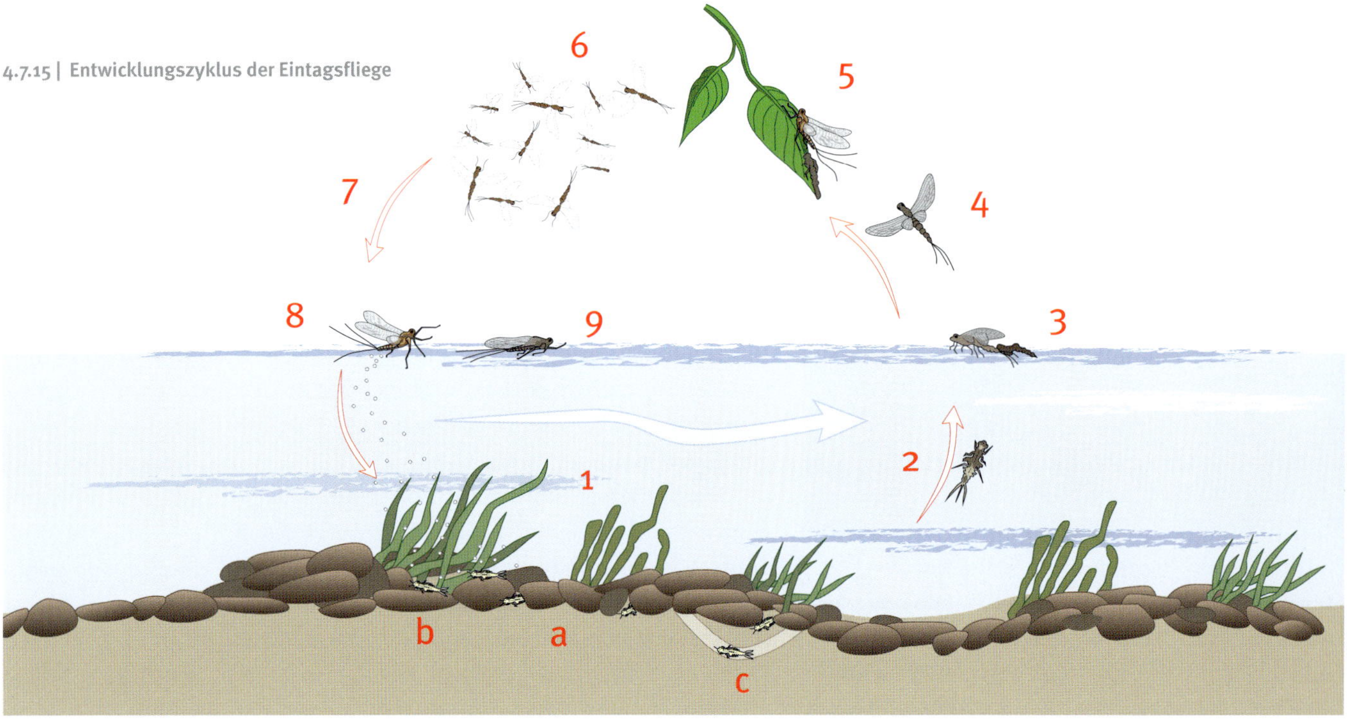

1) Ei- und Larvalentwicklung, je nach Lebensformtyp in verschiedenen Lebensräumen des Gewässers: a: im Kieslückensystem und unter Steinen b: an und zwischen untergetauchten Pflanzen c: eingegraben im Sediment 2) Aufstieg der schlupfreifen Larve an die Wasseroberfläche 3) Schlupf zur Subimago 4) Subimaginalstadium 5) Subimago schlüpft zur geschlechtsreifen Imago 6) Schwarmflug und Paarung 7) Kompensationsflug der Weibchen 8) Eiablage 9) Absterben der Imagines – „Spinnerfall“ (HD nach verschiedenen Autoren.2013)

4.7.16 | Entwicklungszyklus der Steinfliege

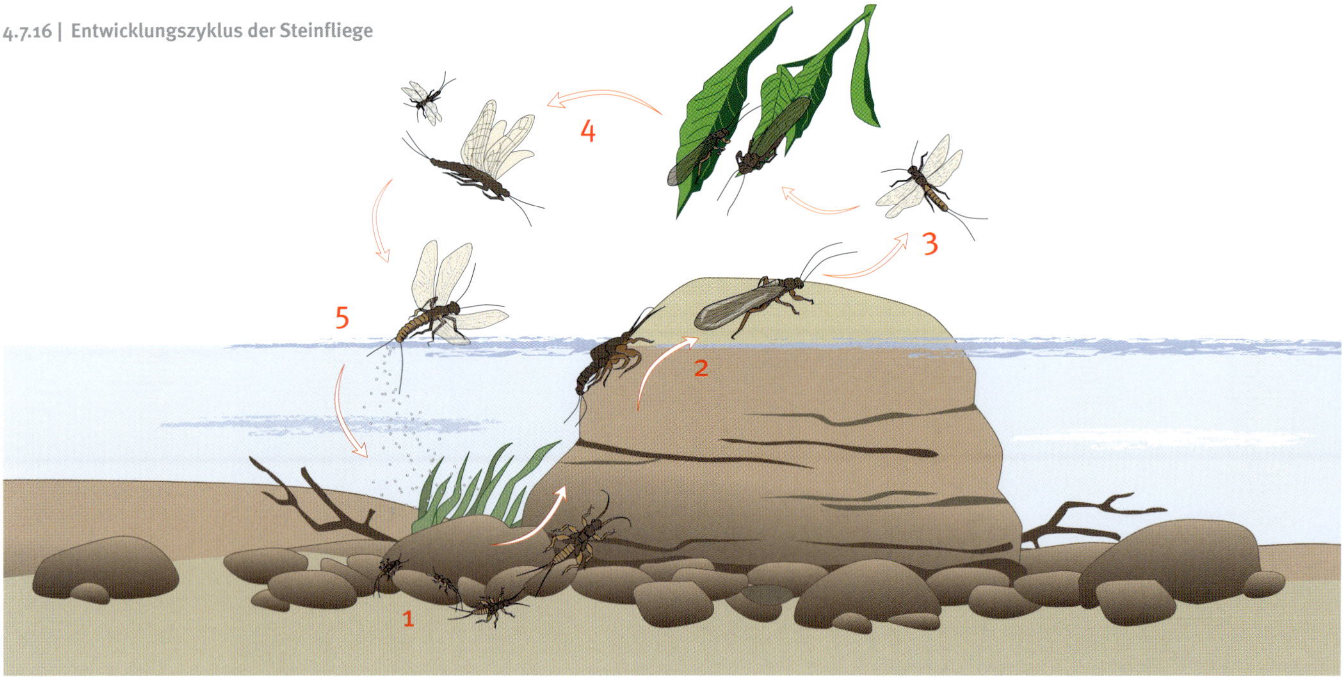

1) Ei- und Larvalentwicklung am Gewässergrund 2) Schlupfreife Larven klettern an Steinen, Ästen o. ä. durch die Wasseroberfläche an die Luft und häuten sich zur Imago 3) Imagines fliegen in nahe Ufervegetation 4) dort Partnersuche und Paarung 5) Eiablage und baldiges Absterben (HD verändert.2013)

4.7.17 | Entwicklungszyklus der Köcherfliege

1) Ei- und Larvalentwicklung der köcherlosen und der gehäusetragenden Arten am Gewässergrund 2) Verpuppung der Larve 3) Puppe verlässt ihre Puppenhülle und steigt zur Wasseroberfläche 4) Schlupf zur Imago 5) Imagines suchen die nahe Ufervegetation auf 6) Schwarmflug 7) Eiablage (HD verändert nach verschiedenen Autoren.2013)

4.7.18 | Verallgemeinerter Entwicklungszyklus der Libelle

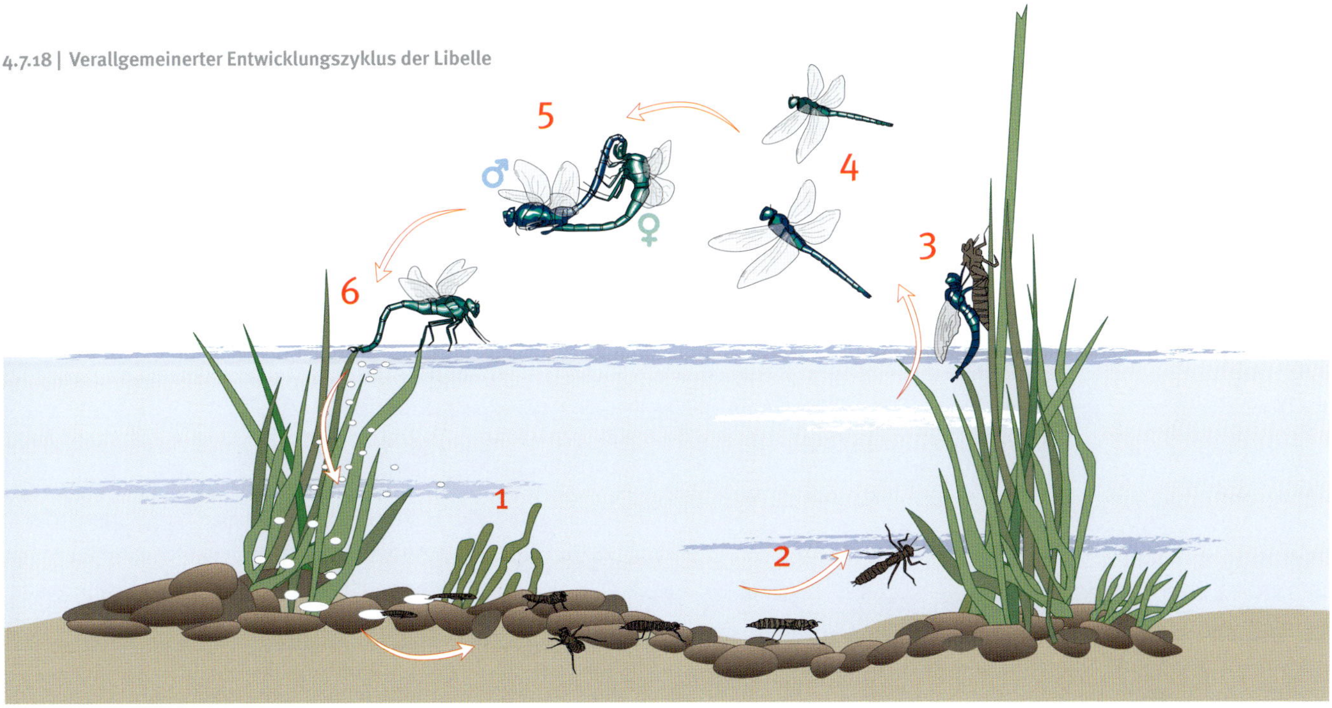

1) Ei- und Larvalentwicklung im Gewässer 2) Schlupffreife Larven klettern an Pflanzen o. ä. aus dem Wasser 3) Schlupf zur Imago 4) Patroullieren in den Jagdhabitaten 5) Paarung 6) Eiablage (HD verändert nach verschiedenen Autoren.2013)

Köcherfliegen – Nachtschwärmer an der Wutach

Im Gegensatz zu allen bisher beschriebenen Wasserinsekten sind Köcherfliegen (Trichoptera) | 4.7.19 | sogenannte holometabole Insekten mit einer vollständigen Metamorphose (Verwandlung), also einer Puppenphase zwischen dem Larval- und dem Imaginalstadium, in der diese Verwandlung stattfindet.

4.7.19 | Köcherfliegen haben zumeist eine unscheinbare bräunlich gelbe Färbung und tragen ihre Flügel dachförmig über den Hinterleib gelegt. Die mehr als körperlangen Fühler werden in Ruhehaltung weit nach vorne gestreckt. (WP)

Ihr deutscher Name „Köcherfliegen" bezieht sich auf die köcherähnliche Gehäuse bauenden Larven. Jedoch bauen nicht alle Gruppen Köcher: Die räuberischen Larven der Familie Rhyacophilidae sind beispielsweise „köcherlos". Der wissenschaftliche Name „Trichoptera" (gr.: trichos – Haar; gr.: pterón – Flügel) dieser Insektenordnung bezieht sich dagegen auf die behaarten Flügel der Imagines | 4.7.23 | und weist gleichzeitig auf die enge Verwandtschaft zu ihrer stammesgeschichtlichen Schwestergruppe, den Schmetterlingen (Lepidoptera; gr.: lepidos – Schuppe), hin. In der Tat kann man bei ausgewachsenen Köcherfliegen eine gewisse Ähnlichkeit zu Kleinschmetterlingen (wie z. B. Nachtfaltern) nicht abstreiten.

Neben Eintagsfliegen und Steinfliegen gehören Köcherfliegen zu den bedeutendsten Wasserinsekten der Wutach. Ebenso wie diese sind sie Indikatororganismen für die Bewertung der biologischen Gewässergüte und den ökologischen Zustand (s. S. 110 „Biologische Gewässergüte").

Weltweit sind Köcherfliegen, nach den zu den Zweiflüglern (Diptera) gehörenden Mücken und Schnaken, die artenreichste Ordnung innerhalb der Wasserinsekten. Sie besiedeln fast alle Süßwasserbereiche, doch kommen die weitaus meisten Arten in Fließgewässern vor. Selbst anspruchsvolle Lebensräume wie periodisch austrocknende Gewässer und Brackwasser des marinen Randbereichs werden von manchen Köcherfliegenarten bewohnt.

An der Wutach ist die Hauptflugzeit der meisten Arten die warme Jahreszeit von Frühling bis in den Herbst, mit einem Höhepunkt in den Sommermonaten Juni, Juli und August. Normalerweise tritt eine Generation pro Jahr auf; in heißen Jahren kann jedoch eine zweite im Herbst folgen. Dies liegt daran, dass die Entwicklung der Eier und Larven stark temperaturabhängig ist. So dauert die Eientwicklung unter günstigen Bedingungen meist zwei bis drei Wochen, wohingegen eine Überwinterung diese deutlich ausdehnt. Ebenso verhält es sich mit der larvalen Entwicklung, die einschließlich der Puppenphase je nach Art sieben bis elf Monate dauert.

Die Atmung findet bei Junglarven erst über die Haut statt, bevor sich in den anschließenden Larvenstadien Tracheenkiemen am Hinterleib ausbilden und diese Aufgabe übernehmen. Die meisten Arten durchleben fünf Larvenstadien mit vier Häutungen und ein Puppenstadium. Die Larven der Köcherfliegen leben aquatisch. Einzige Ausnahme hiervon sind die landbewohnenden Larven der Gattung *Enoicyla*.

Im Allgemeinen sind die Larven von raupenähnlicher Gestalt. Während die vorderen Körper-

4.7.20 | Köcherlose Larve der Gattung *Rhyacophila* mit büschelförmigen Tracheenkiemen am Hinterleib und dem Nachschieber am hinteren Körperende. (BF.2012)

4.7.21 | Gehäusetragende Köcherfliege der Art *Odontocerum albicorne*. (BF.2013)

abschnitte mit Kopf, Brust und Beinen gepanzert sind, ist der faden- oder büschelförmige, Tracheenkiemen tragende Hinterleib weich. Am Hinterleibsende befindet sich ein Paar ungegliederter Beine mit Krallen, der sogenannte „Nachschieber". Mit diesem Nachschieber können sich die Larven am Untergrund anheften oder den Köcher festklammern.

Bei den Larven der Köcherfliegen kann man verschiedene Lebensformtypen unterscheiden, die einen allmählichen Übergang von köcherlosen zu köchertragenden Formen erkennen lassen. Die räuberisch lebenden Larven der Bergbach-Köcherfliegen (Gattung *Rhyacophila*) sind „freilebend" und streifen ohne Köcher im Kieslückensystem der Wutach umher | 4.7.20 |. Um ein Abdriften im Fluss zu vermeiden, sichern sie sich mit Gespinnstfäden aus ihren Spinndrüsen am Gewässergrund. Zahlreiche Arten, wie beispielsweise die Gelbgefleckte Netzköcherfliege (Gattung *Polycentropus*), bauen Netze am Gewässergrund, mit denen sie heranströmende Nahrungspartikel aus dem Wasser filtern. Daneben gibt es auch Arten, die ortsfeste Gehäuse mit davor schräg zum Wasserstrom aufgespannten Fangnetzen bauen. Diese Bauweise bewerkstelligen vor allem Arten aus der Familie der Hydropsychidae (Wassergeistchen) | 4.7.22 |. Vierter und am weitesten verbreiteter Lebensformtyp ist jener der namengebenden köcher- oder gehäusetragenden Larven | 4.7.21 |. Die transportable, körperlange Wohnröhre, die an einen Köcher erinnert, wird artspezifisch aus verschiedenen Materialien, wie Pflanzenteilen, Sand oder kleinen Steinchen, mit Hilfe feiner Spinnfäden zusammengebaut. Oft muten diese Köcher sehr hübsch an und sind wahre kleine Kunstwerke. Ein solcher Köcher wird von den Larven ständig mit sich umhergetragen, bei Gefahr ziehen sie sich in ihn zurück. Des Weiteren bietet er aufgrund seines Eigengewichts, das die Larve besser am Grund hält, und seiner Sperrigkeit, die das Gehäuse zwischen den Steinen verankert, einen gewissen Schutz gegen das Abdriften im Fluss (s. auch S. 122).

Die Larven der meisten gehäusetragenden Arten ernähren sich vorwiegend von pflanzlichem Material, wie stark zerfallener Pflanzensubstanz, Algen und Pflanzenresten. Ergänzend hierzu

4.7.22 | **Larve eines Wassergeistchens** der Art *Hydropsyche instabilis*. Wie alle Köcherfliegenlarven besitzt sie Spinndrüsen, welche in der Mundregion ausmünden. Mit ihnen bauen die Wassergeistchen kleine Netze zwischen Steinchen, um Nahrungspartikel aus der Strömung zu filtern. (BF.2013)

4.7.23 | **Die Haare auf den Flügeln** der ausgewachsenen Köcherfliege *Philopotamus ludificatus* weisen auf ihre enge Verwandtschaft zu den „Schuppenflüglern" hin. Sowohl die Haare als auch die Schuppen der Schmetterlinge (die eigentlich abgeplattete Haare darstellen) sind Gebilde der Insektenhaut und verleihen durch ihre jeweiligen Farbmuster den erwachsenen Insekten ihr arttypisches Aussehen. (WP)

nehmen manche von ihnen zusätzlich tierische Nahrung auf. Dagegen leben die meisten köcherlosen Arten räuberisch.

Die ausgewachsenen Larven verpuppen sich am Ende des letzten Larvenstadiums. Gehäusetragende Arten tun dies direkt in ihrem Köcher, während freilebende Arten einen eigenen Puppenköcher dafür anfertigen. Dieser ist ein aus Seide gesponnener, wasserdurchlässiger Kokon, der mittels Seidenfäden an der Unterseite von Steinen oder Pflanzen befestigt wird. Vor allem im Juli und August kann man in der Wutach unter größeren Flusssteinen große Ansammlungen noch verpuppter Larven oder bereits leerer Puppenköcher finden.

4.7.16 24 | ***Lasiocephala basalis* ist eine sehr häufige Köcherfliegenart** im Wutachgebiet. Ihre Larve baut sich einen Köcher aus kleinen Sandkörnchen. (WP)

Die Puppenruhe dauert etwa zwei bis vier Wochen. In dieser Zeit findet die Verwandlung zur Imago statt. Während dieser Phase versorgt sich die Puppe durch wellenförmige Pumpbewegungen des Körpers, die einen steten Wasserstrom durch den Puppenköcher erzeugen, mit frischem Atemwasser.

Nach der Puppenruhe beißt die reife Puppe den Puppenköcher auf und kriecht aus ihm heraus. Anschließend steigt sie zur Wasseroberfläche auf und schlüpft dort zur Imago | 4.7.17 |. Die Männchen schlüpfen einige Tage bis Wochen vor den Weibchen und warten auf deren Erscheinen. Nach dem Schlupf fliegen sie in die Ufervegetation und verharren dort mehrere Stunden, während derer sie ihre Flügel vollends strecken und aushärten. Ähnlich den Eintagsfliegen vollführen auch Köcherfliegen zur Partnerfindung Schwarmflüge. Die meisten Arten schwärmen in der Dämmerung oder sogar der beginnenden Nacht und nur manche während des Tages. Im Gegensatz zu dem „geordnet" erscheinendem Schwarmflug der Eintagsfliegen scheint bei den kreuz und quer fliegenden Köcherfliegen ein Durcheinander zu herrschen. Tatsächlich liegt diesen Schwarmflügen jedoch ebenfalls ein synchronisiertes Schema zugrunde.

Nach der Partnerfindung findet die Begattung im Ufergebüsch statt. Während die Männchen bald darauf sterben, fliegen die Weibchen zur Eiablage stromaufwärts (Kompensationsflug). Die Lebensdauer der Imagines reicht von zwei bis vier Wochen bei Arten, die schon sofort nach dem Schlupf geschlechtsreif sind, bis zu fünf Monaten bei Arten, welche erst im Herbst geschlechtsreif werden.

Die Eiablage erfolgt meist nachts und je nach Art auf unterschiedliche Weise: Bei vielen Arten kriecht oder taucht das Weibchen mit einem Luftvorrat zwischen den Flügeln unter Wasser und legt dort die Eier als sogenannten Kittlaich an Steine und andere Oberflächen. Andere werfen den zunächst am Hinterleib anhaftenden Eiballen einfach über dem Wasser ab oder sie tauchen ihren Hinterleib ins Wasser und entlassen auf diese Weise die Eier. Manche Arten legen ihre Eier gar nicht ins Wasser, sondern außerhalb davon in einer Gallerthülle an gewässerüberhängende Blätter und Äste. Diese Gallerte schützt den Laich vor Austrocknung an der Luft. Die schlüpfenden Larven fallen dann direkt in das Gewässer oder werden von Regen oder Hochwassern in das Wasser gespült. Bald nach der Eiablage sterben die entkräfteten Weibchen oder werden Beute von Fischen, Vögeln oder anderen Räubern.

Libellen – glitzernde Jäger

Die Libellen (Odonata) sind in der Wutachschlucht sowohl in ihrer Artenzahl als auch in ihrem Vorkommen längst nicht so zahlreich und verbreitet wie die anderen, hier vorgestellten Wasserinsekten. Zwar gibt es vor allem einige Großlibellen, die die Schluchten von außerhalb kommend als Jagdrevier nutzen, doch die Anzahl der Arten, welche die Wutach als Entwicklungsgewässer für ihre Larven in Anspruch nehmen, ist relativ gering. Dies liegt in erster Linie an der Beschaffenheit der Wutach und ihrer Zuflüsse selbst. Die für Gebirgsbäche und -flüsse charakteristische starke Strömung bietet den meisten Libellenlarven einen kaum geeigneten Lebensraum. Die überwiegende Zahl der Libellenarten benötigt Stillgewässer oder nur langsam durchströmte Gewässerzonen, in denen ihre Larven heranwachsen können. In zweiter Linie ist die Libellenarmut aber auch eine Folge der Topografie, das heißt der tief eingeschnittenen Erosionsschluchten, die selbst im Hochsommer eine längere Besonnung der Gewässer im Talgrund ausschließt. Solche strömungsarmen und gut besonnten Habitate sind an der Wutach eher rar.

Dennoch gibt es einige Arten, die an die ökologischen Bedingungen des Gebiets angepasst sind und ausschließlich in schnell fließenden, sauerstoffreichen Bächen und Flüssen vorkommen. Naturbelassene Fließgewässer sind in unserer heutigen Zeit selten geworden, folglich auch die Arten, welche auf diese intakten Lebensräume angewiesen sind. Daher wundert es nicht, dass das naturnahe Wutachgebiet, mit seinem Strukturreichtum und der guten Wasserqualität, auch hinsichtlich der Libellenfauna einige Kostbarkeiten birgt. Zu ihnen zählt beispielsweise die gefährdete Zweigestreifte Quelljungfer (*Cordulegaster boltonii*) | 4.7.25 |.

Lebensweise der Larven

Sowohl die aquatischen Larven als auch die terrestrischen Imagines leben räuberisch. Obwohl Libellen zu den hemimetabolen Insekten gehören – welche nur eine unvollständige Verwandlung (Metamorphose) vollziehen und deren Larven allgemein mit jeder Häutung den erwachsenen Tieren immer ähnlicher werden – unterscheiden sich Libellenlarven in Aussehen und Lebensweise jedoch deutlich von den geschlechtsreifen Fluginsekten.

Die Larven | 4.7.26 | besitzen zum Beutefang eine unter den Insekten einmalige Struktur, die sogenannte Fangmaske. Sie wird aus der umgewandelten Unterlippe (Labium) gebildet und kann blitzartig hervorschnellen. Die Beute wird dabei von zwei Greifern (Labialpalpen) ergriffen und zum Mund geführt, wo sie von den Kiefern (Mandibeln und Maxillen) zerkleinert wird. Die Larven sind gefräßige Räuber mit einem weiten Beutespektrum, das von Bachflohkrebsen über Eintags- und Steinfliegenlarven bis hin zu Köcherfliegenlarven reicht, deren solide Gehäuse von ihnen sogar geknackt werden können. Ist im Biotop wenig Beute vorhanden, schrecken sie sogar vor dem Verzehr eigener Artgenossen nicht zurück. Libellenlarven sind Lauerjäger, die meist unbeweglich zwischen untergetauchten Pflanzenteilen auf das Vorbeikommen potenzieller Beute warten. Letztere wird über den Seh- und Tastsinn wahrgenommen. Bei knappem Nahrungsangebot gehen sie jedoch aktiv auf Jagd und streifen langsam auf Beutesuche umher. Bei Gefahr, etwa durch einen Fisch, vermögen die behäbig wirkenden Tiere sehr schnell die Flucht zu ergreifen und außerhalb der Gefahrenzone zu gelangen. Hierzu können vor allem die Larven der Großlibellen Atemwasser, das zuvor durch die normale Atemtätigkeit in den Enddarm gepumpt wurde, plötzlich auspressen und so wie mit einer Düse durch das Wasser schnellen.

Die meisten Larven schlüpfen drei bis vier Wochen nach der Eiablage. Während der larvalen Phase häuten sie sich je nach Artzugehörigkeit etwa zehnmal. Bei der Mehrzahl der Arten dauert diese Phase etwa zwei bis drei Monate. Große Arten

4.7.25 | **Die Zweigestreifte Quelljungfer** ist eine der größten und gleichzeitig langlebigsten einheimischen Libellen. Wegen der langen Larvalentwicklung sind die gelb-schwarz gefärbten erwachsenen Tiere dieser Art ein seltener Anblick. (HH)

4.7.26 | **Die Larven der Zweigestreiften Quelljungfer** benötigen je nach Temperatur bis zu fünf Jahre zur Schlupfreife. Sie leben eingegraben im sandig-schlammigen Substrat strömungsberuhigter und seichter Stellen der Wutach und vor allem kleinerer Bäche. (FJS)

verbringen jedoch eine viel längere Zeitspanne als Larve. Zu ihnen gehört auch die Zweigestreifte Quelljungfer, deren Larven je nach Temperatur bis zu fünf Jahre für die Entwicklung benötigen.

Neigt sich die larvale Phase ihrem Ende zu, stellen die Larven das Fressen ein und tiefgreifende Umwandlungsprozesse beginnen. Unter der Larvenhaut bildet sich die Fangmaske zurück, die Augen, die Brustabschnitte und der Hinterleib vergrößern sich und die Flügel werden gebildet.

Leben außerhalb des Wassers

Für den Schlupf, der meist nachts oder in den frühen Morgenstunden sonniger Tage erfolgt, klettern die Larven an nahegelegenen senkrechten Pflanzenstängeln oder Ästchen empor | 4.7.18 |. Dort prüfen sie mit nach hinten und zur Seite gerichteten Bewegungen, ob genügend Raum für die Häutung zur Verfügung steht. Durch gerichtetes Einpumpen von Blutflüssigkeit und Schlucken von Luft vergrößern sich Kopf und Brustabschnitt, bis die Larvenhülle aufreißt und sich die Libelle in ihrer geflügelten Gestalt hinauszwängt. Während des Schlupfes werden immer wieder Pausen eingelegt. Die Schlupfphase ist wohl der sensibelste und gefährlichste Zeitraum der gesamten Entwicklung. Schon ungünstige Witterungseinflüsse, wie einsetzender Regen, können durch zusammenklebende Flügel das Todesurteil bedeuten. Nachdem sich die Libelle vollständig aus der Larvenhülle befreit hat, wird Blutflüssigkeit in die Flügel und alle übrigen Körperteile gepumpt, bis die letztendliche Größe erreicht ist. Das Aushärten der Flügel kann bis zu 30 Stunden dauern. Doch bereits vorher tritt die Libelle einen allerersten kurzen Jungfernflug an.

Libellen sind ausgezeichnete Flieger, die sogar in der Lage sind, wie ein Hubschrauber die Position in der Luft zu halten oder rückwärts zu fliegen. Sie können in Sekundenbruchteilen beschleunigen und eine Spitzengeschwindigkeit von 40 km/h erreichen, mit Rückenwind entsprechend mehr. Auch sind viele Arten ausdauernde Flieger, die sich an schönen Sommertagen von morgens bis abends ständig in der Luft bewegen. Auf langen Wanderrouten, ähnlich denen von Zugvögeln, können binnen weniger Tage mehrere Hundert bis Tausend Kilometer zurückgelegt werden.

Die Beine der Libellen sind zum Laufen kaum noch geeignet, sondern für das luftige Leben zweckdienlich umgewandelt. Sie zeigen sich mit Dornen besetzt und die Beinstellung ist leicht nach vorn geneigt. Dadurch ergibt sich ein nach vorn gerichteter Fangkorb, welcher das Fangen fliegender Insekten effektiv erleichtert und ein Festhalten an den Sitzwarten von Halmen und Ästchen weiterhin ermöglicht | 4.7.27 |.

Die umherfliegenden Libellen trifft man hauptsächlich an schönen Sonnentagen der Sommermonate an. Dann sind diese wärmeliebenden Tiere am aktivsten. Entweder jagen sie über Wiesen, an

Waldrändern und in der Wipfelregion der Bäume nach anderen Insekten oder man entdeckt sie direkt am Fluss oder an den Bächen, wo meist Männchen nach Weibchen patrouillieren.

Anders als alle anderen hier besprochenen Wasserinsekten haben Libellen, vor allem durch ihr gutes Flugvermögen, nicht nur ein Habitat am Gewässer, sondern mehrere Teilhabitate. Neben dem Fortpflanzungshabitat, das sich am Gewässer befindet und somit auch das Eiablagehabitat ist, besitzen sie noch Ruhe- und Jagdhabitate, welche mehrere Kilometer vom Gewässer entfernt sein können. Dieser Aspekt sollte besonders beim Libellenschutz bedacht werden, wo neben dem Entwicklungsgewässer der Larven auch diese entfernteren Habitate der erwachsenen Libellen mit einbezogen werden müssen.

4.7.27 | **Die langbeinigen Larven der Blauflügel-Prachtlibelle** (*Calopteryx virgo*) leben in strömungsberuhigten Fluss- oder Bachbereichen zwischen Falllaub und untergetauchten Pflanzen und Wurzeln. Die dunkelblau gefärbten Flügel der Männchen spielen bei der innerartlichen Kommunikation eine wichtige Rolle. Mit ihnen verteidigen Männchen ihr Territorium am Gewässer gegenüber anderen Männchen durch Drohgebärden oder ritualisierte Flugkämpfe. Auch werden sie bei Balzflügen gekonnt zur Schau gestellt, um die Gunst eines Weibchens zu erlangen. Da diese Libellen relativ standorttreu und wenig scheu sind, kann man ihr interessantes Verhalten gut beobachten. (LT)

Vielgestaltig und erfolgreich – Käfer aus der Wutachschlucht

Jürgen Kless

Im Wutachgebiet stellen wir einen außerordentlichen Wandel der Landschaftsgestalt innerhalb kurzer Distanzen fest. Dies erklärt sich durch die reiche geologische Gliederung mit dem Wechsel vom kristallinen Grundgebirge bis zu den Malmkalken des Juras und das Eindringen des jungen rheinischen Flusssystems in die alten Talzüge der Donau. Die Vielfalt der Hangformen und tiefgreifende Unterschiede in chemischer Zusammensetzung und Struktur der Böden schaffen verschiedenste Lebensräume mit ganz unterschiedlichen mikroklimatischen Verhältnissen (s. auch S. 131 ff). Solche Fülle lässt sich andernorts nur selten beobachten.

Das Wutachgebiet kann also durchaus als ein „Hotspot der ökologischen Vielfalt“ bezeichnet werden, also als ein Ort mit besonderem Reichtum an Lebensräumen. Die Vielfalt der ökologischen Nischen wirkt sich naturgemäß auf die Flora des Tals aus sowie auf die Fauna und hier besonders auf die Kleintierwelt. Da Käfer die artenreichste Tiergruppe der Erde darstellen, wird man deshalb auch an der Wutach innerhalb dieser Insektenordnung einen besonderen Formenreichtum erwarten können.

In den folgenden Abschnitten werden einerseits auffällige, für das Gebiet besonders charakteristische Käfer vorgestellt, andererseits wird aber auch auf einige zoogeografisch bedeutsame Funde eingegangen. Dazu gehören etwa „montane“ Arten, die nur in den Bergen leben, oder „oreoalpine“, die ausschließlich in den Alpen und angrenzenden Gebirgen vorkommen. Ebenfalls zu besprechen sind einige Beispiele für „boreomontan“ verbreitete Tiere. Sie wurden sowohl im hohen Norden als auch in den mitteleuropäischen Gebirgen nachgewiesen, aber nicht in dem dazwischen liegenden Tiefland.

Chronik zur Untersuchung der Käferfauna im Wutachgebiet

Die Erforschung der Käferfauna begann vor über 100 Jahren. Stierlin (1900) nannte eine Reihe von Arten aus dem Randen, der das Wutachgebiet im Osten begrenzt. Hartmann (1911, 1926) veröffentlichte eine Liste uferbewohnender Käfer aus dem Jahre 1908, die besonders im Vergleich mit den heutigen Verhältnissen aufschlussreich ist. Vereinzelte Meldungen finden sich ferner bei Lauterborn (1926, 1928) und Wolf (1935, 1938). Später hat auch Horion (1955, 1956) Funde aus dem Wutachgebiet publiziert. Eine umfassende Untersuchung der Käferfauna wurde von Kless (1961a, b) durchgeführt; über 1400 Arten und ihre Verteilung auf die verschiedenen Lebensräume der Schlucht werden genannt. Einige Zusatzfunde aus neuerer Zeit stammen von Rähle (1972), Baum (1976), Roppel (1979, 1990) und Maus (1985).

Käfer der Talsohle

Arten der Wiesen, Pestwurz- und Hochstaudenfluren, Auwälder

Wandert man von der Wutachmühle aus ein Stück talaufwärts, so treten bald die Bäume zurück und der Weg führt durch feuchte Auwiesen. Hier kann man mitunter einem etwa 3 cm großen Laufkäfer begegnen, mit fein gestreiften Flügeldecken, die grünen, kupfrigen oder – wenn auch selten – blauen Metallschimmer zeigen. Es handelt sich um *Cara-*

bus monilis | 4.8.02 |. Er bevorzugt offene Habitate mit kalkigem oder lehmigem Boden und lebt wie die weitaus meisten Laufkäfer (Familie Carabidae) räuberisch. Er jagt auch am Tage, ganz im Gegensatz zu den meisten anderen Vertretern seiner Familie, die nachts nach Beute suchen.

Näher zum Wasser hin fallen mächtige Pestwurzbestände auf. Die riesigen Blätter zeigen oft Fraßspuren von Schnecken. Manche der Fraßspuren stammen aber auch von zwei auffälligen, schwarzen Rüsselkäferarten (Familie Curculionidae) mit gelblichen Schuppenflecken: dem Großen Pestwurzrüssler (*Liparus glabrirostris*) | 4.8.01 |, fast 2 cm lang, und dem etwas schmächtigeren Kleinen Pestwurzrüssler (*Liparus germanus*). Beide sind ausgesprochene Gebirgstiere und sind flügellos. Ihre Larven leben in den Wurzelstöcken der Futterpflanze. Ganz allgemein gilt *L. germanus* als die weiter verbreitete und häufigere Art, an der Wutach ist dagegen *L. glabrirostris* öfter zu beobachten. An feuchten, schattigen Stellen, etwa in Hochstaudenfluren am Fuß der Hänge, lebt an verschiedenen Kräutern *Donus comatus*, ein fast 1 cm großer Rüsselkäfer mit stark gerundeten, unscheinbar bräunlichen Flügeldecken, die ein helles und dunkles Gitterfleckenmuster tragen. Auch ihm fehlen die Hautflügel. Seine Larven leben ektophag, d. h. außen an den Blättern der Futterpflanze; auch die Verpuppung in einem Kokon geschieht außen an den Stängeln. In vielen Gebieten gilt diese Gebirgsart als selten, aber an der Wutach lässt sie sich regelmäßig beobachten.

4.8.01 | *Liparus glabrirostris* bewegt sich nur langsam und bedächtig; sein besonders dicker Chitinpanzer schützt ihn vor vielen Feinden. Gleiches gilt für seinen nahen Verwandten *L. germanus*. (URK)

Nur wenig größer, aber viel auffälliger zeigt sich *Chrysolina coerulans* aus der Familie der Blattkäfer (Chrysomelidae). Das hochgewölbte Tier mit blauvioletter, kupfrig oder goldgrün irisierender Oberseite lebt an Minzearten, besonders an Wasser-Minze, ist weit verbreitet und tritt gelegentlich sogar in Hausgärten auf. An verschiedenen Doldengewächsen entwickelt sich eine für die Wutachaue ganz besonders typische Art, der noch buntere

4.8.02 | *Carabus monilis* ist eine west- und mitteleuropäische Art, die in Deutschland etwa bis zur Elbe vorkommt. (URK)

4.8.03 | Die Eier von *Oreina alpestris variabilis* beginnen ihre Entwicklung bereits im mütterlichen Körper, so dass die Junglarven schon bald nach der Eiablage schlüpfen können. Diese Ovoviviparie ist eine wichtige Anpassung an die kurze Vegetationsperiode im Gebirge. (URK)

Alpenblattkäfer (*Oreina alpestris*) mit dem treffenden Unterartnamen *variabilis*. Die meisten Tiere schimmern grün mit einem blauen Längswisch auf jeder Flügeldecke. Es treten aber auch einfarbig blaue | 4.8.03 | oder sogar völlig schwarze Tiere auf. An den Weidenbüschen der Auwälder leben wieder andere Arten, z. B. *Chrysomela vigintipunctata* mit gelben, schwarz gefleckten Flügeldecken | 4.8.04 |, oder der von den Blattkäfern recht abweichend gestaltete *Pachybrachis sinuatus*. Sein eher zylindrisch geformter Körper wirkt vorn und hinten fast abgestutzt | 4.8.05 |. Das nur 4 mm große Tier, gelb mit schwarzer Zeichnung, ist südlich der Alpen

4.8.04 | Der auffällige, nicht gerade häufige Käfer *Chrysomela vigintipunctata* ist über Sibirien bis Japan verbreitet. (JK)

4.8.05 | Die schwarze Zeichnung des wärmeliebenden Käfers *Pachybrachis sinuatus* ist sehr variabel, oft ist deshalb zur genauen Artbestimmung die Untersuchung der männlichen Genitalorgane notwendig. (JK)

4.8.06 | Die beiden *Hoplia argentea* haben sichtlich Mühe, in das Innere dieser Trollblumenblüte zu gelangen. Eigentlich bevorzugen Käfer Blüten, die einen leichteren Zugang zu Nektar und Pollen gewähren. (RIK)

weit verbreitet und dringt westlich und östlich von ihnen in den Süden Mitteleuropas ein. Das Vorkommen dieses seltenen Käfers an der mittleren Wutach zeigt, wie stark die Talsohle gegenüber der Umgebung klimatisch begünstigt ist.

Im Sommer lockt die Blütenfülle der Staudenfluren und Gebüschränder zahlreiche Insekten an. Bei günstigem Wetter beobachtet man gelegentlich auf blühendem Mädesüß oder den Dolden des Wiesen-Kerbels *Hoplia argentea* in Mengen | 4.8.06 |. Die Flügeldecken dieser Käfer sind dicht gelb oder zimtbraun beschuppt, die Unterseite glänzt golden. In der Größe ähnelt *Hoplia* dem häufigen Gartenlaubkäfer, *Phylloperta horticola*. Beide Arten gehören zur Familie der Blatthornkäfer (Scarabaeidae); ihre letzten Fühlerglieder bilden eine „geblätterte Keule". Beim viel größeren Maikäfer, der auch dieser Verwandtschaft angehört, ist das gut zu erkennen. Die Lebensweise der Larven ist bei den drei Arten in etwa gleich, sie fressen Wurzeln.

Auch einige recht große Blatthornkäfer, die sich aber im morschen Holz der Wälder entwickeln | 4.8.07–08 |, nutzen das reiche Blütenangebot. Neben den häufigen Rosenkäfern *Cetonia aurata* und *Protaetia cuprea* kann hin und wieder der stattliche, metallisch grün bis dunkel kupferbraun schimmernde *Gnorimus nobilis* beobachtet werden | 4.8.09 |. Regelmäßig findet sich auch der deutlich kleinere, gelb-schwarz gefleckte *Trichius fasciatus* auf den Blüten | 4.8.10 |.

BÖHME & SCHMITZ (2001) werfen die Frage auf, ob diese Art mit ihrer Färbung und ihrem Verhalten wehrhafte Hautflügler imitiert. Sieht man den Käfer von oben oder von der Seite, erinnert er mit seinem Haarpelz und der Art des Laufens an eine Hummel. Sitzt er aber, den Kopf tief in eine Blüte versenkt, zeigt sich nur das Körperende mit zwei schwarzen Aufwölbungen, die wie Augen glänzen können | 4.8.10–11 |; zwei gelbliche Dreiecksflecke auf der Hinterleibsspitze lassen sich als drohend geöffnete Kieferzangen einer großen Wespe deuten. Die langen Fußglieder der abgespreizten Hinterbeine wirken wie Fühler. In dieser Haltung verharrt der Käfer und lässt sich auch durch leichtes Anstoßen nicht stören.

4.8.07 | Die Larve von *Cetonia aurata* bevorzugt bodennahes Faulholz (Stubben, liegende Stämme) und entwickelt sich sogar in Komposthaufen, besonders wenn diese Holzabfälle enthalten. (JK)

4.8.08 | Die Puppe eines *Trichius fasciatus* unter der Rinde eines morschen Stammes. Im Gegensatz zu den Puppen der Schmetterlinge liegen bei Käfern Fühler und Beine frei. Unter der Hinterleibsspitze sieht man Reste der abgestreiften letzten Larvenhaut. (JK)

4.8.09 | Der seltene, bis zu 2 cm große *Gnorimus nobilis* ist in Europa weit verbreitet, von Oslo bis Neapel, aber immer nur stellenweise im Hügel- und Bergland. (BVK)

4.8.10 | Das riesige Verbreitungsgebiet des auffälligen *Trichius fasciatus* erstreckt sich von Europa über Sibirien bis Wladiwostok. Im norddeutschen Tiefland wird er jedoch nur selten beobachtet. (URK)

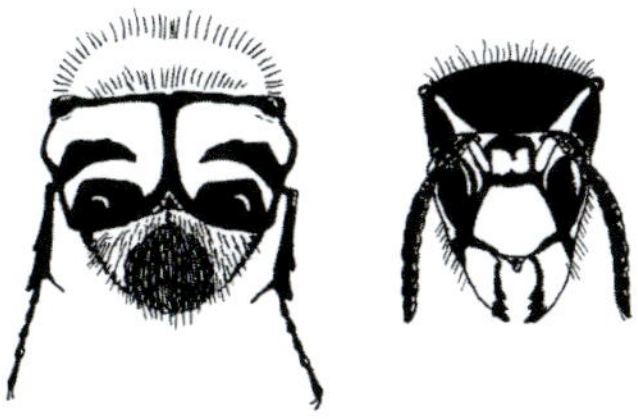

4.8.11 | Pinselkäfer (*Trichius* spp.) ahmen mit ihrem Hinterleib (links) den Vorderkörper einer aggressiven Faltenwespe (z. B. *Vespula*) nach (rechts). Wenn sie beim Besuch von Disteln vornüber im Blütenkopf stecken, bleiben sie bei Störung in der Position und wedeln mit den Hinterbeinen wie Wespen mit den Fühlern (aus BÖHME & SCHMITZ 2001). (GS)

Musizierende Käfer

Wolfgang Pankow

In der Wutachschlucht begegnen dem Wanderer häufig leuchtend rote, etwa 6 mm große Käfer, die auf den Blättern von Türkenbundlilien, gelegentlich auch auf denen der Maiglöckchen sitzen. Diese Käfer gehören zu den Blattkäfern (Familie Chrysomelidae) aus der Gattung der Lilienhähnchen (*Lilioceris*) | 4.8.12 |, die ihre zwei deutschen Namensteile

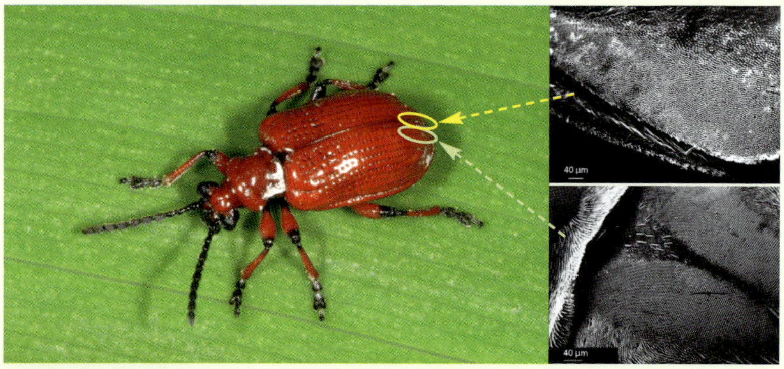

4.8.12 | Das Lilienhähnchen *Lilioceris merdigera* ... und sein Zirporgan. (MIS)

von ihren Eigenschaften erhalten haben: Sie ernähren sich – ebenso wie ihre Larven – von den Blättern von Liliengewächsen, und „Hähnchen" deutet darauf hin, dass sie zu einer Lautäußerung fähig sind: Sie zirpen. Davon kann man sich leicht selbst überzeugen, indem man einen dieser Käfer ganz vorsichtig zwischen Daumen und Zeigefinger einklemmt und ans Ohr hält. Das lässt sich auch im eigenen Kleingarten ausprobieren, denn die Käfer entwickeln sich an allen möglichen Liliengewächsen. Man findet bei näherem Hinschauen auch die Larven: Diese sitzen frei auf den Blättern, in die sie Löcher nagen oder die sie bei starkem Befall auch gänzlich abfressen. Allerdings tarnen sie sich mit ihrem eigenen weichen Kot, sodass sie wie ein gallertiges Vogelkothäufchen aussehen | 4.8.13 |. Die leuchtend rote Farbe des Käfers signalisiert wie bei vielen anderen, auffallend rot gefärbten Insekten, dass er nicht genießbar ist. Er produziert zu seiner chemischen Verteidigung Giftstoffe, die er im Körper ablagert (Phenylalanin-Derivate).

4.8.13 | Die Larve des Lilienhähnchens. (MIS)

Wie aber macht der Käfer seine Geräusche? Das Prinzip ist leicht erläutert: Ein Kamm wird über eine Kante gezogen oder umgekehrt, und die dadurch verursachten Schwingungen der Zähne des Kamms verursachen ein Geräusch. Kamm („Schrillleiste") und Kante („Schrillkante") dürfen sich an verschiedenen Körperteilen befinden, diese müssen nur gegeneinander bewegt werden können. Feldheuschrecken zirpen zum Beispiel, indem sie mit einer Dörnchenreihe an den Hinterschenkeln über eine Kante an den Vorderflügeln streichen. Die Lilienhähnchen, ebenso die nah verwandten kleineren Distel-, Getreide- und Spargelhähnchen (Gattungen *Lema*, *Oulema* und *Crioceris*, ebenfalls aus der Blattkäfer-Familie), reiben mit einem Feld aus parallelen Rippen auf dem letzten Hinterleibssegment über eine Zähnchengruppe im hinteren Bereich der Flügeldeckennaht. Da sie aufgrund ihrer geringen Körpergröße keinen besonders großen Resonanzkörper ausbilden können, ist ihr Gezirpe allerdings ziemlich leise.

Ähnlich, aber oftmals lauter können auch einige Aaskäferarten (Gattung *Nicrophorus*, Familie Silphidae) zirpen. Die meist langfühlerigen Bockkäfer (Familie Cerambycidae) | 4.8.14 |, die häufig auf den Schirmblüten zu beobachten sind, zirpen (stridulieren) ebenfalls, aber sie machen das anders. Sie reiben den Hinterrand des Halsschilds über ein Riefenfeld auf der Oberseite der Mittelbrust, wenn man sie zwischen den Fingern festhält, wodurch der Eindruck entsteht, sie würden „nicken".

Warum diese Käfer zirpen, ist bei vielen Arten inzwischen bekannt. Bei Mistkäfern zum Beispiel dient der „Gesang" der Partnerfindung. Aber bei den Lilienhähnchen „unterhalten" sich Männchen und Weibchen nicht. Mit größter Wahrscheinlichkeit wird hier die Lauterzeugung zur Abwehr von möglichen Fressfeinden eingesetzt; und so erschrecken die Käfer denn auch den unbedarften Menschen, der sie „in die Zange" nimmt. Weil dieser mit dem Geräusch und auch mit der damit verbundenen Vibration nicht rechnet, öffnet er im Idealfall die Finger und der Käfer hat seine Freiheit wieder.

4.8.14 | Der überall häufige Blütenbockkäfer *Rutpela maculata* und sein Zirporgan. (WP)

Arten vegetationsloser Ufer und Schotterbänke

Steinige, vegetationslose Ufer, vor allem aber ausgedehnte Schotterbänke sind für das Wutachgebiet besonders charakteristisch. Jedes Hochwasser führt hier zu mehr oder weniger starken Veränderungen. Mächtige Steinblöcke, faustgroße Gerölle und grobe Kiese und Sande werden immer wieder umgelagert. Die Höhe der Bänke und die Struktur des Lückensystems wandeln sich laufend. Bei Besonnung erhitzen sich die oberen Partien sehr stark und trocknen aus, tiefere Zonen werden durch Sickerwasser wirksam gekühlt. Durch diese Vorgänge entstehen die unterschiedlichsten ökologischen Nischen, die von entsprechend spezialisierten Arten besiedelt werden können.

Vor allem verschiedene kleine, etwa 5 mm messende Laufkäfer kommen hier vor. Die flachen, grünlich oder bräunlich metallisch glänzenden Tiere leben vorwiegend von winzigen Collembolen (Springschwänzen) und gehören zur Gattung *Bembidion*. Die häufigste und anspruchsloseste Art ist das boreomontan verbreitete *Bembidion tibiale*, es toleriert auch geringe Beschattung. *Bembidion geniculatum*, fast ebenso häufig, bevorzugt etwas kühlere Stellen an rasch fließendem Wasser. Auf völlig sterilen, voll besonnten Schotterflächen werden wieder andere Arten beobachtet, z. B. das montan verbreitete *Bembidion millerianum* oder *Bembidion ascendens* | 4.8.15 |, bei 8 mm Länge ein verhältnismäßig großes Tier. *Bembidion varicolor*, mit vorn rotgelben und hinten dunkel bläulich metallisch schimmernden Flügeldecken | 4.8.16 | zeigt eine oreoalpine Verbreitung. Außer an der Wutach besteht noch eine kleine Population an der Argen. Ist der Schotter ein wenig verschlammt, findet man *Bembidion prasinum* oder *Bembidion atrocoeruleum*, etwas Sand führende Stellen im schwachen Schatten bevorzugt *Bembidion monticola*. Am wenigsten Sonne verträgt *Bembidion stomoides*.

Man könnte diese Aufzählung noch weiter fortsetzen. 31 *Bembidion*-Species wurden in der Schlucht nachgewiesen, etwas mehr als die Hälfte aller in Baden-Württemberg vorkommenden Arten: ein Zeichen für die hohe ökologische Diversität des Wutachgebiets.

Von den 120 verschiedenen Kurzflüglerarten (Staphylinidae), die an den Ufern der Wutach nachgewiesen wurden, sieht man normalerweise fast nichts. Die Käfer leben versteckt unter Steinen und angeschwemmtem Material. Die Familie trägt ihren Namen, weil die Tiere so stark verkürzte Flügeldecken besitzen, dass in der Regel ihr Hinterleib unbedeckt bleibt. Das häutige zweite Flügelpaar liegt zusammengefaltet unter den kurzen Decken und ist voll funktionsfähig. Manche Uferarten sind durch eine feine, dicht anliegende Behaarung unbenetzbar und vermögen sogar von der Wasseroberfläche her aufzufliegen.

4.8.15 | Das Verbreitungsgebiet von *Bembidion ascendens* ist auf die Mittel- und Hochgebirge Europas beschränkt. (JK)

4.8.16 | Das etwa 5 mm lange *Bembidion varicolor* lebt unter grobem Geröll versteckt dicht an der Wasserlinie. (JK)

4.8.17 | Rechts: ***Geodromicus nigrita*** **verbirgt sich**, wie die meisten uferbewohnenden Kurzflügler, unter angeschwemmten Pflanzenresten. (JK)

4.8.18 | Ganz rechts: Die winzige Art ***Aegialia sabuleti*** ist zwischen den Sandkörnern leicht zu übersehen. Die Larven sind unbekannt. (JK)

Aus der großen Zahl der vorkommenden Arten seien drei vorgestellt: *Geodromicus nigrita*, 5 mm lang, breit und flach gebaut, schwarz, ist im Wutachgebiet häufig und kann als Charakterart dieser Uferbiotope gelten | 4.8.17 |. *Ocalea concolor*, etwas kleiner und schlanker, ebenfalls montan verbreitet, wird nur sehr selten gefunden. Die Nachweise von der mittleren Wutach und aus der Gauchachschlucht sind die einzigen in Baden-Württemberg. *Hydrosmecta eximia* erreicht nur 2,5 mm Länge. Die westeuropäische Art ist im Alpenvorland weit verbreitet, wird aber nur sehr selten beobachtet.

Der bemerkenswerteste Uferkäfer ist *Aegialia sabuleti* | 4.8.18 |, ein nur 4,5 mm großer Blatthornkäfer, schwarz, mattglänzend, grob punktiert. Im Habitus ähnelt er den kleinen Käfern (Gattung *Aphodius*), die frischen Kuh- oder Pferdedung anfliegen. Die Art ist weit verbreitet, von Südsibirien über die Gebirge Ost- und Mitteleuropas bis in den höchsten Norden Skandinaviens. Da Ufertiere leicht verschwemmt werden, wundert es nicht, dass auch aus dem mitteleuropäischen Tiefland einige Nachweise vorliegen. Nach Horion (1958) ist somit von einem boreo-disjunkt-montanen Verbreitungstyp zu sprechen, vorausgesetzt, es liegen bei *Ae. sabuleti* in Wirklichkeit nicht zwei verschiedene Arten vor, was namhafte Autoren annehmen. Larven der Tiere kann man zur Klärung nicht heranziehen, denn die sind unbekannt.

Kurzer Exkurs über die zoologische Nomenklatur

Leser, die noch die Wutachmonografie von 1971 kennen, mögen erstaunt sein, dass man che Käfer, die in der „alten“ Ausgabe als Beso derheit erwähnt wurden, im vorliegenden Beitrag einen veränderten Namen tragen ode anscheinend gar nicht mehr genannt werden Die Verwunderung ist durchaus verständlich denn der „Internationale Code für die Zoolo sche Nomenklatur“ (ICZN) müsste eigentlic die Gewähr für Kontinuität und internationa Einheitlichkeit der wissenschaftlichen Name bieten. Dieses Ziel soll durch das sogenannte Prioritätsprinzip erreicht werden: Wird ein Tier mehrfach beschrieben und erhält es dadurch immer wieder neue Namen, gilt nur de älteste, alle übrigen werden ungültig: Man bezeichnet sie als Synonyme. Bis ein solcher Fal entdeckt und das Tier seinen ursprünglichen Namen zurückerhält, vergehen allerdings oft viele Jahre. Das Prioritätsprinzip gilt für die Gattungs- und unabhängig davon auch für di

KÄFER DER TALFLANKEN

Arten von Rohböden an Rutschungen und Wegböschungen

An den steilen Hängen im Trias-Bereich der Schlucht kommt es immer wieder zu kleineren oder größeren Rutschungen. Die so entstehenden vegetationsfreien Flächen werden je nach Bodenart von den verschiedensten Käfern besiedelt.

Hier begegnen uns andere Vertreter der bereits oben erwähnten Gattung *Bembidion*. Am wenigsten spezialisiert ist *Bembidion deletum*, es findet sich selbst auf kleinen Lehmstellen an Wurfböden gestürzter Bäume oder an Wegböschungen. Auf mäßig feuchten, teilweise beschatteten Kalkmergelhängen dominiert *Bembidion stephensii*, mit 6,5 mm verhältnismäßig groß. Noch feuchtere, quellige Stellen besiedelt das kleine *Bembidion milleri* (4,5 mm). *Bembidion illigeri*, mit je zwei kleinen gelben Flecken auf den Flügeldecken, braucht richtig nassen Boden. Am Hangfuß, wo Pfützen stehen bleiben, taucht *Bembidion varium* auf.

Wie an den Uferbiotopen leben auf den Rohböden auch wieder Kurzflügler, vor allem *Stenus*-Arten, etwa *Stenus fossulatus*. Auf diese Käfergruppe wird später in anderem Zusammenhang noch eingegangen.

4.8.19 | Die weit vorgestreckten Oberkieferzangen und die löffelförmigen Taster von *Cychrus attenuatus* sind gut zu erkennen. (URK)

tnamen rückwirkend bis 1752, dem Erscheingsjahr der 10. Auflage von Linnés „Systema turae".

Da sich die Bestimmungen des ICZN nur die Formalien der Namensgebung beziehen, ht aber auf die Forschung in der zoologien Systematik, steht es jedem Bearbeiter i, eine Art von einer Gattung in eine andere versetzen oder eine Artengruppe von einer ttung abzuspalten und sie mit einem neuen ttungsnamen zu belegen. Als Beispiel sei *heta bavarica* erwähnt, ein kleiner Kurzgler aus den Wutachschottern. Nach dem oritätsprinzip musste sein Name in *Atheta imia* geändert werden, und nach einer Abaltung von der Ursprungsgattung heißt er n *Hydrosmecta eximia*.

Die Hoffnung, dass in ferner Zukunft einal jedes Tier seinen endgültigen Namen trägt, trügerisch, denn die vielen in den letzten hrzehnten neu vergebenen Namen erwiesen h im Nachhinein als synonym zu bereits gülgen. Man kann annehmen, dass das auch in n nächsten Jahrzehnten der Fall sein wird.

Arten des Waldbodens

Schnecken sind in der Wutachschlucht allgegenwärtig. Im Kalkbereich sind vor allem Gehäuseschnecken mit zahlreichen Arten und hohen Individuendichten vertreten (s. auch S. 314). Für Schneckenfresser, und dazu zählen viele Laufkäfer, liegt deshalb hier ein bevorzugter Lebensraum. Der dunkel bronzeschimmernde *Cychrus attenuatus*, ein Gebirgstier, und der etwas größere, mattschwarze *Cychrus caraboides*, der auch im Flachland vorkommt, sind für die Schneckenjagd hervorragend angepasst. Ein langer, schmaler Kopf mit nach vorn gerichteten Fresszangen und eine schlanke Vorderbrust ermöglichen es ihnen, weit in ein Schneckenhaus einzudringen | 4.8.19 |. An den Körperseiten tief herabgezogene, eng anliegende Flügeldecken schützen die Atemöffnungen vor Schleim. Auch andere Laufkäfer, die bevorzugt von Schnecken leben,

4.8.20 | ***Carabus intricatus*** auf Schneckenjagd: Das hochstehende Moos zwingt zu einer stelzenden Gangart. (URK)

4.8.21 | ***Carabus irregularis*** frisst an einer noch jungen Weinbergschnecke; das zarte Gehäuse ist zerbissen. (URK)

4.8.22 | ***Necrophilus subterraneus*** an einer auf dem Weg zertretenen Bänderschnecke (*Cepaea*). (JK)

zeigen, wenn auch abgeschwächt, diese schlanke Kopfform: Zum Beispiel der intensiv tintenblaue *Carabus intricatus* | 4.8.20 |, mit 3,5 cm Länge ein auffälliges Tier. Unser stattlichster Laufkäfer, der Lederlaufkäfer (*Carabus coriaceus*), wendet eine andere Methode an. Kleine Gehäuse werden einfach zerbissen, und die Gehäuseöffnung der von ihm bevorzugten, recht großen Weinbergschnecken bietet dem Käfer genügend Platz, um ausreichend fressen zu können. Der viel zierlichere, aber dickköpfige *Carabus irregularis*, mit kupferbraun schimmernden Flügeldecken, in die unregelmäßig verteilte goldgrüne Grübchen eingestochen sind, geht ähnlich vor | 4.8.21 |.

Kleine Reste der Schneckenmahlzeit bleiben wohl immer in den Häusern hängen. Darauf ist *Necrophilus subterraneus* spezialisiert, eine schwarze, 7 mm lange, flache Art aus der Verwandtschaft der Aaskäfer | 4.8.22 |. Dass sie auch etwas anderes frisst als Schneckenfleisch, zeigt folgende Beobachtung: In einer achtlos weggeworfenen Bierflasche, die im Wald lag, hatten sich unzählige Insekten gefangen, waren gestorben, in Verwesung übergegangen und teilweise zerfallen. Wie eine genauere Untersuchung ergab, waren dadurch 14 *Necrophilus* in die Falle gelockt worden (KLESS 2006). Dieser Fall stimmt deshalb so bedenklich, weil in den letzten 50 Jahren im ganzen Schwarzwald kein einziger Nachweis dieses Käfers gelungen ist (Frank & Konzelmann 2002). Der Befund zeigt aber auch, dass die Art wohl nicht so selten sein kann, wie es schien. Sie wird übersehen, weil sie tagsüber in leeren Schneckenhäusern sitzt. (Zur Ehrenrettung der Wutachwanderer sei noch bemerkt, dass die Flasche nicht in der Schlucht, sondern an einem weit entfernten Waldparkplatz lag.)

Ein Laufkäfer muss noch erwähnt werden, *Pterostichus hagenbachii* | 4.8.23 |, ein unscheinbarer, schwarzer Käfer. Er ist auffällig flach gebaut und lebt unter Steinen auf dem tonig-schmierigen Boden der unteren Hanglagen im mittleren Schluchtabschnitt. Sein Verbreitungsschwerpunkt liegt in den Westalpen; über den Schweizer Jura hat er das Wutachgebiet erreicht. Hier befindet sich sein einziges deutsches Vorkommen.

Als Besonderheit ist *Neohilaria subterranea* zu nennen, hellbraun und nur 2,7 mm lang. Sie scheint im Gangsystem von Kleintieren, etwa Regenwürmern, zu leben und wird wohl deshalb nur sehr selten gefunden. Der Nachweis am „Durchlöcherten Fels" im mittleren Teil der Schlucht ist der einzige in Baden-Württemberg.

Etwas mehr Platz benötigt *Omalium validum*. Das bis auf den Kopf gelbbraune Tier ist mit seinen 4–5 mm das größte seiner Gattung und lebt montan bis alpin in Mäusegängen und Maulwurfsnestern.

Die helle, für Kurzflügler untypische Färbung der beiden genannten Arten beruht auf einem im Laufe der Evolution eingetretenen Pigmentverlust, der bei vielen in dauernder Dunkelheit lebenden Tieren zu beobachten ist.

In den Höhlen des Wutachgebiets wurden zwar auch Käfer gefunden, aber sie gehörten nur zur Fauna des feuchten Waldbodens. Erwähnenswert wäre höchstens *Catops longulus* (Cholevidae), ein boreomontan verbreiteter Käfer, der immer wieder in Tierbauen (Fuchs, Dachs) gefunden wird und auch in den Schutthalden des Zastler Tals im Feldberggebiet lebt. Er ist kein „echtes" Höhlentier mit speziellen Anpassungen, etwa fehlenden Augen und verlängerten Fühlern und Beinen. Bei uns sind solche Arten auch nicht zu erwarten, eine Folge der Eiszeit, wie Holdhaus (1932) gezeigt hat.

Wie stark Exposition und Beschattung den Boden und damit die Käferfauna beeinflussen können, zeigt eine „Kältestelle" unterhalb der Boller Burg in 670 m Höhe. Die Nordexposition und dichte Baumkronen verhindern an dieser Stelle jegliche Einstrahlung. Die Vegetation erinnert in ihrer Zusammensetzung an die der Eislöcher des Feldbergs, die schon von Müller (1948) beschrieben wurde. Wie dort wuchern dichte Moospolster zwischen den Gesteinsblöcken, und die Winterkälte hält sich bis in den Hochsommer. Die Bodentemperatur erreicht erst Mitte September 4 °C. Hier lebt *Leptusa simoni*, ein sehr kleiner, nur 2 mm messender Kurzflügler mit hellbraunem Halsschild und ebensolchen Flügeldecken. Er wurde auch am Feldberg nachgewiesen, ist aber keineswegs für den Schwarzwald endemisch (also auf diese Region beschränkt), wie gelegentlich zu lesen ist, denn in den Westalpen ist dieser Winzling weit verbreitet. In einigen deutschen Mittelgebirgen wurden inzwischen noch weitere isolierte Reliktpopulationen entdeckt. Man nimmt an, dass dort diese ungeflügelten, an Kälte angepassten Tiere an geeigneten Stellen seit der letzten Eiszeit überdauert haben (Assing & Schülke 2011).

4.8.23 | ***Pterostichus hagenbachii***, der 16–19 mm lange Käfer ist extrem feuchtigkeitsbedürftig. Er lebt im Schweizer Jura montan bis subalpin am Rand schmelzenden Schnees, im Sommer an quelligen Stellen (Marggi). (urk)

4.8.24 | **Winzige Käfer** leben an moosbewachsenen Wasseraustritten. (AG.2013)

Arten überrieselter Moosrasen und der Sprühzonen an Wasserfällen

Die engen Erosionsschluchten der in die Wutach einmündenden Nebenbäche mit ihren Stromschnellen, Wasserfällen und – im Triasgebiet – mannigfachen Sinterbildungen stellen einen ganz eigentümlichen Lebensraum dar: schattig, kühl und oft windstill bei extrem hoher Luftfeuchte | 4.8.24 |. In diesen engen Tälern hat sich eine recht spezielle Käfergesellschaft zusammengefunden. Zu nennen wären zunächst zwei oreoalpin verbreitete Laufkäferarten, die im Schwarzwald nur hier vorkommen. Die eine, *Bembidion doderoi* | 4.8.25 |, deren vielgestaltige Verwandtschaft bereits erwähnt wurde, ist bei uns streng an die Sprühzone von Wasserfällen gebunden. Hier verbirgt sich der kleine Käfer im Kalkschotter oder unter moderndem Laub. Das pechbraune, nur 6 mm lange Tierchen ist dort gar nicht so leicht zu entdecken.

Wesentlich größer ist *Pterostichus fasciatopunctatus* | 4.8.26 |. Mit seinen 15 mm ist er nicht zu übersehen und durch drei Reihen in die schwarzen Flügeldecken eingestochener Punkte auch leicht zu erkennen.

Wie in allen Feuchtbiotopen sind die Kurzflügler auch hier wieder reichlich vertreten, vor allem mit einigen bemerkenswerten Arten der Gattung *Stenus*. Die Angehörigen dieser Käfergruppe haben alle auffällig große, vorgewölbte Augen, die jeweils fast die ganze Seite ihres Kopfes einnehmen. Außerdem besitzen sie einen wirkungsvollen Fangapparat für Springschwänze und andere Kleintiere. Ihr Labium, gleichsam die „Unterlippe", ist umgebildet und lässt sich handschuhfingerartig nach vorn ausstülpen (PUTHZ 2011). An der Spitze befinden sich Klebstrukturen, um die Beute festzuhalten | 4.8.27 |.

Ähnlich wie *Bembidion doderoi*, also im Spritzbereich von Stromschnellen und Wasserfällen, lebt der höchstens 5 mm große *Stenus guynemeri* | 4.8.28 |, eine atlantomediterrane (also einen Verbreitungsschwerpunkt im westlichen Mittelmeer-

4.8.25 | ***Bembidion doderoi*** ist streng an Kalkstein gebunden. In den Alpen lebt er – weit verbreitet, aber selten – auch unter voll beschattetem, vom Wasser durchrieseltem Schotter an Kalkhängen und kleinen Bächen. (URK)

4.8.26 | ***Pterostichus fasciatopunctatus*** lebt wenig außerhalb des Spritzbereiches von Wasserfällen und Stromschnellen zwischen Moos und Detritus versteckt unter Steinen. (URK)

raum aufweisende) Art, die von den Bergen Nordost-Afrikas über die Gebirge Portugals und Spaniens bis in die Pyrenäen und die Alpen verbreitet ist. Die nördlichsten Vorkommen liegen dann in Baden-Württemberg.

Der nur wenig kleinere *Stenus glacialis* stellt ähnliche Umweltansprüche wie *S. guynemeri*, ist aber boreomontan verbreitet. In ganz Baden-Württemberg gibt es lediglich acht Nachweise, die Wutachfunde eingeschlossen. *Stenus montivagus*, mit durchschnittlich 2,8 mm die kleinste der drei Arten, findet sich – wenn auch nur selten – im feuchten Moos an Steinen und Stämmen. All diese verschiedenen Tiere sind glänzend schwarz und trotz unterschiedlicher Größe ohne optische Hilfsmittel nicht zu unterschieden. Das gilt ganz allgemein für alle *Stenus*-Arten. An der Wutach wurden 38 nachgewiesen, in ganz Baden-Württemberg 76. Wenn man die Flächen der beiden Gebiete vergleicht, wird deutlich, wie vielgestaltig sich die Käferfauna im behandelten Naturraum zeigt.

Den beschriebenen Arten ganz ähnlich ist *Dianous coerulescens*. Er hat auch die gleichen Lebensansprüche. Obwohl er nicht größer als 5–6 mm ist, kann man ihn leicht erkennen: Der Körper glänzt blau-metallisch, und jede Flügeldecke besitzt in der Mitte einen deutlichen hellroten Fleck | 4.8.29 |. Die Art wird zwar vorwiegend in Gebirgen beobachtet, aber sie tritt, entsprechende Biotope vorausgesetzt, auch in der Ebene auf, an Mühlenwehren z. B. sogar in Schleswig-Holstein.

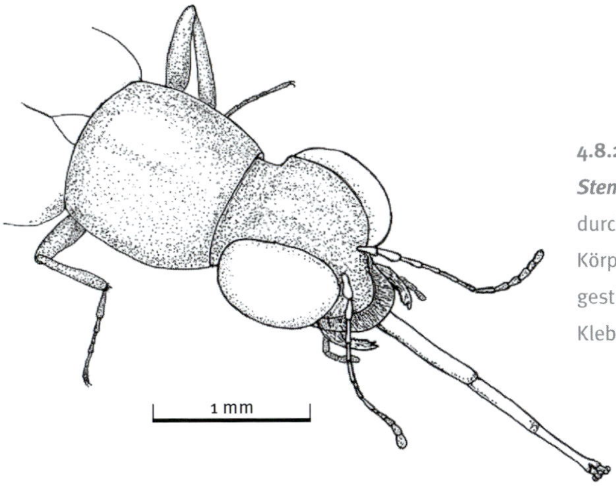

4.8.27 | Kopf eines *Stenus*. Fangapparat durch Einpressen von Körperflüssigkeit ausgestülpt; an der Spitze Klebepolster. (JK)

Sickert in einem offenen Talabschnitt kalkreiches Wasser über Felspartien, die genügend Licht erhalten, können sich dort üppige Moosrasen entwickeln, die in ihren tieferen Schichten völlig versintert sind. Hier jagt *Quedius auricomus*, eine westeuropäische Gebirgsart, nach allerlei Kleingetier | 4.8.30 |. Der Käfer hat im letzten Jahrhundert sein Verbreitungsgebiet weiter nach Osten ausgedehnt, sodass er nun auch bei uns heimisch ist.

Ein etwas größerer Verwandter, *Quedius riparius*, ist im Gegensatz dazu eine „pontomediterrane" Art mit Verbreitungsschwerpunkt im östlichen Mittelmeerraum. Sie führt eine ganz entsprechende Lebensweise und ist vom Kaukasus über Kleinasien und den Balkan bis in die Gebirgsregionen Mitteleuropas verbreitet. Ein weiteres eindrucksvolles Beispiel für das vielfältige Nebeneinander der verschiedenen tiergeografischen Elemente im Wutachgebiet.

4.8.28 | Vorderkörper und Flügeldecken von *Stenus guynemeri* sind durch ihre tief furchig verrunzelte Punktur außerordentlich uneben. Das winzige Tier ähnelt im Aussehen einem nassen, vermodernden Pflanzenteilchen. (JK)

4.8.29 | *Dianous coerulescens* ähnelt zwar einem *Stenus*, besitzt jedoch keine Fangmaske. (JK)

4.8.30 | Der nur 5 mm lange *Quedius auricomus* trägt auf jedem Hinterleibssegment ein Fleckenpaar struppiger, goldfarbener Borsten. (JK)

4.8.31 | Der Rindenschröter gilt nach der „Roten Liste für gefährdete Tier- und Pflanzenarten“ als stark gefährdet. (URK)

4.8.32 | Die schwarzen, walzenförmigen Kopfhornschröter tragen auf dem Kopf ein spitzes Horn; beim Männchen ist es wesentlich größer als beim Weibchen und nach hinten gebogen. (JK)

4.8.33 | *Semanotus undatus* entwickelt sich in frisch abgestorbenen Stämmen und Ästen von Fichten und Tannen. Je nach der Ernährung der Larven schwankt die Größe des Käfers zwischen 7 und 11 mm. (JK)

Arten der Totholzfauna

Für die Fruchtbarkeit der Waldböden sind vermoderndes Herbstlaub und anfallendes Totholz von entscheidender Bedeutung. Ein Heer von Mikroorganismen, Pilzen, Asseln und Insektenlarven lebt davon, diese Masse organischer Substanzen abzubauen und schließlich zu remineralisieren, also wieder in die anorganische Form umzuwandeln.

Blatthornkäferlarven wurden schon im Kapitel „Arten der Wiesen, Pestwurz- und Hochstaudenfluren, Auwälder“ erwähnt. Eine ähnliche, engerlingartige Gestalt besitzen auch die Larven der Hirschkäfer oder Schröter (Lucanidae). In der Schlucht konnten drei Arten nachgewiesen werden, z. B. *Ceruchus chrysomelinus*, der Rindenschröter | 4.8.31 |. Das glänzend schwarze Tier wird 15 mm groß und besitzt nach vorn gerichtete Kieferzangen. Der Käfer ist boreomontan verbreitet und benötigt großdimensioniertes morsches Totholz zu seiner Entwicklung, rotfaul, mit konstanter, hoher Feuchtigkeit. Diese Voraussetzungen sind im engen Kerbtal des Urgesteinsabschnitts der Schlucht erfüllt. Auf den steilen, unzugänglichen Hängen ist eine Bewirtschaftung nur schwer möglich, und eine alte Fichte bleibt folglich liegen, wo sie fällt.

Platycerus caprea, der Große Rehschröter, metallisch grünlich blau bis blau glänzend, ist etwa so groß wie die vorherige Art, aber breiter gebaut.

Er entwickelt sich in rotfaulem (durch Pilzbefall rötlich verfärbtem) Laubholz, meist von Buchen. Als Gebirgstier bevorzugt er kühle und feuchte Lagen, die an vielen Stellen der Schlucht gegeben sind.

Sinodendron cylindricum schließlich, der Kopfhornschröter | 4.8.32 |, braucht weißfaules (zerfasertes) Totholz für seine Larven. Er stellt keine so hohen Ansprüche an die Feuchte und ist weit verbreitet.

Außer dem liegenden Faulholz kommt vor allem noch stehenden Totholzstrukturen große ökologische Bedeutung zu, seien es auch nur kleine anbrüchige Stellen an einem Baum, dürre Äste oder ganze Stämme. Sie sind Lebensgrundlage für viele, zum Teil ganz außergewöhnliche und auch schöne Tiere, z. B. Bockkäfer (Cerambycidae), die ihren Namen den auffällig langen Fühlern verdanken.

Semanotus undatus gehört in diese Familie | 4.8.33 |. Er entwickelt sich in frisch abgestorbenen Fichtenästen. Der nördliche Teil seines Verbreitungsgebiets umfasst Skandinavien und Nordrussland, der südliche die Alpen, aber kaum mehr das Vorland. Außer von der Wutach gibt es bei uns nur noch zwei Meldungen aus oberschwäbischen Moorwäldern. Nach der „Roten Liste" gilt die Art als „extrem selten", so dass „deren Aussterben oder starker Rückgang in Baden-Württemberg deutlich negative Folgen für die Gesamtpopulation in Deutschland" haben würde. Dem Land kommt deshalb „eine besondere Verantwortung für die arealweite Erhaltung der Art" zu (Bense 2002).

Callidium coriaceum ist ebenfalls an Holz von Nadelbäumen gebunden und bevorzugt zur Eiablage stärkere Äste und Stämme, so lange sie noch berindet sind. Der Käfer zeigt, wie *S. undatus*, ein boreomontanes Verbreitungsbild.

Ein anderer kleiner Bockkäfer, der rotbraune *Anisarthron barbipes*, entwickelt sich an Laubholz | 3.8.34 |. Er favorisiert frei stehende Bäume, an der Wutach z. B. die zerzauste Buche auf dem Räuberschlössle-Fels. Die Weibchen legen ihre Eier an kleine Faulstellen, und die Larven leben von morschen Holzteilen nahe am gesunden Gewebe. Die Art ist von den Bergen des Balkans über die Karpaten und Alpen bis in die süddeutschen Gebirge verbreitet und erreicht am Rhein ihre Westgrenze. Es fällt auf, dass dieses seltene Tier (aus dem Schwarzwald ist nur das Wutachvorkommen bekannt) mehrfach im Stadtgebiet von Freiburg nachgewiesen wurde, trotz mancher „baumchirurgischer" Maßnahmen (Geis 2003). Das lässt vermuten, dass *A. barbipes* und auch die anderen bisher genannten Bockkäfer nicht ganz so extrem selten sind, wie es nach den wenigen Fundmeldungen zu sein scheint. Vielleicht sind sie nur unterkartiert, denn es gehört viel Erfahrung dazu, die kleinen in den Baumkronen lebenden Tiere zu entdecken.

Bei den Bockkäfern, die als erwachsenes, geschlechtsreifes Insekt („Imago") Blüten besuchen, liegen die Verhältnisse anders. Sie sind gut zu sehen, Beobachtungen werden deshalb viel öfter publiziert. Blütenstände von Mädesüß und Wald-Geißbart oder Doldenblüten, etwa von Bärenklau, werden besonders gern angeflogen. Hier lassen sich deshalb vom Frühsommer bis in den August hinein an sonnigen Tagen zahlreiche Arten beobachten, etwa die stattliche *Pachyta quadrimaculata* | 4.8.35 |, eine boreomontane Art, oder die dunkelblauen *Gaurotes virginea* und *Dinoptera collaris*. Andere Blütenbesucher sind die gelb und schwarz gezeichneten *Rutpelia maculata* und *Pachytodes cerambyciformis*

4.8.34 | *Anisarthron barbipes*: Der kleine Bockkäfer erreicht nur eine Länge von 6–11 mm. (JK)

4.8.35 | Die bis zu 2 cm große *Pachyta quadrimaculata* entwickelt sich nach Bense (1998) in abgestorbenen, oberflächlich verlaufenden Wurzeln von Kiefern und wohl auch von Fichten. Die Verpuppung erfolgt im Boden. (WP)

sowie eine ganze Reihe mehr mattrot oder bräunlich gefärbter Tiere, etwa *Corymbia maculicornis* und *Molorchus minor* oder *Anastrangalia sanguinolenta* und *Anastrangalia dubia*. Die meisten dieser Arten sind weit verbreitete Gebirgstiere.

Im Gegensatz zu all diesen Blütenbesuchern wird die boreomontane *Judolia sexmaculata* nur ganz vereinzelt beobachtet | 4.8.36 |. Sie gilt als „stark gefährdet". Außer dem Nachweis im oberen Wutachtal liegen für Baden-Württemberg nur noch Meldungen aus dem Nordschwarzwald und aus Oberschwaben vor.

Es gibt natürlich außer den Bockkäfern noch sehr viele andere Käferarten, die an Totholz gebunden sind. Bense (2002) hat für unser Bundesland 977 aufgelistet. Eine davon ist die sehr seltene *Ostoma ferruginea* (Familie Peltidae, Flachkäfer), eine eurosibirische Art, die von Osten her in unser Gebiet eindringt | 4.8.37 |. Sie lebt unter der lockeren, verpilzten Rinde abgestorbener Fichten und kommt auch im Feldberggebiet vor (Roppel 1971).

4.8.36 | **Die bis 14 mm große Art** *Judolia sexmaculata* entwickelt sich in morschen Stümpfen und Wurzeln von Fichten. (WP)

4.8.37 | ***Ostoma ferruginea*** konnte innerhalb Deutschlands bisher nur im badischen Schwarzwald nachgewiesen werden. (JK)

Arten der Kraut- und Strauchschicht

Sobald im Frühling die Großen Schlüsselblumen ihre blassgelben Blüten öffnen, stellen sich auch schon die ersten Besucher ein. Es sind Kurzflügler aus der artenreichen Gattung *Eusphalerum* (zwölf von ihnen wurden an der Wutach nachgewiesen), kleine, breit gebaute und flache Tiere, die Pollen fressen. Manche besitzen, besonders wenn es sich um Weibchen handelt, so lange Flügeldecken, dass der Hinterleib fast ganz bedeckt wird und die Käfer kaum als Kurzflügler zu erkennen sind.

Besonders bemerkenswert ist *Eusphalerum robustum*, mit 4 mm die größte Art der Gattung. Innerhalb Deutschlands lebt sie nur in den Alpen und ganz vereinzelt auch in deren Vorland. Ihr Auftreten in der Wutachschlucht schließt an das Vorkommen im Schweizer Jura an, wo der Käfer weit verbreitet ist.

Das nur 2,5 mm kleine und bräunlich gefärbte *Eusphalerum montivagum* ist ein westeuropäisches Gebirgstier. Auch aus westlichen Gebirgslandschaften Deutschlands gibt es verstreute Beobachtungen. Für Baden-Württemberg liegt außer von der Wutach nur noch eine andere Meldung aus dem Schwarzwald vor.

Eine besondere Wutach-Rarität ist der an Lungenkraut lebende *Longitarsus pulmonariae*. Es ist ein kleiner, gelber Käfer, gerade einmal 2,5 mm lang, mit mächtig entwickelten Hinterschenkeln, sodass er weite Sprünge vollbringen kann wie seine Verwandten, die in Kleingärten die Blätter der jungen Radieschen befressen und wegen ihrer Sprungkraft auch „Erdflöhe" genannt werden. All diese Springer gehören in die Familie der Blattkäfer. *L. pulmonariae* fehlt in vielen deutschen Gebieten. Die beiden Exemplare aus der Nähe der Schattenmühle sind die einzigen, die bisher in unserem Bundesland gefunden wurden (FRANK & KONZELMANN 2002).

An Wegrändern finden sich oft reiche Bestände von Berg-Kälberkropf. In den krautigen Stängeln dieses Doldenblütlers entwickelt sich *Musaria affinis* aus der Familie der Bockkäfer, die man oft verallgemeinernd für reine Holzbrüter hält. Die 15 mm lange Art besitzt eine auffällig rote Vorderbrust mit zwei schwarzen Punkten, schwarze Flügeldecken, die dicht silberweiß behaart sind, und gelbrote Beine mit schwarzen Füßen (daher der frühere lateinische Artname „*nigripes*"). Sie stammt aus dem östlichen Mittelmeergebiet und hat sich von Südosten her nach Mitteleuropa ausgebreitet. Im Schwarzwald und in der Rheinebene fehlt der Käfer.

Im Berg-Lindenwald im Gewann „Seehalde" wurde der extrem seltene, oreoalpin verbreitete *Aplocnemus alpestris* entdeckt (Familie Melyridae, Wollhaarkäfer). Er ist fast 6 mm lang, schwarz gefärbt mit dunkelblauem Metallschimmer und lang abstehend behaart. Es ist eine Art der Süd- und Ostalpen. Sie fehlt in Bayern, in Baden-Württemberg gibt es außer dem Fund an der Wutach noch einige Nachweise von der Schwäbischen Alb.

Auf einem flachgründigen, felsigen Hang nördlich der Dietfurt mit einigen um das Überleben kämpfenden Krüppeleichen konnte *Cryptocephalus marginellus* wiedergefunden werden | 4.8.38 |. HARTMANN (1911) hatte den seltenen Blattkäfer in der Nähe von Achdorf festgestellt. Der nur 3 mm große Käfer mit blauschwarz schimmernden, sparsam gelb gerandeten Flügeldecken ist eine südeuropäische Art. Außer den Wutachfunden und einigen aktuellen Meldungen aus dem Hegau und von der Schwäbischen Alb sowie einem Vorkommen in Sachsen-Anhalt gibt es aus ganz Deutschland keine weiteren Nachweise.

Arten der Trockenrasen an oberen Hangkanten

Die flachgründigen Böden in den oberen Randbereichen der steilen, südexponierten Hänge im Muschelkalkabschnitt des Wutachtals werden oft nur von einem lückigen Trockenrasen bedeckt. Hier wurden bei klarem Sommerwetter in den Mittagsstunden schon Bodentemperaturen bis 67 °C gemessen und damit Werte erreicht, wie sie vom Badberg im Kaiserstuhl bekannt sind.

Vor allem die kleinen Rüsselkäfer verleihen der Käferfauna dieses Lebensraums ihr Gepräge. Auch verschiedene winzige Blattkäfer leben hier. Ihr Sprungvermögen wurde bereits im vorherigen Abschnitt erwähnt. Ein besonders bemerkenswertes Tier ist der kleine, kaum 2 mm erreichende, hell bräunliche *Longitarsus longiseta*. Er lebt an Spitz-Wegerich und wird kaum einmal gemeldet; es ist leicht möglich, dass er vielfach übersehen wird. Der Wutachfund ist der einzige in Baden-Württemberg. Auch sonst liegen innerhalb Deutschlands nur Nachweise aus Bayern und Sachsen-Anhalt vor (KÖHLER & KLAUSNITZER 1998).

Nicht viel größer ist der braunschwarze Rüsselkäfer *Gymnetron rostellum*, der sich in Ehrenpreisarten entwickelt. Von ihm gibt es neben dem Wutachfund nur noch einige wenige Beobachtungen aus der Rheinebene.

Sehr lückenhaft verbreitet ist auch *Hypera viciae*, ein weißlich beschuppter, unauffällig dunkel gefleckter Rüsselkäfer von höchstens 5 mm Länge. Er lebt an verschiedenen Wickenarten und wurde aus dem badischen Landesteil nur hier an der

4.8.38 | Der winzige *Cryptocephalus marginellus* ist sehr wärmeliebend. Seine Larven leben in der Bodenstreu und ernähren sich von abgestorbenen Pflanzenteilen. Ihr Hinterkörper steckt in einem Kotköcher. (JK)

Wutach nachgewiesen. Von der Schwäbischen Alb gibt es einige weitere Funde.

Nicht ganz so selten festgestellt wird der durch seine dichte weißliche Behaarung grau erscheinende *Stenopterapion intermedium* aus der Familie der Spitzmausrüssler (Apionidae). Der Käfer lebt an Futter-Esparsette. Einzelfunde gibt es z. B. aus dem Hegau, eher kommt er aber im Kaiserstuhl, im Markgräfler Land oder im Neckarbecken vor (Rheinheimer & Hassler 2010). In Mittel- und Norddeutschland fehlt die wärmeliebende Art völlig.

4.8.39 | ***Brachinus crepitans*:** Seine Larven entwickeln sich im Boden als Parasitoide an den Puppen anderer Laufkäferarten. (JK)

Unter Steinen versteckt findet sich gelegentlich ein etwa 1 cm langer Laufkäfer mit rötlichem Vorderkörper und nach hinten etwas verbreiterten, matt blaugrünen Flügeldecken: *Brachinus crepitans* | 4.8.39 |. An manchen Stellen lebt auch eine etwas kleinere, aber gleich gefärbte verwandte Art: *Brachinus explodens*. Der Nachweis dieser ausgesprochen wärmeliebenden Tiere an der Wutach könnte überraschen, aber die günstigen mikroklimatischen Verhältnisse in den Trockenrasen ermöglichen hier ihr Vorkommen. Überraschend ist auch die Fähigkeit der Tiere, in speziellen Drüsen eine Mischung von hochprozentigem Wasserstoffperoxid und Hydrochinon zu produzieren und bei Beunruhigung zur Explosion zu bringen. Daher rührt auch der deutsche Name Bombardierkäfer. Menschen hören von dieser Reaktion nur ein deutliches Knacken, aber keinen Knall und sehen unter günstigen Bedingungen am Hinterende des Tiers für den Bruchteil einer Sekunde ein leichtes Dunstfleckchen.

Tiergeografische Elemente und ihre Verteilung auf Biotope

Eine Art eindeutig einer bestimmten geografischen Verbreitungsgruppe zuzuordnen, kann gelegentlich mit Schwierigkeiten verbunden sein. Manche Arten werden sich nie zwanglos in ein Schema einfügen lassen. Dank der zusammenfassenden Untersuchungen von Horion ist aber bei Käfern eine Einordnung noch am ehesten möglich | 4.8.41 |.

Weit verbreitete Arten

Den weitaus überwiegenden Teil der Käferfauna des Wutachgebiets bilden weit verbreitete Arten, deren Vorkommen sich über Europa, Sibirien und zum Teil die gesamte Paläarktis erstreckt. Sie sind in der Regel auch außerhalb des Wutachgebiets überall häufig: ein Zeichen für ihre Anpassungsfähigkeit. Innerhalb der Schlucht sind diese Tiere annähernd gleichmäßig mit etwa 10 % an der Fauna der einzelnen Biotope beteiligt (Prozentangaben nach Kless 1961a).

Die eurosibirische Gruppe besitzt mit 33 % den höchsten Anteil an der Gesamtkäferfauna. Auch innerhalb der meisten Biotope stellten sie die Hauptmasse der Arten. Nur in der Sprühzone von Wasserfällen, diesem extrem kühlen Lebensraum, bleibt sie hinter der Zahl der Nordeuropäer zurück.

In ganz geringer Zahl (1,3 %) kommen auch Arten vor, die kosmopolitisch, d. h. über die ganze Erde, verbreitet sind. Sie leben meist in der Nähe des Menschen (Speckkäfer, Mehlkäfer, Diebskäfer) und werden leicht, etwa mit Abfällen, auch in die freie Natur verschleppt. Für die Gesamtfauna spielen sie keine Rolle.

Mitteleuropäische Arten

Von den Arten, deren Verbreitungsschwerpunkt in Mitteleuropa liegt, ist ein Teil über dieses Gebiet ganz allgemein verbreitet (15,5 %), ein anderer lebt montan, also vorwiegend oder ausschließlich im Gebirge (6,5 %). In ihrer Verteilung auf die einzelnen Biotope zeigen die allgemein verbreiteten Mitteleuropäer die Tendenz, wärmere gegenüber kühleren Plätzen zu bevorzugen. Sie sind auf südexponierten Hängen daher stärker vertreten als auf nordexponierten. Bei den montanen Arten liegt das Hauptvorkommen in den kühlen und feuchten Schluchtwäldern, die ja hinsichtlich Bodenbeschaffenheit, Mikroklima und Vegetation ausgesprochenen Gebirgscharakter besitzen. Eine kleine, aber besonders bemerkenswerte Gruppe bilden die oreoalpinen Arten, die, wie bereits erwähnt, nur in den Alpen und angrenzenden höheren Gebirgen leben (0,6 % der Gesamtfauna). Das Wutachgebiet kann sich da durchaus mit dem Feldberg vergleichen, zumal wenn man bedenkt, dass die Tiere an der Wutach in einer Höhenlage von 600–700 m festgestellt wurden, während im Hochschwarzwald fast alle aus Höhen von über 1000 m stammen.

Nordische Arten

Die Gruppe der Arten, die vorwiegend über Nordeuropa verbreitet sind und in Mitteleuropa ihre Südgrenze erreichen, umfasst im Untersuchungsgebiet einschließlich einiger nordöstlicher und nordwestlicher Formen 17,4 % der Gesamtzahl. Eine kleinere Gruppe tritt in ihrem südlichen Areal weitgehend montan auf (2,6 %), eine andere ist diskontinuierlich verbreitet. Ohne den Unterschied zwischen sogenannten nördlichen und südlichen Eisrandarten zu berücksichtigen, werden hier alle diese Tiere als boreomontan zusammengefasst (2,4 % der Gesamtfauna).

Der prozentuale Anteil nördlicher Arten an der Fauna der einzelnen Biotope ist – der Gebirgslage des Gebiets entsprechend – im Allgemeinen hoch,

4.8.40 | ***Tetropium fuscum*:** Der nordische Bockkäfer entwickelt sich vorwiegend in toten Fichten schattiger und feuchter Lagen. Tagsüber verbirgt sich der Käfer unter Rinde oder Fallholz. (WP)

4.8.41 | **Tiergeografische Elemente** und ihre Verteilung auf verschiedene Biotope in % der Artensumme des jeweiligen Biotops (KLESS 1961a). (JK)

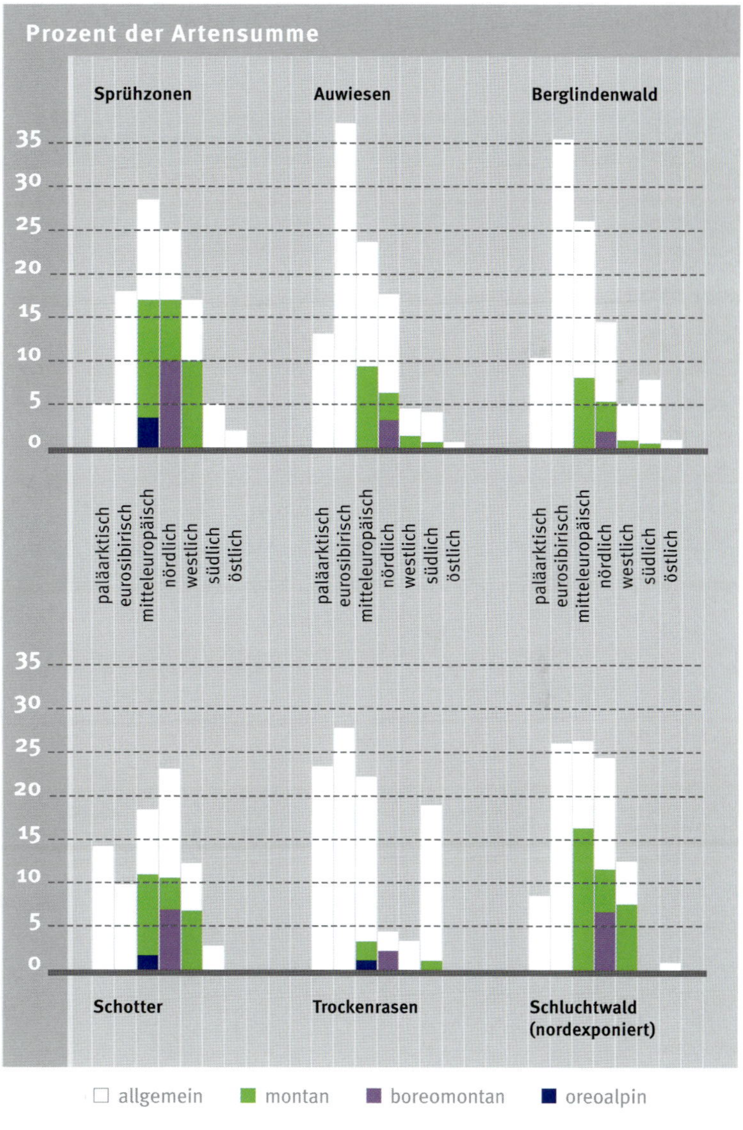

besonders auf nordexponierten Hängen und an Schotterufern oder gar an Wasserfällen der Nebenbäche. Hier befinden sich die mikroklimatisch kühlsten und feuchtesten Stellen der Region. Eine gewisse Ausnahme scheinen die Uferbiotope zu bilden, da sich die Schotter um die Mittagszeit kräftig erwärmen können. Dieser oberflächlichen Erwärmung sind jedoch die hier vorkommenden Arten kaum ausgesetzt, da sie tagsüber unter Steinen verborgen im feuchten Kies leben. Am südexponierten Hang fällt mit zunehmender Höhe über der Talsohle der Anteil der Nordarten immer mehr ab; die Biotope werden trockener und wärmer.

Südliche Arten

Mit 9,3 % ist das südliche Element in der Fauna des Schluchtbereichs vertreten. Es ist im Einzelfall oft schwierig, pontomediterrane oder atlantomediterrane Arten von solchen mit allgemein südeuropäischer Verbreitung zu trennen. Aus diesem Grund und der besseren Übersicht wegen sind alle Käfer mit vorwiegend südlichem Vorkommen in einer Gruppe zusammengefasst. Die Angehörigen dieses Faunenelements finden sich in erster Linie in wärmeren und trockeneren Lebensräumen. Ihr höchster Anteil wird auf Trockenrasen erreicht; hier übertrifft der prozentuale Anteil der südlichen Arten den der nördlichen um mehr als das Vierfache.

4.8.40 | ***Musaria affinis***: Der kleine Bockkäfer gehört zu den pontischen, also aus dem Südosten stammenden Arten. (WP)

Westliche Arten

7,4 % der in der Wutachschlucht lebenden Käfer, vorzugsweise Bodentiere, also Laufkäfer und Kurzflügler, sind in ihrer Verbreitung auf Westeuropa und Teile des westlichen Mitteleuropa beschränkt. Eine Gruppe, 1,7 % der Gesamtfauna, tritt vorwiegend montan auf. Die Verteilung auf die einzelnen Biotope zeigt sich sehr unterschiedlich, aber nicht überraschend. Wälder der nordexponierten Talflanken, Ufer und Wasserfälle besitzen einen überdurchschnittlich hohen Anteil an Westarten, während Wälder der Sonnenseite, Auwiesen oder gar Trockenrasen unterdurchschnittlich wenige westliche Tiere beherbergen. Man könnte daher vermuten, dass sie in der Mehrzahl fast noch stärker kühle- und feuchtigkeitsbedürftig sind als etwa die mitteleuropäisch-montanen Arten.

Östliche Arten

Sehr gering, nämlich nur 0,4 %, ist an der Wutach der Anteil osteuropäischer Tiere. Sie fehlen in vielen Biotopen.

Ein Hinweis darauf, wie wenig östlich und wie stark westlich die Käferfauna ausgerichtet ist, kann folgender Befund zeigen: Bei einer ganzen Reihe im Süden vorkommender und auch an der Wutach nachgewiesener Käferarten zerfällt der mitteleuropäische Teil ihres Verbreitungsgebiets in ein West- und Ostareal. *Cryptocephalus marginellus* (s. auch S. 288 f.) gehört dazu. Man führt diese diskontinuierliche Ost-West-Verbreitung (die in Mitteleuropa viele Tiere zeigen) auf den Einfluss der Eiszeit zurück. Das Untersuchungsgebiet gehört in allen Fällen zum Westareal der betreffenden Art.

4.8.42 | **Rechte Seite: *Donatus comatus*** ist eine Art der mitteleuropäischen Gebirge und ihrer Vorbergzonen. Das Verbreitungsgebiet erstreckt sich von den Vogesen über die Alpen bis in die Karpaten. Innerhalb Deutschlands liegen nur Meldungen aus Baden-Württemberg und Bayern vor. Überall gilt dieser Rüsselkäfer als selten. Nur im Schwarzwald, und da besonders im Süden, tritt er häufiger auf (RHEINHEIMER & HASSLER 2010). Auch im Wutachgebiet kann man das Tier in den Hochstaudenfluren regelmäßig beobachten. (RC.2013)

Lebensraum für Schmetterlinge – von der Schlucht bis auf die Höhen

Stefan Hafner

Vielfältige Standorte, schützenswerte Arten

Die „Reise“ der Wutach durch das süddeutsche Schichtstufenland in schneller Abfolge vom Grundgebirge über Muschelkalk, Keuper/Lias-Stufe, Dogger-Malm-Stufe wieder zurück in den Muschelkalk (s. auch S. 60) macht *„das Blatt Blumberg der geologischen Spezialkarte 1: 25 000 zu den interessantesten geologischen Kartenblättern Deutschlands“* (Liehl 1971).

Es liegt auf der Hand, dass eine derartige geologische und geomorphologische Vielfalt eine große Zahl unterschiedlicher Standorte und Pflanzengesellschaften und somit überdurchschnittlich viele potenzielle Schmetterlingshabitate hervorbringt: die naturnahen bis natürlichen Waldgesellschaften, offene Felsbildungen, die bachbegleitenden Hochstaudenfluren, die Ufer- und Pioniergehölze mit Weiden, Pappeln und Erlen sind Lebensraum insbesondere für eine artenreiche Nachtfalterfauna mit zum Teil hochspezialisierten Arten. Die Tagfalter als „Kinder der Sonne“ bevorzugen Offenlandlebensräume. Ihre höchsten Arten- und Individuenzahlen erreichen sie auf großflächigen, reich strukturierten Magerrasenkomplexen. Waldformationen werden zwar ebenfalls von nicht wenigen Tagfaltern bewohnt, jedoch sind es auch hier meist halboffene bis offene Strukturen innerhalb des Waldverbands oder auch die Kronenregion, welche viele Arten dringend zum Überleben benötigen. Offene Magerrasen und lichte Waldstrukturen gibt es in der eigentlichen Schlucht allenfalls noch in Form zerstreuter Restflächen, die keinen Lebensraum mehr bieten für Arten mit hohen Ansprüchen an Strukturvielfalt und Flächengröße. Um solche Lebensräume in noch (bzw. durch gezielte Pflegemaßnahmen wieder) intakter Ausprägung anzutreffen, muss man die eigentliche Schlucht verlassen und die südwestlichsten Ausläufer des hier beginnenden Oberjuras (s. auch S. 58) erklimmen: Eichberg und Buchberg, weithin sichtbare monumentale Zeugen der hier vonstatten gegangenen „Köpfung“ der Ur-Donau durch die vom Hochrhein her rückschreitend erodierende Wutach.

4.9.01 | An den Stauden und Gehölzen in der Wutachschlucht leben Hunderte von Nachtfalterarten, die man aufgrund ihrer versteckten Lebensweise jedoch kaum je zu Gesicht bekommt. Dies gilt selbst für durchaus auffällige Arten wie diesen Ulmen-Harlekin. Seine Raupen fressen an Ulmen, Traubenkirschen und weiteren in den feuchten Schluchtwäldern häufigen Laubgehölzen. (JW.2013)

Die Gesamtheit der im Einzugsbereich der Schlucht vorkommenden Tag- und Nachtfalterarten ist weder bis ins letzte Detail bekannt noch wäre hier der Raum, sie alle auch nur zu erwähnen, geschweige denn vorzustellen | 4.9.01 |. Bereits Gremminger nennt in der ersten Hälfte des vorigen Jahrhunderts nicht weniger als 590 Großschmetterlingsarten für das Wutachgebiet, was damals *„etwa der Hälfte der in Baden insgesamt bekanntgewordenen Falterarten“* entsprach (Gauss 1971). Im Fokus dieser Darstellung werden daher eine Reihe von schützenswerten Arten stehen, die besonders charakteristisch für die kennzeichnenden und naturschutzfachlich wertvollen Lebensräume der Wutachschlucht sind.

Hierzu gehören durch die natürliche Flussdynamik geschaffene Lebensräume ebenso wie durch menschliche Nutzung entstandene, welche hinsichtlich Flächenausdehnung die erstgenannten sogar deutlich übertreffen. Denn auch die „wilde" Wutachschlucht ist – ebenso wie die umgebende Landschaft – Teil der historischen Kulturlandschaft, geprägt durch den Einfluss des über Jahrhunderte hinweg in ihr wirkenden Menschen.

Die Wutachschlucht als Lebensraum für Spezialisten

Hier werden die Bewohner derjenigen Lebensräume beschrieben, die nur innerhalb der Wutachschlucht und der benachbarten Flusstäler aufgrund der spezifischen geologischen Rahmenbedingungen und des Flussregimes vorkommen: der bachbegleitenden, zeitweise überschwemmten Staudenfluren; der durch die gestaltende Kraft des Wassers entstandenen Felsstrukturen; der Weichholzauen als junge Sukzessionsstadien auf im Zuge der Hochwasserdynamik neu entstandenen Uferbereichen u. ä.

Arten der bachbegleitenden Staudenfluren und Röhrichte

Ein sehr bezeichnender Lebensraumtyp der Wutachauen sind die Pestwurzfluren | 4.9.04 | (s. auch S. 154), deren imposante Blattspreiten im Hochsommer wie eine tropische Wildnis anmuten. Diese Bestände sind der Lebensraum einer hochspezialisierten Lebensgemeinschaft. Einen ihrer Vertreter kann man während einer hochsommerlichen Wutachwanderung kaum übersehen: den Großen Pestwurzrüssler, den größten einheimischen Rüsselkäfer (s. auch S. 275). Ein nicht minder spezialisiertes Insekt aus der Nachtschmetterlings-Familie der Eulenfalter, die Pestwurzeule | 4.9.02 |, wird man hingegen kaum je zu Gesicht bekommen. Der düster dunkelbraun gefärbte Schmetterling ist rein nachtaktiv und verbringt den Tag irgendwo verborgen im Pestwurzdschungel. Die Raupe ist genauso unsichtbar, lebt sie doch in den Stängeln und Wurzeln der Gewöhnlichen Pestwurz, verlässt das Innere der Nahrungspflanze während ihres ganzen Raupenlebens nicht und ist nur im Frühjahr vom Kenner anhand von angewelkten Spitzen an den Blütenständen der Pestwurz zu erkennen | 4.9.03 |.

4.9.02 | **Die Pestwurzeule** ist ein strikt an die Pestwurzfluren gebundener Nachtfalter. Seine Raupen leben in den Blütenstängeln der Pestwurz und verlassen diese während ihrer gesamten Entwicklung nicht. (EF)

4.9.03 | **Da die Raupen der Pestwurzeule** im Verborgenen leben, verraten nur die angewelkten Spitzen der Blütenstände die Insassin. Nach Öffnen des Blütenstängels erkennt man den Fraßgang der Jungraupe. (EF)

4.9.04 | **Gelegentliche Überflutungen** der flussbegleitenden Pestwurzfluren sind für die Pflanzen und die dort lebende hochspezialisierte Insektenfauna kein Problem. Neben der namengebenden Pflanze prägen noch weitere hochwüchsige Stauden das Bild dieser bemerkenswerten Pflanzengesellschaft. (AG.2013)

4.9.05 | **Büttners Schrägflügeleule,** kenntlich an den wie schräg abgeschnitten wirkenden Vorderflügeln, ist eine typische Feuchtgebietsart. Sie lebt als Raupe an der in den nassen Niederungen von Gauchach und Wutach regelmäßig vorkommenden Sumpf-Segge. Der Falter fliegt spät im Jahr, bis weit in den Oktober hinein. (AS)

Ein weiterer bemerkenswerter Feuchtgebietsspezialist aus der artenreichen Eulenfalterfamilie ist Büttners Schrägflügeleule | 4.9.05 |, die überraschend am 14. Oktober 2006 in der Nähe der Dietfurt nachgewiesen werden konnte. Die Art war bislang aus dem Baar-Wutach-Gebiet und auch den unmittelbar angrenzenden Naturräumen nicht bekannt. Ihr Verbreitungsschwerpunkt lag bisher in der nördlichen Oberrheinebene; etwa seit der Jahrtausendwende scheint sie sich jedoch nach Südosten auszubreiten, wie mehrere neuere Funde etwa am Bodensee und in Oberschwaben belegen. Lebensraum sind von der Sumpf-Segge gebildete Großseggenriede, die in Nasswiesenkomplexen der Wutach- und Gauchach-Auen gelegentlich auftreten.

4.9.06 und 07 | **Als größter einheimischer Tagfalter** ist der Große Eisvogel eine durchaus imposante Erscheinung, hinsichtlich seiner Ernährungsgewohnheiten unterscheidet er sich jedoch nicht wesentlich von einer Schmeißfliege. So schreibt P. L. Martin in seiner „Illustrierten Naturgeschichte der Thiere“ bereits 1883: *„Der Falter setzt sich gern an feuchte Stellen der Waldwege nieder und bevorzugt dabei die unappetitlichen Stoffe.“* Dies trifft, wie man sieht, auch heute noch zu ... (WBA und OK)

Arten der Pioniergehölze mit Weiden und Pappeln

Von den zahlreichen an Weiden und Pappeln lebenden Schmetterlingsarten sind insbesondere diejenigen hervorzuheben, welche den montanen Klimacharakter der Wutachschlucht widerspiegeln.

Dazu gehören einige der größten und prächtigsten einheimischen Schmetterlinge: An erster Stelle ist der Große Eisvogel | 4.9.06 – 10 | als größter einheimischer Vertreter der Tagfalter zu nennen. Dieser spektakuläre Schmetterling war früher – wenn auch nie häufig – in weiten Teilen Baden-Württembergs verbreitet und konnte von der Oberrheinebene bis in die Hochlagen von Schwarzwald und Schwäbischer Alb angetroffen werden. Inzwischen ist der südliche Schwarzwald mit den zum Hochrhein entwässernden, tief eingeschnittenen Flusstälern (zu denen auch das der Wutach gehört) zum letzten nachweislich dauerhaft besiedelten Rückzugsgebiet geworden. Die Raupen leben an Zitter-Pappeln, die an kühlfeuchten Stellen stehen, wie z. B. in Taleinschnitten, an nord- bis ostexponierten Waldrändern oder in vergleichbaren Hanglagen.

Was aber macht der Große Eisvogel im Winter | 4.9.11 – 13 |? Dies ist eine durchaus entscheidende Frage, denn nicht weniger als acht Monate und somit zwei Drittel seiner Lebenszeit verharrt der Schmetterling im winterlichen Ruhestadium (= Diapause) als junge Raupe in einem kunstvoll zu einer Röhre geformten und fest mit dem Zweig versponnenen Blattstück. In der Aufnahme | 4.9.13 | wird sichtbar, welche Faktoren die Zitter-Pappel zu einem geeigneten Habitat für den Großen Eisvogel machen:

- Konstant winterliche Verhältnisse in einem ausgesprochen winterkalten und schneereichen Gebiet während des Winterhalbjahrs, später Vegetationsbeginn mit anschließender rascher Erwärmung, also quasi kontinentale Klimabedingungen erfüllen die maßgeblichen mikroklimatischen Rahmenbedingungen.

4.9.08–10 | **Bei der Eiablage** gehen die Weibchen des Großen Eisvogels außerordentlich „gewissenhaft" zu Werke. Das Ei wird akkurat auf der Blattspitze der Zitter-Pappel abgelegt (links), und nur an Bäumen, die den spezifischen mikroklimatischen Ansprüchen der Raupen entsprechen. Die aus dem Ei schlüpfende Raupe bleibt auf der Blattspitze sitzen und benagt das Blatt beiderseits der Mittelrippe. Diese dient als Sitzplatz und wird dicht mit Spinnfäden überzogen, in welche die Kotballen mit integriert werden. Dadurch entsteht eine scheinbare Verlängerung der Mittelrippe über die eigentliche Blattspitze hinaus, die sogenannte Kotrippe (Mitte). Sie gilt auch dann noch als sicherer Nachweis des Großen Eisvogels, wenn die Raupe längst einem Fressfeind zum Opfer gefallen oder anders verlustig gegangen ist. Nach der Überwinterung wächst die exotisch anmutende Raupe (rechts) schnell heran und hat ihre Entwicklung in der Regel in der ersten Junihälfte abgeschlossen. (GH und RS)

4.9.11 und 12 | **Die junge Raupe** des Großen Eisvogels verharrt winters in einem kunstvoll zu einer Röhre geformten und fest mit dem Zweig versponnenen Blattstück. In dieser Ruhephase kann die Raupe nicht auf stark wechselnde Außenbedingungen wie z. B. große Temperaturschwankungen beiderseits des Nullpunkts reagieren. Das erklärt auch die Abhängigkeit von konstant winterkalten Klimabedingungen während der Zeit der Inaktivität. (GH)

- Die Vegetation besteht aus einem Vorwaldstadium mit zahlreichen Pionierbaumarten. Neben Zitter-Pappel spielen hier noch Weiden (Ohr-Weide) und Vogelbeere eine wichtige Rolle, was wiederum Lebensmöglichkeiten für Trauermantel und Baumweißling als weitere charakteristische Tagfalter der montanen Schwarzwaldtäler schafft.
- Die durch das Tal führende Stromfreileitung „zwingt" zu einer niederwaldartigen Pflege, was zu einer Konservierung des Vorwaldstadiums und somit zu Habitat-Kontinuität führt.

4.9.13 | **Anhand dieser Aufnahme**, entstanden am 2. März 2014 bei Friedenweiler, lässt sich ganz gut auf den Punkt bringen, was die entscheidenden Faktoren für ein geeignetes Habitat für den Großen Eisvogel sind – kontinentale Klimabedingungen und ein niederwaldartiges Vorwaldstadium. Wie an dieser Stelle sorgen vielerorts Stromleitungen für eine niederwaldartige Pflege. Nur in einem ausgesprochen winterkalten und schneereichen Gebiet waren im „Supermildwinter" 2013/14 zum genannten Zeitpunkt noch solche Aufnahmen möglich. (SH.2014)

Die Zitter-Pappel ist auch eine Nahrungspflanze für einen weiteren beeindruckenden Schmetterling, der in der Wutachschlucht vorkommt: das Blaue Ordensband | 4.9.14 |. Mit einer Spannweite von etwa 10 cm handelt es sich um den größten einheimischen Eulenfalter.

Während Großer Eisvogel und Blaues Ordensband gewissermaßen die Galionsfiguren der „Pappel-Gilde" darstellen, sind die nun vorzustellenden Arten hier reine Weidenliebhaber.

Der Trauermantel | 4.9.15–17 | ist in Baden-Württemberg ein echter Schwarzwälder, hier befinden sich gleichsam seine Stammlande. Die Art neigt zu starken Bestandsschwankungen und ist in schwachen Jahren in den meisten Regionen überhaupt nicht zu sehen. Im Schwarzwald findet man den prächtigen Edelfalter fast immer, wenn man nur lange genug sucht. Die Raupen | 4.9.16 | leben dort gesellig an raublättrigen Weiden – meistens sind dies Ohr-Weiden, manchmal auch Sal-Weiden, die sie bisweilen im Juli durch ihre Fraßtätigkeit entblättern (Gaus 1971).

4.9.14 | **Auch der größte einheimische Nachtfalter**, das Blaue Ordensband, kommt neben dem Großen Eisvogel als größtem einheimischen Tagfalter in der Schlucht vor. Seine Raupen leben ebenfalls an Zitter-Pappeln. (JUM)

4.9.15 | **Der Trauermantel** macht dem Populärnamen seiner Tagfalterfamilie, den Edelfaltern, alle Ehre. Der prächtige Schmetterling ist eine seltene Erscheinung, in den Tälern und Wäldern des Schwarzwaldes aber noch regelmäßig anzutreffen. (JH)

4.9.16 | **Unten: Die Raupen des Trauermantels** leben gesellig und verursachen mitunter regelrechten Kahlfraß an den von ihnen besetzten Büschen. Obwohl nicht gerade unauffällig, ist der Fund einer solchen Raupengemeinschaft immer ein besonderer Glücksfall. Diese hier sind noch nicht voll ausgewachsen, sondern stehen kurz vor der letzten Raupenhäutung. (WBA)

4.9.17 | **Links: Ein Trauermantel in einem typischen Habitat** in der Rötenbachschlucht, einer feuchtkühlen Bachaue mit Pestwurz-Hochstaudenflur und bachbegleitenden Weichhölzern. Es kann davon ausgegangen werden, dass dieser Falter nicht weit von dem Ort der Aufnahme entfernt seine Raupenentwicklung durchlaufen hat. (JH.2012)

4.9.18 | **Für das hübsche Salweiden-Wicklereulchen** sind die tief eingeschnittenen Täler der Wutach und weiterer zum Hochrhein entwässernden Flüsse und Bäche ein idealer Lebensraum; es hat mithin seinen landesweiten Verbreitungsschwerpunkt im südlichen Schwarzwald. Auch dieser kleine Nachtfalter benötigt Weichholzbestände mit Weiden. (SH)

4.9.19 und 20 | **Eisenhut-Höckereule (oben) und Lungenkraut-Höckereule (links)** sind hinsichtlich Zeichnung und Gestalt sehr ähnlich, unterscheiden sich aber deutlich in Größe und Lebensweise: Erstere lebt als Raupe am Gelben Eisenhut der Schluchtwälder und ist merklich größer, während die kleinere Lungenkraut-Höckereule Lungenkrautbestände in lichten Waldsäumen nutzt. (WBA und AS)

Ein weiterer typischer Bewohner des Wutachtals ist das Salweiden-Wicklereulchen | 4.9.18 |, eigentlich ein eher alpines Tier. Der kleine, hübsche Eulenfalter wurde lange Zeit in unserem Bundesland überhaupt nicht mehr gefunden. In den letzten Jahren konnte er jedoch wieder an mehreren Stellen im Hochschwarzwald und auch in der Wutachschlucht auf Höhe der Dietfurt nachgewiesen werden. Die durchscheinend gelblich grünen Raupen entwickeln sich in zusammengesponnenen Triebspitzen von Sal-Weiden und Ohr-Weiden in halbschattigen und luftfeuchten Lagen, wie sie in den zerklüfteten Schluchten von Steina, Schlücht, Wutach und deren Seitentälern häufig auftreten.

Arten der Schluchtwälder

Diese für die Wutachschlucht so kennzeichnenden, von sogenannten Edellaubhölzern (Esche, Ulme, Linde, Berg-Ahorn bzw. Spitz-Ahorn an trockenen Standorten) geprägten Waldgesellschaften (s. auch S. 136) sind aufgrund ihres kühlfeuchten Mikroklimas kein klassischer Schmetterlingslebensraum. Tagfalter, die „Kinder der Sonne“, kommen dort so gut wie gar nicht vor. Nur der Kleine Eisvogel kann sich als Raupe an Heckenkirschen in schattig-luftfeuchter Lage entwickeln, des Weiteren der Ulmenzipfelfalter an blühfähigen Ulmen. Beide Arten sind jedoch nicht auf solche spezifischen Schluchtwaldstandorte angewiesen und mit ihren Raupennahrungspflanzen weit verbreitet. Unter den Nachtfaltern gelten die Gesäumte Glanzeule und der Bergulmen-Spanner bis zu einem gewissen Grad als Schluchtwaldspezialisten. Bei einem Blick auf die Verbreitungskarten fällt gleichwohl der deutliche Schwerpunkt in engen Flusstälern und Gebieten mit stark ausgeprägtem Relief ins Auge. In der Krautschicht von Schluchtwäldern kann man mit etwas Glück und geschultem Blick die Raupen zweier ausgesprochen attraktiver Eulenfalter finden: Eisenhut-Höckereule | 4.9.19 | und Lungenkraut-Höckereule | 4.9.20 |. Beide sind Nahrungsspezialisten und können sich nur an den jeweils namengebenden Pflanzengattungen entwickeln. Wohl sind die spezifischen Lebensraumansprüche von Nachtfaltern generell weniger bekannt als die der Tagfalter, jedoch zeichnet sich ab, dass die Eisenhut-Höckereule eher eine Bewohnerin der feuchten und halbschattigen Schluchtwaldgesellschaften ist, während die an Lungenkrautarten gebundene Schwesterart mehr zu lichten Waldstrukturen mit zumindest zeitweise besonnter Krautschicht tendiert. Dies entspricht auch den Schwerpunktvorkommen ihrer Raupennahrungspflanzen.

Lebensgemeinschaft der Felsformationen

Felsformationen sind selbstredend prägendes Element einer Schlucht. Sie fallen allerdings in weiten Teilen der Wutachschlucht als solches nicht mehr ins Auge, da sie häufig von Gehölzen und vorgelagerten Waldbeständen verdeckt sind. Zwar sind in jüngerer Zeit einige Felsfreistellungen erfolgt (s. auch S. 436), aber über einen langen Zeitraum hinweg waren offene besonnte Felsstrukturen in der Schlucht im Minimum. Dies blieb nicht ohne Folgen für die Schmetterlings-Zönose, also die Gesamtheit der im Gebiet vorkommenden Schmetterlingsarten. Hierauf wird an anderer Stelle zurückzukommen sein.

Wenn von Felsen in der Wutachschlucht und deren Falter-Bewohnern die Rede ist, dann sind an erster Stelle drei Raritäten aus der Nachtfalterfamilie der Spanner (Geometridae) zu nennen, die unter den Schmetterlingssammlern des vergangenen Jahrhunderts und auch heute noch in Fachkreisen einen geradezu legendären Ruf genießen: der Baldrian-Bindenspanner | 4.9.22 |, der Felsrasen-Glockenblumen-Blütenspanner | 4.9.23 | und der Felsschlucht-Kapselspanner. Der Baldrian-Bindenspanner kommt nur in den tief eingeschnittenen Tälern der Bäche und Flüsse des Südschwarzwaldes vor, wo an den Felswänden der Stein-Baldrian, die Raupennahrungspflanze, wächst. In jüngerer Zeit wurde die Art zwar nicht mehr aus der Wutachschlucht gemeldet. Es gibt aber aktuelle Nachweise aus vergleichbaren Habitaten im nahen Südschwarzwald; mithin kann davon ausgegangen werden, dass der Baldrian-Bindenspanner auch heute noch in der Schlucht vorkommt.

Der Felsrasen-Glockenblumen-Blütenspanner besiedelt außerhalb der Wutachschlucht an seinen wenigen Vorkommensorten ausschließlich prall-

4.9.21 | **Dieses Bild vermittelt einen Eindruck** von Vielfalt und Reichtum der Felsformationen und angegliederten Pflanzengemeinschaften (hier Blaugrashalde). Leider sind die meisten Felsen in den letzten Jahrzehnten komplett zugewachsen; auch hier stand vor einigen Jahren noch dichter Wald. (SH.2010)

4.9.22 und 23 | **Stellvertretend für die Gilde der Felsspezialisten** seien diese beiden Spannerfalter gezeigt, aus naturschutzfachlicher Sicht wahre Kleinode: Der Baldrian-Bindenspanner (unten) und der Felsrasen-Glockenblumen-Blütenspanner (ganz unten). Beide sind extrem selten und kommen nur in Felsschluchten oder ähnlich strukturierten Lebensräumen vor. (AS und UR)

sonnige Felsstandorte, an denen die Raupennahrungspflanze Rundblättrige Glockenblume Bestandteil der Felsspaltenvegetation ist. Die mikroklimatischen Ansprüche der in der Wutachschlucht siedelnden Population der Art scheinen hingegen geradezu gegensätzlich zu sein: Dort wurden die Raupen an beschatteten Felspartien mit hoher Luftfeuchtigkeit gefunden. Diese Tiere werden einer eigenen Unterart, *Eupithecia impurata gremmingerata*, zugeordnet. Sie verkörpern offenbar zugleich einen eigenen Ökotyp – also eine an bestimmte ökologische Bedingungen angepasste, lokal vorkommende Population der Art – mit von der zuerst beschriebenen Form der sonnig-trockenheißen Felslebensräume abweichenden, an die spezifischen Bedingungen der tief eingeschnittenen Felsschluchten angepassten Habitatansprüchen.

Der Felsschlucht-Kapselspanner ist – zumindest in unseren Breiten – in der Tat ein echter Schluchtenspezialist. Er wurde bisher ausschließlich in tief eingeschnittenen Tälern des südlichen Schwarzwaldes gefunden. Auch in der Wutachschlucht wurde der Falter schon nachgewiesen, allerdings nur im silikatischen Teil, und die Funde liegen viele Jahre zurück – längst bedarf dieses Vorkommen wieder einer Bestätigung.

Eine der wenigen „übriggebliebenen" Arten offener, besonnter Felsstrukturen, die auch heute noch in der Schlucht vorkommen, ist der Felsen-Kapselspanner. Dieses kleine, unscheinbare Falterchen gehört zur Gruppe der sogenannten Kapselspanner – hochspezialisierte Schmetterlinge, deren Raupen sich an den Früchten bzw. in den Samenkapseln meist nur einer oder weniger Pflanzenarten entwickeln. Die Raupen des Felsen-Kapselspanners entwickeln sich in den Samenkapseln einer Pflanze, die für offene felsige Standorte typisch ist: das Nickende Leimkraut.

Die vier Habitatspezialisten aus der Nachtfalterfamilie der Spanner (Geometridae) gehören also zur Gruppe derjenigen Arten, die naturnahe, vom Menschen weitgehend unbeeinflusste Lebensräume bewohnen.

Für zahlreiche andere Artvorkommen bildet(e) die in der Schlucht einst weit verbreitete extensive Landnutzung eine wesentliche Voraussetzung – dies wird Gegenstand des folgenden Kapitels sein.

Von der historischen Kulturlandschaft zurück zur „Wildnis" – was sind die Konsequenzen für Schmetterlinge?

Dass die „wilde" Wutachschlucht zu großen Teilen einst ein integrierter Bestandteil der historischen bäuerlichen Kulturlandschaft war, lässt sich auch heute noch gut belegen. Die Grundmauern der alten Hofstellen (Oberhalden, Dietfurt u. a.) sind noch zu erkennen, und der einstige mondäne Kurort Bad Boll ist Legende. Auch so mancher Gewannname zeugt noch von dieser Vergangenheit: Wenn etwa ein heute von Hochstaudenflur und Bachauenwald eingenommener flussnaher Bereich den Namen „Wutachwiesen" trägt, so spricht das für sich. Und auch die allgegenwärtigen Fichtenforste an den Talhängen sind leicht als Erstaufforstungen von ehemaligen Wiesen und Weiden zu erkennen (s. auch S. 354).

Die relativ guten Kenntnisse über die Schmetterlingsfauna der Wutachschlucht in der ersten Hälfte des vorigen Jahrhunderts, als der größte Teil des Gebiets noch landwirtschaftlich (aber eben auch schon touristisch) genutzt wurde, verdanken wir einem bedeutenden Kenner der badischen Großschmetterlinge, ALOIS GREMMINGER (1886–1960). Seine Aufzählung der Tagfalter der Wutachschlucht aus dem Jahre 1950 liest sich wie das „Who is who" zweier heute als höchst schutzwürdig geltenden Schmetterlingslebensräume: Magerrasen und stark aufgelichtete Wälder. Segelfalter, Schwarzer und Roter Apollo, Blauschwarzer Eisvogel, Goldener und Feuriger Scheckenfalter, Dukatenfalter, Kreuzenzian-Ameisenbläuling, Weißdolch-Bläuling, Wundklee-Bläuling, Ockerbindiger Samtfalter, Schwarzbrauner Würfel-Dickkopffalter sind allesamt Arten, die mittlerweile zum Teil auch deutschlandweit akut vom Aussterben bedroht sind und in der Prioritätenliste des Artenschutzprogramms Baden-Württembergs ganz oben stehen. Alle diese Arten sind mit der zunehmenden Wiederbewaldung inzwischen aus der Wutachschlucht verschwunden; selbst die Vorstellung, dass es sie einst gegeben hat, fällt heute mitunter schwer. Die Schilderungen GREMMINGERS lassen jedoch erahnen,

4.9.24 | **Der Eichberg-Südhang** dürfte eine der ganz wenigen Lokalitäten in Baden-Württemberg sein, in dem eine solch kuriose zwischenartliche Verbindung wie auf diesem Bild überhaupt möglich ist: links das Esparsetten-Widderchen, der Magerrasen-Spezialist, und rechts das Glücks-Widderchen, die Lichtwaldart. Im Idealfall können auf den Magerwiesen des Eichbergs acht Rotwidderchen- und zwei Grünwidderchen-Arten angetroffen werden – eine landauf, landab nirgendwo sonst erreichte Zahl von Widderchen-Arten! (SH.2012)

dass der letztendlich für diese Verluste ursächliche Landschaftswandel zu seiner Zeit bereits eingesetzt hatte. So schreibt er zum damaligen Vorkommen des Apollofalters: „*Auf einem kleinen und mit fortschreitender Aufforstung immer geringere Lebensmöglichkeiten bietenden Gelände fliegt der schöne Augenspiegel* L., *mit roten Augenflecken auf den Hinterflügeln.*“ Und zu dessen Schwesterart: „*Der Schwarze Apollo* L., *ist unterhalb Bad Boll und in der Gauchachschlucht vertreten. Auch für ihn werden die Lebensmöglichkeiten immer geringer!*“ Hätte es damals schon ein Artenschutzprogramm (s. S. 426 „Das Artenschutzprogramm“) gegeben, wären diese Populationen vielleicht gerade noch zu retten gewesen …

Buchberg und Eichberg als Refugien

Trotz dieses erheblichen Aderlasses kann man jedoch im Gebiet auch heute noch aus naturschutzfachlicher Sicht hochkarätige Magerrasen- und Lichtwaldarten in ihren Lebensräumen antreffen. Wie eingangs erwähnt, muss man hierzu die eigent-

Landschaft aus vergangener Zeit

Eine Situation in der Nähe des Eichberg-Westabfalls, wie sie in der heutigen Landschaft kaum noch vorkommt: vorne eine magere Mähwiese, die ohne scharfe Grenze in einen lichten Waldbestand übergeht. Über viele hundert Jahre hinweg, zu Zeiten von Waldweide und massiver Austragsnutzung (Streu, Holz), war das auf riesigen Flächen der „Normalzustand“. Es war ein großer Erfolg der modernen Forstwirtschaft, diesen Zustand zu beenden und eine klare Wald-Feld-Trennung herbeizuführen. Der Preis: der Verlust zahlreicher Tier- und Pflanzenarten, die sich an diese Ausprägung einer nährstoffarmen Kulturlandschaft angepasst hatten. An den wenigen Stellen, an denen sich diese spezialisierten Arten noch gehalten haben,

4.9.25 | **„Halboffener“ Waldübergangsbereich** am Eichberg. (SH.2013)

sollten sie mit Mitteln des Natur- und Artenschutzes unbedingt erhalten werden – immerhin verkörpern sie unser eigenes natur- und kulturhistorisches Erbe.

liche Schlucht verlassen. Erklimmt man von Achdorf aus die Westflanken von Buchberg und Eichberg, so stößt man auf lichte, kiefernreiche (Relikt-) Wälder auf geologisch bedingt eher waldfeindlichen Standorten, die sich durch eine sehr spezifische, artenreiche Flora auszeichnen (s. auch S. 169). Hier beginnt das Gebiet derjenigen Schmetterlingsarten, welche die Tafelberge bei Blumberg zu einem immer noch landesweit bedeutenden Schmetterlingslebensraum machen | 4.9.24 |.

Ein Schmuckstück jener steil abfallenden Westabstürze („Stutz") von Buchberg und Eichberg ist das Glücks-Widderchen | 4.9.26–30 |, das mit der Berg-Kronwicke eine für diese Standorte auch sehr charakteristische Pflanze als Raupennahrung nutzt.

4.9.26 | In geeigneten Lebensräumen entwickelt das Glücks-Widderchen individuenreiche Populationen, mehrere Falter pro Blüte (hier Knollige Kratzdistel) sind dann nichts Außergewöhnliches. Wie im Bild zu erkennen, werden solche Sitzblüten auch als Rendezvousplätze genutzt. (SH.2012)

4.9.27–30 | Der Entwicklungszyklus des Glücks-Widderchens: Nach der Kopula, der Begattung (oben links), erfolgt die Eiablage an der Berg-Kronwicke (oben rechts). Nach dem Schlüpfen fressen die kleinen Raupen bis spät in den Herbst hinein an der Pflanze und erzeugen charakteristischen Fensterfraß (unten links). Im Anschluss an die Überwinterung, die in der Bodenstreu stattfindet, setzt die Raupe ihren Fraß fort (unten rechts) und verpuppt sich im Sommer (Juni/Juli). Die Falter erscheinen um die Monatswende Juli/August. (SH.2010.2012.2013)

4.9.31 und 32 | Das Platterbsen-Widderchen kommt, soweit bekannt, in der Schlucht nicht (mehr?) vor, jedoch gewissermaßen „knapp daneben". Neben dem Vorkommen östlich der Schlucht am Eichberg gibt es noch eine interessante Population im Westen bei Kappel. Dort befinden wir uns bereits im Schwarzwald, wo die Art sonst überhaupt nicht vorkommt. Im linken Bild ein frisch geschlüpftes Weibchen, dessen Kokon mit der leeren Puppenhülle am Stengel des Ahornblatts gut zu erkennen ist. Nicht lange allein, findet sich schon nach wenigen Minuten ein Männchen ein. Es wurde durch die Pheromone (chemische Substanzen, die der innerartlichen Kommunikation dienen) des Weibchens angelockt. (SH)

Ein weiteres typisches Lichtwald-Widderchen ist das Platterbsen-Widderchen | 4.9.31–32 |. Dessen Raupen entwickeln sich an Platterbsenarten, u. a. an der Wiesen-Platterbse. Diese häufige und weitverbreitete Wiesenpflanze kommt auch in lichten Waldbeständen auf basenreichen, mäßig frischen bis mäßig trockenen Standorten vor. Nur an solchen Stellen ist mit dem Platterbsen-Widderchen zu rechnen, und auch nur in submontanen und montanen Lagen von ca. 600 m Höhe an aufwärts. In der eigentlichen Wutachschlucht wurde es in jüngerer Zeit nicht mehr gefunden, jedoch am Eichberg sowie an einem Standort viel weiter westlich, bei Lenzkirch-Kappel – knapp außerhalb der Grenzen des Naturschutzgebiets Wutachschlucht. Letzterem Fundort kommt ein besonderer Stellenwert zu, handelt es sich doch um das einzige bekannte Vorkommen dieser Art im Schwarzwald. Mitunter an denselben Stellen wie die beiden Widderchen, immer aber im stark aufgelichteten Waldbestand mit gut entwickelter grasreicher Krautschicht und abwechselnd halbschattigen und sonnigen Bereichen, ist der Gelbringfalter | 4.9.33–38 | anzutreffen. Zu Zeiten von Mittelwaldwirtschaft und Waldweide war dieser schöne Augenfalter noch recht weit verbreitet. Inzwischen sind in unserem Bundesland höchstens noch ein halbes Dutzend zerstreuter, weit voneinander entfernter Fundstellen übrig geblieben, die Art ist in ganz Mitteleuropa akut vom Aussterben bedroht. Das Vorkommen an Eichberg und Buchberg am südwestlichsten Zipfel der Baaralb ist zugleich das einzige im gesamten Naturraum (s. auch S. 6). Es ist weiträumig isoliert, die nächsten Vorkommen befinden sich Richtung Westen in der südlichen Oberrheinebene, nach Osten in Oberschwaben.

Von den eigentlichen Bewohnern der offenen Magerrasen sind – wie weiter oben ausgeführt – eine ganze Reihe schon lange verschwunden. Gleichwohl haben sich auf den Magerrasenkomplexen des Eichbergs und Buchbergs einige anspruchsvolle, hochgradig schützenswerte Arten bis heute gehalten. Als besondere Kleinode der Magerrasen an den Südflanken von Eichberg und Buchberg können die beiden Flockenblumen-Grünwidderchen | 4.9.39–42 | gelten. Die hübschen, metallisch türkis schillernden Falterchen | 4.9.39 | aus der wenig bekannten Gruppe der Grünwidderchen kommen auf einer Reihe von Magerrasen von der Wutach bis hinunter zum Hochrhein vor. Außerhalb dieses Kernareals sind sie jedoch eine große Rarität mit nur wenigen, weit verstreuten Vorkommen.

Der Schwarzfleckige Ameisenbläuling | 4.9.43 | ist ein hochspezialisierter Bewohner niedrigwüchsiger, meist beweideter Magerrasen mit reichlich Thymian oder auch Dost | 4.9.44 |. An den Blüten dieser Pflanzen legen die Weibchen die Eier ab, die Raupen werden nach einer gewissen Zeit von einer bestimmten Ameisenart adoptiert und vollenden ihre Entwicklung in deren Nestern, wo sie sich von Ameisenbrut ernähren. Der Bläuling war früher auf den Magerrasen in der Wutachschlucht und in den

4.9.33 und 34 | Einer der bekanntesten und charakteristischsten Tagfalter lichter Waldbestände ist der Gelbringfalter. Durch die markanten Augenringe (links: Flügeloberseite; rechts: Flügelunterseite) ist der Falter unverkennbar. Er fliegt im Sommer; im Gebiet hat man Ende Juni/Anfang Juli die größten Chancen, ihm zu begegnen. (SH.2012 und OK)

4.9.35 | Dieser Wald bietet die für den Gelbringfalter erforderlichen Habitatrequisiten: lichte Strukturen, die eine gute, aber nicht extreme Sonneneinstrahlung zulassen, sowie reichliche Vorkommen der Raupennahrungspflanze. (SH.2012)

4.9.36 | Die Blau-Segge scheint im Raum Blumberg als Raupen-Nahrungspflanze des Gelbringfalters die wichtigste Rolle zu spielen. Sie findet auf den wechseltrockenen bis wechselfrischen mergeligen Substraten an vielen Stellen optimale Standortsbedingungen vor und kann dort Reinbestände bilden. Dies ist sicherlich einer der Gründe dafür, dass der Gelbringfalter sich bis heute im Gebiet halten konnte. (SH.2012)

4.9.37 | Die unauffällige grüne Gelbringfalter-Raupe lebt an Gräsern, wie alle Arten dieser Tagfalterfamilie. Erst in den letzten Jahren wurde jedoch herausgefunden, dass dies ganz überwiegend Sauergräser, d. h. Seggen-Arten (Gattung *Carex*) sind. Nur in unmittelbarer Nähe größerer Seggenbestände können auch mal höhere Falterdichten vorgefunden werden. (OK)

4.9.38 | Die dünnschaligen, weißlich grünen Eier werden vom Weibchen des Gelbringfalters in der Bodenvegetation nahe der Raupennahrungspflanzen fallengelassen und nicht wie bei zahlreichen anderen Arten an die Nahrungspflanze angeheftet. Hier ist das Ei auf einem Blatt des Hirsch-Haarstrangs liegengeblieben. Voraussetzungen für eine erfolgreiche Entwicklung ist ein luftfeuchtes Milieu für die gegen Austrocknung empfindlichen Eier sowie eine hohe lokale Dichte der Nahrungspflanzen, damit die Eiraupe nach dem Schlupf keinen allzu weiten Weg bis zur nächsten Nahrungsquelle zurückzulegen hat. (SH.2013)

4.9.39–42 | Die beiden an Flockenblumen-Arten (*Centaurea*) lebenden Grünwidderchen-Arten *Jordanita notata* und *Jordanita globulariae* sind sehr seltene und gefährdete Magerrasenspezialisten, die sowohl am Eichberg als auch am Buchberg noch vorkommen. Oben links ein frischgeschlüpftes Weibchen in einem Magerrasen am Buchberg. Die Bilderserie rechts zeigt das eigenartige Fraßverhalten der Grünwidderchen-Raupe. Sie bohrt sich von außen her zwischen die beiden Blatthäute und „baut" sich ihre eigene Mine (ganz oben und Mitte). Wenn sie sattgefressen ist, verlässt sie die Mine wieder und hält sich bis zur nächsten Fressrunde in Bodennähe auf. Die ausgebeulten Minen (oben) fallen in der Vegetation sehr auf und können dazu dienen, Präsenz und Dichte der *Jordanita*-Arten sicher und quantitativ zu ermitteln. (SH.2012.2013)

4.9.43 | Dass sich der Schwarzfleckige Ameisenbläuling bis heute am Buchberg halten konnte, grenzt fast an ein Wunder. Die einst großflächigen Magerrasenkomplexe an der Buchberg-Südflanke sind derart umfassend aufgeforstet oder der Sukzession überlassen worden, dass nur noch wenige Reste übriggeblieben sind. Seit mehr als zwei Jahrzehnten wird durch Flächenankauf mit anschließender Entnahme von Buschwerk und Aufforstungen versucht, das Rad der Geschichte zurückzudrehen. Diesen Bemühungen hat der Blauschwarze Ameisenbläuling sein Überleben zu verdanken; allerdings steht die ausgesprochen individuenschwache Restpopulation nach wie vor auf sehr wackeligen Beinen. (HPDE)

4.9.44 | Dieser blütenreiche Magerrasen, der heute das Habitat des Schwarzfleckigen Ameisenbläulings darstellt, war vor einigen Jahren noch mit einer jungen Fichtenaufforstung bestockt. Im Vordergrund ist die mutmaßliche Eiablagepflanze des Bläulings, der Gemeine Dost, zu erkennen. (SH.2012)

4.9.45 | Diese Aufnahme von der Buchberg-Südflanke zeigt sehr gut den erwähnten Weg „zurück zum Offenland". Die braunen Flächen wurden erst gerade ausgestockt, die grünen schon vor Jahren. Ohne die genannten umfangreichen Aktivitäten seitens des Naturschutzes wäre aus dieser Perspektive kein einziges Stück Offenland mehr zu erkennen – und faktisch kein Platz für Grünwidderchen, Ameisenbläuling, Gelbringfalter und viele mehr. Das Bild zeigt indes auch, dass noch einiger Handlungsbedarf verbleibt, um wirklich genügend Raum für vitale, stabile, gleichsam belastbare Populationen zu schaffen. (SH.2012)

4.9.46 | Ein Blick auf die Blütenstände des Kreuz-Enzians reicht, um festzustellen, ob das Vorkommen noch von einer Population des Kreuzenzian-Ameisenbläulings besiedelt ist. Die kalkweißen, gut sichtbar an den Blütenknospen und blütennahen Blättern platzierten Eier sprechen eine deutliche Sprache. (SH)

4.9.47 | Der Kreuzenzian-Ameisenbläuling, legt – wie hier zu sehen – seine Eier an den noch nicht aufgeblühten Sprossen des Kreuz-Enzians ab. Diese Art kommt in der Wutachschlucht und im Raum Blumberg nicht mehr vor, besitzt jedoch noch ein bemerkenswertes Reliktvorkommen oberhalb der Gauchachschlucht bei der Ortschaft Döggingen. Im weiteren Sinne ist sie also immer noch Bestandteil der Fauna des Bearbeitungsgebiets. (SH)

4.9.48 | Was über den Falter gesagt wurde, gilt auch für die Raupe des Feurigen Scheckenfalters: Sie ist die bunteste aller Scheckenfalter-Raupen, wobei sie bereits mit den selben Farben „arbeitet" wie der fertig entwickelte Falter. (SH)

4.9.49 | *„Nur noch über den Berg rüber,* *dann bin ich wieder in der Schlucht"*, scheint dieser Feurige Scheckenfalter zu sinnieren ... Dieses Männchen der farbenprächtigsten unter den einheimischen Scheckenfalterarten gehört zu einer reliktischen Population, die sich – ebenso wie der Kreuzenzian-Ameisenbläuling – auf einem relativ kleinflächigen Magerrasenkomplex bei Döggingen gehalten hat. Auf der Rückseite des im Hintergrund zu erkennenden Bergs geht es geradewegs zur Gauchachschlucht hinunter. Historisch ist der Feurige Scheckenfalter sowohl für die Wutachschlucht als auch den Raum Blumberg belegt. (SH)

4.9.50 | Die Raupe des Rötlichgrauen Bürstenspinners macht ihrem Namen alle Ehre. Das „Zahnbürsten-Outfit" ist für eine ganze Reihe von Arten aus dieser Nachtfaltergattung kennzeichnend. Auch für die wissenschaftliche Namensgebung waren diese Haarbüschel inspirierend: *fascelina* heißt „die Bebündelte" (lat. fasces = Bündel). (WBA)

4.9.51 | Auch der Falter des Rötlichgrauen Bürstenspinners – hier ein Männchen – ist eine recht groteske Erscheinung und perfekt getarnt. Wegen der langen, pelzig behaarten Vorderbeine sind diese Falter auch unter dem Namen „Streckfuß" bekannt. Kennzeichnend für den Rötlichgrauen Bürstenspinner sind die zerstreuten orangefarbenen Schuppen. (SH)

angrenzenden Gebieten vermutlich recht verbreitet. Heute existiert nur noch ein kleines Restvorkommen am Buchberg-Südhang, angesichts einer besorgniserregend geringen Individuenzahl mit ungewisser Zukunft. Vor wenigen Jahrzehnten allerdings waren just die Flächen, an denen sich diese Restpopulation des Schwarzfleckigen Ameisenbläulings heute gewissermaßen festklammert, noch von Fichtenaufforstungen bewachsen. Mithin wäre ohne die im Zuge von Landschaftspflegemaßnahmen erfolgte Beseitigung dieser Aufforstungen das Vorkommen des Bläulings am Buchberg mit Sicherheit bereits jetzt Geschichte | 4.9.45 |.

Kreuzenzian-Ameisenbläuling | 4.9.46–47 | – ein naher Verwandter des Schwarzfleckigen Ameisenbläulings – und Feuriger Scheckenfalter | 4.9.48–49 | sind zwei weitere Arten offener, meist als Weide genutzter Magerrasen, die GREMMINGER als in der Schlucht vorkommend angibt. Vom Feurigen Scheckenfalter gibt es Nachweise vom Buchberg noch bis Ende der 1970er-Jahre; der Kreuz-Enzian kommt in der Schlucht noch in der Umgebung der ehemaligen Hofstelle Dietfurt vor, jedoch ohne den „zugehörigen" Bläuling. Zwar sind sowohl Kreuzenzian-Ameisenbläuling als auch Feuriger Scheckenfalter heute entlang der Wutach und auf den Magerrasen um Blumberg leider nicht mehr anzutreffen, jedoch haben sich beide Arten an einer eher unerwarteten Stelle – eigentlich schon außerhalb des Bearbeitungsgebiets der vorliegenden Buches – bis heute gehalten: Oberhalb der Gauchachschlucht an einer südexponierten Böschung entlang der Bahnlinie westlich des Dorfs Döggingen kommen beide Arten gemeinsam vor. Vom Feurigen Scheckenfalter ist diese von den nächsten Vorkommen in Hegau und Hegaualb isolierte Population sogar das einzige Vorkommen im gesamten Baar-Wutach-Gebiet – für sich gesehen überraschend, vor dem Hintergrund des geschilderten historischen Kontexts indes wieder verständlich.

Als letzte Repräsentantin offener Magergrünland-Komplexe sei eine bemerkenswerte Nachtfalterart erwähnt, deren gegenwärtige Vorkommen sich – soweit bekannt – in Baden-Württemberg im Wesentlichen auf die Naturräume Baar und Baaralb beschränken: der Rötlichgraue Bürstenspinner |4.9.50–51|. Ideale Lebensräume für diese Art sind größere Komplexe von standörtlich breit gefächertem Magergrünland in unterschiedlichen Sukzessions(= Entwicklungs)stadien, wobei insbesondere junge Brachen eine wichtige Rolle spielen. Die Vorkommen des Bürstenspinners – ein treffender Name angesichts der bizarren, mit zahnbürstenartigen Haarbüscheln versehenen Raupen – an Eichberg und Buchberg sind seit Jahrzehnten bekannt und scheinen die südliche Verbreitungsgrenze im Lande zu markieren. Im unmittelbar angrenzenden Alb-Wutach-Gebiet, das ebenfalls hochwertige Magerrasengebiete aufweist, wurde die Art jedenfalls noch nie gefunden. Auch dieser Falter bedarf inzwischen gesteigerter Aufmerksamkeit seitens des Artenschutzes – haben doch gezielte Nachforschungen in den letzten Jahren ergeben, dass die Teilpopulation am Eichberg sich offenbar in aller Stille „verabschiedet" hat. Zwar finden sich an der Eichberg-Südflanke großflächig artenreiche Magerwiesen und Halbtrockenrasen, diese werden aber in relativ kurzer Zeit fast komplett gemäht und abgeräumt. Gut möglich, dass in der hierdurch bedingten geringeren Strukturvielfalt und dem Mangel an jungen, nur sporadisch genutzten/gepflegten Sukzessionsstadien – also den zeitlich an diesem Standort aufeinanderfolgenden Pflanzengesellschaften – eine der Ursachen für das mutmaßliche Erlöschen der Eichbergpopulation des Rötlichgrauen Bürstenspinners zu suchen ist. Am Buchberg, wo noch ein in sich reicher gegliedertes Spektrum an gemähten, beweideten, nicht oder nur in mehrjährigen Abständen genutzten bzw. gepflegten sowie neu entbuschten oder ausgestockten Flächen existiert, konnte die Art durch Lockversuche mit unbegatteten Weibchen – einer sehr zuverlässigen Nachweismethode – in den letzten Jahren regelmäßig bestätigt werden.

Die gewählten Beispiele verdeutlichen, welche Vielfalt von landschaftsprägenden Einflüssen und Prozessen biotischer und abiotischer Art zu der im Gebiet vorzufindenden Artenvielfalt geführt haben. Die Arten als „Sprache der Landschaft" erzählen

4.9.52 | **Glücklicherweise kein Fall für den Artenschutz**, gleichwohl aus den strukturreichen Wäldern der Schlucht nicht wegzudenkende Schmuckstücke sind die Schillerfalter. Hier eine Gruppe des Kleinen Schillerfalters beim Saugen auf feuchtem Flussschotter, darunter ein Exemplar der Form „*clytie*" mit gelben statt weißen Flügelbinden. Beim Kleinen Schillerfalter war in den letzten 20 Jahren sogar eine deutliche Ausbreitungstendenz in die früher kaum besiedelten höheren Lagen des Schwarzwaldes festzustellen; er gehört allem Anschein nach zu den „Klimagewinnern". (MS.2013)

4.9.53 und 54 | **Die Unterscheidung** von Großem und Kleinem Schillerfalter fällt nicht schwer, insbesondere wenn man die Flügelunterseiten betrachtet. Der Große Schillerfalter (links) ist wesentlich kontrastreicher gezeichnet und wirkt fast schwarz-weiß, während für den Kleinen Schillerfalter eine verwaschen rötlich braune Grundfärbung bezeichnend ist (rechts). (WBA)

uns gewissermaßen Geschichten über das, was sich über viele Hunderte und Tausende von Jahren in der Landschaft ereignet hat – was sich verändert hat, was geblieben ist, und wohin die Reise geht. Daraus ergibt sich als eine der unmissverständlichen Kernaussagen: Neben den einzigartigen geologischen Rahmenbedingungen und erdgeschichtlichen Prozessen, welche die Wutachschlucht zu dem gemacht haben, was sie ist, bildet auch der Mensch und dessen Wirken einen der prägenden Faktoren für die Lebewelt des Wutachgebiets. Dies bedeutet nichts anderes, als dass zu einem umfassenden Schutzkonzept, das die Erhaltung der verbliebenen Artenvielfalt zum Ziel hat, neben Bestands- und Prozessschutz auch ein Bündel gezielter Maßnahmen gehören muss, das sich an den Bedürfnissen der noch vorhandenen anspruchsvollen Ziel- und Leitarten zu orientieren hat. Hierauf soll im Folgenden näher eingegangen werden.

Schutzprioritäten aus heutiger Sicht: Wie können weitere Artenverluste vermieden werden?

Aus den bisherigen Ausführungen ergeben sich die Schutzprioritäten für die Schmetterlings-Lebensgemeinschaften im Wutachgebiet quasi von selbst:

- Die Erhaltung der ursprünglichen, vom Menschen nie maßgeblich beeinflussten bzw. veränderten Lebensräume an den Sonderstandorten innerhalb der Schlucht.
- Die Sicherung einer vielfältigen Artengemeinschaft, deren Mitglieder auf verschiedenste Weise in Lebensräume eingenischt, deren Entstehung von sogenannten Störungsereignissen abhängig ist. Dies ist zum einen das über lange Zeiträume in der historischen Kulturlandschaft wirkende Nutzungsregime, zum anderen sind dies seltene Katastrophenereignisse wie Sturmwürfe, Überschwemmungen, Insektenkalamitäten und vergleichbare Ereignisse. Dabei spielen Erdrutschungen aufgrund der labilen geologischen Situation eine besondere Rolle: Durch sie konnte es den bis heute vorkommenden Relikten klimatischer Offenlandperioden zunächst gelingen, in der entstehenden Waldlandschaft zu überdauern – später unterstützt durch den wirtschaftenden Menschen. Fast sämtliche heute schutzwürdigen Offenlandbiotope fallen in diese Kategorie.

Am schnellsten „abgehandelt" sind naturgemäß diejenigen Arten, deren Existenzgrundlage die naturnahen, vom Menschen nicht oder wenig beeinflussten Biotoptypen bilden. Das sind zum einen natürliche Waldgesellschaften und Gehölzbestände, etwa die verschiedenen Schluchtwald-Gesellschaften (Bergahorn-Eschenwald, Ahorn-Sommerlindenwald mit ihren standörtlichen Varianten), Auwaldbestände, Pioniergehölze und Feuchtgebüsche. Weitere weder der menschlichen Nutzung noch der Veränderung durch Gehölzsukzession zugängliche Lebensräume sind schattige Felsschluchten, in denen z. B. der Felsschlucht-Kapselspanner vorkommt. Hier genügt der einfache Bestandsschutz, wozu im Falle der Hangrutsche allerdings der Verzicht auf Aufforstungen gehört; spezifischer lebensraumerhaltender Maßnahmen bedarf es in der Regel nicht.

Die Mehrzahl der wertgebenden und schützenswerten Arten ist allerdings auf bestandsstützende Maßnahmen angewiesen oder wird durch solche zumindest gefördert. Das gilt selbst für scheinbar natürliche Habitate, wie beispielsweise die für die Vegetationszonen des Wutachufers so bezeichnenden Pestwurzfluren. Diese können durch das Eindringen von Weidengebüschen (z. B. Silber-Weiden) abgebaut werden; das Entfernen der Gebüsche ist folglich gleichbedeutend mit einer bestandsstützenden Maßnahme für die Pestwurzeule sowie weitere auf diese Pflanzengesellschaft angewiesene Tierarten. In neuerer Zeit ist ein in seiner Tragweite noch nicht im Detail abzuschätzendes Neophytenproblem hinzugekommen: An einem dem Autor bekannten Fundort der Pestwurzeule wächst seit einigen Jahren auch das Indische Springkraut, wobei es noch nicht endgültig entschieden zu sein scheint, welche der zur Dominanz neigenden Staudenpflanzen – Pestwurz oder Springkraut – letztendlich die Oberhand gewinnen wird, bzw. ob es zu einer Koexistenz mit beidseitiger Duldung kommt (s. auch S. 159). Gefährlicher für diese und weitere

Rote-Liste-Arten von morgen

Während bei den Schillerfaltern von einer Gefährdung derzeit nicht gesprochen werden kann, gehören Schlüsselblumen-Würfelfalter und Braunauge – etwas salopp gesagt – zu den „Rote-Liste-Arten von morgen".

Der **Schlüsselblumen-Würfelfalter** (rechts oben) entwickelt sich an Primeln, die in bereits leicht verfilzten, nicht oder nur sehr extensiv genutztem Magergrünland stehen. Saumposition oder Lichtwald-Strukturen werden klar bevorzugt, die vielfach reichlichen Primel-Bestände in regelmäßig gemähten Magerwiesen sind hingegen für den Schmetterling nicht nutzbar. Bei dieser Art sind deutliche Rückzugstendenzen zu erkennen, sie rückt deswegen zunehmend ins Blickfeld des Artenschutzes. | 4.9.55 | (SH.2010)

Das **Braunauge** (rechts unten) ist ein echter Felsbewohner und kann als Gebirgstier bezeichnet werden, zumindest die Nominatform (also die zuerst beschriebene Unterart) kommt nur in der montanen Stufe vor; es gibt noch eine anders gefärbte Tieflandform, die z. B. in der Rheinebene vorkam. Das Bild rechts zeigt das „klassische" Habitat: Felsbildungen mit überhängenden Strukturen, hier entstanden durch einen wohl verwitterungsbedingten Ausbruch eines größeren Felsteils als fast höhlenartige Struktur. Nur an solchen oder ähnlichen Stellen erfolgt die Eiablage, und hier vollzieht sich die Raupenentwicklung… und auch die Verpuppung, wie sich beim „Hineinzoomen" unter das Felsendach zeigt. Die Falter sind fast immer in der Nähe von Felsen – wobei dies durchaus auch Findlinge oder größere Felsbrocken in der offenen Landschaft sein können – anzutreffen. Jedenfalls kann das Braunauge als derjenige Tagfalter gelten, der am engsten an das Element Fels als solches gebunden ist. Eine spezifische Nahrungspflanzenbindung der Raupe besteht nicht, sie frisst wie alle Arten dieser Tagfalterfamilie Gräser. | 4.9.56–58 | (SH.2013)

durch feuchte und nährstoffreiche Standortverhältnisse gekennzeichneten Pflanzengesellschaften ist der Vormarsch des weitaus aggressiveren Japanischen Staudenknöterichs, der mit dem ersten Auftauchen konsequent beseitigt werden sollte.

Auch bei Lebensräumen, die durchaus über natürliche Prozesse entstehen können, kann es für bestimmte Artengruppen wie z. B. die Gilde der Weichholzbewohner erforderlich sein, dass der Pflanzenbestand durch gezielte Maßnahmen gefördert wird. So lassen sich von Pappeln und Weiden dominierte Sukzessionsstadien auf verschiedene Weise erzielen – sei es durch die Anlage von Schlägen im Klimaxwald (dem Wald, der sich als relativ stabiler Schlusswald im Laufe der natürlichen Entwicklung gebildet hat), sei es durch das Zulassen entsprechender Sukzession an mikroklimatisch geeigneten Stellen.

Warum gehen Arten verloren?

Abschließend seien noch zwei Arten vorgestellt, die leider noch in den letzten 30 Jahren durch den Verlust ihrer Habitate verlorengegangen sind.

Der **Blauschwarze Eisvogel** (rechts oben) ist auf größere Bestände voll besonnter Heckenkirschen angewiesen. Diese entstehen auf Sturmwurf- bzw. Schlagflächen, auch am Rande von offenen Felsbildungen (auf | 4.9.21 | ist etwas hinter der linken Königskerze ein solcher potenziell geeigneter Heckenkirschenbusch zu erkennen). Mit dem Verlust dieses Habitattyps musste die Art ihr Areal im Wutachgebiet und auf der Baar räumen. Dies geschah offenbar im Laufe der 1990er-Jahre. | 4.9.59 | (SH)

Der **Goldene Scheckenfalter** (rechts unten) repräsentiert einen ganz anderen Lebensraumtyp als der Blauschwarze Eisvogel. Er benötigt große, heterogene magere Grünlandkomplexe mit räumlich wechselnder Nutzung und gestaffelter Nutzungsintensität. Bis vor ca. 50 Jahren war er noch eine weit verbreitete Art des mageren und mittleren Grünlands. Bis in die 1980er-Jahre hinein gab es mehrere Vorkommen bei Blumberg, Hondingen, Fürstenberg u. a., die alle noch vor der Jahrtausendwende erloschen sind. | 4.9.60 | (OK)

Eine „Großbaustelle“ für den Artenschutz ist indessen die Erhaltung der sogenannten Lichtwaldarten. Dass einige sehr seltene Vertreter dieses Anspruchstyps hier bis heute überdauert haben, ist bis zu einem gewissen Grad der Sondersituation des Gebiets zu verdanken. Der überwiegend durch Hangrutschungen entstandene Westabfall von Buchberg und Eichberg ist aus bodenbedingten Gründen für die schnelle Entwicklung eines geschlossenen Waldes ungeeignet. Aus diesen Gründen hat sich auf dieser natürlich entstandenen Offenfläche bis heute kein dichter geschlossener Wald entwickeln können. Allerdings wäre unter den heutigen Rahmenbedingungen ein Überleben der Lichtwaldarten undenkbar, stünden auch weiterhin ausschließlich diese Sonderstandorte zur Verfügung. Das Beispiel des Gelbringfalters zeigt dies in eindrucksvoller Deutlichkeit: Nennenswerte Individuenzahlen treten heute ausschließlich in Sekundärlebensräumen auf, also den seit langem aus der Nutzung gefallenen kleinparzellierten Magerwiesenflächen am Buchberg-Südhang.

Durchgewachsene Baumhecken im Wechsel mit spärlich von Gebüschen durchsetzten, allenfalls sporadisch genutzten Magerwiesen erzeugen eine lichtwaldähnliche Struktur, in denen der Gelbringfalter sich erfolgreich fortpflanzen kann. Genau diese Bereiche unterliegen jedoch einer hohen Sukzessionsdynamik, d. h. ohne regelmäßige gezielte Pflegemaßnahmen würden sich hier recht schnell dichte Gehölze fast ohne Krautschicht entwickeln, die für den Gelbringfalter und viele weitere Arten mit ähnlichen strukturellen Ansprüchen an ihre Habitate nicht mehr als Lebensraum in Betracht kämen. Da Gelbringfalter, Platterbsen-Widderchen & Co. weder auf offenen vollsonnigen Magerrasen noch in geschlossenen Wäldern existieren können, bedarf es eines fein austarierten Pflegemanagements, um ein ausreichendes Flächenpotenzial an für diese Arten geeigneten Lichtwaldstadien vorzuhalten.

Für die großen, überwiegend offenen Magerrasenkomplexe nebst Verbuschungsstadien und Übergängen zu den angrenzenden Wäldern an den Südflanken von Eichberg und Buchberg ist ebenfalls ein anspruchsvolles Pflegekonzept erforderlich, insbesondere wenn es um die Erhaltung der aus Sicht des Artenschutzes wertvollsten Zielarten (s. Abbildungen S. 304–312) geht. Ein ausgewogenes Nebeneinander von regelmäßig und zu unterschiedlichen Zeitpunkten gemähten, beweideten, aber auch zeitweise ungenutzten Flächen – jeweils mit ausreichendem Flächenpotenzial – ist Voraussetzung für die Sicherung eben dieser Vorkommen.

Felsfreistellungen | 4.9.21 | dienen der Schaffung von Lebensmöglichkeiten für diejenigen Felsspezialisten, die auf hohe Wärmegunst, d. h. gute Besonnung angewiesen sind. Weiter oben wurde darauf hingewiesen, dass nur noch wenige Arten dieses Anspruchstyps in der Schlucht überdauert haben. Ungeachtet dessen sollten diese Maßnahmen konsequent weiterverfolgt werden, da nicht wenige der schützenswerten Habitatspezialisten ausreichend mobil sind, um solche neu geschaffenen potenziellen Lebensräume wieder zu besiedeln.

Ein wichtiges Fazit aus den vorgestellten Beispielen ist: Anhand der Schmetterlinge lässt sich gut belegen, dass ein richtig verstandener Prozessschutz den Schutz aller Prozesse, die seit Jahrtausenden die heimische Landschaft prägten und prägen, beinhalten muss. Hierzu zählen auch die seltenen Ereignisse wie Hangrutschungen u. a., durch die solche Strukturen, wie sie etwa die Lichtwald- und Magerrasen-Arten benötigen, entstehen. Dazu gehört auch der Einfluss des buchstäblich seit Menschengedenken wirkenden *Homo sapiens*. Auch die einstmals in der Landschaft präsenten großen pflanzenfressenden Säugetiere schufen eine wichtige Voraussetzung für die Entstehung der als so schützenswert empfundenen Vielfalt an Arten und Lebensräumen. Die Landnutzung durch den Menschen hat sich innerhalb kurzer Zeit so radikal gewandelt, dass sie auch und gerade für die ehemaligen Kulturfolger, deren Anpassungen Jahrtausende lang erfolgreich funktionierten, keinen Raum mehr lässt.

Dass ein vollständiger Verzicht auf steuernde Eingriffe nicht zur Erhaltung, sondern zu einem dramatischen Verlust von Artenvielfalt in einer solchen alten Kulturlandschaft führen würde, ist vor den geschilderten Hintergründen kein Widerspruch in sich mehr – sondern vielmehr die zwangsläufige Konsequenz. Dies ist die Botschaft der Schmetterlinge als „Sprache der Landschaft“.

Die Schnecken des Mittleren Wutachtals und des Eichbergs

Ira Richling, Wolfgang Rähle

Unter Spezialisten – das heißt Malakozoologen oder Weichtierkundlern – ist die Wutachschlucht schon lange ein Geheimtipp, und so wundert es nicht, dass bereits im vorletzten Jahrhundert Schneckensucher durch die Schlucht streiften. Natürlich sammelten sie keine Schnecken zum Essen, wie oft die erste Frage lautet, mit der man konfrontiert wird, wenn man ahnungslosen Spaziergängern seine „Jagd"-Position erklären soll: mit schmutzigen Händen und auf allen Vieren am Boden oder Felssimse hypnotisierend. Vielmehr waren bereits die frühen Schneckenforscher von der enormen Vielfalt dieser oft nur wenige Millimeter großen Tiere fasziniert.

Schnetter (1971) führt aus dem Bearbeitungsgebiet sichere Vorkommen von rund 100 Schneckenarten auf. Das sind mehr als zwei Fünftel aller in Baden-Württemberg lebenden Formen. In der Folgezeit wurden nur zwei weitere Arten (Knoblauch-Glanzschnecke *Oxychilus alliarius* | 4.10.01 |, Halden-Haarschnecke *Trochulus graminicola* | 4.10.02 |) gefunden, eine eigentlich schon früher beobachtete korrekt identifiziert (Heller Schnegel *Deroceras rodnae*, s. S. 329: „Bestimmung von Nacktschnecken"), und auch die sich einer fragwürdigen Popularität rühmende, eingeschleppte Spanische Wegschnecke (*Arion lusitanicus*) hat mittlerweile ihren Weg in die Schlucht geschafft (Schmid 1972 & 1974, Falkner 1973, Rähle unveröff.). Eine weitere Art (Gemeine Schließmundschnecke *Balea biplicata*) wurde mit einem Beleg von 1961 in einer Museumssammlung aufgestöbert. Schließlich konnte G. Schmid (1997) die zuvor nur durch ein angespültes Gehäuse bekannte Bleiche Schließmundschnecke (*Cochlodina fimbriata*) mit einer Population in den Wutachflühen nachweisen. Damit ist derzeit mit dem Vorkommen von 95 Landschneckenarten und – obwohl das Gebiet eigentlich von Wasser dominiert und geschaffen wurde – nur zehn aquatischen Schneckenarten zu rechnen.

4.10.01 | Die ca. 7 mm große Knoblauch-Glanzschnecke hat ihren Namen der Fähigkeit zu verdanken, bei Störung einen starken Knoblauchgeruch (ähnlich dem von Bärlauch) abgeben zu können – ein untrügliches Bestimmungsmerkmal. (IR)

Der spektakulärste Fund der letzten Jahrzehnte war zweifellos die Entdeckung einer für die Wissenschaft neuen Schneckenart, die auf den Mitteljura-Mergelrutschen des Eichberg-Westhangs lebt: die Halden-Haarschnecke (*Trochulus graminicola*, Falkner 1973, s. „Neue Schneckenart im Extremlebensraum").

Damit ist auch schon vorweg genommen, dass unser Beitrag nicht nur die eigentlichen Schutzgebiete entlang der Wutach (Wutachschlucht und Wutachflühen) einschließt, sondern als eine Art „Kontrapunkt" dazu, wie G. Schmid (1971) es einmal treffend formuliert hat, auch den über 900 m hoch aufragenden Eichberg am Ostufer des Krottenbachs kurz vor seiner Einmündung in die Wutach mit einbezieht. Bezüglich der wissenschaftlichen Artnamen beruht die Darstellung auf dem in der Roten Liste der Schnecken und Muscheln Baden-Württembergs (Arbeitsgruppe Mollusken BW 2008) präsentierten Kenntnisstand. Für die deutschen Namen wird dem Vorschlag von Jungbluth & Knorre (2008) gefolgt. Der Erkenntnisgewinn seit der letzten ausführlichen Darstellung der Wutachmollusken durch Schnetter (1971) führte bei einer beachtlichen Anzahl von Arten zu einer Änderung der wissenschaftlichen Namen, die bei Nicht-Insidern schnell Verwirrung stiften kann. Deshalb gibt nebenstehende Tabelle | 4.10.03 | eine entsprechende Zusammenstellung.

Neue Schneckenart im Extremlebensraum

Die Flanken des Eichbergs liegen im Mitteljura und werden überwiegend vom Opalinuston gebildet, der bei Nässe leicht ins Rutschen gerät. Der Westhang ist übersteilt und zeitweise solchen Erdrutschen ausgesetzt, so dass im lichten Bergwald aus Kiefer, Mehlbeere, Rotbuche u. a. fast baumfreie Rinnen („Mergelrutschen") entstehen, auf der eine Pioniergesellschaft wächst, die hauptsächlich aus Gräsern (Berg-Reitgras, Fiederzwenke und Blaugrüne Segge) sowie Breitblättrigem Laserkraut und Wundklee besteht (Schmid 1974).

In diesem extremen Lebensraum, in dem ein ständiger Wechsel zwischen Vernässung, rascher Austrocknung und starker Sonneneinstrahlung herrscht, wurde erst 1973 die Halden-Haarschnecke (*Trochulus graminicola*) von G. Falkner entdeckt und als neue Art beschrieben. Es ist nicht auszuschließen, dass sie auch an anderen, ähnlich beschaffenen Lokalitäten lebt. Aber bisher entpuppten sich alle angeblichen Funde als Fehlmeldungen und noch ist die Schnecke nirgendwo sonst gefunden worden. Ausgewachsene Tiere haben nur selten eine schwache Behaarung.

| 4.10.02 | **Halden-Haarschnecke.** (IR)

4.10.03 | **Wissenschaftliche Namen**, die sich gegenüber der Artenliste bei Schnetter (1971) geändert haben bzw. aktualisiert oder berichtigt werden mussten, aktuell nach Arbeitsgruppe Mollusken BW (2008).

Schnetter (1971)	**Arbeitsgruppe Mollusken BW (2008)**
Abida frumentum	*Granaria frumentum*
Acicula lineata	*Acicula lineolata*
Acicula polita	*Platyla polita*
Acicula sublineata	*Acicula lineata*
Arion circumscriptus	*Arion silvaticus*
Arion hortensis	*Arion distinctus*
Arion subfuscus brunneus	*Arion brunneus*
Arion subfuscus subfuscus	*Arion fuscus*
Boettgerilla vermiformis	*Boettgerilla pallens*
Bradybaena fruticum	*Fruticicola fruticum*
Clausilia parvula	*Clausilia rugosa parvula*
Ena obscura	*Merdigera obscura*
Galba palustris	*Stagnicola* spec.
Helicella obvia	*Xerolenta obvia*
Helicigona arbustorum	*Arianta arbustorum*
Iphigena lineolata	*Macrogastra attenuata lineolata*
Iphigena plicatula	*Macrogastra plicatula*
Iphigena ventricosa	*Macrogastra ventricosa*
Isognomostoma isognomostoma	*Isognomostoma isognomostomos*
Laciniaria cana	*Bulgarica cana*
Limax tenellus	*Malacolimax tenellus*
Oxychilus depressus	*Mediterranea depressa*
Oxychilus glaber	*Morlina glabra*
Perforatella incarnata	*Monachoides incarnatus*
Pyramidula rupestris	*Pyramidula pusilla*
Radix peregra f. *peregra*	*Radix labiata*
Radix peregra f. *ovata*	*Radix balthica*
Succinea elegans	*Oxyloma elegans*
Succinea oblonga	*Succinella oblonga*
Trichia edentula	*Petasina edentula*
Trichia hispida	*Trochulus hispidus*
Trichia sericea	*Trochulus sericeus*
Trichia striolata	*Trochulus striolatus*
Trichia villosa	*Trochulus villosus*

Aus Sicht einer Schnecke

... oder eines Malakozoologen: Was macht das Gebiet nun so besonders für Schnecken? Oft braucht es gar nicht viel Spezialwissen, um genau das zu verstehen. Ganz vereinfacht betrachtet sind zwei Faktoren die wichtigsten: Wasser und Kalk. Wie jeder weiß, sind Schnecken fast nur bei regnerischem Wetter aktiv, weil ihr Weichkörper außer dem Gehäuse keinen effektiven Verdunstungsschutz aufweist – für Nacktschnecken gilt das natürlich erst recht. Nur vergleichsweise wenige Arten haben es geschafft, sich auch mit trockenen bis sehr trockenen Bedingungen zu arrangieren. Zum anderen besitzen die allermeisten Schnecken ein Gehäuse, für dessen Aufbau viel Kalk benötigt wird. Eine einfache Demonstration liefern Schnirkelschnecken, die man oft an Hauswänden, Mauern oder auf Kalksteinen kriechen sieht: Neben Nahrung in Form von Algenaufwuchs suchen sie Kalk. So gilt grob gesagt der einfache Zusammenhang: je kalkreicher ein Gebiet ist, desto mehr Schnecken gibt es. Und das gilt interessanterweise nicht nur für die schiere „Anzahl", d. h. die Individuendichte, sondern auch für die Anzahl der Arten. Letzteres erklärt sich daraus, dass viele Arten mit zu wenig Kalk gar nicht zurechtkommen.

4.10.04 | Die nur 2 mm kleine Alpen-Windelschnecke (*Vertigo alpestris*) lebt zwischen Pflanzen in Felsnischen. (IR)

4.10.05 | Laubwald an der Wutach mit typischen Schneckenhabitaten in der Krautschicht und Versteckmöglichkeiten unter Totholz. (JR)

Ein dritter Faktor kommt aufgrund der sehr geringen Mobilität von Schnecken hinzu. Da sie sich in ihrem ganzen Leben oft nur in einem Umkreis von wenigen Quadratmetern bewegen, ist ihre aktive Ausbreitung sehr langsam. Außerdem können ungeeignete Biotope oft unüberwindbare Wanderhindernisse darstellen. So spielt die Dauer der kontinuierlichen Existenz von passenden Lebensräumen für die aktuell anzutreffende Schneckengemeinschaft eine entscheidende Rolle. Auf einer wenige Jahre alten Straßenböschung wird man beispielsweise nicht ansatzweise so viele und anspruchsvolle Arten finden wie auf einem über Jahrzehnte oder besser noch Jahrhunderte bestehenden Trockenrasen. Diese Voraussetzung ist in der Wutachschlucht durch ihre natürliche Unzugänglichkeit gegeben und wird durch den Status als Naturschutzgebiet gewahrt. Die steilen Hänge und das tief eingeschnittene Profil machten eine Nutzung und damit Veränderung der Lebensräume unattraktiv bis unmöglich.

Betrachtet man nun das Wutachgebiet aus der Sicht einer Schnecke, so bieten fast die gesamte Schlucht und ihre Nebentäler feucht-kühle Bedingungen und somit ideale Voraussetzungen unter dem Aspekt Wasser. Lediglich exponierte Felsvorsprünge und -simse stellen trockene Sonderstandorte dar, die einer daran angepassten, speziellen Schneckengemeinschaft einen Lebensraum bieten | 4.10.04 |. Die Kalkverfügbarkeit richtet sich nach dem geologischen Untergrund: Hier liegt die theoretische Grenze für Schnecken am Übergang der Grundgebirgsschlucht aus kalkarmen Gneisen zur Muschelkalkschlucht, die etwa bei der Schattenmühle liegt. Diese einfache Unterteilung spiegelt sich auch in der Vegetation wider: Während der obere Bereich der Schlucht mit Gutach und Haslach und seinen Nebentälern Rötenbachschlucht und Lotenbachklamm von Nadelwäldern dominiert ist, überwiegen weiter flussabwärts Laubwälder | 4.10.05 |. Durch die geologische Schichtung wird dieses einfache Schema jedoch in der Realität im wahrsten Sinne des Wortes etwas

„verwässert", denn auch im Grundgebirgsabschnitt profitieren die Schnecken vom kalkhaltigen Sickerwasser, das aus den Muschelkalkschichten im Hangenden – also den überlagernden, jüngeren Gesteinschichten – stammt. So sind auch dort kalkbedürftige Schnecken zu finden.

Aus Sicht eines Wandernden

Trotz der generell guten Bedingungen für Schnecken im Gebiet drängen sie sich in der Regel nicht in den Vordergrund, sie wollen gesucht sein. Durch ihren hohen Feuchtigkeitsanspruch und die relative Wehrlosigkeit müssen Schnecken sich oft tagsüber verstecken. Dabei gibt es zwei Hauptstrategien: Entweder sind sie relativ gut getarnt und heften sich fest an den Untergrund – wie zum Beispiel die Rinde von Bäumen oder an Felsen – oder sie leben im feuchten Mikroklima einer weniger sichtbaren Welt. Diese kann vielfältig sein, wie zum Beispiel das Leben unter Blättern in der Krautschicht oder in der Bodenstreu, unter Totholz oder Steinen. Einige Arten leben sogar ganz unterirdisch wie die Wurmschnecke (*Boettgerilla pallens*), eine Nacktschnecke, deren Gestalt ihr den Namen gab und die dadurch optimal durch das Lückensystem im Boden kriechen kann und sich einer Beobachtung entzieht | 4.10.06 |.

Am einfachsten ist es, nach großwüchsigen Schneckenarten Ausschau zu halten, die an Bäumen und Felsen klettern. Hierzu zählen die Garten-Schnirkelschnecke (*Cepaea hortensis*) | 4.10.07 |, der Steinpicker (*Helicigona lapicida*) | 4.10.08 |, die Berg-Turmschnecke (*Ena montana*) | 4.10.09 | und ihre kleinere Verwandte, die Kleine Turmschnecke (*Merdigera obscura*) | 4.10.10 |, sowie ein Teil der hoch aufgewundenen Schließmundschnecken | 4.10.35–37 | 4.10.46 |. Die flache Gehäuseform ermöglicht es dem Steinpicker, trotz der relativen Größe noch in Spalten kriechen zu können, weshalb seine Präferenz Felsen sind. Die Kleine Turmschnecke ist hingegen ein Meister der Tarnung vor allem an Bäumen. Sie beklebt ihr Gehäuse regelrecht mit kleinen Partikeln, so dass sie kaum noch als Schnecke auszumachen ist.

4.10.06 | Der Name ist Programm – die Wurmschnecke lebt unterirdisch und ist voll ausgestreckt bei nur 2–3 mm Durchmesser 50 mm lang. (IR)

4.10.07 | Jeder kennt die bunten Schnirkelschnecken, von denen zwei Arten an der Farbe des Mundsaums (hell oder dunkel) zu unterscheiden sind. Im Untersuchungsgebiet wurde bisher nur die Garten-Schnirkelschnecke – mit dem hellen Mundsaum – gefunden. (IR)

4.10.08 | Der Steinpicker hat seinen Namen durch die Vorliebe zu Felsbiotopen, er zerpickt natürlich keine Felsen, sondern versteckt sich in ihren Spalten. (IR)

4.10.09 und 4.10.10 | Die Berg-Turmschnecke (ganz links) und die kleinere, völlig mit „Dreck" beklebte Kleine Turmschnecke (links). (IR)

4.10.11 | **Die auffälligen Schnirkelschneckenartigen** der Wutachschlucht in gleichem Maßstab: A: Riemenschnecke B: Genabelte Strauchschnecke C: Rötliche Laubschnecke D: Zottige Haarschnecke E: Maskenschnecke F: Steinpicker G: Gefleckte Schnirkelschnecke H: Garten-Schnirkelschnecke I: Weinbergschnecke (VW und IR)

Bei ausreichend feuchtem Wetter sind auch einige Bewohner der Krautschicht leicht zu sehen | 4.10.11 |. Die braun gesprenkelte Gefleckte Schnirkelschnecke (*Arianta arbustorum*) ist hier die häufigste Art und sowohl in der Grundgebirgs- als auch Muschelkalkschlucht weit verbreitet | 4.10.12 |. Von gleicher Größe, aber mit einfarbig hellem Gehäuse, das höchstens durch die Weichtierfärbung gefleckt erscheinen kann, ist die in der Schlucht seltenere Genabelte Strauchschnecke (*Fruticicola fruticum*). Nahezu unverkennbar ist die Zottige Haarschnecke (*Trochulus villosus*), die ihrem Namen alle Ehre macht und unter den mitteleuropäischen Weichtieren die längsten Haare auf dem Gehäuse trägt | 4.10.13 |. Ebenso häufig und etwa gleich groß ist die völlig unbehaarte Rötliche Laubschnecke (*Monachoides incarnatus*) | 4.10.14 |.

Richtet man schließlich seinen Blick aufmerksam auf den Boden, sind neben den leeren Gehäusen der bereits genannten Arten vor allem zwei weitere behaarte Schneckenarten häufig zu finden: die Maskenschnecke (*Isognomostoma isognomostomos*) | 4.10.15 | und die Riemenschnecke (*Helicodonta obvoluta*) | 4.10.16 |. Gelegentlich sind auch Weinbergschnecken (*Helix pomatia*) am Boden oder im unteren Stammbereich von Bäumen zu sehen.

All diese Beobachtungen kann man in dem die Schlucht dominierenden Lebensraum, dem Schluchtwald, machen. Führt der Wanderweg schließlich ganz nahe der Wutach entlang, kann man die nur in Feuchtbiotopen wie diesen Uferbereichen lebenden gelblichen Bernsteinschnecken in der Vegetation sehen | 4.10.17 |. Schaut man ganz genau auf den feuchten Boden, so kriechen dort oft flache, schwarze Schneckchen von bis zu 7 mm Durchmesser: die Glänzenden Dolchschnecken (*Zonitoides nitidus*) | 4.10.18 |.

4.10.12 | **Die meisten in der Wutachschlucht** lebenden Schnecken – wie dieses kopulierende Paar der Gefleckten Schnirkelschnecke – sind Zwitter, d. h. beide Tiere besitzen sowohl weibliche als auch männliche Geschlechtsorgane und begatten sich gegenseitig. (IR)

Neben den genannten Gehäuseschnecken gibt es in der Wutachschlucht auch eine Reihe von auffälligen Nacktschnecken, denen der geologische Untergrund aufgrund der Reduktion ihres Gehäuses relativ egal ist. Eine gute Beobachtungszeit für diese Tiere ist vor allem der Herbst, wenn sie durch Pilze als beliebte Nahrung aus ihren Verstecken gelockt werden. Zu den großen Arten zählen die Rote Wegschnecke (*Arion rufus*) | 4.10.19 |, die auch mal mitten auf dem Wanderweg kriechend gefunden werden kann, und der Schwarze Schnegel (*Limax cinereoniger*) | 4.10.20 |, der allerdings wesentlich heimlicher lebt. Letzterer und noch häufiger der deutlich kleinere Baumschnegel (*Lehmannia marginata*) klettern gerne an Bäumen hoch | 4.10.21 |.

4.10.13 | **Bei diesem Jungtier** der Zottigen Haarschnecke ist die Behaarung besonders deutlich zu erkennen. Über die Funktion der Gehäusehaare gibt es nur Spekulationen. (IR)

4.10.14| **Die schwarze Sprenkelung** auf dem Gehäuse der Rötlichen Laubschnecke ist lediglich die durchscheinende Pigmentierung des Weichtiers. (IR)

4.10.15 | **Die Maskenschnecke** sieht kriechend recht gewöhnlich aus. Erst ein Blick auf ihre Gehäusemündung | 4.10.11E und 4.10.47C | zeigt, wie „verbarrikadiert" diese mit Vorsprüngen – sogenannten Zähnen – ist, um Fraßfeinde abzuwehren. (IR)

4.10.16 | **Die Riemenschnecke** versteckt sich gerne unter abgestorbenen, am Boden liegenden Baumstämmen und größeren Ästen, klettert aber auch gelegentlich auf kleine Pflanzen. (IR)

4.10.17 | **Bernsteinschnecken** sind mit zwei sehr ähnlichen Arten im Gebiet vertreten: oben die Gemeine Bernsteinschnecke (*Succinea putris*) und unten die Schlanke Bernsteinschnecke (*Oxyloma elegans*). (IR)

4.10.18 | **Die Glänzende Dolchschnecke** ist eindeutig an dem hellen Fleck in der Nähe der Mündung zu erkennen, bei dem es sich um die durchscheinende Niere des Tiers handelt. (IR)

4.10.19 | **Trotz ihres Namens** gibt es in der Wutachschlucht vor allem schwarze Exemplare der Roten Wegschnecke. Wenn Wegschnecken gestört werden, kugeln sie sich stark zusammen und machen ruckartige seitliche Bewegungen. (IR)

4.10.20 | **Pilze zählen zur Lieblingsspeise** des Schwarzen Schnegels, der bis zu 20 cm lang werden kann. (IR)

4.10.21 | **Der oft „wässrig" aussehende Baumschnegel** ernährt sich vorwiegend von der Algenschicht auf der Rinde von Bäumen. (IR)

Zu klein, um Aufmerksamkeit zu erregen

Während die Wurmschnecke sich durch unterirdische Lebensweise den Blicken entzieht und eine Wasserschnecke ein noch viel besseres Versteck bewohnt – doch dazu später –, werden die meisten Schnecken schlichtweg aufgrund ihrer nicht vorhandenen „Größe“ übersehen. Etwa ein Viertel der im Gebiet lebenden Arten ist ausgewachsen kleiner als 3 mm, ein weiteres Sechstel kleiner als 6–7 mm. Die kleinste Schnecke Deutschlands, bezeichnenderweise Punktschnecke (*Punctum pygmaeum*) genannt, wird gerade einmal 1,5 mm groß | 4.10.22 |. Das erklärt auch, warum der Schneckensucher vor seinen Lieblingen oft niederknien muss. Wenn die Winzlinge dann auch noch getarnt sind, entgehen selbst einem geübten Adlerauge viele Exemplare | 4.10.23 |. Kommt es wirklich darauf an, auch noch die kleinsten Schnecken vollständig zu erfassen, bedienen sich Spezialisten deshalb eines Tricks: Sie nehmen einfach einen kleinen Teil des Lebensraums mit (z. B. Substrat von einer kleinen Fläche) oder sieben die feinen Partikel inklusive der Schnecken vor Ort aus. Anschließend sortieren sie die so gewonnene Probe bequem und mit optischer Vergrößerung zu Hause aus (s. „Auf der Jagd nach den Winzlingen“).

Dieses Vorgehen kommt natürlich im Naturschutzgebiet ohne Grund und Genehmigung nicht in Frage, aber dennoch lassen sich einige Kleinschnecken sogar ohne großen Aufwand beobachten. Hierfür muss man nur bevorzugt schattige Felspartien in der Muschelkalkschlucht genauer betrachten. Zuerst werden kleine braune, am Fels klebende Kegel auffallen: die teilweise sehr häufigen, ca. 3 mm großen Felsen-Pyramidenschnecken (*Pyramidula pusilla*) | 4.10.24 |. Weniger häufig, dafür aber etwa doppelt so groß, sind die Roggenkornschnecken (*Abida secale*), die im Aussehen bestens durch ihren Namen beschrieben sind | 4.10.25 |. In der ganzen Schlucht kann man an geeigneten Felswänden auch den kleinsten Vertreter der Schließmundschnecken, die Kleine Schließmundschnecke (*Clausilia rugosa parvula*), sehen | 4.10.26 |. Sie versteckt sich auch gerne im Moos und anderen Vegetationsinseln an den Felsen. Jedoch – wie bei anderen

4.10.22 | Die Punktschnecke ist äußerst anspruchslos und kommt fast überall vor, auch wenn sie meist nicht wahrgenommen wird. (IR)

4.10.23 | Klein ist nicht genug – die 2,5 mm kleinen Stachelschnecken sind mit ihren Gehäuserippen Meister der Tarnung. (VW)

4.10.24 | Die ausschließlich an Kalkfelsen lebende Felsen-Pyramidenschnecke ernährt sich von im Gestein lebenden Flechten und Algen, die sie mit Hilfe einer langen, hochspezialisierten Raspelzunge herausschabt (Breure & Gittenberger 1982). (IR)

4.10.25 | In Ruheposition klebt sich die Roggenkornschnecke mit ihrem Mündungssaum fest an den Felsen an und minimiert dadurch den Wasserverlust. (VW und IR)

4.10.26 | **Ganz links: Die Gehäuse** der etwa 8 mm langen Kleinen Schließmundschnecke schimmern oft blaugrau und können bei flüchtiger Betrachtung für vertrocknete Tannennadeln gehalten werden. (IR)

4.10.27 | **Links: Die Zwerghornschnecken** sind mit zwei einander ähnlichen Arten im Gebiet vertreten, hier die Schlanke Zwerghornschnecke (*Carychium tridentatum*). Anders als die meisten Lungenschnecken besitzen sie als recht ursprüngliche Vertreter nur zwei nicht einziehbare Fühler, an deren Basis die Augen sitzen. (IR)

Tieren und Pflanzen auch – sollte man sich auf die Betrachtung beschränken und die Schneckchen nicht vom Felsen abnehmen und gar woanders hinwerfen. Gerade für so kleine Lebewesen dürfte fraglich sein, ob sie den Rückweg in ihren Lebensraum schaffen. Auch nur ein erneutes Anheften an den Felsen kann sie wertvolle Wasserreserven kosten oder in Trockenperioden gar den Tod der winzigen Tiere bedeuten, was kaum Ziel eines Naturliebhabers sein wird.

Auf der Jagd nach den Winzlingen

Für die Suche nach Kleinschnecken zu Forschungszwecken kann man im Gelände am einfachsten ein sogenanntes Reittersieb (s. Abb.) einsetzen, womit durch ein in einem Beutel befestigtes Sieb das schnell durchzusehende Grobmaterial abgetrennt wird. Aus dem Siebbeutel wird unten die feine, Kleinschnecken enthaltene Fraktion entnommen und später unter der Lupe aussortiert. Ähnlich funktioniert eine Siebkaskade, die von Experten im Labor eingesetzt wird.

In einer so bearbeiteten Probe von nur 10 cm² Fläche können in guten Biotopen bis zu 5000 Schneckengehäuse enthalten sein. Die Abbildungen zeigen die aus den Größenfraktionen > 4 mm (links), > 2 mm (Mitte) und 0,7–2 mm (rechts) ausgelesenen Schneckengehäuse einer typischen Probe aus Felsnischen sowie ein Detail der kleinsten Fraktion. | **4.10.28 und 29** | (IR)

4.10.30 | **Vielfalt der Kleinschnecken:** A, D: Zylinderwindelschnecke; B: Linksgewundene Windelschnecke (*Vertigo pusilla*); C: Gerippte Grasschnecke; E: Glatte Nadelschnecke (*Platyla polita*). (IR und VW)

Wer bereit ist, sich zu bücken und gar die Hände schmutzig zu machen, kann noch die winzig kleinen Zwerghornschnecken (Familie Carychiidae) sehen. Dazu braucht man nur etwas Laub an feuchten Stellen im Wald aufzuheben und vorsichtig zwischen den Blättern nach 2 mm kleinen weißen Stiftchen zu suchen. Diese Schnecken sind sehr häufig und können in Dichten von bis zu 2000 Tieren/m^2 auftreten | 4.10.27 |!

Trotz ihrer geringen Größe sind die Kleinschnecken äußert vielgestaltig, was natürlich erst bei stärkerer Vergrößerung sichtbar wird. Einige Arten haben komplexe Zähnchen in der Mündung (Windelschnecken *Vertigo*) oder Rippen auf dem Gehäuse (Gerippte Grasschnecke *Vallonia costata*, Zylinderwindelschnecke *Truncatellina cylindrica*), andere sind ganz hoch aufgewunden und fast durchsichtig (Nadelschnecken, Familie Aciculidae) | 4.10.30 |. Viele dieser Arten leben versteckt im Bodenmulm, der sich zwischen Pflanzen in Spalten, Nischen und auf Simsen der Kalkfelsen ansammelt.

4.10.31 | **Die Kleine Walddeckelschnecke** besitzt im Gebiet nicht nur ihre nördlichsten Vorposten in Deutschland, sondern sie stellt auch in anderer Hinsicht etwas Besonderes dar: Wie der Name verrät, ist sie eine der wenigen in unserer Fauna lebenden Deckelschnecken (s. S. 325 „Mehrfach das Land erobert"). (IR)

Zu selten, um gesehen zu werden?

Ja und nein. Während die meisten der bisher beschriebenen Schnecken eher häufig und auch an anderen Orten zu finden sind, hat die Wutachschlucht einige echte Besonderheiten zu bieten, die – wie es nun einmal mit etwas Außergewöhnlichem ist – in der Regel auch selten sind. Eine Art macht auch hier die Ausnahme, die Kleine Walddeckelschnecke (*Cochlostoma septemspirale*) | 4.10.31 |. Als wärmeliebendes Element ist sie im südlichen Europa von Nordostspanien über die Südalpen bis zum westlichen Balkan verbreitet. In Südbaden wird deutsches Gebiet von Südwesten her gerade noch erreicht. Wie Fossilfunde in den Travertinen von Stuttgart-Bad Cannstatt zeigen (Münzing 1966, Rähle 1986), kam die Kleine Walddeckelschnecke in einer früheren Warmzeit auch weiter nördlich vor. Vermutlich verhindert in der jetzigen Warmzeit die Biotopfragmentierung (also die Isolierung ihrer Lebensräume) infolge der umfangreichen Landnutzung durch den Menschen eine weitere Ausbreitung.

In der Wutachschlucht findet die kalkliebende Schnecke offensichtlich optimale Bedingungen im Muschelkalkabschnitt, wo sie teils so häufig auftritt, dass sie mit ihren kleinen kegelförmigen Gehäusen mit Binden von rötlich braunen Flecken leicht beobachtet werden kann. Die Art hält sich bevorzugt an bewachsenen Kalkfelsen und im Felsschutt auf, lebt aber auch am Waldboden und ist bei nasser Witterung an Bäumen kletternd zu beobachten. Ihre recht dickschaligen Gehäuse verwittern nach dem Tod der Tiere nur langsam.

Ähnliche, aber eben seltene Arten mit solchen Vorposten sind die Gestrichelte Nadelschnecke (*Acicula lineolata*) | 4.10.42 | und die Glatte Glanzschnecke (*Morlina glabra*) | 4.10.32 |, die gerade noch deutsches Gebiet von Süden oder Südosten her erreichen. Ein sibirisches Element ist die Braune Schüsselschnecke (*Discus ruderatus*), die in Europa ihre Hauptverbreitung im Osten, Skandinavien und den Alpen hat | 4.10.34 |. Zwei rein aus dem Osten einstrahlende Arten sind schließlich unter den Schließmundschnecken zu finden: die Geradmund- (*Cochlodina orthostoma*) | 4.10.35 | und die Graue Schließmundschnecke (*Bulgarica cana*) | 4.10.36 |. Beide klettern bei feuchtem Wetter gerne an Bäumen hoch. Mehrere der aufgeführten Raritäten sind auf der Roten Liste Deutschlands als „vom Aussterben bedroht" eingestuft (Jungbluth & Knorre 2012).

4.10.32 | **Die in der Schlucht recht seltene** Glatte Glanzschnecke ist in Deutschland nur an der Südabdachung des Schwarzwaldes, des Dinkelbergs, des Randen und im Klettgau nennenswert verbreitet. (VW)

4.10.33 | 4.10.34 | **Die Braune Schüsselschnecke** (links) ist extrem selten und darf nicht mit ihrer häufigen Schwesterart, der Gefleckten Schüsselschnecke (*Discus rotundatus*, ganz links), verwechselt werden. Unterscheidungsmerkmale sind neben der Färbung das weniger eng aufgewundene Gehäuse und die kaum gekantete Form. (IR)

4.10.35 | **Ganz links: Die Geradmund-Schließmundschnecke** weist eine deutliche Vorliebe für senkrechte Flächen (Felsen, bemooste Bäume) auf. (IR)

4.10.36 | 4.10.37 | **Die seltene Graue Schließmundschnecke** (Mitte) ist für den Laien nicht von der rechts daneben abgebildeten Gemeinen Schließmundschnecke (*Balea biplicata*) zu unterscheiden. (IR)

Wahrheit und Klischee – was Schnecken fressen

Es ist wie im wahren Leben: Einige Wenige ruinieren den guten Ruf aller und sorgen für ein unberechtigt schlechtes Image. Bei den Schnecken sind es vor allem wenige Arten von Nacktschnecken, die im Garten- und Feldbau durch ihre Fraßtätigkeit oft erhebliche Schäden verursachen. Und die Ironie des Schicksals: Am massenhaften Auftreten des derzeit größten Schädlings, der Spanischen Wegschnecke (*Arion lusitanicus*) | 4.10.38 |, ist der Mensch selbst Schuld, nicht die Schnecken! Diese Art wurde in der zweiten Hälfte des vorigen Jahrhunderts aus dem südlichen Europa in Deutschland eingeschleppt und fühlt sich vor allem in der Kulturlandschaft äußerst wohl.

Die einzige andere wahrscheinlich eingeschleppte Art im Gebiet, die bereits erwähnte Wurmschnecke, repräsentiert das absolute Gegenteil, denn sie frisst bevorzugt die Gelege anderer Schnecken | 4.10.39 |. Diese Art wurde erst 1962 von G. Schmid in Deutschland festgestellt, nachdem sie 1959 als vermeintlich neue Art (*Boettgerilla vermiformis*) von Wiktor aus den Sudeten beschrieben worden war. Später hat sich herausgestellt, dass ihre eigentliche Heimat in West-Kaukasien liegt, wo sie bereits 1912 den Namen *Boettgerilla pallens* erhalten hatte. Aufgrund ihrer heimlichen Lebensweise ist man sich bis heute nicht sicher, ob sie früher einfach übersehen wurde (Falkner 1990) oder, was wahrscheinlicher ist, im Verlaufe des Zweiten Weltkriegs bei uns eingeschleppt wurde, denn es gibt keine Belege in Sammlungen, die älter als 65 Jahre sind. Zum Glück ist die Wurmschnecke nicht allzu gefräßig und die heimischen Schnecken waren bereits an feindliche Angriffe von ihresgleichen gewöhnt, so dass der Neuankömmling keinen gravierenden Schaden anrichten konnte, wie das bei der Einschleppung fremder Arten oft passiert – genug Negativbeispiele sind bekannt.

Wahrscheinlich überraschend: Aber es gibt auch in unserer Fauna echte Räuber unter den Schnecken. Im Gebiet sind es einige Arten der Glanzschnecken (vor allem die Knoblauch-Glanzschnecke *Oxychilus alliarius* und die Glatte Glanzschnecke *Morlina glabra*), die sich zwar nicht aus-

4.10.38 | **Die Spanische Wegschnecke** ist zwar meist orange-bräunlich und damit scheinbar von der einheimischen „Roten" Wegschnecke zu unterscheiden, aber beide Arten sind farblich variabel und damit selbst für Spezialisten äußerlich schwer zu erkennen. (IR)

4.10.39 | **Die Wurmschnecke** an Eiern von Wegschnecken (Gattung *Arion*). (IR)

4.10.40 | **Während die Knoblauch-Glanzschnecke** bei uns eher selten ist, bildet sie andernorts als eingeschleppter Räuber oft Massenvorkommen mit verheerenden Folgen für die lokale Schneckenfauna (Severns 1984), hier auf der hawaiianischen Insel Maui beim Vertilgen einer dort heimischen Bernsteinschneckenart. (IR)

4.10.41 | **Rasterelektronenmikroskopisches Bild** der Raspelzunge einer Schnirkelschnecke. (IR)

schließlich, aber doch überwiegend von anderen Schnecken ernähren | 4.10.40 |. Bevorzugte Beute sind leicht zu überwältigende Jungtiere, die mittels Verfolgung der Schleimspur aufgestöbert werden.

Die allermeisten Schneckenarten ernähren sich jedoch völlig unspektakulär von zerfallendem Pflanzenmaterial sowie Flechten und Pilzen und helfen somit erheblich beim Abbau toter organischer Substanz. Sie putzen sogar Gehwege und andere Flächen, indem sie mit ihren Tausenden kleinen Raspelzähnen den Algenbelag abschaben | 4.10.41 |. Allerdings nicht so gründlich, dass in Zukunft kein Futter mehr da wäre – eine Strategie, die nur der Mensch leider noch nicht gelernt zu haben scheint.

Feinde, Barrikaden und Schleim

Wenn selbst der Mensch beim Thema Schneckensuche zuerst an Weinbergschnecken mit Knoblauchbutter denkt, so haben in der Tat auch viele andere Tiere die Schnecken „zum Fressen gern". Angefangen von Kleinsäugern, Vögeln, Reptilien (Blindschleiche, Waldeidechse) und Amphibien (Feuersalamander, Erdkröte, Grasfrosch) bis hin zu Spinnentieren wie den Brettkankern oder Weberknechten und vielen Insekten gibt es eine lange Liste von Feinden, für welche die Schnecken eine wichtige Nahrungsgrundlage bilden.

Als extrem langsame Tiere scheinen Schnecken eine leichte Beute zu sein, aber auch hier kommt es auf den Blickwinkel an. Während Vögel die Gehäuse relativ einfach zerpicken oder zerschmettern können, hilft bei diesen auf Sicht jagenden Räubern im Grunde nur Verstecken. Aber bei vielen kleineren Feinden, die zusätzlich subtilere Suchmethoden wie chemische Sinnesorgane einsetzen, so dass weder Dunkelheit noch ein Leben im Verborgenen Schutz bieten, kann bereits ein stabiles oder besser noch verbarrikadiertes oder fest verschlossenes „Haus" das Leben retten.

Die allermeisten Schnecken bilden nach Abschluss des Wachstums eine durch einen dicken Kalksaum verstärkte Mündung, die sonst den fragilsten Teil des Gehäuses bildet. Deshalb sind

Mehrfach das Land erobert

Schnecken haben es im Laufe der Evolution mehr als einmal zum Leben an Land geschafft. Die allgemein bekannten Landschnecken, z. B. die Weinbergschnecke, sind die Lungenschnecken. Aber es gibt auch noch die Deckelschnecken, die wie die mit ihnen viel näher verwandten Meeresschnecken einen Deckel auf der Oberseite ihres Fußes angewachsen tragen, der passend zum Gehäuse wächst und beim Zurückziehen als Verschluss dient. Ihr „Landgang" scheint weniger erfolgreich zu sein, denn nur in den feuchten Tropen erreichen sie eine ähnliche Präsenz wie die Lungenschnecken, während sie in unserer Fauna nur mit wenigen Arten vertreten sind und eine echte Besonderheit darstellen.

In der Wutachschlucht sind es neben der Kleinen Walddeckelschnecke (*Cochlostoma septemspirale*) drei Arten von Nadelschnecken (Familie Aciculidae). Die Gestrichelte Nadelschnecke (*Acicula lineolata*) lässt gut den Deckel und das ebenfalls charakteristische einzige, nicht einziehbare Fühlerpaar mit den an der Basis gelegenen Augen erkennen. Sie wurde bisher nur in der Muschelkalkschlucht gefunden.

| 4.10.42 | **Gestrichelte Nadelschnecke.** (IR)

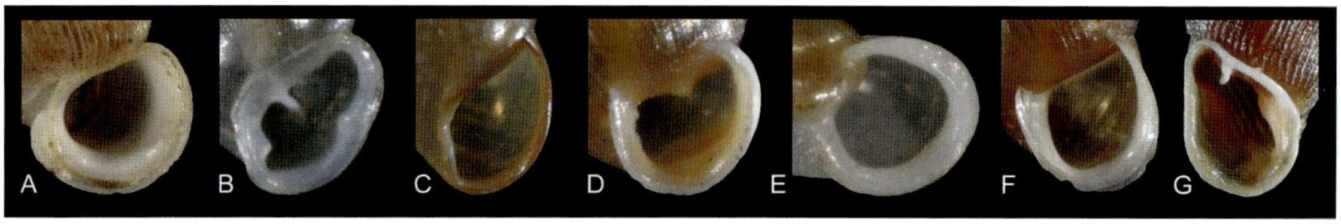

4.10.43 | **Verstärkte Mündungen** bei einer Vielzahl von Gruppen (nicht maßstabsgetreu): A: Kleine Walddeckelschnecke; B: Bauchige Zwerghornschnecke (*Carychium minimum*); C: Gemeine Glattschnecke (*Cochlicopa lubrica*); D: Moos-Puppenschnecke; E: Schiefe Grasschnecke (*Vallonia excentrica*); F: Kleine Turmschnecke; G: Gitterstreifige Schließmundschnecke (*Clausilia dubia*). (VW und IR)

4.10.44 | **Jungtiere** haben nur einen sehr fragilen Mundsaum und sind manchmal auch nicht sicher bis zur Art zu bestimmen. A: Kleine Walddeckelschnecke; B: Bauchige Zwerghornschnecke; C: Schiefe Grasschnecke; D: Kleine Turmschnecke (nicht maßstabsgetreu). (IR)

Jungtiere bevorzugte Opfer und wachsen möglichst schnell | 4.10.43–44 |. Der Mundsaum ermöglicht in der Regel auch eine dichte Anheftung an den Untergrund, was für Lungenschnecken die einfachste Form des Gehäuseverschlusses darstellt. Deckelschnecken klappen dagegen einfach mit Einziehen des Fußes den Deckel wie eine Art Tür zu, haben es im Gegenzug dazu aber schwerer, sich gut an den Untergrund anzukleben, weil der Deckel im Wege ist.

An dieser Stelle ist es Zeit, das Geheimnis der schon mehrfach genannten „Schließmund"-schnecken zu lüften: Als Lungenschnecken besitzen sie keinen Deckel, haben aber im Laufe ihrer Entwicklung einen anderen raffinierten Verschlussapparat erworben. Das sogenannte Clausilium | 4.10.45 | ist ein mit dem Gehäuse beweglich verbundenes Kalkplättchen, welches perfekt zwischen verschiedene Lamellen und Falten passt und mit dem das sich zurückziehende Tier das Gehäuse mehr oder weniger dicht verschließen kann. Auch diese komplizierte Struktur wird erst bei erwachsenen Individuen ausgebildet und schützt zugleich vor Austrocknung | 4.10.46 |. Der Erfolg dieses sekundären Deckels spiegelt sich in der enormen Artenvielfalt der Familie wider, und auch im Gebiet der Wutach stellen die Schließmundschnecken mehr als 10 % aller Arten. So einfach es ist, eine Schließmundschnecke an ihrer schlanken Gestalt als solche zu erkennen, so schwer ist es, die einzelnen Arten voneinander zu unterscheiden | 4.10.36–37 |. Hier ist man in der Regel auf die Hilfe eines guten Kenners der Gruppe angewiesen.

Dieser besondere Trick mit dem Clausilium ist nur einmal entstanden. Häufiger und quer durch die verschiedenen Verwandtschaftsgruppen findet man eine Einengung der Mündungsöffnung mit Falten oder Zähnchen, eine Art Barrikade. Diese hilft vor allem gegen das Eindringen von Käfern und anderen Insekten, deren Körper durch das Chitinskelett nicht verformbar ist | 4.10.47 |.

Dennoch gibt es einige Spezialisten, welche die Schnecken austricksen. Schneckenjäger unter den

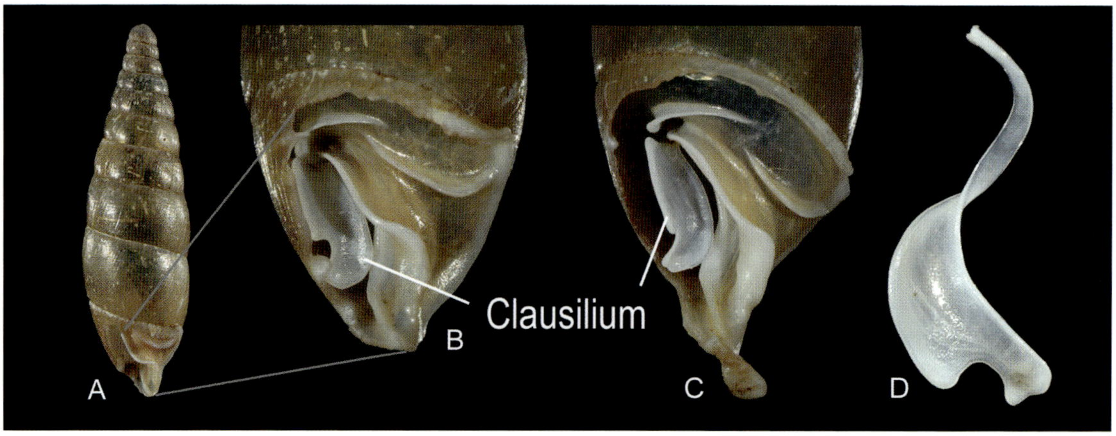

4.10.45 | **Verschlussapparat** der Schließmundschnecken am Beispiel der Glatten Schließmundschnecke (*Cochlodina laminata*). A: Aufpräpariertes Gehäuse von seitlich, das Form und Lage des Clausiliums zeigt; B: Vergrößerung der inneren Falten und des Clausiliums im Gehäuseausgang; C: Gehäuse noch stärker eröffnet; D: herausgelöstes Clausilium, Größe ca. 4 mm aus einer Schnecke von ca. 15 mm Höhe. (IR)

4.10.46 | Schließmundschnecken und ihre Jungtiere: A–B: Glatte Schließmundschnecke; B: Jungtier ohne Verschlussapparat; C–D: Mittlere Schließmundschnecke (*Macrogastra attenuata lineolata*); C: Jungtiere sind ungeschützt und werden wegen ihres anderen Aussehens oft nicht als Schließmundschnecken erkannt oder mit einer der wenigen Arten (E), die auch als erwachsenes Tier weder Clausilium noch einen verstärkten Mündungssaum ausbilden, verwechselt; E–F: die Zahnlose Schließmundschnecke (*Balea perversa*) wurde bisher nur an einer Stelle in der Schlucht gefunden, sie ist häufiger an Ruinen und Burgen zu beobachten. (VW und IR)

Käfern, zu denen vor allem Laufkäfer der Gattungen *Carabus, Abax, Pterostichus* sowie die beiden in der Schlucht nicht selten anzutreffenden Schaufelläufer-Arten (*Cychrus caraboides* und *C. attenuatus*) zählen, sind schon an ihrer Gestalt zu erkennen | 4.10.48 |. Der schmale, verlängerte Kopf, die langen, pinzettenartigen Kiefer sowie die verschmälerte Vorderbrust ermöglichen es ihnen, tief in Schneckengehäuse vorzudringen (Wachmann et al. 1995). Die Käfer geben Verdauungssaft auf das Opfer ab und schlürfen den so entstehenden Nahrungsbrei auf (s. auch S. 281).

Helfen keine Barrikaden, so setzen attackierte Schnecken ihre Fähigkeit zur Schleimproduktion ein | 4.10.49 | und versuchen ihr Gegenüber regelrecht zu ersticken, indem die Atemöffnungen der Räuber (bei Insekten die so genannten Stigmen an den Körperflanken) außer Funktion gesetzt werden. Auf Schnecken spezialisierte Räuber lassen sich dadurch wiederum nicht beeindrucken. Der Schwarze Schneckenjäger (Gattung *Phosphuga*) beispielsweise frisst den Schleim einfach auf, wohingegen der Schaufelläufer (Gattung *Cychrus*) unter den ballonförmig aufgetriebenen Flügeldecken einen Luftvorrat mit sich führt. Auch sind die am Hinterleib liegenden Atemöffnungen durch besonders verbreiterte Flügeldecken geschützt (Jacobs & Renner 1974, Wachmann et al. 1995).

4.10.47 | Mündungsbarrikaden bei verschiedenen Schneckenfamilien: A: Zähnchen am Beispiel der Gestreiften Windelschnecke (*Vertigo substriata*); B: Lamellen bei der Wulstigen Kornschnecke (*Granaria frumentum*); C: in besonders beeindruckender Weise fast plattenartige Strukturen bei der Maskenschnecke. (VW und IR)

4.10.48 | Der Schaufelläufer (*Cychrus caraboides*) ist ein hochspezialisierter Schneckenjäger. (CA)

4.10.49 | Schleimentwicklung nach Feindattacke bei der allerdings nicht im Gebiet vorkommenden Gefleckten Schnirkelschnecke (*Cornu aspersum*). (IR)

Ohne Gehäuse – Selbstmord oder doch ein Vorteil?

4.10.50 | **Schematische Darstellung der Gehäusereduktion** von Gehäuseschnecken (links oben) zu Nacktschnecken (rechts unten): Durch Rückbildung des Gehäuses (gelb) wurde eine Verschlankung des Körpers und größere Beweglichkeit erreicht. Bei Halbnacktschnecken (Mitte) breitet sich der Mantel (braun) schützend über das verkleinerte, aber äußerlich noch sichtbare Gehäuse aus. Bei Nacktschnecken ist das Gehäuse noch stärker zurückgebildet und völlig vom Mantel überwachsen. Letzterer bildet den für Nacktschnecken charakteristischen Mantelschild. (HD)

4.10.51 | **Der Kopf der Nacktschnecken** kann unter den kappenförmigen Mantelschild zurückgezogen werden, hier die kleine Wald-Wegschnecke (*Arion silvaticus*). (IR)

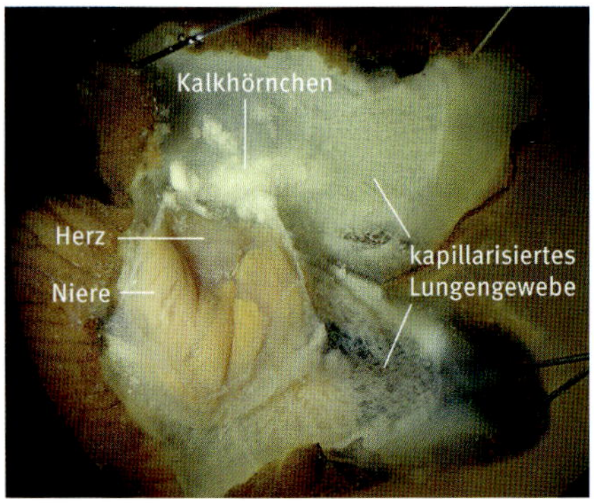

4.10.52 | **Aufpräparierte Mantelregion** von Wegschnecken am Beispiel der Spanischen Wegschnecke. (IR)

4.10.53 | **Kalkschälchen als Gehäusereste** bei Schnegeln (Schwarzer Schnegel, links) und Kleinschnegeln (Genetzte Ackerschnecke, rechts). (VW und IR)

Während die meisten Arten sozusagen ihre „Festungen“ ausbauen und bei Beschädigung des Gehäuses sterben, wenn keine schnelle Reparatur möglich ist, scheint es fast unverständlich, dass manche Arten freiwillig ganz auf ihr Haus verzichten. Korrekt ausgedrückt heißt es natürlich, dass es in der Evolution mehrfach unabhängig zu einer Reduktion des Gehäuses gekommen ist. Halbnacktschnecken, d. h. solche mit noch einem kleinen Gehäuserest, und Nacktschnecken stellen somit einen Lebensformtyp dar und keine einheitliche Verwandtschaftsgruppe im Sinne der zoologischen Systematik | 4.10.50 |. Im Gebiet gehören erstaunliche 15 % aller nachgewiesenen Arten in diese Gruppen – so unpraktisch oder lebensgefährlich scheint es ohne Schale also nicht zu sein.

Während bei gehäusetragenden Formen der Großteil der Eingeweide und die Atemhöhle in einem dünnen Hautsack im Gehäuse liegen, wurden diese mit der Rückbildung des Gehäuses einhergehend in den dickhäutigen und besser geschützten Fußteil des Körpers verlagert. Die stärkste Reduktion ist bei den Wegschnecken (Familie Arionidae) zu beobachten | 4.10.51 |, bei denen der Mantelschild die ehemalige Position des Gehäuses kennzeichnet und im Inneren nur noch Kalkkörnchen an die evolutive Vergangenheit mit fester Schale erinnern. Unter dem Mantelschild liegen Lunge, Herz und Niere | 4.10.52 |. Die äußerlich ebenfalls nackten Schnegel (Familie Limacidae) und Kleinschnegel (Familie Agriolimacidae) besitzen noch einen ganz vom Mantel überwachsenen Gehäuserest in Form des sogenannten „Schälchens“ | 4.10.53 |.

Die Halbnacktschnecken zeigen anschaulich die Zwischenformen der Reduktion und sind im Gebiet durch die Glasschnecken (Familie Vitrinidae) vertreten. Während die insbesondere am Eichberg-Südhang anzutreffende Kugelige Glasschnecke (*Vitrina pellucida*) noch in der Lage ist, sich vollständig in ihr dünnes Gehäuse zurückzuziehen, ist bei der in der Schlucht häufigen Ohrförmigen Glasschnecke (*Eucobresia diaphana*) die Schale viel zu klein, um sich darin verbergen zu können. Charakteristisch ist der große, kapuzenartige, so genannte „Mantellappen“, welcher einen großen Teil des Vorderkörpers und des zarten Schalenrestes bedeckt | 4.10.54 |.

Warum die Rückbildung des Gehäuses nicht den sicheren Tod bedeutet, erklärt sich wohl vor allem aus der Möglichkeit, neue ökologische Nischen erschließen zu können. Ein Gehäuse kann extrem hinderlich sein, wenn es um größere Beweglichkeit und das Verkriechen in engen Spalten sowie im Bodenlückensystem geht. Und gegen Feinde bleibt noch immer der zähe Körperschleim, der nicht nur die Austrocknung herabsetzt, sondern bei einigen Arten extrem unangenehm schmecken soll. Kein Mensch wird freiwillig ein zweites Mal eine Spanische Wegschnecke in die Hand nehmen, wenn er einmal versucht hat, den Schleim wieder loszuwerden. Wie soll es dann erst einem potenziellen Fraßfeind gehen!

4.10.54 | **Gehäuse und lebende Tiere** der Kugeligen (links) und der Ohrförmigen Glasschnecke (rechts). (IR und VW)

Bestimmung von Nacktschnecken

Für eine grobe Zuordnung der vier im Gebiet vorkommenden Familien reichen einfache äußere Merkmale: Nur bei den Wegschnecken (Familie Arionidae) ist das hintere Körperende oben gerundet, und die an der rechten Körperseite befindliche Atemöffnung liegt vor der Längsmitte des Mantelschilds (oben: Braune Wegschnecke *Arion fuscus*). Bei den Schnegeln (Familien Boettgerillidae, Limacidae und Agriolimacidae) liegt die Atemöffnung hinter der Längsmitte des Mantelschilds und das Hinterende ist oberseits mehr (Schnegel – Limacidae) oder weniger (Kleinschnegel – Agriolimacidae, Wurmschnecken – Boettgerillidae) deutlich gekielt. Limacidae sind zudem große Tiere (Mitte: Schwarzer Schnegel *Limax cinereoniger*, deutlich verkleinert gegenüber den anderen beiden Arten), während die Agriolimacidae (unten: Genetzte Ackerschnecke *Deroceras reticulatum*) und die Wurmschnecke (*Boettgerilla pallens*) eher klein und sehr beweglich sind. Die Pfeile kennzeichnen Atemöffnungen und Kiel.

So einfach die grobe Zuordnung ist, so kompliziert ist die Artbestimmung, denn hier helfen oft nur Merkmale des Genitalsystems weiter, die durch Präparation der Tiere freigelegt werden müssen und auch Spezialisten herausfordern. | 4.10.55 | (IR)

Der Eichberg als Kontrastprogramm

Auf der Hochfläche dieses überwiegend mit Buchenwald bestandenen Bergs lassen sich die in der Wutachschlucht erworbenen Kenntnisse der Schneckenfauna gut anwenden, denn die Lebensgemeinschaft ist ähnlich zusammengesetzt. Nur besonders feuchteliebende Elemente wie die Ohrförmige Glasschnecke (*Eucobresia diaphana*), die Zottige Haarschnecke (*Trochulus villosus*) oder die Maskenschnecke (*Isognomostoma isognomostomos*) sind seltener, wenige Arten fehlen ganz. Auffallend dominant ist dagegen die Gestreifte Haarschnecke (*Trochulus striolatus*), die im Schluchtwald nur höchst selten anzutreffen ist.

Ganz anders sieht es auf dem Südhang des Eichbergs aus. Im deutlichen Kontrast zu den Waldbiotopen erstrecken sich hier in voller Sonnenexposition mit einigen Sträuchern bestandene und extensiv bewirtschaftete Wiesenflächen. Die Schneckengesellschaft, die hier überleben kann, wird ganz von wärmeliebenden bzw. hitzeresistenten und trockenheitstoleranten Offenlandarten beherrscht. Diese sind durch ihre Gestalt, ihren Stoffwechsel und nicht zuletzt durch besondere Verhaltensstrategien an die in ihrem Lebensraum herrschenden Bedingungen angepasst.

Am auffälligsten sind die Heide-Turmschnecke (*Zebrina detrita*) | 4.10.56 | und die Gemeine Heideschnecke (*Helicella itala*) | 4.10.57 |. Im Sommer sitzen sie oft mit ihren dickwandigen, weißlich gefärbten Gehäusen, welche die Verdunstung in Grenzen halten und das Sonnenlicht gut reflektieren, frei an Pflanzen. So entgehen sie der an der Bodenoberfläche herrschenden Hitze. Werden solche Flächen während der heißen Jahreszeit gemäht oder zu intensiv beweidet, kann es den Hitzetod für diese Schnecken bedeuten, weil sie nicht mehr aufsteigen können. Wegen der erzwungenen Inaktivität im Sommer sind sie bis weit in den Herbst hinein aktiv.

4.10.56 | Die Heide-Turmschnecke und die Gemeine Heideschnecke (s. Abb. 4.10.57) sind als Zwischenwirte des in Schafen schmarotzenden Kleinen Leberegels bekannt. (IR)

4.10.57 | Oben: Die Gemeine Heideschnecke kann teilweise in großen Mengen auftreten und ist dann sehr auffällig. (IR)

4.10.59 | Links: Wie es der Name nahelegt, sind die 3 mm großen Grasschnecken ganz typische Bewohner von Offenland. Die Gerippte (oben) und die Schiefe Grasschnecke (unten) sind Charakterarten an trockenen Standorten. (IR)

4.10.58 | Die Moos-Puppenschnecke ist mit ca. 3,5 mm Gehäusehöhe deutlich größer als die Windelschneckenarten. (IR)

Ebenfalls charakteristisch, aber schlecht zu beobachten ist wiederum eine Vielzahl kleiner und kleinster Formen, darunter Windelschnecken (*Vertigo pygmaea, Truncatellina cylindrica*), die Moos-Puppenschnecke (*Pupilla muscorum*) | 4.10.58 | und drei Arten von Grasschnecken (*Vallonia* spp.) | 4.10.59 |. Aufgrund ihrer geringen Größe können sie sich im feuchten Wurzelwerk der Pflanzen verstecken oder in das rissige Erdreich zurückziehen. Einige Arten wie die Gemeine Blindschnecke (*Cecilioides acicula*) | 4.10.60 | und die Weitgenabelte Kristallschnecke (*Vitrea contracta*) leben ganz oder wenigstens teilweise unterirdisch. Die gegenüber Trockenheit empfindlichen Glasschnecken (hier die Kugelige Glasschnecke *Vitrina pellucida*) überstehen die Sommermonate als Jungtiere im Untergrund und sind erst in der kalten Jahreszeit an der Oberfläche aktiv.

Eine charakteristische Bewohnerin von Lichtwäldern und Trockengebüschen samt den sich anschließenden offenen Flächen ist die Große Laubschnecke (*Euomphalia strigella*), eine ost- und mitteleuropäische Art, die in Baden-Württemberg in letzter Zeit erhebliche Bestandseinbußen erlitten hat und in der neuesten regionalen Roten Liste (Arbeitsgruppe Mollusken BW 2008) zu Recht als stark gefährdet eingestuft wird | 4.10.61–62 |. Auch die Genabelte Strauchschnecke (*Fruticicola fruticum*), die Garten-Schnirkelschnecke (*Cepaea hortensis*) und die Weinbergschnecke (*Helix pomatia*) | 4.10.63 | verlassen als große, mobile Arten häufiger ihre Refugien am Waldrand oder in den Gebüschinseln und sind regelmäßig auf den Rasenflächen zu finden. Von der Weinbergschnecke ist bekannt, dass sie längere Trockenperioden übersteht, indem sie sich eingräbt und einen Trockenschlaf hält. Der Extremlebensraum des steilen Eichberg-Westhangs wurde bereits eingangs beschrieben.

4.10.60 | **Die bis zu 5 mm große Blindschnecke** kann mehrere Dezimeter tief im Boden leben. Sie ist äußerst pigmentarm. (VW)

4.10.61 und 62 | **Wie einige andere Bewohner** der Trockenrasen sind die Quendelschnecke (links oben) und die Wulstige Kornschnecke (links) in der Roten Liste Deutschlands als „stark gefährdet" eingestuft. (IR)

4.10.63 | **Die Weinbergschnecke** ist die wohl bekannteste Schnecke der einheimischen Fauna und kann bis zu 30 Jahre alt werden. (IR)

Unter Wasser und Schneckensuche im Museum

Trotz des vielen Wassers in der Schlucht wurden relativ wenige aquatische Schneckenarten in der Wutach und ihren Zuflüssen gefunden, was aber durchaus nicht untypisch für Gewässeroberläufe mit stark schwankender Wasserführung und relativ spärlicher Besiedlung mit Wasserpflanzen ist. Weit verbreitet tritt nur die an Strömung angepasste Flussnapfschnecke (*Ancylus fluviatilis*) auf, die aufgrund der Reduktion ihrer Lunge auf sauerstoffreiches Wasser angewiesen ist, in dem ausreichender Gasaustausch über gut durchblutete Körperpartien erfolgen kann | 4.10.64 |.

4.10.64 | Die mützenförmigen, bis zu 8 mm großen Flussnapfschnecken sitzen an Steinen und weiden deren Algenbewuchs ab. (IR)

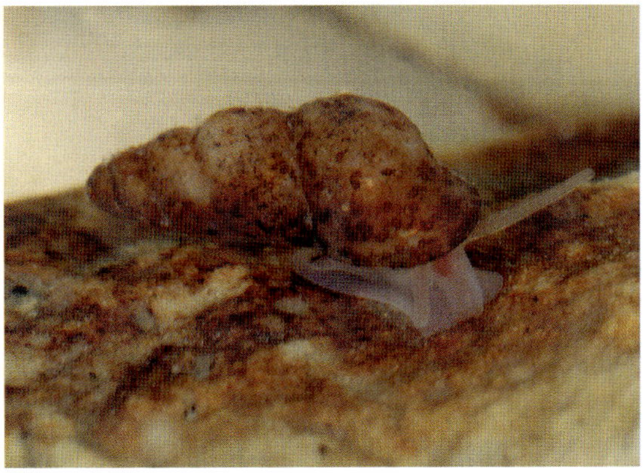

4.10.65 | Die Sterkis Brunnenschnecke, benannt nach ihrem Entdecker Victor Sterki, lebt der Beobachtung unzugänglich in Karst- und Spaltengewässern der Gauchachschlucht. Ihr etwa 3 mm langes, hier deutlich inkrustiertes Gehäuse ist durchsichtig. (IR)

Eine richtige Besonderheit enthüllte erst unsere Recherche zu diesem Artikel, die zeigte, dass Schneckensuche nicht nur in der Schlucht, sondern auch in Museumssammlungen sehr erfolgreich sein kann. Schnetter (1971) führte Sterkis Brunnenschnecke (*Bythiospeum sterkianum*) für das aktuelle Bearbeitungsgebiet nur mit vereinzelten Funden verdrifteter, angespülter Leergehäuse durch G. Schmid entlang der Gauchach und Wutach an. Die Bearbeiter wussten damals nicht, dass Klaus Dobat, dessen Sammlung sich inzwischen teilweise im Staatlichen Museum für Naturkunde Stuttgart befindet, bereits Anfang der 1960er-Jahre auf erfolgreicher Suche nach dieser Schnecke war. Seine Aufsammlungen belegen mehrere Populationen der Brunnenschnecke in der Gauchachschlucht. Gleich ihren Verwandten lebt sie dort unterirdisch in Karst- und Spaltengewässern und ist nur an Quellaustritten gelegentlich in Form von verdrifteten lebenden Tieren und häufiger mit herausgespülten Leergehäusen festzustellen. Wie andere echte Höhlentiere sind die Brunnenschnecken fast farblos und ihre Augen stark zurückgebildet. Ernährungsgrundlage stellen vermutlich Bakterien dar, die in den Feinsedimenten der unteririschen Hohlräume gedeihen (Brümmer et al. 2005) | 4.10.65 |. Solche Arten sind natürlich echte Highlights und eher etwas für den Spezialisten.

Der vorliegende Beitrag erhebt nicht den Anspruch, eine detaillierte und vollständige Abhandlung über die in den Schutzgebieten und am Eichberg lebende Schneckenfauna zu sein. Er soll vielmehr auf diese vielgestaltige und oft verkannte Tiergruppe neugierig machen und den Interessierten überall dort, wo „aus Sicht der Schnecken" die jeweiligen Grundbedürfnisse erfüllt sind, zu eigenen Beobachtungen und Entdeckungen anregen.

4.10.66 | Rechte Seite: Die Seiden-Haarschnecke (*Trochulus sericeus*) klettert gerne an Pflanzen empor und ist häufig in den Staudenfluren des Wutachtals zu finden. (RC)

Der Mensch und die Wutach

Mühlen, Kraftwerke und frühe Industrien im Einzugsgebiet der Wutach

Christa Maier, Klaus Kress, Emil Ketterer†

5.1.01 | Vorherige Doppelseite: Während früher die Kraft des Wassers wirtschaftlich genutzt wurde, steht heute der Freizeitwert der Wutach im Vordergrund. (ww.2013)

Leben und Arbeiten an Gauchach und Wutach

Die Nutzung des Wassers zur Energieerzeugung hat eine lange Tradition. Man nimmt an, dass die Wasserkraft zum Antrieb von Arbeitsmaschinen oder Mühlen um das Jahr 1300 im Hochschwarzwald Einzug hielt. Eine Reihe von ehemaligen Mühlen, die teilweise noch gut erhalten sind oder durch Mauerreste auf ihren einstigen Standort hinweisen, findet man entlang der Wutach und ihrer Zuflüsse. Mindestens 50 kleinere und größere Mühlenwerke sollen auf Gesamtgemarkung Löffingen im Einsatz gewesen sein. Von 15 Sägemühlen auf Gemarkung Bonndorf in der Wutachschlucht und im Steinatal wird heute nur noch die Wutachmühle als Sägewerk betrieben. Allein auf Gemarkung Lenzkirch soll es laut dem Hobbychronisten Joachim Winterhalder aus Lenzkirch-Kappel früher einmal 14 Mühlen und etliche Sägen gegeben haben. Am größten Zufluss der Wutach, der Gauchach, sind die Eulenmühle (1443), die Guggenmühle (1488) und die Burgmühle (1668) sehr früh urkundlich nachweisbar. In der Wutachschlucht werden die Schattenmühle schon um 1313 und die Dietfurtmühle um 1424 erwähnt. Oft waren die Mühlen und Sägen miteinander kombiniert, so dass das Wasserrad Mahlwerk und Sägegatter antrieb. Das Wasser bestimmte über Wohl und Weh der einzelnen Betriebe. Wenn nicht genügend fließendes Wasser vorhanden war, wurde dieses aus dem Bach über einen Mühlengraben abgeleitet und der Mühle zugeführt. Oft staute man auch Weiher an, die bei Mühlenbetrieb kontrolliert abgelassen und über hoch angelegte Holzrinnen auf das Wasserrad geleitet wurden. In Beimühlen, also Nebenmühlen zur Hauptmühle, konnte das Wasser, das die Hauptmühle antrieb, erneut für vielfältige Tätigkeiten genutzt werden. Neben Mahlen, Dreschen, Reinigen, Stampfen und Schälen wurde gesägt, geschnitten, gewalkt und gepocht.

5.1.02 | Die Säge der Schattenmühle kann heute noch Stammdurchmesser sägen, die moderne Anlagen nicht mehr zu bewältigen vermögen. (ms.2013)

Eine Mühle konnte bauen, wer über Wasserrechte und damit über „Energie“ verfügte, wenn es die jeweilige Herrschaft erlaubte. Denn wer „Energie“ besaß, war einflussreich und wohlhabend. Oft gehörten die Mühlen den Adelshäusern, die ihre Mühlen durch Lehensmänner betreiben ließen. Diese waren keine gewöhnlichen Untertanen, sondern genossen eine Sonderstellung mit eigenen Rechten und Pflichten.

Damit Mühlen wirtschaftlich betrieben werden konnten, waren die Bewohner eines bestimmten Gebiets gezwungen, ausschließlich eine ihnen zugewiesene Mühle zu benutzen. Dies nannte man Mühlenbann. Im Zuge der Badischen Revolution 1848 wurde diese Verpflichtung aufgehoben und die Bauern konnten wählen, wo sie ihr Getreide mahlen lassen wollten. Durch die Aufhebung des Mühlenbanns nahmen viele Mahlkunden den beschwerlichen Weg zu den kleinen Mühlen in den Schluchten um die Wutach nicht länger auf sich, und manche Mühlen mussten wirtschaftliche Einbußen hinnehmen. Den vollautomatisierten Großmühlen mit entsprechender Ausbaukapazität

FORTSCHRITT IN DER MÜHLENTECHNIK – AUSLEITUNG DER MÜHLENKRAFT MITTELS SEILTRIEB

Der sogenannte Seiltrieb ist ein wirklich markantes Merkmal der Schwarzwälder Mühlentechnik und war in den Bannmühlen der Baar besonders ausgeprägt.

Eng gebaute Getreidemühlen ließen im Mühlengebäude eine weitere Nutzung der Wasserkraft kaum zu. Um die Kraft des Wassers auch außerhalb der Mühle nutzen zu können, setzte man in das Mühlenauge des Mühlsteins eine Klaue und leitete die Wasserkraft mittels Winkelgetriebe aus der Mühle hinaus | 5.1.03 |. Für kurze Antriebsstrecken wurden Lederriemen (Transmissionsriemen) verwendet, für längere Strecken musste ein Drahtseil genommen werden | 5.1.04 und 05 |. Die Kunst des Seiltriebs ermöglichte eine vielfältigere Nutzung der Wasserkraft als der Riemenantrieb. So konnte man von der mechanischen Kraft des Mühlrads auch außerhalb der Mühle profitieren, etwa um Dreschmaschine, Getreidereinigung, Seilmaschine, Schwinge, Schleifmaschine und vieles mehr anzutreiben. Später erhöhten Kreuzgelenke – auch Kardangelenke genannt – die Leistungsfähigkeit dieser zunächst recht anfälligen Kraftübertragung | 5.1.06–07 |. (Da es auf eine sehr genaue Ausrichtung der Mühlsteine und auch der Kraftübertragung ankam, zeigt das Zunftzeichen der Mühlenbauer einen Winkel und ein Lot.)

In Eisenbach-Schollach nutzte man z. B. die Kunst des Seiltriebs sogar für eine touristische Erfindung: Der erste Skilift wurde mit der Wasserkraft einer Mühle angetrieben. Die Kraft eines Wasserlaufs wurde zumeist mehrmals genutzt. Von der Boller Museumsmühle wird berichtet, dass gleich mehrere Mühlen hintereinanderstanden: Sägemühle, Getreidereinigung, Becherhebewerke (Elevator) und sogar ein Sackaufzug. Diese wurden Beimühlen genannt. Mancherorts hat man die Antriebe mit Dieselmotoren unterstützt, um die immer wieder auftretenden Zeiten des Trockenfallens der Gewässer, beispielsweise der Gauchach, zu überbrücken.

Möglicherweise hat der herrschaftliche Mühlenbann, der den Müllern die Mühlenkundschaft sicherte, zu dieser gegenüber den freien Hofmühlen im Hochschwarzwald deutlich weiterentwickelten Mühlentechnik geführt.

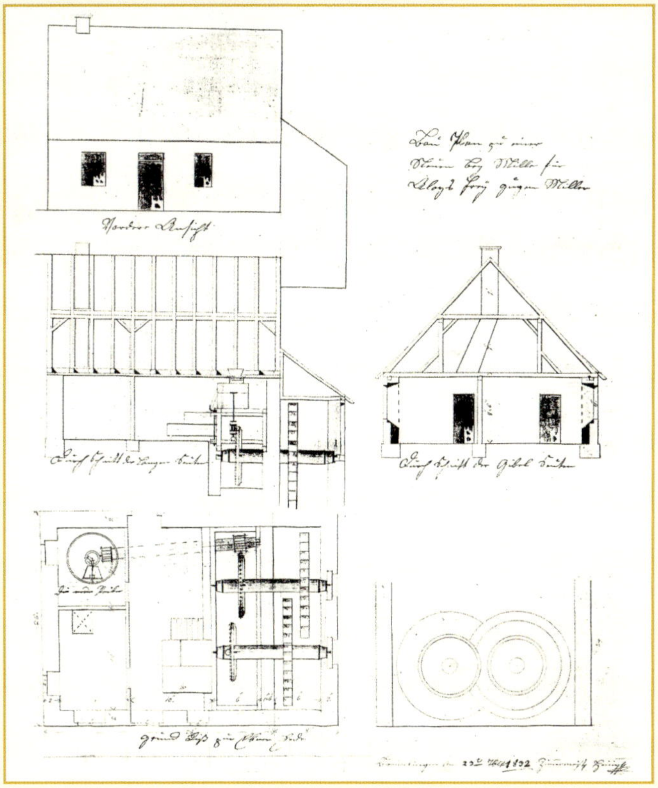

5.1.03 | Historische technische Zeichnung, wie die Wasserkraft über Kardangelenk und Winkelgetriebe ins Nebengebäude gelangt. (© Landesarchiv Baden-Württemberg, Staatsarchiv Freiburg, B 695/4 Nr. 139 [aus: Ortschronik Döggingen 1996])

5.1.04 | Mit der Renovierung der Guggenmühle wurde auch der Seiltrieb wieder hergestellt, der einst eine Dreschmaschine angetrieben hatte. (KK.2007)

5.1.05 | Riemenantrieb in der Guggenmühle, vom Kammrad der Mühle wird eine Riemenscheibe angetrieben. (KK.2007)

5.1.06 | Tänzer, Mühlstock (trägt den Läuferstein und dreht diesen mit) und Riemenscheibe. (CM.2001)

5.1.07 | Kreuzgelenk (nach dem Italiener Gerolamo Cardano auch Kardangelenk genannt). (KK.2013)

in Kundennähe hatten sie nichts mehr entgegenzusetzen. Die meisten Mühlen in der Schlucht verloren damit zum ausgehenden 19. bis zur Mitte des 20. Jahrhunderts ihre Bedeutung.

MÜHLEN AN DER GAUCHACH

Papiermühle

An der oberen Gauchach im „Hagelsboden" auf Dittishauser Gemarkung wurde 1838 eine Papiermühle (die Rothsche Mühle) erbaut. Diese hatte mit der 1802 abgebrannten fürstenbergischen Papiermühle bei der Eulenmühle nichts gemein. Im Erdgeschoss des dreistöckigen Gebäudes lagen Wasserstube und Mühlrad. In der Mitte hat man mittels eines „Holländers" aus Lumpen Papier hergestellt, und oben befanden sich die Wohnräume. Der Holländer war eine umlaufende, konische Steinwalze zum Zerquetschen der Fasern. Neun Jahre nach ihrem Bau brannte die Papiermühle an der Gauchach aus, wurde aber wieder aufgebaut. Mit der Herstellung von Falschgeld suchte ein Besitzer seinen drohenden Konkurs abzuwenden. Der Schwindel wurde aufgedeckt und die Täter kamen ins Zuchthaus. Der neue Besitzer baute die Papiermühle 1868 zur Fruchtmühle um, in der auch Brot gebacken und vertrieben wurde. 1895 erwarb die Gemeinde Dittishausen den ruinösen Betrieb und brach die Gebäude ab. Auf der ehemaligen Wasserstube wurde 1901 das Pumphaus | 5.1.08 | für die Trinkwasserversorgung der Dittishauser errichtet (s. „Trinkwasserversorgung auf schwierigem Terrain"). Seit 1991 ist das reaktivierte Pumphaus denkmalgeschützt und wird für Schauzwecke geöffnet.

Eulenmühle

Die Gauchach flussabwärts taucht bald die Eulenmühle auf. Sie wurde bereits 1540 erwähnt, stand damals im Eigentum von Landgraf Friedrich von Fürstenberg. Neben der Hauptmühle trieben Wasserräder Beimühle, Säge, Schleife, Hanfreibe und eine Papiermühle an | 5.1.09 und 10 |. Sogar Holzkohle und Gips wurden dort einmal gebrannt. Dem Mühlenbann unterworfen waren die Orte Unadingen und zeitweise Dittishausen, nach der

5.1.08 | Der Zimmermeister Johann Roth aus Unadingen baute an der oberen Gauchach 1838 eine massive Papiermühle. Nach nur 57 Jahren und mehrmaligen Eigentümerwechseln wurde die Mühle 1895 abgerissen. Auf der Wasserstube der ehemaligen Papiermühle errichtete die Gemeinde Dittishausen später das heute denkmalgeschützte Pumphaus. (CM.2002)

5.1.09 | Modell der herrschaftlichen Papiermühle bei der Eulenmühle, ausgestellt im Technoseum Mannheim. Gut sichtbar ist im Erdgeschoss die Walke mit einem der drei Wasserräder und die aufwendige Dachkonstruktion mit den vielen Trocknungsgauben. In diesem Dachgebälk wurden die geschöpften Papierbögen getrocknet. (© TECHNOSEUM Landesmuseum für Technik und Arbeit in Mannheim: Fotograf Klaus Luginsland)

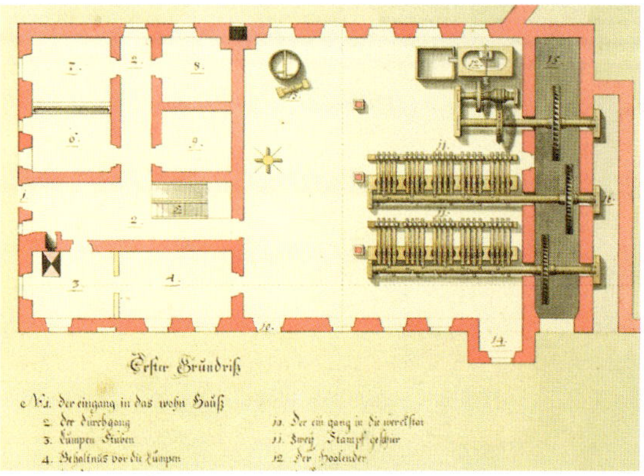

5.1.10 | Auf dem Grundriss sind die drei Wasserradantriebe der Eulenmühle zu sehen: Das obere treibt den Holländer, die zwei unteren die beiden Stampfgeschirre an. (© Generallandesarchiv Karlsruhe: G-S Satzmann Mappe 1 Nr. 60)

Trinkwasserversorgung auf schwierigem Terrain

Die Gemeinden auf der Nordseite der Wutachschlucht nutzten die Wasserkraft der Gauchach und Wutach, um ihr Trinkwasser aus Tiefbrunnen auf die verkarstete Hochfläche (s. auch S. 78) zu befördern. Auf der ehemaligen Wasserstube der Rothschen Papiermühle errichtete die Gemeinde Dittishausen für diesen Zweck 1901 ein Pumphaus | 5.1.08 |. Mit einem stählernen, großen Wasserrad wurden zwei bronzene Kolbenpumpen | 5.1.12 | angetrieben, die täglich 80 m^3 Trinkwasser vom Gauchachtal in einen Wasserhochbehälter über dem Ort pumpten. Doch immer wieder erschwerten Treibwassermangel und angeschwemmtes Material, Sand und Schwebstoffe den Betrieb, bis Kolben und Zylinder zur Jahreswende 1948/49 endgültig den Dienst versagten und erst einige Zeit später saniert werden konnten. Solange musste die Bürgerschaft ihr Wasser wieder selbst herbeischaffen.

Die Gemeinde Mundelfingen hatte bereits 1889 oberhalb des Gauchachwehrs an der Burgmühle eine Pumpstation für ihre Trinkwasserversorgung errichtet | 5.1.11 |. 1904 erwarb sie die durch das Hochwasser 1895 stark zerstörte und verschuldete Burgmühle mit Wasserrecht und erbaute ein zweites Haus | 5.1.13 |. In diesem erzeugte eine Turbine erst Strom und pumpte später zusätzlich Trinkwasser.

Die Trinkwasserversorgung von Reiselfingen gewährleistet seit 1881 eine 8,6 km lange Rohrleitung, die quer unter der Wutach hindurch von der Kaltenbrunnenquelle in Holzschlag auf der Südseite der Wutachschlucht zu einem Hochbehälter auf der Nordseite führt. Obwohl die Quellfassung nur 52 m höher als der Auslauf liegt, überwindet das Wasser ohne Pumpwerk alleine durch das Gefälle einen Höhenunterschied von 205 m zwischen der Quelle und dem tiefsten Punkt unter der Wutach – eine technische Glanzleistung, die laut mündlicher Überlieferung in Fronarbeit von den Bürgern selbst erbracht wurde. 1957 wurde die Anlage durch den Neubau einer zweiten Wasserleitung und einer hydraulischen Widderanlage | 5.1.14 | in der Nähe des Grillplatzes an der Dietfurt ergänzt. Diese nutzte bis 1972 die Kraft der starken Quellschüttung, um den 200 m höher liegenden Trinkwasserbehälter zu füllen.

5.1.11 | Mit der 1889 errichteten Pumpstation in der Gauchachschlucht sicherte sich die Gemeinde Mundelfingen lange Jahre ihre Trinkwasserversorgung. (CM.2006)

5.1.12 | Die Doppelkolbenpumpe (blau) wurde mittels Pleuelstange von dem großen, stählernen Wasserrad angetrieben. (CM.2001)

5.1.13 | Das Foto unten entstand während der Bauarbeiten am Turbinenhaus (vorne) neben der Burgmühle um 1904. (ACM)

5.1.14 | Der hydraulische Widder, der mit der starken Quellschüttung das Wasser stoßweise hochdrückte, wurde 1957 von der Gemeinde Reiselfingen installiert. (CM.2001)

5.1.15 | Zwischen 1550 und 1620 wurde laut Recherchen von Emil Ketterer eine Säge bei der Eulenmühle eingerichtet. Diese wurde im Laufe der Jahre immer wieder modernisiert und 1952 zum verkehrsgünstigeren Standort an den Bahnhof nach Unadingen verlegt. (HS.1932)

Aufhebung wurde die Mühle auch von anderen Bauern in Anspruch genommen. Der Lohn des Müllers bestand aus der „Molzer". Er durfte 6 % der Frucht einbehalten und noch 4 % Schwund berechnen. Die Frucht hatte der Müller beim wöchentlichen „Mühlefahren" abzuholen und Brot- und Weißmehl, Grieß, Kleie und Schrot zurückzubringen. Nach 430 Jahren wurde der Betrieb 1973 eingestellt. Heute dient die Mühle als Feriendomizil.

Die angegliederte Säge | 5.1.15 | stand 200 m unterhalb der Eulenmühle. Sie nutzte mit einem eigenen Wasserrad die Kraft der Gauchach. Dieses trieb auch seit 1691 eine „Schleife" an, die über 100 Jahre lang von einer Unadinger Messerschmiedefamilie genutzt wurde. Seit 1731 lieferte das Wasserrad der Säge zusätzlich die Energie für den Betrieb einer jenseits des Kanals stehenden Hanfreibe, bis beide 1895 durch das Hochwasser vernichtet wurden. Die Sägetechnik entwickelte sich im Laufe der Zeit von einer einfachen Klopfsäge zu einer modernen Hochgangsäge, die 1802 eingebaut wurde. Nach dem verheerenden Hochwasser von 1895 erhielt der Neubau ein „Vollgatter" mit mehreren Sägeblättern. Mit der Beschaffung von zwei neuzeitlichen „Gattersägen" und einer kombinierten Kreissäge zum Besäumen von Brettern war aus der gemütlichen Säge ein blühendes Unternehmen geworden. Wegen des beengten Standorts verlegte der Eigner 1952 das Werk an die Bahnstation Unadingen. Nur der alte Wasserkanal erinnert heute noch an die drei abgegangenen Gewerke im oberen Gauchachtal.

Gipsmühle beim Posthaus

Weiter geht es am Fluss entlang zum Standort der ehemaligen Gipsmühle beim Posthaus, deren Bau 1790 von der Herrschaft Fürstenberg genehmigt wurde. Mit der Baugenehmigung durften in der Landgrafschaft Baar keine weiteren Gipsmühlen errichtet werden, gleichzeitig wurde dem Eulenmüller und dem Guggenmüller das Gipsmahlen untersagt. Die Steine wurden in unmittelbarer

5.1.16 und 17 | Mittels einer Feldbahn wurden die Gesteinsbrocken vom Geisbergstollen zum Gipswerk am Posthaus transportiert. Auf dem oberen Bild aus dem Jahre 1951 sind noch die Stolleneingänge zu sehen, auf dem unteren ein Arbeiter an der Lore. (ACM)

Nähe am „Kupferbrunnen“ gewonnen. Die Hochwasser von 1804 und 1895 haben das Werk jeweils schwer verwüstet. 1911 wurde vom neuen Besitzer der verfallene Umgehungskanal des Guggenmüllers unterhalb der Eulenmühle in Betonrohre verlegt und eine Turbine angeschafft. Eine Feldbahn, die mittels einer Holzbrücke die Gauchach überspannte, erleichterte die Steinzufuhr vom Kupferbrunnen. Eine Gesteinstrockenkammer machte die Herstellung von Gipsdielen möglich. Auch wurde 1930 am „Siibuck“ auf Gemarkung Unadingen ein neuer Steinbruch erschlossen, von dem aus eine Seilbahn das Rohmaterial zum Werk beförderte. Eine dritte Abbauphase begann nach dem Zweiten Weltkrieg an der „Geishalde“ auf der Dögginger Gemarkung | 5.1.16 |. Arbeitslose Bergleute aus Blumberg beuteten im Stollenbau eine Gipsbank aus. Später ging man zum Tagebau über. Das Abräumen der starken Deckschicht trieb die Kosten in die Höhe. In der Blütezeit stieß das Gipswerk täglich 1000 Sack Baugips aus. In zwei Schichten arbeiteten bis zu 22 Mann, weitere acht Arbeiter brachen Steine | 5.1.17 |. Die Vereinigten Gipswerke Knauff übernahmen von der letzten Besitzerin das Werk und legten es nach drei Jahren still. Die Gebäude wurden 1979 abgetragen. Nur die drei Steinbrüche im Gauchachtal erinnern an fast 200 Jahre Gipsabbau beim Posthaus.

Gips als Düngemittel

Neben der heute noch bedeutenden Nutzung von Gips als Baustoff war früher die Nutzung als Dünger ebenso wichtig. Gips besitzt als Calciumsulfat die Düngewirkung von Kalk und Schwefel. Der Kalk fördert einen lockeren Boden und die Aktivität von Bodenlebewesen. Der Schwefel sorgt dafür, dass die Bakterien in den Wurzelknöllchen von Leguminosen (Schmetterlingsblütlern) mit Nährstoffen versorgt werden und dadurch mehr pflanzenverfügbaren Stickstoff bilden können. Der Gips trägt damit indirekt zu einer verbesserten Düngewirkung der Leguminosen bei und wurde daher gerne in der Dreifelderwirtschaft eingesetzt, um die Erträge der nachfolgenden Kultur – meist Kartoffeln – zu verbessern. In einer Zeit, in der es keine chemisch-synthetischen Düngemittel gab, spielte der Gipsdünger eine bedeutende Rolle für die Ernährung der Bevölkerung. Das spiegelt sich anschaulich in einem Werbeplakat der Wasserwerke Oberwiesen (s. auch S. 350) wider, die ihren Aufschwung auch der Düngewirkung des Gipses zu verdanken hatten. Das Originalplakat hängt heute im Museum Schleitheimertal in Schleitheim/Schweiz. | 5.1.18 | (WB)

5.1.19 | **Die idyllisch an der Gauchach** auf Gemarkung Döggingen liegende Guggenmühle (vorne rechts) wurde erstmals 1488 genannt. Ihren Namen trägt sie vielleicht – wie auch der Bach – nach dem Kuckuck, mittelhochdeutsch Gouch. Bis 1985 waren etliche Kuckucksrufe im Gauchachtal keine Seltenheit. (HS.1932)

Guggenmühle

Nach einer knappen halben Stunde flussaufwärts gelangt man zur Guggenmühle, die erstmalig 1488 genannt wurde. Die Mühle war fürstenbergisches Senioratslehen: Der jeweils älteste Sohn konnte das Lehen antreten, oder wie man heute sagen würde, er konnte die Pacht übernehmen. Zur Sicherung war das Dorf Döggingen in die Mühle gebannt. Nach der Zerstörung im Dreißigjährigen Krieg wurde die Mühle erneuert und 750 m bachabwärts eine Beimühle errichtet. Mühlengebäude und Scheuer sind in einer Sommernacht 1774 abgebrannt. Dem chronischen Wassermangel begegnete man 1777 mit einem verdeckten Umleitungskanal. Beim Rückzug napoleonischer Soldaten 1796 wurde die Guggenmühle geplündert und teilweise in Brand gesetzt. Die Mühle war zu der Zeit mit zwei Mahlgängen und einem Gerbgang ausgestattet. Daneben liefen eine Hanfreibe und eine Gipsmühle (s. S. 337 „Fortschritt in der Mühlentechnik"). Die Hochwasserkatastrophe von 1895 setzte der Mühle stark zu und führte zur fast vollständigen Einstellung des Mahlbetriebs. Nur bei ausreichender Wasserführung schrotete der Müller noch für die Bauern der Umgebung.

1934 hielt der Dieselmotor Einzug in der Mühle, die ab diesem Zeitpunkt nur noch Getreide zu Futter schrotete. Das Mühlrad zerfiel im Laufe der Zeit. Seit 1962 steht auch der Motor still. Ein neuer Besitzer hat die Guggenmühle saniert und mit großem Engagement und viel Liebe zum Detail zu einem Schmuckstück ausgebaut |5.1.21|.

5.1.20 | **In dieser historischen Aufnahme** der Guggenmühle ist noch das bis 1934 in Betrieb befindliche Wasserrad zu sehen. (HRW und CW)

5.1.21 | **Gegenüber dem renovierten Gebäude** sieht man die Scheune, in der zur Blütezeit der Guggenmühle mittels Seilantrieb eine Dreschmaschine angetrieben wurde. (CM.2007)

Spezielle Mahltechnik für das Schwabenkorn

Im Hochschwarzwald versteht man unter dem Begriff „Korn“ den Roggen. Aufgrund der langen Schneelage gab es keinen Anbau von Wintergetreide; es wurden deshalb Sommerroggen, Hafer und Gerste angebaut. Dagegen versteht man an der Wutach unter „Korn“ den Dinkel – auch Schwabenkorn genannt –, der von einem fest haftenden Spelz umgeben ist. Dieser Spelz schützt das Korn derart, dass das Getreide nicht als „nackte“ Saatkörner, sondern als sogenannte „Vesen“ gesät wird. Vesen sind also bespelzte Spindelteile der Getreideähre, die oft mehrere Körner enthalten. Die Mühlen an der Wutach haben deshalb alle einen Gerb- oder Schälgang, um die Vesen zu entspelzen. Dieser Gerbgang fehlt bei den Schwarzwaldmühlen. Im Telefonbuch der Wutachgemeinden finden sich deshalb heute noch viele Fesenmeier und Vesenmeier.

Lochmühle

Auf Wiesen- und Waldwegen geht es weiter flussabwärts, wo aufmerksame Wanderer bald die Grundmauern der 1829 erbauten Beimühle der ehemaligen Lochmühle entdecken. Diese wurde triebwassergünstig im Bereich des Zusammenflusses von Gauchach und Balgenbach erbaut, bemooste Mauerreste erinnern an deren 230 Jahre heimatliche Wirtschaftsgeschichte. Die mit zwei Mahlgängen, einem Gerbgang, einer Beimühle und einer Flachsreibe samt Ölmühle ausgestattete Lochmühle sowie die bachaufwärts in „Teufels Loch“ stehende Beimühle wurden 1804 durch Hochwasser verwüstet, der siebenjährige Sohn des Müllers, ein Lehrbub und ein alter Kuhhirt ertranken in den Fluten. Zum Dank für die Errettung aus Wassernot ließ der Lochmüller unterhalb der Ruine Grünburg die heute noch existierende Kapelle bauen. Rund 90 Jahre nach dem Wiederaufbau besiegelte die große Unwetterkatastrophe von 1895 das endgültige Ende der Lochmühle (s. S. 109 „Hochwasser an der Gauchach“). Von der Beimühle der Lochmühle blieb noch der Mühlstein aus dem Jahr 1766 erhalten, der heute an der Burgmühle steht.

Burgmühle

Die Burgmühle erreicht man dem weiteren Flussverlauf folgend, wenn man die 1889 erbaute Pumpstation passiert hat (s. | 5.1.11 |). Die Existenz der am Kreuzungspunkt von Wegen nach Bachheim, Bonndorf, Döggingen und Mundelfingen erstmals 1475 erwähnten Burgmühle | 5.1.22 | sicherte ein Mühlenbann, dem die Dörfer Hausen vor Wald und Bachheim unterstellt waren. Zur Ableitung des Triebwassers stauten ihre Erbauer die Gauchach 150 m bachaufwärts mittels eines „Wuhres“ auf. Man nannte dies „das Wasser hochspannen“. Das Wehr war 25 m breit, 4 m hoch und 8 m stark. Zwei aus Fichtenstämmen gebildete Wände wurden mit Steinen und Erdreich verfüllt. Dieser Damm hatte dem Druck des aufgestauten

5.1.22 | **Mehrmals zerstörten Hochwasser** die Anlagen und Gebäude der Burgmühle in der Gauchachschlucht. Die kolorierte Postkarte aus dem Jahr 1907 zeigt die historische Mühle mit dem Maschinenhaus der Gemeinde Mundelfingen. (ACM)

Wassers standzuhalten. Während die störanfällige Bauart hohe Kosten bei Reparaturen oder Neuanlagen verursachte, musste der Burgmüller im Gegensatz zu den anderen Müllern in der Gauchachschlucht nie über Wassermangel klagen. In einem offenen Kanal lief das Triebwasser auf das am Nordgiebel der Mühle sich drehende oberschlächtige Wasserrad. Ein eichener Wellbaum von 6 m Länge und 60 cm Durchmesser trieb drei Mahlgänge und einen Gerbgang an. Seit 1526 ist eine Hanfreibe bekannt. Mittels konischer umlaufender Steinwalzen hat man die holzigen Hanfstängel weich „gerieben“. Aus den Fasern spann und wob man derbe Tücher für Arbeitskleidung sowie Seile und Stricke. Auch mit dem Mahlen von Gips verbesserten die Burgmüller ihr schmales Einkommen. Mit dem Erwerb von Bachheim und der Feste Neuenburg kam 1506 die Mühle an die Herrschaft von Schellenberg. 1685 erhielt ein Müller die Mühle als „Mannlehen", so dass eine Vererbung nur an männliche Abkömmlinge möglich war. Zum Ende der Burgmühle trugen das Hochwasser von 1804, die Aufhebung des Mühlenbanns 1848 und schließlich die Wasserfluten in der Nacht vom 5. auf den 6. Juni 1895 bei, die Anlagen und Gebäude erneut sehr stark zerstörten. Die Standesherrschaft Fürstenberg entließ die hoch verschuldeten Müller aus dem Lehensverhältnis und gewährte ihnen Wohnrecht auf Lebenszeit. Seit 1928 ist die Burgmühle im Besitz der Naturfreunde Villingen und beliebtes Ausflugsziel für Wanderer und Naturliebhaber.

Mühlen am Oberlauf der Wutach

Dietfurt

Weiter geht es flussabwärts bis zur Mündung der Gauchach in ihre „große Schwester", die Wutach. Folgt man der Wutach vom Kanadiersteg aus flussaufwärts, geht es entlang von mächtigen Felsengalerien über den Rümmelesteg vorbei am ehemaligen Kurort Bad Boll, an den lediglich noch die sanierungsbedürftige Kapelle erinnert (s. S. 395).

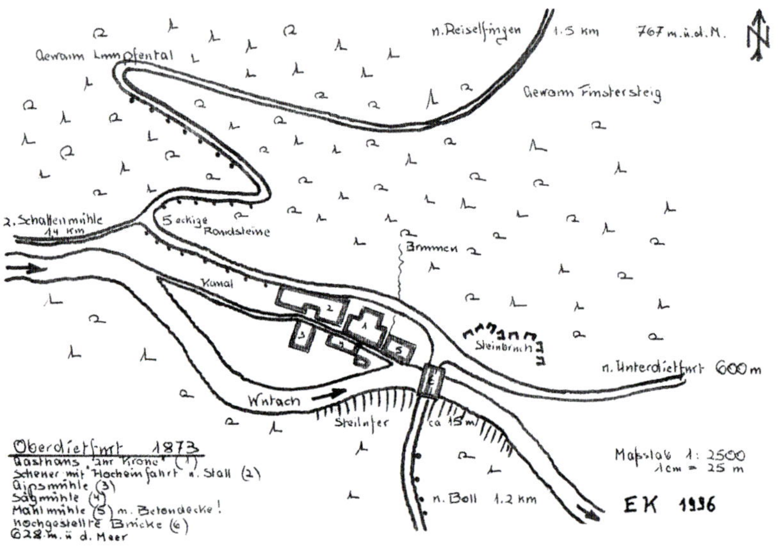

5.1.23 | **Lageplan Oberdietfurt**, gezeichnet von Emil Ketterer nach dem Original aus dem F. F. Archiv zu Donaueschingen. (EK.1996 und FFA)

Über teilweise schmale Pfade, die für den Naturliebhaber durch die Felsen erschlossen wurden, geht es weiter über eine Brücke zur Unteren Dietfurt. Der Übergang an der Dietfurt gehörte zu einem vorgeschichtlichen Fernweg vom Neckarraum über Reiselfingen nach Bonndorf zum Hochrhein. An der Dietfurt (der Name bedeutet Volks-

5.1.24 | **Einige Mauerreste** der einst pulsierenden Oberdietfurt, im Bild Teil des ehemaligen Mühlgrabens, sind heute noch zu erkennen. (CM.2001)

furt) hat der Weg die Wutach gequert. Dort war eine Mühle schon 1424 urkundlich gesichert. 1614 wurde jedoch lediglich noch eine Brücke erwähnt. 100 Jahre später standen an der Dietfurt abseits der Brücke zwei kleine Häuser, die jedoch, wie auch die Mühle selbst, kaum Spuren hinterlassen haben.

Einige Hundert Meter weiter flussaufwärts findet man dagegen noch etliche Mauerreste und zerfallende Gewölbe, die von 100 Jahren Gewerbefleiß zeugen. Hier handelt es sich um Reste der Oberdietfurt, an der 1785/86 das Gasthaus „Zur Krone" mit Bier- und Weinschankrecht erstellt wurde. Dazu kamen eine Scheuer mit Stall, eine Mahlmühle, eine Gipsmühle und ein Sägewerk | 5.1.23–24 |. In der Gipsmühle brannte man Bau- und Ackergips.

Ebenfalls 1786 wurde, nach dem Untergang der Brücke in der Unteren Dietfurt, durch das Kloster St. Blasien und die Fürsten zu Fürstenberg die neue, überdachte Wutachbrücke erstellt (4,80 m breit mit einer Spannbreite von 20 m); gleichzeitig wurden die Anschlusswege von Boll und von Reiselfingen (die „Finstersteig") in Fronarbeit hergerichtet. Auf der Brücke galt neben Zoll schon früh eine

„Maut", die vom Kronenwirt eingezogen wurde; sie betrug für Fußgänger 3, für den Reiter 6 und für einen Wagen 12 Kreuzer.

1812/18 wurde der Zufahrtsweg verbreitert und mit einer Steindecke versehen. Mit den noch vorhandenen fünfeckigen Randsteinen wurde der Weg (bis zu 24 % Gefälle) gesichert | 5.1.25 |.

5.1.25 | Mit den heute noch zu sehenden fünfeckigen Randsteinen wurde der stark abfallende Weg von Reiselfingen zur Oberdietfurt gesichert. (CM.2001)

Schattenmühle

Durch die 1875 angelegte heutige Straßenführung und den Bau der festen Brücke bei der flussaufwärts liegenden Schattenmühle geriet die Oberdietfurt verkehrsmäßig ins Abseits. Nach einem Brand im Jahre 1889 war deren endgültiges Aus besiegelt.

Die Schattenmühle wurde erstmals 1596 erwähnt. Damals gehörten neben einem Haus eine Mühle, eine Scheuer samt Säge sowie 18 Jauchert Feld (bis 1753 entsprach ein Jauchert 33 Ar) dazu. An Zinsen für die als „Erblehen" bezeichnete Mühle wurden 20 Gulden (etwa der Gegenwert einer Kuh), für die Säge ein halber und für das Wasser ein ganzer Gulden im Jahr fällig. Später kam auch eine Hanfreibe hinzu. Im Winter 1663 hatte Eisgang das Wehr weggerissen. Flößer gefährdeten das neue Wehr, als sie im Frühjahr eine Klause bauten (s. auch S. 371). Bei einem Brand 1732 gingen Haus, Mühle, Scheuer und Säge in Flammen auf. Nach dem Wiederaufbau wurde ein dritter Mahlgang eingerichtet. 1753 fällte das Amt Löffingen wegen

Holztransport in unwegsamem Gelände

Reger Betrieb herrschte früher an der Dietfurtbrücke zwischen Reiselfingen und Bonndorf. Aber auch das Posthaus in Unadingen und das Gasthaus Hirschen lagen direkt an der Postkutschenstrecke der „vorderösterreichischen Postroute" Mecheln bei Brüssel – Innsbruck, die 1490 eingerichtet wurde.

Auf dieser Route wurden aber nicht nur die Post, sondern auch Bauholz, Energieholz und andere Güter in großen Mengen mit Pferdefuhrwerken von der Baar Richtung Hochrhein transportiert. Wie gefährlich die Arbeit mit den Fuhrwerken war, bezeugt heute noch ein Gedenkstein in der Nähe des Unadinger Posthauses. Darauf steht geschrieben: „Zum Andenken an Johan Kleiser von St. Märgen, verunglückte hier durch das Fuhrwerk im Juni 1871, starb nach zwei Stunden im 42. Lebensjahr." Weiter unten, direkt unterhalb des Posthauses, befindet sich eine weitere Gedenktafel, die an ein tragisches Busunglück 1949 erinnert.

5.1.26 | Gefährlich war die Arbeit mit den Fuhrwerken, wie dieser Gedenkstein in der Nähe des Unadinger Posthauses von 1871 zeigt. (CM.2013)

5.1.27 | **Die zweistöckige Scheune** der Schattenmühle im Jahr 1927. (HS)

5.1.28 | **Beliebtes Ausflugslokal:** das Gasthaus Schattenmühle, wie es 1960 zur Einkehr einlud. (ACM)

des umstrittenen Mühlenbanns von Göschweiler die klare Entscheidung, dass die Schattenmühle kein Erblehen, sondern ein ohne herrschaftliche Genehmigung unteilbares Zinsgut sei, so dass die Göschweiler nicht dorthin gebannt waren. Im Laufe der Jahre setzte Hochwasser dem Anwesen immer wieder zu, so dass die Schattenmüller ständig am Rande der Existenz kämpften. 1789 erteilte das Amt Löffingen dem damaligen Besitzer die Erlaubnis, „schwarz halb-brocken Brot" backen zu dürfen und im Haus zu verkaufen – wohl als weiteres Standbein gedacht. 1845 bestand die Schattenmühle aus einem zweistöckigen Wohnhaus mit einer aus drei Mahlgängen und einem Gerbgang bestehenden Mühle, einer zweistöckigen Scheuer mit Stallung und zwei Schöpfen, einer zweistöckigen Gips- und Zementmühle samt Zementofen sowie einem Wagenschopf mit Schmiede. Trotz besserer Verkehrsanbindung durch die neue massive Brücke über die Wutach mussten die Liegenschaften verpfändet werden. Allerdings kamen dadurch Neuerungen wie eine freistehende Sägemühle | 5.1.02 | nebst freistehender Sägerwohnung und Schmiedewerkstatt sowie eine neue Hanfreibe, Gipsstein- und Kalkbrennofen hinzu. Im Zuge der Erbauseinandersetzung wurden Sägewerk und Landwirtschaft Mitte des 20. Jahrhunderts von der Mühle abgetrennt. Diese wurde bald stillgelegt und zur Gaststätte umgebaut | 5.1.28 |. Heute bietet das Gasthaus Schattenmühle eine der wenigen Einkehr- und Übernachtungsmöglichkeiten in der Wutachschlucht.

Stallegg

Noch einmal 3,5 km weiter flussaufwärts steht das Wasserkraftwerk Stallegg (s. auch S. 96), das 1895 vom Fürsten zu Fürstenberg in Betrieb genommen und zu seiner Zeit als Glanzstück des technischen Fortschritts gefeiert wurde | 5.1.29 und 30 |. Die Genehmigung zum Bau des Turbinenhauses und der ursprünglich 6–7 m hohen Talsperre sowie eines dazwischen liegenden, rund 200 m langen Ausleitungskanals wurden auch davon abhängig gemacht, dass die flussabwärts liegende Sägemühle des Schattenmüllers nicht trocken gelegt werden durfte. Doch immer wieder kam es zu Klagen des Schattenmüllers wegen mangelnden Wasserzulaufs. Mit dem Einbau einer neuen Turbine konnte das Problem behoben werden. 1939 wurde die Staumauer aufgrund des zunehmenden Stromverbrauchs erhöht und 1940 die zweite Turbine eingebaut. 1979 verkaufte der Fürst das Flusskraftwerk im Paket mit den Elektrizitätswerken an das Kraftwerk

5.1.29 | **Der historische Siemens-Generator** ist heute noch für Schauzwecke vorhanden. Im Hintergrund sind die neue Turbine (blau) und der neue Stromgenerator (rot) zu sehen. (CM.2005)

5.1.30 | **Eine ungewöhnliche Kombination:** Das Flusskraftwerk Stallegg war Elektrizitätswerk und beliebte Einkehrmöglichkeit. (ACM)

Laufenburg (KWL). Heute ist das restaurierte Kraftwerk in Privatbesitz und produziert mit moderner Turbinentechnik Strom aus der Wutach | 5.1.29 |.

Mit der Stromproduktion hatte die bis in die 1970er-Jahre im Dachgeschoss des Turbinenhauses liegende Gastwirtschaft wenig zu tun | 5.1.31 |. Sie war Anziehungspunkt für Wanderer und die Dorfjugend, die sich abends zum Tanzen traf. Attraktion war der Elektrisierapparat, der zur Mutprobe der Tanzlustigen verwendet wurde. Albert Ganter erinnerte sich, dass es schon vor dem Krieg Brause in allen Geschmacksrichtungen gab. *„Und wenn uns unsere Eltern am Sonntag 10 oder 20 Pfennige gaben, war unser Ziel gleich die Wirtschaft im Stallegg.“*

Mühlen an Haslach und Gutach

Die Haslach und Gutach sind die wichtigsten Quellbäche der Wutach, deren Wasserkraft ebenfalls für den Antrieb von Mühlen und Sägewerken genutzt wurde. Die beiden Flüsse, die sich an der Haslachmündung zur Wutach vereinen, erreicht man von der Talsperre des Flusskraftwerks Stallegg flussaufwärts. Laut Joachim Winterhalder hatte fast jeder große Hof auf Gemarkung Lenzkirch eine eigene Mühle und Säge. Beispielsweise war dem Gasthaus Sternen in Kappel die um 1850 erbaute Sternensäge an der Gutach unterhalb der Kappel-Gutachbrücke angegliedert, von deren Fundamenten noch heute Spuren sichtbar sind.

Zipfelsäge

Die Zipfelsäge an der Gutach | 5.1.32 | wurde 1860 vom Zipfelhofbauern erbaut. Wegen mehrerer Vergehen kam er ins Gefängnis nach Freiburg, so dass die Säge laut einer Urkunde von 1872 verpachtet wurde. Später wurde das gesamte Anwesen mit Wald und Feld an die umliegenden Höfe verkauft. Heute wird der Hof immer noch bewirtschaftet. Die Säge wurde um 1900 zum Wohnhaus umgebaut. Auch eine Mühle war dem Zipfelhof angegliedert, die vermutlich 1979 abgebaut und zwischengelagert wurde. Zum geplanten Wiederaufbau in Mühlingen kam es jedoch wegen Nachbarschaftseinsprüchen nicht mehr.

5.1.31 | **Schuhe ausziehen:** Wanderer und Einheimische besuchten gerne die Gastwirtschaft im Dachgeschoss des Flusskraftwerks Stallegg. (ACM)

5.1.32 | **Bis auf die hofnahen Wiesen** gehören heute die meisten Flächen der ehemaligen Zipfelsäge dem Land Baden-Württemberg, das sie für Zwecke des Naturschutzes erworben hat. (JW)

Schleifenmühle

Die Schleifenmühle liegt an der Haslach und wurde 1736 erbaut. Eine Vorgängermühle könnte am Rotbach (oben am Mühlenweg) gestanden haben, da man dort Fundamente ausfindig machen konnte. Unterlagen hierüber liegen jedoch keine vor. Das Wasser leitete der Müller vom Haslachdamm ab. Dennoch hatte er wie viele seiner Berufskollegen mit Wassermangel zu kämpfen, so dass er immer wieder auch Wasser vom Rotbach zuleiten musste. Joachim Winterhalder erinnert sich noch gut, wie die Leute aus Kappel und Lenzkirch nach dem Krieg ihr Getreide zur Schleifenmühle brachten. Die kurz vor dem Zerfall stehende Schleifenmühle samt Leibgeding ließ der letzte Besitzer, die Schluchseewerk AG, am 11. Dezember 1965 durch die Feuerwehr Kappel „warm abreißen". Offenbar wollte man das Anwesen nicht im geplanten Stausee verschwinden lassen, dessen Ausdehnung von der Haslachmündung bis zur Kläranlage Neustadt und bis kurz vor Lenzkirch gereicht hätte (s. auch S. 410). Das Mühlrad der zur Schleifenmühle gehörenden Schleifensäge, das der Müller Zumbach zusammen mit einem ortsansässigen Wagner selbst gebaut hatte, wurde von der Gemeinde Lenzkirch im Kurpark für Schauzwecke aufgestellt. Als es aufgrund einer Unwucht der stählernen Radwelle zerstört wurde, baute der Heimatverein Lenzkirch das sich heute drehende, dem Original detailgetreu nachempfundene Wasserrad im Kurpark.

Anders als die Schleifenmühle wurde die Schleifensäge | 5.1.33 | nicht von der Haslach, sondern von dem aus Richtung Grünwald herunterkommenden, aufgestauten Klausenbächle gespeist. Der Stausee des Klausenbächles lag im Bereich der Eisenbahnbrücke, über die heute der Radweg Neustadt – Bonndorf führt (s. auch S. 383). Als die Bahnstrecke gebaut wurde (Eröffnung 1907), wollte die Bahn wohl aus Kostengründen statt einer Brücke einen Damm aufschütten. Diesem Vorhaben war jedoch der oben erwähnte Stausee im Weg. Um ihn dennoch zu realisieren, wurde die Staumauer gesprengt. Sie musste aber aufgrund des Widerstands des Sägewerksbesitzers wieder errichtet werden, so dass die Bahn das heute noch vorhandene Klausenbachviadukt schließlich doch bauen musste. Reste der ehemaligen Schleifensäge sind heute noch zu sehen. Dass die Säge schon um 1860 existierte, beweist ein Gemälde des Lenzkircher Heimatmalers Felix Faller (1835–1887) in der Heimatstube.
Die Säge selbst wurde am 27. Mai 1957 wohl durch

5.1.33 | Nur noch wenige Reste sind von der ehemaligen Schleifensäge bei Kappel zu sehen, die der Heimatmaler Felix Faller im Jahre 1860 malte. Auf der historischen Aufnahme, die um 1935 gemacht wurde, ist im Hintergrund auch die Eisenbahnbrücke über den Klausenbach zu sehen, über die heute der Bähnleradweg führt. (AJW)

Schweißarbeiten ein Raub der Flammen. Vermutlich wurde dann auch die Staumauer entfernt. Das Wasser des Klausenbächles trieb zudem lange Zeit einen Generator an, der Strom für das Gasthaus Löffelschmiede produzierte.

Auch im Bereich des heutigen Campingplatzes Lenzkirch-Kreuzhof stand einmal eine Mühle, die Lochmühle, die am 17. Juni 1968 abgebrannt ist.

Mühlen und frühe Industrien von der Gauchachmündung wutachabwärts

Wutachmühle

Ausgehend vom Kanadiersteg über die Wutach folgen wir nun wieder der Wutach flussabwärts zur Wutachmühle. Der ständige Wassermangel an der „Bachtalmühle" in Ewattingen bewegte den damaligen Müller Gregor Meister dazu, 1835 an der Wutach eine sehr einfache Beimühle mit einem Gerbgang und einem Mahlgang zu bauen. Dies war der Ursprung der „Wutachmühle", die ihre Blütezeit zu Beginn des 20. Jahrhunderts hatte. Der Mühle ging harte Rodungsarbeit voraus, um aus einer Wildnis Land, Grund und Boden zu erhalten. Einer kleinen Landwirtschaft wurde nach 1848 ein Wohnhaus angegliedert. Später kamen eine Mahlmühle und eine Säge hinzu. Von der Hochwasserkatastrophe im Jahre 1895, die auch vor der Wutachmühle nicht Halt machte, erholte sich der damals finanziell gut ausgestattete Müller bald. 1908 investierte er schätzungsweise 70 000 bis 80 000 Mark und verwirklichte sein größtes Werk, den Bau eines Elektrizitätswerks. Lange Jahre wurde so die Gemeinde Ewattingen, auf deren Gemarkung die Wutachmühle liegt, mit Strom beliefert. 1920 erwarb die Gemeinde Ewattingen das Anwesen, bestehend aus Elektrizitätswerk mit zwei Turbinen von 120 PS, Mühle, Sägewerk und Landwirtschaft | 5.1.35 |. Sie rüstete das Sägewerk mit einem 70er-Vollgatter, einer kombinierten Kreissäge und zwei Ablängsägen auf. Die Mühle erhielt eine Spitz- und Schälmaschine, einen Doppelwalzenstuhl mit Porzellanwalze, einen vierseitigen Plansichter und einen Trieur (eine Getreide-Reinigungseinrichtung, die noch die letzten verbliebenen Fremdkörper auslas).

5.1.34 | Die meisten früheren Mühlenstandorte sind dank der Forschungen von Heimatchronist Emil Ketterer von der Gesamtgemarkung Löffingen bis zur Wutachmühle (Ewattingen) bekannt; hier waren einmal mindestens 50 kleinere und größere Mühlen zu finden. (MP.RPF.2013)

5.1.35 | **Die Wutachmühle,** wie sie sich 1921 mit Mühle, Sägewerk, Gasthaus, Elektrizitätswerk und Landwirtschaft präsentierte. (ACM)

Das Wehr wurde 1923 umgebaut und als Ersatzkraft zur Sicherstellung der Elektrizität für die Gemeinde auch in Zeiten, in denen die Wutach weniger Wasser führt, ein 70-PS-Dieselmotor eingebaut. 1939 veräußerte die Gemeinde Ewattingen das stattliche Anwesen an eine aus Jungingen bei Hechingen stammende Familie, die den Sägewerksbetrieb bis heute aufrecht hält.

Moggerenmühle

Rund 7 km südlich der Wutachmühle zeugen direkt am Wanderweg durch die Wutachflühen nur noch die gewaltigen Mühlsteine der Moggerenmühle von der einstigen Nutzung des dort erstmals 1415 erwähnten „Hof[s] ze Mogern" | 5.1.36 |. Anders als die Wutachmühle wurde sie nach der Zerstörung durch ein Hochwasser 1891 nicht wieder aufgebaut.

5.1.36 | **Die Mühlsteine** der ehemaligen Moggerenmühle. (KS.2012)

Die Wasserwerke Oberwiesen: Wasserkraft macht Industriegeschichte

Direkt an der Wutach beim Grenzübergang in die Schweiz nach Schleitheim kann im Gewann Oberwiesen die Bedeutung der Wasserkraft für die industrielle Entwicklung studiert werden. In der industriellen Gründerzeit um 1870 wurde die Wutach mittels Damm und Stauwehr gebändigt, damit die Wasserkraft eine leistungsfähige Gipsmühle antreiben konnte. Zu dem Gipswerk mit seiner 60 PS (44 KW)-Turbine kamen eine Sägerei, eine mechanische Werkstatt, eine Schreinerei und eine Spinnerei mit Weberei hinzu: ein Industriegebiet mit Wasserkraftantrieb | 5.1.37 |. Bis 1903 boten die „Wutachwerke" willkommene Arbeitsplätze, danach wurde die Wasserkraftanlage nebst Mühle und Säge verkauft. Heute nutzen die Firmen Gonon aus Schleitheim und die Zwirnerei an der Wutach GmbH in Stühlingen immer noch die Wutach zur Stromerzeugung.

Eisenerzeugung: die Eisenschmelze Eberfingen

Mächtige Herren banden sich im Jahr 1622 durch einen Vertrag: Abt Martin vom Kloster St. Blasien, die Grafen von Sulz und von Leiningen sowie Landgraf Maximilian von Stühlingen beschlossen den gemeinsamen Betrieb eines Eisenschmelzwerks in Eberfingen. Karl Ludwig, Graf von Sulz, wollte das Erz liefern, das Kloster St. Blasien mit seinen ausgedehnten Wäldern um Gündelwangen für das Holz zum Bau und zur Verhüttung sorgen, die Grafschaft Stühlingen bot mit dem gewählten Standort für die Errichtung des Werks den Zugriff auf die Wasserkraft der Wutach – ideale Voraussetzungen, um bereits zum Zeitpunkt der Gründung mit einer jährlichen Produktion von 1500 kg Schmiede- und Gusseisen rechnen zu können. Guten Absatz fand zum Beispiel Letzteres für die Produktion von Kanonenkugeln während des Dreißigjährigen Krieges.

1680 wechselte die Eisenschmelze den Besitzer und ging an das Haus Fürstenberg in Donaueschingen über. Die günstige Lage an der Wutach und an der Handelsstraße von Zurzach über den Schwarzwald nach Schwaben führten rasch zu wachsendem wirtschaftlichen Erfolg. Auch das qualitativ besonders hochwertige Bohnerz – so nennen Bergleute die bohnen- oder erbsenförmigen Bildungen aus Brauneisenstein – der Klettgauer Gruben und die immensen Holzreserven der nahen Wälder trugen zur Blütezeit des Eberfinger Eisenhüttenwerks im 17. Jahrhundert bei.

Damals setzte sich das Werk – auf einem 13 ha großen Betriebsgelände gelegen – folgendermaßen zusammen: ein Schmelzofen, drei Schmieden und eine Schlackenpoche (in der Eisenbestandteile aus der Schlacke ausgewaschen wurden), die alle mit Wasserkraft betrieben wurden. Ferner gab es vier Kohlhütten, Schuppen für Zimmermannsarbeiten und Ställe für die Pferde der Fuhrleute sowie insgesamt 100 Wohngebäude für die 123 Menschen, die im Werk lebten, arbeiteten und sogar mit eigener Münze handelten | 5.1.38 | – Schmelzmeister, Hammermeister, Läutermeister, Schmiede, Kohlermeister, Knechte, Hilfsarbeiter und mehr.

Die Szenen, die sich in den schmelzwerkeigenen Wirtshäusern abspielten, und die Eindrücke, die solch ein Werk hinterließ, hat Heimatdichter Johann Peter Hebel in seinem Gedicht „Schmelzofen" festgehalten.

Von besonderer Bedeutung für den Betrieb war auch die Floßlände an der Wutach mit ihren Wehranlagen und dem mächtigen Streichbalken. Mit diesem wurde das geflößte Holz aufgefangen, um es anschließend aus dem Fluss ziehen zu können. Doch von Zeit zu Zeit trieb das unberechenbare Hochwasser der Wutach Stämme über den Balken. Mühsam mussten sie flussabwärts wieder eingesammelt werden.

Auch sonst kam es auf dem viele Kilometer langen Floß-Weg vom Feldberggebiet bis nach Eberfingen immer wieder zu Holzverlusten: Manche Stämme sogen sich voll Wasser und sanken. Mit speziellen Flößerhaken zogen die Flößer dieses Sinkholz wieder aus dem Fluss und setzten es zum Trocknen auf. Nützlich waren die langen Flößerhaken aber auch als Hilfsmittel, wenn es etwa galt, über breite Gräben zu springen – dieser sogenannte Flößersprung war

5.1.37 | **Blick auf das Werk Oberwiesen.** (HS.1935)

möglicherweise sogar der Beginn des sportlichen Stabhochsprungs (so vermutet es zumindest der Flößerverein Mulgenberg/Sachsen).

Das alte Eisenschmelzwerk vereinigte sämtliche Techniken der vorindustriellen Energiegewinnung. Mit Wasserkraft wurden Blasebalg, die Poche und Schmiede angetrieben; das Holz wurde mittels der werkseigenen Kohlenmeiler energetisch aufgerüstet. Im Jahr 1761 führte schließlich Holzmangel zur Einstellung der Eisenproduktion in Eberfingen. Damit ist das Schicksal des Eisenschmelzwerks Eberfingen Zeuge einer frühen Übernutzung der natürlichen Resourcen.

5.1.38 | **In den Eisenschmelzwerken** gab es eine eigene Währung. Im Heimatmuseum des benachbarten schweizerischen Hallau sind noch Originalmünzen aus dem Bergwerk Eberfingen ausgestellt. (OH)

Das Ende der Mühlen-Ära

An der Wutach kann die virtuose Entwicklung der Wasserkrafttechnik gut nachvollzogen werden. Die Herrschaftshäuser der Wutachregion hatten einst die Bedeutung der Mühlen mit ihren vielfältigen Nutzungsmöglichkeiten erkannt, und sie waren es auch, die mit Turbinen die Elektrifizierung der Baar voranbrachten.

Mit der Erfindung der Dampfmaschine um 1712, der Aufhebung des Mühlenbanns sowie dem Siegeszug der Eisenbahn war zuletzt auch in der Wutachregion ein dramatischer Wendepunkt der Zeitgeschichte erreicht: Flößer, Köhler, Fuhrleute, Müller, Schmiede und viele mehr verloren ihre wirtschaftliche Grundlage. Diese Berufe starben in der Wutachregion und anderenorts oft einfach aus.

Wald und Forstwirtschaft in der Wutachschlucht

Martin Schwenninger

Waldwirtschaft im Wandel der Zeit

Es ist Juli im Jahr 1664 und seit Tagen brennt die Sommersonne unerbittlich auf die nach Süden ausgerichteten Hänge des Wutachtals. Eine Gruppe von fünf Holzhauern gönnt sich eine Verschnaufpause von der schweren Arbeit an der Hörnlehalde bei Rötenbach. Sehr steil und unwegsam ist hier der Hang hinunter zur Wutach, die 180 m unter ihnen tost. Oben ist der Fluss kaum noch zu hören, und doch können die fünf Männer seinen Lauf durchs enge Tal hinüber nach Osten zur Rötenbachmündung und dann weiter in Richtung Räuberschlössle gut verfolgen. Wenn sie um sich blicken, ist es rechts und links der Wutach hell geworden. Nur direkt unter ihnen steht noch alter Buchenwald auf dem steilen Hang. Die ehemals dichten und dunklen Wälder entlang der Wutach, die hauptsächlich aus alten Buchen, Tannen und Fichten bestanden – wo sind sie geblieben? Da es seit dem Jahr 1622 in Eberfingen eine Eisenhütte gibt (s. auch S. 350), die zur Schmelze des Erzes dringend auf Holz oder Holzkohle als Energielieferant angewiesen ist, werden entlang der Wutach und auf den angrenzenden Anhöhen der Baar oder des Schwarzwaldes die Wälder systematisch abgeholzt, um den riesigen Energiehunger der Eisenöfen zu stillen. Kurze, oft gespaltene Meterstücke von Baumstämmen, sogenanntes Scheitholz oder Scheiterholz, wird in Eberfingen benötigt. Das lässt sich auf der Wutach gut flussabwärts verschicken und bringt gutes Einkommen. Deshalb haben fast alle Waldbesitzer Holzlieferverträge mit der Eisenschmelze abgeschlossen. Als Folge arbeiten sich die Holzhauer Stück für Stück den Fluss hinauf. Stamm für Stamm werden die unzugänglichen, waldreichen Hänge gelichtet oder gar kahl geschlagen. Beim Blick in Richtung Süden sehen die Holzhauer eine vor rund 30 Jahren neu entstandene Holzfällersiedlung mit dem Namen Holzschlag. Hier wurden extra zur Waldrodung Holzfäller aus Tirol angesiedelt, da die wenigen Einheimischen den Holzeinschlag für das Eisenwerk nicht allein bewältigen konnten. „Wie wird unsere Zukunft aussehen, wenn weiter die Wälder so abgeholzt werden?“ fragen sich die Holzhauer.

5.2.01 | „Wutach, Hörnle 1931“ betitelte Hermann Schurhammer seine Aufnahme, die in der Bildmitte Flächen zeigt, die mit Fichte neu aufgeforstet wurden. (HS.1931)

Der Rodung folgt die Wiederbewaldung

Wer vor rund 100 Jahren an der Hörnlehalde stand, hatte immer noch einen durch Bäume weitgehend unversperrten Blick hinüber nach Glashütte oder zum Ruhbühl | 5.2.01 |. Doch da zu Beginn des 20. Jahrhunderts die Wiederbewaldung des Gebiets ein erklärtes Ziel war, sah man schon überall wie gepflanzt oder auch spontan Bäume in allen Altersklassen wachsen. Wer heute an der Hörnlehalde steht, hat nach wie vor eine gute Aussicht auf das Wutachtal und hinüber auf den südlichen Schwarzwald, steht aber wieder mitten in einem großen Waldgebiet | 5.2.02 |.

Der Besucher kann heute allenfalls erahnen, wie die Landschaft vor über 300 Jahren ausgesehen haben könnte und welchen Wandel sie erfahren

5.2.02 | Beim Blick von der Hörnlehalde (s. Karte S. 416) nach Westen die Wutach- und Haslachschlucht hinauf in Richtung Lenzkirch dominieren dichte Wälder. Einst wurden die gesamten Steilhänge und Hochflächen für die Energieversorgung der Eisenwerke in Eberfingen kahl geschlagen. (MS.2013)

hat. Die Sicht hinunter zur Wutach ist durch Wald verwehrt, der Fluss nur hin und wieder ansatzweise durch offene Waldlichtungen hindurch erkennbar. Lediglich die Dörfer im Süden wie Holzschlag und Grünwald und im Westen Lenzkirch sind gut erkennbar, allerdings auch wieder eingebettet in große Waldgebiete. Heute wie damals sind Holzhauer in den Wäldern um die Schlucht unterwegs, um den wertvollen Rohstoff Holz zu nutzen. „Muss das sein? Ist Waldwirtschaft in diesem hochrangigen Naturschutzgebiet überhaupt erlaubt und sinnvoll?" Doch bevor der Frage nachgegangen wird, wie Waldbesitzer in der Wutachschlucht heutzutage Waldwirtschaft betreiben, nochmals zurück zur Frage der Holzhauer von damals. „Wie ist es denn nun die letzten Jahrhunderte weitergegangen mit dem Wald in und um die Wutachschlucht?"

Der Energiebedarf der Eisenhütte führte dazu, dass man immer weiter die Wutach hinauf und auch an ihren Nebenflüssen Holz einschlug und in der Folge das Landschaftsbild in der Schlucht und Umgebung sich grundlegend änderte. Als im Jahr 1761 das Eisenschmelzwerk in Eberfingen wegen Holzmangels geschlossen werden musste, war der Wald rund um die Wutach stark dezimiert. Wegen der wachsenden Bevölkerung benötigte man zur Sicherung ihrer Ernährung auch mehr landwirtschaftliche Flächen, so dass manche der abgeholzten Waldflächen nicht wieder aufgeforstet oder mit Forstpflanzen angesät, sondern zu Wiesen und Äckern umgewandelt wurden. Im Gebiet der Gemeinden Rötenbach, Lenzkirch und Bonndorf zeugen heute entlang des Wutachtals die Gewannnamen beispielhaft von den Waldrodungen. „Nachtweid", „Schwändeholzdobel", „Breitenfeld", „Schmale Schwende", „Rau Reuten", „Saatfeld" oder „Wüste Matt" sind nur einige Beispiele von jetzigen Waldgebieten, die von einer ehemals landwirtschaftlichen Nutzung herrühren.

An den eher unzugänglichen Stellen stellte sich zuerst wieder Wald ein. Dort wurde bald schon Waldweide betrieben, d. h., die in der Regel gemischten Herden aus Kühen, Ziegen, Schweinen und gelegentlich Schafen wurden besonders außerhalb der sommerlichen Weidezeit zum Fressen in den Wald geführt. So auch entlang der Wutachhalden, was mit Einführung des Badischen Waldgesetzes 1833 zum Schutz des Waldes untersagt wurde.

Vom offenen Flusstal zur Dominanz dunkler Fichtenwälder

Zahlreiche Mühlen und Sägen und einzelne Gehöfte entlang des Flusslaufs prägten für lange Zeit das Bild der Wutachschlucht. Zu jeder Mühle oder Säge gehörte auch immer eine Landwirtschaft – und war sie noch so klein – dazu. Damit lagen immer um die Anwesen herum größere oder kleinere, landwirtschaftlich genutzte Flächen. Als in der zweiten Hälfte des 19. Jahrhunderts Zug um Zug die Mühlen oder Gehöfte wegen Hochwassers oder mangelnder Rentabilität aufgegeben wurden (s. auch S. 336) änderte sich wieder das Landschaftsbild in der Schlucht. Oft wurden die landwirtschaftlichen Wiesen und Felder sofort, manchmal auch erst später, aufgeforstet oder mit Forstpflanzen eingesät. Bis nach dem Zweiten Weltkrieg wurden solche Flächen fast ausschließlich mit schnell wachsenden Fichten angepflanzt | 5.2.03 |. Zum einen, weil andere Baumarten durch das reichlich vorkommende Rehwild stark verbissen wurden, zum anderen aber auch, weil insbesondere nach den beiden Kriegen die Nachfrage nach Bauholz immens war und sich damit ein guter Ertrag erzielen ließ. Über den Samenflug dieser Bäume etablierte sich auf den umliegenden Brachflächen schnell weiterer Wald. Noch heute sind vor allem die Aufforstungsflächen auch für den forstlichen Laien gut zu erkennen.

5.2.03 | Die gezielte Aufforstung von ehemaligen Wiesen und Weiden der aufgegebenen Höfe hat zwischen 1850 und 1960 zu einer erheblichen Veränderung der Landschaft in der Wutachschlucht geführt. Aus dem offenen, lichten Flusstal wurde durch die Aufforstung mit Fichte eine immer dunkler werdende Waldlandschaft. (HS.1928)

Der Besucher durchwandert solche Fichtenwälder z. B. unterhalb der Schattenmühle, bei der Oberen und Unteren Dietfurt, bei Bad Boll oder im Bereich des ehemaligen Oberhaldenhofs zwischen Boll und Schattenmühle, aber auch in den Wutachflühen im Bereich der ehemaligen Moggerenmühle | 5.2.04 |. Wiederum zeugen die Namen von Gewannen davon, dass in den Auen rechts und links der Wutach ehemals für die Bauern wertvolle, gut nährstoffversorgte Wiesen lagen. Teilweise waren es Wässerwiesen, die durch Grabensysteme bewässert wurden, aber auch Bereiche, die hin und wieder von der Wutach überflutet wurden. So durchqueren Wandernde von der Schurhammerhütte flussabwärts gehend zuerst die ehemalige „Breitwiese", dann „Weißbrunnenwiese", „Stonkertswiese", „Schererswiese" , „Vogtsmichelswiese", „Obere Lenzenswiese", „Heinemannswiese", „Untere Lenzenswiese" und „Leopoldswiese". Die Wiesen wurden nach den Hofnamen ihrer Besitzer benannt. Beispielsweise gehörte die Lenzenwiese zum Lenzenhof in Ewattingen. Die meisten dieser Wiesen wurden zwischen 1893 und 1902 von der Gemeinde Ewattingen aufgekauft und dann aufgeforstet. Auch hier war die Fichte die Baumart der ersten Wahl. Die Fichte war unkompliziert zu pflanzen und versprach einen schnellen und sicheren Ertrag. Gründe genug, nicht auf die vermeintlich unrentablen, aber dem Boden in der Wutachaue angemessenen Baumarten wie Ahorn oder Esche zu setzen | 5.2.05 |.

Das gleiche Schicksal, die Aufforstung mit Fichte, ereilte die landwirtschaftlichen Flächen des ehemaligen Oberhaldenhofs, der an der Kreistrasse von Boll in Richtung Schattenmühle an der Einmündung zur Landstraße stand. Der Wanderparkplatz „Oberhalden" trägt heute seinen Namen. Der stattliche Hof umfasste mehrere Gebäude sowie 14 ha Ackerland, 19 ha Wiesen und 71 ha Wald. Der gesamte Hof wurde im Jahr 1878 an die Badische Forstverwaltung verkauft, die Hofgebäude im Jahr 1880 abgerissen. Die großen Wiesen- und Ackerflächen forstete man Zug um Zug bis auf geringfügige Ausnahmen auf. Starke, erntereife Fichtenwälder um den ehemaligen Oberhaldenhof sind erlebbare Zeugen dieser Wald- und Kulturgeschichte | 5.2.06 |.

Einzig das Kurbad Bad Boll scheint um die Wende zum 20. Jahrhundert diesem Zeitgeist zu trotzen. Sicher ist dies auch der prominenten Nutzung des Kurbetriebs geschuldet (s. auch S. 390). Wer möchte schon in einem dunklen, kalten Talgrund seinen Kururlaub verbringen? Die dortige Landschaft beschreibt SAMUEL PLETSCHER, ein absoluter Kenner des Wutachtals, in seinen Aufzeichnungen als sehr abwechslungsreich und durchaus mit einem offenen Charakter. Er berichtet in „Der Kurort Bad Boll" von 1879 auf der Wanderung von Boll nach Bad Boll über die Ruine Neu Tannegg von *„herrlichen Wäldern"* und verweist bei der Beschreibung seiner Exkursionen durch die Wutachschlucht wiederholt auf *„Tannenwaldungen mit würzigem Duft"*. Die damalige Forstverwaltung hat wohl in besonderem Maße Rücksicht auf die Bedürfnisse der Kuranstalt genommen. *„Durch passende und geschmackvolle Verbesserungen und Neuanlage der herrlichsten Waldspazierwege in der näheren und weiteren Umgebung der Kuranstalt hat sich die Großherzogliche Forstverwaltung in Bonndorf ein hohes Verdienst erworben"*, lobt PLETSCHER anerkennend die Förster von damals für ihre Bemühungen, Forstwirtschaft und Tourismus im Bereich um Bad Boll unter einen Hut zu bringen | 5.2.07 |.

5.2.04 | **Nach dem Zweiten Weltkrieg** wurden nochmals verstärkt landwirtschaftlich genutzte Flächen aufgegeben und mit Fichte aufgeforstet. Ob wie hier an der Moggerenmühle oder flussaufwärts an der Dietfurt: Diese Monokulturen sollen in naturnahe Mischbestände weiterentwickelt werden. (MS.2013)

5.2.05 | **Auf der „Breitwiese"** unterhalb der Schurhammerhütte wachsen in der zweiten Waldgeneration nun dem Standort entsprechend gepflanzte Berg-Ahorne. Nur der Name des Gewanns deutet noch auf die ehemalige Nutzung als Wiese hin. (MS.2013)

5.2.06 | **Auf dem Waldweg** von der Oberhaldenhütte hinunter zur Dietfurt prägen mittelalte und alte Fichtenwälder das Landschaftsbild. (AG.2013)

5.2.07 | **Wie zu den besten Zeiten** von Bad Boll stehen am Tannegger Hang hinauf in Richtung Boll immer noch die herrlichen Laubmischwälder, die damals schon das Herz der Badbesucher erfreuten. (MS.2013)

5.2.08 | **Wälder, die einen hohen Tannenanteil** aufweisen, verdanken diesen oft auch der Revolution von 1848. Sie hatte den Nebeneffekt, dass die Rehwildbestände vorübergehend stark dezimiert wurden und damit der Verbiss an der Weißtanne zurückging. (MS.2014)

Allgemein scheint die Landschaft um Bad Boll und flussabwärts länger offen und licht gewesen zu sein als die Hänge der Wutach und ihrer Seitentäler im Westen. So spricht er von der Wutach als „*Waldstrom*" und beschreibt den Wald um Stallegg in der Zeit vor 1900 mit den folgenden Worten: „*Die Ufer sind steil und hoch, felsig und mit dunklem Tannenwald bewachsen.*"

Demnach hatten sich die an den Wutachhalden gelegenen Wälder schnell von den starken Holznutzungen für das Eisenwerk in Eberfingen erholt. Schließlich arbeiten bereits 170 Jahre später schon wieder Flößer auf der Wutach (s. S. 371).

Geregelte Forstwirtschaft

Bereits mit Inkrafttreten des Badischen Forstgesetzes im Jahr 1833 wurden die Waldungen des Großherzogtums Baden und der Gemeinden geregelt bewirtschaftet. Vieheintrieb und Waldweide gingen überall zurück, so auch im Wutachgebiet. Der Waldzustand wurde alle zehn Jahre ermittelt und in Forsteinrichtungswerken beschrieben.
In diesen Planwerken werden bis heute auch Holzeinschlag und Anpflanzungen geregelt sowie Durchforstungs- und Pflegemaßnahmen oder die Erschließung mit Waldwegen geplant. Dabei lag und liegt der Schwerpunkt der Planungen darauf, durch geeignete Waldpflege langfristig den Wert des Bestands zu mehren, d. h. Bäume mit möglichst langen, astfreien Stämmen hochzuziehen, obwohl damals auch die Brennholzversorgung der Bevölkerung eine wichtige Rolle spielte. Mit dem Aushieb von Weiden und Hecken sowie krummen Buchen und Kiefern konnte zumindest das erste Ziel erreicht werden. Bei der Pflanzung neuer Wälder wurde vor diesem Hintergrund deshalb vermehrt auf Tanne und Fichte gesetzt. Allerdings wuchs die Tanne nur dort, wo auch intensiv gejagt wurde. Viele alte Wälder, die heute einen hohen Tannenanteil aufweisen, verdanken diesen den Wildereien, die mit der Revolution von 1848 einhergingen und die Rehwildbestände zumindest vorübergehend drastisch reduzierten | 5.2.08 |.

Trotz aller gesetzlichen Regelungen zur nachhaltigen Waldbewirtschaftung gab es zu Beginn des 20. Jahrhunderts im Wutachgebiet auch Konflikte zwischen der Forstwirtschaft und denjenigen, die

die Wutachschlucht lieber als Urwaldschlucht gesehen hätten. Gerade im Bereich Lotenbachklamm und in Gündelwangen fanden in den 1920er-Jahren an den nach Norden ausgerichteten, steilen Waldeinhängen zur Wutach hinunter zahlreiche Kahlschläge statt. Die Wälder waren damals überwiegend in privatem Besitz, und wer nach Ende des Ersten Weltkriegs Geld benötigte, der beschaffte es sich durch Holzhiebe, sofern er die Gelegenheit dazu hatte. Die Konflikte um die Kahlschläge und die ersten Diskussionen um die Ausweisung eines Naturschutzgebiets haben auch dazu geführt, dass viele Waldungen an der Gündelwanger Wutachhalde und in der Lotenbachklamm an die Forstverwaltung verkauft wurden (s. auch S. 408). Wie die Erstaufforstungen der Wiesen, so sind auch die Aufforstungen der Kahlhiebe an der Gündelwanger Wutachhalde noch heute, knapp 100 Jahre später, aufgrund ihres reinen Fichtenbewuchses optisch gut zu erkennen. Wer auf Göschweiler Gemarkung vom Räuberschlössle in Richtung Stallegger Brücke wandert, durchstreift durchweg naturnahe Mischwälder mit starken Weißtannen, Fichten und Buchen. Beim Blick über die Wutach auf den Gegenhang in Richtung Süden nach Gündelwangen sind fast ausschließlich Fichtenforste zu sehen. Auch hier wird deutlich, wie der Wunsch nach Wald (Urwald gegenüber Wirtschaftswald) durch Forstpolitik und Kulturgeschichte (in diesem Fall das Ende des Ersten Weltkriegs) geprägt ist, und wie Wälder damit gleichsam als offenes Geschichtsbuch diese früheren Ereignissen wiedergeben und über Jahrzehnte konservieren können.

Forstwirtschaft oder Bannwaldvision

Fritz Hockenjos beschreibt in dem Buch „Die Wutach" von 1971 in seinem Beitrag „Wald- und Forstwirtschaft in der Wutachschlucht" die Diskussionen zwischen Forstwirtschaft und Naturschutz und hier insbesondere die Anforderungen von Hermann Schurhammer zur Ausweisung eines Naturschutzgebiets in der Wutachschlucht. Er [Schurhammer, Anm. des Autors] *„wolle jene Bestände, die noch fast Urwaldcharakter tragen, nicht parkartig bewirtschaftet wissen, wie dies die Forstverwaltung im Sinne habe"*, sondern wolle sie *„als letzte Zeugen alter Urwaldherrlichkeit in unberührtem Zustand erhalten sehen. Doch dafür sei die Zeit wohl noch nicht reif."* Die Forderung, die Axt im Wald überhaupt nicht mehr zu führen, ging den Waldbesitzern zu weit | 5.2.09 |. Die Zeit für die Vision von Schurhammers Bannwäldern in der Wutachschlucht war, wie er selbst erkannte, in den 1930er-Jahren nicht reif für eine Realisierung.

5.2.09 | **Bei der Ausweisung des Naturschutzgebiets** wollte Hermann Schurhammer die letzten Zeugen alter Urwaldherrlichkeit vor Axt und Säge der Forstwirtschaft retten. Ausgewiesenen Bannwald gibt es bis heute nicht in der Wutachschlucht. Doch der Nutzungsverzicht an den Steilhalden lässt Urwaldstimmung aufkommen. (MS.2014)

Auf offene Ohren in der Forstverwaltung fielen Schurhammers Worte erst knapp drei Jahrzehnte später in der Person von Fritz Hockenjos. Er begrüßte die in Ergänzung zur 1939 verabschiedeten Naturschutzgebietsverordnung Wutachschlucht detailliert ausgeführten Leitsätze zur Waldbewirtschaftung – der neuen Wirtschaftsordnung – aus dem Jahr 1962 und bewertete sie als Beispiel von *„vorbildlicher Zusammenarbeit zwischen Forst- und Naturschutzbehörden"*, zumal die Forstverwaltung über das, was gesetzlich gefordert sei, freiwillig hinausginge. Allerdings ist diese Wirtschaftsordnung gut 30 Jahre nach Ausweisung des Naturschutzgebiets in einem etwas anders gelagerten Zeitgeist entstanden. Infolge der Wirtschaftsordnung für die Wälder, der sich auch die Fürst zu Fürstenbergische

Forstverwaltung anschloss, wurden die Waldflächen im Naturschutzgebiet in Nichtwirtschaftswald und Wirtschaftswald untergliedert.

Nichtwirtschaftswald waren die Steilhänge wie am Räuberschlössle | 5.2.10 | oder entlang der Felsgalerien beidseits der Wutach in den Gemeindewäldern von Reiselfingen und Münchingen. Hier war, wie der Name schon sagt, keine Bewirtschaftung der Wälder mehr vorgesehen.

Im Wirtschaftswald, der als beschränkt nutzungsfähig eingestuft wurde, sollte auf Kahlhiebe verzichtet und eine naturnahe, den jeweiligen Boden- und Standortsverhältnissen angepasste Bestockung angestrebt werden. Die vorhandenen Wiesen am Hang und in der Schluchtsohle unterlagen ab diesem Zeitpunkt einem Aufforstungsverbot mit Ausnahme von Laubholzaufforstungen. Die Verhinderung von natürlicher Sukzession zum Erhalt der Wiesenflächen war aber nicht vorgesehen. Weitere Wegebaumaßnahmen im Naturschutzgebiet für die Walderschließung waren verboten, ebenso der Einsatz von Giften.

Kritik übte Hockenjos an der Gemeinde Ewattingen, die kurz vor Inkrafttreten der Wirtschaftsordnung aus finanziellen Bedürfnissen heraus noch an den Steilhängen zum Wutachtal hin Kahlhiebe geführt und mit Fichte aufgeforstet hatte. Aber auch ein „*Gewalthieb im Tannen-Fichten-Femelwald der Lotenbachklamm*" im Gemeindewald Gündelwangen war Gegenstand seiner Kritik an der Forstwirtschaft im Naturschutzgebiet.

5.2.10 | **Natur pur herrscht an den steilen Hängen** im Nichtwirtschaftswald, wie hier am Räuberschlössle. (JW.2013)

Forstwirtschaft zwischen Naturschutz und Ökonomie

Die aktuell gültige Naturschutzgebietsverordnung aus dem Jahr 1989 macht zur forstlichen Nutzung – ähnlich der ersten Verordnung – folgende Aussagen: Als zulässige Handlung ist die forstliche Nutzung im Wald erlaubt. Vorgaben in der Verordnung sind, dass der Wald im Naturschutzgebiet naturgemäß zu bewirtschaften ist und die Waldbestände künftig in ihrer Zusammensetzung und Struktur der potenziellen natürlichen Vegetation nahekommen sollen. Kahlhiebe sind eingeschränkt, und Neuaufforstungen, forstliche Erschließung, Wegebau können nur im Einvernehmen mit der Naturschutzbehörde durchgeführt werden. Wer im Jubiläumsjahr 2014 als Waldbesitzer oder verantwortlicher Förster Waldwirtschaft in den Naturschutzgebieten Wutachschlucht oder Wutachflühen betreibt, wird daher feststellen, dass sich spätestens mit den Naturschutzgebietsausweisungen von 1979 (Wutachflühen) und 1989 (Wutachschlucht) einiges in den Wäldern getan hat. Die in den 1970er-Jahren aufkommende Diskussion um mehr Naturnähe in der Waldwirtschaft führte schrittweise zu einem Umdenken in der Waldbewirtschaftung und mündete zu Beginn der 1990er-Jahre in die Formulierung des Konzepts „Naturnahe Waldwirtschaft“ für den Bereich der Landesforstverwaltung Baden-Württemberg. Neben der Begründung von standortsgerechten Mischwäldern durch natürliche Verjüngung waren auch explizit die Aspekte von Natur-, Biotopschutz und Landschaftspflege angemessen zu berücksichtigen. In den ab April 2014 geltenden überarbeiteten Richtlinien zu den Waldentwicklungstypen in Baden-Württemberg werden insbesondere nochmals die naturschutzfachlichen Vorgaben des Waldnaturschutzes zusammengeführt und mit waldbaulichen Maßnahmen programmatisch abgestimmt.

Die Leitplanken für forstliches Handeln finden sich aber nicht nur in den genannten Vorgaben, sondern zusätzlich verteilt in verschiedenen Fachgesetzen, wie den Naturschutzgesetzen, Waldgesetzen, dem Bodenschutzgesetz, Regelungen der EU zu Natura 2000, Vogelschutz und dem allgemeinen Artenschutz sowie den dazugehörenden Verord-

Gewalthieb Lothar

Einzig die Naturgewalten in Form von Stürmen haben dann nochmals für Gewalthiebe im bzw. am Rande des Naturschutzgebiets gesorgt. Die Stürme Vivian und Wiebke führten 1990 in den Randbereichen des Naturschutzgebiets zu kleinflächigen Sturmwürfen. Orkantief Lothar hat dagegen im Bereich des Reichenbächles und im Eichwäldle südlich von Göschweiler in den Waldungen von Fürst zu Fürstenberg für großflächige Sturmwürfe gesorgt. Über 10 ha sind im Eichwäldle auf einen Schlag diesem Orkan zum Opfer gefallen. Obwohl die Hölzer rasch aufgearbeitet wurden, hat nachfolgender Borkenkäferbefall die Schadfläche nochmals vergrößert. Die geworfenen Flächen an den Hängen wurden nicht wieder aufgeforstet, sondern der natürlichen Sukzession überlassen. Trotz eines hohen Anteils an Laubbäumen wird auf diesen Flächen die künftige Waldgeneration aber wieder von Nadelbäumen, hier der Fichte und der Kiefer, dominiert werden.

5.2.11 | **An Weihnachten 1999** sind südlich von Göschweiler im Naturschutzgebiet über 10 ha Fichtenwald von Orkantief Lothar niedergewalzt worden. Die Flächen im Naturschutzgebiet wurden meist der natürlichen Sukzession überlassen und nicht wieder aufgeforstet. (RK.2000)

nungen auf Ebene der EU, der Bundesrepublik Deutschland und des Landes Baden-Württemberg. Da Wälder im Naturschutzgebiet überwiegend im Besitz der angrenzenden Gemeinden und Städte, dem Haus Fürstenberg sowie dem Land Baden-Württemberg sind, besteht für diese Wälder im Naturschutzgebiet eine Forsteinrichtungsplanung.

Waldbesitz an der Wutach

Im Naturschutzgebiet Wutachschlucht nehmen verschiedene Waldbesitzer an der turnusmäßigen Forsteinrichtungssplanung teil. Zu diesen gehören:

- Land Baden-Württemberg .... 229 ha
- Löffingen.. 193 ha
- Fürst zu Fürstenberg .... 160 ha
- Wutach .... 83 ha
- Bonndorf... 49 ha
- Lenzkirch .... 35 ha
- Hüfingen .... 29 ha
- Rötenbach .... 5 ha

Die Forsteinrichtungsplanung

In der Praxis wird hierzu alle zehn Jahre eine Waldzustandsbeschreibung erstellt, in der nunmehr auch naturschutzfachliche Aspekte, wie Biotopflächen, Natura 2000-Lebensraumtypen und Arten sowie die Abgrenzung des Vogelschutzgebiets mit aufgenommen sind. Letztere sollten sich in der Planung für die künftige Bewirtschaftung widerspiegeln, da das Forsteinrichtungswerk im Naturschutzgebiet mit der Naturschutzfachbehörde im Regierungspräsidium abgestimmt wird. Insofern sind – planungstechnisch – die Möglichkeiten gegeben, die naturschutzfachlichen Belange mit den Interessen des Waldbesitzers auf einen Nenner zu bringen.

Im Normalfall ist im öffentlichen Wald der zuständige Förster als der Bewirtschafter vor Ort in diese Planungen eingebunden. Doch auch bei einem Personalwechsel geben Bewirtschaftungskarten und Revierbuch alle Grundlagen für eine den Vorschriften entsprechende Bewirtschaftung her.

Konkret bedeutet dies für den Bewirtschafter, dass alle forstlichen Maßnahmen folgende Schritte durchlaufen:

Schritt 1 Bei allen Planungen, sei es zur Pflanzung, Pflege oder Holzernte, führt der erste Blick zur räumlichen Orientierung auf die Arbeitskarte, die eine Einteilung nach Waldbeständen, sogenannten Waldentwicklungstypen, zeigt | 5.2.12 |.

Schritt 2 Der zweite Blick auf die Waldbiotopkarte zeigt die Lage und Abgrenzung aller relevanten Schutzgebiete und Biotope an. | 5.2.14 und 15 |.

Schritt 3 Die Zustandsbeschreibung und Planung im Forsteinrichtungswerk gibt detaillierte Hinweise zu den Vorhaben. Dies sind beispielhaft Pflanzarbeiten, Hiebsmaßnahmen mit einem Ansatz der zu hauenden Holzmasse oder die Förderung von bestimmten Baumarten. Auch sind hier betroffene Lebensraumtypen nach Natura 2000, alle Biotope wie auch andere Schutzfunktionen aufgeführt.

Schritt 4 Das Datenblatt zu Natura 2000 gibt ferner Hinweise zu vorkommenden geschützten Tier- und Pflanzenarten. Die individuellen Biotopbeschreibungen geben detailliert die Zusammensetzung der dort vorkommenden Arten wieder und machen Aussagen zu deren Gefährdungen und geeigneten Pflegehinweisen.

Schritt 5 Die Planungsmaßnahme, z. B. eine Holzernte, wird vor Ort begutachtet, abgewogen und konkretisiert. Dabei wird auch geprüft, ob durch die Nutzung geschützte Biotope oder Tier- und Pflanzenarten betroffen sein könnten, und wie diese durch die Wahl des richtigen Maßnahmenzeitpunkts oder durch andere Vorkehrungen erhalten werden können.

5.2.12 | **Rechte Seite: Der Blick auf die Waldentwicklungstypenkarte** im Staatswald bei Bad Boll dient dem Bewirtschafter zur ersten Orientierung. Flächen, die mit dem Buchstaben Y gekennzeichnet sind, weisen auf eine extensive Bewirtschaftung hin. (FGEO)

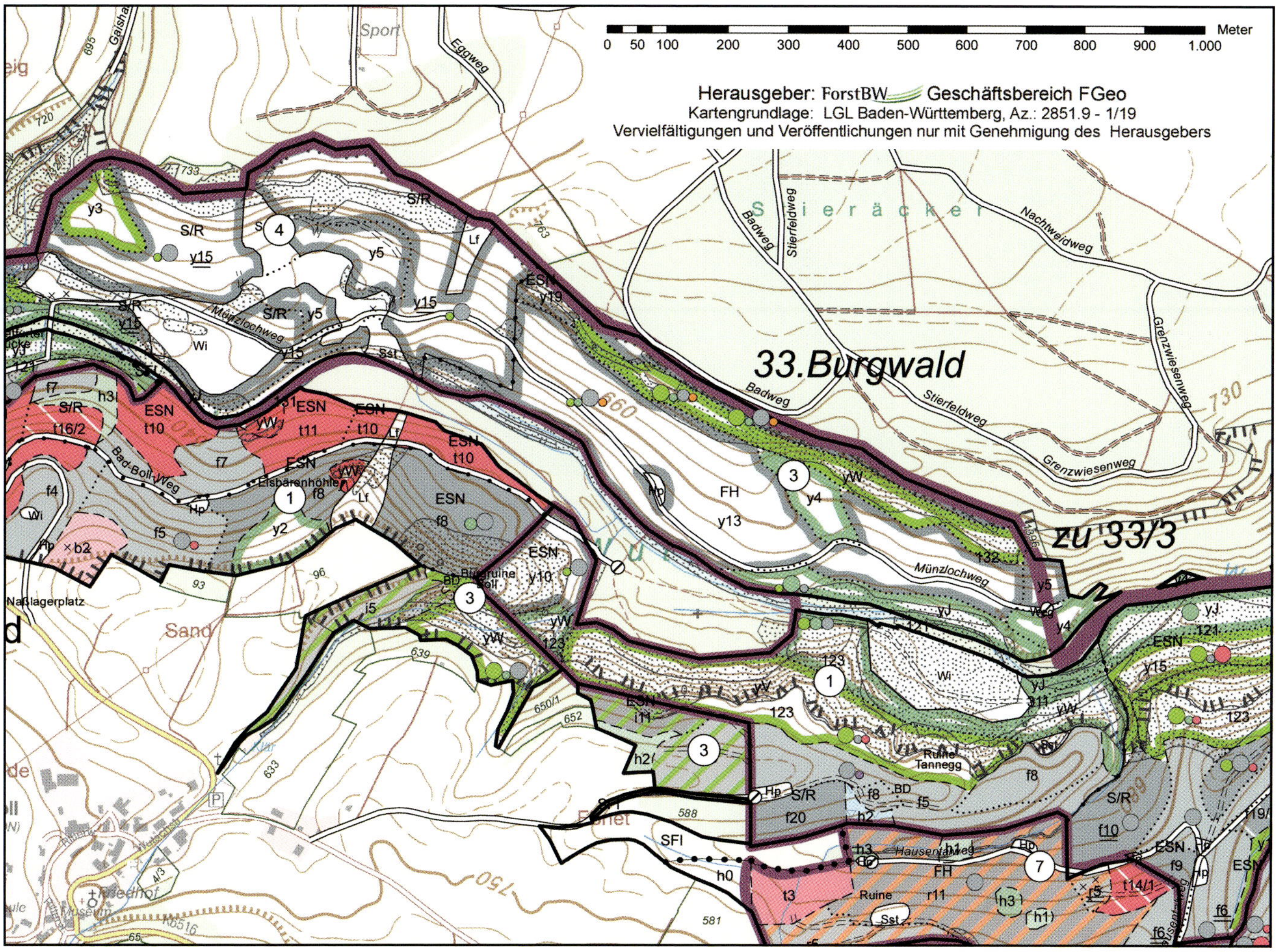

Landesweiter Waldentwicklungstyp	Jungbestandspflege (Altersklassenwald) Jungwuchsphase (J) (Dauerwald)	Vornutzung (Altersklassenwald) Wachstumsphase (W) oder Plenterphase (P) (Dauerwald)	Hauptnutzung (Altersklassenwald) Verjüngungsphase (V) (Dauerwald)	Extensive Nutzung (Farbe der führenden Baumart) y
	Bruchbestände sind gegebenenfalls mit weißer Schraffur gekennzeichnet			
a Buche-sLb				
b Buche-Nb				
c Stieleiche				
e Traubeneiche				
g Eiche Ziel Buche				
h Buntlaubbaum				
p Pappel				
f Fichte				
i labile Fichte Ziel Buche				
s labile Fichte Ziel Eiche				
r labile Fichte Ziel Tanne				
m Fichte-Moorrand				
t Tanne				
d Douglasie				
o Kiefer				
n Kiefer Ziel Tanne				
k Kiefer Ziel Buche				
l Lärche Ziel Buche				

Anteile der Mischbaumarten	10 - 19%	20 - 29%	≥ 30%
Buche (Bu)			
Eiche (Ei)			
Buntlaubbaum (bLb)			
Pappel (Pa)			
Fichte (Fi)			
Tanne (Ta)			
Douglasie (Dgl)			
Kiefer (Ki)			
Lärche (Lä)			
zusammengefasste Nadelbaumarten mit jew. Mischungsanteil unter 10%			
zusammengefasste Laubbaumarten mit jew. Mischungsanteil unter 10%			

5.2.13 | **Auch Bäume mit markanter Struktur** werden bei Bewirtschaftungsmaßnahmen geschützt. In diesem hohlen Berg-Ahorn finden Fledermäuse, Siebenschläfer oder auch Hornissen Zuflucht oder eine Wohnstätte. (MS.2013)

5.2.14 | **Biotopbereichen** gilt bei Bewirtschaftungsmaßnahmen ein besonderes Augenmerk. Sie sind allesamt erfasst. Im Bereich von Kalktuffquellen sind meist gar keine Eingriffe vorgesehen. Hier wird jeder Bewirtschafter einen großen Abstand halten, um den sensiblen Bereich nicht zu schädigen. (MS.2013)

Schritt 6 Die Planung wird unter Berücksichtigung der verschiedenen Restriktionen und Waldfunktionen konkretisiert und mündet in einen schriftlichen Arbeitsauftrag. Darin ist z. B. bei einer Holzerntemaßnahme neben den Fragen der Sortierung des Holzes für den Verkauf auch die Aussparung bestimmter Bereiche aufgeführt, die zum Schutz seltener Arten auf andere Art und Weise bearbeitet werden müssen. Letzteres kann beispielsweise ein Befahrungsverbot auf bestimmten Flächen sein | 5.2.14 |.

Schritt 7 Die Maßnahme wird umgesetzt, gegebenenfalls wird bei der Ausführung nachgesteuert und nach Abschluss eine Bewertung der Zielerreichung durchgeführt.

Im Ablaufplan nicht aufgeführt ist die Einbindung von anderen Akteuren. Eine frühzeitige Information und Einbindung auch von ehrenamtlichen Partnern im Naturschutz ist vertrauensbildend und kann nochmals zu wichtigen Informationen zum Vorkommen von Tier- und Pflanzenarten führen.

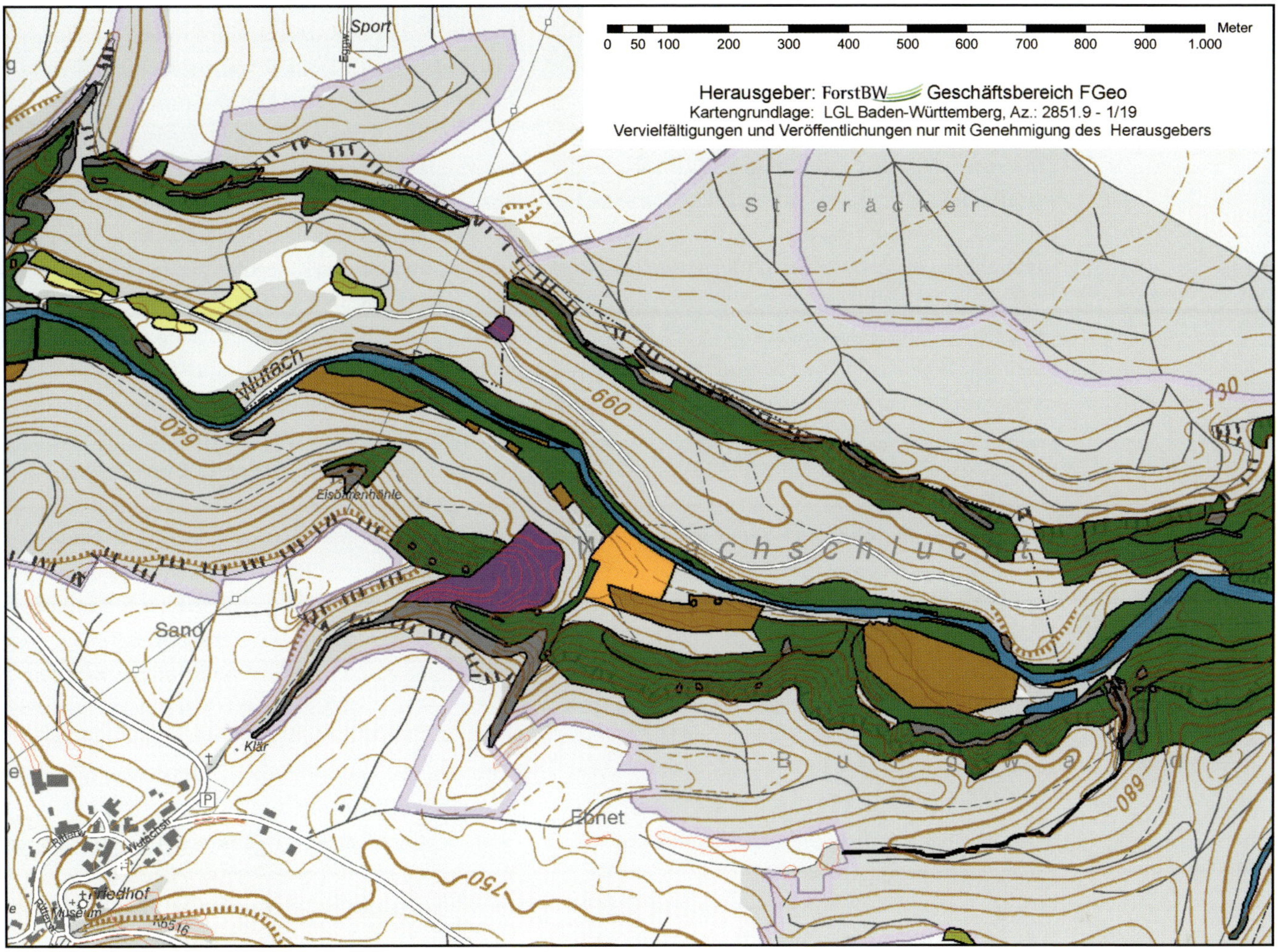

- Biotope im Offenland
- Bannwald
- Schonwald
- Naturschutzgebiete
- Zone I, II, IIa+b
- FFH-Gebiet
- seltene naturnahe Waldges.
- Trockenbiotop
- Moorbereich+Feuchtbiotop
- Stillgewässer
- Fließgewässer
- Waldrand
- Wald mit schützenswerten Tiere
- Wald mit schützenswerten Pflanzen
- Strukturreiche Waldbestände
- Reste hist. Bewirtschaftung
- Sukzessionsfläche
- Naturgebilde

Auch wenn die meisten Maßnahmen in der Wutachschlucht und den Wutachflühen im Herbst vor Wintereinbruch stattfinden, so sind fast immer auch Wanderwege betroffen. Dann wird ein Umleitungsmanagement mit den Kurverwaltungen abgesprochen und veröffentlicht. Gerade der Schluchtensteig (s. auch S. 398) wird bis zum Wintereinbruch noch regelmäßig begangen. Es hat sich bewährt, in der Presse über größere oder auch besondere Aktivitäten zu informieren. Waldwirtschaft in den Tiefen der Wutachschlucht ist meist von allgemeinem Interesse. Nicht zuletzt ist mit dem Wutachranger vom Kreisforstamt Waldshut auch ein Ansprechpartner für Waldbewirtschaftungsvorhaben unmittelbar erreichbar. Seine Beteiligung ist formal nicht vorgeschrieben. Sie findet aber meist im Vorfeld bei nicht alltäglichen oder besonders komplexen Vorhaben statt.

5.2.15 | **Eine Vielzahl verschiedenster Biotope** findet sich rund um Bad Boll. Sie sind durchnummeriert und einzeln beschrieben. Gut erkennbar auf der Biotopkarte ist die violett gezeichnete Grenze des Natura 2000-Gebiets „Wutachschlucht" mit der Nr. 8115-341: Die Grenze des Vogelschutzgebiets „Wutach und Baaralb" (Nr. 8116-441) ist nicht sichtbar, da der gesamte Kartenausschnitt im Vogelschutzgebiet liegt. (FGEO)

Waldwirtschaft in geschützten Wäldern

Der Blick auf die Waldbiotopkarte mit ihren vielen Einträgen zeigt, welch große Vielfalt an verschiedenen Biotopen die beiden Naturschutzgebiete beherbergen. Umfassend sind die Waldlebensräume und weitere Pflanzengesellschaften im Kapitel „Höhere Pflanzen und ihre Lebensräume“ (s. auch S. 130 ff.) beschrieben. Hier soll aus Sicht der Waldbewirtschafter auf die Bedeutung und eventuelle Einschränkungen zugunsten einiger dieser Lebensräume eingegangen werden.

Hangschluchtwald – wo Waldwirtschaft sich nicht lohnt

Warum hat der Besucher beim Durchwandern der Schlucht in weiten Teilen den Eindruck, in einem unberührten, ursprünglichen Wald unterwegs zu sein? Dies liegt daran, dass sich an den steilen Einhängen Waldwirtschaft vom Geldertrag her nicht oder wenig lohnt, aber an vielen Stellen sinnvolle Waldbewirtschaftung schlichtweg auch kaum durchführbar ist. Wo kann der Forstwirt in dem rutschigen, steilen, mit Felswänden durchzogenen Gelände einen sicheren Stand finden, wenn er einen Baum fällen soll? Außerdem sind diese Wälder fast durchweg als prioritärer Natura 2000-Lebensraumtyp „Schlucht- und Hangmischwald“ erfasst und wären daher nur mit Berücksichtigung hoher naturschutzfachlicher Auflagen bewirtschaftbar (prioritär bedeutet in diesem Zusammenhang, dass Deutschland für diese Wälder im europäischen Kontext eine besondere Schutzverantwortung besitzt). Deshalb haben sich die meisten Waldbesitzer schon vor langer Zeit entschieden, diese Steilhänge nur sehr extensiv bis gar nicht zu nutzen. Hier finden wir die Nichtwirtschaftswälder aus den 1960er-Jahren, die auch heute noch von der Bewirtschaftung ausgenommen sind. In den Forsteinrichtungswerken sind für diese Bereiche in beiden Naturschutzgebieten, der Wutachschlucht und den Wutachflühen, keine Maßnahmen geplant. Allenfalls steuernde Eingriffe aus Gründen der Verkehrssicherheit sind angedacht. Ziel ist die Erhaltung der meist sehr naturnahen und strukturreichen Schlucht- und Hangmischwälder, die ökologisch sehr bedeutend sind. Fast alle Steilhänge in den Wutachflühen, der Wutachschlucht und ihren kleineren Nebenschluchten sowie der Gauchachschlucht fallen unter diesen Aspekt und werden weitestgehend sich selbst überlassen | 5.2.16 |. In der Tat kommt hier der Bannwaldgedanke von Hermann Schurhammer sehr stark zum Tragen. Als Schlucht- und Hangmischwald im Sinne der europäischen Fauna-Flora-Habitat-Richtlinie sind 102 ha in der Wutachschlucht und 56 ha in den Wutachflühen kartiert. Es kann davon ausgegangen werden, dass ein Großteil dieser Wälder nicht nur in den letzten 50 Jahren, sondern schon deutlich länger nicht mehr bewirtschaftet wurde. Damit erklärt sich von selbst, dass der Besucher in beiden Schutzgebieten wiederholt den Eindruck hat, im Urwald zu sein.

5.2.16 | Hangschluchtwälder in Wutachschlucht und Wutachflühen sind unzugänglich und werden so gut wie nicht bewirtschaftet. An der linken Flussseite der Wutachflühen finden sich große Hangschluchtwaldkomplexe mit hohen Totholzanteilen. (MS.2013)

Auwälder – kraftvoll, aber verhalten genutzt

Am Fluss entlang strotzt der Wald in dichtem Sommergrün. Wo früher Wiesen waren, stehen heute teilweise noch Fichtenwälder. In den letzten 25 Jahren haben die Forstleute gerade im Bereich der ehemaligen Wutachwiesen auf Ewattinger Gemarkung die dem Standort nicht angepassten und meist von Rotfäulepilzen befallenen Fichtenwälder in der Aue abgeholzt. Heute findet sich in der zweiten Waldgeneration auf diesen Wiesen ein artenreicher Auwald aus den Hauptbaumarten Erle, Esche und Ahorn. Dort, wo in der Aue noch Fichte steht, wird sie in nächster Zeit dasselbe Schicksal ereilen. Meist wird hier die „labile“ Fichte in kleineren Kahlhieben genutzt und dann eine Pflanzung mit standortsgerechtem Laubholz durchgeführt. Ein Warten auf natürliche Waldverjüngung wäre theoretisch auch möglich, birgt aber die Gefahr, dass die verbleibenden Fichten nach dem Hieb dem nächsten Sturm zum Opfer fallen oder die nachfolgende Laubwaldgeneration nur mindere Holzqualitäten produzieren wird. In solchen Beständen ist der Kleinkahlhieb daher ein sinnvolles Mittel, damit bald mehr naturnahe Wälder in den Auenflächen wachsen. Es finden sich aber auch entlang der Wutach und ihrer Nebengewässer immer wieder kleinere, natürlich entstandene Auwälder. Auch in diesen ist, sofern sie zugänglich sind, eine forstliche Nutzung nicht schädlich | 5.2.17 |. Da diese Wälder meist schwer zugänglich und ebenfalls prioritärer Lebensraumtyp im Sinne der FFH-Richtlinie sowie auch gesetzlich geschützte Biotope sind, werden sie eher extensiv bewirtschaftet. Das bedeutet, dass der Holzzuwachs nicht völlig genutzt wird und nur wenige unregelmäßige, steuernde Eingriffe stattfinden. In den Wutachflühen sind knapp 3 ha und in der Wutachschlucht mit ihren Seitenflüssen sind knapp 21 ha als solche Lebensraumtypen ausgewiesen.

5.2.17 | **Wie hier oberhalb der Schattenmühle** sind die Auestreifen manchmal nur wenige Meter breit. Eine bunte Mischung aus Schwarz-Erle, Weiß-Erle, Berg-Ahorn, Esche und Ulme begleitet den Wutachlauf am Gewässerrand. (MS.2013)

Stehenlassen oder fällen?

Probleme bereitet das Eschentriebsterben in den Auen- wie auch in den Hangschluchtwäldern. Als Schaderreger wurde an den Eschen ein Pilz identifiziert, der sich rasch durch die Luft über die Pilzsporen verbreitet. Das Falsche Stängelbecherchen (*Hymenoscyphus pseudoalbidus*) mit seiner Nebenfruchtform *Chalara fraxinea* infiziert im Sommer grüne Blätter und dringt über die Blattstiele in gesunde Zweige ein. Die Eschenblätter welken und fallen vorzeitig ab. Die Bäume versuchen Ersatztriebe zu bilden. Schon im Sommer sind manche Eschen fast blattlos, und die „nackten" Äste setzen ein deutlich sichtbares Zeichen der Krankheit. Nach massivem mehrjährigen Befall sterben auch ältere Eschen ab. Nach jetzigem Beobachtungsstand gibt es auch Eschen, die nicht befallen werden und anscheinend resistent gegen den Pilzbefall sind. Deshalb ergibt sich in den Eschenwäldern ein sehr heterogenes Bild von gesunden und befallenen Bäumen. Eine Herausforderung ist dieses langsame Absterben der Eschen auch für die Förster. Sollen die Eschen entlang der Wanderwege aus Gründen der Verkehrssicherung abgeholzt werden, oder kann man auf ihre Regenerationskraft bauen? | **5.2.18** | (MS.2013)

Buchen-Tannenwälder – der lange Weg weg vom Brotbaum Fichte

Große Waldbereiche in beiden Naturschutzgebieten sind von der Lage her mit Wegen erschlossen und können wirtschaftlich genutzt werden. Gerade in den Erstaufforstungen, die meist fast reine Fichtenwälder sind, verfolgen Forstwirtschaft und Naturschutz das gleiche Ziel, nämlich die Fichtenmonokulturen zügig in naturnahe Buchen- oder Tannenmischwälder umzuformen. In diesen Wäldern wird deshalb regelmäßig und teilweise intensiv Holz eingeschlagen. Die wenigen vorhandenen Laubbäume, meist zwischen den Fichten eingeklemmte Ahorne, Eschen und Buchen, werden systematisch gefördert. Das bedrängende Nadelholz wird genutzt. Zug um Zug erholen sich die Laubbäume und lassen aus dem ehemals optisch reinen Fichtenwald im Laufe der Jahrzehnte einen Mischwald werden. Diese oft krumm und windschief gewachsenen Laubbäume erfüllen nicht die Ansprüche an ein ökonomisch gesehen wertvolles Laubholz. Sie sollen aber auch in dieser Waldgeneration nicht primär Geld erbringen, sondern haben andere wichtige Funktionen. Erstens stabilisieren sie die Bestände und werten sie ökologisch auf. Zweitens werden aus ihnen wertvolle Samenbäume, die den Grundstein für die nächste, dann laubholzreiche Waldgeneration legen. Wer vom Oberhaldenparkplatz in Richtung Dietfurtbrücke wandert, kann solche Flächen links und rechts des Forstwegs erkunden. Diese Flächen hatte man vor rund 100 Jahren fast ausschließlich mit Fichten aufgeforstet. Heute warten unter den alten, meist rotfaulen Fichten am Oberhang junge Buchen und Ahorne darauf, die nächste Waldgeneration zu bilden | 5.2.19 |.

In einer Übergangsphase befindet sich auch der Wald in den Flühen im Hang unterhalb von Blumegg. Der ehemals reine Fichtenwald entstand nach dem Zweiten Weltkrieg, als der bestehende Wald durch Borkenkäferfraß vernichtet und wieder neu mit Fichten aufgeforstet wurde. Dieser hat sich durch die beständige Förderung von Laubholz schon jetzt in weiten Teilen zu einem bunten Mischwald entwickelt.

In diesen Wäldern finden gelegentlich größere Hiebe zugunsten bestimmter Arten statt, zum Beispiel im Bereich von Felsen (s. auch S. 436).

Die Nutzung der von Fichten und Tannen geprägten Bergmischwälder in der Urgesteins schlucht ist meist unproblematisch. Auch hier gilt, dass der Waldbesitzer an den steilen Einhängen

5.2.19 | Ein gelungenes Beispiel für den Umbau von nicht standortsangepasstem Fichtenwald in standortsgerechten Laubmischwald. Die neue Waldgeneration bei der Oberhaldenhütte wird eindeutig von der Buche dominiert sein. (MS.2013)

5.2.20 und 21 | Forstwirte führen einen Hieb in einem 100-jährigen Fichtenbestand bei Boll. Es wird der wertvolle und ökonomisch wichtige Rohstoff Holz gewonnen und gleichzeitig Licht geschaffen für die Ansamung der nächsten Waldgeneration. (MS.2007)

eher extensiv oder gar nicht mehr wirtschaftet; sofern die Wälder gut erreichbar sind, wird auch dort versucht, durch die Entnahme der Fichten den Weißtannen und Laubbäumen mehr Raum zu geben. Diese Wälder sollen sich möglichst selbst verjüngen. Deshalb werden in regelmäßigen Intervallen (alle 3–10 Jahre) sogenannte Femelhiebe geführt | 5.2.20–21 |. Beim Femeln schafft der Waldbewirtschafter durch die gruppenweise Entnahme von Bäumen Lichtschächte, in denen die Voraussetzungen für die Ansamung von Naturverjüngung optimal sind. Hieb für Hieb werden über Jahrzehnte hinweg diese Femel langsam erweitert. Vergleichbar mit einem Schweizer Käse ist der Bestand durchlöchert. In den Löchern (Femeln) wächst wie ein Kegel bereits der junge Bestand nach oben. Damit sind solche Wälder in der Phase der Naturverjüngung sehr vielfältig. Alte, hohe, dicke Bäume stehen neben jungen Tannen, Fichten und Buchen, die sich in den Lichtkegeln nach oben strecken. Dazwischen lässt der Bewirtschafter ganz bewusst immer wieder möglichst alte abgestorbene Bäume als Totholz stehen oder liegen. Stehendes wie liegendes Totholz sind wichtige Lebensräume für viele Käfer- und Pilzarten. Damit haben diese Wirtschaftswälder auch einen sehr hohen ökologischen Wert. Knapp 48 ha solcher Wälder gibt es im Naturschutzgebiet Wutachschlucht; schwerpunktmäßig befinden sie sich im Bereich Räuberschlössle und Stallegg. Leider leiden die Bemühungen, die künftigen Waldgenerationen bunter und naturnäher werden zu lassen, massiv unter den vielen Rehen und gelegentlichen Gämsen (s. auch S. 206), die sich im unzugänglichen Schluchtensystem aufhalten. Mehr als ein Jahrhundert lang zieht sich die Klage über zu hohe Rehwildbestände in beiden Naturschutzgebieten wie ein roter Faden durch die Forsteinrichtungswerke. „*Die Verjüngungsvorräte sind ohne Zaun trotz ausreichendem Lichtgenuss sehr spärlich und stark verbissen. Dies ist umso kritischer, als das waldbauliche Ziel, die Erhaltung und Schaffung der natürlichen Schluchtwaldbestände in einem Naturschutzgebiet von europäischem Range durch den Äser des Rehwildes, ortsweise auch durch Gamswild, zunichte gemacht wird*“, stellt ein Forsteinrichter noch im Jahr 1991 fest. Ganz abgesehen vom ökonomischen Schaden für den Waldbesitzer, ist der ökologische Schaden durch den Rehwildverbiss | 5.2.22 | weitaus tiefgreifender und hat nachhaltige Auswirkungen auf den künftigen Lebensraum. Trotz massiver Anstrengungen der Waldbesitzer nimmt der Anteil der Weißtanne in der Wutachschlucht kaum zu.

5.2.22 | Vom Rehwild rasiert. Trotz mechanischem Wildverbissschutz (orangefarbene Klammer) hat diese fünfjährige, knapp kniehohe Tanne in den Wutachflühen kaum eine Chance, in die nächste Waldgeneration hineinzuwachsen. Ohne Rehwildverbiss wäre sie fast mannshoch. (MS.2014)

Die Baumartenverteilung im Naturschutzgebiet

Beim Blick auf die Baumartenverteilung im öffentlichen Wald fällt auf, dass die Fichte aktuell mit 47 % Anteil die Hauptbaumart im Naturschutzgebiet ist. Und das, obwohl seit Jahrzehnten die Wälder auf standortsgerechte Bestockungen hin weiterentwickelt werden. Man muss kein Prophet sein, um feststellen zu können, dass sich dieses Bild nicht so schnell verändern wird. Änderungsprozesse in der Baumartenzusammensetzung eines Waldes laufen langsam ab. Die Fichtenbestände der Oberhalde von 1880 oder die Aufforstungen der Wutachwiesen auf Ewattinger Gebiet von 1900 stehen jetzt zur Überführung in standortsgerechte Mischbestände an. Selbst bei schneller Räumung des Altbestands vergehen im Naturverjüngungsbetrieb noch gut und gern 20 und mehr Jahre, bis sich die nächste Waldgeneration etabliert hat. Bedenkt man, dass im öffentlichen Wald die letzten Fichten in der Aufforstungswelle der 1950er-Jahre gepflanzt wurden, so ahnt auch der Laie, dass selbst in 50 Jahren die Fichte noch prägende Baumart in der Wutachschlucht sein wird.

Hinzu kommt die Tatsache, dass auf den Urgesteinsböden westlich der Schattenmühle mit Lotenbachklamm, Rötenbach- und Haslachschlucht hauptsächlich standortsgerechte Tannenmischwälder oder Buchen-Nadelbaum-Mischwälder an den Hangflanken angestrebt werden. In diesen Wäldern gehört die Fichte als standortsangepasste Baumart zum Waldtyp dazu. Je nach Ausgangslage wird in diesen Beständen die Fichte weiterhin vermutlich mit 20–60 % Baumartenanteil vertreten sein.

Selbst auf den kalkhaltigen Böden flussabwärts der Schattenmühle wird es nicht gelingen, die krankheitsanfälligen Fichtenbestände in nur einem Schritt in einen Buchenmischwald zu überführen. Gerade wenn mit Naturverjüngung gearbeitet wird, folgt auf den Fichtenwald als Übergangsgeneration meist ein Buchen-Nadelbaum-Mischwald, mit mehr oder minder hohen Fichtenanteilen. Erst in der zweiten folgenden Waldgeneration, also nochmals um die 150 Jahre später, kommt man wahrscheinlich dem Ziel Buchenmischwald sehr nahe. Allerdings könnte es auch sein, dass als Folge der Klimaveränderung die Fichte insbesondere im Ostteil und an den südexponierten Hängen der Schlucht rasch Opfer von Trockenheit und nachfolgendem Borkenkäfer wird.

5.2.23 | Baumartenverteilung im Naturschutzgebiet Wutachschlucht / öffentlicher Wald:
Fichte ....47 %
Tanne ....5 %
Sonstiges Nadelholz ....3 %
Buche ....16 %
Esche ....14 %
Ahorn ....11 %
Sonstiges Laubholz ....4 %

Naturschutz durch Waldwirtschaft?
„Muss Forstwirtschaft in Wäldern, die in der Wutachschlucht liegen, überhaupt stattfinden?" Diese Frage wird von vielen Besuchern bei Führungen in der Wutachschlucht immer wieder gestellt. Zweifelsfrei können sich Zielkonflikte zwischen den fachlichen Anforderungen des Naturschutzes und insbesondere den ökonomischen Zielen der Waldbesitzer bei der Waldbewirtschaftung ergeben. Allerdings sprechen in den Naturschutzgebieten Wutachschlucht und Wutachflühen die Fakten nicht gegen eine Waldbewirtschaftung – im Gegenteil. In beiden Gebieten ist rund ein Drittel des Waldes als Biotopfläche kartiert und erfasst: Unter Berücksichtigung der Waldgeschichte und der „Fichten-Fehlpflanzungen" in der ersten Hälfte des 20. Jahrhunderts eine beachtliche positive Bilanz. Gerade weil Waldwirtschaft betrieben wird, dürfte sich der Flächenanteil der geschützten Lebensraumtypen künftig noch erhöhen. Auch die Qualität der Waldbiotope wird sich vermutlich verbessern. Durch die Erfassung aller naturschutzrelevanten Schutzkategorien in den Bewirtschaftungsplänen für die Wälder kann der zuständige Wirtschafter, egal ob als Waldbesitzer oder als Förster, die Erfordernisse des Naturschutzes – also Biotoppflege und Artenschutz – in der praktischen Waldarbeit umsetzen. Dann können auch im Zuge der Waldnutzung in den Naturschutzgebieten an der Wutach tier- und pflanzenartenreiche Lebensräume entstehen.

Mit dem Alt- und Totholzkonzept für den Staatswald in Baden-Württemberg (2010) werden erstmals gemeinsam von Forst und Naturschutz formulierte Ziele zur Waldbewirtschaftung festgelegt, die über die bestehenden gesetzlichen Vorgaben hinausreichen. Seither werden bei Holzerntemaßnahmen in älteren Waldbeständen im Staatswald je 3 ha Hiebsfläche sogenannte Alt- und Totholzgruppen, bestehend aus ca. 10–15 Bäumen, ausgewiesen, die dauerhaft markiert sind und ohne weitere Beeinflussung durch den Bewirtschafter wachsen und altern können. Ebenso werden künftig bei der Forsteinrichtung im Staatswald flächenhafte Waldrefugien mit mindestens 1 ha Größe bestimmt. Sie sind de facto kein Bannwald im Sinne des Gesetzes, diesem jedoch aus Sicht der Praxis fast gleichzustellen. Bei den zuletzt durchgeführten Forsteinrichtungen in den Kommunalwäldern und im Wald des Fürsten zu Fürstenberg wurden jedoch noch keine Waldrefugien ausgewiesen.

Auch bei der Zukunftswerkstatt zum Naturraum Wutachschlucht 2013/14 war unstrittig, dass Forstwirtschaft betrieben werden solle. „*Wir unterstützen die Überführung standortsfremder Fichtenforste in naturnahe, standortsgerechte Mischwälder und weisen Waldrefugien aus*“, | 5.2.24–25 | lautet das einvernehmlich gefundene Ziel im Bereich Forstwirtschaft (s. auch S. 449). Damit wird auch die frühe Forderung von SCHURHAMMER nach unberührter Natur ein Bestandteil des künftigen forstlichen Handelns in der Wutachschlucht.

5.2.24 | Potenzial für die Ausscheidung von Waldrefugien gibt es längs der Wutach und ihrer Zuflüsse zur Genüge. (MS.2014)

5.2.25 | Aufrecht stehendes Totholz bietet vielen Tieren und Pilzen eine Lebensstätte. Unter anderen finden Käuze, Hohltauben und Fledermäuse Quartier in alten Spechthöhlen. (MS.2012)

Die Erschliessung der Wutachschlucht

Friedbert Zapf

Durch die wilde Schlucht

Jahrhunderte lang war die Wutachschlucht nur vertikal erschlossen. Stichwege führten zu den Mühlen, den Höfen sowie den Heuwiesen hinab, und es gab zwei wichtige Wutachübergänge: Bei Stallegg ist 1411 eine „Brucken" über die Wutach erwähnt | 5.3.01 |, und in der mittleren Schlucht gab es die uralte Querung bei der Dietfurt („Volksübergang"). Diese Furt war der wichtigste Übergang und ermöglichte es, auf kürzestem Weg vom St. Blasianischen Hoheitsgebiet ins Fürstlich Fürstenbergische zu gelangen. Entsprechend steil ging es auf der einen Seite hinab, auf der anderen hinauf. Erst seit 1614 ist an der Dietfurt von einer Brücke die Rede. Diese wurde, da sie im ehemaligen Furtbereich sehr hochwassergefährdet war, 1785/86 etwa 600 m flussaufwärts zwischen zwei hohe Ufer gespannt. Die neu gebaute, halsbrecherische Straße hinauf an die beiden Schluchtränder sicherte man mit den sogenannten Wehrsteinen, die zum Teil noch erhalten sind (s. auch S. 345).

5.3.01 | **Die Stallegger Brücke** in der oberen Wutachschlucht wird bereits 1411 als Wutachübergang erwähnt. (FZ.2014)

Anschaulich schildert der Reiseschriftsteller Friedrich Nicolai das Erlebnis einer Schluchtquerung im Jahre 1781 von dem letzten fürstenbergischen Dorf Reiselfingen aus: „*Hinter demselben wird der Weg steinig und unfahrbar. Der Wagen mußte am Absturze eines Felsens in einem tiefen, hohlen Wege zwischen ungleich liegenden Steinen herabrollen oder vielmehr herabfallen. Von beiden Seiten hingen an den Felsen ziemlich große Tannen, die Wurzeln meist von Wasser ausgewaschen und in fürchterlicher Blöße drohend, über den Weg zu stürzen. Selbst der Fußsteig (denn im Wagen zu bleiben ist nicht ratsam) ist äußerst unwegsam und an einigen Stellen gefährlich. Bald öffnet sich von der einen Seite ein tiefer Abgrund, daher dieser Weg im Dunkeln oder im Winter, wenn Schnee liegt, ohne die augenscheinlichste Gefahr weder zu Wagen noch zu Pferde passiert werden kann. Der Abgrund ist dicht erfüllt von Tannen, in deren wallende Gipfel man hineinsieht, und aus den Schrunden kahler hoher Felsen streben Tannenbäume hervor, meist schief gebogen zum Herabsturze. Alles ist öde, fürchterlich und stumm. So wie der Weg sich allmählich um den Berg wendet, hört man erstlich ganz dumpf und nach und nach stärker das Rauschen eines noch sehr entfernten Waldwassers. Es ist die Wutach. (…) Im Tale neben dem herabstürzenden Wasser sieht man entfernt links einige Häuser, dann öffnet es sich zwischen Felsen mit Tannen bewachsen, und jenseits geht zwischen waldigen Bergen eine Steige hinauf, eng und steil.*"

Das Ende des 19. Jahrhunderts aufblühende Bad Boll war zwar von Boll her mit der Kutsche zu erreichen, auf der Löffinger Seite aber mussten die Kurgäste auf einem steilen Pfad hinab in ihre Sommerfrische klettern, es sei denn, sie nahmen mit der Kutsche den Umweg über die Schattenmühle in Kauf, was allerdings erst seit 1876 möglich war. Von Bad Boll aus wurde dann aber der erste Versuch unternommen, die Schlucht horizontal, also in Flussrichtung, zu erschließen. Es waren die Mitglieder des „Fishing Club Limited London", die den Zimmermeister Isele aus Bonndorf beauftragten, mit 20 Stegen die Wutachschlucht durchgängig zu machen. Das Vorhaben scheiterte. Erst 1903/04 erschloss Bahnbauingenieur Karl Rümmele im Auftrag und auf Kosten des Schwarzwaldvereins die Wutachschlucht für die Wanderer.

Allerdings gab es vor der Horizontalerschließung mit Wegen eine andere Möglichkeit, die Schlucht längs zu durchqueren, nämlich auf oder besser mit dem Wasser. Ab 1624 wurden der Eisenschmelze bei Eberfingen (s. auch S. 350) das erforderliche Energieholz über die Wutach zugeführt. Das Scheiterholz – 320 000 Raummeter aus dem Raum Holzschlag und 2 Mio. Raummeter aus dem Fürstlich Fürstenbergischen Wald – wurde getriftet, d. h., das Kurzholz trieb frei im Wasser durch die Schlucht. Und es gab seit 1832 – zumindest wenige Jahrzehnte lang – veritable, gebundene Langholzflöße, welche die Wutachschlucht Richtung Rhein durchfuhren.

Mit 30 „Gestören" auf der Wutach – Schiltacher flößen Langholz

Mehr als 100 Schaulustige drängten sich auf der Brücke bei der Ewattinger Wutachmühle, um die Fahrt eines veritablen Floßes zu erleben. Es war Sonntag, der 16. Mai 2010, und der Schwarzwaldverein Bonndorf feierte sein 125-jähriges Bestehen. Die Gruppe „Schiltacher Flößer" führte historisches Flößerhandwerk vor, und als Höhepunkt fuhr das Floß auf der Wutach | 5.3.02 |. In der Tat waren es die Vorfahren dieser Brauchtumsflößer, die hier 160 Jahren zuvor geflößt hatten.

Flößer setzen Sprengstoff ein

Als sich um 1830 abzeichnete, dass die Floßgesellschaften an der Kinzig das Privileg des alleinigen Floßrechts verlieren würden, suchten die Schiltacher neue Geschäftsfelder. Da kam es ihnen recht, dass Hofbesitzer im Südschwarzwald ihren Wald wegen einer Agrarkrise spottbillig verkaufen mussten. Die Schiltacher Holzhändler Wolber und Vaihinger gründeten eine Gesellschaft, der es 1830 gelang, vom Großherzog das Privileg zum Flößen auf Wutach, Steina und dem Titisee zu erlangen. Mitglied der Gesellschaft war auch ein gewisser Christian Wilhelm Trautwein, dessen Sohn wir später noch kennenlernen werden. Die

5.3.02 | Mit einem 60 m langen Floß demonstrieren die „Schiltacher Flößer" bei der Wutachmühle die Langholzflößerei auf der Wutach. Die Flöße im 19. Jahrhundert wiesen die fünffache Länge auf. (FZ.2010)

„Gesellschaft Wolber, Vaihinger und Compagnie" schickte im Frühjahr 1830 ihre „Flößergespanne" an die Wutach, um den Fluss befahrbar zu machen. Ihr Standquartier war Bad Boll. Die Männer wuchteten Felsen aus dem Flussbett, räumten Kiesbänke beiseite und beseitigten Engstellen. Dabei schreckten sie auch vor dem Einsatz von Sprengstoff nicht zurück.

Die wichtigste Arbeit aber war der Bau der Floß- oder Schwellweiher, deren Wasser gezielt ins Flussbett abgelassen werden konnte. Auf der künstlichen Hochwasserwelle „ritt" dann das Floß.
Der Bau der Floßweiher war zunächst mit Grunderwerb verbunden, der nicht immer leicht vonstatten ging, wie das Beispiel Neustadt zeigt. Am 1. Juli 1830 nämlich beschwerte sich die Gesellschaft beim Oberamt Neustadt: Die Bürgerschaft sei nicht bereit, ein oberhalb der Stadt gelegenes *„gantz ödes Feld"* zur Anlage eines Schwellweihers zu verkaufen. Hinter der Verweigerungshaltung vermuteten die Flößer *„Neid und Mißgunst und Intriguen einiger Aufwiegler"*. Der Neustädter Vogt Spiegelhalter indes begründete die Ablehnung damit, dass die Bürger wegen befürchteter Schäden einfach nicht wollten, dass die Flöße durch das Städtchen führen. Da laut Inventar der „Wasserbauten" von 1841 die Gesellschaft schlussendlich vier Weiher unterhalb Neustadt besaß, scheint sich die Stadt durchgesetzt zu haben. Auch bei Bad Boll gab es einen Floßweiher, außerdem einen bei der Wutachmühle sowie weitere bei Achdorf, Grimmelshofen und Ofteringen. Noch vor 1832 stampfte man bei Stühlingen ein Sägewerk aus dem Boden. Ein zweites wurde 1834 zwischen Waldshut und Tiengen – im Gewann Bannschachen nahe der Wutachmündung in den Rhein – errichtet. Dann endlich konnte die eigentliche Flößerei beginnen.

Die hohe Kunst der Wutachflößerei

Im Herbst 1832 schickte die Gesellschaft das erste Floß durch die Wutachschlucht. Vermutlich sind die Flößer mit bis zu 30 „Gestören" und demnach einer Floßlänge von 200–300 m durch die Schlucht gefahren | 5.3.03 |. Und es gibt einen zuverlässigen Zeitzeugen, nämlich den Schiltacher ADOLF CHRISTOPH TRAUTWEIN. Sein Vater war Mitglied der Gesellschaft, und der junge TRAUTWEIN arbeitete bereits als 14-Jähriger bei den Wutachflößern mit. Seine Erinnerungen zeichnen uns ein plastisches Bild jener Jahre. Von TRAUTWEIN erfahren wir: *„Für die Gesellschaft wurden Waldungen und sogar ganze Bauernhöfe in der Nähe von Neustadt angekauft, welche billig waren und das Holz zur ersten Flößerei lieferten. Auch das Holz in den Gemeinden und den fürstl. Fürstenbergischen Waldungen in der dortigen Gegend war spottbillig und versprach der neugegründeten Gesellschaft eine glänzende Zukunft."*

Die hohe Kunst der Wutachflößerei war es, die Wassermengen aus den verschiedenen Schwellweihern so zu steuern, dass dem Floß zum richtigen Zeitpunkt genügend Wasser zur Verfügung stand. Trautwein schildert dies anschaulich: Ein Floß lag festgefahren bei Lauchringen. Der Flößerobmann Bernhard Joos wartete in Bad Boll *„auf ein Schwellwasser von Neustadt, ... welches um Mitternacht dort ankam. Da beim Badhof auch ein Sammelweiher war, so wurde das Wasser aus diesem Weiher auch zu dem Neustädter Wasser zugelassen. Da das Wutachfloß bei Oberlauchringen gelegen hatte, so ging dann Joos über den Berg, nachdem das Wasser aus dem Badweiher abgelassen war, ... nach Oberlauchringen zum Floß, wo er jedenfalls lange vor dem Weiherwasser ankam, denn das Wasser hatte eine Strecke von 12 bis 13 Stunden zu laufen bis nach Oberlauchringen zum Floß."*

Stühlinger Amt will Flößer arretieren

Flößerei war ein hartes und gefährliches Geschäft, und Freunde hatten die Flößer nur wenige. Auf dem Fluss fuhren sie als Fremde – das Stühlinger Bezirksamt bezeichnete sie als „Ausländer" – und Streit mit den anderen Wassernutzern wie den Mühlenbesitzern und den Landwirten war zwangsläufig. Der schlechte Ruf der Flößer wird aus einem Schreiben des Bezirksamts Stühlingen aus dem Jahre 1847 deutlich: *„Die Wuttachflößer benehmen sich in vorderer Zeit wo möglich noch willkürlicher und gewaltthätiger als in früheren Zeiten."* Denn um das kostbare Wasser, das Wiesenbesitzer zum Wässern ableiteten, im Fluss zu halten, schreckten sie auch nicht zurück, *„die schließbaren Vorrichtungen an den Stellfallen der Wasserkanäle gewaltsam zu zertrümmern, dann weiter zu fahren, ohne*

5.3.03 | **Gebremst wurde das Floß** mit dem Sperrbalken („Stümmel") am Heck. Auch ein langes Wutachfloß konnte so zum Stehen gebracht werden. Dazu allerdings waren zwei Mann erforderlich. (FZ.2010)

Wie muss man sich so ein Wutachfloss vorstellen?

Die Schiltacher übernahmen mit Sicherheit das Modell, das sich auf der Kinzig bewährt hatte, nämlich das Gelenkfloß mit einzelnen, hintereinander gebundenen „Gestören". Ein „Gestör" war 3–5 m breit und bestand aus einer Lage Stämme, die – mit ihrem dünnen Ende in Fahrtrichtung zeigend – zusammengebunden waren. Die einzelnen „Gestöre" waren locker mit „Wieden" verbunden, das sind in einem Ofen erhitzte, daumenstarke Haselnussgerten | 5.3.04 |. Die Mitglieder des Brauchtumsvereins „Schiltacher Flößer" vermuten aufgrund ihrer Erfahrung beim Flößen, dass ihre Vorfahren mit bis zu 30 Gestören und einer Floßlänge von 200–300 m durch die Schlucht gefahren sein dürften. In die Flussbiegungen gelenkt wurde das Floß mit dem kleinen, gut beweglichen „Richtgestör" („Vorplätz"), gebremst wurde mit dem Sperrbalken („Stümmel"), den zwei Mann bedienen mussten. Insgesamt hatte so ein Floß etwa zehn Mann Besatzung.

5.3.04 und 05 | Bis zu 30 einzelne „Gestöre" banden die Flößer einst mit den „Wieden" zu einem langen, gelenkigen Wutachfloß zusammen. (FZ.2010)

die willkürlich herabgelassenen Stellfallen wieder aufzuziehen." Und das Stühlinger Amt forderte gar, die Gendarmerie müsse die Flößer, die *„in der Gegend nicht zu den Feinsten gehören"*, arretieren.

Rau ging es bei den Flößern auch sonst zu. TRAUTWEIN schildert, wie am Ostermontag 1834 der vierzehnstündige Anmarsch von Schiltach an die Wutach ausartete. Der *„Wacholderbrandwein"* unterwegs spielte eine entscheidende Rolle. Sie kamen schließlich nach Wolterdingen, *„wo der Andreas Aberle und der Andreas Trautwein sechs Viertele und noch Bier dazu getrunken haben. Von da an haben beide Räusche gehabt … Auf einmal blieb der angetrunkene Andreas Trautwein zurück und legte sich in einen frisch gefahrenen Acker, während es immer noch stark schneite.*"

Floßgesellschaft manövriert sich in die Krise

Die Geschäfte der „Floßgesellschaft Wolber, Vaihinger und Compagnie" liefen zunächst gar nicht schlecht. Auf den großen Holzmärkten in Tiengen und Waldshut wurden Bretter und Balken, die im Bannschacher Sägewerk eingeschnitten worden waren, verkauft. Man hatte auch Schweizer Kundschaft, und hin und wieder band man ein großes Rheinfloß zum Weiterverkauf ein.

Doch bald schon manövrierte sich die „Wutach-Flößerei-Gesellschaft" in die Krise. TRAUTWEIN gibt dem Beitritt der Schifferschaft Wolfach die hauptsächliche Schuld: *„So nahmen einige dieser Herren die Stellen am Verkaufsplatz in Bandschachen ein, besorgten die Buchhalterstellen und Kassierer. Sie vertrieben danach die Schiltacher von allen Stellen und schickten Holländerholz auf dem Rhein nach Kehl … und ließen den Erlös statt auf das Konto in Bandschachen auf das ihrige in Wolfach wandern. Da keine Schiltacher Teilhaber mehr in die Bücher Einsicht nehmen durften und auch keine Jahresbilanz mehr gestellt worden ist, ist es so weit gekommen, daß im Jahr 1838 die Gant eintrat.*" Die Gesellschaft war also nach nur acht Jahren in Konkurs geraten. Im Wald und an der Wutach aber lagen große Mengen aufbereiteter Stämme. Vater Christian Trautwein übernahm „im Akkord" 1838 und 1839 den Floßtransport des Holzes nach Bannschachen, wo die Wutach in den Hochrhein mündete. Alle Mann seiner Kinzigtäler Flößergespanne wurden benötigt, und an Weihnachten 1839 war das Holz geflößt.

Nachdem der Konkurs abgewickelt war, schlossen sich im Jahre 1844 Johann Mahler von Herzogenweiler, Jakob Kretz von Rötenbach und der junge Isaak Wolber aus Schiltach zur neuen „Flößereigesellschaft Mahler, Kretz und Wolber" zusammen und ließen Anfang 1845 die ersten Floße fahren. Der inzwischen 27 Jahre alte TRAUTWEIN war als Flößerobmann des Isaak Wolber mit neun anderen Flößern wieder an der Wutach mit dabei. Auch die neue Gesellschaft handelte sich bald Ärger ein. Als im Spätherbst 1846 ein Floß in Bad Boll einfuhr, so berichtet TRAUTWEIN, *„waren schon ein Gendarm von Bonndorf, der Bürgermeister von Boll und zwei Gemeinderatsmitglieder dort und befahlen uns, das Floß vor dem dortigen Floßweiher anzuhalten"*. Erst nach drei Tagen gelang es, *„daß der Arrest wieder aufgehoben wurde.*"

Und bald steckte auch diese Gesellschaft tief in der Krise. Zwar konnte sie 1847 noch ein *„starkes Quantum Holz"* von der Stadt Neustadt und im März 1848 in Löffingen *„eine große Partie Holländerholz"* erwerben, doch Geld dafür floss nicht mehr. Auch die Flößer bekamen seit Juli 1847 ihre Floßherren nicht mehr zu Gesicht und kehrten schließlich der Wutach den Rücken. Daheim in Schiltach stellte TRAUTWEIN den Isaak Wolber zur Rede: *„Da erklärte er mir, … er wolle den Leuten ihren Lohn geben. … Zugleich sagte er mir, daß er*

5.3.06 | **Heute wie damals** werden die Baumstämme nach Holzerntemaßnahmen am Weg in der Talaue bis zur Abfuhr zwischengelagert, im Bild zwischen Schurhammerhütte und Wutachmühle. (MS.2013)

von der Gesellschaft ausgetreten und im Sinne habe, zu einem Verwandten seiner Frau nach Mexiko zu gehen. So musste ich mein Restguthaben verlieren, da ein Bankrott eingetreten ist."

Wie beim letzten Konkurs lagen die Wutachufer voller Holz. Das meiste stammte aus den Wäldern des Fürsten zu Fürstenberg, dessen Forderungen sich auf 23 368 Gulden beliefen. Der Fürst legte „*auf die noch nicht verflößten Hölzer Beschlag*", so berichtet Trautwein, „*und verkaufte dann dieselben an Reiss und Kompagnie in Mannheim. Und da wir mit diesen Herren bekannt waren, so musste ich im Mai 1848 mit einem Gespann Flößer nach Neustadt und auf ihre Rechnung ein großes Floß zusammenstellen.*" Dieses war dann wohl auch das letzte auf der Wutach, und im Forsteinrichtungswerk der Gemeinde Ewattingen aus dem Jahr 1853 wird nüchtern festgestellt, dass das „*Flößen seit einer Reihe von Jahren eingegangen*" sei. Erst runde 50 Jahre später hatte dann ein ganz anderer Personenkreis Interesse daran, die Wutach erneut in ihrem Längsverlauf zu erschließen.

Aussergewöhnlich viel Dynamit – Der Schwarzwaldverein erschliesst die Wutachschlucht

Entweder besaß er unerschütterliches Gottvertrauen oder freute sich klammheimlich bereits auf den Folgeauftrag – jener Zimmermeister aus Bonndorf, der im Sommer 1895 für den „Fishing Club Limited London" die Wutachschlucht unterhalb Bad Bolls erschloss. Die englischen Angler, die im Kurbad ihre Sommerfrische verbrachten, kannten die Wutach nur als harmloses Forellengewässer, der Zimmermeister indes hätte ahnen müssen, was mit seinen 20 leichten, „*an Ketten aufgehängten Stegen*" passieren würde: Das erste Hochwasser spülte noch im selben Jahr einige davon in den Rhein, der Rest fiel der Wutach im Frühjahr 1896 zum Opfer. Und – einen Folgeauftrag gab es nicht!

Doch am 16. Dezember 1891 hatte die Sektion Bonndorf des Schwarzwaldvereins einen Kassensturz durchgeführt und festgestellt, dass man noch 111 Mark besaß. „*Wenn man nun auch damit keine großen Sprünge machen kann*", konstatierte der Protokollant, so wolle man doch „*eine größere Arbeit in Angriff nehmen und zwar die Erschließung des bisher nahezu unzugänglichen wildromantischen Wutachthales*".

5.3.07 | **Bahnbauingenieur Karl Rümmele** plante für den Schwarzwaldverein die Erschließung der Wutachschlucht und hatte auch die Bauleitung inne. (AFZ)

Trotz aller Euphorie sollte es noch ein Jahrzehnt dauern, bis das Projekt konkrete Formen annahm, und ein glücklicher Umstand spielte dabei eine entscheidende Rolle: der Bau der Bahnlinie von Neustadt nach Bonndorf (s. auch S. 382). Durch dieses Projekt würde man auf Arbeitskräfte, Werkzeug und technischen Sachverstand zurückgreifen können. Und ein planender und leitender Ingenieur stand obendrein zur Verfügung, Bahnbauinspektor Karl Rümmele, Vorstand der Bahnbauinspektion Neustadt | 5.3.07 |. Im Spätsommer 1902, als auch die Nivellierungsarbeiten für den Bahnbau im Gange waren, durchwateten Rümmele und seine zwei Gehilfen Dutzende Male die Wutach, kämpften sich durch Weidengestrüpp und Pestwurzfluren, kletterten in den Muschelkalkfelsen herum, um den Trassenverlauf zu optimieren. Rümmele maß, rechnete, skizzierte und erstellte Weihnachten 1902 die illustrierte Projektstudie „Denkschrift und Anschlag für einen Fußweg durch das Wutachtal zwischen Bad Boll und Wutachmühle".

Ein Pfad wird aus den Felsen gesprengt

Am 19. Juni 1903 erteilte die „Großherzogliche Wasser- und Straßenbauinspection Bonndorf" die „*wasserpolizeiliche Genehmigung von Bauten und Überbrückungen im Hochwasserbereich der Wutach*", und schon kurze Zeit später schickte RÜMMELE die „*sehr erfahrene Firma Keller*" hinunter in die Schlucht. Da staunten die noblen Badegäste nicht schlecht, als im Juli 1903 ein Trupp italienischer Bauarbeiter durch die gepflegten Kuranlagen von Bad Boll zog, die Karren vollgepackt mit Vorschlaghämmern, Schaufeln, Pickeln, Felsbohrern und ziemlich viel Sprengstoff. Der Weg endete an der Münchinger Gemarkung vor einem Felsriegel, der sich bis zum Fluss vorschob, und ab hier gab es bislang kein Weiterkommen | 5.3.08 |.

5.3.08 | Mit wohldosiertem Dynamiteinsatz sprengten die italienischen Arbeiter einen aussichtsreichen Pfad in die Felswand. (Postkarte um 1905)

Die Arbeiter legten zunächst einen Zugang durch den Hangschutt hinauf in die Muschelkalkwand an. Oben im Fels gelang es ihnen, natürliche Hohlkehlen im Gestein nutzend, mit wohl dosierten Dynamitladungen einen aussichtsreichen Pfad 40 m über der Wutach herauszusprengen. Während sich ein paar Männer durch den Lehmhang an die zweite große Wand – den Engländerfelsen – heranarbeiteten, goss ein Bautrupp weiter flussabwärts die Fundamente für einen Steg. An jenem „Steg Nr. 1" biss sich RÜMMELE bereits die Zähne aus, und er musste eine bittere Erfahrung machen, denn „*als die Felsen beim Bau der Widerlager und Verankerungen angegriffen wurden, zeigten sie sich schlechter als vom Ansehen wahrgenommen werden konnte*". Dies bedingte „*... viel massigere Widerlager und Verankerungen*". Das kostete Geld und hatte zur Folge, dass die ursprünglich geplanten elf Brücken nicht mehr zu finanzieren waren. Vier Stege gab der Schwarzwaldverein jetzt vor, möglichst dort, wo „*Orte auf beiden Talseiten zu verbinden sind, also ... wo die Täler von Münchingen und Bachheim herabkommen*" – ein praktischer Aspekt, der damals in der vorautomobilen Zeit durchaus eine Rolle spielte.

Jener „Steg Nr. 1", der sich etwa 180 m unterhalb der Schurhammerhütte befand, ist dem Weihnachtshochwasser 1918 zum Opfer gefallen. RÜMMELE wechselte hier zum ersten Mal die Wutachseite, führte den Pfad erst durch eine Wiese, dann in die Felsen und schließlich über das Rosenbächle. Nach etwa 700 m leitete „Steg Nr. 2" auf die rechte Wutachseite zurück. Auch dieser Steg wurde 1918 vom Hochwasser zerstört. Das massige Widerlager und der gestürzte Pfeiler sind heute noch zu sehen | 5.3.10 |. 250 m weit verlief der Weg nun quer durch die frisch mit Fichten aufgeforstete Weißbrunnenwiese. Dann hatten die Arbeiter eine schwierige Passage mit „*außergewöhnlichem Dynamitverbrauch*" zu bewältigen: Aus dem kompakten Muschelkalkfelsen über einer markanten Versickerungsstelle der Wutach sprengten sie mit Fingerspitzengefühl eine Felstreppe | 5.3.09 | heraus und brachen 15 m über dem Fluss eine Galerie in das lockere Gestein, bevor sie endlich die größte Baustelle erreichten, den „Steg Nr. 3". Dieser sollte ein Jahr später den Namen „Rümmelesteg" | 5.3.11 |

erhalten. Und hier lieferte Karl Rümmele vor imposanter Felskulisse in der Tat sein Meisterstück – zumindest was Materialeinsatz und Kosten anbelangte: In das Widerlager flossen 50 m^3 Beton, 95 m^3 Steine wurden vermauert, den Rundpfeiler am gegenüberliegenden Ufer fertigten die Arbeiter aus 8 m^3 Beton und 15 m^3 Mauerwerk. In 7 m Höhe sprengten sie in die aufragende Felswand einen 6 m tiefen Stollen, in dem später mit viel Beton der Eisensteg verankert werden sollte. Die Fortführung des Pfads auf der linken Wutachseite bis zum Bachheimer Weg war dagegen problemlos zu bewerkstelligen. Knapp 1 km unterhalb des Rümmelestegs befand sich die Baustelle von „Steg Nr. 4", dem Bachheimer Steg.

5.3.09 | **Mit Fingerspitzengefühl** und unter Einsatz von viel Sprengstoff entstand die malerische Felstreppe. (Postkarte um 1910)

5.3.10 | **An dieser Stelle stand Steg Nr. 2,** einer von vier baugleichen Stegen. 2010 erinnert nur noch der unterspülte Pfeiler an den 1918 vom Hochwasser zerstörten Steg. (FZ.2010)

Italiener mauern Brückenpfeiler

Ein neugieriger Wandersmann aus Karlsruhe interessierte sich im September 1903 für die Bauarbeiten und versuchte, sich wutachabwärts durchzuschlagen. In aller Frühe stieß er in den Kuranlagen von Bad Boll auf zwei italienische Arbeiter, *„die auf dem Boden hockend und liegend ihren Morgenkaffee und einen halben Laib Brot vertilgten"*. Der Weg durch die zwei großen Felswände war fertig gestellt und bequem zu begehen, und bald stand der Wanderer vor dem Auflagepfeiler des ersten Stegs. *„Ein Mann krabbelte oben darauf herum und strich da und dort mit seiner Kelle Zement an die Wandungen und glättete alles fein säuberlich … Es war ein italienischer Maurer."* Vom Rosenbächle her vernahm man Arbeitsgeräusche und laute Stimmen. *„Etwa ein dutzend Arbeiter mit Pickel und Schaufel hackten und gruben da eine Rampe für den zukünftigen Weg. … Die Italiener machten mir gerne Platz. … Ihre einzige Rede war, auf den famosen Weg deutend: ‚Nit gut, schlechte lauf'"*. Unweit davon, am zweiten Steg, waren sechs Männer damit beschäftigt, *„den Verankerungsstollen in die Felswand zu sprengen"*. Auch am dritten Steg wurde bereits gearbeitet. *„Eine neue Schar, so gegen 15 Mann, schaffte an dem Bau eines Mauerpfeilers."* Auf einem Baumstamm überquerte unser Wanderer die Wutach und erreichte die letzte Stegbaustelle. *„Es wurde erst der Stützpunkt in die Felsen gehauen. Die fünf Arbeiter machten gerade Mittag. Ein recht kärgliches Mahl, das ein alter Mann in*

5.3.11 | **Steg Nr. 3 vor imposanter Felskulisse.** Er erhielt später den Namen „Rümmelesteg“ als Erinnerung an Bahnbauingenieur Karl Rümmele. (Postkarte um 1910)

5.3.12 | **Im September 1903** war die Erschließung bis zum damals im Bau befindlichen Steg Nr. 4 herangeführt, dem heutigen „Bachheimer Steg“. (Postkarte um 1910)

großen Kochgeschirren höchst primitiv über offenem Feuer zubereitete.“ Hier endete der Weg, und bei seinem Versuch, die Wutachmühle durchs freie Gelände zu erreichen, holte sich der Wanderer aus Karlsruhe nasse und blutige Füße.

Durch Mähwiesen zur Gauchachmündung

Ende September 1903 war der Pfad bis an jenen letzten Steg, den Bachheimer Steg | 5.3.12 |, herangeführt, und allmählich wurde es ungemütlich in der Schlucht, aber dennoch: „*Auf Gemarkung Ewattingen wird weitergearbeitet, solange es die Witterung erlaubt.*“ An jener Felswand, aus welcher das im karstigen Flussbett versickerte Wasser eindrucksvoll wieder zutage tritt, gaben sich die Italiener besondere Mühe und formten unter Zuhilfenahme von reichlich Beton eine Plattform knapp über dem Wasser.

Nach der Unteren Lenzenwiese stieß der Bautrupp auf geologisch schwieriges Terrain. Die Tone des Keupers quollen wie ein zäher Brei zwischen den Felsen herab, und Berge schwerer Erdmassen mussten tonnenweise weggeschaufelt werden. Dann wurde ein letztes Mal Dynamit eingesetzt: Hart am Flussufer, knapp über dem Wasser, sprengten die Männer einen ebenen, 200 m langen Pfad aus dem Kalkfelsen. Ab der Leopoldswiese konnte einem alten Wirtschaftsweg gefolgt werden.

Es war Spätherbst geworden, als der Trupp die Gauchachmündung erreichte, und das Wetter spielte immer noch mit. Dort, wo sich heute der „Kanadiersteg“ befindet, hatte Rümmele ursprünglich eine Brücke vorgesehen, um ein letztes Mal auf das linke Ufer zu wechseln. Aber schon Ende Juli war kostenbewusst umgeplant worden: „*Die letzte Brücke bei der Wutachmühle kann auch umgangen werden*“, teilte Rümmele der Sektion Bonndorf mit. „*Wir können auf der rechten Wutachseite bis zur Straßenbrücke gehen. Der Wutachmüller Meister gibt uns hierzu Erlaubnis und stellt in seinem Eigentum den Weg selbst her.*“ Parallel zum Mühlkanal wurde das letzte Wegstück angelegt, und im Dezember 1903 war die Landstraße bei der Wutachmühle erreicht.

In der Wutachschlucht war inzwischen der Winter eingekehrt, und Berge herabgestürzten Muschelkalkschutts türmten sich bereits auf dem

5.3.13 und 14| Der inzwischen zerstörte Steg Nr. 2. Seine Eisenkonstruktion war im Januar 1904 mit Schlitten über den vereisten Steilhang abgeseilt worden. Nur 14 Jahre später zerstörte ihn das Hochwasser von 1918. Der Steg wurde an dieser Stelle nie wieder errichtet. (Postkarte um 1910 und HS.1926)

neuen Weg, ein erstes Nacharbeiten wurde fällig, und für die Sektion Bonndorf war das ein Vorgeschmack künftigen Unterhaltungsaufwands.

Die Eisenbahn bringt die Stege nach Bachheim

Anfang Januar 1904 brachte die Höllentalbahn (s. auch S. 382) die vier von der Firma „P. A. Fauler, Eisengiesserei & Maschinenfabrik“ in Freiburg gefertigten Eisenstege zur Station Bachheim. Der Bachheimer Steg und der Rümmelesteg konnten mit dem Fuhrwerk über den Bachheimer Weg an ihren Bestimmungsort gebracht werden. Aufwendiger freilich gestaltete sich der Transport der beiden oberen Stege, wobei sich Schnee und Eis diesmal als hilfreich erwiesen: Auf Schlitten festgezurrt, wurden die Einzelteile über die steile Flanke des Schellenfrauenbucks herabgelassen. Mit vor Kälte klammen Fingern verschraubten die Monteure noch im Januar die auf Widerlager und Pfeiler gehievten, 18 m langen, filigranen Metallkonstruktionen und fixierten die hoch aufragenden Ankergestänge im Fels |5.3.13–14|.

Und dann endlich konnte die Schwarzwälder Zeitung loben: „*Großartiges hat der Schwarzwaldverein geleistet und dadurch unserer ganzen Gegend einen lebhafteren Tourismusverkehr gebracht.*“ Runde 27 000 Mark – so die Schlussbilanz 1905 – hatte die Erschließung letztendlich gekostet. Karl Rümmele aber hatte großzügig auf ein Honorar verzichtet. Der Schwarzwaldverein überreichte ihm „*in feierlicher Weise*“ ein Album mit 25 Fotografien aus der Wutachschlucht, das er „*sichtlich erfreut*“ entgegen nahm.

Der Schwarzwaldverein und die unendliche Geschichte der Pflege von Weg und Steg

Mit der Erschließung von Lotenbachklamm und Wutachschlucht hat sich der Schwarzwaldverein Bonndorf eine echte Sisyphusarbeit aufgebürdet, nämlich die Unterhaltung von Weg und Steg. Schon 1906, kurz nachdem der Wanderweg zwischen Bad Boll und der Wutachmühle eingeweiht worden war, begann die unendliche Geschichte: „*Der neue Wutachtalweg für Touristen und Naturfreunde hat im verflossenen Winter durch Verwitterung des weichen Kalkgesteins empfindlichen Schaden gelitten*“, bedauerte die „Schwarzwälder Zeitung“ im April 1906. Und seither reißt die Arbeit nicht ab. Geschuldet ist dies der labilen Geomorphologie der jungen Schlucht (s. auch S. 73). „*Die Wutachschlucht liegt in den Wehen*“, hat Fritz Hockenjos einmal treffend gesagt.

Alljährlich müssen die Winterschäden behoben werden. Nach Schnee- und Eisabgang liegen Berge von Steinschutt auf den Felsengalerien, zähtonige Erdmassen verstopfen die Tobel, umgestürzte Bäume versperren den Pfad, und zerfetzte Seil-

5.3.15 | **Größere Schneemassen** und meterdickes Eis im Winter richten immer wieder erhebliche Schäden an Wegen und Stegen an. Eismassen wie in den 1920er-Jahren sind heute eher selten geworden. (HS.1929)

sicherungen baumeln über dem Abgrund. Und Jahr für Jahr sind freiwillige Helfer des Schwarzwaldvereins tagelang in der Schlucht tätig, um Felsschutt von den Wegen zu schaufeln, Erdrutsche zu beseitigen und neue Tritte in den Lehm zu graben. Immer wieder müssen auch Teile der Seilsicherung, die durch Stein- und Erdlawinen oder umstürzende Bäume zerstört werden, erneuert und Stege ausgebessert werden – und alles mit dem eigenen Anspruch, die Schlucht bis Ostern für die Wanderer gefahrlos begehbar zu machen | 5.3.16–18|.

Neben diesen Routinearbeiten sorgt der Wildfluss Wutach in schöner Regelmäßigkeit für beson-

5.3.16 und 17 | **Seit 1906 unterhält der Schwarzwaldverein** Wege und Stege in der Wutachschlucht. Hier das von Schurhammer ins Leben gerufene „Arbeitskommando der Sektion Bonndorf" in den Jahren 2009 und im Jahr 1924. (FZ und HS)

5.3.18 | **Alljährlich beseitigt der Schwarzwaldverein** auch die Winterschäden in der Schlucht. Zwei Mitglieder der Ortsgruppe Bonndorf stellen nach einem Erdrutsch den Wanderpfad wieder her. (FZ.2007)

dere Herausforderungen, wie die folgende kurze Chronologie beispielhaft ahnen lässt: 1916 zerstört ein Hochwasser teilweise den Bachheimer Steg, einen Steg bei der Schurhammerhütte und den Rümmelesteg. 1918 muss der Steg unterhalb der Breitwiese wegen Hochwasserschäden aufgegeben und ein Ersatzweg auf der anderen Talseite gebaut werden. Nach dem Zweiten Weltkrieg ist die Schlucht unbegehbar, aber bereits Ende 1950 sind die Stege provisorisch repariert, die schlimmsten Wegschäden beseitigt, der Wanderweg ist zudem neu markiert.

1958 zerstört ein Gewitterhochwasser die Stege in der Lotenbachklamm, 1971 verlegt der Schwarzwaldverein den Wanderweg aus dem Sägewerksgelände der Schattenmühle heraus und baut eine Umleitungsstrecke in den steilen Hang. Das gewaltige Frühjahrshochwasser von 1986 zerstört beim Tannegger Wasserfall die Uferbefestigung aus den 1950er-Jahren und reißt die Hälfte des damals sogar noch befahrbaren Wanderwegs weg.

In den Jahren 2007/08 wird unterhalb von Bad Boll der Wanderweg „in den Berg hinein" verlegt, weil die Wutach das ufernahe Wegstück zunehmend in Beschlag nimmt. Im Frühjahr 2007 lässt ein Erdrutsch unterhalb der Breitwiese den Wanderweg in der Wutach versinken. Die daraufhin errichtete provisorische Holzleiter | 5.3.20 | wird 2011 durch eine Metalltreppe ersetzt, welche der Wildfluss Anfang 2013 erneut angreift. Eine besondere Herausforderung war 2007 die Erneuerung eines Stegs in der Galerie des Engländerfelsens – 40 m hoch über der Wutach. 2008 bis 2013 werden die Stege in der Lotenbachklamm erneuert.

Dies alles kostet Schweiß und vor allem auch Geld. Wer bezahlt eigentlich die Unterhaltung von Weg und Steg? Die Arbeitseinsätze waren immer ehrenamtlich. Schon 1923 organisierte der damalige Vorsitzende der Bonndorfer Sektion des Schwarzwaldvereins, Hermann Schurhammer, Arbeitskommandos der Mitglieder. Seither sind sowohl die Bonndorfer als auch vier andere Ortsgruppen des Schwarzwaldvereins in der Wutachschlucht, den Nebenschluchten und den Wutachflühen engagiert. Nach langen Jahren des reinen Ehrenamts werden seit Februar 2004 die jährlich anfallenden Kosten anteilig von den Anrainerkommunen, dem Schwarzwaldverein und dem Regierungspräsidium Freiburg an die „Arbeitsgemeinschaft Wanderwege Wutachschlucht" ausbezahlt und verwendungsorientiert an die beteiligten Ortsgruppen verteilt. Damit können die ehrenamtliche Arbeit honoriert und die Materialkosten getragen werden.

5.3.19 | Der längste von insgesamt sechs Stegen in der Lotenbachklamm wurde im Jahr 2009 durch den Schwarzwaldverein erneuert. (KS.2012)

5.3.20 | Die provisorische Holzleiter unterhalb der Breitwiese wurde inzwischen durch eine Metalltreppe ersetzt. (GM.2008)

Brücken, Bahnen, Wunderwerke

Max Baumann

Auf historischen Trassen zwischen Donau und Rhein

Gleich zwei Schienenstränge begleiten die Wutach: Im Norden, dort wo sie in Richtung Donau fließt, die 1887 in Betrieb genommene, Freiburg quer durch den Schwarzwald mit Donaueschingen verbindende Höllentalbahn und im Unterlauf, wo sie sich dem Rhein zuwendet, die im Volksmund „Sauschwänzlebahn" genannte Wutachtalbahn. Dabei fällt dem wundersamen Bau und Betrieb der Letzteren von Weizen nach Blumberg-Zollhaus am Eingang zum Aitrachtal eine besondere Rolle zu. Doch beginnen wir zunächst am Oberlauf des Flusses, an der Gutach.

Durchs Höllental nach Stühlingen?

Die von Neustadt nach Löffingen-Donaueschingen führende obere Höllentalbahn quert das Gutachtal bei der Station Kappel-Gutachbrücke auf einem imposanten, 141 m langen Viadukt. Es wurde von 1899 bis 1901 von Hunderten größtenteils italienischen Arbeitern ganz in Stein und ganz von Hand errichtet. Die Spannweite des Hauptbogens misst 64 m, seine Pfeiler aus Vogesensandstein gründen tief im Erdreich. Und in 35 m unter dem Bogen fließt die im Oberlauf Gutach genannte Wutach | 5.4.01 |.

5.4.01 | **Von den vier großen Brücken** dieser an Kunstbauten reichen Bahnstrecke zwischen Neustadt–Löffingen–Donaueschingen war und ist die Gutachbrücke die längste und die am meisten bewunderte. (KS.2013)

Kaum war diese imposante Brücke über das Gutachtal fertiggestellt, feierten der badische Großherzog und die begeisterte Bevölkerung die Eröffnung und den durchgehenden Betrieb der Höllentalbahn von Freiburg bis nach Donaueschingen. Schon beim Festakt war von einer Seitenbahn von Neustadt an Lenzkirch vorbei über den Bahnhof Kappel-Gutachbrücke nach Bonndorf die Rede. Später, so wurde spekuliert, könnte man sie bis hinunter nach Stühlingen oder Weizen verlängern und so den Anschluss an die Strategische Wutachtalbahn und damit nach Waldshut knüpfen.

Mangelnde Finanzen und die Verhandlungen über die Streckenführung verzögerten den Bahnbau nach Stühlingen. Bevölkerung und Behörden von Lenzkirch verlangten dringend, die Trasse habe über ihre Gemeinde zu führen, ein eigener Bahnhof müsse her. Schließlich wurde dem Begehren stattgegeben, und so kam es zu einer wahren Kuriosität im badischen Bahnbau: Die Strecke wurde ohne topografische Notwendigkeit verlängert und über Lenzkirch geführt, wo eine Spitzkehre mit Sackbahnhof die durchgehenden Züge – kaum waren sie in Neustadt losgefahren – zwang, die Lokomotive zu wechseln. Ein Unding, das zur massiven Baukostenüberschreitung beitrug und später korrigiert wurde.

Durchgehend Hamburg–Bonndorf

Im Oktober 1907 verließ ein Eröffnungs-Sonderzug Neustadt mit vielen Ehrengästen, die sich auf allen Stationen feiern ließen. In Bonndorf gab es einen Festzug durch die Stadt, ein Festmittagessen im „Hirschen" und abends ein Festbankett im

5.4.02 | Mit dem Fahrplan im Kopf postieren sich viele Hobbyfotografen und -filmer mit Vorliebe am eleganten Viadukt von Epfenhofen. Aber auch alle anderen günstigen Plätze entlang der Strecke sind begehrt. (MB.2007)

„Bahnhofshotel Vogt". Um zu ermessen, was die Bahn für die Leute im Schwarzwald bedeutete, muss man sich in die Zeit zurückversetzen, in der es dort weder Autos noch asphaltierte Straßen, kein Telefon und in den Häusern noch nicht einmal elektrisches Licht gab. Jetzt wurde auch der Bau einer „Stühlinger Bahn" noch einmal diskutiert. Doch die Finanzministerien winkten ab, als zu unrentabel erwiesen sich manche der teils waghalsig gebauten Linien. Das Eisenbahnfieber machte der Ernüchterung Platz.

Einen Höhepunkt in ihrer fast 70-jährigen Geschichte erlebte die nicht eben feudal ausgerüstete Nebenlinie Kappel-Gutachbrücke – Bonndorf nach dem Zweiten Weltkrieg, als in den Sommermonaten Touropazüge mit modernen Wagen und erwartungsfrohen Touristen durchgehend von Hamburg oder Dortmund nach Bonndorf fuhren (s. auch S. 396). Eine Sensation für den bescheidenen Bonndorfer Bahnhof!

Ein Radweg auf dem Schotterdamm

Als die Zeit der Dampftraktion zu Ende ging, kamen auch auf der Strecke nach Bonndorf Diesellokomotiven zum Einsatz. Doch das, was als Fortschritt daher kam, erwies sich bald als der Anfang vom Ende. Zwar belebten in den späten 1950er-Jahren die roten Schienenbusse noch einmal die Strecke, dann aber machten die auf der Straße fahrenden Bahnbusse der Provinzbahn den endgültigen Garaus. Der fahrplanmäßige Personenverkehr auf der Schiene wurde 1966 eingestellt. Auch die einst so wichtigen Holzfuhren wurden ausgedünnt, jedoch erst am letzten Tag des Jahres 1976 ganz aufgegeben.

Die Gleise zwischen Lenzkirch und Bonndorf sind längst entfernt. Auf dem Schotterdamm aber haben in neuerer Zeit die Gemeinden Bonndorf und Lenzkirch auf Initiative des Schwarzwaldvereins eine neue Verbindung geschaffen, den „Bähnleradweg". Seither rollen die Räder wieder – wenn auch nicht nach Fahrplan.

Die abenteuerliche Geschichte der Sauschwänzlebahn

Obschon der obere Teil der Wutachtalbahn wie auch die „Strategischen Umgehungsbahnen" bei Basel („Kanonenbahnen") aus militärstrategischen Gründen gebaut wurden, gilt für alle, dass sie ihre Einzugsgebiete einst zum wirtschaftlichen, kulturellen und touristischen Gleichschritt mit den priviligierteren Landstrichen in Deutschland befähigten. *„Erleben Sie das wildromantische Wutachtal, das geologisch interessante Mühlbachtal, großartige Viadukte, die idyllische Dörfer und Wildwasser* *überspannen, Brücken und viele Kehrschleifen sowie Deutschlands einzigen Kreiskehrtunnel nahe der Schweizer Grenze*". Mit diesem blumigen Satz lockt die heutige Museumsbahn Blumberg-Weizen die Freunde der Dampfbahnromantik | 5.4.02 |. Mit großem Erfolg, denn nie zuvor in ihrer über 130-jährigen Geschichte hat die Sauschwänzlebahn so viele Passagiere befördert wie heute.

Bahnen machen Dampf

Wie aber kam es zu dieser kuriosesten Bahnstrecke weit und breit | 5.4.03 |? Geburtshelfer war das im 19. Jahrhundert weltweit grassierende Eisenbahnfieber. Davon angesteckt, wollte sich auch das Großherzogtum Baden seinen Teil am voraussehbaren Nord-Süd-Transitverkehr sichern. Baden beteiligte sich deshalb als einziges deutsches Land finanziell am Bau der Gotthardbahn. Waldshut, so war die Überzeugung, sollte „*gleichsam die Pforte in die Schweiz und nach Italien bilden*", und zwar als Hauptstation einer Wutachtalbahn, die den Anschluss der aufstrebenden Stadt am Rhein an die geplante Schwarzwaldbahn über Oberlauchringen, Stühlingen/Weizen durch die „*felsschroffen*" Wutachflühen | 5.4.04 | und Achdorf nach Donaueschingen herstellen sollte. 1870 trat das entsprechende Gesetz in Kraft, und schon 1876 konnte der Bahnbetrieb Oberlauchringen-Weizen aufgenommen werden.

Fehlplanungen

Inzwischen aber hatte sich die verkehrspolitische Lage verändert. Im Deutsch-Französischen Krieg waren das Elsass und Lothringen an Deutschland gefallen, worauf das preußische Eisenbahnministerium unverzüglich die „Reichseisenbahn Elsass-Lothringen" gründete, um den Verkehr von der badischen Rheintallinie Mannheim–Basel auf die linksrheinische Strecke Ludwigshafen–Straßburg–Basel umzulenken. Damit war nicht Waldshut, sondern Basel zur Pforte nach Süden geworden. Das Wutachtalbahnprojekt wurde aufgegeben, sogar die Einstellung des unrentablen Betriebs bis Weizen in Erwägung gezogen. Doch, so heißt es in einem zeitgenössischen Bericht, die „*interessierten Landesgegenden legten für die bedrohte Bahn warme Fürbitte ein*". Ihr wurde auf Zusehen hin entsprochen.

Mit fliegenden Fahnen verboten

Doch es kam nochmals anders. Der Deutsch-Französische Krieg hatte auch gezeigt, dass Militärtransporte entlang der südbadischen Grenze ins Elsass nicht möglich waren, weil die Linie in Basel und im Kanton Schaffhausen zweimal über schweizerisches Hoheitsgebiet führte. Zwar bestand ein Staatsvertrag, demzufolge deutsche und schweizerische Truppen diese Strecken „*ohne fliegende Fahnen und klingendes Spiel*" befahren durften, aber die Truppentransporte konnten von beiden Vertragspartnern unter Berufung auf eigene Interessen jederzeit untersagt werden. Das behagte den Militärstrategen nicht. Im Sommer 1885 reiste eine Delegation der deutschen Heeresleitung nach Südbaden, um die Verhältnisse zu prüfen. Sie kam zu dem Schluss, dass sowohl Basel wie Schaffhausen auf neu zu bauenden Eisenbahnstrecken zu umfahren seien. Für die Umfahrung Schaffhausens bot sich eine Weiterführung der bereits bis Weizen be-

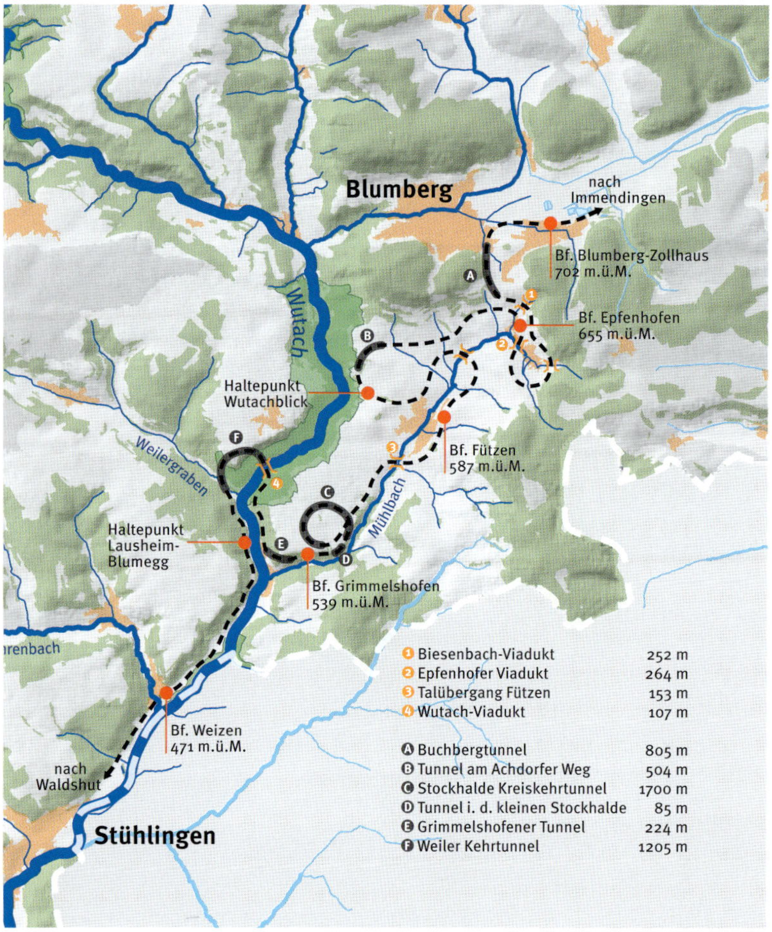

5.4.03 | **Die 25,8 km lange, verschlungene Trasse** der 1977 in Betrieb genommenen Museumsbahn Wutachtal überwindet zwischen Weizen und Blumberg-Zollhaus 231 Höhenmeter. (HD)

stehenden Linie an, allerdings nicht wie ursprünglich geplant in Richtung Achdorf–Donaueschingen, sondern nach Osten über Blumberg-Zollhaus ins Aitrachtal nach Immendingen und weiter über Tuttlingen nach Sigmaringen, was die Perspektive einer Verbindung vom Hochrhein durch das obere Donautal nach Ulm eröffnete. Man war sich allerdings von Anfang an bewusst, dass die neue Bahn kaum rentabel sein würde.

Tunnel und Viadukte

Dennoch verpflichtete sich Baden im Vertrag mit dem Deutschen Reich vom 11. März 1887 *„im Interesse der Landesverteidigung“* zum Bau von drei Strategischen Bahnen, darunter die 44,5 km lange Strecke Weizen–Immendingen. Der Vertrag hielt fest, dass der Bahnbau innerhalb von drei Jahren vollendet sein musste und dass die Maximalsteigung der Trasse nicht mehr als 10 ‰ betragen durfte. Ferner mussten in Abständen von 8 km Ausweichgeleise und Laderampen für Militärzüge erstellt werden.

Der Höhenunterschied zwischen den Bahnhöfen Weizen und Blumberg-Zollhaus beträgt 231 m, die Luftliniendistanz 9,6 km. Dies entspricht einer Steigung von 24 ‰, was für „zivile“ Bahnen durchaus noch zulässig gewesen wäre. Um indessen den Ansprüchen des Militärs zu genügen, musste eine künstliche Linienverlängerung auf 25,5 km hingenommen werden. Das Resultat war eine abenteuerliche Trassenführung mit insgesamt 500 großen und kleinen Kunstbauten, davon zwei Kehrtunnel im Berg und vier weitere Tunnel mit einer Gesamtlänge von fast 5 km, sowie vier die Wutach, die Täler von Fützen und Epfenhofen und den Biesenbach überspannende Brücken | 5.4.05–08 |. Von den veranlagten Kosten – 20 Mio. Mark – hatte das Deutsche Reich 95 %, Baden den Rest zu bezahlen.

4000 Arbeiter im Einsatz

Schon im Sommer 1887 begann der Kampf gegen die schwierigen geologischen Verhältnisse. Der Untergrund aus Keuper, Unter- und Mitteljura

5.4.04 | Haltepunkt „Wutachblick“ kurz vor dem 504 m langen Tunnel am Achdorfer Weg. Von hier bietet sich eine schöne Aussicht in die Wutachflühen zwischen Fützen und dem durch den Dichter Joseph Viktor von Scheffel bekannt gewordenen Dorf Achdorf am oberen Schluchtenausgang. (MB)

5.4.05 | **5 km nach der Abfahrt** im Bahnhof Weizen und unmittelbar bei der Ausfahrt aus dem 1200 m langen Weiler Kehrtunnel überquert der Zug den Wildfluss auf dem 20 m hohen, eisernen Wutachviadukt. (MB)

5.4.06 | **Blick über die Landstraße B 314** auf den 153 m langen, von drei 33 m hohen Sandsteinpfeilern gestützten Viadukt beim Dorf Fützen. Im Hintergrund der Höhenzug des Randens. (MB)

5.4.07 | **Blick von Osten** über die Dächer von Epfenhofen auf den Viadukt und über das Tal Richtung Fützen. Der Zug fährt in weitem Bogen um das Dorf herum und bildet so die „Epfenhofer Schlinge". (MB)

5.4.08 | **Hier sehen die Fahrgäste** bereits den 252 m langen Biesenbachviadukt, den sie nach einer 180°-Schleife in wenigen Minuten überqueren werden. (FP)

erwies sich als wenig tragfähig und neigte zu Rutschungen. Die Hauptarbeit wurde von Juli 1888 bis Oktober 1889 von über 4000 Arbeitern, darunter vielen Italienern, bewältigt | 5.4.09 |. Sie lebten größtenteils in einem Baucamp östlich von Grimmelshofen. Das provisorische Dorf umfasste Baracken, Kantinen, Reparaturwerkstätten und ein Maschinenhaus. Für den Materialtransport verkehrten auf 100 km Feldbahnschienen der Spurweite 900 mm 43 Kleinlokomotiven und einige 100 Loren.

Nach einer kaum mehr vorstellbar kurzen Bauzeit von gut zweieinhalb Jahren wurde die Strategische Bahn Weizen–Blumberg-Zollhaus am 20. Mai 1890 eröffnet. Es verkehrten vorerst täglich vier Züge in jeder Richtung. Einer der ersten Passagiere war der Schleitheimer Schriftsteller und Historiker Samuel Pletscher. Topaktuell erschien noch im Jahr der Betriebsaufnahme sein „Illustrierter Führer" | 5.4.10–11 |, in dem er die Strecke und die sie flankierenden Dörfer und die Sehenswürdigkeiten minutiös beschrieb. In der Einleitung seines 50-seitigen, noch heute unübertroffenen kulturhistorischen Büchleins schrieb er hoffnungsvoll: „*Wenn auch die Bahnstrecke Tuttlingen–Itzighofen vollendet und dem Verkehr übergeben sein wird, dürfte wohl noch eine Vermehrung der täglich kursierenden Züge gewärtigt werden*".

Defizitäre Bahn, profitierendes Gewerbe

Auch wenn sich Pletschers Hoffnung nicht erfüllte, weil weder das Militär noch zivile Reisende der kostenintensiven Bahn die erwünschte Kapazität verschafften, verhalf sie doch den abgelegenen Dörfern zwischen Schwarzwald und Randen und ihren Bewohnern zu willkommenen Verbindungen mit den Handelszentren am Rhein und an der Donau. Der Bahn wurden mit Ross und Wagen landwirtschaftliche Güter und Holz aus den umfangreichen Wäldern zum Transport zugeführt, die Gasthäuser im Umkreis der vom englischen Fishing Club (s. auch S. 392) für seine zahlreichen Mitglieder entdeckten Wutachschlucht rüsteten auf, junge Industriebetriebe waren auf den Export ihrer Produkte angewiesen. Als Beispiel sei die „Cement-Fabrik" von Joseph Gäng in Weizen erwähnt. Dessen Vater, der „Ziegler Bartle", hatte bei der Lehnmühle an der Mündung des Ehrenbachs in die Wutach eine Ziegelei betrieben, die er 1843 in eine Kalkbrennerei umgewandelt hatte, um Zement herzustellen. Joseph Gäng elektrifizierte das kleine Werk, wobei auch das an der Eisenbahnstation Weizen stehende Gasthaus „Zur Sonne“ | 5.4.12 | und die Dorfpost von Weizen mit Strom versorgt werden konnten. Die Nachfrage nach dem neuen Baustoff stieg rasch und den Rohstoff Kalk gab es direkt bei der Fabrik zur Genüge. In einem Inserat, das 1890 kurz nach der Eröffnung der „Strategischen“ erschien, offerierte er seinen Zement „*in vorzüglicher Güte und zu den mässigsten Preisen*“ und zählte die Bauwerke auf, für die der Mörtel daraus bereitet worden war. Erwähnt sind unter anderen die Eisenbahnbrücken und -tunnel der Linien Offenburg–Waldshut und Schaffhausen–

5.4.09 | Bautechnik in der Pionierzeit der Großherzoglich Badischen Staatseisenbahn: das Hochgerüst für den Bau des Talübergangs bei Epfenhofen der Strategischen Wutachtalbahn um 1888–1889. (MOP | Stadtarchiv Singen)

Die ſtrategiſche
Wutachthal-Randen-
Donauthalbahn
Oberlauchringen-Immendingen

Illuſtrierter Führer
mit Karte der Bahn
für Reiſende und Touriſten
von
S. Pletſcher.

5.4.10 und 11 | Das 1890 erschienene Buch von SAMUEL PLETSCHER „Die strategische Wutachthal-Randen-Donauthalbahn Oberlauchringen-Immendingen“ enthält auch diese schöne Zeichnung der „Brücke beim Blumegger Weiler“. (Repro MB)

WEIZEN
Station der strategischen Eisenbahn
Weizen-Immendingen.
Gasthof z. „Sonne“
Besitzer: F. Probst.
Neue eingerichtete Zimmer,
vortreffliche Betten,
feine Weine, gutes Bier,
Restauration zu jeder Tageszeit,
Freundliche, aufmerksame Bedienung,
Fuhrwerk im Hause,
Kegelbahn und schöne Gartenwirtschaft.
Billige Preise.

5.4.12 | „Fuhrwerk im Hause“ – Inserat des Gasthofs „Sonne“ bei der Station Weizen kurz nach der Betriebsaufnahme der Bahn im Jahr 1890. (Repro MB)

CEMENT-FABRIK
von JOSEPH GÄNG in Weizen, Baden.
Wutachthal, Grossh. Baden. Eisenbahnstation Weizen.
Portland-Cement, Roman-Cement, gemahlener Schwarzkalk. Cement-Schlackensteine
in vorzüglicher Güte und zu den mässigsten Preisen. Prompte, gewissenhafte Bedienung. — Das Rohmaterial, von der Grossh. chemisch-technischen Prüfungs- und Versuchsanstalt in Karlsruhe untersucht und als sehr gut erklärt, wird zunächst der Fabrik gebrochen, wo es sich in reicher Lagerung vorfindet. Fabrikeinrichtung mit den neuesten technischen Verbesserungen.
Die Fabrikation von Roman-Cement, 1843 durch Anton Gäng in Weizen gegründet und bis 1850 allein in Baden betrieben, ist wesentlich verbessert und erweitert worden vermittelst neuer Anlagen und Maschinen. Anerkannte Verwendung desselben bei den Bauten der Eisenbahnlinien Offenburg-Waldshut, Schaffhausen-Konstanz, Singen-Immendingen, zu den Tunnelbauten bei Laufenburg, Waldshut, Schaffhausen und Hottingen, zu den Brückenbauten bei Waldshut, Neuhausen und Konstanz, zu den bekannten grossen Wasserbauten im Rhein bei Schaffhausen etc. Beste amtl. beglaubigte Zeugnisse. Lager bei den meisten Baugeschäften.
Von diesem ausgezeichneten gemahlenen Schwarzkalk oder „Hydraulischen Kalk“ wurden bei dem strategischen Eisenbahnbau Weizen-Immendingen 1888—90 über 60 000 Zentner verwendet zu Tunnel-, Hoch- und Kunstbauten. Zeugnisse von den betr Baubehörden stehen zur Verfügung.
Hochachtend
Joseph Gäng, Weizen.

5.4.13 | Die „Cement-Fabrik“ von Joseph Gäng in Weizen wirbt 1890 um neue Aufträge mit der Aufzählung ihrer bisherigen Zementlieferungen an Bauwerke für Eisenbahnlinien in Süddeutschland und in der Schweiz. (Repro MB)

5.4.14 | **Museumsbahn Wutachtal:** Heizer und Lokführer warten auf das Abfahrtssignal am Bahnhof Weizen. (MB)

Konstanz sowie die Rheinkraftwerke von Schaffhausen („Moser Damm"). Von seinem „Hydraulischen Kalk", heißt es weiter, *„wurden bei dem strategischen Eisenbahnbau Weizen–Immendingen 1888–90 über 60 000 Ztr. verwendet zu Tunnel-Hoch- und Kunstbauten"* | 5.4.13 |. Auf der Weltausstellung 1900 in Paris präsentierte Gäng ein ganz aus Zement gebautes Modell der Schwarzwaldbahn. Aus dem kleinen Werk war dank des Anschlusses an das europäische Bahnnetz eine Fabrik mit über 100 Arbeitern geworden.

Die Stunde der Dampfbahnfans schlägt

1955 – inzwischen hatte das Automobil seinen Siegeszug angetreten – stellte die vom Zweiten Weltkrieg gebeutelte Deutsche Bundesbahn den Verkehr der Wutachbahn infolge der Baufälligkeit des Weiler Kehrtunnels ein. Tatsächlich befanden sich die meisten Anlagen des schwierigen Streckenteils Weizen–Blumberg-Zollhaus in einem erbärmlichen Zustand. Einer aber ließ sich davon nicht abschrecken: Kaum war der Widerhall des letzten Lokomotivenpfiffs an den Wutachflühen verhallt, meldete sich Ferdinand Mollet, Präsident der Europäischen Vereinigung zur Erhaltung von Dampflokomotiven (Eurovapor) in Zürich, bei der Bundesbahn-Direktion in Karlsruhe und schlug den Betrieb einer Museumsbahn vor. Ein damals noch undenkbarer Wunsch. Der Mann war zu früh, das Schicksal der „Strategischen" schien besiegelt. Nur – Mollet sollte nicht locker lassen.

Und dann geschah mit dieser an Überraschungen reichen Bahn ein Wunder. In Europa herrschte „Kalter Krieg" weshalb sich die NATO plötzlich ihres strategischen Werts erinnerte. 1963 veranlasste sie die gründliche Instandsetzung der Anlagen mit der Auflage, dass im „Verteidigungsfall" 24 Militärzüge pro Tag verkehren könnten. Die 5,4 Mio.-Mark-Investition trug entscheidend zur späteren Betriebsaufnahme der Museumsbahn bei, den Dornröschenschlaf der fast vergessenen Lokalbahn konnte er vorerst aber nicht stören. Gras wucherte über die Schienen, in den Tunneln bezogen Fledermäuse Quartier. 1975 sollte die Bahn, da jetzt auch die NATO keinen strategischen Nutzen mehr erkennen konnte, endgültig stillgelegt und danach abgebaut werden.

Mit diesem Entscheid aber schlug die Stunde der Dampf- und Eisenbahnfreunde. Auf Betreiben von Ferdinand Mollet hatte schon 1969 ein Sonderdampfzug mit 16 Wagen und 800 Passagieren die Strecke befahren und war an jeder Station bejubelt worden. Man sah die pittoresken Kehrschleifen und Viadukte plötzlich mit neuen Augen. Jetzt zog auch die Stadt Blumberg mit. Ihr damaliger Bürgermeister Werner Gerber wirkte beharrlich darauf hin, die Trasse für den Betrieb einer Museumsbahn übernehmen zu können. Mit Erfolg, denn schließlich gab die Deutsche Bahn ihren Segen dazu. Am 21. Mai 1977 erfolgte die Betriebsaufnahme – mit Rollmaterial (also den Fahrzeugen) und Lokführern der Eurovapor als Partnerin der Stadt Blumberg. Schon im ersten Jahr zählte man 18 fahrplanmäßige Fahrten mit über 20 000 Passagieren – ein Erfolg, der die Weiterexistenz der Sauschwänzlebahn sicherstellte.

5.4.15 | **Tunnelportal** des Tunnels am Achdorfer Weg zwischen Fützen und Epfenhofen. (MS.2013)

Museumsbahn Wutachtal – Betrieb und Museum

Die Museumsbahn Wutachtal – sie wurde 1988 zum Nationalen Denkmal erklärt – befördert heute mit planmäßigen Dampfzügen und Sonderzügen über 100 000 Fahrgäste in der Saison, die von Ende April bis Ende Oktober dauert. Im Winter dienen die Tunnel als Fledermaus-Winterquartiere. Sie gehören zu den bedeutendsten Südwestdeutschlands (s. auch S. 224). Der für 2013/14 erstmals vorgesehene Winterbetrieb konnte deshalb aus artenschutzrechtlichen Gründen nicht durchgeführt werden, was bundesweit großes Aufsehen erregte.

Eigentümerin der Wutachtalbahn ist die Stadt Blumberg, Eigentümer des Rollmaterials der Verein Wutachtalbahn e. V. (WTB e. V.), der auch die Lokführer, Heizer, Zugführer und Schaffner stellt. Für den Service, die Betriebsfähigkeit, und die Sicherung der Existenz der Bahn zeichnet die Interessengemeinschaft Wutachtalbahn e. V. (IG WTB e. V.) verantwortlich. Aufsichtsratsvorsitzender ist nach den Statuten der Bürgermeister der Stadt Blumberg.

Im ehemaligen Güterschuppen des Bahnhofs Blumberg befindet sich das attraktive Eisenbahnmuseum der Wutachtalbahn | 5.4.17 |. Es ist jeweils eine Stunde vor Abfahrt und nach Ankunft der Züge geöffnet. Die umfangreiche Ausstellung dokumentiert den Bau, den Betrieb und die wechselvolle Geschichte dieser außergewöhnlichen Bahnstrecke.

5.4.16 | **Oben: Während des Dampflokomotivfestivals** im Bahnhof Blumberg-Zollhaus, an dem verschiedene Lokomotiv-Typen vorgeführt werden, kann das Publikum auch die auf Hochglanz getrimmte, „Crailsheimer Bubikopf" genannte Lok 64 419 bewundern. (MB.2000)

5.4.17 | **Oben: Nach der Fahrt** durch den Buchberg- oder Wasserscheidetunnel erreicht der Zug das Aitrachtal und den auf 702 m Höhe liegenden Endbahnhof Blumberg-Zollhaus. Auf der Station tummeln sich mehr Eisenbahnfans als sonst, weil gerade ein Dampflokomotivfestival gefeiert wird. (MB.2000)

5.4.18 | **Links: Rekonstruiertes Kontor** eines Sauschwänzlebahn-Angestellten im faszinierenden Eisenbahnmuseum der Wutachtalbahn im ehemaligen Güterschuppen des Bahnhofs Blumberg-Zollhaus. (MB.2002)

Tourismus in der Wutachregion

Peter Lutz, Petra Kaiser, Friedbert Zapf

Bad Boll – Aufstieg und Niedergang eines Kurbads im Herzen der Wutachschlucht

Ein lauer Sommerabend des Jahres 1898. Es gab Königinsuppe, Wutachforelle, Rehbraten und Eisvariationen. Im eleganten Speisesaal des Kurhauses von Bad Boll tragen jetzt die Serviermädchen das feine Tafelgeschirr ab. Nach dem Essen lassen einige der noblen Kurgäste den Tag bei Klaviermusik oder mit einem Billardspiel ausklingen. Andere flanieren durch die Parkanlagen mit den plätschernden Wasserspielen. Ein paar jüngere Leute jedoch haben sich etwas Besonderes vorgenommen – eine romantische Gondelfahrt. Sie promenieren angeregt plaudernd die Allee längs der leise rauschenden Wutach hinab, und nach einer Viertelstunde ist ihr Ziel erreicht, der „Untersee" [Felsenweiher, Anm. d. Verf.], in welchen malerisch der Tannegger Wasserfall stürzt und auf dem die Gondeln bereits einladend schaukeln.

5.5.01 | Keimzelle für das Badewesen in der Wutachschlucht war diese unscheinbare Kaltwasserquelle. (FZ.2013)

So könnte es sich abgespielt haben, damals um die Jahrhundertwende, als Bad Boll in voller Blüte stand und adligen sowie wohlhabenden bürgerlichen Gästen Unterhaltung und Zerstreuung bot. Heute dagegen ist Melancholie eingekehrt im ehemaligen Bad: Außer einer einfachen Kapelle – die voraussichtlich bis zum Erscheinen dieses Buchs nicht mehr stehen wird – und einigen Grundmauerresten zeugt nichts mehr von vergangener Pracht.

Keimzelle für das Badewesen in der Wutachschlucht war eine profane Kaltwasserquelle im Mittleren Muschelkalk | 5.5.01 |. Das Wasser sickert vor seinem Austritt durch Gipseinlagerungen und löst dabei Mineralstoffe. Nach dem Ergebnis der Untersuchung der „Großherzoglichen Chemisch-Technischen Prüfungs- und Untersuchungsanstalt Karlsruhe" 1890 besteht das gelöste Salz zu 46 % aus „schwefelsaurem Kalk" und zu 39 % aus „Chlornatrium". Laut Untersuchungsbericht soll *„der innerliche Gebrauch"* des Wassers helfen bei *„Magenleiden mit überschüssiger Säurebildung, chronischen Darmkatarrhen, chronischen Lungenkatarrhen, Katarrhen der Harnorgane und allgemeinen Störungen der Blutmischung und Knochenbildung"*.

Der Badhof gehört dem Kloster St. Blasien

Aber nicht erst seit die Großherzogliche Untersuchungsanstalt die medizinische Wirksamkeit des Quellwassers wissenschaftlich festgestellt hat, wusste man von dessen Heilkraft. Schon im 15. Jahrhundert wird ein Badhäuschen erwähnt, gemeint dürfte damit ein kleines landwirtschaftliches Anwesen sein, das zur Herrschaft Tannegg gehörte und wegen der nahen Heilquelle so genannt wurde. Die Quelle, so der Schleitheimer Advokat und Schriftsteller Samuel Pletscher 1879, sei wohl schon den Römern bekannt gewesen und *„von den in der Umgebung wohnenden Edelleuten zum Baden benutzt worden"*.

Im Jahre 1604 ging das Anwesen, jetzt „der Badhof zu Dietfurt“ genannt, kurzzeitig in das Eigentum des Bonndorfer Obervogts Heggelbach über, samt des Fischrechts in der Wutach, kam aber schon 1609 mit dem Verkauf der „Freien Reichsherrschaft Bonndorf“ zum Kloster St. Blasien. Das Kloster ließ das Anwesen als einen von der Steuer befreiten „Meierhof“ bewirtschaften und vergab den „Boller Badhof“ 1766 als Leiblehen an den damaligen „Badmeier“. St. Blasien spielte aber durchaus auch mit dem Gedanken, wegen der häufigen *„Wassernoth“* – gemeint sind die tückischen Hochwasser in der Wutachschlucht – *„den Hof völlig eingehen zu lassen.“*

Die Kirchenbücher von Gündelwangen nennen als Herkunftsort der Bewohner des Badhofs beispielsweise *„auß dem Bad bei Boll“* (1644) oder melden als verstorben *„Georgius Hölzlin ex Bohl im Bad“* (1656). Interessant ist auch ein gewisser Andreas Müller, der 1646 als Trauzeuge genannt und als *„fischer im Bad“* bezeichnet wird. Es dürfte sich hierbei um einen Berufsfischer gehandelt haben, der im Auftrag des Klosters den berühmten Wutachforellen nachstellte. St. Blasien hatte 1562 auch ein Jäger- und Fischerhaus am Schluchsee errichten lassen. Schließlich hat noch Pfarrer Kürzel 1861 im Totenbuch der Pfarrei Gündelwangen für das Jahr 1695 den Eintrag *„Peter Bick, Fischer aus dem Bade“* gefunden.

Anton Kromer baut das erste Badehaus

Seit Mitte des 18. Jahrhunderts waren die Kromers „Badmeier“, betrieben also als eine Art Pächter die Landwirtschaft und vermutlich auch die Fischerei. Durch die Säkularisation kam der Badhof 1806 zum Großherzogtum Baden. *„Hof mit 8 Seelen“* vermeldet das „Historisch-Statistisch-Topografische Lexikon“ von 1813. Der Staat wiederum verkaufte das Anwesen 1818 für 1200 Gulden an Anton Kromer. Der neue Besitzer kommerzialisierte die Nutzung des Quellwassers im Jahr 1839. Er ließ die Quelle neu fassen und baute 1840 das erste Badehaus. Und erstmals ist jetzt von einer *„Gastwirtschaft und Badeanstalt“* die Rede, *„welche sich bald eines ziemlich guten Besuches erfreute“*, wie Dr. Bader 1858 schreibt. Er berichtet weiter: *„Nachdem das frühere Wohn- und Wirtschaftsgebäude am 6ten*

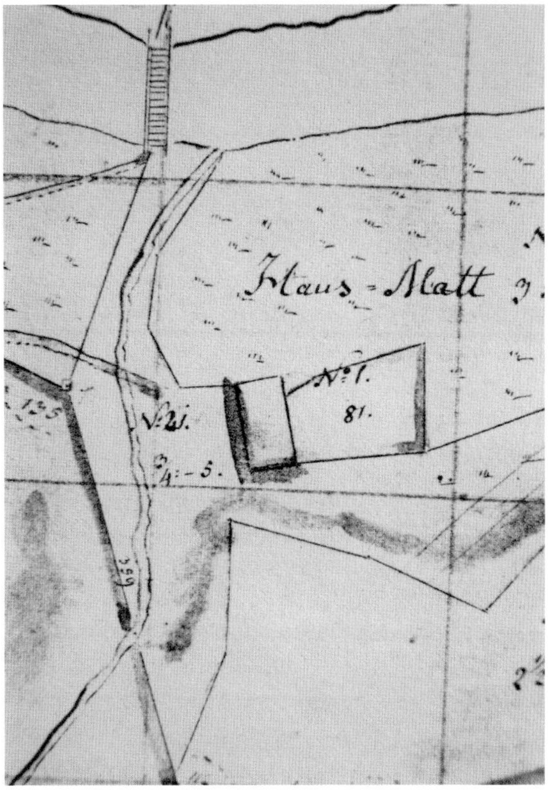

5.5.02 | **Der „Badhof“** auf einem Lageplan aus dem Jahr 1818 (Anlage zum Kaufvertrag zwischen Anton Kromer und der „Gnädigsten Herrschaft“). Im Norden die Wutach mit Steg. (AFZ)

Jänner 1854 durch Unvorsichtigkeit in Brand gerathen und bis auf den Grund verzehrt worden, erbaute man das gegenwärthige freundliche Gast- und Badgebäude.“

Im Juli 1856 brachte man ein Flugblatt über die „Bad- und Molkenanstalt im Badhof bei Boll“ unter die Leute, verfasst von einem Hofrat Professor Dr. Werber. *„Die Anstalt“*, so ist zu lesen, befinde sich nun in Händen des Joseph Hogg aus Löffingen, der dieselbe jetzt endlich voranbringe. Und weiter heißt es: *„Das Mineralwasser wird zum Baden und Trinken benützt und in neuerer Zeit – mit Fichtennadeln-Dekokt verbunden – angewendet. Neben dem Mineralwasser werden noch Molken (Schotten), von Ziegenmilch – nach Schweizerart bereitet – angeordnet, … ein ausgezeichnetes Mittel gegen viele Lungen- und Herzleiden, Unterleibskrankheiten, Nervenreizungen usw.“*.

Doch der große Erfolg für das Bad blieb vorerst aus. Im Oktober 1877 erwarb die Großherzoglich Badische Forstverwaltung das Anwesen und verpachtete es im Juni 1878 an den Metzger Fridolin Beck aus Bonndorf. Ein Jahr später liefert der Stammgast Samuel Pletscher eine ausführliche

Beschreibung von „Bad Boll“ | 5.5.03 |. Er beschreibt die 1855 erstellten, damals also fast 25 Jahre alten Gebäude wie folgt:

„1. Das ansehnliche, ja stattliche Kurhaus (früher Gasthaus zum Storch geheißen). ... Seinen First überragt ein hübsches, mit Blechhelm versehenes Glockenthürmchen, dessen Glöcklein die Kurgäste zur Tafel ruft. ...

2. Gleich neben dem Kurhaus ... steht das große Oekonomiegebäude ... mit Scheune und Ställen. ...

3. Gegenüber dem Oekonomiegebäude, jenseits eines geräumigen Hofplatzes, ist das Waschhaus, sowie der Tränkbrunnen für das Vieh plazirt.

4. Vom Kurhaus führt der Badweg durch die Gartenanlagen zu beiden Seiten, mit Bosquet und einer offenen, gedeckten Speisehalle und durch Baumwiesen nieder zum Badhaus ... Dasselbe wurde 1840 errichtet. ... Zu ebener Erde ist die Badeeinrichtung, fünf Badezimmer mit je 2 Badewannen und eine Einrichtung zum Douchen; in den oberen Räumlichkeiten findet sich die Einrichtung für das Dampfbad und mehrere Schlafzimmer für die Kurgäste. ...

5. Nur wenige Schritte östlich vom Sammler steht auf einem Vorsprung der Halde, etwas erhöht, die Badkapelle. Sie ist ziemlich geräumig, enthält aber bis jetzt außer dem gewöhnlichen Schmuck nichts Bemerkenswerthes.“

5.5.03 | **Nachdem Bad Boll 1854 abgebrannt war,** wurde ein Jahr später das „freundliche Gast- und Badgebäude“ erstellt (Bild aus Samuel Pletscher, 1879). (AFZ)

Ein Oberbürgermeister modernisiert Bad Boll

Aber schon bald gab es wieder einen Besitzerwechsel. 1887 verkaufte der Staat Bad Boll für 11 050 Mark an den früheren Oberbürgermeister von Freiburg, Karl Schuster. Ein Apotheker aus Baden-Baden, Max Rheinboldt, berichtet 1889, dass Schuster *„die vorhandenen Gebäulichkeiten und Einrichtungen in letzter Zeit wesentlich vergrößert hat, so dass für 100 Kurgäste Betten vorhanden sind.“* Rheinboldt beschreibt das Kurhaus: *„Das Gebäude ist dreistöckig und enthält außer dem über 100 Personen fassenden eleganten, heizbaren Speisesaal, den Herren- und Damensalons, ebenfalls heizbar und mit Billard und Pianino versehen, eine große Anzahl Fremdenzimmer, alles neu und komfortabel eingerichtet. Im Kurhause befindet sich ein Post- und Telegraphenbureau.“*

Auch das Badehaus von 1840 wurde unter Schuster ausgebaut, es sei *„durch eine Anzahl neuer Badekabinette entsprechend bereichert, welche den heutigen modernen Einrichtungen gemäß, wie dieselben in Baden-Baden und anderen Bädern ersten Ranges im Gebrauche, aufs beste ausgestattet sind.“* Ein Prof. Dr. Thomas ergänzt im Jahre 1900, dass sich im Badehaus neun *„den Anforderungen der Neuzeit entsprechend ausgestattete Badekabinette“* befänden, alle *„mit Douche und der nötigen Einrichtung für Inhalation, Massage, Sol-, Moor-, Fichtennadel-, Dampf- sowie elektrische und römisch-irische Bäder versehen“*. Und der Professor schwärmt weiter: *„Die elektrische Beleuchtung der Säle, der Park- und Gartenanlagen mit ihren plätschernden Wasserwerken ... trägt zur Annehmlichkeit des Aufenthaltes nicht minder bei als die Gondelfahrten auf den beiden neu angelegten Seen.“*

Fishing Club wird Eigentümer

Dann begann die legendäre englische Ära. Die Engländer, bekanntermaßen unter den ersten Touristen in Europa und passionierte Angler, entdeckten Bad Boll mit seiner neuen Fischbrutanstalt und die für ihre Forellen berühmte Wutach. Am 25. Oktober 1894 erwarb der „Fishing Club Limited London“ Bad Boll von den Erben Karl Schusters. Die englischen Gentlemen kamen im Sommer zum Forellenfischen, ansonsten betrieb ein rühriger Pächter, ein gewisser Paul Bogner, die Anlage, die übrigens alles andere als ein englischer Club war, sondern für Kurgäste und die Bevölkerung offen stand. Jeden Sommer gab es Konzerte und Theateraufführungen. Im August 1906 zum Beispiel berichtet die Schwarzwälder Zeitung: *„Herr Bogner ist unermüdlich, seinen Gästen Unterhaltung und Abwechslung zu schaffen. So fand am*

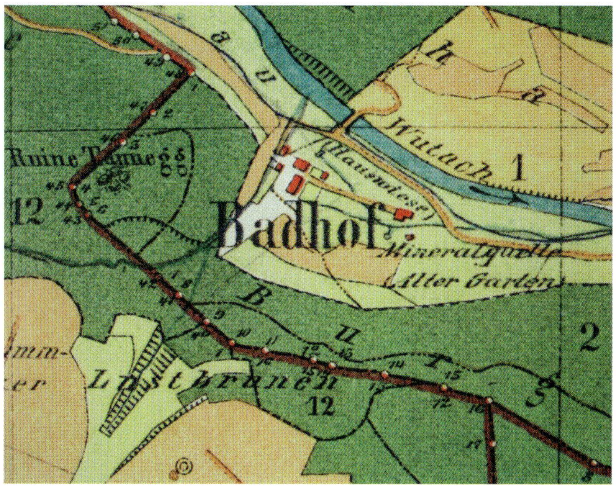

5.5.04 | Die Gesamtanlage im Jahr 1879. Im Gemarkungsatlas sind auch die Quelle, östlich davon die Kapelle, nördlich das Badhaus eingezeichnet. Braun dargestellt sind Garten- und Ackerflächen („Uebersichts-Plan der Gemarkungen Badhof, Boll, Oberhalden u. Tannegg"). (AFZ)

Mittwoch ein Unterhaltungsabend der Wiener lustigen Bühne statt, wo das Publikum sich vortrefflich amüsierte". Die mehrmals in der Saison veröffentlichte Fremdenliste spiegelt das mondäne Bad Boll wider. So weist die Liste vom 24. August 1907 beispielsweise 36 Positionen auf, darunter *„Mr., Mrs. und Miss Le Cocq, Paris, Graf und Gräfin d'Allincourt m. Fam. u. Bed., Paris, Herr G. Gerdes, Kaufmann, New-Orleans, Madame Schatzkin u. Bed., St. Petersburg, Major, Mrs. u. Miss Wilson, London, Herr Sigg-Sulzer, Fabrikant, m. Fam., Zürich*".

Doch dann warf der Erste Weltkrieg bereits seine Schatten voraus. Im September 1906 fand in Bonndorf und Umgebung ein Herbstmanöver statt. Prinz Max von Baden nahm teil und besuchte auch Bad Boll, *„um ein vorausbestelltes Diner einzunehmen*", so die Schwarzwälder Zeitung. *„In der leutseligsten Art unterhielt sich der hohe Gast mit dem Gastgeber, Herrn Bogner.*"

5.5.05 | Bad Boll nach der Modernisierung 1888/89 durch Karl Schuster; links das Badehaus, davor ein Tennisplatz, rechts das Kurhaus, dahinter die Ökonomie (Postkarte um 1905). (AFZ)

5.5.06 | 1894 hatte der „Fishing Club London" Bad Boll erworben. Der rührige Pächter Bogner organisierte für seine noblen Gäste Konzerte und Theateraufführungen im Kurhaus (Postkarte um 1905). (AFZ)

5.5.07 | Eine seltene Winteransicht mit vorne rechts Badhaus und Kapelle, in der Mitte Kurhaus, links davon Ökonomie, rechts davon Turbinenhaus (Postkarte um 1910). (AFZ)

Als dann die Spannungen zwischen dem deutschen Kaiserreich und England zunahmen, verkauften die Engländer am 6. Mai 1913 das Anwesen für 125 000 Mark an ihren ehemaligen Pächter Paul Bogner. Ein Grund für den Rückzug des Fishing Club waren aber auch die Abwässer der Papierfabrik Neustadt, die das Ende der berühmten Forellenfischerei in der Wutach bedeuteten.

Am 1. Oktober 1918, kurz vor Ende des Ersten Weltkriegs, erwarb die Allgemeine Ortskrankenkasse Göppingen Bad Boll. Schon am 5. Mai 1925 kam das Bad an die „Deutsche Gesellschaft für Kaufmann-Erholungsheime, Kur- und Genesungsheime für Handel und Industrie e.V." in Wiesbaden. In einer Aufstellung des Badischen Statistischen Landesamtes für das Jahr 1930 sind 954 ankommende Fremde, viele aus Rheinland-Westfalen, und 11 860 Übernachtungen erfasst | 5.5.08 |.

5.5.08 | Das Foto aus den 1930er-Jahren zeigt das Kurhaus. Es war zu jener Zeit „Kaufmann-Erholungsheim", ab 1940 „KLV-Lager" und in den 1960er-Jahren „Klinik für biologische Ganzheitsmedizin" unter dem Arzt Werner Schütze. Das Gebäude brannte 1975 ab. (AFZ)

Der Niedergang des Kurbads

Als man ab 1940 ca. 2,5 Mio. Kinder in sogenannte „Kinderlandverschickungslager" evakuierte, wurde auch in Bad Boll ein „KLV-Lager" eingerichtet. Im Sommer 1949 gab es noch einen „Verwalter", aber schon 1954 ist in einem Wanderführer zu lesen, dass Bad Boll *„zuletzt Kaufmannerholungsheim"* war und es sich derzeit um ein *„leerstehendes, verwahrlostes Anwesen"* handle.

1960 erstand der approbierte Arzt Werner Schütze aus Freiburg – *„ein bisschen Kauz, ein bisschen Köhnlechner"*, so das Magazin „Der Spiegel" – das Anwesen. Er betrieb zunächst ein „vegetarisches Altersheim", dann erteilte das Landratsamt Neustadt im Juni 1966 die Konzession für eine „Klinik für biologische Ganzheitsmedizin". Schütze wandte Naturheilmethoden mit Kräutern und Quellwasser an. Schließlich gab es noch den „Freien Therapiehof Bad Boll" mit Werkstätten für Drogenabhängige.

In der Nacht auf den 16. Januar1968 wurde Schütze in Bad Boll verhaftet. Der Staatsanwalt warf ihm unter anderem Abtreibung vor. Der Schwarzwälder Bote schreibt am nächsten Tag: *„Das Personal – es bestand zum größten Teil aus Wehrdienstverweigerern, die in Boll zum Teil mit ihren Beatlemähnen und -bärten geradezu auffielen – mußte bis gestern abend das Haus verlassen."* Die Geschichte war das gefundene Fressen für die Boulevardpresse. Im Februar 1968 machte Bad Boll Schlagzeilen in der Zeitschrift „Quick". Es ist die Rede vom *„Liebesdoktor von Bad Boll"*, und auch die Bild-Zeitung ließ sich die Story nicht entgehen. Nach der Haft kehrte Werner Schütze nach Bad Boll zurück.

In der Nacht auf den 11. April 1975 brannte das Kurhaus ab und stand jahrelang als Brandruine da. 1981 verkaufte die Witwe von Werner Schütze Bad Boll an die beiden Brüder Burr. „Der Spiegel" berichtet 1982: *„Schwäbische Schaffer – zwei junge Lehrer haben mitten im Schwarzwald einen verrotteten kleinen Kurort samt Heilquelle gekauft, den sie mit eigenen Mitteln sanieren"*. Es wird ausgeführt, dass Friedemann Burr und sein Bruder Eberhard *„aus einem total kaputten Kurort wieder ein Ziel für Gäste, Wanderer und Naturfreunde"* machen wollten. Das Nutzungskonzept 1983 sah *„Schullandheim, Bleibe für Vereinsausflüge, kommerzieller Heilkräuteranbau"* vor.

Sieben Jahre später, 1990, schlossen die Brüder Burr mit dem „Würzburger Verein für christliche und gegenstandsfreie Meditation" einen Kaufvertrag über das Anwesen. Doch da übte das Land Baden-Württemberg Anfang 1990 sein Vorkaufsrecht im Naturschutzgebiet aus, um einen *„Störfaktor mitten in der Wutachschlucht zu verhindern"*. Das vom Regierungspräsidium Freiburg im April 1991 erstellte Naturschutzkonzept sah den Abbruch des Wanderkiosks und des maroden, ehemaligen

5.5.09 | **Im März 1992** erfolgte der Abbruch des Badhauses. (FZ)

5.5.10 | **Die Badkapelle,** die sich derzeit im Zerfall befindet, ist das einzige Gebäude, das vom einst mondänen Kurbad übrig geblieben ist. (FZ.2013)

Badehauses vor. Das Turbinenhaus sollte zunächst als eine Art Naturschutzinformationszentrum genutzt werden. Ebenfalls erhalten bleiben sollte die Kapelle – *„aus Gründen des Denkmalschutzes"*. Im Juli 1991 erfolgte der Abbruch des Kiosks, im März 1992 der des Badhauses | 5.5.09 |. Der Petitionsausschuss des Landtags hatte im Februar 1991 die Eingabe einer „Interessengemeinschaft Bad Boll" zurückgewiesen. Im Juli 1993 wurde auch das in den 1880er-Jahren errichtete Turbinenhaus abgebrochen, das man durchaus als technisches Denkmal hätte betrachten können, wären nicht Turbine und Generator schon lange vor dem Abbruch von Unbekannten abtransportiert worden. Es steht also nur noch die Kapelle, die derzeit im Zerfall begriffen ist | 5.5.10 |.

Moderner Tourismus in der Schlucht

Die Wutachschlucht ist zweifelsohne einer der landschaftlichen Höhepunkte des Südschwarzwaldes. Ihr Name weckt in uns Assoziationen von Unberührtheit, Ursprünglichkeit, Wildheit, vielleicht auch Geborgenheit, lässt den Wunsch nach Entspannung, Erholung und Ausruhen inmitten der Natur aufkommen.

Von diesem Nimbus lebt der Tourismus rund um die Schlucht. Die Erschließung mit Fußwegen und in der Folge ein paar angelbegeisterte Engländer zeigten zum ersten Mal, was touristisch in der Region steckt. Sie wurde zum Ausgangpunkt einer wechselvollen Geschichte, die bis heute auf dem Wandertourismus fußt. Erst mit dem Wirtschaftswunder der Bundesrepublik begann, zögernd und zunächst auf bescheidenem Niveau, der damals noch so bezeichnete Fremdenverkehr zu florieren. Heute steht die Ferienregion Wutachschlucht in Zeiten von Individual- und Naturtourismus im Wettbewerb mit vielen anderen Urlaubszielen, aber sie kann wuchern mit einem Pfund, das nichts von seinem Glanz eingebüßt hat, ja vielleicht immer wertvoller wird – der Natur! So hat der Wutachtourismus viele Wandlungen durchgemacht, die auch ein wenig die Entwicklung der bundesdeutschen Gesellschaft widerspiegeln. Es bleibt spannend, uns Menschen auch in Zukunft in der Schlucht zu beobachten und zu begleiten.

Vom Kururlaub zum Schluchtensteig

„Welcher ist der schönste Weg durch die Wutachschlucht?" – „Kann ich auch mit kleinen Kindern durch die Schlucht wandern und unseren Hund mitnehmen?" – „Wie sind die Wanderbusverbindungen am Wochenende?" – „Wie kann ich die Fahrt auf der Sauschwänzlebahn gut mit einer Wanderung in der Wutachregion verknüpfen?" Diese und ähnliche Fragen stürmen in der Wandersaison auf die Touristinfos rund um die Wutachschlucht ein. Dort beantwortet man gern diese Anfragen, schließlich ist die Wutachschlucht auch rund 100 Jahre nach dem „Goldenen Zeitalter" (s. auch S. 392 f.) für den Tourismus in der Region das Aushängeschild.

5.5.11 | **Wandergruppe des Schwarzwaldvereins** unterwegs im Juni 1909 in der Wutachschlucht. (SWV)

Sommerfrische in die kühlen Tiefen des Wutachtals | 5.5.11 |. Ein erster „Boom" des Tourismus war zu spüren, der allerdings nicht lange anhielt.

Mit Beginn des Ersten Weltkriegs bis zum Ende des Zweiten Weltkriegs erlebte der Fremdenverkehr in der Region jedenfalls einen jähen und lange anhaltenden Einbruch. Erst in den 1950er-Jahren ging es wieder aufwärts mit dem Tourismus im Schwarzwald. Damals zog die Verfilmung der Operette „Schwarzwaldmädel" über 18 Millionen Zuschauer in die deutschen Kinos und weckte Sehnsüchte nach dieser herrlichen Landschaft. Unverhofft kam es zu einem Aufschwung. Der bis heute nachklingende, gute Ruf der Ferienlandschaft Schwarzwald war geboren. Auch die Orte um die Wutachschlucht profitierten damals vom aufstrebenden Tourismus.

Mit dem Touropa-Fern-Express kamen die im Volksmund „Touropagäste" genannten Besucher aus dem hohen Norden von Hamburg oder Dortmund nach Löffingen und auch direkt nach Bonndorf und Lenzkirch, Orte, die damals über einen Anschluss an die Höllentalbahn per Zug zu erreichen waren | 5.5.12–13 | (s. auch S. 382). Dabei war dieser Tourismus weitaus bescheidener als heute. Die meisten Gäste aus dem Norden wohnten in einfachen Privatquartieren. Die Gastgeber selbst holten ihre Gäste am Bahnhof ab und transportierten das Gepäck mit Leiterwagen zur Unterkunft. Auch der Kurdirektor durfte bei der Ankunft der Züge natürlich nicht fehlen, er begrüßte die Ankommenden persönlich. Keine Frage, dass die Touropagäste nicht nur wegen der guten Luft, sondern auch wegen der wildromantischen Wutachschlucht den Weg in den Schwarzwald suchten.

Besonders in jüngster Zeit, seitdem Trekking und Hiking neben dem traditionellen Wandern „in" sind, wird die Wutachschlucht wieder nachgefragt. Der klangvolle Name zog zu unterschiedlichsten Zeiten Besucher an, die sich gern auf eine etwas anstrengende, aber lohnende Tour in die urwüchsige Natur einlassen wollten. Schon immer war der Besuch der Schlucht – neben dem Feldberg oder dem fast unvermeidlichen Titisee – ein wichtiges Ziel bei Urlaubsreisen in den Schwarzwald oder für Naherholungssuchende aus der Region.

Während Friedrich Nicolai in seiner „Beschreibung einer Reise durch Deutschland und die Schweiz im Jahre 1781" das Wutachtal noch als eine ruhige, einsam gelegene Waldgegend schilderte (s. auch S. 370), tummelten sich bereits 100 Jahre später Erholungssuchende aus England im renommierten Kurort Bad Boll mitten in der Schlucht. Die neuen Wanderwege des Schwarzwaldvereins lockten wenig später erste Wandergruppen zur

5.5.12 und 13 | **Es herrschte immer reges Treiben** am Bahnhof Bonndorf, wenn in den 1950er-Jahren die Touropagäste eintrafen. Oben das Bahnschild an den Wagen des Touropa-Fern-Express von Hamburg-Altona nach Bonndorf. (SM)

5.5.14 | Familienwanderungen – hier in den 1960er-Jahren durch die Gauschachschlucht – waren zu allen Zeiten beliebt, bieten sie den Kindern doch Abenteuer und Abwechslung, den Eltern dagegen Entspannung. (EZ.1965)

In den 1970er-Jahren musste man als Urlaubsregion schon mehr bieten als nur Zimmer mit Frühstück. Die touristische Infrastruktur wurde ausgebaut, um weiterhin attraktiv zu bleiben. Neue Angebote entstanden. Neben vielem anderen entwarf man einen „Geologischen Hobbyurlaub in der Wutachschlucht". 1977 konnte man für 295 Deutsche Mark eine ganze Woche unter fachkundiger Führung an Exkursionen teilnehmen, in interessanten Steinbrüchen nach Fossilien suchen und im Gelände den *„Kräften des Erdinneren"* nachspüren (Fröhlich 1977).

In dieser Zeit bauten die Anrainergemeinden gemeinsam mit Schwarzwaldverein und Forstverwaltung das Wegenetz in der Schlucht aus und verbesserten auch Wegezustand und -beschilderung. Was im Jahr 1904 mit der Erschließung der Schlucht erfolgreich begonnen worden war, erreichte Ende der 1970er-Jahre seinen Höhepunkt in der Ausweisung zahlreicher Rundwege. Mittlerweile sind einige dieser Wege zum Schutz der Natur wieder stillgelegt worden (s. auch S. 444). Der Tourismus hat gelernt, dass eine bloße Vermarktung des Schutzgebiets letztlich schädlich ist, denn hohe Besucherzahlen um jeden Preis wirken sich negativ auf den Ruf des Erholungsgebiets aus. Qualität steht immer noch vor Quantität, das gilt besonders für diese einmalige Schlucht. Schließlich ist sie zu weiten Teilen Naturschutzgebiet, dem der Tourismus bei seinen Aktivitäten Rechnung tragen muss.

„Enne und denne der Wutach"

1995 schlossen sich die umliegenden Gemeinden Bonndorf, Ühlingen-Birkendorf, Stühlingen, Grafenhausen und Wutach, alle im Landkreis Waldshut gelegen, zur „Ferienregion Wutachschlucht" zusammen. Ihr Bestreben war es nicht nur, das Naturschutzgebiet Wutachschlucht bekannt zu machen, sondern auch, die herrliche und abwechslungsreiche Region hüben wie drüben – oder „enne und denne", wie die Einheimischen sagen – zu bewerben und zu vermarkten. Gemeinsam warben sie auf Tourismusmessen in ganz Deutschland, den Niederlanden und der nahen Schweiz für die Aktivitäten in der Schlucht und auch mit Wanderungen auf den Hochflächen, die einem weite Ausblicke zu den Bergen des Südschwarzwaldes, zur Schwäbischen Alb und sogar bis zu den Alpen ermöglichen. Auch Kulturinteressierte kommen bei den Angeboten nicht zu kurz, denn es gibt in den schmucken Städtchen und Gemeinden Museen, Ausstellungen und Veranstaltungen; und nicht zuletzt lockt eine gute, bodenständige Gastronomie.

Die Ferienregion Wutachschlucht war so erfolgreich, dass bald weitere Gemeinden hinzustießen. Heute besteht die Gemeinschaft aus den neun Mitgliedsgemeinden Blumberg, Bonndorf, Bräunlingen, Friedenweiler, Hüfingen, Lenzkirch, Löffingen, Stühlingen und Wutach. Bereits seit dem Jahr 1999 verschafft ein gemeinsamer Internetauftritt (www.wutachschlucht.de) den Interessierten einen guten Überblick zur Region und ihren touristischen Angeboten. Ein seit 2008 jährlich am letzten Juniwochenende stattfindender Wutachtag rundet das gemeinsame Angebot ab. Individuell oder mit geführten Sternwanderungen trifft man sich an der Wutachmühle bei einem kleinen, geselligen Bauernmarkt mit regionalen Produkten von Herstellern aus der Ferienregion Wutachschlucht.

Seit 2006 gibt es mit dem Schluchtensteig des Landkreises Waldshut – ein Qualitätsweg Wanderbares Deutschland – eine weitere Wanderattraktion in der Region. Er führt auf 120 km in sechs Tagesetappen von Stühlingen durch die Wutachschlucht bis Lenzkirch, von dort über den Schluchsee in den Hotzenwald und durch die Wehratalschlucht hinab zum Endpunkt Wehr. Es ist ein abwechslungs-

Ferienregion Wutach Schlucht

5.5.15 | Der durchgehend markierte Schluchtensteig führt auf seiner ersten Etappe zwischen Stühlingen und Blumberg auf schmalen Wanderwegen durch die Felsgalerien der Wutachflühen. (KN.2009)

reicher Weg, der die schönsten Schluchten im Südschwarzwald miteinander verbindet und aussichtsreiche Höhen mit weiten Fernblicken durchquert. Den besonderen Reiz des zertifizierten Fernwanderwegs machen sicher die wildromantischen Schluchtpartien entlang der Wutach und Haslach aus, vor allem in den Flühen und von der Wutachmühle bis nach Lenzkirch | 5.5.15 |. Innerhalb kürzester Zeit wurde der Schluchtensteig zu einem der bekanntesten Wanderwege in Deutschland – mit der Wutachschlucht als wichtigstem Zugpferd. Bei der Festlegung der Wanderroute berücksichtigte man die Belange des Naturschutzes, der um die Ruhe in den Schluchten und das Wohl der dort vorkommenden geschützten Arten fürchtete (s. auch S. 428). Daher verzichtete man im Projekt auf manche Passage, fand letztlich dann noch bessere Varianten, so dass der Schluchtensteig als gelungenes Zusammenwirken von Naturschutz und Tourismus angesehen werden kann. Eine sorgfältige und angepasste touristische Nutzung, die die natürlichen Grundlagen nicht überstrapaziert, dient letztlich allen. Um diesem Ziel einvernehmlich näher zu kommen, haben im Januar 2014 alle wichtigen Akteure der Region unter Federführung des Regierungspräsidiums Freiburg beschlossen, gemeinsam und solidarisch an einer guten Zukunft der Wutachschlucht mitzuwirken (s. auch S. 445).

Die Region wirbt mit der Schlucht

Nicht nur die Ferienregion wirbt mit der Wutachschlucht als Aushängeschild. Alle gängigen Reise- oder Wanderzeitschriften sowie auch Tageszeitungen, Zeitschriften und der Rundfunk im In- und Ausland haben die letzten Jahre regelmäßig über die Wutachregion berichtet. Die – vielleicht etwas überzogene – Formulierung „Grand Canyon des Schwarzwaldes" weckt als Aufmacher hohe Erwartungen, spiegelt aber auch die Besonderheit der Schlucht wider. Sendungen wie „Fahr mal hin" oder „Wildes Deutschland" sind Beispiele von Dokumentationen und Berichten, die von ARD und ZDF in den letzten Jahren produziert und ausgestrahlt wurden. Und wer sich in den Reiseführern umschaut, findet die Wutachschlucht regelmäßig als Geheimtipp.

Das intensive Tourismus-Marketing zeigt Wirkung. Kein Wunder, dass es an manchen Tagen im Sommer in der Schlucht auch mal eng zugehen kann. Bei sonnigem Wetter an Pfingsten oder an den Feiertagen im Mai und Juni haben die letzten Jahre teilweise über 1000 Besucher die Zählstellen des Schwarzwaldvereins passiert (s. „Besucheraufkommen in der Wutachschlucht ist wetterlaunisch"). Dieser hohe Andrang spiegelt sich dann auch in den Fahrgastzahlen der Wanderbusse und an den voll gestellten Wanderparkplätzen wider. Solche Spitzentage sind aber – zum Glück für Ranger und Bergwacht – nicht Alltag. Unter der Woche ist es eher ruhig in der Schlucht. Selbst in der Ferienzeit im August ist dann in der Schlucht zwar reger Wanderbetrieb, aber kein Rummel.

Mit dem Wanderbus in die Wutachschlucht

Da bis Ende der 1980er-Jahre an Wochenenden kaum ein Linienbusverkehr existierte, war es für Schluchtenwandernde schwer, vom Endpunkt ihrer Wanderung wieder zum Ausgangspunkt, an dem sie ihre Fahrzeuge abgestellt hatten, zu gelangen. Mit einem Sprung ins kalte Wasser startete 1989 die Erfolgsgeschichte Wanderbus Wutachschlucht.

Zu Beginn der Wanderbuszeit ging es nach einer erholsamen Wanderung durch die Wutachschlucht an der Bushaltestelle bei der Wutachmühle an sonnigen Wochenenden nochmals „richtig zur

Sache". Ellbogen, Wanderstöcke und das eigene Körpergewicht waren gefragte Hilfsmittel beim Kampf um einen begehrten Platz im Wanderbus. Dieser endete meist mit einem bestimmenden Machtwort von DIETER RATHGEN, seinerzeit Kurgeschäftsführer in Bonndorf: *„Nur die Fahrzeugführer der geparkten Autos fahren mit, der Rest muss warten!"* Das musste auch sein, denn es stand gerade einmal ein VW-Bus mit neun Sitzplätzen zur Verfügung, der als „Wanderbus Wutachschlucht" auf der Route südlich um die Schlucht verkehrte.

DIETER RATHGEN erinnert sich: *„Als Kurgeschäftsführer in Bonndorf stellte ich fest, dass die Wutachschlucht-Wanderer unter der Woche mit Linienbusverkehr gut von der Wutachmühle wieder zurück zu ihren Ausgangspunkten nach Bonndorf, Boll, zur Schattenmühle oder zur Lotenbachklamm kamen. Aber am Wochenende gab es keine Verbindung. Ich hatte die Idee, als besonderen Service für die Gäste einen Wanderbus anzubieten, und ging ab 1989 in Absprache mit der Südbadenbus (SBG) und dem Landkreis Waldshut mit einem VW-Bus in die Test-*

BESUCHERAUFKOMMEN IN DER WUTACHSCHLUCHT IST WETTERLAUNISCH

Zählung der Wanderer durch den Schwarzwaldverein Bonndorf

Eine Frage wurde seit der Erschließung der Wutachschlucht durch den Schwarzwaldverein im Jahre 1904 immer wieder neu gestellt: Wie viele Menschen besuchen eigentlich die Schlucht? Die Ortsgruppe Bonndorf des Schwarzwaldvereins schätzte im September 1957 die Zahl der Wanderer auf 10 000 für das Jahr 1955. In den 1980er-Jahren schickte man tageweise Bonndorfer Schulkinder in die Schlucht, die sich an den Wanderwegen im Gebüsch versteckten und anhand von Strichlisten die Passanten zählen sollten. Das führte aber nicht zu verlässlichen Zahlen.

Auf einer sehr schmalen Stichprobenbasis ging der Leiter des damaligen Forstamts Bonndorf 1993 von 60 000 bis 80 000 Besuchern im Jahr aus. Als diese Schätzzahlen in der Öffentlichkeit dann unbekümmert und teilweise tendenziös verwendet wurden, führte die Ortsgruppe Bonndorf in der Wandersaison 1997 zum ersten Mal eine elektronische Zählung durch. Helmuth Günther hatte dazu eine „Zählmaschine" auf der Basis eines in der Industrie verwendeten Taktzählwerks konstruiert und gut versteckt in den neuen Rümmelesteg eingebaut. Das Zählwerk registrierte zwischen April und Oktober 60 100 Wanderer.

Im Jahr 2001 installierte Helmuth Günther beim Tannegger Wasserfall eine weitere „Zählmaschine". Sie erfasste von April bis Oktober 74 800 Wanderer. Im verregneten Jahr 2002 ging die Zahl für den gleichen Zeitraum auf 38 500 zurück. Auf das Regenjahr folgte der Jahrhundertsommer 2003 mit 75 800 Wandernden. Die beiden Jahre mit ihren Wetterextremen zeigen deutlich, dass das Besucheraufkommen in der Wutachschlucht ausgesprochen wetterlaunisch ist. Neuere Zählungen aus den teilweise verregneten Jahren 2012 und 2013 bestätigen, dass Besucherzahlen witterungsbedingt zwischen 60 000 und 80 000 schwanken können.

5.5.16 | Helmuth Günther vom Schwarzwaldverein Bonndorf beim Einbau seiner „Zählmaschine" in einen Wutachsteg. (FZ)

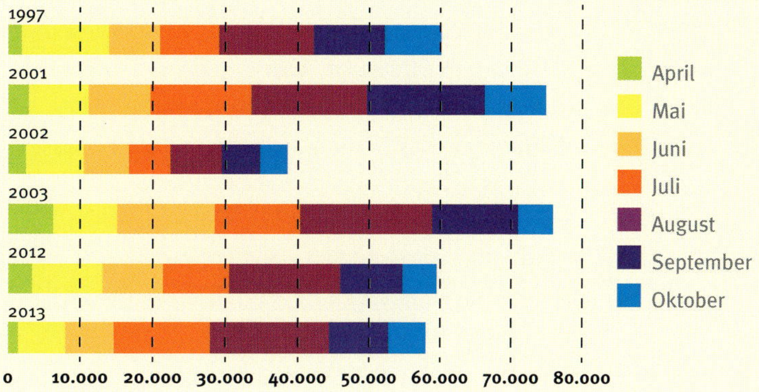

5.5.17 | Besucherzahlen in der Wutachschlucht zwischen 1997 und 2013. (SWVB)

phase. Unser Busangebot sprach sich schnell herum und war so ein Erfolg, dass wir 1990 schon mit einem zweiten VW-Bus an den Start gingen. Obwohl es einen Fahrplan gab, fuhren wir teilweise spontan der größten Nachfrage folgend die Strecken. Unser Angebot kam so gut an, dass mit der Saison 1995 die jetzige Wanderbuslinie – nun als Angebot der SBG – begründet wurde.“

5.5.18 | Hintergrundbild: Um 1990 verkehrten zwei VW-Busse der Touristinformation Bonndorf, um Wandernde zwischen Wutachmühle und Schattenmühle zu chauffieren. (DR.1990)

Ohne die noch heute zwischen Mai und Oktober verkehrenden Wanderbusse ist der Wandertourismus in der Schlucht inzwischen undenkbar | 5.5.19 |. Neben dem bequemen Transport schätzen die Wutachbesucher auch das umweltverträgliche Verkehrsmittel.

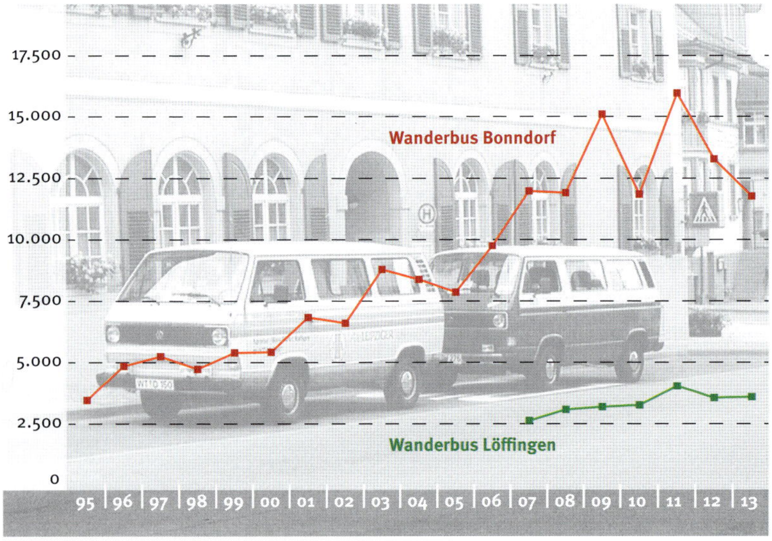

5.5.19 | Die Wanderbusse um die Wutachschlucht kommen an: Die Fahrgastzahlen steigen. Das Umweltbewusstsein der Wanderer und die Verbesserung des Angebots sind die Schlüssel zum Erfolg. Aus den ursprünglich sechs Fahrten sind bis 2013 insgesamt 32 Fahrten pro Tag geworden. In Jahren mit verregneten Sommern (2010 und 2012) oder einem kalten Frühjahr (2013) brechen die Fahrgastzahlen aber deutlich ein.

Wohin des Wegs?

Obwohl Rundwege die umliegenden Städtchen und Dörfer durch zahlreiche Abstiege mit der Wutachschlucht oder anderen Orten verbinden, zieht es die Mehrzahl der Besucher zu einer ausgedehnten Wanderung durch die Schlucht von Ost nach West oder umgekehrt. Kein Wunder, verlaufen doch wichtige Wanderachsen des Schwarzwaldvereins wie der Querweg Freiburg–Bodensee, der Ostweg oder der Schluchtensteig in Teilabschnitten durch Wutachschlucht oder Wutachflühen.

Beinahe jeder aus der Region hat schon einmal die Wutachschlucht besucht und ist von der Schatten- zur Wutachmühle gewandert: als Kind mit den Eltern oder als Schüler, wenn man beim Klassenausflug mitwandern „musste“ (s. „Die unendlich grüne Hölle“); als Erwachsener, wenn man vielleicht eine der vielen Führungen nutzend | 5.5.21 |, die Schlucht oder ihre Verästelungen auf Schusters Rappen durchqueren und erkunden wollte. Gern kehrt man natürlich bei den Wanderungen ein, die so abgelegene Schlucht bietet dazu einige Gelegenheiten. Allerdings gibt es auch wahre „Durststrecken“, entlang derer man sich selbst verpflegen muss, aber das gehört ja zu einem Naturerlebnis dazu.

Klassisch und am beliebtesten ist immer noch die Route mit den Muschelkalkfelsen im sogenannten Hauptteil der Schlucht. Diese durchstreicht die attraktivsten Abschnitte der Schlucht mit schwindelerregenden Felsgalerien, dem ehemaligen Kurgarten bei Bad Boll und dessen mächtigen, moosbehangenen Bäumen. Sie führt vorbei an hoch aufragenden Felswänden, urigen Schluchtwäldern und einer manchmal tosenden, manchmal nur glucksenden Wutach. Die Strecken Boll – Wutachmühle mit ca. 10 km oder Lotenbachklamm – Schattenmühle – Wutachmühle mit 14 km sind für Wanderer die bevorzugten Tagestouren. Verkürzte Touren mit den Einstiegsmöglichkeiten Bachheim, Göschweiler, Reiselfingen und Unadingen ergänzen diese.

Auch die Schluchten der Nebenbäche Haslach, Rötenbach und Gauchach laden zum Wandern ein. Die Haslachschlucht geleitet Naturliebhaber von Lenzkirch an beinahe über dem Wasser schwebenden Gneis-Felsen vorbei hinab zur Wutach. Die Rötenbachschlucht beginnt beim Ort Rötenbach zunächst als Tal, doch schneidet sie sich bald über Gefällstufen steil ins Grundgebirge ein. Die enge Gauchachschlucht wiederum ist tief in den Muschelkalk eingelassen und urwüchsig; am düsteren Schluchtgrund fließt das Wasser über glitschige Felsplatten und durch dunkle Gumpen.

Wandern in einer gefährlichen Schlucht

Damit Wandernde sicher auf den Wegen durch die Schlucht kommen, gibt es seit einigen Jahren an der

Schattenmühle oder an der Dreischluchtenhalle nahe Bachheim bei schönem Wetter mit hohem Besucherandrang eine Wanderberatung | 5.5.22 |. Ehrenamtliche vom Schwarzwaldverein informieren fachkundig über alles, was Wandernde vor Ort interessiert: über Tourenvorschläge, Einkehrmöglichkeiten, Busabfahrtszeiten und natürlich über das Wetter und den Zustand der Wanderwege.

Dennoch kommt es immer wieder zu Unfällen in der Schlucht, denn die Schluchtwege sind trotz aller Sorgfalt besonders bei regnerischem Wetter gefährlich. Dann verwandeln sie sich in matschige und glitschige Strecken, die vor allem in Abschnitten mit starker Steigung nur vorsichtig zu begehen sind. Manchmal übernehmen sich die Schluchtbesucher, weil sie die Länge der Wegstrecke, den

Die unendlich grüne Hölle

Hannah Müller, Klasse 8i der Staudinger Gesamtschule Freiburg

Jeder kennt sie, jeder hasst sie: wanderbegeisterte Lehrer im Landschulheim. Auch wir teilten dieses Schicksal mit Millionen anderer Schüler bei unserem Landschulheimaufenthalt im Schwarzwald. Wir machten in dieser Woche viele Ausflüge, einer von ihnen war der Ausflug in die Wutachschlucht.

Die Wutachschlucht liegt im Hochschwarzwald in der Nähe von Blumberg. Sie ist 33 km lang und ihre Fläche beträgt 9,5 km². Die verschiedenen Teile der Schlucht sind 60–170 m tief. Die Wutach fließt vom Feldberg bis zum Hochrhein durch den Hochschwarzwald und die Baar.

Zu unserem Leidwesen mussten wir schon sehr früh aufstehen, um den Bus noch zu erwischen. Dann mussten wir mitten im Wald aussteigen. Alle fragten sich, wo die Wanderung beginnen würde, da waren unsere Lehrer schon im undurchsichtigen Grün verschwunden. Die Wege waren sehr schmal, so schmal, dass man nicht zu zweit nebeneinander laufen konnte. Außerdem waren die Wege matschig und rutschig und gar nicht ungefährlich. Man musste sich beim Laufen ziemlich konzentrieren. Wir liefen fast immer an der Wutach entlang.

Unsere Lehrer hatten sich für eine 15 km lange Wanderung entschieden, wir hatten also einen sehr weiten Weg vor uns. In der Wutachschlucht gab es unzählige Wasserfälle und kleine Brücken. Es gab auch riesige Felsen, zum Teil sogar mit Höhlen. Wir sahen seltene Vögel und beeindruckende Pflanzen. Und sehr viel Grün. Manchmal kam es einem vor, als wäre man weit weg von allen anderen Menschen und man würde nie mehr aus der Schlucht herausfinden. Dieses Gefühl war gar nicht so falsch, denn es gab kein Handynetz. Falls man sich dort verirren sollte, wäre man verloren. Nach über fünf anstrengenden und schweißtreibenden Stunden kamen wir tatsächlich wieder an einer Bushaltestelle an. Sehr verschmutzt freuten sich alle auf eine heiße Dusche.

Ich fand die Wutachschlucht sehr anstrengend und sehr lang, aber auch entspannend, da man in der freien Natur ist, man das Vogelgezwitscher hört und die Aussicht wunderschön ist. Leider gab es dort keine Toiletten, deshalb musste man sich darauf vorbereiten, ins Gebüsch zu gehen.

Erstmals veröffentlicht in der Badischen Zeitung, 13. Dezember 2013

5.5.20 | **Anstrengend war's** in der Schlucht, aber auch ein wenig abenteuerlich – die Klasse 8i bei ihrem Ausflug. (LVDP.2013)

5.5.21 | **Besonders beliebt sind Wanderungen** mit dem Wutachranger Martin Schwenninger (in der Mitte mit dunklem Hut). (KR)

Wegezustand und die Gefahren durch falsches Schuhwerk in dem unbekannten Gelände falsch einschätzen. Sie benötigen dann unverhofft Hilfe von der Bergwacht, die sie manchmal aufwendig bergen muss.

Seit 2012 sind ausgebildete Wander-Scouts in der Schlucht unterwegs, die zur Information der Besucher bereit stehen und fachkundige Hinweise zum Schutz der empfindlichen Natur geben. Wanderführer bieten – neben dem Wutachranger – über die Touristinfos geführte Exkursionen an, die sich mit der Geologie sowie der Tier- und Pflanzenwelt beschäftigen. Und wer möchte, erhält ein Faltblatt mit Karte, das seit den 1990er-Jahren immer wieder aktualisiert vom Regierungspräsidium Freiburg und dem Schwarzwaldverein herausgegeben wird.

Vom ruhigen Waldtal zum Rummelplatz?

Für den regionalen Tourismus ist die Wutachschlucht nicht mehr wegzudenken. Sie gehört zum Schwarzwald wie der gleichnamige Schinken oder die Torte; sie ist als Zugpferd für die Region unverzichtbar und lockt auch immer mehr Besucher aus fernen Ländern an. Besonders auffällig sind dabei die vermehrten Aufenthalte von israelischen und spanischen Besuchern, die sich im Vorfeld schon sehr gut über ihr Urlaubsgebiet informieren und mit präzisen Fragen zu den Touristinfos kommen.

Die Erfahrung zeigt, dass Wanderer wie sonstige Urlauber keine künstlich aufgesetzte Romantik, sondern eine ursprüngliche, wilde Landschaft, einen möglichst authentischen „Schwarzwald" suchen, verbunden mit einer guten, gastronomischen Qualität. Für den Tourismus in der Region ist es wichtig, dass die Gäste nicht nur wegen der Wutachschlucht kommen, sondern auch das Umland wertschätzen und lieben lernen. Die Wutachschlucht dient als Türöffner für den Urlaub in der Region. Mit dieser Maßgabe verteilen sich dann auch die Touristenströme und es ballt sich nicht alles in der Wutachschlucht.

5.5.22 | **Die Ortsgruppen des Schwarzwaldvereins** kümmern sich nicht nur um die Wege und den Naturschutz in der Schlucht, sondern bieten an der Schattenmühle an Wochenenden auch eine fachkundige Wanderberatung. (JUK.2011)

Die Bergwacht in der Wutachschlucht

Adrian Probst

Die Bergwacht Schwarzwald übernimmt im Auftrag des Landes Baden-Württemberg den Rettungsdienst im unwegsamen Gelände des Schwarzwaldes. Sie ist dort aktiv, wo der straßengebundene Rettungsdienst an seine Grenzen stößt: im Gebirge, im unwegsamen und absturzgefährdeten Gelände, an Seilbahnen und im Winter auf und abseits der Loipen und Skipisten. Das Einsatzspektrum reicht vom verunfallten Forstarbeiter über abgestürzte Gleitschirmflieger, Sportkletterer und verletzte Wintersportler bis zu Verkehrsunfällen abseits von Straßen. Alle Einsatzkräfte arbeiten hierbei ausschließlich ehrenamtlich.

Im Jahre 1996 wurde die Bergrettungsgruppe Wutach gegründet. Heute sind 22 ausgebildete Bergretter und sieben Anwärter für die Rettung in der gesamten Wutachschlucht mit all ihren Nebenschluchten zuständig. Der Sitz der Bergrettungsgruppe befindet sich in dem Wutacher Ortsteil Ewattingen, wo 2013 eine neue Bergrettungswache gebaut und bezogen wurde.

Die Bergwacht hat das recht unübersichtliche Schluchtengebiet in über 30 Rettungssektoren eingeteilt. Ein Rettungssektor ist ein ca. 2–3 km langer Teilabschnitt des Wanderwegs; die einzelnen Sektoren sind mit Buchstaben auf Schildern entlang des Wanderwegs gekennzeichnet. Bei einem Notfall ermöglicht die Angabe des Sektors das schnelle Auffinden des Einsatzorts. Leider kann man wegen des schlechten Handyempfangs in der Schlucht nur an wenigen Stellen einen Notruf absetzen. Unter Umständen bedeutet dies, dass man erst eine erhöhte Stelle oder sogar ein Gasthaus mit Festnetzanschluss aufsuchen muss, um die Wutacher Bergwacht verständigen zu können.

Mit den gemeldeten Daten können die Bergretter sehr schnell den ungefähren Einsatzort lokalisieren und mit dem Geländewagen einen entsprechenden Zufahrtsweg zum Rettungssektor wählen. Je präziser die Angaben sind, desto besser kann der Unglücksort gefunden werden. Wenn die Bergretter diesen in der unwegsamen Schlucht erreicht haben, versorgen sie zunächst den Patienten medizinisch. Dann bereiten sie den Abtransport vor, der oft nur mit aufwendigen Seilsicherungen möglich ist. Mit Hilfe der Gebirgstrage – einer Krankentrage mit einem Rad, die speziell für schwer begehbares Gelände konstruiert wurde – transportieren sie den Verunglückten mühsam über die Fußwege zum Rettungswagen oder zum schon wartenden Rettungshubschrauber am Boden. In komplizierten Fällen muss sogar die Schweizer Rettungsflugwacht REGA angefordert werden, um den Verletzten in einen über dem Unfallort schwebenden Helikopter aufzunehmen.

Zu den häufigsten Verletzungsmustern in der Wutachschlucht zählen Herz-Kreislauferkrankungen, Knochenbrüche oder Verstauchungen der Gelenke. Viele Wanderer überschätzen ihre eigenen Kräfte oder kommen im Sommer mit dem schwülen Klima nicht zurecht.

5.2.23 und 24 | Am Wanderweg durch die Wutachschlucht finden sich zahlreiche Wegweiser des Schwarzwaldvereins, auf denen auch die Rettungssektoren angegeben sind. (CM.2003 | BW.2007)

Naturschutz in der Wutachschlucht – gestern, heute, morgen

Friederike Tribukait, Regina Franke, Peter Stocks, Friedbert Zapf

Wie sähe die Wutachschlucht aus, wenn es den Naturschutz nicht gegeben hätte?

Diese Frage erscheint auf den ersten Blick eher als eine rein rhetorische. Denn das geologisch junge Flusstal, eingebettet zwischen den Höhen des Ostschwarzwaldes mit seinen silikatischen Ausgangsgesteinen, der ausgedehnten Hochfläche der Baar mit ihren bis ins Wutachgebiet ausstreifenden kalkhaltigen Böden (s. auch S. 6) und dem deutlich tiefergelegenen, wärmebetonten Hochrheintal liegt seit dem Ende des 18. Jahrhunderts im besonderen Interesse der naturkundlichen – und hier wiederum insbesondere der botanischen – Forschung. Da die eigentliche Schlucht zu dieser Zeit aber nur schwer zugänglich war, befasste sich die frühe botanische Forschung zunächst vornehmlich mit der Erkundung der Pflanzen um den Ursprung der Donau, des Neckars, des unteren Bodensees und des südöstlichen Schwarzwaldes. Als eigentliche „Entdecker des engeren Wutachgebietes" um die Mitte des 19. Jahrhunderts nennt Oberdorfer (1971) zwei Namen: Fidel Brunner und E. Rehmann, die gemeinsam im Jahr 1851 in ihrem Werk „Gaea und Flora der Quellbezirke der Donau und Wutach" erstmals eine Gliederung der Pflanzenwelt nach dem geologischen Untergrund – der Betrachtung des Standorts – vornehmen, die sich bis heute weitgehend gehalten hat. Auf der Grundlage ihrer Arbeit wird das Gebiet für weitere Erforschungen interessant, und auch „*von Schaffhausen her berühren die Forschungen Schweizer Botaniker*" das Wutachgebiet „*und entdecken weitere Fundorte*". Als botanisches Glanzlicht bekannt wird das Wutachgebiet aber erst durch Friedrich Oltmanns, der als Professor der Freiburger Albert-Ludwigs-Universität im frühen 20. Jahrhundert zahlreiche Exkursionen durch die Wutachschlucht führt und für das unberührte Gebiet begeistert. Diese Begeisterung für eine urtümliche Landschaft inmitten „*von der Zivilisation und ihrer Technik immer stärker angenagten Landschaft*" war auch der Antrieb, der erste Naturschutzgedanken aufkeimen ließ und in Personen wie Schurhammer (s. unten), Sumser und Litzelmann ihre „*Bannerträger*" und Vorkämpfer fand.

Begeisterung als Inspiration und Motivation

Um die Begeisterung dieser und anderer Personen für die Wutachschlucht zu verstehen, soll nachfolgend auszugsweise ein Exkursionsbericht von Dr. Josef Schmid aus Freiburg vom 4. Juli 1926 wiedergegeben werden: „*Wo die Steilheit nicht übermäßig und überhaupt ein Wachstum möglich ist, grünt und blüht es; und wer die Pflanzen zu nennen weiß, der kann da einen ganzen botanischen Heimatgarten zeigen. Es ist urwüchsiger Mischwald, wie er heute nur noch selten gefunden wird … Dunkel überragen die Fichten und Tannen die hellgrün belaubten Eichen und Buchen, die Weißbuchen, Eschen, Ahorne und Ulmen. Ein dichtstruppiges Unterholz wehrt ein tieferes Eindringen und an den Rändern gedeiht eine Bodenvegetation, wie man sie dichter nicht sehen könnte. Hinter mir sagt jemand Urwald. Er hat recht. Es ist ein Stück des alten Urwalds, der ehedem Mitteleuropa überzog*". Nach Ausführungen über die Entstehungsgeschichte und die bewegte Geologie schreibt er weiter: „*Wir sind in einem Gebiet, wie es einzigartiger in unserem Land nicht zu finden ist. Die Geologen, Botaniker und Forstmänner haben hier eine Lehr- und Lernstätte, die Lehrern und Schülern das trefflichste Anschauungsmaterial bietet, und der Freund der Natur erhält Einblick in ein Sein und Geschehen, wie nicht gleich sonst irgendwo. Wir alle 80 Teilnehmer haben das empfunden und wir alle werden dafür eintreten, daß die Gauchach und Wutach unter Schutz gestellt werden. … Noch ist es ein Paradies für den Forscher und den schauenden und empfindenden Wanderer, und das soll es bleiben. Genug, wenn der Forstmann unsere anderen Wälder fast ausnahmslos zu Baumgärten gemacht hat und die sogen. Touristen an anderer Stelle ihre ‚Naturliebe' … betätigen können.*" Gleichzeitig will er sich und die anderen Exkursionsteilnehmer aber nicht falsch verstanden wissen, sondern postuliert: „*Es* [die Wutachschlucht] *soll kein Eden für wenige Auserwählte, es soll Volksgut werden. … Aber es soll der Wald erhalten bleiben, so wie er heute ist. Es müssen alle Pflanzen bewahrt werden … und es soll auch darüber gewacht werden, dass keine Unratstellen angelegt werden.*" | 5.6.01 |.

Damit umreißt er bereits die wesentlichen Ziele für ein Naturschutzgebiet im Bereich der Wutach und ihrer Nebenbäche, denen sich insbesondere zwei Männer aus den Reihen des Schwarzwaldvereins, namentlich Hermann Schurhammer und zwei Jahrzehnte später Fritz Hockenjos, zeitlebens und mit Herzblut verschrieben hatten. Für beide stand die Erhaltung des einzigartigen Naturwunders „Wutachschlucht" (mit Flühen) über dem Profitstreben der die Wutach verunreinigenden Papierfabrik, der Forstwirtschaft und dem Badenwerk, das die Wutach zur Energiegewinnung nutzen wollte. Dank ihres Engagements, auf das in den nachfolgenden Kapiteln nochmals die Sprache kommen wird, kann nun aber auch die eingangs gestellte Frage umgekehrt formuliert werden.

Wie sähe der Naturschutz in Baden-Württemberg aus, wenn es die Schutzbemühungen um die Wutachschlucht nicht gegeben hätte?

In seiner ehemaligen Funktion als Leiter der Badischen Landesstelle für Naturschutz (und des daraus hervorgehenden Badischen Landesamtes für Naturschutz und Landschaftspflege) sowie als langjähriger Vorsitzender des Bonndorfer Schwarzwaldvereins stand Hermann Schurhammer ab 1950 dem neugegründeten Hauptvorstand des Schwarzwaldvereins beratend zur Seite. Von diesem forderte er, „*dass Sympathiekundgebungen allein nicht ausreichten, und schlug vor, außer Pflege des Wanderns und der Betreuung der Wanderwege den Naturschutz als wesentliche Vereinsaufgabe anzuerkennen und dazu die Naturschutzarbeit auf allen Vereinsebenen straff zu organisieren … Die Ortsgruppen sollten aktive Naturschutztätigkeit verrichten in Form von Streifendiensten, Betreuung von Naturschutzgebieten und Naturdenkmalen*" (Häcker 2004). Die Vorschläge fielen auf fruchtbaren Boden und wurden von seinem „Nachfolger im Geiste", dem Hauptnaturschutzwart und späteren Vizepräsidenten im Schwarzwaldverein, dem Forstmeister Fritz Hockenjos, noch weiter zugespitzt. Denn dieser vertrat die Meinung, „*dass Naturschutz sich in den Jahren des Wirtschaftsaufschwunges, im Widerstreit der Interessen nur behaupten könne, wenn er zur Volkssache wird, der staatliche Naturschutz bedürfe der Ergänzung durch den „Volksnaturschutz", der auf breitester Grundlage zu organisieren und zu aktivieren sei.*" Dass ihm dies mit der Gründung der Arbeitsgemeinschaft „Heimatschutz Schwarzwald" bravourös gelang, wird eindrücklich im erfolgreichen Kampf für das Naturschutzgebiet Wutachschlucht (s. auch S. 412) belegt. Hockenjos' Einsatz bereitete den Weg für eine langjährige und vertrauensvolle Zusammenarbeit zwischen den Naturschutzverbänden und dem staatlichen Naturschutz. Denn ob es

5.6.01 | „***Auf der Schluchtsohle*** *stocken Auewälder von geradezu tropisch üppigem Wachstum …*" schreibt Fritz Hockenjos noch 30 Jahre später zu diesem Bild aus seinem „Wutach-Brevier". (FH.1955)

Letzterem ohne diese Unterstützung allein auf der Grundlage einer Schutzgebietsverordnung aus dem Jahre 1939 gelungen wäre, das Naturschutzgebiet Wutachschlucht mit seiner einmaligen Geologie und der vielfältigen Tier- und Pflanzenwelt gegen die mächtigen Interessen des Badenwerks durchzusetzen, kann man mit Fug und Recht bezweifeln.

Die erste Wutach-Monografie – ein Vermächtnis

Noch kurz vor seinem plötzlichen Tod im Jahr 1952 äußerte SCHURHAMMER die Idee, das gesamte naturkundliche Wissen über die Wutachschlucht in einer Monografie herauszubringen. Diese Idee wurde vom Badischen Landesverein für Naturkunde und Naturschutz e. V. zwar sofort aufgegriffen, doch mangelte es zunächst an Geld für ein derartiges Vorhaben, so dass lediglich *„eine große Zahl Autoren für die Mitarbeit gewonnen"* werden konnte. Als die Monografie schließlich nach vielen Jahren des Bangens um die Finanzierung als Band 6 in die Schriftenreihe „Die Natur- und Landschaftsgebiete Baden-Württembergs" aufgenommen wurde und 1971 in Druck ging, war sie ein eindrückliches Zeugnis vieler Jahre akribischer naturkundlicher Forschungsarbeit, die im damaligen Ausmaß ihresgleichen suchte und heute noch sucht. Von der Geomorphologie, Erd- und Landschaftsgeschichte (E. LIEHL, W. HAHN, W. HASEMANN und W. PAUL), dem Klima und der Hydrographie (R. NEUWIRTH und H. SCHWARZMANN), den Pilzen (H. SCHWÖBEL) und der Vegetation (V. WIRTH, O. WILMANNS, G. PHILIPPI, E. OBERDORFER und G. LANG) umfasst das Werk eine Vielzahl von Kapiteln, die einzelnen Tiergruppen gewidmet sind. Diese reichen von den Schnecken (M. SCHNETTER und G. SCHMID) über Pseudoskorpione und Weberknechte (O. v. HELVERSEN, J. MARTENS), Wanzen, Zikaden und Käfer (alle J. KLESS), Blatt-, Halm- und Holzwespen (W. STRITT), Schmetterlinge, Stechimmen, Schlupf- und Gallwespen (R. GAUSS), Mücken und Fliegen (P.-F. RÖSELER), Wirbeltieren ohne Fische (M. SCHNETTER) bis zu Hydrobiologie und Gewässergüte (J. SCHWOERBEL und R. GEISLER). Abschließend sind wenige Kapitel verschiedenen Nutzungen in und an der Wutach gewidmet: Wutach-Fischerei (F. KRIEGSMANN), Wald- und Forstwirtschaft (F. HOCKENJOS), die Eisenschmelze Eberfingen (F. KIRCHHEIMER) sowie Wanderwege und Naturschutz (G. FUCHS). Da man davon ausging, dass zwischen 1971 und 1988 der menschliche Einfluss durch den Schluchtcharakter *„im Vergleich zu vielen anderen Gebieten geringe Änderungen der Lebensbedingungen bewirkt"* und sich innerhalb dieses Zeitraums nur unwesentliche Veränderungen ergeben hätten, mit Ausnahme der *„Verminderung der industriellen Abwasserlast"* und *„einer deutlichen Verbesserung der Gewässergüte"*, erfolgte 1988 ein unveränderter Nachdruck des Buchs. Dennoch wurde im Vorwort von H. KÖRNER (1988) bereits warnend auf die Intensivierung der landwirtschaftlichen Nutzflächen der Baar-Hochebene sowie auf die *„externen übergreifenden Einflüsse"* (damals dachte man an waldzerstörende Immissionen, heute denkt man eher an den Klimawandel) hingewiesen, in deren Folge *„mit einzelnen floristischen (und faunistischen) Änderungen (Verlusten) zu rechnen ist."* Um damit zur eingangs gestellten Frage zurückzukehren: Man kann mit großer Wahrscheinlichkeit davon ausgehen, dass ohne den Naturschutz in der Wutachschlucht und in den Wutachflühen der damals beschriebene Reichtum an Pflanzen und Tieren vor allem durch die forstliche Nutzung wohl deutlich geringer – oder zumindest nicht halb so gut erforscht – wäre | 5.6.02 |.

5.6.02 | **Das streng geschützte** Schwertblättrige Waldvöglein ist typisch für lichtreichere Wälder, wie sie an den steilen Böschungen der Wutachflühen anzutreffen sind. (MS.2013)

„Ein einzigartiges Naturwunder" – Die Wutachschlucht wird Naturschutzgebiet

„Ein ansehnlicher Wasserfall mit reichlich strömender Sturzfluth und spiegelnde Steinbassins am Felsenfuße der gewaltigen Kalkwände erhöhen den Eindruck dieses romantischen Thales, und es ist nicht zu bezweifeln, daß der Maler, der diese Natur und Landschaft studieren will, hier die reichsten und interessantesten Vorbilder für seinen Stift und Pinsel findet." So schwärmte Samuel Pletscher 1879, ganz im Zeitgeist der Spätromantik verfangen. Eine Bedrohung der romantischen Naturschönheit nahm der Naturfreund damals noch nicht wahr.

Doch die schlimmen Folgen der Industrialisierung konnten selbst in der abgelegenen Wutachschlucht bald nicht mehr übersehen werden. 1887 war die Papierfabrik in Neustadt in Betrieb gegangen, und schon 1888 gab es Beschwerden wegen des *„üblen Geruchs des zur Schaumbildung neigenden, verfärbten Wassers"*. Immer wieder empörten sich die *„Touristen"*, *„daß das Wasser der Wutach durch die Abwasser der Papierfabrik Neustadt in geradezu widerwärtiger Weise verunreinigt werde"*, und im Oktober 1905 forderte der Schwarzwaldverein Bonndorf, *„daß man der Papierfabrik Neustadt die Einrichtung und Unterhaltung von ausreichenden Kläranlagen zur Pflicht macht, damit nicht einer unserer schönsten Schwarzwaldflüsse zu einem Fabrikabwasser herabgewürdigt wird."*

Ein neues Ziel: die Natur in ihrer Gesamtheit schützen

Ab der Wende zum 20. Jahrhundert gab es zunehmend Bestrebungen, die Natur in ihrer Gesamtheit und um ihrer selbst willen zu schützen. Hatte der Badische Schwarzwaldverein 1899 in seiner Satzung nur die *„Naturschönheiten, die bekannt und zugänglich gemacht werden"* sollten, im Auge, so sprach er im Jahresbericht 1909 zum ersten Mal ausdrücklich von Naturschutz und klagte, dass manches romantische Tal durch einen Industriebau verunstaltet und das Titiseeufer durch Spekulanten ausverkauft sei. Im April 1910 forderte der Abgeordnete Rebmann in einer Sitzung des badischen Landtags die Errichtung von Naturschutzgebieten, um seltene Pflanzen und Tiere zu erhalten. Dennoch sollte es noch ein weiteres Vierteljahrhundert dauern, bis 1935 mit dem Reichsnaturschutzgesetz (RNG) die Grundlage für den Schutz der Wutachschlucht geschaffen wurde. Im RNG, das *„die Gedanken und Vorschläge der deutschen Naturschutzbewegung aus drei Jahrzehnten Naturschutzpraxis enthält"* (Häcker 2004), waren als zugrunde liegende Kriterien für die Schutzziele *„neben der ‚Seltenheit' oder ‚Eigenart' vor allem die ästhetisch begründete ‚Schönheit' von Landschaftsteilen (§ 1)"* und *„der Schutz von Pflanzen und Tieren (§2)"* geregelt. Dieses Gesetz sollte bis 1976 ununterbrochen gültig bleiben.

5.6.03 | Otto Eberbach schlug 1911 auch die Lotenbachklamm als „Naturdenkmal" vor. Bei der Besichtigung stieß die Kommission auf die Kahlschläge privater Waldbesitzer. (Postkarte um 1910, AFZ)

5.6.04 | **Hermann Schurhammer**, der „Vater des Naturschutzgebiets". Er war Leiter des Wasser- und Straßenbauamts Bonndorf, Vorsitzender des dortigen Schwarzwaldvereins und erster Leiter der Landesnaturschutzstelle Baden. (SWVB)

Doch zurück in die Wutachschlucht. Dort erfolgte durch das Großherzogliche Forstamt Bonndorf im Februar 1911 ein erster Schritt zur Unterschutzstellung. Amtsleiter Otto Eberbach meldete dem Badischen Landesverein für Naturkunde und Naturschutz im Zuge der „Bestandsaufnahme der Naturdenkmäler Badens" die Wutachschlucht und die Lotenbachklamm | 5.6.03 |. Daraufhin fand eine Begehung statt, in deren Verlauf die Kommission auf die Kahlschläge privater Waldbesitzer in der Lotenbachklamm stieß. Der Badische Landesverein forderte das Forstamt auf, den Privatwald aufzukaufen, um zumindest zukünftig die pflegliche Bewirtschaftung zu sichern. Tatsächlich konnte Forstmeister Eberbach auch bald 4 ha erwerben.

Ein Naturschutzgebiet, um die Ursprünglichkeit der Wälder zu bewahren

Nach dem Ersten Weltkrieg trat ein Mann auf den Plan, der später „Vater des Naturschutzgebiets" genannt werden sollte – Hermann Schurhammer | 5.6.04 |. Er war Leiter des Wasser- und Straßenbauamts Bonndorf und seit 1922 Vorsitzender des dortigen Schwarzwaldvereins. Als erster Leiter der Landesnaturschutzstelle Baden sollte er später auch entscheidend das weitere Schicksal der Wutachschlucht mitbestimmen. Denn Schurhammer war geradezu vernarrt in die Wutachschlucht, die er ein *„einzigartiges Naturwunder"* nannte. *„Das Jahr hat nicht Feiertage genug, um all die Wunder zu schauen"*, sagte er einmal. Ein Dorn im Auge waren ihm der häufige Pflanzendiebstahl und die Beschädigungen, die an Geländern und Seilsicherungen entlang des Wanderwegs angerichtet wurden | 5.6.05 |. In seiner Denkschrift an die Badische Forstverwaltung beklagte er aber auch die zunehmende Intensivierung des Forstbetriebs, der es mit sich brächte, *„dass unser lichter, schöner deutscher Wald mehr und mehr verschwindet, zu Forsten, man möge fast sagen Holzerzeugungsstätten umgestaltet wird"*. Geradezu körperlichen Schmerz schien er deswegen hinsichtlich der Kahlschläge der Privatwaldbesitzer empfunden zu haben. *„Hinüber zur Gündelwanger Seite darf man nicht schauen"*, klagte er 1924, *„der Hang stöhnt ob der Wunden, die zahlreiche Kahlhiebe ihm geschlagen; und selbst nach dem Juwel der Lothenbachklamm greifen die Hände derer, denen der Wald nicht mehr gilt als der Erlös aus seinem Holz."*

Da beschloss Hermann Schurhammer, die Ausweisung der Wutachschlucht als Naturschutzgebiet zu betreiben, um weitere Nutzungsexzesse zu verhindern. Im Frühjahr 1925 begann er, sein Vorhaben generalstabsmäßig umzusetzen. Er erfasste zunächst die Besonderheiten der Geologie sowie der Tier- und Pflanzenwelt. Aber *„es fehlte vorerst noch der Punkt, wo der Hebel erfolgreich angesetzt werden konnte"*. Da kam ihm das Weihnachtshochwasser 1925 zu Hilfe, das den Holzabfuhrweg beim Tannegger Wasserfall zerstört hatte. Schurhammer schlug der Forstabteilung beim Finanzministerium in Karlsruhe vor, auf die Instandsetzung des Wegs zu verzichten. Der Staat solle doch seine *„Wälder der Wutachsteilhänge im Wesentlichen sich selbst überlassen, wozu Abfuhrwege nicht notwendig seien, und das solle der erste Schritt zur Schaffung eines großen Naturschutzparkes sein"*. Die Forstabteilung reagierte wenig begeistert, doch bei den lokalen Forstämtern stieß Schurhammer auf *„warm befürwortendes"* Verständnis.

Forstabteilung reagiert barsch ablehnend

1926 wandte sich Schurhammer an das Präsidium des Schwarzwaldvereins mit der Anregung, *„bei den in Frage kommenden Verwaltungen zu betreiben, daß die Wutach- und Gauchachschlucht mit ihren einzigartigen geologischen, floristischen und faunistischen Verhältnissen zum Naturschutzpark gemacht werde"*. Schurhammer erntete vom Präsidenten *„begeisterte Zustimmung und vom Verein selbst in der Folge kräftigste Unterstützung"*.

Wider Erwarten zeigte sich auch die Fürstlich Fürstenbergische Forstverwaltung aufgeschlossen. Der große Waldbesitzer in der oberen Wutachschlucht bot an, auf Holznutzungen in den steilen *„urwaldartigen"* Beständen zu verzichten, im *„Wirtschaftswald"* keine Kahlhiebe mehr zu führen und auf Mischbestände hinzuarbeiten | 5.6.06 |. Die Spitze der Badischen Forstverwaltung dagegen reagierte zunächst barsch ablehnend. Zwar räumte die Forstabteilung im November 1927 ein, dass man die Fichtenreinbestände im Engverband *„der Wirtschaft der Vergangenheit"* vorwerfen könne, doch nach den neuen waldbaulichen Richtlinien von 1925 seien zukünftig ohnehin immer Mischbestände zu begründen. Auf keinen Fall aber könne man *„bei der gespannten Finanzlage des Staates auch im Staatsforstbetrieb"* auf die Einnahmen aus dem Holzeinschlag verzichten. Außerdem würden im nicht bewirtschafteten Wald *„Gefahren durch Waldbrände und Insektenverheerungen heraufbeschworen"* und *„Baumleichen"* würden die Zugänglichkeit der Schlucht beeinträchtigen. Und das Fazit: *„Es ist somit nicht einzusehen, welche Vorteile der vorgeschlagene Naturpark bringen soll. Wir sind vielmehr der Ansicht, dass gerade der Forstmann mit seinen Spezialkenntnissen, insbesondere aber aufgrund seiner forstästhetischen Ausbildung dazu berufen und im Stande ist, durch eine moderne elastische Wirtschaftsführung … den Wünschen der Naturfreunde zielbewußt weitgehendst zu entsprechen. Wir bedauern daher, dem Plane zur Errichtung eines Naturparks in der Wutachschlucht nicht näher treten zu können"*. Schurhammer war tief enttäuscht, aber sein *„alemannischer Dickschädel gab noch nichts verloren"*, und er reichte im Namen des Badischen Schwarzwaldvereins, des Touristenvereins Die Naturfreunde, des Vereins Badische Heimat und des Landesvereins für Naturkunde und Naturschutz eine „Denkschrift" beim Ministerpräsidenten und Kultusminister ein und erhielt tatsächlich eine Einladung nach Karlsruhe. Dort trug er am 16. März 1927 dem Minister vor, die Ursprünglichkeit der Schlucht sei bedroht durch Wegebau, durch Übernutzungen im Gemeindewald und nicht zuletzt durch die schon oft beklagten Kahlschläge und Pflanzungen von Fichtenforsten, die *„anstelle unserer Naturwälder entstehen, in denen kerzengerade Baumreihen so dicht stehen, dass kein Sonnenstrahl zu Boden fallen, kein Gräslein und Blümlein dort blühen kann."* (Schurhammer).

5.6.05 | In unzähligen Fotografien dokumentierte Hermann Schurhammer den Zustand von Stegen, Brücken und Wäldern. Im Bild die zweite Felsgalerie von 1928. (HS)

„Ersatz für zerstörte Naturschönheiten"

Und Schurhammer schloss mit einem neuen gedanklichen Ansatz im Naturschutz: *„Zahlreiche unwiederbringliche Naturschönheiten sind in den letzten Jahren der Wirtschaft geopfert, zerstört worden oder werden noch zerstört werden; ich nenne nur Oberrheinkraftwerke, Murgwerk, Schluchseewerk, Hochspannungsleitungen. … Wenn wir schon vieles, allzu vieles aufs intensivste nutzen müssen: sollten da nicht Staat und Wirtschaft, unter deren Augen, mit deren Zustimmung und zu deren Gunsten das alles geschehen ist, daraus die heilige Pflicht*

5.6.06 | **Die Buchen-Tannen-Mischwälder** der Fürstlich Fürstenbergischen Forstverwaltung im Stallegger Wald werden seit über 100 Jahren femelartig bewirtschaftet. (MS.2013)

ableiten, Opfer zu bringen für eine Kulturtat, für die Schaffung eines großen badischen Naturschutzparkes." – die Schonung des „Kleinods Wutachschlucht" als Naturschutzgebiet, also als Kompensation für Naturzerstörungen anderenorts. Diese damals neue und fast revolutionäre Betrachtungsweise – Ausgleich für einen Eingriff – entspricht seit 1976 dem modernen Naturschutzrecht.

Gerade der Bau des Schluchsee-Pumpspeicherkraftwerks – 1924 hatte die Badenwerk AG das Konzessionsgesuch eingereicht – ließ erhebliche Auswirkungen auf das Landschaftsbild und auf ein bis dato intaktes Wasserregime erwarten. Da das Schluchseewerk-Projekt als Ganzes nicht zu verhindern war, forderte eine Allianz aus vier Natur- und Heimatschutzvereinen mit dem Badischen Schwarzwaldverein an der Spitze – SCHURHAMMER hatte die Federführung – die Landtagsabgeordneten auf, als Ausgleich für den erheblichen Eingriff einen Naturschutzpark „Wutach-Gauchachtal" einzurichten. Ihre Begeisterung für die Sache zeitigte Erfolg: Am 13. September 1928 beschloss der badische Landtag einstimmig, die Regierung zu ersuchen, „*als einen, wenn auch kleinen, Ersatz für die durch den Bau des Schluchseewerkes zerstörten Naturschönheiten des südlichen Schwarzwalds …, der Anregung des Schwarzwaldvereins und anderer Vereine, im Wutach-Gauchach-Tal einen Naturpark zu schaffen, nach Möglichkeit statt zu geben*".

Mittlerweile gab es Zustimmung von allen Seiten. Auch die Forstabteilung hatte sich schon seit einiger Zeit aufgeschlossener gezeigt und 250 ha staatlicher Fläche angeboten. Eine zweitägige Besichtigung, „*bei der eine erfreuliche Atmosphäre gegenseitigen Vertrauens herrschte*", räumte letzte Bedenken aus. Am Ende erklärten sich alle 136 Eigentümer der 202 betroffenen Grundstücke, darunter 12 Gemeinden, mit dem Schutzgebiet einverstanden. Es gab nicht ein Widerspruchsverfahren, aber mit der förmlichen Ausweisung hakte es immer noch. Erst gab es mehrere Ministerwechsel, dann kam die Machtergreifung der Nationalsozialisten – „*die leitenden Männer hatten zunächst Wichtigeres zu tun*", bemerkte SCHURHAMMER.

1939: Naturschutzgebiet „Wutach-Gauchachtal"

Doch dann erfolgte der Durchbruch. Mit dem bereits erwähnten Reichsnaturschutzgesetz vom 26. Juni 1935, dessen Entwurf noch aus der Weimarer Zeit stammte, waren die rechtlichen Grundlagen für die Ausweisung eines Naturschutzgebiets gegeben, und endlich, am 26. Juli 1939, erließ der badische Minister des Kultus und Unterrichts die Verordnung über das damals 579 ha große Naturschutzgebiet „Wutach-Gauchachtal" (s. auch S. 422).

Bewegte Anfangsjahre – „Hände weg von der Wutachschlucht!"

Blankes Entsetzen herrscht bei den Freunden der Wutachschlucht! Es wird geplant, im Naturschutzgebiet unterhalb der Haslachmündung eine 62 m hohe Staumauer zu errichten, um die Quellflüsse der Wutach, die Gutach und die Haslach, aufzustauen. Der eine Arm der über 20 Mio. m^3 fassenden Talsperre soll sich über 4 km bis beinahe an den Ortsrand Neustadts erstrecken, der andere 3 km weit bis Unterlenzkirch reichen. Über einen 20 km langen Stollen soll das angestaute Wasser dem Kraftwerk Witznau zugeleitet werden. Der Wutach würde nur noch ein Viertel ihrer ursprünglichen Wassermenge verbleiben | 5.6.07 |.

Dieses Schreckensszenario provoziert heftigen Widerstand. An die Spitze der Protestbewegung setzt sich die Arbeitsgemeinschaft „Heimatschutz Schwarzwald". In ihrer Broschüre „Der Kampf um die Wutachschlucht" postuliert sie: „*Die Elektrizitätswirtschaft kann das Wutachwasser entbehren. Ein nationaler Notstand zwingt nicht dazu, das Naturschutzgebiet zu opfern. ... Darum: Hände weg von der Wutachschlucht!*" Dieser flammende Appell stammt aus dem Jahr 1955, der Streit um das Wutachwasser hatte damit einen Höhepunkt erreicht. Der Kampf um die Wutachschlucht indes besitzt eine Vorgeschichte, die bis in das Jahr 1921 zurückreicht.

Die Schluchseewerk AG beantragt Eingriff im Naturschutzgebiet

Damals war die Badische Landeselektrizitätsversorgungs AG, die spätere Badenwerk AG, gegründet worden, und diese plante mit dem Schluchseewerk das größte Pumpspeicherkraftwerk Europas. Wasser gab es im Schwarzwald zwar reichlich, aber dessen Fassung und Speicherung bedeuteten massive Eingriffe in ein bis dato intaktes Wasserregime und Landschaftsbild.

Anfang 1924 reichte die Badenwerk AG das Konzessionsgesuch zum Bau des Schluchseewerks ein. Bald schon war bekannt geworden, dass auch die Wutach abgeleitet werden sollte, wenn auch zu einem späteren Zeitpunkt. Schattenmüller und Wutachmüller protestierten, ebenso die Betreiber der Zwirnereien und Spinnereien an der unteren Wutach. Die Badenwerk AG beruhigte im November 1925 zwar, „*daß diese Beileitung der Wutach in unserem Bauprogramm, das wenigstens einen Zeitraum von 15 Jahren umfaßt, nicht aufgenommen ist*", aber über der Wutachschlucht schwebte nunmehr ein Damoklesschwert.

Selbst der Schutz durch das 1939 ausgewiesene Naturschutzgebiet „Wutach-Gauchachtal" schien den Planungen nicht weiter im Wege zu stehen: Im Dezember 1941 beantragte die Schluchseewerk AG beim Badischen Finanz- und Wirtschaftsministerium in Karlsruhe die Nutzung des Wutachwassers. Der Minister begrüßte „*vom Standpunkt der Energiewirtschaft*" her die Pläne, allerdings kündigte er noch die „*Prüfung des Vorhabens vom Standpunkt des Naturschutzes*" an. Hermann Schurhammer, inzwischen auch Leiter der Landesnaturschutzstelle Baden, protestierte schriftlich gegen den geplanten Eingriff.

5.6.07 | An einer Engstelle zwischen Haslach- und Rötenbachmündung sollte die 62 m hohe Staumauer errichtet, das Wasser der Wutach entzogen und dem Kraftwerk Witznau zugeleitet werden. (FZ | HD.2013)

Das Reichsforstamt Berlin genehmigt die Wutachanstauung

Im Oktober 1942 beantragte das Schluchseewerk daraufhin bei der Obersten Naturschutzbehörde in Baden, dem Ministerium für Kultus und Unterricht, eine „Ausnahmebewilligung". Diese war für einen Eingriff in ein Naturschutzgebiet erforderlich und Voraussetzung für die eigentliche Genehmigung. Als der badische Kultusminister Ablehnung signalisierte, schaltete das Schluchseewerk die Oberste Naturschutzbehörde des Deutschen Reichs ein, das Reichsforstamt in Berlin unter Hermann Göring. Unterstützung erfuhr das Unternehmen durch den Reichsstatthalter in Baden, Robert Wagner, der sich dafür einsetzte, „*dass nicht durch übertriebene Forderungen des Landschaftsschutzes eine teilweise Ausnutzung des Wutachwassers im Schluchseewerk unmöglich gemacht wird*".

Es wundert nicht, dass das Reichsforstamt im März 1943 der „*Beileitung des Wutachwassers in der beantragten Form*" zustimmte. 600 Kriegsgefangene sollten in vier Jahren Staumauer und Stollen bauen. Im Mai 1943 trieb die Firma Brenzinger aus Freiburg einen Versuchsstollen beim Rechenfelsen 20 m weit voran | 5.6.08 |. Doch bald begann sich die militärische Niederlage abzuzeichnen, Baumaterial war längst zur Mangelware geworden, Arbeitskräfte fehlten, und die Wutachableitung wurde auf Eis gelegt.

Ausnahmebewilligung ist rechtskräftig

Bald nach dem Krieg zog die Schluchseewerk AG die alten Pläne aus der Schublade und schickte im März 1949 einen Bautrupp an die Haslachmündung, um Probegrabungen zur Gründung der Staumauer vorzunehmen. HERMANN SCHURHAMMER, der auch nach dem Krieg im französisch besetzten Südbaden weiter die Landesnaturschutzstelle leitete, protestierte wie schon 1941 als Geschäftsführer der Bezirksnaturschutzstelle leidenschaftlich gegen die ungenehmigten Schürfungen im Naturschutzgebiet. Das Schluchseewerk aber sah sich im Recht und verwies auf Görings Ausnahmebewilligung von 1943. Diese sei im Krieg unter anderen Voraussetzungen erteilt worden, argumentierte SCHURHAMMER daraufhin im Februar 1950 und zog die Konsequenz: *„Mit Ermächtigung des Ministeriums des Kultus und Unterrichts als Oberster Naturschutzbehörde ziehen wir daher die ... Ausnahmebewilligung zur Beileitung des Wutachwassers hiermit ausdrücklich zurück.“* Wie zu erwarten war, reagierte die Schluchseewerk AG mit einer Klage vor dem Verwaltungsgericht. Die südbadische Landesregierung in Freiburg wartete das Urteil gar nicht erst ab und ließ von ihrem Justizministerium ein Rechtsgutachten erstellen mit dem Ergebnis: Die vom Reichsforstamt in Berlin während des Kriegs erteilte Bewilligung ist rechtskräftig. Damit schien im Dezember 1950 der Streit um die Wutachschlucht zugunsten der Energiewirtschaft entschieden, die Schluchseewerk AG konnte mit der Baugenehmigung rechnen, die Staumauer an der Haslachmündung drohte bald schon Wirklichkeit zu werden.

Die Arbeitsgemeinschaft „Heimatschutz Schwarzwald“ organisiert den Widerstand

Doch im Jahr 1951 formierte sich der Widerstand neu und sechs Freiburger Heimat- und Naturschutzvereine schlossen sich zu einer Interessengemeinschaft gegen die Pläne des Schluchseewerks zusammen.

Nach dem Tod SCHURHAMMERS Ende 1952 hatte FRITZ HOCKENJOS dessen Nachfolge als Protagonist der Bewegung übernommen. Der damalige Forstamtsleiter von St. Märgen war im Ehrenamt auch Naturschutzbeauftragter des Landkreises Hochschwarzwald und späterer Hauptnaturschutzwart des Schwarzwaldvereins. Im Januar 1953 gründete

5.6.08 | Wäre es zum Bau des Staudamms gekommen, würde auch der Rechenfelsen in der Haslachschlucht heute unter Wasser liegen. (JW.2013)

Hockenjos mit Unterstützung des Schwarzwaldvereins die Arbeitsgemeinschaft „Heimatschutz Schwarzwald“, der 18 südbadische Vereine angehörten, die sich Naturschutz und Heimatpflege auf ihre Fahnen geschrieben hatten. Mit viel Zivilcourage entwickelte diese ausgefeilte Strategien und medienwirksame Aktionen. Neu an dieser Bewegung war, dass nicht mehr eine bürgerliche Minderheit, sondern die breite Öffentlichkeit für den Naturschutz gewonnen werden sollte. Die Menschen sollten informiert und emotionalisiert werden, was mit Hilfe geführter Schluchtwanderungen und leidenschaftlicher Vorträge auch gelang.

Nach einem Jahr Aufklärungsarbeit griff der Aktionsausschuss zu einem weiteren Mittel des Protests, zur Unterschriftensammlung. Auch diese Form der Massenmobilisierung war für den Naturschutz neu. 100 000 Unterschriftenbögen und 15 000 Plakate „Rettet die Wutachschlucht!“ wurden gedruckt | 5.6.09 – 10 |. Seit April 1954 hingen die farbkräftigen Plakate in zahlreichen Geschäften, und auf dem Tresen lag die Unterschriftsliste. Unterschriftensammler zogen von Haus zu Haus. Bereits Ende Juli 1954 waren bei der Geschäftsstelle des Schwarzwaldvereins in Freiburg 90 000 Unterschriften eingegangen. Schließlich übergab die Arbeitsgemeinschaft „Heimatschutz Schwarzwald“ dem Kultusminister 185 000 Unterschriften. Mit diesem Erfolg hatte das Thema die breite Öffentlichkeit erreicht.

Medienschlacht mit harten Bandagen

Mit dem Rechtsgutachten des Justizministeriums von 1950 in der Tasche hatte sich die Schluchseewerk AG zunächst gelassen gezeigt. Doch mit Gründung der Arbeitsgemeinschaft „Heimatschutz Schwarzwald“ war das Unternehmen in Zugzwang geraten und druckte im Dezember 1953 die Broschüre „Ist die Wutachschlucht wirklich gefährdet?“ Prompt reagierte die Arbeitsgemeinschaft Ende April 1954 auf die „Propagandaschrift“ mit dem Heft „Rettet die Wutachschlucht! – Eine Antwort auf die Pläne der Schluchseewerk AG“. 1955 folgten die Veröffentlichungen „Muß die Wutach abgeleitet werden?“ und das „Wutach-Brevier“. Zunehmend kämpften beide Seiten mit härteren Bandagen. Mit den Druckkosten der Medienschlacht manövrierte

5.6.09 und 10 | 15 000 Plakate „Rettet die Wutachschlucht“ wurden 1954 gedruckt. Dort, wo ein Plakat hing, konnte auch gegen das Schluchseewerk-Projekt unterschrieben werden. Am Tag des offenen Denkmals an der Stallegg 2010 wurde auch das „Gegenplakat“ ausgestellt. (AFZ und CM.2010)

5.6.10 | **Bei der Kundgebung im Mai 1959** stellte Fritz Hockenjos eine „Entschließung“ an den Ministerpräsidenten vor. Von links: Ludwig Finckh, Georg Fahrbach, Karl Asal, Fritz Hockenjos. (AFZ)

sich die Arbeitsgemeinschaft allerdings in finanzielle Untiefen, während die solvente Schluchseewerk AG mit großen Zeitungsinseraten, Plakaten und Gutachten reagieren konnte. Im April 1954 schaltete das Unternehmen in den Zeitungen die Anzeige „Wozu Unterschriften zur Rettung der Wutachschlucht?“ und antwortete auf das Plakat „Rettet die Wutachschlucht“ mit dem Poster „Ausbau der Wasserkräfte tut not, Elektrizität bringt Arbeit und Brot“. Zu dem groß angekündigten Vortrag „Urlandschaft oder elektrischer Strom?“ von Fritz Hockenjos an der Universität Freiburg im Februar 1955 karrte das Schluchseewerk in zwei Omnibussen seine Angestellten und Arbeiter, „welche sich durch ungehörige Zwischenrufe und ‚Volksgemurmel‘ bemerkbar machten“, so die damalige Kritik der Arbeitsgemeinschaft. 1956 fuhr das Schluchseewerk die Aktivitäten in der Öffentlichkeit zurück und intensivierte die Kontakte zu Behörden und Landtagsabgeordneten. Auch die Arbeitsgemeinschaft „Heimatschutz Schwarzwald“ versuchte nunmehr hinter den Kulissen auf politischem Weg ihr Ziel zu erreichen.

Beinahe fünf Jahre war es nun her, dass die südbadische Regierung 1950 auf der Grundlage ihres Rechtsgutachtens der Schluchseewerk AG die Genehmigungsfähigkeit signalisiert hatte. Am 30. November 1955 ging der Antrag auf die bau- und wasserrechtliche Genehmigung beim Landratsamt Hochschwarzwald in Neustadt ein. Nachdem die Pläne öffentlich ausgelegt worden waren, erhob die Arbeitsgemeinschaft „Heimatschutz Schwarzwald“ im Januar 1957 Einspruch gegen die Wutachableitung. Außerdem erfolgten über 1000 andere Einsprüche – bei diesen ging es allerdings meist nicht um den Naturschutz, sondern um Grundwasser, Wiesenwässerung, Fremdenverkehr und Fischerei.

Pläne der Wutachableitung werden zu den Akten gelegt

Auf den 03. Mai 1959 lud der Schwarzwaldverein zu einer großen Kundgebung in die Wutachschlucht ein. Presse und Rundfunk berichteten, dass viele Hundert Menschen auf dem Rastplatz am Wutachgraben den kämpferischen Worten von Prof. Dr. Asal, dem Präsidenten des Schwarzwaldvereins, gelauscht hätten. Fritz Hockenjos, der Hauptnaturschutzwart des Vereins, stellte eine Entschließung an Ministerpräsident Kiesinger vor, die unter tosendem Beifall angenommen wurde und in der es hieß, für die Landesregierung müsse es eine Ehrenpflicht sein, das Vermächtnis des alten badischen Landtags zur Rettung der Wutachschlucht zu achten, über dessen Willen sich der Reichsforstmeister hinweggesetzt habe | 5.6.10 |.

Beeindruckt von dem heftigen und anhaltenden Widerstand wollte der Kultusminister, der auch offen mit der Arbeitsgemeinschaft sympathisierte, die Ausnahmebewilligung widerrufen. Der Innenminister dagegen beabsichtigte, das bau- und wasserrechtliche Verfahren rasch durchzuziehen. In diesem Dilemma sah sich die Landesregierung 1960 schließlich gezwungen, mit der Schluchseewerk AG über ein vorläufiges Ruhen des Verfahrens zu verhandeln. Obwohl das Unternehmen einer förmlichen Einstellung nicht zustimmen wollte, akzeptierte es den politisch opportunen Stillstand. Ganz fallenlassen indes wollte das Schluchseewerk die Pläne nicht. Noch 1971 signalisierte es ein grundsätzliches Interesse an der Wutachableitung, hatte aber gegen den 1984 vorgelegten Entwurf der erweiterten und verschärften Schutzgebietsverordnung für das Naturschutzgebiet Wutachschlucht, die dann 1989 in Kraft trat, keine Einwände mehr. Ob damit die Pläne endgültig zu den Akten gelegt worden sind, wird die Zukunft zeigen.

Erweiterung des Naturschutzgebiets und Neufassung der Verordnung

Seit Ende der 1970er-Jahre mehrten sich Stimmen, die auf die negativen Entwicklungen durch die zunehmende Erholungs- und Freizeitnutzung in der Wutachschlucht hinwiesen. So hatte nicht nur der Wanderbetrieb auf den markierten Wegen des Schwarzwaldvereins mit seinen „Hinterlassenschaften" stark zugenommen. Auch der Kanubetrieb auf dem Wildwasser der Wutach und das zunehmende Interesse von Hobby-Geologen an fossilienhaltigem Gestein abseits von Wegen im teilweise wenig zugänglichen Gelände brachten für das Naturschutzgebiet zunehmende Probleme | 5.6.11 |. So schrieb Fritz Hockenjos am 22. August 1979 an einen Wanderfreund: „*Was in diesem Sommer im Naturschutzgebiet Wutachschlucht an Rummel geboten wird, ist unbeschreiblich. Paddler, Volkswanderer, Griller – um die Bestimmungen der Schutzverordnung kümmert sich bald niemand mehr.*" Das Fass zum Überlaufen brachte für den Schwarzwaldverein der geplante Bau eines Wasserkraftwerks bei Bad Boll: Er legte dem Regierungspräsidium Freiburg, das ebenfalls die Überarbeitung der Schutzgebietsverordnung für notwendig erachtet hatte, einen Entwurf zur Neuregelung der Naturschutzbestimmungen vor | 5.6.12 |. Die Eckpunkte hatte man bereits 1982 mit der Bezirksstelle für Naturschutz und Landschaftspflege, dem baden-württembergischen Bund für Umwelt und Naturschutz und der Aktionsgemeinschaft für Natur abgestimmt. Das für den Naturschutz zuständige Landwirtschaftsministerium hatte dieses Vorgehen befürwortet. Einem Schreiben des Landwirtschaftsministers Gerhard Weiser vom 22. März 1983 kann dazu entnommen werden: „*Ich begrüße die vorgesehene Überarbeitung der Schutzgebietsverordnung sehr und werde mich über den Verlauf des Änderungsverfahrens unterrichten lassen.*"

So sollte der Flusslauf der Wutach endlich in das Schutzgebiet integriert und das Gebiet um die Haslach-, Rötenbach- und Engeschlucht sowie die Bereiche Hörnlehalde, Schelmenhalde und Hirschgraben erweitert werden | 5.6.13 |. Außerdem wurde geplant, die Hanglagen zur Gauchach – denen in Bezug auf das eigentliche Naturschutzgebiet eine wichtige Pufferfunktion zukommt – als Landschaftsschutzgebiet auszuweisen. Die Neuabgrenzung verfolgte das Ziel, das vom Schluchtencharakter geprägte Erosionssystem der Wutach und ihrer Nebenflüsse zwischen Kappel-Gutachbrücke und Wutachmühle in seiner Gesamtheit zu erfassen und gleichzeitig das geologische und standörtliche Spektrum dieses Naturraums abzudecken (s. auch S. 422). Ein strenges Wegegebot sollte es geben, der Kanubetrieb und die Fischereiausübung zum Schutz des vom Aussterben bedrohten Gänsesägers sollten eingeschränkt und organisierte Wanderungen oder andere Veranstaltungen mit mehr als 50 Teilnehmern verboten werden. Schließlich spielte auch das alte Bad Boll eine Rolle, da es die Forderung gab, eine neuerliche und verstärkte Nutzung der dortigen Gebäude und der alten Wasserkraftanlage mit einem naturschutzrechtlichen Bauverbot zu verhindern. Mit der Durchsetzung wirksamer Schutzbestimmungen wollte man sicherstellen,

5.6.11 | Die „Verrummelung der Wutachschlucht" durch Volkswanderer, Griller, Hobby-Geologen und Kanuten bewegte Fritz Hockenjos dazu, sich vehement für eine neue Naturschutzgebietsverordnung einzusetzen. (RPF)

Schwarzwaldverein legte Entwurf für eine Neuregelung vor
Wutachschlucht soll „total unter Schutz"
Bereits umfangreiche Vorarbeiten für das Verfahren geleistet

5.6.12 | Am 19. April 1983 greift das Badische Tagblatt die Vorschläge des Schwarzwaldvereins für Neuregelungen im Naturschutzgebiet Wutachschlucht auf. (RPF)

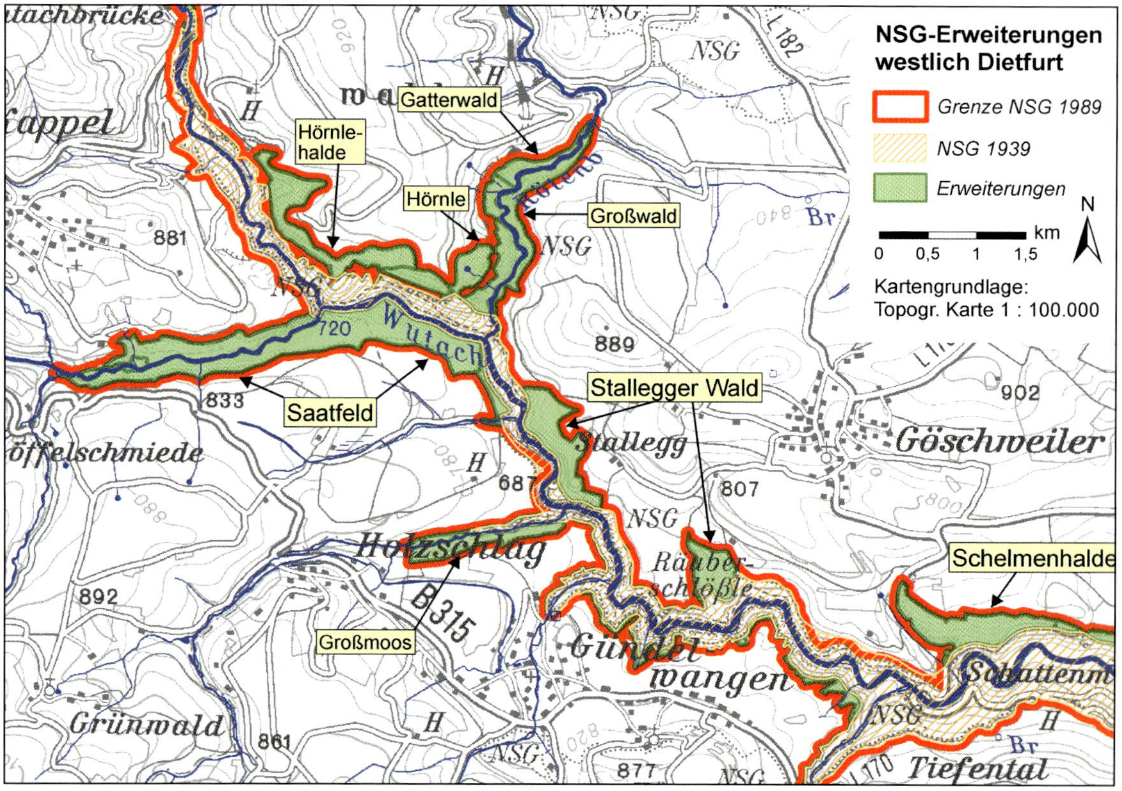

5.6.13 | **Die Erweiterung des Naturschutzgebiets** (NSG) umfasste unter anderen die in der Karte grün dargestellten Steilhänge und Schluchten zwischen Dietfurt und Löffelschmiede. (MP | RPF.2014)

5.6.14 | **Bis Mitte der 1960er-Jahre** war der Gänsesäger ein häufiger Brutvogel in den Schluchten von Wutach und Flühen. Aktuell mehren sich die Beobachtungen bis hinauf zur Dietfurt; Brutplätze sind jedoch (noch) keine bekannt. (MS.2011)

dass diese Schluchtenlandschaft in ihrer Vielfalt, Eigenart und Schönheit und ihrer einzigartigen Naturausstattung mit seltenen, zum Teil vom Aussterben bedrohten Tier- und Pflanzenarten auch künftigen Generationen erhalten bleibt.

Die Schutzgebietsausweisung von 1989 – ein Kompromiss

Im Frühjahr 1984 legte die Bezirksstelle für Naturschutz und Landschaftspflege ihre Würdigung (= Fachgutachten) zur Erweiterung und Neuabgrenzung des Naturschutzgebiets vor. Darin wird unter anderem als Schutzziel genannt, „*das vom Schluchtcharakter geprägte Erosionssystem der Wutach und ihrer Nebenflüsse zwischen Kappel-Gutachbrücke und der Wutachmühle in seiner Gesamtheit … abzudecken*“. Im Herbst 1984 wurde dann das förmliche Verfahren eingeleitet.

Im Rahmen der Anhörung der Träger öffentlicher Belange zum Verordnungsentwurf gingen zahlreiche, zum Teil sehr umfangreiche Stellungnahmen ein, die sorgfältig ausgewertet und beurteilt werden mussten. Mit verschiedenen Kommunen, Verbänden, Interessengruppen und deren Vertre-

Besondere Regelungen im Naturschutzgebiet Wutachschlucht

Im Naturschutzgebiet Wutachschlucht gibt es neben den Verboten, wie sie regelmäßig in Naturschutzgebieten zu beachten sind (etwa dem Bauverbot, dem Gewässerschutz, dem Schutz von Pflanzen und Tieren usw.), folgende besondere Einschränkungen:

- Es ist nicht gestattet, das Naturschutzgebiet außerhalb von Straßen und Wegen zu betreten – auch nicht auf nicht als Wanderweg markierten Trampelpfaden –, an Felsen zu klettern oder Höhlen aufzusuchen.
- Es dürfen keine organisierten Wanderungen oder andere Veranstaltungen mit mehr als 50 Teilnehmern durchgeführt werden.
- Es ist nicht erlaubt, die Gewässer in der Zeit vom 1. März bis 31. Juli zu befahren und Wasserfahrzeuge außerhalb der benannten Einsatzstellen zu Wasser oder zu Land zu bringen.
- Die fischereiliche Nutzung darf in den gekennzeichneten Bereichen der Wutach vom 1. März bis 31. Juli nur eingeschränkt ausgeübt werden.
- Besondere Bewirtschaftungsregelungen zur forstlichen Nutzung sind zu beachten.

tern wurden in der Folge Einzelgespräche geführt, um die Möglichkeiten einvernehmlicher Lösungen zu erkunden. Im Oktober 1986 wurden alle eingegangenen Anregungen und Bedenken in einer ganztägigen Erörterungsverhandlung ausführlich besprochen und diskutiert. Dennoch ging es auch danach kontrovers weiter: Insbesondere die Einschränkungen des Kanubetriebs und der Fischereiausübung stießen bei den betroffenen Vereinen und Verbänden nach wie vor auf Ablehnung. Hier mussten daher Kompromisslösungen ausgelotet werden. Der nach dem Ergebnis des Anhörungsverfahrens überarbeitete Verordnungsentwurf mit Karten wurde in einer weiteren Anhörungs- und Erörterungsrunde im Frühjahr 1988 mit den beteiligten Trägern öffentlicher Belange und Verbänden ausführlich besprochen. Im Juli 1988 erfolgte dann die Offenlegung des Verordnungsentwurfs mit Karten zur Information der betroffenen Nutzer und der weiteren interessierten Öffentlichkeit. Alle eingegangenen Stellungnahmen zum Verordnungsentwurf und zur Abgrenzung des Schutzgebiets wurden abschließend noch einmal fachlich und rechtlich eingehend geprüft. Insgesamt ließ sich feststellen, dass den Bedenken und Anregungen zur Abgrenzung entweder Rechnung getragen oder sie ausgeräumt werden konnten. Unter anderem sind danach weiterhin das Bad-Boll-Areal und der Bereich des Kraftwerks Stallegg Teil des Naturschutzgebiets. Den vorgetragenen Anregungen und Bedenken zu den Verbotsbestimmungen der Verordnung konnte zwar ebenfalls teilweise Rechnung getragen oder sie ausgeräumt werden. Zum Teil war es jedoch nicht möglich, ihnen naturschutzrechtlich zu folgen.

Am 16. März 1989 unterzeichnete Regierungspräsident Dr. Norbert Nothhelfer schließlich die endgültige Verordnung über das Natur- und Landschaftsschutzgebiet „Wutachschlucht" | 5.6.18 |. Das mit dem Erlass der neuen Verordnung abgeschlossene Verfahren hatte insgesamt mehr als vier Jahre in Anspruch genommen. Dabei ging es vor allem darum, die zahlreichen, oft auch gegensätzlichen Anregungen und Bedenken verschiedenster Interessengruppen zu überprüfen und zu einem sachgerechten Ausgleich untereinander, vor allem aber mit den Belangen des Naturschutzes zu führen.

5.6.15 | Regierungspräsident Dr. Norbert Nothhelfer (Bild) äußert sich zu der neuen Schutzgebietsverordnung (Zitat aus Pressemitteilung des Regierungspräsidiums Freiburg vom 14. November 1984). (RPF)

„Ich gehe davon aus, dass mit der neuen Verordnung eine tragfähige Basis geschaffen ist, um die Wutachschlucht, einen der wertvollsten Naturräume Südbadens, in ihrem ganzen Reichtum seltener Naturerscheinungen auch künftig zu bewahren und vor Eingriffen zu schützen."

5.6.16 | **Der wildeste Teil der Wutachschlucht** ist wegen zahlreicher Erdrutsche für Besucher heute nicht mehr zugänglich. (CM.2006)

Aktuelle Bedeutung des Gebiets für den Naturschutz

Gegenüber der Aussage von E. Liehl im ersten Wutachbuch (1971) „*Die Wutachschlucht ist ein Naturphänomen allerersten Ranges*" hat sich bis heute wenig geändert. Eine Erweiterung des Naturschutzgebiets 1989 auf das gesamte Flusssystem der rund 30 km lange Schlucht zwischen Neustadt und Lenzkirch im Westen und der Wutachmühle im Osten sowie die Ausweisung der Wutachflühen als Naturschutzgebiet (1979) sind daher kein Wunder. Zumal mit dem Naturschutzgebiet Wutachflühen (374 ha) südlich des „Wutachknies" zwischen Achdorf und Grimmelshofen nochmals einem deutlich andersartigen Landschaftscharakter Rechnung getragen wird (Kretzschmar 2011). Ziel der Unterschutzstellungen war es in beiden Fällen, die einzigartige Wildflusslandschaft wegen ihrer Ursprünglichkeit, der geologischen Besonderheiten und ihrer landschaftlichen Schönheit auch als Erholungsraum für künftige Generationen zu erhalten. Ferner sollte mit den Naturschutzgebieten ein Refugium für seltene und gefährdete Tier- und Pflanzenarten, in den Flühen insbesondere für bedeutsame Vogel- und Fledermausvorkommen geschaffen werden. Menschliche Eingriffe in den Wildfluss Wutach waren im Bereich der Schluchten bis zum Ende des 19. Jahrhunderts eher gering. Ansiedlungen befanden sich lediglich in dem breiteren Talabschnitt zwischen Wutachmühle und Achdorf. „*Bis zum Mittelalter konnte die Wutach zwischen Kappel und Grimmelshofen nur auf Furten überquert werden. Alljährliche Hochwasserereignisse, Geländebewegungen und Hangrutschungen verhinderten lange Zeit den Bau von Brücken und Straßen. Ab dem 15. Jahrhundert finden sich Zeugnisse erster Holzbrücken. Doch auch dann wurden immer wieder Wege verschüttet oder überschwemmt, die Stege mitgerissen und selbst massiv gemauerte Pfeiler unterspült.*" (Stegmaier 2011). So hielten sich die Menschen aus der wilden Schlucht fern | 5.6.16 |, mit Ausnahme von kurzen Episoden der Flößerei (s. auch S. 371) und verschiedenen Versuchen, sich die Wasserkraft des Flusses zunutze zu machen (s. auch S. 344 ff.).

Eine Besonderheit in der Wutachschlucht war die Badquelle bei Boll. An der seit dem späten Mittelalter wegen ihrer Heilwirkung bekannten Mineralquelle entstand im 19. Jahrhundert ein Badhof, dann etwas flussabwärts eine Fischzuchtanstalt. Seine Blüte erlebte Bad Boll jedoch wegen des sagenhaften Fischreichtums der Wutach um die Wende zum 20. Jahrhundert. Im Laufe der Zeit verlor das mondäne Bad seine Bedeutung, die Gebäude wurden anderweitig genutzt oder zerfielen, bis das Land Baden-Württemberg – seit 1991 neuer Eigentümer des gesamten Areals – sie schließlich abreißen und entfernen ließ.

Diese geschichtlichen Hintergründe, die ausführlich in den vorhergehenden Kapiteln dargestellt werden, sind Zeugnisse der „alten Kulturlandschaft". Spuren des menschlichen Wirkens finden sich auch an anderen Stellen entlang der Wutach, wie die baulichen Reste von Burgen, Gipsabbaustätten und längst vergangenen Mühlen (z. B. bei Moggeren) belegen. Doch nirgendwo sonst scheint das „kulturelle Erbe" einer so starken romantisierenden Verklärung unterworfen zu sein wie im Bereich des ehemaligen Bad Boll. Mit der Erweiterung des Naturschutzgebiets kam dann, trotz der in weiten Kreisen vorherrschenden Sehnsucht nach dem alten Ruhm, die klare Entscheidung, dass in der Wutachschlucht die Schönheit und Vielfalt der Natur, also das Naturerbe, im Vordergrund der heutigen Schutzbemühungen stehen sollte, welches es zu bewahren gilt; eine nachrangige Bedeutung wurde der Erhaltung des menschlichen Wirkens (Bautätigkeit und frühere Bewirtschaftungsformen) beigemessen. Um beides, d. h. Natur- und Kulturerbe in einem angemessenen Rahmen zu erhalten oder erlebbar zu machen, ist die gute Zusammenarbeit vieler Beteiligter gefragt (s. auch S. 445) | 5.6.17 |.

5.6.17 | **Die alte Obstbaumwiese** als Zeichen der besseren Tage von Bad Boll wird seit vielen Jahren von Ehrenamtlichen des Schwarzwaldvereins gepflegt. (MS.2013)

Westhängen der Flühen und die Lage zu benachbarten Vegetationsgebieten zu einem stark differenzierten Mosaik von Lebensräumen | 5.6.18 |. Diese reichen von extrem trockenen und wärmebetonten Biotopen, z. B. der Kalkfelsen, bis zu extrem nassen und kühlen, etwa in der Flussaue (s. auch S. 135). Demzufolge sind in den Schluchten der Wutach und der Flühen auch die unterschiedlichsten Vegetationstypen zu finden | 5.6.19 |. Einige davon haben Eingang in die Liste der seltenen und gesetzlich geschützten Biotope gefunden, andere sind europaweit durch Natura 2000 geschützt.

Standörtliche Vielfalt schafft Raum für unterschiedlichste Arten

Die standörtliche Vielfalt wird in der Wutachschlucht und in den Flühen ganz offenkundig durch die enge Abfolge der Gesteine (s. auch S. 60) vorgegeben. Bestimmen Gesteinshärte und -zusammensetzung, Schichtlagerung und Ausräumbarkeit die Geländeform und die Bodenbildung, so zeigen Hochwasserereignisse sehr unmittelbar, welche Auswirkungen die Erosionskraft des Wassers (s. auch S. 76) auf ganze Hänge und ihren Bewuchs haben kann, wenn diese in den Fluss abgleiten. Daneben führen besondere Klimaeinflüsse an den Nord- und Südhängen der Schlucht bzw. den Ost- und

Neben seltenen und gefährdeten Pflanzen beherbergt das weitläufige Schluchtensystem aber auch eine mannigfaltige Tierwelt, die in den entsprechenden Kapiteln (s. auch S. 198–333) nur exemplarisch für einige Gruppen wiedergegeben werden kann. Nicht wenige davon haben in den zum Teil unbewirtschaftbaren Steilhängen zwischen den trockenheißen, flachgründigen Felsköpfen und dem ganzjährig feuchtkühlen Talgrund ein Refugium, andere finden in der Aue oder dem Fluss selbst noch einen ihnen zusagenden Standort. Auf eine dieser Gruppen und die Geschichte ihrer Verbreitung soll an späterer Stelle noch beispielhaft eingegangen werden (s. auch S. 425).

Biotoptypen in den Naturschutzgebieten Wutachschlucht und Wutachflühen (FVA 2013 ergänzt RPF)

Geschützt nach

- FFH-RL (Natura 2000) und/oder als Biotop nach
- Landeswaldgesetz (LWaldG)
- Naturschutzgesetz (BNatSchG)
- Landesnaturschutzgesetz (NatSchG),

Lebensräume / Morph. Struktur	Biotop	ha	Natura 2000	§30a LWaldG	§30 BNatSchG	§32 NatSchG
Buchen-Tannenwälder	Hainsimsen-Buchenwald, z.T. mit Tanne	8,1	■	■		
	Waldgersten-Buchen-Wald, z. T. mit Tanne	38,3	■	■		
	Seggen-Buchen-Wald, z. T. mit Tanne	4,9	■	■	■	■
Hang-Schluchtwälder	Ahorn-Eschen-Schluchtwald	82,8	■	■	■	
	Ahorn-Eschen-Blockwald	67,1	■	■	■	
	Ahorn-Linden-Blockwald	8,7	■	■	■	■
Auenwälder sowie Feucht- und Uferweidengebüsche	Hainmieren-Schwarzerlen-Auwald	12,6	■	■	■	■
	Schwarzerlen-Eschen-Wald	8,2	■	■	■	■
	Grauerlen-Auwald	2,8	■	■	■	■
	Silberweiden-Auwald	0,2	■	■	■	■
	Uferweidengebüsche	2,0	■	■	■	■
Kiefern-Steppenheidewald	Kiefern-Steppenheidewald	0,2	■	■	■	■
Steinsamen-Eichen-Wald	Steinsamen-Eichen-Wald (Steppenheidewald)	1,3		■	■	■
Feldgehölze	Feldgehölze	0,2		■		■
Trockengebüsche und Säume	Trockengebüsch und Saum	0,3		■	■	■
Stillgewässer	Tümpel oder Hüle	0,2	■	■	■	■
	Altarm	0,3	■	■	■	■
Quellige Bereiche	Quelle	0,2	■ 1)	■	■	■
	Quelliger Bereich	8,0		■	■	■
Fließgewässer	Naturnaher Mittelgebirgsbach	16,5	■ 2)	■	■	■
	Naturnaher Fluss	45,3	■ 2)	■	■	■
	Tauch- und Schwimmblattvegetation	0,1	■ 2)			
Waldsimsen-/Schachtelhalm-Sumpf	Waldsimsen-/Schachtelhalm-Sumpf	0,2		■	■	■
Röhricht	Röhricht	2,4		■	■	■
Hochstaudenflur	Hochstaudenflur	4,2	■ 3)	■	■	■
Feucht- und Nasswiesen	Seggen- und binsenreiche Nasswiese	3,3		■	■	■
Trockene und frisch-feuchte bewirtschaftete Mähwiesen	Montane Magerwiese mittlerer Standorte	7,9	■	■	■	■
	Magerwiese mittlerer Standorte	9,2	■	■	■	■
Mager- und Trockenrasen	Magerrasen basenreicher Standorte	0,6	■			
	Trockenrasen	0,3	■			
Felsen	Felsformationen	8,2	■	■	■	■
	Felswände	14,8	■	■	■	■
	Einzelfelsen	8,0	■	■	■	■
Offene natürliche Gesteinshalden	Blockschutt und Geröllhalden	1,6	■	■		■
Höhlen	Höhlen	0,5	■	■	■	■
Schluchten, Tobel, Klingen		29,8		■		
Strukturreiche Waldbestände und Naturgebilde		ca. 10		■		
Gesamt		**ca. 410 ha**				

1) nur Kalktuffquellen
2) ab Mindestlänge von 20 m
3) fließgewässerbegleitend

5.6.18 und 19 | Vom Fließgewässer Wutach über Pestwurz-Aue und Auwälder bis zu den trockenheißen Felsen bietet die Wutachschlucht einer Vielzahl an Arten Brut- und Nahrungsplätze (WW.2013). Die Tabelle zeigt die Biotoptypen (s. auch S. 363) in den beiden Schutzgebieten Wutachschlucht und Wutachflühen mit dem jeweiligen Schutzstatus. (FVA ergänzt RPF.2013)

5.6.20 | **Das Naturschutzgebiet Wutach – Gauchachtal 1939.** (HD nach MP | RPF.2013)

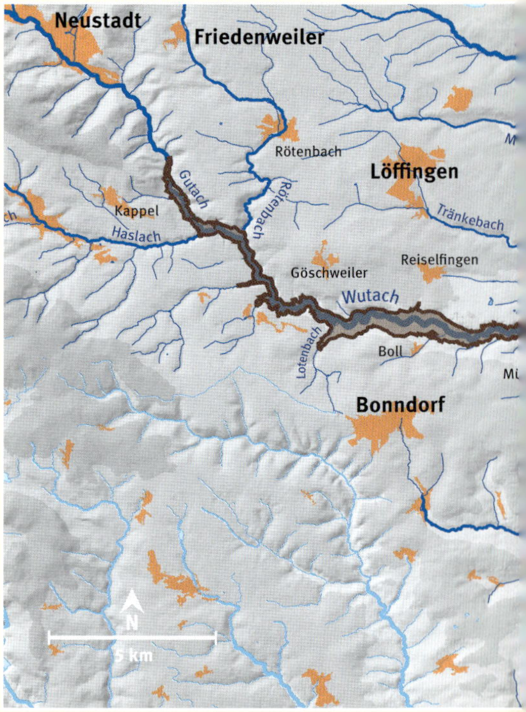

Vom Naturschutzgebiet 1939 zum europäischen Natura 2000

Das Naturschutzgebiet Wutach – Gauchachtal von 1939 | 5.6.20 | zählt zu den ältesten Naturschutzgebieten in Baden-Württemberg. Es umfasste einen rund 17 km langen Fließgewässerabschnitt entlang von Gutach und Wutach zwischen Kappel-Gutachbrücke und der Gauchachmündung einschließlich deren Unterlauf. Hier sollten seinerzeit insbesondere die bewaldeten oder von Abholzung und Fichtenaufforstung bedrohten Hänge und Tallagen in ihrer Ursprünglichkeit erhalten werden. Der Schwerpunkt der Schutzbemühungen lag auf der rund 10 km langen Muschelkalkschlucht zwischen Bad Boll und Wutachmühle.

Genau 40 Jahre später (1979) erfolgte im Zeitgeist der 1970er-Jahre (Häcker 2004) die Ausweisung des 374 ha großen Naturschutzgebiets Wutachflühen | 5.6.21 |. Auf starkes Drängen des Schwarzwaldvereins dehnte man zehn Jahren später die Schutzbemühungen an der Wutach auf die inzwischen besser erforschten und von ihrer Artenausstattung nicht minder wertvollen Seitenschluchten von Haslach, Rötenbach, Hirschgraben und Reichenbächle sowie die Gauchach oberhalb der Lochmühle und um die Schelmenhalde aus. Mit der neuen Verordnung von 1989 verdoppelte sich die Fläche des Naturschutzgebiets Wutachschlucht von 579 ha auf 969 ha. Hinzu kamen weitere 425 ha eines umgebenden Landschaftsschutzgebiets (auf der Karte nicht dargestellt).

Mit der Verankerung des Biotopschutzes im überarbeiteten Naturschutzgesetz des Landes Baden-Württemberg (1992) wurden in den folgenden Jahren landesweit die gesetzlich geschützten Biotope erfasst | 5.6.22 |. Damit konnte erstmals auch die Landschaftspflege auf kleineren Flächen außerhalb von Naturschutzgebieten mit öffentlichen Fördergeldern akzeptabel vergütet werden.

Als etwa zur selben Zeit der Naturschutz „europäisch" wurde und verschiedene Richtlinien der EU den großflächigen Schutz von Arten und Lebensräumen in einem europaweiten Verbundnetz (Natura 2000) forderten, stehen im Wutachgebiet bereits zahlreiche Lebensräume als Naturschutzgebiet, Schonwald, Naturdenkmal oder gesetzlich geschützte (Wald-)Biotope unter Schutz. Diese Flächen bildeten die Grundlage für die Abgrenzung der sogenannten Natura 2000-Gebiete | 5.6.23 |. Sie umfassen zum einen die nach der Fauna-Flora-Habitat-Richtlinie besonders schutzbedürftigen Lebensraumtypen und Lebensstätten von gefährdeten Arten (= FFH-Gebiete) und zum anderen gemäß der Vogelschutz-Richtlinie die Lebensstätten europaweit gefährdeter Vogelarten (= Vogelschutzgebiete).

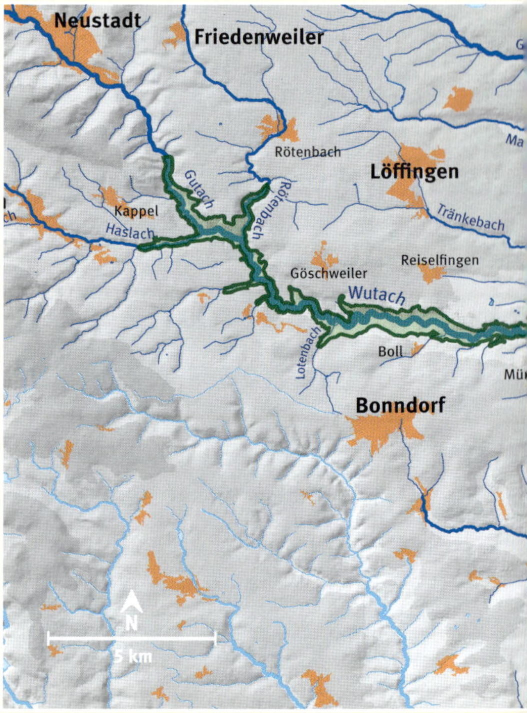

5.6.21 | **Die Naturschutzgebiete** Wutachschlucht 1989 und Wutachflühen 1979. (HD nach MP | RPF.2013)

5.6.22 | **Die Naturschutzgebiete** und gesetzlich geschützte Biotope (grün) 1992. (HD nach MP | RPF.2013)

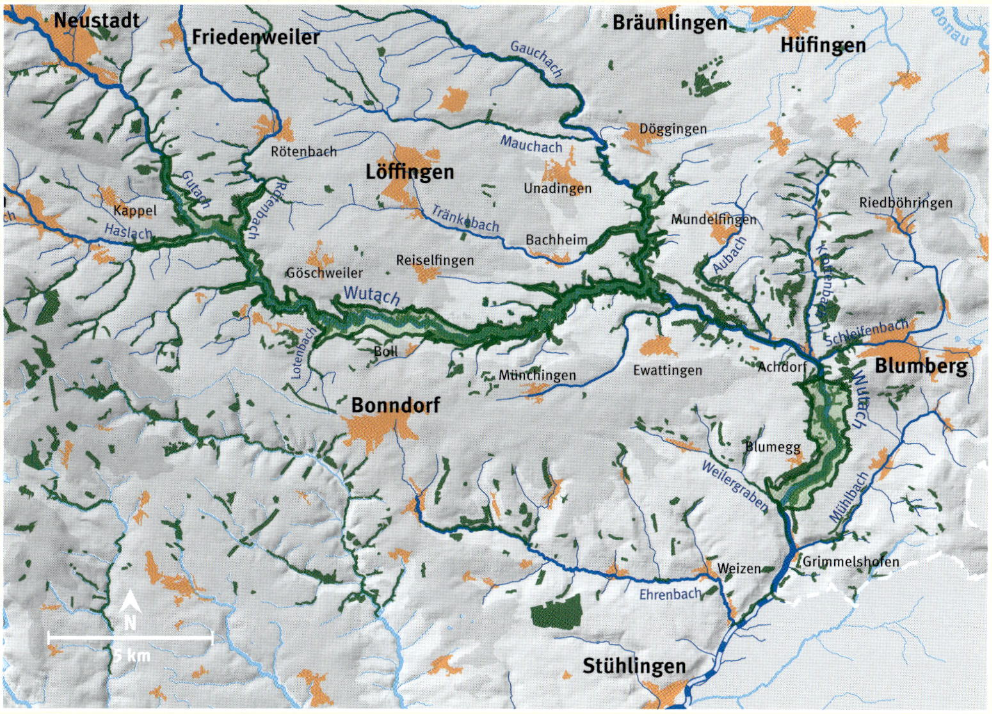

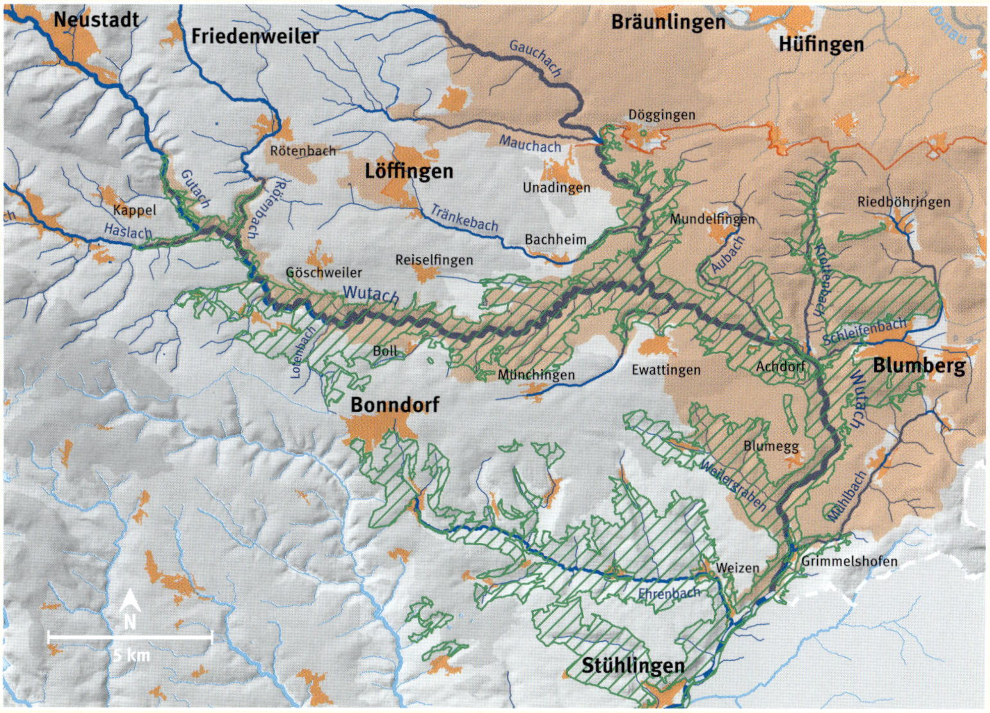

5.6.23 | **Natura 2000-Gebiet** bestehend aus den Vogelschutzgebieten Baar, Wutach und Baaralb (rot) und den FFH-Gebieten Wutachschlucht, Blumberger Pforte und Mittlere Wutach (grün). (HD nach MP | RPF.2013)

Das Wutachgebiet – Treffpunkt und Schmelztiegel für Pflanzen …

Von herausragender Bedeutung für den Naturschutz – aus pflanzen- und tiergeografischer Sicht – sind in den Naturschutzgebieten die Schluchtwälder im weiteren Sinne, d. h. die großflächig vorkommenden natürlichen oder naturnahen, artenreichen Laubmischwälder sowie die kleineren Restbestände des Reliktföhrenwaldes.

Auf südexponierten, warmen Sonnenhängen bilden die Schluchtwälder die eigentlichen Charaktergesellschaften der Muschelkalkschlucht. Besonders hervor tritt der Berg-Lindenwald, unter dessen Kronenschirm eine Fülle seltener Pflanzenarten gedeiht. Neben den im Vegetationsbeitrag (s. auch S. 142 ff.) bereits genannten Feuchte- und Wärmezeigern sei hier für die üppige Krautschicht dieser Wälder nur noch ergänzend die aus dem Mittelmeergebiet stammende Schmerwurz und die präalpine, also zwischen Mittel- und Hochgebirge angesiedelte Berg-Flockenblume | 5.6.24 | genannt. Anders als in der Wutachschlucht findet man im Ahorn-Lindenwald der Flühen auch noch die Hecken- und die Wald-Wicke, die hier die Westgrenze ihres kontinentalen – also winterkalten und sommerlich trockenheißen – Verbreitungsgebiets erreichen. Im Gegensatz dazu überzieht in den feuchten und kühlen Hanglagen im Frühjahr ein bunter Blütenteppich aus verschiedenen Knollen- und Zwiebelpflanzen (Geophyten) den Waldboden des dort vorherrschenden Ahorn-Eschen-Schluchtwaldes: Hier treffen Arten der feuchten, klimatisch eher gemäßigten meeresnahen Gebiete Westeuropas wie Hohler Lerchensporn und Bär-Lauch unmittelbar auf die aus den kontinentalen Laubwaldgebieten stammende Schuppenwurz | 5.6.25 | und das Gelbe Windröschen.

Besonders stark ausgeprägt ist die Herkunft von Pflanzen aus allen Verbreitungsgebieten Eurasiens aber in den lichten, mit Steppenheide durchsetzten Reliktföhrenwäldern. Reste dieser einmaligen und unersetzlichen Lebensräume finden sich in einem schmalen Band am oberen Rand der Flühenschlucht und in größeren Bereichen an den West-Südwesthängen von Eichberg und Buchberg. Unter der vorherrschenden Baumart Wald-Kiefer (Föhre), die ihren Verbreitungsschwerpunkt im boreal-kontinentalen Nordosten Eurasiens besitzt, treffen hier in der Krautschicht wärmeliebende Arten der zur Steppe überleitenden osteuropäischen Laubwaldzone wie Heilwurz und Hirsch-Haarstrang auf Orchideen mediterranen Ursprungs und Arten, denen man sonst erst wieder in den Alpen begegnet.

5.6.24 | Die „spinnwebig"-filzig behaarten Blätter und Stängel weisen die Berg-Flockenblume als echten „Bergbewohner" aus; schützt die Behaarung doch vor intensiver Sonneneinstrahlung, wie sie an den (oft) felsigen Wuchsorten anzutreffen ist. (LT.2013)

5.6.25 | Die seltene, an Bäumen schmarotzende Schuppenwurz kann man am lichten Waldboden in der Muschelkalkschlucht nur im zeitigen Frühjahr zusammen mit anderen Knollen- und Zwiebelpflanzen beobachten. (JW.2013)

5.6.26 | Zusammensetzung des Reliktföhrenwaldes nach den geografischen Herkunftsgebieten seiner Pflanzenarten (nach Oberdorfer 1971).

- 4% boreal-kontinentale Arten des Nordostens Eurasiens
- 25% Arten der subkontinental osteuropäischen Laubwaldgebiete
- 10% eurasiatische Arten ohne bekannten Herkunftsschwerpunkt
- 15% subozeanische Arten mit engerer Bindung an meeresnahe Gebiete Südwesteuropas
- 23% (prä)alpine Arten der hochmontanen/subalpinen Wälder der Alpen (und oberhalb der Waldgrenze) und angrenzender Mittelgebirge
- 23% submediterrane Arten, Verbreitungsschwerpunkt im Süden Europas entlang des nördlichen Mittelmeers

… und für Tiere

Vollkommen parallel zur Pflanzenwelt weist auch die Tierwelt des Wutachgebiets ihre Besonderheiten auf: Zum einen besticht sie wie die Pflanzenwelt mit einem außergewöhnlichen Arten- und Individuenreichtum. So werden in einer „Botanischen Durchforschung der Wutach-Gauchachschlucht“ aus den 1980er-Jahren (Akten der BNL) 768 Pflanzenarten genannt; ein früheres Gutachten erwähnt ferner *„570 Schmetterlingsarten und auf einer Fläche von nur 10 km² 84 verschiedene Schneckenarten“* (s. auch S. 314). Als weitere Besonderheit wird knapp vermerkt, dass im Wutachgebiet *„Arten aus sämtlichen Klimagebieten Europas auf engstem Raum beisammen leben; neben der Menge mitteleuropäischer Formen nordische und solche des trockenheissen Steppengebiets Südosteuropas, vom Mittelmeer und vom feuchtwarmen atlantischen Gebiet des Südwestens. Nirgends in ganz Europa wiederholt sich diese für die Wissenschaft aussergewöhnlich bedeutsame tiergeografische Merkwürdigkeit.“* Diese „Merkwürdigkeit“ erklärt sich aus der Besiedlungsgeschichte Mitteleuropas seit der letzten Eiszeit und kann bei zahlreichen Tiergruppen, insbesondere den Schnecken und den Insekten, festgestellt werden. So schreibt Martin Schnetter (1968): *„Das Wutachgebiet …“* liegt *„… wie kaum andere Räume in Europa im Knotenpunkt tiergeographischer Wanderstraßen. Dies hat sich in der nacheiszeitlichen Besiedlung vielfältig ausgewirkt. Glazialrelikte haben sich an geeigneter Stelle halten können. Im Klimawechsel der Nacheiszeit sind aus fast allen … Räumen Europas Arten in dieses Gebiet eingewandert.“* Näher darauf eingegangen wird in diesem Buch im Kapitel „Die Käfer der Wutachschlucht“, aber auch bei den Schmetterlingen lässt sich dieses Phänomen gut studieren. Als Beispiel soll deshalb hier kurz auf zwei Schmetterlingsarten, das Glücks- oder Bergkronwicken-Widderchen und das Platterbsen-Widderchen eingegangen werden.

Beide Arten kommen im Wutachgebiet vor, in den „Steppenheide-Relikten“ an Eichberg/Buchberg sogar „in unmittelbarer Nachbarschaft“ (s. auch S. 303). Während das kälteunempfindlichere Platterbsen-Widderchen | 5.6.27 | von Osten her mit der Rückkehr der Wälder nach der letzten Eiszeit das Wutachgebiet erreichte, kam das wärmeliebende Bergkronwicken-Widderchen | 5.6.28 | nacheiszeitlich aus dem mediterranen Südwesten über das Rhônetal, den Schweizer Jura und entlang des Hochrheins zu uns. Sein Vordringen über das Burgund hinaus nach Nordosten konnte wiederum nur dadurch gelingen, dass die Art erfolgreich auf die Berg-Kronwicke als Nahrungspflanze für ihre Raupen gewechselt hatte (s. auch S. 173). Und diese Pflanze kam nicht etwa gemeinsam mit dem Widderchen aus dem westlichen Mittelmeergebiet, sondern hatte sich in einer nacheiszeitlichen Wärmezeit von ihrem südosteuropäischen Refugium her so weit westwärts ausgebreitet, dass sie dem Widderchen erst dadurch die Besiedlung des Wutachgebiets und nordostwärts darüber hinaus ermöglicht hat. Im Wutachgebiet gilt sie heute als seltenes „postglaziales Wärmerelikt“.

5.6.27 | Das kältetolerante Platterbsen-Widderchen kommt auch unmittelbar westlich des Naturschutzgebiets Wutachschlucht an dessen „Schwarzwaldseite" vor, ist aber sonst im Schwarzwald nicht anzutreffen. (SH.2012)

5.6.28 | Bergkronwicken-Widderchen bei der Paarung. Die Art konnte nacheiszeitlich von Südwesten bis ins Wutachgebiet vordringen – das Foto stammt vom Eichberg. (SH.2013)

Dieses Beispiel zeigt anschaulich, wie eng die Ausbreitung oder der Rückgang einer Tierart bisweilen mit dem Fehlen oder Vorhandensein einer einzigen Pflanzenart einhergehen kann. Verändern sich natürliche Lebensräume durch Nährstoffeinträge oder andere Umstände in der Zusammensetzung ihrer Pflanzendecke, kann das, neben anderen Faktoren, auch schnell über Wohl oder Wehe der dort lebenden Tiere entscheiden (s. auch S. 322). Dass die Platterbsen- und Kronwicken-Widderchen der Reliktkiefernwälder zusammen mit weiteren, in Baden-Württemberg stark gefährdeten Schmetterlingsarten im Wutachgebiet dennoch weiterhin geeignete Lebensbedingungen finden, verdanken sie nicht zuletzt auch der intensiven Betreuung, die sie zusammen mit etlichen weiteren Arten des Gebiets im Rahmen des landesweiten Artenschutzprogramms erfahren.

Das Artenschutzprogramm – Rettung für stark gefährdete Arten

Die Aufgabe und Herausforderung, die Bestände stark gefährdeter Arten durch gezielte Maßnahmen zu fördern, ist in Baden-Württemberg mit dem Artenschutzprogramm (ASP) bereits seit 1976 im Landesnaturschutzgesetz verankert. Das Programm wird seither durch die Landesanstalt für Umwelt, Messungen und Naturschutz sowie die Naturschutzreferate der Regierungspräsidien organisiert und betreut. Im Rahmen des Programms erfassen Spezialisten kontinuierlich den Bestand und die Gefährdungssituation hochgradig gefährdeter Tier- und Pflanzenarten sowie deren Lebensraumansprüche. Auf dieser Grundlage werden gezielte Schutzmaßnahmen erarbeitet und möglichst umgehend zum Überleben der jeweils betroffenen Arten in die Tat umgesetzt. Ob die Maßnahmen erfolgreich waren, wird bei anschließenden Kontrollen ermittelt. In oft jahrelangen Bemühungen konnten über das Artenschutzprogramm bereits verschiedene Arten vor dem Aussterben bewahrt werden. Seit den 1990er-Jahren wird das Artenschutzprogramm noch durch das Biotopschutzprogramm für gefährdete Lebensräume ergänzt. Im Wutachgebiet werden fünf Schmetterlingsarten, eine Libellen- und eine Wildbienenart, eine Pflanze und verschiedene Moose aus öffentlichen Geldern über das Artenschutzprogramm für die Nachwelt erhalten.

Wiesen und Magerrasen – Zeugnisse der früheren Nutzung

Mit den Wäldern nicht unmittelbar vergleichbar ist die Entwicklung der offenen Wiesen und Magerrasen im Wutachgebiet. Denn bei diesen Lebensräumen handelt es sich nicht (oder nur mit ganz wenigen Ausnahmen) um natürliche Biotope, sondern sie entstanden durch die landwirtschaftliche Rodungstätigkeit und nachfolgende „Kultivierung". Innerhalb des Naturschutzgebiets Wutachschlucht sind die wenigen, heute noch vorhandenen Offenland-Lebensräume in der fast zu 90 % aus Wald bestehenden Schlucht | 5.6.29 | für viele lichtliebende Arten eine Rettungsinsel: Wiesen, Magerrasen, Staudenfluren und die den Waldrändern vorgelagerten Säume bieten zahlreichen blütensuchenden und lichtbedürftigen Insekten, die im dichten Wald kaum Nahrungspflanzen finden, einen Lebensraum. Je nach Standort und Exposition treten Wiesengesellschaften auf trockenen, aber auch frischen bis nassen Standorten auf. Auf Silikatgestein im Oberlauf der Schlucht gibt es kleinflächig noch Magerrasen, die von Arnika, Heide-Nelke und Flügel-Ginster gekennzeichnet sind. Wärmebegünstigte Wiesenbereiche in der Muschelkalkschlucht zeichnen sich auf den magersten Standorten durch eine Fülle gefährdeter und stark gefährdeter Arten wie Wiesen-Leinblatt, Rotbraune Stendelwurz und Kreuz-Enzian aus. In schattiger Lage auf frischen Hängen bei Bad Boll findet man Trollblume, Kleine Traubenhyazinthe, Arznei-Schlüsselblume und vereinzelt sogar das seltene Spatelblättrige Greiskraut. Für diese Wiesen und Magerrasen hat die Bezirksstelle für Naturschutz und Landschaftspflege Freiburg schon im Jahre 1996 einen Pflege- und Entwicklungsplan erstellt. Er wird bis heute zum Teil mittels langfristiger Pflegeverträge oder direkt über das Naturschutzreferat des Regierungspräsidiums in Zusammenarbeit mit dem Wutachranger Martin Schwenninger umgesetzt. Erste Erfolge haben sich bereits bei der Dietfurt eingestellt: Dort hat sich auf einem Kalk-Magerrasen der in Baden-Württemberg stark gefährdete Kreuz-Enzian | 5.6.30 | nach nur wenigen Jahren so beeindruckend vermehrt, das man zwischenzeitlich schon fast von einem Massenbestand sprechen kann.

5.6.29 | Nur noch aus der Luft erkennt man die kleinen Wiesenflächen und offenen Felsbildungen, die in der „Waldschlucht" lichtliebenden Arten ein Refugium bieten. (CM.2008)

5.6.30 | In den mageren Böschungen entlang des Wanderwegs an der Dietfurt hat sich der stattliche Kreuz-Enzian seit 2006 in nur wenigen Jahren erfolgreich vermehrt. (BHM.2012)

Aber nicht immer verlaufen Entwicklungen so glücklich wie die Vermehrung des Kreuz-Enzians. Denn obwohl diese Art – in Baden-Württemberg bereits ebenfalls über das Artenschutzprogramm gefördert – inzwischen in der Wutachschlucht wieder häufig ist, konnte der eng an diese Pflanze gebundene Kreuzenzian-Ameisenbläuling bislang nicht mehr dort gefunden werden. Hier wird offenkundig, wo das Artenschutzprogramm an seine Grenzen stößt: Denn es kann nicht darüber hinweghelfen, dass für manche Arten der Zugang zu ihren einstigen Habitaten inzwischen durch Wald, intensive Landwirtschaft oder Infrastruktur versperrt ist und ihre oftmals kleinen und isolierten (Rest-)Habitate in unüberbrückbarer Entfernung voneinander liegen.

Felsen – Hotspots in jedem Sinn

Auf den besonders von der Erosion herausgearbeiteten, trockenen und heißen Felsen gedeiht dort, wo sie nicht von Kiefern und anderen Baum- und Straucharten des Reliktföhrenwaldes eingenommen sind, eine große Anzahl von sehr seltenen Pflanzen. In Felsspalten und auf sonnigen Felsbändern wachsen die aus dem Mittelmeergebiet stammende Felsenbirne | 5.6.31 |, ebenso alpine Arten wie Kalk-Blaugras, Alpen-Maßliebchen und Zwerg-Glockenblume (s. auch S. 174 ff.).

5.6.31 | Die Felsenbirne lässt sich von Wandernden nur zur Blütezeit im April/Mai an den steilen Wänden der Muschelkalkfelsen in den Schluchten von Wutach und Flühen – im Bild am freigestellten Felsen bei der Dietfurt – entdecken. (MS.2013)

Hier ist auch die Heimat von Wanderfalke, Turmfalke, Kolkrabe und seit einigen Jahren auch die des Uhus. In den unteren, gewässernahen Felspartien nistet die Wasseramsel und bis in die 1970er-Jahre bauten dort sogar Gänsesäger ihre Nester. Die Höhlen in der Muschelkalkschlucht sind vor allem als Lebensraum für Fledermäuse von Bedeutung. Hier überwintern mindestens acht verschiedene Arten (s. auch S. 217).

Besondere Herausforderungen – 25 Jahre erweitertes Naturschutzgebiet und Natura 2000

Im Jahr 2014 besteht das Naturschutzgebiet Wutachschlucht seit 75 Jahren. Zu diesem Jubiläum kommen zwei kleinere hinzu, denn seit der Erweiterung und Neuausweisung des Schutzgebiets 1989 sind genau 25 Jahre vergangen und die Wutachflühen stehen seit nunmehr 35 Jahren unter Naturschutz. Seit der Meldung des Gebiets als europäisches Natura 2000-Gebiet sind bereits mehr als zehn Jahre verstrichen. Welche Herausforderungen damit aber gegen Ende des 20. Jahrhunderts und darüber hinaus auf den Naturschutz zukommen würden, sah Gerhard Fuchs – bis ins Jahr 1994 Leiter der Bezirksstelle für Naturschutz und Landschaftspflege (BNL) Freiburg – bereits im Dezember 1971 voraus: „*In der Schlucht ist eines der schönsten Wandergebiete Südwestdeutschlands erschlossen und bisher stets begehbar erhalten worden, allen Schwierigkeiten zum Trotz. Auch die Natur … unterlag keinen tiefgreifenden Änderungen. Dennoch … die schwer zugänglichen, kaum gedüngten und deshalb sehr artenreichen Wiesen auf dem Talgrund werden nur noch hier und da genutzt. Sie bewalden auf natürlichem Wege oder werden aufgeforstet. Der Aufbau von Mischwäldern, wie sie sich Schurhammer einst vorstellte, konnte nur ortsweise erreicht werden. Selbst die Pflanzung verschiedener Baumarten … führte wegen ungenügender Pflege in der Regel zu* [Fichten-] *Reinbeständen.*" Als Vision, die er auch im Bereich des ehemaligen Bad Boll noch realisieren sollte, strebte er den Ankauf aller natur-

5.6.32 | Für die Jubiläumsschrift „60 Jahre Naturschutzgebiet Wutachschlucht“ zeichnete Achim Laber diese für sich selbst sprechende Karikatur. (AL.1999)

schutzwichtigen Grundstücke durch den Staat mit folgender Begründung an: „*Wirtschaftliche Zielsetzungen müssten dann hinter die des Naturschutzes zurücktreten, denn maximales privatwirtschaftliches Gewinnstreben wird stets mit tiefgreifenden Veränderungen der Natur verbunden sein. Bei der heute herrschenden ökonomischen Situation in Land- und Forstwirtschaft kann Naturschutz nicht mehr als deren zufälliges Nebenprodukt anfallen.*“ Und in der Festschrift zum 60-jährigen Jubiläum des Naturschutzgebiets 1999 ist im Vorwort von Dr. Jörg-Uwe Meineke, dem Nachfolger von G. Fuchs als Leiter der BNL, zu lesen: „*Konflikte gibt es nach wie vor. In einer weithin berühmten Landschaft, durch deren enges Tal jährlich an die einhunderttausend Wanderer drängen, kann es nicht anders sein.*“ Dass dieser Besucheransturm bis dahin für Tiere und Pflanzen weitgehend unschädlich blieb, „*war vor allem dem unermüdlichen Einsatz der Rangerin und ihren Helfern sowie der intensiven Besucherinformation*“ und „*einem modernen Pflegekonzept*“ zu verdanken. Die bestehenden Konflikte waren damit benannt | 5.6.32 | und die Herausforderungen der nächsten Jahrzehnte nach Neuausweisung des Naturschutzgebiets klar umrissen:

- Die Nutzung der Wasserkraft im Naturschutzgebiet
- Der Umbau der in Einzelbereichen stark fichtendominierten Wälder zu artenreichen Mischwäldern im Sinne Schurhammers
- Die Erhaltung und Pflege der (letzten) artenreichen Wiesen, Magerrasen und Felsen als Refugien für Offenlandarten
- Die Lenkung und Information stetig wachsender Besucherströme vor dem Hintergrund sich ändernder touristischer Ansprüche.

Ein Fall für sich – das Flusskraftwerk Stallegg

Seit Ende der 1970er-Jahre gab es Bemühungen, das ehemalige Flusskraftwerk Stallegg auf Gemarkung Göschweiler (Stadt Löffingen) wieder zu reaktivieren. Damals wurde das Kraftwerk mit allen Anlagenteilen von der Fürstlich Fürstenbergischen Standesherrschaft in Donaueschingen an das Kraftwerk Laufenburg verkauft | 5.6.33 |.

Mit Unterstützung der Gemeinden an der Wutachschlucht, die sich im April 1979 an den damaligen Wirtschaftsminister Dr. Eberle mit dem Anliegen gewandt hatten, das Flusskraftwerk auch nach dem Verkauf weiter zu betreiben, startete das Kraftwerk Laufenburg im Sommer 1980 eine entsprechende Voranfrage. Geplant war, das seit 1979 nicht mehr betriebene Wasserkraftwerk in der Wutachschlucht instand zu setzen und durch den Einbau einer größeren Turbine in erweiterter Form zu nutzen. Anstelle einer bisher zugelassenen Wasserentnahme von 2350 l/s und einer Leistung von ca. 280 kW sollte die Leistung künftig auf 365 kW erhöht werden. Das Kraftwerk war zudem daran interessiert, möglichst viel Wutachwasser abzuleiten und zu nutzen.

5.6.33 | Die Lage des Flusskraftwerks Stallegg inmitten des Naturschutzgebiets Wutachschlucht. (RPF)

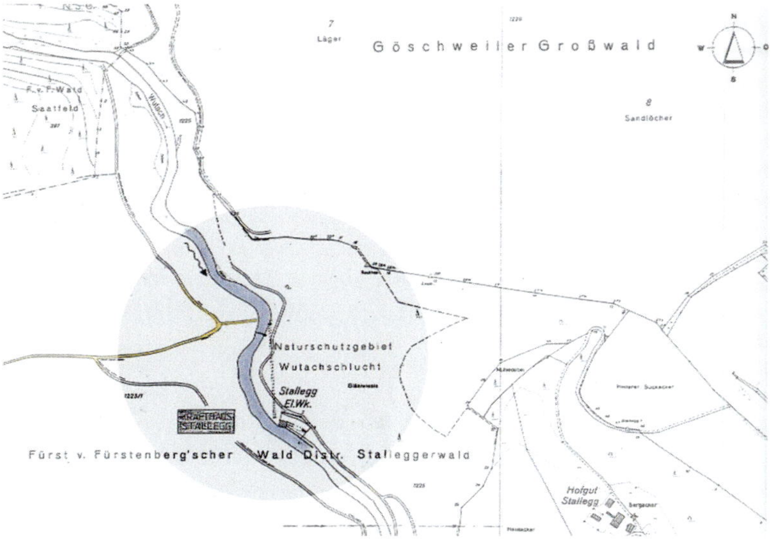

5.6.34 | **Das alte Flusskraftwerk Stallegg** liegt bis heute in schwer zugänglichem Gelände. (HS.1935)

5.6.35 | **Während der Reparaturarbeiten** im Jahr 2013 floss die Wutach ungehindert unter der Staumauer hindurch. Man erkennt deutlich die Mauererhöhung des Staudamms aus dem Jahr 1939. (KS.2013)

Das Projekt war wegen seiner negativen Wirkungen auf das bestehende Naturschutzgebiet äußerst umstritten und wurde insbesondere von Schwarzwaldverein, BUND und Landesnaturschutzverband vehement abgelehnt. | 5.6.34 |. Alle baulichen Maßnahmen würden unweigerlich zu schwerwiegenden Eingriffen in Natur und Landschaft führen und die ökologische Gewässersituation der Wutach erheblich beeinträchtigen (s. auch S. 96). Die Naturschutz- und Fischereibehörden forderten deshalb eine deutlich höhere Restwassermenge als bisher, um die negativen Auswirkungen auf die einmaligen, vom Gewässer abhängigen Lebensgemeinschaften des Wildflusses möglichst gering zu halten. Auch mehrere Abgeordnete, die Ministerien und der Landtag wurden im weiteren Verlauf mit diesem Streitfall befasst. Im April 1988 stellte das Kraftwerk Laufenburg einen überarbeiteten und später noch ergänzten Antrag auf wasserrechtliche Bewilligung des Flusskraftwerks mit einer Laufzeit von 70 Jahren. Geplant waren nun die Instandsetzung und Erhöhung der Staumauer | 5.6.35 |, Erweiterung durch Einbau einer größeren Turbine, ein Schaubetrieb (s. | 5.1.29 |) und die zusätzliche Anlage einer Fischtreppe. Nach den geänderten Antragsunterlagen sollte bei einer beantragten Nutzung von max. 4000 l/s in der Wutach einschließlich der Fischtreppe eine Restwassermenge von 300 l/s verbleiben. Auf Antrag des Abgeordneten Brinkmann (SPD) und anderen, die das Projekt nach wie vor energisch unterstützten, befasste sich der Landtag erneut mit dem Projekt | 5.6.36–37 |.

Auch die Anrainergemeinden erhöhten den Druck auf die Behörden. Bei einer Pressekonferenz des damaligen Umweltministers Erwin Vetter am 22. Juli 1990 in Löffingen, bei der es eigentlich um die Vorstellung des Landeskonzepts zur Errichtung von Naturschutzzentren ging, wurde der Minister von Bürgermeister Mellert (Stadt Löffingen) mit der Forderung konfrontiert: „*Eine Entscheidung zu Stallegg gehört jetzt her*“. Tags darauf war in der Badischen Zeitung zu lesen: „*Vetter … war nicht bereit, zu den Zukunftschancen des rund hundert Jahre alten Flußkraftwerks … eine Stellungnahme abzugeben.*“

Gestritten wurde jedoch weiterhin über Kosten/Nutzen und insbesondere die an ökologischen Kriterien ausgerichtete notwendige Höhe der Restwassermenge. Die Behörden entwickelten nun eine „dynamische Formel“, mit der zu dem Sockelwert von 300 l/s ein je nach Abfluss gestaffelter Anteil von bis zu 950 l/s hinzukommen sollte. Das Kraftwerk machte jedoch deutlich, dass bei überschlägiger Berechnung der Instandsetzung mit etwa 5 Mio. DM gerechnet werden müsse. Diese Investitionskosten seien durch 2,2 Mio. kW Energieerzeugung nicht gedeckt. Durch den dynamischen Anteil würden weitere 20 % an Erzeugungsenergie eingebüßt, so dass man nur eine Restwassermenge von maximal 110 l/s ohne dynamischen Anteil akzeptieren könne. Wirtschaftlich sei das Projekt also auf keinen Fall zu betreiben. Wenn das Wasserkraftwerk aus Denkmalschutzgründen erhalten werden solle, müsse man auch über eine Förderung durch das Land nachdenken | 5.6.38 |.

Das Regierungspräsidium gab im August 1992 „grünes Licht" für das Projekt, allerdings mit verschiedenen Vorgaben. Da diese auch einen ganzjährig einzuhaltenden Mindestwasserabfluss von 1 MNQ (mittlerer Niedrigwasserquerschnitt) = 640 l/s beinhalteten, wurde weiter um das Projekt gerungen. Der Besitzer hielt unverändert an seinem Antrag fest, bis das Landratsamt Breisgau-Hochschwarzwald als untere Wasserbehörde mit Entscheidung vom 26. Juli 1993 den Antrag förmlich ablehnte, nachdem in der Sache keine Einigung erzielt werden konnte. Hiergegen klagte das Kraftwerk Laufenburg. Das Verwaltungsgericht Freiburg gab der Klage teilweise statt. Es verwies darauf, dass die untere Wasserbehörde für die getroffene Entscheidung nicht zuständig gewesen sei, sondern das Regierungspräsidium als höhere Wasserbehörde, und verpflichtete das Land, über den Antrag der Klägerin erneut zu entscheiden. Da das Kraftwerk im Verfahren vor dem Verwaltungsgericht aber ein geändertes technisches Konzept eingebracht hatte, waren neue Planunterlagen erforderlich.

Im Sommer 1997 wechselte das Flusskraftwerk Stallegg in das Eigentum einer Firma aus Warburg in Westfalen, die Altanlagen aufkaufte und sanierte. Dieser Besitzer beabsichtigte lediglich eine Reaktivierung der Altanlage auf der Basis des alten Wasserrechts von 1863. In Gesprächen vor Ort kristallisierte sich schnell heraus, dass die Forderung des Naturschutzes nach einer Restwassermenge von 1 MNQ erneut der Hauptstreitpunkt war. Die Wogen gingen wieder hoch, bis der Antragsteller überraschend die Möglichkeit einer Dotierturbine

5.6.36 | **Im Hintergrund: Auszug aus der Stellungnahme** des Landtags vom 17.04.1989.

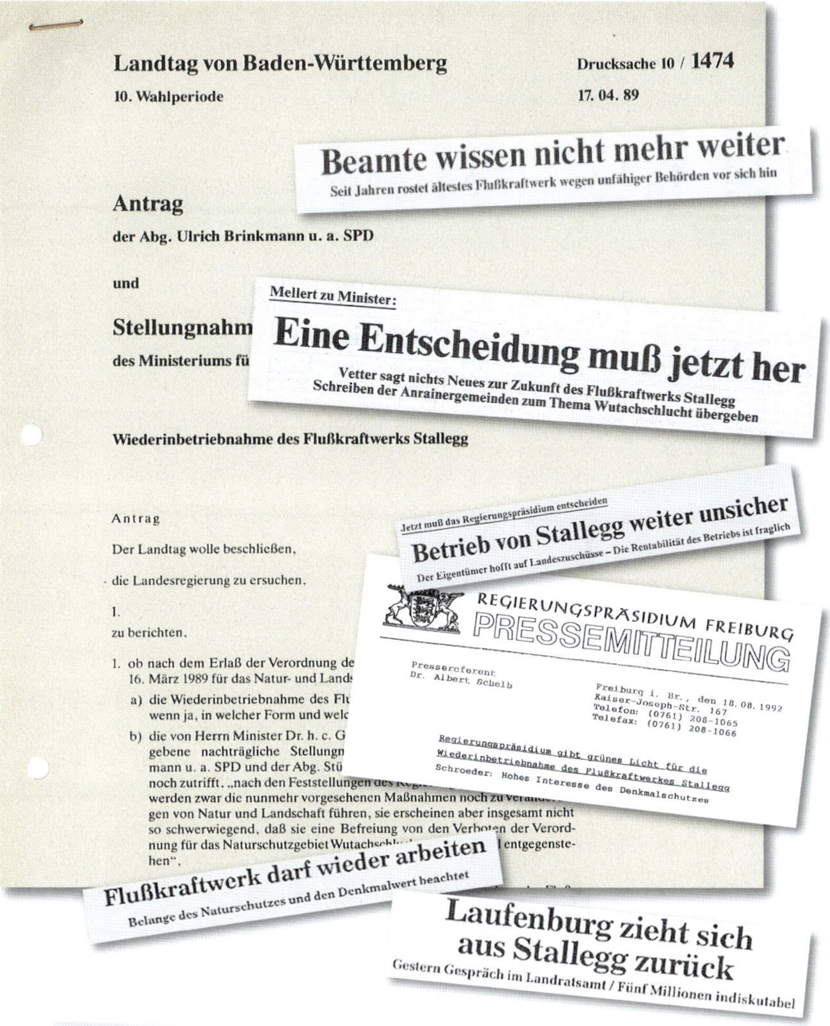

Landtag von Baden-Württemberg

10. Wahlperiode

Drucksache 10 / 1474

17. 04. 89

Antrag

der Abg. Ulrich Brinkmann u. a. SPD

und

Stellungnahm[e]

des Ministeriums fü[r]

Wiederinbetriebnahme des Flußkraftwerks Stallegg

Antrag

Der Landtag wolle beschließen,

die Landesregierung zu ersuchen,

I.

zu berichten,

1. ob nach dem Erlaß der Verordnung de[…] 16. März 1989 für das Natur- und Lands[…]
   a) die Wiederinbetriebnahme des Flu[…] wenn ja, in welcher Form und welc[…]
   b) die von Herrn Minister Dr. h. c. G[…] gebene nachträgliche Stellungn[…] mann u. a. SPD und der Abg. Stü[…] noch zutrifft, „nach den Feststellungen des R[…] werden zwar die nunmehr vorgesehenen Maßnahmen noch zu Veränd[…] gen von Natur und Landschaft führen, sie erscheinen aber insgesamt nicht so schwerwiegend, daß sie eine Befreiung von den Verboten der Verordnung für das Naturschutzgebiet Wutachschl[…] entgegenstehen".

Beamte wissen nicht mehr weiter

Seit Jahren rostet ältestes Flußkraftwerk wegen unfähiger Behörden vor sich hin

Mellert zu Minister:

Eine Entscheidung muß jetzt her

Vetter sagt nichts Neues zur Zukunft des Flußkraftwerks Stallegg

Schreiben der Anrainergemeinden zum Thema Wutachschlucht übergeben

Jetzt muß das Regierungspräsidium entscheiden

Betrieb von Stallegg weiter unsicher

Der Eigentümer hofft auf Landeszuschüsse – Die Rentabilität des Betriebs ist fraglich

REGIERUNGSPRÄSIDIUM FREIBURG

PRESSEMITTEILUNG

Pressereferent

Dr. Albert Schelb

Freiburg i. Br., den 18.08.1992

Kaiser-Joseph-Str. 167

Telefon: (0761) 208-1065

Telefax: (0761) 208-1066

Regierungspräsidium gibt grünes Licht für die Wiederinbetriebnahme des Flußkraftwerkes Stallegg

Schroeder: Hohes Interesse des Denkmalschutzes

Flußkraftwerk darf wieder arbeiten

Belange des Naturschutzes und den Denkmalwert beachtet

Laufenburg zieht sich aus Stallegg zurück

Gestern Gespräch im Landratsamt / Fünf Millionen indiskutabel

Südwestdeutsche Zeitung

„Historisches" Wasserkraftwerk soll wieder Strom liefern

Das in der Wutachschlucht bei Löffingen gelegene Wasserkraftwerk Stallegg, das als technisches Kulturdenkmal gilt, soll in Zukunft wieder Strom liefern. Dies plant jedenfalls der Betreiber des 1885 vom Fürsten zu Fürstenberg erbauten Kraftwerks (unser Bild zeigt den Maschinenraum). Nachdem das Regierungspräsidium Freiburg der Wiederinbetriebnahme bereits seinen Segen erteilt hat, hängt jetzt alles davon ab, ob sich auch das Land an den hohen Investitionskosten von etwa fünf Millionen Mark beteiligt.

Foto: dpa

5.6.37 | **Zu Beginn der 1990er-Jahre** war das Flusskraftwerk Stallegg immer wieder Gegenstand von lokalen und überregionalen Presseberichten. (RPF)

5.6.38 | **Rechts unten: Sogar die Südwestdeutsche Zeitung** befasste sich mit dem „technischen Kulturdenkmal". (SWZ.1993)

5.6.39 und 40 | Das renovierte Kraftwerk Stallegg und Teile der neuen Rohrleitung. (CM.1999/2000)

für den Durchlass ins Spiel brachte. Mit dieser Turbine kann die notwendige, stete Restwassermenge gewährleistet und das Wasser dennoch energetisch genutzt werden. Außerdem einigte man sich aufgrund der schwierigen topografischen Verhältnisse darauf, auf den Bau eines Fischaufstiegs zu verzichten. Ende 1997 wurde die Anlage erneut an einen Wasserkraftbetreiber aus Bayern weiterverkauft. Die Genehmigung des Projekts erfolgte dann im Herbst 1999 – eine Entscheidung auf der Grundlage eines Kompromisses, die bis heute nicht unumstritten ist. Dazu ein Zitat des damaligen Regierungspräsidenten Dr. von Ungern-Sternberg: *„Dieses alte Flusskraftwerk aus dem 19. Jahrhundert ist ein gutes Beispiel dafür, wie die Wasserkraftnutzung als eine der wichtigsten erneuerbaren Energiequellen mit Naturschutz und Fischerei selbst in naturschutzrechtlich hochwertigen Gebieten in Einklang gebracht werden können, wenn alle beteiligten Stellen nach einer Lösung suchen.“*

In den folgenden Jahren bis heute gab es nochmals mehrere Eigentümerwechsel und auch weitere bauliche und technische Änderungsmaßnahmen an der Anlage | 5.6.39–40 |. Wegen der sehr schwierigen Geländeverhältnisse ist auch die „normale“ Unterhaltung und Instandsetzung der Wasserkraftanlage kein leichtes Unterfangen. So fordert die „Anlage Stallegg“ die Behörden, Betreiber und Planer immer wieder aufs Neue heraus.

Der Umbau des Waldes

Noch unterscheiden sich zahlreiche Wälder in den Schluchten der Wutach von den im 18. bis zum frühen 20. Jahrhundert besungenen großräumigen Urwäldern | 5.6.41 |. Die Hauptursache dafür liegt in den großflächigen Aufforstungen mit einer einzigen Baumart, der Fichte, die in manchen Bereichen – z. B. im Naturschutzgebiet Wutachflühen sogar noch bis in die 1980er-Jahre – angedauert haben muss (Akten der BNL). In diesen Wäldern der Wutach- und Flühenschlucht wird jedoch, spätestens seit Natura 2000 Eingang in die Forsteinrichtungswerke gefunden hat, der gezielte Umbau in laubbaumreiche Mischwälder der verschiedensten Art angestrebt (s. auch S. 366). Für die zum Teil immer noch sehr hohen Fichtenanteile in den Hangschluchtwäldern der Kalkschluchten von Wutach und Gauchach wird eine andere Lösung favorisiert: Da hier bereits seit Jahren keine Nutzung mehr stattfindet, kann man es nur der eigendynamischen Waldentwicklung im Schurhammerschen Sinn überlassen, bis sich wieder die ursprünglichen Wälder einstellen werden. Ob beides, Umbau oder natürliche Entwicklung, im Spagat zwischen Ökonomie und Ökologie gelingen wird, bleibt abzuwarten; mit Rangern aus dem Forst hat dieses Ziel aber seit den Zeiten von Hockenjos nun wieder gute Chancen, realisiert zu werden. Doch mit dem Umbau von Fichtenforsten zu artenreichen Buchen-Tannenwäldern verbindet sich in jüngster Zeit auch ein „Wermutstropfen". Denn parallel zur üppigen Buchenverjüngung macht sich eine Pflanze rar, die einst in den über Kalkstein wachsenden Nadelwäldern der Baar bis an den Rand der Schluchten weit verbreitet war: der Frauenschuh | 5.6.42 |. Um dieser bei uns gefährdeten und streng geschützten Orchidee im Wutachgebiet wieder zu besseren Wuchsbedingungen zu verhelfen, werden im Rahmen des Artenschutzprogramms dort, wo es noch nicht zu spät ist, verstärkte Pflegemaßnahmen erforderlich werden.

5.6.41 | Aufforstungen nach dem Zweiten Weltkrieg wie hier an der Dietfurt sollen Zug um Zug in naturnahe Mischbestände weiterentwickelt werden. (MS.2013)

5.6.42 | Der Frauenschuh ist eine der Pflanzenarten, die über das Artenschutzprogramm Baden-Württemberg betreut werden. Auf Initiative des Wutachrangers wurden 2013 alle aktuell bekannten Vorkommen südlich der Wutachschlucht für künftige Pflegemaßnahmen erhoben. (MS.2010)

Zweimal ein Blick ins Krottenbachtal

Peter Lutz

Der Wandel unserer Kulturlandschaft ist dann am augenfälligsten, wenn er über Fotografien dokumentiert ist. Das vorliegende Bildpaar aus dem Krottenbachtal bietet dafür eine gute Gelegenheit. Das Tal liegt nördlich von Achdorf (bei Blumberg) und birgt die beiden kleinen, hübschen Bauerndörfer Opferdingen und Eschbach. Der Krottenbach durchfließt das abwechslungsreiche Tal auf einer Länge von rund 6 km und mündet in Achdorf in die Wutach.

5.6.43 und 44 | Ansichten des Krottenbachtals aus den Jahren 2013 und 1934. (PL und HS)

Die Bilder sind mit einem zeitlichen Abstand von beinahe 80 Jahren aufgenommen. Das Schwarzweiß-Bild fotografierte Hermann Schurhammer 1934, das aktuelle Farbfoto stammt vom Sommer 2013. Der Standort befindet sich etwa 1 km nördlich von Opferdingen (Gewann „Talhalde“) mit Blick nach Süden, talabwärts Richtung Opferdingen.

Das Krottenbachtal war 1934 – und ist es bis heute – ein landwirtschaftlich genutztes Tal. Dass es sich noch um ein erdgeschichtlich junges Erosionstal handelt, zeigt vor allem das Bild von Schurhammer: Die Bodenoberfläche ist sehr unruhig. Ihre Gestalt legt nahe, dass das Gelände mit seinem Untergrund aus rutschanfälligen Opalinustonen immer in Bewegung ist.

Beide Fotos sind beinahe vom selben Standpunkt aus mit ähnlicher Perspektive gemacht. Schurhammers damaliger Standpunkt lag allerdings höher, heute ist er aufgeforstet. Von dort hat man leider keinen freien Blick in die offene Landschaft. Damit wird deutlich, was auch schon ein erster Blick auf das Bildpaar erkennen lässt: Gehölze und Wald haben zugenommen. Insbesondere die schwer zu bewirtschaftenden, steileren Hänge im Krottenbachtal sind inzwischen mit Wald bedeckt – es ist „enger“ geworden. Entlang des Krottenbachs haben die Gehölze stark zugenommen, sogar Fichten sind nun am tobelartig eingeschnittenen Bach vorhanden. Auffällig ist, dass die beiden markanten, schönen Wiesenbuckel am linken Rand von Schurhammers Foto unter einer Fichtenaufforstung verschwunden und als solche nicht mehr zu erkennen sind.

Während 1934 noch einige Äcker zu sehen sind, gibt es heutzutage keine mehr. Auch die aufwendige Grünlanddüngung mit den kleinen Misthäufchen nimmt heute kein Landwirt mehr auf sich. Da früher Stallfütterung üblich war, handelt es sich bei dem früheren Grünland auf Schurhammers Bild um Wiesen. Heute finden wir an den noch offenen Steilhängen Viehweiden mit sichtbaren Erosionsschäden, reine Mähwiesen gibt es an vergleichsweise ebenen, gut maschinell zu bearbeitenden Flächen.

Manches hat sich anscheinend kaum verändert: Die Kreisstraße nach Opferdingen verläuft so wie früher. Einige der damals jungen Straßenbäume stehen noch heute.

Die Pflege artenreicher Offenlandbiotope für die „letzten ihrer Art"

Die Offenlandbiotope des Wutachgebiets lassen sich von ihrer Herkunft und Bedeutung grob in zwei Gruppen unterteilen: einmal die Wiesen (einschließlich der Magerrasen und felsigen Bereiche) innerhalb des Naturschutzgebiets Wutachschlucht oder unmittelbar angrenzend. Sie gehörten einst zu den in der Schlucht angesiedelten Mühlen und Gehöften. Als mit der Aufgabe der Gebäude auch die zumeist hofnahen Flächen nicht mehr bewirtschaftet wurden, fielen die Wiesen brach, manche entwickelten sich zu Hochstaudenfluren, andere verbuschten oder wurden mit Fichten aufgeforstet. In die zweite Gruppe fallen unter anderen die artenreichen Mähwiesen der Hochflächen im Süden, Norden und Osten der Wutach. Auch wenn diese Wiesen als „Wirtschafts-Grünland" lange Jahre nicht im Fokus des Naturschutzes standen und auch außerhalb der Naturschutzgebiete liegen, hat sich dies seit der Jahrtausendwende drastisch geändert. Seit dieser Zeit nämlich unterliegen die artenreichen, zumeist nährstoffarmen Wiesen als Berg- oder Flachland-Mähwiesen dem Schutz nach der europäischen Fauna-Flora-Habitat-Richtlinie von 1992 und haben in diesem Zusammenhang bei Landwirten und in Fachkreisen auch eine gewisse „traurige Berühmtheit" erlangt. Doch dazu später.

Im Wutachtal dokumentierte SCHURHAMMER bereits in den 1920er- und 1930er-Jahren die frühen Pflanzungen von Fichten entlang von Gutach, Wutach, und Gauchach, auf die heute nur noch Gewannnamen wie „Wutachwiesen" „Breitwiese" und viele weitere verweisen (s. auch S. 354). Dabei schienen zunächst nur die auf den Kahlschlägen gepflanzten Fichten seinen Groll erregt zu haben, die Bepflanzung der einen oder anderen (Au-)Wiese mit Bäumen ist dokumentiert, ein Plädoyer zum Schutz derselben blieb jedoch aus. Vielleicht auch deshalb, weil der eigentliche Verlust dieser offenen Lebensräume zunächst überwiegend schleichend und unbemerkt vonstatten ging. Entsprechend ist in dem 1996 von KRETZSCHMAR & BOGENSCHÜTZ erstellten Pflegeplan zu lesen: *„In der Wutachschlucht finden sich nur wenige unbewaldete Flächen. Diesen kommt in dem großen Waldgebiet eine bedeutende Rolle für Flora und Fauna zu. … Heute führt die Abgeschiedenheit dazu, daß die meisten Flächen brachliegen. Eine natürliche Bewaldung setzt ein oder die Flächen werden aufgeforstet."* Zu diesem Zeitpunkt war die Bewaldung unter anderem im Bereich der Rötenbachmündung | 5.6.45 | bereits *„durch jahrzehntelanges Brachliegen"* so weit fortgeschritten, dass Maßnahmen zur Regeneration des Grünlands auch wegen der abgelegenen Lage nicht mehr sinnvoll erschienen; kleine Aufforstungen mit Fichten wurden im Bereich von Bad Boll und der Schleifenmühle beobachtet. Anderenorts – wie bei der Schurhammerhütte oder an der Grünburg im Gauchachtal – hatten sich die gewässernahen Wiesen mangels Mahd infolge der natürlichen Entwicklung (Sukzession) zu Hochstaudenfluren entwickelt.

In vielen Bereichen der Schlucht, z. B. entlang der Haslach, hält diese Entwicklung bis heute an. Abgelegene Flächen verfilzen, verbuschen und werden durch Samenflug langsam zu Wald | 5.6.46–47 |; aufgrund des hohen Fichtenanteils ringsherum in der Regel mit Fichte als der weiterhin beherrschenden Baumart. Überall dort, wo die Wiesen, Magerrasen, Schutthalden und Felsbildungen nicht aktiv seitens des Naturschutzes über mehrjährige Pflegeverträge oder durch unmittelbare Pflegeeinsätze gemäht oder „offen" gehalten werden, gehen lichtliebende Blütenpflanzen Zug um Zug verloren und mit ihnen die artenreiche Insektenwelt (s. auch S. 302).

5.6.45 | Wie dieses Bild von 1927 zeigt, wurde die Wiese an der Rötenbachmündung schon 1927 nicht mehr gemäht und begann zuzuwachsen. (HS)

5.6.46 und 47 | **Die flussnahe Wiese** an der Unteren Dietfurt wird 1932 noch gemäht, der dazugehörende Hof ist rechts im Bild (oben), der Rappenfelsen im Hintergrund zu sehen. 2013 ist der Hof abgerissen, würde sich aber im Bild rechts hinter den Weiden befinden. Der Rappenfelsen ist fast vollkommen hinter Bäumen verschwunden. (HS und MS)

Dennoch gibt es Beispiele, wo sich der gemeinsame Einsatz der Naturschutzverwaltungen, des Schwarzwaldvereins, des Wutachrangers und landschaftspflegerisch tätiger Landwirte sehen lassen kann: So blüht in den Magerrasen der Dietfurt Brand-Knabenkraut | 5.6.48 |, und in den Wiesen des ehemaligen Bad Boll und des Oberhaldenhofs gedeihen vermehrt Kleine Traubenhyazinthe, Trollblume, Kugelige Teufelskralle und Duftende Schlüsselblume.

In geradezu vorbildlicher Übereinstimmung zwischen Forst und Naturschutz konnten zwischen 2006 und 2008 zwei größere Felswände östlich des Rappenfelsens | 5.6.50 | von Wald freigestellt werden. Die Muschelkalkfelsen werden nun wieder voll besonnt und stehen damit der Pfingst-Nelke (s. S. 172 „Die Pfingst-Nelke") und ihren pflanzlichen Begleitern sowie zahlreichen Insekten und Vogelarten als Nahrungs- und Brutplatz zur Verfügung. Äußerst erfolgreiche Pflegemaßnahmen wurden aber auch an Eichberg und Buchberg durchgeführt |5.6.49|.

5.6.48 | **Das stark gefährdete Brand-Knabenkraut** gedeiht auf den ungedüngten, nährstoffarmen „Sonnenhängen" der ehemaligen Dietfurt. Sie werden im Auftrag der Naturschutzverwaltung regelmäßig einmal jährlich gemäht. (BHM.2012)

5.6.49 | **Ein etwaiger subjektiver Eindruck** eines „naturnahen" Waldbildes täuscht: Nur durch regelmäßige Pflegemaßnahmen und durch Auszug eines wesentlichen Teils des Holzvorrats lassen sich solche für den Gelbringfalter und eine unübersehbare Zahl weiterer hochspezialisierter Arten optimale lichte Wälder erhalten. (SH.2011)

5.6.50 | **Die Fichten vor diesem Felsen** wurden 2007 mit dem Vollernter entnommen. Der namenlose Fels steht 800 m östlich vom Rappenfelsen im Staatswald an der „Badhalde". Bereits im Jahr 2006 hatte man einen anderen Felsen im Staatswald ca. 200 m östlich von der Dietfurt freigestellt. Dessen Felsfuß wird – wie die Lotenbachklamm auch – vom Schwarzwaldverein Bonndorf jährlich von Springkraut frei gehalten. Ebenso werden alle zwei bis drei Jahre die nachwachsenden Sträucher vor beiden Felsen entfernt. (MS.2013)

Blumenbunte Mähwiesen außerhalb der Schlucht – ein Auslaufmodell?

Spätestens seit der Meldung des Wutachgebiets gemäß der Fauna-Flora-Habitat-Richtlinie der EU von 1992 stehen auch die landwirtschaftlich genutzten Wiesen im Raum Wutachschlucht und Blumberger Pforte im Blickpunkt des Naturschutzes. Diese früher ein- oder zweimal jährlich gemähten Wiesen dienten den Bauern als Heu oder Grünfutterlieferant für das Vieh, dessen Mist dann als Dünger zumeist auf die Äcker gelangte. Dementsprechend nährstoffarm waren die Wiesen. In der Folge stellte sich dort eine an die Nährstoffarmut angepasste artenreiche und blumenbunte Vielfalt ein | 5.6.51 |. Doch mit der rasant einsetzenden Mechanisierung und Rationalisierung in der Landwirtschaft entstanden zunehmend intensiver wirtschaftende Pflanzenbau- oder Tierhaltungsbetriebe – neuerdings auch „Energiehöfe", um Biogas zu erzeugen. Die Kreislaufwirtschaft geriet in den Hintergrund. Diese Entwicklung machte auch vor dem Wutachgebiet nicht Halt. Wurden bei den Erstkartierungen der Wiesen in den Jahren 2003–2005 auf den Flächen der Städte Hüfingen, Blumberg, Bonndorf und der Gemeinde Wutach noch über 200 ha artenreiche Wiesen erhoben, so war deren Fläche bis 2012 deutlich zurückgegangen; in allen Gebieten wird als Hauptursache eine Intensivierung der Wiesennutzung oder eine Umstellung von Wiesen- auf Weidenutzung angegeben (Vögtlin 2008 und 2012) | 5.6.53–54 |. Für die Wiesen nördlich und westlich der Wutachschlucht zwischen Lenzkirch, Friedenweiler und Löffingen-Bachheim liegen leider keine aktuellen Ergebnisse vor. Um einem weiteren Verlust der artenreichen Mähwiesen entgegenzuwirken, werden zwischenzeitlich – wo immer möglich – mit den dort wirtschaftenden Betrieben vertragliche Lösungen zur Erhaltung und zur Wiederherstellung, verbunden mit einer verstärkten Betriebsberatung, angestrebt.

Für die Pflege mancher brachgefallenen Wiesen mit einer großen Zahl von gefährdeten Arten | 5.6.52 | konnten in den letzten Jahren Landwirte gewonnen werden, die im Direktauftrag oder im Rahmen langjähriger Grünlandverträge bei angemessener Vergütung bereit waren, sich für die Erhaltung der natürlichen Vielfalt einzusetzen. Noch stellen solche Lösungen – bei begrenzt vorhandenen Finanzmitteln – nur den Tropfen auf dem heißen Stein dar. Nicht zufällig liegt deshalb der größere Anteil dieser Wiesenflächen auch gleichzeitig im Naturschutzgebiet Wutachschlucht.

5.6.51 | Gut ausgebildete artenreiche Mähwiese auf mittlerem Standort an der Löcherhalde nordöstlich von Ewattingen. (JV.2012)

1 = vom Aussterben bedroht
2 = stark gefährdet
3 = gefährdet
V = Vorwarnliste (Gefährdung zu erwarten)
r = Randpopulation
kn = kein Nachweis im Naturraumanteil des Bearbeitungsgebiets.

Deutscher Pflanzenname	Wissenschaftl. Pflanzennname	Erhebungsjahr	RL Ba-Wü	Sch	SG
Büschel-Glockenblume	*Campanula glomerata*	2008, 2012	V	2	V
Davalls Segge	*Carex davalliana*	2012	3	3	3
Lücken-Segge	*Carex distans*	2008	3	–	3
Filz-Segge	*Carex tomentosa*	2012	3	3r	V
Echte Fuchs-Segge	*Carex vulpina*	2008	V	–	V
Bach-Kratzdistel	*Cirsium rivulare*	2008	V	V	V
Breitblättriges Knabenkraut	*Dactylorhiza majalis*	2012	3	V	V
Knollige Spierstaude	*Filipendula vulgaris*	2012	3	1	3
Gewöhnliche Kugelblume	*Globularia punctata*	2012	3	–	2
Kleine Traubenhyazinthe	*Muscari botryoides*	2012	3	2r (kn)	3
Stattliches Knabenkraut	*Orchis mascula*	2008	V	–	V
Kleines Knabenkraut	*Orchis morio*	2012	3	3	3
Kugelige Teufelskralle	*Phyteuma orbiculare*	2008, 2012	3	– (kn)	3
Weiße Waldhyazinthe	*Platanthera bifolia*	2008	V	–	V
Niedrige Schwarzwurzel	*Scorzonera humilis*	2012	3	3	3
Spatelblättriges Greiskraut	*Tephroseris helenitis*	2012	2	2r (kn)	2
Wiesen-Leinblatt	*Thesium pyrenaicum*	2008, 2012	3	3	3
Hügel-Klee	*Trifolium alpestre*	2008	V	–	3
Berg-Klee	*Trifolium montanum*	2012	3	–	3
Trollblume	*Trollius europaeus*	2008, 2012	3	3	3

5.6.52 | Im FFH-Gebiet Wutachschlucht wurden in den Landkreisen Waldshut (Stadt Bonndorf und Gemeinde Wutach 2012) und Schwarzwald-Baar-Kreis (Stadt Hüfingen und Stadt Blumberg 2008) in den FFH-Lebensraumtypen „Flachland-Mähwiese" und „Berg-Mähwiese" oder unmittelbar an diese angrenzend folgende Pflanzenarten der Roten Liste gefunden. In der Tabelle dargestellt ist ihr Gefährdungsstatus in Baden-Württemberg (RL Ba-Wü), sowie für die Naturräume Schwarzwald (Sch) und Südliche Gäulandschaften (SG). (Vögtlin 2008 und 2012 nach T. Breunig und S. Demuth 2003)

5.6.53 und 54 | Diese strukturreiche Weidefläche im Achdorfer Tal (links) entspricht in ihrer Pflanzenzusammensetzung nicht den nach FFH-Richtlinie geschützten Wiesentypen. Dennoch hat sie einen hohen ökologischen Wert, im Gegensatz zu den Mehrschnittwiesen im Wutachtal östlich der Wutachmühle (oben). (JV.2008/2012)

Grünlandbewirtschaftung an der Wutach

Jürgen Vögtlin

Seit dem Jahr 2005 ist die Grundförderung von landwirtschaftlichen Betrieben in Form der flächenbezogenen Betriebsprämie an die Einhaltung umweltrelevanter Auflagen und Standards gekoppelt. Durch die Bindung der Zahlungen an bestehende Auflagen soll – so die Theorie – sichergestellt werden, dass die durch öffentliche Mittel (50 % von der EU) unterstützten Betriebe eine nachhaltige und umweltgerechte Landnutzung praktizieren. Zur Aufgabe des Landwirts wird es also, sich mit den Zielen der Fauna-Flora-Habitat-Richtlinie, mit dem Verschlechterungsverbot und mit Biodiversität zu befassen. Dies stellt für viele Betriebe eine neue und besonders große Herausforderung dar.

Ungeachtet dieser gesellschaftlichen Anforderungen läuft der Strukturwandel in der Landwirtschaft, hin zu größeren und einfacher strukturierten Betrieben, unverändert weiter. Allgemeine Triebfedern, wie deutlich verbesserte Erlöse für landwirtschaftliche Produkte und die erhebliche Förderung der Energieerzeugung mittels Biogas, lassen die Flächennachfrage in der Region in die Höhe schnellen. Der Erhalt artenreicher und damit wenig wüchsiger Grünlandbestände führt zu Einkommensausfällen für den Landwirt – dieser befindet sich in der Schere zwischen erhöhten umweltfachlichen Anforderungen und den Mechanismen des Markts. Die Folge ist, dass sich laut Bericht der EU-Kommission (2009) über den Erhaltungszustand von Lebensraumtypen und Arten europaweit nur 7 % der „landwirtschaftlich geprägten FFH-Lebensraumtypen“ in einem günstigen Zustand befinden.

Für den langfristigen Erhalt von artenreichen Grünlandbeständen sind vielschichtige Änderungen auf mehreren Ebenen notwendig, die bereits an verschiedener Stelle formuliert wurden (z. B. DVL 2012, UBA 2011). Hierzu zählen u. a.:

- Erhöhung der Bedeutung von umweltrelevanten Aspekten in der landwirtschaftlichen Beratung und Ausbildung
- Stärkung von nährstoffneutralen, grünlandbasierten Landnutzungssystemen mit hohem Weideanteil zur Erhaltung der Grünlandnutzung in unbefahrbaren Lagen
- Begrenzung der Stickstoffbilanz auf Betriebsebene
- Erhöhung der Fördersätze in differenziert geregelten Agrarumweltprogrammen.

Nur mit größter Anstrengung und einer Neuorientierung der landwirtschaftlichen Förderpraxis wird es möglich sein, magere und artenreiche Mähwiesen mit ihren naturschutzfachlich wertvollen Lebensgemeinschaften auch in Zukunft in nennenswertem Umfang zu erhalten.

Besondere Herausforderungen – Naturschutz und Tourismus

„Tourismus und Erholung stehen nach Landwirtschaft und Forstwirtschaft/Jagd an dritter Stelle der Verursacher des heute zu beobachtenden Artenrückgangs" bemerkt B. Seitz (2012) im Buch „Der Feldberg" und fährt fort: *„Die Ursache hierfür liegt insbesondere darin, dass gerade der Natursport besonders wertvolle und sensible Lebensräume beansprucht: Gewässerufer, Fließgewässer, Felsen, Rückzugsgebiete – oder eben den Feldberg."* Hinter dem Gedankenstrich hätte ebenso gut „die Wutachschlucht" stehen können, denn auch dort sind seit nunmehr über 100 Jahren Tourismus und Naturschutz sehr eng miteinander verwoben. Und so wundert es nicht, dass auch für die Wutachschlucht nur fünf Jahre nach Dienstantritt des ersten Rangers in Baden-Württemberg (Achim Laber 1989) im Jahr 1994 die erste Wutachrangerin, Regina Franke, berufen wurde. Mit dieser Stelle gab es erstmals eine zentrale Ansprechperson zur Unterstützung des Ehrenamts und als Mittler zu den Behörden. Damit einhergehend wurden aber auch die zahlreichen Ehrenamtlichen des Schwarzwaldvereins und der Bergwacht gewürdigt, die sich seit vielen Jahren vorbildlich um Weg und Steg kümmern, als Naturschutzwarte für die Einhaltung der Bestimmungen zum Wohl der Wanderer und der Natur sorgen oder als Rettungskräfte im steilen Gelände selbst an ihre Grenzen gehen | 5.6.56 |.

Eine Ranger-Stelle wird geschaffen

„Auftrag: ein Schutzkonzept", *„Ein ‚Schutzengel' für die Wutach"*, *„Die Rangerin vom Wutachtal"* – mal sachlich, mal geradezu lyrisch titelten die Tageszeitungen der Wutachregion Ende Juni 1994 ihre Berichte. Was war geschehen? Seit Jahren schon hatten die zuständigen Stellen diskutiert, ob es für die ökologisch hochsensible Wutachschlucht nicht einen eigenen Ranger geben solle, einen amtlich bestellten Naturschutzwart also, analog zum bereits etablierten Ranger im benachbarten Feldberggebiet. Nun war der erste Schritt getan, zwar – aus Kostengründen – noch nicht über eine feste Rangerstelle, doch mit dem Entschluss, zunächst ein sogenanntes „Schutzkonzept Wutachschlucht" erstellen zu lassen. Als Auftraggeber des von Anfang Juli 1994 bis Ende November 1995 laufenden und vom damaligen Umweltministerium Baden-Württemberg finanzierten Projekts fungierte der Landkreis Waldshut, die Rolle des „Wutach-Schutzengels auf Zeit" übernahm die Forstwissenschaftlerin Regina Franke | 5.6.55 |.

Erklärtes Ziel sollte es sein, geeignete Maßnahmen aufzuzeigen, die wertvollen Naturschutzgebiete Wutachschlucht und Wutachflühen sowie die angrenzenden Landschaftsschutzgebiete – gleichsam die Pufferzonen also – in ihrer Einmaligkeit zu erhalten. Als zentralen Punkt galt es insbesondere die Frage zu klären, inwieweit der zunehmende Touristenstrom eigentlich noch als naturverträglich gelten könne. Stimmte die vielfach geäußerte populäre Gleichung, dass steigende Besucherzahlen automatisch zu entsprechend größeren Belastungen führen? Ließe sich ein umfassendes Gesamtkonzept entwickeln, das die Vielzahl unterschiedlichster berechtigter Forderungen – von Freizeitgestaltung über materielle Nutzungsansprüche – so integrieren könnte, dass das schutzbedürftige Naturrefugium nicht nachhaltig beeinträchtigt würde? Und ganz

5.6.55 | Von 1994 bis 2001 war Regina Franke die erste Wutachrangerin. Sie erstellte ein Schutzkonzept, das bis heute nicht an Aktualität verloren hat. (RPF)

konkret: Welche gezielten Informations-, Lenkungs- und Umlagerungsmaßnahmen wären dabei anzustreben und auch zeitnah durchzusetzen?

Es folgten aufwendige Bestandsaufnahmen, sei es direkt vor Ort in der Schlucht oder auch durch das Sichten, Aktualisieren und Zusammenführen bereits vorhandener Konzepte. Vor allem jedoch folgten Gespräche: mit allen beteiligten amtlichen Stellen (etwa Naturschutzbehörden, Landkreisen, Anrainergemeinden, der Forstverwaltung und anderen), mit den ehrenamtlichen Naturschutzdiensten, aber auch mit der ortsansässigen Bevölkerung und den Touristen selbst. Deutlich umrissen traten so mögliche Nutzungskonflikte auf der einen und die enorme Schutzbedürftigkeit des Gebiets auf der anderen Seite hervor. Zudem konnten manche Vorbehalte abgebaut werden – nein, die Wutachrangerin strebte keinen totalen Nutzungsentzug an, wollte weder eine den Menschen ausschließende Glasglocke über die Wutach stülpen noch umgekehrt durch attraktiv verpackte Informationen womöglich immer mehr Menschen „anlocken".

Anfängliches Misstrauen wich vorsichtiger Akzeptanz, und schon bald war klar: Eine effektive, konzeptionelle Naturschutzarbeit in der Wutachschlucht bedarf eines längerfristigeren Ansatzes, als ihn ein 17 Monate währendes Projekt zu leisten vermag. Wohl auch durch die mittlerweile breite Unterstützung der Öffentlichkeit mitgetragen, entschieden sich das Land Baden-Württemberg und der Landkreis Waldshut zu einer Fortführung des Schutzkonzepts: Ab 1. Dezember 1995 war Regina Franke nun auf weitere fünf Jahre als nunmehr offizielle hauptamtliche Naturschutzwartin tätig und die kontinuierliche Schutzgebietsbetreuung so bis zum Jahr 2000 gesichert.

Aber damit nicht genug: Als auch das Ende dieses verlängerten Zeitraums nahte, hatte sich die Rangerstelle bereits allgemein als so feste, ja als unverzichtbare Institution etabliert, dass erneut eine Fortführung beschlossen wurde. In einem Kofinanzierungsmodell teilten sich fortan das Land und – proportional zu ihrem Flächenanteil an der Wutachschlucht – die drei Landkreise Breisgau-Hochschwarzwald, Schwarzwald-Baar und Waldshut die Kosten.

Ab Februar 2002 übernahm Steffen Wolf | 5.6.66 | die Stelle als hauptamtlicher Naturschutzwart für die Wutachschlucht, seit April 2004 zeichnet Martin Schwenninger neben seiner Tätigkeit als Forstrevierleiter als aktuell amtierender Wutachranger verantwortlich.

5.6.56 | Scouts nach einem alljährlich stattfindenden Fortbildungstag in den Flühen. (ms.2013)

5.6.57 | Der Wutachranger Martin Schwenninger vermittelt Wissenswertes über die Schutzgebiete. Er ist zuständiger Förster für die ausgedehnten Wälder und der „verlängerte Arm" des Naturschutzes in der Wutachschlucht. (cm.2012)

„Frag-Würdiges“ aus dem Ranger-Alltag

„Auf welchem Fahrweg können wir ein Bierfass vom Schluchtrand direkt herunter zur Schurhammerhütte rollen lassen?“ „Kann man aus den Stängeln von Pestwurz wirklich kein Kompott kochen – die Blätter sehen doch genauso aus wie Rhabarber?“ „Wäre es möglich, aus Haarschnecken einen Pelzkragen zu basteln?“ „Warum fährt die Sauschwänzlebahn nicht die Wutachmühle und die Schattenmühle an?“ „Trägt Ihr Hund im Sommer immer ein Fässchen mit Getränken für verirrte Schluchtwanderer um den Hals, so wie in der Schweiz die Bernhardiner im Winter?“

Solche und ähnliche Fragen sprenkeln den Rangeralltag regelmäßig mit unerwarteten Farbtupfern – auch wenn sie manchmal kurz sprachlos machen oder zum unwillkürlichen Kichern reizen. Da heißt es dann spontan schlagfertig zu sein, und das bei stets gleichbleibender Freundlichkeit. Eine Tätigkeit als Naturschutzwart(in) bedeutet nun mal: gutgelaunt Überzeugungsarbeit leisten, geduldig Akzeptanzpunkte sammeln, auch und gerade bei kleinen Begegnungen. Und oft lassen sich in eine möglichst spannende Antwort ja geschickt Informationen einflechten zum Verhalten von Tieren, dem Vorkommen und der Verwendung von Pflanzen oder sogar dem allgemeinen Naturschutzkonzept, das eben auch einige Kompromissbereitschaft von den Schluchtbesuchern fordert.

Doch selbst langmütige Schutzgebietsbetreuer trauen manchmal ihren Ohren kaum, so z. B. bei der telefonischen Anfrage, ob eine Eselkarawane mit etwa 30 Tieren samt jeweils einem begleitenden Menschen über den Felsensteig der Muschelkalkschlucht als „Gruppe von mehr als 50 Personen“ angesehen würde und damit genehmigungspflichtig wäre. Es entspann sich eine Diskussion nicht nur über die Schutzgebietsverordnung, sondern auch über Sinn und Zweck einer solchen Idee, die erhebliche Gefährdung von Tier und Mensch, nicht zuletzt das Risiko für andere Wanderer, die womöglich vor Schreck – oder beim Versuch, der langen Reihe von Langohren auszuweichen – in die Tiefe stürzen könnten. Vergeblich. Der Anrufer beharrte hartnäckig auf dieser „wundervollen Trekkingidee“, schließlich wären die Grautiere nie ausdrücklich aus der Schlucht ausgeschlossen worden. Immer hitziger flogen die Argumente für und wider durch die Telefonleitung, schon drohte der entnervte Ranger-Gedanke an gewisse „zweibeinige Esel mit ihren verrückten Aktionen“ unhöflicherweise laut ausgesprochen zu werden, als sich gerade noch rechtzeitig alles in Gelächter auflöste: Der Anrufer gab sich als Radiomoderator zu erkennen, das Gespräch war ein Scherz und live auf Sendung gegangen …

Die allerschönste und häufigste Frage aber, die eigentlich Ranger aller Schutzgebiete kennen und bestimmt stets mit einem lachenden und einem weinenden Auge hören, lautet: „Und Sie werden wahrhaftig auch noch dafür bezahlt, dass Sie hier den ganzen Tag in der wunderschönen Landschaft spazierengehen?!“

5.6.58 | Zahlreiche Schulklassen kommen immer wieder gerne für eine Rangerwanderung in die Wutachschlucht.

Ein modernes Schutzkonzept

Unterschiedlichste materielle Nutzungsansprüche, touristisches Highlight für landschaftsgebundene Freizeitsportarten, unbestreitbar schutzwürdig und sehr schutzbedürftig: In den Schluchten der Wutach sind Konflikte geradezu vorprogrammiert, zumal sich die verschiedenen Inanspruchnahmen entlang des schmalen Flussbands räumlich kaum entzerren lassen. Ein echter Balanceakt also, über ein integrierendes Gesamtkonzept die Naturschutzziele und die Ansprüche aller Landnutzer bestmöglich zusammenzufügen.

Schon im Laufe des ersten, ab 1994 entstehenden Schutzkonzepts war deutlich geworden, dass von allen Beteiligten dauerhaft Kompromisse gefordert werden, sollte das einzigartige Naturrefugium Wutachschlucht nachhaltig erhalten und erlebbar bleiben. Jedes moderne Konzept fußt letztendlich im Kern auf Überzeugungsarbeit, auf einem angestrebten Miteinander: Wer sich grundsätzlich mit dem Schutzgedanken identifiziert, entwickelt viel leichter die Bereitschaft, gewisse Einschränkungen der eigenen Ansprüche hinzunehmen. Ein Ranger fungiert dabei als wichtige, nach den verschiedenen Seiten hin offene Anlauf- und Koordinationsstelle vor Ort, kennt die unterschiedlichen Interessen und Reibungspunkte, vernetzt kontinuierlich amtliche Stellen, ehrenamtliche Naturschutzdienste, Einheimische und Touristen. Kurz – ein Ranger ist die zentrale, verbindende Figur in einem Schutzkonzept.

Der hohe Besucherdruck durch Erholungssuchende ist sicher eines der zentralen Probleme im reizvollen Wutachgebiet (s. auch S. 399) | 5.6.59 |. Daher bildet die Besucherlenkung einen Arbeitsschwerpunkt der Schutzgebietsbetreuung. Im weiteren Sinne beginnt dies schon mit einer aktiven Öffentlichkeitsarbeit: Denn auch im Naturschutz ist Vorbeugen besser als Heilen. Ein Missachten notwendiger Verhaltensregeln geschieht meist aus reiner Unkenntnis, und so ist das Gegenmittel rasch gefunden – Information | 5.6.60–61 |. Ein altbewährter Leitsatz lautet: 100 gut informierte Schluchtbesucher richten weniger Schaden als zehn achtlose!

Um Fehlverhalten also möglichst gar nicht erst entstehen zu lassen, werden naturkundliche Führungen angeboten, zielgruppengerechte Vorträge

5.6.59 | Ein Ranger alleine reicht nicht aus. Der hohe Besucherdruck verlangt nach wohlüberlegten Schutzgebietskonzepten und gut geschulten Betreuern. (MS.2010)

5.6.60 | An verschiedenen Infopavillons (im Bild an der Schattenmühle) können sich Besucher über die Geschichte des ehemaligen Bad Boll, die Geologie und die einzigartige Tier- und Pflanzenwelt des Naturschutzgebiets informieren. Zur Mitnahme im Rucksack eignet sich das kostenlose, bis 2013 in der 3. Auflage herausgegebene Faltblatt des Regierungspräsidiums Freiburg. (RPF)

5.6.61 | Auf die Gefahren des Schluchtenwanderns und die Verbote im Naturschutzgebiet weisen seit 2012 die kleinen Zusatztafeln unter der amtlichen Beschilderung an den Einstiegen zur Schlucht hin. (MS.2013)

gehalten, Projekttage an Schulen mitgestaltet. Aufwendig gestaltete Infopavillons und großformatige Infotafeln an allen wichtigen Schluchteinstiegen bieten neben Orientierungshilfe auch spannende Fakten zum Naturraum und Hinweise zu den Ge- und Verboten – und seit 2012 auch zu den Gefahren des Schluchtenwanderns in deutsch und englisch. Das kostenlose, aufwendig gestaltete Naturschutz-Infofaltblatt ergänzt dieses Angebot und passt als beliebter handlicher Wanderbegleiter in jeden Rucksack.

Doch auch die persönliche Präsenz von Ansprechpartnern vor Ort bleibt für die Akzeptanz der Schutzgebietsverordnung enorm wichtig. Haupt- und ehrenamtliche Naturschutzstreifen nehmen nunmehr seit Jahrzehnten gut koordinierte, auf regionale und saisonale Einsatzschwerpunkte konzentrierte Betreuungs- und Kontrolldienste wahr; sie fungieren als kompetente Wanderberater, leisten in geduldigen Gesprächen freundlich-bestimmte Aufklärungsarbeit und tauschen regelmäßig auch landkreisübergreifend ihre Erfahrungen aus. Und der Erfolg gibt den hervorragend ausgebildeten Streifengängern recht: 80–90 % der Schluchtbesucher zeigen sich bei Ermahnungen durchaus verständnisvoll, lassen sich sogar gern von den Schutzgebietsbetreuern (s. auch S. 402) motivieren. Wirkliches Verständnis entsteht nun einmal nicht durch Strafandrohungen, sondern über die Einsicht in negative Folgen von Verstößen, etwa dem Wegeverlassen an verlockenden Kiesstränden: „Ach, die hübschen Vögel dort sind also Wasseramseln? Und die brüten hier im Felsen? Wir wollten aber wirklich nicht mit unserem Geplansche die Elternvögel stören!“ Werden dann noch interessante Hintergrundinformationen (in diesem Beispiel vielleicht zum Brutverhalten seltener Vögel im Wutachgebiet) oder spannende Wegalternativen – ruhig auch einmal außerhalb des Naturschutzgebiets – angeboten, ist die Begeisterung der „Belehrten“ oft groß (und das leidige Badeverbot plötzlich gar nicht mehr so schlimm).

Ein gut durchdachtes Wegekonzept ist in jedem Fall essenziell für eine gezielte Besucherlenkung. So war es bereits Ende der 1990er-Jahren erforderlich, bestimmte bisher beliebte Wege an besonders sensiblen, störanfälligen Stellen (etwa im Bereich

Juniorranger-Touren

„Warum müssen Hunde im Naturschutzgebiet angeleint werden?“ „Wie heißt diese Blume hier?“ „Welche Fische schwimmen in der Wutach?“ Diese und andere Fragen sind Themen bei den seit 2003 für Kinder im Grundschulalter angebotenen Juniorranger-Touren. Da wird im Team munter mit Hilfe einer Becherlupe der Lebensraum Wasser auf Kleinlebewesen untersucht und die Gewässergüte bestimmt. In kleinen Rollenspielen gehen die Kinder der Frage nach, wie man als Juniorranger einen Wanderer überzeugen kann, dass auch der brave Hund im Naturschutzgebiet an der Leine geführt werden muss. Der ereignisreiche, bunte Tag in der Wutachschlucht schließt mit der Juniorranger-Prüfung ab. Jeder Teilnehmer erhält eine Urkunde sowie eine Juniorrangermütze mit dem Emblem eines Uhus über dem Schirm und der roten Raute des Schwarzwaldvereins, der die Aktion unterstützt, auf der Rückseite. | 5.6.62 | (MS.2009)

der Streckenabschnitte Schattenmühle – Stallegg oder Oberhalden – Bad Boll) stillzulegen und Wegverlegungen zu planen. Solche Sperrungen dienen oftmals nicht allein dem Schutz von Flora und Fauna oder dazu, den Besucherstrom auf zeitweise völlig überlaufenen „Rennstrecken" zu entzerren, sondern – je nach Wegezustand – zugleich der Sicherheit der Wanderer selbst.

Doch auch regelmäßigste Kontrollen des Wegenetzes und die beste Vorab-Information der Schluchtbesucher vermögen manchmal Unfälle im unwegsamen Gelände nicht zu verhindern. Zu einem Schutzkonzept, dem Menschen in der Natur durchaus willkommen sind, zählt daher auch die in Zusammenarbeit mit der Bergwacht entwickelte Einteilung des hauptfrequentierten Schluchtbereichs in Rettungssektoren (s. auch S. 403), die im Notfall eine schnellere Hilfe ermöglichen können.

Ob ortskundiger Beitrag zur sehr besucherorientierten Fahrplangestaltung des Wanderbusses (s. auch S. 400), Informationsaustausch mit den Fischwasserpächtern, Organisation gemeinsamer Arbeitseinsätze und Fortbildungsveranstaltungen für ehrenamtliche Helfer, fachliche Stellungnahmen zu geplanten Eingriffen im Naturschutzgebiet oder Begleiten land- und forstwirtschaftlicher Pflegemaßnahmen und anderes mehr: Das über die Jahre sukzessiv erarbeitete „Schutzkonzept Wutachschlucht" hat gewährleisten können, dass diese Vielzahl zu integrierender Facetten nicht in Einzelanliegen zersplittert ist, sondern als Gesamtbild und nur gemeinsam mit allen Akteuren zu lösende Daueraufgabe im Blick bleibt.

Naturschutz auf neuen Wegen

20 Jahre, drei Ranger, einen Schluchtensteig und viele Themenwege später: Die touristischen Anforderungen und andere Nutzungsansprüche an das Naturschutzgebiet Wutachschlucht waren so gewachsen oder den Zielen der Schutzgebietsverordnung so gegenläufig, dass man sich seitens des Regierungspräsidiums auf das Schutzkonzept besann und über einen neuen Weg für Schutz und Nutzung der Wutachschlucht nachdachte. Man wollte zusammen mit dem Naturpark über die Grenzen von drei Landkreisen und neun Kommunen hinweg *„im Dialog mit den regionalen Akteuren eine neue Balance zwischen Naturschutz und Nutzungsansprüchen ausloten und definieren"* (Regierungsvizepräsident Klemens Ficht 2013). Zu diesem Zweck trafen sich im September 2013 und Januar 2014 ehemalige und aktuelle Ranger sowie Ehrenamtliche und zentrale Akteure aus der Region (Bergwacht, Schwarzwaldverein und Naturschutz, Tourismus/ Gastronomie, Landwirtschaft, Fischerei, Sport und Wasserkraftnutzung) mit Vertretern des Regierungspräsidiums, der Landkreise (Wirtschaftsförderung, Forst, Naturschutz) und der Kommunen zu einer zweieinhalbtägigen Zukunftswerkstatt „Zukunft Naturraum Wutachschlucht" im Löffinger Ortsteil Bachheim | 5.6.63 | | 5.6.65 |. Auf Anregung einer vorab gebildeten prozessbegleitenden Kommission (mit behördlichen und ehrenamtlichen Vertretern aus der Region) waren auch die Bürger in den Dialog um die Zukunft der Wutachregion mit ihren Schutzgebieten eingebunden; bereits im Vorfeld der Veranstaltung hatten sie im Rahmen einer Bürgerumfrage ihre Wünsche und Bedenken zur weiteren Entwicklung der Wutachschlucht einbringen können, die dann in die Zukunftswerkstatt einflossen.

5.6.63 | **Regierungsvizepräsident Klemens Ficht** (rechts) dankt den kommunalen Entscheidungsträgern bei der Zukunftswerkstatt „Zukunft Naturraum Wutachschlucht". Von links nach rechts: Manfred Furtwängler (Ortsvorsteher von Göschweiler), Berthold Meister (Ortsvorsteher von Bachheim), dahinter Reinhard Feser (Bürgermeister von Lenzkirch). (FW.2014)

5.6.64 | **Alle Visionen,** wie hier im Bild auf Einzelteilen beschrieben und „abgezeichnet“, bilden am Ende der Werkstatt den Grundstock für das gemeinsam verabschiedete Leitbild. (FW.2013)

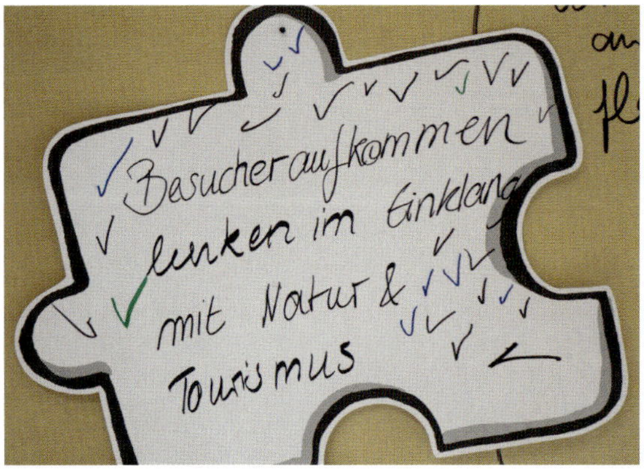

Wieviel Mensch verträgt die Natur?
Diese „neue Balance“ sollte im weiteren Prozess in einem von allen Beteiligten getragenen und verbindlichen Leitbild münden und durch gemeinsame – im Rahmen der Werkstatt-Tage zu entwickelnde – Projekte manifestiert und gelebt werden. Klar war, dass der Status für die Naturschutzgebiete Wutachschlucht und Wutachflühen nicht Gegenstand der Diskussion sein würde. Von dieser Einschränkung abgesehen, wurde jedoch unter der erfahrenen Moderation eines externen Büros ein inhaltlich offener Denkraum geboten. Deutlich zeigten die Werkstatt-Tage, dass der Schlüssel zur Lösung der spannenden Frage „Wie viel Mensch verträgt die Schlucht“ keine mathematische Größe ist, sondern in einem regionalen Selbstverständnis liegt, das die Wutachschlucht als zu schützenden Bestandteil einer Erholungsregion sieht. Nur wenn es gelingt, die Region in Werbung, Information und Infrastruktur als Ganzes zu vermitteln und ihre Hochflächen geschickt mit der Schlucht zu verzahnen, kann der touristische Druck auf die Schlucht selbst verringert werden. Denn darüber, dass das Naturschutzgebiet Wutachschlucht angesichts der vielen geregelten Nutzungen an seine Belastungsgrenzen gelangt ist, die für sich betrachtet unschädlich und gut gemeint, in der Summe aber zu viel sind, besteht weitestgehend Einigkeit. Der hohe Naturwert der Schluchten des Wutachgebiets wird von allen Beteiligten gesehen und als schützenswert anerkannt | 5.6.64 |.

Gemeinsamkeiten und Konfliktpotenziale benennen
Beeindruckend war für viele Anwesende das hohe Maß an Übereinstimmungen zwischen den unterschiedlichen Teilnehmerkreisen: Die Natur selbst, ihre Ruhe, Ursprünglichkeit und Artenvielfalt wird von allen Beteiligten als hohes Gut gesehen. Der Tourismus ist als Wirtschaftsfaktor nicht mehr wegzudenken und der Arbeit der vielen Ehrenamtlichen wird allseits große Anerkennung gezollt. Dennoch zeigte sich, dass es zwischen den verschiedenen Nutzungsinteressen immer wieder zu Reibungspunkten kommen kann, sei es bei neuen Wegen und alten Anlagen, Wasserkraft- oder landwirtschaftlicher Nutzung. Kommunikation und Kooperation werden deshalb als „Königsweg“ für künftige Entwicklungen gesehen: Man möchte fortan besser miteinander kommunizieren, sich im Schulterschluss üben und gemeinsame Lösungen suchen, statt auf Alleingänge zu setzen. Und dabei hilft, so banal das klingen mag, dass man sich persönlich kennen gelernt und den direkten Weg zueinander gefunden hat | 5.6.65 |. So hat die zweieinhalbtägige Zukunftswerkstatt „Zukunft Naturraum Wutachschlucht“ gezeigt, dass E-Mail und Telefongespräche den direkten Kontakt nicht ersetzen können. Erst in den Werkstattgesprächen konnten Gemeinsamkeiten identifiziert und zugleich Meinungsverschiedenheiten, unterschiedliche Ansichten und Konfliktpotenziale offen benannt

5.6.65 | **Im September 2013** (Bild) trafen sich zum ersten Mal seit vielen Jahren Vertreter der verschiedensten Interessengruppen zu der Ideenwerkstatt „Zukunft Naturraum Wutachschlucht“, um eine neue Balance zwischen Naturschutz und Nutzeransprüchen in der Wutachregion zu finden. Bei der folgenden Werkstatt im Januar 2014 wurde ein gemeinsames Leitbild verabschiedet und Projekte zur regionalen Entwicklung angestoßen. (FW.2013)

5.6.66 | Steffen Wolf (rechts im Bild) diskutiert als ehemaliger Wutachranger und zuständiger Förster für den Bonndorfer Stadtwald mit einem ehrenamtlichen Naturschützer. (FW.2014)

werden. Eine wichtige Voraussetzung für den Weg zur besseren Zusammenarbeit und zum gemeinsamen regionalen Verständnis, das letztendlich auch zur Verabschiedung eines gemeinsamen Leitbilds (s. nachfolgende Doppelseite) geführt und gebietsübergreifende zukunftsorientierte Projekte angestoßen hat.

Was könnte noch kommen?

Noch sind nicht alle Fragen geklärt, aber viele sind klar benannt: So wird es weitere Diskussionen auch beim Thema „kulturelles Erbe" brauchen, ein Thema, das während der Werkstatt selbst aufkam. Welche Zeugnisse aus alter Zeit sollten erhalten werden, und wie können sie in die neue „regionale Sichtweise" der Vernetzung von Höhen und Schlucht eingebunden werden? Auch das „heiße" Thema Wegekonzept wurde ebenso engagiert wie konstruktiv diskutiert: Hierbei wurde klar, dass alte Wege, die mit dem letzten Wegekonzept geschlossen wurden, nicht erneut geöffnet werden. Noch offen blieb, ob es künftig einzelne (neue) Wege geben kann, welche die Schlucht besser mit der Region vernetzen. Kriterien hierfür sollten Naturverträglichkeit (keine Durchwanderung sensibler Gebiete), notwendiger Sicherungsaufwand und eine eindeutige Entlastungsfunktion sein.

Insgesamt war der Dialogprozess sehr lebendig und kreativ. Besonders die langen Jahre des ehrenamtlichen Engagements des Schwarzwaldvereins und der Bergwacht erfuhren die Anerkennung und große Würdigung der Teilnehmer. Es wurden Ideen formuliert, wie sich zum Vorteil von Natur und Tourismus die weitere Entwicklung des Naturraums Wutachschlucht gestalten könnte. An erster Stelle wird darunter der gegenseitige Informationsaustausch und die konsequente Zusammenarbeit aller Akteure angestrebt. Weitere Vorhaben reichen von einem Mobilitätskonzept mit weiterentwickeltem Besucherlenkungssystem bis zu einer Stiftung für die Finanzierung eines Infozentrums oder eines „Skywalks" – einer Aussichtsplattform, um die Schlucht naturverträglich „von oben" zu erleben statt sie zu durchwandern.

Während diese Zeilen geschrieben werden, haben sich bereits Arbeitskreise gebildet, um die genannten Projektideen zu konkretisieren. Gleichzeitig wird vor dem Hintergrund der in diesem Buch in zahlreichen Beiträgen beschriebenen hochwertigen Ausstattung des Gebiets mit zum Teil stark gefährdeten Arten auch an der weiteren Ausweisung von Naturschutzgebieten an Eichberg-Buchberg und im oberen Gauchachtal gearbeitet. Dass jede Rechtsverordnung letztendlich aber nur so gut ist, wie sie auch von der Bevölkerung mitgetragen und unterstützt wird, bemerkt G. Fuchs bereits in der Monografie zur Wutach von 1971. Mit dem nun begonnenen Dialog befindet sich das Wutachgebiet in dieser Hinsicht und trotz aller noch vorhandener Meinungsunterschiede auf einem guten Weg.

5.6.67 | Für die Naturschutzgebiete an der Wutach bleibt zu hoffen, dass ihnen der „gute Geist" erhalten bleibt. (AL.2014)

Leitbild „Zukunft Naturraum Wutachschlucht"

Eine neue Balance zwischen Naturschutz und Nutzeransprüchen in den Schutzgebieten war das Ziel der „Zukunftswerkstatt von Bachheim". Die Teilnehmer entwarfen gemeinsam Visionen und formulierten von allen unterzeichnete Leitsätze, die nachfolgend wörtlich wiedergegeben werden:

Der Schutz der Schlucht gelingt nur über die Region.

Wir wollen den hohen Wert als Natur- und Erholungsraum erhalten und für eine Entzerrung der Besucherströme sorgen.

- Wir werden das räumliche Umfeld der Wutachschlucht (z. B. die Höhen) großräumig aufwerten.
- Landschaftspflege und extensive Landnutzung werden in enger Abstimmung mit den landwirtschaftlichen Nutzern fortgesetzt und sukzessiv ausgebaut.
- Wir beachten die Naturverträglichkeit bei künftigen Planungen und Erschließungen.

Naturverträglicher Tourismus ist ein Kennzeichen der Wutachschlucht und ihrer Region.

Wir streben einen naturverträglichen Tourismus an. Diesen sehen wir als Beitrag zur Strukturentwicklung im ländlichen Raum.

- Wir bewahren besonders sensible Bereiche vor einem zu hohen Besucherdruck.
- Dafür entwickeln wir ein Lenkungskonzept, das naturräumliche Refugien nachhaltig schützt.
- Wir unterstützen Entwicklungen hin zu einem qualifizierten Tourismus und starten hierfür eine Qualitätsoffensive im Bereich Gastronomie und Dienstleistung.
- Unser Ziel ist es, Gäste länger in der Region zu halten. Daher ermöglichen wir attraktive Naturerlebnisse in und außerhalb der Schlucht.
- Wir sorgen in Abstimmung mit der Bergwacht für ein funktionierendes Rettungssystem im Sinne unserer Kunden/Gäste.
- Wir entwickeln ein professionelles kreisübergreifendes Informationsmanagement (Schutzgebiet und touristische Möglichkeiten).
- Wir stimmen unsere touristischen Konzepte frühzeitig und kreisübergreifend über einen Runden Tisch miteinander ab.
- Wir streben ein Informationszentrum für die Wutachregion an.

Wir schaffen Vernetzung und neue Ziele auf den Höhen.

Wir wissen um die Grenzen der Belastbarkeit. Wir lenken daher das Besucheraufkommen. Dabei haben wir den Schutz der Wutachschlucht und die Ziele eines sanften Tourismus im Blick.

- Wir lenken das Besucheraufkommen im Einklang mit Naturschutz, Tourismus und Rettungswesen.
- Wir wollen durch ein Besucherlenkungssystem den Zufriedenheitsgrad der Gäste steigern und die Naturbelastung minimieren.
- Wir wollen auf Schwierigkeitsgrade und Gehzeiten der Wege hinweisen.
- Eine Überarbeitung des bestehenden Wegenetzes ist dort möglich, wo dies Entlastungsfunktion erfüllt, die Hochebene mit einbezieht und Naturschutzaspekten nicht widerspricht.

Ohne Ehrenamt keine erlebbare Natur.

Die Bedeutung des Ehrenamts zum Erhalt und zur Sicherung der Schlucht ist anerkannt und wird öffentlich gewürdigt.

- Wir werden uns weiterhin ehrenamtlich im Naturraum Wutachschlucht engagieren.
- Damit dies dauerhaft möglich ist, benötigen wir entsprechende Förderung und finanzielle Unterstützung.
- Wir werden Jugendliche für das Ehrenamt begeistern und dafür werben, Verantwortung für den Natur- und Heimatraum zu übernehmen.
- Wir wollen unsere Erfahrungen und unser Fachwissen sichern und weitergeben.
- Wir werden die unterschiedlichen Ehrenämter besser vernetzen und bringen die Akteure zum regelmäßigen Austausch zusammen.

Die Wutachregion ist wanderbar und auch ohne Auto zu erreichen.

Wir wollen es jedem ermöglichen, die Wutachregion auch ohne eigenes Fahrzeug zu erreichen und sich darin fortzubewegen.

- Unser Ziel ist ein kreisübergreifendes, integriertes Mobilitätskonzept für die Wutachregion.
- Wir möchten die Nutzung des ÖPNV fördern und steigern.
- Wir unterstützen hierzu eine Bestandsaufnahme der Verkehrslinien, Wanderrouten, Parkplätze, Wohnmobilstellplätze usw. zur Erstellung eines Mobilitätskonzepts.
- Wir werden zielgruppengerechte Wanderangebote entwickeln und anbieten (Kurz-/Lang-Rundwanderungen auch für mobilitätseingeschränkte Menschen).

Kulturraum Wutachschlucht: Bewahren und Auflebenlassen des kulturellen Erbes.

Wir wollen dem Kulturraum Wutachschlucht mit seiner Historie und seinen Kulturdenkmälern mehr Beachtung schenken.

- Wir setzen uns ein für den Erhalt von Kulturdenkmälern im Naturraum Wutachschlucht, in dem Rahmen, wie es die Naturschutzverordnung zulässt.
- Wir dokumentieren unser Wissen, geben es an jüngere Generationen weiter und machen Kultur erlebbar.

Eine artenreiche Kulturlandschaft erwartet die Besucher auf den Hochflächen der Wutachregion.

Wir stehen zur Land- und Forstwirtschaft als Teil des Kulturraums Wutachschlucht und streben einen höheren Artenreichtum auch auf den Hochflächen an.

- Wir setzen uns für einen Pufferstreifen mit extensiver Wiesennutzung um die Naturschutzgebiete ein.
- Wir wollen mehr Landwirte in der Region Wutachschlucht für den Artenschutz gewinnen.
- Wir unterstützen die Regional- und Direktvermarktung der landwirtschaftlichen Betriebe und den Erhalt der Streuobstwiesen.
- Wir erhalten und pflegen die Wiesen und Weideflächen in der Schlucht zur Erhaltung der Artenvielfalt und als altes Kulturgut (Zeugnis der Landwirtschaft in der Wutachschlucht).
- Wir unterstützen die Überführung standortsfremder Fichtenforste in naturnahe, standortsgerechte Mischwälder und weisen Waldrefugien aus.

Die Wutach: Wildflusscharakter, gewässerökologisch top mit autochthonem Fischbestand!

Wir wollen den Wildflusscharakter und die Gewässerökologie sichern.

- Fische und weitere Wasserlebewesen sollen möglichst barrierefrei in der Wutach leben können.
- Wo ökologisch verträglich, soll außerhalb der Naturschutzgebiete Wasserkraftnutzung weiterhin möglich sein.
- Bei Wasserkraftprojekten muss die Bilanz für die Gewässerökologie und die Landschaft positiv sein.
- Bestehende Anlagen (z. B. Stallegg) müssen durchgängig gestaltet werden.
- Gewässerökologische Gutachten sind bei allen Bauanfragen Grundbedingung einer behördlichen Prüfung.

Im Naturraum Wutachschlucht verfolgen wir gemeinsame Ziele.

Wir sind uns der Bedeutung einer guten Kommunikation bewusst und gestalten diese aktiv.

- Wir werden eine regelmäßige Informations- und Kommunikationsplattform für alle Beteiligten schaffen.
- Wir respektieren dabei unterschiedliche Interessen und suchen gemeinsam nach Lösungen.
- Ein Gemeinschaftsgefühl und eine Identifizierung mit dem Naturraum Wutachschlucht ist uns wichtig, dafür setzen wir uns immer wieder ein.

ANHANG

Dank der Autoren

6.01 | Vorherige Doppelseite: Brücke über die Wutach beim Räuberschlösslefelsen. (JW.2012)

Bei einem reich bebilderten Buch mit zahlreichen Querbezügen und „Specials" – d. h. „Kästen" mit ergänzender oder vertiefender Information – liegt es auf der Hand, dass der Herausgeber und die Autoren von vielen Seiten Unterstützung erhielten. All jenen Kennern des Wutachgebiets, Kollegen, Freunden und (Ehe-)Partnern soll an dieser Stelle herzlich für ihre Unterstützung durch Fachgespräche, Fotos, Hintergrundinformationen und weitere Hinweise, aber auch für ihre Geduld bei der Erstellung und Redaktion der Texte gedankt werden.

Unter den zahlreichen, im Anhang gelisteten Bildautoren danken die Autoren insbesondere Martin Schwenninger und Klaus Steegmüller, die unentwegt in den Schluchten der Wutach und auf den Höhen unterwegs waren, um für einen Großteil des Buchs aussagekräftige und brillante Fotos beizusteuern und den Verfassern der Texte – sofern es in ihrem Vermögen stand – jeden Fotowunsch zu erfüllen. Unterstützt wurden sie dabei von mehreren Mitgliedern der Regionalgruppe Baden der Gesellschaft Deutscher Tierfotografen (GDT), denen an dieser Stelle zusammen mit Johannes-Christian Rost, Martin Hoyer und Matthias Kneusslin für ihre Zeichnungen und anschaulichen Grafiken ebenfalls herzlich gedankt werden soll. Herrn Martin Schwenninger gebührt ferner der Dank dafür, Autoren und Fotografen stets mit Rat, Tat und ausgezeichneten Gebietskenntnissen zur Seite gestanden zu haben. Für die Unterstützung bei der Erstellung des umfangreichen Glossars sei Regina Franke, Dr. Matthias Franz, Wolfgang Pankow und Prof. Dr. Volkmar Wirth herzlich gedankt.

Für die Genehmigung zum Abdruck der Kartengrundlagen danken wir der Landesanstalt für Umwelt, Messungen und Naturschutz Baden-Württemberg, dem Bundesamt für Naturschutz, GeoLa und ForstGeo. Einzelne Detailkarten in den Teilen Geologie, Tierwelt, Forst und Naturschutz wurden von den Mitarbeitern des Regierungspräsidiums, namentlich Bettina Schmücking, Michael Pflug und Markus Löffler, erstellt und bearbeitet, denen wir hierfür herzlich danken.

Bei der Erstellung des Kapitels zum Abflussverhalten der Wutach danken die Autoren von aqua.plan ihrem ehemaligen Mitarbeiter Michael Hewart aus der Wutachgemeinde Ewattingen ebenso wie Alexander Färber.

In den vegetationskundlichen Teil haben neuere Erkenntnisse über die Wechselwirkungen zwischen Insekten und Pflanzen von Dr. Gregor Schmitz Eingang gefunden. Sie bereichern das Kapitel zusammen mit den Pilzfotografien von Klaus Steegmüller und den fachkundigen Abbildungstexten von Doris Laber um weitere interessante Aspekte, wofür wir uns bedanken möchten. Für die im Special zur Pfingst-Nelke angesprochene Erforschung der genetischen Vielfalt dieser Art dankt Prof. Dr. Marcus Koch, COS Heidelberg, Abteilung Biodiversität und Pflanzensystematik, der Stiftung Naturschutzfonds Baden-Württemberg für ihre Förderung.

In dem sehr vielseitigen Teil zur Tierwelt des Wutachgebiets dankt Harald Brünner seinem früheren Studienkollegen Dr. Friedrich Kretzschmar dafür, ihm im Sommer 1986 ein plattgedrücktes Kleinsäugerfragment überbracht zu haben. Es stammte von einer Alpenspitzmaus und war der erste Nachweis dieser Art im Südschwarzwald. Für ihre Erforschung in der Wutachschlucht im Juni 2013 gilt Brünners Dank seinen beiden Kollegen Harald Schütz und Dr. Rainer Dolch, die ihn beim Schleppen von rund 100 Lebendfallen und beim Fotografieren unterstützten, sowie dem Wutachranger Martin Schwenninger für seine wertvollen Geländekenntnisse, die mit zum Erfolg der „Expedition" beigetragen haben. Ein recht gutes Bild der Amphibien- und Reptilienverbreitung im Wutachgebiet kann Klemens Fritz unter anderem durch die Auswertung von Daten der ABS (Amphibien/Reptilien-Biotop-

Schutz Baden-Württemberg) und aufgrund vieler Fundmeldungen über einen Zeitraum von mehr als 25 Jahren zeichnen. Zu den umfangreichen Kenntnissen haben insbesondere Felix Zinke, Gerrit Müller, Bettina Sättele, Franz-Josef Schiel, Hubertus Knoblauch, Georg Brugger, Martin Schwenninger und Regina Franke beigetragen, denen der Autor an dieser Stelle für ihre Fundhinweise dankt. Felix Zinke dankt den Bildautoren seines Beitrags für die ausgezeichneten Vogelfotografien, insbesondere Bettina Maier und Rudolf Lühl von der Arbeitsgemeinschaft Wanderfalkenschutz für dessen fachliche Hinweise und dafür, dass er weitere Bildautoren vermittelt hat. Für die Illustration seines Kapitels über die aquatischen Insekten dankt Björn Frey Peter Maihöfer herzlich für die Bereitstellung einiger Aufnahmen. Dr. Ira Richling dankt Dr. Vollrath Wiese vom Haus der Natur – Cismar für die Erlaubnis, einige seiner Schnecken-Lebendbilder abdrucken zu dürfen, und für die Recherche in seiner Museumssammlung nach Fundmeldungen für das Wutachgebiet. Ihr Dank gilt auch Christoph Allgaier, Tübingen, für die Überlassung des Fotos von *Cychrus caraboides* sowie Dr. Günter Schmid und Ehepaar Margrit und Gerhard Falkner für ihre Zuarbeit bei je einem Spezialfoto.

Für die Bereitstellung seines umfangreichen Wissens zum Teil „Der Mensch und die Wutach", insbesondere der Mühlengeschichte, sei Herrn Emil Ketterer gedankt, der leider vor Fertigstellung dieses Buches verstorben ist. Dank gebührt auch Vanessa Tschöpe von der Forstlichen Versuchs- und Forschungsanstalt in Freiburg für die statistische Auswertung der Waldbiotoptypen sowie Karl-Heinz Rontke und Klaus Nieke für die Informationen rund um den Tourismus in der Wutachschlucht. Stellvertretend für alle Ortsgruppen des Schwarzwaldvereins sei dem Schwarzwaldverein, Sektion Bonndorf, und seinem Vorsitzenden Friedbert Zapf für die langen Jahre der Wegeunterhaltung durch die Wutachschlucht und die Flühen gedankt, die dieses Kleinod erst allen Forschenden und Besuchenden gleichermaßen erschließen.

Die Autoren

6.02 | Haarmücke der Gattung *Bibio* auf einem Schachtelhalm. (RC.2013)

Literatur

Allgemeiner Referenztitel:

Badischer Landesverein f. Naturkunde und Naturschutz e. V. Freiburg, Hrsg. (1971): Die Wutach. Naturkundliche Monographie einer Flusslandschaft, Erstdruck; Nachdruck herausgegeben von der Landesanst. f. Umweltschutz Baden-Württemberg, Institut f. Ökologie und Naturschutz Karlsruhe 1988 in der Reihe Natur- und Landschaftsschutzgebiete Baden-Württemberg Bd. 6, 575 S. Mit einer farbigen Kartenbeilage: LANG, G. & OBERDORFER, E.: Vegetationskundliche Karte des oberen Wutachgebietes (Ostschwarzwald-Baar), Blatt 8115 Lenzkirch, 1:25000, 1956–1958.

Einleitung | Wutachland

Benzing, A. G. (1964): Die naturräumlichen Einheiten auf Bl. 186, Konstanz; Bad Godesberg (Geographische Landesaufnahme 1 : 200 000).

Cloos, H. (1951): Gespräch mit der Erde. – 389 S.; 79 Taf.; (18–30 000ste der Gesamtauflage); R. Piper & Co. Verlag, München.

Guggenmos, J.: Gedicht „Salamander-Wanderwetter" aus: Was denkt die Maus am Donnerstag? © 1998 Beltz & Gelberg in der Verlagsgruppe Beltz; Weinheim/Basel.

Hall, E. M. (1991): Die Sprachlandschaft der Baar und des ehemaligen Fürstentums Fürstenberg. Studien zur Dialektologie in Südwestdeutschland, Bd. 4, Elwert Verlag; Marburg.

Hockenjos, F. (1955): Wutachbrevier. Schriftenreihe der Arbeitsgemeinschaft „Heimatschutz Schwarzwald", Heft 3. – 64 S.; 1 Kte.; Freiburg i. Br.

Hockenjos, F. (1964): Die Wutachschlucht. – 64 S.; 50 Abb.; 2 Ktn.; Rosengartenverlag; Konstanz.

Landesanst. f. Umwelt, Messungen und Nat.schutz Baden-Württemberg (2013): Potentielle natürliche Vegetation von Baden-Württemberg. Landesanst. f. Umwelt, Messungen und Nat.schutz von Baden-Württemberg. – 342 S.; 7 Tab.; 6 Ktn.; Verlag Regionalkultur; Heidelberg.

Liehl, E. (1971): Morphologie des Wutachgebietes. – In: Die Wutach (s. o.).

Paul, W. (1969): Die plio- und pleistozänen Schotter der Wutach-Donau am Ost-Schwarzwald. – Eiszeitalter und Gegenwart, 20: 232–242, Öhringen.

Teil 1 | Geologie

Adam, K. D. (1991): Die pleistozänen Wutachschotter im Gewann Großwald bei Löffingen im Landkreis Breisgau-Hochschwarzwald – II. Funde von Mammut und Fellnashorn. – Jh. geol. Landesamt Baden-Württemberg, 33: 149–172, 11 Abb., 8 Tab.; Freiburg i. Br.

Alesi, E. (1984): Der Trigonodus-Dolomit im Oberen Muschelkalk von SW-Deutschland. – Arb. Inst. Geol. Paläont. Univ. Stuttgart, N. F. 79: 1–53, 23 Abb., 1 Tab., 3 Taf.; Stuttgart.

Alberti F. v. (1834): Beitrag zu einer Monographie des Bunten Sandsteins, Muschelkalks und des Keupers und die Verbindung dieser Gesteine zu einer Formation. – 366 S., 8 Tab.; Verlag Cotta; Stuttgart, Tübingen.

Bachmann, G. H., Geluk, M., Warrington, G., Becker-Roman, A., Beutler, G., Hagdorn, H., Hounslow, M., Nitsch, E., Röhling, H.-G., Simon. T. & Szulc, A. (2010): Triassic. – In: Doornenbal, H. & Stevenson, A. (Eds.): Petroleum Geological Atlas of the Southern Area: 148–173, 51 Abb., 5 Tab.; European Association of Geoscientists & Engeneers; EAGE; Houton.

Bangert, V. (1955): Beiträge zur Geologie zwischen Schluchsee und oberer Wutach. – Diss. Univ. Freiburg: 108 S., 28 Abb., 5 Ktn.; Freiburg i. Br.

Bangert, V. (1991), m. Beiträgen v. Etzold, A., Sawatzki, G. & Schreiner, A. (1991): Erläuterungen zum Blatt 8115 Lenzkirch. – Geol. Kte. 1 : 25 000 Baden-Württemberg: 132 S., 7 Abb., 5 Taf., 3 Beil.; Stuttgart.

Bauer, M. (1993a): Eintiefung der Muschelkalkschlucht – dokumentiert in Hangschuttdecken, Terrassen und Talniveaus der Nebenbäche. – Tübinger Geowiss. Arb., C15: 85–96, 10 Abb.; Tübingen.

Bauer, M. (1993b): Wasserhaushalt, aktueller und holozäner Lösungsabtrag im Wutachgebiet. – Tübinger Geowiss. Arb., C14: 130 S., 74 Abb., 36 Tab.; Tübingen.

Bauer, M. Einsele, G. (1993): Einführung in die Geologie und das Klima des Wutachgebiets. – Tübinger Geowiss. Arb., C15: 1–15, 12 Abb.; Tübingen.

Bauer, M. & Knipping, M. (1993): ^{14}C-Daten und paläobotanische Befunde von Kalktuffvorkommen: Rückschlüsse auf das Mindestalter der Wutachschlucht. – Tübinger Geowiss. Arb., C15: 74–84, 5 Abb., 1 Anh.; Tübingen.

Becker, F. (1995): Die Forschungsbohrung Ühlingen 2: Buntsandstein und Muschelkalk am Südostrand des Schwarzwaldes zwischen Schlücht und Steina. – Dipl.-Arb. Univ. Freiburg: 69 und 35 S., 19 Abb., 4 Taf., 1 Anl., 1 Kte.; Freiburg i. Br.

Braun, J. (1983): Mikropaläontologische Untersuchungen an einem Profil im Unteren Muschelkalk in der (SE-Schwarzwald). – Dipl.-Arb. Univ. Tübingen: 61 S., zahlr. Abb.; Tübingen.

Brüderlin, M. (1969): Beiträge zur Lithostratigraphie und Sedimentpetrographie des Oberen Muschelkalks im südwestlichen Baden-Württemberg. – Jahresbericht Mitt. oberrh. Geol. Ver., N.F. 51: 125–158, 5 Abb.; Stuttgart.

Brüderlin, M. (1970): Lithostratigraphische Profilserien durch den Oberen Muschelkalk im südwestlichen Baden-Württemberg. – Jahresbericht Mitt. oberrh. Geol. Ver., N.F. 53: 195–199, 2 Abb., 4 Taf.; Stuttgart.

Carlé, W. (1975): Die Mineral- und Thermalwässer von Mitteleuropa – Geologie, Chemismus, Genese. – 634 S., 14 Abb.; 1402 Tab., 15 Ktn.; Wissenschaftliche Verlagsgesellschaft; Stuttgart.

Ellwanger, D., Bibus, E., Bludau, W., Kösel, M. & Merkt, J. (1995): Baden-Württemberg. – In: Benda, H.: Das Quartär Deutschlands: 255–295, 8 Abb., 1 Tab.; Borntraeger Verlag; Berlin, Stuttgart.

Franz, M. & Bock, H. (2009): Die Schichtenfolge des Buntsandsteins in der Bohrung GWM 7 Biswurm bei Villingen-Schwenningen. – LGRB-Informationen, 17: 125–135; 1 Abb.; 1 Tab.; Freiburg i. Br.

Franz, M. & Rohn, J., m. Beiträgen v. Finger, P. & Grimm, B. (2004): Erläuterungen zum Blatt 8117 Blumberg. – Geol. Kte. 1 : 25 000 Baden-Württemberg: VII+196 S., 17 Abb., 12 Tab., 2 Beil.; (3. Aufl.); Freiburg i. Br.

Geyer, M., Nitsch, E. & Simon, T. (2011): Geologie von Baden-Württemberg. – 627 S., 185 Abb., 4 Tab.; Schweizerbart Verlag; [5. Aufl. Geyer, O. F. & Gwinner, M. P.]; Stuttgart.

Geyer, O. F., Schober, T. & Geyer, M. (2003): Die Hochrhein Regionen zwischen Bodensee und Basel. – Samml. geol. Führer, 94: 526 S., 113 Abb.; Borntraeger Verlag; Stuttgart.

Gisler, C., Hochuli, P. A., Ramseyer, K., Bläsi, H.& Schlunegger, F. (2007): Sedimentological and palynological constraints on the Triassic sequence in Central Switzerland. – Swiss J. Geosci., Basal Triassic in Central Switzerland: 10 S., 5 Abb.; Birkhäuser Verlag; Basel.

Grimm, B. (2004): Hydrogeologische Verhältnisse. – In: Franz, M. & Rohn, J., mit Beiträgen v. Finger, P. & Grimm, B.: Erläuterungen zum Blatt 8117 Blumberg. – Geol. Kte. 1 : 25 000 Baden-Württemberg: 136–169; 2 Abb., 7 Tab.; (3. Aufl.); Freiburg i. Br.

Groschopf, R. & Villinger, E. (1988), mit Beiträgen v. Brüstle, W., Link, G., Wagenplast, P. & Zwölfer, F.: Geologische Schulkarte. von Baden-Württemberg 1 : 1 000 000, Erl.: VI+142 S., 27 Abb., 2 Tab.; (12. überarb. u. erweit. Aufl.); Freiburg i. Br.

Hagdorn, H. (1985): Immigration of Crinoids into the . – In: Bayer, U. & Seilacher, A.: Sedimentary and Evolutionary Cycles. – Lecture Notes in Earth Sciences, 1: 237–254, 13 Abb.; Springer Verlag; Berlin.

Hagdorn, H. & Simon,T. (1993): Ökostratigraphische Leitbänke im Oberen Muschelkalk. – In: Hagdorn, H. & Seilacher, A., Hrsg.: Muschelkalk. Schöntaler Symposium 1991. (Sonderbände der Gesellschaft f. Nat.kunde in Württemberg, 2): 192–208, 15 Abb.; Goldschneck; Stuttgart.

Hahn, W. (1971): Der Jura. – In: Die Wutach (s. o.): 117–133.

Hantke, R. (1978): Eiszeitalter, Bd. 1.: 468 S., 221 Abb., 2 Beil.; Ott; Thun.

Hebestreit, C. (1993): Sedimentations- und Subrosionsprozesse in einem würmzeitlichen Kieskörper der Donau-Wutach: Implikationen für Klima und Permafrost. – Tübinger Geowiss. Arb., C15: 45–57, 9 Abb.; Tübingen.

Hebestreit, C. (1995): Zur jungpleistozänen und holozänen Entwicklung der Wutach (SW-Deutschland). – Tübinger Geowiss. Arb., C25: 88 S., 46 Abb., 5 Tab.; Tübingen.

Hockenjos, F. (1964): Die Wutachschlucht. – 64 S., 50 Abb., 2 Ktn.; Rosengartenverlag; Konstanz.

Hofmann, B. (1985): Mineralisationen von Pb, Zn, Cu und As in der Trias des südöstlichen Schwarzwaldes. Das Kristallin an der oberen Wutach als Beispiel eines möglichen Liefergebietes von Sedimentmaterial und erzbildenden Elementen. – Lizentiatsarb. Univ. Bern: 188 S., zahlr. Abb. u. Tab.; Bern.

Hofmann, F., Schlatter, R. & Weh, M. (2002), mit Beiträgen v. Bock, H., Franz, M. & Schreiner, A.: Erläuterungen zum Blatt 8217 Tengen-Wiechs a. R. – Geol. Kte. Baden-Württemberg 1 : 25 000: 125 S., 13 Abb., 3 Tab., 1 Beil.; (2. Aufl.); Freiburg i. Br.

Hoydem, A. (1983a): Verkarstung und Speläologie im Wutachgebiet. – Laichinger Höhlenfreund, 18 (2): 65–70; Laichingen.

Hoydem, A. (1983b): Zum Stand der Höhlenforschung im Wutachgebiet. – Beitr. z. Höhlen- u. Karstforsch. in SW-Deutschl., 26: 13–15, 1 Tab.; Stuttgart.

Jordan, U. (1993a): Laterale Talerweiterung als Folge kaltzeitlicher Tiefenerosion. – Tübinger Geowiss. Arb., C15: 142–144, 2 Abb.; Tübingen.

Jordan, U. (1993b): Talverbreiterung und Talaufhöhung durch Massenverlagerungen. – Tübinger Geowiss. Arb., C15: 115–119, 4 Abb.; Tübingen.

Käss, W. & Käss, H., Hrsg.: Vereinigung f. Bäder- und Klimakunde e. V. (2008): Deutsches Bäderbuch. – 1230 S., zahlr. Abb. und Tab., 1 Kte.; Schweizerbart Verlag; Stuttgart.

Kaspar, E. (1993): Der Feststofftransport der Wutach: Hochwasseranalysen und Frachtbilanzen des Schwebstoff- und Geröllaustrags. – Tübinger Geowiss. Arb., C15: 203–215, 10 Abb., 2 Tab.; Tübingen.

Kaspar, E., Lubinski, T. & Hebestreit, C. (1993): Zur Talfüllung und jüngeren Entwicklung der Wutach. – Tübinger Geowiss. Arb., C15: 110–114, 3 Abb., 1 Tab.; Tübingen.

Litt, T., Ellwanger, D., Villinger, E. & Wansa, S. (2005): Das Quartär in der Stratigraphischen Tabelle von Deutschland 2002. – Newl. Stratigr. 41(1–3): 385–399; 1 Taf.; Berlin.

Mayle, M. (1993): Massenverlagerung im Dogger-Tonsteingebiet der mittleren Wutach: Hangentwicklung und Landschaftsgeschichte. – Tübinger Geowiss. Arb., C15: 120–141,9 Abb.; Tübingen.

Menning, M., Gast, R., Hagdorn, H., Käding, K.-C., Simon, T., Szurlies, M. & Nitsch, E. (2005): Zeitskala für Perm und Trias in der stratigraphischen Tabelle von Deutschland 2002, zyklostratigraphische Kalibrierung der höheren Dyas und Germanischen Trias und das Alter der Stufen Roadium und Rhaetium 2005. – Newl. Stratigr. 41(1–3): 173–210, 1 Abb., 2 Tab., 3 Taf.; Berlin.

Merki, P. (1961): Der Obere Muschelkalk im östlichen Schweizer Jura. – Ecolog. geol. Helvet., 54/1: 137–219, 5 Abb., 1 Tab., 5 Taf.; Basel.

NAGRA (1992): Sondierbohrung Siblingen – Untersuchungsbericht. 2 Bde. – NAGRA techn. Ber. NTB 90-34. NAGRA; Baden.

ORTLAM, D. (1971a): Die Randfazies des germanischen Buntsandsteins im südlichen Schwarzwald. – Geol. Jb., 89: 135–168, 3 Abb., 3 Taf.; Hannover.

PAUL, W. (1958): Zur Morphogenese des Schwarzwalds (II). – Jh. geol. Landesamt Baden-Württemberg, 3: 263–359, 3 Abb., 1 Taf.; Freiburg i. Br.

PAUL, W. (1965): Zur Frage der Rißvereisung der Ost- und Südostabdachung des Schwarzwaldes. – Jh. geol. Landesamt Baden-Württemberg, 7: 423–440; Freiburg i. Br.

PAUL, W. (1969): Die plio- und pleistozänen Schotter der Wutach-Donau am Ost-Schwarzwald. – Eiszeitalter und Gegenwart, 20: 232–242; Öhringen.

PAUL, W. (1971a): Die Trias. – In: Die Wutach (s. o.): 37–115, 29 Abb., 4 Taf.

PAUL, W. (1971b): Von der spätjurassischen (frühkretazischen?) Landwerdung bis zur Gegenwart: Portlandium (Valendis?) bis Holozän. – In: Die Wutach (s. o.): 135–194, 10 Abb.

PESCHKE, P. (1991): Die pleistozänen Wutachschotter im Gewann Großwald bei Löffingen im Landkreis Breisgau-Hochschwarzwald – III. Palynologische Untersuchungen. – Jh. geol. Landesamt Baden-Württemberg, 33: 173–186, 2 Abb.; Freiburg i. Br.

PFAFFENBERGER, C. (1990): Wasserhaushalts- und hydrochemische Untersuchungen in einem Buntsandsteingebiet sowie quartärgeologische Geländeaufnahmen im oberen Wutachgebiet. – Dipl.-Arb. Geol. Inst. Tübingen: 120 S.; Tübingen.

PFAFFENBERGER, C. & SCHIEDEK, T. (1993): Zeitmarken der Wutacheintiefung: fluviale Terrassen und ihre Korrelation mit würmzeitlichen Vereisungsphasen des Südschwarzwaldes. – Tübinger Geowiss. Arb., C15: 66–73, 7 Abb., 2 Tab.; Tübingen.

PFANNENSTIEL, M. & RAHM, G. (1963): Die Vergletscherung des Wutachtals während der Rißeiszeit. – Ber. naturf. Ges. Freiburg i. Br., 53: 5–61, 9 Abb.; Freiburg i. Br.

QUENSTEDT, F. A. (1843): Das Flözgebirge Würtembergs. Mit besonderer Rücksicht auf den Jura – 560 S.; Laupp Verlag; Tübingen.

QUENSTEDT, F. A. (1858): Der Jura. – 842 S.; Laupp Verlag; Tübingen.

RICKEN, W. & EINSELE, G. (1993): Entstehung der Wutachschlucht: Übersicht der Prozessabfolgen. – Tübinger Geowiss. Arb., C15: 16–44, 17 Abb.; Tübingen.

ROGOWSKI, E. & SIMON, T. (2005): Salzerkundungsbohrung Stetten (Zollernalbkreis, Baden-Württemberg). – LGRB-Informationen 17: 136–150, 3 Abb.; Freiburg i. Br.

ROHN, J. (2004): Rutschungen auf Blatt Blumberg. – In: FRANZ, M. & ROHN, J., m. Beitr, v. FINGER, P. & GRIMM, B. (2004): Erläuterungen zum Blatt 8117 Blumberg. – Geol. Kte. 1 : 25 000 Baden-Württemberg: 170–178; (3. Aufl.); Freiburg i. Br.

SCHALCH, F. (1873): Beiträge zur Kenntnis der Trias am südöstlichen Schwarzwalde. – Diss. Univ. Würzburg, 109 S.; Brodtmann'sche Buchhandlung; Schaffhausen.

6.03 | Winter in der Muschelkalkschlucht. (KS.2013)

SCHALCH, F. (1888): Die Gliederung der Liasformation des Donau-Rheinzuges. – N. Jb. Min. Geol. Paläont., 1: 177–266; Stuttgart.

SCHALCH, F. (1898): Der braune Jura (Dogger) des Donau-Rheinzuges nach seiner Gliederung und Fossilführung. – Mitt. Großh. Bad. Landesanst., 3: 529–773; Heidelberg.

SCHALCH, F. (1995): Erläuterungen zum Blatt 8116 Löffingen (früher Bonndorf). – Geol. Kte. 1 : 25 000 Baden-Württemberg: 48 S.; (3. unveränd. Aufl. von 1906); Stuttgart.

SCHIEDEK, T. (1990): Hydrogeologische und hydrochemische Untersuchungen in einem kleinen bewaldeten Granitgebiet sowie Terrassenkartierungen im unteren Gutachtal südlich von Neustadt/Titisee im Südschwarzwald. – Dipl.-Arb. Geol. Inst. Tübingen: 117 S.; Tübingen.

SCHIEDEK, T. & PFAFFENBERGER, C. (1993): Akkumulations- und Erosionsphasen im Niederterrassen-Kieskörper des Gutachtals. – Tübinger Geowiss. Arb., C15: 58–65, 3 Abb., 1 Tab.; Tübingen.

SCHNITZLEIN, R. (1990): Terrassenkartierung und geologische Kartierung im oberen Wutachgebiet sowie hydrogeologische und hydrochemische Untersuchungen in einem Einzugsgebiet im Südschwarzwald. – Dipl.-Arb. Geol. Inst. Tübingen: 80 S.; Tübingen.

SCHREINER, A. (1965): Die Juranagelfluh im Hegau. – Jh. geol. Landesamt Baden-Württemberg, 7: 303–354, 10 Abb., 6 Tab., 2 Taf.; Freiburg i. Br.

SCHREINER, A. (1991a): Quartär. – In: BANGERT, V. (1991), mit Beiträgen v. ETZOLD, A., SAWATZKI, G. & SCHREINER, A. (1991): Erläuterungen zum Blatt 8115 Lenzkirch. – Geol. Kte. 1 : 25 000 Baden-Württemberg: 73–98, 2 Abb., 2 Tab., 1 Beil.; Stuttgart.

SCHREINER, A. (1991b): Die pleistozänen Wutachschotter im Gewann Großwald bei Löffingen im Landkreis Breisgau-Hochschwarzwald – I. Vorkommen und Zeitstellung. – Jh. geol. Landesamt Baden-Württemberg, 33: 133–147, 6 Abb., 2 Tab.; Freiburg i. Br.

SCHREINER, A. (1992): Erläuterungen zu Blatt Hegau und westlicher Bodensee. – Geol. Kte. 1 : 50 000 von Baden-Württemberg: 290 S., 25 Abb., 11 Taf., 7 Beil.; (3. Aufl.); Freiburg i. Br.

SCHREPFER, H. (1925): Zur Kenntnis der Eiszeit im Wutachgebiet. – Mitt. bad. Landesver. Naturkde. Natursch., N. F. 1: 473–496; Freiburg i. Br.

SCHWARZ, H.-U. (1970): Zur Sedimentologie und Fazies des Unteren Muschelkalks in Südwestdeutschland und angrenzenden Gebieten. – Diss. Univ. Tübingen: 297 S., 63 Abb., 8 Tab., 14 Taf., 136 Bilder; Tübingen.

SELMEIER, A. (2001): Ein Kieselholz aus der Wutachschlucht bei Ewattingen, SW-Deutschland. – Jh. Ges. Naturk. Württ., 157: 121–128; Stuttgart.

SIMON, T. (1987): Zur Entstehung der Schichtstufenlandschaft im nördlichen Baden-Württemberg. – Jh. geol. Landesamt Baden-Württemberg, 29: 145–167, 10 Abb., Freiburg i. Br.

SIMON, T. (1988): Flußgeschichte von Kocher und Jagst. – In: HAGDORN, H., Hrsg.: Neue Forschungen zur Erdgeschichte von Crailsheim (Sonderbände Ges. Naturkde. Württemberg, 1): 241–254, 7 Abb., Goldschneck Verlag; Stuttgart.

SIMON, T. (1999): Die Geschichte des Muschelkalkkarst-Aquifersystems im nördlichen Baden-Württemberg. – Geol. Jb., C66: 47–75, 11 Abb., 2 Tab.; Hannover.

SIMON, T. (2005): Salz und Gips in der Trias Südwestdeutschlands – von der Entstehung bis zur Auslaugung. – Laichinger Höhlenfreund, 40 (2): 73–86, 9 Abb.; Laichingen.

SIMON, T. (2010): Ktn. zur Landschaftsgeschichte in Baden-Württemberg. – LGRB-Informationen 25: 47–66, 13 Abb.; Freiburg i. Br.

SIMON, T., BARTENBACH, M., BOCK, H., LEPPER, J., MARTIN, M. & REIMANN, M. (2009): Ergebnisse der Forschungsbohrung Wutachschlucht (Kreis Breisgau-Hochschwarzwald, Baden-Württemberg). – LGRB-Informationen 22: 103–122, 6 Abb., 1 Tab.; Freiburg i. Br.

TANGERMANN, H. (1971): Der Erdrutsch auf der Gemarkung Achdorf (Landkreis Donaueschingen) im Wutachtal. – In: Die Wutach (s. o.): 543–562, 16 Abb.

URLICHS, M. & MUNDLOS, R. (1985): Immigration of Cephalopods into the Germanic Muschelkalk Basin and its Influence on their Suture Line. – In: BAYER, U. & SEILACHER, A.: Sedimentary and Evolutionary Cycles. – Lecture Notes in Earth Sciences, 1: 221–236, 8 Abb.; Springer Verlag; Berlin.

VILLINGER, E. (1986): Untersuchungen zur Flußgeschichte von Aare-Donau/Alpenrhein und zur Entwicklung des Malm-Karsts in Südwestdeutschland. – Jh. geol. Landesamt Baden-Württemberg, 28: 297–362, 10 Abb., 2 Tab., 3 Beil.; Freiburg i. Br.

VILLINGER, E. (1998): Zur Flussgeschichte von Rhein und Donau in Süddeutschland. – Jahresbericht Mitt. oberrhein. geol. Ver., N. F., 80: 361–398, 5 Abb., 5 Tab.; Stuttgart.

VILLINGER, E. (2003): Zur Paläogeographie von Alpenrhein und oberer Donau. – Z. dt. geol. Ges., 154/2–3: 193–253, 12 Abb., 12 Tab.; Stuttgart.

VILLINGER, E., mit Beiträgen v. BRÜSTLE, W., FLECK, W., GROSCHOPF, R., HUTH, T., LINK, G. RUCH, C., WAGENPLAST, P., WERNER, W., ZEDLER, H. & ZWÖLFER, F. (2011): Geologische Übersichts- und Schulkarte von Baden-Württemberg 1 : 1 000 000, Erläuterungen. – 374 S., 63 Abb., 1 Tab.; Freiburg i. Br.

WAGNER, G. (1960): Einführung in die Erd- und Landschaftsgeschichte. – 694 S., 591 Abb., 231 Taf., 1 Kte.; Rau; Öhringen.

WAGNER, G. & KOCH, A. (1961): Raumbilder zur Erd- und Landschaftsgeschichte Südwestdeutschlands. – 33 S., 3 Abb., 16 Farbbilder im Anh.; Schmiden (Repro-Druck; 1963: Stuttgart (Spectrum).

WESTPHAL, F. (1989): Feldbergdonau und Wutachschlucht, zur Entwicklung einer jungen Flusslandschaft (Exkursion L am 31. März 1989). – Jahresbericht Mitt. oberrhein. geol. Ver., N.F. 71: 189–197, 3 Abb.; Stuttgart.

WURM, F., FRANZ, M., PAUL, W. & SIMON, T. (1989): Der geologische Bau des Wutachtales zwischen Lotenbach-Mündung und Achdorf (Exkursion G am 30. März 1989). – Jahresbericht Mitt. oberrhein. geol. Ver., N.F., 71: 121–148, 13 Abb.; Stuttgart.

TEIL 2 | GEWÄSSER

AMANN, S. (1997): Hochwasserentstehung in Titisee-Neustadt. – Dipl.-Arb. Univ. Freiburg.

aqua.plan (2003): Gewässerentwicklungskonzepte Gutach und Josbach. – Arbeit im Auftrag der damaligen Gewässerdirektion Waldshut-Tiengen (jetzt Regierungspräsidium Freiburg).

Bayerisches Landesamt f. Wasserwirtschaft, Hrsg. (1996): Ökologische Typisierung der aquatischen Makrofauna. – Informationsber. des Bayer. Landesamtes f. Wasserwirtsch. Heft 4/96: 1–543.

BOHLE, H. W. (1995): Spezielle Ökologie. Limnische Systeme. – 267 S., Springer Verlag; Berlin.

BREHM, J. & MEIJERING, M. P. D. (1990): Fließgewässerkunde. Einführung in die Limnologie der Quellen, Bäche und Flüsse. – Biologische Arbeitsbücher 36: 295 S., Quelle & Meyer Verlag; Wiebelsheim.

Bundesumweltministerium (1995): Die Gewässergütekarte der Bundesrepublik Deutschland 1995. Faltblatt.

Europäisches Parlament und Rat der Europäischen Union (2000): Richtlinie 2000/60/EG des Europäischen Parlaments und des Rates vom 23. Oktober 2000 zur Schaffung eines Ordnungsrahmens für Maßnahmen der Gemeinschaft im Bereich der Wasserpolitik. – ABl. L 327, 1–83 (Wasserrahmenrichtlinie – WRRL).

GEISLER, R. (1971): Die Gewässergüte der Wutach. – In: Die Wutach (s. o.): 513–522.

GONSER, T. & SCHWOERBEL, J. (1985): Chemische und biologische Untersuchung des Gutach-Wutach-Flußsystems zwischen Neustadt und Weizener Steg. In: Limnologische Untersuchungen im Wutach- und Mindelsee-Gebiet. – Beih. Veröff. f. Nat.schutz und Landsch.pflege in Baden-Württemberg 44: 9–112.

HOLDHAUS, K. (1954): Die Spuren der Eiszeit in der Tierwelt Europas. – Abhandlungen der zoologisch-botanischen Gesellschaft in Wien, Bd. 18: 493 S., 52 Taf., 1 Kte.

http://www.lubw.baden-wuerttemberg.de/servlet/is/48288/ Landesanst. f. Umwelt, Messungen und Nat.schutz Baden-Württemberg (2010): Überwachungsergebnisse Makrozoobenthos 2006–2007. Biologisches Monitoring der Fließgewässer gemäß EG-Wasserrahmenrichtlinie. – nur als pdf erhältlich, Zugriff Februar 2014.

HUBER, A. (2000): Das Auenwaldreservat an der Schleitheimer Seldenhalde. In: Der Wutach entlang – Geologie, Naturschutz, Volkskunde, Lebensraum. Neujahrsblatt der Naturforschenden Gesellschaft Schaffhausen Nr. 52/2000: 31–36; Schaffhausen.

Innenministerium Baden-Württemberg, Hrsg. (1958): Übersicht über die Verschmutzung der wichtigsten Gewässer in Baden-Württemberg. Stand Anfang 1958. – 1 Kte.; Stuttgart.

Innenministerium Baden-Württemberg, Hrsg. (1969): Gütezustand der Gewässer in Baden-Württemberg, Nr. 1. Stand 1968. – 45 S., 1 Kte.; Karlsruhe.

KOHLHEPP, D. (1981): Die Wutachschlucht – Bild einer Urlandschaft. – Rombach Verlag; Freiburg i. Br.

KOLKWITZ, R. & MARSSON, M. (1902): Grundsätzliches für die biologische Beurteilung des Wassers nach seiner Flora und Fauna. – Mitt. der königl. Prüfungsanstalt Wasserversorgung Abwasserbeseitigung Berlin-Dahlem 1: 33–72.

Landesanst. f. Umweltschutz Baden-Württemberg, Hrsg. (1997): Entwicklung der Fließgewässerbeschaffenheit chemisch – physikalisch – biologisch. Stand 1995. – Handbuch Wasser 2, Heft 26: 1–48.

Landesanst. f. Umweltschutz Baden-Württemberg, Hrsg. (1998): Gewässergütekarte. Baden-Württemberg. – Oberirdische Gewässer, Gewässerökologie, Bd. 49: 65 S., Ktn.

Landesanst. f. Umweltschutz Baden-Württemberg, Hrsg. (2005): Durchgängigkeit für Tiere in Fließgewässern. Leitfaden Teil 1 – Grundlagen. – Oberirdische Gewässer, Gewässerökologie, Bd. 95: 1–52.

Landesanst. f. Umweltschutz Baden-Württemberg, Hrsg. (2005): Gewässergütekarte Baden-Württemberg 2004. – Oberirdische Gewässer, Gewässerökologie, Bd. 91: 34 S., Anh., 1 Kte. und CD-ROM.

LUBW, Hrsg. (2010): Überwachungsergebnisse Makrozoobenthos 2006–2007. Biologisches Monitoring der Fließgewässer gemäß EG-Wasserrahmenrichtlinie.

Mehrfachnutzung von Stauseen am Beispiel des Schluchsees im Südschwarzwald, Vortrag von Dipl.-Ing. Jörg Turtur, Schluchseewerk AG am 7. Jan. 2002 in der Univ. Karlsruhe.

METZ, R. (1980): Geologische Landeskunde des Hotzenwalds. – 1116 S., Faltkarten; Moritz Schauenberg Verlag, Lahr.

METZ, B. UND SAURER, H. (2012): Geomorphologie und Landschaftsentwicklung. In: Der Feldberg – Subalpine Insel im Schwarzwald. Hrsg.: Regierungspräsidium Freiburg – 488 S.; Jan Thorbecke Verlag; Ostfildern.

Min. f. Ernährung, Landwirtschaft, Umwelt und Forsten Baden-Württemberg, Hrsg. (1975): Gütezustand der Gewässer in Baden-Württemberg 2. Stand Anfang 1974. – 47 S., 1 Kte.; Karlsruhe.

Min. f. Ernährung, Landwirtschaft, Umwelt und Forsten Baden-Württemberg, Hrsg. (1983): Gütezustand der Gewässer in Baden-Württemberg 3. Stand 1981. – Wasserwirtsch.verw. Heft 14: 49 S.; 1 Kte.

Min. f. Ernährung, Landwirtschaft, Umwelt und Forsten Baden-Württemberg, Hrsg. (1986): Gütezustand der Gewässer in Baden-Württemberg 4. Stand 1985/86. – 59 S., 1 Kte.; Karlsruhe.

Min. f. Umwelt Baden-Württemberg, Hrsg. (1992): Gütezustand der Gewässer in Baden-Württemberg Nr. 7. Zustandsuntersuchungen auf biologisch-ökologischer Grundlage. Stand 1991. – Wasserwirtsch.verw. Heft 27: 64 S.; Ktn.

Planunterlagen des Kantons Schaffhausen/CH zur Wutach-Renaturierung bei Schleitheim.

Rohdaten der Landesanst. f. Umwelt, Messungen und Nat.schutz (LUBW) Baden-Württemberg (2013).

Schluchseewerke AG (1987): Betriebsanweisung HSL Nr. 10/1987 an die Lastverteilung. Unveröffentlicht; Freiburg i. Br.

Schmider, H. (2004): Titisee-Chronik. Die Geschichte des Titisees und seiner Anwohner. Selbstverlag Hans Schmider; Titisee-Neustadt.

Schwab, H. (1995): Süßwassertiere. Ein ökologisches Bestimmungsbuch. – 320 S., Ernst Klett Schulbuchverlag; Stuttgart.

Schwoerbel, J. & Brendelberger, H. (2013): Einführung in die Limnologie. – 386 S., Springer Spektrum; (10. Aufl.); Heidelberg.

Schwoerbel, J. (1969): Ökologie der Süßwassertiere. Fließgewässer. – Fortschritte der Zoologie 20: 173–206. Gustav Fischer Verlag; Stuttgart.

Schwoerbel, J. (1971): Hydrobiologie des Wutachgebietes. – In: Die Wutach (s. o.): 481–500.

Stadt Titisee-Neustadt, Hrsg. (2004): Umbau und Erweiterung der Kläranlage Neustadt 1992–2004. – 20 S., Broschüre.

Verfahrensakten des ehemaligen Landkreises Neustadt/Schwarzwald und des heutigen Landkreises Breisgau-Hochschwarzwald.

6.03 | **Die Fruchtkörper** des Buchen-Schleimrüblings *Mucidula mucida*. (DL und KS.2012)

Teil 3 | Pflanzenleben

Böhme, W. & Schmitz, G. (2001): Kombinierte Hummel-Wespen-Mimikry bei der Gattung *Trichius* Fabricius, 1775 (Coleoptera: Scarabaeidae)? – Ent. Z. 111: 357–359.

Düll, R. & Düll-Wunder, B. (2012): Moose einfach und sicher bestimmen. – Quelle & Meyer; (2. Aufl.); Wiebelsheim.

Fuchs, L. (2001): Das Kräuterbuch von 1543 mit Beiträgen von K. Dobat und W. Dressendörfer. – 960 S. m. 873 S. farb. Faksim., Beih. dt. Texte; Reprint; Taschen Verlag; Köln.

Hist. Pl. Dauphiné (Villars) 3 (2): 598. 1789.

Hockenjos, F. (1971): Wald- und Forstwirtschaft in der Wutachschlucht. – In: Die Wutach (s. o.): 523–541.

Hockenjos, F. (1981) und Mitarbeiter: Wanderführer durch die Wutachschlucht. (Wanderführer des Schwarzwaldvereins Bd. 1). – 146 S.; Rombach Verlag (3. Aufl); Freiburg i. Br.

Hockenjos, W. (2008): Tannenbäume. Eine Zukunft für *Abies alba*. – 231 S., DRW Verlag Weinbrenner; Leinfelden-Echterdingen.

Kirschbaum, U. & Wirth, V. (2010): Flechten erkennen – Umwelt bewerten. – Hess. Landesamt f. Umwelt und Geologie; Wiesbaden.

Kowarik, I. (2010): Biologische Invasionen. Neophyten und Neozoen in Mitteleuropa. – 492 S., Verlag Eugen Ulmer (2. Aufl.); Stuttgart.

Lang, G. (1971): Die Vegetationsgeschichte der Wutachschlucht und ihrer Umgebung. – In: Die Wutach (s. o.): 323–349.

Marzell, H. (1943–1958): Wörterbuch der deutschen Pflanzennamen. – 5 Bde. Hirzel; Leipzig.

Müller, T. (2011): Schwäbische Flora. – 735 S., Schwäbischer Albverein; Stuttgart.

Neuwirth, R. (1971): Das Klima des Südosthanges des Schwarzwaldes unter besonderer Berücksichtigung der Wutachschlucht. – In: Die Wutach (s. o.): 209–219.

Oberdorfer, E. (1971): Die Pflanzenwelt des Wutachgebietes. – In: Die Wutach (s. o.): 261–321.

Oberdorfer, E. (2001): Pflanzensoziologische Exkursionsflora für Deutschland und angrenzende Gebiete. – 1051 S., Verlag Eugen Ulmer (8. Aufl.); Stuttgart.

Oberdorfer, E., Hrsg. (1977, 1987, 1983, 1992): Süddeutsche Pflanzengesellschaften. 2. Aufl. Teil 1, 331 S., Teil II, 311 S., Teil III, 455 S., Teil IV, 282 und 580 S., Fischer; Jena.

Philippi , G. (1971): Die Moosvegetation der Wutachschlucht. – In: Die Wutach (s. o.): 249–260.

Schmitz, G. (2001): Beurteilungen von Neophytenausbreitungen aus zoologischer Sicht. –Braunschweiger Geobotanische Arbeiten; Tagungsbericht Kolloquium 2000: 269–285.

Schwabe, A. (1985a): Monographie *Alnus incana*-reicher Waldgesellschaften in Europa –Variabilität und Ähnlichkeiten einer azonal verbreiteten Gesellschaftsgruppe. Phytocoenologia 13: 197–302.

SCHWABE, A. (1985b): Zur Soziologie *Alnus incana*-reicher Waldgesellschaften im Schwarzwald unter besonderer Berücksichtigung der Phänologie. – Tuexenia 5: 413–446.

WEIDEMANN, H. J. (1995): Tagfalter ... mit einer Einführung in die Vegetationskunde. – 659 S., Naturbuchverlag (2. Aufl.); Augsburg.

WILMANNS, o. (1998): Ökologische Pflanzensoziologie. – 405 S., Quelle & Meyer (6. Aufl.); Wiesbaden.

WIRTH, V. & DÜLL, R. (2000): Farbatlas Flechten und Moose. – Verlag Eugen Ulmer; Stuttgart.

WIRTH, V. & U. KIRSCHBAUM. (2013): Flechten einfach bestimmen. – Quelle & Meyer; Wiebelsheim.

WIRTH, V. & WILMANNS, O. (1971): Die Flechtenflora der Wutachschlucht. – In: Die Wutach (s. o.): 239–247.

WIRTH, V. (1995): Die Flechten Baden-Württembergs. – Verlag Eugen Ulmer (2. Aufl.); Stuttgart.

WIRTH, V., HAUCK, M. & SCHULTZ, M. (2013): Die Flechten Deutschlands. – Verlag Eugen Ulmer; Stuttgart.

WITSCHEL, M. (1980): Xerothermvegetation und dealpine Vegetationskomplexe in Südbaden. Beih. Veröff. Nat.schutz und Landsch.pflege Baden-Württemberg 17: 212 S.

TEIL 4 | TIERWELT

Arbeitsgruppe Mollusken BW [am Staatlichen Museum f. Naturkunde Stuttgart] [COLLING, M., FALKNER, G., GROH, K., JUNGBLUTH, J. H. , KLEMM, M., NIEDERHÖFER, H.-J., SCHMID, G., RÄHLE, W.] (2008): Rote Liste der Schnecken und Muscheln Baden-Württembergs. – Nat.schutz-Praxis, Art.schutz 12: 1–185; Karlsruhe (LUBW).

ASSING, V. & SCHÜLKE, M. (2011): Zoogeographie. S. 5–7. In: Freude-Harde-Lohse-Klausnitzer – Die Käfer Mitteleuropas, Bd. 4, Staphylinidae I: 560 S.; (2. neu bearbeitete Aufl.); Heidelberg.

BAER, J. & BRINKER, A. (2010): The response of a brown trout stocks and perception of anglers to cessation of brown trout stocking. – Fisheries Management and Ecology, Heft 17: 157–164.

BAER, J., BLANK, S., CHUCHOLL, C., DUSSLING, U. & BRINKER, A. (2014): Rote Liste der Fische, Neunaugen und Flusskrebse für Baden-Württemberg. Hrsg.: Min. f. Ländl. Raum und Verbraucherschutz Baden-Württemberg. – 64 S.; Stuttgart.

BAUER, K. M., BEZZEL, E. & FIEDLER, W. (2005): Das Kompendium der Vögel Mitteleuropas (Nonpasseriformes, Passeriformes). – Aula-Verlag (2., vollständig überarbeitete Aufl.); Wiebelheim.

BAUERNFEIND, E. & SOLDÁN, T. (2012): The Mayflies of Europe (Ephemeroptera). –781 S.; Apollo Books, Vester Skerninge, Dänemark.

BAUM, F. & ROPPEL, J. (1976): Bemerkenswerte neue Käferfunde aus der Umgebung Freiburgs i. Br. – Mitt. bad. Landesver. f. Nat.kunde und Nat.schutz, N. F. 11: 363–385.

BENSE, U. (1995): Bockkäfer. Illustrierter Schlüssel zu den Cerambyciden und Vesperiden Europas. – 512 S.; Weikersheim.

BENSE, U. (2002): Verzeichnis und Rote Liste der Totholzkäfer Baden-Württembergs. Hrsg.: Nat.schutz und Landsch.pflege Baden-Württemberg, 74: 309–361; Landesanst. f. Umweltschutz Baden-Württemberg.

Bezirksstelle f. Nat.schutz und Landsch.pflege Freiburg (1998): Die Naturschutzgebiete im Regierungsbezirk Freiburg. – 636 S.; Jan Thorbecke Verlag (1. Aufl.); Ostfildern.

BEZZEL, E. et al. (1993): Das Kompendium der Vögel Mitteleuropas. – Aula-Verlag GmbH; Wiesbaden.

BÖHME, W. & SCHMITZ, G. (2001): Kombinierte Hummel-Wespen-Mimikry bei der Gattung *Trichius* FABRICIUS, 1775 (Coleoptera: Scarabaeidae). – Entomolog. Zeitschr. 111: 357–359.

BRAUN, M. unter Mitarbeit von DIETERLEN, F., HÄUSSLER, U., KRETZSCHMAR, F., MÜLLER, E., NAGEL, A., PEGEL, M., SCHLUND, W. & TURNI, H. (2003): Rote Liste der gefährdeten Säugetiere in Baden-Württemberg. – In: BRAUN, M. & DIETERLEN, F., Hrsg.: Die Säugetiere Baden-Württembergs, Bd. 1: 263–272, Verlag Eugen Ulmer; Stuttgart.

BRAUN, M. & DIETERLEN, F., Hrsg. (2005): Die Säugetiere Baden-Württembergs, Bd. 2: – 704 S.; Verlag Eugen Ulmer; Stuttgart.

BRAUN, M. & KISCHNICK, P. (1987): Spitzmäuse und ihre Nahrung in einem Buchenwald. – Carolinea 45: 159–160.

BREURE, A. S. H. & GITTENBERGER, E. (1982): The rock-scraping radula, a striking case of convergence (Mollusca). – Neth. Journ. Zool. 32 (3): 307–312.

BRINKMANN, R., KRETZSCHMAR, F., HENSLE, E., STECK, C. & SCHAUER-WEISSHAHN, H. (2004): Untersuchung zum Nachweis der Fortpflanzungsquartiere der Mopsfledermaus (*Barbastella barbastellus*) im Bereich des FFH-Gebietes „Wutach" und Hinweise zu ihrem Schutz. – Gutachten der AG Fledermausschutz Freiburg im Auftrag der LUBW.

BRINKMANN, R., NIERMANN, I., STECK, C. & SCHAUER-WEISSHAHN, H. (2005): Umsetzung und Kontrolle von Maßnahmen zur Erhaltung der Wochenstubenkolonie der Mopsfledermaus (*Barbastella barbastellus*) in Stühlingen (LK Waldshut). – Gutachten im Auftrag des Regierungspräsidiums Freiburg.

BRÜMMER, F., FALKNER, G., NIEDERHÖFER, H.-J., SCHOPPER, M. & STRAUB, R. (2005): Brunnenschnecken aus Karsthöhlen. – DATZ, 58 (4): 6–12; Stuttgart.

BRÜNNER, H. & BRAUN, M. (1991): Zur Alpenspitzmaus (*Sorex alpinus*) in Baden-Württemberg. – Carolinea 49: 115–120.

BRÜNNER, H. & HOFFRICHTER, O. (1987): Neue Fundorte der Alpenspitzmaus (*Sorex alpinus* Schinz, 1837) im Südschwarzwald. – Mitt. bad. Landesver. f. Nat.kunde und Nat.schutz N. F. 14: 403–408.

BRÜNNER, H. & NEET, C.R. (1991): A Parapatric Scenery – The Distribution and Ecology of *Sorex araneus* and *S. coronatus*

(Insectivora, Soricidae) in Southwestern Germany. –Zeitschr. f. Säugetierkunde – International Journal of Mammalian Biology 56: 1–9.

Brünner, H. (2012): Bodenlebende Kleinsäuger. In: Der Feldberg – Subalpine Insel im Schwarzwald. Hrsg.: Regierungspräsidium Freiburg – 488 S.; Jan Thorbecke Verlag; Ostfildern.

Curtillat, M. (1973): Les cavités des gorges du Wutach. – Beunes et empoues, Bulletin annuel du Groupe spéléologique clervalois 5: 56–62.

Dietz, C., v. Helversen, O. & Nill, D. (2007): Handbuch der Fledermäuse Europas und Nordwestafrikas. – Franck-Kosmos, Stuttgart.

Duvoisin, N. (2005): Der kleine Grenzverkehr der Mopsfledermäuse. – In: Mitteilungsblatt der Fledermaus-Region Schaffhausen – Hegau – Bodensee; Ausgabe 12: 1–2.

Falkner, G. (1973): Studien über *Trichia;* Hartmann, I. *Trichia (Trichia) graminicola* n. sp. aus Südbaden (Gastropoda, Helicidae). – Archiv f. Molluskenkunde, 103: 209–227; Frankfurt a. M.

Falkner, G. (1990): Binnenmollusken. In: Fechter, R. & Falkner, G.: Weichtiere. Europäische Meeres- und Binnenmollusken. – Steinbachs Naturführer 10: 112–280; Mosaik, München.

Felten, H. (1984): Zur Verbreitung der Alpenspitzmaus in deutschen Mittelgebirgen. – Natur und Museum 114: 50–54.

Frank, J. & Konzelmann, E. (2002): Die Käfer Baden-Württembergs 1950–2000. – Nat.schutz-Praxis, Artenschutz 6: 1–290.

Frey, B. & Staniczek, A. (2010): Die Eintags- und Steinfliegen (Insecta: Ephemeroptera, Plecoptera) des Naturschutzgebiets Wutach im Südschwarzwald. In: Lauterbornia – Internationale Zeitschrift f. Faunistik und Floristik der Binnengewässer Europas, Heft 71: 17–36; Dinkelscherben.

6.04 | **Rendezvous** mit einer Weinbergschnecke. (RC.2013)

Gauss, R. (1971): Die Schmetterlinge (Lepidoptera) des Wutachgebietes. – In: Die Wutach (s. o.): 513–522.

Geis, K.-U. (2003): Freiburger Straßenbäume – schutzwürdige Lebensräume bedrohter holzbewohnender Ameisen- und Käferarten. – Ber. der Naturforsch. Ges. Freiburg i. Br. 93: 99–118.

Glutz von Blotzheim, U. N., Bauer, K. M. & Bezzel; E. (1971): Handbuch der Vögel Mitteleuropas. Bd. 4: Falconiformes. – Akadem. Verlagsgem.; Frankfurt a. M.

Glutz von Blotzheim, U. N., Bauer, K. M. & Bezzel; E. (1980): Handbuch der Vögel Mitteleuropas. Bd. 9: Columbiformes – Piciformes. – Akadem. Verlagsgem.; Frankfurt a. M.

Glutz von Blotzheim, U. N., Bauer, K. M. & Bezzel; E. (1993): Handbuch der Vögel Mitteleuropas. Bd. 13/II: Passeriformes 4. Teil. – Akadem. Verlagsgem.; Frankfurt a. M.

Gremminger, A. (1950): Die Schmetterlingsfauna des Wutachgebietes. – Beitr. naturk. Forschung Südwestdeutschlands 9 (mit Nachtrag): 55–70; Karlsruhe.

Hartmann, F. (1911/1926): Beiträge zu Badens Käferfauna, II–IV. – Mitt. bad. Landesver. f. Nat.kunde 6: 1–16, 30–38. – Mitt. bad. Landesver. f. Nat.kunde und Nat.schutz, N. F. 1: 274–284; 2: 41–56.

Helversen, v. O., M. Esche, Kretzschmar, F. & Boschert, M. (1987): Die Fledermäuse Südbadens. – Mitt. bad. Landesver. f. Nat.kunde u. Nat.schutz N. F. 14: 409–475; Karlsruhe.

Hockenjos, F. (1964): Die Wutachschlucht. – 64 S., 50 Abb., 2 Ktn.; Rosengartenverlag; Konstanz.

Holdhaus, K. (1932): Die europäische Höhlenfauna in ihrer Beziehung zur Eiszeit. – Zoogeographia 1: 1–53.

Hölzinger, J., et. al. (1987): Die Vögel Baden-Württembergs. Bd. 1.1: Gefährdung und Schutz. – 722 S.; 176 und 445 Abb; 194 Tab.; Verlag Eugen Ulmer; Stuttgart.

Hölzinger, J., et. al. (1997): Die Vögel Baden-Württembergs. Bd. 3.2: Singvögel 2. – 939 S.; 773 Abb.; 271 Tab.; 16 Taf.; Verlag Eugen Ulmer; Stuttgart.

Hölzinger, J., et. al. (1999): Die Vögel Baden-Württembergs. Bd. 3.1: Singvögel 1. – 861 S.; 780 Abb.; 248 Tab.; 16 Taf.; Verlag Eugen Ulmer; Stuttgart.

Hölzinger, J., et. al. (2001): Die Vögel Baden-Württembergs. Bd. 2.3: Nichtsingvögel 3. – 542 S.; 385 Abb.; 120 Tab.; 16 Taf.; Verlag Eugen Ulmer; Stuttgart.

Horion, A. (1955): Beiträge zur Käferfauna des badischen Bodenseegebietes, II. – Beiträge zur naturkundlichen Forschung Südwestdeutschlands 14: 57–69; Karlsruhe.

Horion, A. (1956): Nachtrag zum Verzeichnis der Käfer Mitteleuropas, IV. – Entomologische Blätter 51: 611–75; Krefeld.

Horion, A. (1958): Faunistik der mitteleuropäischen Käfer, Bd. VI: Lamellicornia. – 343 S.; Überlingen.

IUCN (2013): The IUCN Red List of Threatened Species 2013.2, Version 3.1.

Jacobs, W. & Renner, M. (1974): Taschenlexikon zur Biologie der Insekten. – 635 S.; Fischer; Stuttgart.

JUNGBLUTH, J. H. & KNORRE, D. VON (2008): Trivialnamen der Land- und Süßwassermollusken Deutschlands (Gastropoda et Bivalvia). – Mollusca, 26 (1): 105–156; Dresden.

JUNGBLUTH, J. H. & KNORRE, D. VON, unter Mitarbeit von U. BÖSSNECK, K. GROH, E. HACKENBERG, H. KOBIALKA, G. KÖRNIG, H. MENZEL-HARLOFF, H.-J. NIEDERHÖFER, S. PETRICK, K. SCHNIEBS, V. WIESE, W. WIMMER & M. ZETTLER (2012 [„2011"]): Rote Liste und Gesamtartenliste der Binnenmollusken (Schnecken und Muscheln; Gastropoda et Bivalvia) Deutschlands. 6., überarbeitete Fassung, Stand Februar 2010. — Nat.schutz und Biol. Vielfalt, 70 (3): 647–708; Bonn-Bad Godesberg.

KAISER, H. (1980): Unveröffentlichte avifaunistische Daten von 1970 bis 1980; Villingen.

KLESS, J. (1959): Bemerkenswerte Käferarten aus der Wutachschlucht. – Mitt. bad. Landesver. f. Nat.kunde und Nat.schutz, N. F. 7: 357–362.

KLESS, J. (1961a): Tiergeographische Elemente in der Käfer- und Wanzenfauna des Wutachgebietes und ihre ökologischen Ansprüche. – Zeitschr. f. Morphologie und Ökologie der Tiere 49: 541–628.

KLESS, J. (1961b): Die Käfer und Wanzen der Wutachschlucht. – Mitt. bad. Landesver. f. Nat.kunde und Nat.schutz, N. F. 8: 79–152.

KLESS, J. (1971): Die Käfer (Coleoptera) des westlichen Wutachgebietes. In: Die Wutach (s. o.): 397–410.

KLESS, J. (2006): 70-facher Tod in einer leeren Flasche. – Mitt. des entomologischen Vereins Stuttgart 41: 164.

KÖHLER, F. & KLAUSNITZER, B. (1998): Verzeichnis der Käfer Deutschlands. – Entomologische Nachrichten und Berichte, Beiheft 4: 185 S.; Dresden.

LAMPERT, K. (1892): Beiträge zur Fauna Württembergs. *Sorex alpinus* Schinz, Alpenspitzmaus. – Jh. Ver. Väterländ. Naturk. Stuttgart 48: 265–266.

Landesvermessungsamt Baden-Württemberg (1984): Geologische Spezialkarte 8117 Blumberg.

LAUFER, H., FRITZ, K. & SOWIG, P., Hrsg. (2007): Die Amphibien und Reptilien Baden-Württembergs. – 807 S.; 286 Abb.; 263 Diagr.; 41 Nachw.ktn.; 65 Tab.; Verlag Eugen Ulmer; Stuttgart.

LAUTERBORN, R. (1926/1928): Faunistische Beobachtungen aus dem Gebiet des Oberrheins und des Bodensees, VI, VII. – Mitt. bad. Landesver. f. Nat.kunde und Nat.schutz, N. F. 2: 312. – Beiträge zur naturwissenschaftlichen Erforschung Badens S. 9–24.

LEHMANN, K.-H. (2002): Vereinsinterne Besatzpolitik am Beispiel des Vereins f. Fischerei und Nat.schutz Donaueschingen–Wutach e. V. – Schriftenreihe des Landesfischereiverbandes Baden-Württemberg, Heft 1: 63– 66.

LIEHL, E. (1971): Morphologie des Wutachgebietes. – In: Die Wutach (s. o.).

LÖHRL, H. (1936): Ein neuer Fundort der Alpenspitzmaus (*Sorex alpinus* Schinz) und Bemerkungen über die Systematik der Art. – Zoologischer Anzeiger 114: 221–223.

Malicky, H. (1973): Trichoptera (Köcherfliegen). – In: Handbuch der Zoologie 4 (2) 2/29. – 114 S.; Walter de Gruyter; Berlin.

MARGGI, W. (1992): Faunistik der Sandlaufkäfer und Laufkäfer der Schweiz (Cicindelidae & Carabidae), Coleoptera, Teil 1, Text. – Dokumenta Faunistika Helvetiae 13: 477 S.

MAUS, C. (1985): Ein Beitrag zur Käferfauna Südwestdeutschlands. – Mitt. bad. Landesver. f. Nat.kunde und Nat.schutz, N. F. 13: 415–425.

MEINIG, H. (2004): – In: GRUTTKE, H. (Bearb.) (2004): Ermittlung der Verantwortlichkeit für die Erhaltung mitteleuropäischer Arten. – Nat.schutz und biologische Vielfalt (8). Bundesamt f. Nat.schutz; Bonn-Bad Godesberg.

MEINIG, H., BOYE, P. & HUTTERER, R. unter Mitarbeit von BENKE, H., BRINKMANN, R., HARBUSCH, CH., HOFFMANN, D., LEITL, R., VON KNORRE, D., KRAUSE, J., MERCK, T., NORITSCH, K., POTT-DÖRFER, B. & WEISHAAR, M. (2009): Rote Liste und Gesamtartenliste der Säugetiere (Mammalia) Deutschlands. Stand Oktober 2008. – Nat.schutz und biologische Vielfalt 70 (1).

MÜLLER, K., Hrsg. (1948): Der Feldberg im Schwarzwald. Naturwissenschaftliche, landwirtschaftliche, forstwirtschaftliche, geschichtliche und siedlungsgeschichtliche Studien. – 586 S.; Freiburg i. Br.

MÜNZING, K. (1966): Quartäre Molluskenfaunen aus Baden-Württemberg. – Jh. geol. Landesamt Baden-Württemberg, 8: 47–62; Freiburg i. Br.

PUTHZ, V. (2011): Unterfamilie Steninae. S. 286–317. – In: ASSING, V. & SCHÜLKE, M., Hrsg.: Freude-Harde-Lohse-Klausnitzer. Die Käfer Mitteleuropas, Bd. 4, Staphylinidae I. 2. – 560 S. (neubearbeitete Aufl.); Heidelberg.

RÄHLE, W. (1972): Über einige seltene Coleopteren aus der Wutachschlucht (Südbaden). – Veröff. der Landesanst. f. Nat.schutz und Landsch.pflege Baden-Württemberg 40: 139–140.

RÄHLE, W. (1986): Mollusken aus altpaläolithischen Fundschichten im mittelpleistozänen Travertin von Stuttgart-Bad Cannstatt (Münster). – Fundberichte aus Baden-Württemberg, 11: 133–140; Stuttgart.

REICHELT, G. (1972): Die Baar – Wanderungen durch Landschaft und Kultur. – 256 S.; Neckar-Verlag; Villingen.

RHEINHEIMER, J. & HASSLER, M. (2010): Die Rüsselkäfer Baden-Württembergs. – Nat.schutz-Spectrum 99: 944 S.; Heidelberg.

ROPPEL, J. (1979): Bemerkenswerte Käferfunde aus der Umgebung von Freiburg i. Br. – Mitt. bad. Landesver. f. Nat.kunde und Nat.schutz, N. F. 12: 109–120.

ROPPEL, J. (1990): Einige bemerkenswerte Käfer aus dem Schwarzwald (Wutachtal, Unterhölzer Wald). – Mitt. des entomologischen Vereins Stuttgart 25: 19–23.

RÖSSNER, E. (2012): Die Hirschkäfer und Blatthornkäfer Ostdeutschlands (Coleoptera: Scarabaeoidea). – 508 S.; Erfurt.

SCHMID, G. (1962): *Boettgerilla vermiformis* WIKTOR 1959, eine neue Nacktschnecke in Deutschland (Gastropoda, Parmacellidae). – Archiv f. Molluskenkunde 91: 105–108; Frankfurt a. M.

SCHMID, G. (1971): Molluskenexkursion in die Wutachschlucht. – In: Die Wutach (s. o.): 370–375.

SCHMID, G. (1972): Drei neue Nacktschnecken im Naturschutzgebiet Wutachschlucht. – Veröff. Nat.schutz und Landschaftspfl. Baden-Württemberg 40: 169–171; Karlsruhe.

SCHMID, G. (1974): Materialien zu *Trichia graminicola* FALKNER. – Mitt. der deutschen malakozoologischen Gesellschaft 3: 166–171; Frankfurt a. M.

SCHMID, G. (1997): „Malakologische Zuckungen". Momentaufnahmen zur Molluskenfauna Baden-Württembergs. – Veröff. zu Nat.schutz und Landsch.pflege in Baden-Württemberg, Beiheft 11: 291–301; Karlsruhe.

SCHNETTER, M. (1971): Die Molluskenfauna des Wutachgebietes. Mit dem Bericht über eine Molluskenexkursion in die Wutachschlucht von G. Schmid. – In: Die Wutach (s. o.): 315–376.

SCHNETTER, M. (1971): Die Amphibien und Reptilien des Wutachgebietes. – In: Die Wutach (s. o.): 441–446.

SCHNETTER, M. (1971): Die Vögel des Wutachgebietes. – In: Die Wutach (s. o.).

SEVERNS, M. (1984): Another threat to Hawaii's endemics. – Hawaiian Shell News 32: 1, 9; Honolulu.

STERNBERG, K. & BUCHWALD, R. (HRSG. 1999): Die Libellen Baden-Württembergs Bd. 1 mit Textbeiträgen von Buchwald, R., Buchweitz, M., Höppner, B., Hunger, H. et al. – 468 S.; 241 Abb.; 49 Diagr.; 29 Verbreitungsktn.; 21 Tab; Verlag Eugen Ulmer, Stuttgart.

STERNBERG, K. & BUCHWALD, R. (HRSG. 2000): Die Libellen Baden-Württembergs Bd. 2 mit Textbeiträgen von Buchwald, R., Heitz, A., Heitz, S., Höppner, B. et al. – 712 S.; 225 Abb.; 33 Diagr.; 49 Verbreitungsktn.; 20 Tab; Verlag Eugen Ulmer, Stuttgart.

STIERLIN, G. (1900): Fauna coleopterorum helvetica. Die Käferfauna der Schweiz nach der analytischen Methode. – 667 S.; Schaffhausen.

TURNI, H. (2005): Alpenspitzmaus – *Sorex alpinus* Schinz, 1837. In: BRAUN, M. & DIETERLEN, F., Hrsg.: Die Säugetiere Baden-Württembergs, Bd. 2, 62–68. Verlag Eugen Ulmer; Stuttgart.

WACHMANN, E., PLATEN, R. & BARNDT, D. (1995): Laufkäfer. Beobachtung, Lebensweise. – 295 S.; Naturbuch Verlag; Augsburg.

WIKTOR, A. (1959): *Boettgerilla vermiformis* n. sp. (Mollusca, Pulmonata). – Commun. Poznan Soc. Frf. Sci., Dept. Math. Nat. Sci., Poznan 4: 2 S.

WOLF, E. (1935/38): Beiträge zur Coleopterenfauna der Freiburger Bucht und des Kaiserstuhls, II, III. – Mitt. bad. Landesver. f. Nat.kunde und Nat.schutz, N. F. 3: 190–196, 219–223, 262–270.

ZINKE, F.: Unveröffentlichte avifaunistische Daten von 1970–2012; Villingen.

ZWICK, P. (1980): Plecoptera (Steinfliegen). – In: Handbuch der Zoologie. Walter de Gruyter; Berlin.

TEIL 5 | MENSCH & WUTACH

Akten der Bezirksstelle f. Nat.schutz und Landsch.pflege (jetzt: Regierungspräsidium Freiburg), Neustadt, NSch Wutachschlucht I.1 (1924–1935).

Akten der Bezirksstelle f. Nat.schutz und Landsch.pflege (jetzt: Regierungspräsidium Freiburg), Breisgau-Hochschwarzw., Schwarzwald-Baar-Kreis, Waldshut, NG Wutachschlucht, ÄVO 16.03.89, Heft 5 (1990–1997).

Akten der Ortsgruppen Bonndorf und Stühlingen des Schwarzwaldvereins.

Akten des Regierungspräsidiums Freiburg, Höhere Naturschutzbehörde: 8841.04/BHS-040 „Wutachschlucht", Hefte 1 bis VI (1953–2014).
8841.04/BHS-044 „NSG Wutachschlucht – Schutzkonzept", Hefte 1 bis III (1990–2014)
8881.59/BHS-05 „Wasserkraftwerk Stallegg".

Akten des ehemaliges staatliches Forstamt Bonndorf, u. a. Statistik, Bd. I.

BADER, DR. J. (1862): Badenia oder das badische Land und Volk. Verein f. Bad. Ortsbeschreibung; Heidelberg.

Badische Zeitung (1990): Eine Entscheidung muss jetzt her. BZ vom 30.04.1990, Nr. 99/1990.

Badische Zeitung (1991): Betrieb von Stallegg weiter unsicher. BZ vom 15.10.1991, Nr. 239/1991.

BREUNIG, T., DEMUTH, S. (2003): Rote Liste der Farn- und Blütenpflanzen Baden-Württembergs. Hrsg. Landesanstalt f. Umwelt, Messungen und Naturschutz Baden-Württemberg – 3. neu bearbeitete Fassung. Stand 19.04.1999. – 161 S.; Karlsruhe.

BÜCHNER, S. & SEITZ, B. (2012): Naturschutz und Tourismus am Feldberg. In: Der Feldberg – Subalpine Insel im Schwarzwald. Hrsg.: Regierungspräsidium Freiburg – 488 S.; Jan Thorbecke Verlag; Ostfildern.

Der Schwarzwald, Monatsblätter des Badischen Schwarzwaldvereins Heft 4, 1924, Heft 4, 1927, Heft 6, 1929.

Der Schwarzwald, Zeitschr. des Schwarzwaldvereins Heft 9/10, 1955; Heft 3/4, 1957; Heft 7/8, 1959; Heft 2, 1979.

DER SPIEGEL (1982): Schwäbische Schaffer – DER SPIEGEL, Nr. 32, 9. Aug. 1982: 62–64.

DOLD, W. (1996): Döggingen – Stadtteil von Bräunlingen. Chronik eines Bauerndorfes in der Westbaar. Hrsg.: Stadt Bräunlingen – 525 S.; Moog-Druck Hüfingen.

Drucksache des Landtags von Baden-Württemberg, 10. Wahlperiode, 10/1474.
DVL (2012): Änderungsvorschläge zur Förderung der extensiven Beweidung in der GAP Reform 2013. – Hrsg.: Deutscher Verband f. Landsch.pflege. 10 S., Selbstverlag.
Flößerverein Muldenberg, Vogtland (1997): Chronik der Scheitholzflößerei. Mitt.blatt, Jahrgang 4.
ForstBW, Hrsg. (2010): Alt- und Totholzkonzept Baden-Württemberg. (www.waldwissen.net); Stuttgart.
Forsteinrichtungswerk Staatswald Bonndorf vom 1.10.1991: 67.
FRANKE, R. (1999): Das Naturschutzgebiet Wutachschlucht – Besucherstrom am Wildfluss. In: Heimat am Hochrhein. Jahrbuch des Landkreises Waldshut, Bd. XXIV: 50–55.
FRANKE, R. (2000): Das obere Wutachtal – Wutachschlucht und Wutachflühen. In: Der Wutach entlang – Geologie, Naturschutz, Volkskunde, Lebensraum. Neujahrsblatt der Naturforschenden Gesellschaft Schaffhausen Nr. 52/2000: 3–20; Schaffhausen.
Freundeskreis Kapelle Bad Boll (2010): Kapelle Bad Boll im Herzen der Wutachschlucht – Erhalt und Rettung. – Flyer.
FRÖHLICH, M. (1977): Mit Hämmerchen und Schaufel – DIE ZEIT, Nr. 29, 15. Juli 1977: 47.
FUCHS, G. (1971): Wanderwege und Naturschutz der Wutachschlucht. – In: Die Wutach (s. o.): 567-575.
GAEBELER, J. (2009): Ein Beitrag zur Frühgeschichte der Sägemühlen (1200–1600). In: Sägemühlen und Sägemüller, Seeger und Sägen – Volkskundliches, Kunst und Volkskunst, ein historisches Sammelsurium in locker-zwangloser Form zusammengetragen und – soweit nützlich – mit Hinweisen versehen. – www.forstbuch.de (2. Aufl.).
GÖTZ, M. (1990er-Jahre): Die Eisenbahn von Bonndorf nach Neustadt 1907 bis 1976: Entstehung, Geschichte, Technik. Hrsg.: Förderkreis Dampfeisenbahn Bonndorf. – 26 S.
GREINER, C. (1937): Geomorphologische Untersuchungen im Einzugsgebiet der oberen Wutach. – Bad. Geograph. Abhandlungen 17, 122 S; Freiburg i. Br.
GREMMELSPACHER, TH. (o. J.): Die Mühle in Blumegg-Weiler (Aufsatz).
HÄCKER, B. (2004): 50 Jahre Naturschutzgeschichte in Baden-Württemberg – Zeitzeugen berichten. Hrsg.: E. Heiderich. – 305 S.; Verlag Eugen Ulmer; Stuttgart.
HAIGES, I. K. (1999/2000): Natur- und Heimatschutz im südlichen Schwarzwald ca. 1924 bis 1960 am Beispiel der Auseinandersetzung um die Nutzung des Wutach-Wassers. – Mag.-Arb. Univ. Freiburg.
HEIDEGGER, T. (1980): Stadt auf dem Schwarzwald Bonndorf. – Verlag Schillinger; Freiburg i. Br.
HOCKENJOS, F. (1954): Rettet die Wutachschlucht – Eine Antwort auf die Pläne der Schluchseewerk AG. – Schriftenreihe der AG „Heimatschutz Schwarzwald".
HOCKENJOS, F. (1955): Wutachbrevier. Schriftenreihe der Arbeitsgemeinschaft „Heimatschutz Schwarzwald", Heft 3. – 64 S.; 1 Kte.; Freiburg i. Br.
HOCKENJOS, F. (1964): Die Wutachschlucht. – 64 S.; 50 Abb.; 2 Ktn.; Rosengartenverlag; Konstanz.
HOCKENJOS, F. (1971): Wald- und Forstwirtschaft in der Wutachschlucht. – In: Die Wutach (s. o.): 523–541.
HOCKENJOS, F. (1989): Der Schwarzwald, Sonderheft der Zeitschr. des Schwarzwaldvereins, Jahrgang 1989 (125 Jahre Schwarzwaldverein e. V.).
HOFMANN, A. (1994): *Zygaena fausta* und *Zygaena osterodensis*. – In: Die Schmetterlinge Baden-Württembergs, Bd. 3. Hrsg.: G. Ebert & Rennwald, E. in Zusammenarbeit mit der Landesanstalt f. Umweltschutz Baden-Württemberg und dem Staatlichen Museum f. Naturkunde Karlsruhe. – 518 S.; 344 Abb.; 166 Diagr.; 64 Verbreitungsktn.; Verlag Eugen Ulmer; Stuttgart.
JANZING, B. (2002) Baden unter Strom – Eine Regionalgeschichte der Elektrifizierung. Von der Wasserkraft ins Solarzeitalter. – 304 S., Dold Verlag; Vöhrenbach.
JÜTTEMANN, H. (1985): Schwarzwaldmühlen. Verlag G. Braun; Karlsruhe.
KETTERER, E. (2013): Siedlungen und Bauwerke an der oberen Wutach. Hrsg.: Stadt Löffingen, Löffinger Schriften Heft 6. – 56 S.; Löffingen.
KETTERER, E. (1995) : Chronik Unadingen. – 780 S.; Löffingen.
KIRCHHEIMER, F. (1968): Zu den Bergmarken der Ehemaligen Schmelzwerke des Südlichen Schwarzwaldes. Kircheldorf-Verlag; Freiburg i. Br.
KRESS, K., KETTERER, E. & MAIER, CH. (2002): Ausflugsführer Naturenergie Wutachregion.
KRETZSCHMAR, F. & BOGENSCHÜTZ, H. (1996): Pflege- und Entwicklungsplan „Wutachschlucht-Wiesen", G.: Lenzkirch, Löffingen, Bonndorf, Wutach Lkrs.: Breisgau-Hochschwarzwald, Waldshut. Bezirksstelle f. Nat.schutz und Landsch.pflege (jetzt: Regierungspräsidium Freiburg).
KRETZSCHMAR, F. (2011): Wutachflühen. – In: Die Naturschutzgebiete im Regierungsbezirk Freiburg. Hrsg: Regierungspräsidium Freiburg. – 713 S.; Jan Thorbecke Verlag (3. Aufl.); Ostfildern.
KÜRZEL, A. (1861): Der Amts-Bezirk oder die ehemalige sanktblasische Reichsherrschaft Bondorf; Freiburg i. Br.
LAIS, R. & SCHNETTER, M. (1968): Die Molluskenfauna des Wutachgebietes und ihre tiergeographische Zuordnung. – Mitt. bad. Landesver. f. Nat.kunde und Nat.schutz e.V., Freiburg i. Br., N.F. 9, Heft 4: 787.
Landratsamt Schwarzwald-Baar, Hrsg. (2000): Broschüre „GRIP" grenzenüberschreitender Industrielehrpfad Raum Schwarzwald – Baar – Schaffhausen; Villingen-Schwenningen.
Liber vitae et mortis, ehemalige Pfarrei Gündelwangen, 1640–1660.

LITZELMANN, E. (1932): Geologische und botanische Beobachtungen im Gebiete der Wutachschlucht. – Aus der Heimat 45 (11): 316–324.

MEINEKE, J.-U. (1999): Vorwort zur Jubiläumszeitung 60 Jahre Naturschutzgebiet Wutachschlucht. – Hrsg.: Bezirksstelle f. Nat.schutz und Landsch.pflege und Schwarzwaldverein.

MÜLLER DR., K. (1924): Das Wildseemoor bei Kaltenbronn im Schwarzwald – ein Naturschutzgebiet. – 180 S.; Karlsruhe.

NICOLAI, F.: Beschreibung einer Reise durch Deutschland und die Schweiz im Jahre 1781. Bd. 12, drittes Buch, dreizehnter Abschnitt „Reise von Tübingen nach St. Blasien".

OBERDORFER, E. (1971): Die Pflanzenwelt des Wutachgebietes. – In: Die Wutach (s. o.): 261–321.

OLTMANNS, F. (1927): Das Pflanzenleben des Schwarzwaldes. – Bad. Schwarzwaldverein, (3. Aufl.); Freiburg i. Br.

Ortsverwaltung Reiselfingen: Schriftverkehr aus dem Jahr 1967.

PLETSCHER, S. (1879): Der Kurort Bad Boll im obern Wutachthal bei Bonndorf und Löffingen im Schwarzwald. – 136 S.; 1 Kte.; J. A. Binder, Bonndorf.

Pressemitteilung des Regierungspräsidiums Freiburg (18.08.1992).

Pressemitteilung des Regierungspräsidiums Freiburg (11.10.1999).

Regierungspräsidium Freiburg, Hrsg.: Jahrespressebericht 2013.

REICHELT, G. (1967): Die Rutschungen am Eichberg bei Achdorf (Wutach) – Erscheinungsformen, Mechanik, Ursachen; Erdkunde. – Archiv f. wissensch. Geographie, 169–180.

REICHELT, G. (1968): Notizen zur Eichbergrutschung bei Achdorf von Januar 1966. – Schriften des Vereins f. Geschichte und Naturgesch. der Baar e. V., 130–140; Donaueschingen.

RHEINBOLDT, M. (1889): Die Kurorte und Heilquellen des Großherzogtums Baden für Ärzte und Heilbedürftige; Baden-Baden.

SCHLUCHSEEWERK AG (1938): Der zweite Teilausbau des Schluchseewerkes.

SCHLUCHSEEWERK AG (1953): Ist die Wutachschlucht wirklich gefährdet?

SCHMID, J.: Die Wutach- und Gauchachschlucht, Ein Rück- und Ausblick. – In: Akten der Bezirksstelle f. Nat.schutz (jetzt: Regierungspräsidium Freiburg), Neustadt, NSch Wutachschlucht I.1 (1924–1935).

SCHURHAMMER, H.: Diverse Schreiben. In: Akten der Bezirksstelle f. Nat.schutz und Landsch.pflege (jetzt: Regierungspräsidium Freiburg), Neustadt, NSch Wutachschlucht I.1 (1924–1935).

Schwarzwälder Bote (17.01.1968): Nr. 13.

Schwarzwälder Zeitung vom 02.07.1906, 07.09.1906, 24.08.1907 und August 1922.

STEGMAIER, E. (2011): Wutachschlucht. – In: Die Naturschutzgebiete im Regierungsbezirk Freiburg. Hrsg: Regierungspräsidium Freiburg. – 713 S.; Jan Thorbecke Verlag (3. Aufl.); Ostfildern.

STEINERT, B. (1983): Schluchsee – Kurzchronik der Gesamtgemeinde Schluchsee mit den Ortsteilen.

STOLL, H. (1948): Wald und Waldnutzung im Feldberggebiet. – In: K. Müller, Hrsg.: Der Feldberg, S. 462 ff. L. Bielefelds Verlag KG; Freiburg i. Br.

STOLL, H. (1954): Das Eisenwerk Eberfingen und dessen Holzversorgung. – Alemannisches Jahrbuch.

Stuttgarter Nachrichten (1957): Zähes Ringen um die Wutachschlucht. Stuttgarter Nachrichten vom 23.11.1957, Nr. 271/1957.

Stuttgarter Zeitung (1992): Flusskraftwerk darf wieder arbeiten. STUZ vom 20.08.1992.

Südkurier (1991): Beamte wissen nicht mehr weiter. SÜDKURIER vom 30.04.1991.

THOMAS, PROF. DR. MED. (1900): Die Kurorte und Heilquellen des Großherzogtums Baden für Ärzte und Heilbedürftige. – Baden-Baden.

TSCHÖPE, V. (2013): Zusammenstellung der Biotope und Lebensraumtypen der Naturschutzgebiete Wutachschlucht und Wutachflühen. – FVA unveröffentlicht.

UBA (2011): „Für eine ökologisierte erste und eine effiziente zweite Säule" – Stellungnahme der Kommission Landwirtschaft am Umweltbundesamt (KLU) zur Reform der gemeinsamen Agrarpolitik. – 15 S.; Selbstverlag.

VÖGTLIN, J. (2012): Erfassung von FFH-Mähwiesen in Teilen der FFH-Gebiete 8115-341 Wutachschlucht und 8315-341 Täler von Schwarza, Mettma, Schlücht und Steina. – Endbericht im Auftrag des Regierungspräsidiums Freiburg.

VÖGTLIN, J. (2008): Erfassung von FFH-Lebensraumtypen in Teilen des FFH-Gebietes 8115-341 (Wutachschlucht). – Abschlussbericht im Auftrag des Regierungspräsidiums Freiburg.

WAGNER, CH. & H.-R.(1984): Die Eulenmühle an der Gauchach – Geschichte der Mühle und ihrer Bewohner 1540 bis 1973. – Schriften des Vereins f. Geschichte und Naturgesch. der Baar e. V., Bd. 35.

Wanderführer durch die Wutach- und Gauchachschlucht (1954). – Natur- und heimatkdl. Wanderungen im Schwarzwald, Heft 1.

WANNER, H. (1979): „Schlaathe". Beiträge zur Geschichte, Geographie und Wirtschaft von Schleitheim; Schleitheim.

WINTERHALDER, J.: Heimatverein Lenzkirch, Lenzkirch-Kappel (mdl. Mitteilung, 2014).

ZAPF, F. (1998 UND 2004): In: Der Schwarzwald, Vereinszeitschrift des Schwarzwaldvereins, Heft 4/1998, Heft 1/2004.

Glossar

Abflussregime
Beschreibt allgemein den jahreszeitlichen Verlauf des Abflusses eines Gewässers.

Anatexis
Bildung von Gesteinsschmelze: teilweise oder vollständige Aufschmelzung und Mobilisation der gebildeten (Teil)schmelzen innerhalb eines metamorphen Gesteinsverbands (siehe „Metamorphose“) in größerer Tiefe der Erdkruste; die entstandenen Gesteine werden Anatexite oder Migmatite genannt. Adjektiv: anatektisch.

Apothecium
Fruchtkörper der Schlauchpilze.

Areal
Verbreitungsgebiet.

atlantomediterran
Verbreitung einer Art im Mittelmeerraum und Westeuropa.

autotroph
(„selbsternährend“). Autotrophe Organismen (die meisten Höheren Pflanzen, Moose, Algen) bilden durch Fotosynthese aus Kohlendioxid und Wasser organische Kohlenstoffverbindungen (z. B. Kohlenhydrate), die zur Aufrechterhaltung des Stoffwechsels und zum Aufbau von Körpersubstanz verwendet werden. Von diesen energiereicheren Verbindungen ernähren sich die heterotrophen Organismen (Tiere, Pilze).

Bioindikation
Messung von Veränderungen an Organismen (Pflanzen oder Tieren = Zeiger- oder Indikatorarten) oder Ökosystemen, die durch vom Menschen verursachte Umwelteinflüsse hervorgerufen werden; dadurch Rückschluss auf Art und Intensität der einwirkenden Umweltfaktoren.

Biotop
Lebensraum.

Bioturbation
Veränderung der Zusammensetzung und Struktur von Sedimenten durch grabende Organismen.

Biozönose
Lebensgemeinschaft.

Bonebed
(„Knochenlager“). Anreicherung fossiler Knochenteile, Zähne, Schuppen.

boreomontan
Verbreitung einer Art sowohl im hohen Norden als auch in den mitteleuropäischen Gebirgen, aber nicht in dem dazwischen liegenden Tiefland.

Brachiopode
(„Armfüßer“). Die B. bilden einen eigenen Tierstamm, obwohl sie oberflächlich betrachtet Muscheln ähneln. Sie sind festsitzende, ausschließlich im Meer lebende Organismen, die sich mit einem fleischigen Stiel am Boden verankern (Name!). Es gibt heute nur noch etwas über 60 lebende (rezente) Gattungen, fossil sind dagegen rund 1700 Gattungen bekannt.

Brekzie
Eine B. besteht überwiegend aus eckigen Gesteinsfragmenten von mehr als 2 mm Größe in feinkörnigerer Grundmasse und entsteht durch Verfestigung von Gesteinsbruchstücken.

circumpolar
Verbreitung einer Art sowohl in der nördlichen „Alten Welt“ (Paläarktis, siehe dort) als auch in der nördlichen „Neuen Welt“ (Nearktis = Nordamerika).

danubisch
Im Einzugsbereich der Donau liegend, zur Donau gehörend.

Deflation
Ausblasen oder Auswehen durch Wind.

Detritus
Zerfallende organische Substanz im Boden oder in Gewässern, die hauptsächlich aus abgestorbenem Pflanzenmaterial und Mikroorganismen besteht.

Diagenese
Alle gesteinsbildenden Vorgänge, die aus losen Sedimenten ein Sedimentgestein schaffen.

Diapause
Sommerliches oder winterliches Ruhestadium, etwa bei Schmetterlingen.

Diatexit
Gestein, das durch die Aufschmelzung der hellen (Quarz, Feldspat) und teilweise auch der dunklen (Biotit, Hornblende) Mineralkomponenten bei höherer Metamorphoseintensität (siehe „Metamorphose“) entsteht.

Diversität
Vielfalt, z. B. Struktur-, Habitat- oder Artenvielfalt.

Dotierturbine
Integrierte Wasserturbine von Stauanlagen, durch welche die Dotierwassermenge (die sogenannte „Dotierung“ ist eine künstliche Wasserzugabe, durch die der Erhalt der Mindestwassermenge im Gewässer gewährleistet werden soll) abgeleitet und ebenfalls energetisch genutzt werden kann.

ektophag
Organismen, die sich von der Außenseite – etwa den Blättern – einer Futterpflanze ernähren.

endemisch
Arten, deren Verbreitung auf ein relativ kleines, klar abgrenzbares Gebiet beschränkt ist, z. B. in Mitteleuropa, in den Alpen.

Endmoräne
Wallartige Anhäufung von Material, das von Eis transportiert und abgelagert wurde; befindet sich vor der Stirn eines Gletschers.

endophag
Organismen, die sich im Inneren einer Futterpflanze ernähren. Bsp.: Minierer, Bohrer, Gallenbewohner.

Epiphyt
(„Aufsitzerpflanze"). Wächst auf anderen Pflanzen, ohne diesen jedoch Wasser oder Nährstoffe zu entziehen.

eurasiatisch
Verbreitung einer Art über das ganze Gebiet von Europa und Asien.

eurosibirisch
Verbreitung einer Art in weiten Teilen Europas und Sibiriens.

Eutrophierung
Überangebot an Nährstoffen.

Farbmorphe
Vom Regelfall abweichende Farbe mancher Individuen einer Art.

Faunenhorizont
Ein Gesteinskörper innerhalb einer Gesteinsschichtenfolge mit einer charakteristischen Fauna, der durch Leitfossilien nicht weiter untergliedert werden kann.

Fazies
In der Geologie charakterisiert die F. alle Umweltbedingungen in einem ganz bestimmten Ablagerungsraum, die zur Bildung eines speziellen Gesteins führten.

Feldspat, Quarz und Glimmer
Hauptbestandteile von Graniten und Gneisen (Minerale).

FFH-Gebiet
Ein Gebiet, das nach der europäischen Fauna-Flora-Habitat-Richtlinie von 1992 dem Schutz von bestimmten, in den Anhängen der Richtlinie genannten Tieren (Fauna), Pflanzen (Flora) und Lebensraumtypen (Habitaten) dient. FFH-Gebiete bilden zusammen mit den europäischen Vogelschutzgebieten gemäß Vogelschutz-Richtlinie das europaweite Schutzgebietssystem „Natura 2000" (siehe dort).

Formation
Eine im Gelände gut erkennbare und in einer geologischen Karte gut darstellbare Gesteinseinheit. Die F. ist die Grundeinheit in der Lithostratigrafie, die weiter unterteilt oder mit weiteren Formationen zu einer Untergruppe oder Gruppe zusammengefasst werden kann.

Furkation
Flussverzweigungen in zwei oder mehrere, manchmal zahlreiche Arme (von lat. furca, Gabel).

gebankt(-e Kalke)
Durch sog. Schichtfugen deutlich gegliederte Gesteinsabfolge (hier aus Muschelkalk).

Gebirgsbildung
Folge der Konvergenz (Annäherung) und Kollision (Zusammenstoß) zweier Platten. Man unterscheidet im Laufe der Erdentwicklung mehrere Gebirgsbildungen, in West- und Mitteleuropa fand die Variskische Gebirgsbildung während des Paläozoikums (Devon – Karbon/Perm) statt, die alpine Gebirgsbildung während der Zeitabschnitte Kreide und Tertiär.

Geophyt
(„Erdpflanze"). Besondere Lebensform von Pflanzen mit Zwiebeln, Knollen oder Wurzelstöcken, deren Überdauerungsknospen während Trocken- oder Kältezeiten unter der Bodenoberfläche liegen, während die oberirdischen Organe dann vollständig absterben.

Geschiebe
In der Geologie Bezeichnung für das von einem Gletscher transportierte Gesteinsmaterial; in der Ökologie und Limnologie das Material, das von einem Fließgewässer auf der Gewässersohle bewegt wird.

6.05 | Knabenkraut-Blütenstände. (RC.2013)

glazifluvial
(auch „fluvioglazial“). Formen und Sedimente, die von Eisschmelzwasser geformt bzw. abgelagert wurden; sie weisen daher sowohl eiszeitliche Eigenschaften als auch solche auf, die typisch für die Tätigkeit von Fließgewässern sind.

Glazialrelikt
Eiszeitliches Relikt: kälteliebende Tier- oder Pflanzenart, die sich während der Kaltzeiten auch in südlicheren Regionen ausbreiten und später dort, nach dem Abschmelzen der Gletscher, auf „Kälteinseln“ weiterleben können.

Habitat
„Wohnstätte“, Lebensraum einer bestimmten Art.

Habitus
Äußeres Erscheinungsbild (Gestalt und Verhalten) einer Art.

Hangendes
In der Geologie eine Bezeichnung für die überlagernden, in der Regel jüngeren Gesteine einer Schichtfolge.

Hautflügler
Artenreichste Insektenordnung, benannt nach ihren meist durchsichtigen häutigen Flügeln. Bsp.: Ameisen, Bienen, Wespen.

hemimetabol
Insekten mit unvollkommener Verwandlung. Die Larven entwickeln sich ohne Puppenstadium zum geschlechtsreifen Tier.

heterotroph
Heterotrophe Organismen benötigen zur Ernährung energiereiche organische Stoffe, da sie diese nicht selbst herstellen können. Pilze, Tiere und die meisten Bakterien sind heterotroph (vgl. auch „autotroph“).

holometabol
Insekten mit vollkommener Verwandlung. Bei der Entwicklung ist zwischen letztes Larvenstadium und Imago (siehe dort) ein Puppenstadium gestellt, in dem sich die tiefgreifende Verwandlung vollzieht.

Hotspot
(„Brennpunkt“). „Hotspots der Biodiversität“ sind Regionen mit besonders großer Vielfalt an unterschiedlichen Tier- und Pflanzenarten.

hygrisch
Niederschlag oder Luftfeuchtigkeit betreffend.

Imago
Das geschlechtsreife, erwachsene Insekt (Plural: Imagines).

Jahrestemperaturamplitude
Schwankung zwischen der höchsten sommerlichen und der tiefsten winterlichen Temperatur.

Kar
„Lehnsesselartige“ Hohlform an Berghängen mit eiszeitlicher Entstehung. Ein Kar ist oder war Ursprungsort eines Gletschers.

Karbonatgestein
Kalk- oder Dolomitgestein.

6.06 | Sich entrollender Farnwedel.
(KS.2009)

Kerbtal
Tal mit v-förmigem Querprofil, daher auch oft als V-Tal bezeichnet. Diese Form zeugt von starker Tiefenerosion.

klastisch
Bezeichnung für Sedimente, deren Material aus mechanischer Zerstörung anderer Gesteine stammt; Trümmergestein.

Kleebwald
Kleeb = Fuß einer Steilhalde mit Wasserlauf; dort wachsender geschlossener Baumbewuchs wird als Kleebwald bezeichnet.

Klimaxwald
Recht stabiler sogenannter Schlusswald, der im Lauf natürlicher Waldentwicklung entstanden ist.

Kosmopolit
Über die ganze Erde verbreitet.

Kryptogame
Blütenlose Pflanze.

Labium
„Unterlippe" bei Insekten.

Mäander
Stark gewundene Abschnitte eines Flusses, Abfolge von bogenförmigen Flussschleifen.

Makrozoobenthos
Mit bloßem Auge sichtbare wirbellose Bewohner des Gewässergrunds.

Mergel
Feinsedimente mit 25–75 % Kalk- und 75–25 % Tongehalt.

Metamorphose
In der Geologie: Umwandlung von Gesteinen unter Beibehaltung des festen Zustands in tieferen Bereichen der Erdkruste. Durch Änderung von Druck und Temperatur werden der Mineralbestand und die chemische Zusammensetzung der Gesteine durch Umkristallisation (mit oder ohne Verformung des Gesteinsgefüges) verändert. Adjektiv: metamorph. In der Zoologie: Umwandlung von der Larvenform zum erwachsenen, geschlechtsreifen Tier.

Mikroklima
Klima der bodennahen Luftschicht, das noch von der Vegetation beeinflusst wird.

Monitoring
Regelmäßiges Beobachten, Überwachen und Messen der Bestandsentwicklung und des Zustands bestimmter Tier- oder Pflanzenarten.

montan
Verbreitung einer Art in den Mittelgebirgen.

Natura 2000
Ein europaweites Schutzgebietsnetz für seltene und bedrohte Tiere (Fauna) und Pflanzen (Flora) sowie wertvolle Lebensräume (Habitate). Dieses Netzwerk entstand auf der Grundlage der FFH- und der Vogelschutz-Richtlinie. Mit NATURA 2000 verpflichten sich die Mitgliedsstaaten, bedrohte Arten und Lebensräume in ganz Europa zu schützen und ihren Fortbestand zu sichern. Ziel des Netzwerks NATURA 2000 ist die Erhaltung der biologischen Vielfalt in Europa.

Nekrose
Bei einem lebenden Organismus werden an einer bestimmten Stelle Zellen so stark geschädigt, dass sie absterben und zerfallen. Bsp.: zerstörtes Blattgewebe bei Pflanzen. Adjektiv: nekrotisch.

Nominatform
Erscheinungsvariante einer vielgestaltigen Art, die zuerst mit einem gültigen wissenschaftlichen Namen belegt wurde, auch wenn sie nicht die häufigste oder ursprünglichste Form (Rasse oder Subspezies) dieser Art ist.

Niedrigwasserquerschnitt
Das bei Niedrigwasser benetzte Gewässerbett.

ökologische Nische
Bezeichnet die „Rolle" einer Art innerhalb eines Ökosystems, also keinen Raum, sondern eine funktionelle Beziehung. Die ö. N. wird durch die verschiedenen Umweltfaktoren bestimmt, die einer Art das Überleben und die Fortpflanzung ermöglichen.

Ooid
Millimetergroßes, kugeliges oder ovales Korn, das aus einer oder mehreren, konzentrisch um einen Kern angeordneten Schalen aufgebaut ist. Siehe auch Oolith.

Oolith
„Eierstein": überwiegend aus kugeligen bis ovalen, miteinander verkitteten Mineralkörnern zusammengesetztes Sedimentgestein. Man unterscheidet Kalkoolithe, Eisen-Oolithe und (seltener) Mangan- und Kiesel-Oolithe.

oreoalpin
Verbreitung einer Art nur in den Alpen und angrenzenden Mittelgebirgen.

ozeanisch
Begriff der Klimaökologie, gekennzeichnet durch hohe Feuchte (häufige Nebel, hohe Luftfeuchte oder hohe Niederschläge) und relativ ausgeglichenes Temperaturklima (milde Winter, kühle Sommer, geringe Jahresamplitude der Temperatur).

Paläarktis
Die paläarktische Region umfasst den nicht-tropischen Teil der Alten Welt, also Eurasien und Nordafrika.

paläozoisch
Zum Paläozoikum gehörend, dem ältesten der drei Erdzeitalter (vor etwa 541 bis 252 Millionen Jahren).

Petrografie
Gesteinskunde. Petrografische Untersuchungen beschäftigen sich mit der chemischen Zusammensetzung, der physikalischen Beschaffenheit, dem Aufbau aus einzelnen Mineralen, den Eigenschaften und der Kristallstruktur eines Gesteins.

Pheromon
Chemische Substanz, die der innerartlichen Kommunikation dient. Bekannte Pheromone sind beispielsweise die Sexuallockstoffe bei Insekten.

Phytophage
Pflanzenfresser.

Pioniergesellschaft
Pflanzengesellschaft, die als Erstbesiedler in neue Gebiete, bisher unbesiedeltes Gelände (Rohböden) oder Vegetationslücken vordringt.

pontomediterran
Verbreitung einer Art nur im östlichen Mittelmeerraum bis zum Schwarzen Meer und dem Kaspigebiet.

Prothallium
Generation im Entwicklungskreislauf der Farnpflanzen, sogenannter Vorkeim. Auf dem meist nur wenige Millimeter großen P. vollzieht sich die Befruchtung.

Ranker
Sehr steiniger Rohboden.

Reliktvorkommen
Auf kleine oder einige wenige Gebiete beschränktes Vorkommen von Arten, die früher sehr viel weiter verbreitet waren.

Remineralisierung
Abbau von organischem Material im Boden durch Kleinstlebewesen, Zerlegung in Mineralform.

rhenanisch
Im Einzugsbereich des Rheins liegend, zum Rhein gehörend.

Rhizom
Unterirdisch und meist horizontal wachsende, verdickte Sprossachse. R. dienen der ungeschlechtlichen Vermehrung.

Rohboden
Boden, dessen Ausgangsmaterial noch kaum verwittert ist.

6.07 | Flechte mit roten Fruchtkörpern. (KS.2012)

Rote-Liste-Arten
Rote Listen sind Verzeichnisse gefährdeter, verschollener und ausgestorbener Tier- und Pflanzenarten. Sie informieren über den Gefährdungsgrad einzelner Arten in einem bestimmten Gebiet.

Runse
Steilwandige, oft einige Meter tiefe Erosionsschlucht mit kerben- bis kastenförmigem Querschnitt.

Sedimente
Ablagerungen.

semiaquatisch
Am und zeitweise auch im Wasser lebend.

Shelter-Situation
Geschützte Situation (z. B. gegenüber Luftverunreinigungen).

Sinterkalke
Sinterkalke entstehen an Quellen (gelegentlich an Bächen oder Seen). Ihre Bildung ist an die Erwärmung und Druckänderungen des kohlendioxidhaltigen Quellwassers sowie – in geringerem Ausmaß – an die Mitwirkung von Pflanzen gebunden: Die wasserlöslichen Verbindungen zerfallen, die unlöslichen Bestandteile lagern sich als kalkige Krusten an.

Sohlbankzyklus
Klastische (siehe dort) Sedimentfolge, die nach oben hin feinkörniger wird.

Sohlenkerbtal
Ursprünglich ein Kerbtal (siehe dort), dessen felsiger Talboden sich in einer weiteren Entwicklungsphase ausgeweitet hat. Dies kann durch verstärkte Seitenerosion (und gleichzeitig noch vorhandener Tiefenerosion) oder durch Aufschütten einer Schottersohle durch den Fluss erfolgen.

Solifluktionsdecke
Während der Eiszeit entstandener Frostschuttboden.

Stigma
Atemöffnung der Insekten an den Körperflanken. (Plural: Stigmen)

Subimago
Nur bei der Entwicklung der Eintagsfliegen vorkommendes geflügeltes Stadium, das noch nicht geschlechtsreif ist.

Sukzession
Zeitliche Aufeinanderfolge der an einem Standort einander ablösenden Pflanzen- und Tiergesellschaften.

Symbiose
Zeitweilige oder dauerhafte „Gemeinschaft" zweier Organismen unterschiedlicher Arten zum gegenseitigen Nutzen.

Tektonik
Struktureller Aufbau der Erdkruste und die in ihr stattfindenden großräumigen Bewegungen. Der Begriff Tektonik bezeichnet zudem die entsprechende Lehre. Der Unterbereich Plattentektonik beschreibt die Verschiebung der Kontinentalplatten und deren Auswirkung.

Tempestit
(geol.) Sturmsediment: durch Sturmereignisse in der Erdgeschichte geprägte Gesteinslage.

Thallus
Der Vegetationskörper Niederer Pflanzen, auch Lager genannt.

thermophil
Wärmeliebend.

Tracheen
In der Zoologie bezeichnen die T. ein verzweigtes Röhrensystem im Körper vieler Gliederfüßer, das der Atmung dient; in der Botanik die Gefäße einer Pflanze.

Trogtal
U-förmiges Tal mit steilen, manchmal senkrechten Trogwänden und flachem Talboden.

Überhälter
Begriff aus dem Waldbau: in Verjüngungsflächen belassene einzelne erwachsene Bäume.

Variabilität
Veränderlichkeit: in der Biologie besonders die Unterschiede zwischen Individuen einer Art.

Verkarstung
Lösung von Karbonat- oder Sulfatgestein (meist entlang von Gesteinsklüften) mit der Entstehung typischer ober- und unterirdischer Formen.

Versinterung
Aus fließendem Wasser werden Minerale ausgeschieden, die auf dem Untergrund Krusten bilden. Siehe auch Sinterkalke.

Vindelizisch-Böhmische Schwelle
Einstige Landscheide in Trias und Jura, die das Germanische Becken vom Tethysmeer Südeuropas trennte; erstreckte sich von der Böhmischen Masse über das Bodenseegebiet bis ins Zentralmassiv. Durch diese Schwelle lässt sich die unterschiedliche Ausbildung der germanischen und der alpinen Trias erklären.

Wasserrahmenrichtlinie (WRRL) der EU
Die Europäische Union hat im Jahr 2000 einen gemeinschaftlichen Rahmen für den Schutz und die Bewirtschaftung des Wassers geschaffen. Zunächst mussten die Mitgliedsstaaten ihre Gewässer nach Einzugsgebiet und Flussgebietseinheit identifizieren, Wasserkörpern zuordnen, deren Belastungen erheben und den Zustand analysieren. Anschließend verabschiedeten sie Bewirtschaftungspläne und Maßnahmen-Programme für jeden Wasserkörper. Diese werden in regelmäßigen Abständen aktualisiert. Ziel der WRRL ist es, einen „guten ökologischen und chemischen Zustand" der Gewässer/Wasserkörper zu erreichen oder zu erhalten.

Zoogeografie
Lehre von der räumlichen Verbreitung der Tierarten auf der Erde.

Artnamen

Verzeichnis der deutschen und wissenschaftlichen Namen der aufgeführten Pflanzen, Säugetiere, Vögel, Fische, Schmetterlinge und anderen Insekten sowie weiterer wirbelloser Tiere, sofern im Textteil nur auf Deutsch benannt.

Höhere Pflanzen entsprechend Oberdorfer „Pflanzensoziologische Exkursionsflora", 8. Aufl., Ulmer 2001.

Deutsche Namen *Fachwissenschaftliche Namen*

Höhere Pflanzen

Alpen-Gänsekresse *Arabis alpina*
Alpen-Heckenkirsche *Lonicera alpigena*
Alpen-Maßliebchen *Aster bellidiastrum*
Alpen-Wundklee *Anthyllis vulneraria* ssp. *alpina*
Amaranth (Fuchsschwanz), Rauhaariger *Amaranthus retroflexus*
Ampfer, Stumpfblättriger *Rumex obtusifolius*
Arnika *Arnica montana*
Arznei-Thymian *Thymus pulegioides*
Ästige Graslilie *Anthericum ramosum*
Bach-Kratzdistel *Cirsium rivulare*
Barbarakraut *Barbaraea officinalis*
Bär-Lauch *Allium ursinum*
Berberitze *Berberis vulgaris*
Berg-Ahorn *Acer pseudoplatanus*
Berg-Distel, Masken-Distel *Carduus personata*
Berg-Flockenblume *Centaurea montana*
Berghähnlein *Anemone narcissiflora*
Berg-Kälberkropf *Chaerophyllum hirsutum*
Berg-Klee *Trifolium montanum*
Berg-Kronwicke *Coronilla coronata*
(Berg-Reitgras), Buntes R. *Calamagrostis varia*
Berg-Ulme *Ulmus glabra*
Blaugras, Kalk-Blaugras *Sesleria albicans*
Blau-Segge, Blaugrüne Segge *Carex flacca*
Blut-Storchschnabel *Geranium sanguineum*
Brachsenkraut, Stachelsporiges *Isoetes echinospora*
Brand-Knabenkraut *Orchis ustulata*
Brennessel, Große *Urtica dioica*
Brombeere *Rubus fruticosus* agg.
Bruch-Weide *Salix fragilis*
Buche, Rotbuche *Fagus sylvatica*
Büschel-Glockenblume *Campanula glomerata*
Busch-Windröschen *Anemone nemorosa*
Davalls Segge *Carex davalliana*
Dost, Wilder Majoran *Origanum vulgare*
Efeu *Hedera helix*
Ehrenpreis *Veronica* spec.
Eisenhut, Blauer *Aconitum napellus*
Eisenhut, Gelber *Aconitum vulparia*
Enzian, Gelber *Gentiana lutea*
Esche, Gewöhnliche *Fraxinus excelsior*
Feinstrahl, Einjähriger *Erigeron annuus*
Feld-Ahorn *Acer campestre*
Feld-Thymian, Arznei-Thymian *Thymus pulegioides*
Felsenbirne *Amelanchier ovalis*
Fichte *Picea abies*
Fieder-Zwenke *Brachypodium pinnatum*
Filz-Segge *Carex tomentosa*
Fingerhut, Großblütiger *Digitalis grandiflora*
Flügel-Ginster *Genista sagittalis*
Föhre, Forle, Wald-Kiefer *Pinus sylvestris*
Frauenschuh *Cypripedium calceolus*
Frühlings-Platterbse *Lathyrus vernus*
Fuchs-Segge, Echte *Carex vulpina*
Futter-Esparsette *Onobrychis viciifolia*
Gauklerblume, Gelbe *Mimulus guttatus*
Giersch *Aegopodium podagraria*
Glanz-Kerbel *Anthriscus nitidus*
Glockenblume, Rundblättrige *Campanula rotundifolia*
Grau-Erle *Alnus incana*
Greiskraut, Spatelblättriges *Senecio helenitis*
Gundermann *Glechoma hederacea*
Hainbuche *Carpinus betulus*
Hainsimse, Weiße *Luzula luzuloides*
Hartriegel, Roter *Cornus sanguinea*
Hasel, Gewöhnliche *Corylus avellana*
Haselwurz *Asarum europaeum*
Heckenkirsche, Rote *Lonicera alpigena*
Heckenkirsche, Schwarze *Lonicera nigra*
Hecken-Rose *Rosa canina*
Hecken-Wicke *Vicia dumetorum*
Heidekraut *Calluna vulgaris*
Heidelbeere *Vaccinium myrtillus*
Heide-Nelke *Dianthus deltoides*
Heilwurz *Seseli libanotis*
Himbeere *Rubus idaeus*
Hirsch-Haarstrang *Peucedanum cervaria*
Hirschzunge *Phyllitis scolopendrium*
Holunder, Schwarzer *Sambucus nigra*
Hügel-Klee *Trifolium alpestre*
Huflattich *Tussilago farfara*
Japanischer Staudenknöterich *Fallopia japonica*
Kardendistel *Dipsacus fullonum*
Kiefer, Wald-Kiefer *Pinus sylvestris*
Klatsch-Mohn *Papaver rhoeas*
Knabenkraut, Breitblättriges *Dactylorhiza majalis*
Knabenkraut, Kleines *Orchis morio*
Knabenkraut, Stattliches *Orchis mascula*
Kohldistel *Cirsium oleraceum*
Kratzdistel-Arten *Cirsium* spec.
Kreuz-Enzian *Gentiana cruciata*
Kriech-Fingerkraut *Potentilla reptans*
Kriech-Straußgras *Agrostis stolonifera* ssp. *prorepens*

Kugelblume, Gewöhnliche *Globularia punctata*
Kugel-Rapunzel *Phyteuma orbiculare*
Laserkraut, Breitblättriges *Laserpitium latifolium*
Lavendel-Weide *Salix elaeagnos*
Leimkraut, Nickendes *Silene nutans*
Lerchensporn, Hohler *Corydalis cava*
Liguster, Gewöhnlicher oder Rainweide *Ligustrum vulgare*
Löwenzahn, Rauer ssp. *Leontodon hispidus* ssp. *hyoseroides*
Lungenkraut, Dunkles *Pulmonaria obscura*
Mädesüß *Filipendula ulmaria*
Märzenbecher *Leucojum vernum*
Maiglöckchen *Convallaria majalis*
Mehlbeere *Sorbus aria*
Möhre, Wilde *Daucus carota*
Mondviole, Silberblatt *Lunaria rediviva*
Ohr-Weide *Salix aurita*
Pestwurz, Rote oder Gewöhnliche *Petasites hybridus*
Pestwurz, Weiße *Petasites albus*
Pfaffenkäppchen, -hütchen *Euonymus europaeus*
Pfeifengras, Rohr-Pfeifengras *Molinia arundinacea*
Pfingst-Nelke *Dianthus gratianopolitanus*
Reitgras, Buntes *Calamagrostis varia*
Riesen-Bärenklau *Heracleum mantegazzianum*
Rindsauge, Weidenblättriges *Buphthalmum salicifolium*
Rohr-Glanzgras *Phalaris arundinacea*
Rosskastanie *Aesculus hippocastanum*
Rühr-mich-nicht-an *Impatiens noli-tangere*
Sal-Weide *Salix caprea*
Scharbockskraut *Ficaria verna*
Schildfarn, Gelappter *Polystichum aculeatum*
Schlehe *Prunus spinosa*
Schlüsselblume, Duftende oder Arznei- *Primula veris*
Schlüsselblume, Große *Primula elatior*
Schmerwurz *Tamus comunis*
Schmiele, Geschlängelte *Deschampsia flexuosa*
Schneeball, Wolliger *Viburnum lantana*
Schöllkraut *Chelidonium majus*
Schuppenwurz *Lathraea squamaria*
Schwarz-Erle *Alnus glutinosa*
Schwarzwurzel, Niedrige *Scorzonera humilis*
See-Brachsenkraut *Isoetes lacustris*
Seidelbast *Daphne mezereum*
Silberblatt, Mondviole *Lunaria rediviva*
Sommer-Linde *Tilia platyphyllos*
Spierstaude, Knollige *Filipendula vulgaris*
Spitz-Ahorn *Acer platanoides*
Spitz-Wegerich *Plantago lanceolata*
Springkraut, Drüsiges oder Indisches *Impatiens glandulifera*
Stein-Baldrian *Valeriana tripteris*
Steinsame, Blauroter *Lithospermum purpurocaeruleum*
Stendelwurz, Braunrote *Epipactis atrorubens*
Stiel-Eiche *Quercus robur*
Straußfarn *Matteuccia struthiopteris*
Streifenfarn, Grüner *Asplenium viride*
Streifenfarn, Schwarzstieliger *Asplenium trichomanes*
Sumpf-Segge *Carex acutiformis*
Sumpf-Storchschnabel *Geranium palustre*
Tanne, Weißtanne *Abies alba*
Teufelskralle, Kugelige *Phyteuma orbiculare*
Tollkirsche *Atropa bella-donna*
Trauben-Holunder *Sambucus racemosa*
Traubenhyazinthe, Kleine *Muscari botryoides*
Trauben-Steinbrech *Saxifraga paniculata*
Trollblume *Trollius europaeus*
Türkenbund *Lilium martagon*
Ulme *Ulmus* spec.
Wald-Engelwurz *Angelica sylvestris*
Wald-Geißbart *Aruncus dioicus*
Wald-Gelbstern *Gagea sylvatica*
Wald-Hyazinthe, Weiße *Platanthera bifolia*
Waldrebe *Clematis vitalba*
Wald-Reitgras *Calamagrostis arundinacea*
Wald-Storchschnabel *Geranium sylvaticum*
Waldvöglein, Schwertblättriges *Cephalanthera longifolia*
Wald-Weidenröschen *Epilobium angustifolium*
Wald-Wicke *Vicia sylvatica*
Wasserdost *Eupatorium cannabinum*
Wasser-Minze *Mentha aquatica*
Wegerich, Großer *Plantago major*
Weidenarten, mehrere *Salix* spec.
Weißdorn, Zweigriffliger *Crataegus oxyacantha*
Weiß-Klee *Trifolium repens*
Wiesen-Kerbel *Anthriscus sylvestris*
Wiesen-Leinblatt *Thesium pyrenaicum*
Wiesen-Platterbse *Lathyrus pratensis*
Wiesen-Salbei *Salvia pratensis*
Wiesen-Schachtelhalm *Equisetum pratense*
Wildkresse *Rorippa sylvestris*
Windröschen, Gelbes *Anemone ranunculoides*
Wunder-Veilchen *Viola mirabilis*
Wundklee *Anthyllis vulneraria*
Zitter-Pappel *Populus tremula*
Zwerg-Glockenblume *Campanula cochleariifolia*

Niedere Pflanzen / Algen und Moose

Grünes Gabelzahnmoos (*auch* Besenmoos) *Dicranum viride*
Grünes Koboldsmoos *Buxbaumia viridis*
Fuchsschwanz-Bäumchenmoos *Thamnobryum alopecurum*
Kleines Spatenmoos *Scapania apiculata*
Gemeines Brunnenmoos (*auch* Quellmoos) *Fontinalis antipyretica*

Niedere Pflanzen entsprechend „Die Moose Baden-Württembergs" Ulmer 2000/2001 (wiss. Namen, sofern nicht im Text aufgeführt).

Säugetierarten entsprechend „Die Säugetiere Baden-Württembergs“, Ulmer 2003.

Vogelarten entsprechend „Brutvogelarten Baden-Württembergs“ und Rote Liste, LUBW 5. Fassung 2004.

Fischarten entsprechend DUSSLING, R. & BERG, R. (2001): „Fische in Baden-Württemberg“ – MLR (Hrsg.).

Säugetierarten

Alpenspitzmaus *Sorex alpinus*
Biber *Castor fiber*
Brandtfledermaus (Große Bartfledermaus) *Myotis brandtii*
Braunes Langohr *Plecotus auritus*
Breitflügelfledermaus *Eptesicus serotinus*
Dachs *Meles meles*
Elch *Alces alces*
Erdmaus *Microtus agrestis*
Feldspitzmaus *Crocidura leucodon*
Fischotter *Lutra lutra*
Fransenfledermaus *Myotis nattereri*
Fuchs *Vulpes vulpes*
Gämse *Rupicapra rupicapra*
Gelbhalsmaus *Apodemus flavicollis*
Grabende Schermaus *Arvicola amphibius*
Große Hufeisennase *Rhinolophus ferrumequinum*
Großes Mausohr *Myotis myotis*
Hausspitzmaus *Crocidura russula*
Hirsch *Cervus elaphus*
Igel *Erinaceus europaeus*
Kleine Bartfledermaus *Myotis mystacinus*
Kleine Hufeisennase *Rhinolophus hipposideros*
Kleinwühlmaus / Kurzohrmaus *Microtus subterraneus*
Luchs *Lynx lynx*
Maulwurf *Talpa europaea*
Mopsfledermaus *Barbastella barbastellus*
Nordfledermaus *Eptesicus nilssonii*
Nutria *Myocastor coypus*
Reh *Capreolus capreolus*
Rötelmaus *Clethrionomys glareolus*
Schabrackenspitzmaus *Sorex coronatus*
Sikahirsch *Cervus nippon*
Sumpfspitzmaus *Neomys anomalus*
Waldmaus *Apodemus sylvaticus*
Waldspitzmaus *Sorex araneus*
Waschbär *Procyon lotor*
Wasserfledermaus *Myotis daubentonii*
Wasserspitzmaus *Neomys fodiens*
Wildschwein *Sus scrofa*
Wolf *Canis lupus*
Zweifarbfledermaus *Vespertilio murinus*
Zwergfledermaus *Pipistrellus pipistrellus*

6.08 | Eisvogel. (JW.2010)

Vogelarten

Baumfalke *Falco subbuteo*
Baumpieper *Anthus trivialis*
Buntspecht *Dendrocopos major*
Dohle *Coloeus monedula*
Eisvogel *Alcedo atthis*
Gänsesäger *Mergus merganser*
Gartenrotschwanz *Phoenicurus phoenicurus*
Gebirgsstelze *Motacilla cinerea*
Grauspecht *Picus canus*
Grünspecht *Picus viridis*
Hohltaube *Columba oenas*
Kleinspecht *Dryobates minor*
Kolkrabe *Corvus corax*
Kuckuck *Cuculus canorus*
Mauerläufer *Tichodroma muraria*
Mittelspecht *Dendrocopos medius*
Neuntöter *Lanius collurio*
Rotmilan *Milvus milvus*
Schwarzmilan *Milvus migrans*
Sumpfmeise *Parus palustris*
Turmfalke *Falco tinnunculus*
Uhu *Bubo bubo*
Waldohreule *Asio otus*
Wanderfalke *Falco peregrinus*
Wasseramsel *Cinclus cinclus*
Wendehals *Jynx torquilla*
Wespenbussard *Pernis apivorus*

Fischarten

Äsche *Thymallus thymallus*
Bachforelle *Salmo trutta (fario)*
Bachneunauge *Lampetra planeri*
Groppe, Mühlkoppe *Cottus gobio*
Lachs *Salmo salar*
Regenbogenforelle *Oncorhynchus myciss*

Schmetterlinge

Baldrian-Bindenspanner *Colostygia laetaria*
Bergulmen-Spanner *Venusia blomeri*
Blaues Ordensband *Catocala fraxini*
Blauschwarzer Eisvogel *Limenitis reducta*
Büttners Schrägflügeleule *Sedina buettneri*
Dukatenfalter *Lycaena virgaureae*
Eisenhut-Höckereule *Euchalcia variabilis*
Felsen-Kapselspanner *Perizoma hydrata*
Felsrasen-Glockenblumen-Blütenspanner *Eupithecia impurata (*ssp. *gremmingerata)*
Felsschlucht-Kapselspanner *Perizoma taeniata*
Feuriger Scheckenfalter *Melitaea didyma*
Flockenblumen-Grünwidderchen *Jordanita notata, J. globulariae*
Gelbringfalter *Lopinga achine*
Gesäumte Glanzeule *Amphipyra perflua*
Glücks-Widderchen, *auch* Bergkronwicken-W. *Zygaena fausta*
Goldener Scheckenfalter *Euphydrias aurinia*
Großer Eisvogel *Limenitis populi*
Großer Schillerfalter *Apatura iris*
Kleiner Eisvogel *Limenitis camilla*
Kleiner Schillerfalter *Apatura ilia*
Kreuzenzian-Ameisenbläuling *Maculinea rebeli*
Lungenkraut-Höckereule *Euchalcia modestoides*
Ockerbindiger Samtfalter *Hipparchia semele*
Pestwurzeule *Hydraecia petasitis*
Platterbsen-Widderchen *Zygaena osterodensis*
Roter Apollo *Panassius apollo*
Rötlichgrauer Bürstenspinner *Dicallomera fascelina*
Salweiden-Wicklereulchen *Nycteola degenerana*
Schwarzbrauner Würfel-Dickkopffalter *Pyrgus serratulae*
Schwarzer Apollo *Parnassius mnemosyne*
Schwarzfleckiger Ameisenbläuling *Maculinea arion*
Segelfalter *Iphiclides podalirius*
Trauermantel *Nymphalis antiopa*
Ulmenzipfelfalter *Satyrium w-album*
Weißdolch-Bläuling *Polyommatus damon*
Wundklee-Bläuling *Plebicula dorylas*

Weitere Insektenarten

Aderhaft (Eintagsfliege) *Ecdyonurus venosus*
Blauflügel-Prachtlibelle *Calopteryx virgo* (L.)
Feuerfarbene Eintagsfliege *Serratella ignita*
Gabelhaft (Eintagsfliege) *Epeorus assimilis* (Eaton)
Gelbe Wegameise *Lasius flavus* (Fabricius)
Glashaft (Eintagsfliege) *Baetis rhodani*
Große Steinfliege *Perla marginata* (Panz.)
Hakenkäfer *Elmis aenea* (Müll.)
Maifliege / Dänische Eintagsfliege *Ephemera danica* (Müll.)
Panzer-Eintagsfliege *Torleya major*
Rasenameise *Tetramorium caespitum* (L.)
Rote Waldameise *Formica rufa* (L.)
Schwarzgraue Wegameise *Lasius niger* (L.)
Wassergeistchen (Köcherfliege) *Hydropsyche instabilis*
Zarte Gabel-Eintagsfliege *Habroleptoides confusa*
Zweigestreifte Quelljungfer *Cordulegaster boltonii*

Schmetterlinge entsprechend „Die Schmetterlinge Baden-Württembergs“, Bd. 1–10, Ulmer 1991–2005.

Andere wirbellose Tierarten, die im Text mit ihren deutschen Namen genannt sind

Bachflohkrebs *Gammarus fossarum* (Koch)
Bach-Strudelwurm *Dugesia gonocephala* (Dug.)
Flussnapfschnecke *Ancylus fluviatilis* (Müll.)
Kapuzenschnecke *Ancylus fluviatilis* (Müll.)
Pferdeegel *Haemopis sanguisuga* (L.)
Wasserassel *Asellus aquaticus* (L.)

Pilze und Bakterien

Abwasserpilz *Fusarium aquaeductum* (Radlck.& Rabh.)
Abwasserpilz *Leptomitus lacteus* (Roth)
„Abwasserpilz“ *Sphaerotilis natans* Kütz. (Bakterien)

6.09 | Riesen-Schachtelhalm. (KS.2010)

Autorinnen und Autoren

Dr. Jan Baer
Oberbiologierat. Bearbeitet an der Fischereiforschungsstelle des Landes Baden-Württemberg (Langenargen) als Wissenschaftler neben fischereiwirtschaftlichen Themen auch Fragen zum Fischereimanagement und zum Fischschutz. Begleitete zwischen 2001 und 2008 das sogenannte „Null-Besatz-Projekt“ an der Wutach.

Max Baumann
Buchautor und Fotograf in Schaffhausen/CH. Früher hauptberuflich Journalist und Fotograf für die „Schaffhauser Nachrichten“. In den 1960er-Jahren ausgedehnte Safari in Ostafrika, danach Schreiben von Reportagen und eines Jugendromans. Nach Reise mit seiner Frau quer durch die USA Verfassen des Geschichts- und Eisenbahnbuchs „Auf den Spuren des Feuerrosses“. Zudem Autor weiterer Bücher.

Harald Brünner
Dipl.-Biologe. Arbeitsschwerpunkte: Säugetierkunde, Evolutionsbiologie und Populationsgenetik; spezialisiert auf Spitzmäuse, Fledermäuse und andere Kleinsäuger. Inhaber des Gutachterbüros SMEC (Small Mammal Ecology and Conservation) in Karlsruhe. Fachgutachter und Berater in den Bereichen Naturschutzbiologie, Landschaftsökologie, Natur- und Artenschutz. Mitarbeit bei Forschungsprojekten; Tätigkeit in der Naturschutzpädagogik.

Regina Franke
Forstwissenschaftlerin. Von 1994 bis 2001 erste hauptamtliche Naturschutzwartin im Wutachgebiet (Wutachrangerin); arbeitet heute als Wissenschaftsautorin, Dokumentarin und Fachredakteurin in Oberbayern. Bevorzugte Arbeitsgebiete: Naturwissenschaften, Wanderreisen, nachhaltiger Tourismus.

Dr. Matthias Franz
Studium der Geologie und Paläontologie an der Universität Heidelberg; Promotion an der Universität Heidelberg über Eisenoolithe im süddeutschen Mitteljura. Seit 1985 beim Landesamt für Geologie, Rohstoffe und Bergbau, zunächst in Stuttgart, seit 1989 in Freiburg/Br. Spezialgebiete: Sedimentologie (bes. Eisenoolithe) und Stratigrafie des Jura (Schwerpunkt Lithostratigrafie und Biostratigrafie von Ostracoden).

Klemens Fritz
Naturschutzfachkraft bei der unteren Naturschutzbehörde im Landkreis Emmendingen. Vorsitzender des Vereins Amphibien/Reptilien-Biotop-Schutz Baden-Württemberg. Arbeitsschwerpunkte: Amphibien und Reptilien, Biotop- und Artenschutz.

Björn Frey
Dipl.-Biologe. Spezialgebiete: aquatische Insekten und Gewässerökologie; untersuchte in seiner Diplomarbeit und darüber hinaus intensiv die Faunastik aquatischer Insekten der Wutach und ihrer Zuflüsse. Mehrjährige Tätigkeit als wissenschaftlicher Mitarbeiter am Staatlichen Museum für Naturkunde Stuttgart.

Prof. Dr. Hermann Goßmann
Prof. em.; 1962–1972 Gymnasiallehrer für Mathematik, Physik und Geografie im Bayerischen Schuldienst; 1972–1987 Akademischer Oberrat bzw. Professor für Physische Geografie an der Universität Freiburg/Br.; 1987–1990 Professor an der Universität Würzburg. 1990–2004 Direktor des Instituts für Physische Geografie der Universität Freiburg/Br.

Jörg Haferkorn
Dipl.-Hydrologe. Bei der Firma aqua.plan in Freiburg/Br. zuständig für hydrologische Fragestellungen, insbesondere Pegelwesen, Hydrometrie, Gewässerentwicklung, Gewässernutzungen, Gewässerpflege.

Stefan Hafner
Jahrgang 1961, lebt in Löffingen. Dipl.-Biologe und Dipl.-Forstwirt, Studium in Freiburg/Br.; seit 1993 freiberufliche Tätigkeit als Biologe und Landschaftsökologe. Arbeitsschwerpunkte: Schmetterlinge (Tag- und Nachtfalter), Vegetationskunde (Geobotanik), biozönologische Aspekte, Pflegemanagement (Umsetzung von Artenschutzprogrammen, Pflegemanagement in Naturschutzgebieten im Auftrag der Höheren Naturschutzbehörde. Gründungsmitglied des Büros für Landschaftsökologie ABL (Arten, Biotope, Landschaft).

Petra Kaiser
Jahrgang 1970, in Freiburg/Br. geboren, mit fünf Geschwistern auf dem elterlichen Bauernhof in Bonndorf aufgewachsen; eine Tochter. Gelernte Drogistin. Ab März 1997 Tätigkeit in der Touristinformation Bonndorf, seit Januar 2000 dort als selbstständige Leiterin.

Emil Ketterer †
1924–2014, Heimatgeschichtsforscher und Autor aus Löffingen, Experte beim Entziffern alter Schriften auch aus

dem Lateinischen. Veröffentlichte zahlreiche Bücher zur Heimatgeschichte; mehrere Ortschroniken und Hefte der Löffinger Schriftenreihe tragen seine Handschrift.

Dr. Jürgen Kleß

Studiendirektor (i. R.). Bevorzugte Arbeitsgebiete: Entomofaunistik und Ökologie. Untersuchungen in verschiedenen Naturschutzgebieten, besonders im Hegauer Kegelbergland und im Bodenseebecken. Mitarbeiter der Reihe „Die Natur- und Landschaftsschutzgebiete Baden-Württembergs"; u. a. auch bei der ersten Wutachmonografie.

Hubertus Knoblauch

Dipl.-Forstwirt. Stellvertr. Leiter des Naturschutzzentrums Südschwarzwald im Haus der Natur am Feldberg. Interessensschwerpunkt: Naturschutz im Zusammenspiel von Wald, Wild und Jagd.

Prof. Dr. Marcus Koch

Studium der Biologie mit Schwerpunkt Botanik und Evolution an der Universität Osnabrück. Nach mehrjährigen Stationen in Köln, Jena und Wien ab 2003 Direktor des Botanischen Gartens und Herbariums Heidelberg sowie Leiter der Abteilung Biodiversität und Pflanzensystematik an der Universität Heidelberg. Seit 2011 Leiter eines Forschungsprojekts zum Schutz und zur Erhaltung der Pfingst-Nelke in Baden-Württemberg; widmet sich immer wieder Projekten zum Schutz von in Baden-Württemberg hoch gefährdeten Pflanzenarten.

Klaus Kreß

Jahrgang 1957, verheiratet, vier erwachsene Kinder. Agraringenieur und Pflanzenproduktionsberater mit dem Spezialgebiet Grünland; Vorsitzender des Solarforums Hochschwarzwald, Sprecher des AK Energie im Naturpark Südschwarzwald. Veröffentlichte zusammen mit den Co-Autoren Emil Ketterer und Christa Maier 2002 den Ausflugsführer „Naturenergie Wutachregion".

Dr. Friedrich Kretschmar

Dipl.-Biologe. Sachgebietsleiter Landespflege im Referat Naturschutz und Landschaftspflege im Regierungspräsidium Freiburg/Br., Arbeitsschwerpunkte: Landschaftspflege, Natura 2000, Bewertung von Eingriffen in Natur und Landschaft, Artenschutz.

Joachim Loritz

Dipl.-Geologe, selbstständig mit der Firma aqua.plan in Freiburg/Br., Arbeitsschwerpunkte: Hydrometrie und Pegelwesen, Gewässerstrukturgüte, Planungen im naturnahen Wasserbau.

Michael Lüth

Jahrgang 1955. Studium der Biologie mit Schwerpunkt Geobotanik in Freiburg/Br.; Abschlussarbeit über die Moosgesellschaften auf Blockhalden. Selbstständig tätig im Büro für Umweltplanung seit 1987; Erstellen von Vegetationskartierungen, -studien und Gutachten. In der Freizeit Spezialisierung über Moose, Schwerpunkt Laubmoose Europas. Autor des Werks „Bildatlas der Moose Deutschlands" (online unter www.bildatlas-moose.de)

Peter Lutz

1956 in Hüfingen geboren, verheiratet, zwei Kinder. Nach dem Studium der Biologie, Chemie und Botanik an der Universität Freiburg/Br. freiberuflicher Gutachter für Landschaftsökologie, später Mitarbeiter der Bezirksstelle für Naturschutz und Landschaftspflege Freiburg/Br.; seit 1998 Naturschutzreferent des Schwarzwaldvereins.

Christa Maier

Jahrgang 1956, aus Löffingen, verheiratet, drei erwachsene Kinder. Verwaltungsfachangestellte, seit 20 Jahren freie Mitarbeiterin der Badischen Zeitung Titisee-Neustadt und der Badischen Bauernzeitung. Mitglied des Ortschaftsrats in Unadingen und Schriftführerin beim Solarforum Hochschwarzwald.

Dr. Edgar Nitsch

Studium der Geologie und Paläontologie an der Universität Tübingen. Promotion an der Universität Köln über den süddeutschen Keuper. Lehrtätigkeit an der TU Bergakademie Freiberg, danach Tätigkeit am Sächsischen Landesamt für Umwelt und Geologie in Freiberg. Seit 2002 am baden-württembergischen Landesamt für Geologie, Rohstoffe und Bergbau, zunächst in Stuttgart, seit 2007 in Freiburg/Br., Spezialgebiete: Sedimentologie, Stratigrafie und Paläogeografie sowie Geschichte der Geologie.

Florian Michling

Studium der Fächer Biologie und Chemie in Heidelberg; promoviert seit 2011 in einem Projekt unter der Betreuung von Marcus Koch, Ziel: Entwickeln von Grundlagen für ein nachhaltiges Schutzkonzept der Pfingst-Nelke unter Kombination verschiedener Ansätze aus der Feld- und Biodiversitätsforschung, Fernerkundung, Populationsgenetik, Evolutionsbiologie.

Wolfgang Pankow

Dipl.-Biologe. Büro für Gewässerökologie & Entomologie in Dogern am Hochrhein; selbstständiger Gewässerökologe und Käferspezialist. Arbeitsschwerpunkte: aquatische Fauna und Neozoen, Gewässergüte-Indikatorarten, Höhlen- und Totholzkäfer.

Adrian Probst

Jahrgang 1989, aufgewachsen in St. Blasien-Menzenschwand. Studium der Forstwissenschaften an der Universität Freiburg/Br.; bei der Bergwacht Schwarzwald zunächst Pressesprecher des Landesverbands, 2013 zum stellvertretenden Landesvorsitzenden gewählt.

Dr. Wolfgang Rähle

Studium der Biologie, Chemie und Geografie an den Universitäten Tübingen und Innsbruck. Gehörte 35 Jahre lang dem Lehrkörper des Zoologischen Instituts der Tübinger Universität an. Seit seiner Pensionierung ehrenamtlicher Mitarbeiter am Staatlichen Museum für Naturkunde in Stuttgart.

Dr. Ira Richling

Studium der Biologie in Kiel. Arbeitete als selbstständige Biologin mit Schwerpunkt Mollusken; weiterhin naturwissenschaftliche Reiseleitung, Fotografie, Forschungsreisen. Seit Mitte 2011 als Kuratorin für Weichtiere am Staatlichen Museum für Naturkunde Stuttgart angestellt.

Bettina Sättele

Jahrgang 1964, Studium der Biologie. Selbstständig als Fachbüro für Biberfragen, seit 2003 tätig als Bibermanagerin mit Schwerpunkt im Regierungsbezirk Freiburg/Br.

Dr. Gregor Schmitz

Leiter des Botanischen Gartens und der Biologischen Lehrsammlung der Universität Konstanz; außerdem zuständig für zoologische Bestimmungsübungen und Exkursionen. Interessensschwerpunkt: ökologische Wechselwirkungen zwischen Insekten und Pflanzen.

Martin Schwenninger

Jahrgang 1957. Studium an der Höheren Forstfachschule Rottenburg. Seit 1978 Tätigkeit bei der Landesforstverwaltung Baden-Württemberg in verschiedenen Bereichen (Sachbearbeiter an der Forstdirektion Stuttgart, Revierleiter Forstamt St. Märgen, Revierleiter Forstamt Bonndorf). Seit 2004 Tätigkeit beim Landkreis Waldshut als Revierleiter und hauptamtlicher Naturschutzwart (Wutachranger).

Dr. Bernd-Jürgen Seitz

Dipl.-Biologe, Hauptkonservator, Leiter des Referats Naturschutz und Landschaftspflege im Regierungspräsidium Freiburg/Br. Promotion an der Universität Freiburg/Br. bei Otti Wilmanns und Günther Osche über Beziehungen zwischen Vogelwelt und Vegetation in der Kulturlandschaft; Arbeitsschwerpunkte: Naturschutzprojekte, Biotop- und Artenschutz, Geobotanik, Ornithologie.

6.10 | Pilz im Buchenlaub. (JW.2010)

Dr. Theo Simon

Studium der Vermessungskunde an der Fachhochschule für Technik in Stuttgart; anschließend Studium der Geologie und Paläontologie an der Universität Stuttgart; Promotion über den Muschelkalkkarst in Hohenlohe. Von 1978 bis 2010 beim Landesamt für Geologie, Rohstoffe und Bergbau, bis 2007 in Stuttgart, danach in Freiburg/Br. Lehrauftrag und Honorarprofessur an der Universität Stuttgart. Hauptarbeitsgebiete: Muschelkalk in Mitteleuropa, Salzgewinnung, Landschaftsgeschichte, Hydrogeologie, Verkarstung des Muschelkalks.

Klaus Steegmüller

Dipl.-Ing. (FH). Im Landratsamt Breisgau-Hochschwarzwald, Fachbereich Wasser und Boden, zuständig für die Oberflächengewässer des Hochschwarzwaldes. Arbeitsschwerpunkte: naturnaher Wasserbau und Gewässerökologie sowie fachliche Beurteilung von Planungen zur Wasserkraftnutzung.

Peter Stocks

Verwaltungsjurist, Regierungsdirektor beim Regierungspräsidium Freiburg/Br., stellv. Leiter des Referats 55 Natur und Recht; Arbeitsschwerpunkte: grundsätzliche Angelegenheiten des Naturschutzes (Europäisches Naturschutzrecht; Natura 2000, FFH-Richtlinie/Vogelschutz-Richtlinie), Gebietsreferent für die Landkreise Breisgau-Hochschwarzwald und Emmendingen, Artenschutzreferent.

Friederike Tribukait

Dipl.-Biologin und Geografin. Seit 1997 wissenschaftliche Angestellte im Referat Naturschutz und Landschaftspflege beim Regierungspräsidium Freiburg/Br. Arbeitsschwerpunkte: Biotop- und Artenschutz im Landkreis Waldshut, Öffentlichkeitsarbeit und seit 2009 naturschutzfachliche Begleitung des Großvorhabens Pumpspeicherkraftwerk Atdorf.

Jürgen Vögtlin

Dipl.-Biologe, Geschäftsführer des Planungsbüros proECO Umweltplanung GmbH. Arbeitsschwerpunkte: Projekte zur nachhaltigen Landnutzung an der Schnittstelle von Naturschutz und Landwirtschaft, Erhebungen zu Flora und Vegetation, geografische Informationssysteme (GIS).

Prof. Dr. Otti Wilmanns

Ehemalige Hochschullehrerin an der Universität Freiburg/Br., Lehrstuhl für Geobotanik, seit 1996 emeritiert. Arbeitsschwerpunkt: Vegetationsökologie Südwestdeutschlands. Ihr Interesse gilt jetzt verstärkt der gedanklichen Verbindung aktueller biologischer Daten mit solchen der Geschichte.

Prof. Dr. Volkmar Wirth

Jahrgang 1943, Studium der Biologie und Chemie in Freiburg/Br., 1969–72 wissenschaftlicher Assistent Universität Freiburg/Br., 1972–75 Universität Würzburg. 1975–2001 Botaniker am Staatlichen Museum für Naturkunde Stuttgart, 2001–2008 Direktor des Staatlichen Museums für Naturkunde Karlsruhe. 1994–2007 Honorarprofessor an der Universität Hohenheim. Arbeitsgebiet: Ökologie von Flechten in Mitteleuropa, Bioindikation mit Flechten, Flechten der Namibwüste. Verfasser von Büchern über Flechten und Flechtenfloren (2013: „Die Flechten Deutschlands").

Friedbert Zapf

Jahrgang 1953, geboren in Reichental/Nordschwarzwald, lebt heute in Schluchsee. Studium der Forstwissenschaften in Freiburg/Br., von 1991–2005 Leiter des damaligen Forstamts Bonndorf, seit 2005 stellvertretender Leiter des Kreisforstamts Waldshut. Außerdem Kreisnaturschutzbeauftragter und langjähriger Vorsitzender der Ortsgruppe Bonndorf des Schwarzwaldvereins.

Hubert Zedler

Studium der Geologie an der Universität Tübingen. Seit 2001 am Baden-Württembergischen Landesamt für Geologie, Rohstoffe und Bergbau in Stuttgart; zwischen 2004 und 2007 in Freiburg/Br. Spezialgebiet: kristallines Grundgebirge.

Felix Zinke

Von 1969 bis 1981 autodidaktische Aneignung fundierter Kenntnisse in Zoologie und Vegetationskunde. 1982–1986 Geschäftsführer der Regionalgeschäftsstelle des BUND Schwarzwald-Baar-Heuberg. Seit 1987 selbstständig als freiberuflicher Ökologe; gutachterliche Tätigkeiten in den Bereichen Vegetationskartierungen, faunistische Bestandserfassungen, Monitoring und Entwicklung von Biotopvernetzungs- und Gewässerentwicklungskonzepten.

Bildautorinnen und -autoren

Jedes Bild ist in der Regel durch eine aus vier Ziffern bestehende Nummer gekennzeichnet, also etwa 1.2.03. Die erste Ziffer (1) entspricht einem der übergeordneten großen Themenbereiche, in die das gesamte Buch gegliedert ist. Die zweite Ziffer (2) gibt das entsprechende Kapitel an, während die dritte Ziffer (03) einer fortlaufenden Durchnummerierung der Abbildungen im einzelnen Textbeitrag entspricht.

Ein Buchstabenkürzel am Ende der Bildunterschrift lässt den jeweiligen Bildautor erkennen, oftmals verknüpft mit einer Jahreszahl, die die unmittelbar im Wutachgebiet entstandenen Fotografien datiert, sofern deren Aufnahmedatum bekannt ist.

Die Bilder wurden nur für das vorliegende Werk zur Verfügung gestellt. Jede Verwertung ist ohne die schriftliche Zustimmung der Bildautoren bzw. der Rechteinhaber unzulässig und strafbar.

Abkürzungen der Bildautorinnen und -autoren

AB Andreas Buck
ACM Archiv Christa Maier
AF Alexander Färber
AFZ Archiv Friedbert Zapf
AG Andreas Geh (GDT)
AH Andreas Hoydem
AJW Archiv Joachim Winterhalder
AL Achim Laber
AQP Aqua.Plan Freiburg
ARG Archiv Rathaus Göschweiler
AS Axel Steiner
AW Andreas Wolf
BF Björn Frey
BFN ©Bundesamt für Naturschutz; Datenquellen Verbreitungsdaten: Datenbank FloraKart (BfN), Datenstand 2013; Geobasisdaten: GeoBasis-DE/BKG 2011
BHM Planungsgesellschaft BreschHenneMühlinghaus, Isis Mandl
BM Bettina Maier
BVK Bernhard van Krüchten
BW Bergwacht
CA Christoph Allgaier
CM Christa Maier
CW Christa Wagner
DL Doris Laber
DR Dieter Rathgen
EF Egbert Friedrich
EK Emil Ketterer (Zeichnung nach Vorlage aus dem ©F.F. Archiv zu Donaueschingen)
EL Erich Linsin
EN Edgar Nitsch
ES Ernst Stegmaier
EZ Ernst Zimmermann
FGEO ForstBW, Regierungspräsidium Freiburg, Fachbereich Forsteinrichtung und forstliche Geoinformation
FH Fritz Hockenjos, ©Klaus Hockenjos
FJS Franz-Josef Schiel
FK Friedrich Kretzschmar
FP Fritz Pflüger, ©Kurverwaltung der Stadt Blumberg
FVA Forstliche Versuchsanstalt Freiburg
FW Falko Wehr
FZ Friedbert Zapf
Generallandesarchiv Karlsruhe, „G-S Salzmann Mappe 1 Nr. 60"
GH Gabriel Hermann
GM Gerhard Martin
GS Gregor Schmitz
HAD Harald Dannenmayer
HAS Harald Schütz
HB Hedy Brack
HD hoyerdesign Freiburg
HG Helmut Gehring
HGO Hermann Goßmann
HH Holger Hunger
HK Helge Körner
HPD Hans-Peter Döler
HPDE Hans-Peter Deuring
HRW Hans-Robert Wagner
HS Hermann Schurhammer, siehe RPF
HSW Horst Schauer-Weisshahn
HZ Hubert Zedler
IGWTB Interessengemeinschaft Wutachtalbahn
IR Ira Richling
JB Jan Baer
JCR Johannes-Christian Rost
JG Jürgen Gaul
JH Jürgen Hall
JK Jürgen Kleß
JR Jan Richling
JT Jens Töberling
JUK Juliane Kühnemund
JUM Jörg-Uwe Meineke
JV Jürgen Vögtlin
JW Joachim Wimmer (GDT)
KE Klaus Echle (GDT)
KF Klemens Fritz
KG Konrad Greinwald
KK Klaus Kreß
KN Klaus Nieke
KP Karl Pfeiffer
KR Karlheinz Rontke

KrABrH Kreisarchiv Breisgau-Hochschwarzwald
KS Klaus Steegmüller (GDT)
Landesarchiv Baden-Württemberg, ©Staatsarchiv Freiburg, B 695/4 Nr. 139
LGBR Regierungspräsidium Freiburg, Landesamt für Geologie, Rohstoffe und Bergbau
LT Lukas Thiess (GDT)
LUBW Landesanstalt für Umwelt, Messungen und Naturschutz Baden-Württemberg
LVDP Leonie van der Post
MAW Martina Witschel
MB Max Baumann
MF Matthias Franz
MG Manfred Grohe
MH Michael Hevart
MIS Michael Schmitt
ML Michael Lüth
MOP MarkOrPlan Agentur & Verlag, Bonn/Singen
MP Michael Pflug
MR Michael Rüttiger
MS Martin Schwenninger
MW Michael Witschel
OH Ortsmuseum Hallau, Schweiz
OK Oliver Karbiener
OW Otti Wilmanns
PB Peter Banzhaf
PK Peter Klüber
PL Peter Lutz
PM Peter Maihöfer
PR Peter Rey
RB Rainer Berg
RC Romeo Cotrus (GDT)
Repro MB, Reproduktion Max Baumann
RG Roland Greinwald
RH Reinhard Huber (GDT)
RIK Rita Kleß
RK Roland Kalb
ROB Robert Brinkmann
RPF Regierungspräsidium Freiburg, Referate 55/56
RS Roland Steiner
RV Ralf Volz
RVE Rollin Verlinde
SD Siegfried Demuth
SH Stefan Hafner
SM Selma Müller
STN Stadtarchiv und Stadtbauamt Titisee-Neustadt
SWV Schwarzwaldverein
SWVB Schwarzwaldverein Bonndorf
SWZ Südwestdeutsche Zeitung
TECHNOSEUM Landesmuseum für Technik und Arbeit in Mannheim, Fotograf Klaus Luginsland
TH Thomas Huth
TK Thomas Kaiser (GDT)
TS Theo Simon
UK Uwe Keller
UKI Ulrich Kirschbaum
UKL Utz Klodwig
UR Ulrich Ratzel
URK Ursula Kleß
VW Vollrath Wiese
VWI Volkmar Wirth
WB Willi Bächthold
WBA Walter Bantle
WP Wolfgang Pankow
WW Wolf Wichmann
www.webgeo.de

6.11 | Naturfotografie erfordert Ausdauer und Geduld. (AG.2013)

Register

C, D

6.12 | **Leberblümchen-Blüten.** (KS.2013)

G

L

6.13 | **Seidelbast.**
(AG.2013)

M

N

O

P, Q

R

S

6.14 | Folgende Doppelseite: Blick in die bewaldete Wutachschlucht. (MS.2011)